線性代數

Linear Algebra With Applications 7e

W. Keith Nicholson
著

黃孟槺
編譯

國家圖書館出版品預行編目(CIP)資料

線性代數 ／ W. Keith Nicholson 著；黃孟棟編譯. – 二版.
-- 臺北市：麥格羅希爾，臺灣東華, 2016.07
　　面；　公分
譯自：Linear Algebra with Applications, 7th ed.
ISBN 978-986-341-268-7 (平裝)

1. 線性代數

313.3   105010408

線性代數第七版

繁體中文版©2016 年，美商麥格羅希爾國際股份有限公司台灣分公司版權所有。本書所有內容，未經本公司事前書面授權，不得以任何方式（包括儲存於資料庫或任何存取系統內）作全部或局部之翻印、仿製或轉載。

Traditional Chinese Abridged copyright © 2016 by McGraw-Hill International Enterprises, LLC., Taiwan Branch
Original title: Linear Algebra with Applications, 7E (ISBN: 978-0-07-040109-9)
Original title copyright © 2013, 2009, 2006, 2003 by McGraw-Hill Ryerson Limited, a Subsidiary of McGraw-Hill Education. Copyright © 1995 by PWS Publishing Company. Copyright © 1990 by PWS-KENT Publishing Company. Copyright © 1986 by PWS Publishers.
All rights reserved.

作　　者	W. Keith Nicholson
編　　譯	黃孟棟
合作出版 暨發行所	美商麥格羅希爾國際股份有限公司台灣分公司 台北市 10044 中正區博愛路 53 號 7 樓 TEL: (02) 2383-6000　　FAX: (02) 2388-8822
	臺灣東華書局股份有限公司 10045 台北市重慶南路一段 147 號 3 樓 TEL: (02) 2311-4027　　FAX: (02) 2311-6615 郵撥帳號：00064813 門市：10045 台北市重慶南路一段 147 號 1 樓 TEL: (02) 2382-1762
總 經 銷	臺灣東華書局股份有限公司
出版日期	西元 2016 年 7 月 二版一刷

ISBN：978-986-341-268-7

序

　　本書介紹線性代數的概念與技巧，適用於具有高中代數知識的大一或大二學生。內容頗具彈性，可以作為傳統式的導論或應用課程。對初學者而言，第 1 至 4 章是第一學期的課程，而第 5 至 9 章是第二學期的課程。內容主要是論述實線性代數而在適當的地方會提到複數。總之，本書的目標是要取得線性代數的計算技巧、理論與應用之間的平衡。微積分並非必要；它被提及的地方可以省略。

　　通常，學生需藉研習例子與解題來學習線性代數，因此本書含有各式各樣的習題（超過 1200，其中有許多是複式題目），依難易程度排列，其中◆是表示附有解答。此外含有超過 375 個附有詳解的例子，多數是計算題。例題亦用於闡明觀念與定理，將學生由具體帶向抽象。處理定理的方法是嚴格的，所呈現的定理證明都適合學生程度，並且可以省略而不失連貫性。總之，本書適用於強調計算與例子的課程或提供理論性的處理（一些較長的證明置於章末）。

　　線性代數廣泛應用於自然科學、工程、管理、社會科學以及數學，因此在本書中引入 18 種選擇性的應用，內容分布很廣，例如，電氣網路、經濟模型、馬可夫鏈、線性遞迴、微分方程組以及密碼學。此外，一些應用（例如線性動態系統與有向圖）在相關的章節中予以介紹，章節末的應用是鼓勵學生搜尋與瀏覽。

譯者序

線性代數是數學的一個分支，它研究的對象是線性方程組、向量空間、固有值與固有向量、線性變換、正交和內積空間。線性代數被廣泛地應用於抽象代數和泛函分析中；透過解析幾何，線性代數得以被具体表示。線性代數的理論已被泛化為算子理論。由於科學研究中的非線性模型通常可以被近似為線性模型，使得線性代數在自然科學和社會科學中具有各種重要的應用。

在資訊發達的今天，計算機圖形學、計算機輔助設計、密碼學等技術無不以線性代數為其理論和計算的基礎。線性代數所呈現的幾何觀點與代數方法之間的巧妙關係，對於培養人們的數學素質，掌握現代科學技術是非常有用的。

譯者將原書第 8.7 節的內容做了一些微調，以適應初學者閱讀。對於原書的一些錯誤也予以更正。本書如有詞意難以理解或文字誤植之處，尚祈讀者諸君不吝指正。

目錄

第一章　線性方程組　　1

1.1 節　解與基本運算　　1
1.2 節　高斯消去法　　10
1.3 節　齊次方程式　　21
1.4 節　應用於網路流　　28
1.5 節　應用於電路　　30
1.6 節　應用於化學反應　　32

第二章　矩陣代數　　37

2.1 節　矩陣加法、純量乘法和轉置　　37
2.2 節　方程組、矩陣與轉換　　48
2.3 節　矩陣乘法　　65
2.4 節　反矩陣　　80
2.5 節　基本矩陣　　95
2.6 節　線性變換　　103
2.7 節　LU 分解　　117
2.8 節　應用於投入 - 產出經濟模型　　128
2.9 節　應用於馬可夫鏈　　133

第三章　行列式與對角化　145

- 3.1 節　餘因子展開　145
- 3.2 節　行列式與反矩陣　158
- 3.3 節　對角化與固有值　173
- 3.4 節　應用於線性遞迴　194
- 3.5 節　應用於微分方程組　199

第四章　向量幾何　207

- 4.1 節　向量與直線　207
- 4.2 節　投影與平面　223
- 4.3 節　外積的進一步研究　240
- 4.4 節　$\mathbb{R}^3$ 中的線性算子　247
- 4.5 節　應用於電腦繪圖　255

第五章　向量空間 $\mathbb{R}^n$　259

- 5.1 節　子空間與生成集　259
- 5.2 節　獨立性與維數　267
- 5.3 節　正交　279
- 5.4 節　矩陣的秩　288
- 5.5 節　相似性與對角化　297
- 5.6 節　最佳近似和最小平方　310
- 5.7 節　應用於相關性和變異數　321

第六章　向量空間　329

- 6.1 節　例子與基本性質　329
- 6.2 節　子空間與生成集　339

6.3 節	線性獨立與維數	346
6.4 節	有限維空間	355
6.5 節	應用於多項式	364
6.6 節	應用於微分方程式	370

第七章　線性變換　　377

7.1 節	例題和基本性質	377
7.2 節	線性變換的核和像	385
7.3 節	同構與合成	395
7.4 節	關於微分方程式的定理	406
7.5 節	續論線性遞迴	410

第八章　正交　　419

8.1 節	正交補集和投影	419
8.2 節	正交對角化	428
8.3 節	正定矩陣	438
8.4 節	QR-分解	444
8.5 節	固有值的計算	448
8.6 節	複數矩陣	452
8.7 節	應用於密碼學	464
8.8 節	應用於二次式	465
8.9 節	應用於受限條件下的最適化	476
8.10 節	應用於統計主成分分析	479

第九章　基底的改變　　483

9.1 節	線性變換的矩陣	483
9.2 節	算子和相似性	493

| 9.3 節 | 不變子空間與直和 | 503 |

第十章　內積空間　　519

10.1 節	內積與範數	519
10.2 節	正交向量集	529
10.3 節	正交對角化	540
10.4 節	保距	547
10.5 節	應用於 Fourer 近似	562

第十一章　正準形　　567

| 11.1 節 | 區塊三角矩陣 | 568 |
| 11.2 節 | 喬登正準形 | 575 |

部分解答　　581

索　引　　621

第一章

線性方程組

1.1 節 　解與基本運算

許多研究領域，例如，生物學、管理學、化學、資訊科學、經濟學、電子學、工程學、物理以及社會科學的實際問題常可轉化為求解線性方程組。線性代數起源於企圖尋找有系統的方法來解這些方程組，因此以學習線性方程式作為本書的開始是很自然的事。

若 a、b、c 為實數，形如

$$ax + by = c$$

的方程式其圖形為一直線（若 a、b 不全為 0），故此方程式稱為變數 x 與 y 的**線性方程式**。然而，若超過兩個變數，則常將變數寫成 $x_1, x_2, ..., x_n$。形如

$$a_1x_1 + a_2x_2 + \cdots + a_nx_n = b$$

的方程式稱為 n 個變數 $x_1, x_2, ..., x_n$ 的**線性方程式 (linear equation)**。此處 $a_1, a_2, ..., a_n$ 是實數，分別稱為 $x_1, x_2, ..., x_n$ 的**係數 (coefficient)** 而 b 亦為實數，稱為方程式的**常數項 (constant term)**。有限個線性方程式集合起來稱為**線性方程組 (system of linear equations)**。因此

$$2x_1 - 3x_2 + 5x_3 = 7$$

為線性方程式；x_1、x_2 與 x_3 的係數為 2、-3、5，而常數項為 7。注意，在線性方程式中的每一個變數其冪次方均為一次。

已知一線性方程式 $a_1x_1 + a_2x_2 + \cdots + a_nx_n = b$，若

$$a_1s_1 + a_2s_2 + \cdots + a_ns_n = b$$

則稱數列 $s_1, s_2, ..., s_n$ 為方程式的**解 (solution)**。亦即 $x_1 = s_1, x_2 = s_2, ..., x_n = s_n$ 為方程式的解。若一數列為每一個方程式的解，則稱此數列為**方程組的一解 (a solution to a system)**。

2　　線性代數

例如，$x = -2, y = 5, z = 0$ 與 $x = 0, y = 4, z = -1$，兩者均為方程組
$$x + y + z = 3$$
$$2x + y + 3z = 1$$
的解。

一方程組可以有唯一解，或無限多組解，甚至無解。例如，方程組 $x + y = 2$、$x + y = 3$ 是無解的，因為兩數之和不可能同時為 2 和 3。若方程組無解，則稱此方程組為**不相容 (inconsistent)**，若方程組至少有一解，則稱其為**相容 (consistent)**。下列的例題中，方程組有無限多組解。

例 1

證明，若 s、t 為任意數，則
$$x_1 = t - s + 1$$
$$x_2 = t + s + 2$$
$$x_3 = s$$
$$x_4 = t$$

為方程組
$$x_1 - 2x_2 + 3x_3 + x_4 = -3$$
$$2x_1 - x_2 + 3x_3 - x_4 = 0$$
的解。

解：因為 x_1、x_2、x_3、x_4 的值均能滿足每一個方程式，亦即
$$x_1 - 2x_2 + 3x_3 + x_4 = (t - s + 1) - 2(t + s + 2) + 3s + t = -3$$
$$2x_1 - x_2 + 3x_3 - x_4 = 2(t - s + 1) - (t + s + 2) + 3s - t = 0$$
故對任意的 s、t 而言，x_1、x_2、x_3、x_4 的值為方程組的解。

例 1 的 s、t 稱為**參數 (parameters)**，而以這種方式所呈現的解集合稱為以**參數式 (parametric form)** 表示的解，此解亦稱為方程組的**通解 (general solution)**。每一方程組的解（若有解）均可以參數式表示（亦即，變數 $x_1, x_2, \ldots$ 以新變數 s、t 等表示）。下面的例子是說明當只有一個方程式存在時，會發生何種狀況。

例 2

以參數式寫出 $3x - y + 2z = 6$ 的所有解。

解：以 x、z 解出 y，得 $y = 3x + 2z - 6$。若 s、t 為任意數，則令 $x = s$、$z = t$，可得解為

$$x = s$$
$$y = 3s + 2t - 6 \qquad s \cdot t \text{ 為任意數}$$
$$z = t$$

當然我們亦可解出 $x = \frac{1}{3}(y - 2z + 6)$，若令 $y = p, z = q$，則可將解表示成：

$$x = \frac{1}{3}(p - 2q + 6)$$
$$y = p \qquad p \cdot q \text{ 為任意數}$$
$$z = q$$

相同的解，可以有不同的表達方式。

當線性方程組只含兩個變數時，其解可用幾何圖形描述，因為若 a, b 不全為零，線性方程式 $ax + by = c$ 之圖形為一直線。此外，若且唯若 $as + bt = c$，則點 $P(s, t)$ 在此直線上，亦即 $x = s, y = t$ 為方程式的解。若點 $P(s, t)$ 同時位於所有直線上，則點 $P(s, t)$ 為線性方程組的解。

尤其是，若只有一個方程式，因為有無限多個點位於直線上，故有無限多組解。若方程組有二個方程式，則對應的兩條直線具有下列三種情形：

1. 兩直線交於一點，此點即方程組的唯一解。
2. 兩直線平行（且相異），則方程組無解。
3. 兩直線重合，則方程組有無限多組解，直線上的每一點均為其解。

圖 1 說明此三種情況。每一種情況均畫出兩特定直線且標示出對應的方程式。第三種情況，方程式為 $3x - y = 4$ 與 $-6x + 2y = -8$ 具有相同的圖形。

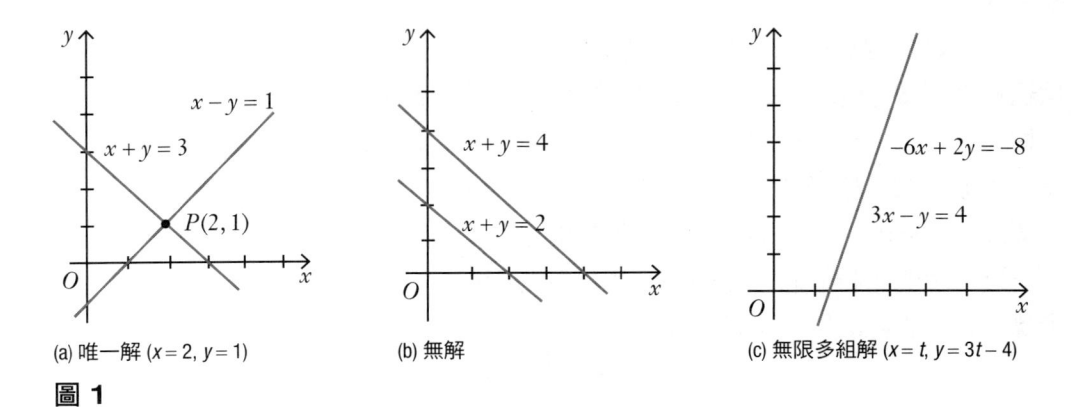

(a) 唯一解 ($x = 2, y = 1$)
(b) 無解
(c) 無限多組解 ($x = t, y = 3t - 4$)

圖 **1**

具有 3 個變數的方程式 $ax + by + cz = d$，其圖形為一平面（參閱第 4.2 節），仍然會有解集合的圖形。但是，圖解法受到了限制：當超過 3 個變數，則圖形無實體影像（稱為超平面），則需要利用更多的代數方法來求解。

在描述解法之前，我們介紹簡化計算的概念。考慮下列含有 4 個變數 3 個方程式的方程組

$$3x_1 + 2x_2 - x_3 + x_4 = -1$$
$$2x_1 \quad - x_3 + 2x_4 = 0$$
$$3x_1 + x_2 + 2x_3 + 5x_4 = 2$$

數的陣列[1]

$$\begin{bmatrix} 3 & 2 & -1 & 1 & | & -1 \\ 2 & 0 & -1 & 2 & | & 0 \\ 3 & 1 & 2 & 5 & | & 2 \end{bmatrix}$$

稱為方程組的**增廣矩陣 (augmented matrix)**。矩陣的每一列是對應方程式變數（依序）的係數與常數項。為了清楚起見，以垂直線將常數項分離。增廣矩陣只是描述方程組的不同方法。變數的係數陣列

$$\begin{bmatrix} 3 & 2 & -1 & 1 \\ 2 & 0 & -1 & 2 \\ 3 & 1 & 2 & 5 \end{bmatrix}$$

稱為方程組的**係數矩陣 (coefficient matrix)**，而 $\begin{bmatrix} -1 \\ 0 \\ 2 \end{bmatrix}$ 稱為方程組的**常數矩陣 (constant matrix)**。

基本運算

以下是描述解線性方程組的代數方法。若兩方程組有相同的解集合，則此兩方程組稱為**對等 (equivalent)**。解方程組是一個接一個的寫出一系列方程組，每一個方程組與其前一個方程組是對等的。這些方程組中的每一個與原方程組有相同的解集合；最後的目標是產生易解的方程組。系列中的每一個方程組是由前一個方程組在解集合不變的情況下選擇並執行簡單的運算而得的。

為了說明，我們將上述的方法用於解方程組 $x + 2y = -2, 2x + y = 7$。在每一步驟均列出對應的增廣矩陣。原方程組為

$$\begin{matrix} x + 2y = -2 \\ 2x + y = 7 \end{matrix} \quad \begin{bmatrix} 1 & 2 & | & -2 \\ 2 & 1 & | & 7 \end{bmatrix}$$

首先，由第一式乘以 (−2) 加到第二式。產生的方程組為

---

[1] 由數字所形成的矩形陣列稱為**矩陣 (matrix)**。矩陣在第 2 章將有較詳細的討論。

$$x + 2y = -2 \qquad \begin{bmatrix} 1 & 2 & | & -2 \\ 0 & -3 & | & 11 \end{bmatrix}$$
$$-3y = 11$$

此方程組與原方程組對等（參閱定理 1）。將第二個方程式乘以 $-\frac{1}{3}$，可得 $y = -\frac{11}{3}$。所得對等方程組為

$$x + 2y = -2 \qquad \begin{bmatrix} 1 & 2 & | & -2 \\ 0 & 1 & | & -\frac{11}{3} \end{bmatrix}$$
$$y = -\frac{11}{3}$$

最後，由第二式乘以 (-2) 加到第一式，可得另一個對等方程組

$$x = \frac{16}{3} \qquad \begin{bmatrix} 1 & 0 & | & \frac{16}{3} \\ 0 & 1 & | & -\frac{11}{3} \end{bmatrix}$$
$$y = -\frac{11}{3}$$

這個方程組是很容易求解的！又因為它與原方程組對等，因此它是原方程組的解。

觀察每一步驟可知，在方程組（也因此在增廣矩陣）上執行某些運算可產生對等方程組。

定義 1.1

下列運算，稱為**基本運算 (elementary operations)**，在線性方程組上執行基本運算可產生對等方程組。

(I) 兩個方程式互換。
(II) 以非零的數乘以某一個方程式。
(III) 將一個方程式的倍數加到不同的方程式。

定理 1

假設在線性方程組上執行一系列的基本運算，所得方程組與原方程組有相同的解集合，因此兩方程組對等。

定理的證明見於本節末。

對方程組進行基本列運算亦即對增廣矩陣的列進行對應的操作。因此，以 k 乘以矩陣的列表示以 k 乘以列的每一個元素。將一列加到另一列表示將一列的每一個元素加到另一列的對應元素。兩列的減法其做法與加法相同。注意，當兩列對應元素相等則兩列相等。

無論用手算或用計算機程式來解方程組，我們是對增廣矩陣的列進行運算而非對方程式進行運算。因此我們重新敘述矩陣的基本運算。

定義 1.2

以下是矩陣的**基本列運算 (elementary row operations)**。
- (I) 兩列互換。
- (II) 以非零的數乘以某一列。
- (III) 將一列的倍數加到不同的列。

經由上述的說明，一系列的基本列運算可得到如下的矩陣

$$\begin{bmatrix} 1 & 0 & | & * \\ 0 & 1 & | & * \end{bmatrix}$$

其中星號代表任意數。在三個變數、三個方程式的情況下，我們的目的是要產生形如

$$\begin{bmatrix} 1 & 0 & 0 & | & * \\ 0 & 1 & 0 & | & * \\ 0 & 0 & 1 & | & * \end{bmatrix}$$

的矩陣。由下一節可知，並非矩陣均可化成這種形式。以下是可將矩陣化成這種形式的例子。

例 3

求下列方程組的所有解

$$\begin{aligned} 3x + 4y + z &= 1 \\ 2x + 3y &= 0 \\ 4x + 3y - z &= -2 \end{aligned}$$

解：原方程組的增廣矩陣為

$$\begin{bmatrix} 3 & 4 & 1 & | & 1 \\ 2 & 3 & 0 & | & 0 \\ 4 & 3 & -1 & | & -2 \end{bmatrix}$$

欲使左上角產生 1，可將第 1 列乘以 $\frac{1}{3}$。但是也不必用分數來產生 1，可用第 2 列乘以 (-1) 加到第 1 列而得

$$\begin{bmatrix} 1 & 1 & 1 & | & 1 \\ 2 & 3 & 0 & | & 0 \\ 4 & 3 & -1 & | & -2 \end{bmatrix}$$

左上角的 1 是用來「清除」第一行，亦即使第一行的其它位置變成零。首先，由第 1 列乘以 (-2) 加到第 2 列，可得

$$\begin{bmatrix} 1 & 1 & 1 & | & 1 \\ 0 & 1 & -2 & | & -2 \\ 4 & 3 & -1 & | & -2 \end{bmatrix}$$

其次，由第 1 列乘以 (−4) 加到第 3 列，結果為

$$\begin{bmatrix} 1 & 1 & 1 & | & 1 \\ 0 & 1 & -2 & | & -2 \\ 0 & -1 & -5 & | & -6 \end{bmatrix}$$

第 1 行的工作完成。我們現在用第 2 列的第 2 個位置來清除第 2 行，亦即由第 2 列乘以 (−1) 加到第 1 列且將第 2 列加到第 3 列。為了方便起見，兩個列運算可用一個步驟完成。結果為

$$\begin{bmatrix} 1 & 0 & 3 & | & 3 \\ 0 & 1 & -2 & | & -2 \\ 0 & 0 & -7 & | & -8 \end{bmatrix}$$

注意第 2 行所做的列運算並不會影響第 1 行（第 2 列的第 1 行為 0），因此我們之前的努力並非白費。最後清除第 3 行。以 $-\frac{1}{7}$ 乘以第 3 列可得

$$\begin{bmatrix} 1 & 0 & 3 & | & 3 \\ 0 & 1 & -2 & | & -2 \\ 0 & 0 & 1 & | & \frac{8}{7} \end{bmatrix}$$

由第 3 列乘以 (−3) 加到第 1 列，且將第 3 列乘以 2 加到第 2 列，可得

$$\begin{bmatrix} 1 & 0 & 0 & | & -\frac{3}{7} \\ 0 & 1 & 0 & | & \frac{2}{7} \\ 0 & 0 & 1 & | & \frac{8}{7} \end{bmatrix}$$

所對應的方程式為 $x = -\frac{3}{7}, y = \frac{2}{7}, z = \frac{8}{7}$，這是原方程組的唯一解。

每一個基本列運算可由相同形式的另一個基本列運算〔稱為它的**逆 (inverse)**〕進行**反 (reversed)** 運算。欲了解此點，我們可分別觀察型 I、II、III 即可得知：

型 I 兩列互換的反運算就是將它們再交換。
型 II 以非零的數 k 乘以某一列的反運算就是以 $1/k$ 乘以某一列。
型 III 以 k 乘以第 p 列加到不同列 q 的反運算就是以 $(-k)$ 乘以第 p 列加到第 q 列（在新的矩陣）。此處 $p \neq q$。

欲說明型 III 的情況，假設一原始矩陣有四列，記做 R_1、R_2、R_3、R_4，將 k 乘以 R_2 加到 R_3，則其反運算是將 $(-k)$ 乘以 R_2 加到 R_3，下列的圖形是說明先運算再

反運算的效果：

$$\begin{bmatrix} R_1 \\ R_2 \\ R_3 \\ R_4 \end{bmatrix} \to \begin{bmatrix} R_1 \\ R_2 \\ R_3 + kR_2 \\ R_4 \end{bmatrix} \to \begin{bmatrix} R_1 \\ R_2 \\ (R_3 + kR_2) - kR_2 \\ R_4 \end{bmatrix} = \begin{bmatrix} R_1 \\ R_2 \\ R_3 \\ R_4 \end{bmatrix}$$

對於方程組的基本列運算以及基本運算而言，由於反運算的存在性：

定理 1 的證明

假設一線性方程組經一系列的基本運算轉換成新的方程組，則原方程組的每一個解自動是新方程組的解，此乃因方程式的相加，或以非零的數乘以一方程式，都不會改變方程式的解。

同理，新方程組的每一個解必須是原方程組的解，因為藉助於另一系列的基本運算（原基本運算的反運算），原方程組可由新方程組獲得，因此原方程組與新方程組有相同解。這證明了定理 1。

習題 1.1

1. 驗證下列各題中所有 s 和 t 值的解。
   (a) $x = 19t - 35$
   $y = 25 - 13t$
   $z = t$
   為
   $2x + 3y + z = 5$
   $5x + 7y - 4z = 0$
   的解。
   ◆[2](b) $x_1 = 2s + 12t + 13$
   $x_2 = s$
   $x_3 = -s - 3t - 3$
   $x_4 = t$
   為
   $2x_1 + 5x_2 + 9x_3 + 3x_4 = -1$
   $x_1 + 2x_2 + 4x_3 = 1$
   的解。

2. 將下列方程式的解，以兩種參數式表示。
   (a) $3x + y = 2$
   ◆(b) $2x + 3y = 1$
   (c) $3x - y + 2z = 5$
   ◆(d) $x - 2y + 5z = 1$

3. 將 $2x = 5$ 視為兩變數的方程式 $2x + 0y = 5$，求其所有解，並以參數式表示。

◆4. 將 $4x - 2y = 3$ 視為三變數的方程式 $4x - 2y + 0z = 3$，求其所有解，並以參數式表示。

---
[2] ◆ 表示在書後有本題之解。

5. (a) 當 $a = 0$ 且 (b) 當 $a \neq 0$，求 $ax = b$ 的所有解。

6. 證明恰含一個線性方程式的方程組，其解可以是無解、一解，或無限多組解，舉例說明之。

7. 寫出下列每一個線性方程組的增廣矩陣。

   (a) $x - 3y = 5$ 　　(b) $x + 2y = 0$
   　　$2x + y = 1$　　　　$y = 1$

   (c) $x - y + z = 2$　(d) $x + y = 1$
   　　$x - z = 1$　　　　$y + z = 0$
   　　$y + 2x = 0$　　　$z - x = 2$

8. 寫出下列增廣矩陣的線性方程組。

   (a) $\begin{bmatrix} 1 & -1 & 6 & | & 0 \\ 0 & 1 & 0 & | & 3 \\ 2 & -1 & 0 & | & 1 \end{bmatrix}$

   (b) $\begin{bmatrix} 2 & -1 & 0 & | & -1 \\ -3 & 2 & 1 & | & 0 \\ 0 & 1 & 1 & | & 3 \end{bmatrix}$

9. 利用增廣矩陣，求下列每一個線性方程組的解。

   (a) $x - 3y = 1$　　(b) $x + 2y = 1$
   　　$2x - 7y = 3$　　　$3x + 4y = -1$

   (c) $2x + 3y = -1$　(d) $3x + 4y = 1$
   　　$3x + 4y = 2$　　　$4x + 5y = -3$

10. 利用增廣矩陣，求下列每一個線性方程組的解。

    (a) $x + y + 2z = -1$
    　　$2x + y + 3z = 0$
    　　$ - 2y + z = 2$

    (b) $2x + y + z = -1$
    　　$x + 2y + z = 0$
    　　$3x - 2z = 5$

11. 求下列線性方程組的所有解。

    (a) $3x - 2y = 5$
    　　$-12x + 8y = -20$

    (b) $3x - 2y = 5$
    　　$-12x + 8y = 16$

12. 證明方程組 $\begin{cases} x + 2y - z = a \\ 2x + y + 3z = b \\ x - 4y + 9z = c \end{cases}$ 是不相容的，除非 $c = 2b - 3a$。

13. 以檢視平面上直線的可能位置，證明兩變數的兩個方程式可以有零個、一解或無限多組解。

14. 下列各題中，證明敘述為真，或舉例[3]說明其偽。

    (a) 若一線性方程組有 n 個變數與 m 個方程式，則其增廣矩陣有 n 列。
    (b) 相容線性方程組有無限多組解。
    (c) 若相容線性方程組執行列運算，所產生的方程組一定是相容的。
    (d) 若一系列的列運算執行於線性方程組產生不相容方程組，則原方程組是不相容的。

15. $y = a + bx + cx^2$ 的圖形通過點 $(-1, 6)$, $(2, 0), (3, 2)$，求二次式 $a + bx + cx^2$。

16. 利用變數變換 $\begin{cases} x = 5x' - 2y' \\ y = -7x' + 3y' \end{cases}$，求解方程組 $\begin{cases} 3x + 2y = 5 \\ 7x + 5y = 1 \end{cases}$，並解出 x'、y'。

17. $\dfrac{x^2 - x + 3}{(x^2 + 2)(2x - 1)} = \dfrac{ax + b}{x^2 + 2} + \dfrac{c}{2x - 1}$ 求 a、b、c。

---

[3] 這種例子稱為**反例 (counterexample)**。例如有一敘述為「所有哲學家都有鬍鬚」，那麼證明此敘述不成立的反例就是「存在沒有鬍鬚的哲學家」。

【提示：乘以 $(x^2 + 2)(2x - 1)$，再比較等號兩邊之係數。】

18. 動物園管理員每天對動物餵食 42 mg 的維他命 A 與 65 mg 的維他命 D。今有兩種補品，第一種含有 10% 的維他命 A 與 25% 的維他命 D；第二種含有 20% 的維他命 A 與 25% 的維他命 D，則管理員每天應該餵食動物每一種補品各多少量？

◆19. John 工作 2 小時，Joe 工作 3 小時，共賺 $24.60。而 John 工作 3 小時，Joe 工作 2 小時，共賺 $23.90。求他們每小時的工資。

20. 一生物學家每天欲由魚類和肉類中攝取 183 克的蛋白質和 93 克的醣。若魚類中含有 70% 的蛋白質和 10% 的醣，而肉類中含有 30% 的蛋白質和 60% 的醣，則該生物學家每天應食用多少克的魚和肉？

1.2 節　高斯消去法

前一節所介紹的代數方法可總結如下：給予一線性方程組，利用一系列的基本列運算可將增廣矩陣變成「美好」的矩陣（意思是所對應的方程式容易求解）。如第 1.1 節的例 3，美好的矩陣其形式為

$$\begin{bmatrix} 1 & 0 & 0 & | & * \\ 0 & 1 & 0 & | & * \\ 0 & 0 & 1 & | & * \end{bmatrix}$$

美好的矩陣確定可由下列定義中所述的過程得到。

定義 1.3

若一矩陣滿足下列三個條件，則此矩陣具有**列梯形的形式 (row-echelon form)**〔稱為**列梯形矩陣 (row-echelon matrix)**〕：

1. 所有**零列 (zero rows)**（全為零的列）均位於矩陣下方。
2. 在每一個非零列中，最左的第一個非零元素是 1，稱為該列的**領導項 1 (leading 1)**。
3. 每一列的領導項 1 位於其上一列領導項 1 的右方。

列梯形矩陣若滿足下列條件，則具有**簡化列梯形的形式 (reduced row-echelon form)**〔稱為**簡化列梯形矩陣 (reduced row-echelon matrix)**〕。

4. 每個領導項 1 是該行的唯一非零元素。

如下例所述，列梯形矩陣有「階梯」的形狀（星號為任意數）。

$$\begin{bmatrix} 0 & 1 & * & * & * & * & * \\ 0 & 0 & 0 & 1 & * & * & * \\ 0 & 0 & 0 & 0 & 1 & * & * \\ 0 & 0 & 0 & 0 & 0 & 0 & 1 \\ 0 & 0 & 0 & 0 & 0 & 0 & 0 \end{bmatrix}$$

在矩陣中，領導項 1 由「左上到右下」排列。在領導項 1 上方與右方的元素可為任意數，但在下方與左方的所有元素皆為零。因此，在列梯形矩陣中，若每一領導項 1 上方的元素皆為零，則為簡化列梯形矩陣。注意，一個列梯形矩陣經過再多幾個列運算，就可變成簡化列梯形（由右方開始，連續的利用列運算將每一領導項 1 的上方元素變為零）。

例 1

下列矩陣為列梯形矩陣（∗的位置可為任意數）。

$$\begin{bmatrix} 1 & * & * \\ 0 & 0 & 1 \end{bmatrix} \begin{bmatrix} 0 & 1 & * & * \\ 0 & 0 & 1 & * \\ 0 & 0 & 0 & 0 \end{bmatrix} \begin{bmatrix} 1 & * & * & * \\ 0 & 1 & * & * \\ 0 & 0 & 0 & 1 \end{bmatrix} \begin{bmatrix} 1 & * & * \\ 0 & 1 & * \\ 0 & 0 & 1 \end{bmatrix}$$

另一方面，下列矩陣為簡化列梯形矩陣。

$$\begin{bmatrix} 1 & * & 0 \\ 0 & 0 & 1 \end{bmatrix} \begin{bmatrix} 0 & 1 & 0 & * \\ 0 & 0 & 1 & * \\ 0 & 0 & 0 & 0 \end{bmatrix} \begin{bmatrix} 1 & 0 & * & 0 \\ 0 & 1 & * & 0 \\ 0 & 0 & 0 & 1 \end{bmatrix} \begin{bmatrix} 1 & 0 & 0 \\ 0 & 1 & 0 \\ 0 & 0 & 1 \end{bmatrix}$$

領導項 1 的位置之選擇，決定了（簡化）列梯形矩陣的形式（∗位置的數除外）。

列梯形矩陣的重要性來自於下面的定理。

定理 1

每一矩陣可由一系列的基本列運算化為（簡化）列梯形。

事實上，我們可用逐步的方法求列梯形矩陣。有許多一系列的列運算可將矩陣變成列梯形，我們採用一種有系統且易於寫計算機程式的方法。注意，通常用演算法處理矩陣也可能是將行變為零。

高斯[4]演算法[5] (Gaussian Algorithm)

步驟 1. 若矩陣所含的元素全為零，則停止運算，它已經是列梯形。

步驟 2. 否則，由左邊第一行中，將含非零元素（稱為 a）的列，經兩列互換的方式，移到最上方。

步驟 3. 將新的最上方列乘以 $1/a$ 產生領導項 1。

步驟 4. 以非零的數乘以此列再加到其它列，使得在領導項 1 下方的元素均為零。

此時完成了第一列的演算，可對其它列進行相同的列運算。

步驟 5. 對剩下的其它列，重複步驟 1–4。

當所有的列均完成了這 5 個步驟，或是剩下的列全為零時，就停止演算。

高斯演算法是遞迴的方法：當我們得到第一個領導項 1 時，同樣的方法可重複應用於矩陣的其餘列，使得高斯演算法容易用電腦來操作。注意，第 1.1 節例 3 的解，並非用高斯演算法，因為第一個領導項 1 不是將第一列除以 3 所產生的，原因是避免產生分數。但是，一般的做法是：由左到右產生領導項 1，利用每一個領導項 1 使位於其下方輪流產生零。以下有兩個例子。

● 例 2

解下列方程組

$$3x + y - 4z = -1$$
$$x + 10z = 5$$
$$4x + y + 6z = 1$$

解：對應的增廣矩陣為

$$\begin{bmatrix} 3 & 1 & -4 & -1 \\ 1 & 0 & 10 & 5 \\ 4 & 1 & 6 & 1 \end{bmatrix}$$

---

[4] 卡爾・弗里德里希・高斯 (Carl Friedrich Gauss, 1777-1855) 與阿基米德 (Archimedes) 和牛頓 (Newton) 齊名，並列為有史以來最偉大的數學家之一，他從小就是神童。在 21 歲時，即證明了每個方程式都有一個複數根。西元 1801 年他發表了一篇傑作 *Disquisitiones Arithmeticae*，成了近代數論的基石。他還在數學的各領域中做出了開創性的貢獻，而且是早在其它人發現或發表這些結果之前。

[5] 此演算法是在中國古代已被採用。

將第 1 列與第 2 列互換，使第 1 列的領導項為 1。

$$\begin{bmatrix} 1 & 0 & 10 & | & 5 \\ 3 & 1 & -4 & | & -1 \\ 4 & 1 & 6 & | & 1 \end{bmatrix}$$

將第 1 列乘以 (−3) 加到第 2 列，第 1 列乘以 (−4) 加到第 3 列。結果為

$$\begin{bmatrix} 1 & 0 & 10 & | & 5 \\ 0 & 1 & -34 & | & -16 \\ 0 & 1 & -34 & | & -19 \end{bmatrix}$$

第 2 列乘以 (−1) 加到第 3 列，可得

$$\begin{bmatrix} 1 & 0 & 10 & | & 5 \\ 0 & 1 & -34 & | & -16 \\ 0 & 0 & 0 & | & -3 \end{bmatrix}$$

此即下列方程組

$$\begin{aligned} x \quad\quad + 10z &= 5 \\ y - 34z &= -16 \\ 0 &= -3 \end{aligned}$$

與原方程組對等。換言之，兩者有相同的解，但最後方程組顯然無解（最後的方程式要求 x、y、z 滿足 $0x + 0y + 0z = -3$，這種數並不存在）。因此原方程組無解。

例 3

解下列方程組

$$\begin{aligned} x_1 - 2x_2 - x_3 + 3x_4 &= 1 \\ 2x_1 - 4x_2 + x_3 \quad\quad &= 5 \\ x_1 - 2x_2 + 2x_3 - 3x_4 &= 4 \end{aligned}$$

解：增廣矩陣為

$$\begin{bmatrix} 1 & -2 & -1 & 3 & | & 1 \\ 2 & -4 & 1 & 0 & | & 5 \\ 1 & -2 & 2 & -3 & | & 4 \end{bmatrix}$$

第 1 列乘以 (−2) 加到第 2 列，第 1 列乘以 (−1) 加到第 3 列，可得

$$\begin{bmatrix} 1 & -2 & -1 & 3 & | & 1 \\ 0 & 0 & 3 & -6 & | & 3 \\ 0 & 0 & 3 & -6 & | & 3 \end{bmatrix}$$

第 2 列乘以 (−1) 加到第 3 列，第 2 列乘以 $\frac{1}{3}$，可得

$$\begin{bmatrix} 1 & -2 & -1 & 3 & | & 1 \\ 0 & 0 & 1 & -2 & | & 1 \\ 0 & 0 & 0 & 0 & | & 0 \end{bmatrix}$$

此為列梯形，將第 2 列加到第 1 列，化為簡化列梯形：

$$\begin{bmatrix} 1 & -2 & 0 & 1 & | & 2 \\ 0 & 0 & 1 & -2 & | & 1 \\ 0 & 0 & 0 & 0 & | & 0 \end{bmatrix}$$

對應方程組為

$$\begin{aligned} x_1 - 2x_2 + x_4 &= 2 \\ x_3 - 2x_4 &= 1 \\ 0 &= 0 \end{aligned}$$

領導項在第 1 行與第 3 行，因此對應的變數 x_1 與 x_3 稱為領導變數。因為矩陣是簡化列梯形，這些方程式可利用非領導變數 x_2 與 x_4 解出領導變數。更明白地說，在此例中，令 $x_2 = s, x_4 = t$，其中 s 與 t 為任意數，則這些方程式變成

$$x_1 - 2s + t = 2 \quad \text{與} \quad x_3 - 2t = 1$$

最後的解為

$$\begin{aligned} x_1 &= 2 + 2s - t \\ x_2 &= s \\ x_3 &= 1 + 2t \\ x_4 &= t \end{aligned}$$

其中 s 與 t 為任意數。

　　例 3 的解是典型的一般情形。欲解線性方程組，要將增廣矩陣變為簡化列梯形，對應於領導項 1 的變數稱為**領導變數 (leading variables)**。因為矩陣是簡化列梯形，每一個領導變數恰出現在一個方程式中，使得方程式的領導變數可用非領導變數求解。習慣上稱非領導變數為「自由」變數，並以新變數〔**參數 (parameters)**〕$s, t, \dots$ 表示。因此，在例 3 中，每一變數 x_i 可用參數 s、t 表示。此外，選擇這些參數可導出方程組的解，而每一解都是由這種方式產生。通常這種操作過程，稱為高斯消去法。

高斯消去法

解線性方程組可如下進行：
1. 利用基本列運算將增廣矩陣化為簡化列梯形矩陣。
2. 若有 [0 0 0 ⋯ 0 1] 的列出現，則方程組為不相容。
3. 否則，以非領導變數作為參數，利用方程組所對應的簡化列梯形矩陣，以參數解出領導變數。

此方法可做一變化，其中增廣矩陣僅進行到列梯形。如前所述，將非領導變數指定為參數，則由最後一個方程式（對應列梯形）可解出列梯形增廣矩陣的最後一個方程式中的領導變數，然後將所得到的領導變數的解代入此矩陣前面的方程式中，又由倒數第二個方程式中，解出倒數第二個領導變數，再代入前一個方程式中，繼續此過程可得方程組的通解。此過程稱為**反向代回法 (back-substitution)**。此過程用數值法頗具效率，因此這種方法對於解非常大的方程組是很重要的。[6]

● 例 4

求 a、b、c 的條件，使得下列方程組為相容。若滿足該條件，求所有解（以 a、b、c 表示）。

$$x_1 + 3x_2 + x_3 = a$$
$$-x_1 - 2x_2 + x_3 = b$$
$$3x_1 + 7x_2 - x_3 = c$$

解：我們利用高斯消去法，而增廣矩陣為

$$\begin{bmatrix} 1 & 3 & 1 & | & a \\ -1 & -2 & 1 & | & b \\ 3 & 7 & -1 & | & c \end{bmatrix}$$

其中 a、b、c 為已知數。第一列的領導項為 1，將第一行中，位於領導項之下的元素變為零：

$$\begin{bmatrix} 1 & 3 & 1 & | & a \\ 0 & 1 & 2 & | & a+b \\ 0 & -2 & -4 & | & c-3a \end{bmatrix}$$

---

[6] 假設有 n 個方程式而 n 很大時，高斯消去法大約需要 $n^3/2$ 次乘法和除法運算，而反向代回法只需 $n^3/3$ 次運算。

第二領導項 1 已出現，利用它將第二行其它位置變為零：

$$\begin{bmatrix} 1 & 0 & -5 & | & -2a-3b \\ 0 & 1 & 2 & | & a+b \\ 0 & 0 & 0 & | & c-a+2b \end{bmatrix}$$

整個解與 $c - a + 2b = c - (a - 2b)$ 有關。最後一列對應方程式 $0 = c - (a - 2b)$。若 $c \neq a - 2b$，則無解（如例 2）。因此：

若且唯若 $c = a - 2b$，則方程組相容

此時矩陣變成

$$\begin{bmatrix} 1 & 0 & -5 & | & -2a-3b \\ 0 & 1 & 2 & | & a+b \\ 0 & 0 & 0 & | & 0 \end{bmatrix}$$

因此，若 $c = a - 2b$，取 $x_3 = t$，其中 t 為參數，則解為

$$x_1 = 5t - (2a + 3b) \quad x_2 = (a + b) - 2t \quad x_3 = t$$

秩

我們可證明矩陣 A 的簡化列梯形是由 A 唯一確定。亦即，不論採用何種系列的列運算，最後的簡化列梯形矩陣都是相同的。（證明於第 2.5 節末。）相形之下，對於列梯形矩陣，則此不為真：不同系列的列運算可將矩陣 A 化為不同列梯形矩陣。的確，矩陣 $A = \begin{bmatrix} 1 & -1 & 4 \\ 2 & -1 & 2 \end{bmatrix}$ 可（由一個列運算）化為列梯形矩陣 $\begin{bmatrix} 1 & -1 & 4 \\ 0 & 1 & -6 \end{bmatrix}$，然後又可由另一列運算，化為（簡化）列梯形矩陣 $\begin{bmatrix} 1 & 0 & -2 \\ 0 & 1 & -6 \end{bmatrix}$。雖然簡化後產生不同的列梯形矩陣，但各個不同的列梯形矩陣之領導項 1 的個數 r 必相同（證明於第 5 章）。因此，個數 r 僅與 A 有關而與將 A 化為列梯形的方法無關。

定義 1.4

以列運算將 A 化為列梯形矩陣，矩陣 A 的**秩 (rank)** 是列梯形矩陣中，領導項 1 的個數。

例 5

求 $A = \begin{bmatrix} 1 & 1 & -1 & 4 \\ 2 & 1 & 3 & 0 \\ 0 & 1 & -5 & 8 \end{bmatrix}$ 的秩。

解：將 A 化為列梯形矩陣

$$A = \begin{bmatrix} 1 & 1 & -1 & 4 \\ 2 & 1 & 3 & 0 \\ 0 & 1 & -5 & 8 \end{bmatrix} \to \begin{bmatrix} 1 & 1 & -1 & 4 \\ 0 & -1 & 5 & -8 \\ 0 & 1 & -5 & 8 \end{bmatrix} \to \begin{bmatrix} 1 & 1 & -1 & 4 \\ 0 & 1 & -5 & 8 \\ 0 & 0 & 0 & 0 \end{bmatrix}$$

因為列梯形矩陣中的領導項 1 的個數為 2，故 $\operatorname{rank} A = 2$。

假設 $\operatorname{rank} A = r$，其中 A 為 m 列 n 行的矩陣，則 $r < m$，因為領導項 1 是位於不同列，且 $r < n$，因為領導項 1 是位於不同行。此外，秩對於解方程組是很有用的。回顧，若一線性方程組至少有一解，則稱此方程組為相容。

定理 2

假設一相容方程組有 m 個方程式，n 個變數，而增廣矩陣的秩為 r。
(1) 則方程組的解集合恰有 $n - r$ 個參數。
(2) 若 $r < n$，則方程組有無限多組解。
(3) 若 $r = n$，則方程組有唯一解。

證明

增廣矩陣的秩為 r 表示恰有 r 個領導變數，因此恰有 $n - r$ 個非領導變數。在高斯演算法中，這些非領導變數均指定為參數。因此，若 $r < n$，則至少有一參數，故有無限多組解。若 $r = n$，則無參數，故有唯一解。

定理 2 說明，對任意線性方程組，其解恰有下列三種情形：

1. 無解。在列梯形矩陣中，出現 $[0\ 0\ \cdots\ 0\ 1]$。此為方程組不相容的情形。
2. 唯一解。此時每一變數均為領導變數。
3. 無限多組解。方程組是相容且至少有一非領導變數。因此至少有一參數。

例 6

假設例 5 的矩陣 A 是某線性方程組的增廣矩陣，此方程組有 $m = 3$ 個線性方程式且有 $n = 3$ 個變數。由於 $\operatorname{rank} A = r = 2$，因此解集合含有 $n - r = 1$ 個參數。讀者可直接驗證此事實。

許多重要問題是關於**線性不等式 (linear inequalities)** 而非**線性方程式 (linear equations)**。例如，附加在變數 x 與 y 上的條件，其形式為不等式 $2x - 5y \leq 4$ 而非 $2x - 5y = 4$。有一種技巧〔稱為**單純演算法 (simplex algorithm)**〕，亦即欲

在此不等式方程組中找出滿足函數 $p = ax + by$，其中 a、b 為常數，具有最大值的解。此過程涉及高斯消去法，有興趣的讀者可由 www.mcgrawhill.ca/college/nicholson 找到 Connect 導論，然後選擇這方面的文章閱讀。

習題1.2

1. 下列矩陣何者是簡化列梯形？何者是列梯形？

   (a) $\begin{bmatrix} 1 & -1 & 2 \\ 0 & 0 & 0 \\ 0 & 0 & 1 \end{bmatrix}$
   ◆(b) $\begin{bmatrix} 2 & 1 & -1 & 3 \\ 0 & 0 & 0 & 0 \end{bmatrix}$

   (c) $\begin{bmatrix} 1 & -2 & 3 & 5 \\ 0 & 0 & 0 & 1 \end{bmatrix}$
   ◆(d) $\begin{bmatrix} 1 & 0 & 0 & 3 & 1 \\ 0 & 0 & 0 & 1 & 1 \\ 0 & 0 & 0 & 0 & 1 \end{bmatrix}$

   (e) $\begin{bmatrix} 1 & 1 \\ 0 & 1 \end{bmatrix}$
   ◆(f) $\begin{bmatrix} 0 & 0 & 1 \\ 0 & 0 & 1 \\ 0 & 0 & 1 \end{bmatrix}$

2. 將下列矩陣化為簡化列梯形。

   (a) $\begin{bmatrix} 0 & -1 & 2 & 1 & 2 & 1 & -1 \\ 0 & 1 & -2 & 2 & 7 & 2 & 4 \\ 0 & -2 & 4 & 3 & 7 & 1 & 0 \\ 0 & 3 & -6 & 1 & 6 & 4 & 1 \end{bmatrix}$

   ◆(b) $\begin{bmatrix} 0 & -1 & 3 & 1 & 3 & 2 & 1 \\ 0 & -2 & 6 & 1 & -5 & 0 & -1 \\ 0 & 3 & -9 & 2 & 4 & 1 & -1 \\ 0 & 1 & -3 & -1 & 3 & 0 & 1 \end{bmatrix}$

3. 線性方程組的增廣矩陣，由列運算已經化為下列的列梯形矩陣。解每一個方程組。

   (a) $\begin{bmatrix} 1 & 2 & 0 & 3 & 1 & 0 & | & -1 \\ 0 & 0 & 1 & -1 & 1 & 0 & | & 2 \\ 0 & 0 & 0 & 0 & 0 & 1 & | & 3 \\ 0 & 0 & 0 & 0 & 0 & 0 & | & 0 \end{bmatrix}$

   ◆(b) $\begin{bmatrix} 1 & -2 & 0 & 2 & 0 & 1 & | & 1 \\ 0 & 0 & 1 & 5 & 0 & -3 & | & -1 \\ 0 & 0 & 0 & 0 & 1 & 6 & | & 1 \\ 0 & 0 & 0 & 0 & 0 & 0 & | & 0 \end{bmatrix}$

   (c) $\begin{bmatrix} 1 & 2 & 1 & 3 & 1 & | & 1 \\ 0 & 1 & -1 & 0 & 1 & | & 1 \\ 0 & 0 & 0 & 1 & -1 & | & 0 \\ 0 & 0 & 0 & 0 & 0 & | & 0 \end{bmatrix}$

   ◆(d) $\begin{bmatrix} 1 & -1 & 2 & 4 & 6 & | & 2 \\ 0 & 1 & 2 & 1 & -1 & | & -1 \\ 0 & 0 & 0 & 1 & 0 & | & 1 \\ 0 & 0 & 0 & 0 & 0 & | & 0 \end{bmatrix}$

4. 求下列每一個線性方程組的解。

   (a) $\begin{aligned} x - 2y &= 1 \\ 4y - x &= -2 \end{aligned}$
   ◆(b) $\begin{aligned} 3x - y &= 0 \\ 2x - 3y &= 1 \end{aligned}$

   (c) $\begin{aligned} 2x + y &= 5 \\ 3x + 2y &= 6 \end{aligned}$
   ◆(d) $\begin{aligned} 3x - y &= 2 \\ 2y - 6x &= -4 \end{aligned}$

   (e) $\begin{aligned} 3x - y &= 4 \\ 2y - 6x &= 1 \end{aligned}$
   ◆(f) $\begin{aligned} 2x - 3y &= 5 \\ 3y - 2x &= 2 \end{aligned}$

5. 求下列每一個線性方程組的解。

   (a) $\begin{aligned} x + y + 2z &= 8 \\ 3x - y + z &= 0 \\ -x + 3y + 4z &= -4 \end{aligned}$

   ◆(b) $\begin{aligned} -2x + 3y + 3z &= -9 \\ 3x - 4y + z &= 5 \\ -5x + 7y + 2z &= -14 \end{aligned}$

   (c) $\begin{aligned} x + y - z &= 10 \\ -x + 4y + 5z &= -5 \\ x + 6y + 3z &= 15 \end{aligned}$

   ◆(d) $\begin{aligned} x + 2y - z &= 2 \\ 2x + 5y - 3z &= 1 \\ x + 4y - 3z &= 3 \end{aligned}$

   (e) $\begin{aligned} 5x + y &= 2 \\ 3x - y + 2z &= 1 \\ x + y - z &= 5 \end{aligned}$

◆(f) $3x - 2y + z = -2$
$\quad\ x - y + 3z = 5$
$\ -x + y + z = -1$

(g) $x + y + z = 2$
$\quad x\ \ \ \ \ + z = 1$
$\quad 2x + 5y + 2z = 7$

◆(h) $x + 2y - 4z = 10$
$\quad 2x - y + 2z = 5$
$\quad\ x + y - 2z = 7$

6. 將每一個方程組的最後一個方程式寫成前兩個方程式的倍數和。【提示：標示出方程式，使用高斯演算法。】

(a) $x_1 + x_2 + x_3 = 1$
$\quad 2x_1 - x_2 + 3x_3 = 3$
$\quad\ x_1 - 2x_2 + 2x_3 = 2$

◆(b) $x_1 + 2x_2 - 3x_3 = -3$
$\quad\ x_1 + 3x_2 - 5x_3 = 5$
$\quad\ x_1 - 2x_2 + 5x_3 = -35$

7. 求下列方程組的解。

(a) $3x_1 + 8x_2 - 3x_3 - 14x_4 = 2$
$\quad 2x_1 + 3x_2 - x_3 - 2x_4 = 1$
$\quad\ x_1 - 2x_2 + x_3 + 10x_4 = 0$
$\quad\ x_1 + 5x_2 - 2x_3 - 12x_4 = 1$

◆(b) $x_1 - x_2 + x_3 - x_4 = 0$
$\quad -x_1 + x_2 + x_3 + x_4 = 0$
$\quad\ x_1 + x_2 - x_3 + x_4 = 0$
$\quad\ x_1 + x_2 + x_3 + x_4 = 0$

(c) $x_1 - x_2 + x_3 - 2x_4 = 1$
$\quad -x_1 + x_2 + x_3 + x_4 = -1$
$\quad -x_1 + 2x_2 + 3x_3 - x_4 = 2$
$\quad\ x_1 - x_2 + 2x_3 + x_4 = 1$

◆(d) $x_1 + x_2 + 2x_3 - x_4 = 4$
$\quad\quad\ 3x_2 - x_3 + 4x_4 = 2$
$\quad\ x_1 + 2x_2 - 3x_3 + 5x_4 = 0$
$\quad\ x_1 + x_2 - 5x_3 + 6x_4 = -3$

8. 在下列方程組中，求出 a、b 的值，使方程組的解分別為無解、有一解、無限多組解。

(a) $x - 2y = 1$
$\quad ax + by = 5$

◆(b) $x + by = -1$
$\quad ax + 2y = 5$

(c) $x - by = -1$
$\quad\ x + ay = 3$

◆(d) $ax + y = 1$
$\quad 2x + y = b$

9. 在下列方程組中，求出 a、b、c 的值，使方程組的解分別為無解、有一解、無限多組解。

(a) $3x + y - z = a$
$\quad\ x - y + 2z = b$
$\quad 5x + 3y - 4z = c$

◆(b) $2x + y - z = a$
$\quad\quad\ 2y + 3z = b$
$\quad\ x\ \ \ \ \ - z = c$

(c) $-x + 3y + 2z = -8$
$\quad\ x\ \ \ \ \ + z = 2$
$\quad 3x + 3y + az = b$

◆(d) $x + ay = 0$
$\quad\ y + bz = 0$
$\quad\ z + cx = 0$

(e) $3x - y + 2z = 3$
$\quad\ x + y - z = 2$
$\quad 2x - 2y + 3z = b$

◆(f) $x + ay - z = 1$
$\quad -x + (a-2)y + z = -1$
$\quad 2x + 2y + (a-2)z = 1$

◆10. 求習題 1 中每一個矩陣的秩。

11. 求下列每一個矩陣的秩。

(a) $\begin{bmatrix} 1 & 1 & 2 \\ 3 & -1 & 1 \\ -1 & 3 & 4 \end{bmatrix}$ ◆(b) $\begin{bmatrix} -2 & 3 & 3 \\ 3 & -4 & 1 \\ -5 & 7 & 2 \end{bmatrix}$

(c) $\begin{bmatrix} 1 & 1 & -1 & 3 \\ -1 & 4 & 5 & -2 \\ 1 & 6 & 3 & 4 \end{bmatrix}$

◆(d) $\begin{bmatrix} 3 & -2 & 1 & -2 \\ 1 & -1 & 3 & 5 \\ -1 & 1 & 1 & -1 \end{bmatrix}$

(e) $\begin{bmatrix} 1 & 2 & -1 & 0 \\ 0 & a & 1-a & a^2+1 \\ 1 & 2-a & -1 & -2a^2 \end{bmatrix}$

◆(f) $\begin{bmatrix} 1 & 1 & 2 & a^2 \\ 1 & 1-a & 2 & 0 \\ 2 & 2-a & 6-a & 4 \end{bmatrix}$

12. 考慮一線性方程組，其增廣矩陣為 A，係數矩陣為 C。對於下列各題，證明敘述為真，或給予一個反例，證明其不為真。

    (a) 若方程組的解超過一個，則 A 有一列全為零。

    ◆(b) 若 A 有一列全為零，則方程組的解超過一個。

    (c) 若方程組無解，則 C 的列梯形矩陣有一列全為零。

    ◆(d) 若 C 的列梯形矩陣有一列全為零，則方程組無解。

    (e) 對於任意選取的常數而言，沒有不相容的方程組。

    ◆(f) 若選取某些常數，可使方程組為相容，則選取任意常數，亦可使方程組為相容。

    假設增廣矩陣 A 有 3 列 5 行。

    (g) 若方程組為相容，則解超過一個。

    ◆(h) A 的秩最多為 3。

    (i) 若 $\operatorname{rank} A = 3$，則方程組相容。

    (j) 若 $\operatorname{rank} C = 3$，則方程組相容。

13. 求一系列的列運算，將 $\begin{bmatrix} b_1+c_1 & b_2+c_2 & b_3+c_3 \\ c_1+a_1 & c_2+a_2 & c_3+a_3 \\ a_1+b_1 & a_2+b_2 & a_3+b_3 \end{bmatrix}$ 化為 $\begin{bmatrix} a_1 & a_2 & a_3 \\ b_1 & b_2 & b_3 \\ c_1 & c_2 & c_3 \end{bmatrix}$

14. 下列各題中，證明題中所示的是簡化列梯形。

(a) $\begin{bmatrix} p & 0 & a \\ b & 0 & 0 \\ q & c & r \end{bmatrix}$ 其中 $abc \neq 0$；$\begin{bmatrix} 1 & 0 & 0 \\ 0 & 1 & 0 \\ 0 & 0 & 1 \end{bmatrix}$

◆(b) $\begin{bmatrix} 1 & a & b+c \\ 1 & b & c+a \\ 1 & c & a+b \end{bmatrix}$ 其中 $c \neq a$ 或 $b \neq a$；$\begin{bmatrix} 1 & 0 & * \\ 0 & 1 & * \\ 0 & 0 & 0 \end{bmatrix}$

15. 證明 $\begin{cases} ax + by + cz = 0 \\ a_1x + b_1y + c_1z = 0 \end{cases}$ 除了 $x=0, y=0, z=0$ 的解外，還有其它解。

16. 求通過下列各點的圓 $x^2 + y^2 + ax + by + c = 0$。

    (a) $(-2, 1), (5, 0)$ 與 $(4, 1)$

    ◆(b) $(1, 1), (5, -3)$ 與 $(-3, -3)$

17. 三輛 Nissan、二輛 Ford、四輛 Chevrolet 每天的租金為 \$106。二輛 Nissan、四輛 Ford、三輛 Chevrolet 每天的租金為 \$107。四輛 Nissan、三輛 Ford、二輛 Chevrolet 每天的租金為 \$102，求這三種車輛每天的租金。

◆18. 某校有 A、B、C 三個社團，學校要求每一個學生要參加一個社團。某年，學生轉換到其它社團的情形如下：

    社團 A：$\frac{4}{10}$ 留在 A，$\frac{1}{10}$ 轉到 B，$\frac{5}{10}$ 轉到 C。

    社團 B：$\frac{7}{10}$ 留在 B，$\frac{2}{10}$ 轉到 A，$\frac{1}{10}$ 轉到 C。

    社團 C：$\frac{6}{10}$ 留在 C，$\frac{2}{10}$ 轉到 A，$\frac{2}{10}$ 轉到 B。

    若每個社團的學生人數比不變，求各社團的人數比。

19. 平面上三點 (p_1, q_1)、(p_2, q_2) 與 (p_3, q_3)，其中 p_1、p_2、p_3 相異，證明這些

點位於曲線 $y = a + bx + cx^2$ 上。【提示：解出 a、b、c。】

20. 某場比賽三位選手的成績遺失了，唯一知道的是選手 1 和 2 的總分、選手 2 和 3 的總分與選手 3 和 1 的總分。
    (a) 試證可求得每位選手的分數。
    (b) 若是四位選手，亦可能嗎？（已知選手 1 和 2、2 和 3、3 和 4、4 和 1 的總分。）

21. 一男孩有一角、五分和一分的三種硬幣共 17 枚，總幣值為 \$1.05，試問他分別擁有這三種硬幣各多少枚？

22. 若一相容方程組其變數個數多於方程式個數，證明此方程組有無限多組解。【提示：利用定理 2。】

1.3 節　齊次方程式

變數為 $x_1, x_2, \ldots, x_n$ 的方程組中，若所有常數項為零，則此方程組稱為**齊次 (homogeneous)**——亦即，方程組中的每一個方程式其形式為

$$a_1 x_1 + a_2 x_2 + \cdots + a_n x_n = 0$$

顯然 $x_1 = 0, x_2 = 0, \ldots, x_n = 0$ 為齊次方程組的一解；這個解叫作零解或**當然解 (trivial solution)**。在任意解中，若至少有一個變數具有非零值，則稱此任意解為非零解或**非當然解 (nontrivial solution)**。本節主要的目的是找出齊次方程組具有非零解的條件。下面的例子可作為導引。

例 1

證明下列齊次方程組具有非零解。

$$\begin{aligned} x_1 - x_2 + 2x_3 + x_4 &= 0 \\ 2x_1 + 2x_2 \quad\quad - x_4 &= 0 \\ 3x_1 + x_2 + 2x_3 + x_4 &= 0 \end{aligned}$$

解：將增廣矩陣化為簡化列梯形

$$\begin{bmatrix} 1 & -1 & 2 & 1 & 0 \\ 2 & 2 & 0 & -1 & 0 \\ 3 & 1 & 2 & 1 & 0 \end{bmatrix} \to \begin{bmatrix} 1 & -1 & 2 & 1 & 0 \\ 0 & 4 & -4 & -3 & 0 \\ 0 & 4 & -4 & -2 & 0 \end{bmatrix} \to \begin{bmatrix} 1 & 0 & 1 & 0 & 0 \\ 0 & 1 & -1 & 0 & 0 \\ 0 & 0 & 0 & 1 & 0 \end{bmatrix}$$

由此可知領導變數為 x_1、x_2、x_4，故可指定 x_3 為參數——令 $x_3 = t$，則通解為 $x_1 = -t$, $x_2 = t, x_3 = t, x_4 = 0$。因此，若取 $t = 1$，可得非零解 $x_1 = -1, x_2 = 1, x_3 = 1, x_4 = 0$。

例 1 中，方程組的解有一個參數，這確保了非零解的存在。這是由於方程組有一非領導變數（此情況是指 x_3），但是此處一定會有非領導變數，因為有四個變數而只有三個方程式（因此最多只能有三個領導變數）。此項討論可推廣到下列基本定理的證明。

定理 1

若齊次線性方程組的變數個數大於方程式的個數，則方程組具有非零解（事實上有無限多組非零解）。

證明

假設有 m 個方程式，n 個變數，其中 $n > m$，令 R 表示增廣矩陣的簡化列梯形矩陣。若有 r 個領導變數，則會有 $n - r$ 個非領導變數，亦即有 $n - r$ 個參數。因此，只要證明 $r < n$。因為 R 有 r 個領導項 1 且有 m 列，所以 $r \leq m$，又由假設 $m < n$，故 $r \leq m < n$，此即 $r < n$。

注意，定理 1 的逆敘述不成立：若齊次方程組具有非零解，則其變數個數不一定大於方程式個數（方程組 $x_1 + x_2 = 0$、$2x_1 + 2x_2 = 0$ 具有非零解，但 $m = 2 = n$）。

定理 1 在應用上非常有用，下面提出一個有關幾何問題的例子作為說明。

例 2

若 a、b、c 不全為零，則方程式 $ax^2 + bxy + cy^2 + dx + ey + f = 0$ 的圖形是一個**圓錐 (conic)** 曲線。證明若平面上有不全在一直線上的五個點，則至少有一圓錐曲線通過此五點。

解：令五點的座標分別為 (p_1, q_1)、(p_2, q_2)、(p_3, q_3)、(p_4, q_4) 與 (p_5, q_5)。因為 $ax^2 + bxy + cy^2 + dx + ey + f = 0$ 的圖形通過 (p_i, q_i) 這五點，所以

$$ap_i^2 + bp_iq_i + cq_i^2 + dp_i + eq_i + f = 0$$

對每一個 i，有五個線性方程式，六個變數 a、b、c、d、e、f。因此，由定理可知，方程組有非當然解。若 $a = b = c = 0$，則五點均位於直線 $dx + ey + f = 0$ 上，與假設矛盾。因此，a、b、c 中至少有一不為零。

線性組合與基本解

非常自然地，若兩行有相同的元素個數且有相同的對應元素，則此兩行**相等 (equal)**。令 x 與 y 有相同的元素個數，則其**和 x + y (sum x + y)** 是將對應元素相加

而得，**純量積 (scalar product)** $k\mathbf{x}$ 定義為 k 乘以 $\mathbf{x}$ 的每一元素，其中 k 為常數。更明確而言：

$$\text{若 } \mathbf{x} = \begin{bmatrix} x_1 \\ x_2 \\ \vdots \\ x_n \end{bmatrix} \text{ 且 } \mathbf{y} = \begin{bmatrix} y_1 \\ y_2 \\ \vdots \\ y_n \end{bmatrix}, \text{ 則 } \mathbf{x} + \mathbf{y} = \begin{bmatrix} x_1 + y_1 \\ x_2 + y_2 \\ \vdots \\ x_n + y_n \end{bmatrix} \text{ 且 } k\mathbf{x} = \begin{bmatrix} kx_1 \\ kx_2 \\ \vdots \\ kx_n \end{bmatrix}$$

許多行的純量倍的和稱為這些行的**線性組合 (linear combination)**。例如，對任意數 s、t 而言，$s\mathbf{x} + t\mathbf{y}$ 為 $\mathbf{x}$ 與 $\mathbf{y}$ 的線性組合。

例 3

若 $\mathbf{x} = \begin{bmatrix} 3 \\ -2 \end{bmatrix}$ 且 $\mathbf{y} = \begin{bmatrix} -1 \\ 1 \end{bmatrix}$，則 $2\mathbf{x} + 5\mathbf{y} = \begin{bmatrix} 6 \\ -4 \end{bmatrix} + \begin{bmatrix} -5 \\ 5 \end{bmatrix} = \begin{bmatrix} 1 \\ 1 \end{bmatrix}$。

例 4

令 $\mathbf{x} = \begin{bmatrix} 1 \\ 0 \\ 1 \end{bmatrix}, \mathbf{y} = \begin{bmatrix} 2 \\ 1 \\ 0 \end{bmatrix}, \mathbf{z} = \begin{bmatrix} 3 \\ 1 \\ 1 \end{bmatrix}$。若 $\mathbf{v} = \begin{bmatrix} 0 \\ -1 \\ 2 \end{bmatrix}$ 且 $\mathbf{w} = \begin{bmatrix} 1 \\ 1 \\ 1 \end{bmatrix}$，

試問 $\mathbf{v}$、$\mathbf{w}$ 是否為 $\mathbf{x}$、$\mathbf{y}$、$\mathbf{z}$ 的線性組合？

解：對 $\mathbf{v}$ 而言，欲求是否存在 r、s、t 使得 $\mathbf{v} = r\mathbf{x} + s\mathbf{y} + t\mathbf{z}$，亦即，是否

$$\begin{bmatrix} 0 \\ -1 \\ 2 \end{bmatrix} = r\begin{bmatrix} 1 \\ 0 \\ 1 \end{bmatrix} + s\begin{bmatrix} 2 \\ 1 \\ 0 \end{bmatrix} + t\begin{bmatrix} 3 \\ 1 \\ 1 \end{bmatrix} = \begin{bmatrix} r + 2s + 3t \\ s + t \\ r + t \end{bmatrix}$$

能成立。令對應元素相等，可得線性方程組 $r + 2s + 3t = 0$、$s + t = -1$ 與 $r + t = 2$。由高斯消去法，求得解為 $r = 2 - k$、$s = -1 - k$ 與 $t = k$，其中 k 為參數。取 $k = 0$，可知 $\mathbf{v} = 2\mathbf{x} - \mathbf{y}$ 確實是 $\mathbf{x}$、$\mathbf{y}$、$\mathbf{z}$ 的線性組合。

回到 $\mathbf{w}$，欲求 r、s、t 使得 $\mathbf{w} = r\mathbf{x} + s\mathbf{y} + t\mathbf{z}$，亦即

$$\begin{bmatrix} 1 \\ 1 \\ 1 \end{bmatrix} = r\begin{bmatrix} 1 \\ 0 \\ 1 \end{bmatrix} + s\begin{bmatrix} 2 \\ 1 \\ 0 \end{bmatrix} + t\begin{bmatrix} 3 \\ 1 \\ 1 \end{bmatrix} = \begin{bmatrix} r + 2s + 3t \\ s + t \\ r + t \end{bmatrix}$$

導出方程組 $r + 2s + 3t = 1$、$s + t = 1$ 與 $r + t = 1$，讀者可驗證此為**無解**，故 $\mathbf{w}$ 不是 $\mathbf{x}$、$\mathbf{y}$、$\mathbf{z}$ 的線性組合。

我們對線性組合有興趣的原因是來自於線性組合可提供一種最好的方法來描述齊次線性方程組的通解。當求解含有 n 個變數 $x_1, x_2, ..., x_n$ 的方程組時，將變

數寫成行[7]矩陣：$\mathbf{x} = \begin{bmatrix} x_1 \\ x_2 \\ \vdots \\ x_n \end{bmatrix}$。當然解記做 $\mathbf{0} = \begin{bmatrix} 0 \\ 0 \\ \vdots \\ 0 \end{bmatrix}$。為了說明，我們將例 1 的通解

$x_1 = -t \cdot x_2 = t \cdot x_3 = t$ 與 $x_4 = 0$，其中 t 為參數，表示成 $\mathbf{x} = \begin{bmatrix} -t \\ t \\ t \\ 0 \end{bmatrix}$，並稱此為通

解，其中 t 為任意數。

令 $\mathbf{x}$ 與 $\mathbf{y}$ 為含有 n 個變數的齊次方程組的兩個解。則這些解的任意線性組合 $s\mathbf{x} + t\mathbf{y}$ 仍然是方程組的解。廣義而言：

對齊次方程組而言，解的任意線性組合仍然是一解。 (∗)

事實上，假設在方程組中有一方程式為 $a_1x_1 + a_2x_2 + \cdots + a_nx_n = 0$ 且假設

$\mathbf{x} = \begin{bmatrix} x_1 \\ x_2 \\ \vdots \\ x_n \end{bmatrix}$ 與 $\mathbf{y} = \begin{bmatrix} y_1 \\ y_2 \\ \vdots \\ y_n \end{bmatrix}$ 為其解，則 $a_1x_1 + a_2x_2 + \cdots + a_nx_n = 0$ 且 $a_1y_1 + a_2y_2 + \cdots +$

$a_ny_n = 0$。因此 $s\mathbf{x} + t\mathbf{y} = \begin{bmatrix} sx_1 + ty_1 \\ sx_2 + ty_2 \\ \vdots \\ sx_n + ty_n \end{bmatrix}$ 亦為解，此乃因

$$\begin{aligned} a_1(sx_1 + ty_1) &+ a_2(sx_2 + ty_2) + \cdots + a_n(sx_n + ty_n) \\ &= [a_1(sx_1) + a_2(sx_2) + \cdots + a_n(sx_n)] + [a_1(ty_1) + a_2(ty_2) + \cdots + a_n(ty_n)] \\ &= s(a_1x_1 + a_2x_2 + \cdots + a_nx_n) + t(a_1y_1 + a_2y_2 + \cdots + a_ny_n) \\ &= s(0) + t(0) \\ &= 0 \end{aligned}$$

對於超過兩個解的線性組合而言，類似的論述可證明 (∗) 為真。

值得一提的是每一個齊次方程組的解是某些特解的線性組合，事實上，這些特解可用高斯演算法求得，以下就是一個例子。

---

[7] 使用行的原因在以後就會明白。

例 5

解齊次方程組，此方程組的係數矩陣為

$$A = \begin{bmatrix} 1 & -2 & 3 & -2 \\ -3 & 6 & 1 & 0 \\ -2 & 4 & 4 & -2 \end{bmatrix}$$

解：以高斯消去法將增廣矩陣化為

$$\begin{bmatrix} 1 & -2 & 3 & -2 & | & 0 \\ -3 & 6 & 1 & 0 & | & 0 \\ -2 & 4 & 4 & -2 & | & 0 \end{bmatrix} \rightarrow \begin{bmatrix} 1 & -2 & 0 & -\frac{1}{5} & | & 0 \\ 0 & 0 & 1 & -\frac{3}{5} & | & 0 \\ 0 & 0 & 0 & 0 & | & 0 \end{bmatrix}$$

故解為 $x_1 = 2s + \frac{1}{5}t, x_2 = s, x_3 = \frac{3}{5}t$ 與 $x_4 = t$。因此我們可將通解 $\mathbf{x}$ 寫成矩陣形式

$$\mathbf{x} = \begin{bmatrix} x_1 \\ x_2 \\ x_3 \\ x_4 \end{bmatrix} = \begin{bmatrix} 2s + \frac{1}{5}t \\ s \\ \frac{3}{5}t \\ t \end{bmatrix} = s \begin{bmatrix} 2 \\ 1 \\ 0 \\ 0 \end{bmatrix} + t \begin{bmatrix} \frac{1}{5} \\ 0 \\ \frac{3}{5} \\ 1 \end{bmatrix} = s\mathbf{x}_1 + t\mathbf{x}_2$$

其中 $\mathbf{x}_1 = \begin{bmatrix} 2 \\ 1 \\ 0 \\ 0 \end{bmatrix}$ 且 $\mathbf{x}_2 = \begin{bmatrix} \frac{1}{5} \\ 0 \\ \frac{3}{5} \\ 1 \end{bmatrix}$ 為由高斯演算法所求得的特解。

例 5 的解 $\mathbf{x}_1$ 與 $\mathbf{x}_2$ 可如下表示：

定義 1.5

高斯演算法有系統地對任意齊次線性方程組產生**基本解 (basic solutions)**，有一個參數就有一個基本解。

此外，演算法依慣例將每一解表示成基本解的線性組合，如例 5 所示，通解 $\mathbf{x}$ 變成

$$\mathbf{x} = s \begin{bmatrix} 2 \\ 1 \\ 0 \\ 0 \end{bmatrix} + t \begin{bmatrix} \frac{1}{5} \\ 0 \\ \frac{3}{5} \\ 1 \end{bmatrix} = s \begin{bmatrix} 2 \\ 1 \\ 0 \\ 0 \end{bmatrix} + \frac{1}{5}t \begin{bmatrix} 1 \\ 0 \\ 3 \\ 5 \end{bmatrix}$$

因此我們可以引進新的參數 $r = t/5$，而將原基本解 $\mathbf{x}_2$ 乘以 5，如此則消去分數。由於這個原因：

基本解的任意非零常數倍仍然是基本解。

同樣的方法，高斯演算法對每一齊次方程組產生基本解，對每一個參數而言，就有一個基本解（若方程組僅有零解，則無基本解）。此外，由演算法所得的每一解可表成這些基本解的線性組合（例如例 5 所示）。若 $\operatorname{rank} A = r$，由第 1.2 節定理 2 可知方程組恰有 $n - r$ 個參數，因此有 $n - r$ 個基本解。此即證明：

定理 2

設 A 為 $m \times n$ 矩陣且 $\operatorname{rank} A = r$，考慮以 A 為係數矩陣的 n 個變數的齊次方程組。則：

1. 方程組恰有 $n - r$ 個基本解，有一個參數就有一個基本解。
2. 每一解是這些基本解的線性組合。

例 6

求以 A 為係數矩陣的齊次方程組的基本解，且將每一解表示成基本解的線性組合，其中

$$A = \begin{bmatrix} 1 & -3 & 0 & 2 & 2 \\ -2 & 6 & 1 & 2 & -5 \\ 3 & -9 & -1 & 0 & 7 \\ -3 & 9 & 2 & 6 & -8 \end{bmatrix}$$

解：將增廣矩陣化為簡化列梯形

$$\begin{bmatrix} 1 & -3 & 0 & 2 & 2 & | & 0 \\ -2 & 6 & 1 & 2 & -5 & | & 0 \\ 3 & -9 & -1 & 0 & 7 & | & 0 \\ -3 & 9 & 2 & 6 & -8 & | & 0 \end{bmatrix} \rightarrow \begin{bmatrix} 1 & -3 & 0 & 2 & 2 & | & 0 \\ 0 & 0 & 1 & 6 & -1 & | & 0 \\ 0 & 0 & 0 & 0 & 0 & | & 0 \\ 0 & 0 & 0 & 0 & 0 & | & 0 \end{bmatrix}$$

故通解為 $x_1 = 3r - 2s - 2t, x_2 = r, x_3 = -6s + t, x_4 = s$ 與 $x_5 = t$，其中 $r \cdot s \cdot t$ 為參數，以矩陣表示，則為

$$\mathbf{x} = \begin{bmatrix} x_1 \\ x_2 \\ x_3 \\ x_4 \\ x_5 \end{bmatrix} = \begin{bmatrix} 3r - 2s - 2t \\ r \\ -6s + t \\ s \\ t \end{bmatrix} = r \begin{bmatrix} 3 \\ 1 \\ 0 \\ 0 \\ 0 \end{bmatrix} + s \begin{bmatrix} -2 \\ 0 \\ -6 \\ 1 \\ 0 \end{bmatrix} + t \begin{bmatrix} -2 \\ 0 \\ 1 \\ 0 \\ 1 \end{bmatrix}$$

因此基本解為 $\mathbf{x}_1 = \begin{bmatrix} 3 \\ 1 \\ 0 \\ 0 \\ 0 \end{bmatrix}$，$\mathbf{x}_2 = \begin{bmatrix} -2 \\ 0 \\ -6 \\ 1 \\ 0 \end{bmatrix}$ 與 $\mathbf{x}_3 = \begin{bmatrix} -2 \\ 0 \\ 1 \\ 0 \\ 1 \end{bmatrix}$。

習題 1.3

1. 下列有關增廣矩陣為 A 的線性方程組的敘述，證明敘述為真或給一反例說明其不為真。
   (a) 若方程組是齊次，則每一解均為零解。
   ◆(b) 若方程組具有一非零解，則它不是齊次。
   (c) 若方程組具有一零解，則它是齊次。
   ◆(d) 若方程組是相容，則它必定是齊次。

   現在假設方程組是齊次。
   (e) 若存在非零解，則零解必不存在。
   ◆(f) 若有解，則解是無限多組解。
   (g) 若存在非零解，則 A 的列梯形有零列。
   ◆(h) 若 A 的列梯形有零列，則非零解存在。
   (i) 若列運算應用於方程組，則新方程組亦為齊次。

2. 下列各題中，求使方程組具有非零解的 a 值，並求其解。
   (a) $\begin{aligned} x - 2y + z &= 0 \\ x + ay - 3z &= 0 \\ -x + 6y - 5z &= 0 \end{aligned}$

   ◆(b) $\begin{aligned} x + 2y + z &= 0 \\ x + 3y + 6z &= 0 \\ 2x + 3y + az &= 0 \end{aligned}$

   (c) $\begin{aligned} x + y - z &= 0 \\ ay - z &= 0 \\ x + y + az &= 0 \end{aligned}$

   ◆(d) $\begin{aligned} ax + y + z &= 0 \\ x + y - z &= 0 \\ x + y + az &= 0 \end{aligned}$

3. 令 $\mathbf{x} = \begin{bmatrix} 2 \\ 1 \\ -1 \end{bmatrix}$, $\mathbf{y} = \begin{bmatrix} 1 \\ 0 \\ 1 \end{bmatrix}$, $\mathbf{z} = \begin{bmatrix} 1 \\ 1 \\ -2 \end{bmatrix}$，下列各題中，將 $\mathbf{v}$ 寫成 $\mathbf{x}$、$\mathbf{y}$、$\mathbf{z}$ 的線性組合，或證明不是這種線性組合。
   (a) $\mathbf{v} = \begin{bmatrix} 0 \\ 1 \\ -3 \end{bmatrix}$ ◆(b) $\mathbf{v} = \begin{bmatrix} 4 \\ 3 \\ -4 \end{bmatrix}$
   (c) $\mathbf{v} = \begin{bmatrix} 3 \\ 1 \\ 0 \end{bmatrix}$ ◆(d) $\mathbf{v} = \begin{bmatrix} 3 \\ 0 \\ 3 \end{bmatrix}$

4. 下列各題中，將 $\mathbf{y}$ 表示成 $\mathbf{a}_1$、$\mathbf{a}_2$、$\mathbf{a}_3$ 的線性組合，或證明不是這種線性組合。其中：
   $\mathbf{a}_1 = \begin{bmatrix} -1 \\ 3 \\ 0 \\ 1 \end{bmatrix}, \mathbf{a}_2 = \begin{bmatrix} 3 \\ 1 \\ 2 \\ 0 \end{bmatrix}, \mathbf{a}_3 = \begin{bmatrix} 1 \\ 1 \\ 1 \\ 1 \end{bmatrix}$

   (a) $\mathbf{y} = \begin{bmatrix} 1 \\ 2 \\ 4 \\ 0 \end{bmatrix}$ (b) $\mathbf{y} = \begin{bmatrix} -1 \\ 9 \\ 2 \\ 6 \end{bmatrix}$

5. 求下列齊次方程組的基本解，且將通解表示成這些基本解的線性組合。
   (a) $\begin{aligned} x_1 + 2x_2 - x_3 + 2x_4 + x_5 &= 0 \\ x_1 + 2x_2 + 2x_3 + x_5 &= 0 \\ 2x_1 + 4x_2 - 2x_3 + 3x_4 + x_5 &= 0 \end{aligned}$

   ◆(b) $\begin{aligned} x_1 + 2x_2 - x_3 + x_4 + x_5 &= 0 \\ -x_1 - 2x_2 + 2x_3 + x_5 &= 0 \\ -x_1 - 2x_2 + 3x_3 + x_4 + 3x_5 &= 0 \end{aligned}$

   (c) $\begin{aligned} x_1 + x_2 - x_3 + 2x_4 + x_5 &= 0 \\ x_1 + 2x_2 - x_3 + x_4 + x_5 &= 0 \\ 2x_1 + 3x_2 - x_3 + 2x_4 + x_5 &= 0 \\ 4x_1 + 5x_2 - 2x_3 + 5x_4 + 2x_5 &= 0 \end{aligned}$

   ◆(d) $\begin{aligned} x_1 + x_2 - 2x_3 - 2x_4 + 2x_5 &= 0 \\ 2x_1 + 2x_2 - 4x_3 - 4x_4 + x_5 &= 0 \\ x_1 - x_2 + 2x_3 + 4x_4 + x_5 &= 0 \\ -2x_1 - 4x_2 + 8x_3 + 10x_4 + x_5 &= 0 \end{aligned}$

6. (a) 由定理 1 能否判斷方程組
$$\begin{cases} -x + 3y = 0 \\ 2x - 6y = 0 \end{cases}$$ 有非零解？說明其原因。
   ◆(b) 證明定理 1 的逆敘述不成立。亦即，證明非零解的存在並不意味變數個數多於方程式個數。

7. 一齊次線性方程組，有 4 個方程式，6 個變數，增廣矩陣為 A。在下列條件下，求有多少解（和多少參數）？假設 A 有非零元素。寫出所有可能的情形。
   (a) Rank $A = 2$。
   ◆(b) Rank $A = 1$。
   (c) A 有零列。
   ◆(d) A 的列梯形矩陣有零列。

8. 方程式 $ax + by + cz = 0$ 的圖形為一通過原點的平面（只要 a、b、c 不全為零）。利用定理 1，證明通過原點的兩個平面，除了原點 $(0, 0, 0)$ 外，還有其它共同點。

9. (a) 證明有一直線通過平面上的任意兩點。【提示：直線方程式為 $ax + by + c = 0$，其中 a、b、c 不全為零。】
   ◆(b) 證明有一平面 $ax + by + cz + d = 0$ 通過空間中的任意三點。

10. 若 $a \neq 0$，則 $a(x^2 + y^2) + bx + cy + d = 0$ 的圖形為一圓。證明有一圓通過平面上不在同一直線的任意三點。

◆11. 考慮有 n 個變數的齊次線性方程組，假設其增廣矩陣的秩為 r。證明若且唯若 $n > r$，則此方程組有非零解。

12. 若相容（可能非齊次）線性方程組的變數個數多於方程式個數，證明其有多於一個的解。

1.4 節　應用於網路流

有許多種類的問題涉及到導線網路，而沿著網路可觀察到某種流動，這些流動包括灌溉網路以及街道或快車道網路。通常在系統中有某些點，而在這些點上其淨流量不是流入就是流出。分析此系統的基本原理是：進入系統的總流入量必須等於總流出量。事實上，我們將此原理應用於系統中的每一個節點。

節點法則 (Junction Rule)

在網路中的每一個節點，流入該節點的總流入量必須等於總流出量。

考慮節點上的進出量，利用節點法則可列出一個線性方程式。

例 1

圖中顯示單行道網路，進入交叉點 A 的車流量為每小時 500 輛，由 B、C 流出的車流量分別為每小時 400 輛與 100 輛。求每條街每小時可能的車流量。

解：假設每條街每小時的車流量為 f_1、f_2、f_3、f_4、f_5、f_6。因為在每一交叉點，流入與流出的車流量是相等的，所以可得

交叉點 A	$500 = f_1 + f_2 + f_3$
交叉點 B	$f_1 + f_4 + f_6 = 400$
交叉點 C	$f_3 + f_5 = f_6 + 100$
交叉點 D	$f_2 = f_4 + f_5$

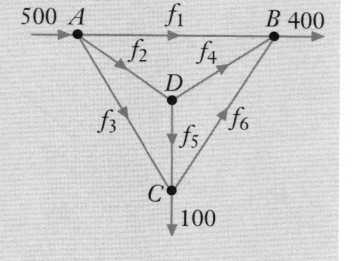

此為四個方程式，其中有六個變數 $f_1, f_2, \ldots, f_6$。

$$\begin{aligned} f_1 + f_2 + f_3 &= 500 \\ f_1 \quad\quad + f_4 \quad + f_6 &= 400 \\ f_3 \quad + f_5 - f_6 &= 100 \\ f_2 \quad - f_4 - f_5 &= 0 \end{aligned}$$

將增廣矩陣化為列梯形

$$\begin{bmatrix} 1 & 1 & 1 & 0 & 0 & 0 & | & 500 \\ 1 & 0 & 0 & 1 & 0 & 1 & | & 400 \\ 0 & 0 & 1 & 0 & 1 & -1 & | & 100 \\ 0 & 1 & 0 & -1 & -1 & 0 & | & 0 \end{bmatrix} \rightarrow \begin{bmatrix} 1 & 0 & 0 & 1 & 0 & 1 & | & 400 \\ 0 & 1 & 0 & -1 & -1 & 0 & | & 0 \\ 0 & 0 & 1 & 0 & 1 & -1 & | & 100 \\ 0 & 0 & 0 & 0 & 0 & 0 & | & 0 \end{bmatrix}$$

因此，若以 f_4、f_5、f_6 為參數，則通解為

$$f_1 = 400 - f_4 - f_6 \quad f_2 = f_4 + f_5 \quad f_3 = 100 - f_5 + f_6$$

此為方程組的所有解，也是所有可能的車流量。

當然，在實際情況下，並非所有解均能接受。例如在本題中，車流量 $f_1, f_2, \ldots, f_6$ 均為**正數**（負數表示車流為逆向）。對車流量加以限制：$f_1 \geq 0$、$f_3 \geq 0$，可得

$$f_4 + f_6 \leq 400 \quad f_5 - f_6 \leq 100$$

又每條街的車流量有其最大值也應加以考慮。

習題 1.4

1. 求下列每一條通道的可能流量。
   (a)
   (b)

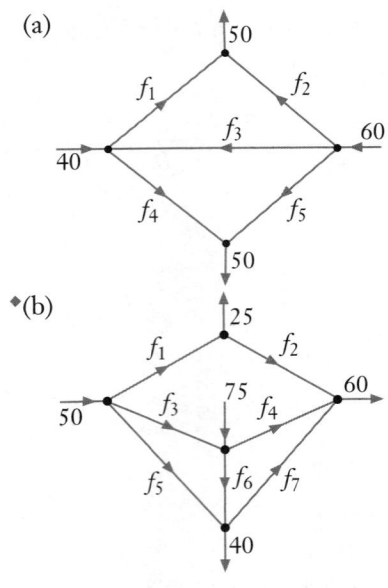

2. 圖中所示為一灌溉渠道，在用水的尖峰時刻，交叉點 A、B、C、D 的流量如圖所示。

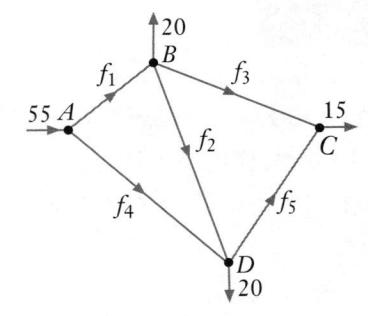

   (a) 求可能的流量。
   ◆(b) 若關閉渠道 BC，使得無流量超過 30 的渠道，則 AD 渠道的流量應維持在何範圍內？

3. 一交通網有 5 條單行道，且車輛進出如圖所示。

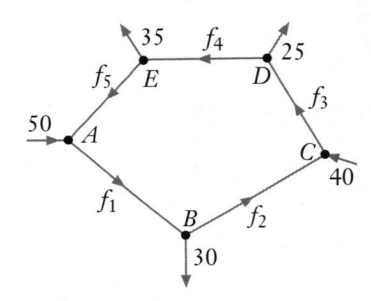

   (a) 計算可能的流量。
   ◆(b) 哪一條道路有最大的流量？

1.5 節　應用於電路 [8]

在電路中，常需要求出流經各部分的電流的安培數 (A)。電路通常含有延緩電流的電阻器。電阻器的符號為 ─⋀⋀⋀─，而電阻以歐姆 (Ω) 量測。各點的電流可由電壓源（例如，電池）予以增加，這些電壓源以伏特 (V) 量測，且以符號 ─┤├─ 表示。我們假設這些電壓源無電阻，且電流遵循下列原理。

---
[8] 本節與第 1.4 節無關。

第一章　線性方程組　31

歐姆定律 (Ohm's Law)

電流 I 與橫跨電阻 R 的電壓降 V 之間的關係為 $V = RI$。

柯希荷夫定律 (Kirchhoff's Laws)

1. （節點法則）在電路中的任一節點流入的總電流等於流出的總電流。
2. （電路法則）沿著閉迴路的所有電壓降（由於電阻）的代數和等於所有電壓增加的代數和。

應用法則 2 時，沿一閉迴路選擇一方向（順時針或逆時針），在這個方向上，所有電壓與電流均視為正，而在反方向則視為負。這是何以會在法則 2 使用代數和 (algebraic sum) 這個名詞。舉例說明如下。

例 1

於圖中所示的電路，求各電流。

解：首先應用節點法則於節點 A、B、C、D，可得

節點 A：　　　$I_1 = I_2 + I_3$
節點 B：　　　$I_6 = I_1 + I_5$
節點 C：　　　$I_2 + I_4 = I_6$
節點 D：　　　$I_3 + I_5 = I_4$

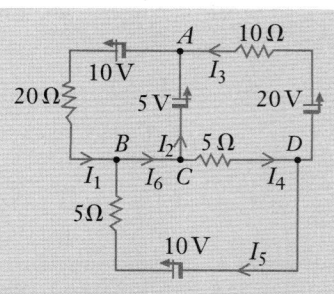

注意，這些方程式並非獨立（事實上，第三式是由其它三式組合而成）。

其次，由電路法則可知，沿一閉迴路，電壓增加（由於電源）的總和必須等於電壓減少（由於電阻）的總和。由歐姆定律，跨過電阻 R（依電流 I 的方向）的電壓降為 RI。以逆時針方向沿著三個閉迴路，可得

左上：　　　$10 + 5 = 20I_1$
右上：　　　$-5 + 20 = 10I_3 + 5I_4$
下方：　　　$-10 = -20I_5 - 5I_4$

因此，若不理會在節點 C 上所產生的多餘方程式，則有六個方程式，六個未知數 $I_1, \ldots, I_6$，其解為

$$I_1 = \frac{15}{20} \quad I_4 = \frac{28}{20}$$
$$I_2 = \frac{-1}{20} \quad I_5 = \frac{12}{20}$$
$$I_3 = \frac{16}{20} \quad I_6 = \frac{27}{20}$$

當然，I_2 為負表示此電流是逆向流，大小為 $\frac{1}{20}$ 安培。

習題 1.5

在 1–4 題中,求電路中的電流。

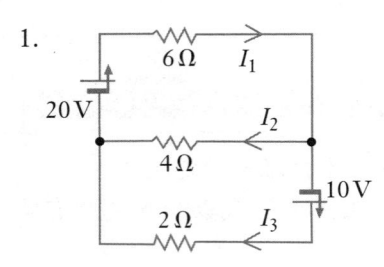

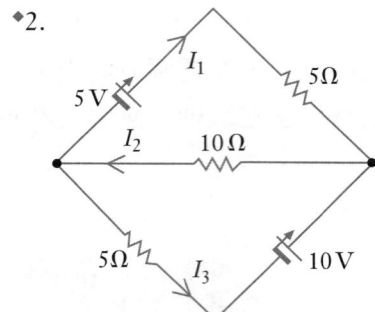

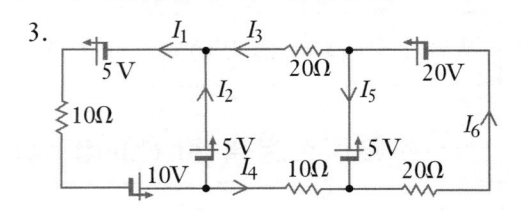

1.

◆2.

3.

◆4. 所有的電阻均為 10Ω。

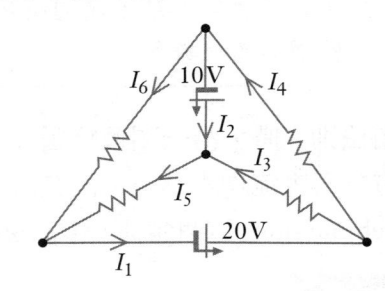

5. 求電壓 x 使得電流 $I_1 = 0$。

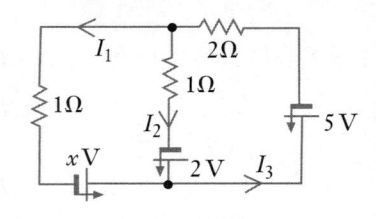

1.6 節　應用於化學反應

當一個化學反應發生時,一些分子互相結合產生新的分子。例如,氫 H_2 與氧 O_2 結合,產生水 H_2O,我們將此反應表示成如下的非平衡式:

$$H_2 + O_2 \rightarrow H_2O$$

個別的原子既不能創造也不能毀滅,故反應物中,氫與氧的原子個數必須等於生成物(以水分子的形式出現)中,氫與氧的原子個數。在此情況下,反應稱為達到平衡 (balanced)。注意,每一個氫分子 H_2 含有 2 個原子,每一個氧分子 O_2 也含有 2 個原子,而水分子 H_2O 含有 2 個氫原子和 1 個氧原子。在上述非平衡的反應式中,我們可將反應物的氫分子以及生成物的水分子增為原來的兩倍:

$$2H_2 + O_2 \to 2H_2O$$

此時反應式即達到平衡，因為兩邊各有 4 個氫原子和 2 個氧原子。

例 1

平衡下列辛烷 (C_8H_{18}) 在氧氣 (O_2) 中燃燒的反應式：
$$C_8H_{18} + O_2 \to CO_2 + H_2O$$
其中 CO_2 代表二氧化碳。我們必須求出正整數 x、y、z、w 使得
$$xC_8H_{18} + yO_2 \to zCO_2 + wH_2O$$
反應式兩邊的碳、氫和氧原子的個數必須相等，故可得 $8x = z$、$18x = 2w$、$2y = 2z + w$，將這些方程式寫成齊次線性方程組：
$$\begin{aligned} 8x \quad\quad - z \quad\quad &= 0 \\ 18x \quad\quad\quad\quad - 2w &= 0 \\ 2y - 2z - w &= 0 \end{aligned}$$

對於大的方程組則需要以高斯消去法求解，但在簡單的情況以直接求解比較容易。令 $w = t$，則有 $x = \frac{1}{9}t$、$z = \frac{8}{9}t$、$2y = \frac{16}{9}t + t = \frac{25}{9}t$，但 x、y、z、w 必須是正整數，為了消去分數，可令 $t = 18$，因此，$x = 2$、$y = 25$、$z = 16$、$w = 18$，平衡的反應式為
$$2C_8H_{18} + 25O_2 \to 16CO_2 + 18H_2O$$
讀者可驗證此式確實是平衡式。

值得注意的是，此題引出線性方程式理論的新原則：所得的解必須是正整數。

習題 1.6

平衡下列的化學反應。

1. $CH_4 + O_2 \to CO_2 + H_2O$。這是甲烷 CH_4 的燃燒反應。

◆2. $NH_3 + CuO \to N_2 + Cu + H_2O$。其中 NH_3 是氨，CuO 是氧化銅，Cu 是銅，N_2 是氮。

3. $CO_2 + H_2O \to C_6H_{12}O_6 + O_2$。這是光合作用反應 —— $C_6H_{12}O_6$ 是葡萄糖。

◆4. $Pb(N_3)_2 + Cr(MnO_4)_2 \to Cr_2O_3 + MnO_2 + Pb_3O_4 + NO$。

第 1 章補充習題

1. 第 4 章將證明：若 a、b、c 不全為零，則方程式 $ax + by + cz = d$ 的圖形為空間中的一平面。
   (a) 檢視空間中平面的可能位置，證明含有三個變數的三個方程式其解可為零個、一個或無限多組解。
   ◆(b) 含有三個變數的兩個方程式是否有唯一解？請說明理由。

2. 求下列線性方程組的所有解。
   (a) $\quad x_1 + x_2 + x_3 - x_4 = 3$
   $\quad\quad 3x_1 + 5x_2 - 2x_3 + x_4 = 1$
   $\quad\quad -3x_1 - 7x_2 + 7x_3 - 5x_4 = 7$
   $\quad\quad x_1 + 3x_2 - 4x_3 + 3x_4 = -5$
   ◆(b) $\quad x_1 + 4x_2 - x_3 + x_4 = 2$
   $\quad\quad 3x_1 + 2x_2 + x_3 + 2x_4 = 5$
   $\quad\quad x_1 - 6x_2 + 3x_3 \quad\quad = 1$
   $\quad\quad x_1 + 14x_2 - 5x_3 + 2x_4 = 3$

3. 求 a 的條件（若可能），使得下列方程組有零個、一個或無限多組解。
   (a) $\quad x + 2y - 4z = 4$
   $\quad\quad 3x - y + 13z = 2$
   $\quad\quad 4x + y + a^2 z = a + 3$
   ◆(b) $\quad x + y + 3z = a$
   $\quad\quad ax + y + 5z = 4$
   $\quad\quad x + ay + 4z = a$

◆4. 利用其它兩個基本列運算，證明矩陣的任兩列可交換。

5. 若 $ad \neq bc$，證明 $\begin{bmatrix} a & b \\ c & d \end{bmatrix}$ 有簡化列梯形 $\begin{bmatrix} 1 & 0 \\ 0 & 1 \end{bmatrix}$。

◆6. 求 a、b、c，使得方程組
$$x + ay + cz = 0$$
$$bx + cy - 3z = 1$$
$$ax + 2y + bz = 5$$
的解為 $x = 3$、$y = -1$、$z = 2$。

7. 解方程組
$$x + 2y + 2z = -3$$
$$2x + y + z = -4$$
$$x - y + iz = i$$
其中 $i^2 = -1$。

◆8. 證明實係數方程組
$$\begin{cases} x + y + z = 5 \\ 2x - y - z = 1 \\ -3x + 2y + 2z = 0 \end{cases}$$
有一個複數解：$x = 2$、$y = i$、$z = 3 - i$，其中 $i^2 = -1$，並解釋之，若此實係數方程組有唯一解，則又會如何？

9. 醫生吩咐某人每天要服用 5 單位的維他命 A、13 單位的維他命 B、23 單位的維他命 C。這裡有三種品牌的維他命丸，每顆維他命丸的成分如下表所示。

品牌	維他命		
	A	B	C
1	1	2	4
2	1	1	3
3	0	1	1

(a) 求各品牌維他命丸的所有組合，使得恰能滿足每天所需的維他命的量（不可分割藥丸）。
◆(b) 若 1、2、3 品牌，每顆藥丸成本分別為 3¢、2¢、5¢，求成本最低的處方。

10. 一餐館老闆計畫採用可坐 4 人的桌子 x 個，可坐 6 人的桌子 y 個，可坐 8 人的桌子 z 個，共 20 個。當全坐滿，可

容納 108 位客人。若 4 人桌和 6 人桌只使用一半,而 8 人桌只使用 1/4,則可容納 46 位客人,求 x、y、z。

11. (a) 證明一個具有兩列兩行的簡化列梯形矩陣其形式必定是下列之一:

$$\begin{bmatrix} 1 & 0 \\ 0 & 1 \end{bmatrix} \begin{bmatrix} 0 & 1 \\ 0 & 0 \end{bmatrix} \begin{bmatrix} 0 & 0 \\ 0 & 0 \end{bmatrix} \begin{bmatrix} 1 & * \\ 0 & 0 \end{bmatrix}$$

【提示:第 1 列的領導項 1 必定在第 1 行或第 2 行,或者不存在。】

(b) 對於兩列三行的矩陣,列出其七種簡化列梯形的矩陣。

(c) 對於三列兩行的矩陣,列出其四種簡化列梯形矩陣。

12. 一遊樂園,大人、青少年與兒童的票價分別為 \$7、\$2 與 \$0.5。若當天有 150 人進入,總收入為 \$100,求大人、青少年與兒童的人數。【提示:人數為非負整數。】

13. 解下列 x、y 的方程組

$$\begin{aligned} x^2 + xy - y^2 &= 1 \\ 2x^2 - xy + 3y^2 &= 13 \\ x^2 + 3xy + 2y^2 &= 0 \end{aligned}$$

【提示:以新的變數 $x_1 = x^2$、$x_2 = xy$、$x_3 = y^2$ 表示,則這些方程式是線性。】

第二章

矩陣代數

在第 1 章我們發現在解線性方程組的過程中,藉由操作方程組的增廣矩陣來解方程組有其便利之處。我們的目的是將增廣矩陣化為列梯形(利用基本列運算),然後寫出方程組的所有解。在本章中我們僅考量矩陣本身。雖然某些動機是來自線性方程式,但是矩陣可相乘和相加,因此形成一個有點類似於實數的代數系統。矩陣代數的實用性在某些方面與研究線性方程式截然不同。例如,歐氏平面對原點旋轉所得的幾何轉換可藉由某些 2 × 2 矩陣的相乘而求得。這些「矩陣轉換」是幾何學上的一種重要工具,而幾何學也為矩陣提供了圖像。其它更多矩陣代數的應用將在本章陸續討論。本主題是相當久遠的,Arthur Cayley[1] 在 1858 年首次對矩陣做出有系統的研究。

2.1 節 矩陣加法、純量乘法和轉置

數字的矩形陣列稱為**矩陣(matrix,複數為 matrices)**,而這些數字稱為矩陣的**元素 (entries)**。矩陣通常以大寫字母:A、B、C 等來表示。例如

$$A = \begin{bmatrix} 1 & 2 & -1 \\ 0 & 5 & 6 \end{bmatrix} \quad B = \begin{bmatrix} 1 & -1 \\ 0 & 2 \end{bmatrix} \quad C = \begin{bmatrix} 1 \\ 3 \\ 2 \end{bmatrix}$$

顯然,矩陣會因**列 (row)** 與**行 (column)** 的數目不同而有各種形狀。例如,矩陣 A

---

[1] Arthur Cayley (1821-1895) 很早就展露其數學天分,且於 1842 年畢業於劍橋大學。雖然他並未從事數學方面的職業,但他在接受法律訓練、從事律師的工作之餘,同時繼續研究數學,他在 14 年共發表將近 300 篇論文。最後,在 1863 年,在劍橋接受 Sadlerian 教授職位,在往後的日子裡他就一直待在那裡,於行政、教學和學術研究上均有良好的評價。他的數學成就是一流的。除了創造矩陣理論以及行列式理論,也在群論、高維度幾何和不變量理論做了基礎性的工作。他是有史以來最多產的數學家之一,共創作出 966 篇論文。

有 2 列 3 行。通常一個 m 列與 n 行的矩陣稱為 $m \times n$ **矩陣 ($m \times n$ matrix)** 或其大小為 $m \times n$ **(size $m \times n$)**。因此上述的矩陣 A、B、C 其大小分別為 2×3、2×2、3×1。大小為 $1 \times n$ 的矩陣稱為**列矩陣 (row matrix)**，大小為 $m \times 1$ 的矩陣稱為**行矩陣 (column matrix)**，而大小為 $n \times n$ 的矩陣稱為**方陣 (square matrix)**。

矩陣的每一元素是由其所在的列與行的位置來確定。列的編號是由上往下，行是由左往右。矩陣的**第 (i, j) 元素 [(i, j)-entry]** 是指位於第 i 列與第 j 行的數。例如，

$$\begin{bmatrix} 1 & -1 \\ 0 & 1 \end{bmatrix} \text{的第 } (1, 2) \text{ 元素為 } -1$$

$$\begin{bmatrix} 1 & 2 & -1 \\ 0 & 5 & 6 \end{bmatrix} \text{的第 } (2, 3) \text{ 元素為 } 6$$

矩陣的元素通常是用特殊的符號來表示，若 A 為 $m \times n$ 矩陣，且 A 的第 (i, j) 元素記做 a_{ij}，則 A 可寫成如下的形式：

$$A = \begin{bmatrix} a_{11} & a_{12} & a_{13} & \cdots & a_{1n} \\ a_{21} & a_{22} & a_{23} & \cdots & a_{2n} \\ \vdots & \vdots & \vdots & & \vdots \\ a_{m1} & a_{m2} & a_{m3} & \cdots & a_{mn} \end{bmatrix}$$

通常可簡寫成 $A = [a_{ij}]$。因此 a_{ij} 是 A 的第 i 列與第 j 行元素。例如，一個 3×4 矩陣可記做

$$A = \begin{bmatrix} a_{11} & a_{12} & a_{13} & a_{14} \\ a_{21} & a_{22} & a_{23} & a_{24} \\ a_{31} & a_{32} & a_{33} & a_{34} \end{bmatrix}$$

必須指出有關列與行的慣例：先講列，後講行。例如：

- 若一矩陣的大小為 $m \times n$，則它有 m 列與 n 行。
- 若我們論及一個矩陣的 (i, j) 元素，則是指位於第 i 列與第 j 行的元素。
- 若一元素記做 a_{ij}，則第一個下標 i 是指 a_{ij} 所在位置的列，而第二個下標 j 是指 a_{ij} 所在位置的行。

若且唯若[2] 平面上兩點 (x_1, y_1) 與 (x_2, y_2) 有相同的座標，亦即 $x_1 = x_2$ 且 $y_1 =$

---

[2] p、q 為兩敘述，若 p 為真則 q 為真，我們稱 p 意含 q。因此，「p 若且唯若 q」表示 p 意含 q 且 q 意含 p。

y_2，則 (x_1, y_1) 與 (x_2, y_2) 相等。同理，兩矩陣 A 與 B **相等 (equal)**（寫成 $A = B$），若且唯若：

1. 它們具有相同的大小。
2. 對應元素相等。

如前所述，若將 A 和 B 簡寫成 $A = [a_{ij}]$, $B = [b_{ij}]$，則第二個條件具有下列形式：

$$[a_{ij}] = [b_{ij}]$$，表示對所有 i、j 而言，$a_{ij} = b_{ij}$ 恆成立。

例 1

已知 $A = \begin{bmatrix} a & b \\ c & d \end{bmatrix}$，$B = \begin{bmatrix} 1 & 2 & -1 \\ 3 & 0 & 1 \end{bmatrix}$，$C = \begin{bmatrix} 1 & 0 \\ -1 & 2 \end{bmatrix}$，討論 $A = B$、$B = C$、$A = C$ 的可能性。

解：$A = B$ 是不可能的，此乃因 A、B 的大小不同：A 是 2×2 矩陣而 B 是 2×3 矩陣。同理，$B = C$ 也是不可能。但是 $A = C$ 則有可能，只要它們的對應元素相等：$\begin{bmatrix} a & b \\ c & d \end{bmatrix} = \begin{bmatrix} 1 & 0 \\ -1 & 2 \end{bmatrix}$，亦即 $a = 1$，$b = 0$，$c = -1$，$d = 2$。

矩陣加法

定義 2.1

若 A、B 為相同大小的矩陣，則其**和 (sum)** $A + B$ 是由對應元素相加形成的。

若 $A = [a_{ij}]$，$B = [b_{ij}]$，則其和為

$$A + B = [a_{ij} + b_{ij}]$$

注意，對於不同大小的矩陣，無法相加。

例 2

若 $A = \begin{bmatrix} 2 & 1 & 3 \\ -1 & 2 & 0 \end{bmatrix}$，$B = \begin{bmatrix} 1 & 1 & -1 \\ 2 & 0 & 6 \end{bmatrix}$，計算 $A + B$。

解：$A + B = \begin{bmatrix} 2+1 & 1+1 & 3-1 \\ -1+2 & 2+0 & 0+6 \end{bmatrix} = \begin{bmatrix} 3 & 2 & 2 \\ 1 & 2 & 6 \end{bmatrix}$。

例 3

若 $[a\ b\ c] + [c\ a\ b] = [3\ 2\ -1]$，求 a、b、c。

解：將左邊的矩陣相加可得

$$[a+c\ \ b+a\ \ c+b] = [3\ 2\ -1]$$

因為對應的元素必須相等，所以產生三個方程式：$a + c = 3$、$b + a = 2$、$c + b = -1$，解此方程組可得 $a = 3$、$b = -1$、$c = 0$。

若 A、B、C 為相同大小的任意矩陣，則

$$A + B = B + A \qquad \text{（交換律）}$$
$$A + (B + C) = (A + B) + C \qquad \text{（結合律）}$$

事實上，若 $A = [a_{ij}]$，$B = [b_{ij}]$，則 $A + B$ 與 $B + A$ 的第 (i, j) 元素，分別為 $a_{ij} + b_{ij}$ 與 $b_{ij} + a_{ij}$。因為對所有的 i、j 而言，$a_{ij} + b_{ij} = b_{ij} + a_{ij}$，所以

$$A + B = [a_{ij} + b_{ij}] = [b_{ij} + a_{ij}] = B + A$$

同理可證結合律成立。

若 $m \times n$ 矩陣的每一個元素均為零，則稱此 $m \times n$ 矩陣為**零矩陣 (zero matrix)**，記做 0（若要強調零矩陣的大小，則記做 $0_{m \times n}$）。因此，對所有 $m \times n$ 矩陣 X 而言，

$$0 + X = X$$

恆成立。將 $m \times n$ 矩陣 A 的每一元素乘以 (-1) 所得的 $m \times n$ 矩陣定義為 A 的**負矩陣 (negative matrix)**（記做 $-A$）。若 $A = [a_{ij}]$，則 $-A = [-a_{ij}]$，因此，對所有的矩陣 A 而言，

$$A + (-A) = 0$$

恆成立。其中 0 是指與 A 相同大小的零矩陣。

與矩陣加法密切相關的概念是矩陣的減法。若 A、B 為兩個 $m \times n$ 矩陣，則兩者之**差 (difference)** $A - B$ 定義為

$$A - B = A + (-B)$$

注意，若 $A = [a_{ij}]$，$B = [b_{ij}]$，則

$$A - B = [a_{ij}] + [-b_{ij}] = [a_{ij} - b_{ij}]$$

此為對應元素相減所形成的 $m \times n$ 矩陣。

例 4

令 $A = \begin{bmatrix} 3 & -1 & 0 \\ 1 & 2 & -4 \end{bmatrix}$, $B = \begin{bmatrix} 1 & -1 & 1 \\ -2 & 0 & 6 \end{bmatrix}$, $C = \begin{bmatrix} 1 & 0 & -2 \\ 3 & 1 & 1 \end{bmatrix}$。計算 $-A$、$A - B$、$A + B - C$。

解：
$$-A = \begin{bmatrix} -3 & 1 & 0 \\ -1 & -2 & 4 \end{bmatrix}$$

$$A - B = \begin{bmatrix} 3-1 & -1-(-1) & 0-1 \\ 1-(-2) & 2-0 & -4-6 \end{bmatrix} = \begin{bmatrix} 2 & 0 & -1 \\ 3 & 2 & -10 \end{bmatrix}$$

$$A + B - C = \begin{bmatrix} 3+1-1 & -1-1-0 & 0+1-(-2) \\ 1-2-3 & 2+0-1 & -4+6-1 \end{bmatrix} = \begin{bmatrix} 3 & -2 & 3 \\ -4 & 1 & 1 \end{bmatrix}$$

例 5

解 $\begin{bmatrix} 3 & 2 \\ -1 & 1 \end{bmatrix} + X = \begin{bmatrix} 1 & 0 \\ -1 & 2 \end{bmatrix}$，其中 X 為一矩陣。

解： 我們解方程式 $a + x = b$ 是將兩邊同時減 a 而得 $x = b - a$。此法對矩陣而言亦是如此。解 $\begin{bmatrix} 3 & 2 \\ -1 & 1 \end{bmatrix} + X = \begin{bmatrix} 1 & 0 \\ -1 & 2 \end{bmatrix}$，只是將兩邊同時減矩陣 $\begin{bmatrix} 3 & 2 \\ -1 & 1 \end{bmatrix}$，而得

$$X = \begin{bmatrix} 1 & 0 \\ -1 & 2 \end{bmatrix} - \begin{bmatrix} 3 & 2 \\ -1 & 1 \end{bmatrix} = \begin{bmatrix} 1-3 & 0-2 \\ -1-(-1) & 2-1 \end{bmatrix} = \begin{bmatrix} -2 & -2 \\ 0 & 1 \end{bmatrix}$$

讀者可驗證此矩陣 X 確實滿足原方程式。

在例 5 中，解單一矩陣方程式 $A + X = B$ 是直接經由矩陣減法：$X = B - A$ 求得。這種直接以矩陣為本體的運算是矩陣代數的實質核心。

要注意，在某些計算上，矩陣的大小通常可由方程式來決定。例如，若

$$A + C = \begin{bmatrix} 1 & 3 & -1 \\ 2 & 0 & 1 \end{bmatrix}$$

則 A 和 C 的大小必定要相同（如此 $A + C$ 才有意義），且兩者的大小必須是 2×3（才會使得和的大小為 2×3 矩陣）。為了簡單起見，我們常將上下文中，很明確的事實視為當然，而不再特別聲明。

純量乘法

在高斯消去法中，以常數 k 乘以矩陣的某一列表示以 k 乘以該列的每一個元素。

定義 2.2

一般而言，若 A 為任意矩陣，k 為任意常數，則 A 的**純量倍 (scalar multiple)** kA 是指將 k 乘以 A 的每一個元素。

若 $A = [a_{ij}]$，則

$$kA = [ka_{ij}]$$

因此，對任意矩陣 A 而言，$1A = A$ 且 $(-1)A = -A$ 恆成立。

純量 (scalar) 這個名詞的由來是因為矩陣的元素通常是來自純量的集合。到目前為止，我們都是用實數代表純量，但是用複數代表純量也是可以的。

例 6

若 $A = \begin{bmatrix} 3 & -1 & 4 \\ 2 & 0 & 6 \end{bmatrix}$ 且 $B = \begin{bmatrix} 1 & 2 & -1 \\ 0 & 3 & 2 \end{bmatrix}$，計算 $5A$、$\frac{1}{2}B$、$3A - 2B$。

解： $5A = \begin{bmatrix} 15 & -5 & 20 \\ 10 & 0 & 30 \end{bmatrix}$，$\frac{1}{2}B = \begin{bmatrix} \frac{1}{2} & 1 & -\frac{1}{2} \\ 0 & \frac{3}{2} & 1 \end{bmatrix}$

$3A - 2B = \begin{bmatrix} 9 & -3 & 12 \\ 6 & 0 & 18 \end{bmatrix} - \begin{bmatrix} 2 & 4 & -2 \\ 0 & 6 & 4 \end{bmatrix} = \begin{bmatrix} 7 & -7 & 14 \\ 6 & -6 & 14 \end{bmatrix}$

注意，若 A 為任意矩陣，k 為一純量，則 kA 與 A 具有相同大小。而且

$$0A = 0，k0 = 0$$

此乃因零矩陣的每一個元素均為零。換言之，不論 $k = 0$ 或 $A = 0$，恆有 $kA = 0$。其逆敘述亦為真，如例 7 所示。

例 7

若 $kA = 0$，證明 $k = 0$ 或 $A = 0$。

解： 令 $A = [a_{ij}]$，而 $kA = 0$ 表示對所有的 i、j 而言，$ka_{ij} = 0$。若 $k = 0$，則 $ka_{ij} = 0$。若 $k \neq 0$，則 $ka_{ij} = 0$ 表示對所有的 i、j 而言，$a_{ij} = 0$；亦即，$A = 0$。

便於將來的參考，我們把矩陣加法與純量乘法的基本性質列於定理 1。

定理 1

令 A、B、C 為任意 $m \times n$ 矩陣，其中 m、n 為定值。令 k 與 p 為任意實數，則

1. $A + B = B + A$。
2. $A + (B + C) = (A + B) + C$。
3. 對每一矩陣 A，存在一個 $m \times n$ 的零矩陣，使得 $0 + A = A$。
4. 對每一矩陣 A，存在一個 $m \times n$ 矩陣，$-A$，使得 $A + (-A) = 0$。
5. $k(A + B) = kA + kB$。
6. $(k + p)A = kA + pA$。
7. $(kp)A = k(pA)$。
8. $1A = A$。

> **證明**
>
> 前文已證明過性質 1–4。現在驗證性質 5；令 $A = [a_{ij}]$，$B = [b_{ij}]$ 為具有相同大小的矩陣，而 $A + B = [a_{ij} + b_{ij}]$，故 $k(A + B)$ 的第 (i, j) 元素為
>
> $$k(a_{ij} + b_{ij}) = ka_{ij} + kb_{ij}$$
>
> 上式為 $kA + kB$ 的第 (i, j) 元素，因此，$k(A + B) = kA + kB$。其它性質可用類似的方法驗證之；驗證細節就留給讀者。

定理 1 使我們可將矩陣運算當做數值運算來進行。首先，性質 2 表示，$(A + B) + C = A + (B + C)$ 說明了兩種不同形式的加法其值是相等的，故寫成 $A + B + C$ 即可。同理，$A + B + C + D$ 的和與其是由何種方式相加無關；例如，它等於 $(A + B) + (C + D)$，也等於 $A + [B + (C + D)]$。此外，性質 1 保證矩陣的加法與其次序無關，例如，$B + D + A + C = A + B + C + D$。同樣的性質也都適用於 5 個以上的矩陣相加。

定理 1 的性質 5 與 6 稱為純量乘法的分配律，可推廣到兩項以上的相加，例如，

$$k(A + B - C) = kA + kB - kC$$
$$(k + p - m)A = kA + pA - mA$$

這些性質以及性質 7 與 8，使我們能夠將矩陣運算視為與實變數代數式的運算一樣，以合併同類項、展開、提出公因式來化簡式子。我們用下面的例子來說明這些技巧。

例 8

化簡 $2(A + 3C) - 3(2C - B) - 3[2(2A + B - 4C) - 4(A - 2C)]$，其中 A、B、C 為具有相同大小的矩陣。

解：將 A、B、C 視為變數，進行化簡。

$$\begin{aligned}
&2(A + 3C) - 3(2C - B) - 3[2(2A + B - 4C) - 4(A - 2C)] \\
&= 2A + 6C - 6C + 3B - 3[4A + 2B - 8C - 4A + 8C] \\
&= 2A + 3B - 3[2B] \\
&= 2A - 3B
\end{aligned}$$

矩陣的轉置

關於矩陣 A，有許多結果是和 A 的列 (row) 有關，而相對於行 (column) 的結果，可用類似的方法推導而得，只要把列這個字改成行這個字即可。有了這種想法，就形成了下列的定義。

定義 2.3

若 A 為一個 $m \times n$ 矩陣，A 的**轉置 (transpose)**，記做 A^T，為一個 $n \times m$ 矩陣，其每一列依序為 A 的各行。

換言之，A^T 的第一列就是 A 的第一行（亦即它依序含有第一行的元素）。同理，A^T 的第二列即為 A 的第二行，依此類推。

例 9

寫出下列每一個矩陣的轉置。

$$A = \begin{bmatrix} 1 \\ 3 \\ 2 \end{bmatrix} \quad B = \begin{bmatrix} 5 & 2 & 6 \end{bmatrix} \quad C = \begin{bmatrix} 1 & 2 \\ 3 & 4 \\ 5 & 6 \end{bmatrix} \quad D = \begin{bmatrix} 3 & 1 & -1 \\ 1 & 3 & 2 \\ -1 & 2 & 1 \end{bmatrix}$$

解：$A^T = \begin{bmatrix} 1 & 3 & 2 \end{bmatrix}$，$B^T = \begin{bmatrix} 5 \\ 2 \\ 6 \end{bmatrix}$，$C^T = \begin{bmatrix} 1 & 3 & 5 \\ 2 & 4 & 6 \end{bmatrix}$，$D^T = D$。

若 $A = [a_{ij}]$ 為一矩陣，而 $A^T = [b_{ij}]$，則 b_{ij} 為 A^T 的第 i 列與第 j 行的元素，並且也是 A 的第 j 列與第 i 行的元素。這表示 $b_{ij} = a_{ji}$，故 A^T 的定義可敘述如下：

$$\text{若 } A = [a_{ij}]，\text{則 } A^T = [a_{ji}] \tag{*}$$

這個定義有助於驗證下列矩陣轉置的性質。

定理 2

令 A 與 B 為相同大小的矩陣，而 k 為一純量。

1. 若 A 為 $m \times n$ 矩陣，則 A^T 為 $n \times m$ 矩陣。
2. $(A^T)^T = A$。
3. $(kA)^T = kA^T$。
4. $(A + B)^T = A^T + B^T$。

證明

性質 1 是依據 A^T 的定義，而性質 2 可由 (*) 獲得證明。至於性質 3：若 $A = [a_{ij}]$，則 $kA = [ka_{ij}]$，故由 (*) 式可得

$$(kA)^T = [ka_{ji}] = k[a_{ji}] = kA^T$$

最後，若 $B = [b_{ij}]$ 且 $A + B = [c_{ij}]$，其中 $c_{ij} = a_{ij} + b_{ij}$，則由 (∗) 式可證得性質 4：
$$(A + B)^T = [c_{ij}]^T = [c_{ji}] = [a_{ji} + b_{ji}] = [a_{ji}] + [b_{ji}] = A^T + B^T$$

用另一種觀點來看轉置。若 $A = [a_{ij}]$ 為一個 $m \times n$ 矩陣，元素 $a_{11}, a_{22}, a_{33}, \ldots$ 稱為 A 的**主對角線 (main diagonal)**。因此，主對角線代表矩陣 A 從左上延伸到右下的直線上的元素所組成；即下例中的陰影部分：

$$\begin{bmatrix} a_{11} & a_{12} \\ a_{21} & a_{22} \\ a_{31} & a_{32} \end{bmatrix} \quad \begin{bmatrix} a_{11} & a_{12} & a_{13} \\ a_{21} & a_{22} & a_{23} \end{bmatrix} \quad \begin{bmatrix} a_{11} & a_{12} & a_{13} \\ a_{21} & a_{22} & a_{23} \\ a_{31} & a_{32} & a_{33} \end{bmatrix} \quad \begin{bmatrix} a_{11} \\ a_{21} \end{bmatrix}$$

因此矩陣 A 的轉置可視為將 A 沿著主對角線「翻轉」(flipping)，或將 A 以主對角線為軸旋轉 (rotating) 180°。這使得定理 2 的性質 2 顯得更清楚。

● 例 10

若 $\left(2A^T - 3\begin{bmatrix} 1 & 2 \\ -1 & 1 \end{bmatrix}\right)^T = \begin{bmatrix} 2 & 3 \\ -1 & 2 \end{bmatrix}$，求 A。

解：利用定理 2，方程式的左邊為
$$\left(2A^T - 3\begin{bmatrix} 1 & 2 \\ -1 & 1 \end{bmatrix}\right)^T = 2(A^T)^T - 3\begin{bmatrix} 1 & 2 \\ -1 & 1 \end{bmatrix}^T = 2A - 3\begin{bmatrix} 1 & -1 \\ 2 & 1 \end{bmatrix}$$

方程式變成
$$2A - 3\begin{bmatrix} 1 & -1 \\ 2 & 1 \end{bmatrix} = \begin{bmatrix} 2 & 3 \\ -1 & 2 \end{bmatrix}$$

因此 $2A = \begin{bmatrix} 2 & 3 \\ -1 & 2 \end{bmatrix} + 3\begin{bmatrix} 1 & -1 \\ 2 & 1 \end{bmatrix} = \begin{bmatrix} 5 & 0 \\ 5 & 5 \end{bmatrix}$，故 $A = \frac{1}{2}\begin{bmatrix} 5 & 0 \\ 5 & 5 \end{bmatrix} = \frac{5}{2}\begin{bmatrix} 1 & 0 \\ 1 & 1 \end{bmatrix}$。

注意，解例 10 亦可先將方程式兩邊轉置，然後解出 A^T，因此可得 $A = (A^T)^T$。

例 9 的矩陣 D，具有性質 $D = D^T$。此種矩陣是很重要的。若 $A = A^T$，則稱 A 為**對稱 (symmetric)**。一個對稱矩陣必定是方陣（若 A 為 $m \times n$，則 A^T 為 $n \times m$，由於 $A = A^T$，因此 $n = m$）。對稱這個名稱的來源是因為矩陣對其主對角線呈現對稱性。亦即，彼此對稱於主對角線的元素必相等。

例如，當 $b = b'$，$c = c'$，$e = e'$ 時，$\begin{bmatrix} a & b & c \\ b' & d & e \\ c' & e' & f \end{bmatrix}$ 為對稱。

例 11

若 A 與 B 為 $n \times n$ 對稱矩陣，證明 $A + B$ 為對稱。

解：因為 $A^T = A$ 且 $B^T = B$，根據定理 2，可得 $(A + B)^T = A^T + B^T = A + B$，因此 $A + B$ 為對稱。

例 12

假設方陣 A 滿足 $A = 2A^T$，證明 $A = 0$。

解：將已知方程式進行疊代，由定理 2 可知
$$A = 2A^T = 2[2A^T]^T = 2[2(A^T)^T] = 4A$$

兩邊同減 A，可得 $3A = 0$，故 $A = \frac{1}{3}(3A) = \frac{1}{3}(0) = 0$。

習題 2.1

1. 求下列各題的 a、b、c、d。

   (a) $\begin{bmatrix} a & b \\ c & d \end{bmatrix} = \begin{bmatrix} c - 3d & -d \\ 2a + d & a + b \end{bmatrix}$

   ◆(b) $\begin{bmatrix} a - b & b - c \\ c - d & d - a \end{bmatrix} = 2 \begin{bmatrix} 1 & 1 \\ -3 & 1 \end{bmatrix}$

   (c) $3 \begin{bmatrix} a \\ b \end{bmatrix} + 2 \begin{bmatrix} b \\ a \end{bmatrix} = \begin{bmatrix} 1 \\ 2 \end{bmatrix}$

   ◆(d) $\begin{bmatrix} a & b \\ c & d \end{bmatrix} = \begin{bmatrix} b & c \\ d & a \end{bmatrix}$

2. 計算下列各題。

   (a) $\begin{bmatrix} 3 & 2 & 1 \\ 5 & 1 & 0 \end{bmatrix} - 5 \begin{bmatrix} 3 & 0 & -2 \\ 1 & -1 & 2 \end{bmatrix}$

   ◆(b) $3 \begin{bmatrix} 3 \\ -1 \end{bmatrix} - 5 \begin{bmatrix} 6 \\ 2 \end{bmatrix} - 7 \begin{bmatrix} 1 \\ -1 \end{bmatrix}$

   (c) $\begin{bmatrix} -2 & 1 \\ 3 & 2 \end{bmatrix} - 4 \begin{bmatrix} 1 & -2 \\ 0 & -1 \end{bmatrix} + 3 \begin{bmatrix} 2 & -3 \\ -1 & -2 \end{bmatrix}$

   ◆(d) $[3 \ -1 \ 2] - 2[9 \ 3 \ 4] + [3 \ 11 \ -6]$

   (e) $\begin{bmatrix} 1 & -5 & 4 & 0 \\ 2 & 1 & 0 & 6 \end{bmatrix}^T$

   ◆(f) $\begin{bmatrix} 0 & -1 & 2 \\ 1 & 0 & -4 \\ -2 & 4 & 0 \end{bmatrix}^T$

   (g) $\begin{bmatrix} 3 & -1 \\ 2 & 1 \end{bmatrix} - 2 \begin{bmatrix} 1 & -2 \\ 1 & 1 \end{bmatrix}^T$

   ◆(h) $3 \begin{bmatrix} 2 & 1 \\ -1 & 0 \end{bmatrix}^T - 2 \begin{bmatrix} 1 & -1 \\ 2 & 3 \end{bmatrix}$

3. 假設 $A = \begin{bmatrix} 2 & 1 \\ 0 & -1 \end{bmatrix}$、$B = \begin{bmatrix} 3 & -1 & 2 \\ 0 & 1 & 4 \end{bmatrix}$、$C = \begin{bmatrix} 3 & -1 \\ 2 & 0 \end{bmatrix}$、$D = \begin{bmatrix} 1 & 3 \\ -1 & 0 \\ 1 & 4 \end{bmatrix}$、$E = \begin{bmatrix} 1 & 0 & 1 \\ 0 & 1 & 0 \end{bmatrix}$。

   計算下列各題。

   (a) $3A - 2B$ ◆(b) $5C$

   (c) $3E^T$ ◆(d) $B + D$

   (e) $4A^T - 3C$ ◆(f) $(A + C)^T$

   (g) $2B - 3E$ ◆(h) $A - D$

   (i) $(B - 2E)^T$

4. 求下列方程式中的 A。

   (a) $5A - \begin{bmatrix} 1 & 0 \\ 2 & 3 \end{bmatrix} = 3A - \begin{bmatrix} 5 & 2 \\ 6 & 1 \end{bmatrix}$

   ◆(b) $3A + \begin{bmatrix} 2 \\ 1 \end{bmatrix} = 5A - 2 \begin{bmatrix} 3 \\ 0 \end{bmatrix}$

5. 若：

   (a) $A + B = 3A + 2B$

   ◆(b) $2A - B = 5(A + 2B)$

   求 A 以 B 表示。

6. 若 X、Y、A、B 為相同大小的矩陣，將下列方程組的 X、Y 以 A、B 表示。

(a) $5X + 3Y = A$　　◆(b) $4X + 3Y = A$
　　$2X + Y = B$　　　　$5X + 7Y = B$

7. 求矩陣 X、Y 使得：

    (a) $3X - 2Y = [3\ -1]$

    ◆(b) $2X - 5Y = [1\ 2]$

8. 化簡下列的式子，其中 A、B、C 為矩陣。

    (a) $2[9(A-B) + 7(2B-A)]$
    $-2[3(2B+A) - 2(A+3B) - 5(A+B)]$

    ◆(b) $5[3(A-B+2C) - 2(3C-B) - A]$
    $+2[3(3A-B+C) + 2(B-2A) - 2C]$

9. 若 A 為任意 2×2 矩陣，證明：

    (a) 對某些數 a、b、c、d 而言，
    $$A = a\begin{bmatrix}1 & 0\\0 & 0\end{bmatrix} + b\begin{bmatrix}0 & 1\\0 & 0\end{bmatrix} + c\begin{bmatrix}0 & 0\\1 & 0\end{bmatrix} + d\begin{bmatrix}0 & 0\\0 & 1\end{bmatrix}$$

    ◆(b) 對某些數 p、q、r、s 而言，
    $$A = p\begin{bmatrix}1 & 0\\0 & 1\end{bmatrix} + q\begin{bmatrix}1 & 1\\0 & 0\end{bmatrix} + r\begin{bmatrix}1 & 0\\1 & 0\end{bmatrix} + s\begin{bmatrix}0 & 1\\1 & 0\end{bmatrix}$$

10. 令 $A = [1\ 1\ -1]$、$B = [0\ 1\ 2]$、$C = [3\ 0\ 1]$，若對某些純量 r、s、t 而言，
    $$rA + sB + tC = 0$$
    證明 $r = s = t = 0$。

11. (a) 若對每一個 $m \times n$ 矩陣 A 而言，$Q + A = A$。證明 $Q = 0_{mn}$。

    ◆(b) 若 A 為 $m \times n$ 矩陣，且 $A + A' = 0_{mn}$，證明 $A' = -A$。

12. 若 A 為 $m \times n$ 矩陣，證明 $A = -A$，若且唯若 $A = 0$。

13. 非主對角線的元素皆為 0 的方陣，稱為**對角 (diagonal)** 矩陣。若 A、B 為對角矩陣，證明下列矩陣亦為對角矩陣。

    (a) $A + B$

    ◆(b) $A - B$

    (c) kA，k 為任意數

14. 求 s、t，使得所予矩陣為對稱。

    (a) $\begin{bmatrix}1 & s\\-2 & t\end{bmatrix}$　　◆(b) $\begin{bmatrix}s & t\\st & 1\end{bmatrix}$

    (c) $\begin{bmatrix}s & 2s & st\\t & -1 & s\\t & s^2 & s\end{bmatrix}$　　◆(d) $\begin{bmatrix}2 & s & t\\2s & 0 & s+t\\3 & 3 & t\end{bmatrix}$

15. 求下列各題中的矩陣 A。

    (a) $\left(A + 3\begin{bmatrix}1 & -1 & 0\\1 & 2 & 4\end{bmatrix}\right)^T = \begin{bmatrix}2 & 1\\0 & 5\\3 & 8\end{bmatrix}$

    ◆(b) $\left(3A^T + 2\begin{bmatrix}1 & 0\\0 & 2\end{bmatrix}\right)^T = \begin{bmatrix}8 & 0\\3 & 1\end{bmatrix}$

    (c) $(2A - 3[1\ 2\ 0])^T = 3A^T + [2\ 1\ -1]^T$

    ◆(d) $\left(2A^T - 5\begin{bmatrix}1 & 0\\-1 & 2\end{bmatrix}\right)^T = 4A - 9\begin{bmatrix}1 & 1\\-1 & 0\end{bmatrix}$

16. 令 A、B 為對稱（相同大小）。證明下列矩陣為對稱。

    (a) $(A - B)$

    ◆(b) kA，k 為任意純量

17. 證明對任意方陣 A 而言，$A + A^T$ 為對稱。

18. 若 A 為方陣，且 $A = kA^T$，其中 $k \neq \pm 1$，證明 $A = 0$。

19. 下列各題中，證明敘述為真或給予一反例說明其不為真。

    (a) 若 $A + B = A + C$，則 B、C 有相同大小。

    ◆(b) 若 $A + B = 0$，則 $B = 0$。

    (c) 若 A 的 (3, 1) 元素為 5，則 A^T 的 (1, 3) 元素為 -5。

    ◆(d) 對每一個矩陣 A 而言，A 與 A^T 有相同的主對角線元素。

    (e) 若 B 為對稱且 $A^T = 3B$，則 $A = 3B$。

    ◆(f) 若 A、B 為對稱，則對任意純量 k、m 而言，$kA + mB$ 為對稱。

20. 若 $W^T = -W$，則方陣 W 稱為**反對稱 (skew-symmetric)**。令 A 為任意方陣。
    (a) 證明 $A - A^T$ 為反對稱。
    (b) 求一個對稱矩陣 S 和反對稱矩陣 W，使得 $A = S + W$。
    ◆(c) 證明 (b) 中的 S 和 W 由 A 唯一決定。

21. 若 W 為反對稱（習題 20）。證明其主對角元素皆為零。

22. 證明定理 1 的下列部分：
    (a) $(k+p)A = kA + pA$
    ◆(b) $(kp)A = k(pA)$

23. 令 $A, A_1, A_2, ..., A_n$ 是相同大小的矩陣。利用數學歸納法驗證定理 1 的性質 5 和性質 6 的推廣：
    (a) $k(A_1 + A_2 + \cdots + A_n)$
        $= kA_1 + kA_2 + \cdots + kA_n$，
        k 為任意常數
    (b) $(k_1 + k_2 + \cdots + k_n)A$
        $= k_1 A + k_2 A + \cdots + k_n A$，
        $k_1, k_2, ..., k_n$ 為任意常數

24. 令 A 為方陣，若 $A = pB^T$，且 $B = qA^T$，其中 B 為某個矩陣，p 與 q 為實數，證明 $A = 0 = B$ 或 $pq = 1$。
    【提示：例 7。】

2.2 節　方程組、矩陣與轉換

截至目前為止，我們解線性方程組的問題為透過其增廣矩陣的列運算來求得。本節將介紹另一種描述線性方程組的方法，能更有效的使用方程組的係數矩陣，並導出有用的矩陣相乘方法。

向量

由解析幾何中可知，平面上兩點其座標為 (a_1, a_2) 與 (b_1, b_2)，若且唯若 $a_1 = b_1$ 且 $a_2 = b_2$，則 (a_1, a_2) 與 (b_1, b_2) 相等。同理可推廣至空間的點 (a_1, a_2, a_3)。我們將此概念推廣如下。

有序實數列 $(a_1, a_2, ..., a_n)$ 稱為**有序 n-元組 (ordered n-tuple)**。此處「有序」反映出兩個有序 n-元組相等，若且唯若對應元素相同。換言之，

$$(a_1, a_2, ..., a_n) = (b_1, b_2, ..., b_n) \quad \text{若且唯若} \quad a_1 = b_1, a_2 = b_2, ..., a_n = b_n$$

因此有序 2 元組與 3 元組只是幾何學上所熟悉的二元有序對與三元有序對。

定義 2.4

令 $\mathbb{R}$ 為所有實數的集合。$\mathbb{R}$ 的所有有序 n 元組所成的集合有其特殊的符號：$\mathbb{R}^n$ 表示實數的所有有序 n 元組所成的集合。

通常有兩種方法來表示 $\mathbb{R}^n$ 的 n 元組：以列表示成 $(r_1, r_2, ..., r_n)$ 或以行表示成 $\begin{bmatrix} r_1 \\ r_2 \\ \vdots \\ r_n \end{bmatrix}$；使用何種符號依上下文而定。無論寫成哪一種形式，皆稱為**向量 (vectors)** 或 n-**向量** (n-**vectors**) 且以粗體字如 **x** 或 **v** 表示。例如，一個 $m \times n$ 的矩陣 A 可寫成 n 個行組成的一列：

$$A = [\mathbf{a}_1 \; \mathbf{a}_2 \; \cdots \; \mathbf{a}_n]，其中 \mathbf{a}_j 表示 A 的第 j 行。$$

若 **x**、**y** 為 $\mathbb{R}^n$ 中的兩個 n-向量，則其和 **x** + **y** 與純量倍 k**x** 在 $\mathbb{R}^n$ 中，其中 k 為實數。我們將此現象稱為 $\mathbb{R}^n$ 對加法與純量乘法具有**封閉性 (closed)**。尤其是，在第 2.1 節定理 1 中的所有基本性質均適用於這些 n-向量。這些基本性質在往後的章節裡將直接應用而不再多作說明。通常 $n \times 1$ 的零矩陣稱為 $\mathbb{R}^n$ 中的**零 n-向量 (zero n-vector)**，且若 **x** 為 n-向量，則 n-向量 $-$**x** 稱為**負 x (negative x)**。

當然，我們在第 1.3 節已遇過 n-向量為 n 個變數的線性方程組的解。在此我們特別定義向量的線性組合的概念以及證明齊次方程組之解的線性組合仍為一解。顯然，$\mathbb{R}^n$ 中 n-向量的線性組合仍在 $\mathbb{R}^n$，我們將會用到這個事實。

矩陣-向量乘法

給予一線性方程組，等號左邊僅與係數矩陣 A 和行變數 **x** 有關而與常數無關。這個觀察導出了線性代數中的基本概念：我們將方程組左邊視為矩陣 A 與向量 **x** 的「乘積」A**x**。

這種簡單的觀點改變是以完全新的方式來觀看線性方程組——一種非常有幫助且在整本書中會引起我們的注意。

要導引出「乘積」A**x** 的定義，首先考慮下列含三個變數，兩個方程式的方程組

$$\begin{aligned} ax_1 + bx_2 + cx_3 &= b_1 \\ a'x_1 + b'x_2 + c'x_3 &= b_2 \end{aligned} \qquad (*)$$

令 $A = \begin{bmatrix} a & b & c \\ a' & b' & c' \end{bmatrix}$、$\mathbf{x} = \begin{bmatrix} x_1 \\ x_2 \\ x_3 \end{bmatrix}$、$\mathbf{b} = \begin{bmatrix} b_1 \\ b_2 \end{bmatrix}$ 分別表示係數矩陣、變數矩陣與常數矩陣。方程組 (∗) 可寫成單一向量方程式

$$\begin{bmatrix} ax_1 + bx_2 + cx_3 \\ a'x_1 + b'x_2 + c'x_3 \end{bmatrix} = \begin{bmatrix} b_1 \\ b_2 \end{bmatrix}$$

將上述改寫成下列的形式：

$$x_1 \begin{bmatrix} a \\ a' \end{bmatrix} + x_2 \begin{bmatrix} b \\ b' \end{bmatrix} + x_3 \begin{bmatrix} c \\ c' \end{bmatrix} = \begin{bmatrix} b_1 \\ b_2 \end{bmatrix}$$

由觀察得知，出現在左邊的向量是係數矩陣 A 的行

$$\mathbf{a}_1 = \begin{bmatrix} a \\ a' \end{bmatrix},\ \mathbf{a}_2 = \begin{bmatrix} b \\ b' \end{bmatrix},\ \mathbf{a}_3 = \begin{bmatrix} c \\ c' \end{bmatrix}$$

因此方程組 (∗) 可改寫成下列的形式

$$x_1 \mathbf{a}_1 + x_2 \mathbf{a}_2 + x_3 \mathbf{a}_3 = \mathbf{b} \qquad (**)$$

這表示方程組 (∗) 有解的話，若且唯若常數矩陣 $\mathbf{b}$ 是 A 的行的線性組合[3]，此時方程組之解 x_1、x_2、x_3 是這個線性組合的係數。

此外，(∗∗) 式的推廣仍然成立。若 A 為任意 $m \times n$ 矩陣，將 A 視為含有 n 個行的一列。亦即，若 $\mathbf{a}_1, \mathbf{a}_2, \ldots, \mathbf{a}_n$ 為 A 的行，則 A 可寫成

$$A = [\mathbf{a}_1\ \mathbf{a}_2\ \cdots\ \mathbf{a}_n]$$

此時稱 $A = [\mathbf{a}_1\ \mathbf{a}_2\ \cdots\ \mathbf{a}_n]$ 是以 A 的行來表示。

現在考慮具有 $m \times n$ 係數矩陣 A 的任意線性方程組。若 $\mathbf{b}$ 為方程組的常數矩陣，$\mathbf{x} = \begin{bmatrix} x_1 \\ x_2 \\ \vdots \\ x_n \end{bmatrix}$ 為變數矩陣，則如上所述，方程組可寫成單一向量方程式

$$x_1 \mathbf{a}_1 + x_2 \mathbf{a}_2 + \cdots + x_n \mathbf{a}_n = \mathbf{b} \qquad (***)$$

● 例 1

將方程組 $\begin{cases} 3x_1 + 2x_2 - 4x_3 = 0 \\ x_1 - 3x_2 + x_3 = 3 \\ x_2 - 5x_3 = -1 \end{cases}$ 寫成 (∗∗∗) 中所呈現的形式。

---

[3] 在第 1.3 節我們用線性組合來描述齊次線性方程組的解。線性組合在後面的章節中會大量使用。

解：$x_1 \begin{bmatrix} 3 \\ 1 \\ 0 \end{bmatrix} + x_2 \begin{bmatrix} 2 \\ -3 \\ 1 \end{bmatrix} + x_3 \begin{bmatrix} -4 \\ 1 \\ -5 \end{bmatrix} = \begin{bmatrix} 0 \\ 3 \\ -1 \end{bmatrix}$。

如上所述，我們將 (∗∗∗) 的左邊視為矩陣 A 與向量 **x** 的乘積。這個基本概念可正式寫成以下定義：

定義 2.5

矩陣 - 向量乘積 (matrix-vector products)　令 $A = [\mathbf{a}_1 \; \mathbf{a}_2 \; \cdots \; \mathbf{a}_n]$ 為寫成行向量 $\mathbf{a}_1, \mathbf{a}_2, \ldots, \mathbf{a}_n$ 形式的 $m \times n$ 矩陣。若 $\mathbf{x} = \begin{bmatrix} x_1 \\ x_2 \\ \vdots \\ x_n \end{bmatrix}$ 為任意 n-向量，則**乘積 $A\mathbf{x}$ (product $A\mathbf{x}$)** 可定義為由 n 個 m-向量所組成：

$$A\mathbf{x} = x_1\mathbf{a}_1 + x_2\mathbf{a}_2 + \cdots + x_n\mathbf{a}_n$$

換言之，若 A 為 $m \times n$ 矩陣，**x** 為 n-向量，則乘積 $A\mathbf{x}$ 為 A 的行的線性組合，其係數為 x 的元素（依序）。

注意，若 A 為 $m \times n$ 矩陣，則乘積 $A\mathbf{x}$ 僅當 **x** 為 n-向量時才有定義，而向量 $A\mathbf{x}$ 為 m-向量。在此情況下，線性方程組為係數矩陣 A 和常數向量 **b** 的單一矩陣方程式

$$A\mathbf{x} = \mathbf{b}$$

以下定理是結合定義 2.5 與方程式 (∗∗∗) 並總結以上討論。回顧一下，若一線性方程組至少有一解，則稱此線性方程組為**相容 (consistent)**。

定理 1

(1) 每一個線性方程組皆可寫成 $A\mathbf{x} = \mathbf{b}$ 的形式，其中 A 為係數矩陣，**b** 為常數矩陣，**x** 為變數矩陣。

(2) 方程組 $A\mathbf{x} = \mathbf{b}$ 為相容，若且唯若 **b** 是 A 的行的線性組合。

(3) 若 $\mathbf{a}_1, \mathbf{a}_2, \ldots, \mathbf{a}_n$ 為 A 的行，$\mathbf{x} = \begin{bmatrix} x_1 \\ x_2 \\ \vdots \\ x_n \end{bmatrix}$，則 **x** 為線性方程組 $A\mathbf{x} = \mathbf{b}$ 的解，若且唯若 $x_1, x_2, \ldots, x_n$ 為向量方程式 $x_1\mathbf{a}_1 + x_2\mathbf{a}_2 + \cdots + x_n\mathbf{a}_n = \mathbf{b}$ 的解。

如同定理 1 中的 (1)，$A\mathbf{x} = \mathbf{b}$ 稱為**矩陣式 (matrix form)** 的線性方程組。用這種方式來觀察線性方程組是很有用的。

定理 1 將解線性方程組 $A\mathbf{x} = \mathbf{b}$ 的問題轉換成將常數矩陣 $\mathbf{b}$ 表示成係數矩陣 A 的行的線性組合。這種觀點的轉變在某些情況下顯得特別有用，定理 1 的重要性在於它提供了另一種解題的思考方向。

例 2

若 $A = \begin{bmatrix} 2 & -1 & 3 & 5 \\ 0 & 2 & -3 & 1 \\ -3 & 4 & 1 & 2 \end{bmatrix}$ 且 $\mathbf{x} = \begin{bmatrix} 2 \\ 1 \\ 0 \\ -2 \end{bmatrix}$，計算 $A\mathbf{x}$。

解：由定義 2.5：$A\mathbf{x} = 2\begin{bmatrix} 2 \\ 0 \\ -3 \end{bmatrix} + 1\begin{bmatrix} -1 \\ 2 \\ 4 \end{bmatrix} + 0\begin{bmatrix} 3 \\ -3 \\ 1 \end{bmatrix} - 2\begin{bmatrix} 5 \\ 1 \\ 2 \end{bmatrix} = \begin{bmatrix} -7 \\ 0 \\ -6 \end{bmatrix}$。

例 3

已知 $\mathbb{R}^3$ 中的行向量 $\mathbf{a}_1$、$\mathbf{a}_2$、$\mathbf{a}_3$、$\mathbf{a}_4$，將 $2\mathbf{a}_1 - 3\mathbf{a}_2 + 5\mathbf{a}_3 + \mathbf{a}_4$ 寫成 $A\mathbf{x}$ 的形式，其中 A 為矩陣，$\mathbf{x}$ 為向量。

解：此處係數的行是 $\mathbf{x} = \begin{bmatrix} 2 \\ -3 \\ 5 \\ 1 \end{bmatrix}$。因此由定義 2.5 可知

$$A\mathbf{x} = 2\mathbf{a}_1 - 3\mathbf{a}_2 + 5\mathbf{a}_3 + \mathbf{a}_4$$

其中 $A = [\mathbf{a}_1 \ \mathbf{a}_2 \ \mathbf{a}_3 \ \mathbf{a}_4]$ 是以 $\mathbf{a}_1$、$\mathbf{a}_2$、$\mathbf{a}_3$、$\mathbf{a}_4$ 為行的矩陣。

例 4

令 $A = [\mathbf{a}_1 \ \mathbf{a}_2 \ \mathbf{a}_3 \ \mathbf{a}_4]$ 為 3×4 矩陣，其中 $\mathbf{a}_1 = \begin{bmatrix} 2 \\ 0 \\ -1 \end{bmatrix}$、$\mathbf{a}_2 = \begin{bmatrix} 1 \\ 1 \\ 1 \end{bmatrix}$、$\mathbf{a}_3 = \begin{bmatrix} 3 \\ -1 \\ -3 \end{bmatrix}$、$\mathbf{a}_4 = \begin{bmatrix} 3 \\ 1 \\ 0 \end{bmatrix}$。將下列的 $\mathbf{b}$ 以 $\mathbf{a}_1$、$\mathbf{a}_2$、$\mathbf{a}_3$、$\mathbf{a}_4$ 的線性組合來表示，或證明無法用此線性組合表示。以對應的線性方程組 $A\mathbf{x} = \mathbf{b}$ 來證明答案。

(a) $\mathbf{b} = \begin{bmatrix} 1 \\ 2 \\ 3 \end{bmatrix}$ (b) $\mathbf{b} = \begin{bmatrix} 4 \\ 2 \\ 1 \end{bmatrix}$

解：由定理 1，$\mathbf{b}$ 為 $\mathbf{a}_1$、$\mathbf{a}_2$、$\mathbf{a}_3$、$\mathbf{a}_4$ 的線性組合，若且唯若方程組 $A\mathbf{x} = \mathbf{b}$ 為相容（亦即，有解）。因此我們將方程式 $A\mathbf{x} = \mathbf{b}$ 的增廣矩陣 $[A|\mathbf{b}]$ 化為簡化的形式。

(a) $\begin{bmatrix} 2 & 1 & 3 & 3 & | & 1 \\ 0 & 1 & -1 & 1 & | & 2 \\ -1 & 1 & -3 & 0 & | & 3 \end{bmatrix} \rightarrow \begin{bmatrix} 1 & 0 & 2 & 1 & | & 0 \\ 0 & 1 & -1 & 1 & | & 0 \\ 0 & 0 & 0 & 0 & | & 1 \end{bmatrix}$，方程組 $A\mathbf{x} = \mathbf{b}$ 無解，因此 $\mathbf{b}$ 不是 $\mathbf{a}_1$、$\mathbf{a}_2$、$\mathbf{a}_3$、$\mathbf{a}_4$ 的線性組合。

(b) $\begin{bmatrix} 2 & 1 & 3 & 3 & | & 4 \\ 0 & 1 & -1 & 1 & | & 2 \\ -1 & 1 & -3 & 0 & | & 1 \end{bmatrix} \rightarrow \begin{bmatrix} 1 & 0 & 2 & 1 & | & 1 \\ 0 & 1 & -1 & 1 & | & 2 \\ 0 & 0 & 0 & 0 & | & 0 \end{bmatrix}$,方程組 $A\mathbf{x} = \mathbf{b}$ 相容。

因此 $\mathbf{b}$ 是 $\mathbf{a}_1$、$\mathbf{a}_2$、$\mathbf{a}_3$、$\mathbf{a}_4$ 的線性組合。事實上,通解為 $x_1 = 1 - 2s - t$,$x_2 = 2 + s - t$,$x_3 = s$,$x_4 = t$,其中 s 與 t 為任意參數。因此,對任意的 s、t 而言,$x_1\mathbf{a}_1 + x_2\mathbf{a}_2 + x_3\mathbf{a}_3 + x_4\mathbf{a}_4 = \mathbf{b} = \begin{bmatrix} 4 \\ 2 \\ 1 \end{bmatrix}$。若取 $s = 0$、$t = 0$,此式變成 $\mathbf{a}_1 + 2\mathbf{a}_2 = \mathbf{b}$;若取 $s = 1 = t$,則變成 $-2\mathbf{a}_1 + 2\mathbf{a}_2 + \mathbf{a}_3 + \mathbf{a}_4 = \mathbf{b}$。

例 5

A 為零矩陣,由定義 2.5 可知,對所有的向量 $\mathbf{x}$ 而言,$0\mathbf{x} = \mathbf{0}$,因為零矩陣的每一行皆為零。同理,對所有的矩陣 A 而言,$A\mathbf{0} = \mathbf{0}$,因為零向量的每一個元素皆為零。

例 6

若 $I = \begin{bmatrix} 1 & 0 & 0 \\ 0 & 1 & 0 \\ 0 & 0 & 1 \end{bmatrix}$,證明對 $\mathbb{R}^3$ 中的任意向量 $\mathbf{x}$,證明 $I\mathbf{x} = \mathbf{x}$。

解:若 $\mathbf{x} = \begin{bmatrix} x_1 \\ x_2 \\ x_3 \end{bmatrix}$,則由定義 2.5 可得

$$I\mathbf{x} = x_1 \begin{bmatrix} 1 \\ 0 \\ 0 \end{bmatrix} + x_2 \begin{bmatrix} 0 \\ 1 \\ 0 \end{bmatrix} + x_3 \begin{bmatrix} 0 \\ 0 \\ 1 \end{bmatrix} = \begin{bmatrix} x_1 \\ 0 \\ 0 \end{bmatrix} + \begin{bmatrix} 0 \\ x_2 \\ 0 \end{bmatrix} + \begin{bmatrix} 0 \\ 0 \\ x_3 \end{bmatrix} = \begin{bmatrix} x_1 \\ x_2 \\ x_3 \end{bmatrix} = \mathbf{x}$$

例 6 中的矩陣 I 稱為 3×3 **單位矩陣 (identity matrix)**,在後面的例 11 中,我們會再遇到這種矩陣。

在繼續討論之前,我們列出矩陣-向量乘法的一些代數性質,這些性質廣泛應用於線性代數。

定理 2

令 A、B 為 $m \times n$ 矩陣,$\mathbf{x}$、$\mathbf{y}$ 為 $\mathbb{R}^n$ 中的 n-向量,則:

(1) $A(\mathbf{x} + \mathbf{y}) = A\mathbf{x} + A\mathbf{y}$。
(2) $A(a\mathbf{x}) = a(A\mathbf{x}) = (aA)\mathbf{x}$,其中 a 為純量。
(3) $(A + B)\mathbf{x} = A\mathbf{x} + B\mathbf{x}$。

證明

我們證明 (3)；其它驗證的方法與 (3) 類似，留做習題。令 $A = [\mathbf{a}_1\ \mathbf{a}_2\ \cdots\ \mathbf{a}_n]$ 與 $B = [\mathbf{b}_1\ \mathbf{b}_2\ \cdots\ \mathbf{b}_n]$ 為以行向量表示的矩陣。兩矩陣相加就是將它們的行向量相加，亦即

$$A + B = [\mathbf{a}_1 + \mathbf{b}_1\quad \mathbf{a}_2 + \mathbf{b}_2\quad \cdots\quad \mathbf{a}_n + \mathbf{b}_n]$$

若 $\mathbf{x} = \begin{bmatrix} x_1 \\ x_2 \\ \vdots \\ x_n \end{bmatrix}$，則由定義 2.5 可知

$$\begin{aligned}(A + B)\mathbf{x} &= x_1(\mathbf{a}_1 + \mathbf{b}_1) + x_2(\mathbf{a}_2 + \mathbf{b}_2) + \cdots + x_n(\mathbf{a}_n + \mathbf{b}_n) \\ &= (x_1\mathbf{a}_1 + x_2\mathbf{a}_2 + \cdots + x_n\mathbf{a}_n) + (x_1\mathbf{b}_1 + x_2\mathbf{b}_2 + \cdots + x_n\mathbf{b}_n) \\ &= A\mathbf{x} + B\mathbf{x}\end{aligned}$$

定理 2 使得矩陣-向量的計算能夠像一般算術來進行計算。例如，對於任意 $m \times n$ 矩陣 A、B 以及任意 n-向量 $\mathbf{x}$ 和 $\mathbf{y}$，我們有：

$$A(2\mathbf{x} - 5\mathbf{y}) = 2A\mathbf{x} - 5A\mathbf{y} \quad \text{和} \quad (3A - 7B)\mathbf{x} = 3A\mathbf{x} - 7B\mathbf{x}$$

在整本書中我們會用到這種運算而不再說明。

定理 2 亦提供一種有用的方式來描述線性方程組

$$A\mathbf{x} = \mathbf{b}$$

的解。將原方程組 $A\mathbf{x} = \mathbf{b}$ 中的常數 $\mathbf{b}$ 以 $\mathbf{0}$ 取代，所得的方程組 $A\mathbf{x} = \mathbf{0}$ 稱為**相關齊次方程組 (associated homogeneous system)**。假設 $\mathbf{x}_1$ 為 $A\mathbf{x} = \mathbf{b}$ 的一解且 $\mathbf{x}_0$ 為 $A\mathbf{x} = \mathbf{0}$ 的一解（亦即，$A\mathbf{x}_1 = \mathbf{b}$ 且 $A\mathbf{x}_0 = \mathbf{0}$），則 $\mathbf{x}_1 + \mathbf{x}_0$ 為 $A\mathbf{x} = \mathbf{b}$ 的另一解。的確，由定理 2 可知

$$A(\mathbf{x}_1 + \mathbf{x}_0) = A\mathbf{x}_1 + A\mathbf{x}_0 = \mathbf{b} + \mathbf{0} = \mathbf{b}$$

由此觀察可得有用的結論。

定理 3

假設 $\mathbf{x}_1$ 為線性方程組 $A\mathbf{x} = \mathbf{b}$ 的任意特解，則 $A\mathbf{x} = \mathbf{b}$ 的每一個解 $\mathbf{x}_2$ 具有下列的形式

$$\mathbf{x}_2 = \mathbf{x}_0 + \mathbf{x}_1$$

其中 $\mathbf{x}_0$ 為相關齊次方程組 $A\mathbf{x} = \mathbf{0}$ 的解。

證明

假設 $\mathbf{x}_2$ 亦為 $A\mathbf{x} = \mathbf{b}$ 的解，即 $A\mathbf{x}_2 = \mathbf{b}$。令 $\mathbf{x}_0 = \mathbf{x}_2 - \mathbf{x}_1$，則 $\mathbf{x}_2 = \mathbf{x}_0 + \mathbf{x}_1$，利用定理 2，計算

$$A\mathbf{x}_0 = A(\mathbf{x}_2 - \mathbf{x}_1) = A\mathbf{x}_2 - A\mathbf{x}_1 = \mathbf{b} - \mathbf{b} = \mathbf{0}$$

因此 $\mathbf{x}_0$ 為相關齊次方程組 $A\mathbf{x} = 0$ 的解。

注意，高斯消去法也可應用於這種表示法。

例 7

將下列方程組的通解表示成特解加上相關齊次方程組之解的和。

$$\begin{aligned} x_1 - x_2 - x_3 + 3x_4 &= 2 \\ 2x_1 - x_2 - 3x_3 + 4x_4 &= 6 \\ x_1 - 2x_3 + x_4 &= 4 \end{aligned}$$

解：由高斯消去法可得 $x_1 = 4 + 2s - t$，$x_2 = 2 + s + 2t$，$x_3 = s$，$x_4 = t$，其中 s、t 為任意參數。因此通解可寫成

$$\mathbf{x} = \begin{bmatrix} x_1 \\ x_2 \\ x_3 \\ x_4 \end{bmatrix} = \begin{bmatrix} 4 + 2s - t \\ 2 + s + 2t \\ s \\ t \end{bmatrix} = \begin{bmatrix} 4 \\ 2 \\ 0 \\ 0 \end{bmatrix} + \left(s \begin{bmatrix} 2 \\ 1 \\ 1 \\ 0 \end{bmatrix} + t \begin{bmatrix} -1 \\ 2 \\ 0 \\ 1 \end{bmatrix} \right)$$

因此 $\mathbf{x} = \begin{bmatrix} 4 \\ 2 \\ 0 \\ 0 \end{bmatrix}$ 為一特解（其中 $s = 0 = t$），而 $\mathbf{x}_0 = s \begin{bmatrix} 2 \\ 1 \\ 1 \\ 0 \end{bmatrix} + t \begin{bmatrix} -1 \\ 2 \\ 0 \\ 1 \end{bmatrix}$ 為相關齊次方程組的解。

（欲求 x_0，可先將方程組等號右邊所有常數設為零，再利用高斯消去法計算。）

點積

定義 2.5 並非計算矩陣-向量乘積 $A\mathbf{x}$ 最簡單的方法，因為 A 的行必須能先確認。另一種方法是將 A 視為一整體而不需事先知道 A 的行，因此比較實用。這個方法是使用以下的概念。

定義 2.6

若 $(a_1, a_2, \ldots, a_n)$ 與 $(b_1, b_2, \ldots, b_n)$ 為有序 n-元組，其**點積 (dot product)** 定義為實數

$$a_1 b_1 + a_2 b_2 + \cdots + a_n b_n$$

上式是將對應元素相乘後再相加而得。

點積與矩陣乘積的關係說明如下，令 A 為 3×4 矩陣，$\mathbf{x}$ 為 4-向量。依照第 2.1 節的符號可寫成

$$\mathbf{x} = \begin{bmatrix} x_1 \\ x_2 \\ x_3 \\ x_4 \end{bmatrix}, A = \begin{bmatrix} a_{11} & a_{12} & a_{13} & a_{14} \\ a_{21} & a_{22} & a_{23} & a_{24} \\ a_{31} & a_{32} & a_{33} & a_{34} \end{bmatrix}$$

計算 $A\mathbf{x}$ 如下：

$$A\mathbf{x} = \begin{bmatrix} a_{11} & a_{12} & a_{13} & a_{14} \\ a_{21} & a_{22} & a_{23} & a_{24} \\ a_{31} & a_{32} & a_{33} & a_{34} \end{bmatrix} \begin{bmatrix} x_1 \\ x_2 \\ x_3 \\ x_4 \end{bmatrix} = x_1 \begin{bmatrix} a_{11} \\ a_{21} \\ a_{31} \end{bmatrix} + x_2 \begin{bmatrix} a_{12} \\ a_{22} \\ a_{32} \end{bmatrix} + x_3 \begin{bmatrix} a_{13} \\ a_{23} \\ a_{33} \end{bmatrix} + x_4 \begin{bmatrix} a_{14} \\ a_{24} \\ a_{34} \end{bmatrix}$$

$$= \begin{bmatrix} a_{11}x_1 & a_{12}x_2 & a_{13}x_3 & a_{14}x_4 \\ a_{21}x_1 & a_{22}x_2 & a_{23}x_3 & a_{24}x_4 \\ a_{31}x_1 & a_{32}x_2 & a_{33}x_3 & a_{34}x_4 \end{bmatrix}$$

由此可知，$A\mathbf{x}$ 的每一個元素為 A 的對應列與 $\mathbf{x}$ 的點積。定理 4 是這個計算的推廣。

定理 4

點積規則 (Dot Product Rule)

令 A 為 $m \times n$ 矩陣，$\mathbf{x}$ 為 n-向量，則向量 $A\mathbf{x}$ 的每一個元素是 A 的對應列與 $\mathbf{x}$ 的點積。

此結果於線性代數中被廣泛的使用。

若 A 為 $m \times n$ 矩陣，$\mathbf{x}$ 為 n-向量，用點積來計算 $A\mathbf{x}$ 會比用定義 2.5 來得簡單，因為可直接計算而不需要參考 A 的行（如定義 2.5）。$A\mathbf{x}$ 的第一個元素是 A 的第一列與 $\mathbf{x}$ 的點積。計算 $A\mathbf{x}$ 的第 k 個元素其方法如下：將 A 的第 k 列由左到右與 $\mathbf{x}$ 的行由上到下，對應元素相乘之後的結果再相加。欲求 $A\mathbf{x}$ 的其它元素，可利用 A 的其它列與 $\mathbf{x}$ 的行以相同的方法計算。

一般而言，計算 $A\mathbf{x}$ 的第 k 個元素方法如下（參閱圖）：

由左至右橫過 A 的第 k 列，由上而下經過 $\mathbf{x}$ 的行，對應元素相乘，將結果相加。

為了說明，我們重做例 2，以點積法則取代定義 2.5。

例 8

若 $A = \begin{bmatrix} 2 & -1 & 3 & 5 \\ 0 & 2 & -3 & 1 \\ -3 & 4 & 1 & 2 \end{bmatrix}$，$\mathbf{x} = \begin{bmatrix} 2 \\ 1 \\ 0 \\ -2 \end{bmatrix}$，計算 $A\mathbf{x}$。

解：$A\mathbf{x}$ 的元素為 A 的列與 $\mathbf{x}$ 的點積：

$$A\mathbf{x} = \begin{bmatrix} 2 & -1 & 3 & 5 \\ 0 & 2 & -3 & 1 \\ -3 & 4 & 1 & 2 \end{bmatrix} \begin{bmatrix} 2 \\ 1 \\ 0 \\ -2 \end{bmatrix} = \begin{bmatrix} 2\cdot 2 + (-1)1 + 3\cdot 0 + 5(-2) \\ 0\cdot 2 + 2\cdot 1 + (-3)0 + 1(-2) \\ (-3)2 + 4\cdot 1 + 1\cdot 0 + 2(-2) \end{bmatrix} = \begin{bmatrix} -7 \\ 0 \\ -6 \end{bmatrix}$$

當然，此結果與例 2 的結果一致。

例 9

將下列線性方程組以 $A\mathbf{x} = \mathbf{b}$ 的形式表示。

$$\begin{aligned} 5x_1 - x_2 + 2x_3 + x_4 - 3x_5 &= 8 \\ x_1 + x_2 + 3x_3 - 5x_4 + 2x_5 &= -2 \\ -x_1 + x_2 - 2x_3 - 3x_5 &= 0 \end{aligned}$$

解：令 $A = \begin{bmatrix} 5 & -1 & 2 & 1 & -3 \\ 1 & 1 & 3 & -5 & 2 \\ -1 & 1 & -2 & 0 & -3 \end{bmatrix}$，$\mathbf{b} = \begin{bmatrix} 8 \\ -2 \\ 0 \end{bmatrix}$，$\mathbf{x} = \begin{bmatrix} x_1 \\ x_2 \\ x_3 \\ x_4 \\ x_5 \end{bmatrix}$

則由點積法則可得

$$A\mathbf{x} = \begin{bmatrix} 5x_1 - x_2 + 2x_3 + x_4 - 3x_5 \\ x_1 + x_2 + 3x_3 - 5x_4 + 2x_5 \\ -x_1 + x_2 - 2x_3 - 3x_5 \end{bmatrix}$$

此時 $A\mathbf{x}$ 的元素為線性方程組左邊的式子。因為等號兩邊矩陣相等，所以方程組變成 $A\mathbf{x} = \mathbf{b}$。

例 10

若 A 為 $m \times n$ 零矩陣，則對於每一 n-向量 $\mathbf{x}$，$A\mathbf{x} = \mathbf{0}$。

解：對每一個 k 而言，$A\mathbf{x}$ 的第 k 個元素為 A 的第 k 列與 $\mathbf{x}$ 的點積，其值為零，此乃因 A 的第 k 列為零列。

定義 2.7

對每一個 $n > 2$ 而言，**單位矩陣 (identity matrix)** I_n 為 $n \times n$ 方陣，其主對角線（由左上到右下）元素皆為 1，其餘皆為零。

以下列出一些單位矩陣，

$$I_2 = \begin{bmatrix} 1 & 0 \\ 0 & 1 \end{bmatrix}, I_3 = \begin{bmatrix} 1 & 0 & 0 \\ 0 & 1 & 0 \\ 0 & 0 & 1 \end{bmatrix}, I_4 = \begin{bmatrix} 1 & 0 & 0 & 0 \\ 0 & 1 & 0 & 0 \\ 0 & 0 & 1 & 0 \\ 0 & 0 & 0 & 1 \end{bmatrix}, \cdots$$

於例 6 中，我們利用定義 2.5 證明對每一個 3-向量 $\mathbf{x}$ 而言，$I_3\mathbf{x} = \mathbf{x}$ 恆成立。下面是這個結果的推廣。

例 11

對 $\mathbb{R}^n$ 中的每一個 n-向量 $\mathbf{x}$ 而言，$n \geq 2$，恆有 $I_n\mathbf{x} = \mathbf{x}$。

解：我們以 $n = 4$ 來驗證。給予 4-向量若 $\mathbf{x} = \begin{bmatrix} x_1 \\ x_2 \\ x_3 \\ x_4 \end{bmatrix}$，由點積法則可得

$$I_4\mathbf{x} = \begin{bmatrix} 1 & 0 & 0 & 0 \\ 0 & 1 & 0 & 0 \\ 0 & 0 & 1 & 0 \\ 0 & 0 & 0 & 1 \end{bmatrix} \begin{bmatrix} x_1 \\ x_2 \\ x_3 \\ x_4 \end{bmatrix} = \begin{bmatrix} x_1 + 0 + 0 + 0 \\ 0 + x_2 + 0 + 0 \\ 0 + 0 + x_3 + 0 \\ 0 + 0 + 0 + x_4 \end{bmatrix} = \begin{bmatrix} x_1 \\ x_2 \\ x_3 \\ x_4 \end{bmatrix} = \mathbf{x}$$

一般而言，$I_n\mathbf{x}$ 的第 k 個元素為 I_n 的第 k 列與 $\mathbf{x}$ 的點積，由於 I_n 的第 k 列與第 k 行元素為 1，其餘元素皆為零，所以 $I_n\mathbf{x} = \mathbf{x}$。

例 12

令 $A = [\mathbf{a}_1 \ \mathbf{a}_2 \ \cdots \ \mathbf{a}_n]$ 為以 $\mathbf{a}_1, \mathbf{a}_2, ..., \mathbf{a}_n$ 為行向量的任意 $m \times n$ 矩陣。若 $\mathbf{e}_j$ 為 $n \times n$ 單位矩陣 I_n 的第 j 行，則 $A\mathbf{e}_j = \mathbf{a}_j$，$j = 1, 2, ..., n$。

解：令 $\mathbf{e}_j = \begin{bmatrix} t_1 \\ t_2 \\ \vdots \\ t_n \end{bmatrix}$，其中 $t_j = 1$，而當 $i \neq j$ 時，$t_i = 0$。由定理 4 可知

$$A\mathbf{e}_j = t_1\mathbf{a}_1 + \cdots + t_j\mathbf{a}_j + \cdots + t_n\mathbf{a}_n = 0 + \cdots + \mathbf{a}_j + \cdots + 0 = \mathbf{a}_j$$

例 12 以後將會提及，現在我們利用它來證明下列定理。

定理 5

令 A、B 為 $m \times n$ 矩陣。若對 $\mathbb{R}^n$ 中的所有 $\mathbf{x}$ 而言，$A\mathbf{x} = B\mathbf{x}$ 成立，則 $A = B$。

證明

令 $A = [\mathbf{a}_1 \; \mathbf{a}_2 \; \cdots \; \mathbf{a}_n]$、$B = [\mathbf{b}_1 \; \mathbf{b}_2 \; \cdots \; \mathbf{b}_n]$，$A$、$B$ 均以行向量表示。仿照例 12 的方法寫出 $A\mathbf{e}_k = B\mathbf{e}_k$，對所有的 k 而言，可得 $\mathbf{a}_k = \mathbf{b}_k$，因此足以證明 $A = B$。

我們介紹矩陣-向量乘法作為另一種思考線性方程組的方式，但是它還有其它用途。許多幾何運算皆可用矩陣乘法來描述，我們現在檢視這些幾何現象是如何發生的。這些描述揭露了以 A 乘以向量 $\mathbf{x}$ 後所產生的影響，也提供了矩陣的幾何圖像。這個矩陣的幾何觀點是了解它們的基本工具。

變換

集合 $\mathbb{R}^2$ 可視為幾何學上的 2 維歐氏平面，$\mathbb{R}^2$ 中的向量 $\begin{bmatrix} a_1 \\ a_2 \end{bmatrix}$ 代表平面上的點 (a_1, a_2)（如圖 1）。以此觀點，我們可將 $\mathbb{R}^2$ 視為平面上所有點的集合，因此將 $\mathbb{R}^2$ 中的向量視為點，並將其點座標以行向量表示。為了強調向量 $\begin{bmatrix} a_1 \\ a_2 \end{bmatrix}$ 在幾何上的意義，可由原點 $\begin{bmatrix} 0 \\ 0 \end{bmatrix}$ 畫一箭號到該向量，如圖 1 所示。

同理，在 3 維空間 $\mathbb{R}^3$ 中，將點 (a_1, a_2, a_3) 寫成向量 $\begin{bmatrix} a_1 \\ a_2 \\ a_3 \end{bmatrix}$，再由原點畫一箭號[4]到該點，如圖 2 所示。如此一來，平面和空間中的點與向量所代表的意義是相同的。

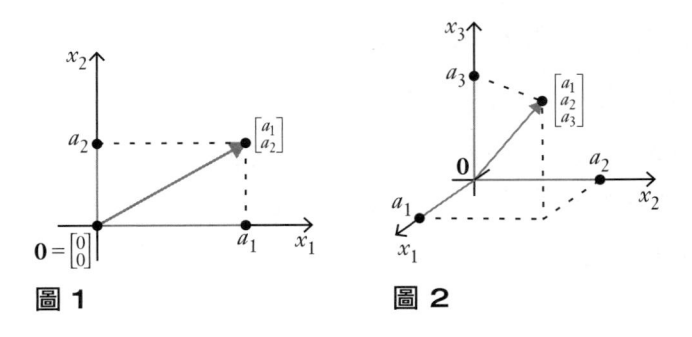

圖 1

圖 2

我們先從 $\mathbb{R}^2$ 平面的特定幾何變換來說明。

---

[4] 以箭號代表 $\mathbb{R}^2$ 與 $\mathbb{R}^3$ 中的向量，將於第 4 章大量使用。

例 13

考慮 $\mathbb{R}^2$ 對於 x 軸的鏡射 (reflection) 變換。如圖 3 所示，這個運算將向量 $\begin{bmatrix} a_1 \\ a_2 \end{bmatrix}$ 轉換成它的鏡射 $\begin{bmatrix} a_1 \\ -a_2 \end{bmatrix}$，觀察下式

$$\begin{bmatrix} a_1 \\ -a_2 \end{bmatrix} = \begin{bmatrix} 1 & 0 \\ 0 & -1 \end{bmatrix} \begin{bmatrix} a_1 \\ a_2 \end{bmatrix}$$

可知欲將 $\begin{bmatrix} a_1 \\ a_2 \end{bmatrix}$ 對 x 軸鏡射，可由 $\begin{bmatrix} 1 & 0 \\ 0 & -1 \end{bmatrix}$ 乘以 $\begin{bmatrix} a_1 \\ a_2 \end{bmatrix}$ 來達成。

圖 3

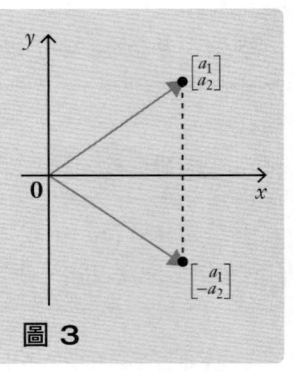

若我們令 $A = \begin{bmatrix} 1 & 0 \\ 0 & -1 \end{bmatrix}$，例 13 說明了對 x 軸的鏡射將 $\mathbb{R}^2$ 中的每一個向量 **x** 傳送到 $\mathbb{R}^2$ 中的向量 $A\mathbf{x}$。因此這是一個函數的例子：

$T: \mathbb{R}^2 \to \mathbb{R}^2$，其中對所有 $\mathbb{R}^2$ 中的 **x** 而言，$T(\mathbf{x}) = A\mathbf{x}$。

這是一個我們所熟悉的函數 $f: \mathbb{R} \to \mathbb{R}$〔將數字 x 傳送到另一個實數 $f(x)$〕的推廣。

一般而言，$T: \mathbb{R}^n \to \mathbb{R}^m$ 稱為從 $\mathbb{R}^n$ 到 $\mathbb{R}^m$ 的**變換 (transformation)**。這種變換 T 是指對於 $\mathbb{R}^n$ 中的每一個向量 **x**，在 $\mathbb{R}^m$ 中有唯一的向量 $T(\mathbf{x})$ 與之對應，此 $T(\mathbf{x})$ 稱為 **x** 的**像 (image)**。這種情況可寫成

$$T: \mathbb{R}^n \to \mathbb{R}^m \quad \text{或} \quad \mathbb{R}^n \xrightarrow{T} \mathbb{R}^m$$

圖 4

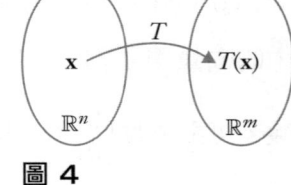

圖 4 顯示 T 變換的直觀圖形。

為了描述變換 $T: \mathbb{R}^n \to \mathbb{R}^m$，我們必須對 $\mathbb{R}^n$ 中的每一個 **x**，指定 $\mathbb{R}^m$ 中的向量 $T(\mathbf{x})$。這是 T 的**定義 (defining)**，或指定 T 的**作用 (action)**。所謂由作用來定義變換其意思是說，若兩種變換 $S: \mathbb{R}^n \to \mathbb{R}^m$ 與 $T: \mathbb{R}^n \to \mathbb{R}^m$ 有**相同的作用 (same action)**，則將它們視為**相等 (equal)**。正式地說：

$S = T$ 若且唯若 對 $\mathbb{R}^n$ 中的所有 **x** 而言，$S(\mathbf{x}) = T(\mathbf{x})$ 恆成立

這就是我們所說的 $f = g$，其中 $f, g: \mathbb{R} \to \mathbb{R}$ 為一般的函數。

函數 $f: \mathbb{R} \to \mathbb{R}$ 通常是以公式來描述，例如 $f(x) = x^2 + 1$ 且 $f(x) = \sin x$。變換也是一樣，以下即為一例。

例 14

公式 $T \begin{bmatrix} x_1 \\ x_2 \\ x_3 \\ x_4 \end{bmatrix} = \begin{bmatrix} x_1 + x_2 \\ x_2 + x_3 \\ x_3 + x_4 \end{bmatrix}$ 定義了 $\mathbb{R}^4 \to \mathbb{R}^3$ 的變換。

例 14 暗示了矩陣相乘是定義變換 $\mathbb{R}^n \to \mathbb{R}^m$ 的重要方式。若 A 為任意 $m \times n$ 矩陣，乘上 A 可得變換

$$T_A: \mathbb{R}^n \to \mathbb{R}^m，其定義為對 \mathbb{R}^n 中的每一個 \mathbf{x}，T_A(\mathbf{x}) = A\mathbf{x}$$

定義 2.8

T_A 稱為由 A 所**誘導的矩陣變換 (matrix transformation induced)**。

因此例 13 說明了 x 軸的鏡射是由矩陣 $\begin{bmatrix} 1 & 0 \\ 0 & -1 \end{bmatrix}$ 所誘導，從 $\mathbb{R}^2 \to \mathbb{R}^2$ 的矩陣變換。例 14 中的 $T: \mathbb{R}^4 \to \mathbb{R}^3$ 是由以下的矩陣所誘導的矩陣變換

$$A = \begin{bmatrix} 1 & 1 & 0 & 0 \\ 0 & 1 & 1 & 0 \\ 0 & 0 & 1 & 1 \end{bmatrix}，因為 \begin{bmatrix} 1 & 1 & 0 & 0 \\ 0 & 1 & 1 & 0 \\ 0 & 0 & 1 & 1 \end{bmatrix} \begin{bmatrix} x_1 \\ x_2 \\ x_3 \\ x_4 \end{bmatrix} = \begin{bmatrix} x_1 + x_2 \\ x_2 + x_3 \\ x_3 + x_4 \end{bmatrix}$$

例 15

令 $R_{\frac{\pi}{2}}: \mathbb{R}^4 \to \mathbb{R}^3$ 表示繞著原點以逆時針旋轉 $\frac{\pi}{2}$ 弧度（即 $90°$）[5]。證明 $R_{\frac{\pi}{2}}$ 是由矩陣 $\begin{bmatrix} 0 & -1 \\ 1 & 0 \end{bmatrix}$ 所誘導。

解：$R_{\frac{\pi}{2}}$ 的作用是將向量 $\mathbf{x} = \begin{bmatrix} a \\ b \end{bmatrix}$ 逆時針旋轉 $\frac{\pi}{2}$ 以產生向量 $R_{\frac{\pi}{2}}(\mathbf{x})$，如圖 5 所示。因為三角形 $\mathbf{0px}$ 和 $\mathbf{0q}R_{\frac{\pi}{2}}(\mathbf{x})$ 相等，可得 $R_{\frac{\pi}{2}}(\mathbf{x}) = \begin{bmatrix} -b \\ a \end{bmatrix}$。但 $\begin{bmatrix} -b \\ a \end{bmatrix} = \begin{bmatrix} 0 & -1 \\ 1 & 0 \end{bmatrix} \begin{bmatrix} a \\ b \end{bmatrix}$，故對 $\mathbb{R}^2$ 中所有的 $\mathbf{x}$，$R_{\frac{\pi}{2}}(\mathbf{x}) = A\mathbf{x}$，其中 $A = \begin{bmatrix} 0 & -1 \\ 1 & 0 \end{bmatrix}$。換言之，$R_{\frac{\pi}{2}}$ 是由 A 所誘導的矩陣變換。

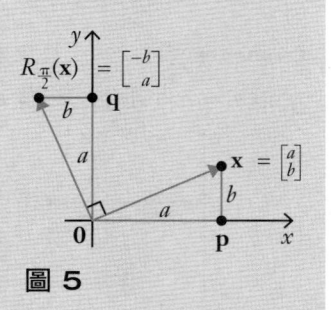

圖 5

若 A 為 $m \times n$ 零矩陣，則 A 誘導的變換

$$T: \mathbb{R}^n \to \mathbb{R}^m，T(\mathbf{x}) = A\mathbf{x} = \mathbf{0}，\forall \mathbf{x} \in \mathbb{R}^n$$

稱為**零變換 (zero transformation)**，記做 $T = 0$。

另一個重要的例子稱為**恆等變換 (identity transformation)**。

$$1_{\mathbb{R}^n}: \mathbb{R}^n \to \mathbb{R}^n，1_{\mathbb{R}^n}(\mathbf{x}) = \mathbf{x}，\forall \mathbf{x} \in \mathbb{R}^n$$

---

[5] 角度的強度量是基於 $360°$ 等於 2π 弧。因此 π(弧) $= 180°$ 而 $\frac{\pi}{2} = 90°$。

若 I_n 表示 $n \times n$ 單位矩陣，由例 11 中可知 $I_n\mathbf{x} = \mathbf{x}$，$\forall \mathbf{x} \in \mathbb{R}^n$。因此 $1_{\mathbb{R}^n}(\mathbf{x}) = I_n\mathbf{x}$，$\forall \mathbf{x} \in \mathbb{R}^n$，亦即，單位矩陣誘導恆等變換。

以下二例進一步說明在幾何上如何描述矩陣變換。

例 16

若 $a > 1$，則由矩陣 $A = \begin{bmatrix} a & 0 \\ 0 & 1 \end{bmatrix}$ 所誘導的矩陣變換 $T\begin{bmatrix} x \\ y \end{bmatrix} = \begin{bmatrix} ax \\ y \end{bmatrix}$，稱為 $\mathbb{R}^2$ 的 **x-擴大 (x-expansion)**，若 $0 < a < 1$，則稱為 **x-壓縮 (x-compression)**，理由說明於下圖。同理，若 $b > 0$，$\begin{bmatrix} 1 & 0 \\ 0 & b \end{bmatrix}$ 會造成 **y-擴大 (y-expansion)** 與 **y-壓縮 (y-compression)**。

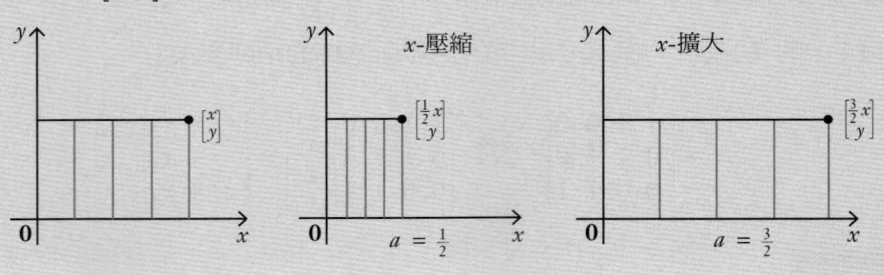

例 17

若 a 為一實數，由矩陣 $A = \begin{bmatrix} 1 & a \\ 0 & 1 \end{bmatrix}$ 所誘導的矩陣變換 $T\begin{bmatrix} x \\ y \end{bmatrix} = \begin{bmatrix} x + ay \\ y \end{bmatrix}$ 稱為 $\mathbb{R}^2$ 的 **x-變形 (x-shear)**。若 $a > 0$ 為**正 (positive)** 變形，$a < 0$ 為**負 (negative)** 變形。下圖說明當 $a = \frac{1}{4}$ 和 $a = -\frac{1}{4}$ 產生的影響。

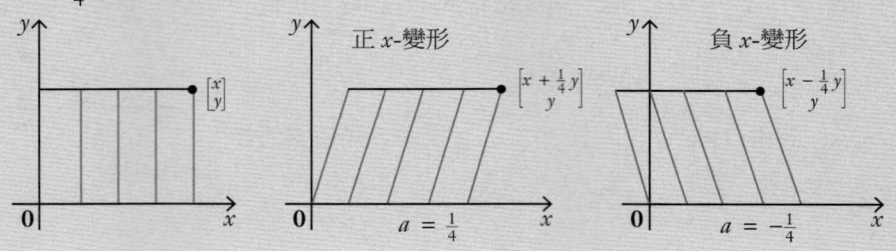

注意，有些重要的幾何變換並非矩陣變換。例如，若 $\mathbf{w}$ 為 $\mathbb{R}^n$ 中的固定行向量，定義轉換 $T_\mathbf{w} : \mathbb{R}^n \to \mathbb{R}^n$ 為

$$T_\mathbf{w}(\mathbf{x}) = \mathbf{x} + \mathbf{w}，\forall \mathbf{x} \in \mathbb{R}^n$$

則 $T_\mathbf{w}$ 被**移位 (translation)** 了 $\mathbf{w}$ 單位。特別地，若 $\mathbb{R}^2$ 中，$\mathbf{w} = \begin{bmatrix} 2 \\ 1 \end{bmatrix}$，$T_\mathbf{w}$ 對 $\begin{bmatrix} x \\ y \end{bmatrix}$ 的影響為向右移兩單位並向上移一單位（如圖 6）。

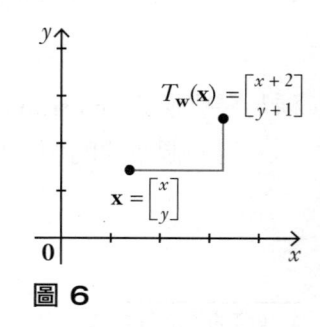

圖 6

除非 $\mathbf{w} = \mathbf{0}$，否則 $T_\mathbf{w}$ 並非矩陣變換。的確，若 $T_\mathbf{w}$ 是由矩陣 A 所誘導，則對 $\mathbb{R}^n$ 中的每一個 $\mathbf{x}$ 而言，$A\mathbf{x} = T_\mathbf{w}(\mathbf{x}) = \mathbf{x} + \mathbf{w}$ 恆成立。特別是當 $\mathbf{x} = \mathbf{0}$ 時，會得到 $\mathbf{w} = A\mathbf{0} = \mathbf{0}$。

習題 2.2

1. 寫出下列向量方程式所代表的線性方程組。

   (a) $x_1 \begin{bmatrix} 2 \\ -3 \\ 0 \end{bmatrix} + x_2 \begin{bmatrix} 1 \\ 1 \\ 4 \end{bmatrix} + x_3 \begin{bmatrix} 2 \\ 0 \\ -1 \end{bmatrix} = \begin{bmatrix} 5 \\ 6 \\ -3 \end{bmatrix}$

   ◆(b) $x_1 \begin{bmatrix} 1 \\ 0 \\ 1 \\ 0 \end{bmatrix} + x_2 \begin{bmatrix} -3 \\ 8 \\ 2 \\ 1 \end{bmatrix} + x_3 \begin{bmatrix} -3 \\ 0 \\ 0 \\ 2 \end{bmatrix} + x_4 \begin{bmatrix} 3 \\ 2 \\ 0 \\ -2 \end{bmatrix} = \begin{bmatrix} 5 \\ 1 \\ 2 \\ 0 \end{bmatrix}$

2. 以向量方程式表示下列的線性方程組。

   (a) $\begin{aligned} x_1 - x_2 + 3x_3 &= 5 \\ -3x_1 + x_2 + x_3 &= -6 \\ 5x_1 - 8x_2 &= 9 \end{aligned}$

   ◆(b) $\begin{aligned} x_1 - 2x_2 - x_3 + x_4 &= 5 \\ -x_1 + x_3 - 2x_4 &= -3 \\ 2x_1 - 2x_2 + 7x_3 &= 8 \\ 3x_1 - 4x_2 + 9x_3 - 2x_4 &= 12 \end{aligned}$

3. 利用 (i) 定義 2.5，(ii) 定理 4，分別計算下列的 $A\mathbf{x}$ 值。

   (a) $A = \begin{bmatrix} 3 & -2 & 0 \\ 5 & -4 & 1 \end{bmatrix}$, $\mathbf{x} = \begin{bmatrix} x_1 \\ x_2 \\ x_3 \end{bmatrix}$

   ◆(b) $A = \begin{bmatrix} 1 & 2 & 3 \\ 0 & -4 & 5 \end{bmatrix}$, $\mathbf{x} = \begin{bmatrix} x_1 \\ x_2 \\ x_3 \end{bmatrix}$

   (c) $A = \begin{bmatrix} -2 & 0 & 5 & 4 \\ 1 & 2 & 0 & 3 \\ -5 & 6 & -7 & 8 \end{bmatrix}$, $\mathbf{x} = \begin{bmatrix} x_1 \\ x_2 \\ x_3 \\ x_4 \end{bmatrix}$

   ◆(d) $A = \begin{bmatrix} 3 & -4 & 1 & 6 \\ 0 & 2 & 1 & 5 \\ -8 & 7 & -3 & 0 \end{bmatrix}$, $\mathbf{x} = \begin{bmatrix} x_1 \\ x_2 \\ x_3 \\ x_4 \end{bmatrix}$

4. 令 $A = [\mathbf{a}_1 \ \mathbf{a}_2 \ \mathbf{a}_3 \ \mathbf{a}_4]$ 為 3×4 矩陣，其中行向量為

   $\mathbf{a}_1 = \begin{bmatrix} 1 \\ 1 \\ -1 \end{bmatrix}$, $\mathbf{a}_2 = \begin{bmatrix} 3 \\ 0 \\ 2 \end{bmatrix}$, $\mathbf{a}_3 = \begin{bmatrix} 2 \\ -1 \\ 3 \end{bmatrix}$, $\mathbf{a}_4 = \begin{bmatrix} 0 \\ -3 \\ 5 \end{bmatrix}$

   將下列線性方程組 $A\mathbf{x} = \mathbf{b}$ 中的 $\mathbf{b}$ 以 $\mathbf{a}_1$、$\mathbf{a}_2$、$\mathbf{a}_3$、$\mathbf{a}_4$ 的線性組合表示。

   (a) $\mathbf{b} = \begin{bmatrix} 0 \\ 3 \\ 5 \end{bmatrix}$ (b) $\mathbf{b} = \begin{bmatrix} 4 \\ 1 \\ 1 \end{bmatrix}$

5. 將下列方程組的解，以一特解加上相關齊次方程組的解來表示。

   (a) $\begin{aligned} x + y + z &= 2 \\ 2x + y &= 3 \\ x - y - 3z &= 0 \end{aligned}$

   ◆(b) $\begin{aligned} x - y - 4z &= -4 \\ x + 2y + 5z &= 2 \\ x + y + 2z &= 0 \end{aligned}$

   (c) $\begin{aligned} x_1 + x_2 - x_3 - 5x_5 &= 2 \\ x_2 + x_3 - 4x_5 &= -1 \\ x_2 + x_3 + x_4 - x_5 &= -1 \\ 2x_1 - 4x_3 + x_4 + x_5 &= 6 \end{aligned}$

   ◆(d) $\begin{aligned} 2x_1 + x_2 - x_3 - x_4 &= -1 \\ 3x_1 + x_2 + x_3 - 2x_4 &= -2 \\ -x_1 - x_2 + 2x_3 + x_4 &= 2 \\ -2x_1 - x_2 + 2x_4 &= 3 \end{aligned}$

◆6. 若 $\mathbf{x}_0$、$\mathbf{x}_1$ 為齊次方程組 $A\mathbf{x} = \mathbf{0}$ 的解，利用定理 2，證明對任意純量 s、t 而言，$s\mathbf{x}_0 + t\mathbf{x}_1$ 亦為一解（稱為 $\mathbf{x}_0$ 與 $\mathbf{x}_1$ 的線性組合）。

7. 假設 $A\begin{bmatrix}1\\-1\\2\end{bmatrix} = \mathbf{0} = A\begin{bmatrix}2\\0\\3\end{bmatrix}$。證明 $\mathbf{x}_0 = \begin{bmatrix}2\\-1\\3\end{bmatrix}$ 為 $A\mathbf{x} = \mathbf{b}$ 之一解,並以二個參數表示出 $A\mathbf{x} = \mathbf{b}$ 的解。

8. 將下列方程組以 $A\mathbf{x} = \mathbf{b}$ 的形式表示,再用高斯演算法求解,最後將解表示成特解加上相關齊次方程組 $A\mathbf{x} = \mathbf{0}$ 之基本解的線性組合。

   (a) $\quad x_1 - 2x_2 + x_3 + 4x_4 - x_5 = 8$
   $-2x_1 + 4x_2 + x_3 - 2x_4 - 4x_5 = -1$
   $\quad 3x_1 - 6x_2 + 8x_3 + 4x_4 - 13x_5 = 1$
   $\quad 8x_1 - 16x_2 + 7x_3 + 12x_4 - 6x_5 = 11$

   ◆(b) $\quad x_1 - 2x_2 + x_3 + 2x_4 + 3x_5 = -4$
   $-3x_1 + 6x_2 - 2x_3 - 3x_4 - 11x_5 = 11$
   $-2x_1 + 4x_2 - x_3 + x_4 - 8x_5 = 7$
   $\quad -x_1 + 2x_2 \quad\quad + 3x_4 - 5x_5 = 3$

9. 已知向量
$$\mathbf{a}_1 = \begin{bmatrix}1\\0\\1\end{bmatrix}, \mathbf{a}_2 = \begin{bmatrix}1\\1\\0\end{bmatrix}, \mathbf{a}_3 = \begin{bmatrix}0\\-1\\1\end{bmatrix}$$
找出一個非 $\mathbf{a}_1, \mathbf{a}_2, \mathbf{a}_3$ 之線性組合的向量 $\mathbf{b}$。【提示:定理 1 的第 (2) 部分。】

10. 下列各題中,證明敘述為正確,或給予一反例說明其不為真。

    (a) $\begin{bmatrix}3\\2\end{bmatrix}$ 是 $\begin{bmatrix}1\\0\end{bmatrix}$ 與 $\begin{bmatrix}0\\1\end{bmatrix}$ 之線性組合。

    ◆(b) 若 $A\mathbf{x}$ 有零元素,則 A 有零列。

    (c) 若 $A\mathbf{x} = \mathbf{0}$,其中 $\mathbf{x} \neq \mathbf{0}$,則 $A = 0$。

    ◆(d) $\mathbb{R}^n$ 中,每一個向量之線性組合可寫成 $A\mathbf{x}$ 之形式。

    (e) 若 $A = [\mathbf{a}_1 \; \mathbf{a}_2 \; \mathbf{a}_3]$,其中 $\mathbf{a}_1, \mathbf{a}_2, \mathbf{a}_3$ 為其行向量,且若 $\mathbf{b} = 3\mathbf{a}_1 - 2\mathbf{a}_2$,則方程組 $A\mathbf{x} = \mathbf{b}$ 有一解。

    ◆(f) 若 $A = [\mathbf{a}_1 \; \mathbf{a}_2 \; \mathbf{a}_3]$,其中 $\mathbf{a}_1, \mathbf{a}_2, \mathbf{a}_3$ 為其行向量,且若方程組 $A\mathbf{x} = \mathbf{b}$ 有一解,則 $\mathbf{b} = s\mathbf{a}_1 + t\mathbf{a}_2$,$s, t$ 為常數。

    (g) 若 A 為 $m \times n$ 矩陣,且 $m < n$,則對每一行向量 $\mathbf{b}$ 而言,$A\mathbf{x} = \mathbf{b}$ 有一解。

    ◆(h) 若對某些行向量 $\mathbf{b}$ 而言,$A\mathbf{x} = \mathbf{b}$ 有一解,則對每一行向量 $\mathbf{b}$ 而言,$A\mathbf{x} = \mathbf{b}$ 有一解。

    (i) 若 $\mathbf{x}_1$ 與 $\mathbf{x}_2$ 為 $A\mathbf{x} = \mathbf{b}$ 的解,則 $\mathbf{x}_1 - \mathbf{x}_2$ 為 $A\mathbf{x} = \mathbf{0}$ 之一解。

    (j) $A = [\mathbf{a}_1 \; \mathbf{a}_2 \; \mathbf{a}_3]$,其中 $\mathbf{a}_1, \mathbf{a}_2, \mathbf{a}_3$ 為其行向量。若 $\mathbf{a}_3 = s\mathbf{a}_1 + t\mathbf{a}_2$,則 $A\mathbf{x} = \mathbf{0}$,其中 $\mathbf{x} = \begin{bmatrix}s\\t\\-1\end{bmatrix}$。

11. 令 $T : \mathbb{R}^2 \to \mathbb{R}^2$ 為一變換,求下列情況下的矩陣,並證明 T 是由該矩陣所誘導。

    (a) T 為 y 軸之鏡射。

    ◆(b) T 為直線 $y = x$ 之鏡射。

    (c) T 為直線 $y = -x$ 之鏡射。

    ◆(d) T 為順時針旋轉 $\frac{\pi}{2}$。

12. **投影 (projection)** $P : \mathbb{R}^3 \to \mathbb{R}^2$,定義為對 $\mathbb{R}^3$ 中所有的 $\begin{bmatrix}x\\y\\z\end{bmatrix}$ 而言,$P\begin{bmatrix}x\\y\\z\end{bmatrix} = \begin{bmatrix}x\\y\end{bmatrix}$。證明 P 是由一個矩陣所誘導,並求出該矩陣。

13. 令 $T : \mathbb{R}^3 \to \mathbb{R}^3$ 為一變換,證明 T 由一矩陣所誘導,並求出該矩陣。

    (a) T 為 x-y 平面的鏡射。

    ◆(b) T 為 y-z 平面的鏡射。

14. $\mathbb{R}$ 中,定值 $a > 0$,定義 $T_a : \mathbb{R}^4 \to \mathbb{R}^4$ 為對 $\mathbb{R}^4$ 中的所有 $\mathbf{x}$ 而言:$T_a(\mathbf{x}) = a\mathbf{x}$。證明 T 由一矩陣所誘導,並找出該矩陣。【若 $a > 1$,T 稱為**擴**

張 (dilation)。若 $a < 1$，T 稱為**收縮 (contraction)**。】

15. 令 A 為 $m \times n$ 矩陣，$\mathbf{x} \in \mathbb{R}^n$。若 A 有一列為零，證明 $A\mathbf{x}$ 有零元素。

◆16. 若向量 B 為 A 的行向量的線性組合，證明方程組 $A\mathbf{x} = \mathbf{b}$ 為相容（亦即，至少有一解）。

17. 若方程組 $A\mathbf{x} = \mathbf{b}$ 為不相容（無解），證明 $\mathbf{b}$ 不是 A 的行向量的線性組合。

18. 令 $\mathbf{x}_1$、$\mathbf{x}_2$ 為齊次方程組 $A\mathbf{x} = \mathbf{0}$ 的解。
    (a) 證明 $\mathbf{x}_1 + \mathbf{x}_2$ 為 $A\mathbf{x} = \mathbf{0}$ 的解。
    ◆(b) 證明對任意純量 t 而言，$t\mathbf{x}_1$ 為 $A\mathbf{x} = \mathbf{0}$ 的一解。

19. 假設 $\mathbf{x}_1$ 為方程組 $A\mathbf{x} = \mathbf{b}$ 的一解。若 $\mathbf{x}_0$ 為相關齊次方程組 $A\mathbf{x} = \mathbf{0}$ 的任意非當然解，證明 $\mathbf{x}_1 + t\mathbf{x}_0$，$t$ 為純量，為 $A\mathbf{x} = \mathbf{b}$ 含有一個參數的無限解。【提示：第 2.1 節例 7。】

20. 令 A、B 為相同大小的矩陣。若 $\mathbf{x}$ 為方程組 $A\mathbf{x} = \mathbf{0}$ 與 $B\mathbf{x} = \mathbf{0}$ 之解，證明 $\mathbf{x}$ 為方程組 $(A + B)\mathbf{x} = \mathbf{0}$ 之解。

21. 若 A 為 $m \times n$ 矩陣且 $A\mathbf{x} = \mathbf{0}$，$\forall \mathbf{x} \in \mathbb{R}^n$，證明 $A = 0$ 為零矩陣。【提示：考慮 $A\mathbf{e}_j$，其中 $\mathbf{e}_j$ 為 I_n 的第 j 行；亦即 $\mathbf{e}_j$ 為 $\mathbb{R}^n$ 中的向量，其第 j 個元素為 1，其餘元素為 0。】

◆22. 證明定理 2 的第 (1) 部分。

23. 證明定理 2 的第 (2) 部分。

2.3 節　矩陣乘法

在第 2.2 節是介紹矩陣-向量乘法。若 A 為 $m \times n$ 矩陣，x 為 $\mathbb{R}^n$ 中的 n-行向量，則乘積 Ax 定義如下：若 $A = [\mathbf{a}_1 \ \mathbf{a}_2 \ \cdots \ \mathbf{a}_n]$，其中 $\mathbf{a}_j$ 為 A 的行，$\mathbf{x} = \begin{bmatrix} x_1 \\ x_2 \\ \vdots \\ x_n \end{bmatrix}$，由定義 2.5 可知

$$A\mathbf{x} = x_1\mathbf{a}_1 + x_2\mathbf{a}_2 + \cdots + x_n\mathbf{a}_n \tag{*}$$

這是以係數矩陣 A 來描述線性方程組的方式。的確，每個線性方程組均可寫成 $A\mathbf{x} = \mathbf{b}$ 的形式，其中 $\mathbf{b}$ 是行向量且為常數。

本節延伸矩陣-向量乘法至更一般性的矩陣乘法，並探討矩陣代數的性質。雖然矩陣算術與一般算術有些共同的性質，但很快我們會明白它們之間在很多地方是不同的。

矩陣乘法與轉換的合成有密切關係。

合成與矩陣乘法

有時候兩個變換會像以下的方式連結在一起：
$$\mathbb{R}^k \xrightarrow{T} \mathbb{R}^n \xrightarrow{S} \mathbb{R}^m$$
在此情況下，我們先應用 T，再用 S，其結果是一個新的變換
$$S \circ T : \mathbb{R}^k \to \mathbb{R}^m$$
稱為 S 與 T 的**合成 (composite)**，定義為
$$(S \circ T)(\mathbf{x}) = S[T(\mathbf{x})], \quad \forall \mathbf{x} \in \mathbb{R}^k$$
$S \circ T$ 的動作是先 T 再 S（注意順序！）[6]。這個新的轉換描述於下圖。

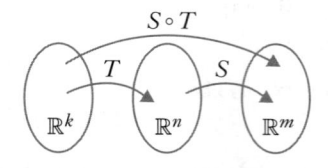

讀者會遭遇到一般函數的合成：例如，考慮 $\mathbb{R} \xrightarrow{g} \mathbb{R} \xrightarrow{f} \mathbb{R}$，其中 $f(x) = x^2$，$g(x) = x + 1$，$\forall x \in \mathbb{R}$，則
$$(f \circ g)(x) = f[g(x)] = f(x+1) = (x+1)^2$$
$$(g \circ f)(x) = g[f(x)] = g(x^2) = x^2 + 1$$

我們在此要討論矩陣轉換。假設 A 是一個 $m \times n$ 矩陣，B 是一個 $n \times k$ 矩陣，令 $\mathbb{R}^k \xrightarrow{T_B} \mathbb{R}^n \xrightarrow{T_A} \mathbb{R}^m$ 為由 B 和 A 所誘導的矩陣轉換，亦即：
$$T_B(\mathbf{x}) = B\mathbf{x}, \forall \mathbf{x} \in \mathbb{R}^k \quad \text{且} \quad T_A(\mathbf{y}) = A\mathbf{y}, \forall \mathbf{y} \in \mathbb{R}^n$$
將 B 寫成 $[\mathbf{b}_1 \ \mathbf{b}_2 \ \cdots \ \mathbf{b}_k]$，其中 $\mathbf{b}_j$ 代表 B 的第 j 行。因此每一個 $\mathbf{b}_j$ 是一個 n-向量（B 為 $n \times k$），所以我們可以寫成矩陣-向量乘積 $A\mathbf{b}_j$。特別是，我們得到一個 $m \times k$ 矩陣
$$[A\mathbf{b}_1 \ A\mathbf{b}_1 \ \cdots \ A\mathbf{b}_k]$$
其中 $A\mathbf{b}_1, A\mathbf{b}_2, \cdots, A\mathbf{b}_k$ 為其行。現在對 $\mathbb{R}^k$ 中的任意向量 $\mathbf{x} = \begin{bmatrix} x_1 \\ x_2 \\ \vdots \\ x_k \end{bmatrix}$，計算 $(T_A \circ T_B)(\mathbf{x})$：

---

[6] 當讀符號 $S \circ T$ 時，我們是先讀 S 然後再讀 T，即使它的作用順序是先 T 然後是 S。造成這種困惑是因為我們寫 $T(\mathbf{x})$ 是指轉換 T 對 $\mathbf{x}$ 的作用，而 T 是在左邊。如果我們將 $T(\mathbf{x})$ 寫成 $(\mathbf{x})T$，也不會產生混亂，只是 $T(\mathbf{x})$ 的符號早已為大家所接受。

$$
\begin{aligned}
(T_A \circ T_B)(\mathbf{x}) &= T_A[T_B(\mathbf{x})] && T_A \circ T_B \text{ 的定義}\\
&= A(B\mathbf{x}) && A \cdot B \text{ 誘導 } T_A \cdot T_B\\
&= A(x_1\mathbf{b}_1 + x_2\mathbf{b}_2 + \cdots + x_k\mathbf{b}_k) && \text{上述的方程式 }(*)\\
&= A(x_1\mathbf{b}_1) + A(x_2\mathbf{b}_2) + \cdots + A(x_k\mathbf{b}_k) && \text{第 2.2 節，定理 2}\\
&= x_1(A\mathbf{b}_1) + x_2(A\mathbf{b}_2) + \cdots + x_k(A\mathbf{b}_k) && \text{第 2.2 節，定理 2}\\
&= [A\mathbf{b}_1 \ A\mathbf{b}_2 \ \cdots \ A\mathbf{b}_k]\mathbf{x} && \text{上述的方程式 }(*)
\end{aligned}
$$

因為 $\mathbf{x}$ 為 $\mathbb{R}^n$ 中的任意向量，此即證明 $T_A \circ T_B$ 為由矩陣 $[A\mathbf{b}_1, A\mathbf{b}_2, ..., A\mathbf{b}_n]$ 所誘導的矩陣變換。

定義 2.9

矩陣乘法 (Matrix Multiplication)

令 A 為 $m \times n$ 矩陣，B 為 $n \times k$ 矩陣，寫成 $B = [\mathbf{b}_1 \ \mathbf{b}_2 \ \cdots \ \mathbf{b}_k]$，其中 $\mathbf{b}_j$ 為 B 的第 j 行。乘積矩陣 AB 為 $m \times k$ 矩陣，定義如下：

$$AB = A[\mathbf{b}_1, \mathbf{b}_2, ..., \mathbf{b}_k] = [A\mathbf{b}_1, A\mathbf{b}_2, ..., A\mathbf{b}_k]$$

因此乘積矩陣 AB 是以它的行 $A\mathbf{b}_1, A\mathbf{b}_2, ..., A\mathbf{b}_k$ 來表示：AB 的第 j 行為 $A\mathbf{b}_j$。注意，由定義 2.5 知，$A\mathbf{b}_j$ 是有意義的，因為 A 為 $m \times n$ 且每一個 $\mathbf{b}_j$ 是屬於 $\mathbb{R}^n$（因為 B 有 n 列）。又若 B 為行矩陣，此定義可簡化為定義 2.5。

已知矩陣 $A \cdot B$，由定義 2.9 以及上述的計算，對所有 $\mathbb{R}^k$ 中的 $\mathbf{x}$ 而言，可得

$$A(B\mathbf{x}) = [A\mathbf{b}_1 \ A\mathbf{b}_2 \ \cdots \ A\mathbf{b}_n]\mathbf{x} = (AB)\mathbf{x}$$

定理 1

令 A 為 $m \times n$ 矩陣，B 為 $n \times k$ 矩陣，則乘積矩陣 AB 為 $m \times k$ 矩陣，並滿足

$$A(B\mathbf{x}) = (AB)\mathbf{x}, \ \forall \mathbf{x} \in \mathbb{R}^k$$

下面的例子是利用定義 2.9 計算兩個矩陣的乘積 AB。

例 1

若 $A = \begin{bmatrix} 2 & 3 & 5 \\ 1 & 4 & 7 \\ 0 & 1 & 8 \end{bmatrix}$，$B = \begin{bmatrix} 8 & 9 \\ 7 & 2 \\ 6 & 1 \end{bmatrix}$，計算 AB。

解：$\mathbf{b}_1 = \begin{bmatrix} 8 \\ 7 \\ 6 \end{bmatrix}$，$\mathbf{b}_2 = \begin{bmatrix} 9 \\ 2 \\ 1 \end{bmatrix}$ 是 B 的行，由定義 2.5 得

$$A\mathbf{b}_1 = \begin{bmatrix} 2 & 3 & 5 \\ 1 & 4 & 7 \\ 0 & 1 & 8 \end{bmatrix} \begin{bmatrix} 8 \\ 7 \\ 6 \end{bmatrix} = \begin{bmatrix} 67 \\ 78 \\ 55 \end{bmatrix}, \quad A\mathbf{b}_2 = \begin{bmatrix} 2 & 3 & 5 \\ 1 & 4 & 7 \\ 0 & 1 & 8 \end{bmatrix} \begin{bmatrix} 9 \\ 2 \\ 1 \end{bmatrix} = \begin{bmatrix} 29 \\ 24 \\ 10 \end{bmatrix}$$

因此由定義 2.9 可得

$$AB = [A\mathbf{b}_1 \ A\mathbf{b}_2] = \begin{bmatrix} 67 & 29 \\ 78 & 24 \\ 55 & 10 \end{bmatrix}$$

除了定義 2.9 之外，還有另一種方法來計算矩陣乘積 AB，可單獨算出每一個元素。在第 2.2 節我們定義兩個 n 元組的點積為其對應元素相乘後再相加的總和。然後在第 2.2 節定理 4 我們證明了，若 A 為 $m \times n$ 矩陣，$\mathbf{x}$ 為 n-向量，則乘積 $A\mathbf{x}$ 的第 j 個元素為 A 的第 j 列與 $\mathbf{x}$ 的點積。這項觀察稱為矩陣-向量乘法的「點積規則」，我們將此規則推廣成下面的定理。

定理 2

點積規則 (Dot Product Rule)

令 A 為 $m \times n$ 矩陣，B 為 $n \times k$ 矩陣，則乘積 AB 的第 (i, j) 元素為 A 的第 i 列與 B 的第 j 行的點積。

證明

令 $B = [\mathbf{b}_1 \ \mathbf{b}_2 \ \cdots \ \mathbf{b}_n]$，其中 $\mathbf{b}_j$ 代表 B 的第 j 行，則 $A\mathbf{b}_j$ 為 AB 的第 j 行。因此 AB 的第 (i, j) 元素為 $A\mathbf{b}_j$ 的第 i 個元素，亦即 A 的第 i 列與 $\mathbf{b}_j$ 的點積。

因此計算 AB 的第 (i, j) 元素，可如下進行（參閱圖）：

將 A 的第 i 列由左至右，與 B 的第 j 行由上至下相對應的元素相乘，並將結果相加。

注意，A 的列的元素個數與 B 的行的元素個數必須相同才能相乘，以下的規則有助於決定矩陣 AB 的大小。

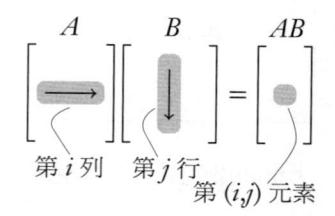

相容規則

若 A 為 $m \times n$ 矩陣，B 為 $n' \times k$ 矩陣，則 AB 可相乘，若且唯若 $n = n'$。在此情況下，我們稱 AB 是**有定義的 (defined)**，其大小為 $m \times k$，或者稱 A、B 具有乘法**相容性 (compatible)**。

右圖提供了幫助記憶的符號說明。我們採用以下的約定：

第二章 矩陣代數 **69**

約定

當我們寫下矩陣乘積時,即已默認此乘積有定義。

欲說明點積規則,我們重新計算例 1 的矩陣乘積。

例 2

若 $A = \begin{bmatrix} 2 & 3 & 5 \\ 1 & 4 & 7 \\ 0 & 1 & 8 \end{bmatrix}, B = \begin{bmatrix} 8 & 9 \\ 7 & 2 \\ 6 & 1 \end{bmatrix}$,計算 AB。

解:A 為 3×3 矩陣,B 為 3×2 矩陣,所以 AB 有定義且相乘後矩陣大小為 3×2。由定理 2 可知,AB 的每一個元素為 A 的對應列與 B 的對應行的點積,亦即

$$AB = \begin{bmatrix} 2 & 3 & 5 \\ 1 & 4 & 7 \\ 0 & 1 & 8 \end{bmatrix} \begin{bmatrix} 8 & 9 \\ 7 & 2 \\ 6 & 1 \end{bmatrix} = \begin{bmatrix} 2\cdot 8+3\cdot 7+5\cdot 6 & 2\cdot 9+3\cdot 2+5\cdot 1 \\ 1\cdot 8+4\cdot 7+7\cdot 6 & 1\cdot 9+4\cdot 2+7\cdot 1 \\ 0\cdot 8+1\cdot 7+8\cdot 6 & 0\cdot 9+1\cdot 2+8\cdot 1 \end{bmatrix} = \begin{bmatrix} 67 & 29 \\ 78 & 24 \\ 55 & 10 \end{bmatrix}$$

當然,此結果與例 1 相同。

例 3

計算 AB 的第 $(1,3)$ 與第 $(2,4)$ 元素,其中

$$A = \begin{bmatrix} 3 & -1 & 2 \\ 0 & 1 & 4 \end{bmatrix}, B = \begin{bmatrix} 2 & 1 & 6 & 0 \\ 0 & 2 & 3 & 4 \\ -1 & 0 & 5 & 8 \end{bmatrix}$$

接著計算 AB。

解:AB 的第 $(1,3)$ 元素為 A 的第 1 列與 B 的第 3 行的點積(如陰影部分所示),將對應元素相乘後再相加。

$$\begin{bmatrix} 3 & -1 & 2 \\ 0 & 1 & 4 \end{bmatrix} \begin{bmatrix} 2 & 1 & 6 & 0 \\ 0 & 2 & 3 & 4 \\ -1 & 0 & 5 & 8 \end{bmatrix}, 第 (1,3) 元素 = 3\cdot 6 + (-1)\cdot 3 + 2\cdot 5 = 25$$

同理,AB 的第 $(2,4)$ 元素是利用 A 的第 2 列與 B 的第 4 行。

$$\begin{bmatrix} 3 & -1 & 2 \\ 0 & 1 & 4 \end{bmatrix} \begin{bmatrix} 2 & 1 & 6 & 0 \\ 0 & 2 & 3 & 4 \\ -1 & 0 & 5 & 8 \end{bmatrix}, 第 (2,4) 元素 = 0\cdot 0 + 1\cdot 4 + 4\cdot 8 = 36$$

因為 A 為 2×3 矩陣,B 為 3×4 矩陣,所以乘積 AB 為 2×4 矩陣。

$$AB = \begin{bmatrix} 3 & -1 & 2 \\ 0 & 1 & 4 \end{bmatrix} \begin{bmatrix} 2 & 1 & 6 & 0 \\ 0 & 2 & 3 & 4 \\ -1 & 0 & 5 & 8 \end{bmatrix} = \begin{bmatrix} 4 & 1 & 25 & 12 \\ -4 & 2 & 23 & 36 \end{bmatrix}$$

例 4

$A = [1 \ 3 \ 2]$, $B = \begin{bmatrix} 5 \\ 6 \\ 4 \end{bmatrix}$，若 A^2、AB、BA、B^2 有定義[7] 的話則計算其值。

解： A 為 1×3 矩陣，B 為 3×1 矩陣，所以 A^2 和 B^2 無定義。但是，

$$\underset{1 \times 3}{A} \ \underset{3 \times 1}{B} \quad \text{和} \quad \underset{3 \times 1}{B} \ \underset{1 \times 3}{A}$$

由規則知 AB 為 1×1 矩陣，BA 為 3×3 矩陣。

$$AB = [1 \ 3 \ 2] \begin{bmatrix} 5 \\ 6 \\ 4 \end{bmatrix} = [1 \cdot 5 + 3 \cdot 6 + 2 \cdot 4] = [31]$$

$$BA = \begin{bmatrix} 5 \\ 6 \\ 4 \end{bmatrix} [1 \ 3 \ 2] = \begin{bmatrix} 5 \cdot 1 & 5 \cdot 3 & 5 \cdot 2 \\ 6 \cdot 1 & 6 \cdot 3 & 6 \cdot 2 \\ 4 \cdot 1 & 4 \cdot 3 & 4 \cdot 2 \end{bmatrix} = \begin{bmatrix} 5 & 15 & 10 \\ 6 & 18 & 12 \\ 4 & 12 & 8 \end{bmatrix}$$

與數值乘法不同的是，AB 和 BA 的矩陣乘積不一定相等。如同例 4 所示，它們甚至連大小也不一樣。若 $AB = BA$（雖然它絕不是不可能），則稱 A 和 B **可交換 (commute)**。

例 5

令 $A = \begin{bmatrix} 6 & 9 \\ -4 & -6 \end{bmatrix}$，$B = \begin{bmatrix} 1 & 2 \\ -1 & 0 \end{bmatrix}$。計算 A^2、AB、BA。

解： $A^2 = \begin{bmatrix} 6 & 9 \\ -4 & -6 \end{bmatrix} \begin{bmatrix} 6 & 9 \\ -4 & -6 \end{bmatrix} = \begin{bmatrix} 0 & 0 \\ 0 & 0 \end{bmatrix}$，雖然 $A \neq 0$，但有可能 $A^2 = 0$。其次，

$$AB = \begin{bmatrix} 6 & 9 \\ -4 & -6 \end{bmatrix} \begin{bmatrix} 1 & 2 \\ -1 & 0 \end{bmatrix} = \begin{bmatrix} -3 & 12 \\ 2 & -8 \end{bmatrix}$$

$$BA = \begin{bmatrix} 1 & 2 \\ -1 & 0 \end{bmatrix} \begin{bmatrix} 6 & 9 \\ -4 & -6 \end{bmatrix} = \begin{bmatrix} -2 & -3 \\ -6 & -9 \end{bmatrix}$$

因此 $AB \neq BA$，即使 AB 與 BA 有相同大小。

例 6

若 A 為任意矩陣，則 $IA = A$，且 $AI = A$，其中 I 表示單位矩陣。

解： $A = [\mathbf{a}_1 \ \mathbf{a}_2 \ \cdots \ \mathbf{a}_n]$，其中 $\mathbf{a}_j$ 是 A 的第 j 行。由定義 2.9 與第 2.2 節例 11 可知

$$IA = [I\mathbf{a}_1 \ I\mathbf{a}_2 \ \cdots \ I\mathbf{a}_n] = [\mathbf{a}_1 \ \mathbf{a}_2 \ \cdots \ \mathbf{a}_n] = A$$

---

[7] 對於數字系統而言，$A^2 = A \cdot A$，$A^3 = A \cdot A \cdot A$ 等。對某個 n 而言，若且唯若 A 為 $n \times n$ 方陣時，A^2 才會有定義。

若 $\mathbf{e}_j$ 表示 I 的第 j 行，則由第 2.2 節例 12 可知 $A\mathbf{e}_j = \mathbf{a}_j$。因此由定義 2.9 可得
$$AI = A[\mathbf{e}_1\ \mathbf{e}_2\ \cdots\ \mathbf{e}_n] = [A\mathbf{e}_1\ A\mathbf{e}_2\ \cdots\ A\mathbf{e}_n] = [\mathbf{a}_1\ \mathbf{a}_2\ \cdots\ \mathbf{a}_n] = A$$

以下的定理整理了線性代數中常用的矩陣乘法公式。

定理 3

假設 a 為任意純量，且 A、B、C 的大小對於以下的矩陣運算都有定義，則：

1. $IA = A$ 且 $AI = A$，其中 I 為單位矩陣。
2. $A(BC) = (AB)C$。
3. $A(B + C) = AB + AC$。
4. $(B + C)A = BA + CA$。
5. $a(AB) = (aA)B = A(aB)$。
6. $(AB)^T = B^T A^T$。

證明

已於例 6 證明 (1)，此處僅證明 (2)、(4)、(6)，其餘 (3)、(5) 留做習題。

(2) 若 $C = [\mathbf{c}_1\ \mathbf{c}_2\ \cdots\ \mathbf{c}_k]$，以行向量表示，則由定義 2.9 知 $BC = [B\mathbf{c}_1\ B\mathbf{c}_2\ \cdots\ B\mathbf{c}_k]$，故

$$\begin{aligned}A(BC) &= [A(B\mathbf{c}_1)\ A(B\mathbf{c}_2)\ \cdots\ A(B\mathbf{c}_k)] & \text{定義 2.9}\\ &= [(AB)\mathbf{c}_1\ (AB)\mathbf{c}_2\ \cdots\ (AB)\mathbf{c}_k] & \text{定理 1}\\ &= (AB)C & \text{定義 2.9}\end{aligned}$$

(4) 由第 2.2 節定理 2 可知，對每一個行向量 $\mathbf{x}$ 而言，$(B + C)\mathbf{x} = B\mathbf{x} + C\mathbf{x}$ 恆成立，若將 A 以行向量表示，$A = [\mathbf{a}_1\ \mathbf{a}_2\ \cdots\ \mathbf{a}_n]$，可得

$$\begin{aligned}(B + C)A &= [(B + C)\mathbf{a}_1\ (B + C)\mathbf{a}_2\ \cdots\ (B + C)\mathbf{a}_n] & \text{定義 2.9}\\ &= [B\mathbf{a}_1 + C\mathbf{a}_1\ B\mathbf{a}_2 + C\mathbf{a}_2\ \cdots\ B\mathbf{a}_n + C\mathbf{a}_n] & \text{第 2.2 節定理 2}\\ &= [B\mathbf{a}_1\ B\mathbf{a}_2\ \cdots\ B\mathbf{a}_n] + [C\mathbf{a}_1\ C\mathbf{a}_2\ \cdots\ C\mathbf{a}_n] & \text{行相加}\\ &= BA + CA & \text{定義 2.9}\end{aligned}$$

(6) 如同第 2.1 節，將矩陣寫成 $A = [a_{ij}]$ 和 $B = [b_{ij}]$，使得 $A^T = [a'_{ij}]$ 和 $B^T = [b'_{ij}]$，對所有的 $i \cdot j$ 而言，其中 $a'_{ij} = a_{ji}$，$b'_{ji} = b_{ij}$。若 c_{ij} 表示 $B^T A^T$ 的第 (i, j) 元素，則 c_{ij} 為 B^T 的第 i 列與 A^T 的第 j 行的點積。由於 B^T 的第 i 列為 $[b'_{i1}\ b'_{i2}\ \cdots\ b'_{im}]$，$A^T$ 的第 j 行為 $[a'_{1j}\ a'_{2j}\ \cdots\ a'_{mj}]$，因此可得

$$\begin{aligned}c_{ij} &= b'_{i1}a'_{1j} + b'_{i2}a'_{2j} + \cdots + b'_{im}a'_{mj}\\ &= b_{1i}a_{j1} + b_{2i}a_{j2} + \cdots + b_{mi}a_{jm}\\ &= a_{j1}b_{1i} + a_{j2}b_{2i} + \cdots + a_{jm}b_{mi}\end{aligned}$$

但這是 A 的第 j 列和 B 的第 i 行的點積，即 AB 的第 (j, i) 元素，亦即 $(AB)^T$ 的第 (i, j) 元素。

定理 3 中的性質 2 稱為矩陣乘法的**結合律 (associative law)**。只要乘積有定義的話，$A(BC) = (AB)C$ 恆成立，因此只要寫 ABC 即可。推廣到四個矩陣相乘的乘積 $ABCD$，也有相同結論，例如，$(AB)(CD)$、$[A(BC)]D$、$A[B(CD)]$，由結合律可知，它們全都相等，因此寫成 $ABCD$ 即可。一般而言，矩陣乘積不需加括號。

但是，對於乘法的順序要小心，因為 AB 與 BA 有可能不相等，所以矩陣的相乘，先後的順序很重要，例如，$ABCD$ 可能不等於 $ADCB$。

注意

若改變矩陣相乘的順序，相乘的結果可能會改變（或可能變成無定義）。忽略這一點會造成許多錯誤。

定理 3 的性質 3 和 4 稱為**分配律 (distributive laws)**。亦即當和與積有定義時，$A(B + C) = AB + AC$ 與 $(B + C)A = BA + CA$ 恆成立。這些規則同樣可推廣至兩項以上，與性質 5 合用，矩陣也可像一般代數一樣運算。例如

$$A(2B - 3C + D - 5E) = 2AB - 3AC + AD - 5AE$$
$$(A + 3C - 2D)B = AB + 3CB - 2DB$$

仍然要注意：例如 $A(B - C)$ 不一定等於 $AB - CA$。這些規則可簡化此矩陣的運算式。

例 7

化簡算式 $A(BC - CD) + A(C - B)D - AB(C - D)$。

解：$A(BC - CD) + A(C - B)D - AB(C - D)$
$= A(BC) - A(CD) + (AC - AB)D - (AB)C + (AB)D$
$= ABC - ACD + ACD - ABD - ABC + ABD$
$= 0$

以下的例 8 和 9 說明如何利用定理 2 的性質，推導矩陣乘法的其它結果。若 $AB = BA$，則稱矩陣 A 和 B 可**交換 (commute)**。

例 8

假設 A、B 和 C 是 $n \times n$ 矩陣，而且 A、B 和 C 可交換；亦即 $AC = CA$，$BC = CB$。證明 AB 和 C 可交換。

解：欲證明 AB 和 C 可交換，亦即驗證 $(AB)C = C(AB)$。計算時，利用結合律以及題目所給的條件 $AC = CA$，$BC = CB$，可得

$$(AB)C = A(BC) = A(CB) = (AC)B = (CA)B = C(AB)$$

例 9

證明 $AB = BA$ 若且唯若 $(A - B)(A + B) = A^2 - B^2$。

解：下式恆成立：

$$(A - B)(A + B) = A(A + B) - B(A + B) = A^2 + AB - BA - B^2 \qquad (*)$$

因此若 $AB = BA$，則 $(A - B)(A + B) = A^2 - B^2$。反之，若 $(A - B)(A + B) = A^2 - B^2$，則 $(*)$ 式變成

$$A^2 - B^2 = A^2 + AB - BA - B^2$$

因此 $0 = AB - BA$，亦即 $AB = BA$。

在第 2.2 節定理 1，我們看到每個線性方程組皆具有

$$A\mathbf{x} = \mathbf{b}$$

的形式，其中 A 是係數矩陣，$\mathbf{x}$ 是行變數，$\mathbf{b}$ 是常數矩陣。於是線性方程組變成單一矩陣方程式。經由矩陣乘法可得知原方程組的資訊。

例 10

考慮線性方程組 $A\mathbf{x} = \mathbf{b}$，其中 A 是 $m \times n$ 矩陣。假設存在矩陣 C，使得 $CA = I_n$。若 $A\mathbf{x} = \mathbf{b}$ 有解，證明此解必為 $C\mathbf{b}$。指出 $C\mathbf{b}$ 確實是解的條件。

解：假設 $\mathbf{x}$ 為方程組的任意解，則 $A\mathbf{x} = \mathbf{b}$ 成立。等號兩邊同乘以 C，可得

$$C(A\mathbf{x}) = C\mathbf{b} \text{，} (CA)\mathbf{x} = C\mathbf{b} \text{，} I_n\mathbf{x} = C\mathbf{b} \text{，} \mathbf{x} = C\mathbf{b}$$

這證明了若此方程組有一解 $\mathbf{x}$，則此解必為 $\mathbf{x} = C\mathbf{b}$。但這並未保證方程組確實有一解。然而，若 $\mathbf{x}_1 = C\mathbf{b}$，則

$$A\mathbf{x}_1 = A(C\mathbf{b}) = (AC)\mathbf{b}$$

因此，若滿足了 $AC = I_m$ 的條件，則 $\mathbf{x}_1 = C\mathbf{b}$ 確實為一解。

例 10 的觀念可導出有關矩陣的重要資訊；這將於下一節中探討。

區塊乘法

定義 2.10

若矩陣的元素本身也是矩陣，則此元素稱為**區塊 (block)**。將矩陣視為由數個區塊組成稱為**分割成區塊 (partitioned into blocks)**。

例如，將矩陣 B 寫成 $B = [\mathbf{b}_1 \ \mathbf{b}_2 \ \cdots \ \mathbf{b}_k]$，其中 $\mathbf{b}_j$ 為 B 的行，也是 B 的區塊分

割。

以下為另一例：

$$A = \begin{bmatrix} 1 & 0 & 0 & 0 & 0 \\ 0 & 1 & 0 & 0 & 0 \\ \hline 2 & -1 & 4 & 2 & 1 \\ 3 & 1 & -1 & 7 & 5 \end{bmatrix} = \begin{bmatrix} I_2 & 0_{23} \\ P & Q \end{bmatrix}, \quad B = \begin{bmatrix} 4 & -2 \\ 5 & 6 \\ 7 & 3 \\ -1 & 0 \\ 1 & 6 \end{bmatrix} = \begin{bmatrix} X \\ Y \end{bmatrix}$$

其中分割的區塊已標示出來，將 A 分割成含有 I_2 和 0_{23} 是很自然的事。當我們進行矩陣 A、B 相乘時，這樣的記號特別有用，因為 AB 可用區塊來運算：

$$AB = \begin{bmatrix} I & 0 \\ P & Q \end{bmatrix} \begin{bmatrix} X \\ Y \end{bmatrix} = \begin{bmatrix} IX + 0Y \\ PX + QY \end{bmatrix} = \begin{bmatrix} X \\ PX + QY \end{bmatrix} = \begin{bmatrix} 4 & -2 \\ 5 & 6 \\ \hline 30 & 8 \\ 8 & 27 \end{bmatrix}$$

讀者可自行驗證 AB 的乘積。

換言之，計算 AB 乘積時，我們可以把區塊當做元素而用一般矩陣的乘法來運算。唯一要求的是這些區塊必須**相容 (compatible)**，亦即 A 的行區塊數必須等於 B 的列區塊數。

定理 4

區塊乘法 (Block Multiplication)

若矩陣 A、B 被分割成相容區塊，則 AB 乘積之計算可將區塊視為元素而進行矩陣相乘。

證明從略。

我們已兩度使用區塊乘法。若 $B = [\mathbf{b}_1 \ \mathbf{b}_2 \ \cdots \ \mathbf{b}_k]$ 為矩陣，而 $\mathbf{b}_j$ 是 B 的行。若矩陣乘積 AB 有定義，則

$$AB = A[\mathbf{b}_1 \ \mathbf{b}_2 \ \cdots \ \mathbf{b}_k] = [A\mathbf{b}_1 \ A\mathbf{b}_2 \ \cdots \ A\mathbf{b}_k]$$

此為定義 2.9，即是區塊乘法的一例，其中 $A = [A]$ 只有一個區塊。另一例則為定義 2.5

$$B\mathbf{x} = [\mathbf{b}_1 \ \mathbf{b}_2 \ \cdots \ \mathbf{b}_k] \begin{bmatrix} x_1 \\ x_2 \\ \vdots \\ x_k \end{bmatrix} = x_1\mathbf{b}_1 + x_2\mathbf{b}_2 + \cdots + x_k\mathbf{b}_k$$

其中 $\mathbf{x}$ 是任意 $k \times 1$ 行矩陣。

在此我們不打算詳細探討區塊乘法。但是，我們將再舉一個例子，因為它在下文中會用到。

定理 5

假設矩陣 $A = \begin{bmatrix} B & X \\ 0 & C \end{bmatrix}$ 和 $A_1 = \begin{bmatrix} B_1 & X_1 \\ 0 & C_1 \end{bmatrix}$ 是以區塊分割表示，其中 B 和 B_1 為相同大小的方陣，而 C 和 C_1 亦為相同大小的方陣，因此它們是相容分割，依據區塊乘法可得

$$AA_1 = \begin{bmatrix} B & X \\ 0 & C \end{bmatrix}\begin{bmatrix} B_1 & X_1 \\ 0 & C_1 \end{bmatrix} = \begin{bmatrix} BB_1 & BX_1 + XC_1 \\ 0 & CC_1 \end{bmatrix}$$

例 11

求出 A^k 的公式，其中 $A = \begin{bmatrix} I & X \\ 0 & 0 \end{bmatrix}$ 為方陣，I 為單位矩陣。

解：$A^2 = \begin{bmatrix} I & X \\ 0 & 0 \end{bmatrix}\begin{bmatrix} I & X \\ 0 & 0 \end{bmatrix} = \begin{bmatrix} I^2 & IX + X0 \\ 0 & 0^2 \end{bmatrix} = \begin{bmatrix} I & X \\ 0 & 0 \end{bmatrix} = A$

因此 $A^3 = AA^2 = AA = A^2 = A$。依此類推，可得 $A^k = A$，$k \geq 1$。

區塊乘法有其理論用途。在電腦記憶容量有限時，區塊乘法對於矩陣乘法的計算是有幫助的。矩陣可被分割成幾個可處理的區塊，然後將區塊儲存在輔助記憶體中，再逐步計算區塊的乘積。

有向圖

有向圖的研究說明了矩陣乘法的形成，除了研究線性方程組或矩陣變換以外，還有其它的方式。

有向圖 (directed graph) 是由箭號〔稱為**邊 (edges)**〕連接的點〔稱為**頂點 (vertices)**〕所組成。例如，頂點可代表城市，邊代表飛行航班。假設圖有 n 個頂點 $v_1, v_2, ..., v_n$，若由 v_j 到 v_i（注意順序）有邊相連的話。則 $n \times n$ **鄰接 (adjacency)** 矩陣 $A = [a_{ij}]$，其第 (i,j) 元素 $a_{ij} = 1$，否則為 0。例如，右方有向圖的鄰接矩陣為

$$A = \begin{bmatrix} 1 & 1 & 0 \\ 1 & 0 & 1 \\ 1 & 0 & 0 \end{bmatrix}$$

路徑長度 (path of length) r（或稱 r-路徑）為從頂點 v_j 到頂點 v_i 的 r 個邊。因此 $v_1 \to v_2 \to v_1 \to v_1 \to v_3$ 為從 v_1 到 v_3 的 4-路徑。邊是長度為 1 的路徑，故鄰接矩陣 A 的第 (i,j) 元素 a_{ij} 為由 v_j 到 v_i 的 1-路徑。這項觀察有重要的推廣：

定理 6

若 A 為 n 個頂點有向圖的鄰接矩陣,則 A^r 的第 (i,j) 元素為 $v_j \to v_i$ 的 r-路徑個數。

以上圖為例,若鄰接矩陣為 A,則

$$A = \begin{bmatrix} 1 & 1 & 0 \\ 1 & 0 & 1 \\ 1 & 0 & 0 \end{bmatrix}, A^2 = \begin{bmatrix} 2 & 1 & 1 \\ 2 & 1 & 0 \\ 1 & 1 & 0 \end{bmatrix}, A^3 = \begin{bmatrix} 4 & 2 & 1 \\ 3 & 2 & 1 \\ 2 & 1 & 1 \end{bmatrix}$$

因此,A^2 的第 $(2, 1)$ 元素為 2,表示 $v_1 \to v_2$ 有兩個 2-路徑($v_1 \to v_1 \to v_2$ 和 $v_1 \to v_3 \to v_2$)。同理,A^2 的第 $(2, 3)$ 元素為 0,表示 $v_3 \to v_2$ 沒有 2-路徑,讀者可自行驗證。A^3 中所有項均不為零表示任意頂點都可以經由 3-路徑連到另一頂點。

卻了解為何定理 6 為真,觀察定理所述,對每一個 $r \geq 1$。

$$A^r \text{ 的第 } (i,j) \text{ 元素等於 } v_j \to v_i \text{ 的 } r\text{-路徑的個數} \qquad (*)$$

是成立的。我們對 r 用歸納法。$r = 1$ 的情形是鄰接矩陣的定義。因此假設 $(*)$ 式對 $r \geq 1$ 為真,我們要證明 $(*)$ 式對 $r + 1$ 而言亦成立。但每一個 $v_j \to v_i$ 的 $(r + 1)$-路徑是對某個 k,$v_j \to v_k$ 的 r-路徑,接著 $v_k \to v_i$ 的 1-路徑產生的結果。令 $A = [a_{ij}]$ 且 $A^r = [b_{ij}]$,前一種類型有 b_{kj} 個路徑(由歸納法)而後一種類型有 a_{ik} 個,因此這種路徑有 $a_{ik}b_{kj}$ 個。對 k 累加,證明了

$$v_j \to v_i \text{ 的 } (r+1)\text{-路徑有 } a_{i1}b_{1j} + a_{i2}b_{2j} + \cdots + a_{in}b_{nj} \text{ 個}$$

但此和是 A 的第 i 列 $[a_{i1} \ a_{i2} \ \cdots \ a_{in}]$ 與 A^r 的第 j 行 $[b_{1j} \ b_{2j} \ \cdots \ b_{nj}]^T$ 的點積。因此它是矩陣乘積 $A^rA = A^{r+1}$ 的第 (i, j) 元素。這證明了對 $r + 1$ 而言,$(*)$ 式成立。

習題 2.3

1. 計算下列矩陣乘積。

(a) $\begin{bmatrix} 1 & 3 \\ 0 & -2 \end{bmatrix} \begin{bmatrix} 2 & -1 \\ 0 & 1 \end{bmatrix}$

◆(b) $\begin{bmatrix} 1 & -1 & 2 \\ 2 & 0 & 4 \end{bmatrix} \begin{bmatrix} 2 & 3 & 1 \\ 1 & 9 & 7 \\ -1 & 0 & 2 \end{bmatrix}$

(c) $\begin{bmatrix} 5 & 0 & -7 \\ 1 & 5 & 9 \end{bmatrix} \begin{bmatrix} 3 \\ 1 \\ -1 \end{bmatrix}$

◆(d) $\begin{bmatrix} 1 & 3 & -3 \end{bmatrix} \begin{bmatrix} 3 & 0 \\ -2 & 1 \\ 0 & 6 \end{bmatrix}$

(e) $\begin{bmatrix} 1 & 0 & 0 \\ 0 & 1 & 0 \\ 0 & 0 & 1 \end{bmatrix} \begin{bmatrix} 3 & -2 \\ 5 & -7 \\ 9 & 7 \end{bmatrix}$

◆(f) $\begin{bmatrix} 1 & -1 & 3 \end{bmatrix} \begin{bmatrix} 2 \\ 1 \\ -8 \end{bmatrix}$

(g) $\begin{bmatrix} 2 \\ 1 \\ -7 \end{bmatrix} \begin{bmatrix} 1 & -1 & 3 \end{bmatrix}$

◆(h) $\begin{bmatrix} 3 & 1 \\ 5 & 2 \end{bmatrix} \begin{bmatrix} 2 & -1 \\ -5 & 3 \end{bmatrix}$

(i) $\begin{bmatrix} 2 & 3 & 1 \\ 5 & 7 & 4 \end{bmatrix} \begin{bmatrix} a & 0 & 0 \\ 0 & b & 0 \\ 0 & 0 & c \end{bmatrix}$

◆(j) $\begin{bmatrix} a & 0 & 0 \\ 0 & b & 0 \\ 0 & 0 & c \end{bmatrix} \begin{bmatrix} a' & 0 & 0 \\ 0 & b' & 0 \\ 0 & 0 & c' \end{bmatrix}$

2. 下列各題中，求 A^2、AB、AC。

(a) $A = \begin{bmatrix} 1 & 2 & 3 \\ -1 & 0 & 0 \end{bmatrix}$, $B = \begin{bmatrix} 1 & -2 \\ \frac{1}{2} & 3 \end{bmatrix}$,

$C = \begin{bmatrix} -1 & 0 \\ 2 & 5 \\ 0 & 5 \end{bmatrix}$

◆(b) $A = \begin{bmatrix} 1 & 2 & 4 \\ 0 & 1 & -1 \end{bmatrix}$, $B = \begin{bmatrix} -1 & 6 \\ 1 & 0 \end{bmatrix}$,

$C = \begin{bmatrix} 2 & 0 \\ -1 & 1 \\ 1 & 2 \end{bmatrix}$

3. 求下列各題的 a、b、a_1、b_1。

(a) $\begin{bmatrix} a & b \\ a_1 & b_1 \end{bmatrix} \begin{bmatrix} 3 & -5 \\ -1 & 2 \end{bmatrix} = \begin{bmatrix} 1 & -1 \\ 2 & 0 \end{bmatrix}$

◆(b) $\begin{bmatrix} 2 & 1 \\ -1 & 2 \end{bmatrix} \begin{bmatrix} a & b \\ a_1 & b_1 \end{bmatrix} = \begin{bmatrix} 7 & 2 \\ -1 & 4 \end{bmatrix}$

4. 驗證 $A^2 - A - 6I = 0$ 是否成立。

(a) $\begin{bmatrix} 3 & -1 \\ 0 & -2 \end{bmatrix}$ ◆(b) $\begin{bmatrix} 2 & 2 \\ 2 & -1 \end{bmatrix}$

5. 已知 $A = \begin{bmatrix} 1 & -1 \\ 0 & 1 \end{bmatrix}$, $B = \begin{bmatrix} 1 & 0 & -2 \\ 3 & 1 & 0 \end{bmatrix}$,

$C = \begin{bmatrix} 1 & 0 \\ 2 & 1 \\ 5 & 8 \end{bmatrix}$, $D = \begin{bmatrix} 3 & -1 & 2 \\ 1 & 0 & 5 \end{bmatrix}$,

由定理 1 驗證下列各式。

(a) $A(B - D) = AB - AD$

◆(b) $A(BC) = (AB)C$

(c) $(CD)^T = D^T C^T$

6. 令 A 為 2×2 矩陣。

(a) 若 A 與 $\begin{bmatrix} 0 & 1 \\ 0 & 0 \end{bmatrix}$ 可交換，證明

$A = \begin{bmatrix} a & b \\ 0 & a \end{bmatrix}$。

◆(b) 若 A 與 $\begin{bmatrix} 0 & 0 \\ 1 & 0 \end{bmatrix}$ 可交換，證明

$A = \begin{bmatrix} a & 0 \\ c & a \end{bmatrix}$。

(c) 證明 A 與每一個 2×2 矩陣皆可交換，若且唯若 $A = \begin{bmatrix} a & 0 \\ 0 & a \end{bmatrix}$。

7. (a) 若 A^2 可成立，則 A 的大小為何？

◆(b) 若 AB 與 BA 均可成立，則 A、B 的大小為何？

(c) 若 ABC 可成立，A 為 3×3 矩陣，C 為 5×5 矩陣，則 B 的大小為何？

8. (a) 求兩個 2×2 矩陣 A，使得 $A^2 = 0$。

◆(b) 求三個 2×2 矩陣 A，使得
(i) $A^2 = I$；(ii) $A^2 = A$。

(c) 求 2×2 矩陣 A、B，使得 $AB = 0$ 但 $BA \neq 0$。

9. 令 $P = \begin{bmatrix} 1 & 0 & 0 \\ 0 & 0 & 1 \\ 0 & 1 & 0 \end{bmatrix}$，且令 A 為 $3 \times n$ 矩陣，而 B 為 $m \times 3$ 矩陣。

(a) 將 PA 以 A 的列表示。

(b) 將 BP 以 B 的行表示。

10. 令 A、B、C 如習題 5。以恰好 6 次數值乘法，求 CAB 的第 $(3,1)$ 元素。

11. 利用以下的區塊分割，求 AB。

$A = \left[\begin{array}{cc|cc} 2 & -1 & 3 & 1 \\ 1 & 0 & 1 & 2 \\ \hline 0 & 0 & 1 & 0 \\ 0 & 0 & 0 & 1 \end{array}\right]$ $B = \left[\begin{array}{cc|c} 1 & 2 & 0 \\ -1 & 0 & 0 \\ \hline 0 & 5 & 1 \\ 1 & -1 & 0 \end{array}\right]$

12. 將 A 的次方 $A, A^2, A^3, \ldots$ 以 A 的區塊分割表示。

(a) $A = \left[\begin{array}{c|cc} 1 & 0 & 0 \\ \hline 1 & 1 & -1 \\ 1 & -1 & 1 \end{array}\right]$

◆(b) $A = \left[\begin{array}{cc|cc} 1 & -1 & 2 & -1 \\ 0 & 1 & 0 & 0 \\ \hline 0 & 0 & -1 & 1 \\ 0 & 0 & 0 & 1 \end{array}\right]$

13. 利用區塊乘法計算下列各題。（所有區塊大小為 $k \times k$。）

(a) $\begin{bmatrix} I & X \\ -Y & I \end{bmatrix} \begin{bmatrix} I & 0 \\ Y & I \end{bmatrix}$ ◆(b) $\begin{bmatrix} I & X \\ 0 & I \end{bmatrix} \begin{bmatrix} I & -X \\ 0 & I \end{bmatrix}$

(c) $[I \ X][I \ X]^T$ ◆(d) $[I \ X^T][-X \ I]^T$

(e) $\begin{bmatrix} I & X \\ 0 & -I \end{bmatrix}^n$，任意 $n \geq 1$

◆(f) $\begin{bmatrix} 0 & X \\ I & 0 \end{bmatrix}^n$，任意 $n \geq 1$

14. 令 A 為 $m \times n$ 矩陣。

(a) 若 $AX = 0$，X 為 $n \times 1$ 矩陣，證明 $A = 0$。

◆(b) 若 $YA = 0$，Y 為 $1 \times m$ 矩陣，證明 $A = 0$。

15. (a) 若 $U = \begin{bmatrix} 1 & 2 \\ 0 & -1 \end{bmatrix}$ 且 $AU = 0$，證明 $A = 0$。

(b) 令 $AU = 0$ 表示 $A = 0$，若 $PU = QU$，證明 $P = Q$。

16. 化簡下列各式，其中 A、B、C 為矩陣。

(a) $A(3B - C) + (A - 2B)C + 2B(C + 2A)$

◆(b) $A(B + C - D) + B(C - A + D) - (A + B)C + (A - B)D$

(c) $AB(BC - CB) + (CA - AB)BC + CA(A - B)C$

◆(d) $(A - B)(C - A) + (C - B)(A - C) + (C - A)^2$

17. 若 $\begin{bmatrix} a & b \\ c & d \end{bmatrix}$，$a \neq 0$，證明 A 可分解成
$$A = \begin{bmatrix} 1 & 0 \\ x & 1 \end{bmatrix} \begin{bmatrix} y & z \\ 0 & w \end{bmatrix}$$

18. 若 A、B 分別與 C 可交換，證明

(a) $A + B$

◆(b) kA，k 為任意純量

與 C 可交換。

19. 若 A 為任意矩陣，證明 AA^T 與 A^TA 為對稱。

20. 若 A、B 為對稱，證明 AB 為對稱，若且唯若 $AB = BA$。

21. 若 A 為 2×2 矩陣，證明 $A^TA = AA^T$ 若且唯若 A 為對稱或存在某些 a、b 使得 $A = \begin{bmatrix} a & b \\ -b & a \end{bmatrix}$。

22. (a) 求所有 2×2 對稱矩陣 A，使得 $A^2 = 0$。

◆(b) 若 A 為 3×3 矩陣，重做 (a)。

(c) 若 A 為 $n \times n$ 矩陣，重做 (a)。

23. 證明不存在 2×2 矩陣 A 與 B 使得 $AB - BA = I$。【提示：檢查第 $(1, 1)$ 元素與第 $(2, 2)$ 元素。】

◆24. 令 B 為 $n \times n$ 矩陣，假設 $AB = 0$，A 為非零 $m \times n$ 矩陣。證明不存在 $n \times n$ 矩陣 C，使得 $BC = I$。

25. 汽車零配件製造商製造擋泥板、車門和引擎蓋。每一個零件均需在工廠（工廠1、工廠2、工廠3）內組件與包裝。矩陣 A 表示組件與包裝的時數，而矩陣 B 表示三個工廠每小時的操作速率。解釋矩陣 AB 的第 $(3, 2)$ 元素的意義。哪一個工廠在操作上最經濟？寫出原因。

	組件	包裝	
擋泥板	12	2	
車門	21	3	$= A$
引擎蓋	10	2	

	工廠 1	工廠 2	工廠 3	
組件	21	18	20	$= B$
包裝	14	10	13	

◆26. 右側的有向圖，求鄰接矩陣 A，計算 A^3，求由 v_1 到 v_4 與由 v_2 到 v_3 的路徑長度 3 的個數。

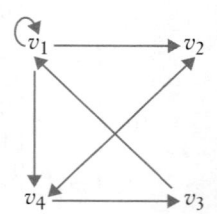

27. 下列各題中，證明敘述為真，或給予一反例說明敘述不為真。
    (a) 若 $A^2 = I$，則 $A = I$。
    ◆(b) 若 $AJ = A$，則 $J = I$。
    (c) 若 A 為方陣，則 $(A^T)^3 = (A^3)^T$。
    ◆(d) 若 A 為對稱，則 $I + A$ 為對稱。
    (e) 若 $AB = AC$ 且 $A \neq 0$，則 $B = C$。
    ◆(f) 若 $A \neq 0$，則 $A^2 \neq 0$。
    (g) 若 A 有零列，則對所有的 B 而言，BA 亦有零列。
    ◆(h) 若 A 與 $A + B$ 可交換，則 A 與 B 可交換。
    (i) 若 B 有一行為零，則 AB 也有。
    ◆(j) 若 AB 有一行為零，則 B 也有。
    (k) 若 A 有一列為零，則 AB 也有。
    ◆(l) 若 AB 有一列為零，則 A 也有。

28. (a) 若 A、B 為 2×2 矩陣，其列之和為 1，證明 AB 的列亦是和為 1。
    ◆(b) 重複 (a)，其中 A 與 B 為 $n \times n$。

29. 若 A、B 為 $n \times n$ 矩陣，方程組 $A\mathbf{x} = \mathbf{0}$ 與 $B\mathbf{x} = \mathbf{0}$ 僅有零解 $\mathbf{x} = \mathbf{0}$。證明方程組 $(AB)\mathbf{x} = \mathbf{0}$ 僅有零解。

30. 方陣 A 的 **跡 (trace)**，記做 tr A，是 A 的主對角線元素之和。若 A、B 為 $n \times n$ 矩陣。證明：
    (a) $\text{tr}(A + B) = \text{tr } A + \text{tr } B$。
    ◆(b) $\text{tr}(kA) = k \text{ tr}(A)$，$k$ 為任意數。
    (c) $\text{tr}(A^T) = \text{tr}(A)$。
    (d) $\text{tr}(AB) = \text{tr}(BA)$。
    ◆(e) $\text{tr}(AA^T)$ 是 A 的所有元素的平方和。

31. 證明 $AB - BA = I$ 是不可能的。

【提示：參閱前一題。】

32. 若 $P^2 = P$，則方陣 P 稱為 **冪等 (idempotent)**。證明：
    (a) 0 與 I 是冪等。
    (b) $\begin{bmatrix} 1 & 1 \\ 0 & 0 \end{bmatrix}$、$\begin{bmatrix} 1 & 0 \\ 1 & 0 \end{bmatrix}$、$\frac{1}{2}\begin{bmatrix} 1 & 1 \\ 1 & 1 \end{bmatrix}$ 是冪等。
    (c) 若 P 是冪等，則 $I - P$ 亦是，且 $P(I - P) = 0$。
    (d) 若 P 是冪等，則 P^T 亦是。
    ◆(e) 若 P 是冪等，則對任意方陣 A（與 P 相同大小）而言，$Q = P + AP - PAP$ 也是冪等。
    (f) 若 A 為 $n \times m$ 矩陣，B 為 $m \times n$ 矩陣，且若 $AB = I_n$，則 BA 為冪等。

33. 令 A、B 為 $n \times n$ **對角矩陣 (diagonal matrices)**（所有不在主對角線上的元素全為零）。
    (a) 證明 AB 為對角且 $AB = BA$。
    (b) 若 X 為 $m \times n$ 矩陣，找出計算 XA 的公式。
    (c) 若 Y 為 $n \times k$ 矩陣，找出計算 AY 的公式。

34. 若 A、B 為 $n \times n$ 矩陣，證明：
    (a) $AB = BA$ 若且唯若 $(A + B)^2 = A^2 + 2AB + B^2$
    ◆(b) $AB = BA$ 若且唯若 $(A + B)(A - B) = (A - B)(A + B)$

35. 證明定理 3 的下列部分：
    (a) 第 3 部分　　◆(b) 第 5 部分

◆36. (V. Camillo) 證明兩個簡化列梯形矩陣的乘積亦為簡化列梯形。

2.4 節 反矩陣

矩陣的三種基本運算，加法、乘法、減法，類似於一般的數值運算。本節介紹與數值除法相類似的矩陣運算。

首先，考慮數值方程式

$$ax = b$$

若知道 a、b 即可解出。若 $a = 0$，除非 $b = 0$，否則無解。但若 $a \neq 0$，我們可將 $a^{-1} = \frac{1}{a}$ 乘以等號兩邊，可解出 $x = a^{-1}b$。當然乘以 a^{-1} 就是除以 a，此時 a^{-1} 的性質是 $a^{-1}a = 1$。此外，由第 2.2 節可知，矩陣代數中的單位矩陣 I 扮演算術中的 1 的角色。

定義 2.11

若 A 為一方陣，B 稱為 A 的**反矩陣 (inverse)**，若且唯若

$$AB = I \quad 且 \quad BA = I$$

若 A 有反矩陣，則稱 A 為**可逆矩陣 (invertible matrix)**[8]。

例 1

證明 $B = \begin{bmatrix} -1 & 1 \\ 1 & 0 \end{bmatrix}$ 為 $A = \begin{bmatrix} 0 & 1 \\ 1 & 1 \end{bmatrix}$ 的反矩陣。

解：計算 AB 與 BA

$$AB = \begin{bmatrix} 0 & 1 \\ 1 & 1 \end{bmatrix}\begin{bmatrix} -1 & 1 \\ 1 & 0 \end{bmatrix} = \begin{bmatrix} 1 & 0 \\ 0 & 1 \end{bmatrix}, \quad BA = \begin{bmatrix} -1 & 1 \\ 1 & 0 \end{bmatrix}\begin{bmatrix} 0 & 1 \\ 1 & 1 \end{bmatrix} = \begin{bmatrix} 1 & 0 \\ 0 & 1 \end{bmatrix}$$

因為 $AB = I = BA$，故 B 為 A 的反矩陣。

例 2

證明 $A = \begin{bmatrix} 0 & 0 \\ 1 & 3 \end{bmatrix}$ 沒有反矩陣。

解：令 $B = \begin{bmatrix} a & b \\ c & d \end{bmatrix}$ 為任意 2×2 矩陣，則

---

[8] 唯有方陣才有反矩陣，假設存在不是方陣的 A 和 B，使得 $AB = I_m$ 且 $BA = I_n$，其中 A 是 $m \times n$ 矩陣，B 是 $n \times m$ 矩陣，則必有 $n = m$。事實上，若 $m < n$ 則存在非零的行 $\mathbf{x}$ 使得 $A\mathbf{x} = \mathbf{0}$（由第 1.3 節定理 1），故 $\mathbf{x} = I_n\mathbf{x} = (BA)\mathbf{x} = B(A\mathbf{x}) = B(\mathbf{0}) = \mathbf{0}$，與 $\mathbf{x} \neq \mathbf{0}$ 矛盾，因此 $m \geq n$。同理，由條件 $AB = I_m$ 意指 $n \geq m$。因此 $m = n$，故 A 為方陣。

$$AB = \begin{bmatrix} 0 & 0 \\ 1 & 3 \end{bmatrix} \begin{bmatrix} a & b \\ c & d \end{bmatrix} = \begin{bmatrix} 0 & 0 \\ a+3c & b+3d \end{bmatrix}$$

因為 AB 有一列全為零,所以 AB 不可能等於 I。

由例 2 可知,零矩陣沒有反矩陣。同時也說明了非零矩陣也可能沒有反矩陣。這是矩陣與一般算術不同的地方。無論如何,若一矩陣有反矩陣,則必唯一。

定理 1

若 B、C 均為 A 的反矩陣,則 $B = C$。

證明

因為 B、C 均為 A 的反矩陣,所以 $CA = I = AB$。
因此 $B = IB = (CA)B = C(AB) = CI = C$。

若 A 為可逆矩陣,A 的唯一反矩陣記做 A^{-1},因此若 A^{-1} 存在的話,它是一個與 A 同大小的方陣且具有下列性質:

$$AA^{-1} = I,\ A^{-1}A = I$$

這些方程式賦予 A^{-1} 以下意義:若能找到一矩陣 B,使得 $AB = I = BA$,則 A 為可逆,且 B 為 A 的反矩陣;記做 $B = A^{-1}$。這給我們一個驗證反矩陣是否存在的方法。例 3 和 4 提供進一步說明。

例 3

若 $A = \begin{bmatrix} 0 & -1 \\ 1 & -1 \end{bmatrix}$,證明 $A^3 = I$,並求 A^{-1}。

解:$A^2 = \begin{bmatrix} 0 & -1 \\ 1 & -1 \end{bmatrix}\begin{bmatrix} 0 & -1 \\ 1 & -1 \end{bmatrix} = \begin{bmatrix} -1 & 1 \\ -1 & 0 \end{bmatrix}$,且 $A^3 = A^2 A = \begin{bmatrix} -1 & 1 \\ -1 & 0 \end{bmatrix}\begin{bmatrix} 0 & -1 \\ 1 & -1 \end{bmatrix} = \begin{bmatrix} 1 & 0 \\ 0 & 1 \end{bmatrix} = I$

將 $A^3 = I$ 寫成 $A^2 A = I = AA^2$,此即表示 A 的反矩陣為 A^2,亦即

$$A^{-1} = A^2 = \begin{bmatrix} -1 & 1 \\ -1 & 0 \end{bmatrix}$$

以下的例子介紹一個有用的公式來計算 2×2 矩陣 $A = \begin{bmatrix} a & b \\ c & d \end{bmatrix}$ 的反矩陣。在陳述這個公式之前,我們定義矩陣 A 的**行列式 (determinant)** $\det A$ 以及**伴隨式 (adjugate)** $\operatorname{adj} A$ 如下:

$$\det \begin{bmatrix} a & b \\ c & d \end{bmatrix} = ad - bc \quad \text{和} \quad \operatorname{adj} \begin{bmatrix} a & b \\ c & d \end{bmatrix} = \begin{bmatrix} d & -b \\ -c & a \end{bmatrix}$$

例 4

若 $A = \begin{bmatrix} a & b \\ c & d \end{bmatrix}$，證明 A 有反矩陣若且唯若 $\det A \neq 0$，而且

$$A^{-1} = \frac{1}{\det A} \operatorname{adj} A$$

解：為方便起見，令 $e = \det A = ad - bc$ 和 $B = \operatorname{adj} A = \begin{bmatrix} d & -b \\ -c & a \end{bmatrix}$，則 $AB = eI = BA$。若 $e \neq 0$，乘以純量 $\frac{1}{e}$ 可得 $A(\frac{1}{e}B) = I = (\frac{1}{e}B)A$，因此 A 為可逆且 $A^{-1} = \frac{1}{e}B$。接著證明若 A^{-1} 存在，則 $e \neq 0$。

我們利用矛盾法，先假設 $e = 0$ 再證明會導致矛盾。事實上，若 $e = 0$ 則 $AB = eI = 0$，等號兩邊左側乘以 A^{-1} 可得 $A^{-1}AB = A^{-1}0$，亦即 $IB = 0$，故 $B = 0$。這表示 a、b、c、d 均為零，因此 $A = 0$，與假設 A^{-1} 存在矛盾。

如上所述，若 $A = \begin{bmatrix} 2 & 4 \\ -3 & 8 \end{bmatrix}$，則 $\det A = 2 \cdot 8 - 4 \cdot (-3) = 28 \neq 0$，因此 A 為可逆且

$$A^{-1} = \frac{1}{\det A} \operatorname{adj} A = \frac{1}{28} \begin{bmatrix} 8 & -4 \\ 3 & 2 \end{bmatrix}$$

第 3 章有任意方陣的行列式與伴隨式的定義以及用更廣義的方式來證明例 4 的結論。

反矩陣與線性方程組

反矩陣可用來解特定的線性方程組。我們曾經提過線性方程組可用單一矩陣方程式表示

$$A\mathbf{x} = \mathbf{b}$$

其中 A、$\mathbf{b}$ 為已知矩陣而欲求解 $\mathbf{x}$。若 A 為可逆，以 A^{-1} 乘以等號兩邊可得

$$A^{-1}A\mathbf{x} = A^{-1}\mathbf{b}$$
$$I\mathbf{x} = A^{-1}\mathbf{b}$$
$$\mathbf{x} = A^{-1}\mathbf{b}$$

$\mathbf{x}$ 為方程組的解（讀者應驗證 $\mathbf{x} = A^{-1}\mathbf{b}$ 確實滿足 $A\mathbf{x} = \mathbf{b}$）。此外，由上述之討論可知若 $\mathbf{x}$ 是任意解，則必然是 $\mathbf{x} = A^{-1}\mathbf{b}$，故解為唯一。當然這個技巧僅適用於 A 為可逆的情況。以上證明了定理 2。

定理 2

假設將 n 個變數的 n 個方程式，寫成以下矩陣形式

$$A\mathbf{x} = \mathbf{b}$$

若 $n \times n$ 係數矩陣 A 為可逆，則方程組有唯一解
$$\mathbf{x} = A^{-1}\mathbf{b}$$

例 5

利用例 4，解方程組 $\begin{cases} 5x_1 - 3x_2 = -4 \\ 7x_1 + 4x_2 = 8 \end{cases}$。

解：此方程組寫成矩陣形式 $A\mathbf{x} = \mathbf{b}$，其中 $A = \begin{bmatrix} 5 & -3 \\ 7 & 4 \end{bmatrix}$，$\mathbf{x} = \begin{bmatrix} x_1 \\ x_2 \end{bmatrix}$，$\mathbf{b} = \begin{bmatrix} -4 \\ 8 \end{bmatrix}$，而 $\det A = 5 \cdot 4 - (-3) \cdot 7 = 41$，故 A 可逆且由例 4 知，$A^{-1} = \frac{1}{41}\begin{bmatrix} 4 & 3 \\ -7 & 5 \end{bmatrix}$，由定理 2，可得

$$\mathbf{x} = A^{-1}\mathbf{b} = \frac{1}{41}\begin{bmatrix} 4 & 3 \\ -7 & 5 \end{bmatrix}\begin{bmatrix} -4 \\ 8 \end{bmatrix} = \frac{1}{41}\begin{bmatrix} 8 \\ 68 \end{bmatrix}$$

因此所求的解是 $x_1 = \frac{8}{41}$，$x_2 = \frac{68}{41}$。

反矩陣方法

若一個 $n \times n$ 矩陣 A 為可逆，我們需要一個有效率的方法來求反矩陣 A^{-1}。事實上，A^{-1} 可由下式決定：

$$AA^{-1} = I_n$$

把 A^{-1} 寫成 $A^{-1} = [\mathbf{x}_1 \ \mathbf{x}_2 \ \cdots \ \mathbf{x}_n]$，欲求 A^{-1} 的行 $\mathbf{x}_j$。同理，$I_n = [\mathbf{e}_1 \ \mathbf{e}_2 \ \cdots \ \mathbf{e}_n]$ 是以其行向量表示。然後利用定義 2.9，條件 $AA^{-1} = I$ 變成

$$[A\mathbf{x}_1 \ A\mathbf{x}_2 \ \cdots \ A\mathbf{x}_n] = [\mathbf{e}_1 \ \mathbf{e}_2 \ \cdots \ \mathbf{e}_n]$$

由行向量相等可得

$$A\mathbf{x}_j = \mathbf{e}_j, \ j = 1, 2, \ldots, n$$

這是 $\mathbf{x}_j$ 的線性方程組，每個方程組皆以 A 為係數矩陣。因為 A 為可逆，由定理 2 知，每個方程組有唯一解。但這意指 A 的簡化列梯形式 R 不能有一列為零，所以 $R = I_n$（R 為方陣）。因此有一系列的基本列運算可將 $A \to I_n$。這一系列的運算將每個方程組 $A\mathbf{x}_j = \mathbf{e}_j$ 的增廣矩陣化為簡化列梯形式：

$$[A \mid \mathbf{e}_j] \to [I_n \mid \mathbf{x}_j], \ j = 1, 2, \ldots, n$$

這決定了 $\mathbf{x}_j$，因此也決定了 $A^{-1} = [\mathbf{x}_1 \ \mathbf{x}_2 \ \cdots \ \mathbf{x}_n]$。但對每一個 j 做同樣系列的 $A \to I_n$ 的運算，表示我們可以把這些列運算同時應用在雙矩陣 $[A \ I]$ 上：

$$[A \ I] \to [I \ A^{-1}]$$

這就是我們想要的演算法。

反矩陣演算法

若 A 為可逆方陣，則存在一系列的基本列運算可將 A 化為單位矩陣，寫成 $A \to I$。同系列的列運算可將 I 化為 A^{-1}；亦即，$I \to A^{-1}$。此演算法可總結如下：

$$[A\ I] \to [I\ A^{-1}]$$

其中操作於 A 和 I 的列算是同步進行。

例 6

利用反矩陣演算法求 A 的反矩陣。

$$A = \begin{bmatrix} 2 & 7 & 1 \\ 1 & 4 & -1 \\ 1 & 3 & 0 \end{bmatrix}$$

解：利用基本列運算於雙矩陣

$$[A\ I] = \begin{bmatrix} 2 & 7 & 1 & | & 1 & 0 & 0 \\ 1 & 4 & -1 & | & 0 & 1 & 0 \\ 1 & 3 & 0 & | & 0 & 0 & 1 \end{bmatrix}$$

目標是將 A 化為 I。首先，將第一列與第二列交換。

$$\begin{bmatrix} 1 & 4 & -1 & | & 0 & 1 & 0 \\ 2 & 7 & 1 & | & 1 & 0 & 0 \\ 1 & 3 & 0 & | & 0 & 0 & 1 \end{bmatrix}$$

其次將第一列乘以 (-2) 加到第二列，第一列乘以 (-1) 加到第三列。

$$\begin{bmatrix} 1 & 4 & -1 & | & 0 & 1 & 0 \\ 0 & -1 & 3 & | & 1 & -2 & 0 \\ 0 & -1 & 1 & | & 0 & -1 & 1 \end{bmatrix}$$

持續進行到簡化列梯形

$$\begin{bmatrix} 1 & 0 & 11 & | & 4 & -7 & 0 \\ 0 & 1 & -3 & | & -1 & 2 & 0 \\ 0 & 0 & -2 & | & -1 & 1 & 1 \end{bmatrix}$$

$$\begin{bmatrix} 1 & 0 & 0 & | & \frac{-3}{2} & \frac{-3}{2} & \frac{11}{2} \\ 0 & 1 & 0 & | & \frac{1}{2} & \frac{1}{2} & \frac{-3}{2} \\ 0 & 0 & 1 & | & \frac{1}{2} & \frac{-1}{2} & \frac{-1}{2} \end{bmatrix}$$

因此

$$A^{-1} = \tfrac{1}{2}\begin{bmatrix} -3 & -3 & 11 \\ 1 & 1 & -3 \\ 1 & -1 & -1 \end{bmatrix}，這很容易得到驗證。$$

給予任意 $n \times n$ 矩陣 A，第 1.2 節定理 1 證明了 A 可由基本列運算化為簡化列梯形矩陣 R。若 $R = I$，則矩陣 A 為可逆（這將於下一節中證明），故由演算法可求得 A^{-1}。若 $R \neq I$，則 R 有零列（R 是方陣）。因此線性方程組 $A\mathbf{x} = \mathbf{b}$ 無解。由定理 2 知，此時 A 是不可逆。定理 3 傳達了反矩陣演算法是否有效的情形。

定理 3

若 $n \times n$ 矩陣 A 可藉由基本列運算簡化為 I，則反矩陣演算法可產生 A^{-1}；否則 A^{-1} 不存在。

反矩陣的性質

以下反矩陣的性質可應用在各方面。

例 7

消去律 (Cancellation Laws)。令 A 為可逆矩陣。證明：
(1)若 $AB = AC$，則 $B = C$。
(2)若 $BA = CA$，則 $B = C$。

解：給予方程式 $AB = AC$，等號兩邊左側同乘以 A^{-1}，可得 $A^{-1}AB = A^{-1}AC$，這就是 $IB = IC$，即 $B = C$。以上證明了性質 (1)，性質 (2) 的證明留給讀者。

例 7 的性質 (1) 和 (2) 說明了反矩陣可用在左消去或右消去。但任意兩者不可混合使用：若 A 為可逆且 $AB = CA$，則 B 和 C 可能不相等。以下即為一例：

$$A = \begin{bmatrix} 1 & 1 \\ 0 & 1 \end{bmatrix}, B = \begin{bmatrix} 0 & 0 \\ 1 & 2 \end{bmatrix}, C = \begin{bmatrix} 1 & 1 \\ 1 & 1 \end{bmatrix}$$

反矩陣有時可由公式算出。例 4 即是一例；例 8 和 9 則是進一步的例子，基本觀念是若能找到一個矩陣 B，使得 $AB = I = BA$，則 A 為可逆且 $A^{-1} = B$。

例 8

若 A 為可逆矩陣，證明轉置 A^T 亦為可逆。進一步證明 A^T 的反矩陣為 A^{-1} 的轉置；記做 $(A^T)^{-1} = (A^{-1})^T$。

解：由假設知 A^{-1} 存在。$(A^{-1})^T$ 是否為 A^T 的反矩陣，我們可利用第 2.3 節定理 3，驗證如下：

$$A^T(A^{-1})^T = (A^{-1}A)^T = I^T = I$$
$$(A^{-1})^T A^T = (AA^{-1})^T = I^T = I$$

因此 $(A^{-1})^T$ 的確是 A^T 的反矩陣；亦即 $(A^T)^{-1} = (A^{-1})^T$。

例 9

若 A、B 為 $n \times n$ 可逆矩陣，證明 AB 亦為可逆且 $(AB)^{-1} = B^{-1}A^{-1}$。

解：我們假設 $B^{-1}A^{-1}$ 為 AB 的反矩陣，並且驗證如下：

$$(B^{-1}A^{-1})(AB) = B^{-1}(A^{-1}A)B = B^{-1}IB = B^{-1}B = I$$
$$(AB)(B^{-1}A^{-1}) = A(BB^{-1})A^{-1} = AIA^{-1} = AA^{-1} = I$$

因此 $B^{-1}A^{-1}$ 為 AB 的反矩陣；記做 $(AB)^{-1} = B^{-1}A^{-1}$。

在下面的定理中，我們列出反矩陣的一些基本性質作為參考。

定理 4

以下的矩陣均為相同大小的方陣。

1. I 為可逆且 $I^{-1} = I$。
2. 若 A 為可逆，則 A^{-1} 亦可逆，且 $(A^{-1})^{-1} = A$。
3. 若 A、B 為可逆，則 AB 亦可逆，且 $(AB)^{-1} = B^{-1}A^{-1}$。
4. 若 $A_1, A_2, \ldots, A_k$ 為可逆，則它們的乘積 $A_1 A_2 \cdots A_k$ 亦為可逆，且
   $(A_1 A_2 \cdots A_k)^{-1} = A_k^{-1} \cdots A_2^{-1} A_1^{-1}$。
5. 若 A 為可逆，則 A^k 亦為可逆，$k \geq 1$，且 $(A^k)^{-1} = (A^{-1})^k$。
6. 若 A 為可逆且純量 $a \neq 0$，則 aA 為可逆且 $(aA)^{-1} = \frac{1}{a}A^{-1}$。
7. 若 A 為可逆，則其轉置 A^T 亦可逆，且 $(A^T)^{-1} = (A^{-1})^T$。

證明

1. 由 $I^2 = I$ 即知。
2. 由方程式 $AA^{-1} = I = A^{-1}A$ 可證明 A 是 A^{-1} 的反矩陣；記做 $(A^{-1})^{-1} = A$。
3. 參照例 9。
4. 利用歸納法，若 $k = 1$，無需證明。若 $k = 2$，結果同性質 3。若 $k > 2$，假設 $(A_1 A_2 \cdots A_{k-1})^{-1} = A_{k-1}^{-1} \cdots A_2^{-1} A_1^{-1}$ 成立，利用性質 3 可推出如下結果：

$$[A_1A_2\cdots A_{k-1}A_k]^{-1} = [(A_1A_2\cdots A_{k-1})A_k]^{-1}$$
$$= A_k^{-1}(A_1A_2\cdots A_{k-1})^{-1}$$
$$= A_k^{-1}(A_{k-1}^{-1}\cdots A_2^{-1}A_1^{-1})$$

故由歸納法得證。

5. 於性質 4 中，令 $A_1 = A_2 = \cdots = A_k = A$。

6. 留做習題 29。

7. 參閱例 8。

在定理 4 的性質 3 和 4 中，順序會相反是因為矩陣乘法並無交換性。若已知矩陣方程式 $B = C$，等號兩邊可同時左乘矩陣 A，得到 $AB = AC$，同理右乘 A 得到 $BA = CA$。但兩者不可混合使用：若 $B = C$，則 $AB = CA$ 不一定成立，例如，$A = \begin{bmatrix} 1 & 1 \\ 0 & 1 \end{bmatrix}$，$B = \begin{bmatrix} 0 & 0 \\ 1 & 0 \end{bmatrix} = C$。

定理 4 的性質 7 與 $(A^T)^T = A$ 合用可得以下推論。

推論 1

方陣 A 為可逆若且唯若 A^T 可逆。

例 10

若 $(A^T - 2I)^{-1} = \begin{bmatrix} 2 & 1 \\ -1 & 0 \end{bmatrix}$，求 A。

解：由定理 4(2) 及例 4，可得

$$(A^T - 2I) = [(A^T - 2I)^{-1}]^{-1} = \begin{bmatrix} 2 & 1 \\ -1 & 0 \end{bmatrix}^{-1} = \begin{bmatrix} 0 & -1 \\ 1 & 2 \end{bmatrix}$$

因此 $A^T = 2I + \begin{bmatrix} 0 & -1 \\ 1 & 2 \end{bmatrix} = \begin{bmatrix} 2 & -1 \\ 1 & 4 \end{bmatrix}$，故由定理 4(2)，可知 $A = \begin{bmatrix} 2 & 1 \\ -1 & 4 \end{bmatrix}$。

以下定理收集了很多有關可逆性的對等[9]敘述。以後我們會經常用到這個定理。

---

[9] p，q 為兩敘述，若 p 為真則 q 為真，我們稱 p 意含 (**implies**) q（以 $p \Rightarrow q$ 表示）。若 $p \Rightarrow q$ 且 $q \Rightarrow p$（寫成 $p \Leftrightarrow q$，稱為「p 若且唯若 q」）則稱 p、q 為對等 (**equivalent**)。

定理 5

反矩陣定理 (Inverse Theorem)

A 為 $n \times n$ 矩陣，以下敘述為對等：

1. A 為可逆。
2. 齊次方程組 $A\mathbf{x} = \mathbf{0}$ 只有零解 $\mathbf{x} = \mathbf{0}$。
3. A 可由基本列運算化為單位矩陣 I_n。
4. 對任意行矩陣 $\mathbf{b}$，方程組 $A\mathbf{x} = \mathbf{b}$ 至少有一解 $\mathbf{x}$。
5. 存在一個 $n \times n$ 矩陣 C，使得 $AC = I_n$。

證明

我們證明每一個敘述可以推論到下一個，最後 (5) 可推論到 (1)。

(1) $\Rightarrow$ (2)。若 A^{-1} 存在，則由 $A\mathbf{x} = \mathbf{0}$ 可知 $\mathbf{x} = I_n\mathbf{x} = A^{-1}A\mathbf{x} = A^{-1}\mathbf{0} = \mathbf{0}$。

(2) $\Rightarrow$ (3)。假設 (2) 為真，則 $A \to R$ 表示 A 可經由基本列運算化為簡化列梯形矩陣 R。所以我們只要證明 $R = I_n$ 即可。若 $R \neq I_n$，則 R（是方陣）必有零列。現在考慮方程組 $A\mathbf{x} = \mathbf{0}$ 的增廣矩陣 $[A \mid \mathbf{0}]$，則 $[A \mid \mathbf{0}] \to [R \mid \mathbf{0}]$ 為簡化形式，且 $[R \mid \mathbf{0}]$ 亦有零列。因 R 為方陣，所以至少有一個非領導變數，方程組的解至少有一參數，因此 $A\mathbf{x} = \mathbf{0}$ 有無窮多組解，此與 (2) 矛盾。所以 $R = I_n$。

(3) $\Rightarrow$ (4)。考慮方程組 $A\mathbf{x} = \mathbf{b}$ 的增廣矩陣 $[A \mid \mathbf{b}]$。由 (3) 知，可用一系列的列運算，使得 $A \to I_n$，則相同的運算可導出 $[A \mid \mathbf{b}] \to [I_n \mid \mathbf{c}]$，其中 $\mathbf{c}$ 為行矩陣。因此由高斯消去法知方程組 $A\mathbf{x} = \mathbf{b}$ 有一解（事實上是唯一解）。

(4) $\Rightarrow$ (5)。令 $I_n = [\mathbf{e}_1 \ \mathbf{e}_2 \ \cdots \ \mathbf{e}_n]$，其中 $\mathbf{e}_1, \mathbf{e}_2, ..., \mathbf{e}_n$ 為 I_n 的行。對於每一個 $j = 1, 2, ..., n$，由 (4) 可知方程組 $A\mathbf{x} = \mathbf{e}_j$ 皆有一解 $\mathbf{c}_j$，因此 $A\mathbf{c}_j = \mathbf{e}_j$。令 $C = [\mathbf{c}_1 \ \mathbf{c}_2 \ \cdots \ \mathbf{c}_n]$ 為以 $\mathbf{c}_j$ 為其行的 $n \times n$ 矩陣。由定義 2.9 可推導出 (5)：

$$AC = A[\mathbf{c}_1 \ \mathbf{c}_2 \ \cdots \ \mathbf{c}_n] = [A\mathbf{c}_1 \ A\mathbf{c}_2 \ \cdots \ A\mathbf{c}_n] = [\mathbf{e}_1 \ \mathbf{e}_2 \ \cdots \ \mathbf{e}_n] = I_n$$

(5) $\Rightarrow$ (1)。假設 (5) 為真，則存在某一個矩陣 C 使得 $AC = I_n$。則由 $C\mathbf{x} = \mathbf{0}$ 可推得 $\mathbf{x} = \mathbf{0}$（因為 $\mathbf{x} = I_n\mathbf{x} = AC\mathbf{x} = A\mathbf{0} = \mathbf{0}$），所以 (2) 成立，再由 (2) $\Rightarrow$ (3) $\Rightarrow$ (4) $\Rightarrow$ (5)（只要將 A 改為 C 即可）證明出存在矩陣 C'，使得 $CC' = I_n$，但

$$A = AI_n = A(CC') = (AC)C' = I_nC' = C'$$

於是 $CA = CC' = I_n$ 且 $AC = I_n$，即證出 C 是 A 的反矩陣，因此 (1) 得證。

由定理 5 中 (5) $\Rightarrow$ (1) 的證明可知，對方陣而言，若 $AC = I$ 則必定有 $CA = I$ 且 C 和 A 互為反矩陣。我們將此重要結果敘述如下：

推論 1

若 A 和 C 為方陣且 $AC = I$，則 $CA = I$。特別是 A 和 C 皆為可逆，且 $C = A^{-1}$，$A = C^{-1}$。

若 A 和 C 不是方陣，則推論 1 不成立。例如

$$\begin{bmatrix} 1 & 2 & 1 \\ 1 & 1 & 1 \end{bmatrix} \begin{bmatrix} -1 & 1 \\ 1 & -1 \\ 0 & 1 \end{bmatrix} = I_2 \text{，但} \begin{bmatrix} -1 & 1 \\ 1 & -1 \\ 0 & 1 \end{bmatrix} \begin{bmatrix} 1 & 2 & 1 \\ 1 & 1 & 1 \end{bmatrix} \neq I_3$$

事實上，若 $AB = I_m$ 且 $BA = I_n$，A 為 $m \times n$，B 為 $n \times m$，則 $m = n$ 且 A 和 B（皆為方陣）互為反矩陣。

一個 $n \times n$ 矩陣 A 的秩 (rank) 為 n，若且唯若定理 5 的 (3) 成立。因此

推論 2

一個 $n \times n$ 的矩陣 A 為可逆，若且唯若 $\operatorname{rank} A = n$。

以下是關於區塊矩陣的反矩陣所形成的結果。

例 11

令 $P = \begin{bmatrix} A & X \\ 0 & B \end{bmatrix}$、$Q = \begin{bmatrix} A & 0 \\ Y & B \end{bmatrix}$ 為區塊矩陣，其中 A 為 $m \times m$，B 為 $n \times n$（有可能 $m \neq n$）。

(a) 證明 P 為可逆，若且唯若 A 和 B 皆可逆，並證明 $P^{-1} = \begin{bmatrix} A^{-1} & -A^{-1}XB^{-1} \\ 0 & B^{-1} \end{bmatrix}$。

(b) 證明 Q 為可逆，若且唯若 A 和 B 皆可逆，並證明 $Q^{-1} = \begin{bmatrix} A^{-1} & 0 \\ -B^{-1}YA^{-1} & B^{-1} \end{bmatrix}$。

解：我們只證明 (a)，而 (b) 的證明留給讀者。

若 A^{-1} 和 B^{-1} 都存在，令 $R = \begin{bmatrix} A^{-1} & -A^{-1}XB^{-1} \\ 0 & B^{-1} \end{bmatrix}$。利用區塊乘法，可驗證 $PR = I_{m+n} = RP$，所以 P 為可逆，且 $P^{-1} = R$。反之，假設 P 為可逆，將 P^{-1} 以區塊形式表示，即 $P^{-1} = \begin{bmatrix} C & V \\ W & D \end{bmatrix}$，其中 C 為 $m \times m$，D 為 $n \times n$。利用區塊表示法，方程式 $PP^{-1} = I_{n+m}$ 變成

$$\begin{bmatrix} A & X \\ 0 & B \end{bmatrix} \begin{bmatrix} C & V \\ W & D \end{bmatrix} = \begin{bmatrix} AC + XW & AV + XD \\ BW & BD \end{bmatrix} = I_{m+n} = \begin{bmatrix} I_m & 0 \\ 0 & I_n \end{bmatrix}$$

令對應區塊相等，可得

$$AC + XW = I_m, \ BW = 0, \ BD = I_n$$

因 $BD = I_n$，由推論 1 可知 B 為可逆，而因 $BW = 0$，故 $W = 0$，最後可推出 $AC = I_m$，故由推論 1 知 A 為可逆。

矩陣轉換的逆矩陣

令 $T = T_A : \mathbb{R}^n \to \mathbb{R}^n$ 表示由 $n \times n$ 矩陣 A 所誘導的矩陣轉換。由於 A 為方陣，因此 A 可能為可逆，這將導出下列問題：

$$A \text{ 為可逆，} T \text{ 在幾何上的意義為何？}$$

為了回答這個問題，令 $T' = T_{A^{-1}} : \mathbb{R}^n \to \mathbb{R}^n$ 表示由 A^{-1} 所誘導的轉換，則

$$\begin{aligned} T'[T(\mathbf{x})] &= A^{-1}[A\mathbf{x}] = I\mathbf{x} = \mathbf{x} \\ T[T'(\mathbf{x})] &= A[A^{-1}\mathbf{x}] = I\mathbf{x} = \mathbf{x} \end{aligned}, \forall \mathbf{x} \in \mathbb{R}^n \qquad (*)$$

第一個方程式表示，若 T 將 $\mathbf{x}$ 映至向量 $T(\mathbf{x})$，則 T' 可將 $T(\mathbf{x})$ 映至 $\mathbf{x}$；亦即 T' 為 T 的逆動作。同理 T 為 T' 的逆動作。條件 $(*)$ 可用合成簡寫成：

$$T' \circ T = 1_{\mathbb{R}^n} \quad \text{和} \quad T \circ T' = 1_{\mathbb{R}^n} \qquad (**)$$

當這些條件成立時，我們稱矩陣轉換 T' 為 T 的**逆 (inverse)** 轉換，我們已證明了若轉換 T 的矩陣 A 為可逆，則 T 有逆轉換（由 A^{-1} 所誘導）。

反之亦真：若 T 有逆轉換，則矩陣 A 必為可逆。的確，假設 $S : \mathbb{R}^n \to \mathbb{R}^n$ 為 T 的任意逆轉換，則有 $S \circ T = 1_{\mathbb{R}^n}$ 且 $T \circ S = 1_{\mathbb{R}^n}$。若 B 為 S 的矩陣，則

$$BA\mathbf{x} = S[T(\mathbf{x})] = (S \circ T)(\mathbf{x}) = 1_{\mathbb{R}^n}(\mathbf{x}) = \mathbf{x} = I_n\mathbf{x}, \forall \mathbf{x} \in \mathbb{R}^n$$

由第 2.2 節定理 5 知 $BA = I_n$，同理可證 $AB = I_n$，因此 A 為可逆，而 $A^{-1} = B$。此外，逆轉換 S 有矩陣 A^{-1}，故 $S = T'$。由此得證以下重要定理。

定理 6

令 $T : \mathbb{R}^n \to \mathbb{R}^n$ 表示由 $n \times n$ 矩陣 A 所誘導的矩陣轉換，則

$$A \text{ 為可逆若且唯若 } T \text{ 有逆轉換}$$

在此情況下，T 恰有一逆轉換（記為 T^{-1}），且 $T^{-1} : \mathbb{R}^n \to \mathbb{R}^n$ 為矩陣 A^{-1} 所誘導的轉換。換言之

$$(T_A)^{-1} = T_{A^{-1}}$$

T 和 T^{-1} 之間的幾何關係表現於上述的方程式 $(*)$：

$$T^{-1}[T(\mathbf{x})] = \mathbf{x} \quad \text{且} \quad T[T^{-1}(\mathbf{x})] = \mathbf{x}, \forall \mathbf{x} \in \mathbb{R}^n$$

這些方程式稱為 T 和 T^{-1} 相關的**基本恆等式 (fundamental identities)**。不嚴謹的說法就是 T 和 T^{-1} 互相將對方的作用還原或產生反向的效果。

逆線性轉換的幾何觀點提供了一個新的方法來找出矩陣 A 的反矩陣。更明白地說，若 A 為可逆矩陣，找出其反矩陣的步驟如下：

1. 令 T 為 A 所誘導的線性變換。
2. 得到線性變換 T^{-1} 將 T 的作用「逆轉」。
3. 則 A^{-1} 為 T^{-1} 的矩陣。

以下是說明的例子。

例 12

以線性變換 $\mathbb{R}^2 \to \mathbb{R}^2$ 的觀點，求 $A = \begin{bmatrix} 0 & 1 \\ 1 & 0 \end{bmatrix}$ 的反矩陣。

解：若 $\mathbf{x} = \begin{bmatrix} x \\ y \end{bmatrix}$，向量 $A\mathbf{x} = \begin{bmatrix} 0 & 1 \\ 1 & 0 \end{bmatrix}\begin{bmatrix} x \\ y \end{bmatrix} = \begin{bmatrix} y \\ x \end{bmatrix}$ 為 $\mathbf{x}$ 相對於直線 $y = x$ 的鏡射（如圖）。因此，若 $Q_1 : \mathbb{R}^2 \to \mathbb{R}^2$ 表示對直線 $y = x$ 之鏡射，則 A 為 Q_1 的矩陣。現在觀察 Q_1 的逆轉換，由於將向量 $\mathbf{x}$ 鏡射兩次其結果仍為 $\mathbf{x}$，所以 $Q_1^{-1} = Q_1$。由於 A^{-1} 為 Q_1^{-1} 的矩陣而 A 為 Q_1 的矩陣，因此 $A^{-1} = A$。當然這個結論只需直接觀察 $A^2 = I$ 而得知，但以幾何方法解題通常比其它方法更為直接。

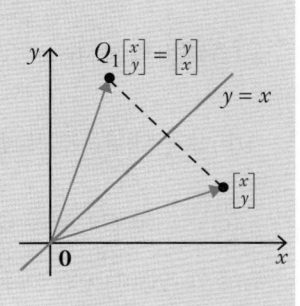

習題 2.4

1. 證明下列各題的矩陣互為反矩陣。

   (a) $\begin{bmatrix} 3 & 5 \\ 1 & 2 \end{bmatrix}, \begin{bmatrix} 2 & -5 \\ -1 & 3 \end{bmatrix}$

   (b) $\begin{bmatrix} 3 & 0 \\ 1 & -4 \end{bmatrix}, \dfrac{1}{2}\begin{bmatrix} 4 & 0 \\ 1 & -3 \end{bmatrix}$

   (c) $\begin{bmatrix} 1 & 2 & 0 \\ 0 & 2 & 3 \\ 1 & 3 & 1 \end{bmatrix}, \begin{bmatrix} 7 & 2 & -6 \\ -3 & -1 & 3 \\ 2 & 1 & -2 \end{bmatrix}$

   (d) $\begin{bmatrix} 3 & 0 \\ 0 & 5 \end{bmatrix}, \begin{bmatrix} \frac{1}{3} & 0 \\ 0 & \frac{1}{5} \end{bmatrix}$

2. 求下列各題的反矩陣。

   (a) $\begin{bmatrix} 1 & -1 \\ -1 & 3 \end{bmatrix}$

   ◆(b) $\begin{bmatrix} 4 & 1 \\ 3 & 2 \end{bmatrix}$

   (c) $\begin{bmatrix} 1 & 0 & -1 \\ 3 & 2 & 0 \\ -1 & -1 & 0 \end{bmatrix}$

   ◆(d) $\begin{bmatrix} 1 & -1 & 2 \\ -5 & 7 & -11 \\ -2 & 3 & -5 \end{bmatrix}$

   (e) $\begin{bmatrix} 3 & 5 & 0 \\ 3 & 7 & 1 \\ 1 & 2 & 1 \end{bmatrix}$

   ◆(f) $\begin{bmatrix} 3 & 1 & -1 \\ 2 & 1 & 0 \\ 1 & 5 & -1 \end{bmatrix}$

   (g) $\begin{bmatrix} 2 & 4 & 1 \\ 3 & 3 & 2 \\ 4 & 1 & 4 \end{bmatrix}$

   ◆(h) $\begin{bmatrix} 3 & 1 & -1 \\ 5 & 2 & 0 \\ 1 & 1 & -1 \end{bmatrix}$

   (i) $\begin{bmatrix} 3 & 1 & 2 \\ 1 & -1 & 3 \\ 1 & 2 & 4 \end{bmatrix}$

   ◆(j) $\begin{bmatrix} -1 & 4 & 5 & 2 \\ 0 & 0 & 0 & -1 \\ 1 & -2 & -2 & 0 \\ 0 & -1 & -1 & 0 \end{bmatrix}$

   (k) $\begin{bmatrix} 1 & 0 & 7 & 5 \\ 0 & 1 & 3 & 6 \\ 1 & -1 & 5 & 2 \\ 1 & -1 & 5 & 1 \end{bmatrix}$

   ◆(l) $\begin{bmatrix} 1 & 2 & 0 & 0 & 0 \\ 0 & 1 & 3 & 0 & 0 \\ 0 & 0 & 1 & 5 & 0 \\ 0 & 0 & 0 & 1 & 7 \\ 0 & 0 & 0 & 0 & 1 \end{bmatrix}$

3. 求下列方程組的係數矩陣之反矩陣，並求解。

   (a) $3x - y = 5$
   $2x + 2y = 1$

   ◆(b) $2x - 3y = 0$
   $x - 4y = 1$

(c) $x + y + 2z = 5$
$x + y + z = 0$
$x + 2y + 4z = -2$

◆(d) $x + 4y + 2z = 1$
$2x + 3y + 3z = -1$
$4x + y + 4z = 0$

4. 已知 $A^{-1} = \begin{bmatrix} 1 & -1 & 3 \\ 2 & 0 & 5 \\ -1 & 1 & 0 \end{bmatrix}$：

(a) 解方程組 $A\mathbf{x} = \begin{bmatrix} 1 \\ -1 \\ 3 \end{bmatrix}$。

◆(b) 求矩陣 B，使得 $AB = \begin{bmatrix} 1 & -1 & 2 \\ 0 & 1 & 1 \\ 1 & 0 & 0 \end{bmatrix}$。

(c) 求矩陣 C，使得 $CA = \begin{bmatrix} 1 & 2 & -1 \\ 3 & 1 & 1 \end{bmatrix}$。

5. 下列各題中，求矩陣 A。

(a) $(3A)^{-1} = \begin{bmatrix} 1 & -1 \\ 0 & 1 \end{bmatrix}$

◆(b) $(2A)^T = \begin{bmatrix} 1 & -1 \\ 2 & 3 \end{bmatrix}^{-1}$

(c) $(I + 3A)^{-1} = \begin{bmatrix} 2 & 0 \\ 1 & -1 \end{bmatrix}$

◆(d) $(I - 2A^T)^{-1} = \begin{bmatrix} 2 & 1 \\ 1 & 1 \end{bmatrix}$

(e) $\left(A \begin{bmatrix} 1 & -1 \\ 0 & 1 \end{bmatrix} \right)^{-1} = \begin{bmatrix} 2 & 3 \\ 1 & 1 \end{bmatrix}$

◆(f) $\left(\begin{bmatrix} 1 & 0 \\ 2 & 1 \end{bmatrix} A \right)^{-1} = \begin{bmatrix} 1 & 0 \\ 2 & 2 \end{bmatrix}$

(g) $(A^T - 2I)^{-1} = 2\begin{bmatrix} 1 & 1 \\ 2 & 3 \end{bmatrix}$

◆(h) $(A^{-1} - 2I)^T = -2\begin{bmatrix} 1 & 1 \\ 1 & 0 \end{bmatrix}$

6. 下列各題中，求矩陣 A。

(a) $A^{-1} = \begin{bmatrix} 1 & -1 & 3 \\ 2 & 1 & 1 \\ 0 & 2 & -2 \end{bmatrix}$

◆(b) $A^{-1} = \begin{bmatrix} 0 & 1 & -1 \\ 1 & 2 & 1 \\ 1 & 0 & 1 \end{bmatrix}$

7. 已知 $\begin{bmatrix} x_1 \\ x_2 \\ x_3 \end{bmatrix} = \begin{bmatrix} 3 & -1 & 2 \\ 1 & 0 & 4 \\ 2 & 1 & 0 \end{bmatrix} \begin{bmatrix} y_1 \\ y_2 \\ y_3 \end{bmatrix}$, $\begin{bmatrix} z_1 \\ z_2 \\ z_3 \end{bmatrix} = \begin{bmatrix} 1 & -1 & 1 \\ 2 & -3 & 0 \\ -1 & 1 & -2 \end{bmatrix} \begin{bmatrix} y_1 \\ y_2 \\ y_3 \end{bmatrix}$，試以 z_1、z_2、z_3 表示 x_1、x_2、x_3。

8. (a) 在方程組 $\begin{matrix} 3x + 4y = 7 \\ 4x + 5y = 1 \end{matrix}$ 中，以新變數 x' 和 y' 代入，其中 $\begin{matrix} x = -5x' + 4y' \\ y = 4x' - 3y' \end{matrix}$。然後求 x、y。

◆(b) 將 (a) 中的方程組寫成 $A\begin{bmatrix} x \\ y \end{bmatrix} = \begin{bmatrix} 7 \\ 1 \end{bmatrix}$ 和 $\begin{bmatrix} x \\ y \end{bmatrix} = B\begin{bmatrix} x' \\ y' \end{bmatrix}$，則 A 與 B 之間的關係為何？

9. 下列各題中，證明命題為真或舉一反例證明敘述不為真。

(a) 若方陣 $A \neq 0$，則 A 為可逆。

◆(b) 若 A、B 均為可逆，則 $A + B$ 亦為可逆。

(c) 若 A、B 均為可逆，則 $(A^{-1}B)^T$ 亦為可逆。

◆(d) 若 $A^4 = 3I$，則 A 為可逆。

(e) 若 $A^2 = A$ 且 $A \neq 0$，則 A 為可逆。

◆(f) 若 $AB = B$，$B \neq 0$，則 A 為可逆。

(g) 若 A 為可逆且為反對稱 ($A^T = -A$)，則 A^{-1} 亦同。

◆(h) 若 A^2 為可逆，則 A 為可逆。

(i) 若 $AB = I$，則 A 和 B 可交換。

10. (a) 若 A、B、C 為方陣且 $AB = I = CA$，證明 A 為可逆且 $B = C = A^{-1}$。

◆(b) 若 $C^{-1} = A$，求 C^T 的反矩陣（以 A 表示）。

11. 假設 $CA = I_m$，其中 C 為 $m \times n$ 矩陣且 A 為 $n \times m$ 矩陣。考慮 m 個變數，n 個方程式的方程組 $A\mathbf{x} = \mathbf{b}$。

(a) 證明若此方程組為相容，則方程組有唯一解 $C\mathbf{b}$。

◆(b) 當 (i) $\mathbf{b} = \begin{bmatrix} 1 \\ 0 \\ 3 \end{bmatrix}$；(ii) $\mathbf{b} = \begin{bmatrix} 7 \\ 4 \\ 22 \end{bmatrix}$，

若 $C = \begin{bmatrix} 0 & -5 & 1 \\ 3 & 0 & -1 \end{bmatrix}$，$A = \begin{bmatrix} 2 & -3 \\ 1 & -2 \\ 6 & -10 \end{bmatrix}$，

求 $\mathbf{x}$（若 $\mathbf{x}$ 存在）。

12. 驗證 $A = \begin{bmatrix} 1 & -1 \\ 0 & 2 \end{bmatrix}$ 滿足 $A^2 - 3A + 2I = 0$，並以此證明 $A^{-1} = \frac{1}{2}(3I - A)$。

13. 令 $Q = \begin{bmatrix} a & -b & -c & -d \\ b & a & -d & c \\ c & d & a & -b \\ d & -c & b & a \end{bmatrix}$。計算 QQ^T。若 $Q \neq 0$，求 Q^{-1}。

14. 令 $U = \begin{bmatrix} 0 & 1 \\ 1 & 0 \end{bmatrix}$。證明 U、$-U$、$-I_2$ 為自身反矩陣，且任二者之乘積為第三者。

15. 已知 $A = \begin{bmatrix} 1 & 1 \\ -1 & 0 \end{bmatrix}$，$B = \begin{bmatrix} 0 & -1 \\ 1 & 0 \end{bmatrix}$，

$C = \begin{bmatrix} 0 & 1 & 0 \\ 0 & 0 & 1 \\ 5 & 0 & 0 \end{bmatrix}$，求 (a) A^6、◆(b) B^4、(c) C^3 的反矩陣。

◆16. 求 $\begin{bmatrix} 1 & 0 & 1 \\ c & 1 & c \\ 3 & c & 2 \end{bmatrix}$ 的反矩陣（以 c 表示）。

17. 若 $c \neq 0$，求 $\begin{bmatrix} 1 & -1 & 1 \\ 2 & -1 & 2 \\ 0 & 2 & c \end{bmatrix}$ 的反矩陣（以 c 表示）。

18. 在下列情況下，證明 A 無反矩陣。
   (a) A 有零列。
   ◆(b) A 有零行。
   (c) A 的每一列的元素總和為零。【提示：定理 5(2)。】
   ◆(d) A 的每一行的元素總和為零。【提示：推論 2，定理 4。】

19. 令 A 表一方陣。
   (a) 令 $YA = 0$，$Y \neq 0$。證明 A 無反矩

陣。【提示：推論 2，定理 4。】
   (b) 利用 (a) 證明 (i) $\begin{bmatrix} 1 & -1 & 1 \\ 0 & 1 & 1 \\ 1 & 0 & 2 \end{bmatrix}$；和

   ◆(ii) $\begin{bmatrix} 2 & 1 & -1 \\ 1 & 1 & 0 \\ 1 & 0 & -1 \end{bmatrix}$ 無反矩陣。

【提示：關於第 (ii) 部分，比較其第 3 列與第 1 和第 2 列的差。】

20. 若 A 可逆，證明
   (a) $A^2 \neq 0$ ◆(b) $A^k \neq 0$，$k = 1, 2, \cdots$

21. 假設 $AB = 0$，其中 A、B 為方陣。證明
   (a) 若 A、B 其中之一有反矩陣，則另一個是零矩陣。
   ◆(b) A、B 不可能同時有反矩陣。
   (c) $(BA)^2 = 0$

◆22. 求第 2.2 節例 16 中的 X-擴大之反矩陣並且描述其幾何現象。

23. 求第 2.2 節例 17 中的變形轉換之反矩陣並且描述其幾何現象。

24. 下列各題中，假設 A 為方陣並且滿足所予條件。證明 A 為可逆並求出 A^{-1}（以 A 表示）。
   (a) $A^3 - 3A + 2I = 0$。
   ◆(b) $A^4 + 2A^3 - A - 4I = 0$。

25. 令 A、B 為 $n \times n$ 矩陣。
   (a) 若 A 和 AB 為可逆，利用定理 4 的 (2) 和 (3) 證明 B 為可逆。
   ◆(b) 若 AB 為可逆，利用定理 5 證明 A 和 B 均為可逆。

26. 下列各題中，利用例 11 求 A 的反矩陣。

   (a) $A = \begin{bmatrix} -1 & 1 & 2 \\ 0 & 2 & -1 \\ 0 & 1 & -1 \end{bmatrix}$ ◆(b) $A = \begin{bmatrix} 3 & 1 & 0 \\ 5 & 2 & 0 \\ 1 & 3 & -1 \end{bmatrix}$

(c) $A = \begin{bmatrix} 3 & 4 & 0 & 0 \\ 2 & 3 & 0 & 0 \\ 1 & -1 & 1 & 3 \\ 3 & 1 & 1 & 4 \end{bmatrix}$

◆(d) $A = \begin{bmatrix} 2 & 1 & 5 & 2 \\ 1 & 1 & -1 & 0 \\ 0 & 0 & 1 & -1 \\ 0 & 0 & 1 & -2 \end{bmatrix}$

27. 若 A、B 為可逆對稱矩陣，使得 $AB = BA$，證明 A^{-1}、AB、AB^{-1}、$A^{-1}B^{-1}$ 亦為可逆對稱矩陣。

28. 令 A 為 $n \times n$ 矩陣，I 為 $n \times n$ 單位矩陣。
    (a) 若 $A^2 = 0$，證明 $(I - A)^{-1} = I + A$。
    (b) 若 $A^3 = 0$，證明 $(I - A)^{-1} = I + A + A^2$。
    (c) 求 $\begin{bmatrix} 1 & 2 & -1 \\ 0 & 1 & 3 \\ 0 & 0 & 1 \end{bmatrix}$ 的反矩陣。
    ◆(d) 若 $A^n = 0$，求 $(I - A)^{-1}$。

29. 證明定理 4 的性質 6：若 A 為可逆且 $a \neq 0$，則 aA 可逆且 $(aA)^{-1} = \frac{1}{a}A^{-1}$。

30. A、B、C 為 $n \times n$ 矩陣，僅利用定理 4，證明：
    (a) 若 A、C、ABC 均為可逆，則 B 為可逆。
    ◆(b) 若 AB、BA 均為可逆，則 A、B 均為可逆。

31. 令 A、B 為 $n \times n$ 可逆矩陣。
    (a) 若 $A^{-1} = B^{-1}$，這是否表示 $A = B$？請解釋。
    (b) 證明 $A = B$ 若且唯若 $A^{-1}B = I$。

32. 設 A、B、C 為 $n \times n$ 矩陣，A、B 為可逆。證明
    ◆(a) 若 A 與 C 可交換，則 A^{-1} 與 C 可交換。
    (b) 若 A 與 B 可交換，則 A^{-1} 與 B^{-1} 可交換。

33. 設 A、B 為相同大小的方陣。
    (a) 證明若 $AB = BA$，則 $(AB)^2 = A^2B^2$。
    ◆(b) 若 A、B 可逆且 $(AB)^2 = A^2B^2$，證明 $AB = BA$。
    (c) 若 $A = \begin{bmatrix} 1 & 0 \\ 0 & 0 \end{bmatrix}$、$B = \begin{bmatrix} 1 & 1 \\ 0 & 0 \end{bmatrix}$，證明 $(AB)^2 = A^2B^2$，但是 $AB \neq BA$。

◆34. A、B 為 $n \times n$ 矩陣，AB 為可逆，證明 A、B 皆可逆。

35. 考慮 $A = \begin{bmatrix} 1 & 3 & -1 \\ 2 & 1 & 5 \\ 1 & -7 & 13 \end{bmatrix}, B = \begin{bmatrix} 1 & 1 & 2 \\ 3 & 0 & -3 \\ -2 & 5 & 17 \end{bmatrix}$
    (a) 求非零的 1×3 矩陣 Y，使得 $YA = 0$，以此證明 A 不可逆。
    【提示：A 的第 3 列等於 2（第 2 列）－3（第 1 列）。】
    ◆(b) 證明 B 不可逆。
    【提示：第三行 ＝ 3（第 2 行）－第 1 行。】

36. 證明方陣 A 可逆若且唯若 A 可被左消去：由 $AB = AC$ 可得 $B = C$。

37. 若 $U^2 = I$，證明 $I + U$ 不可逆，除非 $U = I$。

38. (a) 若 J 為 4×4 矩陣，其所有元素皆為 1，證明 $I - \frac{1}{2}J$ 為自身反矩陣 (self-inverse) 且對稱。
    ◆(b) 若 X 為 $n \times m$ 矩陣且滿足 $X^TX = I_m$，證明 $I_n - 2XX^T$ 為自身反矩陣且對稱。

39. 一個 $n \times n$ 矩陣 P 稱為冪等的，若 $P^2 = P$。證明：
    (a) I 是唯一可逆的冪等矩陣。
    ◆(b) P 是冪等若且唯若 $I - 2P$ 是自身反矩陣。
    (c) U 是自身反矩陣若且唯若 $U = I - 2P$，P 為冪等矩陣。

(d) 對任意 $a \neq 1$，$I - aP$ 為可逆，並且
$(I - aP)^{-1} = I + \left(\dfrac{a}{1-a}\right)P$。

40. 若 $A^2 = kA$，$k \neq 0$，證明 A 為可逆若且唯若 $A = kI$。

41. 令 A、B 為 $n \times n$ 為可逆矩陣。
    (a) 證明 $A^{-1} + B^{-1} = A^{-1}(A + B)B^{-1}$。
    ◆(b) 若 $A + B$ 也是可逆，證明 $A^{-1} + B^{-1}$ 為可逆並且求出 $(A^{-1} + B^{-1})^{-1}$。

42. 令 A、B 為 $n \times n$ 矩陣，I 為 $n \times n$ 單位矩陣。
    (a) 證明 $A(I + BA) = (I + AB)A$，$(I + BA)B = B(I + AB)$。
    (b) 若 $I + AB$ 為可逆，證明 $I + BA$ 也是可逆並且
    $(I + BA)^{-1} = I - B(I + AB)^{-1}A$。

2.5 節　基本矩陣

基本列運算在線性代數中是重要的，它們在求解線性方程組（使用高斯演算法）和反矩陣（使用矩陣反演算法）是不可缺少的。事實證明基本列運算可由左邊乘以某些可逆矩陣（稱為基本矩陣）來完成，而這些矩陣就是本節的主題。

如第 1.1 節中所述，基本列運算有下列 3 種：

型　I：兩列互換
型　II：將某一列乘以非零的數
型 III：將某一列乘以一個數加到另一列

定義 2.12

若將單位矩陣 I_n 進行某一個基本列運算（所得的 $n \times n$ 矩陣 E 稱為**基本矩陣 (elementary matrix)**。當 E 所**對應 (corresponding)** 的基本列運算分別為型 I、II 或 III 時，則 E 分別稱為型 I、II 或 III 的矩陣。

於是

$$E_1 = \begin{bmatrix} 0 & 1 \\ 1 & 0 \end{bmatrix},\ E_2 = \begin{bmatrix} 1 & 0 \\ 0 & 9 \end{bmatrix} \text{ 和 } E_3 = \begin{bmatrix} 1 & 5 \\ 0 & 1 \end{bmatrix}$$

分別為型 I、II 和 III 的基本矩陣，它們是由 2×2 單位矩陣交換第 1 和第 2 列，將第 2 列乘以 9，將第 2 列乘以 5 再加到第 1 列而得。

假設矩陣 $A = \begin{bmatrix} a & b & c \\ p & q & r \end{bmatrix}$ 左邊乘以上述基本矩陣 E_1、E_2 和 E_3，結果如下：

$$E_1 A = \begin{bmatrix} 0 & 1 \\ 1 & 0 \end{bmatrix} \begin{bmatrix} a & b & c \\ p & q & r \end{bmatrix} = \begin{bmatrix} p & q & r \\ a & b & c \end{bmatrix}$$

$$E_2 A = \begin{bmatrix} 1 & 0 \\ 0 & 9 \end{bmatrix} \begin{bmatrix} a & b & c \\ p & q & r \end{bmatrix} = \begin{bmatrix} a & b & c \\ 9p & 9q & 9r \end{bmatrix}$$

$$E_3 A = \begin{bmatrix} 1 & 5 \\ 0 & 1 \end{bmatrix} \begin{bmatrix} a & b & c \\ p & q & r \end{bmatrix} = \begin{bmatrix} a+5p & b+5q & c+5r \\ p & q & r \end{bmatrix}$$

在每個情況下，在 A 的左邊乘以基本矩陣，與對 A 做相對應的列運算是相同的。

引理 1[10]

若對 $m \times n$ 矩陣 A 進行基本列運算，得到的結果是 EA，而 E 是對 $m \times m$ 的單位矩陣，進行相同的運算得到的基本矩陣。

證明

我們證明型 III 的運算；型 I 和 II 的證明留作習題。令 E 是由第 p 列乘以 k 倍再加到另一列 q 所得到的基本矩陣。此證明取決於 EA 的每一列等於 E 的對應列乘上 A。令 $K_1, K_2, ..., K_m$ 表示 I_m 的列，若 $i \neq q$，則 E 的第 i 列是 K_i，而 E 的第 q 列為 $K_q + kK_p$。因此：

若 $i \neq q$，則 EA 的第 i 列 $= K_i A =$（A 的第 i 列）

EA 的第 q 列 $= (K_q + kK_p)A = K_q A + k(K_p A)$
$\qquad\qquad\qquad\quad = A$ 的第 q 列加上 k 倍的 A 的第 p 列

因此 EA 是將 A 的第 p 列乘上 k 倍，加到另一列 q。

基本列運算的效果可被另一個同型的基本列運算（稱為逆運算）所抵消（參閱第 1.1 節例 3 之後的討論）。由此可知每一個基本矩陣 E 皆為可逆。事實上，若對 I 做列運算產生了 E，則其逆運算會將 E 再變回 I。若 F 為 E 的逆運算所對應的基本矩陣，則 $FE = I$（由引理 1）。因此 $F = E^{-1}$，此時我們已證得

引理 2

每一個基本矩陣 E 皆為可逆，且 E^{-1} 亦為基本矩陣（同型）。此外，E^{-1} 所對應之列運算的逆運算會產生 E。

下表列出每一種基本列運算的逆運算：

---

[10] 引理為用以證明定理的附屬定理。

型	運算	逆運算
I	交換第 p 列與第 q 列	交換第 p 列與第 q 列
II	第 p 列乘以非零的數 k	第 p 列乘以 $1/k$
III	第 p 列乘以 k 加到第 q 列 $(q \neq p)$	第 q 列減去第 p 列乘以 k

注意：型 I 的基本矩陣為自身反矩陣。

● 例 1

求出以下基本矩陣之反矩陣

$$E_1 = \begin{bmatrix} 0 & 1 & 0 \\ 1 & 0 & 0 \\ 0 & 0 & 1 \end{bmatrix}, E_2 = \begin{bmatrix} 1 & 0 & 0 \\ 0 & 1 & 0 \\ 0 & 0 & 9 \end{bmatrix} 和 E_3 = \begin{bmatrix} 1 & 0 & 5 \\ 0 & 1 & 0 \\ 0 & 0 & 1 \end{bmatrix}$$

解：$E_1 \cdot E_2 \cdot E_3$ 分別為型 I、II 和 III。故由上表可得

$$E_1^{-1} = \begin{bmatrix} 0 & 1 & 0 \\ 1 & 0 & 0 \\ 0 & 0 & 1 \end{bmatrix} = E_1 \cdot E_2^{-1} = \begin{bmatrix} 1 & 0 & 0 \\ 0 & 1 & 0 \\ 0 & 0 & \frac{1}{9} \end{bmatrix} 和 E_3^{-1} = \begin{bmatrix} 1 & 0 & -5 \\ 0 & 1 & 0 \\ 0 & 0 & 1 \end{bmatrix}$$

可逆和基本矩陣

假設一個 $m \times n$ 矩陣 A，藉由一系列 k 個基本列運算將 A 轉換到矩陣 B（寫成 $A \to B$）。令 $E_1, E_2, ..., E_k$ 表示對應的基本矩陣。由引理 1，此簡化過程可寫成

$$A \to E_1 A \to E_2 E_1 A \to E_3 E_2 E_1 A \to \cdots \to E_k E_{k-1} \cdots E_2 E_1 A = B$$

換言之

$$A \to UA = B \quad 其中 \ U = E_k E_{k-1} \cdots E_2 E_1$$

由於矩陣 $U = E_k E_{k-1} \cdots E_2 E_1$ 為可逆矩陣之乘積，故由引理 2 知其為一可逆矩陣。此外，U 可在 E_i 未知的情況下由以下方式算出：若將 $A \to B$ 之上述系列的運算應用到 I_m 上，其結果為 $I_m \to U I_m = U$。因此，這個系列的運算將區塊矩陣 $[A \ I_m] \to [B \ U]$。這個結果，再加上以上的討論，證明了以下定理：

定理 1

若在 $m \times n$ 矩陣 A 進行基本列運算，結果會得到 B，即 $A \to B$。

1. $B = UA$，其中 U 為 $m \times m$ 可逆矩陣。
2. U 可用將 A 轉換到 B（寫成 $A \to B$）的運算，以 $[A \ I_m] \to [B \ U]$ 算出。
3. $U = E_k E_{k-1} \cdots E_2 E_1$，其中 $E_1, E_2, ..., E_k$ 為基本矩陣，而這些基本矩陣依序對應於將 A 轉換到 B 之基本列運算。

例 2

將 $A = \begin{bmatrix} 2 & 3 & 1 \\ 1 & 2 & 1 \end{bmatrix}$ 的簡化列梯形矩陣 R 表示成 $R = UA$，其中 U 為可逆。

解：簡化雙矩陣 $[A \ I] \to [R \ U]$ 如下：

$$[A \ I] = \begin{bmatrix} 2 & 3 & 1 & | & 1 & 0 \\ 1 & 2 & 1 & | & 0 & 1 \end{bmatrix} \to \begin{bmatrix} 1 & 2 & 1 & | & 0 & 1 \\ 2 & 3 & 1 & | & 1 & 0 \end{bmatrix} \to \begin{bmatrix} 1 & 2 & 1 & | & 0 & 1 \\ 0 & -1 & -1 & | & 1 & -2 \end{bmatrix}$$

$$\to \begin{bmatrix} 1 & 0 & -1 & | & 2 & -3 \\ 0 & 1 & 1 & | & -1 & 2 \end{bmatrix}$$

因此 $R = \begin{bmatrix} 1 & 0 & -1 \\ 0 & 1 & 1 \end{bmatrix}$，$U = \begin{bmatrix} 2 & -3 \\ -1 & 2 \end{bmatrix}$。

假設 A 為可逆，由第 2.4 節定理 5 知，$A \to I$，所以，由定理 1，取 $B = I$，可得 $[A \ I] \to [I \ U]$，其中 $I = UA$。因此 $U = A^{-1}$，故 $[A \ I] \to [I \ A^{-1}]$。此為第 2.4 節所導出的反矩陣演算法。但是，進一步可知：由定理 1 可得 $A^{-1} = U = E_k E_{k-1} \cdots E_2 E_1$，其中 $E_1, E_2, \ldots, E_k$ 為基本矩陣，而這些基本矩陣依序對應於將 A 轉換到 I（寫成 $A \to I$）的基本列運算。因此

$$A = (A^{-1})^{-1} = (E_k E_{k-1} \cdots E_2 E_1)^{-1} = E_1^{-1} E_2^{-1} \cdots E_{k-1}^{-1} E_k^{-1} \tag{*}$$

由引理 2 可知每一個可逆矩陣 A 皆為基本矩陣的乘積，同理引理 2 也告訴我們基本矩陣為可逆，這證明了以下可逆矩陣的重要特性。

定理 2

一方陣為可逆若且唯若它是基本矩陣的乘積。

由列運算將 A 轉換到 B（寫成 $A \to B$）若且唯若 $B = UA$，其中 B 為可逆矩陣。此時我們稱 A、B 為**列對等 (row-equivalent)**。（參閱習題 17。）

例 3

將 $A = \begin{bmatrix} -2 & 3 \\ 1 & 0 \end{bmatrix}$ 以基本矩陣的乘積表示。

解：利用引理 1，將 $A \to I$ 的簡化形式表示如下：

$$A = \begin{bmatrix} -2 & 3 \\ 1 & 0 \end{bmatrix} \to E_1 A = \begin{bmatrix} 1 & 0 \\ -2 & 3 \end{bmatrix} \to E_2 E_1 A = \begin{bmatrix} 1 & 0 \\ 0 & 3 \end{bmatrix} \to E_3 E_2 E_1 A = \begin{bmatrix} 1 & 0 \\ 0 & 1 \end{bmatrix}$$

其中對應的基本矩陣為

$$E_1 = \begin{bmatrix} 0 & 1 \\ 1 & 0 \end{bmatrix}, \ E_2 = \begin{bmatrix} 1 & 0 \\ 2 & 1 \end{bmatrix}, \ E_3 = \begin{bmatrix} 1 & 0 \\ 0 & \frac{1}{3} \end{bmatrix}$$

由於 $(E_3 E_2 E_1)A = I$，因此
$$A = (E_3 E_2 E_1)^{-1} = E_1^{-1} E_2^{-1} E_3^{-1} = \begin{bmatrix} 0 & 1 \\ 1 & 0 \end{bmatrix} \begin{bmatrix} 1 & 0 \\ -2 & 1 \end{bmatrix} \begin{bmatrix} 1 & 0 \\ 0 & 3 \end{bmatrix}$$

史密斯正規式

令 A 為 rank r 的 $m \times n$ 矩陣，而 R 為 A 的簡化列梯形式，定理 1 證明了 $R = UA$，其中 U 為可逆，且 U 可由 $[A \ I_m] \to [R \ U]$ 求出。

矩陣 R 有 r 個領導項 1（因為 rank $A = r$），因此當 R^T 簡化之後，$n \times m$ 矩陣 R^T 之前 r 行含有 I_r 的每一列。於是列運算會將 $R^T \to \begin{bmatrix} I_r & 0 \\ 0 & 0 \end{bmatrix}_{n \times m}$，故再由定理 1 證明了 $\begin{bmatrix} I_r & 0 \\ 0 & 0 \end{bmatrix}_{n \times m} = U_1 R^T$，其中 U_1 為 $n \times n$ 可逆矩陣。若 $V = U_1^T$，可得

$$UAV = RV = RU_1^T = (U_1 R^T)^T = \left(\begin{bmatrix} I_r & 0 \\ 0 & 0 \end{bmatrix}_{n \times m} \right)^T = \begin{bmatrix} I_r & 0 \\ 0 & 0 \end{bmatrix}_{m \times n}$$

此外，矩陣 $U_1 = V^T$ 可由 $[R^T \ I_n] \to \left[\begin{bmatrix} I_r & 0 \\ 0 & 0 \end{bmatrix}_{n \times m} \ V^T \right]$ 算出。因此證明了以下定理：

定理 3

令 A 為 rank r 的 $m \times n$ 矩陣，存在可逆矩陣 U 和 V，其大小分別為 $m \times m$ 和 $n \times n$，使得
$$UAV = \begin{bmatrix} I_r & 0 \\ 0 & 0 \end{bmatrix}_{m \times n}$$
此外，若 R 為 A 的簡化列梯形式，則：

1. U 可由 $[A \ I_m] \to [R \ U]$ 求出；
2. V 可由 $[R^T \ I_n] \to \left[\begin{bmatrix} I_r & 0 \\ 0 & 0 \end{bmatrix}_{n \times m} \ V^T \right]$ 求出。

若 A 為 rank r 的 $m \times n$ 矩陣，矩陣 $\begin{bmatrix} I_r & 0 \\ 0 & 0 \end{bmatrix}$ 稱為 A 的**史密斯正規式 (Smith normal form)**[11]，而 A 的簡化列梯形式就是 A 經由列運算所能得到「最好的」矩陣。史密斯正規式就是 A 經由列運算和行運算所能得到「最好的」矩陣。這是因為對 R^T 做列運算等同於對 R 做行運算後再轉置。

---

[11] 以 Henry John Stephen Smith (1826–1883) 的名字命名。

例 4

已知 $A = \begin{bmatrix} 1 & -1 & 1 & 2 \\ 2 & -2 & 1 & -1 \\ -1 & 1 & 0 & 3 \end{bmatrix}$，求出可逆矩陣 U 和 V，使得 $UAV = \begin{bmatrix} I_r & 0 \\ 0 & 0 \end{bmatrix}$，其中 $r = \operatorname{rank} A$。

解：矩陣 U 和 A 的簡化列梯形式 R 可由列簡化 $[A\ I_3] \to [R\ U]$ 計算而得：

$$\begin{bmatrix} 1 & -1 & 1 & 2 & | & 1 & 0 & 0 \\ 2 & -2 & 1 & -1 & | & 0 & 1 & 0 \\ -1 & 1 & 0 & 3 & | & 0 & 0 & 1 \end{bmatrix} \to \begin{bmatrix} 1 & -1 & 0 & -3 & | & -1 & 1 & 0 \\ 0 & 0 & 1 & 5 & | & 2 & -1 & 0 \\ 0 & 0 & 0 & 0 & | & -1 & 1 & 1 \end{bmatrix}$$

因此

$$R = \begin{bmatrix} 1 & -1 & 0 & -3 \\ 0 & 0 & 1 & 5 \\ 0 & 0 & 0 & 0 \end{bmatrix},\ U = \begin{bmatrix} -1 & 1 & 0 \\ 2 & -1 & 0 \\ -1 & 1 & 1 \end{bmatrix}$$

特別是 $r = \operatorname{rank} R = 2$。現在列簡化 $[R^T\ I_4] \to \left[\begin{bmatrix} I_r & 0 \\ 0 & 0 \end{bmatrix}\ V^T\right]$：

$$\begin{bmatrix} 1 & 0 & 0 & | & 1 & 0 & 0 & 0 \\ -1 & 0 & 0 & | & 0 & 1 & 0 & 0 \\ 0 & 1 & 0 & | & 0 & 0 & 1 & 0 \\ -3 & 5 & 0 & | & 0 & 0 & 0 & 1 \end{bmatrix} \to \begin{bmatrix} 1 & 0 & 0 & | & 1 & 0 & 0 & 0 \\ 0 & 1 & 0 & | & 0 & 0 & 1 & 0 \\ 0 & 0 & 0 & | & 1 & 1 & 0 & 0 \\ 0 & 0 & 0 & | & 3 & 0 & -5 & 1 \end{bmatrix}$$

因此

$$V^T = \begin{bmatrix} 1 & 0 & 0 & 0 \\ 0 & 0 & 1 & 0 \\ 1 & 1 & 0 & 0 \\ 3 & 0 & -5 & 1 \end{bmatrix},\ V = \begin{bmatrix} 1 & 0 & 1 & 3 \\ 0 & 0 & 1 & 0 \\ 0 & 1 & 0 & -5 \\ 0 & 0 & 0 & 1 \end{bmatrix}$$

驗證 $UAV = \begin{bmatrix} I_2 & 0 \\ 0 & 0 \end{bmatrix}$ 是很容易的事。

簡化列梯形式的唯一性

本節利用定理 1 證明以下的重要定理。

定理 4

若矩陣 A 可由列運算化為兩個簡化列梯形矩陣 R 和 S，則 $R = S$。

證明

首先觀察對某些可逆矩陣 U 而言，$UR = S$。（由定理 1 可知，存在可逆矩陣 P 和 Q 使得 $R = PA$ 且 $S = QA$；取 $U = QP^{-1}$。）我們對 R 和 S 的列數 m 以歸納法證明 $R = S$。當 $m = 1$ 時的情況，留給讀者。若 R_j 和 S_j 分別表示 R 和 S 的第 j 行，由 $UR = S$ 可得

$$UR_j = S_j，\forall j \tag{$*$}$$

因為 U 是可逆，這表示 R 和 S 具有相同的零行。因此，將 R 和 S 中的零行刪除後，我們可假設 R 和 S 沒有零行。

但 R 和 S 的第一行是 I_m 的第一行，此乃因 R 和 S 為列梯形，由 ($*$) 式可知 U 的第一行是 I_m 的第一行。將 U、R、S 寫成區塊形式如下：

$$U = \begin{bmatrix} 1 & X \\ 0 & V \end{bmatrix}，R = \begin{bmatrix} 1 & X \\ 0 & R' \end{bmatrix}，S = \begin{bmatrix} 1 & Z \\ 0 & S' \end{bmatrix}$$

因 $UR = S$，由區塊乘法可得 $VR' = S'$，而由於 V 為可逆（U 為可逆）且 R' 和 S' 為簡化列梯形，我們由歸納法可得 $R' = S'$。因此 R 和 S 具有相同數目（假設為 r）的領導項 1，所以兩者都有 $m - r$ 個零列。

事實上，R 和 S 的領導項在同一行，假設共有 r 個。應用 ($*$) 式到這些行，顯示 U 的前 r 行是 I_m 的前 r 行。因此我們可以將 U、R 和 S 寫成以下區塊形式：

$$U = \begin{bmatrix} I_r & M \\ 0 & W \end{bmatrix}，R = \begin{bmatrix} R_1 & R_2 \\ 0 & 0 \end{bmatrix}，S = \begin{bmatrix} S_1 & S_2 \\ 0 & 0 \end{bmatrix}$$

其中 R_1 和 S_1 為 $r \times r$。再由區塊乘法可得 $UR = R$；亦即 $S = R$。定理得證。

習題 2.5

1. 對下列基本矩陣，描述對應基本列運算並且寫出反矩陣。

    (a) $E = \begin{bmatrix} 1 & 0 & 3 \\ 0 & 1 & 0 \\ 0 & 0 & 1 \end{bmatrix}$ ◆(b) $E = \begin{bmatrix} 0 & 0 & 1 \\ 0 & 1 & 0 \\ 1 & 0 & 0 \end{bmatrix}$

    (c) $E = \begin{bmatrix} 1 & 0 & 0 \\ 0 & \frac{1}{2} & 0 \\ 0 & 0 & 1 \end{bmatrix}$ ◆(d) $E = \begin{bmatrix} 1 & 0 & 0 \\ -2 & 1 & 0 \\ 0 & 0 & 1 \end{bmatrix}$

    (e) $E = \begin{bmatrix} 0 & 1 & 0 \\ 1 & 0 & 0 \\ 0 & 0 & 1 \end{bmatrix}$ ◆(f) $E = \begin{bmatrix} 1 & 0 & 0 \\ 0 & 1 & 0 \\ 0 & 0 & 5 \end{bmatrix}$

2. 下列各題中，求出基本矩陣 E，使得 $B = EA$。

    (a) $A = \begin{bmatrix} 2 & 1 \\ 3 & -1 \end{bmatrix}，B = \begin{bmatrix} 2 & 1 \\ 1 & -2 \end{bmatrix}$

    ◆(b) $A = \begin{bmatrix} -1 & 2 \\ 0 & 1 \end{bmatrix}，B = \begin{bmatrix} 1 & -2 \\ 0 & 1 \end{bmatrix}$

    (c) $A = \begin{bmatrix} 1 & 1 \\ -1 & 2 \end{bmatrix}，B = \begin{bmatrix} -1 & 2 \\ 1 & 1 \end{bmatrix}$

    ◆(d) $A = \begin{bmatrix} 4 & 1 \\ 3 & 2 \end{bmatrix}，B = \begin{bmatrix} 1 & -1 \\ 3 & 2 \end{bmatrix}$

    (e) $A = \begin{bmatrix} -1 & 1 \\ 1 & -1 \end{bmatrix}，B = \begin{bmatrix} -1 & 1 \\ -1 & 1 \end{bmatrix}$

◆(f) $A = \begin{bmatrix} 2 & 1 \\ -1 & 3 \end{bmatrix}$，$B = \begin{bmatrix} -1 & 3 \\ 2 & 1 \end{bmatrix}$

3. 令 $A = \begin{bmatrix} 1 & 2 \\ -1 & 1 \end{bmatrix}$，$C = \begin{bmatrix} -1 & 1 \\ 2 & 1 \end{bmatrix}$。
    (a) 求出基本矩陣 E_1、E_2 使得
    $C = E_2 E_1 A$。
    ◆(b) 證明無基本矩陣 E，使得 $C = EA$。

4. 若 E 為基本矩陣，證明 A 和 EA 最多有兩列不同。

5. (a) I 是否為基本矩陣？請說明。
    ◆(b) 0 是否為基本矩陣？請說明。

6. 下列各題中，求出可逆矩陣 U，使得 $UA = R$ 為簡化列梯形式，並將 U 以基本矩陣的乘積表示。
    (a) $A = \begin{bmatrix} 1 & -1 & 2 \\ -2 & 1 & 0 \end{bmatrix}$
    ◆(b) $A = \begin{bmatrix} 1 & 2 & 1 \\ 5 & 12 & -1 \end{bmatrix}$
    (c) $A = \begin{bmatrix} 1 & 2 & -1 & 0 \\ 3 & 1 & 1 & 2 \\ 1 & -3 & 3 & 2 \end{bmatrix}$
    ◆(d) $A = \begin{bmatrix} 2 & 1 & -1 & 0 \\ 3 & -1 & 2 & 1 \\ 1 & -2 & 3 & 1 \end{bmatrix}$

7. 下列各題中，求出可逆矩陣 U，使得 $UA = B$，並將 U 以基本矩陣的乘積表示。
    (a) $A = \begin{bmatrix} 2 & 1 & 3 \\ -1 & 1 & 2 \end{bmatrix}$，$B = \begin{bmatrix} 1 & -1 & -2 \\ 3 & 0 & 1 \end{bmatrix}$
    ◆(b) $A = \begin{bmatrix} 2 & -1 & 0 \\ 1 & 1 & 1 \end{bmatrix}$，$B = \begin{bmatrix} 3 & 0 & 1 \\ 2 & -1 & 0 \end{bmatrix}$

8. 將下列矩陣 A 以基本矩陣的乘積表示。
    (a) $A = \begin{bmatrix} 1 & 1 \\ 2 & 1 \end{bmatrix}$
    ◆(b) $A = \begin{bmatrix} 2 & 3 \\ 1 & 2 \end{bmatrix}$
    (c) $A = \begin{bmatrix} 1 & 0 & 2 \\ 0 & 1 & 1 \\ 2 & 1 & 6 \end{bmatrix}$
    ◆(d) $A = \begin{bmatrix} 1 & 0 & -3 \\ 0 & 1 & 4 \\ -2 & 2 & 15 \end{bmatrix}$

9. 令 E 為基本矩陣。
    (a) 證明 E^T 亦為同型的基本矩陣。
    (b) 證明 E 為型 I 或型 II 時，$E^T = E$。

◆10. 證明每一個矩陣 A 皆可分解成 $A = UR$，其中 U 為可逆，而 R 為簡化列梯形式。

11. 若 $A = \begin{bmatrix} 1 & 2 \\ 1 & -3 \end{bmatrix}$，$B = \begin{bmatrix} 5 & 2 \\ -5 & -3 \end{bmatrix}$，求基本矩陣 F，使得 $AF = B$。【提示：參閱習題 9。】

12. 下列各題中，求可逆矩陣 U 和 V，使得 $UAV = \begin{bmatrix} I_r & 0 \\ 0 & 0 \end{bmatrix}$，其中 $r = \operatorname{rank} A$。
    (a) $A = \begin{bmatrix} 1 & 1 & -1 \\ -2 & -2 & 4 \end{bmatrix}$
    ◆(b) $A = \begin{bmatrix} 3 & 2 \\ 2 & 1 \end{bmatrix}$
    (c) $A = \begin{bmatrix} 1 & -1 & 2 & 1 \\ 2 & -1 & 0 & 3 \\ 0 & 1 & -4 & 1 \end{bmatrix}$
    ◆(d) $A = \begin{bmatrix} 1 & 1 & 0 & -1 \\ 3 & 2 & 1 & 1 \\ 1 & 0 & 1 & 3 \end{bmatrix}$

13. 證明引理 1 對於以下基本矩陣成立。
    (a) 型 I；   (b) 型 II。

14. 欲求 A 的逆矩陣時，以列運算將 $[A\ I]$ 轉化成 $[P\ Q]$。證明 $P = QA$。

15. 若 A、B 為 $n \times n$ 矩陣，且 AB 為基本矩陣的乘積，證明 A 亦是如此。

◆16. 若 U 為可逆，證明 $[U\ A]$ 的簡化列梯形矩陣為 $[I\ U^{-1}A]$。

17. 若存在一系列的基本列運算將矩陣 A 化為矩陣 B，則稱 A、B 為**列對等 (row-equivalent)**（記做 $A \overset{r}{\sim} B$）。
    (a) 證明 $A \overset{r}{\sim} B$ 若且唯若 $A = UB$，其中 U 為可逆矩陣。
    ◆(b) 證明
    (i) 對所有矩陣 A 而言，$A \overset{r}{\sim} A$。
    (ii) 若 $A \overset{r}{\sim} B$，則 $B \overset{r}{\sim} A$。

(iii) 若 $A \stackrel{r}{\sim} B$ 且 $B \stackrel{r}{\sim} C$，則 $A \stackrel{r}{\sim} C$。

(c) 證明：若 A、B 均與某第三矩陣列對等，則 $A \stackrel{r}{\sim} B$。

(d) 證明

$$\begin{bmatrix} 1 & -1 & 3 & 2 \\ 0 & 1 & 4 & 1 \\ 1 & 0 & 8 & 6 \end{bmatrix} \text{和} \begin{bmatrix} 1 & -1 & 4 & 5 \\ -2 & 1 & -11 & -8 \\ -1 & 2 & 2 & 2 \end{bmatrix}$$

為列對等。【提示：參考 (c) 和第 1.2 節定理 1。】

18. 若 U、V 為 $n \times n$ 可逆矩陣，證明 $U \stackrel{r}{\sim} V$。（參考習題 17。）

19. （參考習題 17）下列各題中，求其列對等的矩陣：

(a) $\begin{bmatrix} 0 & 0 & 0 \\ 0 & 0 & 0 \end{bmatrix}$ ◆(b) $\begin{bmatrix} 0 & 0 & 0 \\ 0 & 0 & 1 \end{bmatrix}$

(c) $\begin{bmatrix} 1 & 0 & 0 \\ 0 & 1 & 0 \end{bmatrix}$ ◆(d) $\begin{bmatrix} 1 & 2 & 0 \\ 0 & 0 & 1 \end{bmatrix}$

20. 令 A、B 分別為 $m \times n$、$n \times m$ 的矩陣。若 $m > n$，證明 AB 為不可逆。
【提示：利用第 1.3 節定理 1 求 $\mathbf{x} \neq \mathbf{0}$，使得 $B\mathbf{x} = \mathbf{0}$。】

21. 定義矩陣的基本行運算如下：(I) 交換兩行。(II) 對一行乘以一個非零的數。(III) 將一行的倍數加到另一行。證明：

(a) 若對 $m \times n$ 矩陣 A 進行基本行運算，則可得 AF，其中 F 為 $n \times n$ 基本矩陣。

(b) 已知 $m \times n$ 矩陣 A，存在 $m \times m$ 基本矩陣 $E_1, ..., E_k$ 和 $n \times n$ 基本矩陣 $F_1, ..., F_p$，使得

$$E_k \cdots E_1 A F_1 \cdots F_p = \begin{bmatrix} I_r & 0 \\ 0 & 0 \end{bmatrix}$$

以區塊矩陣形式來表示。

22. 假設 B 是由 A 經過下面的運算得到的：

(a) 交換第 i 列與第 j 列

◆(b) 以 $k \neq 0$ 乘以第 i 列

(c) 第 i 列乘以 k，加到第 j 列 $(i \neq j)$

對以上各小題描述如何由 A^{-1} 得到 B^{-1}。【提示：參考前一題的 (a) 部分。】

23. 若存在可逆矩陣 U 和 V（大小為 $m \times m$ 和 $n \times n$）使得 $A = UBV$，則稱 $m \times n$ 矩陣 A、B 為**對等 (equivalent)**（記做 $A \stackrel{e}{\sim} B$）。

(a) 證明下列對等的性質

(i) 對所有 $m \times n$ 矩陣 A 而言，$A \stackrel{e}{\sim} A$。

(ii) 若 $A \stackrel{e}{\sim} B$，則 $B \stackrel{e}{\sim} A$。

(iii) 若 $A \stackrel{e}{\sim} B$ 且 $B \stackrel{e}{\sim} C$，則 $A \stackrel{e}{\sim} C$。

(b) 證明若兩個 $m \times n$ 矩陣有相同的秩，則兩矩陣對等。【提示：利用 (a) 和定理 3。】

2.6 節　線性變換

若 A 是 $m \times n$ 矩陣，則由

$$T_A(\mathbf{x}) = A\mathbf{x}, \forall \mathbf{x} \in \mathbb{R}^n$$

所定義的變換 $T_A: \mathbb{R}^n \to \mathbb{R}^m$ 稱為由 A 所誘導的矩陣變換。在第 2.2 節中，我們看到許多重要的幾何變換其實是矩陣變換，這些變換可以用不同的方法來描述其特性。線性變換的新見解是線性代數基本觀念之一。本節我們將定義線性變換，然後證明線性變換其實就是矩陣變換，以兩種不同的方式來看這些變換是很有用的，因為在某些情況下，其中總有一種是我們喜歡採用的觀點。

線性變換

定義 2.13

變換 $T: \mathbb{R}^n \to \mathbb{R}^m$ 若滿足下列 2 個條件則稱為**線性變換 (linear transformation)**：

T1　$T(\mathbf{x} + \mathbf{y}) = T(\mathbf{x}) + T(\mathbf{y})$
T2　$T(a\mathbf{x}) = aT(\mathbf{x})$

其中 $\mathbf{x}$ 和 $\mathbf{y}$ 為 $\mathbb{R}^n$ 中的任意向量，而 a 為純量。

當然，$\mathbf{x} + \mathbf{y}$ 和 $a\mathbf{x}$ 在 $\mathbb{R}^n$ 中計算，而 $T(\mathbf{x}) + T(\mathbf{y})$ 和 $aT(\mathbf{x})$ 則是在 $\mathbb{R}^m$ 中。若 T1 成立，則 T 保留了加法的特性；若 T2 成立，則 T 保留了純量乘法的特性。此外，在 T2 中取 $a = 0$ 和 $a = -1$ 可得

$$T(\mathbf{0}) = \mathbf{0} \quad 和 \quad T(-\mathbf{x}) = -T(\mathbf{x})$$

因此 T 保留了零向量和向量的負值。

回顧 $\mathbb{R}^n$ 中的向量 $\mathbf{y}$ 稱為向量 $\mathbf{x}_1, \mathbf{x}_2, \ldots, \mathbf{x}_k$ 的**線性組合 (linear combination)**，若 $\mathbf{y}$ 具有以下形式

$$\mathbf{y} = a_1\mathbf{x}_1 + a_2\mathbf{x}_2 + \cdots + a_k\mathbf{x}_k$$

其中 $a_1, a_2, \ldots, a_k$ 為純量。將條件 T1 和 T2 結合後可知，線性組合經變換後仍保有線性組合的形式，如下列定理所示：

定理 1

若 $T: \mathbb{R}^n \to \mathbb{R}^m$ 為一線性變換，則對每一個 $k = 1, 2, \cdots$ 而言

$$T(a_1\mathbf{x}_1 + a_2\mathbf{x}_2 + \cdots + a_k\mathbf{x}_k) = a_1T(\mathbf{x}_1) + a_2T(\mathbf{x}_2) + \cdots + a_kT(\mathbf{x}_k)$$

其中 a_i 為純量，$\mathbf{x}_i$ 為 $\mathbb{R}^n$ 中的任意向量。

證明

若 $k=1$，則 $T(a_1\mathbf{x}_1) = a_1 T(\mathbf{x}_1)$，此為條件 T1。若 $k=2$，則

$$\begin{aligned} T(a_1\mathbf{x}_1 + a_2\mathbf{x}_2) &= T(a_1\mathbf{x}_1) + T(a_2\mathbf{x}_2) &\text{由條件 T1}\\ &= a_1 T(\mathbf{x}_1) + a_2 T(\mathbf{x}_2) &\text{由條件 T2} \end{aligned}$$

若 $k=3$，利用 $k=2$ 的結果，可得

$$\begin{aligned} T(a_1\mathbf{x}_1 + a_2\mathbf{x}_2 + a_3\mathbf{x}_3) &= T[(a_1\mathbf{x}_1 + a_2\mathbf{x}_2) + a_3\mathbf{x}_3] &\text{合併項}\\ &= T(a_1\mathbf{x}_1 + a_2\mathbf{x}_2) + T(a_3\mathbf{x}_3) &\text{由條件 T1}\\ &= [a_1 T(\mathbf{x}_1) + a_2 T(\mathbf{x}_2)] + T(a_3\mathbf{x}_3) &\text{由 } k=2 \text{ 的結果}\\ &= [a_1 T(\mathbf{x}_1) + a_2 T(\mathbf{x}_2)] + a_3 T(\mathbf{x}_3) &\text{由條件 T2} \end{aligned}$$

依此類推，利用前次 $k-1$ 的結果以及條件 T1 和 T2 即可證出。

以上用來證明定理 1 的方法稱為**數學歸納法** (mathematical induction)。

定理 1 顯示若 T 是一個線性變換，且 $T(\mathbf{x}_1), T(\mathbf{x}_2), \ldots, T(\mathbf{x}_k)$ 為已知，則對 $\mathbf{x}_1, \mathbf{x}_2, \ldots, \mathbf{x}_k$ 的任意線性組合 $\mathbf{y}$，其線性變換 $T(\mathbf{y})$ 可以輕易的算出。這是一個非常有用的線性變換的性質，如下例所示。

例 1

若 $T: \mathbb{R}^2 \to \mathbb{R}^2$ 為一線性變換，$T\begin{bmatrix}1\\1\end{bmatrix} = \begin{bmatrix}2\\-3\end{bmatrix}$ 且 $T\begin{bmatrix}1\\-2\end{bmatrix} = \begin{bmatrix}5\\1\end{bmatrix}$，求 $T\begin{bmatrix}4\\3\end{bmatrix}$。

解：為方便起見，令 $\mathbf{z} = \begin{bmatrix}4\\3\end{bmatrix}$，$\mathbf{x} = \begin{bmatrix}1\\1\end{bmatrix}$，$\mathbf{y} = \begin{bmatrix}1\\-2\end{bmatrix}$，則已知 $T(\mathbf{x})$ 和 $T(\mathbf{y})$，欲求 $T(\mathbf{z})$，利用定理 1 將 $\mathbf{z}$ 表示成 $\mathbf{x}$ 和 $\mathbf{y}$ 的線性組合即可。亦即，我們要找到常數 a、b 使得 $\mathbf{z} = a\mathbf{x} + b\mathbf{y}$。將 $\mathbf{z}$、$\mathbf{x}$、$\mathbf{y}$ 的值代入上式得兩方程式 $4 = a+b$ 及 $3 = a-b$。解出 $a = \frac{11}{3}$，$b = \frac{1}{3}$，故 $\mathbf{z} = \frac{11}{3}\mathbf{x} + \frac{1}{3}\mathbf{y}$。再依定理 1 可得

$$T(\mathbf{z}) = \frac{11}{3} T(\mathbf{x}) + \frac{1}{3} T(\mathbf{y}) = \frac{11}{3}\begin{bmatrix}2\\-3\end{bmatrix} + \frac{1}{3}\begin{bmatrix}5\\1\end{bmatrix} = \frac{1}{3}\begin{bmatrix}27\\-32\end{bmatrix}$$

此即我們欲求之值。

例 2

若 A 為 $m \times n$ 矩陣，則矩陣變換 $T_A: \mathbb{R}^n \to \mathbb{R}^m$，是一個線性變換。

解：對所有 $\mathbb{R}^n$ 中的 $\mathbf{x}$ 而言，我們有 $T_A(\mathbf{x}) = A\mathbf{x}$，故由第 2.2 節定理 2 可知

$$T_A(\mathbf{x} + \mathbf{y}) = A(\mathbf{x} + \mathbf{y}) = A\mathbf{x} + A\mathbf{y} = T_A(\mathbf{x}) + T_A(\mathbf{y})$$

且
$$T_A(a\mathbf{x}) = A(a\mathbf{x}) = a(A\mathbf{x}) = aT_A(\mathbf{x})$$
對所有 $\mathbb{R}^n$ 中的 $\mathbf{x}$、$\mathbf{y}$ 和所有純量 a 皆成立。由於 T_A 滿足 T1 和 T2，因此 T_A 為線性。

值得一提的是例 2 的逆敘述亦為真：每一個線性變換 $T: \mathbb{R}^n \to \mathbb{R}^m$ 實際上都是矩陣變換。若要知道為什麼，我們可定義 $\mathbb{R}^n$ 的**標準基底 (standard basis)** 為單位矩陣 I_n 之行向量所成的集合

$$\{\mathbf{e}_1, \mathbf{e}_2, \ldots, \mathbf{e}_n\}$$

則對於 $\mathbb{R}^n$ 中的每一個 $\mathbf{e}_i$ 而言，$\mathbb{R}^n$ 中的每一個向量 $\mathbf{x} = \begin{bmatrix} x_1 \\ x_2 \\ \vdots \\ x_n \end{bmatrix}$ 為 $\mathbf{e}_i$ 的線性組合。事實上：

$$\mathbf{x} = x_1 \mathbf{e}_1 + x_2 \mathbf{e}_2 + \cdots + x_n \mathbf{e}_n$$

在定理 1 我們證明了

$$T(\mathbf{x}) = T(x_1 \mathbf{e}_1 + x_2 \mathbf{e}_2 + \cdots + x_n \mathbf{e}_n) = x_1 T(\mathbf{e}_1) + x_2 T(\mathbf{e}_2) + \cdots + x_n T(\mathbf{e}_n)$$

又因為每個 $T(\mathbf{e}_i)$ 為 $\mathbb{R}^m$ 的一行。因此

$$A = [T(\mathbf{e}_1)\ T(\mathbf{e}_2)\ \cdots\ T(\mathbf{e}_n)]$$

為 $m \times n$ 矩陣。我們應用定義 2.5 可得

$$T(\mathbf{x}) = x_1 T(\mathbf{e}_1) + x_2 T(\mathbf{e}_2) + \cdots + x_n T(\mathbf{e}_n) = [T(\mathbf{e}_1)\ T(\mathbf{e}_2)\ \cdots\ T(\mathbf{e}_n)] \begin{bmatrix} x_1 \\ x_2 \\ \vdots \\ x_n \end{bmatrix} = A\mathbf{x}$$

上式對 $\mathbb{R}^n$ 中每一個 $\mathbf{x}$ 皆成立，因此證明了 T 為由 A 所誘導的矩陣變換，同時也證明了以下大部分的定理。

定理 2

令 $T: \mathbb{R}^n \to \mathbb{R}^m$ 為一變換，則

1. T 為線性，若且唯若它是一個矩陣變換。
2. 此時 $T = T_A$ 是由唯一的 $m \times n$ 矩陣 A 所誘導的矩陣變換，以行向量表示如下

$$A = [T(\mathbf{e}_1)\ T(\mathbf{e}_2)\ \cdots\ T(\mathbf{e}_n)]$$

其中 $\{\mathbf{e}_1, \mathbf{e}_2, \ldots, \mathbf{e}_n\}$ 為 $\mathbb{R}^n$ 中的標準基底。

證明

現在只剩下驗證矩陣 A 的唯一性。假設 T 可由另一矩陣 B 所誘導。則對所有 $\mathbb{R}^n$ 中的 $\mathbf{x}$ 而言，$T(\mathbf{x}) = B\mathbf{x}$ 恆成立。但由於對每個 $\mathbf{x}$，$T(\mathbf{x}) = A\mathbf{x}$，故對所有 $\mathbf{x}$，$B\mathbf{x} = A\mathbf{x}$，由第 2.2 節定理 5 可知 $A = B$。

由於定理 2 的關係，以後我們講到線性變換的矩陣，將會把「線性變換」和「矩陣變換」這兩個詞彙交替使用。

例 3

對 $\mathbb{R}^3$ 中的所有 $\begin{bmatrix} x_1 \\ x_2 \\ x_3 \end{bmatrix}$ 而言，定義 $T: \mathbb{R}^3 \to \mathbb{R}^2$ 為 $T\begin{bmatrix} x_1 \\ x_2 \\ x_3 \end{bmatrix} = \begin{bmatrix} x_1 \\ x_2 \end{bmatrix}$。證明 T 為線性變換，並利用定理 2 找出 T 的矩陣。

解：令 $\mathbf{x} = \begin{bmatrix} x_1 \\ x_2 \\ x_3 \end{bmatrix}$，$\mathbf{y} = \begin{bmatrix} y_1 \\ y_2 \\ y_3 \end{bmatrix}$，則 $\mathbf{x} + \mathbf{y} = \begin{bmatrix} x_1 + y_1 \\ x_2 + y_2 \\ x_3 + y_3 \end{bmatrix}$。因此

$$T(\mathbf{x} + \mathbf{y}) = \begin{bmatrix} x_1 + y_1 \\ x_2 + y_2 \end{bmatrix} = \begin{bmatrix} x_1 \\ x_2 \end{bmatrix} + \begin{bmatrix} y_1 \\ y_2 \end{bmatrix} = T(\mathbf{x}) + T(\mathbf{y})$$

同理，讀者可驗證 $T(a\mathbf{x}) = aT(\mathbf{x})$，$a \in \mathbb{R}$，故 T 為一線性變換。而在 $\mathbb{R}^3$ 中的標準基底為

$$\mathbf{e}_1 = \begin{bmatrix} 1 \\ 0 \\ 0 \end{bmatrix}, \mathbf{e}_2 = \begin{bmatrix} 0 \\ 1 \\ 0 \end{bmatrix}, \mathbf{e}_3 = \begin{bmatrix} 0 \\ 0 \\ 1 \end{bmatrix}$$

由定理 2 知，T 的矩陣為

$$A = [T(\mathbf{e}_1) \ T(\mathbf{e}_2) \ T(\mathbf{e}_3)] = \begin{bmatrix} 1 & 0 & 0 \\ 0 & 1 & 0 \end{bmatrix}$$

當然 $T\begin{bmatrix} x_1 \\ x_2 \\ x_3 \end{bmatrix} = \begin{bmatrix} x_1 \\ x_2 \end{bmatrix} = \begin{bmatrix} 1 & 0 & 0 \\ 0 & 1 & 0 \end{bmatrix} \begin{bmatrix} x_1 \\ x_2 \\ x_3 \end{bmatrix}$，事實上直接證明了 T 即為所求的矩陣變換，同時也是線性變換。

為了說明如何使用定理 2，我們再重新推導第 2.2 節例 13 和例 15 中的變換的矩陣。

例 4

令 $Q_0: \mathbb{R}^2 \to \mathbb{R}^2$ 表示對 x 軸的鏡射（如第 2.2 節例 13），令 $R_{\frac{\pi}{2}}: \mathbb{R}^2 \to \mathbb{R}^2$ 表示繞原點逆時針旋轉 $\frac{\pi}{2}$（如第 2.2 節例 15）。利用定理 2 求出 Q_0 和 $R_{\frac{\pi}{2}}$ 的矩陣。

解：由例 2 可知 Q_0 和 $R_{\frac{\pi}{2}}$ 皆為線性（它們是矩陣變換），因此可應用定理 2。$\mathbb{R}^2$ 的標準基底為 $\{\mathbf{e}_1, \mathbf{e}_2\}$，其中 $\mathbf{e}_1 = \begin{bmatrix} 1 \\ 0 \end{bmatrix}$ 指向正 x 軸，而 $\mathbf{e}_2 = \begin{bmatrix} 0 \\ 1 \end{bmatrix}$ 指向正 y 軸（如圖 1 所示）。

$\mathbf{e}_1$ 對於 x 軸的鏡射是 $\mathbf{e}_1$ 本身，且 $\mathbf{e}_1$ 指向 x 軸，而 $\mathbf{e}_2$ 對於 x 軸的鏡射是 $-\mathbf{e}_2$，此乃因 $\mathbf{e}_2$ 垂直於 x 軸。換言之，$Q_0(\mathbf{e}_1) = \mathbf{e}_1$ 和 $Q_0(\mathbf{e}_2) = -\mathbf{e}_2$，因此由定理 2 可知矩陣 Q_0 的矩陣為

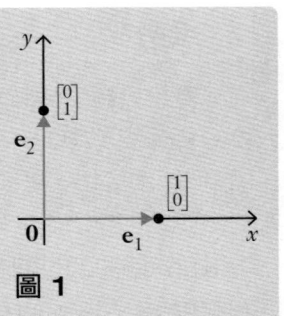

$$[Q_0(\mathbf{e}_1)\ Q_0(\mathbf{e}_2)] = [\mathbf{e}_1\ -\mathbf{e}_2] = \begin{bmatrix} 1 & 0 \\ 0 & -1 \end{bmatrix}$$

此結果與第 2.2 節例 13 一致。

同理，$\mathbf{e}_1$ 繞原點逆時針旋轉 $\frac{\pi}{2}$ 產生 $\mathbf{e}_2$，而 $\mathbf{e}_2$ 繞原點逆時針旋轉 $\frac{\pi}{2}$ 產生 $-\mathbf{e}_1$。亦即 $R_{\frac{\pi}{2}}(\mathbf{e}_1) = \mathbf{e}_2$ 和 $R_{\frac{\pi}{2}}(\mathbf{e}_2) = -\mathbf{e}_1$。因此，再應用定理 2，$R_{\frac{\pi}{2}}$ 的矩陣為

$$[R_{\frac{\pi}{2}}(\mathbf{e}_1)\ R_{\frac{\pi}{2}}(\mathbf{e}_2)] = [\mathbf{e}_2\ -\mathbf{e}_1] = \begin{bmatrix} 0 & -1 \\ 1 & 0 \end{bmatrix}$$

與第 2.2 節例 15 一致。

圖 1

例 5

令 $Q_1: \mathbb{R}^2 \to \mathbb{R}^2$ 表示對直線 $y = x$ 的鏡射。證明 Q_1 為矩陣變換，求其矩陣，並以此說明定理 2。

解：由圖 2 可知 $Q_1 \begin{bmatrix} x \\ y \end{bmatrix} = \begin{bmatrix} y \\ x \end{bmatrix}$，因此 $Q_1 \begin{bmatrix} x \\ y \end{bmatrix} = \begin{bmatrix} 0 & 1 \\ 1 & 0 \end{bmatrix} \begin{bmatrix} x \\ y \end{bmatrix}$，故 Q_1 為由 $A = \begin{bmatrix} 0 & 1 \\ 1 & 0 \end{bmatrix}$ 所誘導的矩陣變換。由於 Q_1 為線性（由例 2）故可應用定理 2。若 $\mathbf{e}_1 = \begin{bmatrix} 1 \\ 0 \end{bmatrix}$ 和 $\mathbf{e}_2 = \begin{bmatrix} 0 \\ 1 \end{bmatrix}$ 為 $\mathbb{R}^2$ 的標準基底，則顯然可由幾何得知 $Q_1(\mathbf{e}_1) = \mathbf{e}_2$ 和 $Q_1(\mathbf{e}_2) = \mathbf{e}_1$。因此（由定理 2）$Q_1$ 的矩陣為 $[Q_1(\mathbf{e}_1)\ Q_1(\mathbf{e}_2)] = [\mathbf{e}_2\ \mathbf{e}_1] = A$。

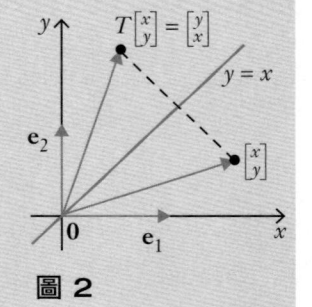

圖 2

回顧一下，已知兩個「連結」的變換

$$\mathbb{R}^k \xrightarrow{T} \mathbb{R}^n \xrightarrow{S} \mathbb{R}^m$$

可先應用 T 再應用 S 而得到一個新的變換

$$S \circ T : \mathbb{R}^k \to \mathbb{R}^m$$

稱為 S 與 T 的**合成 (composite)**，定義為

$$(S \circ T)(\mathbf{x}) = S[T(\mathbf{x})], \ \forall \mathbf{x} \in R^k$$

若 S 和 T 為線性，則 S ∘ T 的作用可藉由它們的矩陣相乘求出。

定理 3

令 $\mathbb{R}^k \xrightarrow{T} \mathbb{R}^n \xrightarrow{S} \mathbb{R}^m$ 為線性變換，且令 A 和 B 分別為 S 和 T 的矩陣，則 $S \circ T$ 為線性且其矩陣為 AB。

證明

$(S \circ T)(\mathbf{x}) = S[T(\mathbf{x})] = A[B\mathbf{x}] = (AB)\mathbf{x}$，$\forall \mathbf{x} \in \mathbb{R}^k$

定理 3 顯示 $S \circ T$ 合成的作用是由 S 和 T 的矩陣所決定。它還提供了矩陣乘法的一個非常有用的解釋。若 A 和 B 是矩陣，矩陣 AB 的乘積所誘導的變換是先乘以 B 再乘以 A 所產生的。因此研究矩陣可以專注在幾何變換上，反之亦然。以下即為一例。

例 6

證明對 x 軸的鏡射再旋轉 $\frac{\pi}{2}$ 為對直線 $y = x$ 的鏡射。

解：本題可用合成表示，即 $R_{\frac{\pi}{2}} \circ Q_0$，其中 Q_0 為對 x 軸的鏡射，$R_{\frac{\pi}{2}}$ 是旋轉 $\frac{\pi}{2}$。由例 4，$R_{\frac{\pi}{2}}$ 所對應的矩陣為 $A = \begin{bmatrix} 0 & -1 \\ 1 & 0 \end{bmatrix}$，而 Q_0 所對應的矩陣為 $B = \begin{bmatrix} 1 & 0 \\ 0 & -1 \end{bmatrix}$。因此定理 3 顯示 $R_{\frac{\pi}{2}} \circ Q_0$ 的矩陣為 $AB = \begin{bmatrix} 0 & -1 \\ 1 & 0 \end{bmatrix}\begin{bmatrix} 1 & 0 \\ 0 & -1 \end{bmatrix} = \begin{bmatrix} 0 & 1 \\ 1 & 0 \end{bmatrix}$，此即例 5 中，對直線 $y = x$ 鏡射的矩陣。

以上結論亦可用幾何觀點來看。令 $\mathbf{x}$ 為 $\mathbb{R}^2$ 中的一點，假設 $\mathbf{x}$ 與正向 x 軸之夾角為 α。則先應用 Q_0，再應用 $R_{\frac{\pi}{2}}$ 的結果，示於圖 3。$R_{\frac{\pi}{2}}[Q_0(\mathbf{x})]$ 與正向 y 軸的夾角為 α，此即說明了 $R_{\frac{\pi}{2}}[Q_0(\mathbf{x})]$ 為 $\mathbf{x}$ 對直線 $y = x$ 的鏡射。

圖 3

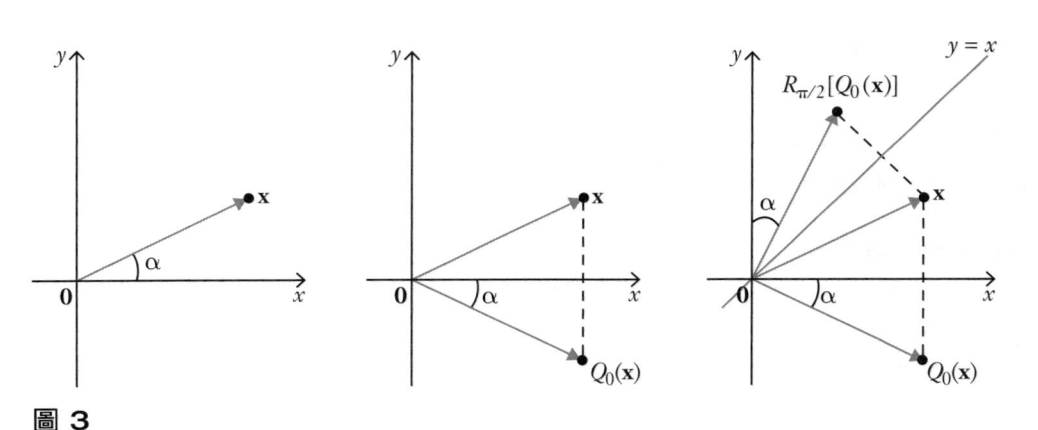

在定理 3 中,我們看到兩線性變換的合成其矩陣是它們個別矩陣的乘積。現在我們要把這個事實應用到平面上的旋轉、鏡射和投影。在繼續之前,我們先用幾何觀點來描述平面上的向量加法和純量乘法,並對角度和三角函數做簡短的複習。

幾何

如圖所示,$\mathbb{R}^2$ 中的向量 $\mathbf{x}$ 可視為從原點指向點 $\mathbf{x}$ 的箭號(參閱第 2.2 節)。這使我們能把加法和純量乘法的幾何含義加以視覺化。例如,考慮 $\mathbb{R}^2$ 中的 $\mathbf{x} = \begin{bmatrix} 1 \\ 2 \end{bmatrix}$,則 $2\mathbf{x} = \begin{bmatrix} 2 \\ 4 \end{bmatrix}$,$\frac{1}{2}\mathbf{x} = \begin{bmatrix} 1/2 \\ 1 \end{bmatrix}$ 和 $-\frac{1}{2}\mathbf{x} = \begin{bmatrix} -\frac{1}{2} \\ -1 \end{bmatrix}$,它們在圖 4 中以箭號表示。圖中 $2\mathbf{x}$ 的箭號是 $\mathbf{x}$ 的兩倍,而且和 $\mathbf{x}$ 同向;$\frac{1}{2}\mathbf{x}$ 的箭號與 $\mathbf{x}$ 同向,但長度為 $\mathbf{x}$ 的一半。另一方面,$-\frac{1}{2}\mathbf{x}$ 的箭號只有 $\mathbf{x}$ 的一半,但與 $\mathbf{x}$ 反向。一般而言,以下是 $\mathbb{R}^2$ 中純量乘法的幾何描述:

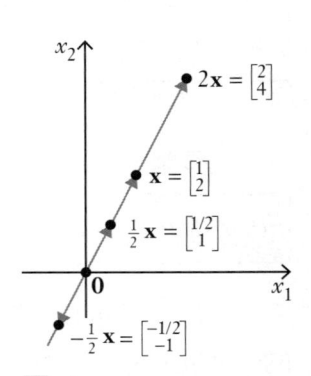

圖 4

純量乘法定律

令 $\mathbf{x}$ 為 $\mathbb{R}^2$ 中的一個向量。箭號 $k\mathbf{x}$ 為箭號 $\mathbf{x}$ 長度的 $|k|$ 倍[12]。若 $k > 0$,則 $k\mathbf{x}$ 與 $\mathbf{x}$ 同向;若 $k < 0$,則與 $\mathbf{x}$ 反向。

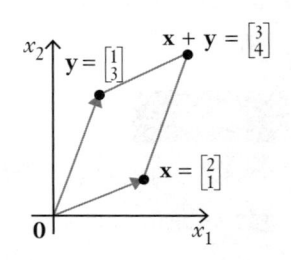

圖 5

現在考慮 $\mathbb{R}^2$ 中的兩向量 $\mathbf{x} = \begin{bmatrix} 2 \\ 1 \end{bmatrix}$ 和 $\mathbf{y} = \begin{bmatrix} 1 \\ 3 \end{bmatrix}$,以及它們的和 $\mathbf{x} + \mathbf{y} = \begin{bmatrix} 3 \\ 4 \end{bmatrix}$,如圖 5 所示。四個點 $\mathbf{0}$、$\mathbf{x}$、$\mathbf{y}$ 和 $\mathbf{x} + \mathbf{y}$ 形成**平行四邊形 (parallelogram)** 的頂點,平行四邊形是指兩對邊平行且相等。(讀者可驗證 $\mathbf{0}$ 至 $\mathbf{x}$ 的邊與 $\mathbf{y}$ 至 $\mathbf{x} + \mathbf{y}$ 的邊,其斜率均為 $\frac{1}{2}$,因此這兩邊平行。)

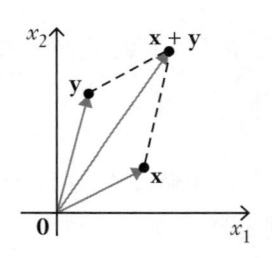

圖 6

平行四邊形定律

考慮 $\mathbb{R}^2$ 中的向量 $\mathbf{x}$ 和 $\mathbf{y}$。若代表 $\mathbf{x}$ 和 $\mathbf{y}$ 的箭號繪製如圖 6,$\mathbf{x} + \mathbf{y}$ 的箭號對應於平行四邊形的第四個頂點,此平行四邊形是由點 $\mathbf{x}$、$\mathbf{y}$ 和 $\mathbf{0}$ 所決定。

在第 4 章將會有更多說明。

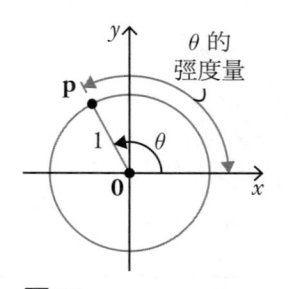

我們現在簡要討論角度和三角函數。如圖 7 所示,若

圖 7

---

[12] 設 k 為實數,$|k|$ 表示 k 的絕對值 (**absolute value**);亦即,若 $k \geq 0$ 則 $|k| = k$,若 $k < 0$ 則 $|k| = -k$。

一角度 θ 由正 x 軸以逆時針方向量測，則稱 θ 在**標準位置 (standard position)**。此時 θ 唯一地確定**單位圓 (unit circle)**（半徑為 1，中心在原點）上的一點 $\mathbf{p}$。θ 的**弳 (radian)** 度量是單位圓上從正 x 軸到 $\mathbf{p}$ 的弧長。因此 $360° = 2\pi$ 弳，$180° = \pi$，$90° = \frac{\pi}{2}$ 等等。

圖 7 中的點 $\mathbf{p}$ 也和三角函數的**餘弦 (cosine)** $\cos\theta$ 和**正弦 (sine)** $\sin\theta$ 有密切關係。事實上這些函數可定義為 $\mathbf{p}$ 的 x 和 y 座標，亦即 $\mathbf{p} = \begin{bmatrix} \cos\theta \\ \sin\theta \end{bmatrix}$。對任意角 θ（可能為負值）而言，這定義了 $\cos\theta$ 和 $\sin\theta$。

旋轉

我們現在描述平面上的旋轉。給予一角度 θ，令

$$R_\theta : \mathbb{R}^2 \to \mathbb{R}^2$$

表示 $\mathbb{R}^2$ 上繞原點逆時針旋轉 θ 角。R_θ 的動作如圖 8 所示。在第 2.2 節例 15 我們遇到過 $R_{\frac{\pi}{2}}$，並發現它是個矩陣變換。原來對每一個角 θ 而言，R_θ 是一個矩陣變換，但如何找到這個矩陣卻不是很清楚。我們的做法是首先建立 R_θ 為線性的事實，再利用定理 2 求得該矩陣。

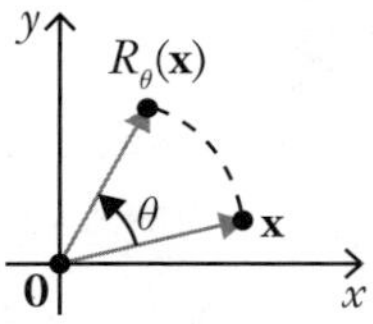

令 $\mathbf{x}$ 和 $\mathbf{y}$ 為 $\mathbb{R}^2$ 中的兩個向量，則 $\mathbf{x} + \mathbf{y}$ 是由 $\mathbf{x}$ 和 $\mathbf{y}$ 所決定的平行四邊形的對角線，如圖 9 所示。R_θ 的作用是要旋轉整個平行四邊形以獲得由 $R_\theta(\mathbf{x})$ 和 $R_\theta(\mathbf{y})$ 決定的新平行四邊形，其對角線為 $R_\theta(\mathbf{x} + \mathbf{y})$。但由平行四邊形法則（應用到新的平行四邊形）此對角線是 $R_\theta(\mathbf{x}) + R_\theta(\mathbf{y})$。因此

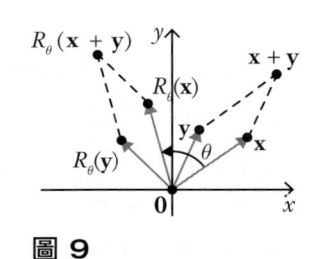

$$R_\theta(\mathbf{x} + \mathbf{y}) = R_\theta(\mathbf{x}) + R_\theta(\mathbf{y})$$

同理可證對任意純量 a 而言，$R_\theta(a\mathbf{x}) = aR_\theta(\mathbf{x})$，所以 $R_\theta : \mathbb{R}^2 \to \mathbb{R}^2$ 確實是線性變換。

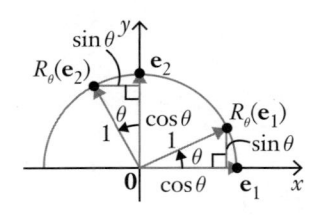

當建立 R_θ 的線性性質後，我們可以找到 R_θ 的矩陣。令 $\mathbf{e}_1 = \begin{bmatrix} 1 \\ 0 \end{bmatrix}$ 和 $\mathbf{e}_2 = \begin{bmatrix} 0 \\ 1 \end{bmatrix}$ 表示 $\mathbb{R}^2$ 的標準基底。由圖 10 可知

$$R_\theta(\mathbf{e}_1) = \begin{bmatrix} \cos\theta \\ \sin\theta \end{bmatrix} \quad \text{且} \quad R_\theta(\mathbf{e}_2) = \begin{bmatrix} -\sin\theta \\ \cos\theta \end{bmatrix}$$

因此定理 2 證明了 R_θ 是由以下矩陣所誘導

$$[R_\theta(\mathbf{e}_1) \ R_\theta(\mathbf{e}_2)] = \begin{bmatrix} \cos\theta & -\sin\theta \\ \sin\theta & \cos\theta \end{bmatrix}$$

將此結果記錄如下：

定理 4

旋轉 $R_\theta : \mathbb{R}^2 \to \mathbb{R}^2$ 是線性變換，其矩陣為 $\begin{bmatrix} \cos\theta & -\sin\theta \\ \sin\theta & \cos\theta \end{bmatrix}$。

例如，由定理 4 可知 $R_{\frac{\pi}{2}}$ 和 R_π 的矩陣分別為 $\begin{bmatrix} 0 & -1 \\ 1 & 0 \end{bmatrix}$ 和 $\begin{bmatrix} -1 & 0 \\ 0 & -1 \end{bmatrix}$。第一部分證實了第 2.2 節例 15 的結果。第二部分顯示將一向量 $\mathbf{x} = \begin{bmatrix} x \\ y \end{bmatrix}$ 旋轉角度 π 所得的結果為 $R_\pi(\mathbf{x}) = \begin{bmatrix} -1 & 0 \\ 0 & -1 \end{bmatrix} \begin{bmatrix} x \\ y \end{bmatrix} = \begin{bmatrix} -x \\ -y \end{bmatrix} = -\mathbf{x}$。因此 $R_\pi(\mathbf{x})$ 與取 $\mathbf{x}$ 的負值結果是一樣的，此一明顯的事實無需用到定理 4。

例 7

令 θ 與 ϕ 為角度。求出合成 $R_\theta \circ R_\phi$ 的矩陣，並求 $\cos(\theta + \phi)$ 和 $\sin(\theta + \phi)$ 的恆等式。

解：考慮變換 $\mathbb{R}^2 \xrightarrow{R_\phi} \mathbb{R}^2 \xrightarrow{R_\theta} \mathbb{R}^2$，其合成 $R_\theta \circ R_\phi$ 是先將平面旋轉 ϕ，再旋轉 θ，所以總共旋轉 $\theta + \phi$（如圖 11）。換言之，

$$R_{\theta+\phi} = R_\theta \circ R_\phi$$

定理 3 證明對於這些變換的矩陣而言，其所對應的方程式亦成立。因此由定理 4 可得：

$$\begin{bmatrix} \cos(\theta+\phi) & -\sin(\theta+\phi) \\ \sin(\theta+\phi) & \cos(\theta+\phi) \end{bmatrix} = \begin{bmatrix} \cos\theta & -\sin\theta \\ \sin\theta & \cos\theta \end{bmatrix} \begin{bmatrix} \cos\phi & -\sin\phi \\ \sin\phi & \cos\phi \end{bmatrix}$$

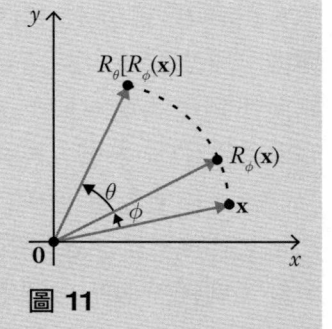

如果在等號右邊進行矩陣乘法運算，然後將第一行的元素進行比較，可得

$$\cos(\theta + \phi) = \cos\theta \cos\phi - \sin\theta \sin\phi$$
$$\sin(\theta + \phi) = \sin\theta \cos\phi + \cos\theta \sin\phi$$

由以上這兩個基本恆等式可導出大部分的三角學公式。

圖 11

鏡射

通過原點且斜率為 m 的直線方程式為 $y = mx$，令 $Q_m : \mathbb{R}^2 \to \mathbb{R}^2$ 表示對於直線 $y = mx$ 的鏡射。

圖 12 顯示這個變換的幾何描述。$Q_m(\mathbf{x})$ 是 $\mathbf{x}$ 對於直線 $y = mx$ 的鏡像 (mirror image)。若 $m = 0$，則 Q_0 是對 x 軸的鏡射，而且我們已知 Q_0 為線性。雖然我們可以直接證

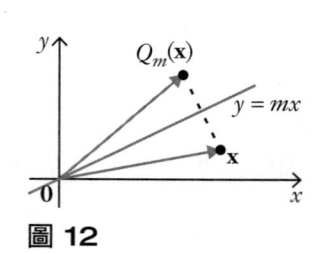

圖 12

明 Q_m 是線性（以我們證明 R_θ 的方式），但是我們可用另一種啟發性的方式來證明，並且直接導出矩陣 Q_m 而無需使用定理 2。

令 θ 表示正 x 軸和直線 $y = mx$ 之間的夾角。觀察的關鍵是變換 Q_m 可用三個步驟完成：首先旋轉 $-\theta$（因此，我們的直線與 x 軸重合），然後對 x 軸鏡射，最後轉回 θ。換言之：

$$Q_m = R_\theta \circ Q_0 \circ R_{-\theta}$$

因為 $R_{-\theta}$、Q_0 和 R_θ 均為線性，利用定理 3 證明了 Q_m 是線性，而且 Q_m 的矩陣是 R_θ、Q_0 和 $R_{-\theta}$ 的矩陣之乘積。為了簡單起見，令 $c = \cos\theta$ 且 $s = \sin\theta$，則 R_θ、$R_{-\theta}$ 和 Q_0 的矩陣分別為 [13]

$$\begin{bmatrix} c & -s \\ s & c \end{bmatrix}, \begin{bmatrix} c & s \\ -s & c \end{bmatrix}, \begin{bmatrix} 1 & 0 \\ 0 & -1 \end{bmatrix}$$

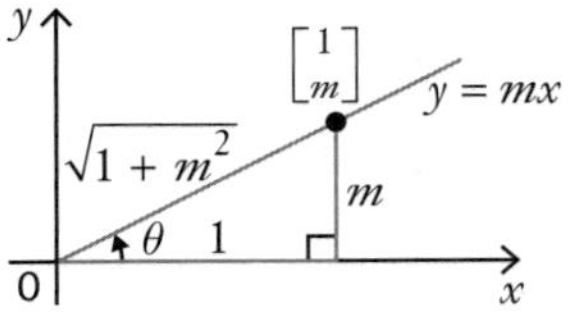

因此，由定理 3，$Q_m = R_\theta \circ Q_0 \circ R_{-\theta}$ 的矩陣為

$$\begin{bmatrix} c & -s \\ s & c \end{bmatrix}\begin{bmatrix} 1 & 0 \\ 0 & -1 \end{bmatrix}\begin{bmatrix} c & s \\ -s & c \end{bmatrix} = \begin{bmatrix} c^2 - s^2 & 2sc \\ 2sc & s^2 - c^2 \end{bmatrix}$$

圖 13

我們可以將此矩陣僅以 m 表示。如圖 13 所示，

$$\cos\theta = \frac{1}{\sqrt{1+m^2}}, \sin\theta = \frac{m}{\sqrt{1+m^2}}$$

因此 Q_m 的矩陣 $\begin{bmatrix} c^2 - s^2 & 2sc \\ 2sc & s^2 - c^2 \end{bmatrix}$ 變成 $\dfrac{1}{1+m^2}\begin{bmatrix} 1-m^2 & 2m \\ 2m & m^2-1 \end{bmatrix}$。

定理 5

令 Q_m 表示對直線 $y = mx$ 的鏡射，則 Q_m 是線性變換，且其矩陣為
$$\frac{1}{1+m^2}\begin{bmatrix} 1-m^2 & 2m \\ 2m & m^2-1 \end{bmatrix}$$

注意，若 $m = 0$，定理 5 中的矩陣如預期變成 $\begin{bmatrix} 1 & 0 \\ 0 & -1 \end{bmatrix}$。當然此分析不能用在 y 軸的鏡射，因為垂直線沒有斜率。但是很容易驗證對於 y 軸的鏡射為線性且其矩陣為 $\begin{bmatrix} -1 & 0 \\ 0 & 1 \end{bmatrix}$。[14]

---

[13] $R_{-\theta}$ 的矩陣來自於 R_θ 的矩陣，只是利用了 $\cos(-\theta) = \cos\theta$ 和 $\sin(-\theta) = -\sin(\theta)$ 的事實。

[14] 注意 $\begin{bmatrix} -1 & 0 \\ 0 & 1 \end{bmatrix} = \lim\limits_{m\to\infty} \dfrac{1}{1+m^2}\begin{bmatrix} 1-m^2 & 2m \\ 2m & m^2-1 \end{bmatrix}$

例 8

令 $T: \mathbb{R}^2 \to \mathbb{R}^2$ 是先旋轉 $-\frac{\pi}{2}$ 再對 y 軸鏡射的變換。證明 T 是對於一條過原點之直線的鏡射，並求出此直線。

解：$R_{-\frac{\pi}{2}}$ 的矩陣為 $\begin{bmatrix} \cos(-\frac{\pi}{2}) & -\sin(-\frac{\pi}{2}) \\ \sin(-\frac{\pi}{2}) & \cos(-\frac{\pi}{2}) \end{bmatrix} = \begin{bmatrix} 0 & 1 \\ -1 & 0 \end{bmatrix}$，相對於 y 軸鏡射的矩陣是 $\begin{bmatrix} -1 & 0 \\ 0 & 1 \end{bmatrix}$。因此 T 的矩陣為 $\begin{bmatrix} -1 & 0 \\ 0 & 1 \end{bmatrix}\begin{bmatrix} 0 & 1 \\ -1 & 0 \end{bmatrix} = \begin{bmatrix} 0 & -1 \\ -1 & 0 \end{bmatrix}$，而這是相對於 $y = -x$ 的鏡射（定理 5 中代入 $m = -1$）。

投影

證明定理 5 的方法可以更一般化。令 $P_m : \mathbb{R}^2 \to \mathbb{R}^2$ 表示在直線 $y = mx$ 上的投影。圖 14 是此一變換的幾何描述。若 $m = 0$，則對所有 $\mathbb{R}^2$ 中的 $\begin{bmatrix} x \\ y \end{bmatrix}$ 而言，$P_0 \begin{bmatrix} x \\ y \end{bmatrix} = \begin{bmatrix} x \\ 0 \end{bmatrix}$ 恆成立，所以 P_0 是線性，其矩陣為 $\begin{bmatrix} 1 & 0 \\ 0 & 0 \end{bmatrix}$。因此上述對於 Q_m 的論點同樣適用於 P_m。首先觀察

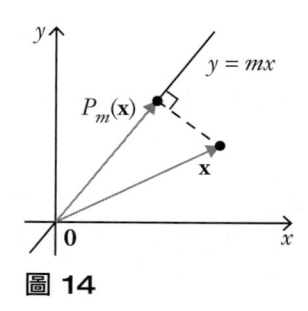

$$P_m = R_\theta \circ P_0 \circ R_{-\theta}$$

故 P_m 為線性且其矩陣為

$$\begin{bmatrix} c & -s \\ s & c \end{bmatrix}\begin{bmatrix} 1 & 0 \\ 0 & 0 \end{bmatrix}\begin{bmatrix} c & s \\ -s & c \end{bmatrix} = \begin{bmatrix} c^2 & sc \\ sc & s^2 \end{bmatrix}$$

其中 $c = \cos\theta = \dfrac{1}{\sqrt{1+m^2}}$，$s = \sin\theta = \dfrac{m}{\sqrt{1+m^2}}$，由此可得以下定理。

定理 6

令 $P_m : \mathbb{R}^2 \to \mathbb{R}^2$ 為在 $y = mx$ 之投影，則 P_m 是線性變換，其矩陣為

$$\frac{1}{1+m^2}\begin{bmatrix} 1 & m \\ m & m^2 \end{bmatrix}$$

若 $m = 0$，定理 6 中的矩陣可簡化成 $\begin{bmatrix} 1 & 0 \\ 0 & 0 \end{bmatrix}$。由於 y 軸沒有斜率，因此無法分析 y 軸上的投影，但可驗證此變換確實是線性且其矩陣為 $\begin{bmatrix} 0 & 0 \\ 0 & 1 \end{bmatrix}$。

圖 14

例 9

已知 $\mathbb{R}^2$ 中的 $\mathbf{x}$，令 $\mathbf{y} = P_m(\mathbf{x})$，而 $\mathbf{y}$ 位於直線 $y = mx$ 事實上表示 $P_m(\mathbf{y}) = \mathbf{y}$。但當
$$(P_m \circ P_m)(\mathbf{x}) = P_m(\mathbf{y}) = \mathbf{y} = P_m(\mathbf{x}) \quad \forall \mathbf{x} \in \mathbb{R}^2，亦即 P_m \circ P_m = P_m$$
特別是，如果我們將 P_m 的矩陣寫成 $A = \dfrac{1}{1+m^2}\begin{bmatrix} 1 & m \\ m & m^2 \end{bmatrix}$，則 $A^2 = A$。讀者可直接驗證。

習題 2.6

1. 令 $T_\theta : \mathbb{R}^3 \to \mathbb{R}^2$ 為線性變換。

    (a) 若 $T\begin{bmatrix} 1 \\ 0 \\ -1 \end{bmatrix} = \begin{bmatrix} 2 \\ 3 \end{bmatrix}$ 且 $T\begin{bmatrix} 2 \\ 1 \\ 3 \end{bmatrix} = \begin{bmatrix} -1 \\ 0 \end{bmatrix}$，求 $T\begin{bmatrix} 8 \\ 3 \\ 7 \end{bmatrix}$。

    ◆(b) 若 $T\begin{bmatrix} 3 \\ 2 \\ -1 \end{bmatrix} = \begin{bmatrix} 3 \\ 5 \end{bmatrix}$ 且 $T\begin{bmatrix} 2 \\ 0 \\ 5 \end{bmatrix} = \begin{bmatrix} -1 \\ 2 \end{bmatrix}$，求 $T\begin{bmatrix} 5 \\ 6 \\ -13 \end{bmatrix}$。

2. 令 $T_\theta : \mathbb{R}^4 \to \mathbb{R}^3$ 為線性變換。

    (a) 若 $T\begin{bmatrix} 1 \\ 1 \\ 0 \\ -1 \end{bmatrix} = \begin{bmatrix} 2 \\ 3 \\ -1 \end{bmatrix}$ 且 $T\begin{bmatrix} 0 \\ -1 \\ 1 \\ 1 \end{bmatrix} = \begin{bmatrix} 5 \\ 0 \\ 1 \end{bmatrix}$，求 $T\begin{bmatrix} 1 \\ 3 \\ -2 \\ -3 \end{bmatrix}$。

    ◆(b) 若 $T\begin{bmatrix} 1 \\ 1 \\ 1 \\ 1 \end{bmatrix} = \begin{bmatrix} 5 \\ 1 \\ -3 \end{bmatrix}$ 且 $T\begin{bmatrix} -1 \\ 1 \\ 0 \\ 2 \end{bmatrix} = \begin{bmatrix} 2 \\ 0 \\ 1 \end{bmatrix}$，求 $T\begin{bmatrix} 5 \\ -1 \\ 2 \\ -4 \end{bmatrix}$。

3. 假設 T 為線性變換，利用定理 2 求 T 的矩陣 A。

    (a) $T : \mathbb{R}^2 \to \mathbb{R}^2$ 為對直線 $y = -x$ 的鏡射。

    ◆(b) $T : \mathbb{R}^2 \to \mathbb{R}^2$，$T(\mathbf{x}) = -\mathbf{x}$，$\mathbf{x} \in \mathbb{R}^2$。

    (c) $T : \mathbb{R}^2 \to \mathbb{R}^2$ 為順時針方向旋轉 $\frac{\pi}{4}$。

    ◆(d) $T : \mathbb{R}^2 \to \mathbb{R}^2$ 為逆時針方向旋轉 $\frac{\pi}{4}$。

4. 利用定理 2 求變換 T 的矩陣 A。假設 T 為線性。

    (a) $T : \mathbb{R}^3 \to \mathbb{R}^3$ 為對 x-z 平面的鏡射。

    ◆(b) $T : \mathbb{R}^3 \to \mathbb{R}^3$ 為對 y-z 平面的鏡射。

5. 令 $T : \mathbb{R}^n \to \mathbb{R}^m$ 為線性變換。

    (a) $\mathbf{x} \in \mathbb{R}^n$，若 $T(\mathbf{x}) = 0$，則稱 $\mathbf{x}$ 為 T 的核 (kernel)。若 $\mathbf{x}_1$、$\mathbf{x}_2$ 為 T 的核，證明 $a\mathbf{x}_1 + b\mathbf{x}_2$ 亦為 T 的核，其中 a、b 為純量。

    ◆(b) $\mathbf{y} \in \mathbb{R}^m$，若 $\mathbf{y} = T(\mathbf{x})$，$\mathbf{x} \in \mathbb{R}^n$，則稱 $\mathbf{y}$ 為 T 的 **像 (image)**。若 $\mathbf{y}_1$、$\mathbf{y}_2$ 為 T 的像，證明 $a\mathbf{y}_1 + b\mathbf{y}_2$ 亦為 T 的像，其中 a、b 為純量。

6. **恆等變換 (identity transformation)** $1_{\mathbb{R}^n} : \mathbb{R}^n \to \mathbb{R}^n$，定義為 $1_{\mathbb{R}^n} : (\mathbf{x}) = \mathbf{x}$，$\mathbf{x} \in \mathbb{R}^n$，利用定理 2，求恆等變換的矩陣。

7. 證明下列 $T : \mathbb{R}^2 \to \mathbb{R}^2$ 非線性變換。

    (a) $T\begin{bmatrix} x \\ y \end{bmatrix} = \begin{bmatrix} xy \\ 0 \end{bmatrix}$ ◆(b) $T\begin{bmatrix} x \\ y \end{bmatrix} = \begin{bmatrix} 0 \\ y^2 \end{bmatrix}$

8. 下列變換不是對直線的鏡射就是旋轉一個角度，求出直線或角度。

(a) $T\begin{bmatrix} x \\ y \end{bmatrix} = \frac{1}{5}\begin{bmatrix} -3x + 4y \\ 4x + 3y \end{bmatrix}$

◆(b) $T\begin{bmatrix} x \\ y \end{bmatrix} = \frac{1}{\sqrt{2}}\begin{bmatrix} x + y \\ -x + y \end{bmatrix}$

(c) $T\begin{bmatrix} x \\ y \end{bmatrix} = \frac{1}{\sqrt{3}}\begin{bmatrix} x - \sqrt{3}\,y \\ \sqrt{3}\,x + y \end{bmatrix}$

◆(d) $T\begin{bmatrix} x \\ y \end{bmatrix} = -\frac{1}{10}\begin{bmatrix} 8x + 6y \\ 6x - 8y \end{bmatrix}$

9. 把對於直線 $y = -x$ 的鏡射表示成旋轉後再對直線 $y = x$ 鏡射之合成。

10. 求下列 $T : \mathbb{R}^3 \to \mathbb{R}^3$ 的矩陣：
    (a) T 為對 x 軸旋轉 θ 角（從 y 軸到 z 軸）。
    ◆(b) T 為對 y 軸旋轉 θ 角（從 x 軸到 z 軸）。

11. 令 $T_\theta : \mathbb{R}^2 \to \mathbb{R}^2$ 為對直線的鏡射，而此直線與正 x 軸之夾角為 θ。
    (a) 證明 T_θ 的矩陣為 $\begin{bmatrix} \cos 2\theta & \sin 2\theta \\ \sin 2\theta & -\cos 2\theta \end{bmatrix}$
    (b) 證明 $T_\theta \circ R_{2\phi} = T_{\theta-\phi}$，其中 θ 和 ϕ 為任意角度。

12. 求出下列的旋轉或鏡射變換。
    (a) 對 y 軸鏡射，再旋轉 $\frac{\pi}{2}$。
    ◆(b) 旋轉 π，再對 x 軸鏡射。
    (c) 旋轉 $\frac{\pi}{2}$，再對 $y = x$ 鏡射。
    ◆(d) 對 x 軸鏡射，再旋轉 $\frac{\pi}{2}$。
    (e) 對 $y = x$ 鏡射，再對 x 軸鏡射。
    ◆(f) 對 x 軸鏡射，再對 $y = x$ 鏡射。

13. 令 R 和 S 分別為由矩陣 A 和 B 所誘導的 $\mathbb{R}^n \to \mathbb{R}^m$ 矩陣變換。證明下列的變換 T 為矩陣變換，並以 A 和 B 表示該變換 T 的矩陣。
    (a) $T(\mathbf{x}) = R(\mathbf{x}) + S(\mathbf{x})$，$\forall \mathbf{x} \in \mathbb{R}^n$
    ◆(b) $T(\mathbf{x}) = aR(\mathbf{x})$，$\forall \mathbf{x} \in \mathbb{R}^n$，$a$ 為實數

14. 證明對所有線性變換 $T : \mathbb{R}^n \to \mathbb{R}^m$ 而言，下式恆成立。

(a) $T(\mathbf{0}) = \mathbf{0}$
◆(b) $T(-\mathbf{x}) = -T(\mathbf{x})$，$\forall \mathbf{x} \in \mathbb{R}^n$

15. 若線性變換 $T : \mathbb{R}^n \to \mathbb{R}^m$ 定義為對所有的 $\mathbf{x} \in \mathbb{R}^n$，$T(\mathbf{x}) = \mathbf{0}$，則 T 稱為**零變換 (zero transformation)**。
    (a) 證明零變換為線性，並找出其矩陣。
    (b) 令 $\mathbf{e}_1, \mathbf{e}_2, ..., \mathbf{e}_n$ 表示 $n \times n$ 單位矩陣中的行。若 $T : \mathbb{R}^n \to \mathbb{R}^m$ 為線性，且 $T(\mathbf{e}_i) = \mathbf{0}$，證明 T 為零變換。
    【提示：利用定理 1。】

16. 將 $\mathbb{R}^n$ 和 $\mathbb{R}^m$ 的元素寫成列。若 A 為 $m \times n$ 矩陣，對 $\mathbb{R}^m$ 中的所有列 $\mathbf{y}$ 而言，定義 $T : \mathbb{R}^m \to \mathbb{R}^n$，$T(\mathbf{y}) = \mathbf{y}A$。證明：
    (a) T 為線性變換。
    (b) A 的列為 $T(\mathbf{f}_1), T(\mathbf{f}_2), ..., T(\mathbf{f}_m)$，其中 $\mathbf{f}_i$ 表示 I_m 的第 i 列。【提示：證明 $\mathbf{f}_i A$ 為 A 的第 i 列。】

17. 令 $S : \mathbb{R}^n \to \mathbb{R}^n$，$T : \mathbb{R}^n \to \mathbb{R}^n$ 分別為矩陣 A、B 的線性變換。
    (a) 證明 $B^2 = B$，若且唯若 $T^2 = T$（其中 T^2 表示 $T \circ T$）。
    ◆(b) 證明 $B^2 = I$ 若且唯若 $T^2 = 1_{\mathbb{R}^n}$。
    (c) 證明 $AB = BA$ 若且唯若 $S \circ T = T \circ S$。
    【提示：定理 3。】

18. 令 $Q_0 : \mathbb{R}^2 \to \mathbb{R}^2$ 為對 x 軸鏡射，令 $Q_1 : \mathbb{R}^2 \to \mathbb{R}^2$ 為對直線 $y = x$ 鏡射，令 $Q_{-1} : \mathbb{R}^2 \to \mathbb{R}^2$ 為對直線 $y = -x$ 鏡射，且令 $R_{\frac{\pi}{2}} : \mathbb{R}^2 \to \mathbb{R}^2$ 為逆時針旋轉 $\frac{\pi}{2}$。
    (a) 證明 $Q_1 \circ R_{\frac{\pi}{2}} = Q_0$。
    ◆(b) 證明 $Q_1 \circ Q_2 = R_{\frac{\pi}{2}}$。
    (c) 證明 $R_{\frac{\pi}{2}} \circ Q_0 = Q_1$。

◆(d) 證明 $Q_0 \circ R_{\frac{\pi}{2}} = Q_{-1}$。

19. 對任意斜率 m，證明
    (a) $Q_m \circ P_m = P_m$
    (b) $P_m \circ Q_m = P_m$

◆20. 定義 $T: \mathbb{R}^n \to \mathbb{R}$，$T(x_1, x_2, ..., x_n) = x_1 + x_2 + \cdots + x_n$。證明 T 為線性變換並求其矩陣。

21. 已知 $c \in \mathbb{R}$，定義 $T_c: \mathbb{R}^n \to \mathbb{R}$，$T_c(\mathbf{x}) = c\mathbf{x}$，$\forall \mathbf{x} \in \mathbb{R}^n$。證明 T_c 為線性變換並求其矩陣。

22. 已知 $\mathbb{R}^n$ 中的向量 $\mathbf{w}$ 和 $\mathbf{x}$，它們的點積記做 $\mathbf{w} \cdot \mathbf{x}$。
    (a) 已知 $\mathbb{R}^n$ 中的 $\mathbf{w}$，對 $\mathbb{R}^n$ 中所有的 $\mathbf{x}$ 而言，定義 $T_\mathbf{w}: \mathbb{R}^n \to \mathbb{R}$，$T_\mathbf{w}(\mathbf{x}) = \mathbf{w} \cdot \mathbf{x}$。證明 $T_\mathbf{w}$ 為線性變換。
    ◆(b) 證明每一個線性變換 $T: \mathbb{R}^n \to \mathbb{R}$ 均如 (a) 中所示；即 $T = T_\mathbf{w}$，$\mathbf{w} \in \mathbb{R}^n$。

23. 若 $\mathbf{x} \neq \mathbf{0}$ 且 $\mathbf{y}$ 為 $\mathbb{R}^n$ 中的向量，證明存在一線性變換 $T: \mathbb{R}^n \to \mathbb{R}^n$ 使得 $T(\mathbf{x}) = \mathbf{y}$。【提示：由定義 2.5，求一矩陣 A 使得 $A\mathbf{x} = \mathbf{y}$。】

24. 令 $\mathbb{R}^n \xrightarrow{T} \mathbb{R}^m \xrightarrow{S} \mathbb{R}^k$ 為兩線性變換。證明 $S \circ T$ 為線性。亦即：
    (a) 證明對 $\mathbb{R}^n$ 中所有的 $\mathbf{x}$、$\mathbf{y}$ 而言，$(S \circ T)(\mathbf{x} + \mathbf{y}) = (S \circ T)\mathbf{x} + (S \circ T)\mathbf{y}$ 恆成立。
    ◆(b) 證明 $(S \circ T)(a\mathbf{x}) = a[(S \circ T)\mathbf{x}]$，$\forall \mathbf{x} \in \mathbb{R}^n$，$\forall a \in \mathbb{R}$。

25. 令 $\mathbb{R}^n \xrightarrow{T} \mathbb{R}^m \xrightarrow{S} \mathbb{R}^k \xrightarrow{R} \mathbb{R}^k$ 為線性變換。證明 $R \circ (S \circ T) = (R \circ S) \circ T$。即對 $\mathbb{R}^n$ 中每一個向量 $\mathbf{x}$，證明 $[R \circ (S \circ T)](\mathbf{x}) = [(R \circ S) \circ T](\mathbf{x})$ 成立。

2.7節　LU 分解 [15]

如果線性方程組 $A\mathbf{x} = \mathbf{b}$ 中的 A 可以分解成 $A = LU$，其中 L 和 U 為一種特別美好的形式，那麼這個方程組就可以快速的求解。本節中我們將證明高斯消去法可以用來求出這種分解。

三角矩陣

$A = [a_{ij}]$ 為 $m \times n$ 矩陣，元素 $a_{11}, a_{22}, a_{33}, ...$ 形成 A 的 **主對角線 (main diagonal)**。若 A 的主對角線左下方每一個元素皆為零，則稱 A 為 **上三角 (upper triangular)** 矩陣。每一個列梯形矩陣均為上三角矩陣，例如

$$\begin{bmatrix} 1 & -1 & 0 & 3 \\ 0 & 2 & 1 & 1 \\ 0 & 0 & -3 & 0 \end{bmatrix} \quad \begin{bmatrix} 0 & 2 & 1 & 0 & 5 \\ 0 & 0 & 0 & 3 & 1 \\ 0 & 0 & 1 & 0 & 1 \end{bmatrix} \quad \begin{bmatrix} 1 & 1 & 1 \\ 0 & -1 & 1 \\ 0 & 0 & 0 \\ 0 & 0 & 0 \end{bmatrix}$$

---

[15] 本節的內容以後不再使用，因此略去本節，不會造成閱讀上的不連貫。

同理，若 A 的轉置為上三角矩陣，則 A 稱為**下三角 (lower triangular)** 矩陣，亦即 A 的主對角線右上方每一個元素皆為零。上三角或下三角矩陣均稱為**三角 (triangular)** 矩陣。

例 1

解方程組
$$x_1 + 2x_2 - 3x_3 - x_4 + 5x_5 = 3$$
$$5x_3 + x_4 + x_5 = 8$$
$$2x_5 = 6$$

其中係數矩陣為上三角。

解：如同高斯消去法，令非領導變數為參數：$x_2 = s$，$x_4 = t$。然後依序解出 x_5、x_3 和 x_1，如下所示。由題目的最後一個方程式可得
$$x_5 = \frac{6}{2} = 3$$

代入倒數第二個方程式
$$x_3 = 1 - \frac{1}{5}t$$

最後，將 x_5 和 x_3 代入第一個方程式，得到
$$x_1 = -9 - 2s + \frac{2}{5}t$$

例 1 的解法稱為**反向代回法 (back substitution)**，將後出現的變數代入較前面的方程式中，因為係數矩陣是上三角，故此法是可行的。同樣地，如果係數矩陣是下三角，方程組可由**前代法 (forward substitution)** 將先出現的變數代入後面的方程式中。如第 1.2 節中所述，這種解法的效率高於高斯消去法。

現在考慮一個方程組 $A\mathbf{x} = \mathbf{b}$，其中 A 可以分解為 $A = LU$，而 L 為下三角，U 為上三角。方程組 $A\mathbf{x} = \mathbf{b}$ 可用如下列的兩個階段來求解：

1. 先用前代法，由 $L\mathbf{y} = \mathbf{b}$ 求出 $\mathbf{y}$。
2. 再用反向代回法，由 $U\mathbf{x} = \mathbf{y}$ 求出 $\mathbf{x}$。

因為 $A\mathbf{x} = LU\mathbf{x} = L\mathbf{y} = \mathbf{b}$，所以 $\mathbf{x}$ 為 $A\mathbf{x} = \mathbf{b}$ 的解。用這種方法可求得每一個解 $\mathbf{x}$（取 $\mathbf{y} = U\mathbf{x}$）。此外，這種方法很容易在電腦上實作。

我們的注意力要集中在如何有效的將 A 分解成 LU，以下的結果是必要的，其證明都很簡單，所以當作習題 7 和 8。

> **引理 1**
>
> 1. 若 A 和 B 均為下（上）三角矩陣，則 AB 亦然。
> 2. 若 A 是 $n \times n$ 的下（上）三角矩陣，則 A 為可逆若且唯若每一個主對角元素皆不為零。此時 A^{-1} 也是下（上）三角矩陣。

LU 分解

令 A 為 $m \times n$ 矩陣，則 A 可化為列梯形矩陣 U（亦即，上三角）。如同第 2.5 節，簡化的步驟為

$$A \to E_1 A \to E_2 E_1 A \to E_3 E_2 E_1 A \to \cdots \to E_k E_{k-1} \cdots E_2 E_1 A = U$$

其中 $E_1, E_2, \ldots, E_k$ 為對應於列運算的基本矩陣。因此

$$A = LU$$

其中 $L = (E_k E_{k-1} \cdots E_2 E_1)^{-1} = E_1^{-1} E_2^{-1} \cdots E_{k-1}^{-1} E_k^{-1}$。如果我們不堅持 U 為簡化列梯形，那麼除了列交換之外，這些列運算並不含將某一列加到它的上一列的列運算。因此，如果不使用列交換，所有 E_i 皆為下三角，根據引理 1 可知，L 為可逆下三角矩陣。這證明了以下定理。為了方便起見，我們稱 A 可被**下簡化 (lower reduced)**，如果 A 不做列的交換即可化為列梯形式。

> **定理 1**
>
> 若 A 可下簡化成列梯形矩陣 U，則
>
> $$A = LU$$
>
> 其中 L 為下三角可逆矩陣，U 為上三角列梯形矩陣。

> **定義 2.14**
>
> 定理 1 中將 A 分解成 $A = LU$ 稱為 A 的 **LU 分解 (LU-factorization)**。

這種分解可能不存在（習題 4），因為如果 A 不使用列交換，A 就無法化為列梯形式。這種情況的處理方式將會在以後說明。然而，若 LU 分解 $A = LU$ 確實存在，則高斯演算法可求得 U，同時也提供了找出 L 的步驟。

例 2 提供了說明。為了方便起見，由 A 的左邊算起，第一個非零行稱為 A 的**領導行 (leading column)**。

例 2

求 $A = \begin{bmatrix} 0 & 2 & -6 & -2 & 4 \\ 0 & -1 & 3 & 3 & 2 \\ 0 & -1 & 3 & 7 & 10 \end{bmatrix}$ 的 LU 分解。

解：我們將 A 下簡化成列梯形式如下：

$$A = \begin{bmatrix} 0 & \boxed{2} & -6 & -2 & 4 \\ 0 & -1 & 3 & 3 & 2 \\ 0 & -1 & 3 & 7 & 10 \end{bmatrix} \to \begin{bmatrix} 0 & 1 & -3 & -1 & 2 \\ 0 & 0 & 0 & \boxed{2} & 4 \\ 0 & 0 & 0 & 6 & 12 \end{bmatrix} \to \begin{bmatrix} 0 & 1 & -3 & -1 & 2 \\ 0 & 0 & 0 & 1 & 2 \\ 0 & 0 & 0 & 0 & 0 \end{bmatrix} = U$$

圈起來的行可如下操作：首先利用下簡化使 A 的領導行產生第一個領導項 1 並使該行之領導項以下皆為 0。當完成了第 1 列的簡化工作後，接下來對矩陣中其餘的列重複以上步驟。因此第二個圈起來的行是這個較小的矩陣的領導行。我們用它來產生第二個領導項 1 和它下面的零。當剩下的列皆是零列，就停止。則 $A = LU$，其中

$$L = \begin{bmatrix} 2 & 0 & 0 \\ -1 & 2 & 0 \\ -1 & 6 & 1 \end{bmatrix}$$

將 I_3 的前兩行的底部以簡化過程中被圈起來的行取代即可得矩陣 L。注意，此例中，A 的秩為 2，它是被圈起來的行數。

例 2 中的計算適用於一般情況。無需計算基本矩陣 E_i，而且此法適合於電腦的使用，因為每次圈選出來的行都可儲存在電腦裡。以上過程可正式說明如下：

LU 演算法 (LU-Algorithm)

令 A 為 $m \times n$ 矩陣，其秩為 r，假設 A 可被下簡化為列梯形矩陣 U，則 $A = LU$ 的下三角可逆矩陣 L 可建構如下：

1. 若 $A = 0$，取 $L = I_m$ 且 $U = 0$。
2. 若 $A \neq 0$，令 $A_1 = A$，且令 $\mathbf{c}_1$ 為 A_1 的領導行。利用下簡化使 $\mathbf{c}_1$ 產生第一個領導項 1 以及使該行之領導項以下皆為 0。完成後，令 A_2 表示剛產生的矩陣之第 2 列到第 m 列的矩陣。
3. 若 $A_2 \neq 0$，令 $\mathbf{c}_2$ 為 A_2 的領導行，並將步驟 2 重複應用到 A_2 以產生 A_3。
4. 持續上述步驟直到最後一個領導項 1 下方的所有列均為零列，此時所得的列梯形矩陣即為 U。
5. 將 $\mathbf{c}_1, \mathbf{c}_2, ..., \mathbf{c}_r$ 置於 I_m 前 r 行的底部以產生 L。

本節末有 LU 演算法的證明。

在商業和工業的應用上，常需解具有相同係數矩陣 A 的一系列方程式 $A\mathbf{x} =$

B_1, $A\mathbf{x} = B_2$, ..., $A\mathbf{x} = B_k$，此時 LU 分解就顯得特別重要。它能以高斯消去法非常有效的求解第一個方程組，同時產生 A 的 LU 分解，然後利用此分解以及前代法和反向代回法來求解其餘的方程組。

例 3

求 $A = \begin{bmatrix} 5 & -5 & 10 & 0 & 5 \\ -3 & 3 & 2 & 2 & 1 \\ -2 & 2 & 0 & -1 & 0 \\ 1 & -1 & 10 & 2 & 5 \end{bmatrix}$ 的 LU 分解。

解：將 A 化為列梯形矩陣

$$\begin{bmatrix} 5 & -5 & 10 & 0 & 5 \\ -3 & 3 & 2 & 2 & 1 \\ -2 & 2 & 0 & -1 & 0 \\ 1 & -1 & 10 & 2 & 5 \end{bmatrix} \rightarrow \begin{bmatrix} 1 & -1 & 2 & 0 & 1 \\ 0 & 0 & 8 & 2 & 4 \\ 0 & 0 & 4 & -1 & 2 \\ 0 & 0 & 8 & 2 & 4 \end{bmatrix}$$

$$\rightarrow \begin{bmatrix} 1 & -1 & 2 & 0 & 1 \\ 0 & 0 & 1 & \frac{1}{4} & \frac{1}{2} \\ 0 & 0 & 0 & -2 & 0 \\ 0 & 0 & 0 & 0 & 0 \end{bmatrix}$$

$$\rightarrow \begin{bmatrix} 1 & -1 & 2 & 0 & 1 \\ 0 & 0 & 1 & \frac{1}{4} & \frac{1}{2} \\ 0 & 0 & 0 & 1 & 0 \\ 0 & 0 & 0 & 0 & 0 \end{bmatrix} = U$$

若 U 表示列梯形矩陣，則 $A = LU$，其中

$$L = \begin{bmatrix} 5 & 0 & 0 & 0 \\ -3 & 8 & 0 & 0 \\ -2 & 4 & -2 & 0 \\ 1 & 8 & 0 & 1 \end{bmatrix}$$

下一個例子是處理在 U 中沒有零列的情況（A 為可逆）。

例 4

求 $A = \begin{bmatrix} 2 & 4 & 2 \\ 1 & 1 & 2 \\ -1 & 0 & 2 \end{bmatrix}$ 的 LU 分解。

解：將 A 簡化為列梯形矩陣

$$\begin{bmatrix} 2 & 4 & 2 \\ 1 & 1 & 2 \\ -1 & 0 & 2 \end{bmatrix} \rightarrow \begin{bmatrix} 1 & 2 & 1 \\ 0 & -1 & 1 \\ 0 & 2 & 3 \end{bmatrix} \rightarrow \begin{bmatrix} 1 & 2 & 1 \\ 0 & 1 & -1 \\ 0 & 0 & 5 \end{bmatrix} \rightarrow \begin{bmatrix} 1 & 2 & 1 \\ 0 & 1 & -1 \\ 0 & 0 & 1 \end{bmatrix} = U$$

因此 $A = LU$，其中 $L = \begin{bmatrix} 2 & 0 & 0 \\ 1 & -1 & 0 \\ -1 & 2 & 5 \end{bmatrix}$。

有些矩陣（例如 $\begin{bmatrix} 0 & 1 \\ 1 & 0 \end{bmatrix}$）沒有 LU 分解，因此當使用高斯演算法導出列梯形矩陣時，至少需要有一次列交換。然而，如果所有的列交換都放在演算法之前進行，則所生成的矩陣就無需列交換，因此有 LU 分解。以下有精確的結果。

定理 2

假設 $m \times n$ 矩陣 A 可經由高斯演算法變成列梯形矩陣 U。令 $P_1, P_2, ..., P_s$ 依序為列交換所對應的基本矩陣，寫成 $P = P_s \cdots P_2 P_1$（若無列交換則取 $P = I_m$），則：

1. PA 為對 A 依序做這些列交換所得的矩陣。
2. PA 有 LU 分解。

此定理的證明，置於本節之末。

若矩陣 P 為列交換所對應的基本矩陣之乘積，則 P 稱為 **排列矩陣 (permutation matrix)**。這種矩陣是將單位矩陣藉由列交換而來，它的每一列和每一行都恰有一個 1，而其它元素皆為零。我們將單位矩陣視為排列矩陣。基本排列矩陣是由單位矩陣 I 經一次列交換而得，而且每一個排列矩陣皆為基本矩陣的乘積。

例 5

若 $A = \begin{bmatrix} 0 & 0 & -1 & 2 \\ -1 & -1 & 1 & 2 \\ 2 & 1 & -3 & 6 \\ 0 & 1 & -1 & 4 \end{bmatrix}$，試求排列矩陣 P 使得 PA 具有 LU 分解，並求此分解。

解：對 A 做高斯演算法：

$$A \xrightarrow{*} \begin{bmatrix} -1 & -1 & 1 & 2 \\ 0 & 0 & -1 & 2 \\ 2 & 1 & -3 & 6 \\ 0 & 1 & -1 & 4 \end{bmatrix} \to \begin{bmatrix} 1 & 1 & -1 & -2 \\ 0 & 0 & -1 & 2 \\ 0 & -1 & -1 & 10 \\ 0 & 1 & -1 & 4 \end{bmatrix} \xrightarrow{*} \begin{bmatrix} 1 & 1 & -1 & -2 \\ 0 & -1 & -1 & 10 \\ 0 & 0 & -1 & 2 \\ 0 & 1 & -1 & 4 \end{bmatrix}$$

$$\to \begin{bmatrix} 1 & 1 & -1 & -2 \\ 0 & 1 & 1 & -10 \\ 0 & 0 & -1 & 2 \\ 0 & 0 & -2 & 14 \end{bmatrix} \to \begin{bmatrix} 1 & 1 & -1 & -2 \\ 0 & 1 & 1 & -10 \\ 0 & 0 & 1 & -2 \\ 0 & 0 & 0 & 10 \end{bmatrix}$$

需要兩次列交換（標有 *），首先是第 1 列和第 2 列，然後是第 2 列和第 3 列。因此，如定理 2 所述，

$$P = \begin{bmatrix} 1 & 0 & 0 & 0 \\ 0 & 0 & 1 & 0 \\ 0 & 1 & 0 & 0 \\ 0 & 0 & 0 & 1 \end{bmatrix} \begin{bmatrix} 0 & 1 & 0 & 0 \\ 1 & 0 & 0 & 0 \\ 0 & 0 & 1 & 0 \\ 0 & 0 & 0 & 1 \end{bmatrix} = \begin{bmatrix} 0 & 1 & 0 & 0 \\ 0 & 0 & 1 & 0 \\ 1 & 0 & 0 & 0 \\ 0 & 0 & 0 & 1 \end{bmatrix}$$

若我們對 A 依序做這些交換，則結果是 PA。現在將 LU 演算法應用於 PA：

$$PA = \begin{bmatrix} -1 & -1 & 1 & 2 \\ 2 & 1 & -3 & 6 \\ 0 & 0 & -1 & 2 \\ 0 & 1 & -1 & 4 \end{bmatrix} \to \begin{bmatrix} 1 & 1 & -1 & -2 \\ 0 & -1 & -1 & 10 \\ 0 & 0 & -1 & 2 \\ 0 & 1 & -1 & 4 \end{bmatrix} \to \begin{bmatrix} 1 & 1 & -1 & -2 \\ 0 & 1 & 1 & -10 \\ 0 & 0 & -1 & 2 \\ 0 & 0 & -2 & 14 \end{bmatrix}$$

$$\to \begin{bmatrix} 1 & 1 & -1 & -2 \\ 0 & 1 & 1 & -10 \\ 0 & 0 & 1 & -2 \\ 0 & 0 & 0 & 10 \end{bmatrix} \to \begin{bmatrix} 1 & 1 & -1 & -2 \\ 0 & 1 & 1 & -10 \\ 0 & 0 & 1 & -2 \\ 0 & 0 & 0 & 1 \end{bmatrix} = U$$

因此 $PA = LU$，其中

$$U = \begin{bmatrix} 1 & 1 & -1 & -2 \\ 0 & 1 & 1 & -10 \\ 0 & 0 & 1 & -2 \\ 0 & 0 & 0 & 1 \end{bmatrix}, L = \begin{bmatrix} -1 & 0 & 0 & 0 \\ 2 & -1 & 0 & 0 \\ 0 & 0 & -1 & 0 \\ 0 & 1 & -2 & 10 \end{bmatrix}$$

定理 2 為矩陣提供一個重要且一般的分解定理。若 A 為任意 $m \times n$ 矩陣，由定理 2 知，存在排列矩陣 P 使得 PA 可以 LU 分解或 $PA = LU$。此外，$P = I$ 或 $P = P_s \cdots P_2 P_1$ 兩者之一成立，其中 $P_1, P_2, \ldots, P_s$ 為將 A 化為列梯形矩陣的基本排列矩陣。現在觀察，對每個 i 而言，有 $P_i^{-1} = P_i$（它們是基本列交換）。因此 $P^{-1} = P_1 P_2 \cdots P_s$，所以矩陣 A 可分解為

$$A = P^{-1} LU$$

其中 P^{-1} 為排列矩陣，L 為下三角且可逆，U 為列梯形矩陣。此式稱為 A 的 **PLU 分解 (PLU-factorization)**。

定理 1 中的 LU 分解並不唯一。例如，

$$\begin{bmatrix} 1 & 0 \\ 3 & 2 \end{bmatrix} \begin{bmatrix} 1 & -2 & 3 \\ 0 & 0 & 0 \end{bmatrix} = \begin{bmatrix} 1 & 0 \\ 3 & 1 \end{bmatrix} \begin{bmatrix} 1 & -2 & 3 \\ 0 & 0 & 0 \end{bmatrix}$$

然而，此處的列梯形矩陣必須是含有零列。回顧一下，A 經由列運算得到任何列梯形矩陣 U，A 的秩是 U 中非零列的個數。因此，若 A 是 $m \times n$，則矩陣 U 無零列若且唯若 A 的秩為 m。

定理 3

令 A 為 $m \times n$ 矩陣，其 LU 分解為
$$A = LU$$
若 A 的秩為 m（即 U 無零列），則 L 與 U 由 A 唯一決定。

證明

假設 $A = MV$ 是另一個 A 的 LU 分解，所以 M 是下三角且可逆，V 為列梯形。因此 $LU = MV$，我們必須證明 $L = M$ 和 $U = V$。我們令 $N = M^{-1}L$，則 N 是下三角且可逆（引理 1）且 $NU = V$，故必須證明 $N = I$。若 N 是 $m \times m$，我們對 m 應用歸納法。$m = 1$ 的情況，留給讀者證明。若 $m > 1$，首先觀察 V 的第 1 行是 U 的第 1 行的 N 倍。因此若其中有一行為零，則另一行也必為零（N 為可逆）。因此，我們可以假設（刪去零行），U 和 V 的 $(1,1)$ 元素均為 1。

現在寫成區塊形式：$N = \begin{bmatrix} a & 0 \\ X & N_1 \end{bmatrix}$、$U = \begin{bmatrix} 1 & Y \\ 0 & U_1 \end{bmatrix}$、$V = \begin{bmatrix} 1 & Z \\ 0 & V_1 \end{bmatrix}$，則 $NU = V$ 變成 $\begin{bmatrix} a & aY \\ X & XY + N_1 U_1 \end{bmatrix} = \begin{bmatrix} 1 & Z \\ 0 & V_1 \end{bmatrix}$。因此 $a = 1$，$Y = Z$，$X = 0$，$N_1 U_1 = V_1$。由歸納法可知，$N_1 U_1 = V_1$ 意指 $N_1 = I$，因此 $N = I$。

若 A 是 $m \times m$ 可逆矩陣，則由第 2.4 節定理 5 知，A 的秩為 m。因此，我們得到以下定理 3 的重要特例。

推論 1

若可逆矩陣 A 有 LU 分解 $A = LU$，則 L 和 U 由 A 唯一決定。

當然，在此情況下，U 是上三角矩陣，其主對角線的元素皆是 1。

定理的證明

LU 演算法的證明

若 $\mathbf{c}_1, \mathbf{c}_2, \ldots, \mathbf{c}_r$ 分別為長度 $m, m-1, \ldots, m-r+1$ 的行，令 $L^{(m)}(\mathbf{c}_1, \mathbf{c}_2, \ldots, \mathbf{c}_r)$ 為 $m \times m$ 下三角矩陣，它是由 I_m 的前 r 行的底部以 $\mathbf{c}_1, \mathbf{c}_2, \ldots, \mathbf{c}_r$ 取代而得。

對 n 作歸納法。$A = 0$ 或 $n = 1$ 的證明留給讀者。若 $n > 1$，令 $\mathbf{c}_1$ 表示 A 的領導行，且令 $\mathbf{k}_1$ 為 $m \times m$ 單位矩陣的第一行，則存在基本矩陣 $E_1, \ldots, E_k$ 使得（以區塊表示）

$$(E_k \cdots E_2 E_1)A = \left[\begin{array}{c|c|c} 0 & \mathbf{k}_1 & X_1 \\ \hline & & A_1 \end{array}\right] \quad \text{其中 } (E_k \cdots E_2 E_1)\mathbf{c}_1 = \mathbf{k}_1$$

此外，每個 E_j 可取為下三角矩陣（由假設）。令

$$G = (E_k \cdots E_2 E_1)^{-1} = E_1^{-1} E_2^{-1} \cdots E_k^{-1}$$

則 G 為下三角，且 $GK_1 = \mathbf{c}_1$。又每個 E_j（每個 E_j^{-1} 亦是）是 I_m 的某一列乘上一個常數或是某一列乘上一數加到另一列。因此（以區塊表示），

$$G = (E_1^{-1} E_2^{-1} \cdots E_k^{-1}) I_m = \left[\begin{array}{c|c} \mathbf{c}_1 & 0 \\ & I_{m-1} \end{array}\right]$$

現在用歸納法，令 $A_1 = L_1 U_1$ 為 A_1 的 LU 分解，其中 $L_1 = L^{(m-1)}[\mathbf{c}_2, \ldots, \mathbf{c}_r]$，$U_1$ 為列梯形。由區塊乘法可得

$$G^{-1}A = \left[\begin{array}{c|c|c} 0 & \mathbf{k}_1 & X_1 \\ \hline & & L_1 U_1 \end{array}\right] = \left[\begin{array}{c|c} 1 & 0 \\ \hline 0 & L_1 \end{array}\right]\left[\begin{array}{c|c|c} 0 & 1 & X_1 \\ \hline 0 & 0 & U_1 \end{array}\right]$$

因此 $A = LU$，其中 $U = \left[\begin{array}{c|c|c} 0 & 1 & X_1 \\ \hline 0 & 0 & U_1 \end{array}\right]$ 為列梯形，且

$$L = \left[\begin{array}{c|c} \mathbf{c}_1 & 0 \\ & I_{m-1} \end{array}\right]\left[\begin{array}{c|c} 1 & 0 \\ \hline 0 & L_1 \end{array}\right] = \left[\begin{array}{c|c} \mathbf{c}_1 & 0 \\ & L \end{array}\right] = L^{(m)}[\mathbf{c}_1, \mathbf{c}_2, \ldots, \mathbf{c}_r]$$

定理證完。

定理 2 的證明

令 A 為非零的 $m \times n$ 矩陣，且令 $\mathbf{k}_j$ 為 I_m 的第 j 行。存在排列矩陣 P_1（P_1 為基本矩陣或 $P_1 = I_m$）使得 $P_1 A$ 的第一個非零行 $\mathbf{c}_1$ 其最上方有非零元素。因此，如同 LU 演算（以區塊表示），

$$L^{(m)}[\mathbf{c}_1]^{-1} \cdot P_1 \cdot A = \left[\begin{array}{c|c|c} 0 & 1 & X_1 \\ \hline 0 & 0 & A_1 \end{array}\right]$$

再令 P_2 為排列矩陣（基本矩陣或 I_m）使得

$$P_2 \cdot L^{(m)}[\mathbf{c}_1]^{-1} \cdot P_1 \cdot A = \left[\begin{array}{c|c|c} 0 & 1 & X_1 \\ \hline 0 & 0 & A_1' \end{array}\right]$$

A_1' 中的第一個非零行 $\mathbf{c}_2$ 其最上方有非零元素。因此（以區塊表示），

$$L^{(m)}[\mathbf{k}_1, \mathbf{c}_2]^{-1} \cdot P_2 \cdot L^{(m)}[\mathbf{c}_1]^{-1} \cdot P_1 \cdot A = \left[\begin{array}{c|c|c} 0 & 1 & X_1 \\ \hline 0 & 0 & \begin{array}{c|c|c} 0 & 1 & X_2 \\ \hline 0 & 0 & A_2 \end{array} \end{array}\right]$$

繼續可得基本排列矩陣 $P_1, P_2, ..., P_r$ 與長度為 $m, m-1, ...$ 的行 $\mathbf{c}_1, \mathbf{c}_2, ..., \mathbf{c}_r$，使得
$$(L_r P_r L_{r-1} P_{r-1} \cdots L_2 P_2 L_1 P_1) A = U$$
其中 U 為列梯形矩陣，且對每個 j 而言，$L_j = L^{(m)}[\mathbf{k}_1, ..., \mathbf{k}_{j-1}, \mathbf{c}_j]^{-1}$，這個符號表示前 $j-1$ 行與 I_m 的相同。證明每個 L_j 的形式為 $L_j = L^{(m)}[\mathbf{k}_1, ..., \mathbf{k}_{j-1}, \mathbf{c}'_j]$ 並不困難，其中 $\mathbf{c}'_j$ 為長度是 $m-j+1$ 的行向量。我們現在聲稱每個排列矩陣 P_k 能經每個矩陣 L_j 移至 L_j 的右邊，即
$$P_k L_j = L'_j P_k$$
其中 $L'_j = L^{(m)}[\mathbf{k}_1, ..., \mathbf{k}_{j-1}, \mathbf{c}''_j]$，$\mathbf{c}''_j$ 為長度是 $m-j+1$ 的行向量。若此為真，我們可得形如下面的分解
$$(L_r L'_{r-1} \cdots L'_2 L'_1)(P_r P_{r-1} \cdots P_2 P_1) A = U$$
若令 $P = P_r P_{r-1} \cdots P_2 P_1$，此即證明 PA 有 LU 分解，這是因為 $L_r L'_{r-1} \cdots L'_2 L'_1$ 為可逆下三角矩陣。剩下的是要證明以下頗具技術性的結果。

引理 2

令 P_k 表示交換 I_m 的第 k 列與其下面一列。若 $j < k$，令 $\mathbf{c}_j$ 為長度 $m-j+1$ 的行，則有長度 $m-j+1$ 的另一行 $\mathbf{c}'_j$，使得
$$P_k \cdot L^{(m)}[\mathbf{k}_1, ..., \mathbf{k}_{j-1}, \mathbf{c}_j] = L^{(m)}[\mathbf{k}_1, ..., \mathbf{k}_{j-1}, \mathbf{c}'_j] \cdot P_k$$

此引理的證明，留做習題 11。

習題 2.7

1. 求出以下矩陣的 LU 分解。

(a) $\begin{bmatrix} 2 & 6 & -2 & 0 & 2 \\ 3 & 9 & -3 & 3 & 1 \\ -1 & -3 & 1 & -3 & 1 \end{bmatrix}$

◆(b) $\begin{bmatrix} 2 & 4 & 2 \\ 1 & -1 & 3 \\ -1 & 7 & -7 \end{bmatrix}$

(c) $\begin{bmatrix} 2 & 6 & -2 & 0 & 2 \\ 1 & 5 & -1 & 2 & 5 \\ 3 & 7 & -3 & -2 & 5 \\ -1 & -1 & 1 & 2 & 3 \end{bmatrix}$

◆(d) $\begin{bmatrix} -1 & -3 & 1 & 0 & -1 \\ 1 & 4 & 1 & 1 & 1 \\ 1 & 2 & -3 & -1 & 1 \\ 0 & -2 & -4 & -2 & 0 \end{bmatrix}$

(e) $\begin{bmatrix} 2 & 2 & 4 & 6 & 0 & 2 \\ 1 & -1 & 2 & 1 & 3 & 1 \\ -2 & 2 & -4 & -1 & 1 & 6 \\ 0 & 2 & 0 & 3 & 4 & 8 \\ -2 & 4 & -4 & 1 & -2 & 6 \end{bmatrix}$

◆(f) $\begin{bmatrix} 2 & 2 & -2 & 4 & 2 \\ 1 & -1 & 0 & 2 & 1 \\ 3 & 1 & -2 & 6 & 3 \\ 1 & 3 & -2 & 2 & 1 \end{bmatrix}$

2. 求出下列矩陣 A 的排列矩陣 P 及 PA 的 LU 分解。

(a) $\begin{bmatrix} 0 & 0 & 2 \\ 0 & -1 & 4 \\ 3 & 5 & 1 \end{bmatrix}$ ◆(b) $\begin{bmatrix} 0 & -1 & 2 \\ 0 & 0 & 4 \\ -1 & 2 & 1 \end{bmatrix}$

(c) $\begin{bmatrix} 0 & -1 & 2 & 1 & 3 \\ -1 & 1 & 3 & 1 & 4 \\ 1 & -1 & -3 & 6 & 2 \\ 2 & -2 & -4 & 1 & 0 \end{bmatrix}$

◆(d) $\begin{bmatrix} -1 & -2 & 3 & 0 \\ 2 & 4 & -6 & 5 \\ 1 & 1 & -1 & 3 \\ 2 & 5 & -10 & 1 \end{bmatrix}$

3. 利用 A 的 LU 分解,求解方程組 $A\mathbf{x} = \mathbf{b}$,找出 $\mathbf{y}$,使得 $L\mathbf{y} = \mathbf{b}$,再找出 $\mathbf{x}$,使得 $U\mathbf{x} = \mathbf{y}$:

(a) $A = \begin{bmatrix} 2 & 0 & 0 \\ 0 & -1 & 0 \\ 1 & 1 & 3 \end{bmatrix}\begin{bmatrix} 1 & 0 & 0 & 1 \\ 0 & 0 & 1 & 2 \\ 0 & 0 & 0 & 1 \end{bmatrix}$; $\mathbf{b} = \begin{bmatrix} 1 \\ -1 \\ 2 \end{bmatrix}$

◆(b) $A = \begin{bmatrix} 2 & 0 & 0 \\ 1 & 3 & 0 \\ -1 & 2 & 1 \end{bmatrix}\begin{bmatrix} 1 & 1 & 0 & -1 \\ 0 & 1 & 0 & 1 \\ 0 & 0 & 0 & 0 \end{bmatrix}$; $\mathbf{b} = \begin{bmatrix} -2 \\ -1 \\ 1 \end{bmatrix}$

(c) $A = \begin{bmatrix} -2 & 0 & 0 & 0 \\ 1 & -1 & 0 & 0 \\ -1 & 0 & 2 & 0 \\ 0 & 1 & 0 & 2 \end{bmatrix}\begin{bmatrix} 1 & -1 & 2 & 1 \\ 0 & 1 & 1 & -4 \\ 0 & 0 & 1 & -\frac{1}{2} \\ 0 & 0 & 0 & 1 \end{bmatrix}$;

$\mathbf{b} = \begin{bmatrix} 1 \\ -1 \\ 2 \\ 0 \end{bmatrix}$

◆(d) $A = \begin{bmatrix} 2 & 0 & 0 & 0 \\ 1 & -1 & 0 & 0 \\ -1 & 1 & 2 & 0 \\ 3 & 0 & 1 & -1 \end{bmatrix}\begin{bmatrix} 1 & -1 & 0 & 1 \\ 0 & 1 & -2 & -1 \\ 0 & 0 & 1 & 1 \\ 0 & 0 & 0 & 0 \end{bmatrix}$;

$\mathbf{b} = \begin{bmatrix} 4 \\ -6 \\ 4 \\ 5 \end{bmatrix}$

4. 證明 $\begin{bmatrix} 0 & 1 \\ 1 & 0 \end{bmatrix} = LU$ 不可能成立,其中 L 為下三角,U 為上三角。

◆5. 證明列交換可由其它形式的列運算得到。

6. (a) 令 L 和 L_1 為可逆下三角矩陣,U 和 U_1 為可逆上三角矩陣。證明 $LU = L_1U_1$ 若且唯若存在一可逆對角矩陣 D,使得 $L_1 = LD$ 且 $U_1 = D^{-1}U$。【提示:仔細檢查 $L^{-1}L_1 = UU_1^{-1}$。】

◆(b) 若 A 可逆,利用 (a) 證明定理 3。

◆7. 證明引理 1(1)。【提示:利用區塊乘法和歸納法。】

8. 證明引理 1(2)。【提示:利用區塊乘法和歸納法。】

9. 若一個三角矩陣為方陣且其主對角線元素皆為 1,則稱為**單位三角 (unit triangular)** 矩陣。

(a) 若不必作列交換即可將 A 經由高斯演算法化為列梯形,證明 $A = LU$,其中 L 為單位下三角,U 為上三角。

◆(b) 證明 (a) 的分解是唯一。

10. 令 $\mathbf{c}_1, \mathbf{c}_2, ..., \mathbf{c}_r$ 是長度為 $m, m-1, ..., m-r+1$ 的行。若 $\mathbf{k}_j$ 表示 I_m 的第 j 行,證明 $L^{(m)}[\mathbf{c}_1, \mathbf{c}_2, ..., \mathbf{c}_r] = L^{(m)}[\mathbf{c}_1]L^{(m)}[\mathbf{k}_1, \mathbf{c}_2]L^{(m)}[\mathbf{k}_1, \mathbf{k}_2, \mathbf{c}_3] ... L^{(m)}[\mathbf{k}_1, \mathbf{k}_2, ..., \mathbf{k}_{r-1}, \mathbf{c}_r]$。這裡的符號與定理 2 的證明相同。【提示:利用對 m 的歸納法和區塊乘法。】

11. 證明引理 2。【提示:$P_k^{-1} = P_k$。寫成區塊形式 $P_k = \begin{bmatrix} I_k & 0 \\ 0 & P_0 \end{bmatrix}$,其中 P_0 為 $(m-k) \times (m-k)$ 排列矩陣。】

2.8 節　應用於投入 - 產出經濟模型 [16]

於 1973 年 Wassily Leontief 獲頒諾貝爾經濟學獎，原因是獎勵他在數學模型上的貢獻 [17]。粗略言之，這個經濟模型包括許多產業，每個產業有其產品，而每個產業也會利用到其它產業的產品。以下是典型的例子。

例 1

早期社會有三種基本需求：食物、住所和衣服。為了生產這些商品，社會需有三種產業：農業、房屋業和紡織業。每個產業的消費占總產出的比例如下表所示：

		產出		
		農業	房屋業	紡織業
消費	農業	0.4	0.2	0.3
	房屋業	0.2	0.6	0.4
	紡織業	0.4	0.2	0.3

每個產業必須是使收入等於消費，試求每年各產品的價格。

解：對總產出而言，令 p_1、p_2、p_3 分別是每年農業、房屋業和紡織業產品的價格。欲知這些價格是如何決定的，可先考慮農業，每年農業產品的定價 p_1，是依消費食物 40%、房子 20%、衣服 30% 而定（由表的第一列）。因此，農業的花費是 $0.4p_1 + 0.2p_2 + 0.3p_3$，所以

$$0.4p_1 + 0.2p_2 + 0.3p_3 = p_1$$

其它兩種產業可用相同的分析而得到以下的方程組

$$0.4p_1 + 0.2p_2 + 0.3p_3 = p_1$$
$$0.2p_1 + 0.6p_2 + 0.4p_3 = p_2$$
$$0.4p_1 + 0.2p_2 + 0.3p_3 = p_3$$

將此方程組寫成矩陣形式 $E\mathbf{p} = \mathbf{p}$，其中

$$E = \begin{bmatrix} 0.4 & 0.2 & 0.3 \\ 0.2 & 0.6 & 0.4 \\ 0.4 & 0.2 & 0.3 \end{bmatrix}, \mathbf{p} = \begin{bmatrix} p_1 \\ p_2 \\ p_3 \end{bmatrix}$$

寫成齊次方程組

$$(I - E)\mathbf{p} = \mathbf{0}$$

---

[16] 本節與下一節的應用彼此並無關聯，因此次序可以隨意更換。
[17] 參閱 W. W. Leontief, "The world economy of the year 2000," *Scientific American*, Sept. 1980。

> 其中 I 為 3×3 單位矩陣，解為
> $$\mathbf{p} = \begin{bmatrix} 2t \\ 3t \\ 2t \end{bmatrix}$$
> 其中 t 是參數。所以農業總產出的價值與紡織業相同，而房屋業的價值是農業的 $\frac{3}{2}$ 倍。

一般而言，假設經濟上有 n 種產業，每個產業消費其它產業的產品（也許沒有消費）。我們首先假設經濟體系是**封閉的 (closed)**（亦即，無產品出口或進口），並且所有產品均被利用。給予兩個產業 $i \cdot j$，令 e_{ij} 表示產業 i 消費產業 j，產品占產業 j 每年總產出的比例，則 $E = [e_{ij}]$ 稱為經濟體的**投入 - 產出 (input-output)** 矩陣。顯然，對所有的 $i \cdot j$ 而言，

$$0 \leq e_{ij} \leq 1 \tag{1}$$

此外，產業 j 的所有產出被某些產業消費（模型為封閉），故對每一個 j 而言，

$$e_{1j} + e_{2j} + \cdots + e_{ij} = 1 \tag{2}$$

恆成立。此條件表示 E 中的每一行加起來為 1。滿足條件 (1) 和 (2) 的矩陣稱為**隨機矩陣 (stochastic matrices)**。

如例 1，令 p_i 為產業 i 每年總產出的價格，則 p_i 為產業 i 的年收入。換言之，產業 i 每年花 $e_{i1}p_1 + e_{i2}p_2 + \cdots + e_{in}p_n$ 生產（$e_{ij}p_j$ 為在產業 j 的花費）。封閉經濟體系中的每個產業，若每年的花費等於每年的收入，亦即，若對每一個 $i = 1, 2, \ldots, n$ 而言，

$$e_{1j}p_1 + e_{2j}p_2 + \cdots + e_{ij}p_n = p_i$$

恆成立，則稱此封閉經濟體系是**平衡的 (equilibrium)**。若令 $\mathbf{p} = \begin{bmatrix} p_1 \\ p_2 \\ \vdots \\ p_n \end{bmatrix}$，則這些方程式可寫成矩陣形式：

$$E\mathbf{p} = \mathbf{p}$$

這稱為**平衡條件 (equilibrium condition)**，$\mathbf{p}$ 稱為**平衡價格結構 (equilibrium price structures)**。平衡條件可寫成

$$(I - E)\mathbf{p} = \mathbf{0}$$

這是 $\mathbf{p}$ 的齊次方程組。此外，此方程組總是有非零解 $\mathbf{p}$。的確，$I - E$ 各行的和皆為零（因為 E 為隨機矩陣），所以 $I - E$ 的列梯形矩陣有零列。事實上，有更多的原理：

定理 1

令 E 為任意 $n \times n$ 隨機矩陣，則存在非零的 $n \times 1$ 矩陣 $\mathbf{p}$，使得 $E\mathbf{p} = \mathbf{p}$，其中 $\mathbf{p}$ 具有非負的元素。若 E 的所有元素皆為正，則可選得所有元素皆為正的矩陣 $\mathbf{p}$。

對於此處討論的任何封閉的投入-產出系統，定理 1 保證其平衡價格結構的存在性。證明超出本書的範圍。[18]

例 2

若投入-產出矩陣為

$$E = \begin{bmatrix} .6 & .2 & .1 & .1 \\ .3 & .4 & .2 & 0 \\ .1 & .3 & .5 & .2 \\ 0 & .1 & .2 & .7 \end{bmatrix}$$

求 4 個產業的平衡價格結構。若商業總收入為 1000 元，求價格。

解：若 $\mathbf{p} = \begin{bmatrix} p_1 \\ p_2 \\ p_3 \\ p_4 \end{bmatrix}$ 是平衡價格結構，則平衡條件為 $E\mathbf{p} = \mathbf{p}$。當我們將它寫成 $(I - E)\mathbf{p} = \mathbf{0}$，由第 1 章的方法可得如下的解：

$$\mathbf{p} = \begin{bmatrix} 44t \\ 39t \\ 51t \\ 47t \end{bmatrix}$$

其中 t 是參數。若 $p_1 + p_2 + p_3 + p_4 = 1000$，則 $t = 5.525$（取四位數）。因此

$$\mathbf{p} = \begin{bmatrix} 243.09 \\ 215.47 \\ 281.76 \\ 259.67 \end{bmatrix}$$

取五位數。

開放模型

除了生產的產業外，**開放部門 (open sector)** 是經濟體系的一部分（舉例來說，消費者就是），我們現在假設經濟體系中對開放部門的產品有需求。令 d_i 為開放部門對產品的總需求值。若 p_i、e_{ij} 如前所述，則生產產業對產品 i 的每年需求為 $e_{i1}p_1 + e_{i2}p_2 + \cdots + e_{in}p_n$，因此產業 i 每年總收入 p_i 為

$$p_i = (e_{i1}p_1 + e_{i2}p_2 + \cdots + e_{in}p_n) + d_i，i = 1, 2, \ldots, n$$

---

[18] 有興趣的讀者可參考 P. Lancaster's *Theory of Matrices* (New York: Academic Press, 1969) 或 E. Seneta's *Non-negative Matrices* (New York: Wiley, 1973)。

$\mathbf{d} = \begin{bmatrix} d_1 \\ \vdots \\ d_n \end{bmatrix}$ 稱為**需求矩陣 (demand matrix)**，此時可得矩陣方程式

$$\mathbf{p} = E\mathbf{p} + \mathbf{d}$$

或

$$(I - E)\mathbf{p} = \mathbf{d} \qquad (*)$$

這是 $\mathbf{p}$ 的線性方程組，我們要解具有非負元素的 $\mathbf{p}$。注意，E 的每個元素介於 0 與 1 之間，但與封閉模型不同，E 中各行的總和未必是 1。

在求解之前，先介紹有用的符號。若 $A = [a_{ij}]$，$B = [b_{ij}]$ 為相同大小的矩陣，對所有的 i、j 而言，若 $a_{ij} > b_{ij}$ 恆成立，則記做 $A > B$，且若 $a_{ij} \geq b_{ij}$，則記做 $A \geq B$。因此 $P \geq 0$ 表示 P 的每個元素都是非負的。注意，$A \geq 0$ 且 $B \geq 0$ 意指 $AB \geq 0$。

給予需求矩陣 $\mathbf{d} \geq 0$，我們欲求滿足 $(*)$ 式的產出矩陣 $\mathbf{p} \geq 0$。若 $I - E$ 可逆且 $(I - E)^{-1} \geq 0$，則 $\mathbf{p}$ 確實存在。另一方面，$\mathbf{d} \geq 0$ 表示 $(*)$ 式的任意解 $\mathbf{p}$ 滿足 $\mathbf{p} \geq E\mathbf{p}$。於是有下面的定理應不會太令人驚訝。

定理 2

令 $E \geq 0$ 為一個方陣，則 $I - E$ 為可逆且 $(I - E)^{-1} \geq 0$ 若且唯若存在一行向量 $\mathbf{p} > 0$ 使得 $\mathbf{p} > E\mathbf{p}$。

啟發式的證明

若 $(I - E)^{-1} \geq 0$，則存在 $\mathbf{p} > 0$ 使得 $\mathbf{p} > E\mathbf{p}$ 的證明，留做習題 11。反之，假設這種行向量 $\mathbf{p}$ 存在。觀察，對所有 $k \geq 2$，

$$(I - E)(I + E + E^2 + \cdots + E^{k-1}) = I - E^k$$

恆成立。若我們可以證明當 k 變大時，E^k 的每一個元素皆趨近於零，則無窮矩陣的和

$$U = I + E + E^2 + \cdots$$

存在且 $(I - E)U = I$。因為 $U \geq 0$，故上式成立。為了證明 E^k 趨近於零，我們必須證明 $EP < \mu P$ 對某數 μ 成立，其中 $0 < \mu < 1$（則由歸納法知：對所有 $k \geq 1$，$E^k P < \mu^k P$）。μ 的存在性的證明，留做習題 12。

定理 2 的條件 $\mathbf{p} > E\mathbf{p}$ 有簡單的經濟解釋。若 $\mathbf{p}$ 為產出矩陣，$E\mathbf{p}$ 的元素 i 是產業 i 一年所有產出的總價值。因此，條件 $\mathbf{p} > E\mathbf{p}$ 表示對每個產業 i 產出的價值超過消費的價值。換言之，每個產業均有獲利。

例 3

若 $E = \begin{bmatrix} 0.6 & 0.2 & 0.3 \\ 0.1 & 0.4 & 0.2 \\ 0.2 & 0.5 & 0.1 \end{bmatrix}$，證明 $I - E$ 可逆且 $(I-E)^{-1} \geq 0$。

解：在定理 2 中，令 $\mathbf{p} = (3, 2, 2)^T$。

若 $\mathbf{p}_0 = (1, 1, 1)^T$，$E\mathbf{p}_0$ 的元素為 E 的列和 (row sums)，因此若 E 的列和皆小於 1，則 $\mathbf{p}_0 > E\mathbf{p}_0$ 成立。這證明了下列有用事實的第 1 式（第 2 式留做習題 10）。

推論 1

令 $E \geq 0$ 為一個方陣，下面每一情況下，$I - E$ 為可逆且 $(I-E)^{-1} \geq 0$。

1. E 的所有列和小於 1。
2. E 的所有行和小於 1。

習題 2.8

1. 下面為投入-產出矩陣，求可能的平衡價格結構：

   (a) $\begin{bmatrix} 0.1 & 0.2 & 0.3 \\ 0.6 & 0.2 & 0.3 \\ 0.3 & 0.6 & 0.4 \end{bmatrix}$ ◆(b) $\begin{bmatrix} 0.5 & 0 & 0.5 \\ 0.1 & 0.9 & 0.2 \\ 0.4 & 0.1 & 0.3 \end{bmatrix}$

   (c) $\begin{bmatrix} .3 & .1 & .1 & .2 \\ .2 & .3 & .1 & 0 \\ .3 & .3 & .2 & .3 \\ .2 & .3 & .6 & .7 \end{bmatrix}$ ◆(d) $\begin{bmatrix} .5 & 0 & .1 & .1 \\ .2 & .7 & 0 & .1 \\ .1 & .2 & .8 & .2 \\ .2 & .1 & .1 & .6 \end{bmatrix}$

◆2. 有 3 種產業 A、B、C，若 B 消費所有 A 的產品，C 消費所有 B 的產品，A 消費所有 C 的產品。求可能的平衡價格結構。

3. 若 3 種產業的投入-產出矩陣為 $\begin{bmatrix} 1 & 0 & 0 \\ 0 & 0 & 1 \\ 0 & 1 & 0 \end{bmatrix}$，求可能的平衡價格結構。討論此處為何有兩個參數。

◆4. 對於 2×2 隨機矩陣 E 證明定理 1，先將 E 寫成

$$E = \begin{bmatrix} a & b \\ 1-a & 1-b \end{bmatrix}$$

其中 $0 \leq a \leq 1$，$0 \leq b \leq 1$。

5. 若 E 為 $n \times n$ 隨機矩陣，$\mathbf{c}$ 為 $n \times 1$ 矩陣，證明 $\mathbf{c}$ 的元素和等於 $n \times 1$ 矩陣 $E\mathbf{c}$ 的元素和。

6. 令 $W = [1\ 1\ 1 \cdots 1]$。令 E、F 為具有非負元素的 $n \times n$ 矩陣。

   (a) 證明 E 為隨機矩陣若且唯若 $WE = W$。

   (b) 若 E 和 F 為隨機矩陣，用 (a) 推導出 EF 亦為隨機矩陣。

7. 求 2×2 矩陣 E，其元素介於 0、1 之間，使得：

(a) $I - E$ 不可逆。

◆(b) $I - E$ 可逆，但並非 $(I - E)^{-1}$ 的所有元素皆為負。

◆8. 若 E 為 2×2 矩陣，其元素介於 0 與 1 之間，證明 $I - E$ 為可逆且 $(I - E)^{-1} \geq 0$ 若且唯若 $\operatorname{tr} E < 1 + \det E$。此處，若 $E = \begin{bmatrix} a & b \\ c & d \end{bmatrix}$，則 $\operatorname{tr} E = a + d$ 且 $\det E = ad - bc$。

9. 下列各題中，證明 $I - E$ 可逆且 $(I - E)^{-1} \geq 0$。

(a) $\begin{bmatrix} 0.6 & 0.5 & 0.1 \\ 0.1 & 0.3 & 0.3 \\ 0.2 & 0.1 & 0.4 \end{bmatrix}$ ◆(b) $\begin{bmatrix} 0.7 & 0.1 & 0.3 \\ 0.2 & 0.5 & 0.2 \\ 0.1 & 0.1 & 0.4 \end{bmatrix}$

(c) $\begin{bmatrix} 0.6 & 0.2 & 0.1 \\ 0.3 & 0.4 & 0.2 \\ 0.2 & 0.5 & 0.1 \end{bmatrix}$ ◆(d) $\begin{bmatrix} 0.8 & 0.1 & 0.1 \\ 0.3 & 0.1 & 0.2 \\ 0.3 & 0.3 & 0.2 \end{bmatrix}$

10. 在定理 2 的推論中，證明由 (1) 可推得 (2)。

11. 若 $(I - E)^{-1} \geq 0$，試求 $\mathbf{p} > 0$ 使得 $\mathbf{p} > E\mathbf{p}$。

12. 若 $E\mathbf{p} < \mathbf{p}$，其中 $E \geq 0$ 且 $\mathbf{p} > 0$，求一數 μ 使得 $E\mathbf{p} < \mu\mathbf{p}$，$0 < \mu < 1$。
【提示：若 $E\mathbf{p} = (q_1, ..., q_n)^T$ 且 $\mathbf{p} = (p_1, ..., p_n)^T$，取任意數 μ 使得 $\max \left\{ \dfrac{q_1}{p_1}, ..., \dfrac{q_n}{p_n} \right\} < \mu < 1$。】

2.9 節　應用於馬可夫鏈

　　許多自然現象經過不同階段的演進，而在每一個階段可以有各種狀態。例如，一個城市的天氣每天都有變化，可能是晴天或雨天。此例中的狀態則是指「晴天」和「雨天」，而天氣由一種狀態轉變至另一種狀態。另外一個例子是有關足球隊：比賽時會有各種階段，其狀態是「勝」、「平手」和「敗」。

　　一般的架構如下：一個系統經過一系列「階段」的演變，而在每一階段，系統處於有限個可能的狀態之一。在任意已知狀態下，欲決定下一個階段的狀態，與系統過去到現在的歷史有關，亦即，與過去到現在的一系列狀態有關。

定義 2.15

馬可夫鏈 (Markov chain) 是一種演化系統，在此系統中欲決定下一個階段的狀態，只和現在的狀態有關，而與過去的歷史無關。[19]

　　對於馬可夫鏈的情況，在任何階段，系統處於何種狀態只由機率來決定。換言之，扮演角色的是機會。例如，若一足球隊贏得某場比賽，我們並不知道下一場他

---

[19] 以 Andrei Andreyevich Markov (1856–1922) 的名字命名，馬可夫是俄羅斯 St. Petersburg 大學教授。

們是贏、平手或輸。但是，我們或許知道這一隊繼續贏的機率；例如，在下一場有 $\frac{1}{2}$ 的機率會贏，$\frac{4}{10}$ 的機率會輸，$\frac{1}{10}$ 的機率會平手。同樣的，若足球隊輸了這場比賽，下一場輸的機率是 $\frac{1}{2}$，贏的機率是 $\frac{1}{4}$，平手的機率是 $\frac{1}{4}$。若這一場是平手，則下一場出現各種狀態的機率也知道。

此處我們非正式地談論機率：某事件發生的次數占所有事件發生次數的比，就是該事件的機率。因此，所有機率是介於 0 與 1 之間的數。機率為 0 表示事件不可能發生；機率為 1 表示事件必定發生。

若一個馬可夫鏈是在某特定狀態，則下一階段它在各狀態的機率稱為馬可夫鏈的**遷移機率 (transition probabilities)**。而這些機率假設為已知數。為了導出它的一般條件，可考慮一個簡單的例子。此例中的系統是一個人，他的後繼午餐是「階段」，他所選的兩家餐廳則是「狀態」。

例 1

某人總是在 A 與 B 兩家餐廳之一吃午餐。他從來不在 A 連續兩次吃午餐。但是，如果他在 B 吃午餐，則下次他在 B 吃午餐的機率是在 A 的 3 倍。起初，他在兩家餐廳吃午餐的機率相等。

(a) 他吃過午餐後的第三天在 A 吃午餐的機率是多少？
(b) 他在 A 吃午餐的比率是多少？

解：遷移機率如下表所示。A 行表示若他某天在 A 吃午餐，隔天他一定不會在 A 而是在 B 吃午餐。

		今日午餐	
		A	B
下次午餐	A	0	0.25
	B	1	0.75

B 行表示，若某天他在 B 吃午餐，隔天他在 B 吃午餐的機率為 $\frac{3}{4}$，而有 $\frac{1}{4}$ 的機率會換到 A。

某天他尚未決定到哪一家吃午餐。我們最多只能期望知道他將去 A、B 吃午餐的機率。令 $\mathbf{s}_m = \begin{bmatrix} s_1^{(m)} \\ s_2^{(m)} \end{bmatrix}$ 為第 m 日的狀態向量。$s_1^{(m)}$ 為他在第 m 日到 A 吃午餐的機率，$s_2^{(m)}$ 為他在第 m 日到 B 吃午餐的機率。令 $\mathbf{s}_0$ 為初始日的狀況。因為在初始日他選擇 A、B 的機率相同，$s_1^{(0)} = 0.5$、$s_2^{(0)} = 0.5$，所以 $\mathbf{s}_0 = \begin{bmatrix} 0.5 \\ 0.5 \end{bmatrix}$。現在令

$$P = \begin{bmatrix} 0 & 0.25 \\ 1 & 0.75 \end{bmatrix}$$

表示遷移矩陣 (transition matrix)。對所有整數 $m \geq 0$ 而言，

$$\mathbf{s}_{m+1} = P\mathbf{s}_m$$

恆成立。稍後我們再作推導；現在我們用它來逐步計算 $\mathbf{s}_1, \mathbf{s}_2, \mathbf{s}_3, \ldots$

$$\mathbf{s}_1 = p\mathbf{s}_0 = \begin{bmatrix} 0 & 0.25 \\ 1 & 0.75 \end{bmatrix} \begin{bmatrix} 0.5 \\ 0.5 \end{bmatrix} = \begin{bmatrix} 0.125 \\ 0.875 \end{bmatrix}$$

$$\mathbf{s}_2 = p\mathbf{s}_1 = \begin{bmatrix} 0 & 0.25 \\ 1 & 0.75 \end{bmatrix} \begin{bmatrix} 0.125 \\ 0.875 \end{bmatrix} = \begin{bmatrix} 0.21875 \\ 0.78125 \end{bmatrix}$$

$$\mathbf{s}_3 = p\mathbf{s}_2 = \begin{bmatrix} 0 & 0.25 \\ 1 & 0.75 \end{bmatrix} \begin{bmatrix} 0.21875 \\ 0.78125 \end{bmatrix} = \begin{bmatrix} 0.1953125 \\ 0.8046875 \end{bmatrix}$$

所以在初始日之後的第三天他在 A 吃午餐的機率接近 0.195，在 B 吃午餐的機率為 0.805。如果我們繼續計算，下一個狀態向量為（取五個數字）：

$$\mathbf{s}_4 = \begin{bmatrix} 0.20117 \\ 0.79883 \end{bmatrix}, \mathbf{s}_5 = \begin{bmatrix} 0.19971 \\ 0.80029 \end{bmatrix}$$

$$\mathbf{s}_6 = \begin{bmatrix} 0.20007 \\ 0.79993 \end{bmatrix}, \mathbf{s}_7 = \begin{bmatrix} 0.19998 \\ 0.80002 \end{bmatrix}$$

此外，當 m 增加，$\mathbf{s}_m$ 越來越接近 $\begin{bmatrix} 0.2 \\ 0.8 \end{bmatrix}$。因此，長期來看，他在 A 吃午餐的機率為 20%，在 B 則為 80%。

例 1 包含了大多數馬可夫鏈的主要特性。一般的模型如下：系統經過各種階段演化，在每一個階段，系統處於 n 個不同狀態之一。系統進行一系列的狀態改變。若在某個階段，馬可夫鏈處在狀態 j，下一階段它遷移到狀態 i 的機率 p_{ij} 稱為**遷移機率 (transition probability)**。$n \times n$ 矩陣 $P = [p_{ij}]$ 稱為馬可夫鏈的**遷移矩陣 (transition matrix)**。如圖所示。

我們對遷移矩陣 $P = [p_{ij}]$ 做了一個重要的假設：遷移矩陣不隨演化過程處在什麼階段而改變。這個假設表示遷移機率與時間無關，亦即，它不隨時間改變。因為這個假設使得馬可夫鏈在文獻上有其特色。

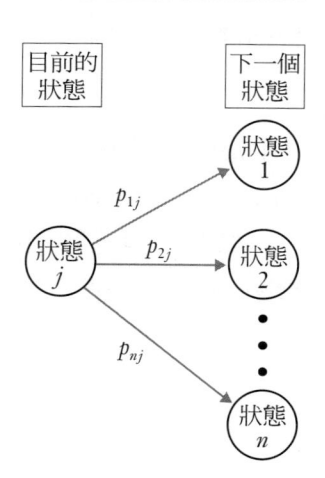

例 2

假設 3-狀態的馬可夫鏈的遷移矩陣為

$$P = \begin{bmatrix} p_{11} & p_{12} & p_{13} \\ p_{21} & p_{22} & p_{23} \\ p_{31} & p_{32} & p_{33} \end{bmatrix} = \begin{bmatrix} 0.3 & 0.1 & 0.6 \\ 0.5 & 0.9 & 0.2 \\ 0.2 & 0.0 & 0.2 \end{bmatrix} \begin{matrix} 1 \\ 2 \\ 3 \end{matrix} \quad \text{下一個狀態}$$

目前的狀態 1 2 3

例如，若系統處在狀態 2，則第 2 行表示系統在下一個狀態的機率。因此由狀態 2 到狀態 1 的機率為 $p_{12} = 0.1$，由狀態 2 到狀態 2 的機率為 $p_{22} = 0.9$。$p_{32} = 0$ 表示不可能由狀態 2 到達狀態 3。

考慮遷移矩陣 P 的第 j 行

$$\begin{bmatrix} p_{1j} \\ p_{2j} \\ \vdots \\ p_{nj} \end{bmatrix}$$

若在演化過程中的某個階段，系統處在狀態 j，遷移機率 $p_{1j}, p_{2j}, \ldots, p_{nj}$ 表示這個系統下一階段分別會在狀態 1、狀態 2、…、狀態 n 的機率。我們假設在每一次的遷移都會到達某個狀態，而這些機率的總和為 1：

$$p_{1j} + p_{2j} + \cdots + p_{nj} = 1, \text{對每個 } j \text{ 都成立}$$

P 中每一行的和為 1 且 P 的每一個元素介於 0 與 1 之間，因此 P 稱為**隨機矩陣 (stochastic matrix)**。

如例 1，我們採用下列記號：令 $s_i^{(m)}$ 表示系統經過 m 次遷移後，處在狀態 i 的機率。$n \times 1$ 矩陣

$$\mathbf{s}_m = \begin{bmatrix} s_1^{(m)} \\ s_2^{(m)} \\ \vdots \\ s_n^{(m)} \end{bmatrix}, m = 0, 1, 2, \cdots$$

稱為馬可夫鏈的**狀態向量 (state vectors)**。注意，$\mathbf{s}_m$ 的元素總和必須為 1，因為經過 m 次遷移，系統必在某些狀態。矩陣 $\mathbf{s}_0$ 稱為馬可夫鏈的**初始狀態向量 (initial state vector)**，可作為特定鏈中數據的一部分。例如，若鏈中只有兩個狀態，則初始向量 $\mathbf{s}_0 = \begin{bmatrix} 1 \\ 0 \end{bmatrix}$ 表示由狀態 1 出發。若由狀態 2 出發，則初始向量取為 $\mathbf{s}_0 = \begin{bmatrix} 0 \\ 1 \end{bmatrix}$。若 $\mathbf{s}_0 = \begin{bmatrix} 0.5 \\ 0.5 \end{bmatrix}$，則表示系統由狀態 1 或狀態 2 出發的機率相同。

定理 1

令 P 為 n-狀態馬可夫鏈的遷移矩陣。若 $\mathbf{s}_m$ 為第 m 階段的狀態向量,則對每個 $m = 0, 1, 2, \ldots$ 而言,

$$\mathbf{s}_{m+1} = P\mathbf{s}_m$$

恆成立。

啟發式證明

假設馬可夫鏈進行 N 次,每次都由相同的初始狀態向量開始。p_{ij} 為狀態 j 遷移至狀態 i 的機率,$s_i^{(m)}$ 為在第 m 階段在狀態 i 的機率。因此

$$s_i^{m+1}N$$

大約為系統在第 $m + 1$ 階段處在狀態 i 的次數。我們將用另一種方法來計算這個次數。若系統在第 m 階段處在某個狀態 j,而第 $m + 1$ 階段到達狀態 i。在狀態 j 的次數大約為 $s_j^{(m)}N$,故由狀態 j 到達狀態 i 的次數為 $p_{ij}(s_j^{(m)}N)$。對 j 求和可得系統在第 $m + 1$ 階段處在狀態 i 的次數。這是我們先前算出的數字,故

$$s_i^{(m+1)}N = p_{i1}s_1^{(m)}N + p_{i2}s_2^{(m)}N + \cdots + p_{in}s_n^{(m)}N$$

除以 N 可得 $s_i^{(m+1)} = p_{i1}s_1^{(m)} + p_{i2}s_2^{(m)} + \cdots + p_{in}s_n^{(m)}$,對每個 i 而言均成立,而此式可用矩陣表示成 $\mathbf{s}_{m+1} = P\mathbf{s}_m$。

若初始機率向量為 $\mathbf{s}_0$,且遷移矩陣 P 為已知,由定理 1 可得 $\mathbf{s}_1, \mathbf{s}_2, \mathbf{s}_3, \ldots$,一個接一個,如下:

$$\mathbf{s}_1 = P\mathbf{s}_0$$
$$\mathbf{s}_2 = P\mathbf{s}_1$$
$$\mathbf{s}_3 = P\mathbf{s}_2$$
$$\vdots$$

因此每一個狀態向量 $\mathbf{s}_m$,$m = 0, 1, 2, \ldots$,完全由 P 和 $\mathbf{s}_0$ 決定。

例 3

一群狼總是在 R_1、R_2、R_3 三個區域捕獵物,捕獵的習慣如下:
1. 若當天在某一區捕獵,隔天在同一區與不在同一區捕獵的機率相等。
2. 若在 R_1 捕獵,隔天絕不在 R_2 捕獵。
3. 若在 R_2 或 R_3 捕獵,隔天在其它區捕獵的機率相等。

若這群狼星期一在 R_1 捕獵,求星期四在同一區捕獵的機率。

解:這個過程的階段是指連續的日子;而狀態為三個區域。遷移矩陣 P 可決定如下(表中所示):狼群的第一個習慣表示 $p_{11} = p_{22} = p_{33} = \frac{1}{2}$。現在第 1 行表示狼群由 R_1 開始之後的行動:不會到狀態 2,故 $p_{21} = 0$,又因為每行的總和必須為 1,故 $p_{31} = \frac{1}{2}$。第 2 行表示由 R_2 開始之後的行動:$p_{22} = \frac{1}{2}$ 並且 p_{12} 與 p_{32} 相等(由習慣 3),因為每行之總和為 1,故 $p_{12} = p_{32} = \frac{1}{4}$。第 3 行可用類似的方法求得。

	R_1	R_2	R_3
R_1	$\frac{1}{2}$	$\frac{1}{4}$	$\frac{1}{4}$
R_2	0	$\frac{1}{2}$	$\frac{1}{4}$
R_3	$\frac{1}{2}$	$\frac{1}{4}$	$\frac{1}{2}$

現在令星期一為初始階段。因為狼群星期一在 R_1 捕獵,故 $\mathbf{s}_0 = \begin{bmatrix} 1 \\ 0 \\ 0 \end{bmatrix}$。以 $\mathbf{s}_1$、$\mathbf{s}_2$、$\mathbf{s}_3$ 分別表示星期二、星期三和星期四的狀態向量,利用定理 1,計算得

$$\mathbf{s}_1 = P\mathbf{s}_0 = \begin{bmatrix} \frac{1}{2} \\ 0 \\ \frac{1}{2} \end{bmatrix}, \ \mathbf{s}_2 = P\mathbf{s}_1 = \begin{bmatrix} \frac{3}{8} \\ \frac{1}{8} \\ \frac{4}{8} \end{bmatrix}, \ \mathbf{s}_3 = P\mathbf{s}_2 = \begin{bmatrix} \frac{11}{32} \\ \frac{6}{32} \\ \frac{15}{32} \end{bmatrix}$$

因此狼群星期四在區域 R_1 捕獵物的機率為 $\frac{11}{32}$。

在例 1 中,將觀察到的另一個現象做出說明。由該例所計算出的狀態向量 $\mathbf{s}_0$, $\mathbf{s}_1$, $\mathbf{s}_2$, ... 中,可知它們趨近於 $\mathbf{s} = \begin{bmatrix} 0.2 \\ 0.8 \end{bmatrix}$。這表示當 m 變大時,$\mathbf{s}_m$ 的第一個元素接近於 0.2,而第二個元素接近於 0.8。在這種情況下,我們稱 $\mathbf{s}_m$ **收斂 (converges)** 於 $\mathbf{s}$,當 m 很大時,取 $\mathbf{s}_m = \mathbf{s}$ 所產生的誤差是很小的,因此對長期而言,系統處於狀態 1 的機率為 0.2,而在狀態 2 的機率為 0.8。在例 1 中,計算足夠多的狀態向量即可顯現出極限向量 $\mathbf{s}$。但是,在多數情況下,有更好的方法可以求得極限向量。

假定 P 是馬可夫鏈的遷移矩陣,並假設狀態向量 $\mathbf{s}_m$ 收斂到極限向量 $\mathbf{s}$,則當 m 足夠大時,$\mathbf{s}_m$ 非常接近 $\mathbf{s}$,故 $\mathbf{s}_{m+1}$ 也非常接近 $\mathbf{s}$,因此由定理 1 中所述的式子 $\mathbf{s}_{m+1} = P\mathbf{s}_m$ 接近於

$$\mathbf{s} = P\mathbf{s}$$

所以 $\mathbf{s}$ 為這個矩陣方程式的解,並不足為奇。此外,因為上式可以寫成齊次線性方程組

$$(I - P)\mathbf{s} = \mathbf{0}$$

故很容易求解,其中 $\mathbf{s}$ 的元素即為變數。

於例 1 中，$P = \begin{bmatrix} 0 & 0.25 \\ 1 & 0.75 \end{bmatrix}$，$(I - P)\mathbf{s} = \mathbf{0}$ 的通解為 $\mathbf{s} = \begin{bmatrix} t \\ 4t \end{bmatrix}$，其中 t 為參數。但是若我們要求 $\mathbf{s}$ 的元素和為 1（對所有狀態向量均為真），則可得 $t = 0.2$，如前所述 $\mathbf{s} = \begin{bmatrix} 0.2 \\ 0.8 \end{bmatrix}$。

所有這些極限向量的預測是建立在：馬可夫鏈的狀態向量序列，必須有極限向量存在，然而這個極限向量可能並不存在。但是在以下這種常見的情況下，它是存在的。若隨機矩陣 P 的某次方 P^m 的每一個元素均大於 0，則稱 P 為**正則 (regular)**。例 1 中的矩陣 $P = \begin{bmatrix} 0 & 0.25 \\ 1 & 0.75 \end{bmatrix}$ 為正則（於此例中，P^2 的每一個元素均為正）。一般的定理如下：

定理 2

令 P 為馬可夫鏈的遷移矩陣，且假設 P 為正則，則存在唯一的行矩陣 $\mathbf{s}$ 滿足下列條件：

1. $P\mathbf{s} = \mathbf{s}$。
2. $\mathbf{s}$ 的元素為正且總和為 1。

此外，條件 1 可寫成

$$(I - P)\mathbf{s} = \mathbf{0}$$

此為 $\mathbf{s}$ 的齊次線性方程組。最後，狀態向量的序列 $\mathbf{s}_0, \mathbf{s}_1, \mathbf{s}_2, \ldots$ 收斂於 $\mathbf{s}$，亦即，若 m 足夠大，$\mathbf{s}_m$ 的每一個元素都趨近於對應的 $\mathbf{s}$ 的元素。

我們在這裡不證明這個定理。[20]

若 P 為馬可夫鏈的正則遷移矩陣，則滿足定理 2 的條件 1、2 之行向量 $\mathbf{s}$ 稱為馬可夫鏈的**穩定狀態向量 (steady-state vector)**。$\mathbf{s}$ 的元素即表示從長期看來，馬可夫鏈所處的各種狀態的機率。

例 4

某人每天喝 3 種湯的一種：牛肉湯 (B)、雞肉湯 (C) 和蔬菜湯 (V)。他從來不連續兩天喝同一種湯。若他某天喝牛肉湯，則隔天喝其它兩種湯的機率相等；若他沒有喝牛肉湯，隔天喝牛肉湯的機率是喝其它湯機率的 2 倍。

(a) 若某天他喝了牛肉湯，則 2 天後他再喝牛肉湯的機率是多少？
(b) 試求他喝 3 種湯的長期機率。

---
[20] 有興趣的讀者可以在 J. Kemeny, H. Mirkil, J. Snell, 和 G. Thompson, *Finite Mathematical Structures* (Englewood Cliffs, N.J.: Prentice-Hall, 1958) 的書籍中找到證明。

解：B、C、V 三種湯是馬可夫鏈的狀態。表中所列的是遷移矩陣（回顧一下，對於每一個狀態，對應行表示到下一個狀態的機率）。若他一開始喝牛肉湯，則初始狀態向量為

$$\mathbf{s}_0 = \begin{bmatrix} 1 \\ 0 \\ 0 \end{bmatrix}$$

則 2 天後的狀態向量為 $\mathbf{s}_2$。若 P 是遷移矩陣，則

$$\mathbf{s}_1 = P\mathbf{s}_0 = \frac{1}{2}\begin{bmatrix} 0 \\ 1 \\ 1 \end{bmatrix}, \quad \mathbf{s}_2 = P\mathbf{s}_1 = \frac{1}{6}\begin{bmatrix} 4 \\ 1 \\ 1 \end{bmatrix}$$

所以 2 天後他喝牛肉湯的機率是 $\frac{2}{3}$，此為 (a) 部分的解答，這也顯示他喝雞肉湯和蔬菜湯的機率各為 $\frac{1}{6}$。

欲求長期機率，我們必須求穩定狀態向量 $\mathbf{s}$。應用定理 2，因為 P 是正則（P^2 有正的元素），所以 $\mathbf{s}$ 滿足 $P\mathbf{s} = \mathbf{s}$，亦即 $(I - P)\mathbf{s} = \mathbf{0}$，其中

	B	C	V
B	0	$\frac{2}{3}$	$\frac{2}{3}$
C	$\frac{1}{2}$	0	$\frac{1}{3}$
V	$\frac{1}{2}$	$\frac{1}{3}$	0

$$I - P = \frac{1}{6}\begin{bmatrix} 6 & -4 & -4 \\ -3 & 6 & -2 \\ -3 & -2 & 6 \end{bmatrix}$$

解得 $\mathbf{s} = \begin{bmatrix} 4t \\ 3t \\ 3t \end{bmatrix}$，其中 t 為參數。因為 $\mathbf{s}$ 的元素和必須為 1，所以 $\mathbf{s} = \begin{bmatrix} 0.4 \\ 0.3 \\ 0.3 \end{bmatrix}$。因此以長期來看，他喝牛肉湯的機率是 40%，喝雞肉湯和蔬菜湯的機率各是 30%。

習題 2.9

1. 下列哪一個隨機矩陣是正則？

    (a) $\begin{bmatrix} 0 & 0 & \frac{1}{2} \\ 1 & 0 & \frac{1}{2} \\ 0 & 1 & 0 \end{bmatrix}$ ◆(b) $\begin{bmatrix} \frac{1}{2} & 0 & \frac{1}{3} \\ \frac{1}{4} & 1 & \frac{1}{3} \\ \frac{1}{4} & 0 & \frac{1}{3} \end{bmatrix}$

2. 下列各題中，求穩定狀態向量。假設由狀態 1 出發，經過 3 次遷移，求處在狀態 2 的機率。

    (a) $\begin{bmatrix} 0.5 & 0.3 \\ 0.5 & 0.7 \end{bmatrix}$ ◆(b) $\begin{bmatrix} \frac{1}{2} & 1 \\ \frac{1}{2} & 0 \end{bmatrix}$

    (c) $\begin{bmatrix} 0 & \frac{1}{2} & \frac{1}{4} \\ 1 & 0 & \frac{1}{4} \\ 0 & \frac{1}{2} & \frac{1}{2} \end{bmatrix}$ ◆(d) $\begin{bmatrix} 0.4 & 0.1 & 0.5 \\ 0.2 & 0.6 & 0.2 \\ 0.4 & 0.3 & 0.3 \end{bmatrix}$

    (e) $\begin{bmatrix} 0.8 & 0.0 & 0.2 \\ 0.1 & 0.6 & 0.1 \\ 0.1 & 0.4 & 0.7 \end{bmatrix}$ ◆(f) $\begin{bmatrix} 0.1 & 0.3 & 0.3 \\ 0.3 & 0.1 & 0.6 \\ 0.6 & 0.6 & 0.1 \end{bmatrix}$

3. 一隻狐狸在 A、B、C 三個地區捕獵物，牠從不連續兩天於同一地區捕獵物。若牠在 A 捕獵物，則隔天會在 C 捕獵物。若牠在 B 或 C 捕獵物，則隔天在 A 捕獵物的機率是其它地區的 2 倍。

    (a) 求狐狸在 A、B、C 捕獵物的機率。

    (b) 若牠星期一在 A（星期一在 C）捕獵物，則星期四會在 B 捕獵物的機率為何？

4. 假設社會有 3 種階級——上層、中層、下層——其流動性如下：
   1. 上層階級父母親的子女有 70% 仍是上層階級，有 10% 變成中層階級，有 20% 變成下層階級。
   2. 中層階級父母親的子女有 80% 仍是中層階級，其它變成上層和下層階級的機會均等。
   3. 下層階級父母親的子女有 60% 仍是下層階級，有 30% 變成中層階級，有 10% 變成上層階級。

   (a) 求下層階級父母的孫子變成上層階級的機率。
   ◆(b) 求社會分階的長期機率。

5. 總理說她將要投入選舉。消息由一人傳一人的過程中，每一次傳遞錯誤的機率是 p ($p \neq 0$)。假設某人聽到這個消息後會把它傳給另一個不知道消息的人。試求經過長期傳遞之後，某人聽到消息是將要選舉的機率。

◆6. 約翰星期一準時上班。其它天的行為如下：若他某天遲到，隔天準時的機率是遲到的 2 倍。若某天準時上班，隔天遲到和準時的機率相等。求他星期三遲到和準時的機率。

7. 假設你有 1¢，且和朋友丟銅板。每一回合你會贏或輸 1¢ 的機率相等。若你沒錢了或得到 4¢ 就停止遊戲。假設你的朋友永不停止遊戲，若用 0、1、2、3、4 表示你有的錢數，證明對應的遷移矩陣不是正則。求經過三個回合你會沒錢的機率。

◆8. 一隻老鼠被放入迷宮中，如圖所示。假設牠進入一個隔間後必會離開，並且到任何通道的機率相等。

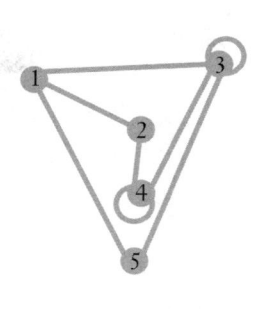

   (a) 若牠由隔間 1 開始，試求移動三次之後到達隔間 4 的機率。
   (b) 求隔間的長期機率。

9. 若隨機矩陣的主對角線有一個 1，證明此矩陣不是正則。假設矩陣不是 1×1。

10. 若 $\mathbf{s}_m$ 為馬可夫鏈在第 m 階段後的狀態向量，證明對所有 $m \geq 1$、$k \geq 1$ 而言，$\mathbf{s}_{m+k} = P^k \mathbf{s}_m$ 恆成立（P 為遷移矩陣）。

11. 一個隨機矩陣，若所有列的和也等於 1，則稱為**雙重隨機 (doubly stochastic)**。求一個雙重隨機矩陣的穩定狀態向量。

◆12. 考慮 2×2 隨機矩陣 $P = \begin{bmatrix} 1-p & q \\ p & 1-q \end{bmatrix}$，其中 $0 < p < 1$，$0 < q < 1$。

   (a) 證明 $\dfrac{1}{p+q}\begin{bmatrix} q \\ p \end{bmatrix}$ 為 P 的穩定狀態向量。

   (b) 證明 P^m 收斂到矩陣 $\dfrac{1}{p+q}\begin{bmatrix} q & q \\ p & p \end{bmatrix}$，先用歸納法驗證
   $$P^m = \frac{1}{p+q}\begin{bmatrix} q & q \\ p & p \end{bmatrix} + \frac{(1-p-q)^m}{p+q}\begin{bmatrix} p & -q \\ -p & q \end{bmatrix}$$
   其中 $m = 1, 2, \ldots$。（我們可以證明任何正則遷移矩陣序列 $P, P^2, P^3, \ldots$ 收斂到一個矩陣，其每一行都是 P 的穩定狀態向量。）

第 2 章補充習題

1. 求矩陣 X，若
   (a) $PXQ = R$； (b) $XP = S$；
   其中
   $$P = \begin{bmatrix} 1 & 0 \\ 2 & -1 \\ 0 & 3 \end{bmatrix}, Q = \begin{bmatrix} 1 & 1 & -1 \\ 2 & 0 & 3 \end{bmatrix},$$
   $$R = \begin{bmatrix} -1 & 1 & -4 \\ -4 & 0 & -6 \\ 6 & 6 & -6 \end{bmatrix}, S = \begin{bmatrix} 1 & 6 \\ 3 & 1 \end{bmatrix}$$

2. 考慮 $p(X) = X^3 - 5X^2 + 11X - 4I$。
   (a) 若 $p(U) = \begin{bmatrix} 1 & 3 \\ -1 & 0 \end{bmatrix}$，計算 $p(U^T)$。
   ◆(b) 若 $p(U) = 0$，其中 U 為 $n \times n$，求 U^{-1}，用 U 來表示。

3. 證明：若方程組（可能非齊次）為相容且變數多於方程式，則必有無窮多解。【提示：利用第 2.2 節定理 2 和第 1.3 節定理 1。】

4. 假設線性方程組 $A\mathbf{x} = \mathbf{b}$ 至少有兩個不同解 $\mathbf{y}$、$\mathbf{z}$。
   (a) 證明對每一個 k，$\mathbf{x}_k = \mathbf{y} + k(\mathbf{y} - \mathbf{z})$ 為其解。
   ◆(b) 證明若 $\mathbf{x}_k = \mathbf{x}_m$，則 $k = m$。【提示：參閱第 2.1 節例 7。】
   (c) 證明 $A\mathbf{x} = \mathbf{b}$ 有無限多組解。

5. (a) 令 A 為 3×3 矩陣。在主對角線上及其下方之元素皆為 0，證明 $A^3 = 0$。
   (b) 將此結果推廣至 $n \times n$ 矩陣，並且證明之。

6. 令 I_{pq} 為 $n \times n$ 矩陣，其 (p, q) 元素為 1，其餘的元素為零。證明：
   (a) $I_n = I_{11} + I_{22} + \cdots + I_{nn}$
   (b) $I_{pq}I_{rs} = \begin{cases} I_{ps} & \text{若 } q = r \\ 0 & \text{若 } q \neq r \end{cases}$
   (c) 若 $A = [a_{ij}]$ 為 $n \times n$，則
   $$A = \sum_{i=1}^{n} \sum_{j=1}^{n} a_{ij}I_{ij}$$
   ◆(d) 若 $A = [a_{ij}]$，則對所有的 p、q、r、s 而言，$I_{pq}AI_{rs} = a_{qr}I_{ps}$ 恆成立。

7. 形如 aI_n 的矩陣稱為 $n \times n$ **純量矩陣** (scalar matrix)
   (a) 證明每一個 $n \times n$ 純量矩陣均與每一個 $n \times n$ 矩陣可交換。
   ◆(b) 證明若 A 與每一個 $n \times n$ 矩陣可交換，則 A 為純量矩陣。【提示：參閱習題 6 的 (d)。】

8. 令 $M = \begin{bmatrix} A & B \\ C & D \end{bmatrix}$，其中 A、B、C、D 為 $n \times n$，且彼此均可交換。若 $M^2 = 0$，證明 $(A + D)^3 = 0$。【提示：首先證明 $A^2 = -BC = D^2$，然後證明 $B(A + D) = 0 = C(A + D)$。】

9. 若 A 為 2×2，證明 $A^{-1} = A^T$ 若且唯若對某些 θ 而言，$A = \begin{bmatrix} \cos\theta & \sin\theta \\ -\sin\theta & \cos\theta \end{bmatrix}$ 或 $A = \begin{bmatrix} \cos\theta & \sin\theta \\ \sin\theta & -\cos\theta \end{bmatrix}$。【提示：若 $a^2 + b^2 = 1$，則令 $a = \cos\theta$、$b = \sin\theta$，且利用 $\cos(\theta - \varphi) = \cos\theta\cos\varphi + \sin\theta\sin\varphi$。】

10. (a) 若 $A = \begin{bmatrix} 0 & 1 \\ 1 & 0 \end{bmatrix}$，證明 $A^2 = I$。
    (b) 下列敘述為何錯誤？若 $A^2 = I$，則 $A^2 - I = 0$，故 $(A - I)(A + I) = 0$，因此 $A = I$ 或 $A = -I$。

11. 令 E 與 F 是由單位矩陣以第 k 列的倍數加到第 p 和第 q 列而得。若 $k \neq p$ 且 $k \neq q$，證明 $EF = FE$。

12. 若 A 為 2×2 實矩陣，$A^2 = A$ 且 $A^T = A$，證明 A 是 $\begin{bmatrix} 0 & 0 \\ 0 & 0 \end{bmatrix}$、$\begin{bmatrix} 1 & 0 \\ 0 & 0 \end{bmatrix}$、$\begin{bmatrix} 0 & 0 \\ 0 & 1 \end{bmatrix}$、$\begin{bmatrix} 1 & 0 \\ 0 & 1 \end{bmatrix}$ 之一，或 $A = \begin{bmatrix} a & b \\ b & 1-a \end{bmatrix}$，其中 $a^2 + b^2 = a$，$-\frac{1}{2} \leq b \leq \frac{1}{2}$ 且 $b \neq 0$。

13. 對矩陣 P、Q 而言，證明下列敘述是等價的：
    (1) P、Q、$P+Q$ 均為可逆，且 $(P+Q)^{-1} = P^{-1} + Q^{-1}$。
    (2) P 為可逆且 $Q = PG$，其中 $G^2 + G + I = 0$。

第三章

行列式與對角化

對於每一個方陣，我們可以計算一個數，稱為該矩陣的行列式，由此數我們就可知道這個矩陣是否可逆。事實上，行列式在計算反矩陣所用的公式中也會用到。它們也出現在計算某些與矩陣相關的數（稱為固有值或特徵值）。固有值在矩陣對角化的過程中是很重要的，在許多應用中它可預測系統未來的行為。例如，我們可用它來預測一個物種是否將會絕種。

萊伯尼茲 (Leibnitz) 在 1696 年首先研究了行列式，而「行列式」一詞，是由高斯 (Gauss) 於 1801 年在他的 *Disquisitiones Arithmeticae* 著作中首先使用。行列式的年代比矩陣久遠（Cayley 在 1878 年介紹了矩陣），並且廣泛使用於 18 和 19 世紀，主要是因為它們具有幾何意義（參閱第 4.4 節）。雖然它們目前不像以往那麼重要，行列式仍然在矩陣代數的理論和應用上扮演著重要的角色。

3.1 節　餘因子展開

在第 2.5 節，我們定義了 2×2 矩陣 $A = \begin{bmatrix} a & b \\ c & d \end{bmatrix}$ 的行列式如下：[1]

$$\det A = \begin{vmatrix} a & b \\ c & d \end{vmatrix} = ad - bc$$

並且在例 4 證明了 A 為可逆若且唯若 $\det A \neq 0$。本章的目標之一是將這些理論和結果應用到任意方陣 A。對於 1×1 矩陣，不會有問題：若 $A = [a]$，我們定義 $\det A = \det[a] = a$，注意，A 可逆若且唯若 $a \neq 0$。

若 A 為 3×3 且可逆，我們試圖藉著列運算將 A 化為單位矩陣來尋找一個合適的 $\det A$ 之定義。第一行不為零（A 是可逆的）；假設第 (1, 1) 元素 a 不為零，則由列運算可得

---

[1] 行列式通常會寫成 $|A| = \det A$。這兩種寫法我們都會使用。

$$A = \begin{bmatrix} a & b & c \\ d & e & f \\ g & h & i \end{bmatrix} \to \begin{bmatrix} a & b & c \\ ad & ae & af \\ ag & ah & ai \end{bmatrix} \to \begin{bmatrix} a & b & c \\ 0 & ae-bd & af-cd \\ 0 & ah-bg & ai-cg \end{bmatrix} = \begin{bmatrix} a & b & c \\ 0 & u & af-cd \\ 0 & v & ai-cg \end{bmatrix}$$

其中 $u = ae - bd$ 且 $v = ah - bg$。因為 A 是可逆，u、v 其中之一不為零（第 2.4 節例 11）；假設 $u \neq 0$。則簡化過程如下：

$$A \to \begin{bmatrix} a & b & c \\ 0 & u & af-cd \\ 0 & v & ai-cg \end{bmatrix} \to \begin{bmatrix} a & b & c \\ 0 & u & af-cd \\ 0 & uv & u(ai-cg) \end{bmatrix} \to \begin{bmatrix} a & b & c \\ 0 & u & af-cd \\ 0 & 0 & w \end{bmatrix}$$

其中 $w = u(ai - cg) - v(af - cd) = a(aei + bfg + cdh - ceg - afh - bdi)$。我們定義

$$\det A = aei + bfg + cdh - ceg - afh - bdi \tag{$*$}$$

由觀察知 $\det A \neq 0$ 此乃因 $a \det A = w \neq 0$（為可逆）。

為了寫成如下的定義，在 $(*)$ 式中，將 A 的第 1 列所涉及 a、b、c 的項合併：

$$\begin{aligned}
\det A = \begin{vmatrix} a & b & c \\ d & e & f \\ g & h & i \end{vmatrix} &= aei + bfg + cdh - ceg - afh - bdi \\
&= a(ei - fh) - b(di - fg) + c(dh - eg) \\
&= a\begin{vmatrix} e & f \\ h & i \end{vmatrix} - b\begin{vmatrix} d & f \\ g & i \end{vmatrix} + c\begin{vmatrix} d & e \\ g & h \end{vmatrix}
\end{aligned}$$

最後一個運算式可以描述如下：計算一個 3×3 矩陣 A 的行列式，可將第 1 列的每一個元素乘以刪除該元素所在的行和列後所剩的 2×2 矩陣之行列式，並由正 $(+)$ 開始交替使用正負號，然後將結果相加。由此項觀察，我們可推廣如下。

例 1

$$\begin{aligned}
\det \begin{bmatrix} 2 & 3 & 7 \\ -4 & 0 & 6 \\ 1 & 5 & 0 \end{bmatrix} &= 2\begin{vmatrix} 0 & 6 \\ 5 & 0 \end{vmatrix} - 3\begin{vmatrix} -4 & 6 \\ 1 & 0 \end{vmatrix} + 7\begin{vmatrix} -4 & 0 \\ 1 & 5 \end{vmatrix} \\
&= 2(-30) - 3(-6) + 7(-20) \\
&= -182
\end{aligned}$$

這使得我們可用歸納法以規模較小的行列式來定義任意方陣的行列式。想法是以 2×2 矩陣的行列式定義 3×3 矩陣的行列式，然後再以 3×3 矩陣的行列式定義 4×4 矩陣的行列式等等。

為了描述這觀念，我們需要一些術語。

定義 3.1

假設 $(n-1) \times (n-1)$ 矩陣的行列式已定義。給予 $n \times n$ 矩陣 A，令

A_{ij} 表示從 A 刪除第 i 列和第 j 行之後

所得到的 $(n-1) \times (n-1)$ 矩陣。

則第 (i,j)-**餘因子 (cofactor)** $c_{ij}(A)$ 是由下式所定義的純量

$$c_{ij}(A) = (-1)^{i+j} \det(A_{ij})$$

其中 $(-1)^{i+j}$ 稱為第 (i,j) 位置的**正負號 (sign)**。

矩陣元素位置之正負號顯然是 1 或 −1，下面的圖形對於記憶元素位置的符號是有幫助的。

$$\begin{bmatrix} + & - & + & - & \cdots \\ - & + & - & + & \cdots \\ + & - & + & - & \cdots \\ - & + & - & + & \cdots \\ \vdots & \vdots & \vdots & \vdots & \end{bmatrix}$$

注意正負號從左上角以正號 (+) 開始沿每一列和每一行交替排列。

例 2

求出下列矩陣中，在位置 $(1,2), (3,1)$ 和 $(2,3)$ 的餘因子。

$$A = \begin{bmatrix} 3 & -1 & 6 \\ 5 & 2 & 7 \\ 8 & 9 & 4 \end{bmatrix}$$

解：這裡 A_{12} 是矩陣 $\begin{bmatrix} 5 & 7 \\ 8 & 4 \end{bmatrix}$，此為刪除第 1 列和第 2 行後所剩的結果。位置 $(1,2)$ 的正負號為 $(-1)^{1+2} = -1$〔與正負符號圖中第 $(1,2)$-元素相同〕，因此第 $(1,2)$-餘因子為

$$c_{12}(A) = (-1)^{1+2} \begin{vmatrix} 5 & 7 \\ 8 & 4 \end{vmatrix} = (-1)(5 \cdot 4 - 7 \cdot 8) = (-1)(-36) = 36$$

至於位置 $(3,1)$，我們發現

$$c_{31}(A) = (-1)^{3+1} \det A_{31} = (-1)^{3+1} \begin{vmatrix} -1 & 6 \\ 2 & 7 \end{vmatrix} = (+1)(-7-12) = -19$$

最後，第 $(2,3)$-餘因子為

$$c_{23}(A) = (-1)^{2+3} \det A_{23} = (-1)^{2+3} \begin{vmatrix} 3 & -1 \\ 8 & 9 \end{vmatrix} = (-1)(27+8) = -35$$

這個矩陣有 9 個元素，顯然其餘的餘因子均可求出。

我們現在可以對任意方陣 A 定義 $\det A$。

定義 3.2

假設 $(n-1) \times (n-1)$ 矩陣的行列式已定義。若 $A = [a_{ij}]$ 為 $n \times n$ 矩陣，定義
$$\det A = a_{11}c_{11}(A) + a_{12}c_{12}(A) + \ldots + a_{1n}c_{1n}(A)$$
稱為 $\det A$ 沿第 1 列的**餘因子展開 (cofactor expansion)**。

$\det A$ 可以由第 1 列的元素乘以對應的餘因子，然後將結果相加求得。令人驚訝的是 $\det A$ 可由任意列或行的餘因子展開式計算而得：只要將該列或該行的每一個元素乘以對應的餘因子，然後相加即可。

定理 1

餘因子展開定理 (Cofactor Expansion Theorem)[2]

$n \times n$ 矩陣 A 的行列式可用 A 的任意列或行的餘因子算出。亦即，$\det A$ 可由任一列或行的每一個元素乘以對應的餘因子再相加起來。

例 3

求 $A = \begin{bmatrix} 3 & 4 & 5 \\ 1 & 7 & 2 \\ 9 & 8 & -6 \end{bmatrix}$ 的行列式。

解：沿第 1 列的餘因子展開如下：
$$\begin{aligned} \det A &= 3c_{11}(A) + 4c_{12}(A) + 5c_{13}(A) \\ &= 3\begin{vmatrix} 7 & 2 \\ 8 & -6 \end{vmatrix} - 4\begin{vmatrix} 1 & 2 \\ 9 & -6 \end{vmatrix} + 3\begin{vmatrix} 1 & 7 \\ 9 & 8 \end{vmatrix} \\ &= 3(-58) - 4(-24) + 5(-55) \\ &= -353 \end{aligned}$$

注意正負號沿著列（可沿任意列或行）交替變化。現在我們沿著第 1 行作展開來計算 $\det A$。

---

[2] 餘因子展開是由 Pierre Simon de Laplace (1749-1827) 於 1772 年發現，它屬於研究線性微分方程組的一部分。Laplace 因天文學和應用數學的工作而著名。

$$\det A = 3c_{11}(A) + 1c_{21}(A) + 9c_{31}(A)$$
$$= 3\begin{vmatrix} 7 & 2 \\ 8 & -6 \end{vmatrix} - \begin{vmatrix} 4 & 5 \\ 8 & -6 \end{vmatrix} + 9\begin{vmatrix} 4 & 5 \\ 7 & 2 \end{vmatrix}$$
$$= 3(-58) - (-64) + 9(-27)$$
$$= -353$$

讀者可以驗證，對其它列或行作展開以求得 $\det A$。

事實上，對於矩陣 A 的任意一列或行作餘因子展開都會得到相同的結果（即 A 的行列式），由此一事實，我們可以選擇特定的列或行來簡化計算過程。

● 例 4

計算 $\det A$，其中 $A = \begin{bmatrix} 3 & 0 & 0 & 0 \\ 5 & 1 & 2 & 0 \\ 2 & 6 & 0 & -1 \\ -6 & 3 & 1 & 0 \end{bmatrix}$。

解：首先我們必須選擇哪一行或列來做餘因子展開。由於展開時涉及元素與餘因子相乘，因此儘量選含有最多零的行或列才可使計算工作減為最低，在此矩陣中第 1 列為最佳選擇（第 4 行亦可）。展開後可得

$$\det A = 3c_{11}(A) + 0c_{12}(A) + 0c_{13}(A) + 0c_{14}(A)$$
$$= 3\begin{vmatrix} 1 & 2 & 0 \\ 6 & 0 & -1 \\ 3 & 1 & 0 \end{vmatrix}$$

這是第一階段的計算，我們已成功地將 4×4 矩陣 A 的行列式以 3×3 矩陣的行列式表示出來。下一階段，我們可再用這個 3×3 矩陣的任意列或行做餘因子展開。因第 3 行有 2 個零，所以我們以它展開，可得

$$\det A = 3\left(0\begin{vmatrix} 6 & 0 \\ 3 & 1 \end{vmatrix} - (-1)\begin{vmatrix} 1 & 2 \\ 3 & 1 \end{vmatrix} + 0\begin{vmatrix} 1 & 2 \\ 6 & 0 \end{vmatrix}\right)$$
$$= 3[0 + 1(-5) + 0]$$
$$= -15$$

計算完成。

計算矩陣 A 的行列式仍然是冗長的。[3] 例如，若 A 是 4×4 的矩陣，對任何一行或列作餘因子展開必須計算四個餘因子，其中每一個又要計算 3×3 矩陣的行列

---

[3] 若 $A = \begin{bmatrix} a & b & c \\ d & e & f \\ g & h & i \end{bmatrix}$，我們可以將 A 的第 1 行和第 2 行加入 A 的右側而得到 $\begin{bmatrix} a & b & c & a & b \\ d & e & f & d & e \\ g & h & i & g & h \end{bmatrix}$，則 $\det A = aei + bfg + cdh - ceg - afh - bdi$，其中正項 aei, bfg, cdh 為 a, b, c 由右往下之乘積，而負項 ceg, afh, bdi 為 c, a, b 由左往下之乘積。注意：此規則不適用於 $n \times n$ 矩陣，其中 $n > 3$ 或 $n = 2$。

式。如果 A 是 5×5 的矩陣，展開時要計算五個 4×4 矩陣的行列式，這使得我們需要一些技巧來削減工作量。

要尋找簡化的方法，首先是觀察（參閱例 4）當一行或一列中含有許多零時，計算行列式的工作量就可以大為簡化。（事實上，當有一行或一列完全由零組成時，則行列式為零——只要沿著該行或列展開即可。）

回顧一下如何在矩陣中產生零？方法之一是我們可以利用基本列運算。因此，基本列運算對計算行列式會有什麼影響？事實證明這個影響是很容易確定，同理，對於基本行運算亦然。由這些觀察可引導出一種技術，這種技術是評估怎樣才能大大地簡化行列式的計算。定理 2 中提供了必要的資訊。

定理 2

令 A 為 $n \times n$ 矩陣。

1. 若 A 有一列或一行全為零，則 $\det A = 0$。
2. 若 A 的兩個不同列（或行）互換，則行列式變為 $-\det A$。
3. 若 A 的某一列（或行）乘以常數 u，則行列式變為 $u(\det A)$。
4. 若 A 有兩列（或行）相同，則 $\det A = 0$。
5. 若 A 中某一列的倍數加到另一列（或某一行的倍數加到另一行），則行列式仍為 $\det A$。

證明

我們只證明性質 2、4、5，其餘作為習題。

性質 2。若 A 是 $n \times n$，對 n 以歸納法證明。若 $n = 2$，則留給讀者驗證。若 $n > 2$，令 B 表示兩列已互換的矩陣。對這兩列以外的列，作 $\det A$ 和 $\det B$ 的列展開，A、B 在這一列中的元素相同，但是對應的 $(n-1) \times (n-1)$ 矩陣有兩列互換，所以 B 的餘因子與 A 的餘因子正負號相反（由歸納法）。因此 $\det B = -\det A$。若兩行互換亦可用同法證明。

性質 4。若 A 有兩列相同，令 B 為將此兩列交換後的矩陣，則 $B = A$，故 $\det B = \det A$，但由性質 2 知 $\det B = -\det A$，故 $\det A = \det B = 0$。兩行相同的證明亦同。

性質 5。令 B 為 $A = [a_{ij}]$ 中第 p 列乘以 u 倍再加到第 q 列的矩陣，則 B 的第 q 列為 $(a_{q1} + ua_{p1}, a_{q2} + ua_{p2}, \ldots, a_{qn} + ua_{pn})$。$B$ 中這些元素的餘因子與 A 相同（它們不包含第 q 列）：以記號來表示，則為 $c_{qj}(B) = c_{qj}(A)$，對每個 j 皆成立。因此，B 對第 q 列作展開可得

$$\det B = (a_{q1} + ua_{p1})c_{q1}(A) + (a_{q2} + ua_{p2})c_{q2}(A) + \cdots + (a_{qn} + ua_{pn})c_{qn}(A)$$
$$= [a_{q1}c_{q1}(A) + a_{q2}c_{q2}(A) + \cdots + a_{qn}c_{qn}(A)]$$
$$+ u[a_{p1}c_{q1}(A) + a_{p2}c_{q2}(A) + \cdots + a_{pn}c_{qn}(A)]$$
$$= \det A + u \det C$$

其中 C 是把 A 的第 p 列替代第 q 列所得到的矩陣（兩者均對第 q 列展開）。因為 C 的第 p 列和第 q 列相同，由性質 4 可知 $\det C = 0$。因此 $\det B = \det A$。類似的證明對於行的運算亦成立。

為了說明定理 2，考慮以下的行列式。

$$\begin{vmatrix} 3 & -1 & 2 \\ 2 & 5 & 1 \\ 0 & 0 & 0 \end{vmatrix} = 0 \qquad \text{（因為最後一列為零）}$$

$$\begin{vmatrix} 3 & -1 & 5 \\ 2 & 8 & 7 \\ 1 & 2 & -1 \end{vmatrix} = -\begin{vmatrix} 5 & -1 & 3 \\ 7 & 8 & 2 \\ -1 & 2 & 1 \end{vmatrix} \qquad \text{（因為兩行互換）}$$

$$\begin{vmatrix} 8 & 1 & 2 \\ 3 & 0 & 9 \\ 1 & 2 & -1 \end{vmatrix} = 3\begin{vmatrix} 8 & 1 & 2 \\ 1 & 0 & 3 \\ 1 & 2 & -1 \end{vmatrix} \qquad \text{（因為左邊行列式的第 2 列是右邊行列式的第 2 列的 3 倍）}$$

$$\begin{vmatrix} 2 & 1 & 2 \\ 4 & 0 & 4 \\ 1 & 3 & 1 \end{vmatrix} = 0 \qquad \text{（因為兩行相同）}$$

$$\begin{vmatrix} 2 & 5 & 2 \\ -1 & 2 & 9 \\ 3 & 1 & 1 \end{vmatrix} = \begin{vmatrix} 0 & 9 & 20 \\ -1 & 2 & 9 \\ 3 & 1 & 1 \end{vmatrix} \qquad \text{（左邊行列式的第 2 列乘以 2 加到第 1 列就等於右邊的行列式）}$$

下列四個例子說明了如何利用定理 2 來計算行列式。

例 5

計算 $\det A$，其中 $A = \begin{bmatrix} 1 & -1 & 3 \\ 1 & 0 & -1 \\ 2 & 1 & 6 \end{bmatrix}$。

解：這個矩陣中有零，對第 2 列展開將涉及較少的計算。然而對位置 (2, 3) 可做行運算使得該位置的元素為零，也就是將第 1 行加到第 3 行。因為這不會改變行列式的值，我們得到

$$\det A = \begin{vmatrix} 1 & -1 & 3 \\ 1 & 0 & -1 \\ 2 & 1 & 6 \end{vmatrix} = \begin{vmatrix} 1 & -1 & 4 \\ 1 & 0 & 0 \\ 2 & 1 & 8 \end{vmatrix} = -\begin{vmatrix} -1 & 4 \\ 1 & 8 \end{vmatrix} = 12$$

上式為對第二個 3×3 行列式的第 2 列展開所得之結果。

例 6

若 $\det\begin{bmatrix} a & b & c \\ p & q & r \\ x & y & z \end{bmatrix} = 6$，$A = \begin{bmatrix} a+x & b+y & c+z \\ 3x & 3y & 3z \\ -p & -q & -r \end{bmatrix}$，求 $\det A$。

解：首先提出第 2 列和第 3 列的公因數。

$$\det A = 3(-1)\det\begin{bmatrix} a+x & b+y & c+z \\ x & y & z \\ p & q & r \end{bmatrix}$$

第 2 列乘以 (−1) 加到第 1 列，再把第 2 列和第 3 列交換。

$$\det A = -3\det\begin{bmatrix} a & b & c \\ x & y & z \\ p & q & r \end{bmatrix} = 3\det\begin{bmatrix} a & b & c \\ p & q & r \\ x & y & z \end{bmatrix} = 3 \cdot 6 = 18$$

矩陣的行列式是其元素乘積的總和。尤其是，如果這些元素是 x 的多項式，則行列式也會是 x 的多項式。我們常對能使行列式為零的 x 值感興趣，因此行列式以因數形式表示將會非常有用。此時我們需要利用定理 2 的性質。

例 7

求能使 $\det A = 0$ 的 x 值，其中 $A = \begin{bmatrix} 1 & x & x \\ x & 1 & x \\ x & x & 1 \end{bmatrix}$。

解：欲求 $\det A$，首先將第 1 列乘以 $(-x)$ 分別加到第 2 列和第 3 列。

$$\det A = \begin{vmatrix} 1 & x & x \\ x & 1 & x \\ x & x & 1 \end{vmatrix} = \begin{vmatrix} 1 & x & x \\ 0 & 1-x^2 & x-x^2 \\ 0 & x-x^2 & 1-x^2 \end{vmatrix} = \begin{vmatrix} 1-x^2 & x-x^2 \\ x-x^2 & 1-x^2 \end{vmatrix}$$

至此我們很容易算出行列式為 $2x^3 - 3x^2 + 1$。令 $2x^3 - 3x^2 + 1 = 0$，利用因式分解求出 x 值。然而，可直接對行列式中的元素做因式分解，再從每一列中提出公因式 $(1-x)$。

$$\det A = \begin{vmatrix} (1-x)(1+x) & x(1-x) \\ x(1-x) & (1-x)(1+x) \end{vmatrix} = (1-x)^2 \begin{vmatrix} 1+x & x \\ x & 1+x \end{vmatrix} = (1-x)^2(2x+1)$$

因此，$\det A = 0$ 表示 $(1-x)^2(2x+1) = 0$，即 $x = 1$ 或 $x = -\frac{1}{2}$。

例 8

已知 a_1、a_2、a_3，證明 $\det \begin{bmatrix} 1 & a_1 & a_1^2 \\ 1 & a_2 & a_2^2 \\ 1 & a_3 & a_3^2 \end{bmatrix} = (a_3 - a_1)(a_3 - a_2)(a_2 - a_1)$。

解：將第 1 列乘以 (-1) 分別加到第 2 列和第 3 列：

$$\det \begin{bmatrix} 1 & a_1 & a_1^2 \\ 1 & a_2 & a_2^2 \\ 1 & a_3 & a_3^2 \end{bmatrix} = \det \begin{bmatrix} 1 & a_1 & a_1^2 \\ 0 & a_2 - a_1 & a_2^2 - a_1^2 \\ 0 & a_3 - a_1 & a_3^2 - a_1^2 \end{bmatrix} = \det \begin{bmatrix} a_2 - a_1 & a_2^2 - a_1^2 \\ a_3 - a_1 & a_3^2 - a_1^2 \end{bmatrix}$$

$(a_2 - a_1)$ 和 $(a_3 - a_1)$ 分別是第 1 列和第 2 列的公因式，因此

$$\det \begin{bmatrix} 1 & a_1 & a_1^2 \\ 1 & a_2 & a_2^2 \\ 1 & a_3 & a_3^2 \end{bmatrix} = (a_2 - a_1)(a_3 - a_1) \det \begin{bmatrix} 1 & a_2 + a_1 \\ 1 & a_3 + a_1 \end{bmatrix}$$
$$= (a_2 - a_1)(a_3 - a_1)(a_3 - a_2)$$

例 8 中的矩陣稱為 Vandermonde 矩陣，而這個 3×3 矩陣的行列式的公式可推廣至 $n \times n$ 矩陣（參考第 3.2 節定理 7）。

若 A 為 $n \times n$ 矩陣，uA 表示以 u 乘以 A 的每一列。應用定理 2 的性質 3，我們可以提出每一列的公因式 u，而獲得以下有用的結果。

定理 3

若 A 為 $n \times n$ 矩陣，則對於任意的數 u 而言，$\det(uA) = u^n \det A$。

下一個例題顯示一種可以很容易算出行列式的矩陣。

例 9

若 $A = \begin{bmatrix} a & 0 & 0 & 0 \\ u & b & 0 & 0 \\ v & w & c & 0 \\ x & y & z & d \end{bmatrix}$，求 $\det A$。

解：對第 1 列展開可得 $\det A = a \begin{vmatrix} b & 0 & 0 \\ w & c & 0 \\ y & z & d \end{vmatrix}$。再對最上列展開可得 $\det A = ab \begin{vmatrix} c & 0 \\ z & d \end{vmatrix} = abcd$，此為主對角線元素的乘積。

一方陣之主對角線上方的元素均為零（如例 9），稱為**下三角矩陣 (lower triangular matrix)**。同樣地，若主對角線下方的元素均為零，則稱為**上三角矩陣 (upper triangular matrix)**。**三角矩陣 (triangular matrix)** 是指上三角或下三角矩陣。定理 4 提供了一個簡單的規則來計算任何三角矩陣的行列式，其證明類似於例 9 的求解過程。

> **定理 4**
>
> 若 A 為三角方陣，則 $\det A$ 為主對角線元素的乘積。

定理 4 在電腦的計算上非常有用，因為電腦很容易就能透過列運算將矩陣化為三角矩陣。

　　以下定理中的區塊矩陣在實用上常常出現。該定理提供了一個簡易的方法來計算其行列式。這與第 2.4 節例 11 相吻合。

> **定理 5**
>
> 考慮區塊矩陣 $\begin{bmatrix} A & X \\ 0 & B \end{bmatrix}$ 和 $\begin{bmatrix} A & 0 \\ Y & B \end{bmatrix}$，其中 A、B 為方陣，則
> $$\det\begin{bmatrix} A & X \\ 0 & B \end{bmatrix} = \det A \det B \quad 且 \quad \det\begin{bmatrix} A & 0 \\ Y & B \end{bmatrix} = \det A \det B$$

> **證明**
>
> 令 $T = \begin{bmatrix} A & X \\ 0 & B \end{bmatrix}$，其中 A 為 $k \times k$ 方陣，我們對 k 作歸納法。若 $k = 1$，它是對第 1 行作餘因子展開。一般而言，令 $S_i(T)$ 為 T 中刪去第 i 列和第 1 行之後的矩陣，則 $\det T$ 對第 1 行的餘因子展開為
> $$\det T = a_{11}\det(S_1(T)) - a_{21}\det(S_2(T)) + \cdots \pm a_{k1}\det(S_k(T)) \qquad (*)$$
> 其中 $a_{11}, a_{21}, \ldots, a_{k1}$ 為 A 的第 1 行元素。但是對於每一個 $i = 1, 2, \ldots, k$，則有 $S_i(T) = \begin{bmatrix} S_i(A) & X_i \\ 0 & B \end{bmatrix}$，故由歸納法得 $\det(S_i(T)) = \det(S_i(A)) \cdot \det B$。因此 (*) 式變成
> $$\det T = \{a_{11}\det(S_1(T)) - a_{21}\det(S_2(T)) + \cdots \pm a_{k1}\det(S_k(T))\} \det B = \{\det A\} \det B$$
> 故得證。同理可證下三角矩陣。

例 10

$$\det\begin{bmatrix} 2 & 3 & 1 & 3 \\ 1 & -2 & -1 & 1 \\ 0 & 1 & 0 & 1 \\ 0 & 4 & 0 & 1 \end{bmatrix} = -\begin{vmatrix} 2 & 1 & 3 & 3 \\ 1 & -1 & -2 & 1 \\ 0 & 0 & 1 & 1 \\ 0 & 0 & 4 & 1 \end{vmatrix} = -\begin{vmatrix} 2 & 1 \\ 1 & -1 \end{vmatrix}\begin{vmatrix} 1 & 1 \\ 4 & 1 \end{vmatrix} = -(-3)(-3) = -9$$

以下結果顯示當把 A 的固定行視為函數時，$\det A$ 是線性變換。證明於習題 21。

定理 6

已知 $\mathbb{R}^n$ 中的行 $\mathbf{c}_1, ..., \mathbf{c}_{j-1}, \mathbf{c}_{j+1}, ..., \mathbf{c}_n$，定義 $T: \mathbb{R}^n \to \mathbb{R}$ 為對 $\mathbb{R}^n$ 中的所有 $\mathbf{x}$，

$$T(\mathbf{x}) = \det[\mathbf{c}_1 \cdots \mathbf{c}_{j-1} \ \mathbf{x} \ \mathbf{c}_{j+1} \cdots \mathbf{c}_n]$$

則對 $\mathbb{R}^n$ 中所有 $\mathbf{x}$、$\mathbf{y}$ 和 $\mathbb{R}$ 中所有的 a 而言，

$$T(\mathbf{x} + \mathbf{y}) = T(\mathbf{x}) + T(\mathbf{y}) \quad \text{且} \quad T(a\mathbf{x}) = aT(\mathbf{x})$$

習題 3.1

1. 求下列矩陣的行列式。

   (a) $\begin{bmatrix} 2 & -1 \\ 3 & 2 \end{bmatrix}$ 　　◆(b) $\begin{bmatrix} 6 & 9 \\ 8 & 12 \end{bmatrix}$

   (c) $\begin{bmatrix} a^2 & ab \\ ab & b^2 \end{bmatrix}$ 　　◆(d) $\begin{bmatrix} a+1 & a \\ a & a-1 \end{bmatrix}$

   (e) $\begin{bmatrix} \cos\theta & -\sin\theta \\ \sin\theta & \cos\theta \end{bmatrix}$ 　　◆(f) $\begin{bmatrix} 2 & 0 & -3 \\ 1 & 2 & 5 \\ 0 & 3 & 0 \end{bmatrix}$

   (g) $\begin{bmatrix} 1 & 2 & 3 \\ 4 & 5 & 6 \\ 7 & 8 & 9 \end{bmatrix}$ 　　◆(h) $\begin{bmatrix} 0 & a & 0 \\ b & c & d \\ 0 & e & 0 \end{bmatrix}$

   (i) $\begin{bmatrix} 1 & b & c \\ b & c & 1 \\ c & 1 & b \end{bmatrix}$ 　　◆(j) $\begin{bmatrix} 0 & a & b \\ a & 0 & c \\ b & c & 0 \end{bmatrix}$

   (k) $\begin{bmatrix} 0 & 1 & -1 & 0 \\ 3 & 0 & 0 & 2 \\ 0 & 1 & 2 & 1 \\ 5 & 0 & 0 & 7 \end{bmatrix}$ 　◆(l) $\begin{bmatrix} 1 & 0 & 3 & 1 \\ 2 & 2 & 6 & 0 \\ -1 & 0 & -3 & 1 \\ 4 & 1 & 12 & 0 \end{bmatrix}$

   (m) $\begin{bmatrix} 3 & 1 & -5 & 2 \\ 1 & 3 & 0 & 1 \\ 1 & 0 & 5 & 2 \\ 1 & 1 & 2 & -1 \end{bmatrix}$ 　◆(n) $\begin{bmatrix} 4 & -1 & 3 & -1 \\ 3 & 1 & 0 & 2 \\ 0 & 1 & 2 & 2 \\ 1 & 2 & -1 & 1 \end{bmatrix}$

   (o) $\begin{bmatrix} 1 & -1 & 5 & 5 \\ 3 & 1 & 2 & 4 \\ -1 & -3 & 8 & 0 \\ 1 & 1 & 2 & -1 \end{bmatrix}$ 　◆(p) $\begin{bmatrix} 0 & 0 & 0 & a \\ 0 & 0 & b & p \\ 0 & c & q & k \\ d & s & t & u \end{bmatrix}$

2. 證明若 A 有一列或一行全為零，則 $\det A = 0$。

3. 計算 $\det A$ 時，證明位置在最後一列與最後一行的正負號必為 $+1$。

4. 對單位矩陣 I 而言，證明 $\det I = 1$。

5. 將下列矩陣化為上三角矩陣，並求其行列式。

(a) $\begin{bmatrix} 1 & -1 & 2 \\ 3 & 1 & 1 \\ 2 & -1 & 3 \end{bmatrix}$ ◆(b) $\begin{bmatrix} -1 & 3 & 1 \\ 2 & 5 & 3 \\ 1 & -2 & 1 \end{bmatrix}$

(c) $\begin{bmatrix} -1 & -1 & 1 & 0 \\ 2 & 1 & 1 & 3 \\ 0 & 1 & 1 & 2 \\ 1 & 3 & -1 & 2 \end{bmatrix}$ ◆(d) $\begin{bmatrix} 2 & 3 & 1 & 1 \\ 0 & 2 & -1 & 3 \\ 0 & 5 & 1 & 1 \\ 1 & 1 & 2 & 5 \end{bmatrix}$

6. 迅速做出：

(a) $\det \begin{bmatrix} a & b & c \\ a+1 & b+1 & c+1 \\ a-1 & b-1 & c-1 \end{bmatrix}$

◆(b) $\det \begin{bmatrix} a & b & c \\ a+b & 2b & c+b \\ 2 & 2 & 2 \end{bmatrix}$

7. 若 $\det \begin{bmatrix} a & b & c \\ p & q & r \\ x & y & z \end{bmatrix} = -1$，求：

(a) $\det \begin{bmatrix} -x & -y & -z \\ 3p+a & 3q+b & 3r+c \\ 2p & 2q & 2r \end{bmatrix}$

◆(b) $\det \begin{bmatrix} -2a & -2b & -2c \\ 2p+x & 2q+y & 2r+z \\ 3x & 3y & 3z \end{bmatrix}$

8. 證明：

(a) $\det \begin{bmatrix} p+x & q+y & r+z \\ a+x & b+y & c+z \\ a+p & b+q & c+r \end{bmatrix}$

$= 2 \det \begin{bmatrix} a & b & c \\ p & q & r \\ x & y & z \end{bmatrix}$

◆(b) $\det \begin{bmatrix} 2a+p & 2b+q & 2c+r \\ 2p+x & 2q+y & 2r+z \\ 2x+a & 2y+b & 2z+c \end{bmatrix}$

$= 9 \det \begin{bmatrix} a & b & c \\ p & q & r \\ x & y & z \end{bmatrix}$

9. 證明下列敘述為真或舉出反例說明其不為真。

(a) $\det(A+B) = \det A + \det B$。

◆(b) 若 $\det A = 0$，則 A 有兩列相同。

(c) 若 A 為 2×2 方陣，則 $\det(A^T) = \det A$。

◆(d) 若 R 為 A 的簡化列梯形式，則 $\det A = \det R$。

(e) 若 A 為 2×2 方陣，則 $\det(7A) = 49 \det A$。

◆(f) $\det(A^T) = -\det A$。

(g) $\det(-A) = -\det A$。

◆(h) 若 $\det A = \det B$，其中 A、B 大小相同，則 $A = B$。

10. 利用定理 5，求下列矩陣的行列式。

(a) $\begin{bmatrix} 1 & -1 & 2 & 0 & -2 \\ 0 & 1 & 0 & 4 & 1 \\ 1 & 1 & 5 & 0 & 0 \\ 0 & 0 & 0 & 3 & -1 \\ 0 & 0 & 0 & 1 & 1 \end{bmatrix}$

◆(b) $\begin{bmatrix} 1 & 2 & 0 & 3 & 0 \\ -1 & 3 & 1 & 4 & 0 \\ 0 & 0 & 2 & 1 & 1 \\ 0 & 0 & -1 & 0 & 2 \\ 0 & 0 & 3 & 0 & 1 \end{bmatrix}$

11. 若 $\det A = 2$，$\det B = -1$，$\det C = 3$，求：

(a) $\det \begin{bmatrix} A & X & Y \\ 0 & B & Z \\ 0 & 0 & C \end{bmatrix}$ ◆(b) $\det \begin{bmatrix} A & 0 & 0 \\ X & B & 0 \\ Y & Z & C \end{bmatrix}$

(c) $\det \begin{bmatrix} A & X & Y \\ 0 & B & 0 \\ 0 & Z & C \end{bmatrix}$ ◆(d) $\det \begin{bmatrix} A & X & 0 \\ 0 & B & 0 \\ Y & Z & C \end{bmatrix}$

12. 若 A 有三行，其中只有前兩行不為零，證明 $\det A = 0$。

13. (a) 若 A 為 3×3 方陣且 $\det(2A) = 6$，求 $\det A$。

(b) 在什麼情況下，$\det(-A) = \det A$？

14. 算出把所有其它列加到第 1 列的結果。

(a) $\det \begin{bmatrix} x-1 & 2 & 3 \\ 2 & -3 & x-2 \\ -2 & x & -2 \end{bmatrix}$

◆(b) $\det \begin{bmatrix} x-1 & -3 & 1 \\ 2 & -1 & x-1 \\ -3 & x+2 & -2 \end{bmatrix}$

15. (a) 若 $\det \begin{bmatrix} 5 & -1 & x \\ 2 & 6 & y \\ -5 & 4 & z \end{bmatrix} = ax + by + cz$，求 b。

◆(b) 若 $\det \begin{bmatrix} 2 & x & -1 \\ 1 & y & 3 \\ -3 & z & 4 \end{bmatrix} = ax + by + cz$，求 c。

16. 下列各題中，若 $\det A = 0$，求實數 x、y。

(a) $A = \begin{bmatrix} 0 & x & y \\ y & 0 & x \\ x & y & 0 \end{bmatrix}$

◆(b) $A = \begin{bmatrix} 1 & x & x \\ -x & -2 & x \\ -x & -x & -3 \end{bmatrix}$

(c) $A = \begin{bmatrix} 1 & x & x^2 & x^3 \\ x & x^2 & x^3 & 1 \\ x^2 & x^3 & 1 & x \\ x^3 & 1 & x & x^2 \end{bmatrix}$

◆(d) $A = \begin{bmatrix} x & y & 0 & 0 \\ 0 & x & y & 0 \\ 0 & 0 & x & y \\ y & 0 & 0 & x \end{bmatrix}$

17. 證明 $\det \begin{bmatrix} 0 & 1 & 1 & 1 \\ 1 & 0 & x & x \\ 1 & x & 0 & x \\ 1 & x & x & 0 \end{bmatrix} = -3x^2$。

18. 證明 $\det \begin{bmatrix} 1 & x & x^2 & x^3 \\ a & 1 & x & x^2 \\ p & b & 1 & x \\ q & r & c & 1 \end{bmatrix}$
$= (1 - ax)(1 - bx)(1 - cx)$。

19. 已知多項式 $p(x) = a + bx + cx^2 + dx^3 + x^4$，矩陣 $C = \begin{bmatrix} 0 & 1 & 0 & 0 \\ 0 & 0 & 1 & 0 \\ 0 & 0 & 0 & 1 \\ -a & -b & -c & -d \end{bmatrix}$

稱為 $p(x)$ 的**同伴矩陣 (companion matrix)**。證明 $\det(xI - C) = p(x)$。

20. 證明 $\det \begin{bmatrix} a+x & b+x & c+x \\ b+x & c+x & a+x \\ c+x & a+x & b+x \end{bmatrix}$
$= (a + b + c + 3x)[(ab + ac + bc) - (a^2 + b^2 + c^2)]$。

21. 證明定理 6。【提示：對第 j 行將行列式展開。】

22. 證明
$\det \begin{bmatrix} 0 & 0 & \cdots & 0 & a_1 \\ 0 & 0 & \cdots & a_2 & * \\ \vdots & \vdots & & \vdots & \vdots \\ 0 & a_{n-1} & \cdots & * & * \\ a_n & * & \cdots & * & * \end{bmatrix} = (-1)^k a_1 a_2 \cdots a_n$

其中 $n = 2k$ 或 $n = 2k + 1$，並且元素 $*$ 表示任意值。

23. 若矩陣為 $n \times n$，其中 $n \geq 2$，對第 1 行作展開，證明：

$\det \begin{bmatrix} 1 & 1 & 0 & 0 & \cdots & 0 & 0 \\ 0 & 1 & 1 & 0 & \cdots & 0 & 0 \\ 0 & 0 & 1 & 1 & \cdots & 0 & 0 \\ \vdots & \vdots & \vdots & \vdots & & \vdots & \vdots \\ 0 & 0 & 0 & 0 & \cdots & 1 & 1 \\ 1 & 0 & 0 & 0 & \cdots & 0 & 1 \end{bmatrix} = 1 + (-1)^{n+1}$

◆24. 將矩陣 A 的行向量順序顛倒，以形成矩陣 B，試以 $\det A$ 來表示 $\det B$。

25. 對列（或行）作展開，以證明定理 2 的性質 3。

26. 證明通過平面上相異兩點 (x_1, y_1) 與 (x_2, y_2) 的直線方程式為

$$\det \begin{bmatrix} x & y & 1 \\ x_1 & y_1 & 1 \\ x_2 & y_2 & 1 \end{bmatrix} = 0$$

27. 若 A 為 $n \times n$ 矩陣，且多項式 $p(x) = a_0 + a_1 x + \cdots + a_m x^m$，則 $p(A) = a_0 I + a_1 A + \cdots + a_m A^m$。

例如，若 $p(x) = 2 - 3x + 5x^2$，則 $p(A) = 2I - 3A + 5A^2$。A 的特徵多項式 (characteristic polynomial) 定義為 $c_A(x) = \det[xI - A]$，而 Cayley-Hamilton 定理是說，對任意矩陣 A 而言，滿足 $c_A(A) = 0$。

(a) 以下列矩陣驗證 Cayley-Hamilton 定理。

(i) $A = \begin{bmatrix} 3 & 2 \\ 1 & -1 \end{bmatrix}$，(ii) $A = \begin{bmatrix} 1 & -1 & 1 \\ 0 & 1 & 0 \\ 8 & 2 & 2 \end{bmatrix}$

(b) 以 $A = \begin{bmatrix} a & b \\ c & d \end{bmatrix}$ 證明此定理。

3.2 節　行列式與反矩陣

本節將推導幾個有關行列式的定理。這些定理的其中一個結論是：當方陣 A 為可逆，若且唯若 $\det A \neq 0$。此外，行列式可用來求 A^{-1} 的公式，當係數矩陣為可逆時，行列式亦可用來求解線性方程組，求解公式稱為 Cramer 法則 (Cramer's rule)。

我們從著名的矩陣乘積的行列式定理開始，此定理是由柯西 (Cauchy) 在 1812 年所提出。定理證明置於本節末。

定理 1

乘積定理 (Product Theorem)
若 A、B 為 $n \times n$ 矩陣，則 $\det(AB) = \det A \det B$。

複雜的矩陣乘法卻產生簡單的乘積定理，真令人感到相當意外，以下的例子導出一個重要的數值恆等式。

例 1

若 $A = \begin{bmatrix} a & b \\ -b & a \end{bmatrix}$, $B = \begin{bmatrix} c & d \\ -d & c \end{bmatrix}$,則 $AB = \begin{bmatrix} ac - bd & ad + bc \\ -(ad+bc) & ac-bd \end{bmatrix}$。
因此由 $\det A \det B = \det(AB)$,可得等式

$$(a^2 + b^2)(c^2 + d^2) = (ac - bd)^2 + (ad + bc)^2$$

定理 1 可以很容易推廣到 $\det(ABC) = \det A \det B \det C$。事實上,對任意相同大小的方陣 $A_1, ..., A_k$,由歸納法可得

$$\det(A_1 A_2 \cdots A_{k-1} A_k) = \det A_1 \det A_2 \cdots \det A_{k-1} \det A_k$$

特別是,若每個 $A_i = A$,可得

$$\det(A^k) = (\det A)^k,對任意 k \geq 1 恆成立$$

現在我們給予可逆的條件如下。

定理 2

一個 $n \times n$ 矩陣 A 為可逆,若且唯若 $\det A \neq 0$。此時,$\det(A^{-1}) = \dfrac{1}{\det A}$。

證明

若 A 為可逆,則 $AA^{-1} = I$;由乘積定理可得

$$1 = \det I = \det(AA^{-1}) = \det A \det A^{-1}$$

因此,$\det A \neq 0$,且 $\det(A^{-1}) = \dfrac{1}{\det A}$。

反之,若 $\det A \neq 0$,我們證明可用基本列運算(參考第 2.4 節定理 5)將 A 化成 I。當然,A 可化為簡化列梯形式 R,所以 $R = E_k \cdots E_2 E_1 A$,其中 E_i 為基本矩陣(參考第 2.5 節定理 1)。因此由乘積定理可知

$$\det R = \det E_k \cdots \det E_2 \det E_1 \det A$$

因為對所有的基本矩陣 E,有 $\det E \neq 0$,所以 $\det R \neq 0$。特別是,R 無零列,因為 R 是方陣且為簡化列梯形,所以 $R = I$。故得證。

例 2

若 $A = \begin{bmatrix} 1 & 0 & -c \\ -1 & 3 & 1 \\ 0 & 2c & -4 \end{bmatrix}$ 有反矩陣，則 c 的值為何？

解：首先計算 $\det A$，把第 1 行乘以 c 加到第 3 行，然後對第 1 列作展開。

$$\det A = \det \begin{bmatrix} 1 & 0 & -c \\ -1 & 3 & 1 \\ 0 & 2c & -4 \end{bmatrix} = \det \begin{bmatrix} 1 & 0 & 0 \\ -1 & 3 & 1-c \\ 0 & 2c & -4 \end{bmatrix} = 2(c+2)(c-3)$$

因此，若 $c = -2$ 或 $c = 3$，則 $\det A = 0$，由此可知當 $c \neq -2$ 且 $c \neq 3$ 時，A 有反矩陣。

例 3

若方陣的乘積 $A_1 A_2 \cdots A_k$ 為可逆，證明每一個 A_i 皆可逆。

解：由乘積定理，$\det A_1 \det A_2 \cdots \det A_k = \det(A_1 A_2 \cdots A_k)$。因為 $A_1 A_2 \cdots A_k$ 為可逆，由定理 2 可知 $\det(A_1 A_2 \cdots A_k) \neq 0$，因此

$$\det A_1 \det A_2 \cdots \det A_k \neq 0$$

故對每一個 i 而言，$\det A_i \neq 0$。由定理 2 知每一個 A_i 皆可逆。

定理 3

若 A 為任意方陣，則 $\det A^T = \det A$。

證明

首先考慮基本矩陣 E 的情況。若 E 為型 I 或型 II，則 $E^T = E$；所以 $\det E^T = \det E$。若 E 為型 III，則 E^T 也是型 III；由第 3.1 節定理 2 知 $\det E^T = 1 = \det E$。因此，對每一個基本矩陣 E，$\det E^T = \det E$ 恆成立。

令 A 為任意方陣。若 A 為不可逆，則 A^T 亦為不可逆；所以由定理 2 可知 $\det A^T = 0 = \det A$。另一方面，若 A 是可逆，則 $A = E_k \cdots E_2 E_1$，其中 E_i 為基本矩陣（第 2.5 節定理 2）。因此，$A^T = E_1^T E_2^T \cdots E_k^T$，故由乘積定理可得

$$\det A^T = \det E_1^T \det E_2^T \cdots \det E_k^T = \det E_1 \det E_2 \cdots \det E_k$$
$$= \det E_k \cdots \det E_2 \det E_1$$
$$= \det A$$

定理證完。

例 4

若 $\det A = 2$ 且 $\det B = 5$，求 $\det(A^3 B^{-1} A^T B^2)$。

解：利用幾個剛導出的事實。

$$\begin{aligned}\det(A^3 B^{-1} A^T B^2) &= \det(A^3)\det(B^{-1})\det(A^T)\det(B^2) \\ &= (\det A)^3 \frac{1}{\det B} \det A (\det B)^2 \\ &= 2^3 \cdot \tfrac{1}{5} \cdot 2 \cdot 5^2 \\ &= 80\end{aligned}$$

例 5

一個方陣 A，若滿足 $A^{-1} = A^T$，則 A 稱為**正交 (orthogonal)** 矩陣。若 A 是正交，求 $\det A$。

解：若 A 是正交，則 $I = AA^T$。取行列式可得 $1 = \det I = \det(AA^T) = \det A \det A^T = (\det A)^2$。於是 $\det A = \pm 1$。

因此第 2.6 節定理 4 和 5 意味著在 $\mathbb{R}^2$ 中，繞著原點旋轉以及對經過原點直線的鏡射之正交矩陣，其行列式分別為 1 和 −1。事實上它們是 $\mathbb{R}^2$ 中唯一具有這種性質的變換。我們將在第 8.2 節對此做更多的說明。

伴隨矩陣

在第 2.4 節，我們定義 2×2 矩陣 $A = \begin{bmatrix} a & b \\ c & d \end{bmatrix}$ 的伴隨矩陣為 $\mathrm{adj}(A) = \begin{bmatrix} d & -b \\ -c & a \end{bmatrix}$。然後我們驗證 $A(\mathrm{adj}\, A) = (\det A)I = (\mathrm{adj}\, A)A$。因此，若 $\det A \neq 0$，則 $A^{-1} = \frac{1}{\det A} \mathrm{adj}\, A$。我們現在可以定義任意方陣的伴隨矩陣，並且證明求反矩陣的公式依然成立（當反矩陣存在）。

還記得，方陣 A 的第 (i,j)-餘因子 $c_{ij}(A)$ 是對矩陣中的每一個位置 (i,j) 所定義的數。若 A 是方陣，則 A 的**餘因子矩陣 (cofactor matrix)** 定義為矩陣 $[c_{ij}(A)]$，其第 (i,j) 元素是 A 的第 (i,j)-餘因子。

定義 3.3

A 的**伴隨 (adjugate)**[4] 矩陣，記做 $\mathrm{adj}(A)$，是餘因子矩陣的轉置；以符號表示則為

$$\mathrm{adj}(A) = [c_{ij}(A)]^T$$

---

[4] 這在傳統上也稱為 A 的 adjoint，但是 "adjoint" 一詞有另一個意思。

這與先前對 2×2 矩陣 A 所定義的一致。

例 6

求 $A = \begin{bmatrix} 1 & 3 & -2 \\ 0 & 1 & 5 \\ -2 & -6 & 7 \end{bmatrix}$ 的伴隨矩陣，並求 $A(\text{adj } A)$ 和 $(\text{adj } A)A$。

解：我們首先求餘因子矩陣

$$\begin{bmatrix} c_{11}(A) & c_{12}(A) & c_{13}(A) \\ c_{21}(A) & c_{22}(A) & c_{23}(A) \\ c_{31}(A) & c_{32}(A) & c_{33}(A) \end{bmatrix} = \begin{bmatrix} \begin{vmatrix} 1 & 5 \\ -6 & 7 \end{vmatrix} & -\begin{vmatrix} 0 & 5 \\ -2 & 7 \end{vmatrix} & \begin{vmatrix} 0 & 1 \\ -2 & -6 \end{vmatrix} \\ -\begin{vmatrix} 3 & -2 \\ -6 & 7 \end{vmatrix} & \begin{vmatrix} 1 & -2 \\ -2 & 7 \end{vmatrix} & -\begin{vmatrix} 1 & 3 \\ -2 & -6 \end{vmatrix} \\ \begin{vmatrix} 3 & -2 \\ 1 & 5 \end{vmatrix} & -\begin{vmatrix} 1 & -2 \\ 0 & 5 \end{vmatrix} & \begin{vmatrix} 1 & 3 \\ 0 & 1 \end{vmatrix} \end{bmatrix}$$

$$= \begin{bmatrix} 37 & -10 & 2 \\ -9 & 3 & 0 \\ 17 & -5 & 1 \end{bmatrix}$$

A 的伴隨矩陣是這個餘因子矩陣的轉置。

$$\text{adj } A = \begin{bmatrix} 37 & -10 & 2 \\ -9 & 3 & 0 \\ 17 & -5 & 1 \end{bmatrix}^T = \begin{bmatrix} 37 & -9 & 17 \\ -10 & 3 & -5 \\ 2 & 0 & 1 \end{bmatrix}$$

計算 $A(\text{adj } A)$ 可得

$$A(\text{adj } A) = \begin{bmatrix} 1 & 3 & -2 \\ 0 & 1 & 5 \\ -2 & -6 & 7 \end{bmatrix} \begin{bmatrix} 37 & -9 & 17 \\ -10 & 3 & -5 \\ 2 & 0 & 1 \end{bmatrix} = \begin{bmatrix} 3 & 0 & 0 \\ 0 & 3 & 0 \\ 0 & 0 & 3 \end{bmatrix} = 3I$$

讀者可以驗證，$(\text{adj } A)A = 3I$。因此，類似於 2×2 的情況，可知 $\det A = 3$。

$A(\text{adj } A) = (\det A)I$ 對任意方陣 A 皆成立。欲知為何是如此，可考慮一般 3×3 的情形。以簡寫的符號表示，令 $c_{ij}(A) = c_{ij}$，可得

$$\text{adj } A = \begin{bmatrix} c_{11} & c_{12} & c_{13} \\ c_{21} & c_{22} & c_{23} \\ c_{31} & c_{32} & c_{33} \end{bmatrix}^T = \begin{bmatrix} c_{11} & c_{21} & c_{31} \\ c_{12} & c_{22} & c_{32} \\ c_{13} & c_{23} & c_{33} \end{bmatrix}$$

若 $A = [a_{ij}]$，我們要證明 $A(\text{adj } A) = (\det A)I$，亦即證明

$$A(\text{adj } A) = \begin{bmatrix} a_{11} & a_{12} & a_{13} \\ a_{21} & a_{22} & a_{23} \\ a_{31} & a_{32} & a_{33} \end{bmatrix} \begin{bmatrix} c_{11} & c_{21} & c_{31} \\ c_{12} & c_{22} & c_{32} \\ c_{13} & c_{23} & c_{33} \end{bmatrix} = \begin{bmatrix} \det A & 0 & 0 \\ 0 & \det A & 0 \\ 0 & 0 & \det A \end{bmatrix}$$

考慮乘積中 (1, 1) 位置的元素，它是 $a_{11}c_{11} + a_{12}c_{12} + a_{13}c_{13}$，而這正是對矩陣 A 的第 1 列作 $\det A$ 的餘因子展開。同樣地，乘積中 (2, 2) 位置的元素和 (3, 3) 位置的元素分別是對矩陣 A 的第 2 列和第 3 列作 $\det A$ 的餘因子展開。

剩下的問題是：為什麼矩陣乘積 $A(\operatorname{adj} A)$ 中非對角元素皆為零。考慮乘積的 (1, 2) 位置的元素，它是 $a_{11}c_{21} + a_{12}c_{22} + a_{13}c_{23}$。這看起來像某個矩陣的行列式的餘因子展開。若要知道是哪一個矩陣，觀察 c_{21}、c_{22}、c_{23} 是由刪去 A 的第 2 列（與其中的一行）而得到的，所以如果更改 A 的第 2 列，它們還是保持不變。尤其是，若 A 的第 2 列用第 1 列取代，可得

$$a_{11}c_{21} + a_{12}c_{22} + a_{13}c_{23} = \det \begin{bmatrix} a_{11} & a_{12} & a_{13} \\ a_{11} & a_{12} & a_{13} \\ a_{31} & a_{32} & a_{33} \end{bmatrix} = 0$$

這是對第 2 列展開，因為有兩列相同，所以行列式為零。類似的論點也可證明其它非對角元素均為零。

此論點可推廣至一般情況，而得到定理 4 的第一部分。第二部分是由第一部分乘以純量 $\frac{1}{\det A}$ 而得。

定理 4

伴隨矩陣公式 (Adjugate Formula)

若 A 是任意方陣，則

$$A(\operatorname{adj} A) = (\det A)I = (\operatorname{adj} A)A$$

特別是，若 $\det A \neq 0$，則 A 的反矩陣為

$$A^{-1} = \frac{1}{\det A} \operatorname{adj} A$$

值得注意的是，此定理不是求反矩陣的有效方法。例如，A 是 10×10 矩陣，欲求 $\operatorname{adj} A$ 需要計算 $10^2 = 100$ 個 9×9 矩陣的行列式！另一方面，以反矩陣演算法求 A^{-1} 與求 $\det A$ 所需的工作量相當。顯然，以定理 4 求 A^{-1} 並不實用：其優點是它列出了 A^{-1} 的公式，而此式對矩陣的理論是有幫助的。

例 7

若 $A = \begin{bmatrix} 2 & 1 & 3 \\ 5 & -7 & 1 \\ 3 & 0 & -6 \end{bmatrix}$，求 A^{-1} 的 (2, 3) 位置的元素。

解：首先計算 $\det A = \begin{vmatrix} 2 & 1 & 3 \\ 5 & -7 & 1 \\ 3 & 0 & -6 \end{vmatrix} = \begin{vmatrix} 2 & 1 & 7 \\ 5 & -7 & 11 \\ 3 & 0 & 0 \end{vmatrix} = 3 \begin{vmatrix} 1 & 7 \\ -7 & 11 \end{vmatrix} = 180$。

因為 $A^{-1} = \frac{1}{\det A} \operatorname{adj} A = \frac{1}{180}[c_{ij}(A)]^T$，$A^{-1}$ 的 (2, 3) 位置的元素為矩陣 $\frac{1}{180}[c_{ij}(A)]$ 的 (3, 2) 位置的元素；亦即 $\frac{1}{180} c_{32}(A) = \frac{1}{180}\left(-\begin{vmatrix} 2 & 3 \\ 5 & 1 \end{vmatrix}\right) = \frac{13}{180}$。

例 8

若 A 是 $n \times n$ 矩陣，$n \geq 2$，證明 $\det(\operatorname{adj} A) = (\det A)^{n-1}$。

解：令 $d = \det A$；我們須證明 $\det(\operatorname{adj} A) = d^{n-1}$。由定理 4，可得 $A(\operatorname{adj} A) = dI$，所以取行列式可得 $d \det(\operatorname{adj} A) = d^n$。因此，若 $d \neq 0$，已得證。假設 $d = 0$；我們必須證明 $\det(\operatorname{adj} A) = 0$，即 $\operatorname{adj} A$ 不可逆。若 $A \neq 0$，則由 $A(\operatorname{adj} A) = dI = 0$ 可證得；若 $A = 0$，則由 $\operatorname{adj} A = 0$，亦可得證。

Cramer 法則

定理 4 可應用於線性方程組。假設方程組

$$A\mathbf{x} = \mathbf{b}$$

含有 n 個方程式，其中有 n 個變數 $x_1, x_2, \ldots, x_n$。A 為 $n \times n$ 係數矩陣，$\mathbf{x}$、$\mathbf{b}$ 分別為變數和常數的行向量：

$$\mathbf{x} = \begin{bmatrix} x_1 \\ x_2 \\ \vdots \\ x_n \end{bmatrix}, \ \mathbf{b} = \begin{bmatrix} b_1 \\ b_2 \\ \vdots \\ b_n \end{bmatrix}$$

若 $\det A \neq 0$，方程式等號兩邊左乘 A^{-1} 可得 $\mathbf{x} = A^{-1}\mathbf{b}$。利用伴隨矩陣公式，這就變成

$$\begin{bmatrix} x_1 \\ x_2 \\ \vdots \\ x_n \end{bmatrix} = \frac{1}{\det A} (\operatorname{adj} A)\mathbf{b}$$

$$= \frac{1}{\det A} \begin{bmatrix} c_{11}(A) & c_{21}(A) & \cdots & c_{n1}(A) \\ c_{12}(A) & c_{22}(A) & \cdots & c_{n2}(A) \\ \vdots & \vdots & & \vdots \\ c_{1n}(A) & c_{2n}(A) & \cdots & c_{nn}(A) \end{bmatrix} \begin{bmatrix} b_1 \\ b_2 \\ \vdots \\ b_n \end{bmatrix}$$

因此，變數 $x_1, x_2, \ldots, x_n$ 為

$$x_1 = \frac{1}{\det A}[b_1c_{11}(A) + b_2c_{21}(A) + \cdots + b_nc_{n1}(A)]$$

$$x_2 = \frac{1}{\det A}[b_1c_{12}(A) + b_2c_{22}(A) + \cdots + b_nc_{n2}(A)]$$

$$\vdots \qquad \vdots$$

$$x_n = \frac{1}{\det A}[b_1c_{1n}(A) + b_2c_{2n}(A) + \cdots + b_nc_{nn}(A)]$$

出現在 x_1 公式中的 $b_1c_{11}(A) + b_2c_{21}(A) + \cdots + b_nc_{n1}(A)$，好像是對某個矩陣的行列式做餘因子展開所得。涉及的餘因子為 $c_{11}(A), c_{21}(A), \ldots, c_{n1}(A)$，其所對應的是 A 的第 1 行。若 A_1 表示將 A 的第 1 行以 **b** 取代，則對每一個 i，有 $c_{i1}(A_1) = c_{i1}(A)$。對第 1 行展開求 $\det(A_1)$ 可得

$$\begin{aligned}\det A_1 &= b_1c_{11}(A_1) + b_2c_{21}(A_1) + \cdots + b_nc_{n1}(A_1) \\ &= b_1c_{11}(A) + b_2c_{21}(A) + \cdots + b_nc_{n1}(A) \\ &= (\det A)x_1\end{aligned}$$

因此，$x_1 = \dfrac{\det A_1}{\det A}$，同理可解出其它變數。

定理 5

Cramer 法則 (Cramer's Rule)[5]

若 A 為 $n \times n$ 可逆矩陣，則 n 個方程式，n 個變數 $x_1, x_2, \ldots, x_n$ 的方程組

$$A\mathbf{x} = \mathbf{b}$$

之解為

$$x_1 = \frac{\det A_1}{\det A}, \; x_2 = \frac{\det A_2}{\det A}, \; \ldots, \; x_n = \frac{\det A_n}{\det A}$$

其中，對每一個 k 而言，A_k 是將 A 的第 k 行以 **b** 取代所得的矩陣。

例 9

已知下列方程組

$$\begin{aligned}5x_1 + x_2 - x_3 &= 4 \\ 9x_1 + x_2 - x_3 &= 1 \\ x_1 - x_2 + 5x_3 &= 2\end{aligned}$$

求 x_1。

---

[5] Gabriel Cramer (1704-1752) 是從事代數曲線基礎研究工作的瑞士數學家。他因 Cramer 法則而聞名，但這個想法早為人知。

解：計算係數矩陣 A 和矩陣 A_1 的行列式，其中 A_1 是將 A 的第 1 行用常數行取代所得的矩陣。

$$\det A = \det \begin{bmatrix} 5 & 1 & -1 \\ 9 & 1 & -1 \\ 1 & -1 & 5 \end{bmatrix} = -16$$

$$\det A_1 = \det \begin{bmatrix} 4 & 1 & -1 \\ 1 & 1 & -1 \\ 2 & -1 & 5 \end{bmatrix} = 12$$

根據 Cramer 法則，可得 $x_1 = \dfrac{\det A_1}{\det A} = -\dfrac{3}{4}$。

以 Cramer 法則求解線性方程組或求反矩陣其實並不是很有效的。雖然它讓我們在求解 x_1 時無需計算 x_2 或 x_3，這似乎是一個優點，然而真相是，以高斯演算法來求解大型方程組中的所有變數，其計算量與用 Cramer 法則求解一個變數所需的計算量相當。此外，高斯演算法可用於係數矩陣不可逆或非方陣的方程組，但 Cramer 法則並不適用。如同伴隨矩陣的公式，Cramer 法則並不實用；它主要是在理論上的貢獻。

多項式內插法

● 例 10

森林學家想要以測量樹幹的直徑（公分）來估計一棵樹的年齡。她得到下列數據：

	樹 1	樹 2	樹 3
樹幹直徑	5	10	15
年齡	3	5	6

當樹幹直徑為 12 公分時，試估計樹的年齡。

解：森林學家決定將以下二次多項式

$$p(x) = r_0 + r_1 x + r_2 x^2$$

套用到數據上，亦即選取係數 r_0、r_1 和 r_2 使得 $p(5) = 3$，$p(10) = 5$ 和 $p(15) = 6$。然後以 $p(12)$ 作為估計值。由這些條件可得三個線性方程式：

$$\begin{aligned} r_0 + 5 r_1 + 25 r_2 &= 3 \\ r_0 + 10 r_1 + 100 r_2 &= 5 \\ r_0 + 15 r_1 + 225 r_2 &= 6 \end{aligned}$$

其唯一解是 $r_0 = 0$，$r_1 = \dfrac{7}{10}$ 和 $r_2 = -\dfrac{1}{50}$，故

$$p(x) = \tfrac{7}{10} x - \tfrac{1}{50} x^2 = \tfrac{1}{50} x (35 - x)$$

因此樹的年齡估計值為 $p(12) = 5.52$。

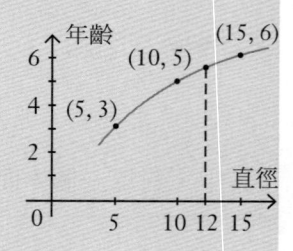

如同例 10，經常會有這種現象，兩個有關聯的變數 x 和 y 其真正的函數關係式 $y = f(x)$ 卻是未知。假設對於 x 的某些值 $x_1, x_2, ..., x_n$ 而言，其所對應的 $y_1, y_2, ..., y_n$ 為已知（如從實驗測量得知）。欲由 x 的某一值 a 去估計相對應的 y 值，方法之一就是尋找一個可「套用」這些數據的多項式[6]

$$p(x) = r_0 + r_1 x + r_2 x + \cdots + r_{n-1} x^{n-1}$$

也就是 $p(x_i) = y_i$，對每一個 $i = 1, 2, ..., n$ 皆成立。然後 y 的估計值就是 $p(a)$。若 x_i 相異，則這種多項式總是存在的。

條件 $p(x_i) = y_i$ 就是

$$\begin{aligned} r_0 + r_1 x_1 + r_2 x_1^2 + \cdots + r_{n-1} x_1^{n-1} &= y_1 \\ r_0 + r_1 x_2 + r_2 x_2^2 + \cdots + r_{n-1} x_2^{n-1} &= y_2 \\ \vdots \quad \vdots \quad \vdots \quad \quad \vdots \quad \quad \vdots & \\ r_0 + r_1 x_n + r_2 x_n^2 + \cdots + r_{n-1} x_n^{n-1} &= y_n \end{aligned}$$

以矩陣形式表示

$$\begin{bmatrix} 1 & x_1 & x_1^2 & \cdots & x_1^{n-1} \\ 1 & x_2 & x_2^2 & \cdots & x_2^{n-1} \\ \vdots & \vdots & \vdots & & \vdots \\ 1 & x_n & x_n^2 & \cdots & x_n^{n-1} \end{bmatrix} \begin{bmatrix} r_0 \\ r_1 \\ \vdots \\ r_{n-1} \end{bmatrix} = \begin{bmatrix} y_1 \\ y_2 \\ \vdots \\ y_n \end{bmatrix} \quad (*)$$

我們可以證明（參閱定理 7），係數矩陣的行列式等於所有項 $(x_i - x_j)$ 的乘積，$i > j$，而且此乘積不為零（因為 x_i 相異）。因此方程式有唯一解 $r_0, r_1, ..., r_{n-1}$。這證明了下列的定理。

定理 6

已知 n 組數據 $(x_1, y_1), (x_2, y_2), ..., (x_n, y_n)$，並假設 x_i 相異，則存在唯一的多項式

$$p(x) = r_0 + r_1 x + r_2 x^2 + \cdots + r_{n-1} x^{n-1}$$

使得 $p(x_i) = y_i$，其中 $i = 1, 2, ..., n$。

定理 6 的多項式稱為數據的**插值多項式 (interpolating polynomial)**。

我們以求 (∗) 式中的係數矩陣的行列式做為結論。若 $a_1, a_2, ..., a_n$ 為實數，則行列式

---

[6] 形如 $a_0 + a_1 x + a_2 x^2 + \cdots + a_n x^n$ 的表示式稱為多項式，其中 a_i 為數字，x 為變數。若 $a_n \neq 0$，整數 n 稱為多項式的次方，a_n 稱為領導係數。

$$\det\begin{bmatrix} 1 & a_1 & a_1^2 & \cdots & a_1^{n-1} \\ 1 & a_2 & a_2^2 & \cdots & a_2^{n-1} \\ 1 & a_3 & a_3^2 & \cdots & a_3^{n-1} \\ \vdots & \vdots & \vdots & & \vdots \\ 1 & a_n & a_n^2 & \cdots & a_n^{n-1} \end{bmatrix}$$

稱為 **Vandermonde 行列式 (Vandermonde determinant)**[7]。求這個行列式有一個簡單的公式。若 $n = 2$，則行列式為 $a_2 - a_1$；若 $n = 3$，則由第 3.1 節例 8 可知其值為 $(a_3 - a_2)(a_3 - a_1)(a_2 - a_1)$。一般的結果為所有因式 $a_i - a_j$ 的乘積

$$\prod_{1 \le j < i \le n}(a_i - a_j)$$

其中 $1 \le j < i \le n$。例如，若 $n = 4$，則其值為

$$(a_4 - a_3)(a_4 - a_2)(a_4 - a_1)(a_3 - a_2)(a_3 - a_1)(a_2 - a_1)$$

定理 7

令 $a_1, a_2, \ldots, a_n$ 為實數，$n \ge 2$，則相對應的 Vandermonde 行列式為

$$\det\begin{bmatrix} 1 & a_1 & a_1^2 & \cdots & a_1^{n-1} \\ 1 & a_2 & a_2^2 & \cdots & a_2^{n-1} \\ 1 & a_3 & a_3^2 & \cdots & a_3^{n-1} \\ \vdots & \vdots & \vdots & & \vdots \\ 1 & a_n & a_n^2 & \cdots & a_n^{n-1} \end{bmatrix} = \prod_{1 \le j < i \le n}(a_i - a_j)$$

證明

我們假設 a_i 是相異的，否則兩邊都為零。利用歸納法，從 $n \ge 2$ 開始進行，並假設當 $n - 1$ 時，定理成立。我們的技巧是以變數 x 取代 a_n，考慮行列式

$$p(x) = \det\begin{bmatrix} 1 & a_1 & a_1^2 & \cdots & a_1^{n-1} \\ 1 & a_2 & a_2^2 & \cdots & a_2^{n-1} \\ \vdots & \vdots & \vdots & & \vdots \\ 1 & a_{n-1} & a_{n-1}^2 & \cdots & a_{n-1}^{n-1} \\ 1 & x & x^2 & \cdots & x^{n-1} \end{bmatrix}$$

---

[7] Alexandre Théophile Vandermonde (1735–1796) 是法國數學家，他在方程式的理論這個領域做出貢獻。

則 $p(x)$ 是一個次方最高為 $n - 1$ 次的 x 多項式（對最後一列展開），且 $p(a_i) = 0$，$i = 1, 2, ..., n - 1$，此乃因行列式有兩列相同。特別的是當 $p(a_1) = 0$，則由因式定理知 $p(x) = (x - a_1)p_1(x)$。因為 $a_2 \neq a_1$，我們得到 $p_1(a_2) = 0$。故 $p_1(x) = (x - a_2)p_2(x)$。因此 $p(x) = (x - a_1)(x - a_2)p_2(x)$。由於 a_i 相異，故將此過程一直持續下去可得

$$p(x) = (x - a_1)(x - a_2)\cdots(x - a_{n-1})d \quad (**)$$

其中 d 是 $p(x)$ 中 x^{n-1} 的係數。對 $p(x)$ 最後一列作餘因子展開，可得

$$d = (-1)^{n+n} \det \begin{bmatrix} 1 & a_1 & a_1^2 & \cdots & a_1^{n-2} \\ 1 & a_2 & a_2^2 & \cdots & a_2^{n-2} \\ \vdots & \vdots & \vdots & & \vdots \\ 1 & a_{n-1} & a_{n-1}^2 & \cdots & a_{n-1}^{n-2} \end{bmatrix}$$

因為 $(-1)^{n+n} = 1$，由歸納法的假設知，當 $n - 1$ 時，定理成立，即 d 是所有因式 $(a_i - a_j)$ 的乘積，其中 $1 \leq j < i \leq n - 1$。在 $(**)$ 式中，將 a_n 代入 $p(x)$ 中的 x 則由 $(**)$ 式定理得證。

定理 1 的證明

若 A、B 為 $n \times n$ 矩陣，我們必須證明

$$\det(AB) = \det A \det B \quad (*)$$

還記得，若 E 是 I_m 經由一次列運算所得到的基本矩陣，則以相同運算應用在矩陣 C 上可得 EC（第 2.5 節引理 1）。分別觀察基本矩陣的三種類型，由第 3.1 節定理 2 可知，對任意矩陣 C，

$$\det(EC) = \det E \det C \quad (**)$$

因此，若 $E_1, E_2, ..., E_k$ 為基本矩陣，則由歸納法，對任意矩陣 C，

$$\det(E_k \cdots E_2 E_1 C) = \det E_k \cdots \det E_2 \det E_1 \det C \quad (***)$$

恆成立。

引理。若 A 為不可逆，則 $\det A = 0$。

證明。令 $A \to R$，其中 R 是簡化列梯形，亦即 $E_n \cdots E_2 E_1 A = R$。則由第 2.4 節定理 5(4) 知，R 有零列，因此 $\det R = 0$。但由 $(***)$ 式知 $\det A = 0$，此乃因對任何基本矩陣 E 而言，$\det E \neq 0$，引理得證。

現在我們以考慮兩種情況來證明 $(*)$ 式。

情況 1。A 不可逆。則 AB 亦不可逆（否則 $A[B(AB)^{-1}] = I$，故由推論 2 到第 2.4 節定理 5 得知 A 是可逆）。因此由上述引理（兩次）可得

$$\det(AB) = 0 = 0 \det B = \det A \det B$$

由此證明了 (∗) 式。

情況 2。A 可逆。則由第 2.5 節定理 2 知 A 為基本矩陣的乘積，假設 $A = E_1 E_2 \cdots E_k$，則由 (∗∗∗) 式與 $C = I$ 可得

$$\det A = \det(E_1 E_2 \cdots E_k) = \det E_1 \det E_2 \cdots \det E_k$$

但當 $C = B$ 時，(∗∗∗) 式為

$$\det(AB) = \det[(E_1 E_2 \cdots E_k)B] = \det E_1 \det E_2 \cdots \det E_k \det B = \det A \det B$$

而 (∗) 式在此情況下亦成立。

習題 3.2

1. 求出下列矩陣的伴隨矩陣。

    (a) $\begin{bmatrix} 5 & 1 & 3 \\ -1 & 2 & 3 \\ 1 & 4 & 8 \end{bmatrix}$ ◆(b) $\begin{bmatrix} 1 & -1 & 2 \\ 3 & 1 & 0 \\ 0 & -1 & 1 \end{bmatrix}$

    (c) $\begin{bmatrix} 1 & 0 & -1 \\ -1 & 1 & 0 \\ 0 & -1 & 1 \end{bmatrix}$ ◆(d) $\frac{1}{3}\begin{bmatrix} -1 & 2 & 2 \\ 2 & -1 & 2 \\ 2 & 2 & -1 \end{bmatrix}$

2. 利用行列式求出實數 c 的值，使得下列矩陣為可逆。

    (a) $\begin{bmatrix} 1 & 0 & 3 \\ 3 & -4 & c \\ 2 & 5 & 8 \end{bmatrix}$ ◆(b) $\begin{bmatrix} 0 & c & -c \\ -1 & 2 & 1 \\ c & -c & c \end{bmatrix}$

    (c) $\begin{bmatrix} c & 1 & 0 \\ 0 & 2 & c \\ -1 & c & 5 \end{bmatrix}$ ◆(d) $\begin{bmatrix} 4 & c & 3 \\ c & 2 & c \\ 5 & c & 4 \end{bmatrix}$

    (e) $\begin{bmatrix} 1 & 2 & -1 \\ 0 & -1 & c \\ 2 & c & 1 \end{bmatrix}$ ◆(f) $\begin{bmatrix} 1 & c & -1 \\ c & 1 & 1 \\ 0 & 1 & c \end{bmatrix}$

3. 令 A、B、C 為 $n \times n$ 矩陣，假設 $\det A = -1$，$\det B = 2$，$\det C = 3$，試求：

    (a) $\det(A^3 B C^T B^{-1})$

    ◆(b) $\det(B^2 C^{-1} A B^{-1} C^T)$

4. 令 A、B 為 $n \times n$ 可逆矩陣，求：

    (a) $\det(B^{-1}AB)$

    ◆(b) $\det(A^{-1}B^{-1}AB)$

5. 若 A 為 3×3 矩陣且 $\det(2A^{-1}) = -4 = \det(A^3(B^{-1})^T)$，求 $\det A$、$\det B$。

6. 令 $A = \begin{bmatrix} a & b & c \\ p & q & r \\ u & v & w \end{bmatrix}$ 且假設 $\det A = 3$。

    計算：

    (a) $\det(2B^{-1})$ 其中 $B = \begin{bmatrix} 4u & 2a & -p \\ 4v & 2b & -q \\ 4w & 2c & -r \end{bmatrix}$

    ◆(b) $\det(2C^{-1})$ 其中 $C = \begin{bmatrix} 2p & -a+u & 3u \\ 2q & -b+v & 3v \\ 2r & -c+w & 3w \end{bmatrix}$

7. 若 $\det \begin{bmatrix} a & b \\ c & d \end{bmatrix} = -2$，計算：

    (a) $\det \begin{bmatrix} 2 & -2 & 0 \\ c+1 & -1 & 2a \\ d-2 & 2 & 2b \end{bmatrix}$

    ◆(b) $\det \begin{bmatrix} 2b & 0 & 4d \\ 1 & 2 & -2 \\ a+1 & 2 & 2(c-1) \end{bmatrix}$

(c) $\det(3A^{-1})$，其中 $A = \begin{bmatrix} 3c & a+c \\ 3d & b+d \end{bmatrix}$

8. 利用 Cramer 法則，解下列方程組：
   (a) $2x + y = 1$
   　　$3x + 7y = -2$
   ◆(b) $3x + 4y = 9$
   　　$2x - y = -1$
   (c) $5x + y - z = -7$
   　　$2x - y - 2z = 6$
   　　$3x + 2z = -7$
   ◆(d) $4x - y + 3z = 1$
   　　$6x + 2y - z = 0$
   　　$3x + 3y + 2z = -1$

9. 利用定理 4，求 A^{-1} 的位置 (2, 3) 的元素：
   (a) $A = \begin{bmatrix} 3 & 2 & 1 \\ 1 & 1 & 2 \\ -1 & 2 & 1 \end{bmatrix}$　◆(b) $A = \begin{bmatrix} 1 & 2 & -1 \\ 3 & 1 & 1 \\ 0 & 4 & 7 \end{bmatrix}$

10. 若 A 有下列性質，則對於 $\det A$ 將會是如何？
    (a) $A^2 = A$　　　　◆(b) $A^2 = I$
    (c) $A^3 = A$
    ◆(d) $PA = P$，P 可逆
    (e) $A^2 = uA$，A 為 $n \times n$ 矩陣
    ◆(f) $A = -A^T$，A 為 $n \times n$ 矩陣
    (g) $A^2 + I = 0$，A 為 $n \times n$ 矩陣

11. 令 A 為 $n \times n$ 矩陣。證明 $uA = (uI)A$，並且利用這個結果和定理 1 推導出第 3.1 節定理 3 的結果：$\det(uA) = u^n \det A$。

12. 若 A、B 為 $n \times n$ 矩陣，$AB = -BA$，且 n 為奇數，證明 A 或 B 為不可逆。

13. 證明對任意兩個 $n \times n$ 矩陣 A 和 B，$\det AB = \det BA$ 成立。

14. 若存在 $k \geq 1$，使得 $A^k = 0$，證明 A 為不可逆。

◆15. 若 $A^{-1} = A^T$，用 A 來描述 A 的餘因子矩陣。

16. 證明不存在 3×3 的矩陣 A，使得 $A^2 + I = 0$。求一個 2×2 矩陣 A 具有此性質。

17. 對任意 $n \times n$ 的矩陣 A、B，證明 $\det(A + B^T) = \det(A^T + B)$。

18. 若 A、B 為 $n \times n$ 可逆矩陣。證明 $\det A = \det B$ 若且唯若 $A = UB$，其中 U 為滿足 $\det U = 1$ 的矩陣。

◆19. 對於習題 2 的矩陣，求 c 值使得矩陣可逆，並求反矩陣。

20. 下列各題中，證明敘述為真或舉一反例說明其不為真：
    (a) 若 $\text{adj } A$ 存在，則 A 可逆。
    ◆(b) 若 A 可逆且 $\text{adj } A = A^{-1}$，則 $\det A = 1$。
    (c) $\det(AB) = \det(B^T A)$。
    ◆(d) 若 $\det A \neq 0$ 且 $AB = AC$，則 $B = C$。
    (e) 若 $A^T = -A$，則 $\det A = -1$。
    ◆(f) 若 $\text{adj } A = 0$，則 $A = 0$。
    (g) 若 A 可逆，則 $\text{adj } A$ 可逆。
    ◆(h) 若 A 有零列，則 $\text{adj } A$ 亦有零列。
    (i) $\det(A^T A) > 0$。
    ◆(j) $\det(I + A) = 1 + \det A$。
    (k) 若 AB 可逆，則 A、B 可逆。
    ◆(l) 若 $\det A = 1$，則 $\text{adj } A = A$。

21. 若 A 為 2×2 矩陣，且 $\det A = 0$，證明 A 的一行是其它行的純量倍。【提示：定義 2.5 和第 2.4 節定理 5(2)。】

22. 求 2 次多項式 $p(x)$，使得；
    (a) $p(0) = 2$，$p(1) = 3$，$p(3) = 8$
    ◆(b) $p(0) = 5$，$p(1) = 3$，$p(2) = 5$

23. 求 3 次多項式 $p(x)$，使得：
    (a) $p(0) = p(1) = 1$，$p(-1) = 4$，$p(2) = -5$
    ◆(b) $p(0) = p(1) = 1$，$p(-1) = 2$，$p(-2) = -3$

24. 已知下列數據，求出三次插值多項式，並估計對應於 $x = 1.5$ 的 y 值。
    (a) $(0, 1)$，$(1, 2)$，$(2, 5)$，$(3, 10)$
    ◆(b) $(0, 1)$，$(1, 1.49)$，$(2, -0.42)$，$(3, -11.33)$
    (c) $(0, 2)$，$(1, 2.03)$，$(2, -0.40)$，$(-1, 0.89)$

25. 若 $A = \begin{bmatrix} 1 & a & b \\ -a & 1 & c \\ -b & -c & 1 \end{bmatrix}$，證明 $\det A = 1 + a^2 + b^2 + c^2$。因此，對任意 a、b、c，求 A^{-1}。

26. (a) 證明 $A = \begin{bmatrix} a & p & q \\ 0 & b & r \\ 0 & 0 & c \end{bmatrix}$ 可逆若且唯若 $abc \neq 0$，在此情況下，求 A^{-1}。
    ◆(b) 證明若上三角矩陣可逆，其反矩陣也是上三角矩陣。

27. 令 A 為一矩陣，其元素全為整數。證明下列條件可互相推導：

    (1) A 可逆且 A^{-1} 的元素為整數。
    (2) $\det A = 1$ 或 -1。

◆28. 若 $A^{-1} = \begin{bmatrix} 3 & 0 & 1 \\ 0 & 2 & 3 \\ 3 & 1 & -1 \end{bmatrix}$，求 $\text{adj } A$。

29. 若 A 為 3×3 矩陣，且 $\det A = 2$，求 $\det(A^{-1} + 4 \text{ adj } A)$。

30. 若 A、B 為 2×2 矩陣，證明 $\det \begin{bmatrix} 0 & A \\ B & X \end{bmatrix} = \det A \det B$。若 A、B 為 3×3 矩陣，也會成立嗎？【提示：以 $\begin{bmatrix} 0 & I \\ I & 0 \end{bmatrix}$ 乘以區塊。】

31. 若 A 為 $n \times n$ 矩陣，$n \geq 2$ 且假設 A 中的一行為零。求 $\text{rank}(\text{adj } A)$ 的可能值。

32. 若 A 為 3×3 可逆矩陣，計算 $\det(-A^2(\text{adj } A)^{-1})$。

33. 對所有 $n \times n$ 矩陣 A，證明 $\text{adj}(uA) = u^{n-1}\text{adj } A$。

34. 令 A、B 為 $n \times n$ 可逆矩陣。證明：
    (a) $\text{adj}(\text{adj } A) = (\det A)^{n-2}A$（此處 $n \geq 2$）【提示：參閱例 8。】
    ◆(b) $\text{adj}(A^{-1}) = (\text{adj } A)^{-1}$
    (c) $\text{adj}(A^T) = (\text{adj } A)^T$
    ◆(d) $\text{adj}(AB) = (\text{adj } B)(\text{adj } A)$【提示：證明 $AB \text{ adj}(AB) = AB \text{ adj } B \text{ adj } A$。】

3.3 節　對角化與固有值

世界充滿著隨著時間變化的系統——某地區的氣候、某國家的經濟、生態系統的多樣性等。此類系統在一般情況下是很難描述的，但有許多方法是用來描述特殊情況下的系統。在本節我們描述一種方法，稱為對角化 (diagonalization)，這是線性代數中最重要的技術之一。在建立物種或人口成長模型的過程中有非常多相關的例子。近年來許多物種正瀕臨滅絕，吸引更多這方面的關注。為了引起學習此技術的動機，我們首先建立一個鳥類數量的簡單模型，其中我們要對存活率和繁殖率作一些假設。

例 1

考慮某一鳥類數量的演變。因為公鳥和母鳥的數量幾乎相等，我們只需計算母鳥的數量即可。假設每隻母鳥的幼年期是一年，然後才變成熟，而只有成熟的鳥才能繁殖後代，我們對繁殖率和存活率作三個假設：

1. 在任何一年，孵出的幼年母鳥數量是前一年成熟母鳥數量的兩倍〔**繁殖率 (reproduction rate)** 是 2〕。
2. 在任何一年，有一半的成熟母鳥能活到下一年〔**成熟鳥的存活率 (adult survival rate)** 是 $\frac{1}{2}$〕。
3. 在任何一年，有 $\frac{1}{4}$ 的幼年母鳥可存活直到成為成熟母鳥〔**幼年母鳥的存活率 (juvenile survival rate)** 是 $\frac{1}{4}$〕。

若最初有 100 隻成熟母鳥和 40 隻幼年母鳥，試計算 k 年後母鳥的數量。

解： 令 a_k 和 j_k 分別表示 k 年後成熟母鳥與幼年母鳥的數量，因此母鳥總數為 $a_k + j_k$。由假設 1 可知 $j_{k+1} = 2a_k$，而由假設 2 和 3 可知 $a_{k+1} = \frac{1}{2}a_k + \frac{1}{4}j_k$。因此，$a_k$ 與 j_k 之關係式為

$$a_{k+1} = \frac{1}{2}a_k + \frac{1}{4}j_k$$
$$j_{k+1} = 2a_k$$

若令 $\mathbf{v}_k = \begin{bmatrix} a_k \\ j_k \end{bmatrix}$，$A = \begin{bmatrix} \frac{1}{2} & \frac{1}{4} \\ 2 & 0 \end{bmatrix}$，則這些方程式可寫成矩陣形式

$$\mathbf{v}_{k+1} = A\mathbf{v}_k, \quad k = 0, 1, 2, \ldots$$

取 $k=0$，得 $\mathbf{v}_1 = A\mathbf{v}_0$，取 $k=1$，得 $\mathbf{v}_2 = A\mathbf{v}_1 = A^2\mathbf{v}_0$，再取 $k=2$ 得 $\mathbf{v}_3 = A\mathbf{v}_2 = A^3\mathbf{v}_0$。依此類推，可得

$$\mathbf{v}_k = A^k\mathbf{v}_0, \quad k = 0, 1, 2, \ldots$$

由於 $\mathbf{v}_0 = \begin{bmatrix} a_0 \\ j_0 \end{bmatrix} = \begin{bmatrix} 100 \\ 40 \end{bmatrix}$ 為已知，求數量 $\mathbf{v}_k$ 等同於計算 A^k，$k \geq 0$。我們將會在例 12 完成這個計算，不過在計算這個數目之前我們還需要一些新的技巧。

令 A 是一個固定的 $n \times n$ 矩陣。若 $\mathbf{v}_0$ 為已知,且其它行向量 $\mathbf{v}_k$ 由下列條件決定(如例 1)

$$\mathbf{v}_{k+1} = A\mathbf{v}_k , k = 0, 1, 2, ...$$

則稱 R^n 中的行向量 $\mathbf{v}_0, \mathbf{v}_1, \mathbf{v}_2, ...$ 為**線性動能系統 (linear dynamical system)**[8]。而條件 $\mathbf{v}_{k+1} = A\mathbf{v}_k$ 稱為向量 $\mathbf{v}_k$ 的**矩陣遞迴 (matrix recurrence)**。如同例 1,此條件意指

$$\mathbf{v}_k = A^k \mathbf{v}_0 , \forall k \geq 0$$

所以欲求行 $\mathbf{v}_k$ 等同於計算 A^k,$k \geq 0$。

直接計算方陣 A 的冪次方 A^k 非常耗時,所以我們採用一種常用的間接方法。想法就是先將矩陣 A **對角化 (diagonalize)**,亦即,找到一個可逆陣 P 使得

$$P^{-1}AP = D , D \text{ 為對角矩陣} \qquad (*)$$

採用這種做法是因為計算對角矩陣 D 的冪次方 D^k 相當容易,$(*)$ 式讓我們能夠藉著 D 的冪次方 D^k 來計算矩陣 A 的冪次方 A^k。事實上,我們可以由 $(*)$ 式解出 A 得 $A = PDP^{-1}$。等號兩邊取平方得

$$A^2 = (PDP^{-1})(PDP^{-1}) = PD^2P^{-1}$$

利用此式,可算出 A^3 如下:

$$A^3 = AA^2 = (PDP^{-1})(PD^2P^{-1}) = PD^3P^{-1}$$

依此類推,可得定理 1(即使 D 不是對角矩陣亦成立)。

定理 1

若 $A = PDP^{-1}$,則 $A^k = PD^kP^{-1}$,$k = 1, 2, ...$

因此,計算 A^k 就成為求 $(*)$ 式中的可逆矩陣 P。為此,有必要先計算與矩陣 A 有關的某些數(稱為固有值)。

固有值與固有向量

定義 3.4

A 為 $n \times n$ 矩陣,數字 λ 稱為 A 的**固有值 (eigenvalue)**,若對 $\mathbb{R}^n$ 中的某些行向量 $\mathbf{x} \neq \mathbf{0}$,滿足

---

[8] 更明白地說,這是一個線性的離散動能系統,許多模型將 $\mathbf{v}_t$ 視為時間 t 的連續函數,並將 $\mathbf{v}_{k+1}$ 和 $A\mathbf{v}_k$ 之間的條件替換成時間函數的微分關係。

$$A\mathbf{x} = \lambda\mathbf{x}$$

此時,相對於固有值 λ 的非零行向量 $\mathbf{x}$ 稱為 A 的**固有向量 (eigenvector)**,或簡寫成 **λ-固有向量 (λ-eigenvector)**。

例 2

若 $A = \begin{bmatrix} 3 & 5 \\ 1 & -1 \end{bmatrix}$,$\mathbf{x} = \begin{bmatrix} 5 \\ 1 \end{bmatrix}$,則 $A\mathbf{x} = 4\mathbf{x}$,所以 $\lambda = 4$ 為 A 的固有值,$\mathbf{x}$ 為對應的固有向量。

例 2 中的矩陣 A 除了 $\lambda = 4$ 外,還有另一個固有值。為了找到它,我們對 $n \times n$ 矩陣導出一般的求解方法。

依定義,λ 是 $n \times n$ 矩陣 A 的固有值,若且唯若對某些行向量 $\mathbf{x} \neq 0$ 而言,$A\mathbf{x} = \lambda\mathbf{x}$ 恆成立。這就相當於要求齊次線性方程組

$$(\lambda I - A)\mathbf{x} = 0$$

有非零解 $\mathbf{x} \neq \mathbf{0}$。由第 2.4 節的定理 5 知,此式會成立,若且唯若矩陣 $\lambda I - A$ 不可逆,亦即,若且唯若係數矩陣的行列式為零:

$$\det(\lambda I - A) = 0$$

於是有下列定義:

定義 3.5

若 A 為 $n \times n$ 矩陣,A 的**特徵多項式 (characteristic polynomial)** $c_A(x)$ 定義為
$$c_A(x) = \det(xI - A)$$

注意,$c_A(x)$ 是變數 x 的多項式,並且當 A 為 $n \times n$ 矩陣時,$c_A(x)$ 的次數為 n(由下例說明)。由上述討論得知,λ 是 A 的固有值若且唯若 $c_A(\lambda) = 0$,亦即若且唯若 λ 是特徵方程式 $c_A(x) = 0$ 的**根 (root)**。我們將這些討論記錄在以下的定理中。

定理 2

令 A 為 $n \times n$ 矩陣。

1. A 的固有值 λ 是 A 的特徵方程式 $c_A(x) = 0$ 的根。
2. 固有向量 $\mathbf{x}$ 是以 $\lambda I - A$ 為係數矩陣的齊次線性方程組
$$(\lambda I - A)\mathbf{x} = \mathbf{0}$$
的非零解。

實際上，求解定理 2 的第二部分的方程式，是高斯消去法的例行應用，但求固有值有時會遇到困難，往往需要電腦（參閱第 8.5 節）。目前，所選的例子和習題都是特徵多項式的根比較容易找到的（通常是整數）。但是，在實際應用上，讀者不應該誤會以為矩陣的固有值是很容易求得的。

例 3

求例 2 中的矩陣 $A = \begin{bmatrix} 3 & 5 \\ 1 & -1 \end{bmatrix}$ 的特徵多項式，並找出所有固有值和固有向量。

解：因為 $xI - A = \begin{bmatrix} x & 0 \\ 0 & x \end{bmatrix} - \begin{bmatrix} 3 & 5 \\ 1 & -1 \end{bmatrix} = \begin{bmatrix} x-3 & -5 \\ -1 & x+1 \end{bmatrix}$，可得

$$c_A(x) = \det \begin{bmatrix} x-3 & -5 \\ -1 & x+1 \end{bmatrix} = x^2 - 2x - 8 = (x-4)(x+2)$$

因此 $c_A(x) = 0$ 的根為 $\lambda_1 = 4$，$\lambda_2 = -2$，這些是 A 的固有值。注意 $\lambda_1 = 4$ 是在例 2 中提到的固有值，但我們找到一個新的固有值 $\lambda_2 = -2$。

欲求對應於 $\lambda_2 = -2$ 的固有向量，觀察以下情況

$$(\lambda_2 I - A) = \begin{bmatrix} \lambda_2 - 3 & -5 \\ -1 & \lambda_2 + 1 \end{bmatrix} = \begin{bmatrix} -5 & -5 \\ -1 & -1 \end{bmatrix}$$

所以 $(\lambda_2 I - A)\mathbf{x} = \mathbf{0}$ 的通解為 $\mathbf{x} = t \begin{bmatrix} -1 \\ 1 \end{bmatrix}$，其中 t 為任意實數。於是，對應於 λ_2 的固有向量為 $\mathbf{x} = t \begin{bmatrix} -1 \\ 1 \end{bmatrix}$，其中 $t \neq 0$ 為任意數。同理，$\lambda_1 = 4$ 所對應的固有向量為 $\mathbf{x} = t \begin{bmatrix} 5 \\ 1 \end{bmatrix}$，$t \neq 0$，這包含了例 2 的固有向量。

值得注意的是，對於一個方陣 A，任意給予一個固有值，相應有許多固有向量。事實上，$(\lambda I - A)\mathbf{x} = \mathbf{0}$ 的每一個非零解 $\mathbf{x}$ 都是固有向量。回想一下，這些解是由高斯演算法所求出的特定基本解的所有線性組合（參閱第 1.3 節定理 2）。固有向量的非零倍數仍是一個固有向量，[9] 而乘上某些倍數的固有向量往往會更好用。[10] $(\lambda I - A)\mathbf{x} = \mathbf{0}$ 的基本解的非零倍數稱為對應於 λ 的**基本固有向量 (basic eigenvectors)**。

例 4

求 $A = \begin{bmatrix} 2 & 0 & 0 \\ 1 & 2 & -1 \\ 1 & 3 & -2 \end{bmatrix}$ 的特徵多項式、固有值、基本固有向量。

---

[9] 事實上，固有向量的任何非零線性組合仍是固有向量。
[10] 允許乘上非零的倍數，有助於消除當固有向量含有分數時所產生的捨入誤差。

解：特徵多項式為

$$c_A(x) = \det \begin{bmatrix} x-2 & 0 & 0 \\ -1 & x-2 & 1 \\ -1 & -3 & x+2 \end{bmatrix} = (x-2)(x-1)(x+1)$$

因此固有值為 $\lambda_1 = 2$，$\lambda_2 = 1$，$\lambda_3 = -1$。欲求 $\lambda_1 = 2$ 的所有固有向量，計算

$$\lambda_1 I - A = \begin{bmatrix} \lambda_1 - 2 & 0 & 0 \\ -1 & \lambda_1 - 2 & 1 \\ -1 & -3 & \lambda_1 + 2 \end{bmatrix} = \begin{bmatrix} 0 & 0 & 0 \\ -1 & 0 & 1 \\ -1 & -3 & 4 \end{bmatrix}$$

欲求 $(\lambda_1 I - A)\mathbf{x} = \mathbf{0}$ 的非零解。經列運算後，增廣矩陣變成

$$\begin{bmatrix} 0 & 0 & 0 & | & 0 \\ -1 & 0 & 1 & | & 0 \\ -1 & -3 & 4 & | & 0 \end{bmatrix} \to \begin{bmatrix} 1 & 0 & -1 & | & 0 \\ 0 & 1 & -1 & | & 0 \\ 0 & 0 & 0 & | & 0 \end{bmatrix}$$

因此，$(\lambda_1 I - A)\mathbf{x} = \mathbf{0}$ 的通解為 $\mathbf{x} = t\begin{bmatrix} 1 \\ 1 \\ 1 \end{bmatrix}$，其中 $t \neq 0$ 為任意數，所以 $\mathbf{x}_1 = \begin{bmatrix} 1 \\ 1 \\ 1 \end{bmatrix}$ 為對應於 $\lambda_1 = 2$ 的基本固有向量。讀者可驗證，以高斯演算法可求出對應於 $\lambda_2 = 1$ 和 $\lambda_3 = -1$ 的基本固有向量分別為 $\mathbf{x}_2 = \begin{bmatrix} 0 \\ 1 \\ 1 \end{bmatrix}$，$\mathbf{x}_3 = \begin{bmatrix} 0 \\ \frac{1}{3} \\ 1 \end{bmatrix}$。為了消去分數，我們以 $3\mathbf{x}_3 = \begin{bmatrix} 0 \\ 1 \\ 3 \end{bmatrix}$ 作為 λ_3 的基本固有向量。

例 5

若 A 是一個方陣，證明 A 和 A^T 有相同的特徵多項式，因此有相同的固有值。

解：利用已知事實 $xI - A^T = (xI - A)^T$，則由第 3.2 節定理 3 可知

$$c_{A^T}(x) = \det(xI - A^T) = \det[(xI - A)^T] = \det(xI - A) = c_A(x)$$

因此 $c_{A^T}(x) = 0$ 與 $c_A(x) = 0$ 有相同的根，故 A^T 和 A 有相同的固有值（由定理 2）。

矩陣的固有值可以相同。例如，若 $A = \begin{bmatrix} 1 & 1 \\ 0 & 1 \end{bmatrix}$，特徵多項式為 $(x-1)^2$，所以固有值 1 出現兩次。此外，對於求大型矩陣的固有值，通常不是由計算特徵方程式的根而得，較為有效的方法是採用疊代數值法（例如第 8.5 節的 QR 演算法）。

A-不變量

若 A 是一個 2×2 矩陣，我們可以用幾何的概念來描述固有向量。假設 $\mathbb{R}^2$ 中有一條通過原點的直線 L，若 $\mathbf{x}$ 在 L 上，則 $A\mathbf{x}$ 就會在 L 上，此時 L 稱為 **A-不變**

量 (*A*-invariant)。若把 A 視為 $\mathbb{R}^2 \to \mathbb{R}^2$ 的線性變換，這表示 A 將 L 映至 L 本身，亦即 A 將 L 上的每一個向量 **x** 映射後，其圖像 $A\mathbf{x}$ 仍然位於 L 上。

例 6

x 軸 $L = \left\{ \begin{bmatrix} x \\ 0 \end{bmatrix} \mid x \in \mathbb{R} \right\}$ 為矩陣 $A = \begin{bmatrix} a & b \\ 0 & c \end{bmatrix}$ 之 A-不變量，因為對所有 L 上的 $\mathbf{x} = \begin{bmatrix} x \\ 0 \end{bmatrix}$ 而言，$\begin{bmatrix} a & b \\ 0 & c \end{bmatrix}\begin{bmatrix} x \\ 0 \end{bmatrix} = \begin{bmatrix} ax \\ 0 \end{bmatrix}$ 仍然在 L 上。

若要知道與固有向量的關聯，令 $\mathbf{x} \neq \mathbf{0}$ 是 $\mathbb{R}^2$ 中的任意非零向量，而 $L_\mathbf{x}$ 表示通過原點且包含 **x** 的唯一直線（見圖）。由第 2.6 節中純量乘法的定義，可知 $L_\mathbf{x}$ 是由所有 **x** 的純量倍所組成，也就是

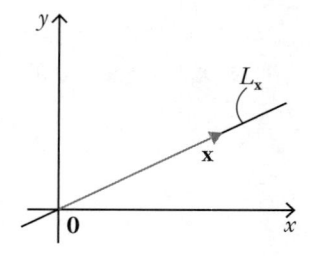

$$L_\mathbf{x} = \mathbb{R}\mathbf{x} = \{t\mathbf{x} \mid t \in \mathbb{R}\}$$

現在假設 **x** 是 A 的固有向量，即對某些實數 λ，$A\mathbf{x} = \lambda\mathbf{x}$，若 $t\mathbf{x}$ 位於 $L_\mathbf{x}$，則

$$A(t\mathbf{x}) = t(A\mathbf{x}) = t(\lambda\mathbf{x}) = (t\lambda)\mathbf{x} \text{ 也位於 } L_\mathbf{x}$$

亦即，$L_\mathbf{x}$ 是 A-不變量。另一方面，若 $L_\mathbf{x}$ 是 A-不變量，則 $A\mathbf{x}$ 位於 $L_\mathbf{x}$（因為 x 位於 $L_\mathbf{x}$）。因此對某些實數 t 而言，$A\mathbf{x} = t\mathbf{x}$，所以 **x** 是 A 的固有向量（固有值為 t）。這證明了以下定理：

定理 3

令 A 是一個 2×2 矩陣，令 $\mathbf{x} \neq \mathbf{0}$ 為 $\mathbb{R}^2$ 中的一個向量，令 $L_\mathbf{x}$ 為 $\mathbb{R}^2$ 中通過原點且包含 **x** 的直線，則

$\quad\quad\quad$ **x** 為 A 的固有向量 $\quad$ 若且唯若 $\quad L_\mathbf{x}$ 是 A-不變量

例 7

1. 若 θ 不是 π 的倍數，證明 $A = \begin{bmatrix} \cos\theta & -\sin\theta \\ \sin\theta & \cos\theta \end{bmatrix}$ 無實數固有值。
2. 若 m 是實數，證明 1 是 $B = \dfrac{1}{1+m^2}\begin{bmatrix} 1-m^2 & 2m \\ 2m & m^2-1 \end{bmatrix}$ 的固有值。

解：

(1) A 表示繞原點旋轉 θ 角（第 2.6 節定理 4）。因為 θ 不是 π 的倍數，這表示沒有一條通過原點的線是 A-不變量。因此由定理 3 可知，A 沒有固有向量，所以沒有固有值。

(2) 由第 2.6 節定理 5 知，B 表示出對通過原點斜率為 m 的直線之鏡射 Q_m。若 $\mathbf{x}$ 是在這條線上的任何非零點，則 $Q_m\mathbf{x} = \mathbf{x}$，亦即 $Q_m\mathbf{x} = 1\mathbf{x}$。因此 1 是固有值（固有向量為 $\mathbf{x}$）。

在例 7(1)，若 $\theta = \frac{\pi}{2}$，則 $A = \begin{bmatrix} 0 & -1 \\ 1 & 0 \end{bmatrix}$，所以 $c_A(x) = x^2 + 1$。此多項式在 $\mathbb{R}$ 中無實根，故 A 沒有實數的固有值，因此沒有固有向量。事實上其固有值是複數 i 和 $-i$，對應的固有向量為 $\begin{bmatrix} 1 \\ -i \end{bmatrix}$ 和 $\begin{bmatrix} 1 \\ i \end{bmatrix}$。換言之，$A$ 的固有值和固有向量均非實數。

注意，每個方程式都有複數根，[11] 所以每個矩陣都有複數的固有值。而這些固有值也可能是實數，但我們還是應該在複數系統上做線性代數的運算。的確，所有我們做過的（高斯消去法、矩陣代數、行列式等），如果把純量換成複數均能成立。

對角化

一個 $n \times n$ 矩陣 D 若其非主對角線的元素皆為零，則稱為**對角矩陣 (diagonal matrix)**，亦即 D 具有下列形式

$$D = \begin{bmatrix} \lambda_1 & 0 & \cdots & 0 \\ 0 & \lambda_2 & \cdots & 0 \\ \vdots & \vdots & \ddots & \vdots \\ 0 & 0 & \cdots & \lambda_n \end{bmatrix} = \mathrm{diag}(\lambda_1, \lambda_2, ..., \lambda_n)$$

其中 $\lambda_1, \lambda_2, ..., \lambda_n$ 為數字。對角矩陣的計算很容易。的確，若 $D = \mathrm{diag}(\lambda_1, \lambda_2, ..., \lambda_n)$ 且 $E = \mathrm{diag}(\mu_1, \mu_2, ..., \mu_n)$ 為兩個對角矩陣，則它們的乘積 DE 以及和 $D + E$ 也是對角矩陣，並可將對應的對角元素做相同的運算而得：

$$DE = \mathrm{diag}(\lambda_1\mu_1, \lambda_2\mu_2, ..., \lambda_n\mu_n)$$
$$D + E = \mathrm{diag}(\lambda_1+\mu_1, \lambda_2+\mu_2, ..., \lambda_n+\mu_n)$$

由於這些公式的簡易性，再回顧一下定理 1 和前面的討論，我們可形成另一個定義如下：

定義 3.6

若存在某個 $n \times n$ 可逆矩陣 P，使得 $P^{-1}AP$ 為對角矩陣，則 $n \times n$ 矩陣 A 稱為**可對角化 (diagonalizable)**。此可逆矩陣 P 稱為 A 的**對角化矩陣 (diagonalizing matrix)**。

---

[11] 這稱為代數基本定理，首先由高斯在他的博士論文中予以證明。

欲知在何種情況下 P 會存在，令 $\mathbf{x}_1, \mathbf{x}_2, ..., \mathbf{x}_n$ 表示 P 的行，並尋找方法來確定這種 $\mathbf{x}_i$ 何時會存在以及如何求得。為此，將 P 寫成如下形式：

$$P = [\mathbf{x}_1, \mathbf{x}_2, ..., \mathbf{x}_n]$$

由觀察可知，對於某些對角矩陣 D 而言，$P^{-1}AP = D$ 成立，若且唯若

$$AP = PD$$

若將 D 寫成 $D = \text{diag}(\lambda_1, \lambda_2, ..., \lambda_n)$，其中 λ_i 為未知數，則方程式 $AP = PD$ 變成

$$A[\mathbf{x}_1, \mathbf{x}_2, ..., \mathbf{x}_n] = [\mathbf{x}_1, \mathbf{x}_2, ..., \mathbf{x}_n]\begin{bmatrix} \lambda_1 & 0 & \cdots & 0 \\ 0 & \lambda_2 & \cdots & 0 \\ \vdots & \vdots & \ddots & \vdots \\ 0 & 0 & \cdots & \lambda_n \end{bmatrix}$$

由矩陣乘法的定義，等號兩邊可化簡如下：

$$[A\mathbf{x}_1 \ A\mathbf{x}_2 \ \cdots \ A\mathbf{x}_n] = [\lambda_1\mathbf{x}_1 \ \lambda_2\mathbf{x}_2 \ \cdots \ \lambda_n\mathbf{x}_n]$$

比較行向量可知，對每一個 i 而言，$A\mathbf{x}_i = \lambda_i\mathbf{x}_i$，因此

$$P^{-1}AP = D \quad \text{若且唯若} \quad A\mathbf{x}_i = \lambda_i\mathbf{x}_i \text{ 對每一個 } i \text{ 皆成立}$$

換言之，$P^{-1}AP$ 成立若且唯若 D 的對角元素是 A 的固有值，而 P 的行是對應的固有向量。這證明了以下的基本結果。

定理 4

令 A 為 $n \times n$ 矩陣。

1. A 可對角化，若且唯若 A 有固有向量 $\mathbf{x}_1, \mathbf{x}_2, ..., \mathbf{x}_n$ 使得矩陣 $P = [\mathbf{x}_1 \ \mathbf{x}_2 \ \cdots \ \mathbf{x}_n]$ 為可逆。
2. 此時，$P^{-1}AP = \text{diag}(\lambda_1, \lambda_2, ..., \lambda_n)$，其中對每一個 i 而言，λ_i 為 A 的固有值，$\mathbf{x}_i$ 為 λ_i 對應的固有向量。

例 8

將例 4 中的矩陣 $A = \begin{bmatrix} 2 & 0 & 0 \\ 1 & 2 & -1 \\ 1 & 3 & -2 \end{bmatrix}$ 對角化。

解：由例 4 可知，A 的固有值為 $\lambda_1 = 2, \lambda_2 = 1, \lambda_3 = -1$，對應的基本固有向量分別為 $\mathbf{x}_1 = \begin{bmatrix} 1 \\ 1 \\ 1 \end{bmatrix}, \mathbf{x}_2 = \begin{bmatrix} 0 \\ 1 \\ 1 \end{bmatrix}, \mathbf{x}_3 = \begin{bmatrix} 0 \\ 1 \\ 3 \end{bmatrix}$。因為矩陣 $P = [\mathbf{x}_1 \ \mathbf{x}_2 \ \cdots \ \mathbf{x}_n] = \begin{bmatrix} 1 & 0 & 0 \\ 1 & 1 & 1 \\ 1 & 1 & 3 \end{bmatrix}$ 可逆，所以定理 4

保證 $P^{-1}AP = \begin{bmatrix} \lambda_1 & 0 & 0 \\ 0 & \lambda_2 & 0 \\ 0 & 0 & \lambda_3 \end{bmatrix} = \begin{bmatrix} 2 & 0 & 0 \\ 0 & 1 & 0 \\ 0 & 0 & -1 \end{bmatrix} = D$。

讀者可直接驗證 $AP = PD$。

在例 8 中，假設我們令 $Q = [\mathbf{x}_2 \ \mathbf{x}_1 \ \mathbf{x}_3]$ 為由 A 的固有向量 $\mathbf{x}_1$，$\mathbf{x}_2$，$\mathbf{x}_3$ 所組成的矩陣，但順序不同於剛才的 P，由定理 4 可知 $Q^{-1}AQ = \text{diag}(\lambda_2, \lambda_1, \lambda_3)$ 亦為對角矩陣，但其固有值是以新的順序出現。因此我們可以選擇對角化矩陣 P，使得沿著 D 的主對角線出現的固有值 λ_i，其出現順序是依我們想要的順序。

以上每一個例子的固有值都只對應一個基本固有向量。下面的對角化矩陣則與此不同。

例 9

將矩陣 $A = \begin{bmatrix} 0 & 1 & 1 \\ 1 & 0 & 1 \\ 1 & 1 & 0 \end{bmatrix}$ 對角化。

解：首先計算 A 的特徵多項式，將 $xI - A$ 的第 2 和第 3 列加到第 1 列：

$$c_A(x) = \det \begin{bmatrix} x & -1 & -1 \\ -1 & x & -1 \\ -1 & -1 & x \end{bmatrix} = \det \begin{bmatrix} x-2 & x-2 & x-2 \\ -1 & x & -1 \\ -1 & -1 & x \end{bmatrix}$$

$$= \det \begin{bmatrix} x-2 & 0 & 0 \\ -1 & x+1 & 0 \\ -1 & 0 & x+1 \end{bmatrix} = (x-2)(x+1)^2$$

得到固有值 $\lambda_1 = 2$ 和 $\lambda_2 = -1$，其中 λ_2 重複兩次，我們稱 λ_2 的重數 (multiplicity) 為 2。但是 A 可對角化，對 $\lambda_1 = 2$ 而言，方程組 $(\lambda_1 I - A)\mathbf{x} = \mathbf{0}$ 的通解為 $\mathbf{x} = t\begin{bmatrix} 1 \\ 1 \\ 1 \end{bmatrix}$，所以 λ_1 的基本固有向量為 $\mathbf{x}_1 = \begin{bmatrix} 1 \\ 1 \\ 1 \end{bmatrix}$。

再談重複的固有值 $\lambda_2 = -1$，我們必須解 $(\lambda_2 I - A)\mathbf{x} = \mathbf{0}$。由高斯消去法，得通解為 $\mathbf{x} = s\begin{bmatrix} -1 \\ 1 \\ 0 \end{bmatrix} + t\begin{bmatrix} -1 \\ 0 \\ 1 \end{bmatrix}$，其中 s 和 t 為任意數。因此高斯演算法產生 λ_2 的兩個基本固有向量 $\mathbf{x}_2 = \begin{bmatrix} -1 \\ 1 \\ 0 \end{bmatrix}$ 和 $\mathbf{y}_2 = \begin{bmatrix} -1 \\ 0 \\ 1 \end{bmatrix}$。如果取 $P = [\mathbf{x}_1 \ \mathbf{x}_2 \ \mathbf{y}_2] = \begin{bmatrix} 1 & -1 & -1 \\ 1 & 1 & 0 \\ 1 & 0 & 1 \end{bmatrix}$，我們發現 P 為可逆，因此由定理 4 可得 $P^{-1}AP = \text{diag}(2, -1, -1)$。

例 9 為典型的可對角化矩陣，若想要描述一般的情況，我們需要一些術語。

定義 3.7

若方陣 A 的固有值 λ 為特徵方程式 $c_A(x) = 0$ 的 m 次重根，則稱 λ 的**重數 (multiplicity)** 為 m。

因此，例 9 的固有值 $\lambda_2 = -1$ 的重數為 2，而以高斯演算法可產生 λ_2 的兩個（與重數的值相同）基本固有向量。這在一般情況也適用。

定理 5

方陣 A 可對角化，若且唯若每個重數為 m 的固有值恰可產生 m 個基本固有向量；也就是，若且唯若方程組 $(\lambda I - A)\mathbf{x} = \mathbf{0}$ 的通解恰有 m 個參數。

定理 5 的其中一個情況值得一提。

定理 6

若一個 $n \times n$ 矩陣具有 n 個相異的固有值，則此矩陣可對角化。

定理 5 和 6 的證明需要更進階的技巧，因此留到第 5 章再給予證明。下面的步驟是對角化方法的總結。

對角化演算法 (Diagonalization Algorithm)

將一個 $n \times n$ 矩陣 A 對角化：

步驟 1. 找出 A 的相異固有值 λ。

步驟 2. 求齊次方程組 $(\lambda I - A)\mathbf{x} = \mathbf{0}$ 的基本解，可算出對應於固有值 λ 的基本固有向量。

步驟 3. 矩陣 A 可對角化若且唯若有 n 個基本固有向量。

步驟 4. 若 A 可對角化，則 $n \times n$ 矩陣 P 的行向量是由 A 的基本固有向量所組成，而矩陣 P 就是 A 的對角化矩陣。

即使固有值是複數，對角化演算法仍然有效。在這種情況下，固有向量會有複數元素，但我們在這裡不討論複數的情況。

例 10

證明 $A = \begin{bmatrix} 1 & 1 \\ 0 & 1 \end{bmatrix}$ 不可對角化。

解 1：特徵多項式是 $c_A(x) = (x-1)^2$，所以 A 只有一個重數為 2 的固有值 $\lambda_1 = 1$。但方程組 $(\lambda_1 I - A)\mathbf{x} = \mathbf{0}$ 的通解為 $t\begin{bmatrix} 1 \\ 0 \end{bmatrix}$，只有一個參數，所以只有一個基本固有向量 $\begin{bmatrix} 1 \\ 0 \end{bmatrix}$，因此 A 不可對角化。

解 2：因 $c_A(x) = (x-1)^2$，所以 A 的唯一固有值為 $\lambda = 1$。由定理 4 知，若 A 可對角化，則存在可逆矩陣 P，使得 $P^{-1}AP = \begin{bmatrix} 1 & 0 \\ 0 & 1 \end{bmatrix} = I$，但 $A = PIP^{-1} = I$ 並不成立。所以 A 不可對角化。

可對角化的矩陣共用其固有值的很多性質。以下例子說明為何是如此。

例 11

對於可對角化矩陣 A 的每一個固有值 λ 而言，若 $\lambda^3 = 5\lambda$，證明 $A^3 = 5A$。

解：令 $P^{-1}AP = D = \text{diag}(\lambda_1, ..., \lambda_n)$。因為對每一個 i 而言，$\lambda_i^3 = 5\lambda_i$，可得
$$D^3 = \text{diag}(\lambda_1^3, ..., \lambda_n^3) = \text{diag}(5\lambda_1, ..., 5\lambda_n) = 5D$$
利用定理 1 可知 $A^3 = (PDP^{-1})^3 = PD^3P^{-1} = P(5D)P^{-1} = 5(PDP^{-1}) = 5A$。

若 $p(x)$ 是任意多項式，且對於可對角化矩陣 A 的每一個固有值而言，$p(\lambda) = 0$，類似例 11 中的論述欲證明 $p(A) = 0$。但例 11 只是處理 $p(x) = x^3 - 5x$ 的情形。一般而言，$p(A)$ 稱為多項式 $p(x)$ 在矩陣 A 的取值 (evaluation)。例如，若 $p(x) = 2x^3 - 3x + 5$，則 $p(A) = 2A^3 - 3A + 5I$——注意此處引入了單位矩陣。

特別地，若 $c_A(x)$ 為 A 的特徵多項式，則對於 A 的每一個固有值 λ 而言，$c_A(\lambda) = 0$ 恆成立（定理 2）。因此對於每一個可對角化矩陣 A 而言，$c_A(A) = 0$。事實上，對任何方陣 A，無論其是否可對角化，$c_A(A) = 0$ 恆成立。此一般性的結果稱為 Cayley-Hamilton 定理。將於第 8.6 節和第 11.1 節予以證明。

線性動態系統

第 3.3 節一開始我們以生態學為例，建立鳥類物種數量隨著時間而演變的模型。正如例 1 中所做的承諾，我們現在以下面的例 12 來完成例 1 的計算。

鳥的數量可由計算母鳥總數 $\mathbf{v}_k = \begin{bmatrix} a_k \\ j_k \end{bmatrix}$ 得知，其中 a_k 和 j_k 表示 k 年後成熟母鳥與幼年母鳥的數量，而 a_0、j_0 表示初值。模型假定這些數字之間的關係式如下：

$$a_{k+1} = \tfrac{1}{2}a_k + \tfrac{1}{4}j_k$$
$$j_{k+1} = 2a_k$$

如果我們令 $A = \begin{bmatrix} \tfrac{1}{2} & \tfrac{1}{4} \\ 2 & 0 \end{bmatrix}$，則行 $\mathbf{v}_k$ 滿足 $\mathbf{v}_{k+1} = A\mathbf{v}_k$，$k = 0, 1, 2, \ldots$。因此，對每一個 $k = 1, 2, \ldots$ 而言，$\mathbf{v}_k = A^k\mathbf{v}_0$。我們現在可以使用對角化的方法，以母鳥的初始值，求出母鳥總數 $\mathbf{v}_k$，$k = 0, 1, 2, \ldots$。

● 例 12

假設成熟母鳥的初始值為 $a_0 = 100$，幼年母鳥的初始值為 $j_0 = 40$，計算 a_k 和 j_k，$k = 1, 2, \ldots$。

解：矩陣 $A = \begin{bmatrix} \tfrac{1}{2} & \tfrac{1}{4} \\ 2 & 0 \end{bmatrix}$ 的特徵多項式為 $c_A(x) = x^2 - \tfrac{1}{2}x - \tfrac{1}{2} = (x-1)(x+\tfrac{1}{2})$，所以固有值是 $\lambda_1 = 1$ 和 $\lambda_2 = -\tfrac{1}{2}$，由高斯消去法可得對應的基本固有向量為 $\begin{bmatrix} \tfrac{1}{2} \\ 1 \end{bmatrix}$ 和 $\begin{bmatrix} -\tfrac{1}{4} \\ 1 \end{bmatrix}$。為了方便起見，我們分別採用其倍數 $\mathbf{x}_1 = \begin{bmatrix} 1 \\ 2 \end{bmatrix}$ 和 $\mathbf{x}_2 = \begin{bmatrix} -1 \\ 4 \end{bmatrix}$。因此，對角化矩陣是 $P = \begin{bmatrix} 1 & -1 \\ 2 & 4 \end{bmatrix}$，並且我們得到

$$P^{-1}AP = D，其中 D = \begin{bmatrix} 1 & 0 \\ 0 & -\tfrac{1}{2} \end{bmatrix}$$

此即 $A = PDP^{-1}$，所以對每一個 $k \geq 0$，我們可計算 A^k 如下：

$$A^k = PD^kP^{-1} = \begin{bmatrix} 1 & -1 \\ 2 & 4 \end{bmatrix} \begin{bmatrix} 1 & 0 \\ 0 & (-\tfrac{1}{2})^k \end{bmatrix} \tfrac{1}{6}\begin{bmatrix} 4 & 1 \\ -2 & 4 \end{bmatrix}$$

$$= \tfrac{1}{6}\begin{bmatrix} 4+2(-\tfrac{1}{2})^k & 1-(-\tfrac{1}{2})^k \\ 8-8(-\tfrac{1}{2})^k & 2+4(-\tfrac{1}{2})^k \end{bmatrix}$$

因此，我們得到

$$\begin{bmatrix} a_k \\ j_k \end{bmatrix} = \mathbf{v}_k = A^k\mathbf{v}_0 = \tfrac{1}{6}\begin{bmatrix} 4+2(-\tfrac{1}{2})^k & 1-(-\tfrac{1}{2})^k \\ 8-8(-\tfrac{1}{2})^k & 2+4(-\tfrac{1}{2})^k \end{bmatrix} \begin{bmatrix} 100 \\ 40 \end{bmatrix}$$

$$= \tfrac{1}{6}\begin{bmatrix} 440+160(-\tfrac{1}{2})^k \\ 880-640(-\tfrac{1}{2})^k \end{bmatrix}$$

對於等號兩邊的矩陣上下各元素，分別令其相等，可得 a_k 和 j_k 的公式：

$$a_k = \tfrac{220}{3} + \tfrac{80}{3}\left(-\tfrac{1}{2}\right)^k, \; j_k = \tfrac{440}{3} - \tfrac{320}{3}\left(-\tfrac{1}{2}\right)^k, \; k = 1, 2, \ldots$$

實際上，通常不需要 a_k 和 j_k 的精確值。所需要的是，當 k 很大時，這些數會如何表現。這很容易得知。因為當 k 很大時，$\left(-\tfrac{1}{2}\right)^k$ 幾乎是零，我們有以下近似值

$$a_k \approx \tfrac{220}{3} \text{ 和 } j_k \approx \tfrac{440}{3} \quad \text{若 } k \text{ 很大}$$

因此，長遠來看，母鳥數量趨於穩定，幼年母鳥的數量約為成熟母鳥的兩倍。

定義 3.8

若 $\mathbf{v}_0$ 為已知，且 $\mathbf{v}_0, \mathbf{v}_1, \mathbf{v}_2, \ldots$ 滿足矩陣遞迴 (matrix recurrence) $\mathbf{v}_{k+1} = A\mathbf{v}_k$，$k \geq 0$，$A$ 為 $n \times n$ 矩陣，則 $\mathbb{R}^n$ 的行向量序列 $\mathbf{v}_0, \mathbf{v}_1, \mathbf{v}_2, \ldots$ 稱為**線性動態系統 (linear dynamical system)**。

如前，我們得到

$$\mathbf{v}_k = A^k \mathbf{v}_0, \; k = 1, 2, \ldots \tag{$*$}$$

因此 $\mathbf{v}_k$ 可由矩陣 A 的冪次方 A^k 所決定，如我們所知，若 A 可對角化，我們就可以有效的求出 A 的冪次方。事實上，在此情況下，利用 $(*)$ 式可求出一個好用的公式來求 $\mathbf{v}_k$。

假設 A 可對角化，其固有值為 $\lambda_1, \lambda_2, \ldots, \lambda_n$，對應的固有向量為 $\mathbf{x}_1, \mathbf{x}_2, \ldots, \mathbf{x}_n$。若 $P = [\mathbf{x}_1 \; \mathbf{x}_2 \; \cdots \; \mathbf{x}_n]$ 是 A 的對角化矩陣，其行向量為 $\mathbf{x}_i$，則 P 是可逆，且由定理 4 知

$$P^{-1}AP = D = \operatorname{diag}(\lambda_1, \lambda_2, \ldots, \lambda_n)$$

因此 $A = PDP^{-1}$。由 $(*)$ 式和定理 1，可得

$$\mathbf{v}_k = A^k \mathbf{v}_0 = (PDP^{-1})^k \mathbf{v}_0 = (PD^k P^{-1})\mathbf{v}_0 = PD^k(P^{-1}\mathbf{v}_0)$$

其中 $k = 1, 2, \ldots$。為了方便起見，我們將行 $P^{-1}\mathbf{v}_0$ 記做如下之形式：

$$\mathbf{b} = P^{-1}\mathbf{v}_0 = \begin{bmatrix} b_1 \\ b_2 \\ \vdots \\ b_n \end{bmatrix}$$

由矩陣乘法可得

$$\begin{aligned}
\mathbf{v}_k &= PD^k(P^{-1}\mathbf{v}_0) \\
&= [\mathbf{x}_1 \ \mathbf{x}_2 \ \cdots \ \mathbf{x}_n]\begin{bmatrix} \lambda_1^k & 0 & \cdots & 0 \\ 0 & \lambda_2^k & \cdots & 0 \\ \vdots & \vdots & \ddots & \vdots \\ 0 & 0 & \cdots & \lambda_n^k \end{bmatrix}\begin{bmatrix} b_1 \\ b_2 \\ \vdots \\ b_n \end{bmatrix} \\
&= [\mathbf{x}_1 \ \mathbf{x}_2 \ \cdots \ \mathbf{x}_n]\begin{bmatrix} b_1\lambda_1^k \\ b_2\lambda_2^k \\ \vdots \\ b_n\lambda_n^k \end{bmatrix} \\
&= b_1\lambda_1^k\mathbf{x}_1 + b_2\lambda_2^k\mathbf{x}_2 + \cdots + b_n\lambda_n^k\mathbf{x}_n \quad (**)
\end{aligned}$$

其中 $k \geq 0$。對於行向量 $\mathbf{v}_k$ 而言，這是一個有用的**精確公式 (exact formula)**。注意，$\mathbf{v}_0 = b_1\mathbf{x}_1 + b_2\mathbf{x}_2 + \cdots + b_n\mathbf{x}_n$。

但是，在實際上通常並不需要 $\mathbf{v}_k$ 的精確公式；而需要的是，當 k 很大時，求得 $\mathbf{v}_k$ 的估計值（如例 12 所做的）。若 A 有最大的固有值，這可以輕易地完成。若矩陣 A 的固有值 λ 的重數為 1，且

$$|\lambda| > |\mu| \text{ 對所有固有值 } \mu \neq \lambda \text{ 均成立}$$

其中 $|\lambda|$ 表示 λ 的絕對值，則稱 λ 為 A 的**主導固有值 (dominant eigenvalue)**。例如，例 12 中的 $\lambda_1 = 1$ 就是主導固有值。

回到上述的討論，假設 A 有主導固有值。選擇行向量 $\mathbf{x}_i$ 在 P 中的排列順序，假設 λ_1 是 A 的固有值 $\lambda_1, \lambda_2, ..., \lambda_n$ 中的主導固有值（參閱以下例 8 的討論）。現在回顧上文中 (**) 的 $\mathbf{v}_k$ 精確表示式：

$$\mathbf{v}_k = b_1\lambda_1^k\mathbf{x}_1 + b_2\lambda_2^k\mathbf{x}_2 + \cdots + b_n\lambda_n^k\mathbf{x}_n$$

於式中提出公因數 λ_1^k，得到

$$\mathbf{v}_k = \lambda_1^k\left[b_1\mathbf{x}_1 + b_2\left(\frac{\lambda_2}{\lambda_1}\right)^k\mathbf{x}_2 + \cdots + b_n\left(\frac{\lambda_n}{\lambda_1}\right)^k\mathbf{x}_n\right]$$

其中 $k \geq 0$。因為 λ_1 是主導固有值，對每一個 $i \geq 2$，我們有 $|\lambda_i| < |\lambda_1|$，所以當 k 增加時，$(\lambda_i/\lambda_1)^k$ 的絕對值會變小。因此 $\mathbf{v}_k$ 會近似於第一項 $\lambda_1^k b_1\mathbf{x}_1$，我們將 $\mathbf{v}_k$ 寫成 $\mathbf{v}_k \approx \lambda_1^k b_1\mathbf{x}_1$。上述的討論可總結於下面的定理（包含 $\mathbf{v}_k$ 的精確公式）。

定理 7

考慮動態系統 $\mathbf{v}_0, \mathbf{v}_1, \mathbf{v}_2, \ldots$，其矩陣遞迴式為
$$\mathbf{v}_{k+1} = A\mathbf{v}_k, \; k \geq 0$$
其中 A 和 $\mathbf{v}_0$ 為已知。假設 A 為可對角化的 $n \times n$ 矩陣，其固有值為 $\lambda_1, \lambda_2, \ldots, \lambda_n$，對應的基本固有向量為 $\mathbf{x}_1, \mathbf{x}_2, \ldots, \mathbf{x}_n$，且令 $P = [\mathbf{x}_1 \; \mathbf{x}_2 \; \cdots \; \mathbf{x}_n]$ 為 A 的對角化矩陣，則 $\mathbf{v}_k$ 的精確公式為
$$\mathbf{v}_k = b_1 \lambda_1^k \mathbf{x}_1 + b_2 \lambda_2^k \mathbf{x}_2 + \cdots + b_n \lambda_n^k \mathbf{x}_n, \; k \geq 0$$
其中係數 b_i 是來自
$$\mathbf{b} = P^{-1} \mathbf{v}_0 = \begin{bmatrix} b_1 \\ b_2 \\ \vdots \\ b_n \end{bmatrix}$$
此外，若 A 有主導固有值 λ_1，[12] 則 $\mathbf{v}_k$ 的近似值為
$$\mathbf{v}_k = b_1 \lambda_1^k \mathbf{x}_1, \text{當 } k \text{ 夠大時}$$

例 13

回到例 12，我們知道 $\lambda_1 = 1$ 是主導固有值，對應的固有向量為 $\mathbf{x}_1 = \begin{bmatrix} 1 \\ 2 \end{bmatrix}$，此處 $P = \begin{bmatrix} 1 & -1 \\ 2 & 4 \end{bmatrix}$ 且 $\mathbf{v}_0 = \begin{bmatrix} 100 \\ 40 \end{bmatrix}$，所以 $P^{-1} \mathbf{v}_0 = \frac{1}{3} \begin{bmatrix} 220 \\ -80 \end{bmatrix}$。

在定理 7 的記號中，$b_1 = \frac{220}{3}$，所以
$$\begin{bmatrix} a_k \\ j_k \end{bmatrix} = \mathbf{v}_k \approx b_1 \lambda_1^k \mathbf{x}_1 = \frac{220}{3} 1^k \begin{bmatrix} 1 \\ 2 \end{bmatrix}$$
其中 k 是很大的數。因此 $a_k \approx \frac{220}{3}$ 和 $j_k \approx \frac{440}{3}$，結果與例 12 相同。

下面的例子是利用定理 7 解「線性遞迴」。請讀者參閱第 3.4 節。

例 14

假設一序列 $x_0, x_1, x_2, \ldots$ 由下列關係式所決定
$$x_0 = 1, \; x_1 = -1 \text{ 且 } x_{k+2} = 2x_k - x_{k+1}, \; k \geq 0$$
請將 x_k 的公式以 k 表示出來。

---

[12] 在其它情況下，可以發現類似的結果。例如，若固有值 λ_1 和 λ_2（可能相等）滿足 $|\lambda_1| = |\lambda_2| > |\lambda_i|$，$i > 2$，則當 k 很大時，我們可得 $\mathbf{v}_k \approx b_1 \lambda_1^k x_1 + b_2 \lambda_2^k x_2$。

解：重複利用線性遞迴式 $x_{k+2} = 2x_k - x_{k+1}$，可得

$$x_2 = 2x_0 - x_1 = 3，x_3 = 2x_1 - x_2 = 5，x_4 = 11，x_5 = 21, \ldots$$

依此類推，可得 x_i，但是沒有明顯的模式出來。解題的觀念在於對每一個 k 而言，找出 $\mathbf{v}_k = \begin{bmatrix} x_k \\ x_{k+1} \end{bmatrix}$，然後取 $\mathbf{v}_k$ 上面的元素而得到 x_k。使用這種方法的原因是因為線性遞迴保證這些 $\mathbf{v}_k$ 是動態系統：

$$\mathbf{v}_{k+1} = \begin{bmatrix} x_{k+1} \\ x_{k+2} \end{bmatrix} = \begin{bmatrix} x_{k+1} \\ 2x_k - x_{k+1} \end{bmatrix} = A\mathbf{v}_k，其中 A = \begin{bmatrix} 0 & 1 \\ 2 & -1 \end{bmatrix}$$

A 的固有值為 $\lambda_1 = -2$ 和 $\lambda_2 = 1$，固有向量為 $\mathbf{x}_1 = \begin{bmatrix} 1 \\ -2 \end{bmatrix}$ 和 $\mathbf{x}_2 = \begin{bmatrix} 1 \\ 1 \end{bmatrix}$，所以 A 的對角化矩陣為 $P = \begin{bmatrix} 1 & 1 \\ -2 & 1 \end{bmatrix}$。此外，$\mathbf{b} = P^{-1}\mathbf{v}_0 = \frac{1}{3}\begin{bmatrix} 2 \\ 1 \end{bmatrix}$，因此 $\mathbf{v}_k$ 的精確公式為

$$\begin{bmatrix} x_k \\ x_{k+1} \end{bmatrix} = \mathbf{v}_k = b_1\lambda_1^k\mathbf{x}_1 + b_2\lambda_2^k\mathbf{x}_2 = \frac{2}{3}(-2)^k\begin{bmatrix} 1 \\ -2 \end{bmatrix} + \frac{1}{3}1^k\begin{bmatrix} 1 \\ 1 \end{bmatrix}$$

等號右邊上面的元素即為 x_k：

$$x_k = \frac{1}{3}\left[2(-2)^k + 1\right]，k = 0, 1, 2, \ldots$$

讀者可驗證前幾個 k 值。

動態系統的圖形描述

已知一動態系統 $\mathbf{v}_{k+1} = A\mathbf{v}_k$，序列 $\mathbf{v}_0, \mathbf{v}_1, \mathbf{v}_2, \ldots$ 稱為從 $\mathbf{v}_0$ 開始之系統的**軌跡 (trajectory)**。欲得系統的圖形描述，可令 $\mathbf{v}_k = \begin{bmatrix} x_k \\ y_k \end{bmatrix}$ 而將 $\mathbf{v}_k$ 的連續值當作平面上的點畫出，把 $\mathbf{v}_k$ 看成平面上的點 (x_k, y_k)。我們給幾個例題，說明動態系統的性質。為了方便計算，我們假設矩陣 A 是簡單的，通常是對角矩陣。

例 15

令 $A = \begin{bmatrix} \frac{1}{2} & 0 \\ 0 & \frac{1}{3} \end{bmatrix}$，固有值為 $\frac{1}{2}$ 和 $\frac{1}{3}$，對應的固有向量為 $\mathbf{x}_1 = \begin{bmatrix} 1 \\ 0 \end{bmatrix}$ 和 $\mathbf{x}_2 = \begin{bmatrix} 0 \\ 1 \end{bmatrix}$。由定理 7，對所有的 $k = 0, 1, 2, \ldots$，精確公式為

$$\mathbf{v}_k = b_1\left(\frac{1}{2}\right)^k\begin{bmatrix} 1 \\ 0 \end{bmatrix} + b_2\left(\frac{1}{3}\right)^k\begin{bmatrix} 0 \\ 1 \end{bmatrix}$$

其中係數 b_1 和 b_2 取決於起始點 $\mathbf{v}_0$。圖中針對不同的 $\mathbf{v}_0$ 畫出了幾個軌跡，由於兩個固有值的絕對值都小於 1，所以這些軌跡收斂於原點。因為這個原因，原點稱為這個系統的**吸引子 (attractor)**。

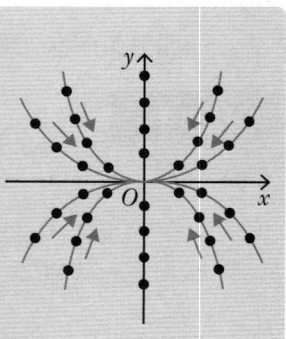

例 16

令 $A = \begin{bmatrix} \frac{3}{2} & 0 \\ 0 & \frac{4}{3} \end{bmatrix}$，固有值為 $\frac{3}{2}$ 和 $\frac{4}{3}$，對應的固有向量為 $\mathbf{x}_1 = \begin{bmatrix} 1 \\ 0 \end{bmatrix}$ 和 $\mathbf{x}_2 = \begin{bmatrix} 0 \\ 1 \end{bmatrix}$。精確公式為

$$\mathbf{v}_k = b_1(\tfrac{3}{2})^k \begin{bmatrix} 1 \\ 0 \end{bmatrix} + b_2(\tfrac{4}{3})^k \begin{bmatrix} 0 \\ 1 \end{bmatrix}$$

其中 $k = 0, 1, 2, \ldots$。因為兩個固有值的絕對值均大於 1，因此無論選哪個起始點 $\mathbf{v}_0$，軌跡都是從原點發散出去。因為這個原因，原點稱為此系統的**排斥子 (repellor)**。[13]

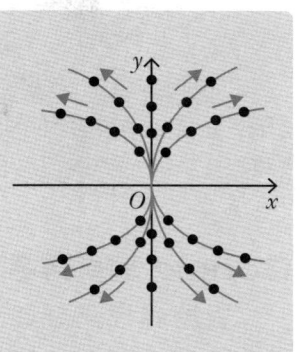

例 17

令 $A = \begin{bmatrix} 1 & -\frac{1}{2} \\ -\frac{1}{2} & 1 \end{bmatrix}$，固有值為 $\frac{3}{2}$ 和 $\frac{1}{2}$，對應的固有向量為 $\mathbf{x}_1 = \begin{bmatrix} -1 \\ 1 \end{bmatrix}$ 和 $\mathbf{x}_2 = \begin{bmatrix} 1 \\ 1 \end{bmatrix}$。精確公式為

$$\mathbf{v}_k = b_1(\tfrac{3}{2})^k \begin{bmatrix} -1 \\ 1 \end{bmatrix} + b_2(\tfrac{1}{2})^k \begin{bmatrix} 1 \\ 1 \end{bmatrix}$$

其中 $k = 0, 1, 2, \ldots$，此時 $\frac{3}{2}$ 是主導固有值，因此若 $b_1 \neq 0$，而 k 夠大的話，可得 $\mathbf{v}_k \approx b_1(\tfrac{3}{2})^k \begin{bmatrix} -1 \\ 1 \end{bmatrix}$，而且 $\mathbf{v}_k$ 會趨近於直線 $y = -x$。但是，若 $b_1 = 0$，則 $\mathbf{v}_k = b_2(\tfrac{1}{2})^k \begin{bmatrix} 1 \\ 1 \end{bmatrix}$，而且會沿著直線 $y = x$ 趨近於原點。軌跡大致上如圖所示，在此情況下的原點稱為動態系統的**鞍點 (saddle point)**。

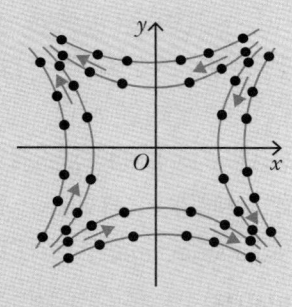

例 18

令 $A = \begin{bmatrix} 0 & \frac{1}{2} \\ -\frac{1}{2} & 0 \end{bmatrix}$，特徵多項式為 $c_A(x) = x^2 + \frac{1}{4}$，所以固有值為複數 $\frac{i}{2}$ 和 $-\frac{i}{2}$，其中 $i^2 = -1$。因此 A 不能對角化為一個實數矩陣。但其軌跡卻不難描述。若我們從 $\mathbf{v}_0 = \begin{bmatrix} 1 \\ 1 \end{bmatrix}$ 開始，則接下來的軌跡如下：

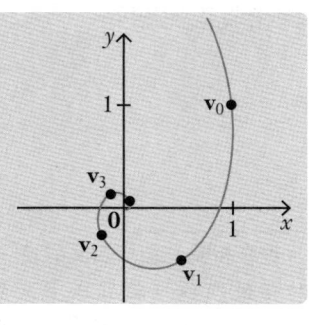

---

[13] 事實上，這裡 $P = I$，所以 $\mathbf{v}_0 = \begin{bmatrix} b_1 \\ b_2 \end{bmatrix}$。

$$\mathbf{v}_1 = \begin{bmatrix} \frac{1}{2} \\ -\frac{1}{2} \end{bmatrix}, \quad \mathbf{v}_2 = \begin{bmatrix} -\frac{1}{4} \\ -\frac{1}{4} \end{bmatrix}, \quad \mathbf{v}_3 = \begin{bmatrix} -\frac{1}{8} \\ \frac{1}{8} \end{bmatrix}, \quad \mathbf{v}_4 = \begin{bmatrix} \frac{1}{16} \\ \frac{1}{16} \end{bmatrix}, \quad \mathbf{v}_5 = \begin{bmatrix} \frac{1}{32} \\ -\frac{1}{32} \end{bmatrix}, \quad \mathbf{v}_6 = \begin{bmatrix} -\frac{1}{64} \\ -\frac{1}{64} \end{bmatrix}, \ldots$$

我們在圖上畫了 5 個點。此處每個軌跡上的點以螺旋狀向原點靠近，所以原點是吸引子。請注意在本例中兩個複數固有值的絕對值小於 1。如果它們的絕對值大於 1，軌跡將以螺旋狀從原點發散出去。

Google 網頁排名

對於尋找網頁資訊，主導固有值在 Google 的搜尋引擎上非常有用。如果資訊查詢是從用戶端發出，Google 有複雜的方法建立每個網站到該查詢處的「資料檢索能力」。當確定了相關網站，就利用所有網站的排名，亦即網頁排名 (PageRank)，將相關網站依其重要性的次序排列。顯示給用戶端的是具有最高 PageRank 的相關網站。我們所感到興趣的是如何建立 PageRank。

網際網路包含很多連結，從一個網站連到另一個網站。Google 解讀從網站 j 到網站 i 的連結為「投」(vote) 了網站 i 的重要性一票。因此若網站 i 比網站 j 有較多的連結連到它，那麼 i 被視為比 j 更重要，並且指定更高的 PageRank 給它。一種方式是將網站視為一個巨大的有向圖中的頂點（參閱第 2.2 節）。如果網站 j 到網站 i 有連結，那麼有向圖中就有從 j 到 i 的邊，因此在所關聯的鄰接矩陣 (adjacency matrix) 中第 (i, j) 元素是 1〔在此上下文中稱為連接矩陣 (connentivity matrix)〕。因此這個矩陣的第 i 列中有多少個 1 就代表網站 i 的網頁排名。[14]

然而這並不會將連結到 i 的網站的網頁排名列入考量。直觀地，這些網站 (PageRank) 排名的等級越高，網站 i 的排名等級就越高。一種方法是計算連接矩陣的主導固有向量 $\mathbf{x}$。在大多數情況下可以選擇 $\mathbf{x}$ 的元素為正並且元素總和為 1。每一個網站對應於 $\mathbf{x}$ 中的一個元素，所以連結到指定網站 i 的網站的元素總和可用來衡量網站 i 的等級。事實上，Google 選擇網站的 PageRank 使得 PageRank 與這個總和成正比關係。[15]

---

[14] 更多有關 PageRank 的資訊，請參考 http/www.google.com/technology/。
[15] 詳細內容刊載於以下文章："Searching the web with eigenvectors" by Herbert S. Wilf, UMAP Journal 23(2), 2002, pages 101–103, and "The worlds largest matrix computation: Google's PageRank is an eigenvector of a matrix of order 2.7 billion" by Cleve Moler, Matlab News and Notes, October 2002, pages 12–13。

習題 3.3

1. 求出以下矩陣的特徵多項式、固有值、固有向量，並求出（若存在的話）可逆矩陣 P，使得 $P^{-1}AP$ 為對角矩陣。

   (a) $A = \begin{bmatrix} 1 & 2 \\ 3 & 2 \end{bmatrix}$

   ◆(b) $A = \begin{bmatrix} 2 & -4 \\ -1 & -1 \end{bmatrix}$

   (c) $A = \begin{bmatrix} 7 & 0 & -4 \\ 0 & 5 & 0 \\ 5 & 0 & -2 \end{bmatrix}$

   ◆(d) $A = \begin{bmatrix} 1 & 1 & -3 \\ 2 & 0 & 6 \\ 1 & -1 & 5 \end{bmatrix}$

   (e) $A = \begin{bmatrix} 1 & -2 & 3 \\ 2 & 6 & -6 \\ 1 & 2 & -1 \end{bmatrix}$

   ◆(f) $A = \begin{bmatrix} 0 & 1 & 0 \\ 3 & 0 & 1 \\ 2 & 0 & 0 \end{bmatrix}$

   (g) $A = \begin{bmatrix} 3 & 1 & 1 \\ -4 & -2 & -5 \\ 2 & 2 & 5 \end{bmatrix}$

   ◆(h) $A = \begin{bmatrix} 2 & 1 & 1 \\ 0 & 1 & 0 \\ 1 & -1 & 2 \end{bmatrix}$

   (i) $A = \begin{bmatrix} \lambda & 0 & 0 \\ 0 & \lambda & 0 \\ 0 & 0 & \mu \end{bmatrix}$, $\lambda \neq \mu$

2. 考慮一個線性動態系統 $\mathbf{v}_{k+1} = A\mathbf{v}_k$，其中 $k \geq 0$。在下列各題中，利用定理 7 算出 $\mathbf{v}_k$ 的近似值。

   (a) $A = \begin{bmatrix} 2 & 1 \\ 4 & -1 \end{bmatrix}$, $\mathbf{v}_0 = \begin{bmatrix} 1 \\ 2 \end{bmatrix}$

   ◆(b) $A = \begin{bmatrix} 3 & -2 \\ 2 & -2 \end{bmatrix}$, $\mathbf{v}_0 = \begin{bmatrix} 3 \\ -1 \end{bmatrix}$

   (c) $A = \begin{bmatrix} 1 & 0 & 0 \\ 1 & 2 & 3 \\ 1 & 4 & 1 \end{bmatrix}$, $\mathbf{v}_0 = \begin{bmatrix} 1 \\ 1 \\ 1 \end{bmatrix}$

   ◆(d) $A = \begin{bmatrix} 1 & 3 & 2 \\ -1 & 2 & 1 \\ 4 & -1 & -1 \end{bmatrix}$, $\mathbf{v}_0 = \begin{bmatrix} 2 \\ 0 \\ 1 \end{bmatrix}$

3. 證明 A 以 $\lambda = 0$ 為其固有值若且唯若 A 為不可逆。

◆4. 令 A 表 $n \times n$ 矩陣且令 $A_1 = A - \alpha I$，α 為實數。證明 λ 是 A 的固有值若且唯若 $\lambda - \alpha$ 是 A_1 的固有值。（因此，A_1 的固有值只是把 A 的固有值移位了 α。）如何比較固有向量？

5. 證明 $\begin{bmatrix} \cos\theta & -\sin\theta \\ \sin\theta & \cos\theta \end{bmatrix}$ 的固有值為 $e^{i\theta}$ 和 $e^{-i\theta}$。

6. 求 $n \times n$ 單位矩陣的特徵多項式。證明 I 恰有一個固有值並求固有向量。

7. 已知 $A = \begin{bmatrix} a & b \\ c & d \end{bmatrix}$，證明：

   (a) $c_A(x) = x^2 - \text{tr}\, Ax + \det A$，其中 $\text{tr}\, A = a + d$ 稱為 A 的**跡 (trace)**。

   (b) 固有值為
   $\frac{1}{2}\left[(a+d) \pm \sqrt{(a-d)^2 + 4bc}\right]$

8. 下列各題中，求 $P^{-1}AP$ 然後再計算 A^n。

   (a) $A = \begin{bmatrix} 6 & -5 \\ 2 & -1 \end{bmatrix}$, $P = \begin{bmatrix} 1 & 5 \\ 1 & 2 \end{bmatrix}$

   ◆(b) $A = \begin{bmatrix} -7 & -12 \\ 6 & 10 \end{bmatrix}$, $P = \begin{bmatrix} -3 & 4 \\ 2 & -3 \end{bmatrix}$

   【提示：$(PDP^{-1})^n = PD^nP^{-1}$，$n = 1, 2, \ldots$。】

◆9. (a) 若 $A = \begin{bmatrix} 1 & 3 \\ 0 & 2 \end{bmatrix}$ 且 $B = \begin{bmatrix} 2 & 0 \\ 0 & 1 \end{bmatrix}$，驗證 A 和 B 可對角化，但 AB 不可對角化。

◆(b) 若 $D = \begin{bmatrix} 1 & 0 \\ 0 & -1 \end{bmatrix}$，求一對角化矩陣 A 使得 $D + A$ 不可對角化。

10. 若 A 為 $n \times n$ 矩陣，證明 A 可對角化若且唯若 A^T 可對角化。

11. 若 A 可對角化，證明下列的每一個矩陣皆可對角化。
    (a) A^n，$n \geq 1$。
    ◆(b) kA，k 為任意純量。
    (c) $p(A)$，其中 $p(x)$ 是任意多項式。（定理 1）
    ◆(d) $U^{-1}AU$，U 為任意可逆矩陣。
    (e) $kI + A$，k 為任意純量。

◆12. 請舉例，兩個可對角化的矩陣 A、B 相加之後，其和 $A + B$ 不可對角化。

13. 若 A 可對角化且只有 1 和 -1 為其固有值，證明 $A^{-1} = A$。

◆14. 若 A 可對角化且只有 0 和 1 為其固有值，證明 $A^2 = A$。

15. 若 A 可對角化，且 A 的每一個固有值 $\lambda \geq 0$，證明對某個矩陣 B 而言，$A = B^2$ 恆成立。

16. 若 $P^{-1}AP$ 和 $P^{-1}BP$ 都是對角矩陣，證明 $AB = BA$。【提示：對角矩陣可交換。】

17. 若存在 $n \geq 1$，使得 $A^n = 0$，則方陣 A 稱為**冪零 (nilpotent)**。找出所有可對角化的冪零矩陣。【提示：定理 1。】

18. 令 A 是任意 $n \times n$ 矩陣且 $r \neq 0$ 是一個實數。
    (a) 證明 rA 的固有值為 $r\lambda$，其中 λ 是 A 的固有值。
    ◆(b) 證明 $c_{rA}(x) = r^n c_A(\frac{x}{r})$。

19. (a) 若所有 A 的列有相同的和 s，證明 s 是固有值。
    (b) 若所有 A 的行有相同的和 s，證明 s 是固有值。

20. 令 A 為 $n \times n$ 可逆矩陣。
    (a) 證明 A 的固有值不為零。
    ◆(b) 證明 A^{-1} 的固有值為 $1/\lambda$，其中 λ 為 A 的固有值。
    (c) 證明 $c_{A^{-1}}(x) = \frac{(-x)^n}{\det A} c_A(\frac{1}{x})$。

21. 假設 λ 是方陣 A 的一個固有值，對應的固有向量 $\mathbf{x} \neq \mathbf{0}$。
    (a) 證明 λ^2 是 A^2 的固有值（有相同的 $\mathbf{x}$）。
    ◆(b) 證明 $\lambda^3 - 2\lambda + 3$ 是 $A^3 - 2A + 3I$ 的固有值。
    (c) 證明對任意非零多項式 $p(x)$ 而言，$p(\lambda)$ 是 $p(A)$ 的固有值。

22. 若 A 是一個 $n \times n$ 矩陣，證明 $c_{A^2}(x^2) = (-1)^n c_A(x) c_A(-x)$。

23. 若存在 $m \geq 1$，使得 $A^m = 0$，則 $n \times n$ 矩陣 A 稱為冪零。
    (a) 證明主對角線上的元素為零的三角矩陣為冪零。
    ◆(b) 若 A 為冪零，證明 $\lambda = 0$ 是 A 的唯一固有值（即使是複數）。
    (c) 若 A 是 $n \times n$ 冪零矩陣，試推導 $c_A(x) = x^n$。

24. 令 A 為對角矩陣，其固有值為實數，且假設存在 $m \geq 1$，使得 $A^m = I$。
    ◆(a) 證明 $A^2 = I$。
    (b) 若 m 為奇數，證明 $A = I$。

25. 令 $A^2 = I$，且假設 $A \neq I$ 和 $A \neq -I$。
   (a) 證明 A 的固有值是 $\lambda = 1$ 和 $\lambda = -1$。
   (b) 證明 A 可對角化。【提示：驗證 $A(A + I) = A + I$ 以及 $A(A - I) = -(A - I)$，然後觀察 $A + I$ 和 $A - I$ 的非零行。】
   (c) 若 $Q_m : \mathbb{R}^2 \to \mathbb{R}^2$ 為對直線 $y = mx$，$m \neq 0$ 的鏡射，利用 (b) 證明對每一個 m 而言，Q_m 的矩陣可對角化。
   (d) 利用定理 3 以幾何方式證明 (c)。

26. 令 $A = \begin{bmatrix} 2 & 3 & -3 \\ 1 & 0 & -1 \\ 1 & 1 & -2 \end{bmatrix}$，$B = \begin{bmatrix} 0 & 1 & 0 \\ 3 & 0 & 1 \\ 2 & 0 & 0 \end{bmatrix}$。證明 $c_A(x) = c_B(x) = (x + 1)^2 (x - 2)$，其中 A 可對角化而 B 不可對角化。

◆27. (a) 證明有唯一固有值 λ 的可對角化矩陣 A 是純量矩陣 $A = \lambda I$。
   (b) $\begin{bmatrix} 3 & -2 \\ 2 & -1 \end{bmatrix}$ 是否可對角化？

28. A 為 $n \times n$ 可對角化矩陣，試以 A 的固有值，描述 $A^2 - 3A + 2I = 0$。【提示：定理 1。】

29. 令 $A = \begin{bmatrix} B & 0 \\ 0 & C \end{bmatrix}$，其中 B 和 C 為方陣。
   (a) 若 B 和 C 可經由 Q 和 R 對角化（亦即，$Q^{-1}BQ$ 和 $R^{-1}CR$ 是對角矩陣）。證明 A 可經由 $\begin{bmatrix} Q & 0 \\ 0 & R \end{bmatrix}$ 對角化。
   (b) 若 $B = \begin{bmatrix} 5 & 3 \\ 3 & 5 \end{bmatrix}$，$C = \begin{bmatrix} 7 & -1 \\ -1 & 7 \end{bmatrix}$，利用

   (a) 將 A 對角化。

30. 令 $A = \begin{bmatrix} B & 0 \\ 0 & C \end{bmatrix}$，其中 B、C 為方陣。
   (a) 證明 $c_A(x) = c_B(x)c_C(x)$。
   (b) 若 $\mathbf{x}$ 和 $\mathbf{y}$ 分別是 B 和 C 的固有向量，證明 $\begin{bmatrix} \mathbf{x} \\ 0 \end{bmatrix}$ 和 $\begin{bmatrix} 0 \\ \mathbf{y} \end{bmatrix}$ 是 A 的固有向量，且找出為何 A 的每一個固有向量可由此類固有向量表示。

31. 回到例 1 的模型，在下面的情況下，試決定數量是穩定、滅絕或變得很大。A 和 J 分別表示成熟的和幼年的存活率，而 R 表示繁衍率。

	R	A	J
(a)	2	$\frac{1}{2}$	$\frac{1}{2}$
◆(b)	3	$\frac{1}{4}$	$\frac{1}{4}$
(c)	2	$\frac{1}{4}$	$\frac{1}{3}$
◆(d)	3	$\frac{3}{5}$	$\frac{1}{5}$

32. 在例 1 的模型中，最後的結果是否與成熟的和幼年的初期數量有關？請加以解釋。

33. 在例 1 中，若繁衍率仍為 2，成熟的存活率亦為 $\frac{1}{2}$，但假設幼年的存活率為 ρ。試求使鳥類數量滅絕或變得很大的 ρ 值。

◆34. 在例 1 中，若幼年的存活率為 $\frac{2}{5}$，繁衍率為 2。試求成熟的存活率 α，若能確保鳥類的數量是穩定的，則成熟存活率 α 的值為何？

3.4 節　應用於線性遞迴

我們常會遇到所要解決的問題是需要尋找一數列 $x_0, x_1, x_2, \ldots$，其中前面少數幾項是已知，而接下來的數是利用前面的數來表示。下面是組合性的例子，目的是要計算出做某件事的方法數。

例 1

一個城市規劃師欲求一列具有 k 個停車位的停車方法數 x_k，此停車位可停轎車 (c) 和卡車 (T)，每台卡車需 2 個停車位。求 x_k 前幾項的值。

解：顯然，$x_0 = 1$ 且 $x_1 = 1$，而 $x_2 = 2$，因為可停兩台轎車或一台卡車。$x_3 = 3$（有 3 種情形，ccc、cT、Tc），$x_4 = 5$（$cccc$、ccT、cTc、Tcc、TT）。方法的關鍵點是要將 x_k 以其前面項的值來表示。在此情況下，我們可斷言

$$x_{k+2} = x_k + x_{k+1} \quad \forall k \geq 0 \tag{$*$}$$

實際上，欲填滿 $k+2$ 個停車位可分為兩類：不是轎車停第一個位置（剩下的 $k+1$ 個位置的停車方法數為 x_{k+1}），就是卡車停前面兩個位置（其它 k 個位置的停車方法數為 x_k）。因此有 $x_{k+1} + x_k$ 種方法停 $k+2$ 個位置，此即 ($*$) 式。

因為 x_0 和 x_1 為已知，由遞迴式 ($*$) 可求 x_k，$k \geq 2$。事實上，前幾項的值為

$$x_0 = 1$$
$$x_1 = 1$$
$$x_2 = x_0 + x_1 = 2$$
$$x_3 = x_1 + x_2 = 3$$
$$x_4 = x_2 + x_3 = 5$$
$$x_5 = x_3 + x_4 = 8$$
$$\vdots \quad \vdots \quad \vdots$$

顯然，我們可求得 x_k 的任意值，但我們希望找出 x_k 的「公式」，而且公式是 k 的函數。利用對角化可求出 x_k 的公式。稍後我們再回到這個例子。

一數列 $x_0, x_1, x_2, \ldots$，若每一數均可由其前面的數決定，則稱此數列是**遞迴的 (recursively)**。這樣的數列在數學和電腦科學上時常出現，而且在其它的科學部門也會遇到。例 1 中 $x_{k+2} = x_{k+1} + x_k$ 是長度為 2 的**線性遞迴關係 (linear recurrence relation)** 的一個例子，此乃因 x_{k+2} 是前兩項 x_{k+1} 與 x_k 的和；一般而言，**長度 (length)** 為 m 是指 x_{k+m} 為 $x_k, x_{k+1}, \ldots, x_{k+m-1}$ 的倍數的和。

長度為 1 的最簡單線性遞迴數列，則是對於每一個 k，x_{k+1} 是 x_k 的倍數，亦即 $x_{k+1} = ax_k$。若 x_0 為已知，則 $x_1 = ax_0$，$x_2 = ax_1 = a^2 x_0$，$x_3 = ax_2 = a^3 x_0$，$\ldots$。繼續下去，對於每一個 $k \geq 0$，可得 $x_k = a^k x_0$，此為 x_k 的公式，x_k 是 k 的函數（當 x_0 為已知）。

對於已知的初值，這樣的公式並不是很容易求得。下面的例子需用到對角化。

例 2

假設數列 $x_0, x_1, x_2, \ldots$ 是由下面的線性遞迴關係
$$x_{k+2} = x_{k+1} + 6x_k, k \geq 0$$
求出，其中 x_0 和 x_1 為已知。當 $x_0 = 1$ 和 $x_1 = 3$ 且當 $x_0 = 1$ 和 $x_1 = 1$ 時，求 x_k 的公式。

解：若 $x_0 = 1$ 和 $x_1 = 3$，則 $x_2 = x_1 + 6x_0 = 9$，$x_3 = x_2 + 6x_1 = 27$，$x_4 = x_3 + 6x_2 = 81$，顯然，
$$x_k = 3^k, k = 0, 1, 2, 3, 4$$
此公式對所有的 k 皆成立。因為對 $k = 0$ 和 $k = 1$ 公式為真，且對每一個 k 而言，滿足遞迴式 $x_{k+2} = x_{k+1} + 6x_k$。

但若我們以 $x_0 = 1$ 和 $x_1 = 1$ 為開始，則接下去的數列為 $x_2 = 7, x_3 = 13, x_4 = 55, x_5 = 133, \ldots$。在此情況下，雖然數列是唯一確定，但卻無明顯的公式來表達。雖然如此，可將此遞迴式轉換成矩陣遞迴式，再利用對角化技巧。

我們的做法是以行向量 $\mathbf{v}_0, \mathbf{v}_1, \mathbf{v}_2, \ldots$ 取代 $x_0, x_1, x_2, \ldots$，其中
$$\mathbf{v}_k = \begin{bmatrix} x_k \\ x_{k+1} \end{bmatrix}, k \geq 0$$
已知 $\mathbf{v}_0 = \begin{bmatrix} x_0 \\ x_1 \end{bmatrix} = \begin{bmatrix} 1 \\ 1 \end{bmatrix}$，而數值遞迴式 $x_{k+2} = x_{k+1} + 6x_k$ 轉換為矩陣遞迴式如下：
$$\mathbf{v}_{k+1} = \begin{bmatrix} x_{k+1} \\ x_{k+2} \end{bmatrix} = \begin{bmatrix} x_{k+1} \\ 6x_k + x_{k+1} \end{bmatrix} = \begin{bmatrix} 0 & 1 \\ 6 & 1 \end{bmatrix} \begin{bmatrix} x_k \\ x_{k+1} \end{bmatrix} = A\mathbf{v}_k$$
其中 $A = \begin{bmatrix} 0 & 1 \\ 6 & 1 \end{bmatrix}$。由於這些行向量 $\mathbf{v}_k$ 是一個線性動態系統，所以只要矩陣 A 可對角化，就可使用第 3.3 節定理 7。我們得到 $c_A(x) = (x-3)(x+2)$，因此固有值為 $\lambda_1 = 3$ 和 $\lambda_2 = -2$，對應的固有向量為 $\mathbf{x}_1 = \begin{bmatrix} 1 \\ 3 \end{bmatrix}$ 和 $\mathbf{x}_2 = \begin{bmatrix} -1 \\ 2 \end{bmatrix}$。由於 $P = [\mathbf{x}_1 \ \mathbf{x}_2] = \begin{bmatrix} 1 & -1 \\ 3 & 2 \end{bmatrix}$ 是可逆，所以 P 是 A 的對角化矩陣。在第 3.3 節定理 7 中的係數 b_i 為 $\begin{bmatrix} b_1 \\ b_2 \end{bmatrix} = P^{-1}\mathbf{v}_0 = \begin{bmatrix} \frac{3}{5} \\ \frac{-2}{5} \end{bmatrix}$，所以由定理知
$$\begin{bmatrix} x_k \\ x_{k+1} \end{bmatrix} = \mathbf{v}_k = b_1\lambda_1^k \mathbf{x}_1 + b_2\lambda_2^k \mathbf{x}_2 = \frac{3}{5} 3^k \begin{bmatrix} 1 \\ 3 \end{bmatrix} + \frac{-2}{5}(-2)^k \begin{bmatrix} -1 \\ 2 \end{bmatrix}$$
令上方元素相等可得
$$x_k = \tfrac{1}{5}\left[3^{k+1} - (-2)^{k+1}\right], k \geq 0$$
由此可知 $x_0 = 1 = x_1$，且滿足遞迴式 $x_{k+2} = x_{k+1} + 6x_k$。此即我們欲求的 x_k 公式。

回到例 1，這些方法給予該問題的 x_k 一個精確公式與良好的近似值。

例 3

一個城市規劃師，欲求一列具有 k 個停車位的停車方法數 x_k。此停車位可停轎車和卡車，每台卡車需 2 個停車位。求 x_k 的公式，並估計當 k 很大時，x_k 的值。

解：由例 1 可知 x_k 滿足線性遞迴式

$$x_{k+2} = x_k + x_{k+1}, k \geq 0$$

若令 $\mathbf{v}_k = \begin{bmatrix} x_k \\ x_{k+1} \end{bmatrix}$，則對 $\mathbf{v}_k$ 而言，此線性遞迴變成矩陣遞迴

$$\mathbf{v}_{k+1} = \begin{bmatrix} x_{k+1} \\ x_{k+2} \end{bmatrix} = \begin{bmatrix} x_{k+1} \\ x_k + x_{k+1} \end{bmatrix} = \begin{bmatrix} 0 & 1 \\ 1 & 1 \end{bmatrix} \begin{bmatrix} x_k \\ x_{k+1} \end{bmatrix} = A\mathbf{v}_k$$

其中 $k \geq 0$，$A = \begin{bmatrix} 0 & 1 \\ 1 & 1 \end{bmatrix}$。而 A 可對角化，其特徵多項式為 $c_A(x) = x^2 - x - 1$，$c_A(x) = 0$ 的根為 $\frac{1}{2}[1 \pm \sqrt{5}]$，因此 A 有固有值

$$\lambda_1 = \tfrac{1}{2}[1 + \sqrt{5}] \quad \text{和} \quad \lambda_2 = \tfrac{1}{2}[1 - \sqrt{5}]$$

對應的固有向量分別為 $\mathbf{x}_1 = \begin{bmatrix} 1 \\ \lambda_1 \end{bmatrix}$ 和 $\mathbf{x}_2 = \begin{bmatrix} 1 \\ \lambda_2 \end{bmatrix}$。矩陣 $P = [\mathbf{x}_1\ \mathbf{x}_2] = \begin{bmatrix} 1 & 1 \\ \lambda_1 & \lambda_2 \end{bmatrix}$ 是可逆的，它是 A 的對角化矩陣。計算係數 b_1 和 b_2（第 3.3 節定理 7）如下：

$$\begin{bmatrix} b_1 \\ b_2 \end{bmatrix} = P^{-1}\mathbf{v}_0 = \tfrac{1}{-\sqrt{5}} \begin{bmatrix} \lambda_2 & -1 \\ -\lambda_1 & 1 \end{bmatrix} \begin{bmatrix} 1 \\ 1 \end{bmatrix} = \tfrac{1}{\sqrt{5}} \begin{bmatrix} \lambda_1 \\ -\lambda_2 \end{bmatrix}$$

其中我們利用 $\lambda_1 + \lambda_2 = 1$ 的事實。因此由第 3.3 節定理 7 可得

$$\begin{bmatrix} x_k \\ x_{k+1} \end{bmatrix} = \mathbf{v}_k = b_1 \lambda_1^k \mathbf{x}_1 + b_2 \lambda_2^k \mathbf{x}_2 = \tfrac{\lambda_1}{\sqrt{5}} \lambda_1^k \begin{bmatrix} 1 \\ \lambda_1 \end{bmatrix} - \tfrac{\lambda_2}{\sqrt{5}} \lambda_2^k \begin{bmatrix} 1 \\ \lambda_2 \end{bmatrix}$$

比較上方元素，x_k 的精確公式為：

$$x_k = \tfrac{1}{\sqrt{5}} \left[\lambda_1^{k+1} - \lambda_2^{k+1} \right], k \geq 0$$

最後，由觀察知 λ_1 為主導（事實上，$\lambda_1 = 1.618$ 和 $\lambda_2 = -0.618$，取小數點後三位），故當 k 很大時，λ_2^{k+1} 與 λ_1^{k+1} 比較，λ_2^{k+1} 是可以忽略的。因此

$$x_k \approx \tfrac{1}{\sqrt{5}} \lambda_1^{k+1}, k \geq 0$$

即使當 $k = 12$，上式仍然能算出一個好的近似值。的確，若重複使用遞迴式 $x_{k+2} = x_k + x_{k+1}$ 可得精確值 $x_{12} = 233$，而近似值為 $x_{12} \approx \frac{(1.618)^{13}}{\sqrt{5}} = 232.94$。

例 3 中的數列 $x_0, x_1, x_2, \ldots$ 是在 1202 年首先由 Leonardo Pisano of Pisa，即著名的 Fibonacci，[16] 提出來討論，此數列目前稱為 **Fibonacci 數列 (Fibonacci**

---

[16] 費氏討論的問題是：若起初有一對兔子，這對兔子每月會生一對，而每對新生兔於第二個月後具有生育力，則一年末有多少對兔子？假設沒有任何對死亡，配對的數目滿足費氏遞迴。

sequence)。它是由條件 $x_0 = 1$，$x_1 = 1$ 與遞迴式 $x_{k+2} = x_k + x_{k+1}$，$k \geq 0$，所決定。這些數已被研究許多世紀，並且有許多有趣的性質（甚至有 *Fibonacci Quarterly* 的期刊是專門探討此數列）。例如，生物學家已經發現環繞某些植物的莖，其樹葉的排列，遵循費氏模式。例 3 中的公式 $x_k = \frac{1}{\sqrt{5}}\left[\lambda_1^{k+1} - \lambda_2^{k+1}\right]$ 稱為 **Binet 公式 (Binet formula)**。值得注意的是，x_k 為整數，但 λ_1 和 λ_2 卻不是。這種現象即使固有值 λ_i 是複數，也會發生。

我們以一個例子說明非線性遞迴問題可以是非常複雜的。

例 4

假設數列 $x_0, x_1, x_2, \ldots$ 滿足下列遞迴式：

$$x_{k+1} = \begin{cases} \frac{1}{2}x_k & \text{若 } x_k \text{ 是偶數} \\ 3x_k + 1 & \text{若 } x_k \text{ 是奇數} \end{cases}$$

若 $x_0 = 1$，則數列為 $1, 4, 2, 1, 4, 2, 1, \ldots$ 且持續循環下去。若取 $x_0 = 7$，則發生相同的事，數列為

$$7, 22, 11, 34, 17, 52, 26, 13, 40, 20, 10, 5, 16, 8, 4, 2, 1, \ldots$$

然後再循環。但是我們無法得知，所選出的 x_0 是否能使數列出現 1。對於某些 x_0 而言，數列很可能不斷地產生不同的值，或者未出現 1 就循環。沒有人知道數列一定會如何呈現。

習題 3.4

1. 解下列線性遞迴式。
   (a) $x_{k+2} = 3x_k + 2x_{k+1}$，其中 $x_0 = 1$，$x_1 = 1$
   ◆(b) $x_{k+2} = 2x_k - x_{k+1}$，其中 $x_0 = 1$，$x_1 = 2$
   (c) $x_{k+2} = 2x_k + x_{k+1}$，其中 $x_0 = 0$，$x_1 = 1$
   ◆(d) $x_{k+2} = 6x_k - x_{k+1}$，其中 $x_0 = 1$，$x_1 = 1$

2. 解下列線性遞迴式。
   (a) $x_{k+3} = 6x_{k+2} - 11x_{k+1} + 6x_k$，其中 $x_0 = 1$，$x_1 = 0$，$x_2 = 1$
   ◆(b) $x_{k+3} = -2x_{k+2} + x_{k+1} + 2x_k$，其中 $x_0 = 1$，$x_1 = 0$，$x_2 = 1$

   【提示：利用 $\mathbf{v}_k = \begin{bmatrix} x_k \\ x_{k+1} \\ x_{k+2} \end{bmatrix}$。】

3. 在例 1 中，假設可停公車，則在一列有 k 個停車位，且停滿轎車、卡車、公車，令 x_k 表停車的方法數。
   (a) 若卡車和公車分別占 2 和 3 個停車位，證明對每個 k，$x_{k+3} = x_k + x_{k+1} + x_{k+2}$，且利用此遞迴式求 x_{10}。
   【提示：固有值用處不大。】
   ◆(b) 若公車占 4 個停車位，求出 x_k 的遞迴式，並求 x_{10}。

4. 一人爬 k 階樓梯。他一次可以爬 1 或 2 階。因此他若爬 3 階,則有下列方式:1, 1, 1;1, 2;或 2, 1。試求他爬 k 階樓梯的方法數 s_k。【提示:費氏數列。】

◆5. 由 $\{a, b\}$ 中選出 k 個「字母」,其中 a 不相鄰,則可產生多少由 k 個字母所組成的字?

6. 擲一硬幣 k 次,有多少種序列不會出現 HH?

◆7. 抽取 k 張撲克牌,若只有紅、藍、金三種顏色,且不能有兩張金色相連,若不同抽取方式有 x_k 種,試求 x_k。
【提示:考慮有多少種是紅、藍、金色撲克牌在上面,證明 $x_{k+2} = 2x_{k+1} + 2x_k$。】

8. 一個核反應爐含有 α 和 β 粒子。每秒每個 α 粒子分裂成三個 β 粒子,而每個 β 粒子分裂成一個 α 粒子和兩個 β 粒子。若在 $t = 0$,反應爐只有一個 α 粒子,則在 $t = 20$ 秒,有多少 α 粒子?【提示:令 x_k 和 y_k 表示在 $t = k$ 秒,α 和 β 粒子的個數。求出以 x_k 和 y_k 表示的 x_{k+1} 和 y_{k+1}。】

◆9. 在某個國家中,麥子的年產量為前兩年產量的平均。若在 1990 和 1991 年的產量分別為 1000 萬噸和 1200 萬噸,試求 1990 年的 k 年後,產量的公式。長期平均產量為何?

10. 求遞迴式 $x_{k+1} = rx_k + c$ 的通解,其中 r 和 c 為常數。【提示:分別考慮 $r = 1$ 和 $r \neq 1$ 的情形。若 $r \neq 1$,則需要等式 $1 + r + r^2 + \cdots + r^{n-1} = \frac{1-r^n}{1-r}$,$n \geq 1$。】

11. 考慮長度為 3 的遞迴式 $x_{k+3} = ax_k + bx_{k+1} + cx_{k+2}$。
(a) 若 $\mathbf{v}_k = \begin{bmatrix} x_k \\ x_{k+1} \\ x_{k+2} \end{bmatrix}$ 且 $A = \begin{bmatrix} 0 & 1 & 0 \\ 0 & 0 & 1 \\ a & b & c \end{bmatrix}$,證明 $\mathbf{v}_{k+1} = A\mathbf{v}_k$。
◆(b) 若 λ 為 A 的任意固有值,證明 $\mathbf{x} = \begin{bmatrix} 1 \\ \lambda \\ \lambda^2 \end{bmatrix}$ 為固有向量。【提示:直接證明 $A\mathbf{x} = \lambda \mathbf{x}$。】
(c) 將 (a)、(b) 推廣至長度為 4 的遞迴式 $x_{k+4} = ax_k + bx_{k+1} + cx_{k+2} + dx_{k+3}$。

12. 考慮遞迴式 $x_{k+2} = ax_{k+1} + bx_k + c$,其中 c 不為零。
(a) 若 $a + b \neq 1$,證明可找到 p,使得若 $y_k = x_k + p$,則 $y_{k+2} = ay_{k+1} + by_k$。【因此,若藉由此節的方法(或其它方法)可求出 y_k,則數列 x_k 亦可求出。】
◆(b) 利用 (a) 解遞迴式 $x_{k+2} = x_{k+1} + 6x_k + 5$,其中 $x_0 = 1$ 和 $x_1 = 1$。

13. 考慮遞迴式
$$x_{k+2} = ax_{k+1} + bx_k + c(k) \qquad (*)$$
其中 $c(k)$ 是 k 的函數,且考慮相關的遞迴式。
$$x_{k+2} = ax_{k+1} + bx_k \qquad (**)$$
假設 $x_k = p_k$ 是 (*) 的一個特解。
◆(a) 若 q_k 為 (**) 的任意解,證明 $q_k + p_k$ 為 (*) 的一解。
(b) 證明 (*) 的通解是 (**) 的任意解加上 (*) 的特解 p_k。

3.5 節　應用於微分方程組

若實變數函數 f 的導數存在，則 f 稱為**可微分 (differentiable)**，在此情況下，我們以 f' 表示導數。若 f 與 g 為可微分函數，則

$$f' = 3f + 5g$$
$$g' = -f + 2g$$

稱為一階微分方程組 (system of first order differential equations)，或簡稱為微分方程組。解許多實際上的問題通常是求滿足方程組（含兩個以上函數）的函數集合。本節我們說明如何用對角化求解。當然熟悉微積分是必要的。

指數函數

最簡單的微分方程組是下列單一方程式：

$$f' = af, \text{ 其中 } a \text{ 是常數} \tag{*}$$

我們很容易驗證 $f(x) = e^{ax}$ 為其一解；事實上，欲求方程式 (*) 的所有解是非常簡單的。假設 f 為任意函數，且對所有 x 而言，$f'(x) = af(x)$ 恆成立。考慮新函數 $g(x) = f(x)e^{-ax}$，則由微分的乘積法則可得

$$\begin{aligned} g'(x) &= f(x)[-ae^{-ax}] + f'(x)e^{-ax} \\ &= -af(x)e^{-ax} + [af(x)]e^{-ax} \\ &= 0 \end{aligned}$$

由於函數 $g(x)$ 的導數為零，$g(x)$ 必須是常數，即 $g(x) = c$，所以 $c = g(x) = f(x)e^{-ax}$，也就是

$$f(x) = ce^{ax}$$

換言之，(*) 的解 $f(x)$ 是 e^{ax} 的純量倍。由於這種純量倍是 (*) 的解，我們證明了：

> **定理 1**
>
> $f' = af$ 的解集合為 $\{ce^{ax} | c : \text{任意常數}\} = \mathbb{R}e^{ax}$。

值得注意的是，利用此結果以及對角化使我們能解各種微分方程組。

● 例 1

假設在時間 t，培育的細菌個數為 $n(t)$，而 n 的變化率正比於 n 本身。若當 $t = 0$ 有 n_0 個細菌存在，求在時間 t 細菌的個數。

解：令 k 表比例常數。$n(t)$ 的變化率為時間導數 $n'(t)$，故所予關係式為 $n'(t) = kn(t)$。因此由定理 1 知，所有解 n 為 $n(t) = ce^{kt}$，其中 c 為常數。在此情況下，利用 $t = 0$ 有 n_0 個細菌存在的條件來決定常數 c。因此 $n_0 = n(0) = ce^{k0} = c$，故

$$n(t) = n_0 e^{kt}$$

為在時間 t 的個數。當然常數 k 與細菌的種類有關。

在例 1 中，條件 $n(0) = n_0$ 稱為**初期條件 (initial condition)**，其作用是由解集合中選出一解以滿足所予條件。

一般微分方程組

解各類問題，特別是科學和工程的問題會形成解線性微分方程組。由以下可知對角化將引入微分方程組。通常的問題是求可微分函數 $f_1, f_2, ..., f_n$ 以滿足方程組

$$\begin{aligned} f'_1 &= a_{11}f_1 + a_{12}f_2 + \cdots + a_{1n}f_n \\ f'_2 &= a_{21}f_1 + a_{22}f_2 + \cdots + a_{2n}f_n \\ &\vdots \\ f'_n &= a_{n1}f_1 + a_{n2}f_2 + \cdots + a_{nn}f_n \end{aligned}$$

其中 a_{ij} 為常數。這稱為**線性微分方程組 (linear system of differential equations)** 或簡稱為**微分方程組 (differential system)**。第一個步驟是寫成矩陣形式。令

$$\mathbf{f} = \begin{bmatrix} f_1 \\ f_2 \\ \vdots \\ f_n \end{bmatrix} \quad \mathbf{f}' = \begin{bmatrix} f'_1 \\ f'_2 \\ \vdots \\ f'_n \end{bmatrix} \quad A = \begin{bmatrix} a_{11} & a_{12} & \cdots & a_{1n} \\ a_{21} & a_{22} & \cdots & a_{2n} \\ \vdots & \vdots & & \vdots \\ a_{n1} & a_{n2} & \cdots & a_{nn} \end{bmatrix}$$

則利用矩陣乘法將方程組寫成

$$\mathbf{f}' = A\mathbf{f}$$

因此，給予一矩陣 A，問題是求滿足此條件的可微分函數 $\mathbf{f}$。若 A 可對角化，則可求得 $\mathbf{f}$。下面是一個例子。

例 2

求方程組

$$\begin{aligned} f'_1 &= f_1 + 3f_2 \\ f'_2 &= 2f_1 + 2f_2 \end{aligned}$$

的解，其中方程組滿足 $f_1(0) = 0$，$f_2(0) = 5$。

解：這是 $\mathbf{f}' = A\mathbf{f}$，其中 $\mathbf{f} = \begin{bmatrix} f_1 \\ f_2 \end{bmatrix}$ 且 $A = \begin{bmatrix} 1 & 3 \\ 2 & 2 \end{bmatrix}$。讀者可驗證 $c_A(x) = (x-4)(x+1)$，且 $\mathbf{x}_1 = \begin{bmatrix} 1 \\ 1 \end{bmatrix}$ 與 $\mathbf{x}_2 = \begin{bmatrix} 3 \\ -2 \end{bmatrix}$ 分別為固有值 4 和 -1 所對應的固有向量。因此由對角化演算法可得 $P^{-1}AP = \begin{bmatrix} 4 & 0 \\ 0 & -1 \end{bmatrix}$，其中 $P = [\mathbf{x}_1 \; \mathbf{x}_2] = \begin{bmatrix} 1 & 3 \\ 1 & -2 \end{bmatrix}$。現在考慮滿足 $\mathbf{f} = P\mathbf{g}$（或 $\mathbf{g} = P^{-1}\mathbf{f}$）的新函數 g_1 和 g_2，其中 $\mathbf{g} = \begin{bmatrix} g_1 \\ g_2 \end{bmatrix}$，則

$$\begin{bmatrix} f_1 \\ f_2 \end{bmatrix} = \begin{bmatrix} 1 & 3 \\ 1 & -2 \end{bmatrix} \begin{bmatrix} g_1 \\ g_2 \end{bmatrix}，亦即， \begin{matrix} f_1 = g_1 + 3g_2 \\ f_2 = g_1 - 2g_2 \end{matrix}$$

因此 $f_1' = g_1' + 3g_2'$ 和 $f_2' = g_1' - 2g_2'$，使得

$$f' = \begin{bmatrix} f_1' \\ f_2' \end{bmatrix} = \begin{bmatrix} 1 & 3 \\ 1 & -2 \end{bmatrix} \begin{bmatrix} g_1' \\ g_2' \end{bmatrix} = P\mathbf{g}'$$

將此代入 $\mathbf{f}' = A\mathbf{f}$，可得 $P\mathbf{g}' = AP\mathbf{g}$，即

$$\mathbf{g}' = P^{-1}AP\mathbf{g}$$

這表示

$$\begin{bmatrix} g_1' \\ g_2' \end{bmatrix} = \begin{bmatrix} 4 & 0 \\ 0 & -1 \end{bmatrix} \begin{bmatrix} g_1 \\ g_2 \end{bmatrix}，故 \begin{matrix} g_1' = 4g_1 \\ g_2' = -g_2 \end{matrix}$$

因此由定理 1 知，$g_1(x) = ce^{4x}, g_2(x) = de^{-x}$，其中 c、d 為常數。
最後，

$$\begin{bmatrix} f_1(x) \\ f_2(x) \end{bmatrix} = P \begin{bmatrix} g_1(x) \\ g_2(x) \end{bmatrix} = \begin{bmatrix} 1 & 3 \\ 1 & -2 \end{bmatrix} \begin{bmatrix} ce^{4x} \\ de^{-x} \end{bmatrix} = \begin{bmatrix} ce^{4x} + 3de^{-x} \\ ce^{4x} - 2de^{-x} \end{bmatrix}$$

故通解為

$$\begin{matrix} f_1(x) = ce^{4x} + 3de^{-x} \\ f_2(x) = ce^{4x} - 2de^{-x} \end{matrix} \quad c、d 為常數$$

此式可寫成矩陣形式如下：

$$\begin{bmatrix} f_1(x) \\ f_2(x) \end{bmatrix} = c \begin{bmatrix} 1 \\ 1 \end{bmatrix} e^{4x} + d \begin{bmatrix} 3 \\ -2 \end{bmatrix} e^{-x}$$

亦即，

$$\mathbf{f}(x) = c\mathbf{x}_1 e^{4x} + d\mathbf{x}_2 e^{-x}$$

往後我們將證明，這種形式的解會有進一步的推廣。最後，在此例中，由條件 $f_1(0) = 0$ 和 $f_2(0) = 5$ 可求常數 c 和 d：

$$\begin{matrix} 0 = f_1(0) = ce^0 + 3de^0 = c + 3d \\ 5 = f_2(0) = ce^0 - 2de^0 = c - 2d \end{matrix}$$

解得 $c = 3$ 和 $d = -1$，故
$$f_1(x) = 3e^{4x} - 3e^{-x}$$
$$f_2(x) = 3e^{4x} + 2e^{-x}$$
滿足所有條件。

將此例的技巧進行推廣。

定理 2

考慮一線性微分方程組
$$\mathbf{f}' = A\mathbf{f}$$
其中 A 為 $n \times n$ 可對角化矩陣，令 $P^{-1}AP$ 為對角矩陣，其中 P 以其行表示成
$$P = [\mathbf{x}_1, \mathbf{x}_2, \ldots, \mathbf{x}_n]$$
而 $\{\mathbf{x}_1, \mathbf{x}_2, \ldots, \mathbf{x}_n\}$ 為 A 的固有向量。若對每一個 i，固有向量 $\mathbf{x}_i$ 所對應之固有值為 λ_i，則 $\mathbf{f}' = A\mathbf{f}$ 之解為
$$\mathbf{f}(x) = c_1\mathbf{x}_1 e^{\lambda_1 x} + c_2\mathbf{x}_2 e^{\lambda_2 x} + \cdots + c_n\mathbf{x}_n e^{\lambda_n x}$$
其中 $c_1, c_2, \ldots, c_n$ 為任意常數。

證明

由第 3.3 節定理 4，矩陣 $P = [\mathbf{x}_1, \mathbf{x}_2, \ldots, \mathbf{x}_n]$ 可逆且
$$P^{-1}AP = \begin{bmatrix} \lambda_1 & 0 & \cdots & 0 \\ 0 & \lambda_2 & \cdots & 0 \\ \vdots & \vdots & & \vdots \\ 0 & 0 & \cdots & \lambda_n \end{bmatrix}$$

如例 2，令 $\mathbf{f} = \begin{bmatrix} f_1 \\ f_2 \\ \vdots \\ f_n \end{bmatrix}$ 且 $\mathbf{g} = \begin{bmatrix} g_1 \\ g_2 \\ \vdots \\ g_n \end{bmatrix}$，定義 $\mathbf{g} = P^{-1}\mathbf{f}$；即 $\mathbf{f} = P\mathbf{g}$。若 $P = [p_{ij}]$，則
$$f_i = p_{i1}g_1 + p_{i2}g_2 + \cdots + p_{in}g_n$$
因為 p_{ij} 為常數，所以
$$f_i' = p_{i1}g_1' + p_{i2}g_2' + \cdots + p_{in}g_n'$$
故 $\mathbf{f}' = P\mathbf{g}'$。將此式代入 $\mathbf{f}' = A\mathbf{f}$，可得 $P\mathbf{g}' = AP\mathbf{g}$。乘以 P^{-1} 得到 $\mathbf{g}' = P^{-1}AP\mathbf{g}$，原方程組 $\mathbf{f}' = A\mathbf{f}$ 變成

$$\begin{bmatrix} g'_1 \\ g'_2 \\ \vdots \\ g'_n \end{bmatrix} = \begin{bmatrix} \lambda_1 & 0 & \cdots & 0 \\ 0 & \lambda_2 & \cdots & 0 \\ \vdots & \vdots & & \vdots \\ 0 & 0 & \cdots & \lambda_n \end{bmatrix} \begin{bmatrix} g_1 \\ g_2 \\ \vdots \\ g_n \end{bmatrix}$$

因此對每一個 i，$g'_i = \lambda_i g_i$ 皆成立，由定理 1 知

$$g_i(x) = c_i e^{\lambda_i x}，c 為常數$$

由關係式 $\mathbf{f} = P\mathbf{g}$ 可得函數 $f_1, f_2, ..., f_n$ 如下：

$$\mathbf{f}(x) = [\mathbf{x}_1, \mathbf{x}_2, ..., \mathbf{x}_n] \begin{bmatrix} c_1 e^{\lambda_1 x} \\ c_2 e^{\lambda_2 x} \\ \vdots \\ c_n e^{\lambda_n x} \end{bmatrix} = c_1 \mathbf{x}_1 e^{\lambda_1 x} + c_2 \mathbf{x}_2 e^{\lambda_2 x} + \cdots + c_n \mathbf{x}_n e^{\lambda_n x}$$

這就是我們要證明的。

由定理可知 $\mathbf{f}' = A\mathbf{f}$ 的解為線性組合

$$\mathbf{f}(x) = c_1 \mathbf{x}_1 e^{\lambda_1 x} + c_2 \mathbf{x}_2 e^{\lambda_2 x} + \cdots + c_n \mathbf{x}_n e^{\lambda_n x}$$

其中係數 c_i 為任意數。此式稱為方程組的**通解 (general solution)**。大部分的情況，函數 $f_i(x)$ 需要滿足初期條件，其形式為 $f_i(a) = b_i$，其中 $a, b_1, ..., b_n$ 為指定的數。由這些條件可求常數 c_i。下面的例子說明此事實且其中有一固有值其重數大於 1。

● **例 3**

求方程組

$$\begin{aligned} f'_1 &= 5f_1 + 8f_2 + 16f_3 \\ f'_2 &= 4f_1 + f_2 + 8f_3 \\ f'_3 &= -4f_1 - 4f_2 - 11f_3 \end{aligned}$$

的通解，並求滿足初期條件 $f_1(0) = f_2(0) = f_3(0) = 1$ 的解。

解：將方程組寫成 $\mathbf{f}' = A\mathbf{f}$，其中 $A = \begin{bmatrix} 5 & 8 & 16 \\ 4 & 1 & 8 \\ -4 & -4 & -11 \end{bmatrix}$，而 $c_A(x) = (x+3)^2(x-1)$，對應於固有值 $-3, -3, 1$ 的固有向量分別為

$$\mathbf{x}_1 = \begin{bmatrix} -1 \\ 1 \\ 0 \end{bmatrix}, \mathbf{x}_2 = \begin{bmatrix} -2 \\ 0 \\ 1 \end{bmatrix}, \mathbf{x}_3 = \begin{bmatrix} 2 \\ 1 \\ -1 \end{bmatrix}$$

因此，由定理 2，通解為

$$\mathbf{f}(x) = c_1 \begin{bmatrix} -1 \\ 1 \\ 0 \end{bmatrix} e^{-3x} + c_2 \begin{bmatrix} -2 \\ 0 \\ 1 \end{bmatrix} e^{-3x} + c_3 \begin{bmatrix} 2 \\ 1 \\ -1 \end{bmatrix} e^x \text{，} c_i \text{ 為常數}$$

由初期條件 $f_1(0) = f_2(0) = f_3(0) = 1$ 可求常數 c_i。

$$\begin{bmatrix} 1 \\ 1 \\ 1 \end{bmatrix} = \mathbf{f}(0) = c_1 \begin{bmatrix} -1 \\ 1 \\ 0 \end{bmatrix} + c_2 \begin{bmatrix} -2 \\ 0 \\ 1 \end{bmatrix} + c_3 \begin{bmatrix} 2 \\ 1 \\ -1 \end{bmatrix} = \begin{bmatrix} -1 & -2 & 2 \\ 1 & 0 & 1 \\ 0 & 1 & -1 \end{bmatrix} \begin{bmatrix} c_1 \\ c_2 \\ c_3 \end{bmatrix}$$

解出 $c_1 = -3$，$c_2 = 5$，$c_3 = 4$，故所求之特解為

$$f_1(x) = -7e^{-3x} + 8e^x$$
$$f_2(x) = -3e^{-3x} + 4e^x$$
$$f_3(x) = 5e^{-3x} - 4e^x$$

習題 3.5

1. 利用定理 1，求下列方程組的通解，並求滿足所予初期條件的特解。

   (a) $f_1' = 2f_1 + 4f_2$，$f_1(0) = 0$
       $f_2' = 3f_1 + 3f_2$，$f_2(0) = 1$

   ◆(b) $f_1' = -f_1 + 5f_2$，$f_1(0) = 1$
        $f_2' = f_1 + 3f_2$，$f_2(0) = -1$

   (c) $f_1' = \, 4f_2 + 4f_3$
       $f_2' = f_1 + f_2 - 2f_3$
       $f_3' = -f_1 + f_2 + 4f_3$
       $f_1(0) = f_2(0) = f_3(0) = 1$

   ◆(d) $f_1' = 2f_1 + f_2 + 2f_3$
        $f_2' = 2f_1 + 2f_2 - 2f_3$
        $f_3' = 3f_1 + f_2 + f_3$
        $f_1(0) = f_2(0) = f_3(0) = 1$

2. 證明滿足 $f(x_0) = k$ 且為 $f' = af$ 之解為 $f(x) = ke^{a(x-x_0)}$。

3. 一放射元素的衰變速率與其存在的量成正比。假設元素的初始質量為 10 g，其在 3 小時衰變到 8 g。

   (a) 求經過 t 時間後元素的質量。

   ◆(b) 求元素的半生期——衰變到原質量的一半所需的時間。

4. 在時間 t，一區域人口數 $N(t)$ 的增加率正比於人口數。若人口數每 5 年增加一倍且起初的人口數為 3 百萬，求 $N(t)$。

5. 令 A 為可逆 $n \times n$ 可對角化矩陣且令 $\mathbf{b}$ 為常數函數。我們可解方程組 $\mathbf{f}' = A\mathbf{f} + \mathbf{b}$ 如下：

   ◆(a) 若 $\mathbf{g}$ 滿足 $\mathbf{g}' = A\mathbf{g}$（利用定理 2），證明 $\mathbf{f} = \mathbf{g} - A^{-1}\mathbf{b}$ 為 $\mathbf{f}' = A\mathbf{f} + \mathbf{b}$ 的解。

   (b) 已知 $\mathbf{f}' = A\mathbf{f} + \mathbf{b}$。證明 $\mathbf{g} = \mathbf{f} + A^{-1}\mathbf{b}$ 為 $\mathbf{g}' = A\mathbf{g}$ 的解。

6. f 的二階導數記做 $f'' = (f')'$。考慮二階微分方程式

   $$f'' - a_1 f' - a_2 f = 0 \text{，}$$

   $a_1 \cdot a_2$ 為實數。 (∗)

(a) 若 f 為 (∗) 的解，令 $f_1 = f$ 且 $f_2 = f' - a_1 f$。證明
$$\begin{cases} f_1' = a_1 f_1 + f_2 \\ f_2' = a_2 f_1 \end{cases}, 亦即$$
$$\begin{bmatrix} f_1' \\ f_2' \end{bmatrix} = \begin{bmatrix} a_1 & 1 \\ a_2 & 0 \end{bmatrix} \begin{bmatrix} f_1 \\ f_2 \end{bmatrix}。$$

◆(b) 反之，若 $\begin{bmatrix} f_1 \\ f_2 \end{bmatrix}$ 為 (a) 中方程組的解。證明 f_1 為 (∗) 的解。

7. 令 $f''' = (f'')'$。考慮三階微分方程式
$$f''' - a_1 f'' - a_2 f' - a_3 f = 0 \quad (*)$$
其中 a_1、a_2、a_3 為實數，令 $f_1 = f$，$f_2 = f' - a_1 f$，$f_3 = f'' - a_1 f' - a_2 f''$。

(a) 證明 $\begin{bmatrix} f_1 \\ f_2 \\ f_3 \end{bmatrix}$ 為方程組
$$\begin{cases} f_1' = a_1 f_1 + f_2 \\ f_2' = a_2 f_1 + f_3 \\ f_3' = a_3 f_1 \end{cases}, 亦即 \begin{bmatrix} f_1' \\ f_2' \\ f_3' \end{bmatrix} = \begin{bmatrix} a_1 & 1 & 0 \\ a_2 & 0 & 1 \\ a_3 & 0 & 0 \end{bmatrix} \begin{bmatrix} f_1 \\ f_2 \\ f_3 \end{bmatrix}$$
的解。

(b) 證明若 $\begin{bmatrix} f_1 \\ f_2 \\ f_3 \end{bmatrix}$ 為方程組的任意解，則 $f = f_1$ 為 (∗) 的解。注意，每一個常係數 n 階線性微分方程式可轉換成 $n \times n$ 一階線性微分方程組。但是，矩陣不一定可對角化，因此產生了其它解題的方法。

第 3 章補充習題

1. 證明
$$\det\begin{bmatrix} a+px & b+qx & c+rx \\ p+ux & q+vx & r+wx \\ u+ax & v+bx & w+cx \end{bmatrix}$$
$$= (1+x^3)\det\begin{bmatrix} a & b & c \\ p & q & r \\ u & v & w \end{bmatrix}$$

2. (a) 證明對所有 i、j 以及所有方陣 A 而言，$(A_{ij})^T = (A^T)_{ji}$ 恆成立。
   ◆(b) 利用 (a) 證明 $\det A^T = \det A$。
   【提示：對 n 做歸納法，其中 A 為 $n \times n$ 矩陣。】

3. 證明 $\det\begin{bmatrix} 0 & I_n \\ I_m & 0 \end{bmatrix} = (-1)^{nm}$，$\forall n \geq 1$，$m \geq 1$。

4. 證明
$$\det\begin{bmatrix} 1 & a & a^3 \\ 1 & b & b^3 \\ 1 & c & c^3 \end{bmatrix}$$
$$= (b-a)(c-a)(c-b)(a+b+c)。$$

5. 令 $A = \begin{bmatrix} R_1 \\ R_2 \end{bmatrix}$ 為 2×2 矩陣，其中 R_1 與 R_2 為列向量。若 $\det A = 5$，求 $\det B$，其中
$$B = \begin{bmatrix} 3R_1 + 2R_3 \\ 2R_1 + 5R_2 \end{bmatrix}。$$

6. 令 $A = \begin{bmatrix} 3 & -4 \\ 2 & -3 \end{bmatrix}$，且令 $\mathbf{v}_k = A^k \mathbf{v}_0$，$\forall k \geq 0$。
   (a) 證明 A 無主導固有值。
   (b) 若 $\mathbf{v}_0$ 等於：(i) $\begin{bmatrix} 1 \\ 1 \end{bmatrix}$ (ii) $\begin{bmatrix} 2 \\ 1 \end{bmatrix}$
   (iii) $\begin{bmatrix} x \\ y \end{bmatrix} \neq \begin{bmatrix} 1 \\ 1 \end{bmatrix}$ 或 $\begin{bmatrix} 2 \\ 1 \end{bmatrix}$
   求 $\mathbf{v}_k$。

第四章

向量幾何

4.1 節　向量與直線

本章研究 3 維空間的幾何。我們將 3 維空間的點視為由原點到該點的箭號。這樣做的目的是要對點提供「圖像」以代替眾多的文字描述和說明。我們早在第 2.6 節中用這種概念來描述 $\mathbb{R}^2$ 平面的旋轉、鏡射和投影。我們現在將應用相同的技巧到 3 維空間來分析 $\mathbb{R}^3$ 中類似的變換。此外，這種方法使我們能夠完全地描述空間中所有的直線和平面。

$\mathbb{R}^3$ 中的向量

通常在 3 維空間中引入一個座標系統。首先選擇一個點 O 稱為原點 (origin)，然後選擇通過 O 而且相互垂直的三條直線，稱為 x、y 和 z 軸。並且在每一個軸上建立數字尺標，而原點的尺標為零。我們給予 3 維空間的點 P 三個數字 x、y 和 z，如圖 1 所示。這些數字稱為 P 的座標 (coordinates)，將點以 (x, y, z) 表示，或寫成 $P(x, y, z)$ 以強調符號 P。此結果稱為 3 維空間的笛卡兒 (cartesian)[1] 座標系統，由此對於 3 維空間所產生的描述稱為笛卡兒幾何 (cartesian geometry)。

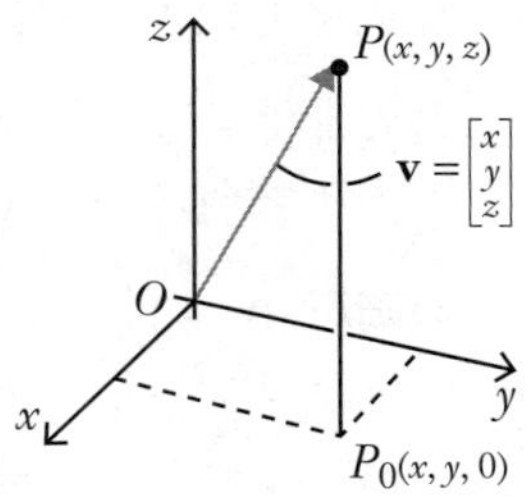

圖 1

如同在平面上，在 $\mathbb{R}^3$ 中，我們採用向量 $\mathbf{v} = \begin{bmatrix} x \\ y \\ z \end{bmatrix}$ 代表每個點 $P(x, y, z)$，以從原點到 P 的**箭號** (arrow) 來表示向量，如圖 1 所示。非正式地說，我們稱點 P 具有向量 $\mathbf{v}$，並且該向量 $\mathbf{v}$ 具有點 P。往後本章將以 $\mathbb{R}^3$ 來表示 3 維空間而不再做進一步的註解。尤其，我們會交換著使用「向量」和「點」這兩個術語。[2] 以這樣的方式來描述 3 維空間稱為**向量幾何 (vector geometry)**。注意，原點為 $\mathbf{0} = \begin{bmatrix} 0 \\ 0 \\ 0 \end{bmatrix}$。

---

[1] 以 René Descartes 命名，他在 1637 年引入此觀念。
[2] 還記得我們定義 $\mathbb{R}^n$ 為所有實數的有序 n 元組所成的集合，並且將它們表示成列或行的形式。

長度與方向

我們將討論 $\mathbb{R}^3$ 中向量的兩個基本幾何性質：長度和方向。首先，若 **v** 是點 P 的向量，向量 **v** 的**長度 (length)** $\|\mathbf{v}\|$ 定義為從原點到 P 的距離，亦即箭號的長度。以下是常用的長度性質。

定理 1

令 $\mathbf{v} = \begin{bmatrix} x \\ y \\ z \end{bmatrix}$ 為一向量。

(1) $\|\mathbf{v}\| = \sqrt{x^2 + y^2 + z^2}$。[3]
(2) $\mathbf{v} = \mathbf{0}$ 若且唯若 $\|\mathbf{v}\| = 0$。
(3) $\|a\mathbf{v}\| = |a|\,\|\mathbf{v}\|$，其中 a 為任意純量。[4]

證明

令 **v** 為點 $P = (x, y, z)$ 的向量。

(1) 在圖 2 中，$\|\mathbf{v}\|$ 是直角三角形 OQP 的斜邊，由畢氏定理[5]知，$\|\mathbf{v}\|^2 = b^2 + z^2$。但 b 是直角三角形 ORQ 的斜邊，故 $b^2 = x^2 + y^2$。將 $b^2 = x^2 + y^2$ 代入 $\|\mathbf{v}\|^2 = b^2 + z^2$ 中再取正平方根可得 (1) 式。

(2) 若 $\|\mathbf{v}\| = 0$，則由 (1) 知 $x^2 + y^2 + z^2 = 0$。因為實數的平方不為負，所以 $x = y = z = 0$，反之則是因為 $\|\mathbf{0}\| = 0$。

(3) 由於 $a\mathbf{v} = (ax, ay, az)$，故由 (1) 知 $\|a\mathbf{v}\|^2 = (ax)^2 + (ay)^2 + (az)^2 = a^2\|\mathbf{v}\|^2$。因此 $\|a\mathbf{v}\| = \sqrt{a^2}\,\|\mathbf{v}\|$，而對任意實數 a 而言，$\sqrt{a^2} = |a|$，故得證。

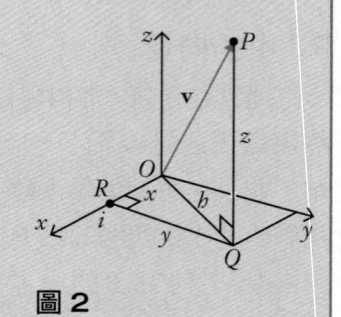

圖 2

當然定理 1 對於 $\mathbb{R}^2$ 亦成立。

例 1

若 $\mathbf{v} = \begin{bmatrix} 2 \\ -1 \\ 3 \end{bmatrix}$，則 $\|\mathbf{v}\| = \sqrt{4+1+9} = \sqrt{14}$。同理，若在 2 維空間中，$\mathbf{v} = \begin{bmatrix} 3 \\ -4 \end{bmatrix}$，則 $\|\mathbf{v}\| = \sqrt{9+16} = 5$。

---

[3] $\sqrt{p}$ 表示 p 的正平方根。
[4] 實數的絕對值 $|a|$ 定義為 $|a| = \begin{cases} a, & \text{若 } a \geq 0 \\ -a, & \text{若 } a < 0 \end{cases}$。
[5] 畢氏定理指出，若 a、b 為直角三角形的邊，而斜邊為 c，則 $a^2 + b^2 = c^2$。

當我們將兩個非零向量視為從原點出發的箭號時。在幾何上就可以明確看出兩向量具有相同或相反的**方向 (direction)**。這導出了向量的基本新描述。

定理 2

令 $\mathbf{v} \neq \mathbf{0}$ 和 $\mathbf{w} \neq \mathbf{0}$ 為 $\mathbb{R}^3$ 中的向量，若且唯若 $\mathbf{v}$ 和 $\mathbf{w}$ 具有相同方向與長度，則 $\mathbf{v} = \mathbf{w}$。[6]

證明

若 $\mathbf{v} = \mathbf{w}$，它們顯然具有相同的方向和長度。反之，令 $\mathbf{v}$ 和 $\mathbf{w}$ 分別代表點 $P(x, y, z)$ 和 $Q(x_1, y_1, z_1)$ 的向量。若 $\mathbf{v}$ 和 $\mathbf{w}$ 具有相同的長度和方向，則幾何上，P 和 Q 必定是相同的點（見圖 3）。因此 $x = x_1$，$y = y_1$，$z = z_1$，亦即 $\mathbf{v} = \begin{bmatrix} x \\ y \\ z \end{bmatrix} = \begin{bmatrix} x_1 \\ y_1 \\ z_1 \end{bmatrix} = \mathbf{w}$。

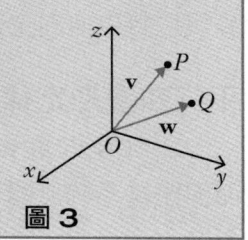

圖 3

以長度和方向來描述一個向量稱為對該向量的**本質 (intrinsic)** 描述。要注意的是，這種描述與 $\mathbb{R}^3$ 中座標系統的選取無關。這樣的描述在應用上很重要，因為物理定律常以向量表示，而這些定律與描述某些情況的特定座標系統無關。

幾何向量

若 A、B 為空間中不同的點，從 A 到 B 的箭號有長度和方向。因此：

定義 4.1

假設 A 和 B 為 $\mathbb{R}^3$ 中的任意兩點。圖 4 中，從 A 到 B 的線段以 $\overrightarrow{AB}$ 表示，稱為由 A 到 B 的**幾何向量 (geometric vector)**。A 點稱為 $\overrightarrow{AB}$ 的**起點 (tail)**，B 點稱 $\overrightarrow{AB}$ 的**終點 (tip)**，$\overrightarrow{AB}$ 的**長度 (length)** 記做 $\|\overrightarrow{AB}\|$。

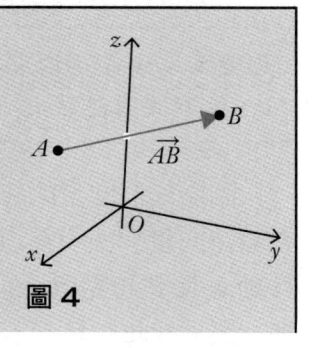

圖 4

請注意，若 $\mathbf{v}$ 是 $\mathbb{R}^3$ 中代表 P 點的任意向量，則 $\mathbf{v} = \overrightarrow{OP}$ 本身就是一個幾何向量，其中 O 為原點。由定理 2 可知，將 $\overrightarrow{AB}$ 視為一個向量似乎是合理的，因為它有

---

[6] 定理 2 賦予向量在科學和工程方面的威力，因為許多物理量是由長度和方向來確定。例如，一架飛機以時速 200 公里飛行並沒有描述方向；而方向也必須確定。速率和方向合起來構成了飛機的速度，它是向量值。

方向（從 A 到 B）和長度 $\|\overrightarrow{AB}\|$。然而兩個幾何向量即使起點和終點都不同，也可以有相同的長度和方向。例如，圖 5 中 $\overrightarrow{AB}$ 和 $\overrightarrow{PQ}$ 有相同的長度 $\sqrt{5}$ 和相同的方向（向左 1 單位和向上 2 單位），故由定理 2 可知，它們是同一向量！了解此一現象的最佳方法是將 $\overrightarrow{AB}$ 和 $\overrightarrow{PQ}$ 視為同一向量 $\begin{bmatrix} -1 \\ 2 \end{bmatrix}$ 的不同表示法。[7] 弄清楚這個事實是有幫助的，因為由定理 2 可知，相同向量可以放在空間中任意位置；重點是長度和方向，而不是起點和終點的位置。我們即將看到可以將幾何向量移動是非常有用的。

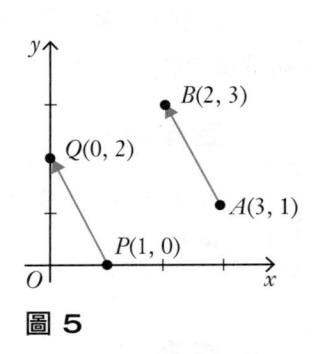

圖 5

平行四邊形定律

$\mathbb{R}^3$ 中兩向量 $\mathbf{v}$、$\mathbf{w}$ 的和與 $\mathbf{v}$、$\mathbf{w}$ 的長度和方向有關而與座標系統無關。利用定理 2，我們可以將這些向量視為具有共同起點 A。若它們的終點分別是 P 和 Q，則它們均位於包含 A、P、Q 的平面 $\mathcal{P}$，如圖 6 中所示。向量 $\mathbf{v}$ 和 $\mathbf{w}$ 在 $\mathcal{P}$ 形成一個平行四邊形，[8] 在圖 6 以陰影表示，我們稱此平行四邊形是由 $\mathbf{v}$ 和 $\mathbf{w}$ 所**決定 (determined)**。

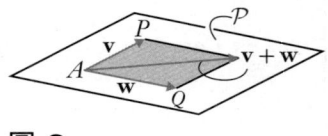

圖 6

如果我們在平面 $\mathcal{P}$ 選擇一個座標系統並以 A 為原點，則在平面上平行四邊形定律（第 2.6 節）顯示 $\mathbf{v} + \mathbf{w}$ 是 $\mathbf{v}$ 與 $\mathbf{w}$ 以 A 為起點所決定的平行四邊形的對角線。這是對於 $\mathbf{v} + \mathbf{w}$ 的本質描述，因為它沒有涉及座標。這個討論證明了：

平行四邊形定律

向量 $\mathbf{v} + \mathbf{w}$ 是兩向量 $\mathbf{v}$ 和 $\mathbf{w}$ 所決定的平行四邊形中的對角線，而向量 $\mathbf{v} + \mathbf{w}$ 與 $\mathbf{v}$、$\mathbf{w}$ 有共同起點。

因為一個向量的起點可放在任何點，平行四邊形定律使我們可用另一種方式來看待向量加法。圖 7(a) 中，兩個向量 $\mathbf{v}$ 和 $\mathbf{w}$ 的和可由平行四邊形定律得到。若移動 $\mathbf{w}$ 使其起點與 $\mathbf{v}$ 的終點重合〔圖 7(b)〕，則 $\mathbf{v} + \mathbf{w}$ 可視為「先 $\mathbf{v}$ 再 $\mathbf{w}$」。同理，將 $\mathbf{v}$ 的起點移到 $\mathbf{w}$ 的終點，如圖 7(c) 所示，則 $\mathbf{v} + \mathbf{w}$ 則變成「先 $\mathbf{w}$ 再 $\mathbf{v}$」。這種稱為**起點到終點法則 (tip-to-tail rule)**，由圖可知 $\mathbf{v} + \mathbf{w} = \mathbf{w} + \mathbf{v}$。

---

[7] 分數提供另一個看起來不同但其實是相同的例子。例如 $\frac{6}{9}$ 和 $\frac{14}{21}$ 看起來的確不同，但它們是相等的分數——兩者皆等於 $\frac{2}{3}$。

[8] 平行四邊形是兩對邊平行且相等。

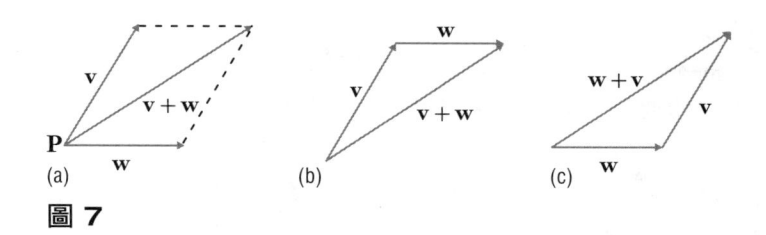

圖 7

由於 $\overrightarrow{AB}$ 表示從 A 點到 B 點的向量，對任意點 A、B、C 而言，起點到終點法則可以產生易於記憶的形式

$$\overrightarrow{AB} + \overrightarrow{BC} = \overrightarrow{AC}$$

下面的例子是以這個法則來推導幾何中的定理而無需使用到座標。

例 2

證明平行四邊形的對角線互相平分。

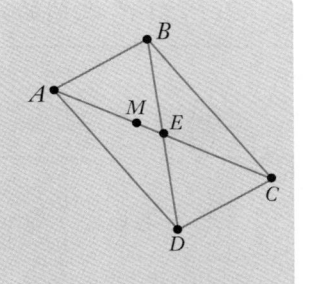

解：令 A、B、C、D 為平行四邊形的頂點，如圖所示；令 E 為兩對角線的交點；M 為對角線 AC 的中點。我們必須證明 $M = E$，而且 M 是對角線 BD 的中點。這只要證明 $\overrightarrow{BM} = \overrightarrow{MD}$ 即可。（因為 $\overrightarrow{BM}$ 與 $\overrightarrow{MD}$ 同向表示 $M = E$，兩向量的長度相等表示 $M = E$ 是 BD 的中點。）今因 M 是 AC 的中點，故 $\overrightarrow{AM} = \overrightarrow{MC}$，又由於圖形為平行四邊形，故 $\overrightarrow{BA} = \overrightarrow{CD}$，因此

$$\overrightarrow{BM} = \overrightarrow{BA} + \overrightarrow{AM} = \overrightarrow{CD} + \overrightarrow{MC} = \overrightarrow{MC} + \overrightarrow{CD} = \overrightarrow{MD}$$

其中第一個和最後一個等式是由向量加法的起點到終點法則得到的。

起點到終點法則的重要性其原因之一是它意味著兩個或多個向量的相加可將它們的起點與終點依序相連即可。如圖 8 所示，三向量的和 $\mathbf{u} + \mathbf{v} + \mathbf{w}$ 可視為先 $\mathbf{u}$，再 $\mathbf{v}$，然後 $\mathbf{w}$。

以簡單的幾何方法來觀察兩個向量的**差 (difference)** $\mathbf{v} - \mathbf{w}$。若 $\mathbf{v}$ 和 $\mathbf{w}$ 有共同的起點 A（見圖 9），而 B 和 C 分別是它們的終點，則由起點到終點法則得知 $\mathbf{w} + \overrightarrow{CB} = \mathbf{v}$。因此 $\mathbf{v} - \mathbf{w} = \overrightarrow{CB}$ 是由 $\mathbf{w}$ 的終點到 $\mathbf{v}$ 的終點的向量，而 $\mathbf{v} - \mathbf{w}$ 和 $\mathbf{v} + \mathbf{w}$ 為由 $\mathbf{v}$ 和 $\mathbf{w}$ 所決定的平行四邊形之對角線（見圖 9）。我們將此結果記下來供參考之用。

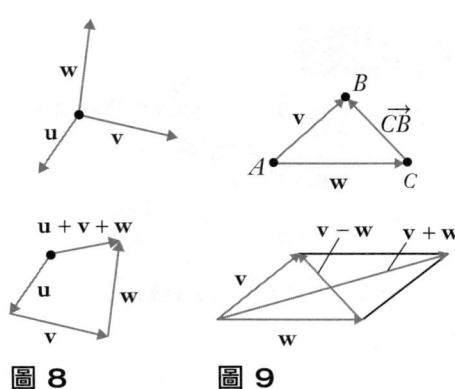

圖 8   **圖 9**

定理 3

若 **v**、**w** 有共同的起點，則 **v** − **w** 是指 **w** 的終點到 **v** 的終點之向量。

向量減法最有用的應用之一就是，對於從一點到另一點的向量以及兩點之間的距離，它能提供一個簡單的公式。

定理 4

令 $P_1(x_1, y_1, z_1)$ 與 $P_2(x_2, y_2, z_2)$ 為兩點，則：

1. $\overrightarrow{P_1P_2} = \begin{bmatrix} x_2 - x_1 \\ y_2 - y_1 \\ z_2 - z_1 \end{bmatrix}$。

2. P_1 與 P_2 之間的距離為 $\sqrt{(x_2 - x_1)^2 + (y_2 - y_1)^2 + (z_2 - z_1)^2}$。

證明

若 O 為原點，令 $\mathbf{v}_1 = \overrightarrow{OP_1} = \begin{bmatrix} x_1 \\ y_1 \\ z_1 \end{bmatrix}$，$\mathbf{v}_2 = \overrightarrow{OP_2} = \begin{bmatrix} x_2 \\ y_2 \\ z_2 \end{bmatrix}$，如圖 10 所示。則由定理 3 知 $\overrightarrow{P_1P_2} = \mathbf{v}_2 - \mathbf{v}_1$，故證得 (1)。但 P_1 和 P_2 之間的距離為 $\|\overrightarrow{P_1P_2}\|$，故 (2) 可由 (1) 和定理 1 證得。

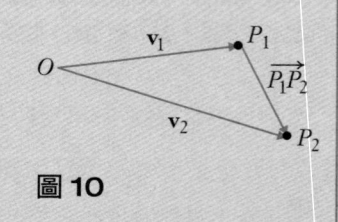

圖 10

當然定理 4 對於 $\mathbb{R}^2$ 也是成立：若 $P_1(x_1, y_1)$、$P_2(x_2, y_2)$ 為 $\mathbb{R}^2$ 的點，則 $\overrightarrow{P_1P_2} = \begin{bmatrix} x_2 - x_1 \\ y_2 - y_1 \end{bmatrix}$，且介於 P_1 和 P_2 之間的距離為 $\sqrt{(x_2 - x_1)^2 + (y_2 - y_1)^2}$。

● 例 3

$P_1(2, -1, 3)$ 與 $P_2(1, 1, 4)$ 之間的距離為 $\sqrt{(-1)^2 + (2)^2 + (1)^2} = \sqrt{6}$，並且從 P_1 到 P_2 的向量為 $\overrightarrow{P_1P_2} = \begin{bmatrix} -1 \\ 2 \\ 1 \end{bmatrix}$。

在 $\mathbb{R}^3$ 中以平行四邊形定律求向量之純量倍的長度和方向，其做法與 $\mathbb{R}^2$ 中的做法相同。

純量乘法 (Scalar Multiplication)

純量乘法定律 (Scalar Multiple Law)

若 a 為實數且 $\mathbf{v} \neq \mathbf{0}$ 為向量，則：

(1) $a\mathbf{v}$ 的長度為 $\|a\mathbf{v}\| = |a|\|\mathbf{v}\|$。

(2) 若 $a\mathbf{v} \neq \mathbf{0}$，[9] 則 $a\mathbf{v}$ 之方向為 $\begin{cases} 當 a > 0，與 \mathbf{v} 同向 \\ 當 a < 0，與 \mathbf{v} 反向 \end{cases}$

證明

(1) 此為定理 1 的一部分。

(2) 令 O 為 $\mathbb{R}^3$ 中的原點，令 $\mathbf{v}$ 是 P 點，選擇包含 O 和 P 的任意平面。若我們在此平面上以 O 為原點建立一個座標系統，則 $\mathbf{v} = \overrightarrow{OP}$，因此從平面上純量乘法定律可得 (2) 的結果（第 2.6 節）。

圖 11 提供了幾個向量 $\mathbf{v}$ 的純量倍的例子。

考慮通過原點的直線 L，令 P 是 L 上除了原點 O 以外的任意點，並令 $\mathbf{p} = \overrightarrow{OP}$。若 $t \neq 0$，則 $t\mathbf{p}$ 是 L 上的一個點，因為它具有與 $\mathbf{p}$ 相同或相反的方向。此外，$t > 0$ 或 $t < 0$ 決定點 $t\mathbf{p}$ 是與 $\mathbf{p}$ 同向或反向。圖 12 說明了這一點。

若 $\|\mathbf{u}\| = 1$，則向量 $\mathbf{u}$ 稱為**單位向量 (unit vector)**。

$\mathbf{i} = \begin{bmatrix} 1 \\ 0 \\ 0 \end{bmatrix}, \mathbf{j} = \begin{bmatrix} 0 \\ 1 \\ 0 \end{bmatrix}, \mathbf{k} = \begin{bmatrix} 0 \\ 0 \\ 1 \end{bmatrix}$ 為單位向量，稱為**座標 (coordinate)** 向量。我們在第 4.2 節中會有詳細的討論。

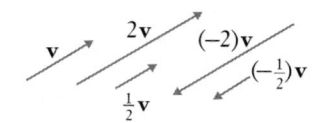

圖 11

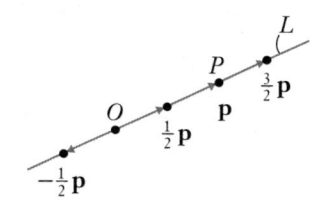

圖 12

例 4

若 $\mathbf{v} \neq \mathbf{0}$，證明 $\dfrac{1}{\|\mathbf{v}\|}\mathbf{v}$ 是與 $\mathbf{v}$ 同方向的唯一單位向量。

解：若 $a > 0$，則向量 $a\mathbf{v}$ 與 $\mathbf{v}$ 同方向。當 $a > 0$ 時，$\|a\mathbf{v}\| = |a|\|\mathbf{v}\| = a\|\mathbf{v}\|$，因此 $a\mathbf{v}$ 是一個單位向量，若且唯若 $a = \dfrac{1}{\|\mathbf{v}\|}$。

下一個例題說明如何找到介於已知兩點之間的線段上之點座標。這個技巧很重要，在以下的討論中，常會用到。

---

[9] 由於零向量沒有方向，我們只處理 $a\mathbf{v} \neq \mathbf{0}$ 的情形。

例 5

令 $\mathbf{p}_1$、$\mathbf{p}_2$ 為 P_1 和 P_2 兩個點的向量。若點 M 位於從 P_1 到 P_2 的 $\frac{1}{3}$ 處，證明 M 的向量 $\mathbf{m}$ 為

$$\mathbf{m} = \tfrac{2}{3}\mathbf{p}_1 + \tfrac{1}{3}\mathbf{p}_2$$

得到結論，若 $P_1 = P_1(x_1, y_1, z_1)$ 和 $P_2 = P_2(x_2, y_2, z_2)$，則 M 的座標為

$$M = M(\tfrac{2}{3}x_1 + \tfrac{1}{3}x_2, \tfrac{2}{3}y_1 + \tfrac{1}{3}y_2, \tfrac{2}{3}z_1 + \tfrac{1}{3}z_2)$$

解：向量 $\mathbf{p}_1$、$\mathbf{p}_2$ 和 $\mathbf{m}$ 如圖所示。因為 $\overrightarrow{P_1M}$ 與 $\overrightarrow{P_1P_2}$ 同向且為 $\frac{1}{3}$ 長，故 $\overrightarrow{P_1M} = \frac{1}{3}\overrightarrow{P_1P_2}$。由定理 3 可知 $\overrightarrow{P_1P_2} = \mathbf{p}_2 - \mathbf{p}_1$，故

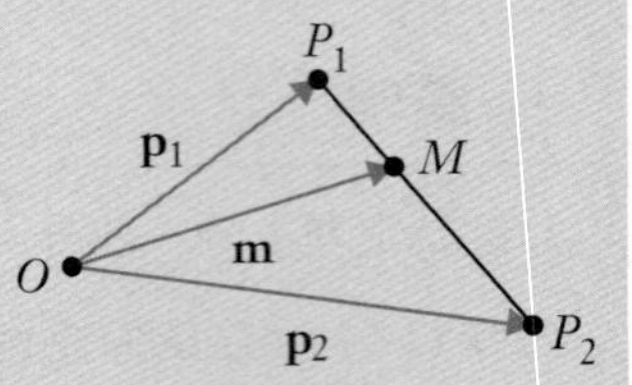

$$\mathbf{m} = \mathbf{p}_1 + \overrightarrow{P_1M} = \mathbf{p}_1 + \tfrac{1}{3}(\mathbf{p}_2 - \mathbf{p}_1) = \tfrac{2}{3}\mathbf{p}_1 + \tfrac{1}{3}\mathbf{p}_2$$

即得所求。為了求座標，令 $\mathbf{p}_1 = \begin{bmatrix} x_1 \\ y_1 \\ z_1 \end{bmatrix}$，$\mathbf{p}_2 = \begin{bmatrix} x_2 \\ y_2 \\ z_2 \end{bmatrix}$，則由矩陣加法可得

$$\mathbf{M} = \tfrac{2}{3}\begin{bmatrix} x_1 \\ y_1 \\ z_1 \end{bmatrix} + \tfrac{1}{3}\begin{bmatrix} x_2 \\ y_2 \\ z_2 \end{bmatrix} = \begin{bmatrix} \tfrac{2}{3}x_1 + \tfrac{1}{3}x_2 \\ \tfrac{2}{3}y_1 + \tfrac{1}{3}y_2 \\ \tfrac{2}{3}z_1 + \tfrac{1}{3}z_2 \end{bmatrix}$$

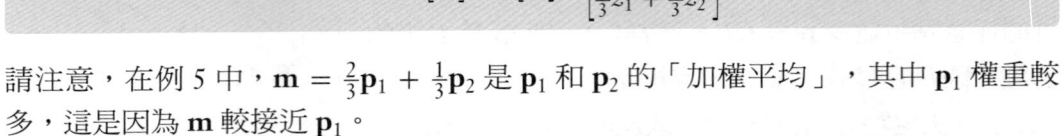

請注意，在例 5 中，$\mathbf{m} = \tfrac{2}{3}\mathbf{p}_1 + \tfrac{1}{3}\mathbf{p}_2$ 是 $\mathbf{p}_1$ 和 $\mathbf{p}_2$ 的「加權平均」，其中 $\mathbf{p}_1$ 權重較多，這是因為 $\mathbf{m}$ 較接近 $\mathbf{p}_1$。

在兩點正中間的點 M 稱為 P_1 和 P_2 之間的**中點 (midpoint)**，讀者可用同樣的方法驗證，M 的向量 $\mathbf{m}$ 為

$$\mathbf{m} = \tfrac{1}{2}\mathbf{p}_1 + \tfrac{1}{2}\mathbf{p}_2 = \tfrac{1}{2}(\mathbf{p}_1 + \mathbf{p}_2)$$

故 $\mathbf{m}$ 為 $\mathbf{p}_1$ 和 $\mathbf{p}_2$ 的「平均」。

例 6

證明任意四邊形四邊的中點是平行四邊形的頂點。此處的四邊形是指具有四個頂點且其邊為直線的任意圖形。

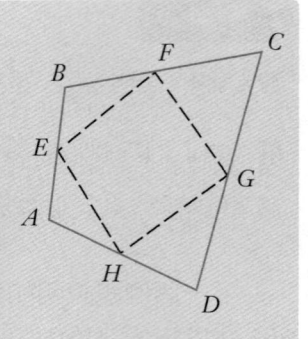

解：假設 A、B、C、D 為四邊形的頂點（依序）並且 E、F、G、H 為四邊的中點，如圖所示。我們只需證明 $\overrightarrow{EF} = \overrightarrow{HG}$（因為邊 EF 和 HG 平行且長度相等）。因為 E 是 AB 的中點，所以 $\overrightarrow{EB} = \tfrac{1}{2}\overrightarrow{AB}$。同理，$\overrightarrow{BF} = \tfrac{1}{2}\overrightarrow{BC}$，故

$$\overrightarrow{EF} = \overrightarrow{EB} + \overrightarrow{BF} = \tfrac{1}{2}\overrightarrow{AB} + \tfrac{1}{2}\overrightarrow{BC} = \tfrac{1}{2}(\overrightarrow{AB} + \overrightarrow{BC}) = \tfrac{1}{2}\overrightarrow{AC}$$

同理可證，$\overrightarrow{HG} = \tfrac{1}{2}\overrightarrow{AC}$，故 $\overrightarrow{EF} = \overrightarrow{HG}$，得證。

定義 4.2

若兩非零向量為同向或反向，則稱此兩向量**平行 (parallel)**。

許多幾何論點涉及這個觀點，所以要再提到下列定理。

定理 5

兩個非零向量 **v** 和 **w** 平行，若且唯若其中一個是另一個的純量倍。

證明

若其中一個是另一個的純量倍，則由純量倍定律得知它們平行。反之，若 **v** 與 **w** 平行，為方便起見，令 $d = \dfrac{\|\mathbf{v}\|}{\|\mathbf{w}\|}$，則 **v** 與 **w** 同向或反向。若 **v**、**w** 為同向，我們透過證明 **v** 和 $d\mathbf{w}$ 具有相同的長度和方向來證明 $\mathbf{v} = d\mathbf{w}$。事實上，由定理 1 知 $\|d\mathbf{w}\| = |d|\,\|\mathbf{w}\| = \|\mathbf{v}\|$；就方向而言，因為 $d > 0$，故 $d\mathbf{w}$ 和 **w** 同向，即 $d\mathbf{w}$ 與 **v** 同向，因此由定理 2 知 $\mathbf{v} = d\mathbf{w}$。另一方面，若 **v** 與 **w** 反向，以類似的論述可證明 $\mathbf{v} = -d\mathbf{w}$。我們把細節留給讀者。

例 7

已知點 $P(2, -1, 4)$、$Q(3, -1, 3)$、$A(0, 2, 1)$、$B(1, 3, 0)$，判斷 $\overrightarrow{PQ}$ 和 $\overrightarrow{AB}$ 是否平行。

解：由定理 3，$\overrightarrow{PQ} = (1, 0, -1)$ 且 $\overrightarrow{AB} = (1, 1, -1)$。若 $\overrightarrow{PQ} = t\overrightarrow{AB}$，則 $(1, 0, -1) = (t, t, -t)$ 故 $1 = t$ 且 $0 = t$，此為不可能。因此 $\overrightarrow{PQ}$ 不是 $\overrightarrow{AB}$ 的純量倍，故由定理 5 知這些向量並不是平行。

空間中的直線

使用向量技巧可以很簡單地描述空間中的直線。為此，我們首先需要一種方法來確定直線的方向，就像平面上直線的斜率一樣。

定義 4.3

A、B 為直線上的相異兩點，若非零向量 $\mathbf{d} \neq \mathbf{0}$ 與 $\overrightarrow{AB}$ 平行，則稱 **d** 為直線的**方向向量 (direction vector)**。

當然 **d** 也平行於 $\overrightarrow{CD}$，其中 C、D 為直線上的任何相異點。特別是，**d** 的任何非零純量倍也是直線的方向向量。

利用恰有一條直線通過一特定點 $P_0(x_0, y_0, z_0)$ 且其方向向量 $\mathbf{d} = \begin{bmatrix} a \\ b \\ c \end{bmatrix}$ 為已知的事實，我們要探求一點 $P(x, y, z)$ 落在此直線上的條件。令 $\mathbf{p}_0 = \begin{bmatrix} x_0 \\ y_0 \\ z_0 \end{bmatrix}$ 和 $\mathbf{p} = \begin{bmatrix} x \\ y \\ z \end{bmatrix}$ 分別表示 P_0 和 P 的向量（見圖 13）。則

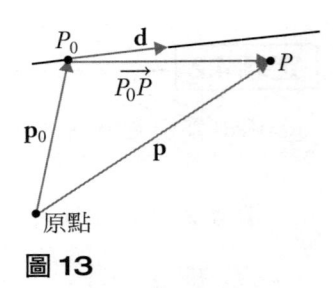

$$\mathbf{p} = \mathbf{p}_0 + \overrightarrow{P_0P}$$

由定理 5，P 位於直線上若且唯若 $\overrightarrow{P_0P}$ 平行於 $\mathbf{d}$——亦即，若且唯若 $\overrightarrow{P_0P} = t\mathbf{d}$，$t$ 為純量。因此向量 $\mathbf{p}$ 的終點位於直線上若且唯若 $\mathbf{p} = \mathbf{p}_0 + t\mathbf{d}$。這個討論總結如下。

直線的向量方程式

平行於 $\mathbf{d} \neq \mathbf{0}$ 且通過向量 $\mathbf{p}_0$ 的終點的直線方程式為

$$\mathbf{p} = \mathbf{p}_0 + t\mathbf{d}, \text{ 其中 } t \text{ 為任意純量}$$

換言之，點 $\mathbf{p}$ 位於此直線上若且唯若存在一實數 t 使得 $\mathbf{p} = \mathbf{p}_0 + t\mathbf{d}$。

以分量形式來表示，向量方程式為

$$\begin{bmatrix} x \\ y \\ z \end{bmatrix} = \begin{bmatrix} x_0 \\ y_0 \\ z_0 \end{bmatrix} + t \begin{bmatrix} a \\ b \\ c \end{bmatrix}$$

令各分量相等可得直線的另一種描述。

直線的參數方程式

通過 $P_0(x_0, y_0, z_0)$ 且方向向量為 $\mathbf{d} = \begin{bmatrix} a \\ b \\ c \end{bmatrix} \neq \mathbf{0}$ 的直線可表示為

$$\begin{aligned} x &= x_0 + ta \\ y &= y_0 + tb \quad t \text{ 為任意純量} \\ z &= z_0 + tc \end{aligned}$$

換言之，點 $P(x, y, z)$ 位於此直線上若且唯若存在一個實數 t 使得 $x = x_0 + ta$，$y = y_0 + tb$，$z = z_0 + tc$。

例 8

求通過兩點 $P_0(2, 0, 1)$ 和 $P_1(4, -1, 1)$ 的直線方程式。

解：令 $\mathbf{d} = \overrightarrow{P_0 P_1} = \begin{bmatrix} 2 \\ -1 \\ 0 \end{bmatrix}$ 表示從 P_0 到 P_1 的向量。而 $\mathbf{d}$ 平行於此直線（P_0 和 P_1 在直線上），所以 $\mathbf{d}$ 為直線的方向向量。利用直線上的 P_0 點可得參數方程式為

$$x = 2 + 2t$$
$$y = -t \quad\quad t \text{ 為參數}$$
$$z = 1$$

請注意，如果是利用 P_1（而非 P_0），則參數方程式變成

$$x = 4 + 2s$$
$$y = -1 - s \quad\quad s \text{ 為參數}$$
$$z = 1$$

此參數方程式與前面的參數方程式不同，但只是參數改變而已。事實上，$s = t - 1$。

例 9

求一直線通過 $P_0(3, -1, 2)$ 且平行於直線

$$x = -1 + 2t$$
$$y = 1 + t$$
$$z = -3 + 4t$$

解：t 的係數即為所予直線的方向向量 $\mathbf{d} = \begin{bmatrix} 2 \\ 1 \\ 4 \end{bmatrix}$。因為我們要找的直線平行於所予直線，因此 $\mathbf{d}$ 也是新直線的方向向量。新直線通過 P_0，因此其參數式為

$$x = 3 + 2t$$
$$y = -1 + t$$
$$z = 2 + 4t$$

例 10

判斷下列兩直線是否相交。若相交，求其交點。

$$\begin{aligned} x &= 1 - 3t & x &= -1 + s \\ y &= 2 + 5t & y &= 3 - 4s \\ z &= 1 + t & z &= 1 - s \end{aligned}$$

解：假設 $\mathbf{p} = P(x, y, z)$ 位於兩直線上，則對某些 s 和 t 而言，

$$\begin{bmatrix} 1 - 3t \\ 2 + 5t \\ 1 + t \end{bmatrix} = \begin{bmatrix} x \\ y \\ z \end{bmatrix} = \begin{bmatrix} -1 + s \\ 3 - 4s \\ 1 - s \end{bmatrix}$$

其中第一（第二）個方程式是因為 P 位於第一（第二）條直線上。因此兩直線相交若且唯若以下三個方程式有解。

$$1 - 3t = -1 + s$$
$$2 + 5t = 3 - 4s$$
$$1 + t = 1 - s$$

在此情況下，$t = 1$ 和 $s = -1$ 滿足所有三個方程式，所以兩直線相交，令 $t = 1$ 可得交點為

$$\mathbf{p} = \begin{bmatrix} 1 - 3t \\ 2 + 5t \\ 1 + t \end{bmatrix} = \begin{bmatrix} -2 \\ 7 \\ 2 \end{bmatrix}$$

當然此交點亦可由 $\mathbf{p} = \begin{bmatrix} -1 + s \\ 3 - 4s \\ 1 - s \end{bmatrix}$ 中令 $s = -1$ 得到。

● 例 11

證明通過 $P_0(x_0, y_0)$ 且斜率為 m 的直線，具有方向向量 $\mathbf{d} = \begin{bmatrix} 1 \\ m \end{bmatrix}$ 並且其方程式為 $y - y_0 = m(x - x_0)$。此方程式稱為點斜 (point-slope) 式。

解：令 $P_1(x_1, y_1)$ 為直線上的一點且位於 P_0 右側一個單位（見圖）。即 $x_1 = x_0 + 1$。$\mathbf{d} = P_0P_1$ 為直線的方向向量，而 $\mathbf{d} = \begin{bmatrix} x_1 - x_0 \\ y_1 - y_0 \end{bmatrix} = \begin{bmatrix} 1 \\ y_1 - y_0 \end{bmatrix}$。但斜率 m 可以計算如下：

$$m = \frac{y_1 - y_0}{x_1 - x_0} = \frac{y_1 - y_0}{1} = y_1 - y_0$$

因此 $\mathbf{d} = \begin{bmatrix} 1 \\ m \end{bmatrix}$ 並且參數方程式為 $x = x_0 + t$，$y = y_0 + mt$，消去 t 可得 $y - y_0 = mt = m(x - x_0)$。

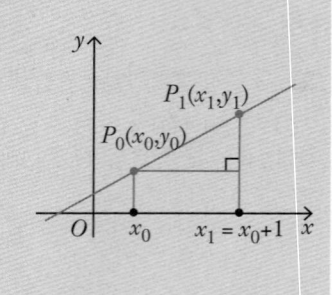

請注意，通過 $P_0(x_0, y_0)$ 的垂直線其方向向量為 $\mathbf{d} = \begin{bmatrix} 0 \\ 1 \end{bmatrix}$ 而不是 $\begin{bmatrix} 1 \\ m \end{bmatrix}$ 的形式。此結果證實了斜率的概念在此情況下是沒有意義的。然而，向量方法可得垂直線的參數方程如下：

$$x = x_0$$
$$y = y_0 + t$$

因為 y 在這裡是任意數（t 是任意數），所以垂直線通常只是寫成 $x = x_0$。

畢氏定理

畢氏定理早為人知，但畢氏（西元前 550 年）的貢獻是首先對結果做出嚴格的、邏輯的、推理的證明。我們所給的證明是與相似三角形的基本性質有關，亦即相似三角形對應邊成比例。

定理 6

畢氏定理 (Pythagoras' Theorem)

若直角三角形的斜邊為 c，側邊為 a 和 b，則 $a^2 + b^2 = c^2$。

證明

令 A、B、C 為三角形的頂點，如圖 14 所示。作垂線 CD 交斜邊於 D，令 p 和 q 分別為 BD 和 DA 的長，則 DBC 和 CBA 為相似三角形，故 $\frac{p}{a} = \frac{a}{c}$。這表示 $a^2 = pc$。同理，由 DCA 和 CBA 的相似性，得到 $\frac{q}{b} = \frac{b}{c}$，因此 $b^2 = qc$。但

$$a^2 + b^2 = pc + qc = (p+q)c = c^2$$

因為 $p + q = c$。這證明了畢氏定理。

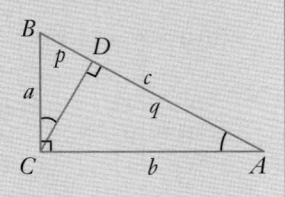

圖 14

習題 4.1

1. 已知 **v** 如下，計算 $\|\mathbf{v}\|$：

    (a) $\begin{bmatrix} 2 \\ -1 \\ 2 \end{bmatrix}$ 　◆(b) $\begin{bmatrix} 1 \\ -1 \\ 2 \end{bmatrix}$

    (c) $\begin{bmatrix} 1 \\ 0 \\ -1 \end{bmatrix}$ 　◆(d) $\begin{bmatrix} -1 \\ 0 \\ 2 \end{bmatrix}$

    (e) $2\begin{bmatrix} 1 \\ -1 \\ 2 \end{bmatrix}$ 　◆(f) $-3\begin{bmatrix} 1 \\ 1 \\ 2 \end{bmatrix}$

2. 求出下列各題的單位向量：

    (a) $\begin{bmatrix} 7 \\ -1 \\ 5 \end{bmatrix}$ 　◆(b) $\begin{bmatrix} -2 \\ -1 \\ 2 \end{bmatrix}$

3. (a) 求出一單位向量，其方向是由 $\begin{bmatrix} 3 \\ -1 \\ 4 \end{bmatrix}$ 到 $\begin{bmatrix} 1 \\ 3 \\ 5 \end{bmatrix}$。

    (b) 若 $\mathbf{u} \neq \mathbf{0}$，當 a 的值為何才會使 $a\mathbf{u}$ 成為一個單位向量？

4. 求出以下兩點之間的距離。

    (a) $\begin{bmatrix} 3 \\ -1 \\ 0 \end{bmatrix}$ 和 $\begin{bmatrix} 2 \\ -1 \\ 1 \end{bmatrix}$ 　◆(b) $\begin{bmatrix} 2 \\ -1 \\ 2 \end{bmatrix}$ 和 $\begin{bmatrix} 2 \\ 0 \\ 1 \end{bmatrix}$

    (c) $\begin{bmatrix} -3 \\ 5 \\ 2 \end{bmatrix}$ 和 $\begin{bmatrix} 1 \\ 3 \\ 3 \end{bmatrix}$ 　◆(d) $\begin{bmatrix} 4 \\ 0 \\ -2 \end{bmatrix}$ 和 $\begin{bmatrix} 3 \\ 2 \\ 0 \end{bmatrix}$

5. 用向量證明三角形兩邊中點的連線平行於第三邊，而且長度為第三邊的一半。

6. 令 A、B、C 為三角形的三頂點。
   (a) 若 E 為 BC 邊的中點，證明 $\overrightarrow{AE} = \frac{1}{2}(\overrightarrow{AB} + \overrightarrow{AC})$。
   ◆(b) 若 F 為 AC 邊的中點，證明 $\overrightarrow{FE} = \frac{1}{2}\overrightarrow{AB}$。

7. 判斷下列 $\mathbf{u}$ 和 $\mathbf{v}$ 是否平行。
   (a) $\mathbf{u} = \begin{bmatrix} -3 \\ -6 \\ 3 \end{bmatrix}$；$\mathbf{v} = \begin{bmatrix} 5 \\ 10 \\ -5 \end{bmatrix}$
   ◆(b) $\mathbf{u} = \begin{bmatrix} 3 \\ -6 \\ 3 \end{bmatrix}$；$\mathbf{v} = \begin{bmatrix} -1 \\ 2 \\ -1 \end{bmatrix}$
   (c) $\mathbf{u} = \begin{bmatrix} 1 \\ 0 \\ 1 \end{bmatrix}$；$\mathbf{v} = \begin{bmatrix} -1 \\ 0 \\ 1 \end{bmatrix}$
   ◆(d) $\mathbf{u} = \begin{bmatrix} 2 \\ 0 \\ -1 \end{bmatrix}$；$\mathbf{v} = \begin{bmatrix} -8 \\ 0 \\ 4 \end{bmatrix}$

8. 令 $\mathbf{p}$ 和 $\mathbf{q}$ 分別為點 P 和 Q 的向量，並且令 R 為向量 $\mathbf{p} + \mathbf{q}$ 的點。請將下列向量以 $\mathbf{p}$ 和 $\mathbf{q}$ 表示。
   (a) $\overrightarrow{QP}$
   ◆(b) $\overrightarrow{QR}$
   (c) $\overrightarrow{RP}$
   ◆(d) $\overrightarrow{RO}$，其中 O 為原點

9. 求出下列的 $\overrightarrow{PQ}$ 和 $\|\overrightarrow{PQ}\|$。
   (a) $P(1, -1, 3)$，$Q(3, 1, 0)$
   ◆(b) $P(2, 0, 1)$，$Q(1, -1, 6)$
   (c) $P(1, 0, 1)$，$Q(1, 0, -3)$
   ◆(d) $P(1, -1, 2)$，$Q(1, -1, 2)$
   (e) $P(1, 0, -3)$，$Q(-1, 0, 3)$
   ◆(f) $P(3, -1, 6)$，$Q(1, 1, 4)$

10. 下列各題中，求點 Q，使得 $\overrightarrow{PQ}$ 具有
    (i) 與 $\mathbf{v}$ 同向；(ii) 與 $\mathbf{v}$ 反向。
    (a) $P(-1, 2, 2)$，$\mathbf{v} = \begin{bmatrix} 1 \\ 3 \\ 1 \end{bmatrix}$
    ◆(b) $P(3, 0, -1)$，$\mathbf{v} = \begin{bmatrix} 2 \\ -1 \\ 3 \end{bmatrix}$

11. 令 $\mathbf{u} = \begin{bmatrix} 3 \\ -1 \\ 0 \end{bmatrix}$，$\mathbf{v} = \begin{bmatrix} 4 \\ 0 \\ 1 \end{bmatrix}$，$\mathbf{w} = \begin{bmatrix} -1 \\ 1 \\ 5 \end{bmatrix}$。求下列各題中的 $\mathbf{x}$。
    (a) $3(2\mathbf{u} + \mathbf{x}) + \mathbf{w} = 2\mathbf{x} - \mathbf{v}$
    ◆(b) $2(3\mathbf{v} - \mathbf{x}) = 5\mathbf{w} + \mathbf{u} - 3\mathbf{x}$

12. 令 $\mathbf{u} = \begin{bmatrix} 1 \\ 1 \\ 2 \end{bmatrix}$，$\mathbf{v} = \begin{bmatrix} 0 \\ 1 \\ 2 \end{bmatrix}$，$\mathbf{w} = \begin{bmatrix} 1 \\ 0 \\ -1 \end{bmatrix}$。下列各題中，求 a、b、c 使得 $\mathbf{x} = a\mathbf{u} + b\mathbf{v} + c\mathbf{w}$。
    (a) $\mathbf{x} = \begin{bmatrix} 2 \\ -1 \\ 6 \end{bmatrix}$ ◆(b) $\mathbf{x} = \begin{bmatrix} 1 \\ 3 \\ 0 \end{bmatrix}$

13. 令 $\mathbf{u} = \begin{bmatrix} 3 \\ -1 \\ 0 \end{bmatrix}$，$\mathbf{v} = \begin{bmatrix} 4 \\ 0 \\ 1 \end{bmatrix}$，$\mathbf{z} = \begin{bmatrix} 1 \\ 1 \\ 1 \end{bmatrix}$。下列各題中，證明無法找到 a、b、c 使得：
    (a) $a\mathbf{u} + b\mathbf{v} + c\mathbf{z} = \begin{bmatrix} 1 \\ 2 \\ 1 \end{bmatrix}$
    (b) $a\mathbf{u} + b\mathbf{v} + c\mathbf{z} = \begin{bmatrix} 5 \\ 6 \\ -1 \end{bmatrix}$

14. 令 $P_1 = P_1(2, 1, -2)$，$P_2 = P_2(1, -2, 0)$。求 P 點座標：
    (a) 從 P_1 到 P_2 的 $\frac{1}{5}$ 處。
    ◆(b) 從 P_2 到 P_1 的 $\frac{1}{4}$ 處。

15. 求將 $P(2, 3, 5)$ 和 $Q(8, -6, 2)$ 的線段三等分的兩點。

16. 令兩點 $P_1 = P_1(x_1, y_1, z_1)$ 和 $P_2 = P_2(x_2, y_2, z_2)$，其向量分別為 $\mathbf{p}_1$ 和 $\mathbf{p}_2$。若 r、s 為正整數，證明從 P_1 到 P_2 的 $\frac{r}{r+s}$ 處的點 P，其向量為
$$\mathbf{p} = \left(\frac{s}{r+s}\right)\mathbf{p}_1 + \left(\frac{r}{r+s}\right)\mathbf{p}_2$$

17. 下列各題中，求點 Q：

   (a) $\overrightarrow{PQ} = \begin{bmatrix} 2 \\ 0 \\ -3 \end{bmatrix}$ 且 $P = P(2, -3, 1)$

   ◆(b) $\overrightarrow{PQ} = \begin{bmatrix} -1 \\ 4 \\ 7 \end{bmatrix}$ 且 $P = P(1, 3, -4)$

18. 令 $\mathbf{u} = \begin{bmatrix} 2 \\ 0 \\ -4 \end{bmatrix}$，$\mathbf{v} = \begin{bmatrix} 2 \\ 1 \\ -2 \end{bmatrix}$。求下列各題中的 $\mathbf{x}$：

   (a) $2\mathbf{u} - \|\mathbf{v}\|\mathbf{v} = \frac{3}{2}(\mathbf{u} - 2\mathbf{x})$

   ◆(b) $3\mathbf{u} + 7\mathbf{v} = \|\mathbf{u}\|^2(2\mathbf{x} + \mathbf{v})$

19. 求平行於 $\mathbf{v} = \begin{bmatrix} 3 \\ -2 \\ 1 \end{bmatrix}$ 且滿足 $\|\mathbf{u}\| = 3\|\mathbf{v}\|$ 的所有向量 $\mathbf{u}$。

20. 令 P、Q、R 為平行四邊形的頂點，PQ 與 PR 為相鄰邊，求另一頂點 S。

   (a) $P(3, -1, -1)$，$Q(1, -2, 0)$，$R(1, -1, 2)$

   ◆(b) $P(2, 0, -1)$，$Q(-2, 4, 1)$，$R(3, -1, 0)$

21. 證明下列敘述為真或舉一反例說明其不為真。

   (a) 零向量 $\mathbf{0}$ 是長度為 0 的唯一向量。

   ◆(b) 若 $\|\mathbf{v} - \mathbf{w}\| = 0$，則 $\mathbf{v} = \mathbf{w}$。

   (c) 若 $\mathbf{v} = -\mathbf{v}$，則 $\mathbf{v} = \mathbf{0}$。

   ◆(d) 若 $\|\mathbf{v}\| = \|\mathbf{w}\|$，則 $\mathbf{v} = \mathbf{w}$。

   (e) 若 $\|\mathbf{v}\| = \|\mathbf{w}\|$，則 $\mathbf{v} = \pm\mathbf{w}$。

   ◆(f) 若 $\mathbf{v} = t\mathbf{w}$，t 為純量，則 $\mathbf{v}$ 和 $\mathbf{w}$ 有相同方向。

   (g) 若 $\mathbf{v}$、$\mathbf{w}$、$\mathbf{v} + \mathbf{w}$ 不是零向量，且 $\mathbf{v}$ 與 $\mathbf{v} + \mathbf{w}$ 平行，則 $\mathbf{v}$ 與 $\mathbf{w}$ 平行。

   ◆(h) 對所有 $\mathbf{v}$ 而言，$\|-5\mathbf{v}\| = -5\|\mathbf{v}\|$。

   (i) 若 $\|\mathbf{v}\| = \|2\mathbf{v}\|$，則 $\mathbf{v} = \mathbf{0}$。

   ◆(j) 對所有 $\mathbf{v}$ 和 $\mathbf{w}$ 而言，$\|\mathbf{v} + \mathbf{w}\| = \|\mathbf{v}\| + \|\mathbf{w}\|$。

22. 求下列直線的向量式與參數式。

   (a) 平行於 $\begin{bmatrix} 2 \\ -1 \\ 0 \end{bmatrix}$ 且通過 $P(1, -1, 3)$ 的直線。

   ◆(b) 通過 $P(3, -1, 4)$ 與 $Q(1, 0, -1)$ 的直線。

   (c) 通過 $P(3, -1, 4)$ 與 $Q(3, -1, 5)$ 的直線。

   ◆(d) 平行於 $\begin{bmatrix} 1 \\ 1 \\ 1 \end{bmatrix}$ 且通過 $P(1, 1, 1)$ 的直線。

   (e) 通過 $P(1, 0, -3)$ 且平行於直線 $x = -1 + 2t$，$y = 2 - t$，$z = 3 + 3t$。

   ◆(f) 通過 $P(2, -1, 1)$ 且平行於直線 $x = 2 - t$，$y = 1$，$z = t$。

   (g) 通過 $P(1, 0, 1)$ 且與直線 $\mathbf{p} = \begin{bmatrix} 1 \\ 2 \\ 0 \end{bmatrix} + t\begin{bmatrix} 2 \\ -1 \\ 2 \end{bmatrix}$ 相交，其交點與 $P_0(1, 2, 0)$ 的距離為 3。

23. 下列各題中，驗證點 P、Q 位於直線上。

   (a) $x = 3 - 4t$ $P(-1, 3, 0)$，
       $y = 2 + t$ $Q(11, 0, 3)$
       $z = 1 - t$

   ◆(b) $x = 4 - t$ $P(2, 3, -3)$，
        $y = 3$ $Q(-1, 3, -9)$
        $z = 1 - 2t$

24. 求兩直線的交點。

   (a) $x = 3 + t$ $x = 4 + 2s$
       $y = 1 - 2t$ $y = 6 + 3s$
       $z = 3 + 3t$ $z = 1 + s$

   ◆(b) $x = 1 - t$ $x = 2s$
        $y = 2 + 2t$ $y = 1 + s$
        $z = -1 + 3t$ $z = 3$

   (c) $\begin{bmatrix} x \\ y \\ z \end{bmatrix} = \begin{bmatrix} 3 \\ -1 \\ 2 \end{bmatrix} + t\begin{bmatrix} 1 \\ 1 \\ -1 \end{bmatrix}$

$$\begin{bmatrix} x \\ y \\ z \end{bmatrix} = \begin{bmatrix} 1 \\ 1 \\ -2 \end{bmatrix} + s \begin{bmatrix} 2 \\ 0 \\ 3 \end{bmatrix}$$

◆(d) $\begin{bmatrix} x \\ y \\ z \end{bmatrix} = \begin{bmatrix} 4 \\ -1 \\ 5 \end{bmatrix} + t \begin{bmatrix} 1 \\ 0 \\ 1 \end{bmatrix}$

$$\begin{bmatrix} x \\ y \\ z \end{bmatrix} = \begin{bmatrix} 2 \\ -7 \\ 12 \end{bmatrix} + s \begin{bmatrix} 0 \\ -2 \\ 3 \end{bmatrix}$$

25. 若一直線通過原點，證明線上點的向量是某固定非零向量的純量倍。

26. 證明每一條平行於 z 軸的直線其參數式為 $x = x_0$，$y = y_0$，$z = t$，其中 x_0、y_0 為定數。

27. 設 $\mathbf{d} = \begin{bmatrix} a \\ b \\ c \end{bmatrix}$ 為一向量，其中 a、b、c 皆不為零。證明通過 $P_0(x_0, y_0, z_0)$ 且以 $\mathbf{d}$ 為方向向量的直線可以表成下列形式：

$$\frac{x - x_0}{a} = \frac{y - y_0}{b} = \frac{z - z_0}{c}$$

而此形式稱為**對稱形 (symmetric form)** 的方程式。

28. 設平行四邊形的四邊為 AB、BC、CD、DA。已知 $A(1, -1, 2)$、$C(2, 1, 0)$ 以及 AB 的中點 $M(1, 0, -3)$，求 $\overrightarrow{BD}$。

◆29. 於通過 $A(1, -1, 2)$、$B(2, 0, 1)$ 的直線上求所有的點 C 使得 $\|\overrightarrow{AC}\| = 2\|\overrightarrow{BC}\|$。

30. 設 A、B、C、D、E、F 依序為正六邊形的頂點，證明

$$\overrightarrow{AB} + \overrightarrow{AC} + \overrightarrow{AD} + \overrightarrow{AE} + \overrightarrow{AF} = 3\overrightarrow{AD}$$

31. (a) 以 C 為圓心，P_1、P_2、P_3、P_4、P_5、P_6 為圓周上等距的六個點。證明

$$\overrightarrow{CP_1} + \overrightarrow{CP_2} + \overrightarrow{CP_3} + \overrightarrow{CP_4} + \overrightarrow{CP_5} + \overrightarrow{CP_6} = 0$$

◆(b) 對於圓上等距的任意偶數點，證明 (a) 的結論仍然成立。

(c) 對於三點的情形，證明 (a) 的結論仍然成立。

(d) 對於圓上等距的任意有限點，(a) 的結論仍然成立嗎？

32. 考慮頂點為 A、B、C、D 的四邊形（如圖所示）。

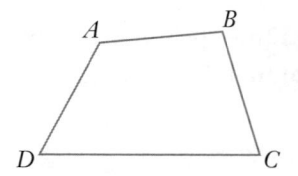

若兩條對角線 AC 和 BD 互相平分，證明此四邊形為平行四邊形（這是例 2 的逆敘述）。【提示：令 E 為兩對角線的交點，且 $\overrightarrow{AB} = \overrightarrow{AE} + \overrightarrow{EB}$ 證明 $\overrightarrow{AB} = \overrightarrow{DC}$。】

◆33. 考慮平行四邊形 $ABCD$（如圖所示），令 E 為 AD 的中點。

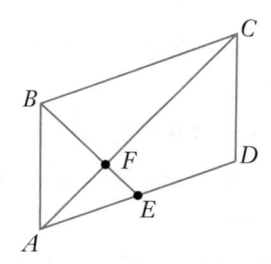

證明 BE 與 AC 互相三等分；亦即證明交點 F 位於 E 到 B 與 A 到 C 的 $\frac{1}{3}$ 處。【提示：若 F 為從 A 到 C 的 $\frac{1}{3}$ 處，證明 $2\overrightarrow{EF} = \overrightarrow{FB}$，再仿例 2 的論證。】

34. 由三角形頂點到對邊中點的連線稱為三角形的**中線 (median)**。若三角形頂點的向量為 $\mathbf{u}$、$\mathbf{v}$、$\mathbf{w}$，證明由中點到頂點 $\frac{1}{3}$ 處的點，其向量為 $\frac{1}{3}(\mathbf{u} + \mathbf{v} + \mathbf{w})$。而三中線的交點 C，其向量為

$\frac{1}{3}(\mathbf{u} + \mathbf{v} + \mathbf{w})$，點 C 稱為三角形的**重心 (centroid)**。

35. 空間中，以不共面的四個點為頂點的圖形稱為**四面體 (tetrahedron)**。從一頂點到其餘頂點所形成的三角形的重心的連線稱為四面體的**中線 (median)**。若 $\mathbf{u}$、$\mathbf{v}$、$\mathbf{w}$、$\mathbf{x}$ 為四個頂點的向量，證明在中線上，從重心到頂點 $\frac{1}{4}$ 處的點，其向量為 $\frac{1}{4}(\mathbf{u} + \mathbf{v} + \mathbf{w} + \mathbf{x})$。並且四面體的四條中線共點。

4.2 節　投影與平面

　　任何學習幾何的學生很快就會意識到垂直線的概念是重要的。舉例來說，給予一點 P 和一平面，我們要在平面上找一點 Q，而 Q 是最接近 P 的點，如圖 1 所示。顯然，我們要找通過 P 且垂直於平面的直線，然後得到直線與平面的交點 Q。欲求垂直於平面的直線需要一種方法來確定兩向量是互相垂直，這可以利用兩向量點積的概念來解決。

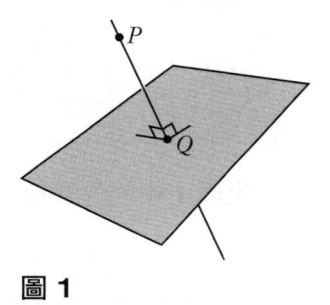

圖 1

點積和角度

定義 4.4

已知向量 $\mathbf{v} = \begin{bmatrix} x_1 \\ y_1 \\ z_1 \end{bmatrix}$ 和 $\mathbf{w} = \begin{bmatrix} x_2 \\ y_2 \\ z_2 \end{bmatrix}$，它們的**點積 (dot product)** $\mathbf{v} \cdot \mathbf{w}$ 是一個數，定義為

$$\mathbf{v} \cdot \mathbf{w} = x_1 x_2 + y_1 y_2 + z_1 z_2 = \mathbf{v}^T \mathbf{w}$$

因為 $\mathbf{v} \cdot \mathbf{w}$ 是一個數，它有時候稱為 $\mathbf{v}$ 和 $\mathbf{w}$ 的**純量積 (scalar product)**。[10]

例 1

若 $\mathbf{v} = \begin{bmatrix} 2 \\ -1 \\ 3 \end{bmatrix}$，$\mathbf{w} = \begin{bmatrix} 1 \\ 4 \\ -1 \end{bmatrix}$，則 $\mathbf{v} \cdot \mathbf{w} = 2 \cdot 1 + (-1) \cdot 4 + 3 \cdot (-1) = -5$。

下一個定理列出點積的幾個基本性質。

---

[10] 同理，在 $\mathbb{R}^2$ 中，若 $\mathbf{v} = \begin{bmatrix} x_1 \\ y_1 \end{bmatrix}$，$\mathbf{w} = \begin{bmatrix} x_2 \\ y_2 \end{bmatrix}$，則 $\mathbf{v} \cdot \mathbf{w} = x_1 x_2 + y_1 y_2$。

定理 1

令 $\mathbf{u}$、$\mathbf{v}$、$\mathbf{w}$ 表示 $\mathbb{R}^3$（或 $\mathbb{R}^2$）中的向量，則有

1. $\mathbf{v} \cdot \mathbf{w}$ 為實數
2. $\mathbf{v} \cdot \mathbf{w} = \mathbf{w} \cdot \mathbf{v}$
3. $\mathbf{v} \cdot \mathbf{0} = 0 = \mathbf{0} \cdot \mathbf{v}$
4. $\mathbf{v} \cdot \mathbf{v} = \|\mathbf{v}\|^2$
5. $(k\mathbf{v}) \cdot \mathbf{w} = k(\mathbf{w} \cdot \mathbf{v}) = \mathbf{v} \cdot (k\mathbf{w})$，$k$ 為純量
6. $\mathbf{u} \cdot (\mathbf{v} \pm \mathbf{w}) = \mathbf{u} \cdot \mathbf{v} \pm \mathbf{u} \cdot \mathbf{w}$

證明

(1)、(2)、(3) 很容易驗證，(4) 來自第 4.1 節定理 1。其餘是矩陣算術的性質（因為 $\mathbf{w} \cdot \mathbf{v} = \mathbf{v}^T \mathbf{w}$），因此證明留給讀者。

定理 1 中的性質使我們能夠做如下的計算，

$$3\mathbf{u} \cdot (2\mathbf{v} - 3\mathbf{w} + 4\mathbf{z}) = 6(\mathbf{u} \cdot \mathbf{v}) - 9(\mathbf{u} \cdot \mathbf{w}) + 12(\mathbf{u} \cdot \mathbf{z})$$

類似這樣的計算，我們以後將直接使用而不再說明，如下例所示。

● 例 2

驗證 $\|\mathbf{v} - 3\mathbf{w}\|^2 = 1$，當 $\|\mathbf{v}\| = 2$，$\|\mathbf{w}\| = 1$，且 $\mathbf{v} \cdot \mathbf{w} = 2$。

解：應用定理 1：

$$\begin{aligned}
\|\mathbf{v} - 3\mathbf{w}\|^2 &= (\mathbf{v} - 3\mathbf{w}) \cdot (\mathbf{v} - 3\mathbf{w}) \\
&= \mathbf{v} \cdot (\mathbf{v} - 3\mathbf{w}) - 3\mathbf{w} \cdot (\mathbf{v} - 3\mathbf{w}) \\
&= \mathbf{v} \cdot \mathbf{v} - 3(\mathbf{v} \cdot \mathbf{w}) - 3(\mathbf{w} \cdot \mathbf{v}) + 9(\mathbf{w} \cdot \mathbf{w}) \\
&= \|\mathbf{v}\|^2 - 6(\mathbf{v} \cdot \mathbf{w}) + 9\|\mathbf{v}\|^2 \\
&= 4 - 12 + 9 = 1
\end{aligned}$$

欲了解 $\mathbb{R}^3$ 中有關兩個非零向量的點積之描述，我們需要以下三角學的結果。

餘弦定律 (Law of Cosines)

若 a、b、c 為三角形的邊，且 θ 為 c 所對的內角，則

$$c^2 = a^2 + b^2 - 2ab \cos \theta$$

證明

我們證明當 θ 為銳角時，亦即 $0 \leq \theta < \frac{\pi}{2}$；而鈍角的情況其證明方法類似於銳角。圖 2 中，我們有 $p = a \sin \theta$ 和 $q = a \cos \theta$。因此由畢氏定理可知

$$c^2 = p^2 + (b-q)^2 = a^2 \sin^2 \theta + (b - a \cos \theta)^2$$
$$= a^2(\sin^2 \theta + \cos^2 \theta) + b^2 - 2ab \cos \theta$$

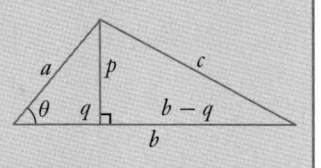

因為對任意角度而言，$\sin^2 \theta + \cos^2 \theta = 1$，因此餘弦定律成立。

圖 2

請注意，若 θ 為直角，餘弦定律可簡化為畢氏定理（因為 $\cos \frac{\pi}{2} = 0$）。

現在令 **v** 和 **w** 為具有相同起點的非零向量，如圖 3 所示，則它們決定了唯一的角度 θ，

$$0 \leq \theta \leq \pi$$

此角度 θ 稱為 **v 和 w 之間的角度**。圖 3 說明了當 θ 是銳角（小於 $\frac{\pi}{2}$）和鈍角（大於 $\frac{\pi}{2}$）。顯然若 θ 是 0 或 π，則 **v** 和 **w** 平行。注意，當向量 **v** 和 **w** 其中之一是零，則我們不定義 **v** 和 **w** 之間的角度。

下一個結果提供簡便的方法，亦即使用點積來計算兩個非零向量之間的夾角。

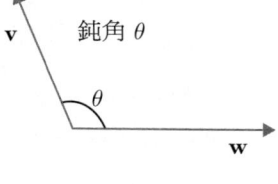

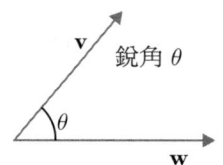

圖 3

定理 2

令 **v**、**w** 為非零向量，若 θ 是 **v** 和 **w** 之間的夾角，則

$$\mathbf{v} \cdot \mathbf{w} = \|\mathbf{v}\| \|\mathbf{w}\| \cos \theta$$

證明

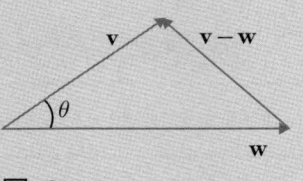

我們用兩種方式計算 $\|\mathbf{v} - \mathbf{w}\|^2$。首先應用餘弦定律於圖 4 中的三角形可得：

$$\|\mathbf{v} - \mathbf{w}\|^2 = \|\mathbf{v}\|^2 + \|\mathbf{w}\|^2 - 2\|\mathbf{v}\|\|\mathbf{w}\| \cos \theta$$

另一方面，使用定理 1：

$$\|\mathbf{v} - \mathbf{w}\|^2 = (\mathbf{v} - \mathbf{w}) \cdot (\mathbf{v} - \mathbf{w})$$
$$= \mathbf{v} \cdot \mathbf{v} - \mathbf{v} \cdot \mathbf{w} - \mathbf{w} \cdot \mathbf{v} + \mathbf{w} \cdot \mathbf{w}$$
$$= \|\mathbf{v}\|^2 - 2(\mathbf{v} \cdot \mathbf{w}) + \|\mathbf{w}\|^2$$

比較兩式，可知 $-2\|\mathbf{v}\|\|\mathbf{w}\| \cos \theta = -2(\mathbf{v} \cdot \mathbf{w})$，定理得證。

圖 4

若 v 和 w 為非零向量，定理 2 提供了 v · w 的本質描述，因為 ‖v‖、‖w‖ 以及 v 和 w 之間的角度 θ 與座標系統的選擇無關。此外，因為 ‖v‖ 和 ‖w‖ 均不為零（v 和 w 均非零向量），因此 θ 角的餘弦公式為：

$$\cos\theta = \frac{\mathbf{v} \cdot \mathbf{w}}{\|\mathbf{v}\|\|\mathbf{w}\|} \tag{$*$}$$

因為 $0 \leq \theta \leq \pi$，故由此式可求 θ。

例 3

計算 $\mathbf{u} = \begin{bmatrix} -1 \\ 1 \\ 2 \end{bmatrix}$ 和 $\mathbf{v} = \begin{bmatrix} 2 \\ 1 \\ -1 \end{bmatrix}$ 之間的角度。

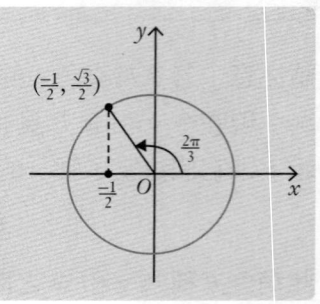

解：計算 $\cos\theta = \dfrac{\mathbf{v} \cdot \mathbf{w}}{\|\mathbf{v}\|\|\mathbf{w}\|} = \dfrac{-2+1-2}{\sqrt{6}\sqrt{6}} = -\dfrac{1}{2}$。回顧一下，$\cos\theta$ 和 $\sin\theta$ 是由單位圓上的點 $(\cos\theta, \sin\theta)$ 定義而得。因為 $\cos\theta = -\dfrac{1}{2}$ 且 $0 \leq \theta \leq \pi$，故 $\theta = \dfrac{2\pi}{3}$（見圖）。

若 v 和 w 為非零向量，(∗) 顯示 $\cos\theta$ 和 v · w 具有相同的符號，因此

$$\mathbf{v} \cdot \mathbf{w} > 0 \text{ 若且唯若 } \theta \text{ 是銳角 } (0 \leq \theta < \tfrac{\pi}{2})$$
$$\mathbf{v} \cdot \mathbf{w} < 0 \text{ 若且唯若 } \theta \text{ 是鈍角 } (\tfrac{\pi}{2} < \theta \leq \pi)$$
$$\mathbf{v} \cdot \mathbf{w} = 0 \text{ 若且唯若 } \theta = \tfrac{\pi}{2}$$

在最後一種情況，向量（非零）是垂直的。線性代數中使用下列術語：

定義 4.5

兩個向量 v 和 w 是**正交 (orthogonal)**，若 v = 0 或 w = 0 或 v 和 w 之間的角度是 $\tfrac{\pi}{2}$。

若 v = 0 或 w = 0，則 v · w = 0，我們有下面的定理：

定理 3

兩個向量 v 和 w 正交若且唯若 v · w = 0。

例 4

證明點 $P(3, -1, 1)$、$Q(4, 1, 4)$ 和 $R(6, 0, 4)$ 是直角三角形的頂點。

解：沿三角形的邊的向量為

$$\overrightarrow{PQ} = \begin{bmatrix} 1 \\ 2 \\ 3 \end{bmatrix}, \overrightarrow{PR} = \begin{bmatrix} 3 \\ 1 \\ 3 \end{bmatrix}, \overrightarrow{QR} = \begin{bmatrix} 2 \\ -1 \\ 0 \end{bmatrix}$$

顯然，$\overrightarrow{PQ} \cdot \overrightarrow{QR} = 2 - 2 + 0 = 0$，所以 $\overrightarrow{PQ}$ 和 $\overrightarrow{QR}$ 為正交向量。這表示 PQ 和 QR 垂直，亦即，Q 為直角。

例 5 說明點積如何驗證幾何定理中的垂直線。

例 5

等邊平行四邊形叫做**菱形 (rhombus)**。證明菱形的對角線互相垂直。

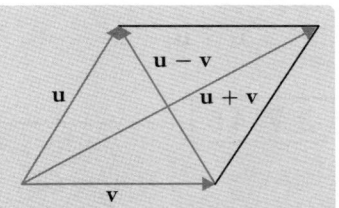

解：令 **u** 和 **v** 表示菱形相鄰邊的向量，如圖所示。對角線是 **u − v** 和 **u + v**，我們計算

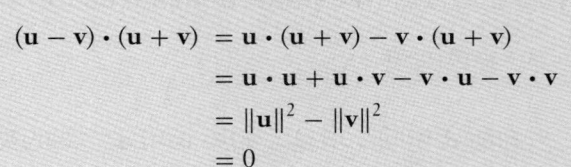

$$\begin{aligned}
(\mathbf{u} - \mathbf{v}) \cdot (\mathbf{u} + \mathbf{v}) &= \mathbf{u} \cdot (\mathbf{u} + \mathbf{v}) - \mathbf{v} \cdot (\mathbf{u} + \mathbf{v}) \\
&= \mathbf{u} \cdot \mathbf{u} + \mathbf{u} \cdot \mathbf{v} - \mathbf{v} \cdot \mathbf{u} - \mathbf{v} \cdot \mathbf{v} \\
&= \|\mathbf{u}\|^2 - \|\mathbf{v}\|^2 \\
&= 0
\end{aligned}$$

因為 $\|\mathbf{u}\| = \|\mathbf{v}\|$（它是菱形）。因此 **u − v** 和 **u + v** 是正交。

投影

在向量的應用中，把一個向量寫成兩個正交向量的總和往往非常有用。如下例所示。

例 6

假設一個 10 公斤重的物體置於傾斜 30° 的光滑表面，如圖所示。忽略摩擦力，需要多大的力來保持石塊不從傾斜面滑下？

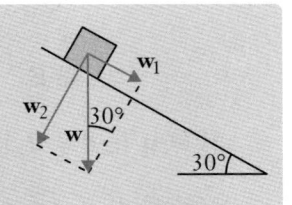

解：令 **w** 表示施加於石塊的重量（來自於重力）。則 $\|\mathbf{w}\| = 10$ 公斤，而 **w** 的方向是垂直向下，如圖所示。將 **w** 寫成 **w** = **w**₁ + **w**₂，其中 **w**₁ 是平行於傾斜面，**w**₂ 垂直於表面。由於沒有摩擦，所需的力是 −**w**₁，因為 **w**₂ 在平行於表面的方向上沒有影響。**w** 和 **w**₂ 之間的角度為 30°，我們有 $\frac{\|\mathbf{w}_1\|}{\|\mathbf{w}\|} = \sin 30° = \frac{1}{2}$。因此 $\|\mathbf{w}_1\| = \frac{1}{2}\|\mathbf{w}\| = \frac{1}{2}10 = 5$。需要 5 公斤沿表面向上的力來支撐。

如果指定一個非零向量 $\mathbf{d}$，則例 6 主要的想法是將一任意向量 $\mathbf{u}$ 寫成兩個向量的和，

$$\mathbf{u} = \mathbf{u}_1 + \mathbf{u}_2$$

其中 $\mathbf{u}_1$ 平行於 $\mathbf{d}$，而 $\mathbf{u}_2 = \mathbf{u} - \mathbf{u}_1$ 與 $\mathbf{d}$ 正交。假設 $\mathbf{u}$ 和 $\mathbf{d} \neq \mathbf{0}$ 有共同起點 Q（見圖 5）。令 P 為 $\mathbf{u}$ 的終點，而 P_1 表示向量 $\overrightarrow{P_1P}$ 與通過 Q 並與 $\mathbf{d}$ 平行的直線的交點。則 $\mathbf{u}_1 = \overrightarrow{QP_1}$ 有下列性質：

1. $\mathbf{u}_1$ 平行於 $\mathbf{d}$。
2. $\mathbf{u}_2 = \mathbf{u} - \mathbf{u}_1$ 與 $\mathbf{d}$ 垂直。
3. $\mathbf{u} = \mathbf{u}_1 + \mathbf{u}_2$。

定義 4.6

圖 5 中，向量 $\mathbf{u}_1 = \overrightarrow{QP_1}$ 稱為 **$\mathbf{u}$ 在 $\mathbf{d}$ 上的投影** (the projection of u on d)。記做

$$\mathbf{u}_1 = \text{proj}_\mathbf{d}\, \mathbf{u}$$

在圖 5(a) 中，向量 $\mathbf{u}_1 = \text{proj}_\mathbf{d}\, \mathbf{u}$ 的方向與 $\mathbf{d}$ 相同；但是，如果 $\mathbf{u}$ 和 $\mathbf{d}$ 之間的夾角大於 $\frac{\pi}{2}$，則 $\mathbf{u}_1$ 和 $\mathbf{d}$ 的方向相反〔圖 5(b)〕。請注意，投影 $\mathbf{u}_1 = \text{proj}_\mathbf{d}\, \mathbf{u}$ 是零，若且唯若 $\mathbf{u}$ 和 $\mathbf{d}$ 正交。

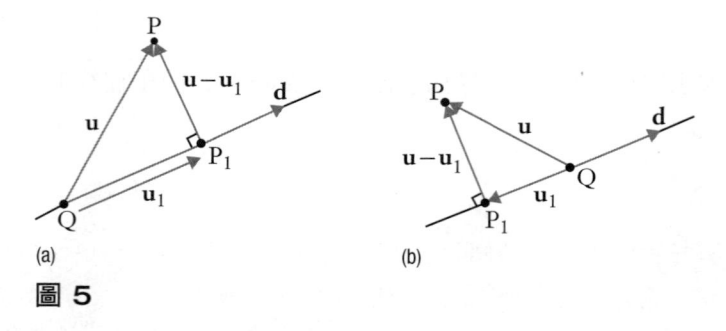

圖 5

計算 $\mathbf{u}$ 在 $\mathbf{d} \neq \mathbf{0}$ 上的投影非常簡單。

定理 4

令 $\mathbf{u}$ 和 $\mathbf{d} \neq \mathbf{0}$ 為向量，則有

1. $\mathbf{u}$ 在 $\mathbf{d}$ 的投影為 $\text{proj}_\mathbf{d}\, \mathbf{u} = \dfrac{\mathbf{u} \cdot \mathbf{d}}{\|\mathbf{d}\|^2} \mathbf{d}$。
2. 向量 $\mathbf{u} - \text{proj}_\mathbf{d}\, \mathbf{u}$ 與 $\mathbf{d}$ 正交。

證明

向量 $\mathbf{u}_1 = \text{proj}_{\mathbf{d}} \mathbf{u}$ 平行於 $\mathbf{d}$，所以可寫成 $\mathbf{u}_1 = t\mathbf{d}$，$t$ 為純量。$\mathbf{u} - \mathbf{u}_1$ 和 $\mathbf{d}$ 正交可決定 t。事實上，由定理 3 此即表示 $(\mathbf{u} - \mathbf{u}_1) \cdot \mathbf{d} = 0$。以 $\mathbf{u}_1 = t\mathbf{d}$ 代入，可得

$$0 = (\mathbf{u} - t\mathbf{d}) \cdot \mathbf{d} = \mathbf{u} \cdot \mathbf{d} - t(\mathbf{d} \cdot \mathbf{d}) = \mathbf{u} \cdot \mathbf{d} - t\|\mathbf{d}\|^2$$

隨即可知 $t = \dfrac{\mathbf{u} \cdot \mathbf{d}}{\|\mathbf{d}\|^2}$，由假設 $\mathbf{d} \neq \mathbf{0}$ 可保證 $\|\mathbf{d}\|^2 \neq 0$。

例 7

求 $\mathbf{u} = \begin{bmatrix} 2 \\ -3 \\ 1 \end{bmatrix}$ 在 $\mathbf{d} = \begin{bmatrix} 1 \\ -1 \\ 3 \end{bmatrix}$ 上的投影，並將 $\mathbf{u}$ 以 $\mathbf{u} = \mathbf{u}_1 + \mathbf{u}_2$ 表示，其中 $\mathbf{u}_1$ 與 $\mathbf{d}$ 平行而 $\mathbf{u}_2$ 與 $\mathbf{d}$ 正交。

解：$\mathbf{u}$ 在 $\mathbf{d}$ 的投影 $\mathbf{u}_1$ 為

$$\mathbf{u}_1 = \text{proj}_{\mathbf{d}} \mathbf{u} = \frac{\mathbf{u} \cdot \mathbf{d}}{\|\mathbf{d}\|^2} \mathbf{d} = \frac{2+3+3}{1^2 + (-1)^2 + 3^2} \begin{bmatrix} 1 \\ -1 \\ 3 \end{bmatrix} = \frac{8}{11} \begin{bmatrix} 1 \\ -1 \\ 3 \end{bmatrix}$$

因此 $\mathbf{u}_2 = \mathbf{u} - \mathbf{u}_1 = \dfrac{1}{11}\begin{bmatrix} 14 \\ -25 \\ -13 \end{bmatrix}$，由定理 4 知 $\mathbf{u}_2$ 與 $\mathbf{d}$ 正交（可驗證 $\mathbf{d} \cdot \mathbf{u}_2 = 0$），並且滿足 $\mathbf{u} = \mathbf{u}_1 + \mathbf{u}_2$。

例 8

求點 $P(1, 3, -2)$ 到直線的最短距離，此直線通過 $P_0(2, 0, -1)$ 且方向向量為 $\mathbf{d} = \begin{bmatrix} 1 \\ -1 \\ 0 \end{bmatrix}$（如圖）。並求直線上與 P 最接近的點 Q。

解：令 $\mathbf{u} = \begin{bmatrix} 1 \\ 3 \\ -2 \end{bmatrix} - \begin{bmatrix} 2 \\ 0 \\ -1 \end{bmatrix} = \begin{bmatrix} -1 \\ 3 \\ -1 \end{bmatrix}$ 表示從 P_0 到 P 的向量，並且令 $\mathbf{u}_1$ 表示 $\mathbf{u}$ 在 $\mathbf{d}$ 的投影。由定理 4 可知

$$\mathbf{u}_1 = \frac{\mathbf{u} \cdot \mathbf{d}}{\|\mathbf{d}\|^2} \mathbf{d} = \frac{-1 - 3 + 0}{1^2 + (-1)^2 + 0^2} \mathbf{d} = -2\mathbf{d} = \begin{bmatrix} -2 \\ 2 \\ 0 \end{bmatrix}$$

我們觀察到線上的點 Q 最接近 P，而距離是

$$\|\overrightarrow{QP}\| = \|\mathbf{u} - \mathbf{u}_1\| = \left\| \begin{bmatrix} 1 \\ 1 \\ -1 \end{bmatrix} \right\| = \sqrt{3}$$

欲求 Q 的座標，令 $\mathbf{p}_0$ 和 $\mathbf{q}$ 分別表示 P_0 和 Q 的向量。則 $\mathbf{p}_0 = \begin{bmatrix} 2 \\ 0 \\ -1 \end{bmatrix}$ 且 $\mathbf{q} = \mathbf{p}_0 + \mathbf{u}_1 = \begin{bmatrix} 0 \\ 2 \\ -1 \end{bmatrix}$。因此 $Q(0, 2, -1)$ 為所求的點。可以檢查從 Q 到 P 的距離是 $\sqrt{3}$。

平面

由幾何圖形可知，與一所予直線垂直的所有平面中，恰有一個平面包含一已知點。此一事實可用來簡單描述一個平面。為此，有必要介紹以下概念：

定義 4.7

一個非零向量 $\mathbf{n}$ 若與平面上的每個向量正交，則稱 $\mathbf{n}$ 為平面的**法向量 (normal)**。

例如，座標向量 $\mathbf{k}$ 是 xy 平面的法向量。

已知一點 $P_0 = P_0(x_0, y_0, z_0)$ 和一個非零向量 $\mathbf{n}$，有唯一的平面通過 P_0 且法向量為 $\mathbf{n}$，如圖 6 的陰影部分。一個點 $P = P(x, y, z)$ 位於此平面若且唯若向量 $\overrightarrow{P_0P}$ 與 $\mathbf{n}$ 正交。亦即，若且唯若 $\mathbf{n} \cdot \overrightarrow{P_0P} = 0$。因為 $\overrightarrow{P_0P} = \begin{bmatrix} x - x_0 \\ y - y_0 \\ z - z_0 \end{bmatrix}$，

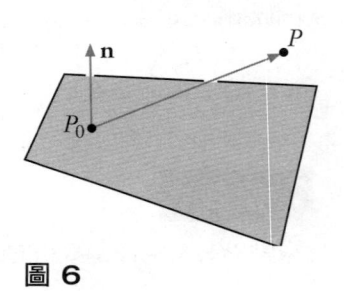

圖 6

所以有下列結果：

平面的純量方程式 (Scalar Equation of a Plane)

通過 $P_0(x_0, y_0, z_0)$ 而法向量為 $\mathbf{n} = \begin{bmatrix} a \\ b \\ c \end{bmatrix} \neq \mathbf{0}$ 的平面為

$$a(x - x_0) + b(y - y_0) + c(z - z_0) = 0$$

換言之，點 $P(x, y, z)$ 在此平面上若且唯若 x、y、z 滿足此方程式。

例 9

求通過點 $P_0(1, -1, 3)$，法向量為 $\mathbf{n} = \begin{bmatrix} 3 \\ -1 \\ 2 \end{bmatrix}$ 的平面方程式。

解：所求的平面方程式為
$$3(x-1) - (y+1) + 2(z-3) = 0$$
可化簡為 $3x - y + 2z = 10$。

若令 $d = ax_0 + by_0 + cz_0$，則以 $\mathbf{n} = \begin{bmatrix} a \\ b \\ c \end{bmatrix}$ 為法向量的平面具有如下形式的線性方程式

$$ax + by + cz = d \qquad (*)$$

其中 d 為常數。反之，此方程式的圖形是一平面，其法向量為 $\mathbf{n} = \begin{bmatrix} a \\ b \\ c \end{bmatrix}$（假設 a、b、c 不全為零）。

例 10

求通過 $P_0(3, -1, 2)$ 且與平面 $2x - 3y = 6$ 平行的平面方程式。

解：平面方程式 $2x - 3y = 6$ 具有法向量 $\mathbf{n} = \begin{bmatrix} 2 \\ -3 \\ 0 \end{bmatrix}$。因為兩個平面平行，所以所求的平面其法向量為 $\mathbf{n}$，由 $(*)$ 式可知欲求的平面為 $2x - 3y = d$，d 為常數。而 $P_0(3, -1, 2)$ 位於平面上，故 $d = 2 \cdot 3 - 3(-1) = 9$。因此平面方程式 $2x - 3y = 9$ 為所求。

考慮點 $P_0(x_0, y_0, z_0)$ 和 $P(x, y, z)$ 其向量為 $\mathbf{p}_0 = \begin{bmatrix} x_0 \\ y_0 \\ z_0 \end{bmatrix}$ 和 $\mathbf{p} = \begin{bmatrix} x \\ y \\ z \end{bmatrix}$。給予一個非零向量 $\mathbf{n}$，通過 $P_0(x_0, y_0, z_0)$ 且法向量為 $\mathbf{n} = \begin{bmatrix} a \\ b \\ c \end{bmatrix}$ 的平面具有如下的向量形式：

平面的向量方程式 (Vector Equation of a Plane)

法向量為 $\mathbf{n} \neq \mathbf{0}$ 且通過點 P_0（其向量為 $\mathbf{p}_0$）的平面為
$$\mathbf{n} \cdot (\mathbf{p} - \mathbf{p}_0) = 0$$
換言之，點 $P(x, y, z)$（其向量為 $\mathbf{p}$）在此平面上若且唯若向量 $\mathbf{p}$ 滿足此條件。

此外，(∗) 式可換個說法如下：

法向量為 $\mathbf{n}$ 的每一個平面其向量方程式為 $\mathbf{n} \cdot \mathbf{p} = d$，其中 d 為常數。

這在例 11 的第二個解法中會用到。

● 例 11

求點 $P(2, 1, -3)$ 到平面 $3x - y + 4z = 1$ 的最短距離。並求平面上最接近 P 的點 Q。

解 1：平面的法向量為 $\mathbf{n} = \begin{bmatrix} 3 \\ -1 \\ 4 \end{bmatrix}$。選擇平面上任一點 $P_0(0, -1, 0)$ 且令 $Q(x, y, z)$ 為平面上最接近 P 的點（見圖）。由 P_0 到 P 的向量為 $\mathbf{u} = \begin{bmatrix} 2 \\ 2 \\ -3 \end{bmatrix}$。以 P_0 為起點的法向量 $\mathbf{n}$ 直立於平面上。因此 $\overrightarrow{QP} = \mathbf{u}_1$ 且 $\mathbf{u}_1$ 是 $\mathbf{u}$ 在 $\mathbf{n}$ 的投影：

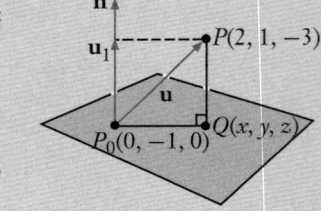

$$\mathbf{u}_1 = \frac{\mathbf{n} \cdot \mathbf{u}}{\|\mathbf{n}\|^2} \mathbf{n} = \frac{-8}{26} \begin{bmatrix} 3 \\ -1 \\ 4 \end{bmatrix} = \frac{-4}{13} \begin{bmatrix} 3 \\ -1 \\ 4 \end{bmatrix}$$

因此距離為 $\|\overrightarrow{QP}\| = \|\mathbf{u}_1\| = \frac{4\sqrt{26}}{13}$。欲求點 Q，令 $\mathbf{q} = \begin{bmatrix} x \\ y \\ z \end{bmatrix}$，$\mathbf{p}_0 = \begin{bmatrix} 0 \\ -1 \\ 0 \end{bmatrix}$ 為 Q 和 P_0 的向量，則

$$\mathbf{q} = \mathbf{p}_0 + \mathbf{u} - \mathbf{u}_1 = \begin{bmatrix} 0 \\ -1 \\ 0 \end{bmatrix} + \begin{bmatrix} 2 \\ 2 \\ -3 \end{bmatrix} - \frac{4}{13} \begin{bmatrix} 3 \\ -1 \\ 4 \end{bmatrix} = \begin{bmatrix} \frac{38}{13} \\ \frac{9}{13} \\ \frac{-23}{13} \end{bmatrix}$$

Q 的座標為 $Q(\frac{38}{13}, \frac{9}{13}, \frac{-23}{13})$。

解 2：令 $\mathbf{q} = \begin{bmatrix} x \\ y \\ z \end{bmatrix}$ 和 $\mathbf{p} = \begin{bmatrix} 2 \\ 1 \\ -3 \end{bmatrix}$ 為 Q 和 P 的向量。則 Q 位於通過點 P 且方向向量為 $\mathbf{n}$ 的直線上，故 $\mathbf{q} = \mathbf{p} + t\mathbf{n}$，$t$ 為純量。此外，Q 位於平面上，故 $\mathbf{n} \cdot \mathbf{q} = 1$，可由此決定 t：

$$1 = \mathbf{n} \cdot \mathbf{q} = \mathbf{n} \cdot (\mathbf{p} + t\mathbf{n}) = \mathbf{n} \cdot \mathbf{p} + t\|\mathbf{n}\|^2 = -7 + t(26)$$

求得 $t = \frac{8}{26} = \frac{4}{13}$，所以

$$\begin{bmatrix} x \\ y \\ z \end{bmatrix} = \mathbf{q} = \mathbf{p} + t\mathbf{n} = \begin{bmatrix} 2 \\ 1 \\ -3 \end{bmatrix} + \frac{4}{13} \begin{bmatrix} 3 \\ -1 \\ 4 \end{bmatrix} = \frac{1}{13} \begin{bmatrix} 38 \\ 9 \\ -23 \end{bmatrix}$$

此結果與解 1 相同。Q 點（如圖）可由此確定，讀者可以驗證所求的距離為 $\|\overrightarrow{QP}\| = \frac{4}{13}\sqrt{26}$，此結果亦與解 1 相同。

外積

若 P、Q、R 為 $\mathbb{R}^3$ 中不共線的三個相異點，顯然存在唯一的平面包含此三點。向量 $\overrightarrow{PQ}$ 和 $\overrightarrow{PR}$ 均位於此平面上，所以要找出法向量就等於是找出與 $\overrightarrow{PQ}$ 和 $\overrightarrow{PR}$ 均正交的非零向量。外積為此提供了一種有系統的方法。

定義 4.8

兩向量 $\mathbf{v}_1 = \begin{bmatrix} x_1 \\ y_1 \\ z_1 \end{bmatrix}$ 和 $\mathbf{v}_2 = \begin{bmatrix} x_2 \\ y_2 \\ z_2 \end{bmatrix}$ 的**外積 (cross product)** $\mathbf{v}_1 \times \mathbf{v}_2$ 定義為

$$\mathbf{v}_1 \times \mathbf{v}_2 = \begin{bmatrix} y_1 z_2 - z_1 y_2 \\ -(x_1 z_2 - z_1 x_2) \\ x_1 y_2 - y_1 x_2 \end{bmatrix}$$

〔因為它是一個向量，$\mathbf{v}_1 \times \mathbf{v}_2$ 通常稱為**向量積 (vector product)**。〕有一個簡便的方法來記住此定義，就是使用**座標向量 (coordinate vectors)**：

$$\mathbf{i} = \begin{bmatrix} 1 \\ 0 \\ 0 \end{bmatrix}, \mathbf{j} = \begin{bmatrix} 0 \\ 1 \\ 0 \end{bmatrix}, \mathbf{k} = \begin{bmatrix} 0 \\ 0 \\ 1 \end{bmatrix}$$

它們是長度為 1 的向量，其方向分別指向正的 x、y 和 z 軸，如圖 7 所示。取名為座標向量的原因是任何向量可以寫成

$$\begin{bmatrix} x \\ y \\ z \end{bmatrix} = x\mathbf{i} + y\mathbf{j} + z\mathbf{k}$$

圖 7

以此，外積可以描述如下：

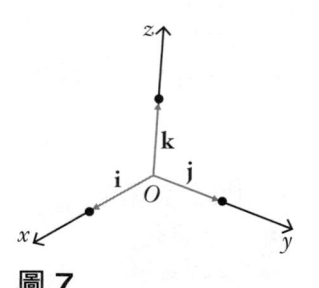

外積的行列式形式 (Determinant Form of the Cross Product)

若 $\mathbf{v}_1 = \begin{bmatrix} x_1 \\ y_1 \\ z_1 \end{bmatrix}$，$\mathbf{v}_2 = \begin{bmatrix} x_2 \\ y_2 \\ z_2 \end{bmatrix}$ 為兩向量，則

$$\mathbf{v}_1 \times \mathbf{v}_2 = \det \begin{bmatrix} \mathbf{i} & x_1 & x_2 \\ \mathbf{j} & y_1 & y_2 \\ \mathbf{k} & z_1 & z_2 \end{bmatrix} = \begin{vmatrix} y_1 & y_2 \\ z_1 & z_2 \end{vmatrix} \mathbf{i} - \begin{vmatrix} x_1 & x_2 \\ z_1 & z_2 \end{vmatrix} \mathbf{j} + \begin{vmatrix} x_1 & x_2 \\ y_1 & y_2 \end{vmatrix} \mathbf{k}$$

其中行列式是沿第一行展開。

例 12

若 $\mathbf{v} = \begin{bmatrix} 2 \\ -1 \\ 4 \end{bmatrix}$, $\mathbf{w} = \begin{bmatrix} 1 \\ 3 \\ 7 \end{bmatrix}$, 則

$$\mathbf{v} \times \mathbf{w} = \det \begin{bmatrix} \mathbf{i} & 2 & 1 \\ \mathbf{j} & -1 & 3 \\ \mathbf{k} & 4 & 7 \end{bmatrix} = \begin{vmatrix} -1 & 3 \\ 4 & 7 \end{vmatrix} \mathbf{i} - \begin{vmatrix} 2 & 1 \\ 4 & 7 \end{vmatrix} \mathbf{j} + \begin{vmatrix} 2 & 1 \\ -1 & 3 \end{vmatrix} \mathbf{k}$$
$$= -19\mathbf{i} - 10\mathbf{j} + 7\mathbf{k}$$
$$= \begin{bmatrix} -19 \\ -10 \\ 7 \end{bmatrix}$$

觀察例 12 可知 $\mathbf{v} \times \mathbf{w}$ 與 $\mathbf{v}$ 和 $\mathbf{w}$ 皆正交。一般來說這是成立的，我們可由計算 $\mathbf{v} \cdot (\mathbf{v} \times \mathbf{w})$ 和 $\mathbf{w} \cdot (\mathbf{v} \times \mathbf{w})$ 獲得驗證，並記錄為以下定理的第一部分。較廣義的結果與第二部分，將在第 4.3 節中證明，該節有外積的更詳細研究。

定理 5

令 $\mathbf{v}$、$\mathbf{w}$ 為 $\mathbb{R}^3$ 中的向量。
1. $\mathbf{v} \times \mathbf{w}$ 為與 $\mathbf{v}$ 和 $\mathbf{w}$ 皆正交的向量。
2. 若 $\mathbf{v}$ 和 $\mathbf{w}$ 不為零，則 $\mathbf{v} \times \mathbf{w} = \mathbf{0}$ 若且唯若 $\mathbf{v}$ 和 $\mathbf{w}$ 平行。

將定理 5(2) 與定理 3 的敘述：

$$\mathbf{v} \cdot \mathbf{w} = 0 \quad \text{若且唯若 } \mathbf{v} \text{ 和 } \mathbf{w} \text{ 正交}$$

做對照是有趣的。

例 13

求通過點 $P(1, 3, -2)$、$Q(1, 1, 5)$ 和 $R(2, -2, 3)$ 的平面方程式。

解：向量 $\overrightarrow{PQ} = \begin{bmatrix} 0 \\ -2 \\ 7 \end{bmatrix}$ 和 $\overrightarrow{PR} = \begin{bmatrix} 1 \\ -5 \\ 5 \end{bmatrix}$ 在同一平面，所以

$$\overrightarrow{PQ} \times \overrightarrow{PR} = \det \begin{bmatrix} \mathbf{i} & 0 & 1 \\ \mathbf{j} & -2 & -5 \\ \mathbf{k} & 7 & 5 \end{bmatrix} = 25\mathbf{i} + 7\mathbf{j} + 2\mathbf{k} = \begin{bmatrix} 25 \\ 7 \\ 2 \end{bmatrix}$$

為平面的法向量（與 $\overrightarrow{PQ}$ 和 $\overrightarrow{PR}$ 皆正交）。因此平面方程式為

$$25x + 7y + 2z = d，d 為常數$$

因為 $P(1, 3, -2)$ 在平面上，我們有 $25 \cdot 1 + 7 \cdot 3 + 2(-2) = d$。因此 $d = 42$，而方程式為 $25x + 7y + 2z = 42$。順便一提，若以 $\overrightarrow{QP}$ 和 $\overrightarrow{QR}$ 或 $\overrightarrow{RP}$ 和 $\overrightarrow{RQ}$ 作為位於平面上的向量均可得到相同的方程式（請驗證）。

例 14

求不平行的兩條直線

$$\begin{bmatrix} x \\ y \\ z \end{bmatrix} = \begin{bmatrix} 1 \\ 0 \\ -1 \end{bmatrix} + t \begin{bmatrix} 2 \\ 0 \\ 1 \end{bmatrix} \quad \text{和} \quad \begin{bmatrix} x \\ y \\ z \end{bmatrix} = \begin{bmatrix} 3 \\ 1 \\ 0 \end{bmatrix} + s \begin{bmatrix} 1 \\ 1 \\ -1 \end{bmatrix}$$

之間的最短距離，並且在兩直線上找出最靠近的 A、B 兩點。

解：這兩條線的方向向量為 $\mathbf{d}_1 = \begin{bmatrix} 2 \\ 0 \\ 1 \end{bmatrix}$ 和 $\mathbf{d}_2 = \begin{bmatrix} 1 \\ 1 \\ -1 \end{bmatrix}$，故

$$\mathbf{n} = \mathbf{d}_1 \times \mathbf{d}_2 = \det \begin{bmatrix} \mathbf{i} & 2 & 1 \\ \mathbf{j} & 0 & 1 \\ \mathbf{k} & 1 & -1 \end{bmatrix} = \begin{bmatrix} -1 \\ 3 \\ 2 \end{bmatrix}$$

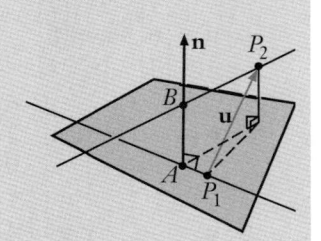

與兩線垂直。考慮圖中陰影部分的平面，該平面的法向量為 $\mathbf{n}$ 且包含第一條直線。此平面包含 $P_1(1, 0, -1)$ 且平行於第二條直線。因為 $P_2(3, 1, 0)$ 在第二條直線上，欲求的距離只是 $P_2(3, 1, 0)$ 與平面的最短距離。由 P_1 到 P_2 的向量 $\mathbf{u} = \overrightarrow{P_1 P_2} = \begin{bmatrix} 2 \\ 1 \\ 1 \end{bmatrix}$，如例 11，此距離是 $\mathbf{u}$ 在 $\mathbf{n}$ 的投影之長度。

$$\text{距離} = \left\| \frac{\mathbf{u} \cdot \mathbf{n}}{\|\mathbf{n}\|^2} \mathbf{n} \right\| = \frac{|\mathbf{u} \cdot \mathbf{n}|}{\|\mathbf{n}\|} = \frac{3}{\sqrt{14}} = \frac{3\sqrt{14}}{14}$$

請注意 $\mathbf{n} = \mathbf{d}_1 \times \mathbf{d}_2$ 必須不為零。稍後會證明（第 4.3 節定理 4），只要 $\mathbf{d}_1$ 和 $\mathbf{d}_2$ 不平行就保證 $\mathbf{n} = \mathbf{d}_1 \times \mathbf{d}_2$ 不為零。

點 A、B 的座標為 $A(1 + 2t, 0, t - 1)$、$B(3 + s, 1 + s, -s)$，其中 s、t 為參數，故 $\overrightarrow{AB} = \begin{bmatrix} 2 + s - 2t \\ 1 + s \\ 1 - s - t \end{bmatrix}$。此向量與 $\mathbf{d}_1$ 和 $\mathbf{d}_2$ 皆正交，由條件 $\overrightarrow{AB} \cdot \mathbf{d}_1 = 0$ 和 $\overrightarrow{AB} \cdot \mathbf{d}_2 = 0$，可得方程式 $5t - s = 5$ 和 $t - 3s = 2$，解得 $s = \frac{-5}{14}$，$t = \frac{13}{14}$，故兩點為 $A\left(\frac{40}{14}, 0, \frac{-1}{14}\right)$，$B\left(\frac{37}{14}, \frac{9}{14}, \frac{5}{14}\right)$。如前述 $\|\overrightarrow{AB}\| = \frac{3\sqrt{14}}{14}$。

習題 4.2

1. 計算 $\mathbf{u} \cdot \mathbf{v}$，其中：

(a) $\mathbf{u} = \begin{bmatrix} 2 \\ -1 \\ 3 \end{bmatrix}$，$\mathbf{v} = \begin{bmatrix} -1 \\ 1 \\ 1 \end{bmatrix}$

◆(b) $\mathbf{u} = \begin{bmatrix} 1 \\ 2 \\ -1 \end{bmatrix}$，$\mathbf{v} = \mathbf{u}$

(c) $\mathbf{u} = \begin{bmatrix} 1 \\ 1 \\ -3 \end{bmatrix}$，$\mathbf{v} = \begin{bmatrix} 2 \\ -1 \\ 1 \end{bmatrix}$

◆(d) $\mathbf{u} = \begin{bmatrix} 3 \\ -1 \\ 5 \end{bmatrix}$，$\mathbf{v} = \begin{bmatrix} 6 \\ -7 \\ -5 \end{bmatrix}$

(e) $\mathbf{u} = \begin{bmatrix} x \\ y \\ z \end{bmatrix}$, $\mathbf{v} = \begin{bmatrix} a \\ b \\ c \end{bmatrix}$

◆(f) $\mathbf{u} = \begin{bmatrix} a \\ b \\ c \end{bmatrix}$, $\mathbf{v} = \mathbf{0}$

2. 求下列向量之間的夾角。

(a) $\mathbf{u} = \begin{bmatrix} 1 \\ 0 \\ 3 \end{bmatrix}$, $\mathbf{v} = \begin{bmatrix} 2 \\ 0 \\ 1 \end{bmatrix}$

◆(b) $\mathbf{u} = \begin{bmatrix} 3 \\ -1 \\ 0 \end{bmatrix}$, $\mathbf{v} = \begin{bmatrix} -6 \\ 2 \\ 0 \end{bmatrix}$

(c) $\mathbf{u} = \begin{bmatrix} 7 \\ -1 \\ 3 \end{bmatrix}$, $\mathbf{v} = \begin{bmatrix} 1 \\ 4 \\ -1 \end{bmatrix}$

◆(d) $\mathbf{u} = \begin{bmatrix} 2 \\ 1 \\ -1 \end{bmatrix}$, $\mathbf{v} = \begin{bmatrix} 3 \\ 6 \\ 3 \end{bmatrix}$

(e) $\mathbf{u} = \begin{bmatrix} 1 \\ -1 \\ 0 \end{bmatrix}$, $\mathbf{v} = \begin{bmatrix} 0 \\ 1 \\ 1 \end{bmatrix}$

◆(f) $\mathbf{u} = \begin{bmatrix} 0 \\ 3 \\ 4 \end{bmatrix}$, $\mathbf{v} = \begin{bmatrix} 5\sqrt{2} \\ -7 \\ -1 \end{bmatrix}$

3. 求出所有的實數 x，使得：

(a) $\begin{bmatrix} 2 \\ -1 \\ 3 \end{bmatrix}$ 和 $\begin{bmatrix} x \\ -2 \\ 1 \end{bmatrix}$ 正交。

◆(b) $\begin{bmatrix} 2 \\ -1 \\ 1 \end{bmatrix}$ 和 $\begin{bmatrix} 1 \\ x \\ 2 \end{bmatrix}$ 的夾角為 $\frac{\pi}{3}$。

4. 求所有與下列二向量均正交的向量

$\mathbf{v} = \begin{bmatrix} x \\ y \\ z \end{bmatrix}$：

(a) $\mathbf{u}_1 = \begin{bmatrix} -1 \\ -3 \\ 2 \end{bmatrix}$, $\mathbf{u}_2 = \begin{bmatrix} 0 \\ 1 \\ 1 \end{bmatrix}$

◆(b) $\mathbf{u}_1 = \begin{bmatrix} 3 \\ -1 \\ 2 \end{bmatrix}$, $\mathbf{u}_2 = \begin{bmatrix} 2 \\ 0 \\ 1 \end{bmatrix}$

(c) $\mathbf{u}_1 = \begin{bmatrix} 2 \\ 0 \\ -1 \end{bmatrix}$, $\mathbf{u}_2 = \begin{bmatrix} -4 \\ 0 \\ 2 \end{bmatrix}$

◆(d) $\mathbf{u}_1 = \begin{bmatrix} 2 \\ -1 \\ 3 \end{bmatrix}$, $\mathbf{u}_2 = \begin{bmatrix} 0 \\ 0 \\ 0 \end{bmatrix}$

5. 求兩個同時正交於 $\mathbf{v} = \begin{bmatrix} 1 \\ 2 \\ 0 \end{bmatrix}$ 的正交向量。

6. 考慮頂點為 $P(2, 0, -3)$、$Q(5, -2, 1)$、$R(7, 5, 3)$ 的三角形。
   (a) 證明它是直角三角形。
   ◆(b) 求三邊的長度並驗證畢氏定理。

7. 證明頂點為 $A(4, -7, 9)$、$B(6, 4, 4)$、$C(7, 10, -6)$ 的三角形不是直角三角形。

8. 求三角形的三內角，而三角形的頂點如下：
   (a) $A(3, 1, -2)$，$B(3, 0, -1)$，$C(5, 2, -1)$
   ◆(b) $A(3, 1, -2)$，$B(5, 2, -1)$，$C(4, 3, -3)$

9. 證明通過 $P_0(3, 1, 4)$ 和 $P_1(2, 1, 3)$ 的直線與通過 $P_2(1, -1, 2)$ 和 $P_3(0, 5, 3)$ 的直線互相垂直。

10. 下列各題中，求 $\mathbf{u}$ 在 $\mathbf{v}$ 的投影。

(a) $\mathbf{u} = \begin{bmatrix} 5 \\ 7 \\ 1 \end{bmatrix}$, $\mathbf{v} = \begin{bmatrix} 2 \\ -1 \\ 3 \end{bmatrix}$

◆(b) $\mathbf{u} = \begin{bmatrix} 3 \\ -2 \\ 1 \end{bmatrix}$, $\mathbf{v} = \begin{bmatrix} 4 \\ 1 \\ 1 \end{bmatrix}$

(c) $\mathbf{u} = \begin{bmatrix} 1 \\ -1 \\ 2 \end{bmatrix}$, $\mathbf{v} = \begin{bmatrix} 3 \\ -1 \\ 1 \end{bmatrix}$

◆(d) $\mathbf{u} = \begin{bmatrix} 3 \\ -2 \\ -1 \end{bmatrix}$, $\mathbf{v} = \begin{bmatrix} -6 \\ 4 \\ 2 \end{bmatrix}$

11. 下列各題中，求 $\mathbf{u} = \mathbf{u}_1 + \mathbf{u}_2$，其中 $\mathbf{u}_1$ 平行於 $\mathbf{v}$ 而 $\mathbf{u}_2$ 正交於 $\mathbf{v}$。

(a) $\mathbf{u} = \begin{bmatrix} 2 \\ -1 \\ 1 \end{bmatrix}$, $\mathbf{v} = \begin{bmatrix} 1 \\ -1 \\ 3 \end{bmatrix}$

◆(b) $\mathbf{u} = \begin{bmatrix} 3 \\ 1 \\ 0 \end{bmatrix}$, $\mathbf{v} = \begin{bmatrix} -2 \\ 1 \\ 4 \end{bmatrix}$

(c) $\mathbf{u} = \begin{bmatrix} 2 \\ -1 \\ 0 \end{bmatrix}$, $\mathbf{v} = \begin{bmatrix} 3 \\ 1 \\ -1 \end{bmatrix}$

◆(d) $\mathbf{u} = \begin{bmatrix} 3 \\ -2 \\ 1 \end{bmatrix}$, $\mathbf{v} = \begin{bmatrix} -6 \\ 4 \\ -1 \end{bmatrix}$

12. 求點 P 至直線的距離，並求直線上與 P 最近的點 Q。

(a) $P(3, 2, -1)$，直線：$\begin{bmatrix} x \\ y \\ z \end{bmatrix} = \begin{bmatrix} 2 \\ 1 \\ 3 \end{bmatrix} + t \begin{bmatrix} 3 \\ -1 \\ -2 \end{bmatrix}$

◆(b) $P(1, -1, 3)$，直線：$\begin{bmatrix} x \\ y \\ z \end{bmatrix} = \begin{bmatrix} 1 \\ 0 \\ -1 \end{bmatrix} + t \begin{bmatrix} 3 \\ 1 \\ 4 \end{bmatrix}$

13. 計算 $\mathbf{u} \times \mathbf{v}$，其中：

(a) $\mathbf{u} = \begin{bmatrix} 1 \\ 2 \\ 3 \end{bmatrix}$, $\mathbf{v} = \begin{bmatrix} 1 \\ 1 \\ 2 \end{bmatrix}$

◆(b) $\mathbf{u} = \begin{bmatrix} 3 \\ -1 \\ 0 \end{bmatrix}$, $\mathbf{v} = \begin{bmatrix} -6 \\ 2 \\ 0 \end{bmatrix}$

(c) $\mathbf{u} = \begin{bmatrix} 3 \\ -2 \\ 1 \end{bmatrix}$, $\mathbf{v} = \begin{bmatrix} 1 \\ 1 \\ -1 \end{bmatrix}$

◆(d) $\mathbf{u} = \begin{bmatrix} 2 \\ 0 \\ -1 \end{bmatrix}$, $\mathbf{v} = \begin{bmatrix} 1 \\ 4 \\ 7 \end{bmatrix}$

14. 求下列平面方程式：

(a) 通過 $A(2, 1, 3)$、$B(3, -1, 5)$ 和 $C(1, 2, -3)$。

◆(b) 通過 $A(1, -1, 6)$、$B(0, 0, 1)$ 和 $C(4, 7, -11)$。

(c) 通過 $P(2, -3, 5)$ 且平行於平面 $3x - 2y - z = 0$。

◆(d) 通過 $P(3, 0, -1)$ 且平行於平面 $2x - y + z = 3$。

(e) 包含點 $P(3, 0, -1)$ 和直線
$\begin{bmatrix} x \\ y \\ z \end{bmatrix} = \begin{bmatrix} 0 \\ 0 \\ 2 \end{bmatrix} + t \begin{bmatrix} 1 \\ 0 \\ 1 \end{bmatrix}$。

◆(f) 包含點 $P(2, 1, 0)$ 和直線
$\begin{bmatrix} x \\ y \\ z \end{bmatrix} = \begin{bmatrix} 3 \\ -1 \\ 2 \end{bmatrix} + t \begin{bmatrix} 1 \\ 0 \\ -1 \end{bmatrix}$。

(g) 包含直線 $\begin{bmatrix} x \\ y \\ z \end{bmatrix} = \begin{bmatrix} 1 \\ -1 \\ 2 \end{bmatrix} + t \begin{bmatrix} 1 \\ 1 \\ 1 \end{bmatrix}$ 和

$\begin{bmatrix} x \\ y \\ z \end{bmatrix} = \begin{bmatrix} 0 \\ 0 \\ 2 \end{bmatrix} + t \begin{bmatrix} 1 \\ -1 \\ 0 \end{bmatrix}$。

◆(h) 包含直線 $\begin{bmatrix} x \\ y \\ z \end{bmatrix} = \begin{bmatrix} 3 \\ 1 \\ 0 \end{bmatrix} + t \begin{bmatrix} 1 \\ -1 \\ 3 \end{bmatrix}$ 和

$\begin{bmatrix} x \\ y \\ z \end{bmatrix} = \begin{bmatrix} 0 \\ -2 \\ 5 \end{bmatrix} + t \begin{bmatrix} 2 \\ 1 \\ -1 \end{bmatrix}$。

(i) 平面上的點與 $P(2, -1, 3)$ 和 $Q(1, 1, -1)$ 等距離。

◆(j) 平面上的點與 $P(0, 1, -1)$ 和 $Q(2, -1, -3)$ 等距離。

15. 下列各題中，求直線的向量方程式。

(a) 通過 $P(3, -1, 4)$ 並且與平面 $3x - 2y - z = 0$ 垂直。

◆(b) 通過 $P(2, -1, 3)$ 並且與平面 $2x + y = 1$ 垂直。

(c) 通過 $P(0, 0, 0)$ 並且垂直於直線
$\begin{bmatrix} x \\ y \\ z \end{bmatrix} = \begin{bmatrix} 1 \\ 1 \\ 0 \end{bmatrix} + t \begin{bmatrix} 2 \\ 0 \\ -1 \end{bmatrix}$ 和

$\begin{bmatrix} x \\ y \\ z \end{bmatrix} = \begin{bmatrix} 2 \\ 1 \\ -3 \end{bmatrix} + t \begin{bmatrix} 1 \\ -1 \\ 5 \end{bmatrix}$。

◆(d) 通過 $P(1, 1, -1)$ 並且垂直於直線
$\begin{bmatrix} x \\ y \\ z \end{bmatrix} = \begin{bmatrix} 2 \\ 0 \\ 1 \end{bmatrix} + t \begin{bmatrix} 1 \\ 1 \\ -2 \end{bmatrix}$ 和

$\begin{bmatrix} x \\ y \\ z \end{bmatrix} = \begin{bmatrix} 5 \\ 5 \\ -2 \end{bmatrix} + t \begin{bmatrix} 1 \\ 2 \\ -3 \end{bmatrix}$。

(e) 通過 $P(2, 1, -1)$，與直線
$$\begin{bmatrix} x \\ y \\ z \end{bmatrix} = \begin{bmatrix} 1 \\ 2 \\ -1 \end{bmatrix} + t \begin{bmatrix} 3 \\ 0 \\ 1 \end{bmatrix}$$ 相交，並且垂直於該直線。

◆(f) 通過 $P(1, 1, 2)$，與直線
$$\begin{bmatrix} x \\ y \\ z \end{bmatrix} = \begin{bmatrix} 2 \\ 1 \\ 0 \end{bmatrix} + t \begin{bmatrix} 1 \\ 1 \\ 1 \end{bmatrix}$$ 相交，並且垂直於該直線。

16. 下列各題中，求點 P 到平面的最短距離並求平面上與 P 距離最近的點 Q。
    (a) $P(2, 3, 0)$；平面方程式 $5x + y + z = 1$。
    ◆(b) $P(3, 1, -1)$；平面方程式 $2x + y - z = 6$。

17. (a) 是否通過 $P(1, 2, -3)$ 且方向向量為
    $$\mathbf{d} = \begin{bmatrix} 1 \\ 2 \\ -3 \end{bmatrix}$$ 的直線位於平面 $2x - y - z = 3$ 上？請說明。
    ◆(b) 是否通過 $P(4, 0, 5)$、$Q(2, 2, 1)$、$R(1, -1, 2)$ 的平面也會通過原點？請說明。

18. 證明包含 $P(1, 2, -1)$ 和 $Q(2, 0, 1)$ 的每一平面也包含 $R(-1, 6, -5)$。

19. 求下列平面的交線方程式。
    (a) $2x - 3y + 2z = 5$ 和 $x + 2y - z = 4$
    ◆(b) $3x + y - 2z = 1$ 和 $x + y + z = 5$

20. 下列各題中，求已知平面與直線
    $$\begin{bmatrix} x \\ y \\ z \end{bmatrix} = \begin{bmatrix} 1 \\ -2 \\ 3 \end{bmatrix} + t \begin{bmatrix} 2 \\ 5 \\ -1 \end{bmatrix}$$ 的所有交點。
    (a) $x - 3y + 2z = 4$
    ◆(b) $2x - y - z = 5$
    (c) $3x - y + z = 8$
    ◆(d) $-x - 4y - 3z = 6$

21. 求所有平面的方程式：
    (a) 垂直於直線 $\begin{bmatrix} x \\ y \\ z \end{bmatrix} = \begin{bmatrix} 2 \\ -1 \\ 3 \end{bmatrix} + t \begin{bmatrix} 2 \\ 1 \\ 3 \end{bmatrix}$
    ◆(b) 垂直於直線 $\begin{bmatrix} x \\ y \\ z \end{bmatrix} = \begin{bmatrix} 1 \\ 0 \\ -1 \end{bmatrix} + t \begin{bmatrix} 3 \\ 0 \\ 2 \end{bmatrix}$
    (c) 包含原點。
    ◆(d) 包含 $P(3, 2, -4)$。
    (e) 包含 $P(1, 1, -1)$ 和 $Q(0, 1, 1)$。
    ◆(f) 包含 $P(2, -1, 1)$ 和 $Q(1, 0, 0)$。
    (g) 包含直線 $\begin{bmatrix} x \\ y \\ z \end{bmatrix} = \begin{bmatrix} 2 \\ 1 \\ 0 \end{bmatrix} + t \begin{bmatrix} 1 \\ -1 \\ 0 \end{bmatrix}$
    ◆(h) 包含直線 $\begin{bmatrix} x \\ y \\ z \end{bmatrix} = \begin{bmatrix} 3 \\ 0 \\ 2 \end{bmatrix} + t \begin{bmatrix} 1 \\ -2 \\ -1 \end{bmatrix}$

22. 若一平面包含兩相異點 P_1 和 P_2，證明此平面包含通過 P_1 和 P_2 的直線的每一點。

23. 求下列平行線之間的最短距離。
    (a) $\begin{bmatrix} x \\ y \\ z \end{bmatrix} = \begin{bmatrix} 2 \\ -1 \\ 3 \end{bmatrix} + t \begin{bmatrix} 1 \\ -1 \\ 4 \end{bmatrix}$；
    $\begin{bmatrix} x \\ y \\ z \end{bmatrix} = \begin{bmatrix} 1 \\ 0 \\ 1 \end{bmatrix} + t \begin{bmatrix} 1 \\ -1 \\ 4 \end{bmatrix}$
    ◆(b) $\begin{bmatrix} x \\ y \\ z \end{bmatrix} = \begin{bmatrix} 3 \\ 0 \\ 2 \end{bmatrix} + t \begin{bmatrix} 3 \\ 1 \\ 0 \end{bmatrix}$；$\begin{bmatrix} x \\ y \\ z \end{bmatrix} = \begin{bmatrix} -1 \\ 2 \\ 2 \end{bmatrix} + t \begin{bmatrix} 3 \\ 1 \\ 0 \end{bmatrix}$

24. 下列各題中，求非平行線之間的最短距離，並求兩直線上最靠近的點。
    (a) $\begin{bmatrix} x \\ y \\ z \end{bmatrix} = \begin{bmatrix} 3 \\ 0 \\ 1 \end{bmatrix} + s \begin{bmatrix} 2 \\ 1 \\ -3 \end{bmatrix}$；$\begin{bmatrix} x \\ y \\ z \end{bmatrix} = \begin{bmatrix} 1 \\ 1 \\ -1 \end{bmatrix} + t \begin{bmatrix} 1 \\ 0 \\ 1 \end{bmatrix}$
    ◆(b) $\begin{bmatrix} x \\ y \\ z \end{bmatrix} = \begin{bmatrix} 1 \\ -1 \\ 0 \end{bmatrix} + s \begin{bmatrix} 1 \\ 1 \\ 1 \end{bmatrix}$；$\begin{bmatrix} x \\ y \\ z \end{bmatrix} = \begin{bmatrix} 2 \\ -1 \\ 3 \end{bmatrix} + t \begin{bmatrix} 3 \\ 1 \\ 0 \end{bmatrix}$
    (c) $\begin{bmatrix} x \\ y \\ z \end{bmatrix} = \begin{bmatrix} 3 \\ 1 \\ -1 \end{bmatrix} + s \begin{bmatrix} 1 \\ 1 \\ -1 \end{bmatrix}$；$\begin{bmatrix} x \\ y \\ z \end{bmatrix} = \begin{bmatrix} 1 \\ 2 \\ 0 \end{bmatrix} + t \begin{bmatrix} 1 \\ 0 \\ 2 \end{bmatrix}$
    ◆(d) $\begin{bmatrix} x \\ y \\ z \end{bmatrix} = \begin{bmatrix} 1 \\ 2 \\ 3 \end{bmatrix} + s \begin{bmatrix} 2 \\ 0 \\ -1 \end{bmatrix}$；$\begin{bmatrix} x \\ y \\ z \end{bmatrix} = \begin{bmatrix} 3 \\ -1 \\ 0 \end{bmatrix} + t \begin{bmatrix} 1 \\ 1 \\ 0 \end{bmatrix}$

25. 證明平面上斜率為 m_1 和 m_2 的兩直線互相垂直若且唯若 $m_1 m_2 = -1$。
【提示：第 4.1 節例 11。】

26. (a) 證明正立方體的四條對角線沒有任何兩條是垂直的。
    ◆(b) 證明每一條對角線垂直於六面的對角線中與其不相交者。

27. 已知邊長為 1、1、$\sqrt{2}$ 的長方體，求對角線與最長邊的夾角。

◆28. 考慮邊長為 a、b、c 的長方體。證明長方體有兩條正交對角線若且唯若 a^2、b^2、c^2 中有兩個的和等於第三者。

29. 令 A、B、$C(2, -1, 1)$ 為三角形的頂點，其中 $\overrightarrow{AB}$ 平行於 $\begin{bmatrix} 1 \\ -1 \\ 1 \end{bmatrix}$，$\overrightarrow{AC}$ 平行於 $\begin{bmatrix} 2 \\ 0 \\ -1 \end{bmatrix}$，且角 $C = 90°$。求通過 B、C 的直線方程式。

30. 若平行四邊形的對角線等長，證明此平行四邊形為長方形。

31. 已知 $\mathbf{v} = \begin{bmatrix} x \\ y \\ z \end{bmatrix}$，證明 $\mathbf{v}$ 在 $\mathbf{i}$、$\mathbf{j}$、$\mathbf{k}$ 的投影分別為 $x\mathbf{i}$、$y\mathbf{j}$、$z\mathbf{k}$。

32. (a) 若 $\|\mathbf{u}\| = 3$，$\|\mathbf{v}\| = 2$，則 $\mathbf{u} \cdot \mathbf{v} = -7$ 會成立嗎？說明你的理由。
    (b) 若 $\mathbf{u} = \begin{bmatrix} 2 \\ -1 \\ 2 \end{bmatrix}$，$\|\mathbf{v}\| = 6$，且 $\mathbf{u}$、$\mathbf{v}$ 的夾角為 $\frac{2\pi}{3}$，求 $\mathbf{u} \cdot \mathbf{v}$。

33. 對任意向量 $\mathbf{u}$ 和 $\mathbf{v}$ 而言，證明
$$(\mathbf{u} + \mathbf{v}) \cdot (\mathbf{u} - \mathbf{v}) = \|\mathbf{u}\|^2 - \|\mathbf{v}\|^2.$$

34. (a) 對任意向量 $\mathbf{u}$ 和 $\mathbf{v}$ 而言，證明
$$\|\mathbf{u} + \mathbf{v}\|^2 + \|\mathbf{u} - \mathbf{v}\|^2 = 2(\|\mathbf{u}\|^2 + \|\mathbf{v}\|^2)$$
    ◆(b) 這與平行四邊形有何關係？

35. 證明對角線互相垂直的平行四邊形必為菱形。【提示：參閱例 5。】

36. 設 A、B 為一圓的直徑之端點（見圖）。若 C 為圓上任一點，證明 AC 與 BC 互相垂直。【提示：將 $\overrightarrow{AC}$ 與 $\overrightarrow{BC}$ 以 $\mathbf{u} = \overrightarrow{OA}$ 與 $\mathbf{v} = \overrightarrow{OC}$ 表示，其中 O 為圓心。】

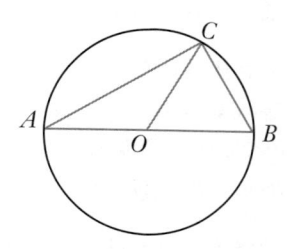

37. 證明 $\mathbf{u}$ 與 $\mathbf{v}$ 正交，若且唯若
$$\|\mathbf{u} + \mathbf{v}\|^2 = \|\mathbf{u}\|^2 + \|\mathbf{v}\|^2$$

38. 令 $\mathbf{u}$、$\mathbf{v}$、$\mathbf{w}$ 為成對正交向量。
    (a) 證明
$$\|\mathbf{u} + \mathbf{v} + \mathbf{w}\|^2 = \|\mathbf{u}\|^2 + \|\mathbf{v}\|^2 + \|\mathbf{w}\|^2$$
    ◆(b) 若 $\mathbf{u}$、$\mathbf{v}$、$\mathbf{w}$ 均等長，證明它們與 $\mathbf{u} + \mathbf{v} + \mathbf{w}$ 的夾角均相等。

39. (a) 證明 $\mathbf{n} = \begin{bmatrix} a \\ b \end{bmatrix}$ 與沿著直線 $ax + by + c = 0$ 上的每一個向量正交。
    ◆(b) 證明點 $P_0(x_0, y_0)$ 至直線 $ax + by + c = 0$ 的最短距離為
$$\frac{|ax_0 + by_0 + c|}{\sqrt{a^2 + b^2}}$$
【提示：若 P_1 在直線上，將 $\mathbf{u} = \overrightarrow{P_1 P_0}$ 投影至 $\mathbf{n}$。】

40. 假設 $\mathbf{u}$、$\mathbf{v}$ 為不平行的非零向量。證明

$\mathbf{w} = \|\mathbf{u}\|\mathbf{v} + \|\mathbf{v}\|\mathbf{u}$ 是平分 $\mathbf{u}$ 與 $\mathbf{v}$ 之夾角的非零向量。

41. 令 α、β、γ 分別為向量 $\mathbf{v} \neq \mathbf{0}$ 與正 x、y、z 軸的夾角，則 $\cos \alpha$、$\cos \beta$、$\cos \gamma$ 稱為向量 $\mathbf{v}$ 的**方向餘弦 (direction cosines)**。

    (a) 若 $\mathbf{v} = \begin{bmatrix} a \\ b \\ c \end{bmatrix}$，證明 $\cos \alpha = \dfrac{a}{\|\mathbf{v}\|}$，$\cos \beta = \dfrac{b}{\|\mathbf{v}\|}$，$\cos \gamma = \dfrac{c}{\|\mathbf{v}\|}$。

    ◆(b) 證明 $\cos^2 \alpha + \cos^2 \beta + \cos^2 \gamma = 1$。

42. 設 $\mathbf{v} \neq \mathbf{0}$ 為任意非零向量，且設向量 $\mathbf{u}$ 可寫成 $\mathbf{u} = \mathbf{p} + \mathbf{q}$，其中 $\mathbf{p}$ 平行於 $\mathbf{v}$，$\mathbf{q}$ 正交於 $\mathbf{v}$。證明 $\mathbf{p}$ 為 $\mathbf{u}$ 在 $\mathbf{v}$ 的投影。【提示：如定理 4 的證明。】

43. 設向量 $\mathbf{v} \neq \mathbf{0}$，且純量 $a \neq 0$。若 $\mathbf{u}$ 為任意向量，證明 $\mathbf{u}$ 在 $\mathbf{v}$ 的投影等於 $\mathbf{u}$ 在 $a\mathbf{v}$ 的投影。

44. (a) $\mathbf{u}$、$\mathbf{v}$ 為向量，證明**柯西-舒瓦茲不等式 (Cauchy-Schwarz inequality)**

    $$|\mathbf{u} \cdot \mathbf{v}| \leq \|\mathbf{u}\|\|\mathbf{v}\|$$

    成立。【提示：對任意角度 θ 而言，$|\cos \theta| \leq 1$ 恆成立。】

    (b) 證明 $|\mathbf{u} \cdot \mathbf{v}| = \|\mathbf{u}\|\|\mathbf{v}\|$ 若且唯若 $\mathbf{u}$、$\mathbf{v}$ 平行。【提示：何時 $\cos \theta = \pm 1$？】

    (c) 證明對所有 x_1、x_2、y_1、y_2、z_1、z_2 而言，

    $$|x_1 x_2 + y_1 y_2 + z_1 z_2| \leq \sqrt{x_1^2 + y_1^2 + z_1^2} \sqrt{x_2^2 + y_2^2 + z_2^2}$$

    恆成立。

    ◆(d) 證明對所有 x、y、z 而言，$|xy + yz + zx| \leq x^2 + y^2 + z^2$ 恆成立。

    (e) 證明對所有 x、y、z 而言，$(x + y + z)^2 \leq 3(x^2 + y^2 + z^2)$ 恆成立。

45. 證明對所有向量 $\mathbf{u}$、$\mathbf{v}$ 而言，**三角不等式 (triangle inequality)**

    $$\|\mathbf{u} \cdot \mathbf{v}\| \leq \|\mathbf{u}\| + \|\mathbf{v}\|$$

    恆成立。【提示：考慮以 $\mathbf{u}$ 和 $\mathbf{v}$ 為三角形的兩邊。】

4.3 節　外積的進一步研究

第 4.2 節中，$\mathbb{R}^3$ 中兩個向量 $\mathbf{v} = \begin{bmatrix} x_1 \\ y_1 \\ z_1 \end{bmatrix}$，$\mathbf{w} = \begin{bmatrix} x_2 \\ y_2 \\ z_2 \end{bmatrix}$ 的外積 $\mathbf{v} \times \mathbf{w}$ 之定義，可用行列式來幫助記憶：

$$\mathbf{v} \times \mathbf{w} = \det \begin{bmatrix} \mathbf{i} & x_1 & x_2 \\ \mathbf{j} & y_1 & y_2 \\ \mathbf{k} & z_1 & z_2 \end{bmatrix} = \begin{vmatrix} y_1 & y_2 \\ z_1 & z_2 \end{vmatrix} \mathbf{i} - \begin{vmatrix} x_1 & x_2 \\ z_1 & z_2 \end{vmatrix} \mathbf{j} + \begin{vmatrix} x_1 & x_2 \\ y_1 & y_2 \end{vmatrix} \mathbf{k} \quad (*)$$

其中 $\mathbf{i} = \begin{bmatrix} 1 \\ 0 \\ 0 \end{bmatrix}$，$\mathbf{j} = \begin{bmatrix} 0 \\ 1 \\ 0 \end{bmatrix}$，$\mathbf{k} = \begin{bmatrix} 1 \\ 0 \\ 0 \end{bmatrix}$ 為座標向量，而行列式是沿第一行展開。我們觀察

（但沒有證明）第 4.2 節定理 5 得知 $\mathbf{v} \times \mathbf{w}$ 與 $\mathbf{v}$ 和 $\mathbf{w}$ 皆正交，此結果可由下列定理輕易推得。

定理 1

若 $\mathbf{u} = \begin{bmatrix} x_0 \\ y_0 \\ z_0 \end{bmatrix}$，$\mathbf{v} = \begin{bmatrix} x_1 \\ y_1 \\ z_1 \end{bmatrix}$，$\mathbf{w} = \begin{bmatrix} x_2 \\ y_2 \\ z_2 \end{bmatrix}$，則 $\mathbf{u} \cdot (\mathbf{v} \times \mathbf{w}) = \det \begin{bmatrix} x_0 & x_1 & x_2 \\ y_0 & y_1 & y_2 \\ z_0 & z_1 & z_2 \end{bmatrix}$。

證明

$\mathbf{u} \cdot (\mathbf{v} \times \mathbf{w})$ 的計算是將 $\mathbf{u}$ 和 $\mathbf{v} \times \mathbf{w}$ 相對應的分量相乘再相加。利用 (∗) 式，結果為

$$\mathbf{u} \cdot (\mathbf{v} \times \mathbf{w}) = x_0 \left(\begin{vmatrix} y_1 & y_2 \\ z_1 & z_2 \end{vmatrix} \right) + y_0 \left(- \begin{vmatrix} x_1 & x_2 \\ z_1 & z_2 \end{vmatrix} \right) + z_0 \left(\begin{vmatrix} x_1 & x_2 \\ y_1 & y_2 \end{vmatrix} \right) = \det \begin{bmatrix} x_0 & x_1 & x_2 \\ y_0 & y_1 & y_2 \\ z_0 & z_1 & z_2 \end{bmatrix}$$

其中最後的行列式是對第一行展開。

定理 1 的結果可以簡寫如下：若 $\mathbf{u}$、$\mathbf{v}$、$\mathbf{w}$ 為 $\mathbb{R}^3$ 中三個向量，則

$$\mathbf{u} \cdot (\mathbf{v} \times \mathbf{w}) = \det[\mathbf{u}\ \mathbf{v}\ \mathbf{w}]$$

其中 $[\mathbf{u}\ \mathbf{v}\ \mathbf{w}]$ 表示一矩陣，而 $\mathbf{u}$、$\mathbf{v}$、$\mathbf{w}$ 為其行。此時很明顯可知 $\mathbf{v} \times \mathbf{w}$ 和 $\mathbf{v}$、$\mathbf{w}$ 皆正交，此乃因矩陣的行列式如果有兩行相同其值為零。

利用 (∗) 式和定理 1，下列外積的性質可由行列式的性質推得（亦可將它們直接驗證）。

定理 2

令 $\mathbf{u}$、$\mathbf{v}$、$\mathbf{w}$ 為 $\mathbb{R}^3$ 中的任意向量，則有

1. $\mathbf{u} \times \mathbf{v}$ 是向量。
2. $\mathbf{u} \times \mathbf{v}$ 與 $\mathbf{u}$、$\mathbf{v}$ 皆正交。
3. $\mathbf{u} \times \mathbf{0} = \mathbf{0} = \mathbf{0} \times \mathbf{u}$。
4. $\mathbf{u} \times \mathbf{u} = \mathbf{0}$。
5. $\mathbf{u} \times \mathbf{v} = -(\mathbf{v} \times \mathbf{u})$。
6. $(k\mathbf{u}) \times \mathbf{v} = k(\mathbf{u} \times \mathbf{v}) = \mathbf{u} \times (k\mathbf{v})$，$k$ 為任意純量。
7. $\mathbf{u} \times (\mathbf{v} + \mathbf{w}) = (\mathbf{u} \times \mathbf{v}) + (\mathbf{u} \times \mathbf{w})$。
8. $(\mathbf{v} + \mathbf{w}) \times \mathbf{u} = (\mathbf{v} \times \mathbf{u}) + (\mathbf{w} \times \mathbf{u})$。

> **證明**
>
> (1) 很顯然；(2) 可由定理 1 推得；(3) 和 (4) 成立是因為矩陣中，若有一行為零或兩行相同，則其行列式為零。若兩行交換，則行列式變號，這證明了 (5)。而 (6)、(7)、(8) 的證明留做習題 15。

現在我們要談點積和外積之間的基本關係。

> **定理 3**
>
> **Lagrange 恆等式 (Lagrange Identity)**[11]
>
> 若 $\mathbf{u}$ 和 $\mathbf{v}$ 為 $\mathbb{R}^3$ 中的任意兩向量，則
>
> $$\|\mathbf{u} \times \mathbf{v}\|^2 = \|\mathbf{u}\|^2\|\mathbf{v}\|^2 - (\mathbf{u} \cdot \mathbf{v})^2$$

> **證明**
>
> 給予 $\mathbf{u}$、$\mathbf{v}$，引進座標系，將 $\mathbf{u}$、$\mathbf{v}$ 寫成 $\mathbf{u} = \begin{bmatrix} x_1 \\ y_1 \\ z_1 \end{bmatrix}$，$\mathbf{v} = \begin{bmatrix} x_2 \\ y_2 \\ z_2 \end{bmatrix}$ 分量的形式，則恆等式中的所有項均可用分量計算而得。詳細的證明留做習題 14。

向量 $\mathbf{u} \times \mathbf{v}$ 的大小可以很容易地從 Lagrange 恆等式求得。若 θ 為 $\mathbf{u}$ 和 $\mathbf{v}$ 的夾角，將 $\mathbf{u} \cdot \mathbf{v} = \|\mathbf{u}\| \|\mathbf{v}\| \cos \theta$ 代入 Lagrange 恆等式可得

$$\|\mathbf{u} \times \mathbf{v}\|^2 = \|\mathbf{u}\|^2\|\mathbf{v}\|^2 - \|\mathbf{u}\|^2\|\mathbf{v}\|^2 \cos^2 \theta = \|\mathbf{u}\|^2\|\mathbf{v}\|^2 \sin^2 \theta$$

其中 $1 - \cos^2 \theta = \sin^2 \theta$。當 $0 \leq \theta \leq \pi$ 時，$\sin \theta$ 為非負值，故等號兩邊取正平方根，可得

$$\|\mathbf{u} \times \mathbf{v}\| = \|\mathbf{u}\|\|\mathbf{v}\| \sin \theta$$

此 $\|\mathbf{u} \times \mathbf{v}\|$ 的表示式與座標系無關，此外，它有一個很好的幾何解釋。由向量 $\mathbf{u}$ 和 $\mathbf{v}$ 所決定的平行四邊形，底長為 $\|\mathbf{v}\|$，高為 $\|\mathbf{u}\|\sin \theta$（見圖 1），因此由 $\mathbf{u}$ 和 $\mathbf{v}$ 所形成的平行四邊形面積為

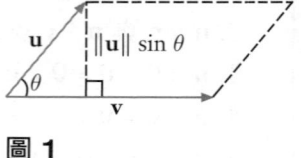

圖 1

---

[11] Joseph Louis Lagrange (1736-1813) 出生於義大利，童年在 Turin 度過。在 19 歲時，他發明一個全新的方法，也就是今天眾所熟悉的變分學，去解決一個著名的問題，因此成為史上最偉大的數學家之一，他的工作提高了分析學嚴謹度的水平，以致他寫的 *Mécanique Analytique*（分析力學）成為不朽的著作，書中引用的方法至今仍在使用。1766 年他被 Frederik 大帝延聘到柏林學術院，因為大帝聲稱歐洲最偉大的數學家必須留在歐洲最偉大的國王的身邊，Frederick 大帝死後，Lagrange 被法皇路易十六邀請到巴黎，他在法國大革命期間一直留在法國，後來並被拿破崙封爵。

$$(\|\mathbf{u}\|\sin\theta)\|\mathbf{v}\| = \|\mathbf{u}\times\mathbf{v}\|$$

這證明了定理 4 的第一部分。

定理 4

若 $\mathbf{u}$、$\mathbf{v}$ 為兩非零向量，θ 為 $\mathbf{u}$、$\mathbf{v}$ 的夾角，則
1. $\|\mathbf{u}\times\mathbf{v}\| = \|\mathbf{u}\|\,\|\mathbf{v}\|\sin\theta = $ 由 $\mathbf{u}$ 和 $\mathbf{v}$ 所決定的平行四邊形面積。
2. $\mathbf{u}$ 和 $\mathbf{v}$ 平行若且唯若 $\mathbf{u}\times\mathbf{v} = \mathbf{0}$。

(2) 的證明

由 (1) 知，$\mathbf{u}\times\mathbf{v} = \mathbf{0}$ 若且唯若平行四邊形的面積為零。由圖 1 知，面積為零若且唯若 $\mathbf{u}$ 與 $\mathbf{v}$ 同向或反向，亦即若且唯若兩向量平行。

● 例 1

設 $P(2,1,0)$，$Q(3,-1,1)$，$R(1,0,1)$ 為三角形的頂點，求三角形的面積。

解：我們有 $\overrightarrow{RP} = \begin{bmatrix} 1 \\ 1 \\ -1 \end{bmatrix}$，$\overrightarrow{RQ} = \begin{bmatrix} 2 \\ -1 \\ 0 \end{bmatrix}$。三角形面積為平行四邊形面積的一半（見圖）。故等於 $\frac{1}{2}\|\overrightarrow{RP}\times\overrightarrow{RQ}\|$。而

$$\overrightarrow{RP}\times\overrightarrow{RQ} = \det\begin{bmatrix} \mathbf{i} & 1 & 2 \\ \mathbf{j} & 1 & -1 \\ \mathbf{k} & -1 & 0 \end{bmatrix} = \begin{bmatrix} -1 \\ -2 \\ -3 \end{bmatrix}$$

因此三角形的面積為 $\frac{1}{2}\|\overrightarrow{RP}\times\overrightarrow{RQ}\| = \frac{1}{2}\sqrt{1+4+9} = \frac{1}{2}\sqrt{14}$。

若給予三個向量 $\mathbf{u}$、$\mathbf{v}$、$\mathbf{w}$，則可形成「壓斜」的長方體，叫做**平行六面體 (parallelepiped)**（如圖 2），求其體積通常是有用的。此平行六面體的底是 $\mathbf{u}$、$\mathbf{v}$ 形成的平行四邊形，由定理 4 可知其面積為 $A = \|\mathbf{u}\times\mathbf{v}\|$。六面體的高為 $\mathbf{w}$ 在 $\mathbf{u}\times\mathbf{v}$ 的投影之長度，因此

圖 2

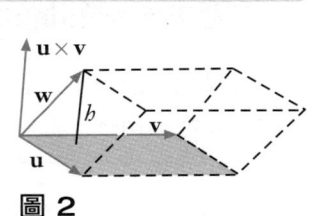

$$h = \left|\frac{\mathbf{w}\cdot(\mathbf{u}\times\mathbf{v})}{\|\mathbf{u}\times\mathbf{v}\|^2}\right|\|\mathbf{u}\times\mathbf{v}\| = \frac{|\mathbf{w}\cdot(\mathbf{u}\times\mathbf{v})|}{\|\mathbf{u}\times\mathbf{v}\|} = \frac{|\mathbf{w}\cdot(\mathbf{u}\times\mathbf{v})|}{A}$$

而平行六面體的體積為 $hA = |\mathbf{w}\cdot(\mathbf{u}\times\mathbf{v})|$，此即證明了下面的定理。

定理 5

三個向量 $\mathbf{w}$、$\mathbf{u}$、$\mathbf{v}$（圖 2）所決定的平行六面體的體積為 $|\mathbf{w}\cdot(\mathbf{u}\times\mathbf{v})|$。

例 2

求由向量 $\mathbf{w} = \begin{bmatrix} 1 \\ 2 \\ -1 \end{bmatrix}$，$\mathbf{u} = \begin{bmatrix} 1 \\ 1 \\ 0 \end{bmatrix}$，$\mathbf{v} = \begin{bmatrix} -2 \\ 0 \\ 1 \end{bmatrix}$ 形成的平行六面體的體積。

解：由定理 1，$\mathbf{w} \cdot (\mathbf{u} \times \mathbf{v}) = \det \begin{bmatrix} 1 & 1 & -2 \\ 2 & 1 & 0 \\ -1 & 0 & 1 \end{bmatrix} = -3$

因此由定理 5 知體積為 $|\mathbf{w} \cdot (\mathbf{u} \times \mathbf{v})| = |-3| = 3$。

我們現在對外積 $\mathbf{u} \times \mathbf{v}$ 給予一個本質描述。它的大小為 $\|\mathbf{u} \times \mathbf{v}\| = \|\mathbf{u}\|\|\mathbf{v}\|\sin\theta$。此大小與座標無關。若 $\mathbf{u} \times \mathbf{v} \neq \mathbf{0}$，則其方向是由 $\mathbf{u}$ 和 $\mathbf{v}$ 所決定的平面之法線方向，然而法線有兩個方向。我們要決定哪一個方向才是正確的。在討論這個問題之前，我們先要弄清楚座標系是如何指定的。空間中選定座標軸的過程如下：選擇原點和兩條通過原點的垂直線（x 和 y 軸），這兩個座標軸任意選擇正向，然後是通過原點且與 x-y 平面垂直的直線稱為 z 軸，此時要選 z 軸的哪一個方向為正？如圖 3 中，有兩種可能，笛卡兒座標系的標準慣例是**右手座標系 (right-hand coordinate systems)**。採用這個術語的理由是，在此座標系中，右手握住 z 軸，大拇指所指的方向即是正 z 方向，其餘手指則由正 x 軸旋轉到正 y 軸（旋轉一直角）。

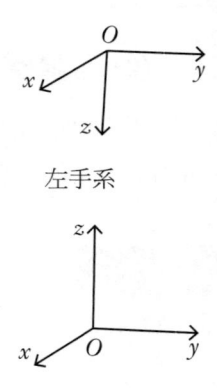

左手系

右手系

圖 3

假定 $\mathbf{u}$ 和 $\mathbf{v}$ 為已知，θ 為其夾角（因此 $0 \leq \theta \leq \pi$），則 $\|\mathbf{u} \times \mathbf{v}\|$ 的方向是以右手定則決定。

右手定則 (Right-hand Rule)

若以右手握住向量 $\mathbf{u} \times \mathbf{v}$，手指由 $\mathbf{u}$ 旋轉 θ 角到 $\mathbf{v}$，則大拇指所指的方向就是 $\mathbf{u} \times \mathbf{v}$ 的方向。

為了說明為何此為真，引入 $\mathbb{R}^3$ 的座標系如下：令 $\mathbf{u}$ 和 $\mathbf{v}$ 有共同的起點 O，取 O 為原點，$\mathbf{u}$ 指向正的 x 軸，$\mathbf{v}$ 在 x-y 平面，而 $\mathbf{v}$ 和正的 y 軸在 x 軸的同側。則在此座標系，$\mathbf{u}$、$\mathbf{v}$ 的座標為 $\mathbf{u} = \begin{bmatrix} a \\ 0 \\ 0 \end{bmatrix}$，$\mathbf{v} = \begin{bmatrix} b \\ c \\ 0 \end{bmatrix}$，其中 $a > 0$，$c > 0$。如圖 4 所示。由右手定則知 $\mathbf{u} \times \mathbf{v}$ 應指向正 z 軸方向。由 $\mathbf{u} \times \mathbf{v}$ 的定義可知

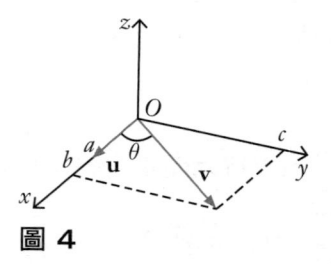

圖 4

$$\mathbf{u} \times \mathbf{v} = \det \begin{bmatrix} \mathbf{i} & a & b \\ \mathbf{j} & 0 & c \\ \mathbf{k} & 0 & 0 \end{bmatrix} = \begin{bmatrix} 0 \\ 0 \\ ac \end{bmatrix} = (ac)\mathbf{k}$$

因為 $ac > 0$，所以 $(ac)\mathbf{k}$ 是正 z 軸方向。

習題 4.3

1. 若 $\mathbf{i}$、$\mathbf{j}$、$\mathbf{k}$ 為座標向量，證明 $\mathbf{i} \times \mathbf{j} = \mathbf{k}$，$\mathbf{j} \times \mathbf{k} = \mathbf{i}$，$\mathbf{k} \times \mathbf{i} = \mathbf{j}$。

2. 利用 $\mathbf{u} = \begin{bmatrix} 1 \\ 1 \\ 1 \end{bmatrix}$，$\mathbf{v} = \begin{bmatrix} 1 \\ 1 \\ 0 \end{bmatrix}$，$\mathbf{w} = \begin{bmatrix} 0 \\ 0 \\ 1 \end{bmatrix}$ 計算 $\mathbf{u} \times (\mathbf{v} \times \mathbf{w})$ 以及 $(\mathbf{u} \times \mathbf{v}) \times \mathbf{w}$，以此證明 $\mathbf{u} \times (\mathbf{v} \times \mathbf{w})$ 未必等於 $(\mathbf{u} \times \mathbf{v}) \times \mathbf{w}$。

3. 下列各題中，已知 $\mathbf{u}$、$\mathbf{v}$，求與 $\mathbf{u}$ 和 $\mathbf{v}$ 皆正交的兩個單位向量。

    (a) $\mathbf{u} = \begin{bmatrix} 1 \\ 2 \\ 2 \end{bmatrix}$，$\mathbf{v} = \begin{bmatrix} 2 \\ -1 \\ 2 \end{bmatrix}$

    ◆(b) $\mathbf{u} = \begin{bmatrix} 1 \\ 2 \\ -1 \end{bmatrix}$，$\mathbf{v} = \begin{bmatrix} 3 \\ 1 \\ 2 \end{bmatrix}$

4. 已知三角形的三頂點，求三角形的面積。

    (a) $A(3, -1, 2)$，$B(1, 1, 0)$，$C(1, 2, -1)$

    ◆(b) $A(3, 0, 1)$，$B(5, 1, 0)$，$C(7, 2, -1)$

    (c) $A(1, 1, -1)$，$B(2, 0, 1)$，$C(1, -1, 3)$

    ◆(d) $A(3, -1, 1)$，$B(4, 1, 0)$，$C(2, -3, 0)$

5. 求由 $\mathbf{w}$、$\mathbf{u}$、$\mathbf{v}$ 形成的平行六面體的體積。

    (a) $\mathbf{w} = \begin{bmatrix} 2 \\ 1 \\ 1 \end{bmatrix}$，$\mathbf{v} = \begin{bmatrix} 1 \\ 0 \\ 2 \end{bmatrix}$，$\mathbf{u} = \begin{bmatrix} 2 \\ 1 \\ -1 \end{bmatrix}$

    ◆(b) $\mathbf{w} = \begin{bmatrix} 1 \\ 0 \\ 3 \end{bmatrix}$，$\mathbf{v} = \begin{bmatrix} 2 \\ 1 \\ -3 \end{bmatrix}$，$\mathbf{u} = \begin{bmatrix} 1 \\ 1 \\ 1 \end{bmatrix}$

6. 令 P_0 為一點，其位置向量為 $\mathbf{p}_0$，且令平面方程式 $ax + by + cz = d$ 的法向量為 $\mathbf{n} = \begin{bmatrix} a \\ b \\ c \end{bmatrix}$。

    (a) 證明平面上與 P_0 最靠近的點其位置向量為 $\mathbf{p} = \mathbf{p}_0 + \dfrac{d - (\mathbf{p}_0 \cdot \mathbf{n})}{\|\mathbf{n}\|^2} \mathbf{n}$。

    【提示：對某個 t 而言，$\mathbf{p} = \mathbf{p}_0 + t\mathbf{n}$ 且 $\mathbf{p} \cdot \mathbf{n} = d$。】

    ◆(b) 證明由 P_0 到平面的最短距離為 $\dfrac{|d - (\mathbf{p}_0 \cdot \mathbf{n})|}{\|\mathbf{n}\|}$。

    (c) 令 P_0' 為 P_0 對平面的鏡射，亦即，P_0' 在平面的另一邊而使得通過 P_0 和 P_0' 的直線垂直於平面。證明 $\mathbf{p}_0 + 2 \dfrac{d - (\mathbf{p}_0 \cdot \mathbf{n})}{\|\mathbf{n}\|^2} \mathbf{n}$ 為 P_0' 的位置向量。

7. 化簡 $(a\mathbf{u} + b\mathbf{v}) \times (c\mathbf{u} + d\mathbf{v})$。

8. 一直線通過 P_0 點且其方向向量為 $\mathbf{d}$，證明點 P 到此直線之最短距離為 $\dfrac{\|\overrightarrow{P_0P} \times \mathbf{d}\|}{\|\mathbf{d}\|}$。

9. 令 $\mathbf{u}$、$\mathbf{v}$ 為非零且非正交的向量，若 θ 為 $\mathbf{u}$、$\mathbf{v}$ 的夾角，證明 $\tan \theta = \dfrac{\|\mathbf{u} \times \mathbf{v}\|}{\mathbf{u} \cdot \mathbf{v}}$。

◆10. 證明 A、B、C 三點共線若且唯若 $\overrightarrow{AB} \times \overrightarrow{AC} = \mathbf{0}$。

11. 證明 A、B、C、D 四點共面若且唯若 $\overrightarrow{AB} \cdot (\overrightarrow{AC} \times \overrightarrow{AD}) = 0$。

◆12. 利用定理 5 證明，若 $\mathbf{u}$、$\mathbf{v}$、$\mathbf{w}$ 互相垂直，則它們所決定的長方體體積為 $\|\mathbf{u}\| \|\mathbf{v}\| \|\mathbf{w}\|$。

13. 證明由 $\mathbf{u}$、$\mathbf{v}$ 和 $\mathbf{u} \times \mathbf{v}$ 所決定的平行六面體的體積為 $\|\mathbf{u} \times \mathbf{v}\|^2$。

14. 完成定理 3 的證明。

15. 證明定理 2 中的下列性質。
    (a) 性質 6   ◆(b) 性質 7
    (c) 性質 8

16. (a) 證明
    $$\mathbf{w} \cdot (\mathbf{u} \times \mathbf{v}) = \mathbf{u} \cdot (\mathbf{v} \times \mathbf{w}) = \mathbf{v} \times (\mathbf{w} \times \mathbf{u})$$
    對所有向量 $\mathbf{w}$、$\mathbf{u}$、$\mathbf{v}$ 而言均成立。
    ◆(b) 證明 $\mathbf{v} - \mathbf{w}$ 和
    $(\mathbf{u} \times \mathbf{v}) + (\mathbf{v} \times \mathbf{w}) + (\mathbf{w} \times \mathbf{u})$ 正交。

17. 證明
    $$\mathbf{u} \times (\mathbf{v} \times \mathbf{w}) = (\mathbf{u} \cdot \mathbf{w})\mathbf{v} - (\mathbf{u} \times \mathbf{v})\mathbf{w}。$$
    【提示：首先分別對 $\mathbf{u} = \mathbf{i}, \mathbf{j}, \mathbf{k}$ 證明其成立，然後令 $\mathbf{u} = x\mathbf{i} + y\mathbf{j} + z\mathbf{k}$ 並用定理 2。】

18. 證明 **Jacobi 恆等式**：
    $$\mathbf{u} \times (\mathbf{v} \times \mathbf{w}) + \mathbf{v} \times (\mathbf{w} \times \mathbf{u}) + \mathbf{w} \times (\mathbf{u} \times \mathbf{v}) = \mathbf{0}$$
    【提示：利用前一題。】

19. 證明
    $$(\mathbf{u} \times \mathbf{v}) \cdot (\mathbf{w} \times \mathbf{z}) = \det \begin{bmatrix} \mathbf{u} \cdot \mathbf{w} & \mathbf{u} \cdot \mathbf{z} \\ \mathbf{v} \cdot \mathbf{w} & \mathbf{v} \cdot \mathbf{z} \end{bmatrix}$$
    【提示：利用習題 16 和 17。】

20. 令 P、Q、R、S 為不在同一平面的四點，如圖所示。證明由此四點所決定的四面體的體積為 $\frac{1}{6}|\overrightarrow{PQ} \cdot (\overrightarrow{PR} \times \overrightarrow{PS})|$。
    【提示：下面右圖中，底面積為 A，高為 h 的圓錐，其體積為 $\frac{1}{3}Ah$。】

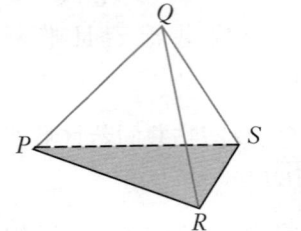

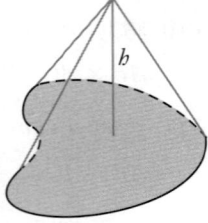

21. 如圖所示，考慮頂點為 A、B、C 的三角形。令 α、β、γ 分別是在 A、B、C 的角，且 a、b、c 分別為 A、B、C 對邊的長。令
    $$\mathbf{u} = \overrightarrow{AB}, \mathbf{v} = \overrightarrow{BC}, \mathbf{w} = \overrightarrow{CA}$$

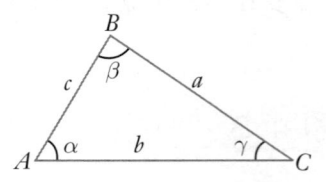

    (a) 證明 $\mathbf{u} + \mathbf{v} + \mathbf{w} = \mathbf{0}$。
    (b) 證明 $\mathbf{u} \times \mathbf{v} = \mathbf{w} \times \mathbf{u} = \mathbf{v} \times \mathbf{w}$。
    【提示：計算 $\mathbf{u} \times (\mathbf{u} + \mathbf{v} + \mathbf{w})$ 與 $\mathbf{v} \times (\mathbf{u} + \mathbf{v} + \mathbf{w})$。】
    (c) 證明**正弦定律 (law of sines)**
    $$\frac{\sin \alpha}{a} = \frac{\sin \beta}{b} = \frac{\sin \gamma}{c}$$

◆22. 以 $\mathbf{n}$ 為法向量的兩個平面為 $\mathbf{n} \cdot \mathbf{p} = d_1$ 與 $\mathbf{n} \cdot \mathbf{p} = d_2$，證明介於此兩平面之間的（最短）距離為 $\frac{|d_2 - d_1|}{\|\mathbf{n}\|}$。

23. 令 A、B 兩點皆不為原點，令 $\mathbf{a}$、$\mathbf{b}$ 為其位置向量。若 $\mathbf{a}$、$\mathbf{b}$ 不平行。證明通過 A、B 和原點的平面為
    $$\{P(x, y, z) \mid \begin{bmatrix} x \\ y \\ z \end{bmatrix} = s\mathbf{a} + t\mathbf{b}，其中 s、t 為常數\}$$

24. 令 A 是秩為 2 的 2×3 矩陣，$\mathbf{r}_1$、$\mathbf{r}_2$ 為其列，證明
    $P = \{XA \mid X = [x\ y]; x、y 為任意數\}$ 為通過原點的平面，其法向量為 $\mathbf{r}_1 \times \mathbf{r}_2$。

25. 已知頂點為 $P(x, y, z)$ 的正立方體，其中 x、y、z 不是 0 就是 2。考慮一平面垂直平分通過 $P(0, 0, 0)$ 和 $P(2, 2, 2)$ 的對角線。
    (a) 證明此平面與立方體的六個邊相交並且平分此六邊。
    (b) 證明 (a) 中的六個交點是正六邊形的頂點。

4.4 節　$\mathbb{R}^3$ 中的線性算子

對 $\mathbb{R}^n$ 中的所有 **x**、**y** 以及所有純量 a 而言，若 $T(\mathbf{x}+\mathbf{y}) = T(\mathbf{x})+T(\mathbf{y})$ 且 $T(a\mathbf{x}) = aT(\mathbf{x})$ 成立，則稱 $T: \mathbb{R}^n \to \mathbb{R}^m$ 為線性 (linear) 變換。在此情況下，我們證明了（第 2.6 節定理 2），對所有 $\mathbb{R}^n$ 中的 **x** 而言，存在一個 $m \times n$ 矩陣 A 使得 $T(\mathbf{x}) = A\mathbf{x}$，我們稱 T 是由 A **誘導 (induced)** 的**矩陣變換 (matrix transformation)**。

定義 4.9

線性變換

$$T: \mathbb{R}^n \to \mathbb{R}^n$$

稱為 $\mathbb{R}^n$ 的**線性算子 (linear operator)**。

在第 2.6 節我們研究 $\mathbb{R}^2$ 中三種重要的線性算子：對原點的旋轉、對通過原點之直線的鏡射以及在此直線上的投影。

本節我們研究在 $\mathbb{R}^3$ 中類似的算子：對通過原點之直線的旋轉、對通過原點之平面的鏡射以及在通過原點之平面或直線上的投影。在每一種情況，我們將證明算子為線性並求所有鏡射和投影的矩陣。

為此，我們必須證明這些鏡射、投影和旋轉確實是 $\mathbb{R}^3$ 中的線性算子。對於鏡射和旋轉，可檢視一般性的情況。對於 $\mathbb{R}^3$ 中的所有 **v** 和 **w** 而言，若介於 $T(\mathbf{v})$ 和 $T(\mathbf{w})$ 之間的距離等於 **v** 和 **w** 之間的距離，則變換 $T: \mathbb{R}^3 \to \mathbb{R}^3$ 稱為**保距 (distance preserving)**；亦即，對 $\mathbb{R}^3$ 中的所有 **v** 和 **w** 而言，

$$\|T(\mathbf{v}) - T(\mathbf{w})\| = \|\mathbf{v} - \mathbf{w}\| \qquad (*)$$

顯然鏡射和旋轉均為保距，兩者均將 **0** 映至 **0**，因此下列定理證明它們均為線性。

定理 1

若 $T: \mathbb{R}^3 \to \mathbb{R}^3$ 為保距，且若 $T(\mathbf{0}) = \mathbf{0}$，則 T 為線性。

證明

因為 $T(\mathbf{0}) = \mathbf{0}$，在 $(*)$ 式取 $\mathbf{w} = \mathbf{0}$，則對 $\mathbb{R}^3$ 中的所有 **v** 而言，$\|T(\mathbf{v})\| = \|\mathbf{v}\|$ 恆成立，此即 T 保距。又由 $(*)$ 式知 $\|T(\mathbf{v}) - T(\mathbf{w})\|^2 = \|\mathbf{v} - \mathbf{w}\|^2$，因為 $\|\mathbf{v} - \mathbf{w}\|^2 = \|\mathbf{v}\|^2 - 2\mathbf{v} \cdot \mathbf{w} + \|\mathbf{w}\|^2$，所以對所有 **v** 和 **w** 而言，有 $T(\mathbf{v}) \cdot T(\mathbf{w}) = \mathbf{v} \cdot \mathbf{w}$。因此（由第 4.2 節定理 2）對 $\mathbb{R}^3$ 中所有非零向量 **v** 和 **w** 而言，$T(\mathbf{v})$ 和 $T(\mathbf{w})$ 之間的夾角等於 **v** 和 **w** 之間的夾角。

> 我們要證明 T 為線性。已知 $\mathbb{R}^3$ 中的非零向量 **v** 和 **w**，向量 **v** + **w** 為由 **v** 和 **w** 所決定之平行四邊形的對角線。由前述可知，T 的作用是將整個平行四邊形映至由 $T(\mathbf{v})$ 和 $T(\mathbf{w})$ 所決定的平行四邊形，其中對角線為 $T(\mathbf{v} + \mathbf{w})$。但由平行四邊形定律知，此對角線為 $T(\mathbf{v}) + T(\mathbf{w})$（見圖 1）。
>
> 換言之，$T(\mathbf{v} + \mathbf{w}) = T(\mathbf{v}) + T(\mathbf{w})$。同理可證，對所有的純量 a 而言，$T(a\mathbf{v}) = aT(\mathbf{v})$ 恆成立，我們證得 T 確實是線性。
>
> 圖 1

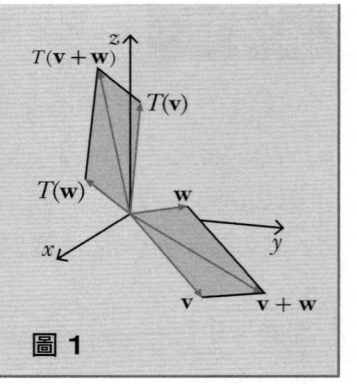

保距線性算子稱為**等距 (isometries)**，在第 10.4 節會有敘述。

鏡射和投影

在第 2.6 節我們研究對直線 $y = mx$ 的鏡射 $Q_m: \mathbb{R}^2 \to \mathbb{R}^2$ 以及在 $y = mx$ 的投影 $P_m: \mathbb{R}^2 \to \mathbb{R}^2$。我們發現（於第 2.6 節定理 5 和 6），它們均為線性且

$$Q_m \text{ 有矩陣 } \frac{1}{1+m^2}\begin{bmatrix} 1-m^2 & 2m \\ 2m & m^2-1 \end{bmatrix} \text{ 且 } P_m \text{ 有矩陣 } \frac{1}{1+m^2}\begin{bmatrix} 1 & m \\ m & m^2 \end{bmatrix}$$

我們現在著眼於 $\mathbb{R}^3$ 的類似情況。

令 L 為 $\mathbb{R}^3$ 中通過原點的直線。**v** 為 $\mathbb{R}^3$ 中的向量，圖 2 顯示 **v** 對 L 的鏡射 $Q_L(\mathbf{v})$ 以及 **v** 在 L 上的投影 $P_L(\mathbf{v})$。在相同的圖形，我們得知

$$P_L(\mathbf{v}) = \mathbf{v} + \tfrac{1}{2}[Q_L(\mathbf{v}) - \mathbf{v}] = \tfrac{1}{2}[Q_L(\mathbf{v}) + \mathbf{v}] \quad (**)$$

故 Q_L 為線性（定理 1）的事實證明了 P_L 亦為線性。[12] 但是，

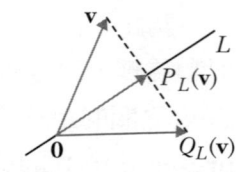

圖 2

由第 4.2 節定理 4 可直接求出 P_L 的矩陣。事實上，若 $\mathbf{d} = \begin{bmatrix} a \\ b \\ c \end{bmatrix} \neq \mathbf{0}$ 為 L 的方向向量，且 $\mathbf{v} = \begin{bmatrix} x \\ y \\ z \end{bmatrix}$，則

$$P_L(\mathbf{v}) = \frac{\mathbf{v} \cdot \mathbf{d}}{\|\mathbf{d}\|^2}\mathbf{d} = \frac{ax+by+cz}{a^2+b^2+c^2}\begin{bmatrix} a \\ b \\ c \end{bmatrix} = \frac{1}{a^2+b^2+c^2}\begin{bmatrix} a^2 & ab & ac \\ ab & b^2 & bc \\ ac & bc & c^2 \end{bmatrix}\begin{bmatrix} x \\ y \\ z \end{bmatrix}$$

讀者可自行驗證。注意，這直接證明了 P_L 為一個變換矩陣，也因此是 P_L 為線性的另一種證明。

---

[12] 注意，定理 1 不能應用於 P_L，因為它並不保距。

定理 2

令 L 為 $\mathbb{R}^3$ 中通過原點且方向向量為 $\mathbf{d} = \begin{bmatrix} a \\ b \\ c \end{bmatrix} \neq \mathbf{0}$ 的直線，則 P_L 和 Q_L 均為線性且

$$P_L \text{ 有矩陣 } \frac{1}{a^2 + b^2 + c^2} \begin{bmatrix} a^2 & ab & ac \\ ab & b^2 & bc \\ ac & bc & c^2 \end{bmatrix}$$

$$Q_L \text{ 有矩陣 } \frac{1}{a^2 + b^2 + c^2} \begin{bmatrix} a^2 - b^2 - c^2 & 2ab & 2ac \\ 2ab & b^2 - a^2 - c^2 & 2bc \\ 2ac & 2bc & c^2 - a^2 - b^2 \end{bmatrix}$$

證明

剩下是求 Q_L 的矩陣。但是由 (∗∗) 式得知，對 $\mathbb{R}^3$ 中的每一個 $\mathbf{v}$ 而言，$Q_L(\mathbf{v}) = 2P_L(\mathbf{v}) - \mathbf{v}$，因此若 $\mathbf{v} = \begin{bmatrix} x \\ y \\ z \end{bmatrix}$，我們得到（需要一些矩陣運算）：

$$Q_L(\mathbf{v}) = \left\{ \frac{2}{a^2 + b^2 + c^2} \begin{bmatrix} a^2 & ab & ac \\ ab & b^2 & bc \\ ac & bc & c^2 \end{bmatrix} - \begin{bmatrix} 1 & 0 & 0 \\ 0 & 1 & 0 \\ 0 & 0 & 1 \end{bmatrix} \right\} \begin{bmatrix} x \\ y \\ z \end{bmatrix}$$

$$= \frac{1}{a^2 + b^2 + c^2} \begin{bmatrix} a^2 - b^2 - c^2 & 2ab & 2ac \\ 2ab & b^2 - a^2 - c^2 & 2bc \\ 2ac & 2bc & c^2 - a^2 - b^2 \end{bmatrix} \begin{bmatrix} x \\ y \\ z \end{bmatrix}$$

在 $\mathbb{R}^3$ 我們可以對平面以及直線鏡射。令 M 表示 $\mathbb{R}^3$ 中通過原點的平面。已知 $\mathbf{v}$ 為 $\mathbb{R}^3$ 中的向量，圖 3 顯示 $\mathbf{v}$ 對 M 的鏡射 $Q_M(\mathbf{v})$ 以及 $\mathbf{v}$ 在 M 的投影 $P_M(\mathbf{v})$。如前述，我們有

$$P_M(\mathbf{v}) = \mathbf{v} + \tfrac{1}{2}[Q_M(\mathbf{v}) - \mathbf{v}] = \tfrac{1}{2}[Q_M(\mathbf{v}) + \mathbf{v}]$$

因此 Q_M 為線性（由定理 1）的事實證明了 P_M 亦為線性。我們可直接求得矩陣。若 $\mathbf{n}$ 為平面 M 的法向量，則圖 3 顯示，對所有向量 $\mathbf{v}$ 而言，

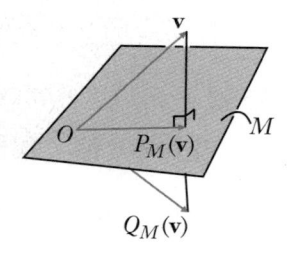

$$P_M(\mathbf{v}) = \mathbf{v} - \mathrm{proj}_{\mathbf{n}}(\mathbf{v}) = \mathbf{v} - \frac{\mathbf{v} \cdot \mathbf{n}}{\|\mathbf{n}\|^2}\mathbf{n}$$

圖 3

若 $\mathbf{n} = \begin{bmatrix} a \\ b \\ c \end{bmatrix} \neq \mathbf{0}$ 且 $\mathbf{v} = \begin{bmatrix} x \\ y \\ z \end{bmatrix}$，如上述的計算可得

$$P_M(\mathbf{v}) = \left\{ \begin{bmatrix} 1 & 0 & 0 \\ 0 & 1 & 0 \\ 0 & 0 & 1 \end{bmatrix} \begin{bmatrix} x \\ y \\ z \end{bmatrix} - \frac{ax+by+cz}{a^2+b^2+c^2} \begin{bmatrix} a \\ b \\ c \end{bmatrix} \right\}$$

$$= \frac{1}{a^2+b^2+c^2} \begin{bmatrix} b^2+c^2 & -ab & -ac \\ -ab & a^2+c^2 & -bc \\ -ac & -bc & a^2+b^2 \end{bmatrix} \begin{bmatrix} x \\ y \\ z \end{bmatrix}$$

這證明了下列定理的第一部分。

定理 3

令 M 為 $\mathbb{R}^3$ 中經過原點且法向量為 $\mathbf{n} = \begin{bmatrix} a \\ b \\ c \end{bmatrix} \neq \mathbf{0}$ 的平面。則 P_M 與 Q_M 均為線性且

P_M 有矩陣 $\dfrac{1}{a^2+b^2+c^2} \begin{bmatrix} b^2+c^2 & -ab & -ac \\ -ab & a^2+c^2 & -bc \\ -ac & -bc & a^2+b^2 \end{bmatrix}$

Q_M 有矩陣 $\dfrac{1}{a^2+b^2+c^2} \begin{bmatrix} b^2+c^2-a^2 & -2ab & -2ac \\ -2ab & a^2+c^2-b^2 & -2bc \\ -2ac & -2bc & a^2+b^2-c^2 \end{bmatrix}$

證明

剩下計算 Q_M 的矩陣。因為對 $\mathbb{R}^3$ 中的每一個 $\mathbf{v}$ 而言，$Q_M(\mathbf{v}) = 2P_M(\mathbf{v}) - \mathbf{v}$，計算與上述類似，留給讀者當作習題。

旋轉

在第 2.6 節，我們研究旋轉 $R_\theta : \mathbb{R}^2 \to \mathbb{R}^2$，它是對原點逆時針旋轉 θ 角。此外，我們在第 2.6 節定理 4 證明 R_θ 為線性且有矩陣 $\begin{bmatrix} \cos\theta & -\sin\theta \\ \sin\theta & \cos\theta \end{bmatrix}$。下面的例子是旋轉的延伸。

例 1

令 $R_{z,\theta} : \mathbb{R}^3 \to \mathbb{R}^3$ 表示對 z 軸旋轉 θ 角，而旋轉是由正 x 軸到正 y 軸。證明 $R_{z,\theta}$ 是線性並且求其矩陣。

解：首先 R 為保距，故由定理 1 知 R 為線性。因此利用第 2.6 節定理 2 得到 $R_{z,\theta}$ 的矩陣。

令 $\mathbf{i} = \begin{bmatrix} 1 \\ 0 \\ 0 \end{bmatrix}$，$\mathbf{j} = \begin{bmatrix} 0 \\ 1 \\ 0 \end{bmatrix}$，$\mathbf{k} = \begin{bmatrix} 0 \\ 0 \\ 1 \end{bmatrix}$ 表示 $\mathbb{R}^3$ 的標準基底；我們必須求 $R_{z,\theta}(\mathbf{i})$、$R_{z,\theta}(\mathbf{j})$、$R_{z,\theta}(\mathbf{k})$。顯然 $R_{z,\theta}(\mathbf{k}) = \mathbf{k}$。$R_{z,\theta}$ 在 x-y 平面的作用是逆時針旋轉 θ 角。因此由圖 4 可得

$$R_{z,\theta}(\mathbf{i}) = \begin{bmatrix} \cos\theta \\ \sin\theta \\ 0 \end{bmatrix}, \quad R_{z,\theta}(\mathbf{j}) = \begin{bmatrix} -\sin\theta \\ \cos\theta \\ 0 \end{bmatrix}$$

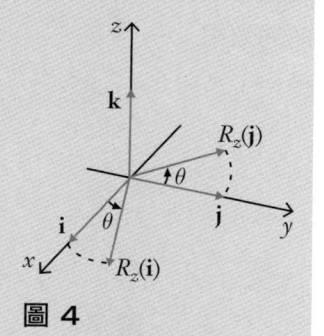

故由第 2.6 節定理 2，$R_{z,\theta}$ 有矩陣

$$[R_{z,\theta}(\mathbf{i})\ R_{z,\theta}(\mathbf{j})\ R_{z,\theta}(\mathbf{k})] = \begin{bmatrix} \cos\theta & -\sin\theta & 0 \\ \sin\theta & \cos\theta & 0 \\ 0 & 0 & 1 \end{bmatrix}$$

圖 4

例 1 需要推廣。在 $\mathbb{R}^3$ 中，已知通過原點的直線 L，每一個對 L 旋轉一固定角顯然是保距，故由定理 1 此旋轉為線性算子。然而，給予此旋轉矩陣的明確描述並不容易，要等到具有更多的技巧才能實現。

面積與體積的變換

令 $\mathbf{v}$ 為 $\mathbb{R}^3$ 中非零的向量。與 $\mathbf{v}$ 同向，長度為 $\mathbf{v}$ 的 s 倍的每一向量其形式為 $s\mathbf{v}$（見圖 5）。以此，仔細觀察圖 6 可知一向量 $\mathbf{u}$ 在 $\mathbf{v}$ 和 $\mathbf{w}$ 所決定的平行四邊形內，若且唯若它具有向量 $\mathbf{u} = s\mathbf{v} + t\mathbf{w}$ 之形式，其中 $0 \leq s \leq 1$，$0 \leq t \leq 1$。但是，若 $T: \mathbb{R}^3 \to \mathbb{R}^3$ 為一線性變換，則有

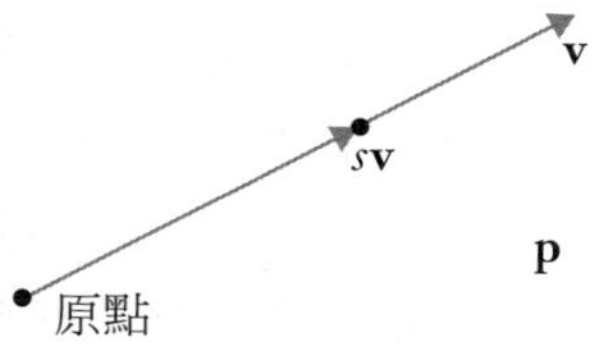

$$T(s\mathbf{v} + t\mathbf{w}) = T(s\mathbf{v}) + T(t\mathbf{w}) = sT(\mathbf{v}) + tT(\mathbf{w})$$

圖 5

因此 $T(s\mathbf{v} + t\mathbf{w})$ 在由 $T(\mathbf{v})$ 和 $T(\mathbf{w})$ 所決定的平行四邊形內。反之，在此平行四邊形內的每一個向量其形式為 $T(s\mathbf{v} + t\mathbf{w})$，其中 $s\mathbf{v} + t\mathbf{w}$ 在 $\mathbf{v}$ 和 $\mathbf{w}$ 所決定之平行四邊形內。因此，由 $T(\mathbf{v})$ 和 $T(\mathbf{w})$ 所決定的平行四邊形稱為由 $\mathbf{v}$ 和 $\mathbf{w}$ 所決定的平行四邊形的**像 (image)**。我們將此討論記錄如下：

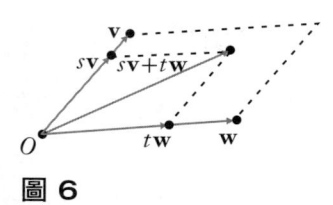

圖 6

定理 4

若 $T: \mathbb{R}^3 \to \mathbb{R}^3$（或 $\mathbb{R}^2 \to \mathbb{R}^2$）為一線性算子。由向量 $\mathbf{v}$ 和 $\mathbf{w}$ 所決定的平行四邊形的像是由 $T(\mathbf{v})$ 和 $T(\mathbf{w})$ 所決定的平行四邊形。

此結果可用圖 7 說明，且於第 2.2 節例 15 和 16 中利用此結果可顯示擴大和剪切變換的效果。

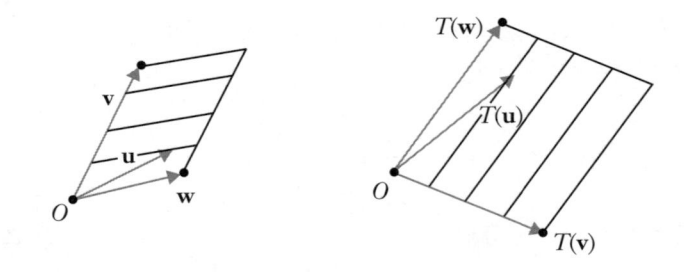

圖 7

現在我們對於線性變換 $T: \mathbb{R}^3 \to \mathbb{R}^3$ 作用於 $\mathbb{R}^3$ 中的三個向量 **u**、**v**、**w** 所決定的平行六面體所產生的效果感到興趣（參閱第 4.3 節定理 5 前的討論）。若 T 有矩陣 A，則由定理 4 可知 **u**、**v**、**w** 所決定的平行六面體被映射到由 $T(\mathbf{u}) = A\mathbf{u}$、$T(\mathbf{v}) = A\mathbf{v}$、$T(\mathbf{w}) = A\mathbf{w}$ 所決定的平行六面體。尤其我們想要知道體積會如何改變，結果證明它與矩陣 A 的行列式有密切關係。

定理 5

令 vol(**u**, **v**, **w**) 為 $\mathbb{R}^3$ 中三個向量 **u**、**v**、**w** 所決定的平行六面體的體積，且令 area(**p**, **q**) 為 $\mathbb{R}^2$ 中二個向量 **p**、**q** 所決定的平行四邊形的面積，則：

1. 若 A 為 3×3 矩陣，則 $\text{vol}(A\mathbf{u}, A\mathbf{v}, A\mathbf{w}) = |\det(A)| \cdot \text{vol}(\mathbf{u}, \mathbf{v}, \mathbf{w})$
2. 若 A 為 2×2 矩陣，則 $\text{area}(A\mathbf{p}, A\mathbf{q}) = |\det(A)| \cdot \text{area}(\mathbf{p}, \mathbf{q})$

證明

1. 令 [**u v w**] 為 3×3 矩陣，其中 **u**、**v**、**w** 為矩陣的行。則由第 4.3 節定理 5，知

$$\text{vol}(A\mathbf{u}, A\mathbf{v}, A\mathbf{w}) = |A\mathbf{u} \cdot (A\mathbf{v} \times A\mathbf{w})|$$

現在應用第 4.3 節定理 1 兩次可得

$$\begin{aligned} A\mathbf{u} \cdot (A\mathbf{v} \times A\mathbf{w}) &= \det[A\mathbf{u}\ A\mathbf{v}\ A\mathbf{w}] = \det\{A\,[\mathbf{u}\ \mathbf{v}\ \mathbf{w}]\} \\ &= \det(A) \det[\mathbf{u}\ \mathbf{v}\ \mathbf{w}] \\ &= \det(A)\,(\mathbf{u} \cdot (\mathbf{v} \times \mathbf{w})) \end{aligned}$$

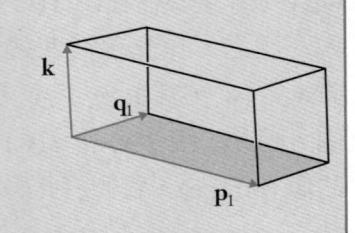

其中我們使用定義 2.9 以及行列式的乘積定理。最後取絕對值，則 (1) 可由第 4.3 節定理 5 獲得證明。

2. 於 $\mathbb{R}^2$ 中，已知 $\mathbf{p} = \begin{bmatrix} x \\ y \end{bmatrix}$，於 $\mathbb{R}^3$ 中，令 $\mathbf{p}_1 = \begin{bmatrix} x \\ y \\ 0 \end{bmatrix}$。由圖可知。area($\mathbf{p}, \mathbf{q}$) = vol($\mathbf{p}_1, \mathbf{q}_1, \mathbf{k}$)，其中 $\mathbf{k}$（長度為 1）為沿 z 軸的座標向量。若 A 為 2×2 矩陣，令 $A_1 = \begin{bmatrix} A & 0 \\ 0 & 1 \end{bmatrix}$ 為方塊矩陣，而對 $\mathbb{R}^2$ 中所有的 $\mathbf{v}$ 而言，$(A\mathbf{v})_1 = (A_1 \mathbf{v}_1)$ 且 $A_1 \mathbf{k} = \mathbf{k}$，故由此定理的第 (1) 部分可知

$$\text{area}(A\mathbf{p}, A\mathbf{q}) = \text{vol}(A_1\mathbf{p}_1, A_1\mathbf{q}_1, A_1\mathbf{k})$$
$$= |\det(A_1)| \, \text{vol}(\mathbf{p}_1, \mathbf{q}_1, \mathbf{k})$$
$$= |\det(A)| \, \text{area}(\mathbf{p}, \mathbf{q})$$

定義**單位正方形 (unit square)** 和**單位正立方體 (unit cube)** 分別為 $\mathbb{R}^2$ 和 $\mathbb{R}^3$ 中邊長為 1 的正方形和正立方體，則由定理 5 可得矩陣 A 的行列式的幾何意義：

- 若 A 為 2×2 矩陣，將 A 乘以單位正方形的邊長，則 $|\det(A)|$ 為單位正方形之像的面積。
- 若 A 為 3×3 矩陣，將 A 乘以單位正立方體的邊長，則 $|\det(A)|$ 為單位正立方體之像的體積。

這些結果以及面積和體積在幾何學上的重要性是當初行列式發展的原因之一。

習題 4.4

1. 下列各題中，證明 T 為投影在直線上、對直線鏡射或旋轉一角度，並求直線或角度。

   (a) $T\begin{bmatrix} x \\ y \end{bmatrix} = \frac{1}{5}\begin{bmatrix} x + 2y \\ 2x + 4y \end{bmatrix}$

   ◆(b) $T\begin{bmatrix} x \\ y \end{bmatrix} = \frac{1}{2}\begin{bmatrix} x - y \\ y - x \end{bmatrix}$

   (c) $T\begin{bmatrix} x \\ y \end{bmatrix} = \frac{1}{\sqrt{2}}\begin{bmatrix} -x - y \\ x - y \end{bmatrix}$

   ◆(d) $T\begin{bmatrix} x \\ y \end{bmatrix} = \frac{1}{5}\begin{bmatrix} -3x + 4y \\ 4x + 3y \end{bmatrix}$

   (e) $T\begin{bmatrix} x \\ y \end{bmatrix} = \begin{bmatrix} -y \\ -x \end{bmatrix}$

   ◆(f) $T\begin{bmatrix} x \\ y \end{bmatrix} = \frac{1}{2}\begin{bmatrix} x - \sqrt{3}\,y \\ \sqrt{3}\,x + y \end{bmatrix}$

2. 求經過下列變換後的結果。

   (a) 旋轉 $\frac{\pi}{2}$，然後投影到 y 軸，最後對直線 $y = x$ 鏡射。

   ◆(b) 投影到直線 $y = x$，然後再投影到直線 $y = -x$。

   (c) 投影到 x 軸接著對直線 $y = x$ 鏡射。

3. 求算子的矩陣解下列各題。

   (a) 求 $\mathbf{v} = \begin{bmatrix} 1 \\ -2 \\ 3 \end{bmatrix}$ 在平面的 $3x - 5y + 2z = 0$ 投影。

   ◆(b) 求 $\mathbf{v} = \begin{bmatrix} 0 \\ 1 \\ -3 \end{bmatrix}$ 在平面 $2x - y + 4z = 0$

的投影。

(c) 求 $\mathbf{v} = \begin{bmatrix} 1 \\ -2 \\ 3 \end{bmatrix}$ 對平面 $x - y + 3z = 0$ 的鏡射。

◆(d) 求 $\mathbf{v} = \begin{bmatrix} 0 \\ 1 \\ -3 \end{bmatrix}$ 對平面 $2x + y - 5z = 0$ 的鏡射。

(e) 求 $\mathbf{v} = \begin{bmatrix} 2 \\ 5 \\ -1 \end{bmatrix}$ 對直線 $\begin{bmatrix} x \\ y \\ z \end{bmatrix} = t \begin{bmatrix} 1 \\ 1 \\ -2 \end{bmatrix}$ 的鏡射。

◆(f) 求 $\mathbf{v} = \begin{bmatrix} 1 \\ -1 \\ 7 \end{bmatrix}$ 在直線 $\begin{bmatrix} x \\ y \\ z \end{bmatrix} = t \begin{bmatrix} 3 \\ 0 \\ 4 \end{bmatrix}$ 的投影。

(g) 求 $\mathbf{v} = \begin{bmatrix} 1 \\ 1 \\ -3 \end{bmatrix}$ 在直線 $\begin{bmatrix} x \\ y \\ z \end{bmatrix} = t \begin{bmatrix} 2 \\ 0 \\ -3 \end{bmatrix}$ 的投影。

◆(h) 求 $\mathbf{v} = \begin{bmatrix} 2 \\ -5 \\ 0 \end{bmatrix}$ 在直線 $\begin{bmatrix} x \\ y \\ z \end{bmatrix} = t \begin{bmatrix} 1 \\ 1 \\ -3 \end{bmatrix}$ 的鏡射。

4. (a) 求 $\mathbf{v} = \begin{bmatrix} 2 \\ 3 \\ -1 \end{bmatrix}$ 對 z 軸旋轉 $\theta = \frac{\pi}{4}$ 的結果。

◆(b) 求 $\mathbf{v} = \begin{bmatrix} 1 \\ 0 \\ 3 \end{bmatrix}$ 對 z 軸旋轉 $\theta = \frac{\pi}{6}$ 的結果。

5. 求 $\mathbb{R}^3$ 中對 x 軸旋轉 θ 角的矩陣（由正 y 軸到正 z 軸）。

◆6. 求對 y 軸旋轉 θ 角的矩陣（由正 x 軸到正 z 軸）。

7. 若 A 為 3×3 矩陣，證明 $\mathbb{R}^3$ 中通過 $\mathbf{p}_0$ 且方向向量為 $\mathbf{d}$ 之直線的像為通過 $A\mathbf{p}_0$ 且方向向量為 $A\mathbf{d}$ 之直線，其中 $A\mathbf{d} \neq \mathbf{0}$。若 $A\mathbf{d} = \mathbf{0}$，則會有何種現象發生？

8. 若 A 為 3×3 且可逆，證明通過原點且法向量為 n 之平面的像為通過原點且法向量為 $\mathbf{n}_1 = B\mathbf{n}$，其中 $B = (A^{-1})^T$ 之平面。【提示：利用 $\mathbf{v} \cdot \mathbf{w} = \mathbf{v}^T\mathbf{w}$ 的事實，對 $\mathbb{R}^3$ 中的每一個 $\mathbf{p}$ 而言，證明 $\mathbf{n}_1 \cdot (A\mathbf{p}) = \mathbf{n} \cdot \mathbf{p}$。】

9. 令 L 為 $\mathbb{R}^2$ 中通過原點的直線且其方向向量 $\mathbf{d} = \begin{bmatrix} a \\ b \end{bmatrix} \neq \mathbf{0}$。

◆(a) 若 P_L 表示在 L 上的投影，證明 P_L 有矩陣
$$\frac{1}{a^2 + b^2} \begin{bmatrix} a^2 & ab \\ ab & b^2 \end{bmatrix}$$

(b) 若 Q_L 表示對 L 鏡射，證明 Q_L 有矩陣。
$$\frac{1}{a^2 + b^2} \begin{bmatrix} a^2 - b^2 & 2ab \\ 2ab & b^2 - a^2 \end{bmatrix}$$

10. 令 n 為 $\mathbb{R}^3$ 中的一個非零向量，令 L 為通過原點且方向向量為 $\mathbf{n}$ 的直線，令 M 為通過原點且法向量為 $\mathbf{n}$ 的平面。證明對 $\mathbb{R}^3$ 中的所有 $\mathbf{v}$ 而言，
$$P_L(\mathbf{v}) = Q_L(\mathbf{v}) + P_M(\mathbf{v})$$
【在此情況下，我們稱 $P_L = Q_L + P_M$。】

11. 若 M 為 $\mathbb{R}^3$ 中通過原點且法向量為 $n = \begin{bmatrix} a \\ b \\ c \end{bmatrix}$ 的平面，證明 Q_M 有矩陣
$$\frac{1}{a^2 + b^2 + c^2} \begin{bmatrix} b^2 + c^2 - a^2 & -2ab & -2ac \\ -2ab & a^2 + c^2 - b^2 & -2bc \\ -2ac & -2bc & a^2 + b^2 - c^2 \end{bmatrix}$$

4.5 節　應用於電腦繪圖

電腦繪圖是將影像顯示在電腦螢幕上，因此產生各種應用，範圍由文字處理器到 Star Wars 動畫、視頻遊戲、飛機的網站線框影像。這些影像是由螢幕上的點所組成，以及依指示將直線和曲線所界定的區域加以描繪。通常曲線是以一組短的線段來近似，因此曲線是以螢幕上這些線段的端點來確定。矩陣變換此時就顯得重要，因為線段的矩陣影像仍然是線段。[13] 注意，彩色影像需要傳送三種影像，將紅、綠、藍磷點以各種強度呈現在螢幕上。

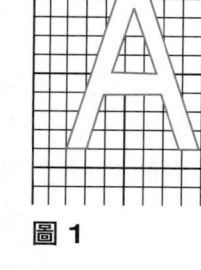

圖 1

考慮字母 A 的顯示。實際上，如圖 1 所示，描繪在螢幕上的字母是以指定 11 個轉角的座標並且填充其內部來完成。為了簡單起見，我們不管字母的厚度，因此只需要 5 個座標點，如圖 2 所示。將簡化後的字母儲存成數據矩陣

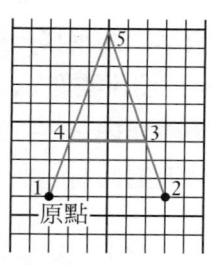

$$D = \begin{matrix} \text{頂點} & 1 & 2 & 3 & 4 & 5 \\ & \begin{bmatrix} 0 & 6 & 5 & 1 & 3 \\ 0 & 0 & 3 & 3 & 9 \end{bmatrix} \end{matrix}$$

圖 2

其中矩陣的行，依序為頂點的座標。如果我們要用 2×2 矩陣 A 將字母變換，就以 A 左乘此數據矩陣（其作用是以 A 乘以每一行而將每一頂點變換）。

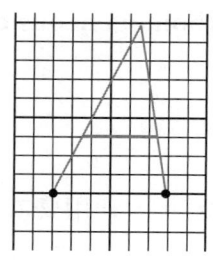

例如，我們可用 x-切變矩陣 $A = \begin{bmatrix} 1 & 0.2 \\ 0 & 1 \end{bmatrix}$（參閱第 2.2 節）將字母向右傾斜。產生的字母其數據矩陣為

$$AD = \begin{bmatrix} 1 & 0.2 \\ 0 & 1 \end{bmatrix}\begin{bmatrix} 0 & 6 & 5 & 1 & 3 \\ 0 & 0 & 3 & 3 & 9 \end{bmatrix} = \begin{bmatrix} 0 & 6 & 5.6 & 1.6 & 4.8 \\ 0 & 0 & 3 & 3 & 9 \end{bmatrix}$$

圖 3

如圖 3 所示。如果我們要將此傾斜矩陣變得窄一點，可用 x-尺度矩陣 $B = \begin{bmatrix} 0.8 & 0 \\ 0 & 1 \end{bmatrix}$ 將 x-座標縮小為原來的 0.8 倍。結果為合成變換

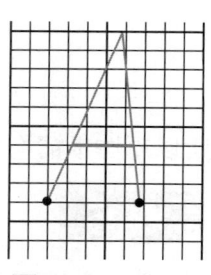

$$BAD = \begin{bmatrix} 0.8 & 0 \\ 0 & 1 \end{bmatrix}\begin{bmatrix} 1 & 0.2 \\ 0 & 1 \end{bmatrix}\begin{bmatrix} 0 & 6 & 5 & 1 & 3 \\ 0 & 0 & 3 & 3 & 9 \end{bmatrix} = \begin{bmatrix} 0 & 4.8 & 4.48 & 1.28 & 3.84 \\ 0 & 0 & 3 & 3 & 9 \end{bmatrix}$$

圖 4

如圖 4 所示。

---

[13] 若 $\mathbf{v}_0$ 和 $\mathbf{v}_1$ 為向量，由 $\mathbf{v}_0$ 到 $\mathbf{v}_1$ 的向量為 $\mathbf{d} = \mathbf{v}_1 - \mathbf{v}_0$。因此向量 $\mathbf{v}$ 位於 $\mathbf{v}_0$ 和 $\mathbf{v}_1$ 之間的線段若且唯若 $\mathbf{v} = \mathbf{v}_0 + t\mathbf{d}$，$0 \leq t \leq 1$。此線段的像為向量 $A\mathbf{v} = A\mathbf{v}_0 + tA\mathbf{d}$ 的集合，其中 $0 \leq t \leq 1$，亦即像為介於 $A\mathbf{v}_0$ 和 $A\mathbf{v}_1$ 之間的線段。

另一方面，我們若將數據矩陣乘以矩陣

$$R_{\frac{\pi}{2}} = \begin{bmatrix} \cos(\frac{\pi}{6}) & -\sin(\frac{\pi}{6}) \\ \sin(\frac{\pi}{6}) & \cos(\frac{\pi}{6}) \end{bmatrix} = \begin{bmatrix} 0.866 & -0.5 \\ 0.5 & 0.866 \end{bmatrix}$$

即

$$R_{\frac{\pi}{2}} D = \begin{bmatrix} 0.866 & -0.5 \\ 0.5 & 0.866 \end{bmatrix} \begin{bmatrix} 0 & 6 & 5 & 1 & 3 \\ 0 & 0 & 3 & 3 & 9 \end{bmatrix} = \begin{bmatrix} 0 & 5.196 & 2.83 & -0.634 & -1.902 \\ 0 & 3 & 5.098 & 3.098 & 9.294 \end{bmatrix}$$

就可將字母對原點旋轉 $\frac{\pi}{6}$（或 30°），如圖 5 所示。

這裡提出一個問題：我們如何對不是原點的點旋轉？當我們解決了另一個較基本的問題後，我們就可以回答此問題。將螢幕影像平移一固定向量 **w** 顯然是重要的，亦即對 $\mathbb{R}^2$ 中所有的 **v**，應用變換 $T_\mathbf{w}: \mathbb{R}^2 \to \mathbb{R}^2$，其中 $T_\mathbf{w}(\mathbf{v}) = \mathbf{v} + \mathbf{w}$。這些平移並非矩陣變換 $\mathbb{R}^2 \to \mathbb{R}^2$，因為它們不是將 **0** 映至 **0**（除非 **w = 0**）。然而對此有一明智的方法。

圖 5

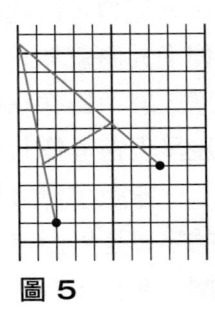

此概念是將點 $\mathbf{v} = \begin{bmatrix} x \\ y \end{bmatrix}$ 表示成 3×1 的行 $\begin{bmatrix} x \\ y \\ 1 \end{bmatrix}$，此行稱為 **v** 的**齊次座標 (homogeneous coordinates)**。平移 $\mathbf{w} = \begin{bmatrix} p \\ q \end{bmatrix}$ 可利用乘以 3×3 矩陣來達成：

$$\begin{bmatrix} 1 & 0 & p \\ 0 & 1 & q \\ 0 & 0 & 1 \end{bmatrix} \begin{bmatrix} x \\ y \\ 1 \end{bmatrix} = \begin{bmatrix} x+p \\ y+q \\ 1 \end{bmatrix} = \begin{bmatrix} T_\mathbf{w}(\mathbf{v}) \\ 1 \end{bmatrix}$$

因此，利用齊次座標我們可以在上方的兩座標重現平移 $T_\mathbf{w}$。另一方面，由 $A = \begin{bmatrix} a & b \\ c & d \end{bmatrix}$ 所誘導的矩陣變換，亦可用 3×3 矩陣獲得：

$$\begin{bmatrix} a & b & 0 \\ c & d & 0 \\ 0 & 0 & 1 \end{bmatrix} \begin{bmatrix} x \\ y \\ 1 \end{bmatrix} = \begin{bmatrix} ax+by \\ cx+dy \\ 1 \end{bmatrix} = \begin{bmatrix} A\mathbf{v} \\ 1 \end{bmatrix}$$

所以每件事情均可利用 3×3 矩陣以及齊次座標來完成。

例 1

將圖 2 的字母 A 對點 $\begin{bmatrix} 4 \\ 5 \end{bmatrix}$ 旋轉 $\frac{\pi}{6}$。

解：在字母頂點所產生的數據矩陣中，利用齊次座標使其形成三列：

$$K_d = \begin{bmatrix} 0 & 6 & 5 & 1 & 3 \\ 0 & 0 & 3 & 3 & 9 \\ 1 & 1 & 1 & 1 & 1 \end{bmatrix}$$

若我們令 $\mathbf{w} = \begin{bmatrix} 4 \\ 5 \end{bmatrix}$，概念是利用變換的合成：首先將字母平移 $-\mathbf{w}$，使得點 $\mathbf{w}$ 移至原點，接著旋轉此平移後的字母，然後再平移 $\mathbf{w}$ 回到原位置。矩陣運算如下：（記住合成的次序！）

$$\begin{bmatrix} 1 & 0 & 4 \\ 0 & 1 & 5 \\ 0 & 0 & 1 \end{bmatrix} \begin{bmatrix} 0.866 & -0.5 & 0 \\ 0.5 & 0.866 & 0 \\ 0 & 0 & 1 \end{bmatrix} \begin{bmatrix} 1 & 0 & -4 \\ 0 & 1 & -5 \\ 0 & 0 & 1 \end{bmatrix} \begin{bmatrix} 0 & 6 & 5 & 1 & 3 \\ 0 & 0 & 3 & 3 & 9 \\ 1 & 1 & 1 & 1 & 1 \end{bmatrix}$$

$$= \begin{bmatrix} 3.036 & 8.232 & 5.866 & 2.402 & 1.134 \\ -1.133 & 1.67 & 3.768 & 1.768 & 7.964 \\ 1 & 1 & 1 & 1 & 1 \end{bmatrix}$$

結果示於圖 6。

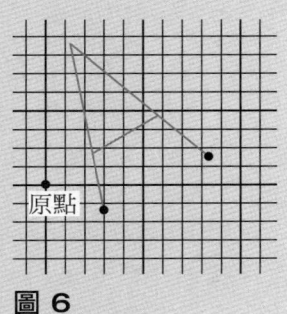

圖 6

此討論只觸及到電腦繪圖的基本面，讀者可參考關於這方面的專書。真實圖像渲染 (rendering) 需要大量的矩陣計算。事實上，矩陣乘法演算現在已植入微晶片電路，每秒可執行超過 1 億個矩陣相乘。這在三維圖形的領域中特別重要，在三維圖形中齊次座標有 4 個分量以及需要 4×4 矩陣。

習題 4.5

1. 考慮圖 2 中的字母 A。求下列各題中的數據矩陣：
   (a) 將字母對原點旋轉 $\frac{\pi}{4}$。
   ◆(b) 將字母對點 $\begin{bmatrix} 1 \\ 2 \end{bmatrix}$ 旋轉 $\frac{\pi}{4}$。

2. 求將圖 2 的字母 A 上下顛倒的矩陣。

3. 求對直線 $y = mx + b$ 鏡射的 3×3 矩陣。利用 $\begin{bmatrix} 1 \\ m \end{bmatrix}$ 作為直線的方向向量。

4. 求對點 $P(a, b)$ 旋轉 θ 角的 3×3 矩陣。

5. 在 $\mathbb{R}^2$ 中，求點 P 對直線 $y = 1 + 2x$ 之鏡射，如果：
   (a) $P = P(1, 1)$
   ◆(b) $P = P(1, 4)$
   (c) $P = P(1, 3)$ 將會如何？說明其原因。【提示：例 1 以及第 4.4 節。】

第 4 章補充習題

1. 設 $\mathbf{u}$、$\mathbf{v}$ 為非零向量，若 $\mathbf{u}$、$\mathbf{v}$ 不平行，且 $a\mathbf{u} + b\mathbf{v} = a_1\mathbf{u} + b_1\mathbf{v}$，證明 $a = a_1$，$b = b_1$。

2. A、B、C 為三角形的頂點。令 E、F 分別為 AB 與 AC 邊的中點，且令中線 EC 與 FB 交於 D 點。令 $\overrightarrow{EO} = s\,\overrightarrow{EC}$ 且 $\overrightarrow{FO} = t\,\overrightarrow{FB}$，其中 s、t 為純量。利用習題 1，以 $a\,\overrightarrow{AB} + b\,\overrightarrow{AC}$ 的兩種形式來表達 $\overrightarrow{AO}$，證明 $s = t = \frac{1}{3}$。由此可知三角形三中線的交點與中點的距離為中線的 $\frac{1}{3}$（因此三中線共點）。

3. 一河流的流速為 1 km/h，一名泳者的游速為 2 km/h（相對於流水）。他要用何種角度才能垂直橫渡？他的橫渡速度為何？

◆4. 風以 75 節 (knots) 的速度由南方吹來，飛機以 100 節的速度向東飛行。求飛機的實際速度。

5. 飛機以 300 km/h 的速度朝東向南 30° 飛行。風以 150 km/h 的速度由南邊吹來。
   (a) 求飛機飛行的實際方向和速率。
   (b) 若風從西邊以 150 km/h 的速度吹來，求飛機的速率。

◆6. 救生艇最快的速度是 13 節。水流向正南方的速度為 5 節。船長想盡快往正東方駛去。假設 $\mathbf{x}$、$\mathbf{y}$ 軸分別指向東方和北方，求船長必須設定的速度向量 $\mathbf{v} = (x, y)$，並求實際的速率。

7. 一艘船以 12 節的速度向北航行，水流以 5 節的速度由西向東流。求船實際航行的方向和速率。

8. 證明由點 A（向量為 $\mathbf{a}$）到向量方程式為 $\mathbf{n} \cdot \mathbf{p} = d$ 的平面之距離為
$$\frac{1}{\|\mathbf{n}\|}|\mathbf{n} \cdot \mathbf{a} - d|$$

9. 若平面上有兩相異點，證明通過這兩點的直線包含於平面。

10. 通過三角形的頂點且垂直於對應邊的直線稱為三角形的**高 (altitude)**。證明任意三角形的三高共點。〔三高的交點稱為三角形的**垂心 (orthocentre)**。〕【提示：若 P 為二個高的交點，證明通過 P 與第三頂點的直線垂直於第三邊。】

第五章

向量空間 $\mathbb{R}^n$

5.1 節　子空間與生成集

　　在第 2.2 節中我們介紹了所有 n-元組（稱為向量）所成的集合 $\mathbb{R}^n$，並開始探討給予 $m \times n$ 矩陣相乘時，$\mathbb{R}^n \to \mathbb{R}^m$ 的矩陣變換。將歐幾里德平面 $\mathbb{R}^2$ 中某些簡單的幾何變換視為矩陣變換給予特別的注意。接著在第 2.6 節中我們介紹了線性變換，證明了它們全都是矩陣變換，並建立了 $\mathbb{R}^2$ 中矩陣的旋轉和鏡射。在第 4.4 節我們又討論到這一點，並證明了 $\mathbb{R}^2$ 和 $\mathbb{R}^3$ 中的投影、鏡射和旋轉均為線性，同時我們也討論到面積和體積與行列式之間的關係。

　　本章我們將全面性地探討 $\mathbb{R}^n$，並介紹一些線性代數中最重要的概念和方法。$\mathbb{R}^n$ 中的 n-元組將繼續用 **x**、**y** 等等來表示，並根據上下文的情況將 n-元組寫成列或行。

$\mathbb{R}^n$ 的子空間

> **定義 5.1**
>
> 若 $\mathbb{R}^n$ 中向量所成的集合[1] U 滿足下列的性質，則稱 U 為 $\mathbb{R}^n$ 的**子空間 (subspace)**：
>
> S1.　零向量 **0** 屬於 U。
> S2.　若 **x** 和 **y** 屬於 U，則 **x** + **y** 也屬於 U。
> S3.　若 **x** 屬於 U，則 a**x** 也屬於 U，其中 a 為任意實數。

　　若 S2 成立，我們說子集合 U 具有**加法封閉性 (closed under addition)**。若 S3

---

[1] 我們使用集合語言。非正式地，集合 X 是由物件匯集而成，這些物件稱為集合的元素 (elements)。若 x 為 X 中的一個元素，則記做 $x \in X$。若兩集合 X 與 Y 有相同的元素，則稱 X 與 Y 為相等（寫成 $X = Y$）。若 X 的每一個元素都屬於集合 Y，則稱 X 為 Y 的子集，記做 $X \subseteq Y$。因此 $X \subseteq Y$ 且 $Y \subseteq X$ 均成立若且唯若 $X = Y$。

成立，則說 U 具有**純量乘法封閉性** (closed under scalar multiplication)。

顯然 $\mathbb{R}^n$ 是本身的子空間。集合 $U = \{\mathbf{0}\}$ 為只有零向量所組成的子空間，因為對每個實數 a 而言，$\mathbf{0} + \mathbf{0} = \mathbf{0}$ 且 $a\mathbf{0} = \mathbf{0}$ 皆成立，所以 $U = \{\mathbf{0}\}$ 稱為**零子空間** (zero subspace)。$\mathbb{R}^n$ 中除了 $\{\mathbf{0}\}$ 和 $\mathbb{R}^n$ 以外的任何子空間稱為 $\mathbb{R}^n$ 的**真** (proper) 子空間。

由第 4.2 節可知，$\mathbb{R}^3$ 中，通過原點的每一個平面 M，其方程式為 $ax + by + cz = 0$，其中 a、b、c 不全為零。在此 $\mathbf{n} = \begin{bmatrix} a \\ b \\ c \end{bmatrix}$ 為這個平面的法向量，且

$$M = \{\mathbf{v} \in \mathbb{R}^3 \mid \mathbf{n} \cdot \mathbf{v} = 0\}$$

其中 $\mathbf{v} = \begin{bmatrix} x \\ y \\ z \end{bmatrix}$，而 $\mathbf{n} \cdot \mathbf{v}$ 表示第 2.2 節介紹的點積（見圖）[2]。M 為 $\mathbb{R}^3$ 的子空間。事實上，我們證明 M 滿足 S1、S2 和 S3，如下所示：

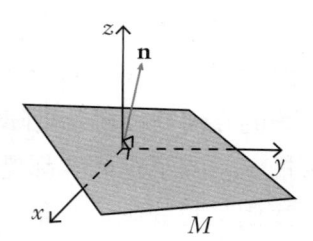

S1. $\mathbf{0}$ 屬於 M，因為 $\mathbf{n} \cdot \mathbf{0} = 0$；

S2. 若 $\mathbf{v}$ 和 $\mathbf{v}_1$ 屬於 M，則 $\mathbf{n} \cdot (\mathbf{v} + \mathbf{v}_1) = \mathbf{n} \cdot \mathbf{v} + \mathbf{n} \cdot \mathbf{v}_1 = 0 + 0 = 0$，所以 $\mathbf{v} + \mathbf{v}_1$ 屬於 M；

S3. 若 $\mathbf{v}$ 屬於 M，則 $\mathbf{n} \cdot (a\mathbf{v}) = a(\mathbf{n} \cdot \mathbf{v}) = a(0) = 0$，所以 $a\mathbf{v}$ 屬於 M。

這證明了以下例題的第一部分。

例 1

$\mathbb{R}^3$ 中通過原點的平面和直線均為 $\mathbb{R}^3$ 的子空間。

解：我們已經證明了關於平面的部分。若 L 為經過原點的直線，其方向向量為 $\mathbf{d}$，則 $L = \{t\mathbf{d} \mid t \in \mathbb{R}\}$（見右圖）。驗證 L 滿足 S1、S2 和 S3 留給讀者當做習題。

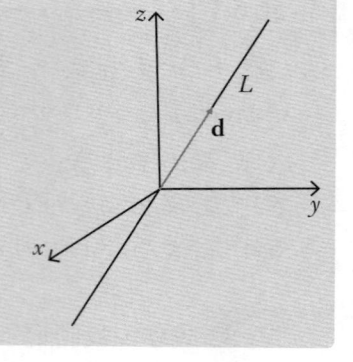

由例 1 可知 $\mathbb{R}^2$ 中通過原點的直線是 $\mathbb{R}^2$ 的子空間；事實上，它們是 $\mathbb{R}^2$ 的唯一真子空間（習題 24）。的確，我們在第 5.2 節例 2 會看到 $\mathbb{R}^3$ 中通過原點的直線和平面

---

[2] 我們在這裡使用集合符號。一般而言，$\{q \mid p\}$ 是指所有滿足性質 p 的物件 q 的集合。

是 $\mathbb{R}^3$ 的唯一真子空間。因此通過原點的直線和平面的幾何是由子空間的概念所掌握。（注意，每一直線或平面只是將這些平移而得。）

子空間亦可用於描述 $m \times n$ 矩陣 A 的重要特點。A 的**零空間 (null space)** 記做 null A，而 A 的**像空間 (image space)**，記做 im A，定義為

$$\text{null } A = \{\mathbf{x} \in \mathbb{R}^n \mid A\mathbf{x} = \mathbf{0}\} \quad \text{且} \quad \text{im } A = \{A\mathbf{x} \mid \mathbf{x} \in \mathbb{R}^n\}$$

以第 2 章的說法，null A 是齊次方程組 $A\mathbf{x} = \mathbf{0}$ 在 $\mathbb{R}^n$ 中的所有解，而 im A 是 $\mathbb{R}^m$ 中使得 $A\mathbf{x} = \mathbf{y}$ 有解的所有向量 $\mathbf{y}$ 的集合。注意，若 $\mathbf{x}$ 滿足條件 $A\mathbf{x} = \mathbf{0}$，則 $\mathbf{x}$ 屬於 null A，而 im A 包含形如 $A\mathbf{x}$ 的向量，其中 $\mathbf{x}$ 屬於 $\mathbb{R}^n$。這兩種子空間以後會經常出現。

例 2

若 A 為 $m \times n$ 矩陣，則：
1. null A 是 $\mathbb{R}^n$ 的子空間。
2. im A 是 $\mathbb{R}^m$ 的子空間。

解：

1. 因為 $A\mathbf{0} = \mathbf{0}$，[3] 所以 $\mathbb{R}^n$ 中的零向量 $\mathbf{0}$ 屬於 null A。若 $\mathbf{x}$ 和 $\mathbf{x}_1$ 屬於 null A，則 $\mathbf{x} + \mathbf{x}_1$ 和 $a\mathbf{x}$ 也屬於 null A，因為它們滿足所要求的條件：

$$A(\mathbf{x} + \mathbf{x}_1) = A\mathbf{x} + A\mathbf{x}_1 = \mathbf{0} + \mathbf{0} = \mathbf{0} \quad \text{且} \quad A(a\mathbf{x}) = a(A\mathbf{x}) = a\mathbf{0} = \mathbf{0}$$

因此 null A 滿足 S1、S2 和 S3，所以是 $\mathbb{R}^n$ 的子空間。

2. 因為 $\mathbf{0} = A\mathbf{0}$，所以 $\mathbb{R}^m$ 中的零向量 $\mathbf{0}$ 屬於 im A。假設 $\mathbf{y}$ 和 $\mathbf{y}_1$ 屬於 im A，令 $\mathbf{y} = A\mathbf{x}$ 和 $\mathbf{y}_1 = A\mathbf{x}_1$，其中 $\mathbf{x}$ 和 $\mathbf{x}_1$ 屬於 $\mathbb{R}^n$，則

$$\mathbf{y} + \mathbf{y}_1 = A\mathbf{x} + A\mathbf{x}_1 = A(\mathbf{x} + \mathbf{x}_1) \quad \text{且} \quad a\mathbf{y} = a(A\mathbf{x}) = A(a\mathbf{x})$$

這證明了 $\mathbf{y} + \mathbf{y}_1$ 和 $a\mathbf{y}$ 均屬於 im A。因此 im A 是 $\mathbb{R}^m$ 的子空間。

還有其它與矩陣 A 相關的重要子空間，能幫助我們了解 A 的基本性質。若 A 是一個 $n \times n$ 矩陣，λ 為任意數，令

$$E_\lambda(A) = \{\mathbf{x} \in \mathbb{R}^n \mid A\mathbf{x} = \lambda\mathbf{x}\}$$

向量 $\mathbf{x}$ 屬於 $E_\lambda(A)$ 若且唯若 $(\lambda I - A)\mathbf{x} = \mathbf{0}$。故由例 2 可得：

例 3

對每一個 $n \times n$ 矩陣 A 和數 λ 而言，$E_\lambda(A) = \text{null}(\lambda I - A)$ 是 $\mathbb{R}^n$ 的子空間。

---

[3] 我們使用 $\mathbf{0}$ 表示 $\mathbb{R}^m$ 與 $\mathbb{R}^n$ 中的零向量。這種符號的濫用很普遍，但是一旦每個人都知道是怎麼回事，就不會產生混淆。

$E_\lambda(A)$ 稱為 A 對應於 λ 的**固有空間 (eigenspace)**。這個名稱的來源，是採用第 3.3 節中的術語，亦即，若 $E_\lambda(A) \neq \{\mathbf{0}\}$，則 λ 是 A 的**固有值 (eigenvalue)**。在此情況下，$E_\lambda(A)$ 中的非零向量稱為 A 對應於 λ 的**固有向量 (eigenvector)**。

讀者不要以為每一個 $\mathbb{R}^n$ 中的子集都是子空間。例如：

$$U_1 = \left\{ \begin{bmatrix} x \\ y \end{bmatrix} \middle| x \geq 0 \right\} \text{ 滿足 S1 和 S2，但不滿足 S3；}$$

$$U_2 = \left\{ \begin{bmatrix} x \\ y \end{bmatrix} \middle| x^2 = y^2 \right\} \text{ 滿足 S1 和 S3，但不滿足 S2；}$$

因此 U_1 和 U_2 都不是 $\mathbb{R}^2$ 的子空間（但是，請參考習題 20）。

生成集

令 $\mathbf{v}$ 和 $\mathbf{w}$ 為 $\mathbb{R}^3$ 中以原點為起點的兩個非零、非平行向量。如第 4.2 節所述，通過原點並包含這些向量的平面 M 之法向量為 $\mathbf{n} = \mathbf{v} \times \mathbf{w}$，$M$ 包括所有的向量 $\mathbf{p}$ 使得 $\mathbf{n} \cdot \mathbf{p} = 0$。[4] 雖然這是描述平面的一種非常有用的方法，但是在 $\mathbb{R}^3$ 中還有另一種有用的方法，其重要性是，對任意 $n \geq 1$ 而言，此法適用於 $\mathbb{R}^n$ 中的所有子空間。

觀念如下：由右圖觀察可知，向量 $\mathbf{p}$ 屬於 M 若且唯若它具有

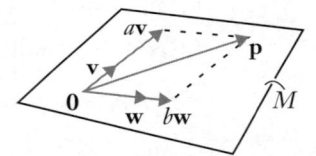

$$\mathbf{p} = a\mathbf{v} + b\mathbf{w}$$

的形式，其中 a、b 為實數（我們說，$\mathbf{p}$ 是 $\mathbf{v}$ 和 $\mathbf{w}$ 的線性組合）。因此我們可以將 M 描述為

$$M = \{a\mathbf{v} + b\mathbf{w} \mid a, b \in \mathbb{R}\}\text{[5]}$$

而稱 $\{\mathbf{v}, \mathbf{w}\}$ 為 M 的**生成集 (spanning set)**。生成集的概念提供了描述 $\mathbb{R}^n$ 的所有子空間的方法。

如同在第 1.3 節，給予 $\mathbb{R}^n$ 中的向量 $\mathbf{x}_1, \mathbf{x}_2, ..., \mathbf{x}_k$，則如下列形式的向量

$$t_1\mathbf{x}_1 + t_2\mathbf{x}_2 + \cdots + t_k\mathbf{x}_k\text{，其中 } t_i \text{ 為純量}$$

稱為 $\mathbf{x}_i$ 的**線性組合 (linear combination)**，而 t_i 稱為 $\mathbf{x}_i$ 的**係數 (coefficient)**。

---

[4] 因為 $\mathbf{v}$ 和 $\mathbf{w}$ 不平行，所以向量 $\mathbf{n} = \mathbf{v} \times \mathbf{w}$ 不等於零。

[5] 特別地，這表示任何與 $\mathbf{v} \times \mathbf{w}$ 正交的向量 $\mathbf{p}$，必為 $\mathbf{v}$ 和 $\mathbf{w}$ 的線性組合，即 $\mathbf{p} = a\mathbf{v} + b\mathbf{w}$，其中 a、b 為常數。你能直接證明這點嗎？

定義 5.2

所有這種線性組合所成的集合，稱為 $\mathbf{x}_i$ 的**生成 (span)** 並記做
$$\mathrm{span}\{\mathbf{x}_1, \mathbf{x}_2, ..., \mathbf{x}_k\} = \{t_1\mathbf{x}_1 + t_2\mathbf{x}_2 + \cdots + t_k\mathbf{x}_k \mid t_i \in \mathbb{R}\}$$
若 $V = \mathrm{span}\{\mathbf{x}_1, \mathbf{x}_2, ..., \mathbf{x}_k\}$，則稱 V 是由向量 $\mathbf{x}_1, \mathbf{x}_2, ..., \mathbf{x}_k$ 生成。

兩個例子：
$$\mathrm{span}\{\mathbf{x}\} = \{t\mathbf{x} \mid t \in \mathbb{R}\}$$
可簡寫為 $\mathrm{span}\{\mathbf{x}\} = \mathbb{R}\mathbf{x}$。
$$\mathrm{span}\{\mathbf{x}, \mathbf{y}\} = \{r\mathbf{x} + s\mathbf{y} \mid r, s \in \mathbb{R}\}$$

特別地，由以上的討論顯示，若 $\mathbf{v}$ 和 $\mathbf{w}$ 為 $\mathbb{R}^3$ 中兩個非零、非平行的向量，則
$$M = \mathrm{span}\{\mathbf{v}, \mathbf{w}\}$$
是 $\mathbb{R}^3$ 中包含 $\mathbf{v}$ 和 $\mathbf{w}$ 的平面。此外，若 $\mathbf{d}$ 是 $\mathbb{R}^3$（或 $\mathbb{R}^2$）中任意非零向量，則
$$L = \mathrm{span}\{\mathbf{v}\} = \{t\mathbf{d} \mid t \in \mathbb{R}\} = \mathbb{R}\mathbf{d}$$
是方向向量為 $\mathbf{d}$ 的直線（參閱第 3.3 節引理 1）。因此直線和平面均可用生成集來描述。

例 4

令 $\mathbb{R}^4$ 中的 $\mathbf{x} = (2, -1, 2, 1)$ 和 $\mathbf{y} = (3, 4, -1, 1)$。試問 $\mathbf{p} = (0, -11, 8, 1)$ 或 $\mathbf{q} = (2, 3, 1, 2)$ 是否屬於 $U = \mathrm{span}\{\mathbf{x}, \mathbf{y}\}$。

解：向量 $\mathbf{p}$ 屬於 U 若且唯若 $\mathbf{p} = s\mathbf{x} + t\mathbf{y}$，其中 s 和 t 為純量。令各分量相等，可得下列方程組
$$2s + 3t = 0 \,,\, -s + 4t = -11 \,,\, 2s - t = 8 \quad \text{和} \quad s + t = 1$$
此線性方程組的解為 $s = 3$ 和 $t = -2$，故 $\mathbf{p}$ 屬於 U。另一方面，由 $\mathbf{q} = s\mathbf{x} + t\mathbf{y}$ 可導出方程組
$$2s + 3t = 2 \,,\, -s + 4t = 3 \,,\, 2s - t = 1 \quad \text{和} \quad s + t = 2$$
此方程組無解。故 $\mathbf{q}$ 不屬於 U。

定理 1

令 $U = \mathrm{span}\{\mathbf{x}_1, \mathbf{x}_2, ..., \mathbf{x}_k\}$ 屬於 $\mathbb{R}^n$。則：
1. U 為 $\mathbb{R}^n$ 的子空間。
2. 若 W 為 $\mathbb{R}^n$ 的子空間且每個 $\mathbf{x}_i$ 皆屬於 W，則 $U \subseteq W$。

證明

令 $U = \text{span}\{\mathbf{x}_1, \mathbf{x}_2, ..., \mathbf{x}_k\}$。

1. 零向量 $\mathbf{0}$ 屬於 U，因為 $\mathbf{0} = 0\mathbf{x}_1 + 0\mathbf{x}_2 + \cdots + 0\mathbf{x}_k$ 是 $\mathbf{x}_i$ 的線性組合。若 $\mathbf{x} = t_1\mathbf{x}_1 + t_2\mathbf{x}_2 + \cdots + t_k\mathbf{x}_k$ 和 $\mathbf{y} = s_1\mathbf{x}_1 + s_2\mathbf{x}_2 + \cdots + s_k\mathbf{x}_k$ 屬於 U，則 $\mathbf{x} + \mathbf{y}$ 和 $a\mathbf{x}$ 屬於 U，因為
$$\mathbf{x} + \mathbf{y} = (t_1 + s_1)\mathbf{x}_1 + (t_2 + s_2)\mathbf{x}_2 + \cdots + (t_k + s_k)\mathbf{x}_k \text{ 且}$$
$$a\mathbf{x} = (at_1)\mathbf{x}_1 + (at_2)\mathbf{x}_2 + \cdots + (at_k)\mathbf{x}_k$$
因此 U 滿足 S1、S2、S3，(1) 得證。

2. 令 $\mathbf{x} = t_1\mathbf{x}_1 + t_2\mathbf{x}_2 + \cdots + t_k\mathbf{x}_k$，其中 t_i 為純量而且每個 $\mathbf{x}_i$ 均屬於 W。因 W 滿足 S3，故每個 $t_i\mathbf{x}_i$ 皆屬於 W，但因為 W 也滿足 S2，所以 $\mathbf{x}$ 屬於 W，(2) 得證。

定理 1 中的條件 2 可以說成 $\text{span}\{\mathbf{x}_1, \mathbf{x}_2, ..., \mathbf{x}_k\}$ 是 $\mathbb{R}^n$ 中包含每個 $\mathbf{x}_i$ 的最小子空間。這用於證明兩個子空間 U 和 W 相等是很有用的，因為證明 U 和 W 相等就是要證明 $U \subseteq W$ 且 $W \subseteq U$。我們以下面的例子作為說明。

例 5

若 $\mathbf{x}$、$\mathbf{y}$ 屬於 $\mathbb{R}^n$，證明 $\text{span}\{\mathbf{x}, \mathbf{y}\} = \text{span}\{\mathbf{x} + \mathbf{y}, \mathbf{x} - \mathbf{y}\}$。

解：因 $\mathbf{x} + \mathbf{y}$ 和 $\mathbf{x} - \mathbf{y}$ 皆屬於 $\text{span}\{\mathbf{x}, \mathbf{y}\}$，由定理 1 知
$$\text{span}\{\mathbf{x} + \mathbf{y}, \mathbf{x} - \mathbf{y}\} \subseteq \text{span}\{\mathbf{x}, \mathbf{y}\}$$
但 $\mathbf{x} = \frac{1}{2}(\mathbf{x} + \mathbf{y}) + \frac{1}{2}(\mathbf{x} - \mathbf{y})$ 和 $\mathbf{y} = \frac{1}{2}(\mathbf{x} + \mathbf{y}) - \frac{1}{2}(\mathbf{x} - \mathbf{y})$ 皆屬於 $\text{span}\{\mathbf{x} + \mathbf{y}, \mathbf{x} - \mathbf{y}\}$，因此同樣由定理 1 可得
$$\text{span}\{\mathbf{x}, \mathbf{y}\} \subseteq \text{span}\{\mathbf{x} + \mathbf{y}, \mathbf{x} - \mathbf{y}\}$$
因此 $\text{span}\{\mathbf{x}, \mathbf{y}\} = \text{span}\{\mathbf{x} + \mathbf{y}, \mathbf{x} - \mathbf{y}\}$，得證。

許多重要的子空間都可用生成集來描述。以下有三個例子，首先，$\mathbb{R}^n$ 本身就是一個重要的生成集。$n \times n$ 單位矩陣 I_n 的第 j 行，以 $\mathbf{e}_j$ 表示，稱為 $\mathbb{R}^n$ 中第 j 個**座標向量 (coordinate vector)**，而集合 $\{\mathbf{e}_1, \mathbf{e}_2, ..., \mathbf{e}_n\}$ 稱為 $\mathbb{R}^n$ 的**標準基底 (standard basis)**。若 $\mathbf{x} = \begin{bmatrix} x_1 \\ x_2 \\ \vdots \\ x_n \end{bmatrix}$ 為 $\mathbb{R}^n$ 中的任意向量，則 $\mathbf{x} = x_1\mathbf{e}_1 + x_2\mathbf{e}_2 + \cdots + x_n\mathbf{e}_n$，讀者可自行驗證，這證明了下面的例子：

例 6

$\mathbb{R}^n = \text{span}\{\mathbf{e}_1, \mathbf{e}_2, ..., \mathbf{e}_n\}$，其中 $\mathbf{e}_1, \mathbf{e}_2, ..., \mathbf{e}_n$ 為 I_n 的行向量。

若 A 是 $m \times n$ 矩陣，下面兩個例子是求 null A 和 im A 的生成集。

例 7

給予 $m \times n$ 矩陣 A，令 $\mathbf{x}_1, \mathbf{x}_2, ..., \mathbf{x}_k$ 是由高斯演算法解方程組 $A\mathbf{x} = \mathbf{0}$ 所得的基本解。則
$$\text{null } A = \text{span}\{\mathbf{x}_1, \mathbf{x}_2, ..., \mathbf{x}_k\}$$

解：若 $\mathbf{x}$ 屬於 null A，則 $A\mathbf{x} = \mathbf{0}$，因此由第 1.3 節定理 2 知 $\mathbf{x}$ 為基本解的線性組合；亦即，null $A \subseteq \text{span}\{\mathbf{x}_1, \mathbf{x}_2, ..., \mathbf{x}_k\}$。另一方面，若 $\mathbf{x}$ 屬於 $\text{span}\{\mathbf{x}_1, \mathbf{x}_2, ..., \mathbf{x}_k\}$，則 $\mathbf{x} = t_1\mathbf{x}_1 + t_2\mathbf{x}_2 + \cdots + t_k\mathbf{x}_k$，$t_i$ 為純量，所以
$$A\mathbf{x} = t_1 A\mathbf{x}_1 + t_2 A\mathbf{x}_2 + \cdots + t_k A\mathbf{x}_k = t_1\mathbf{0} + t_2\mathbf{0} + \cdots + t_k\mathbf{0} = \mathbf{0}$$
這表示 $\mathbf{x}$ 屬於 null A，因此 $\text{span}\{\mathbf{x}_1, \mathbf{x}_2, ..., \mathbf{x}_k\} \subseteq$ null A，故 null $A = \text{span}\{\mathbf{x}_1, \mathbf{x}_2, ... \mathbf{x}_k\}$。

例 8

令 $\mathbf{c}_1, \mathbf{c}_2, ..., \mathbf{c}_n$ 表示 $m \times n$ 矩陣 A 的行向量。則
$$\text{im } A = \text{span}\{\mathbf{c}_1, \mathbf{c}_2, ..., \mathbf{c}_n\}$$

解：若 $\{\mathbf{e}_1, \mathbf{e}_2, ..., \mathbf{e}_n\}$ 為 $\mathbb{R}^n$ 的標準基底，觀察
$$[A\mathbf{e}_1 \; A\mathbf{e}_2 \; \cdots \; A\mathbf{e}_n] = A[\mathbf{e}_1 \; \mathbf{e}_2 \; \cdots \; \mathbf{e}_n] = AI_n = A = [\mathbf{c}_1 \; \mathbf{c}_2 \; \cdots \; \mathbf{c}_n]$$
於是對每一個 i 而言，$\mathbf{c}_i = A\mathbf{e}_i$ 屬於 im A，因此 $\text{span}\{\mathbf{c}_1, \mathbf{c}_2, ..., \mathbf{c}_n\} \subseteq$ im A。

反之，令 $\mathbf{y}$ 屬於 im A，即 $\mathbf{y} = A\mathbf{x}$，$\mathbf{x} \in \mathbb{R}^n$。若 $\mathbf{x} = \begin{bmatrix} x_1 \\ x_2 \\ \vdots \\ x_n \end{bmatrix}$，則由定義 2.5 知

$$\mathbf{y} = A\mathbf{x} = x_1\mathbf{c}_1 + x_2\mathbf{c}_2 + \cdots + x_n\mathbf{c}_n \text{ 屬於 span}\{\mathbf{c}_1, \mathbf{c}_2, ..., \mathbf{c}_n\}$$

這證明了 im $A \subseteq \text{span}\{\mathbf{c}_1, \mathbf{c}_2, ..., \mathbf{c}_n\}$，故 im $A = \text{span}\{\mathbf{c}_1, \mathbf{c}_2, ..., \mathbf{c}_n\}$。

習題 5.1

我們常將 $\mathbb{R}^n$ 中的向量寫成列的形式。

1. 下列各題中，判斷下列 U 是否為 $\mathbb{R}^3$ 的子空間，並提出所根據的理由。
   (a) $U = \{(1, s, t) \mid s \text{ 和 } t \in \mathbb{R}\}$
   ◆(b) $U = \{(0, s, t) \mid s \text{ 和 } t \in \mathbb{R}\}$
   (c) $U = \{(r, s, t) \mid r, s \text{ 和 } t \in \mathbb{R}, -r + 3s + 2t = 0\}$
   ◆(d) $U = \{(r, 3s, r - 2) \mid r \text{ 和 } s \in \mathbb{R}\}$
   (e) $U = \{(r, 0, s) \mid r^2 + s^2 = 0, r \text{ 和 } s \in \mathbb{R}\}$
   ◆(f) $U = \{(2r, -s^2, t) \mid r, s \text{ 和 } t \in \mathbb{R}\}$

2. 下列各題中，判斷 $\mathbf{x}$ 是否屬於 $U = \text{span}\{\mathbf{y}, \mathbf{z}\}$。若 $\mathbf{x}$ 屬於 U，將 $\mathbf{x}$ 寫成 $\mathbf{y}$ 和 $\mathbf{z}$ 的線性組合；若 $\mathbf{x}$ 不屬於 U，則說明理由。

(a) $\mathbf{x} = (2, -1, 0, 1)$，$\mathbf{y} = (1, 0, 0, 1)$，$\mathbf{z} = (0, 1, 0, 1)$

◆(b) $\mathbf{x} = (1, 2, 15, 11)$，$\mathbf{y} = (2, -1, 0, 2)$，$\mathbf{z} = (1, -1, -3, 1)$

(c) $\mathbf{x} = (8, 3, -13, 20)$，$\mathbf{y} = (2, 1, -3, 5)$，$\mathbf{z} = (-1, 0, 2, -3)$

◆(d) $\mathbf{x} = (2, 5, 8, 3)$，$\mathbf{y} = (2, -1, 0, 5)$，$\mathbf{z} = (-1, 2, 2, -3)$

3. 判斷下列向量是否生成 $\mathbb{R}^4$，說明你的理由。

(a) $\{(1, 1, 1, 1), (0, 1, 1, 1), (0, 0, 1, 1), (0, 0, 0, 1)\}$

◆(b) $\{(1, 3, -5, 0), (-2, 1, 0, 0), (0, 2, 1, -1), (1, -4, 5, 0)\}$

4. $\{(1, 2, 0), (2, 0, 3)\}$ 是否能生成子空間 $U = \{(r, s, 0) \mid r \text{ 和 } s \in \mathbb{R}\}$？請說明理由。

5. 寫出 $\mathbb{R}^n$ 的零子空間 $\{\mathbf{0}\}$ 的生成集。

6. $\mathbb{R}^2$ 是否為 $\mathbb{R}^3$ 的子空間？請說明理由。

7. 若 $U = \text{span}\{\mathbf{x}, \mathbf{y}, \mathbf{z}\}$ 屬於 $\mathbb{R}^n$，證明 $U = \text{span}\{\mathbf{x} + t\mathbf{z}, \mathbf{y}, \mathbf{z}\}$，對所有的實數 t 皆成立。

8. 若 $U = \text{span}\{\mathbf{x}, \mathbf{y}, \mathbf{z}\}$ 屬於 $\mathbb{R}^n$，證明 $U = \text{span}\{\mathbf{x} + \mathbf{y}, \mathbf{y} + \mathbf{z}, \mathbf{z} + \mathbf{x}\}$。

9. 若 $a \neq 0$ 為一純量，證明對 $\mathbb{R}^n$ 中的每一個向量 $\mathbf{x}$ 而言，$\text{span}\{a\mathbf{x}\} = \text{span}\{\mathbf{x}\}$。

◆10. 若 $a_1, a_2, ..., a_k$ 為非零純量，證明對 $\mathbb{R}^n$ 中的任意向量 $\mathbf{x}_i$ 而言，$\text{span}\{a_1\mathbf{x}_1, a_2\mathbf{x}_2, ..., a_k\mathbf{x}_k\} = \text{span}\{\mathbf{x}_1, \mathbf{x}_2, ..., \mathbf{x}_k\}$。

11. 若 $\mathbf{x} \neq \mathbf{0}$ 屬於 $\mathbb{R}^n$，求 $\text{span}\{\mathbf{x}\}$ 的所有子空間。

◆12. 假設 $U = \text{span}\{\mathbf{x}_1, \mathbf{x}_2, ..., \mathbf{x}_k\}$，其中 $\mathbf{x}_i$ 屬於 $\mathbb{R}^n$。若 A 為 $m \times n$ 矩陣，且對每一個 i，$A\mathbf{x}_i = \mathbf{0}$，證明對 U 中的每一個向量 $\mathbf{y}$，$A\mathbf{y} = \mathbf{0}$。

13. 若 A 為 $m \times n$ 矩陣，證明對每一個可逆 $m \times m$ 矩陣 U，$\text{null}(A) = \text{null}(UA)$。

14. 若 A 為 $m \times n$ 矩陣，證明對每一個可逆 $n \times n$ 矩陣 V，$\text{im}(A) = \text{im}(AV)$。

15. 令 U 為 $\mathbb{R}^n$ 的子空間，$\mathbf{x}$ 為 $\mathbb{R}^n$ 中的向量。

(a) 若 $a\mathbf{x}$ 屬於 U，其中 $a \neq 0$ 為一數，證明 $\mathbf{x}$ 屬於 U。

◆(b) 若 $\mathbf{y}$ 和 $\mathbf{x} + \mathbf{y}$ 屬於 U，其中 $\mathbf{y}$ 為 $\mathbb{R}^n$ 中的向量，證明 $\mathbf{x}$ 屬於 U。

16. 下列各題中，證明敘述為真或給予一反例說明其不為真。

(a) 若 $U \neq \mathbb{R}^n$ 為 $\mathbb{R}^n$ 的子空間且 $\mathbf{x} + \mathbf{y}$ 屬於 U，則 $\mathbf{x}$ 和 $\mathbf{y}$ 屬於 U。

◆(b) 若 U 為 $\mathbb{R}^n$ 的子空間且 $r\mathbf{x}$ 屬於 U，其中 $r \in \mathbb{R}$，則 $\mathbf{x}$ 屬於 U。

(c) 若 U 為 $\mathbb{R}^n$ 的子空間且 $\mathbf{x}$ 屬於 U，則 $-\mathbf{x}$ 亦屬於 U。

◆(d) 若 $\mathbf{x}$ 屬於 U 且 $U = \text{span}\{\mathbf{y}, \mathbf{z}\}$，則 $U = \text{span}\{\mathbf{x}, \mathbf{y}, \mathbf{z}\}$。

(e) $\mathbb{R}^n$ 中，向量的空集合是 $\mathbb{R}^n$ 的子空間。

◆(f) $\begin{bmatrix} 0 \\ 1 \end{bmatrix}$ 屬於 $\left\{ \begin{bmatrix} 1 \\ 0 \end{bmatrix}, \begin{bmatrix} 2 \\ 0 \end{bmatrix} \right\}$。

17. (a) 若 A、B 為 $m \times n$ 矩陣，證明 $U = \{\mathbf{x} \in \mathbb{R}^n \mid A\mathbf{x} = B\mathbf{x}\}$ 為 $\mathbb{R}^n$ 的子空間。

(b) 若 A 為 $m \times n$ 矩陣，B 為 $k \times n$ 矩陣，且 $m \neq k$ 則會如何？

18. 假設 $\mathbf{x}_1, \mathbf{x}_2, ..., \mathbf{x}_k$ 為 $\mathbb{R}^n$ 中的向量。若 $\mathbf{y} = a_1\mathbf{x}_1 + a_2\mathbf{x}_2 + \cdots + a_k\mathbf{x}_k$，其中 $a_1 \neq 0$，證明 $\text{span}\{\mathbf{x}_1, \mathbf{x}_2, ..., \mathbf{x}_k\} = \text{span}\{\mathbf{y}, \mathbf{x}_2, ..., \mathbf{x}_k\}$。

19. 若 $U \neq \{\mathbf{0}\}$ 為 $\mathbb{R}$ 的子空間，證明 $U = \mathbb{R}$。

◆20. 令 U 是 $\mathbb{R}^n$ 的非空子集。證明 U 是子空間若且唯若 S2 和 S3 成立。

21. 若 S 和 T 是 $\mathbb{R}^n$ 中非空的向量集，且 $S \subseteq T$，證明 $\text{span}\{S\} \subseteq \text{span}\{T\}$。

22. 令 U 和 W 是 $\mathbb{R}^n$ 的子空間，定義它們的**交集 (intersection)** $U \cap W$ 以及**和 (sum)** $U + W$ 如下：

$U \cap W = \{\mathbf{x} \in \mathbb{R}^n \mid \mathbf{x}$ 屬於 U 和 $W\}$

$U + W = \{\mathbf{x} \in \mathbb{R}^n \mid \mathbf{x}$ 為 U 中的向量與 W 中的向量之和$\}$

(a) 證明 $U \cap W$ 為 $\mathbb{R}^n$ 的子空間。

◆(b) 證明 $U + W$ 為 $\mathbb{R}^n$ 的子空間。

23. 令 P 為可逆 $n \times n$ 矩陣。若 λ 為一數，證明對每一個 $n \times n$ 矩陣 A 而言，$E_\lambda(PAP^{-1}) = \{P\mathbf{x} \mid \mathbf{x} \in E_\lambda(A)\}$。

24. 證明 $\mathbb{R}^2$ 的每一個真子空間 U 為通過原點的直線。【提示：若 $\mathbf{d}$ 為 U 中非零向量，令 $L = \mathbb{R}\mathbf{d} = \{r\mathbf{d} \mid r \in \mathbb{R}\}$ 為方向向量為 $\mathbf{d}$ 的直線。若 $\mathbf{u}$ 屬於 U 但不屬於 L，則以幾何觀點而言，每一個 $\mathbb{R}^2$ 中的向量 $\mathbf{v}$ 是 $\mathbf{u}$ 和 $\mathbf{d}$ 的線性組合。】

5.2 節　獨立性與維數

有些生成集會比其他的生成集更好。若 $U = \text{span}\{\mathbf{x}_1, \mathbf{x}_2, ..., \mathbf{x}_k\}$ 是 $\mathbb{R}^n$ 的子空間，則 U 的每一個向量至少可以寫成一種 $\mathbf{x}_i$ 的線性組合。此處我們感興趣的生成集是當 U 中每個向量寫成此生成集之線性組合時，只能有一種表示法。

線性獨立

給予 $\mathbb{R}^n$ 中的 $\mathbf{x}_1, \mathbf{x}_2, ..., \mathbf{x}_k$，假設兩個線性組合相等：

$$r_1\mathbf{x}_1 + r_2\mathbf{x}_2 + \cdots + r_k\mathbf{x}_k = s_1\mathbf{x}_1 + s_2\mathbf{x}_2 + \cdots + s_k\mathbf{x}_k$$

我們要對向量集 $\{\mathbf{x}_1, \mathbf{x}_2, ..., \mathbf{x}_k\}$ 尋找限制條件，保證這種表示法是唯一的；亦即，對每一個 i 而言，$r_i = s_i$。將所有的項移至左邊，可得

$$(r_1 - s_1)\mathbf{x}_1 + (r_2 - s_2)\mathbf{x}_2 + \cdots + (r_k - s_k)\mathbf{x}_k = \mathbf{0}$$

所以我們找到的條件是要這個方程式的所有係數 $r_i - s_i$ 皆為零。

定義 5.3

若一個向量集 $\{x_1, x_2, ..., x_k\}$ 滿足下列條件：

若 $t_1x_1 + t_2x_2 + \cdots + t_kx_k = 0$ 則 $t_1 = t_2 = \cdots = t_k = 0$

則稱此向量集為**線性獨立 (linearly independent)**〔或簡稱**獨立 (independent)**〕。

我們將上述討論的結果記錄下來以供參考。

定理 1

若 $\{x_1, x_2, ..., x_k\}$ 是 $\mathbb{R}^n$ 中的一個獨立向量集，則 span$\{x_1, x_2, ..., x_k\}$ 中的每個向量都能**唯一 (unique)** 表達成 x_i 的線性組合。

線性獨立的定義可以簡潔地敘述如下：

一個向量集是線性獨立若且唯若係數全為零的線性組合
是使線性組合等於零的唯一方式。

因此我們有了檢驗向量集是否為線性獨立的步驟：

獨立性的檢定 (Independence Test)

驗證 $\mathbb{R}^n$ 中的向量集 $\{x_1, x_2, ..., x_k\}$ 是否為線性獨立，其步驟如下：

1. 令這些向量的線性組合等於零：$t_1x_1 + t_2x_2 + \cdots + t_kx_k = 0$。
2. 證明對每一個 i 而言，$t_i = 0$（也就是，線性組合的係數全為零）。

當然，若有不全為零的係數使線性組合等於零，則這些向量就不是線性獨立。

例 1

判斷 $\mathbb{R}^4$ 中的向量集 $\{(1, 0, -2, 5), (2, 1, 0, -1), (1, 1, 2, 1)\}$ 是否為線性獨立。

解：假設線性組合等於零：

$$r(1, 0, -2, 5) + s(2, 1, 0, -1) + t(1, 1, 2, 1) = (0, 0, 0, 0)$$

令等號兩邊對應元素相等，可得四個方程式：

$$r + 2s + t = 0 \text{，} s + t = 0 \text{，} -2r + 2t = 0 \text{ 和 } 5r - s + t = 0$$

解出的唯一解是 $r = s = t = 0$（驗證），所以根據獨立性檢定可知此向量集為線性獨立。

例 2

證明 $\mathbb{R}^n$ 的標準基底 $\{\mathbf{e}_1, \mathbf{e}_2, ..., \mathbf{e}_k\}$ 為線性獨立。

解：$t_1\mathbf{e}_1 + t_2\mathbf{e}_2 + \cdots + t_n\mathbf{e}_n$ 的分量為 $t_1, t_2, ..., t_n$（見第 5.1 節例 6 之前的討論）。所以線性組合等於零若且唯若每個 $t_i = 0$。因此由獨立性檢定知，$\{\mathbf{e}_1, \mathbf{e}_2, ..., \mathbf{e}_k\}$ 是線性獨立。

例 3

若 $\{\mathbf{x}, \mathbf{y}\}$ 為獨立，證明 $\{2\mathbf{x} + 3\mathbf{y}, \mathbf{x} - 5\mathbf{y}\}$ 也是獨立。

解：若 $s(2\mathbf{x} + 3\mathbf{y}) + t(\mathbf{x} - 5\mathbf{y}) = \mathbf{0}$，則 $(2s + t)\mathbf{x} + (3s - 5t)\mathbf{y} = \mathbf{0}$。因為 $\{\mathbf{x}, \mathbf{y}\}$ 為獨立，所以此線性組合的係數必須全為零；亦即 $2s + t = 0$ 且 $3s - 5t = 0$。解得 $s = t = 0$，因此 $\{2\mathbf{x} + 3\mathbf{y}, \mathbf{x} - 5\mathbf{y}\}$ 為線性獨立。

例 4

證明 $\mathbb{R}^n$ 中的零向量不屬於任何獨立集。

解：向量集 $\{\mathbf{0}, \mathbf{x}_1, \mathbf{x}_2, ..., \mathbf{x}_k\}$ 不是線性獨立，因為我們可以找到一組係數不全為零的線性組合使得線性組合等於零，即 $1 \cdot \mathbf{0} + 0\mathbf{x}_1 + 0\mathbf{x}_2 + \cdots + 0\mathbf{x}_k = \mathbf{0}$。

例 5

已知 $\mathbf{x}$ 屬於 $\mathbb{R}^n$，證明 $\{\mathbf{x}\}$ 為線性獨立若且唯若 $\mathbf{x} \neq \mathbf{0}$。

解：若 $\mathbf{x}$ 的線性組合等於零，則對 $t \in \mathbb{R}$ 而言，$t\mathbf{x} = \mathbf{0}$。這表示 $t = 0$，因為 $\mathbf{x} \neq \mathbf{0}$。

下一個例子稍後將會用到。

例 6

證明列梯形矩陣 R 的非零列是線性獨立。

解：我們以 3 個領導係數為 1 的情形來說明，一般情況可以類推。假設 R 的形式為

$$R = \begin{bmatrix} 0 & 1 & * & * & * & * \\ 0 & 0 & 0 & 1 & * & * \\ 0 & 0 & 0 & 0 & 1 & * \\ 0 & 0 & 0 & 0 & 0 & 0 \end{bmatrix}$$，其中 $*$ 表示非特定數。令 R_1、R_2、R_3 表示 R 的非零列。若 $t_1R_1 + t_2R_2 + t_3R_3 = 0$，我們證明 $t_1 = 0$，然後 $t_2 = 0$，最後 $t_3 = 0$。條件 $t_1R_1 + t_2R_2 + t_3R_3 = 0$ 變成

$$(0, t_1, *, *, *, *) + (0, 0, 0, t_2, *, *) + (0, 0, 0, 0, t_3, *) = (0, 0, 0, 0, 0, 0)$$

令等號兩邊第二個元素相等,可得 $t_1 = 0$,所以該條件變成 $t_2R_2 + t_3R_3 = 0$。再以相同的論述可得 $t_2 = 0$,最後,剩下 $t_3R_3 = 0$,於是我們得到 $t_3 = 0$。

一個 $\mathbb{R}^n$ 的向量集,若不是線性獨立,或存在不全為 0 的係數使線性組合等於零,則稱此向量集為**線性相依 (linearly dependent)**〔或簡稱**相依 (dependent)**〕。

例 7

若 $\mathbf{v}$ 和 $\mathbf{w}$ 是 $\mathbb{R}^3$ 中的非零向量,證明 $\{\mathbf{v}, \mathbf{w}\}$ 為相依若且唯若 $\mathbf{v}$ 和 $\mathbf{w}$ 平行。

解:若 $\mathbf{v}$ 和 $\mathbf{w}$ 平行,則其中之一是另一個的純量倍數(第 4.1 節定理 4),令 $\mathbf{v} = a\mathbf{w}$,a 為純量,則 $\mathbf{v} - a\mathbf{w} = \mathbf{0}$,表示存在係數不全為 0 的線性組合使得線性組合等於零,所以 $\{\mathbf{v}, \mathbf{w}\}$ 為相依。

反之,若 $\{\mathbf{v}, \mathbf{w}\}$ 為相依,令 $s\mathbf{v} + t\mathbf{w} = \mathbf{0}$ 之係數不全為 0,若 $s \neq 0$,則 $\mathbf{v} = -\frac{t}{s}\mathbf{w}$,所以 $\mathbf{v}$ 和 $\mathbf{w}$ 平行(由第 4.1 節定理 4)。同樣的論述可用在 $t \neq 0$ 的情況。

我們可以描述 $\mathbb{R}^3$ 中的獨立向量集 $\{\mathbf{u}, \mathbf{v}, \mathbf{w}\}$ 在幾何上代表什麼含意。注意這個要求表示 $\{\mathbf{v}, \mathbf{w}\}$ 也是獨立($a\mathbf{v} + b\mathbf{w} = \mathbf{0}$ 表示 $0\mathbf{u} + a\mathbf{v} + b\mathbf{w} = \mathbf{0}$),所以 $M = \text{span}\{\mathbf{v}, \mathbf{w}\}$ 是包含 $\mathbf{v}$、$\mathbf{w}$ 和 $\mathbf{0}$ 的平面(見第 5.1 節例 4 之前的討論)。所以在下面的例子中,我們假設 $\{\mathbf{v}, \mathbf{w}\}$ 是線性獨立。

例 8

令 $\mathbf{u}$、$\mathbf{v}$ 和 $\mathbf{w}$ 是 $\mathbb{R}^3$ 中的非零向量,其中 $\{\mathbf{v}, \mathbf{w}\}$ 為獨立。證明 $\{\mathbf{u}, \mathbf{v}, \mathbf{w}\}$ 為獨立若且唯若 $\mathbf{u}$ 不在平面 $M = \text{span}\{\mathbf{v}, \mathbf{w}\}$ 上。如右圖所示。

解:若 $\{\mathbf{u}, \mathbf{v}, \mathbf{w}\}$ 為線性獨立,假設 $\mathbf{u}$ 是在平面 $M = \text{span}\{\mathbf{v}, \mathbf{w}\}$ 上,亦即 $\mathbf{u} = a\mathbf{v} + b\mathbf{w}$,其中 $a, b \in \mathbb{R}$,則 $1\mathbf{u} - a\mathbf{v} - b\mathbf{w} = \mathbf{0}$,與 $\{\mathbf{u}, \mathbf{v}, \mathbf{w}\}$ 為線性獨立矛盾。

$\{\mathbf{u}, \mathbf{v}, \mathbf{w}\}$ 線性獨立

另一方面,假設 $\mathbf{u}$ 不在 M 上;我們必須證明 $\{\mathbf{u}, \mathbf{v}, \mathbf{w}\}$ 為線性獨立。若 $r\mathbf{u} + s\mathbf{v} + t\mathbf{w} = \mathbf{0}$,其中 r、s 和 t 屬於 $\mathbb{R}^3$,則 $r = 0$,否則 $\mathbf{u} = \frac{-s}{r}\mathbf{v} + \frac{-t}{r}\mathbf{w}$ 在 M 上,因此 $s\mathbf{v} + t\mathbf{w} = \mathbf{0}$,但由假設知 $\{\mathbf{v}, \mathbf{w}\}$ 為線性獨立,故 $s = t = 0$,這證明 $\{\mathbf{u}, \mathbf{v}, \mathbf{w}\}$ 為線性獨立。

$\{\mathbf{u}, \mathbf{v}, \mathbf{w}\}$ 非線性獨立

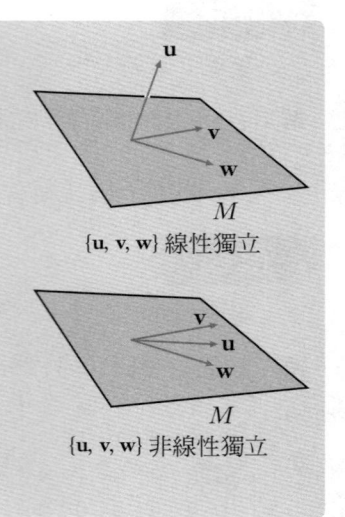

由第 2.4 節定理 5,對 $n \times n$ 矩陣 A 而言,以下敘述為等價:

1. A 為可逆。
2. 若 $A\mathbf{x} = \mathbf{0}$,其中 $\mathbf{x}$ 屬於 $\mathbb{R}^n$,則 $\mathbf{x} = \mathbf{0}$。
3. 對 $\mathbb{R}^n$ 中的每一個向量 $\mathbf{b}$ 而言,$A\mathbf{x} = b$ 皆有一解 $\mathbf{x}$。

若 A 不是方陣則敘述 1 無意義，敘述 2 和 3 對任何矩陣 A 都有意義，事實上，它們都與獨立性和生成集有關。的確，若 $\mathbf{c}_1, \mathbf{c}_2, ..., \mathbf{c}_n$ 為 A 的行，令 $\mathbf{x} = \begin{bmatrix} x_1 \\ x_2 \\ \vdots \\ x_n \end{bmatrix}$，則由定義 2.5 知

$$A\mathbf{x} = x_1\mathbf{c}_1 + x_2\mathbf{c}_2 + \cdots + x_n\mathbf{c}_n$$

因此由獨立性和生成集的定義可知，敘述 2 相當於 $\{\mathbf{c}_1, \mathbf{c}_2, ..., \mathbf{c}_n\}$ 的獨立性，而敘述 3 相當於 $\mathrm{span}\{\mathbf{c}_1, \mathbf{c}_2, ..., \mathbf{c}_n\} = \mathbb{R}^m$ 的要求。下面的定理是這個討論的總結。

定理 2

若 A 為 $m \times n$ 矩陣，令 $\{\mathbf{c}_1, \mathbf{c}_2, ..., \mathbf{c}_n\}$ 表示 A 的行向量。
1. $\{\mathbf{c}_1, \mathbf{c}_2, ..., \mathbf{c}_n\}$ 在 $\mathbb{R}^m$ 中為獨立若且唯若 $A\mathbf{x} = \mathbf{0}$，$\mathbf{x} \in \mathbb{R}^n$，意指 $\mathbf{x} = \mathbf{0}$。
2. $\mathbb{R}^m = \mathrm{span}\{\mathbf{c}_1, \mathbf{c}_2, ..., \mathbf{c}_n\}$ 若且唯若對 $\mathbb{R}^m$ 中的每一個向量 $\mathbf{b}$ 而言，$A\mathbf{x} = \mathbf{b}$ 有一解 $\mathbf{x}$。

對於一個方陣 A，定理 2 以生成集和 A 的行的獨立性描述 A 的可逆性（見定理 2 之前的討論）。重要的是要能夠將這些概念應用到列上。若 $\mathbf{x}_1, \mathbf{x}_2, ..., \mathbf{x}_k$ 都是 $1 \times n$ 的列，則我們定義 $\mathrm{span}\{\mathbf{x}_1, \mathbf{x}_2, ..., \mathbf{x}_k\}$ 是 $\mathbf{x}_i$ 的所有線性組合的集合，且若係數全為零的線性組合是使線性組合等於零的唯一方式（亦即，若 $\{\mathbf{x}_1^T, \mathbf{x}_2^T, ..., \mathbf{x}_k^T\}$ 在 $\mathbb{R}^n$ 為線性獨立，讀者可自行驗證），則稱 $\{\mathbf{x}_1, \mathbf{x}_2, ..., \mathbf{x}_k\}$ 為線性獨立。[6]

定理 3

對一個 $n \times n$ 矩陣 A 而言，下列敘述是對等的：
1. A 為可逆。
2. A 的行向量是線性獨立。
3. A 的行向量生成 $\mathbb{R}^n$。
4. A 的列向量是線性獨立。
5. A 的列向量生成所有 $1 \times n$ 列向量的集合。

---

[6] 最好將行與列視為只是有序 n 元組的兩種不同標記法。這種討論將會變得多餘，我們在第 6 章中會定義向量空間的一般概念。

證明

令 $\mathbf{c}_1, \mathbf{c}_2, ..., \mathbf{c}_n$ 表 A 的行向量。

(1) $\Leftrightarrow$ (2)，由第 2.4 節定理 5 知，A 為可逆若且唯若 $A\mathbf{x} = \mathbf{0}$ 意指 $\mathbf{x} = \mathbf{0}$；由定理 2 知，這點要成立若且唯若 $\{\mathbf{c}_1, \mathbf{c}_2, ..., \mathbf{c}_n\}$ 為線性獨立。

(1) $\Leftrightarrow$ (3)。同樣由第 2.4 節定理 5 知，A 為可逆若且唯若對 $\mathbb{R}^n$ 中的每一個行向量 $\mathbf{b}$ 而言，$A\mathbf{x} = \mathbf{b}$ 有一解；由定理 2 知，這點要成立若且唯若 span$\{\mathbf{c}_1, \mathbf{c}_2, ..., \mathbf{c}_n\} = \mathbb{R}^n$。

(1) $\Leftrightarrow$ (4)。矩陣 A 可逆若且唯若 A^T 可逆（由第 2.4 節定理 4 之推論）；亦即 A 可逆若且唯若 A^T 的行向量獨立〔由 (1) $\Leftrightarrow$ (2)〕；因此，A 可逆若且唯若 A 的列向量獨立（因為 A 的列是 A^T 的行的轉置）。

(1) $\Leftrightarrow$ (5)。證明類似 (1) $\Leftrightarrow$ (4)。

例 9

證明 $S = \{(2, -2, 5), (-3, 1, 1), (2, 7, -4)\}$ 在 $\mathbb{R}^3$ 為線性獨立。

解：考慮以 S 中的向量作為矩陣 $A = \begin{bmatrix} 2 & -2 & 5 \\ -3 & 1 & 1 \\ 2 & 7 & -4 \end{bmatrix}$ 的列向量。由計算得知 $\det A = -117 \neq 0$，故 A 為可逆。因此由定理 3 知 S 是獨立。請注意定理 3 還證明了 $\mathbb{R}^3 = $ span S。

維數

把 $\mathbb{R}^3$ 說成是 3 維的、平面是 2 維以及直線是 1 維都是一般幾何語言。下一個定理是說明「維數」這一概念的基本工具。它的重要性不可言喻。

定理 4

基本定理 (Fundamental Theorem)

令 U 為 $\mathbb{R}^n$ 的子空間，若 U 是由 m 個向量所生成 (spanned)，且若 U 包含 k 個線性獨立的向量，則 $k \leq m$。

此定理將在第 6.3 節定理 2 中以更廣義的方式來證明。

定義 5.4

若 U 是 $\mathbb{R}^n$ 的子空間，U 中的向量集 $\{\mathbf{x}_1, \mathbf{x}_2, ..., \mathbf{x}_m\}$ 稱為 U 的**基底 (basis)**，若它滿足以下兩個條件：

1. $\{\mathbf{x}_1, \mathbf{x}_2, ..., \mathbf{x}_m\}$ 為線性獨立。
2. $U = \text{span}\{\mathbf{x}_1, \mathbf{x}_2, ..., \mathbf{x}_m\}$

對於基底[7]而言，最引人注目的結果是：

定理 5

不變性定理 (Invariance Theorem)

若 $\{\mathbf{x}_1, \mathbf{x}_2, ..., \mathbf{x}_m\}$ 與 $\{\mathbf{y}_1, \mathbf{y}_2, ..., \mathbf{y}_k\}$ 為 $\mathbb{R}^n$ 的子空間 U 的基底，則 $m = k$。

證明

若 $U = \text{span}\{\mathbf{x}_1, \mathbf{x}_2, ..., \mathbf{x}_m\}$ 且 $\{\mathbf{y}_1, \mathbf{y}_2, ..., \mathbf{y}_k\}$ 為獨立，則由基本定理知 $k \leq m$。同理，若 $U = \text{span}\{\mathbf{y}_1, \mathbf{y}_2, ..., \mathbf{y}_k\}$ 且 $\{\mathbf{x}_1, \mathbf{x}_2, ..., \mathbf{x}_m\}$ 為獨立，則可得 $m \leq k$。因此 $m = k$。

不變性定理保證以下的定義是明確的：

定義 5.5

若 U 是 $\mathbb{R}^n$ 的子空間且 $\{\mathbf{x}_1, \mathbf{x}_2, ..., \mathbf{x}_m\}$ 是 U 的任意基底，則基底中向量的個數 m，稱為 U 的**維數 (dimension)**，記做

$$\dim U = m$$

不變性定理的重要性在於 U 的維數可以由計算 U 的任意基底[8]中的向量個數來決定。

令 $\{\mathbf{e}_1, \mathbf{e}_2, ..., \mathbf{e}_n\}$ 表示 $\mathbb{R}^n$ 的標準基底，即單位矩陣的行向量集。則由第 5.1 節例 6 知 $\mathbb{R}^n = \text{span}\{\mathbf{e}_1, \mathbf{e}_2, ..., \mathbf{e}_n\}$，且由例 2 知 $\{\mathbf{e}_1, \mathbf{e}_2, ..., \mathbf{e}_n\}$ 是獨立。因此它的確是 $\mathbb{R}^n$ 的一組基底。

例 10

$\dim(\mathbb{R}^n) = n$ 且 $\{\mathbf{e}_1, \mathbf{e}_2, ..., \mathbf{e}_n\}$ 為一組基底。

這與我們幾何的觀點一致，即 $\mathbb{R}^2$ 是二維的，而 $\mathbb{R}^3$ 是三維的。它還告訴我們，$\mathbb{R}^1 = \mathbb{R}$ 是一維的，並且基底是 $\{1\}$。回到 $\mathbb{R}^n$ 的子空間，我們定義

---
[7] basis 的複數是 bases。
[8] 我們將在定理 6 證明 $\mathbb{R}^n$ 的每一子空間的確是有一組基底。

$$\dim \{\mathbf{0}\} = 0$$

也就是說 $\{\mathbf{0}\}$ 的基底是空集合。這是合理的，因為 $\mathbf{0}$ 不可能屬於任何線性獨立集（例4）。

例 11

令 $U = \left\{ \begin{bmatrix} r \\ s \\ r \end{bmatrix} \middle| r, s \in \mathbb{R} \right\}$。證明 U 為 $\mathbb{R}^3$ 的子空間，並求基底及 $\dim U$。

解：顯然，$\begin{bmatrix} r \\ s \\ r \end{bmatrix} = r\mathbf{u} + s\mathbf{v}$，其中 $\mathbf{u} = \begin{bmatrix} 1 \\ 0 \\ 1 \end{bmatrix}$，$\mathbf{v} = \begin{bmatrix} 0 \\ 1 \\ 0 \end{bmatrix}$，可推得 $U = \mathrm{span}\{\mathbf{u}, \mathbf{v}\}$，因此 U 是 $\mathbb{R}^3$ 的子空間。此外，若 $r\mathbf{u} + s\mathbf{v} = \mathbf{0}$，則 $\begin{bmatrix} r \\ s \\ r \end{bmatrix} = \begin{bmatrix} 0 \\ 0 \\ 0 \end{bmatrix}$，故 $r = s = 0$。因此 $\{\mathbf{u}, \mathbf{v}\}$ 為線性獨立，所以為 U 的一組**基底 (basis)**。這表示 $\dim U = 2$。

例 12

令 $B = \{\mathbf{x}_1, \mathbf{x}_2, ..., \mathbf{x}_n\}$ 為 $\mathbb{R}^n$ 的一組基底。若 A 為可逆 $n \times n$ 矩陣，則 $D = \{A\mathbf{x}_1, A\mathbf{x}_2, ..., A\mathbf{x}_n\}$ 也是 $\mathbb{R}^n$ 的一組基底。

解：令 $\mathbf{x}$ 為 $\mathbb{R}^n$ 中的向量，則 $A^{-1}\mathbf{x}$ 屬於 $\mathbb{R}^n$，因為 B 是一組基底，我們有 $A^{-1}\mathbf{x} = t_1\mathbf{x}_1 + t_2\mathbf{x}_2 + \cdots + t_n\mathbf{x}_n$，其中 $t_i \in \mathbb{R}$。等號兩邊同時左乘以 A 得 $\mathbf{x} = t_1(A\mathbf{x}_1) + t_2(A\mathbf{x}_2) + \cdots + t_n(A\mathbf{x}_n)$，可推得 D 生成 $\mathbb{R}^n$。欲證明獨立性，令 $s_1(A\mathbf{x}_1) + s_2(A\mathbf{x}_2) + \cdots + s_n(A\mathbf{x}_n) = \mathbf{0}$，其中 s_i 屬於 $\mathbb{R}$。則 $A(s_1\mathbf{x}_1 + s_2\mathbf{x}_2 + \cdots + s_n\mathbf{x}_n) = \mathbf{0}$，所以左乘以 A^{-1} 得 $s_1\mathbf{x}_1 + s_2\mathbf{x}_2 + \cdots + s_n\mathbf{x}_n = \mathbf{0}$，而 B 的獨立性證明了每一個 $s_i = 0$，因此證明了 D 的獨立性。所以 D 是 $\mathbb{R}^n$ 的一組基底。

雖然我們已在 $\mathbb{R}^n$ 的許多子空間中找到基底，我們尚未證明每一個子空間都有一組基底。這是下個定理的一部分，其中定理的證明將延至第 6.4 節，屆時將以更廣義的方式證明這個定理。

定理 6

令 $U \neq \{\mathbf{0}\}$ 為 $\mathbb{R}^n$ 的子空間。則：

1. U 有一組基底且 $\dim U \leq n$。
2. U 中的任意獨立集可擴大（藉由加入標準基底中的向量）至 U 的基底。
3. U 的任意生成集可刪減（藉由刪除向量）至 U 的基底。

例 13

求 $\mathbb{R}^4$ 中包含 $S = \{\mathbf{u}, \mathbf{v}\}$ 的一組基底，其中 $\mathbf{u} = (0, 1, 2, 3)$，$\mathbf{v} = (2, -1, 0, 1)$。

解：由定理 6 我們可以把 $\mathbb{R}^4$ 的標準基底向量加到 S 來找出一組基底。如果我們嘗試 $\mathbf{e}_1 = (1, 0, 0, 0)$，我們很容易發現 $\{\mathbf{e}_1, \mathbf{u}, \mathbf{v}\}$ 是獨立的。現在，從標準基底再添加另一個向量，譬如說 $\mathbf{e}_2$。

我們再次發現，$B = \{\mathbf{e}_1, \mathbf{e}_2, \mathbf{u}, \mathbf{v}\}$ 為獨立。因為 B 有 $4 = \dim \mathbb{R}^4$ 個向量，所以由以下的定理 7 知（或直接驗證），B 必定能生成 $\mathbb{R}^4$。因此 B 是 $\mathbb{R}^4$ 的一組基底。

定理 6 有許多有用的結果。接下來的定理是第一個。

定理 7

令 U 是 $\mathbb{R}^n$ 的子空間，其中 $\dim U = m$ 且令 $B = \{\mathbf{x}_1, \mathbf{x}_2, ..., \mathbf{x}_m\}$ 為 U 中 m 個向量的集合，則 B 是獨立若且唯若 B 生成 U。

證明

假設 B 為獨立。若 B 無法生成 U，則由定理 6，B 可以擴大到 U 的基底，使其含有多於 m 個向量。這與不變性定理矛盾，因為 $\dim U = m$，故 B 生成 U。反之，若 B 生成 U 但不是獨立的，則 B 可以刪減到 U 的基底使其少於 m 個向量，這同樣是矛盾。所以 B 是獨立的，定理得證。

正如我們在例 13 所見，定理 7 是「節省勞力」的結果。它聲稱，給予一個維數為 m 的子空間 U 和由 U 中 m 個向量所成的集合 B，欲證明 B 是 U 的基底，僅需證明 B 生成 U，或者證明 B 為獨立。只要證明其中之一即可，找一個比較容易做的以節省勞力。

定理 8

令 $U \subseteq W$ 為 $\mathbb{R}^n$ 的子空間，則：

1. $\dim U \leq \dim W$。
2. 若 $\dim U = \dim W$，則 $U = W$。

證明

令 $\dim W = k$，且令 B 為 U 的基底。

1. 若 $\dim U > k$，則 B 為 W 中多於 k 個向量的獨立集。此與基本定理矛盾。所以 $\dim U \leq k = \dim W$。
2. 若 $\dim U = k$，則 B 為 W 中含有 $k = \dim W$ 個向量的獨立集，所以由定理 7，B 生成 W。因此 $W = \text{span } B = U$，故 (2) 得證。

於是從定理 8，若 U 是 $\mathbb{R}^n$ 的子空間，則 $\dim U$ 是整數 $0, 1, 2, ..., n$ 其中之一，而且

$$\dim U = 0 \quad \text{若且唯若 } U = \{\mathbf{0}\},$$
$$\dim U = n \quad \text{若且唯若 } U = \mathbb{R}^n$$

其它子空間稱為**真 (proper)** 子空間。以下的例子是利用定理 8 證明 $\mathbb{R}^2$ 的真子空間為通過原點的直線，而 $\mathbb{R}^3$ 的真子空間為通過原點的直線與平面。

例 14

1. 若 U 是 $\mathbb{R}^2$ 或 $\mathbb{R}^3$ 的子空間，則 $\dim U = 1$ 若且唯若 U 是通過原點的直線。
2. 若 U 是 $\mathbb{R}^3$ 的子空間，則 $\dim U = 2$ 若且唯若 U 是通過原點的平面。

證明

1. 因為 $\dim U = 1$，令 $\{\mathbf{u}\}$ 為 U 的基底，則 $U = \text{span}\{\mathbf{u}\} = \{t\mathbf{u} \mid t \in \mathbb{R}\}$，所以 U 是通過原點，方向向量為 $\mathbf{u}$ 的直線。反之，每一條方向向量 $\mathbf{d} \neq \mathbf{0}$ 的直線 L 都具有 $L = \{t\mathbf{d} \mid t \in \mathbb{R}\}$ 之形式。因此 $\{\mathbf{d}\}$ 是 U 的一組基底，所以 U 的維數是 1。
2. 若 $U \subseteq \mathbb{R}^3$ 的維數是 2，令 $\{\mathbf{v}, \mathbf{w}\}$ 是 U 的基底，則 $\mathbf{v}$ 和 $\mathbf{w}$ 不平行（由例 7），所以 $\mathbf{n} = \mathbf{v} \times \mathbf{w} \neq \mathbf{0}$。令 $P = \{\mathbf{x} \in \mathbb{R}^3 \mid \mathbf{n} \cdot \mathbf{x} = 0\}$ 表示通過原點法向量為 $\mathbf{n}$ 的平面，則 P 是 $\mathbb{R}^3$ 的子空間（第 5.1 節例 1）而且 $\mathbf{v}$ 和 $\mathbf{w}$ 都在 P 上（它們與 $\mathbf{n}$ 正交）。故由第 5.1 節定理 1，$U = \text{span}\{\mathbf{v}, \mathbf{w}\} \subseteq P$。因此

$$U \subseteq P \subseteq \mathbb{R}^3$$

因為 $\dim U = 2$ 且 $\dim(\mathbb{R}^3) = 3$，由定理 8 可推得 $\dim P = 2$ 或 3，據此 $P = U$ 或 $\mathbb{R}^3$。但 $P \neq \mathbb{R}^3$（例如，$\mathbf{n}$ 不屬於 P），所以 $U = P$ 是通過原點的平面。

反之，若 U 是通過原點的平面，則由定理 8 知，$\dim U = 0$、1、2 或 3。但因為 $U \neq \{\mathbf{0}\}$ 且 $U \neq \mathbb{R}^3$，所以 $\dim U \neq 0$ 或 3，而由 (1) 知 $\dim U \neq 1$。所以 $\dim U = 2$。

請注意，這個證明顯示，若 **v** 和 **w** 為 $\mathbb{R}^3$ 中非零、非平行向量，則 span{**v**, **w**} 是一平面，其法向量為 **n** = **v** × **w**。我們給了第 5.1 節中的這個事實一個幾何上的驗證。

習題 5.2

在 1–6 題中，我們將 $\mathbb{R}^n$ 的向量寫成列向量。

1. 下列子集何者為獨立？請說明理由。
   (a) $\mathbb{R}^3$ 中的 $\{(1, -1, 0), (3, 2, -1), (3, 5, -2)\}$。
   ◆(b) $\mathbb{R}^3$ 中的 $\{(1, 1, 1), (1, -1, 1), (0, 0, 1)\}$。
   (c) $\mathbb{R}^4$ 中的 $\{(1, -1, 1, -1), (2, 0, 1, 0), (0, -2, 1, -2)\}$。
   ◆(d) $\mathbb{R}^4$ 中的 $\{(1, 1, 0, 0), (1, 0, 1, 0), (0, 0, 1, 1), (0, 1, 0, 1)\}$

2. 令 {**x**, **y**, **z**, **w**} 為 $\mathbb{R}^n$ 中的獨立集。下列集合何者為獨立？請說明理由。
   (a) $\{\mathbf{x} - \mathbf{y}, \mathbf{y} - \mathbf{z}, \mathbf{z} - \mathbf{x}\}$
   ◆(b) $\{\mathbf{x} + \mathbf{y}, \mathbf{y} + \mathbf{z}, \mathbf{z} + \mathbf{x}\}$
   (c) $\{\mathbf{x} - \mathbf{y}, \mathbf{y} - \mathbf{z}, \mathbf{z} - \mathbf{w}, \mathbf{w} - \mathbf{x}\}$
   ◆(d) $\{\mathbf{x} + \mathbf{y}, \mathbf{y} + \mathbf{z}, \mathbf{z} + \mathbf{w}, \mathbf{w} + \mathbf{x}\}$

3. 求下列 $\mathbb{R}^4$ 的子空間之基底，並求其維數。
   (a) span$\{(1, -1, 2, 0), (2, 3, 0, 3), (1, 9, -6, 6)\}$
   ◆(b) span$\{(2, 1, 0, -1), (-1, 1, 1, 1), (2, 7, 4, 1)\}$
   (c) span$\{(-1, 2, 1, 0), (2, 0, 3, -1), (4, 4, 11, -3), (3, -2, 2, -1)\}$
   ◆(d) span$\{(-2, 0, 3, 1), (1, 2, -1, 0), (-2, 8, 5, 3), (-1, 2, 2, 1)\}$

4. 求下列 $\mathbb{R}^4$ 的子空間之基底，並求其維數。
   (a) $U = \left\{ \begin{bmatrix} a \\ a+b \\ a-b \\ b \end{bmatrix} \mid a, b \in \mathbb{R} \right\}$
   ◆(b) $U = \left\{ \begin{bmatrix} a+b \\ a-b \\ b \\ a \end{bmatrix} \mid a, b \in \mathbb{R} \right\}$
   (c) $U = \left\{ \begin{bmatrix} a \\ b \\ c+a \\ c \end{bmatrix} \mid a, b, c \in \mathbb{R} \right\}$
   ◆(d) $U = \left\{ \begin{bmatrix} a-b \\ b+c \\ a \\ b+c \end{bmatrix} \mid a, b, c \in \mathbb{R} \right\}$
   (e) $U = \left\{ \begin{bmatrix} a \\ b \\ c \\ d \end{bmatrix} \mid a+b-c+d = 0 \in \mathbb{R} \right\}$
   ◆(f) $U = \left\{ \begin{bmatrix} a \\ b \\ c \\ d \end{bmatrix} \mid a+b = c+d \in \mathbb{R} \right\}$

5. 證明 {**x**, **y**, **z**, **w**} 是 $\mathbb{R}^4$ 的基底，證明：
   (a) 對於任意純量 a，{**x** + a**w**, **y**, **z**, **w**} 亦為 $\mathbb{R}^4$ 的基底。
   ◆(b) {**x** + **w**, **y** + **w**, **z** + **w**, **w**} 亦為 $\mathbb{R}^4$ 的基底。
   (c) {**x**, **x** + **y**, **x** + **y** + **z**, **x** + **y** + **z** + **w**} 亦為 $\mathbb{R}^4$ 的基底。

6. 利用定理 3，判斷下列向量集是否可作為指定空間的基底。
   (a) $\mathbb{R}^2$ 中的 $\{(3, -1), (2, 2)\}$。

◆(b) $\mathbb{R}^3$ 中的 $\{(1, 1, -1), (1, -1, 1), (0, 0, 1)\}$。
(c) $\mathbb{R}^3$ 中的 $\{(-1, 1, -1), (1, -1, 2), (0, 0, 1)\}$。
◆(d) $\mathbb{R}^3$ 中的 $\{(5, 2, -1), (1, 0, 1), (3, -1, 0)\}$。
(e) $\mathbb{R}^4$ 中的 $\{(2, 1, -1, 3), (1, 1, 0, 2), (0, 1, 0, -3), (-1, 2, 3, 1)\}$。
◆(f) $\mathbb{R}^4$ 中的 $\{(1, 0, -2, 5), (4, 4, -3, 2), (0, 1, 0, -3), (1, 3, 3, -10)\}$。

7. 下列各題中，證明敘述為真或舉一反例說明其不為真。
   (a) 若 $\{\mathbf{x}, \mathbf{y}\}$ 為獨立，則 $\{\mathbf{x}, \mathbf{y}, \mathbf{x} + \mathbf{y}\}$ 亦為獨立。
   ◆(b) 若 $\{\mathbf{x}, \mathbf{y}, \mathbf{z}\}$ 為獨立，則 $\{\mathbf{y}, \mathbf{z}\}$ 也是獨立。
   (c) 若 $\{\mathbf{y}, \mathbf{z}\}$ 為相依，則對任意 $\mathbf{x}$ 而言，$\{\mathbf{x}, \mathbf{y}, \mathbf{z}\}$ 為相依。
   ◆(d) 若 $\mathbf{x}_1, \mathbf{x}_2, ..., \mathbf{x}_k$ 皆非零，則 $\{\mathbf{x}_1, \mathbf{x}_2, ..., \mathbf{x}_k\}$ 為獨立。
   (e) 若 $\mathbf{x}_1, \mathbf{x}_2, ..., \mathbf{x}_k$ 其中有一個為零，則 $\{\mathbf{x}_1, \mathbf{x}_2, ..., \mathbf{x}_k\}$ 為相依。
   ◆(f) 若 $a\mathbf{x} + b\mathbf{y} + c\mathbf{z} = \mathbf{0}$，則 $\{\mathbf{x}, \mathbf{y}, \mathbf{z}\}$ 為獨立。
   (g) 若 $\{\mathbf{x}, \mathbf{y}, \mathbf{z}\}$ 為獨立，則 $a\mathbf{x} + b\mathbf{y} + c\mathbf{z} = \mathbf{0}$，其中 $a, b, c \in \mathbb{R}$
   ◆(h) 若 $\{\mathbf{x}_1, \mathbf{x}_2, ..., \mathbf{x}_k\}$ 為相依，則 $t_1\mathbf{x}_1 + t_2\mathbf{x}_2 + \cdots + t_k\mathbf{x}_k = \mathbf{0}$，其中 $t_i \in \mathbb{R}$，且不全為零。
   (i) 若 $\{\mathbf{x}_1, \mathbf{x}_2, ..., \mathbf{x}_k\}$ 為獨立，則 $t_1\mathbf{x}_1 + t_2\mathbf{x}_2 + \cdots + t_k\mathbf{x}_k = \mathbf{0}$，$t_i \in \mathbb{R}$。

8. 若 A 為 $n \times n$ 矩陣，證明 $\det A = 0$ 若且唯若 A 的某一行是其他行的線性組合。

9. 令 $\{\mathbf{x}, \mathbf{y}, \mathbf{z}\}$ 為 $\mathbb{R}^4$ 中的線性獨立集。證明 $\{\mathbf{x}, \mathbf{y}, \mathbf{z}, \mathbf{e}_k\}$ 為 $\mathbb{R}^4$ 的基底，其中 $\mathbf{e}_k$ 是標準基底 $\{\mathbf{e}_1, \mathbf{e}_2, \mathbf{e}_3, \mathbf{e}_4\}$ 中的一個。

◆10. 若 $\{\mathbf{x}_1, \mathbf{x}_2, \mathbf{x}_3, \mathbf{x}_4, \mathbf{x}_5, \mathbf{x}_6\}$ 為線性獨立的向量集，證明其子集 $\{\mathbf{x}_2, \mathbf{x}_3, \mathbf{x}_5\}$ 亦為獨立。

11. 若 A 為任意 $m \times n$ 矩陣，且令 $\mathbf{b}_1, \mathbf{b}_2, \mathbf{b}_3, ..., \mathbf{b}_k$ 為 $\mathbb{R}^m$ 的行向量，使得對每一個 i，方程組 $A\mathbf{x} = \mathbf{b}_i$ 有一解 $\mathbf{x}_i$。若 $\{\mathbf{b}_1, \mathbf{b}_2, \mathbf{b}_3, ..., \mathbf{b}_k\}$ 是 $\mathbb{R}^m$ 中的獨立集，證明 $\{\mathbf{x}_1, \mathbf{x}_2, \mathbf{x}_3, ..., \mathbf{x}_k\}$ 是 $\mathbb{R}^n$ 中的獨立集。

◆12. 若 $\{\mathbf{x}_1, \mathbf{x}_2, \mathbf{x}_3, ..., \mathbf{x}_k\}$ 是獨立，證明 $\{\mathbf{x}_1, \mathbf{x}_1 + \mathbf{x}_2, \mathbf{x}_1 + \mathbf{x}_2 + \mathbf{x}_3, ..., \mathbf{x}_1 + \mathbf{x}_2 + \cdots + \mathbf{x}_k\}$ 也是獨立。

13. 若 $\{\mathbf{y}, \mathbf{x}_1, \mathbf{x}_2, \mathbf{x}_3, ..., \mathbf{x}_k\}$ 是獨立，證明 $\{\mathbf{y} + \mathbf{x}_1, \mathbf{y} + \mathbf{x}_2, \mathbf{y} + \mathbf{x}_3, ..., \mathbf{y} + \mathbf{x}_k\}$ 也是獨立。

14. 若 $\{\mathbf{x}_1, \mathbf{x}_2, ..., \mathbf{x}_k\}$ 為 $\mathbb{R}^n$ 的獨立集，若 y 不屬於 $\text{span}\{\mathbf{x}_1, \mathbf{x}_2, ..., \mathbf{x}_k\}$，證明 $\{\mathbf{x}_1, \mathbf{x}_2, ..., \mathbf{x}_k, \mathbf{y}\}$ 是獨立。

15. 若 $A \cdot B$ 為矩陣，且 AB 的行向量為獨立，證明 B 的行向量為獨立。

16. 假設 $\{\mathbf{x}, \mathbf{y}\}$ 是 $\mathbb{R}^2$ 中的基底，且令 $A = \begin{bmatrix} a & b \\ c & d \end{bmatrix}$。
    (a) 若 A 為可逆，證明 $\{a\mathbf{x} + b\mathbf{y}, c\mathbf{x} + d\mathbf{y}\}$ 為 $\mathbb{R}^2$ 的基底。
    ◆(b) 若 $\{a\mathbf{x} + b\mathbf{y}, c\mathbf{x} + d\mathbf{y}\}$ 是 $\mathbb{R}^2$ 的基底，證明 A 是可逆。

17. 令 A 為 $m \times n$ 矩陣。
    (a) 證明 $\text{null } A = \text{null}(UA)$，對於每個可逆的 $m \times m$ 矩陣 U 皆成立。

◆(b) 證明 dim(null A) = dim(null(AV))，對於每個可逆的 $n \times n$ 矩陣 V 皆成立。【提示：若 $\{\mathbf{x}_1, \mathbf{x}_2, ..., \mathbf{x}_k\}$ 是 null A 的基底，證明 $\{V^{-1}\mathbf{x}_1, V^{-1}\mathbf{x}_2, ..., V^{-1}\mathbf{x}_k\}$ 是 null(AV) 的基底。】

18. 令 A 為 $m \times n$ 矩陣。
    (a) 證明 im A = im(AV)，對於每個可逆的 $n \times n$ 矩陣 V 皆成立。
    (b) 證明 dim(im A) = dim(im(UA)) 對於每個可逆的 $m \times m$ 矩陣 U 皆成立。【提示：若 $\{\mathbf{y}_1, \mathbf{y}_2, ..., \mathbf{y}_k\}$ 是 im(UA) 的基底，證明 $\{U^{-1}\mathbf{y}_1, U^{-1}\mathbf{y}_2, ..., U^{-1}\mathbf{y}_k\}$ 是 im A 的基底。】

19. 若 U 和 W 是 $\mathbb{R}^n$ 的子空間，且假設 $U \subseteq W$。若 dim $U = n - 1$，證明 $W = U$ 或 $W = \mathbb{R}^n$。

◆20. 令 U 和 W 表 $\mathbb{R}^n$ 的子空間，且假設 $U \subseteq W$。若 dim $W = 1$，證明 $U = \{\mathbf{0}\}$ 或 $U = W$。

5.3 節　正交

　　長度和正交 (orthogonality) 是幾何的基本概念，而在 $\mathbb{R}^2$ 和 $\mathbb{R}^3$，它們都可以用點積定義。本節我們將點積推廣到 $\mathbb{R}^n$ 的向量，因此賦予 $\mathbb{R}^n$ 歐氏幾何。接著我們介紹正交基底的觀念，它是線性代數中最有用的概念之一，並開始探討一些它的應用。

點積、長度和距離

　　若 $\mathbf{x} = (x_1, x_2, ..., x_n)$ 和 $\mathbf{y} = (y_1, y_2, ..., y_n)$ 為 $\mathbb{R}^n$ 中的兩個 n-元組，回顧在第 2.2 節中，**點積 (dot product)** 的定義如下：

$$\mathbf{x} \cdot \mathbf{y} = x_1 y_1 + x_2 y_2 + \cdots + x_n y_n$$

若 $\mathbf{x}$ 和 $\mathbf{y}$ 寫成行的形式，則矩陣乘積為 $\mathbf{x} \cdot \mathbf{y} = \mathbf{x}^T \mathbf{y}$（若寫成列，則 $\mathbf{x} \cdot \mathbf{y} = \mathbf{x}\mathbf{y}^T$）。若 $\mathbf{x} \cdot \mathbf{y}$ 為 1×1 矩陣，則 $\mathbf{x} \cdot \mathbf{y}$ 為一個數。

定義 5.6

如同在 $\mathbb{R}^3$，向量的**長度 (length)** $\|\mathbf{x}\|$ 定義為

$$\|\mathbf{x}\| = \sqrt{\mathbf{x} \cdot \mathbf{x}} = \sqrt{x_1^2 + x_2^2 + \cdots + x_n^2}$$

其中 $\sqrt{}$ 表示正平方根。

　　長度為 1 的向量稱為**單位向量 (unit vector)**。若 $\mathbf{x} \neq \mathbf{0}$，則 $\|\mathbf{x}\| \neq 0$，可知 $\frac{1}{\|\mathbf{x}\|}\mathbf{x}$ 為單位向量（見下面的定理 6），我們以後會用到這一事實。

例 1

若在 $\mathbb{R}^4$ 中，$\mathbf{x} = (1, -1, -3, 1)$ 和 $\mathbf{y} = (2, 1, 1, 0)$，則 $\mathbf{x} \cdot \mathbf{y} = 2 - 1 - 3 + 0 = -2$ 且 $\|\mathbf{x}\| = \sqrt{1 + 1 + 9 + 1} = \sqrt{12} = 2\sqrt{3}$。因此 $\frac{1}{2\sqrt{3}}\mathbf{x}$ 為單位向量；同樣地，$\frac{1}{\sqrt{6}}\mathbf{y}$ 也是單位向量。

這些定義與在 $\mathbb{R}^2$ 和 $\mathbb{R}^3$ 的定義相同，並且許多性質可推廣至 $\mathbb{R}^n$。

定理 1

令 $\mathbf{x}$、$\mathbf{y}$、$\mathbf{z}$ 為 $\mathbb{R}^n$ 中的向量，則：
1. $\mathbf{x} \cdot \mathbf{y} = \mathbf{y} \cdot \mathbf{x}$。
2. $\mathbf{x} \cdot (\mathbf{y} + \mathbf{z}) = \mathbf{x} \cdot \mathbf{y} + \mathbf{x} \cdot \mathbf{z}$。
3. $(a\mathbf{x}) \cdot \mathbf{y} = a(\mathbf{x} \cdot \mathbf{y}) = \mathbf{x} \cdot (a\mathbf{y})$，$a$ 為純量。
4. $\|\mathbf{x}\|^2 = \mathbf{x} \cdot \mathbf{x}$。
5. $\|\mathbf{x}\| \geq 0$，且 $\|\mathbf{x}\| = 0$ 若且唯若 $\mathbf{x} = \mathbf{0}$。
6. $\|a\mathbf{x}\| = |a|\,\|\mathbf{x}\|$，$a$ 為純量。

證明

(1)、(2)、(3) 是由矩陣算術推導而得，因為 $\mathbf{x} \cdot \mathbf{y} = \mathbf{x}^T\mathbf{y}$；(4) 是由定義而來；而 (6) 是例行驗證，因為 $|a| = \sqrt{a^2}$。若 $\mathbf{x} = (x_1, x_2, ..., x_n)$，則 $\|\mathbf{x}\| = \sqrt{x_1^2 + x_2^2 + \cdots + x_n^2}$，故 $\|\mathbf{x}\| = 0$ 若且唯若 $x_1^2 + x_2^2 + \cdots + x_n^2 = 0$。因為每一個 x_i 都是實數，此式成立若且唯若對每個 i 而言，$x_i = 0$；亦即，若且唯若 $\mathbf{x} = \mathbf{0}$。這證明了 (5)。

因為定理 1，$\mathbb{R}^n$ 中的點積的計算與 $\mathbb{R}^3$ 類似。尤其是，點積

$$(\mathbf{x}_1 + \mathbf{x}_2 + \cdots + \mathbf{x}_m) \cdot (\mathbf{y}_1 + \mathbf{y}_2 + \cdots + \mathbf{y}_k)$$

等於 mk 項的和，對每一個 i 和 j 可產生一個 $\mathbf{x}_i \cdot \mathbf{y}_j$。例如：

$$(3\mathbf{x} - 4\mathbf{y}) \cdot (7\mathbf{x} + 2\mathbf{y}) = 21(\mathbf{x} \cdot \mathbf{x}) + 6(\mathbf{x} \cdot \mathbf{y}) - 28(\mathbf{y} \cdot \mathbf{x}) - 8(\mathbf{y} \cdot \mathbf{y})$$
$$= 21\|\mathbf{x}\|^2 - 22(\mathbf{x} \cdot \mathbf{y}) - 8\|\mathbf{y}\|^2$$

對所有向量 $\mathbf{x}$ 和 $\mathbf{y}$ 都成立。

例 2

證明對 $\mathbb{R}^n$ 中任意 $\mathbf{x}$ 和 $\mathbf{y}$ 而言，$\|\mathbf{x} + \mathbf{y}\|^2 = \|\mathbf{x}\|^2 + 2(\mathbf{x} \cdot \mathbf{y}) + \|\mathbf{y}\|^2$ 恆成立。

解：利用定理 1：

$$\|\mathbf{x} + \mathbf{y}\|^2 = (\mathbf{x} + \mathbf{y}) \cdot (\mathbf{x} + \mathbf{y}) = \mathbf{x} \cdot \mathbf{x} + \mathbf{x} \cdot \mathbf{y} + \mathbf{y} \cdot \mathbf{x} + \mathbf{y} \cdot \mathbf{y}$$
$$= \|\mathbf{x}\|^2 + 2(\mathbf{x} \cdot \mathbf{y}) + \|\mathbf{y}\|^2$$

例 3

假設對某個向量 $\mathbf{f}_i$，$\mathbb{R}^n = \text{span}\{\mathbf{f}_1, \mathbf{f}_2, ..., \mathbf{f}_k\}$。若對每一個 i，$\mathbf{x} \cdot \mathbf{f}_i = 0$，其中 $\mathbf{x}$ 屬於 $\mathbb{R}^n$，證明 $\mathbf{x} = \mathbf{0}$。

解：我們用定理 1 的 (5) 證明 $\|\mathbf{x}\| = 0$ 來證明 $\mathbf{x} = \mathbf{0}$。因為 $\mathbf{f}_i$ 生成 $\mathbb{R}^n$，令 $\mathbf{x} = t_1\mathbf{f}_1 + t_2\mathbf{f}_2 + \cdots + t_k\mathbf{f}_k$，其中 $t_i \in \mathbb{R}$。則

$$\|\mathbf{x}\|^2 = \mathbf{x} \cdot \mathbf{x} = \mathbf{x} \cdot (t_1\mathbf{f}_1 + t_2\mathbf{f}_2 + \cdots + t_k\mathbf{f}_k)$$
$$= t_1(\mathbf{x} \cdot \mathbf{f}_1) + t_2(\mathbf{x} \cdot \mathbf{f}_2) + \cdots + t_k(\mathbf{x} \cdot \mathbf{f}_k)$$
$$= t_1(0) + t_2(0) + \cdots + t_k(0)$$
$$= 0$$

由第 4.2 節我們得知，若 $\mathbf{u}$ 和 $\mathbf{v}$ 是 $\mathbb{R}^3$ 中非零向量，則 $\dfrac{\mathbf{u} \cdot \mathbf{v}}{\|\mathbf{u}\|\|\mathbf{v}\|} = \cos\theta$，其中 θ 為介於 $\mathbf{u}$ 和 $\mathbf{v}$ 之間的夾角。因為對任意角 θ 而言，$|\cos\theta| \leq 1$，這表示 $|\mathbf{u} \cdot \mathbf{v}| \leq \|\mathbf{u}\|\|\mathbf{v}\|$。此式在 $\mathbb{R}^n$ 中成立。

定理 2

柯西不等式 (Cauchy Inequality)[9]

若 $\mathbf{x}$ 和 $\mathbf{y}$ 為 $\mathbb{R}^n$ 中的向量，則

$$|\mathbf{x} \cdot \mathbf{y}| \leq \|\mathbf{x}\|\|\mathbf{y}\|$$

此外 $|\mathbf{x} \cdot \mathbf{y}| = \|\mathbf{x}\|\|\mathbf{y}\|$ 若且唯若 $\mathbf{x}$ 和 $\mathbf{y}$ 其中之一是另一個的倍數。

---

[9] 奧古斯丁路易 • 柯西 (Augustin Louis Cauchy, 1789–1857) 出生於巴黎，26 歲時就成為 École Polytechnique 的教授。他是一位偉大的數學家，發表了 700 多篇論文，最讓人記得的是他在分析方面的工作，他確立了新的嚴格標準且建立了複變函數的理論。他是個虔誠的天主教徒，並長期參與慈善工作，由於他是保皇黨人，1830 年被罷黜後跟隨國王查理斯流亡到布拉格。定理 2 首次出現在他 1812 年所寫行列式的回憶錄中。

證明

若 $\mathbf{x} = \mathbf{0}$ 或 $\mathbf{y} = \mathbf{0}$ 則不等式成立（事實上，它是等式）。否則，為方便起見，令 $\|\mathbf{x}\| = a > 0$ 且 $\|\mathbf{y}\| = b > 0$。計算方式如先前的例 2，可得到

$$\|b\mathbf{x} - a\mathbf{y}\|^2 = 2ab(ab - \mathbf{x} \cdot \mathbf{y}) \quad 且 \quad \|b\mathbf{x} + a\mathbf{y}\|^2 = 2ab(ab + \mathbf{x} \cdot \mathbf{y}) \tag{*}$$

可推得 $ab - \mathbf{x} \cdot \mathbf{y} \geq 0$ 且 $ab + \mathbf{x} \cdot \mathbf{y} \geq 0$，於是 $-ab \leq \mathbf{x} \cdot \mathbf{y} \leq ab$。因此 $|\mathbf{x} \cdot \mathbf{y}| \leq ab = \|\mathbf{x}\|\|\mathbf{y}\|$，柯西不等式得證。

若等式成立，則 $|\mathbf{x} \cdot \mathbf{y}| = ab$，故 $\mathbf{x} \cdot \mathbf{y} = ab$ 或 $\mathbf{x} \cdot \mathbf{y} = -ab$。因此由 (*) 式得知 $b\mathbf{x} - a\mathbf{y} = \mathbf{0}$ 或 $b\mathbf{x} + a\mathbf{y} = \mathbf{0}$，所以 $\mathbf{x}$ 和 $\mathbf{y}$ 其中一個是另一個的倍數（即使 $a = 0$ 或 $b = 0$）。

柯西不等式等價於 $(\mathbf{x} \cdot \mathbf{y})^2 \leq \|\mathbf{x}\|^2 \|\mathbf{y}\|^2$。在 $\mathbb{R}^5$，此式變成

$$(x_1 y_1 + x_2 y_2 + x_3 y_3 + x_4 y_4 + x_5 y_5)^2$$
$$\leq (x_1^2 + x_2^2 + x_3^2 + x_4^2 + x_5^2)(y_1^2 + y_2^2 + y_3^2 + y_4^2 + y_5^2)$$

其中 x_i 和 y_i 屬於 $\mathbb{R}$。

柯西不等式有一個重要的結果。已知 $\mathbb{R}^n$ 中的 $\mathbf{x}$ 和 $\mathbf{y}$，利用例 2 和 $\mathbf{x} \cdot \mathbf{y} \leq \|\mathbf{x}\|\|\mathbf{y}\|$ 的事實，計算得到

$$\|\mathbf{x} + \mathbf{y}\|^2 = \|\mathbf{x}\|^2 + 2(\mathbf{x} \cdot \mathbf{y}) + \|\mathbf{y}\|^2 \leq \|\mathbf{x}\|^2 + 2\|\mathbf{x}\|\|\mathbf{y}\| + \|\mathbf{y}\|^2 = (\|\mathbf{x} + \mathbf{y}\|)^2$$

取正平方根可得：

推論 1

三角不等式 (Triangle Inequality)

若 $\mathbf{x}$、$\mathbf{y}$ 為 $\mathbb{R}^n$ 中的向量，則 $\|\mathbf{x} + \mathbf{y}\| \leq \|\mathbf{x}\| + \|\mathbf{y}\|$。

這個命名來自於觀察 $\mathbb{R}^3$ 中的不等式，即三角形兩邊長度之和不小於第三邊。在第一個圖中說明了這一點。

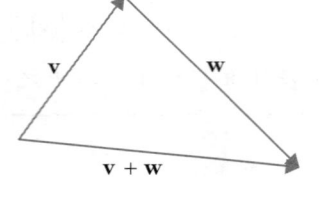

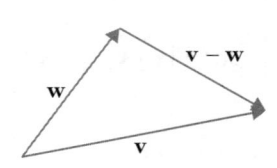

定義 5.7

若 $\mathbf{x}$ 和 $\mathbf{y}$ 為 $\mathbb{R}^n$ 中的兩個向量，我們定義 $\mathbf{x}$ 和 $\mathbf{y}$ 之間的**距離 (distance)** $d(\mathbf{x}, \mathbf{y})$ 為

$$d(\mathbf{x}, \mathbf{y}) = \|\mathbf{x} - \mathbf{y}\|$$

由第二個圖得知,定義的動機來自於 $\mathbb{R}^3$。此距離函數具有 $\mathbb{R}^3$ 中所有距離的直觀性質,包括三角不等式的另一個形式。

定理 3

若 $\mathbf{x}$、$\mathbf{y}$、$\mathbf{z}$ 為 $\mathbb{R}^n$ 中的三個向量,我們有:
1. 對所有 $\mathbf{x}$ 和 $\mathbf{y}$ 而言,$d(\mathbf{x}, \mathbf{y}) \geq 0$。
2. $d(\mathbf{x}, \mathbf{y}) = 0$ 若且唯若 $\mathbf{x} = \mathbf{y}$。
3. $d(\mathbf{x}, \mathbf{y}) = d(\mathbf{y}, \mathbf{x})$。
4. $d(\mathbf{x}, \mathbf{z}) \leq d(\mathbf{x}, \mathbf{y}) + d(\mathbf{y}, \mathbf{z})$。三角不等式。

證明

(1) 和 (2) 重述定理 1 的 (5),因為 $d(\mathbf{x}, \mathbf{y}) = \|\mathbf{x} - \mathbf{y}\|$,而 (3) 也會成立,因為對 $\mathbb{R}^n$ 中的每一個向量 $\mathbf{u}$ 而言,$\|\mathbf{u}\| = \|-\mathbf{u}\|$。要證明 (4),可用定理 2 的推論:

$$d(\mathbf{x}, \mathbf{z}) = \|\mathbf{x} - \mathbf{z}\| = \|(\mathbf{x} - \mathbf{y}) + (\mathbf{y} - \mathbf{z})\|$$
$$\leq \|(\mathbf{x} - \mathbf{y})\| + \|(\mathbf{y} - \mathbf{z})\| = d(\mathbf{x}, \mathbf{y}) + d(\mathbf{y}, \mathbf{z})$$

正交集和展開定理

定義 5.8

將 $\mathbb{R}^3$ 中的術語推廣(見第 4.2 節定理 3),令 $\mathbf{x}$ 和 $\mathbf{y}$ 為 $\mathbb{R}^n$ 中的向量,若 $\mathbf{x} \cdot \mathbf{y} = 0$,則稱 $\mathbf{x}$ 和 $\mathbf{y}$ **正交 (orthogonal)**。廣義言之,$\mathbb{R}^n$ 中的向量集 $\{\mathbf{x}_1, \mathbf{x}_2, ..., \mathbf{x}_k\}$ 稱為**正交集 (orthogonal set)**,若滿足

$$\text{對所有 } i \neq j,\ \mathbf{x}_i \cdot \mathbf{x}_j = 0 \quad \text{且} \quad \text{對所有 } i,\ \mathbf{x}_i \neq \mathbf{0}^{10}$$

注意,若 $\mathbf{x} \neq \mathbf{0}$,則 $\{\mathbf{x}\}$ 是正交集。$\mathbb{R}^n$ 中的向量集 $\{\mathbf{x}_1, \mathbf{x}_2, ..., \mathbf{x}_k\}$ 稱為**單範正交 (orthonormal)**,如果它是正交集,而且每一個 $\mathbf{x}_i$ 都是單位向量:

$$\text{對每一個 } i \text{ 而言},\ \|\mathbf{x}_i\| = 1$$

例 4

標準基底 $\{\mathbf{e}_1, \mathbf{e}_2, ..., \mathbf{e}_n\}$ 是 $\mathbb{R}^n$ 中的單範正交集。

例行的驗證留給讀者,以下的證明也是:

---
[10] 堅持正交集由非零向量組成的原因是我們將主要注意力放在正交基底上。

例 5

若 $\{\mathbf{x}_1, \mathbf{x}_2, ..., \mathbf{x}_k\}$ 為正交，則對任意非零的純量 a_i 而言，$\{a_1\mathbf{x}_1, a_2\mathbf{x}_2, ..., a_k\mathbf{x}_k\}$ 也是正交。

若 $\mathbf{x} \neq \mathbf{0}$，根據定理 1 之 (6)，$\dfrac{1}{\|\mathbf{x}\|}\mathbf{x}$ 是一個單位向量，其長度為 1。

定義 5.9

若 $\{\mathbf{x}_1, \mathbf{x}_2, ..., \mathbf{x}_k\}$ 為正交集，則 $\left\{\dfrac{1}{\|\mathbf{x}_1\|}\mathbf{x}_1, \dfrac{1}{\|\mathbf{x}_2\|}\mathbf{x}_2, ..., \dfrac{1}{\|\mathbf{x}_k\|}\mathbf{x}_k\right\}$ 為單範正交集，而我們說它是正交集 $\{\mathbf{x}_1, \mathbf{x}_2, ..., \mathbf{x}_k\}$ **正規化 (normalizing)** 的結果。

例 6

若 $\mathbf{f}_1 = \begin{bmatrix} 1 \\ 1 \\ 1 \\ -1 \end{bmatrix}$, $\mathbf{f}_2 = \begin{bmatrix} 1 \\ 0 \\ 1 \\ 2 \end{bmatrix}$, $\mathbf{f}_3 = \begin{bmatrix} -1 \\ 0 \\ 1 \\ 0 \end{bmatrix}$, $\mathbf{f}_4 = \begin{bmatrix} -1 \\ 3 \\ -1 \\ 1 \end{bmatrix}$，則很容易驗證 $\{\mathbf{f}_1, \mathbf{f}_2, \mathbf{f}_3, \mathbf{f}_4\}$ 是 $\mathbb{R}^4$ 中的正交集。正規化之後，對應的單範正交集為 $\left\{\tfrac{1}{2}\mathbf{f}_1, \tfrac{1}{\sqrt{6}}\mathbf{f}_2, \tfrac{1}{\sqrt{2}}\mathbf{f}_3, \tfrac{1}{2\sqrt{3}}\mathbf{f}_4\right\}$。

正交性最重要的結果是畢氏定理。如右圖所示，已知 $\mathbb{R}^3$ 中的正交向量 $\mathbf{v}$ 和 $\mathbf{w}$，由畢氏定理可知，$\|\mathbf{v} + \mathbf{w}\|^2 = \|\mathbf{v}\|^2 + \|\mathbf{w}\|^2$。此式對 $\mathbb{R}^n$ 中的任何正交集皆成立。

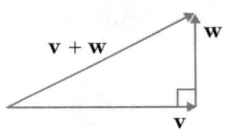

定理 4

畢氏定理 (Pythagoras' Theorem)

若 $\{\mathbf{x}_1, \mathbf{x}_2, ..., \mathbf{x}_k\}$ 為 $\mathbb{R}^n$ 中的正交集，則

$$\|\mathbf{x}_1 + \mathbf{x}_2 + \cdots + \mathbf{x}_k\|^2 = \|\mathbf{x}_1\|^2 + \|\mathbf{x}_2\|^2 + \cdots + \|\mathbf{x}_k\|^2$$

證明

當 $i \neq j$ 時，$\mathbf{x}_i \cdot \mathbf{x}_j = 0$，由這個事實可得

$$\begin{aligned}\|\mathbf{x}_1 + \mathbf{x}_2 + \cdots + \mathbf{x}_k\|^2 &= (\mathbf{x}_1 + \mathbf{x}_2 + \cdots + \mathbf{x}_k) \cdot (\mathbf{x}_1 + \mathbf{x}_2 + \cdots + \mathbf{x}_k) \\ &= (\mathbf{x}_1 \cdot \mathbf{x}_1 + \mathbf{x}_2 \cdot \mathbf{x}_2 + \cdots + \mathbf{x}_k \cdot \mathbf{x}_k) + \sum_{i \neq j} \mathbf{x}_i \cdot \mathbf{x}_j \\ &= \|\mathbf{x}_1\|^2 + \|\mathbf{x}_2\|^2 + \cdots + \|\mathbf{x}_k\|^2 + 0\end{aligned}$$

此即所求。

若 **v** 和 **w** 為 $\mathbb{R}^3$ 中的正交且非零向量，則它們一定不平行，所以由第 5.2 節例 7 可知 **v** 和 **w** 為線性獨立。下一個定理對此觀察賦予深遠的推廣。

定理 5

$\mathbb{R}^n$ 中的每一個正交集均為線性獨立。

證明

令 $\{\mathbf{x}_1, \mathbf{x}_2, ..., \mathbf{x}_k\}$ 為 $\mathbb{R}^n$ 中的正交集，並假設一個線性組合等於零：$t_1\mathbf{x}_1 + t_2\mathbf{x}_2 + \cdots + t_k\mathbf{x}_k = \mathbf{0}$。則

$$\begin{aligned}
0 = \mathbf{x}_1 \cdot \mathbf{0} &= \mathbf{x}_1 \cdot (t_1\mathbf{x}_1 + t_2\mathbf{x}_2 + \cdots + t_k\mathbf{x}_k) \\
&= t_1(\mathbf{x}_1 \cdot \mathbf{x}_1) + t_2(\mathbf{x}_1 \cdot \mathbf{x}_2) + \cdots + t_k(\mathbf{x}_1 \cdot \mathbf{x}_k) \\
&= t_1\|\mathbf{x}_1\|^2 + t_2(0) + \cdots + t_k(0) \\
&= t_1\|\mathbf{x}_1\|^2
\end{aligned}$$

因為 $\|\mathbf{x}_1\|^2 \neq 0$，這意味著 $t_1 = 0$。同理，對每一個 i，$t_i = 0$。

定理 5 建議在 $\mathbb{R}^n$ 中採用正交基底，亦即採用生成 $\mathbb{R}^n$ 的正交集。當一個向量以基底向量的線性組合展開時，若採用正交基底，則有明確的公式可以將係數表示出來。

定理 6

展開定理 (Expansion Theorem)

令 $\{\mathbf{f}_1, \mathbf{f}_2, ..., \mathbf{f}_m\}$ 為 $\mathbb{R}^n$ 中子空間 U 的正交基底。若 **x** 是 U 中的任意向量，則

$$\mathbf{x} = \left(\frac{\mathbf{x} \cdot \mathbf{f}_1}{\|\mathbf{f}_1\|^2}\right)\mathbf{f}_1 + \left(\frac{\mathbf{x} \cdot \mathbf{f}_2}{\|\mathbf{f}_2\|^2}\right)\mathbf{f}_2 + \cdots + \left(\frac{\mathbf{x} \cdot \mathbf{f}_m}{\|\mathbf{f}_m\|^2}\right)\mathbf{f}_m$$

證明

因為 $\{\mathbf{f}_1, \mathbf{f}_2, ..., \mathbf{f}_m\}$ 生成 U，所以 $\mathbf{x} = t_1\mathbf{f}_1 + t_2\mathbf{f}_2 + \cdots + t_m\mathbf{f}_m$，其中 t_i 為純量。欲求 t_1，我們在等號兩邊取與 $\mathbf{f}_1$ 的內積：

$$\begin{aligned}
\mathbf{x} \cdot \mathbf{f}_1 &= (t_1\mathbf{f}_1 + t_2\mathbf{f}_2 + \cdots + t_m\mathbf{f}_m) \cdot \mathbf{f}_1 \\
&= t_1(\mathbf{f}_1 \cdot \mathbf{f}_1) + t_2(\mathbf{f}_2 \cdot \mathbf{f}_1) + \cdots + t_m(\mathbf{f}_m \cdot \mathbf{f}_1) \\
&= t_1\|\mathbf{f}_1\|^2 + t_2(0) + \cdots + t_m(0) \\
&= t_1\|\mathbf{f}_1\|^2
\end{aligned}$$

> 因為 $\mathbf{f}_1 \neq \mathbf{0}$，可得 $t_1 = \dfrac{\mathbf{x} \cdot \mathbf{f}_1}{\|\mathbf{f}_1\|^2}$。同理，對每一個 i，$t_i = \dfrac{\mathbf{x} \cdot \mathbf{f}_i}{\|\mathbf{f}_i\|^2}$。

定理 6 中，將 $\mathbf{x}$ 展開成正交基底 $\{\mathbf{f}_1, \mathbf{f}_2, ..., \mathbf{f}_m\}$ 的線性組合，稱為 $\mathbf{x}$ 的**傅立葉展開 (Fourier expansion)**，而係數 $t_i = \dfrac{\mathbf{x} \cdot \mathbf{f}_i}{\|\mathbf{f}_i\|^2}$ 稱為**傅立葉係數 (Fourier coefficients)**。注意，若 $\{\mathbf{f}_1, \mathbf{f}_2, ..., \mathbf{f}_m\}$ 是單範正交，則對每一個 i 而言，$t_i = \mathbf{x} \cdot \mathbf{f}_i$。在第 10.5 節中，我們有更多關於這方面的討論。

例 7

將 $\mathbf{x} = (a, b, c, d)$ 展開成例 6 中 $\mathbb{R}^4$ 的正交基底 $\{\mathbf{f}_1, \mathbf{f}_2, \mathbf{f}_3, \mathbf{f}_4\}$ 的線性組合。

解：我們有 $\mathbf{f}_1 = (1, 1, 1, -1)$、$\mathbf{f}_2 = (1, 0, 1, 2)$、$\mathbf{f}_3 = (-1, 0, 1, 0)$ 和 $\mathbf{f}_4 = (-1, 3, -1, 1)$，因此傅立葉係數為

$$t_1 = \frac{\mathbf{x} \cdot \mathbf{f}_1}{\|\mathbf{f}_1\|^2} = \tfrac{1}{4}(a + b + c + d) \qquad t_3 = \frac{\mathbf{x} \cdot \mathbf{f}_3}{\|\mathbf{f}_3\|^2} = \tfrac{1}{2}(-a + c)$$

$$t_2 = \frac{\mathbf{x} \cdot \mathbf{f}_2}{\|\mathbf{f}_2\|^2} = \tfrac{1}{6}(a + c + 2d) \qquad t_4 = \frac{\mathbf{x} \cdot \mathbf{f}_4}{\|\mathbf{f}_4\|^2} = \tfrac{1}{12}(-a + 3b - c + d)$$

讀者可驗證 $\mathbf{x} = t_1 \mathbf{f}_1 + t_2 \mathbf{f}_2 + t_3 \mathbf{f}_3 + t_4 \mathbf{f}_4$ 是正確的。

一個自然的問題就出現在這裡：是否 $\mathbb{R}^n$ 的每一個子空間 U 都有正交基底？答案是「肯定的」；事實上，有一系統化的步驟，稱為 Gram-Schmidt 演算法，可以把 U 的任何基底變成正交基底。這導致將 $\mathbb{R}^2$ 和 $\mathbb{R}^3$ 中的向量投影其定義推廣到子空間 U。所有這一切將會在第 8.1 節進一步探討。

習題 5.3

我們常將 $\mathbb{R}^n$ 中的向量寫成列 n 元組。

1. 將下列向量正規化，求出 $\mathbb{R}^3$ 的單範正交基底。
   (a) $\{(1, -1, 2), (0, 2, 1), (5, 1, -2)\}$
   ◆(b) $\{(1, 1, 1), (4, 1, -5), (2, -3, 1)\}$

2. 證明下列 $\mathbb{R}^4$ 中的向量集為正交。
   (a) $\{(1, -1, 2, 5), (4, 1, 1, -1), (-7, 28, 5, 5)\}$
   (b) $\{(2, -1, 4, 5), (0, -1, 1, -1), (0, 3, 2, -1)\}$

3. 下列各題中，證明 B 是 $\mathbb{R}^3$ 中的正交基底，並利用定理 6 將 $\mathbf{x} = (a, b, c)$ 展開成這些基底向量的線性組合。
   (a) $B = \{(1, -1, 3), (-2, 1, 1), (4, 7, 1)\}$
   ◆(b) $B = \{(1, 0, -1), (1, 4, 1), (2, -1, 2)\}$
   (c) $B = \{(1, 2, 3), (-1, -1, 1), (5, -4, 1)\}$
   ◆(d) $B = \{(1, 1, 1), (1, -1, 0), (1, 1, -2)\}$

4. 下列各題中，將 **x** 寫成子空間 U 的正交基底的線性組合。
   (a) $\mathbf{x} = (13, -20, 15)$；
   $U = \text{span}\{(1, -2, 3), (-1, 1, 1)\}$
   ◆(b) $\mathbf{x} = (14, 1, -8, 5)$；
   $U = \text{span}\{(2, -1, 0, 3), (2, 1, -2, -1)\}$

5. 求 $\mathbb{R}^4$ 中的 (a, b, c, d) 使得下列集合為正交。
   (a) $\{(1, 2, 1, 0), (1, -1, 1, 3), (2, -1, 0, -1), (a, b, c, d)\}$
   ◆(b) $\{(1, 0, -1, 1), (2, 1, 1, -1), (1, -3, 1, 0), (a, b, c, d)\}$

6. 若 $\|\mathbf{x}\| = 3$，$\|\mathbf{y}\| = 1$，且 $\mathbf{x} \cdot \mathbf{y} = -2$，計算：
   (a) $\|3\mathbf{x} - 5\mathbf{y}\|$ ◆(b) $\|2\mathbf{x} + 7\mathbf{y}\|$
   (c) $(3\mathbf{x} - \mathbf{y}) \cdot (2\mathbf{y} - \mathbf{x})$
   ◆(d) $(\mathbf{x} - 2\mathbf{y}) \cdot (3\mathbf{x} + 5\mathbf{y})$

7. 下列各題中，證明敘述為真或舉一反例證明敘述不為真。
   (a) 每個 $\mathbb{R}^n$ 中的獨立集為正交。
   ◆(b) 若 $\{\mathbf{x}, \mathbf{y}\}$ 為 $\mathbb{R}^n$ 中的正交集，則 $\{\mathbf{x}, \mathbf{x} + \mathbf{y}\}$ 亦為正交。
   (c) 若 $\{\mathbf{x}, \mathbf{y}\}$ 和 $\{\mathbf{z}, \mathbf{w}\}$ 在 $\mathbb{R}^n$ 中皆為正交，則 $\{\mathbf{x}, \mathbf{y}, \mathbf{z}, \mathbf{w}\}$ 亦為正交。
   ◆(d) 若 $\{\mathbf{x}_1, \mathbf{x}_2\}$ 和 $\{\mathbf{y}_1, \mathbf{y}_2, \mathbf{y}_3\}$ 皆為正交，且 $\mathbf{x}_i \cdot \mathbf{y}_j = 0$ 對所有 i、j 皆成立，則 $\{\mathbf{x}_1, \mathbf{x}_2, \mathbf{y}_1, \mathbf{y}_2, \mathbf{y}_3\}$ 為正交。
   (e) 若 $\{\mathbf{x}_1, \mathbf{x}_2, ..., \mathbf{x}_n\}$ 為 $\mathbb{R}^n$ 中的正交集，則 $\mathbb{R}^n = \text{span}\{\mathbf{x}_1, \mathbf{x}_2, ..., \mathbf{x}_n\}$。
   ◆(f) 若 $\mathbf{x} \neq \mathbf{0}$ 屬於 $\mathbb{R}^n$，則 $\{\mathbf{x}\}$ 為正交集。

8. 令 **v** 表 $\mathbb{R}^n$ 中的非零向量。
   (a) 證明 $P = \{\mathbf{x} \in \mathbb{R}^n \mid \mathbf{x} \cdot \mathbf{v} = 0\}$ 為 $\mathbb{R}^n$ 的子空間。
   (b) 證明 $\mathbb{R}\mathbf{v} = \{t\mathbf{v} \mid t \in \mathbb{R}\}$ 為 $\mathbb{R}^n$ 的子空間。
   (c) 當 $n = 3$，以幾何觀點描述 P 和 $\mathbb{R}\mathbf{v}$。

◆9. 若 A 為含有單範正交行向量的 $m \times n$ 矩陣，證明 $A^T A = I_n$。【提示：若 $\mathbf{c}_1, \mathbf{c}_2, ..., \mathbf{c}_n$ 為 A 的行向量，證明 $A^T A$ 的第 j 行有元素 $\mathbf{c}_1 \cdot \mathbf{c}_j, \mathbf{c}_2 \cdot \mathbf{c}_j, ..., \mathbf{c}_n \cdot \mathbf{c}_j$。】

10. 利用柯西不等式 (Cauchy inequality) 證明 $\sqrt{xy} \leq \frac{1}{2}(x + y)$ 對所有 $x \geq 0$，$y \geq 0$ 皆成立。其中 $\sqrt{xy}$ 和 $\frac{1}{2}(x + y)$ 分別稱為 x 和 y 的幾何平均 (geometric mean) 和算術平均 (arithmetic mean)。
    【提示：令 $\mathbf{x} = \begin{bmatrix} \sqrt{x} \\ \sqrt{y} \end{bmatrix}$，$\mathbf{y} = \begin{bmatrix} \sqrt{y} \\ \sqrt{x} \end{bmatrix}$。】

11. 利用柯西不等式 (Cauchy inequality) 證明
    (a) $(r_1 + r_2 + \cdots + r_n)^2 \leq n(r_1^2 + r_2^2 + \cdots + r_n^2)$ 對所有 $r_i \in \mathbb{R}$ 且 $n \geq 1$ 恆成立。
    ◆(b) $r_1 r_2 + r_1 r_3 + r_2 r_3 \leq r_1^2 + r_2^2 + r_3^2$ 對所有 $r_1, r_2, r_3 \in \mathbb{R}$ 恆成立。【提示：參考 (a)。】

12. (a) 證明 **x** 和 **y** 在 $\mathbb{R}^n$ 中為正交，若且唯若 $\|\mathbf{x} + \mathbf{y}\| = \|\mathbf{x} - \mathbf{y}\|$。
    ◆(b) 證明 $\mathbf{x} + \mathbf{y}$ 和 $\mathbf{x} - \mathbf{y}$ 在 $\mathbb{R}^n$ 中為正交，若且唯若 $\|\mathbf{x}\| = \|\mathbf{y}\|$。

13. (a) 證明 $\|\mathbf{x} + \mathbf{y}\|^2 = \|\mathbf{x}\|^2 + \|\mathbf{y}\|^2$ 若且唯若 **x** 正交於 **y**。
    (b) 若 $\mathbf{x} = \begin{bmatrix} 1 \\ 1 \end{bmatrix}$，$\mathbf{y} = \begin{bmatrix} 1 \\ 0 \end{bmatrix}$，$\mathbf{z} = \begin{bmatrix} -2 \\ 3 \end{bmatrix}$，證明 $\|\mathbf{x} + \mathbf{y} + \mathbf{z}\|^2 = \|\mathbf{x}\|^2 + \|\mathbf{y}\|^2 + \|\mathbf{z}\|^2$ 但 $\mathbf{x} \cdot \mathbf{y} \neq 0$，$\mathbf{x} \cdot \mathbf{z} \neq 0$，$\mathbf{y} \cdot \mathbf{z} \neq 0$。

14. (a) 證明 $\mathbf{x} \cdot \mathbf{y} = \frac{1}{4}[\|\mathbf{x} + \mathbf{y}\|^2 - \|\mathbf{x} - \mathbf{y}\|^2]$ 對所有 $\mathbf{x}, \mathbf{y} \in \mathbb{R}^n$ 皆成立。
    (b) 證明 $\|\mathbf{x}\|^2 + \|\mathbf{y}\|^2 = \frac{1}{2}[\|\mathbf{x} + \mathbf{y}\|^2 + \|\mathbf{x} - \mathbf{y}\|^2]$ 對所有 $\mathbf{x}, \mathbf{y} \in \mathbb{R}^n$ 皆成立。

◆15. 若 A 為 $n \times n$ 矩陣，證明 $A^T A$ 的每一個固有值皆非負值。【提示：計算 $\|A\mathbf{x}\|^2$，其中 $\mathbf{x}$ 為固有向量。】

16. 若 $\mathbb{R}^n = \text{span}\{\mathbf{x}_1, ..., \mathbf{x}_m\}$ 且對所有的 i，$\mathbf{x} \cdot \mathbf{x}_i = 0$，證明 $\mathbf{x} = 0$。【提示：證明 $\|\mathbf{x}\| = 0$。】

17. 若 $\mathbb{R}^n = \text{span}\{\mathbf{x}_1, ..., \mathbf{x}_m\}$ 且對所有的 i，$\mathbf{x} \cdot \mathbf{x}_i = \mathbf{y} \cdot \mathbf{x}_i$，證明 $\mathbf{x} = \mathbf{y}$。【提示：利用上一題。】

18. 令 $\{\mathbf{e}_1, ..., \mathbf{e}_n\}$ 為 $\mathbb{R}^n$ 的正交基底。已知 $\mathbf{x}, \mathbf{y} \in \mathbb{R}^n$，證明

$$\mathbf{x} \cdot \mathbf{y} = \frac{(\mathbf{x} \cdot \mathbf{e}_1)(\mathbf{y} \cdot \mathbf{e}_1)}{\|\mathbf{e}_1\|^2} + \cdots + \frac{(\mathbf{x} \cdot \mathbf{e}_n)(\mathbf{y} \cdot \mathbf{e}_n)}{\|\mathbf{e}_n\|^2}$$

5.4 節　矩陣的秩

本節我們以維數的概念來說明第 1.2 節矩陣的秩的定義，並研究其性質。我們將以相同的方式對待行和列。雖然我們已經習慣將 $\mathbb{R}^n$ 中的 n 元組視為行，本節我們會經常把它們當作是列。在矩陣運算中，子空間、獨立性、生成和維數其定義對列而言與對行而言是相同的。若 A 為 $m \times n$ 矩陣，我們定義：

定義 5.10

A 的**行空間** (column space)，$\text{col } A$，是 $\mathbb{R}^m$ 的子空間，由 A 的行所生成。

A 的**列空間** (row sapce)，$\text{row } A$，是 $\mathbb{R}^n$ 的子空間，由 A 的列所生成。

本節中所探討的內容，很多會涉及到這些子空間。我們從以下引理開始：

引理 1

令 A、B 表示 $m \times n$ 矩陣。

1. 若 $A \to B$ 是由基本列運算求得，則 $\text{row } A = \text{row } B$。
2. 若 $A \to B$ 是由基本行運算求得，則 $\text{col } A = \text{col } B$。

證明

我們證明 (1)；(2) 的證明是類似的，以單一列運算做 $A \to B$ 即足夠。令 $R_1, R_2, ..., R_m$ 為 A 的列。$A \to B$ 的列運算包括兩列交換、以非零的常數乘以某一列或將某列的倍數加到另一列。前兩種運算留給讀者練習。在最後一種情況下，假設 a 乘以第 p 列再加

到第 q 列，其中 $p < q$，則 B 的列為 $R_1, ..., R_p, ..., R_q + aR_p, ..., R_m$，第 5.1 節定理 1 證明了

$$\text{span}\{R_1, ..., R_p, ..., R_q, ..., R_m\} = \text{span}\{R_1, ..., R_p, ..., R_q + aR_p, ..., R_m\}$$

亦即，row A = row B。

若 A 是任意矩陣，我們可以藉由基本列運算導出 $A \to R$，其中 R 是列梯形矩陣。因此由引理 1 知 row A = row R；所以下面的結果的第一部分是我們感興趣的。

引理 2

若 R 是列梯形矩陣，則

1. R 的非零列是 row R 的基底。
2. R 中含有領導元素為 1 的行是 col R 的基底。

證明

由第 5.2 節例 6 知，R 的列為獨立，根據定義，它們生成 row R。這證明了 1。

令 $\mathbf{c}_{j_1}, \mathbf{c}_{j_2}, ..., \mathbf{c}_{j_r}$ 表示 R 中領導元素為 1 的行，則 $\{\mathbf{c}_{j_1}, \mathbf{c}_{j_2}, ..., \mathbf{c}_{j_r}\}$ 為獨立，因為領導係數 1 是在不同的列（並且在它們的下面和左側是零）。令 U 表示 $\mathbb{R}^m$ 的行子空間，其最後 $m - r$ 個元素為零，則 dim $U = r$。因此由第 5.2 節定理 7，獨立集 $\{\mathbf{c}_{j_1}, \mathbf{c}_{j_2}, ..., \mathbf{c}_{j_r}\}$ 為 U 的基底。因為每一個 $\mathbf{c}_{j_i}$ 屬於 col R，可推得 col $R = U$，故 (2) 得證。

有了引理 2，我們可以填補第 1 章中所定義矩陣的秩的不足之處。令 A 是任意矩陣，假設 A 藉由列運算化為列梯形矩陣 R。請注意 R 不是唯一的。在第 1.2 節中，我們定義了 A 的**秩 (rank)**，記做 rank A，為 R 中領導元素為 1 的個數，即 R 中非零列的個數。在第 1.2 節中並沒有證明此個數與 R 的選取無關。然而引理 2 的第 1 部分顯示，

$$\text{rank } A = \dim(\text{row } A)$$

因此 rank A 與 R 無關。

引理 2 可用來求出 $\mathbb{R}^n$ 的子空間之基底（以列表示）。以下即為一例。

例 1

求 $U = \text{span}\{(1, 1, 2, 3), (2, 4, 1, 0), (1, 5, -4, -9)\}$ 的一組基底。

解：U 是 $\begin{bmatrix} 1 & 1 & 2 & 3 \\ 2 & 4 & 1 & 0 \\ 1 & 5 & -4 & -9 \end{bmatrix}$ 的列空間。此矩陣有列梯形 $\begin{bmatrix} 1 & 1 & 2 & 3 \\ 0 & 1 & -\frac{3}{2} & -3 \\ 0 & 0 & 0 & 0 \end{bmatrix}$，因此由引理 2 知 $\{(1, 1, 2, 3), (0, 1, -\frac{3}{2}, -3)\}$ 為 U 的基底。請注意，$\{(1, 1, 2, 3), (0, 2, -3, -6)\}$ 是另一個不含分數的基底。

引理 1 和 2 足以證明以下基本定理。

定理 1

令 A 表示任意的 $m \times n$ 矩陣，其秩為 r，則
$$\dim(\operatorname{col} A) = \dim(\operatorname{row} A) = r$$
此外，若 A 藉由列運算化為列梯形矩陣 R，則

1. R 的 r 個非零列是 row A 的基底。
2. 若領導元素位於 R 的第 $j_1, j_2, ..., j_r$ 行，則 A 的第 $j_1, j_2, ..., j_r$ 行是 col A 的基底。

證明

由引理 1 可知 row A = row R，故由引理 2 可推得 (1)。此外，由第 2.5 節定理 1，對某個可逆矩陣 U，$R = UA$。現在令 $A = [\mathbf{c}_1 \ \mathbf{c}_2 \ \cdots \ \mathbf{c}_n]$，其中 $\mathbf{c}_1, \mathbf{c}_2, ..., \mathbf{c}_n$ 為 A 的行，則

$$R = UA = U[\mathbf{c}_1 \ \mathbf{c}_2 \ \cdots \ \mathbf{c}_n] = [U\mathbf{c}_1 \ U\mathbf{c}_2 \ \cdots \ U\mathbf{c}_n]$$

因此在 (2) 的記號中，根據引理 2，集合 $B = \{U\mathbf{c}_{j_1}, U\mathbf{c}_{j_2}, ..., U\mathbf{c}_{j_r}\}$ 是 col R 的基底。所以，為了證明 (2) 和 $\dim(\operatorname{col} A) = r$ 的事實，只需證明 $D = \{\mathbf{c}_{j_1}, \mathbf{c}_{j_2}, ..., \mathbf{c}_{j_r}\}$ 是 col A 的基底即可。首先，D 是線性獨立，因為 U 是可逆（驗證），所以我們證明，對每一個 j，第 $\mathbf{c}_j$ 行是 $\mathbf{c}_{j_i}$ 的線性組合，但 $U\mathbf{c}_j$ 是 R 的第 j 行，因此是 $U\mathbf{c}_{j_i}$ 的線性組合，即 $U\mathbf{c}_j = a_1 U\mathbf{c}_{j_1} + a_2 U\mathbf{c}_{j_2} + \cdots + a_r U\mathbf{c}_{j_r}$，其中 a_i 為實數。因為 U 是可逆，可推得 $\mathbf{c}_j = a_1 \mathbf{c}_{j_1} + a_2 \mathbf{c}_{j_2} + \cdots + a_r \mathbf{c}_{j_r}$，定理得證。

例 2

計算 $A = \begin{bmatrix} 1 & 2 & 2 & -1 \\ 3 & 6 & 5 & 0 \\ 1 & 2 & 1 & 2 \end{bmatrix}$ 的秩，並且求 row A 和 col A 的基底。

解：將 A 化簡為列梯形矩陣如下：

$$\begin{bmatrix} 1 & 2 & 2 & -1 \\ 3 & 6 & 5 & 0 \\ 1 & 2 & 1 & 2 \end{bmatrix} \to \begin{bmatrix} 1 & 2 & 2 & -1 \\ 0 & 0 & -1 & 3 \\ 0 & 0 & -1 & 3 \end{bmatrix} \to \begin{bmatrix} 1 & 2 & 2 & -1 \\ 0 & 0 & 1 & -3 \\ 0 & 0 & 0 & 0 \end{bmatrix}$$

因此 rank $A = 2$，並且由引理 2 知，$\{[1\ 2\ 2\ -1], [0\ 0\ 1\ -3]\}$ 為 row A 的基底。因為領導元素是在列梯形矩陣的第 1 和第 3 行，所以由定理 1 可知，A 的第 1 和第 3 行 $\left\{ \begin{bmatrix} 1 \\ 3 \\ 1 \end{bmatrix}, \begin{bmatrix} 2 \\ 5 \\ 1 \end{bmatrix} \right\}$ 是 col A 的基底。

定理 1 還有一些重要推論。首先，以下的推論 1，隨即成立，因為 A 的列為獨立（分別生成 row A）若且唯若其轉置為獨立（分別生成 col A^T）。

推論 1

若 A 為任意矩陣，則 rank A = rank(A^T)。

若 A 為 $m \times n$ 矩陣，我們有 col $A \subseteq \mathbb{R}^m$ 和 row $A \subseteq \mathbb{R}^n$。因此由第 5.2 節定理 8 知，$\dim(\text{col } A) \leq \dim(\mathbb{R}^m) = m$ 且 $\dim(\text{row } A) \leq \dim(\mathbb{R}^n) = n$。因此由定理 1 可得：

推論 2

若 A 是 $m \times n$ 矩陣，則 rank $A \leq m$ 且 rank $A \leq n$。

推論 3

若 U、V 為可逆，則 rank A = rank(UA) = rank(AV)。

證明

由引理 1 得知 rank A = rank(UA)。再加上推論 1 可得

$$\text{rank}(AV) = \text{rank}(AV)^T = \text{rank}(V^T A^T) = \text{rank}(A^T) = \text{rank } A$$

討論下一個推論之前，我們需要一個引理。

引理 3

令 A、U 和 V 分別為 $m \times n$、$p \times m$ 和 $n \times q$ 矩陣。
(1) $\text{col}(AV) \subseteq \text{col}\, A$，若 V 為（方陣且）可逆，則等號成立。
(2) $\text{row}(UA) \subseteq \text{row}\, A$，若 U 為（方陣且）可逆，則等號成立。

證明

對 (1) 而言，令 $V = [\mathbf{v}_1, \mathbf{v}_2, ..., \mathbf{v}_q]$，其中 $\mathbf{v}_j$ 為 V 的第 j 行。則由第 2.2 節定義 1 知，$AV = [A\mathbf{v}_1, A\mathbf{v}_2, ..., A\mathbf{v}_q]$，其中每一個 $A\mathbf{v}_j$ 皆屬於 $\text{col}\, A$。因此 $\text{col}(AV) \subseteq \text{col}\, A$。若 V 是可逆，以相同的方法可得 $\text{col}\, A = \text{col}[(AV)V^{-1}] \subseteq \text{col}(AV)$，故 (1) 得證。

至於 (2)，由 (1) 我們有 $\text{col}[(UA)^T] = \text{col}(A^T U^T) \subseteq \text{col}(A^T)$，因此 $\text{row}(UA) \subseteq \text{row}\, A$。若 U 是可逆，則如 (1) 的證明一樣，可得 $\text{row}(UA) = \text{row}\, A$。

推論 4

若 A 是 $m \times n$ 矩陣而 B 是 $n \times m$ 矩陣，則 $\text{rank}\, AB \leq \text{rank}\, A$ 且 $\text{rank}\, AB \leq \text{rank}\, B$。

證明

由引理 3，$\text{col}(AB) \subseteq \text{col}\, A$ 且 $\text{row}(BA) \subseteq \text{row}\, A$，然後應用定理 1。

在第 5.1 節，我們討論了與 $m \times n$ 矩陣 A 相關的其它兩個子空間：零空間 $\text{null}(A)$ 和像空間 $\text{im}(A)$

$$\text{null}(A) = \{\mathbf{x} \in \mathbb{R}^n \mid A\mathbf{x} = \mathbf{0}\} \quad \text{和} \quad \text{im}(A) = \{A\mathbf{x} \mid \mathbf{x} \in \mathbb{R}^n\}$$

利用秩的觀念，我們可以用簡單的方法來求這些空間的基底。若 A 的秩為 r，則由第 5.1 節例 8，我們有 $\text{im}(A) = \text{col}(A)$，所以 $\dim[\text{im}(A)] = \dim[\text{col}(A)] = r$。因此定理 1 提供了一種找 $\text{im}(A)$ 的基底之方法。我們將此寫成以下定理的第 (2) 部分。

定理 2

令 A 為 $m \times n$ 矩陣，其秩為 r。則
(1) 由高斯演算法求出方程組 $A\mathbf{x} = \mathbf{0}$ 的 $n - r$ 個基本解為 $\text{null}(A)$ 的基底，因此 $\dim[\text{null}(A)] = n - r$。
(2) 定理 1 提供了 $\text{im}(A) = \text{col}(A)$ 的基底，並且 $\dim[\text{im}(A)] = r$。

證明

剩下 (1) 要證明。我們已經知道（第 2.2 節定理 1）null(A) 是由 $A\mathbf{x} = \mathbf{0}$ 的 $n - r$ 個基本解所生成。因此利用第 5.2 節定理 7，只需證明 $\dim[\text{null}(A)] = n - r$。所以令 $\{\mathbf{x}_1, ..., \mathbf{x}_k\}$ 為 null(A) 的基底，並將它擴大成 $\mathbb{R}^n$ 的基底 $\{\mathbf{x}_1, ..., \mathbf{x}_k, \mathbf{x}_{k+1}, ..., \mathbf{x}_n\}$（由第 5.2 節定理 6）。這足以證明 $\{A\mathbf{x}_{k+1}, ..., A\mathbf{x}_n\}$ 為 im(A) 的基底；則由以上所述知 $n - k = r$，故 $k = n - r$。

生成 (Spanning)。取 im(A) 中的 $A\mathbf{x}$，$\mathbf{x} \in \mathbb{R}^n$，並且令 $\mathbf{x} = a_1\mathbf{x}_1 + \cdots + a_k\mathbf{x}_k + a_{k+1}\mathbf{x}_{k+1} + \cdots + a_n\mathbf{x}_n$，其中 $a_i \in \mathbb{R}$，則 $A\mathbf{x} = a_{k+1}A\mathbf{x}_{k+1} + \cdots + a_nA\mathbf{x}_n$，因為 $\{\mathbf{x}_1, ..., \mathbf{x}_k\} \subseteq \text{null}(A)$。

獨立 (Independence)。令 $t_{k+1}A\mathbf{x}_{k+1} + \cdots + t_nA\mathbf{x}_n = \mathbf{0}$，$t_i \in \mathbb{R}$。則 $t_{k+1}\mathbf{x}_{k+1} + \cdots + t_n\mathbf{x}_n$ 屬於 null A，故對 $\mathbb{R}$ 中的某些 $t_1, ..., t_k$ 而言，$t_{k+1}\mathbf{x}_{k+1} + \cdots + t_n\mathbf{x}_n = t_1\mathbf{x}_1 + \cdots + t_k\mathbf{x}_k$ 恆成立。但由 $\mathbf{x}_i$ 的獨立性證明了對於每一個 i，$t_i = 0$。

例 3

若 $A = \begin{bmatrix} 1 & -2 & 1 & 1 \\ -1 & 2 & 0 & 1 \\ 2 & -4 & 1 & 0 \end{bmatrix}$，求 null($A$) 和 im($A$) 的基底，並求它們的維度。

解：若 $\mathbf{x}$ 屬於 null(A)，則 $A\mathbf{x} = \mathbf{0}$，所以由求解 $A\mathbf{x} = \mathbf{0}$ 可得 $\mathbf{x}$。將增廣矩陣簡化成列梯形式如下：

$$\begin{bmatrix} 1 & -2 & 1 & 1 & | & 0 \\ -1 & 2 & 0 & 1 & | & 0 \\ 2 & -4 & 1 & 0 & | & 0 \end{bmatrix} \to \begin{bmatrix} 1 & -2 & 0 & -1 & | & 0 \\ 0 & 0 & 1 & 2 & | & 0 \\ 0 & 0 & 0 & 0 & | & 0 \end{bmatrix}$$

因此 $r = \text{rank}(A) = 2$。而由定理 1 知，$\text{im}(A) = \text{col}(A)$ 的基底為 $\left\{ \begin{bmatrix} 1 \\ -1 \\ 2 \end{bmatrix}, \begin{bmatrix} 1 \\ 0 \\ 1 \end{bmatrix} \right\}$，這是因為在第 1 和第 3 行的領導元素為 1。又由定理 2 知，$\dim[\text{im}(A)] = 2 = r$。

回到 null A，使用高斯消去法，領導變數是 x_1 和 x_3，所以將非領導變數視為參數：$x_2 = s$ 和 $x_4 = t$。由簡化矩陣得知 $x_1 = 2s + t$ 和 $x_3 = -2t$，所以通解為

$$\mathbf{x} = \begin{bmatrix} x_1 \\ x_2 \\ x_3 \\ x_4 \end{bmatrix} = \begin{bmatrix} 2s + t \\ s \\ -2t \\ t \end{bmatrix} = s\mathbf{x}_1 + t\mathbf{x}_2，其中 \mathbf{x}_1 = \begin{bmatrix} 2 \\ 1 \\ 0 \\ 0 \end{bmatrix} 且 \mathbf{x}_2 = \begin{bmatrix} 1 \\ 0 \\ -2 \\ 1 \end{bmatrix}$$

於是解出 null(A)。因為 $\mathbf{x}_1$ 和 $\mathbf{x}_2$ 為基本解，所以

$$\text{null}(A) = \text{span}\{\mathbf{x}_1, \mathbf{x}_2\}$$

然而定理 2 聲稱 $\{\mathbf{x}_1, \mathbf{x}_2\}$ 為 null(A) 的基底。（事實上很容易驗證 $\{\mathbf{x}_1, \mathbf{x}_2\}$ 在這種情況下為獨立。）特別是，$\dim[\text{null}(A)] = 2 = n - r$，如定理 2 所言。

令 A 為 $m \times n$ 矩陣。定理 1 的推論 2 聲稱 rank $A \leq m$ 且 rank $A \leq n$，而很自然地會問這些極端的情況什麼時候會出現。若 $\mathbf{c}_1, \mathbf{c}_2, ..., \mathbf{c}_n$ 是 A 的行，第 5.2 節定理 2 顯示 $\{\mathbf{c}_1, \mathbf{c}_2, ..., \mathbf{c}_n\}$ 生成 $\mathbb{R}^m$ 若且唯若對 $\mathbb{R}^m$ 中的每一個 $\mathbf{b}$ 而言，方程組 $A\mathbf{x} = \mathbf{b}$ 是相容的，並且 $\{\mathbf{c}_1, \mathbf{c}_2, ..., \mathbf{c}_n\}$ 為獨立若且唯若 $A\mathbf{x} = \mathbf{0}$，$\mathbf{x} \in \mathbb{R}^n$，意味著 $\mathbf{x} = \mathbf{0}$。接下來兩個有用的定理是對這些結果做進一步的敘述，並將這些結果與 A 的秩是 n 或 m 產生關聯。

定理 3

對於 $m \times n$ 矩陣 A 而言，以下敘述為對等：

1. rank $A = n$。
2. A 的列向量生成 $\mathbb{R}^n$。
3. A 的行向量在 $\mathbb{R}^m$ 中為線性獨立。
4. $n \times n$ 矩陣 $A^T A$ 為可逆。
5. 對某些 $n \times m$ 矩陣 C 而言，$CA = I_n$。
6. 若 $A\mathbf{x} = \mathbf{0}$，$\mathbf{x} \in \mathbb{R}^n$，則 $\mathbf{x} = \mathbf{0}$。

證明

(1) $\Rightarrow$ (2)。我們有 row $A \subseteq \mathbb{R}^n$，且由 (1) $\dim(\text{row } A) = n$，所以由第 5.2 節定理 8，row $A = \mathbb{R}^n$。這是 (2)。

(2) $\Rightarrow$ (3)。由 (2)，row $A = \mathbb{R}^n$，所以 rank $A = n$。這表示 $\dim(\text{col } A) = n$。因為 A 的 n 個行向量生成 col A，由第 5.2 節定理 7 知，它們是獨立的。

(3) $\Rightarrow$ (4)。若 $(A^T A)\mathbf{x} = \mathbf{0}$，$x \in \mathbb{R}^n$，我們證明 $\mathbf{x} = \mathbf{0}$（第 2.4 節定理 5）。我們有

$$\|A\mathbf{x}\|^2 = (A\mathbf{x})^T A\mathbf{x} = \mathbf{x}^T A^T A \mathbf{x} = \mathbf{x}^T \mathbf{0} = 0$$

因此 $A\mathbf{x} = \mathbf{0}$，故由 (3) 和第 5.2 節定理 2，$\mathbf{x} = \mathbf{0}$。

(4) $\Rightarrow$ (5)。已知 (4)，取 $C = (A^T A)^{-1} A^T$。

(5) $\Rightarrow$ (6)。若 $A\mathbf{x} = \mathbf{0}$，則左乘以 C〔由 (5)〕可得 $\mathbf{x} = \mathbf{0}$。

(6) $\Rightarrow$ (1)。已知 (6)，由第 5.2 節定理 2 知，A 的行向量為獨立。因此 $\dim(\text{col } A) = n$，(1) 式成立。

定理 4

對 $m \times n$ 矩陣 A 而言，以下敘述為對等：

1. rank $A = m$。
2. A 的行向量生成 $\mathbb{R}^m$。
3. A 的列向量在 $\mathbb{R}^n$ 中為線性獨立。
4. $m \times m$ 矩陣 AA^T 為可逆。
5. 對某些 $n \times m$ 矩陣 C 而言，$AC = I_m$。
6. 對 $\mathbb{R}^m$ 中的每一個 $\mathbf{b}$ 而言，方程組 $A\mathbf{x} = \mathbf{b}$ 為相容。

證明

(1) $\Rightarrow$ (2)。由 (1)，$\dim(\operatorname{col} A) = m$，所以由第 5.2 節定理 8，$\operatorname{col} A = \mathbb{R}^m$。

(2) $\Rightarrow$ (3)。由 (2)，$\operatorname{col} A = \mathbb{R}^m$，所以 rank $A = m$。這表示 $\dim(\operatorname{row} A) = m$。由於 A 的 m 個列生成 row A，由第 5.2 節定理 7 知，它們是獨立的。

(3) $\Rightarrow$ (4)。由 (3) 我們有 rank $A = m$，所以 $n \times m$ 矩陣 A^T 有 rank m。因此應用定理 3 以 A^T 取代 A，證明 $(A^T)^T A^T$ 為可逆，可證得 (4)。

(4) $\Rightarrow$ (5)。已知 (4)，在 (5) 式中取 $C = A^T(AA^T)^{-1}$。

(5) $\Rightarrow$ (6)。比較 $AC = I_m$ 中的行向量，可得對每個 j，$A\mathbf{c}_j = \mathbf{e}_j$，其中 $\mathbf{c}_j$ 和 $\mathbf{e}_j$ 分別表示 C 和 I_m 的第 j 行。給予 $\mathbb{R}^m$ 中的 $\mathbf{b}$，令 $\mathbf{b} = \sum_{j=1}^{m} r_j \mathbf{e}_j$，$r_j \in \mathbb{R}$。則 $A\mathbf{x} = \mathbf{b}$ 成立，其中 $\mathbf{x} = \sum_{j=1}^{m} r_j \mathbf{c}_j$，讀者可以驗證。

(6) $\Rightarrow$ (1)。已知 (6)，由第 5.2 節定理 2 可知，A 的行向量生成 $\mathbb{R}^m$。因此 col $A = \mathbb{R}^m$ 而 (1) 式成立。

例 4

若 x、y、z 不完全相等，證明 $\begin{bmatrix} 3 & x+y+z \\ x+y+z & x^2+y^2+z^2 \end{bmatrix}$ 為可逆。

解：所予矩陣具有 $A^T A$ 的形式，其中 $A = \begin{bmatrix} 1 & x \\ 1 & y \\ 1 & z \end{bmatrix}$ 具有獨立的行向量，此乃因 x、y、z 不完全相等（驗證）。因此可應用定理 3。

定理 4 和 5 將 $m \times n$ 矩陣 A 的幾個重要性質與方陣、對稱矩陣 $A^T A$ 和 AA^T 的可逆性產生關聯。事實上，即使 A 的行向量不是獨立或者不能生成 $\mathbb{R}^m$，矩陣 $A^T A$ 和 AA^T 皆為對稱，也因此，具有實數固有值。我們到第 7 章會再回來討論這一點。

習題 5.4

1. 下列各題中，求 A 的列空間與行空間的基底，並求 A 的秩。

   (a) $A = \begin{bmatrix} 2 & -4 & 6 & 8 \\ 2 & -1 & 3 & 2 \\ 4 & -5 & 9 & 10 \\ 0 & -1 & 1 & 2 \end{bmatrix}$

   ◆(b) $A = \begin{bmatrix} 2 & -1 & 1 \\ -2 & 1 & 1 \\ 4 & -2 & 3 \\ -6 & 3 & 0 \end{bmatrix}$

   (c) $A = \begin{bmatrix} 1 & -1 & 5 & -2 & 2 \\ 2 & -2 & -2 & 5 & 1 \\ 0 & 0 & -12 & 9 & -3 \\ -1 & 1 & 7 & -7 & 1 \end{bmatrix}$

   ◆(d) $A = \begin{bmatrix} 1 & 2 & -1 & 3 \\ -3 & -6 & 3 & -2 \end{bmatrix}$

2. 下列各題中，求子空間 U 的基底。

   (a) $U = \text{span}\{(1, -1, 0, 3), (2, 1, 5, 1), (4, -2, 5, 7)\}$

   ◆(b) $U = \text{span}\{(1, -1, 2, 5, 1), (3, 1, 4, 2, 7), (1, 1, 0, 0, 0), (5, 1, 6, 7, 8)\}$

   (c) $U = \text{span}\left\{\begin{bmatrix}1\\1\\0\\0\end{bmatrix}, \begin{bmatrix}0\\0\\1\\1\end{bmatrix}, \begin{bmatrix}1\\0\\1\\0\end{bmatrix}, \begin{bmatrix}0\\1\\0\\1\end{bmatrix}\right\}$

   ◆(d) $U = \text{span}\left\{\begin{bmatrix}1\\5\\-6\end{bmatrix}, \begin{bmatrix}2\\6\\-8\end{bmatrix}, \begin{bmatrix}3\\7\\-10\end{bmatrix}, \begin{bmatrix}4\\8\\12\end{bmatrix}\right\}$

3. (a) 3×4 矩陣是否有獨立的行？獨立的列？試解釋之。

   ◆(b) 若 A 為 4×3 矩陣且 $\text{rank } A = 2$，則 A 是否有獨立的行？獨立的列？試解釋之。

   (c) 若 A 為 $m \times n$ 矩陣且 $\text{rank } A = m$。證明 $m \leq n$。

   ◆(d) 非方陣的列向量和行向量可能都是獨立的嗎？試解釋之。

   (e) 3×6 矩陣的零空間，其維數可能是 2 嗎？試解釋之。

   ◆(f) 假設 A 為 5×4 矩陣且對某個行向量 $\mathbf{x} \neq \mathbf{0}$，$\text{null}(A) = \mathbb{R}\mathbf{x}$，則 $\dim(\text{im } A) = 2$ 是否成立？

◆4. 若 A 是 $m \times n$ 矩陣，證明 $\text{col}(A) = \{A\mathbf{x} \mid \mathbf{x} \in \mathbb{R}^n\}$。

5. 若 A 為 $m \times n$ 矩陣，B 為 $n \times m$ 矩陣，證明 $AB = 0$ 若且唯若 $\text{col } B \subseteq \text{null } A$。

6. 證明當一矩陣進行基本列運算或行運算時其秩不變。

7. 下列各題中，求 A 的零空間之基底，然後求 $\text{rank } A$ 並驗證定理 2 的 (1)。

   (a) $A = \begin{bmatrix} 3 & 1 & 1 \\ 2 & 0 & 1 \\ 4 & 2 & 1 \\ 1 & -1 & 1 \end{bmatrix}$

   ◆(b) $A = \begin{bmatrix} 3 & 5 & 5 & 2 & 0 \\ 1 & 0 & 2 & 2 & 1 \\ 1 & 1 & 1 & -2 & -2 \\ -2 & 0 & -4 & -4 & -2 \end{bmatrix}$

8. 令 $A = \mathbf{c}\mathbf{r}$，其中 $\mathbf{c} \neq \mathbf{0}$ 為 $\mathbb{R}^m$ 的一個行向量，且 $\mathbf{r} \neq \mathbf{0}$ 為 $\mathbb{R}^n$ 的一個列向量。

   (a) 證明 $\text{col } A = \text{span}\{\mathbf{c}\}$ 且 $\text{row } A = \text{span}\{\mathbf{r}\}$。

   ◆(b) 求 $\dim(\text{null } A)$。

   (c) 證明 $\text{null } A = \text{null } \mathbf{r}$。

9. 令 $m \times n$ 矩陣 A 的行向量為 $\mathbf{c}_1, \mathbf{c}_2, \ldots, \mathbf{c}_n$。

   (a) 若 $\{\mathbf{c}_1, \ldots, \mathbf{c}_n\}$ 為獨立，證明 $\text{null } A = \{\mathbf{0}\}$。

   ◆(b) 若 $\text{null } A = \{\mathbf{0}\}$，證明 $\{\mathbf{c}_1, \ldots, \mathbf{c}_n\}$ 為獨立。

10. 令 A 為 $n \times n$ 矩陣。
    (a) 證明 $A^2 = 0$ 若且唯若 col $A \subseteq$ null A。
    ◆(b) 若 $A^2 = 0$，則 rank $A \leq \frac{n}{2}$。
    (c) 求一矩陣 A，使得 col A = null A。

11. 令 B 為 $m \times n$ 矩陣且令 AB 為 $k \times n$ 矩陣。若 rank B = rank(AB)，證明 null B = null(AB)。【提示：定理 1。】

◆12. 寫出詳細論點說明 rank(A^T) = rank A。

13. 令 A 為 $m \times n$ 矩陣，其行向量為 $\mathbf{c}_1, \mathbf{c}_2, \ldots, \mathbf{c}_n$。若 rank $A = n$，證明 $\{A^T\mathbf{c}_1, A^T\mathbf{c}_2, \ldots, A^T\mathbf{c}_n\}$ 為 $\mathbb{R}^n$ 的基底。

14. 若 A 為 $m \times n$ 矩陣且 $\mathbf{b}$ 為 $m \times 1$ 矩陣，證明 $\mathbf{b}$ 屬於 A 的行空間若且唯若 rank$[A\ \mathbf{b}]$ = rank A。

15. (a) 證明 $A\mathbf{x} = \mathbf{b}$ 有解若且唯若 rank A = rank$[A\ \mathbf{b}]$。【提示：見習題 12 和 14】。
    ◆(b) 若 $A\mathbf{x} = \mathbf{b}$ 無解，證明 rank$[A\ \mathbf{b}]$ = 1 + rank A。

16. 令 X 為 $k \times m$ 矩陣。若 I 為 $m \times m$ 單位矩陣，證明 $I + X^TX$ 可逆。【提示：$I + X^TX = A^TA$，其中 $A = \begin{bmatrix} I \\ X \end{bmatrix}$ 是區塊形矩陣。】

17. 若 A 為 $m \times n$ 矩陣，其秩為 r，證明 A 可以分解成 $A = PQ$，其中 P 為具有 r 個獨立行的 $m \times r$ 矩陣，Q 為具有 r 個獨立列的 $r \times n$ 矩陣。【提示：如同第 2.5 節定理 3 令 $UAV = \begin{bmatrix} I_r & 0 \\ 0 & 0 \end{bmatrix}$，且令 $U^{-1} = \begin{bmatrix} U_1 & U_2 \\ U_3 & U_4 \end{bmatrix}$，$V^{-1} = \begin{bmatrix} V_1 & V_2 \\ V_3 & V_4 \end{bmatrix}$，以區塊形式表示，其中 U_1 和 V_1 為 $r \times r$ 矩陣。】

18. (a) 證明若 A 與 B 有線性獨立的行向量，則 AB 也有。
    (b) 證明若 A 與 B 有線性獨立的列向量，則 AB 也有。

19. 將 A 刪去某些列和行所得的矩陣稱為 A 的**子矩陣** (submatrix)。若 A 有 $k \times k$ 可逆子矩陣，證明 rank $A \geq k$。【提示：證明列和行運算將 $A \to \begin{bmatrix} I_k & P \\ 0 & Q \end{bmatrix}$ 以區塊形式表示。】註解：可以證明 rank A 是最大的整數 r 使得 A 有 $r \times r$ 可逆子矩陣。

5.5 節　相似性與對角化

在第 3.3 節中，我們研究方陣 A 的對角化，並且發現重要的應用（例如用於線性動力系統）。我們現在可以利用子空間、基底和維數的概念來說明對角化過程，顯示一些新成果，並證明一些無法在第 3.3 節中論證的定理。

在進行之前，我們先介紹一個概念以簡化對角化的討論，而本書將廣泛的應用此概念。

相似矩陣

定義 5.11

設 A、B 為 $n \times n$ 矩陣，若存在一個可逆矩陣 P 使得 $B = P^{-1}AP$，則稱 A 與 B **相似 (similar)**，記做 $A \sim B$。

請注意，$A \sim B$ 若且唯若 $B = QAQ^{-1}$，其中 Q 為可逆（令 $P^{-1} = Q$）。相似性的用語廣泛地使用於線性代數中。例如，一個矩陣 A 可對角化若且唯若它相似於一個對角矩陣。

若 $A \sim B$，則 $B \sim A$。這是因為，若 $B = P^{-1}AP$，則 $A = PBP^{-1} = Q^{-1}BQ$，其中 $Q = P^{-1}$ 為可逆。這證明了下列相似性的第二個性質（其它的留作習題）：

1. $A \sim A$，對所有方陣 A 皆成立。
2. 若 $A \sim B$，則 $B \sim A$。　　　　　　　　　　　　　　　　　　　　　　　(∗)
3. 若 $A \sim B$ 且 $B \sim C$，則 $A \sim C$。

由這些性質可知，對 $n \times n$ 矩陣所成的集合而言，相似關係 $\sim$ 即**對等關係 (equivalence relation)**。我們以例子說明這些性質的用途。

例 1

若 A 相似於 B，並且 A、B 其中之一可對角化，證明另一個亦可對角化。

解：已知 $A \sim B$。假設 A 可對角化，即 $A \sim D$，其中 D 是對角矩陣。由 (∗) 式的 (2) 可知，$B \sim A$，我們有 $B \sim A$ 和 $A \sim D$，而由 (∗) 式的 (3) 可知，$B \sim D$，故 B 也可對角化。同理可證，若 B 可對角化，則 A 亦可對角化。

相似性與可逆、轉置和冪次都具有相容性：

若 $A \sim B$ 則 $A^{-1} \sim B^{-1}$，$A^T \sim B^T$，$A^k \sim B^k$ 對所有整數 $k \geq 1$ 皆成立。

證明是利用第 3.3 節定理 1，做例行的矩陣計算。因此，例如，若 A 可對角化，則 A^T、A^{-1}（若存在）和 A^k（對每一個 $k \geq 1$）亦可對角化。事實上，若 $A \sim D$，其中 D 是對角矩陣，則可得 $A^T \sim D^T$，$A^{-1} \sim D^{-1}$，$A^k \sim D^k$，而每個矩陣 D^T、D^{-1} 和 D^k 均為對角矩陣。

我們暫停一下，先介紹一個簡單的矩陣函數，它稍後會用到。

定義 5.12

$n \times n$ 矩陣 A 的**跡 (trace)** $\operatorname{tr} A$，定義為 A 的主對角線元素之和。

換言之：

$$\text{若 } A = [a_{ij}]，\text{則 } \operatorname{tr} A = a_{11} + a_{22} + \cdots + a_{nn}$$

顯然，$\operatorname{tr}(A+B) = \operatorname{tr} A + \operatorname{tr} B$ 以及 $\operatorname{tr}(cA) = c \operatorname{tr} A$ 對所有 $n \times n$ 矩陣 A、B 和純量 c 皆成立。下面的事實更是令人驚訝。

引理 1

令 A 和 B 是 $n \times n$ 矩陣，則 $\operatorname{tr}(AB) = \operatorname{tr}(BA)$。

證明

令 $A = [a_{ij}]$，$B = [b_{ij}]$。對每一個 i，矩陣 AB 的 (i, i) 元素為 $d_i = a_{i1}b_{1i} + a_{i2}b_{2i} + \cdots + a_{in}b_{ni} = \sum_j a_{ij}b_{ji}$。因此

$$\operatorname{tr}(AB) = d_1 + d_2 + \cdots + d_n = \sum_i d_i = \sum_i \left(\sum_j a_{ij}b_{ji} \right)$$

同理可證，$\operatorname{tr}(BA) = \sum_i \left(\sum_j b_{ij}a_{ji} \right)$。因為這兩個總和是相等的，所以證明了引理 1。

顧名思義，相似矩陣分享許多性質，我們將這些性質收集在下一個定理中以供參考。

定理 1

若 A、B 為相似的 $n \times n$ 矩陣，則 A 和 B 有相同的行列式、秩、跡、特徵多項式和固有值。

證明

令 $B = P^{-1}AP$，其中 P 為可逆矩陣，則我們有

$$\det B = \det(P^{-1}) \det A \det P = \det A，\text{因為 } \det(P^{-1}) = 1/\det P$$

同理，由第 5.4 節定理 1 的推論 3 知，$\operatorname{rank} B = \operatorname{rank}(P^{-1}AP) = \operatorname{rank} A$。又由引理 1 可得

$$\operatorname{tr}(P^{-1}AP) = \operatorname{tr}[P^{-1}(AP)] = \operatorname{tr}[(AP)P^{-1}] = \operatorname{tr} A$$

至於特徵多項式，
$$c_B(x) = \det(xI - B) = \det\{x(P^{-1}IP) - P^{-1}AP\}$$
$$= \det\{P^{-1}(xI - A)P\}$$
$$= \det(xI - A)$$
$$= c_A(x)$$

這證明了 A 和 B 有相同的固有值，因為矩陣的固有值是其特徵方程式的根。

例 2

分享定理 1 中的五個性質，並不保證兩個矩陣相似。矩陣 $A = \begin{bmatrix} 1 & 1 \\ 0 & 1 \end{bmatrix}$ 和 $I = \begin{bmatrix} 1 & 0 \\ 0 & 1 \end{bmatrix}$ 有相同的行列式、秩、跡、特徵多項式和固有值，但是它們不相似，因為對任意可逆矩陣 P 而言，$P^{-1}IP = I$ 恆成立。

續論對角化

對一個方陣 A 而言，若存在一個可逆矩陣 P，使得 $P^{-1}AP = D$ 為對角矩陣，亦即 A 相似於對角矩陣 D，則稱 A **可對角化 (diagonalizable)**。不幸的是，並非所有矩陣都可對角化，例如 $\begin{bmatrix} 1 & 1 \\ 0 & 1 \end{bmatrix}$（見第 3.3 節例 10）。決定 A 是否可對角化與 A 的固有值與固有向量有密切關係。若對 $\mathbb{R}^n$ 中某非零行向量 $\mathbf{x}$ 而言，$A\mathbf{x} = \lambda\mathbf{x}$ 恆成立，則稱 λ 為 A 的**固有值 (eigenvalue)**。而非零向量 $\mathbf{x}$ 稱為 A 對應於 λ 的**固有向量**（**eigenvector**，或簡稱為 A 的 λ-固有向量）。A 的固有值與固有向量與 A 的**特徵多項式 (characteristic polynomial)** $c_A(x)$ 有密切關係，而 $c_A(x)$ 定義為

$$c_A(x) = \det(xI - A)$$

若 A 為 $n \times n$ 矩陣，則 $c_A(x)$ 為 n 次多項式，而它與固有值的關係可由下面的定理得知（這是第 3.3 節定理 2 的重述）。

定理 2

設 A 為 $n \times n$ 矩陣。
1. A 的固有值 λ 是 A 的特徵方程式 $c_A(x) = 0$ 的根。
2. A 的固有向量 $\mathbf{x}$ 為線性齊次方程組
$$(\lambda I - A)\mathbf{x} = \mathbf{0}$$
的非零解。

例 3

證明三角矩陣的固有值為其主對角線元素。

解: 假設 A 為三角矩陣,則 $xI - A$ 也是三角矩陣,其對角線上的元素為 $(x - a_{11})$, $(x - a_{22})$, ..., $(x - a_{nn})$,其中 $A = [a_{ij}]$。因此由第 3.1 節定理 4 可得

$$c_A(x) = (x - a_{11})(x - a_{22})\cdots(x - a_{nn})$$

因為 $c_A(x) = 0$ 的根就是固有值,所以得證。

由第 3.3 節定理 4 可知,$n \times n$ 矩陣 A 可對角化若且唯若它有 n 個固有向量 $\mathbf{x}_1$, ..., $\mathbf{x}_n$ 使得矩陣 $P = [\mathbf{x}_1 \cdots \mathbf{x}_n]$ 可逆,其中 $\mathbf{x}_i$ 為 P 的行向量。這就相當於要求 $\{\mathbf{x}_1, ..., \mathbf{x}_n\}$ 為 $\mathbb{R}^n$ 的一組基底且是由 A 的固有向量所組成。因此,我們重述第 3.3 節定理 4 如下:

定理 3

設 A 為 $n \times n$ 矩陣。

1. A 可對角化若且唯若 A 的固有向量 $\{\mathbf{x}_1, \mathbf{x}_2, ..., \mathbf{x}_n\}$ 構成 $\mathbb{R}^n$ 的一組基底。
2. 在此情況下,矩陣 $P = [\mathbf{x}_1 \ \mathbf{x}_2 \ \cdots \ \mathbf{x}_n]$ 為可逆,並且 $P^{-1}AP = \text{diag}(\lambda_1, \lambda_2, ..., \lambda_n)$,其中對每一個 i,λ_i 為 A 對應於固有向量 $\mathbf{x}_i$ 的固有值。

下面的定理是判斷一個矩陣是否可對角化的基本工具。它顯示固有值和線性獨立之間的重要關係:相異固有值所對應的固有向量是線性獨立。

定理 4

設 $\lambda_1, \lambda_2, ..., \lambda_k$ 為 $n \times n$ 矩陣 A 的相異固有值,$\mathbf{x}_1, \mathbf{x}_2, ..., \mathbf{x}_k$ 為對應的固有向量,則 $\{\mathbf{x}_1, \mathbf{x}_2, ..., \mathbf{x}_k\}$ 為線性獨立集。

證明

我們以歸納法證明。若 $k = 1$,因為 $\mathbf{x}_1 \neq \mathbf{0}$,所以 $\{\mathbf{x}_1\}$ 為線性獨立。假設定理對 $k \geq 1$ 成立。給予固有向量 $\{\mathbf{x}_1, \mathbf{x}_2, ..., \mathbf{x}_{k+1}\}$,假設它們的線性組合等於零:

$$t_1\mathbf{x}_1 + t_2\mathbf{x}_2 + \cdots + t_{k+1}\mathbf{x}_{k+1} = \mathbf{0} \tag{$*$}$$

我們要證明每一個 $t_i = 0$。以 A 左乘 $(*)$ 式,並利用 $A\mathbf{x}_i = \lambda_i\mathbf{x}_i$ 的事實,可得

$$t_1\lambda_1\mathbf{x}_1 + t_2\lambda_2\mathbf{x}_2 + \cdots + t_{k+1}\lambda_{k+1}\mathbf{x}_{k+1} = \mathbf{0} \tag{$**$}$$

將 $(**)$ 式減 $(*)$ 式乘以 λ_1,消去第一項,得到

$$t_2(\lambda_2 - \lambda_1)\mathbf{x}_2 + t_3(\lambda_3 - \lambda_1)\mathbf{x}_3 + \cdots + t_{k+1}(\lambda_{k+1} - \lambda_1)\mathbf{x}_{k+1} = \mathbf{0}$$

因為 $\mathbf{x}_2, \mathbf{x}_3, ..., \mathbf{x}_{k+1}$ 對應的固有值 $\lambda_2, \lambda_3, ..., \lambda_{k+1}$ 皆相異，且由歸納法假設 $\{\mathbf{x}_2, \mathbf{x}_3, ..., \mathbf{x}_{k+1}\}$ 為線性獨立，因此，

$$t_2(\lambda_2 - \lambda_1) = 0, \quad t_3(\lambda_3 - \lambda_1) = 0, \quad ..., \quad t_{k+1}(\lambda_{k+1} - \lambda_1) = 0$$

所以 $t_2 = t_3 = \cdots = t_{k+1} = 0$，此乃因 λ_i 為相異。因此 (∗) 式變成 $t_1\mathbf{x}_1 = \mathbf{0}$，這表示 $t_1 = 0$，因為 $\mathbf{x}_1 \neq \mathbf{0}$。定理得證。

定理 4 是會經常用到的，首先我們用它來判斷矩陣是否可對角化。

定理 5

設 A 為 $n \times n$ 矩陣，若 A 有 n 個相異的固有值，則 A 可對角化。

證明

對每個相異的固有值選擇一個固有向量，由定理 4 知，這些固有向量為線性獨立，而由第 5.2 節定理 7 知，它們是 $\mathbb{R}^n$ 的基底。最後，使用定理 3，定理得證。

例 4

證明 $A = \begin{bmatrix} 1 & 0 & 0 \\ 1 & 2 & 3 \\ -1 & 1 & 0 \end{bmatrix}$ 可對角化。

解：由計算得到 $c_A(x) = (x - 1)(x - 3)(x + 1)$，所以有相異的固有值 1、3、-1。因此可利用定理 5。

然而，我們在第 3.3 節所看到的，一個矩陣可能會有相同的固有值。為了處理這種情況，我們證明一個重要的引理，是將對角化的技巧形式化，以下我們將三度使用到它。

引理 2

設 $\{\mathbf{x}_1, \mathbf{x}_2, ..., \mathbf{x}_k\}$ 為 $n \times n$ 矩陣 A 的固有向量的線性獨立集，將它延拓成為 $\mathbb{R}^n$ 的基底 $\{\mathbf{x}_1, \mathbf{x}_2, ..., \mathbf{x}_k, ..., \mathbf{x}_n\}$，並且令

$$P = [\mathbf{x}_1 \ \mathbf{x}_2 \ \cdots \ \mathbf{x}_n]$$

是以 $\mathbf{x}_i$ 為其行的 $n \times n$ 可逆矩陣。若 $\lambda_1, \lambda_2, ..., \lambda_k$ 為 A 的固有值（不一定相異）。對應的固有向量分別為 $\mathbf{x}_1, \mathbf{x}_2, ..., \mathbf{x}_k$，則 $P^{-1}AP$ 具有區塊形

$$P^{-1}AP = \begin{bmatrix} \mathrm{diag}(\lambda_1, \lambda_2, ..., \lambda_k) & B \\ 0 & A_1 \end{bmatrix}$$

其中 B 的大小為 $k \times (n-k)$，A_1 的大小為 $(n-k) \times (n-k)$。

證明

若 $\{\mathbf{e}_1, \mathbf{e}_2, ..., \mathbf{e}_n\}$ 為 $\mathbb{R}^n$ 的標準基底，則

$$[\mathbf{e}_1 \ \mathbf{e}_2 \ \cdots \ \mathbf{e}_n] = I_n = P^{-1}P = P^{-1}[\mathbf{x}_1 \ \mathbf{x}_2 \ \cdots \ \mathbf{x}_n]$$
$$= [P^{-1}\mathbf{x}_1 \ P^{-1}\mathbf{x}_2 \ \cdots \ P^{-1}\mathbf{x}_n]$$

比較各行，可得 $P^{-1}\mathbf{x}_i = \mathbf{e}_i$，$1 \leq i \leq n$。另一方面，觀察到

$$P^{-1}AP = P^{-1}A[\mathbf{x}_1 \ \mathbf{x}_2 \ \cdots \ \mathbf{x}_n] = [(P^{-1}A)\mathbf{x}_1 \ (P^{-1}A)\mathbf{x}_2 \ \cdots \ (P^{-1}A)\mathbf{x}_n]$$

因此，若 $1 \leq i \leq k$，則 $P^{-1}AP$ 的第 i 行是

$$(P^{-1}A)\mathbf{x}_i = P^{-1}(\lambda_i \mathbf{x}_i) = \lambda_i(P^{-1}\mathbf{x}_1) = \lambda_i \mathbf{e}_i$$

這描述了 $P^{-1}AP$ 的首 k 行，引理 2 因此得證。

請注意，引理 2（當 $k = n$）證明了：若 $n \times n$ 矩陣 A 的固有向量形成 $\mathbb{R}^n$ 的基底，則 A 可對角化，如定理 3 的 (1) 所述。

定義 5.13

若 λ 為 $n \times n$ 矩陣 A 的固有值，A 對應於 λ 的**固有空間 (eigenspace)** 定義為

$$E_\lambda(A) = \{\mathbf{x} \in \mathbb{R}^n \mid A\mathbf{x} = \lambda\mathbf{x}\}$$

這是 $\mathbb{R}^n$ 的子空間，而對應於 λ 的固有向量正好是 $E_\lambda(A)$ 中的非零向量。事實上，$E_\lambda(A)$ 是矩陣 $(\lambda I - A)$ 的零空間：

$$E_\lambda(A) = \{\mathbf{x} \mid (\lambda I - A)\mathbf{x} = \mathbf{0}\} = \text{null}(\lambda I - A)$$

因此，由第 5.4 節定理 2 知，利用高斯演算法解齊次方程組 $(\lambda I - A)\mathbf{x} = \mathbf{0}$ 所得到的基本解構成了 $E_\lambda(A)$ 的基底。特別地，

$$\dim E_\lambda(A) \text{ 就是 } (\lambda I - A)\mathbf{x} = \mathbf{0} \text{ 的基本解的個數} \qquad (***)$$

我們回想一下（定義 3.7），A 的固有值 λ 的**重數 (multiplicity)**[11] 是指特徵方程式 $c_A(x) = 0$ 的根 λ 出現的次數。換言之，λ 的重數就是最大的整數 $m \geq 1$ 使得

$$c_A(x) = (x - \lambda)^m g(x)$$

---

[11] 這通常稱為 λ 的代數重數。

其中 $g(x)$ 為某一多項式。因為 (***)，所以可將第 3.3 節定理 5（沒有證明）敘述如下：一個方陣可對角化若且唯若每一個固有值 λ 的重數等於 $\dim[E_\lambda(A)]$。我們要證明這一點，而證明需要用到下面的結果，此結果對任何方陣而言，無論其是否可對角化，皆成立。

引理 3

設 λ 為方陣 A 的固有值，其重數為 m，則 $\dim[E_\lambda(A)] \leq m$。

證明

令 $\dim[E_\lambda(A)] = d$。只需證明 $c_A(x) = (x - \lambda)^d g(x)$，其中 $g(x)$ 為多項式，因為 m 是 $(x - \lambda)$ 除 $c_A(x)$ 的最高次方。為此目的，令 $\{\mathbf{x}_1, \mathbf{x}_2, ..., \mathbf{x}_d\}$ 為 $E_\lambda(A)$ 的基底，則由引理 2 知，存在一個 $n \times n$ 可逆矩陣 P 使得

$$P^{-1}AP = \begin{bmatrix} \lambda I_d & B \\ 0 & A_1 \end{bmatrix}$$

上式以區塊形表示，其中 I_d 表 $d \times d$ 單位矩陣。現在令 $A' = P^{-1}AP$，並且由定理 1 知，$c_A(x) = c_{A'}(x)$。但由第 3.1 節定理 5 可得

$$c_A(x) = c_{A'}(x) = \det(xI_n - A') = \det\begin{bmatrix} (x-\lambda)I_d & -B \\ 0 & xI_{n-d} - A_1 \end{bmatrix}$$
$$= \det[(x-\lambda)I_d] \det[(xI_{n-d} - A_1)]$$
$$= (x-\lambda)^d g(x)$$

其中 $g(x) = c_{A_1}(x)$。

在引理 3 中，對每一個固有值 λ，不要忽略等號成立的情形。事實上，當等號成立時，可對角化的 $n \times n$ 矩陣 A 之 $c_A(x)$ 在 $\mathbb{R}$ 中**可完全因式分解 (factors completely)**。意指 $c_A(x) = (x - \lambda_1)(x - \lambda_2)\cdots(x - \lambda_n)$，其中 λ_i 為實數（不一定相異）；換言之，A 的每一個固有值是實數。這不一定會發生（考慮 $A = \begin{bmatrix} 0 & -1 \\ 1 & 0 \end{bmatrix}$）。以下我們探討一般情況。

定理 6

已知一方陣 A，其 $c_A(x)$ 可完全因式分解，則以下敘述為對等。
1. A 為可對角化。
2. 對 A 的每一個固有值 λ，$\dim[E_\lambda(A)]$ 等於 λ 的重數。

證明

設 A 為 $n \times n$ 矩陣，且令 $\lambda_1, \lambda_2, \ldots, \lambda_k$ 為 A 的相異固有值。對每一個 i，令 m_i 為 λ_i 的重數，並令 $d_i = \dim[E_{\lambda_i}(A)]$，則

$$c_A(x) = (x - \lambda_1)^{m_1}(x - \lambda_2)^{m_2}\cdots(x - \lambda_n)^{m_k}$$

因為 $c_A(x)$ 的次數為 n，故 $m_1 + \cdots + m_k = n$。此外，由引理 3，對每一個 i，$d_i \leq m_i$。

(1) $\Rightarrow$ (2)。由 (1)，A 的 n 個固有向量形成 $\mathbb{R}^n$ 的一組基底，對每一個 i，令其中 t_i 個屬於 $E_{\lambda_i}(A)$。因為這些 t_i 個固有向量生成的子空間之維數為 t_i，所以由第 5.2 節定理 4 得知，對每一個 i，我們有 $t_i \leq d_i$。因此

$$n = t_1 + \cdots + t_k \leq d_1 + \cdots + d_k \leq m_1 + \cdots + m_k = n$$

可推得 $d_1 + \cdots + d_k = m_1 + \cdots + m_k$。因為對每一個 i，$d_i \leq m_i$，所以必須是 $d_i = m_i$。這就證明了 (2)。

(2) $\Rightarrow$ (1)。對每一個 i，令 B_i 為 $E_{\lambda_i}(A)$ 的基底，並且令 $B = B_1 \cup \cdots \cup B_k$。由 (2) 知，每一個 B_i 含有 m_i 個向量。因為 B_i 兩兩互斥（λ_i 相異），所以 B 含有 n 個向量。我們只需證明 B 為線性獨立（則 B 是 $\mathbb{R}^n$ 的基底）。假設 B 中之向量的線性組合等於零，且令 $\mathbf{y}_i$ 表示來自 B_i 的所有項的總和。則對每一個 i，$\mathbf{y}_i$ 屬於 $E_{\lambda_i}(A)$，故由定理 4，非零的 $\mathbf{y}_i$ 為獨立（因 λ_i 相異）。因為 $\mathbf{y}_i$ 的和為零，故對每一個 i，$\mathbf{y}_i = \mathbf{0}$。因此，$\mathbf{y}_i$ 中各項的係數皆為零（因為 B_i 為獨立）。這證明了 B 為線性獨立。

例 5

若 $A = \begin{bmatrix} 5 & 8 & 16 \\ 4 & 1 & 8 \\ -4 & -4 & -11 \end{bmatrix}$ 且 $B = \begin{bmatrix} 2 & 1 & 1 \\ 2 & 1 & -2 \\ -1 & 0 & -2 \end{bmatrix}$，證明 A 可對角化，而 B 不可對角化。

解：我們有 $c_A(x) = (x + 3)^2(x - 1)$，所以固有值為 $\lambda_1 = -3$，$\lambda_2 = 1$，對應的固有空間為 $E_{\lambda_1}(A) = \text{span}\{\mathbf{x}_1, \mathbf{x}_2\}$ 和 $E_{\lambda_2}(A) = \text{span}\{\mathbf{x}_3\}$，其中

$$\mathbf{x}_1 = \begin{bmatrix} -1 \\ 1 \\ 0 \end{bmatrix}, \quad \mathbf{x}_2 = \begin{bmatrix} -2 \\ 0 \\ 1 \end{bmatrix}, \quad \mathbf{x}_3 = \begin{bmatrix} 2 \\ 1 \\ -1 \end{bmatrix}$$

讀者可自行驗證。因為 $\{\mathbf{x}_1, \mathbf{x}_2\}$ 為線性獨立，我們有 $\dim(E_{\lambda_1}(A)) = 2$，這是 λ_1 的重數。同理，$\dim(E_{\lambda_2}(A)) = 1$ 等於 λ_2 的重數。因此由定理 6 知，A 可對角化。而將 A 對角化的矩陣為 $P = [\mathbf{x}_1 \ \mathbf{x}_2 \ \mathbf{x}_3]$。

再談到 B，$c_B(x) = (x + 1)^2(x - 3)$，所以固有值為 $\lambda_1 = -1$，$\lambda_2 = 3$，對應的固有空間為 $E_{\lambda_1}(B) = \text{span}\{\mathbf{y}_1\}$ 和 $E_{\lambda_2}(B) = \text{span}\{\mathbf{y}_2\}$，其中

$$\mathbf{y}_1 = \begin{bmatrix} -1 \\ 2 \\ 1 \end{bmatrix}, \quad \mathbf{y}_2 = \begin{bmatrix} 5 \\ 6 \\ -1 \end{bmatrix}$$

此處 $\dim(E_{\lambda_1}(B)) = 1$ 小於 λ_1 的重數，由定理 6 知，矩陣 B 不可對角化。$\dim(E_{\lambda_1}(B)) = 1$ 的事實，表示不可能找到三個線性獨立的固有向量。

複數固有值

我們考慮過的矩陣都具有實數的固有值。但是實際上不一定如此：矩陣 $A = \begin{bmatrix} 0 & -1 \\ 1 & 0 \end{bmatrix}$ 的特徵方程式 $c_A(x) = x^2 + 1 = 0$ 沒有實根。雖然如此，這個矩陣仍然可對角化；唯一的區別是我們必須使用較大的純量集合，也就是複數。

事實上，我們在實矩陣上所做的運算，幾乎都適用於複矩陣。方法是相同的；唯一不同的是，我們做的是複數運算，而不是實數。例如，用高斯演算法解複係數的線性方程組、矩陣乘法的定義以及反矩陣演算法，這些都與實係數的情況相同。但是複數有一點優於實數：實係數方程式 $x^2 + 1 = 0$ 沒有實根，這在複數系統就不會發生。因為每一個一元複係數方程式都至少有一複數根，這就是代數的基本定理。[12]

● 例 6

將矩陣 $A = \begin{bmatrix} 0 & -1 \\ 1 & 0 \end{bmatrix}$ 對角化。

解：A 的特徵多項式為

$$c_A(x) = \det(xI - A) = x^2 + 1 = (x - i)(x + i)$$

其中 $i^2 = -1$。因此固有值為 $\lambda_1 = i$ 和 $\lambda_2 = -i$，對應的固有向量為 $\mathbf{x}_1 = \begin{bmatrix} 1 \\ -i \end{bmatrix}$ 和 $\mathbf{x}_2 = \begin{bmatrix} 1 \\ i \end{bmatrix}$，由複數版本的定理 5 知，$A$ 可對角化，又由複數版本的定理 3 知，$P = [\mathbf{x}_1 \ \mathbf{x}_2] = \begin{bmatrix} 1 & 1 \\ -i & i \end{bmatrix}$ 為可逆，且 $P^{-1}AP = \begin{bmatrix} \lambda_1 & 0 \\ 0 & \lambda_2 \end{bmatrix} = \begin{bmatrix} i & 0 \\ 0 & -i \end{bmatrix}$。當然這可以直接驗證。

我們將在第 8.6 節探討複數線性代數。

對稱矩陣 [13]

另一方面，許多線性代數的應用都涉及到實矩陣 A。根據代數的基本定理，A 會有複數的固有值，事實上，我們感興趣的是在何種情況下固有值是實數。當 A 是對稱矩陣時，固有值是實數就會成立。此重要定理以後會有廣泛的應用。出人意料的是，複固有值的理論，可以用來證明關於實固有值的有用結果。

---

[12] 在 1799 年這是一個有名的未解問題，此時 22 歲的高斯在他的博士論文中解決了這個問題。
[13] 這裡的討論會用到複數共軛和絕對值。

令 $\bar{z}$ 表示 z 的共軛複數。若 A 是一個複數矩陣，**共軛矩陣 (conjugate matrix)** $\overline{A}$ 定義為將 A 的每一個元素取共軛所得的矩陣。因此，若 $A = [z_{ij}]$，則 $\overline{A} = [\bar{z}_{ij}]$，例如，

$$\text{若} A = \begin{bmatrix} -i+2 & 5 \\ i & 3+4i \end{bmatrix} \quad \text{則} \overline{A} = \begin{bmatrix} i+2 & 5 \\ -i & 3-4i \end{bmatrix}$$

回顧一下，$\overline{z+w} = \bar{z} + \bar{w}$ 和 $\overline{zw} = \bar{z}\bar{w}$ 對所有複數 z 和 w 都成立。故可推得，若 A 和 B 為兩個複數矩陣，則

$$\overline{A+B} = \overline{A} + \overline{B}, \overline{AB} = \overline{A}\,\overline{B} \text{ 且 } \overline{\lambda A} = \bar{\lambda}\overline{B}$$

對所有複數純量 λ 皆成立。這些事實可用來證明以下的定理。

定理 7

令 A 為實對稱矩陣，若 λ 是 A 的任意複數固有值，則 λ 為實數。[14]

證明

因為 A 為實數矩陣，所以 $\overline{A} = A$。若 λ 是 A 的固有值，我們要透過證明 $\bar{\lambda} = \lambda$ 來證明 λ 是實數。令 $\mathbf{x}$ 為對應於 λ 的固有向量（可能為複數），所以 $\mathbf{x} \neq \mathbf{0}$ 且 $A\mathbf{x} = \lambda \mathbf{x}$。定義 $c = \mathbf{x}^T \bar{\mathbf{x}}$。如果我們令 $\mathbf{x} = (z_1, z_2, ..., z_n)$，其中 z_i 為複數，則有

$$c = \mathbf{x}^T \bar{\mathbf{x}} = z_1 \bar{z_1} + z_2 \bar{z_2} + \cdots + z_n \bar{z_n} = |\bar{z_1}|^2 + |\bar{z_2}|^2 + \cdots + |\bar{z_n}|^2$$

因此 c 為實數，且 $c > 0$，因為至少有一個 $z_i \neq 0$（由於 $\mathbf{x} \neq \mathbf{0}$）。我們透過驗證 $\lambda c = \bar{\lambda} c$ 來證明 $\bar{\lambda} = \lambda$。我們有

$$\lambda c = \lambda(\mathbf{x}^T \bar{\mathbf{x}}) = (\lambda \mathbf{x})^T \bar{\mathbf{x}} = (A\mathbf{x})^T \bar{\mathbf{x}} = \mathbf{x}^T A^T \bar{\mathbf{x}}$$

此時，我們利用 A 是實對稱矩陣的假設。這表示 $A^T = A = \overline{A}$，所以我們繼續計算如下：

$$\lambda c = \mathbf{x}^T A^T \bar{\mathbf{x}} = \mathbf{x}^T (\overline{A}\bar{\mathbf{x}}) = \mathbf{x}^T (\overline{A\mathbf{x}}) = \mathbf{x}^T (\overline{\lambda \mathbf{x}})$$
$$= \mathbf{x}^T (\bar{\lambda}\bar{\mathbf{x}})$$
$$= \bar{\lambda} \mathbf{x}^T \bar{\mathbf{x}}$$
$$= \bar{\lambda} c$$

因為 $\lambda = \bar{\lambda}$，所以 λ 為實數。

---

[14] 這個定理於 1829 年首度由偉大的法國數學家 Augustin Louis Cauchy (1789–1857) 予以證明。

第 8.6 節中，當我們回到複數線性代數時，將再度使用定理 7 的證明技巧。

例 7

對每一個實對稱 2×2 矩陣 A，驗證定理 7。

解：若 $A = \begin{bmatrix} a & b \\ b & c \end{bmatrix}$，我們有 $c_A(x) = x^2 - (a+c)x + (ac - b^2)$，所以固有值為 $\lambda = \frac{1}{2}\left[(a+c) \pm \sqrt{(a+c)^2 - 4(ac - b^2)}\right]$。但是對任意 a、b、c 而言，

$$(a+c)^2 - 4(ac - b^2) = (a-c)^2 + 4b^2 \geq 0$$

恆成立。因此，固有值為實數。

習題 5.5

1. 下列各題中，計算矩陣的跡、行列式和秩，來證明 A 和 B 不相似。

   (a) $A = \begin{bmatrix} 1 & 2 \\ 2 & 1 \end{bmatrix}$, $B = \begin{bmatrix} 1 & 1 \\ -1 & 1 \end{bmatrix}$

   ◆(b) $A = \begin{bmatrix} 3 & 1 \\ 2 & -1 \end{bmatrix}$, $B = \begin{bmatrix} 1 & 1 \\ 2 & 1 \end{bmatrix}$

   (c) $A = \begin{bmatrix} 2 & 1 \\ 1 & -1 \end{bmatrix}$, $B = \begin{bmatrix} 3 & 0 \\ 1 & -1 \end{bmatrix}$

   ◆(d) $A = \begin{bmatrix} 3 & 1 \\ -1 & 2 \end{bmatrix}$, $B = \begin{bmatrix} 2 & -1 \\ 3 & 2 \end{bmatrix}$

   (e) $A = \begin{bmatrix} 2 & 1 & 1 \\ 1 & 0 & 1 \\ 1 & 1 & 0 \end{bmatrix}$, $B = \begin{bmatrix} 1 & -2 & 1 \\ -2 & 4 & -2 \\ -3 & 6 & -3 \end{bmatrix}$

   ◆(f) $A = \begin{bmatrix} 1 & 2 & -3 \\ 1 & -1 & 2 \\ 0 & 3 & -5 \end{bmatrix}$, $B = \begin{bmatrix} -2 & 1 & 3 \\ 6 & -3 & -9 \\ 0 & 0 & 0 \end{bmatrix}$

2. 證明 $\begin{bmatrix} 1 & 2 & -1 & 0 \\ 2 & 0 & 1 & 1 \\ 1 & 1 & 0 & -1 \\ 4 & 3 & 0 & 0 \end{bmatrix}$ 與 $\begin{bmatrix} 1 & -1 & 3 & 0 \\ -1 & 0 & 1 & 1 \\ 0 & -1 & 4 & 1 \\ 5 & -1 & -1 & -4 \end{bmatrix}$ 不相似。

3. 若 $A \sim B$，證明：

   (a) $A^T \sim B^T$　　◆(b) $A^{-1} \sim B^{-1}$

   (c) $rA \sim rB$，其中 $r \in \mathbb{R}$

   (d) $A^n \sim B^n$，其中 $n \geq 1$

4. 判斷下列矩陣 A 是否可對角化。如果可以的話，求出 P 使得 $P^{-1}AP$ 為對角矩陣。

   (a) $\begin{bmatrix} 1 & 0 & 0 \\ 1 & 2 & 1 \\ 0 & 0 & 1 \end{bmatrix}$　　◆(b) $\begin{bmatrix} 3 & 0 & 6 \\ 0 & -3 & 0 \\ 5 & 0 & 2 \end{bmatrix}$

   (c) $\begin{bmatrix} 3 & 1 & 6 \\ 2 & 1 & 0 \\ -1 & 0 & -3 \end{bmatrix}$　　◆(d) $\begin{bmatrix} 4 & 0 & 0 \\ 0 & 2 & 2 \\ 2 & 3 & 1 \end{bmatrix}$

5. 若 A 可逆，證明 AB 與 BA 相似，對所有 B 皆成立。

6. 證明與純量矩陣 $A = rI$ 相似的矩陣只有 A 本身，其中 r 為實數。

7. 令 λ 為 A 的固有值，$\mathbf{x}$ 為對應的固有向量。若 $B = P^{-1}AP$ 與 A 相似，證明 $P^{-1}\mathbf{x}$ 為 B 中對應於 λ 的固有向量。

8. 若 $A \sim B$，並且 A 具有下列性質，證明 B 亦具有與 A 相同的性質。

   (a) 冪等 (idempotent)，即 $A^2 = A$。

   ◆(b) 冪零 (nilpotent)，即 $A^k = 0$，對某個 $k \geq 1$ 成立。

   (c) 可逆。

9. 令 A 為 $n \times n$ 上三角矩陣。
   (a) 若 A 的主對角元素皆相異，證明 A 可對角化。
   ◆(b) 若 A 的主對角元素皆相等，證明 A 可對角化只有當 A 原來就是對角矩陣。
   (c) 證明 $\begin{bmatrix} 1 & 0 & 1 \\ 0 & 1 & 0 \\ 0 & 0 & 2 \end{bmatrix}$ 可對角化，但是 $\begin{bmatrix} 1 & 1 & 0 \\ 0 & 1 & 0 \\ 0 & 0 & 2 \end{bmatrix}$ 不可對角化。

10. 令 A 為 $n \times n$ 可對角化矩陣，其固有值為 $\lambda_1, \lambda_2, \ldots, \lambda_n$（包括重數）。證明：
    (a) $\det A = \lambda_1 \lambda_2 \cdots \lambda_n$
    ◆(b) $\operatorname{tr} A = \lambda_1 + \lambda_2 + \cdots + \lambda_n$

11. 已知多項式 $p(x) = r_0 + r_1 x + \cdots + r_n x^n$ 與方陣 A，則矩陣 $p(A) = r_0 I + r_1 A + \cdots + r_n A^n$ 稱為 $p(x)$ 在 A 的**取值 (evaluation)**。令 $B = P^{-1}AP$，證明 $p(B) = P^{-1}p(A)P$，對所有多項式 $p(x)$ 皆成立。

12. 設 P 為 $n \times n$ 可逆矩陣。若 A 為任意 $n \times n$ 矩陣，令 $T_P(A) = P^{-1}AP$。驗證下列各題：
    (a) $T_P(I) = I$
    ◆(b) $T_P(AB) = T_P(A)T_P(B)$
    (c) $T_P(A+B) = T_P(A) + T_P(B)$
    (d) $T_P(rA) = rT_P(A)$
    (e) $T_P(A^k) = [T_P(A)]^k$，其中 $k \geq 1$
    (f) 若 A 可逆，則 $T_P(A^{-1}) = [T_P(A)]^{-1}$
    (g) 若 Q 可逆，則 $T_Q[T_P(A)] = T_{PQ}(A)$

13. (a) 證明兩個可對角化矩陣為相似，若且唯若它們有相同的固有值與相同的重數。
    ◆(b) 若 A 可對角化，證明 $A \sim A^T$。
    (c) 證明若 $A = \begin{bmatrix} 1 & 1 \\ 0 & 1 \end{bmatrix}$，則 $A \sim A^T$。

14. 若 A 為 2×2 可對角化矩陣，證明 $C(A) = \{X \mid XA = AX\}$ 的維數為 2 或 4。【提示：若 $P^{-1}AP = D$，證明 $X \in C(A)$ 若且唯若 $P^{-1}XP \in C(D)$。】

15. 若 A 可對角化且 $p(x)$ 為多項式使得對所有 A 的固有值 λ 而言，皆有 $p(\lambda) = 0$，證明 $p(A) = 0$（見第 3.3 節例 9）。特別地，證明 $c_A(A) = 0$。【註解：對所有方陣 A，$c_A(A) = 0$，這是 Cayley-Hamilton 定理（見第 9.4 節定理 2）。】

16. 設 A 為 $n \times n$ 矩陣，具有 n 個相異的實固有值。若 $AC = CA$，證明 C 可對角化。

17. 設 $A = \begin{bmatrix} 0 & a & b \\ a & 0 & c \\ b & c & 0 \end{bmatrix}$ 且 $B = \begin{bmatrix} c & a & b \\ a & b & c \\ b & c & a \end{bmatrix}$
    (a) 考慮 A，證明 $x^3 - (a^2 + b^2 + c^2)x - 2abc$ 有實根。
    ◆(b) 考慮 B，證明 $a^2 + b^2 + c^2 \geq ab + ac + bc$。

18. 假設 2×2 矩陣 A 相似於一個上三角矩陣。若 $\operatorname{tr} A = 0 = \operatorname{tr} A^2$，證明 $A^2 = 0$。

19. 對所有 2×2 矩陣 A，證明 A 相似於 A^T。【提示：令 $A = \begin{bmatrix} a & b \\ c & d \end{bmatrix}$。若 $c = 0$，分別考慮 $b = 0$ 與 $b \neq 0$。若 $c \neq 0$，利用習題 12(d)，化成 $c = 1$ 的情形。】

20. 回到第 3.4 節的線性遞迴問題。假設數列 $x_0, x_1, x_2, \ldots$ 滿足

$x_{n+k} = r_0 x_n + r_1 x_{n+1} + \cdots + r_{k-1} x_{n+k-1}$

其中 $n \geq 0$。定義

$$A = \begin{bmatrix} 0 & 1 & 0 & \cdots & 0 \\ 0 & 0 & 1 & \cdots & 0 \\ \vdots & \vdots & \vdots & & \vdots \\ 0 & 0 & 0 & \cdots & 1 \\ r_0 & r_1 & r_2 & \cdots & r_{k-1} \end{bmatrix}, V_n = \begin{bmatrix} x_n \\ x_{n+1} \\ \vdots \\ x_{n+k-1} \end{bmatrix}$$

證明：

(a) 對所有 n 而言，$V_n = A^n V_0$。

(b) $c_A(x) = x^k - r_{k-1}x^{k-1} - \cdots - r_1 x - r_0$

(c) 若 λ 為 A 的固有值，則固有空間 E_λ 為一維，並且 $\mathbf{x} = (1, \lambda, \lambda^2, ..., \lambda^{k-1})^T$ 為固有向量。【提示：利用 $c_A(\lambda) = 0$ 來證明 $E_\lambda = \mathbb{R}\mathbf{x}$。】

(d) A 可對角化若且唯若 A 的固有值相異。【提示：見 (c) 與定理 4。】

(e) 若 $\lambda_1, \lambda_2, ..., \lambda_k$ 為相異的實固有值，則存在常數 $t_1, t_2, ..., t_k$ 使得對所有 n，$x_n = t_1 \lambda_1^n + \cdots + t_k \lambda_k^n$ 恆成立。【提示：若 D 為對角矩陣，$\lambda_1, \lambda_2, ..., \lambda_k$ 為主對角線上的元素，證明 $A^n = PD^n P^{-1}$ 的元素是 $\lambda_1^n, \lambda_2^n, ..., \lambda_k^n$ 的線性組合。】

5.6 節　最佳近似和最小平方

在應用數學裡欲求得問題的精確解經常是困難的。然而，通常有用的只是求與正確解非常接近的近似解。尤其是，在應用數學中，求「線性近似」是一種有力的技巧。一種基本的情況是當線性方程組無解時，我們仍想得到方程組的最佳近似解。本節將定義最佳近似解，並且說明求出最佳近似解的方法。並將這些結果應用於數據的最小平方近似。

假設 A 是一個 $m \times n$ 矩陣，$\mathbf{b}$ 是 $\mathbb{R}^m$ 中的一個行向量，考慮有 n 個變數的 m 個線性方程組

$$A\mathbf{x} = \mathbf{b}$$

此方程組未必有解。但是，給予 $\mathbb{R}^n$ 中的任意行向量 $\mathbf{z}$，$\|\mathbf{b} - A\mathbf{z}\|$ 是量測 $\mathbf{b}$ 與 $A\mathbf{z}$ 的距離。因此我們自然會問 $\mathbb{R}^n$ 中是否有一個最接近解的行向量 $\mathbf{z}$，使得

$$\|\mathbf{b} - A\mathbf{z}\|$$

是 $\|\mathbf{b} - A\mathbf{x}\|$ 的最小值，其中 $\mathbf{x}$ 為 $\mathbb{R}^n$ 中的行向量。

答案是肯定的，欲求 $\mathbf{z}$，我們定義

$$U = \{A\mathbf{x} \mid \mathbf{x} \in \mathbb{R}^n\}$$

U 是 $\mathbb{R}^n$ 的子空間，我們要在 U 中找到一個向量 $A\mathbf{z}$，使其儘可能的接近 $\mathbf{b}$。若 $n = 3$，這樣的向量可由幾何圖示

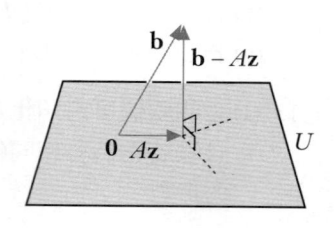

得知。一般而言，由投影定理 (projection theorem) 可知，向量 $A\mathbf{z}$ 是存在的，第 8 章的第 8.1 節定理 3 有投影定理的證明。此外，投影定理提供計算 $\mathbf{z}$ 的簡單方法，因為它也證明了向量 $\mathbf{b} - A\mathbf{z}$ 與 U 中的每一個向量 $A\mathbf{x}$ 正交。因此

$$0 = (A\mathbf{x}) \cdot (\mathbf{b} - A\mathbf{z}) = (A\mathbf{x})^T(\mathbf{b} - A\mathbf{z}) = \mathbf{x}^T A^T(\mathbf{b} - A\mathbf{z})$$
$$= \mathbf{x} \cdot [A^T(\mathbf{b} - A\mathbf{z})]$$

對於 $\mathbb{R}^n$ 中的所有 $\mathbf{x}$ 皆成立。換言之，$\mathbb{R}^n$ 中的向量 $A^T(\mathbf{b} - A\mathbf{z})$ 與 $\mathbb{R}^n$ 中的每一個向量正交，所以它必為零向量。因此 $\mathbf{z}$ 滿足

$$(A^T A)\mathbf{z} = A^T \mathbf{b}$$

定義 5.14

這個線性方程組稱為 $\mathbf{z}$ 的**正規方程式 (normal equations)**。

請注意，此方程組的解可能不只一個（見習題 5）。但是，$n \times n$ 矩陣 $A^T A$ 是可逆的若且唯若 A 的行向量是線性獨立（第 5.4 節定理 3）；故在此情況下，$\mathbf{z}$ 是唯一決定並且可用 $\mathbf{z} = (A^T A)^{-1} A^T \mathbf{b}$ 明白地表示出來。然而，解 $\mathbf{z}$ 最有效率的方法是應用高斯消去法於正規方程式。

我們將上述的討論總結成下面的定理。

定理 1

最佳近似定理 (Best Approximation Theorem)

令 A 為 $m \times n$ 矩陣，$\mathbf{b}$ 為 $\mathbb{R}^m$ 中的任意行向量，考慮具有 n 個變數，m 個方程式的方程組

$$A\mathbf{x} = \mathbf{b}$$

(1) 正規方程式

$$(A^T A)\mathbf{z} = A^T \mathbf{b}$$

的任意解 $\mathbf{z}$ 是 $A\mathbf{x} = \mathbf{b}$ 的解之最佳近似值，亦即 $\|\mathbf{b} - A\mathbf{z}\|$ 是 $\|\mathbf{b} - A\mathbf{x}\|$ 的最小值，其中 $\mathbf{x}$ 是 $\mathbb{R}^n$ 中的行向量。

(2) 若 A 的行向量是線性獨立，則 $A^T A$ 可逆且 $\mathbf{z} = (A^T A)^{-1} A^T \mathbf{b}$。

請注意，若 A 是 $n \times n$ 可逆矩陣，則

$$\mathbf{z} = (A^T A)^{-1} A^T \mathbf{b} = A^{-1} \mathbf{b}$$

是方程組的解，並且 $\|\mathbf{b} - A\mathbf{z}\| = 0$。因此，若 A 的行向量是線性獨立，則 $(A^T A)^{-1} A^T$ 扮演非方陣 A 的反矩陣之角色。當 A 的列向量是線性獨立時，矩陣 $A^T (A A^T)^{-1}$ 也扮演類似的角色。兩者均為矩陣 A 的**廣義反矩陣 (generalized inverse)** 的特例（見習題 14）。但是我們在此不探究這個主題。

例 1

線性方程組

$$3x - y = 4$$
$$x + 2y = 0$$
$$2x + y = 1$$

無解。求向量 $\mathbf{z} = \begin{bmatrix} x_0 \\ y_0 \end{bmatrix}$ 使其為解的最佳近似值。

解：在此情況下，

$$A = \begin{bmatrix} 3 & -1 \\ 1 & 2 \\ 2 & 1 \end{bmatrix}, \quad \text{故 } A^T A = \begin{bmatrix} 3 & 1 & 2 \\ -1 & 2 & 1 \end{bmatrix} \begin{bmatrix} 3 & -1 \\ 1 & 2 \\ 2 & 1 \end{bmatrix} = \begin{bmatrix} 14 & 1 \\ 1 & 6 \end{bmatrix}$$

為可逆。正規方程式 $(A^T A)\mathbf{z} = A^T \mathbf{b}$ 為

$$\begin{bmatrix} 14 & 1 \\ 1 & 6 \end{bmatrix} \mathbf{z} = \begin{bmatrix} 14 \\ -3 \end{bmatrix}, \quad \text{故 } \mathbf{z} = \frac{1}{83} \begin{bmatrix} 87 \\ -56 \end{bmatrix}$$

因此 $x_0 = \frac{87}{83}$，$y_0 = \frac{-56}{83}$。將 x 和 y 以 x_0、y_0 代入，則方程組左邊的值約為

$$3x_0 - y_0 = \frac{317}{83} = 3.82$$
$$x_0 + 2y_0 = \frac{-25}{83} = -0.30$$
$$2x_0 + y_0 = \frac{118}{83} = 1.42$$

這就是解的最佳近似值。

例 2

曲棍球員每場比賽的平均得分為 g，而得分與下列兩種因素呈線性關係：經驗的年數 x_1 和前 10 場比賽的總得分 x_2。表中我們收集了四個球員的數據。求線性函數 $g = a_0 + a_1 x_1 + a_2 x_2$ 使其成為這些數據的最佳近似。

解：若函數關係為 $g = r_0 + r_1x_1 + r_2x_2$，則數據可描述如下：

$$\begin{bmatrix} 1 & 5 & 3 \\ 1 & 3 & 4 \\ 1 & 1 & 5 \\ 1 & 2 & 1 \end{bmatrix} \begin{bmatrix} r_0 \\ r_1 \\ r_2 \end{bmatrix} = \begin{bmatrix} 0.8 \\ 0.8 \\ 0.6 \\ 0.4 \end{bmatrix}$$

g	x_1	x_2
0.8	5	3
0.8	3	4
0.6	1	5
0.4	2	1

採用定理 1 的記號，可得

$$\mathbf{z} = (A^TA)^{-1}A^T\mathbf{b}$$

$$= \frac{1}{42} \begin{bmatrix} 119 & -17 & -19 \\ -17 & 5 & 1 \\ -19 & 1 & 5 \end{bmatrix} \begin{bmatrix} 1 & 1 & 1 & 1 \\ 5 & 3 & 1 & 2 \\ 3 & 4 & 5 & 1 \end{bmatrix} \begin{bmatrix} 0.8 \\ 0.8 \\ 0.6 \\ 0.4 \end{bmatrix} = \begin{bmatrix} 0.14 \\ 0.09 \\ 0.08 \end{bmatrix}$$

因此最佳近似函數為 $g = 0.14 + 0.09x_1 + 0.08x_2$。若正規方程式已建構，然後以高斯消去法求解，則計算量將會減少。

最小平方近似

許多科學上的研究，所收集的數據常與兩個變數有關。例如，若 x 是廠商的廣告費，而 y 是這個地區的銷售額，則廠商可以得到在不同時間的廣告費 $x_1, x_2, ..., x_n$ 以及銷售額 $y_1, y_2, ..., y_n$ 的數據。

假設我們已經知道變數 x 和 y 之間具有線性關係，亦即，$y = a + bx$，其中 a、b 為常數。若將數據畫出，則點 $(x_1, y_1), (x_2, y_2), ..., (x_n, y_n)$ 可能會位於 $y = a + bx$ 的直線上。我們要估計 a、b 之值使得 $y = a + bx$ 是這些數據點的最佳近似直線。例如，右圖中的 5 個數據點，直線 1 顯然比直線 2 好。一般而言，我們的問題是要找出常數 a、b 使得直線 $y = a + bx$ 是所予數據的最佳近似。注意，對每一個數據點 (x_i, y_i) 而言，若能求得 a、b 使得 $y_i = a + bx_i$ 為真，則我們就得到了完全符合數據的直線。但這是太大的奢望。量測時必然會有實驗誤差，因此所選取的 a、b 是要使得觀測值 y_i 和對應的估計值 $a + bx_i$ 之間的誤差最小。最小平方近似是解決這個問題的一種方法。

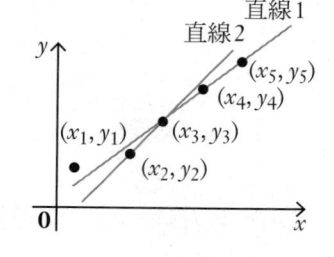

首先我們必須說明直線 $y = a + bx$ 是數據點 $(x_1, y_1), (x_2, y_2), ..., (x_n, y_n)$ 的最佳近似，它所代表的意思是什麼。為了方便起見，將線性函數 $r_0 + r_1x$ 寫成

$$f(x) = r_0 + r_1x$$

使得估計點（在直線上）的座標為 $(x_1, f(x_1)), ..., (x_n, f(x_n))$。第二個圖畫出直線 $y = f(x)$ 的圖形。對每一

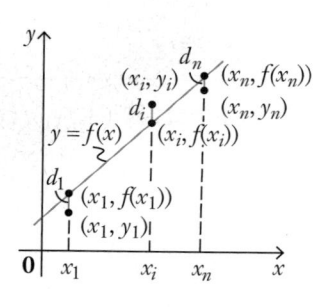

個 i 而言，數據點 (x_i, y_i) 與估計點 $(x_i, f(x_i))$ 未必相同，介於它們之間的距離 d_i 是量測直線與數據點相距多遠。由於這個原因，d_i 常稱為在 x_i 的**誤差 (error)**，而所有這些誤差的總和 $d_1 + d_2 + \cdots + d_n$ 就成了量測直線 $y = f(x)$ 與數據點之間接近的程度。但是使用平方和

$$S = d_1^2 + d_2^2 + \cdots + d_n^2$$

來量測誤差在數學上較好處理。欲選取直線 $y = f(x)$ 使得誤差的平方和儘可能的小，此時這條直線稱為數據點 $(x_1, y_1), (x_2, y_2), \ldots, (x_m, y_n)$ 的**最小平方近似直線 (least squares approximating line)**。

對每一個 i，誤差 d_i 的平方為 $d_i^2 = [y_i - f(x_i)]^2$，因此我們要將下列的和 S：

$$S = [y_1 - f(x_1)]^2 + [y_2 - f(x_2)]^2 + \cdots + [y_n - f(x_n)]^2$$

最小化。注意，所有 x_i 和 y_i 為已知，我們要找出函數 f 使得 S 為最小。因為 $f(x) = r_0 + r_1 x$，所以這就是要選取 r_0 和 r_1 將 S 最小化。此問題可利用定理 1 求解。引入下列記號方便討論。

$$\mathbf{x} = \begin{bmatrix} x_1 \\ x_2 \\ \vdots \\ x_n \end{bmatrix}, \mathbf{y} = \begin{bmatrix} y_1 \\ y_2 \\ \vdots \\ y_n \end{bmatrix}, f(\mathbf{x}) = \begin{bmatrix} f(x_1) \\ f(x_2) \\ \vdots \\ f(x_n) \end{bmatrix} = \begin{bmatrix} r_0 + r_1 x_1 \\ r_0 + r_1 x_2 \\ \vdots \\ r_0 + r_1 x_n \end{bmatrix}$$

於是問題變為：求 r_0、r_1 使得

$$S = [y_1 - f(x_1)]^2 + [y_2 - f(x_2)]^2 + \cdots + [y_n - f(x_n)]^2 = \|\mathbf{y} - f(\mathbf{x})\|^2$$

儘可能的小。現在令

$$M = \begin{bmatrix} 1 & x_1 \\ 1 & x_2 \\ \vdots & \vdots \\ 1 & x_n \end{bmatrix}, \mathbf{r} = \begin{bmatrix} r_0 \\ r_1 \end{bmatrix}$$

則 $M\mathbf{r} = f(\mathbf{x})$，所以要尋找行向量 $\mathbf{r} = \begin{bmatrix} r_0 \\ r_1 \end{bmatrix}$ 使得 $\|\mathbf{y} - M\mathbf{r}\|^2$ 儘可能的小。換言之，我們要尋找方程組 $M\mathbf{r} = \mathbf{y}$ 的最佳近似解 $\mathbf{z}$。因此直接應用定理 1，可得

定理 2

已知 n 組數據 $(x_1, y_1), (x_2, y_2), \ldots, (x_n, y_n)$，其中 $x_1, x_2, \ldots, x_n$ 中至少有兩個相異。令

$$\mathbf{y} = \begin{bmatrix} y_1 \\ y_2 \\ \vdots \\ y_n \end{bmatrix}, M = \begin{bmatrix} 1 & x_1 \\ 1 & x_2 \\ \vdots & \vdots \\ 1 & x_n \end{bmatrix}$$

則對這些數據點而言，其最小平方近似直線的方程式為
$$y = z_0 + z_1 x$$
其中 $\mathbf{z} = \begin{bmatrix} z_0 \\ z_1 \end{bmatrix}$ 可由正規方程式
$$(M^T M)\mathbf{z} = M^T \mathbf{y}$$
以高斯消去法求得。在 $x_1, x_2, \ldots, x_n$ 中至少有兩個是相異，此條件保證了 $M^T M$ 為可逆矩陣，所以 $\mathbf{z}$ 是唯一：
$$\mathbf{z} = (M^T M)^{-1} M^T \mathbf{y}$$

例 3

附表列出數據點 $(x_1, y_1), (x_2, y_2), \ldots, (x_5, y_5)$。求這些數據點的最小平方近似直線。

x	y
1	1
3	2
4	3
6	4
7	5

解：在此情況下，我們有

$$M^T M = \begin{bmatrix} 1 & 1 & \cdots & 1 \\ x_1 & x_2 & \cdots & x_5 \end{bmatrix} \begin{bmatrix} 1 & x_1 \\ 1 & x_2 \\ \vdots & \vdots \\ 1 & x_5 \end{bmatrix}$$

$$= \begin{bmatrix} 5 & x_1 + \cdots + x_5 \\ x_1 + \cdots + x_5 & x_1^2 + \cdots + x_5^2 \end{bmatrix} = \begin{bmatrix} 5 & 21 \\ 21 & 111 \end{bmatrix}$$

且 $M^T \mathbf{y} = \begin{bmatrix} 1 & 1 & \cdots & 1 \\ x_1 & x_2 & \cdots & x_5 \end{bmatrix} \begin{bmatrix} y_1 \\ y_2 \\ \vdots \\ y_5 \end{bmatrix}$

$$= \begin{bmatrix} y_1 + y_2 + \cdots + y_5 \\ x_1 y_1 + x_1 y_2 + \cdots + x_5 y_5 \end{bmatrix} = \begin{bmatrix} 15 \\ 78 \end{bmatrix}$$

因此 $\mathbf{z} = \begin{bmatrix} z_0 \\ z_1 \end{bmatrix}$ 的正規方程式 $(M^T M)\mathbf{z} = M^T \mathbf{y}$ 變成

$$\begin{bmatrix} 5 & 21 \\ 21 & 111 \end{bmatrix} \begin{bmatrix} z_0 \\ z_1 \end{bmatrix} = \begin{bmatrix} 15 \\ 78 \end{bmatrix}$$

用高斯消去法解出 $\mathbf{z} = \begin{bmatrix} z_0 \\ z_1 \end{bmatrix} = \begin{bmatrix} 0.24 \\ 0.66 \end{bmatrix}$，取小數點兩位，所以這些數據的最小平方近似直線為 $y = 0.24 + 0.66x$。注意，$M^T M$ 的確是可逆（行列式是 114），而正確解為

$$\mathbf{z} = (M^T M)^{-1} M^T \mathbf{y} = \frac{1}{114} \begin{bmatrix} 111 & -21 \\ -21 & 5 \end{bmatrix} \begin{bmatrix} 15 \\ 78 \end{bmatrix} = \frac{1}{114} \begin{bmatrix} 27 \\ 75 \end{bmatrix} = \frac{1}{38} \begin{bmatrix} 9 \\ 25 \end{bmatrix}$$

最小平方近似多項式

我們現在不採用直線而是尋找次數為 m 的多項式

$$y = f(x) = r_0 + r_1 x + r_2 x^2 + \cdots + r_m x^m$$

作為數據點 $(x_1, y_1), (x_2, y_2), \ldots, (x_n, y_n)$ 的最佳近似。如前所述，令

$$\mathbf{x} = \begin{bmatrix} x_1 \\ x_2 \\ \vdots \\ x_n \end{bmatrix}, \mathbf{y} = \begin{bmatrix} y_1 \\ y_2 \\ \vdots \\ y_n \end{bmatrix}, f(\mathbf{x}) = \begin{bmatrix} f(x_1) \\ f(x_2) \\ \vdots \\ f(x_n) \end{bmatrix}$$

對於每一個 x_i，變數 y 有兩個值，數據值 y_i 以及計算值 $f(x_i)$。問題是要選取 $f(x)$，亦即，選取 $r_0, r_1, \ldots, r_m$ 使得 $f(x_i)$ 儘可能靠近 y_i。我們以最小平方的條件來定義「儘可能靠近」，也就是選取 r_i 使得

$$\|\mathbf{y} - f(\mathbf{x})\|^2 = [y_1 - f(x_1)]^2 + [y_2 - f(x_2)]^2 + \cdots + [y_n - f(x_n)]^2$$

儘可能的小。

定義 5.15

對已知數據而言，滿足此條件的多項式 $f(x)$ 稱為次數為 m 的**最小平方近似多項式 (least squares approximating polynomial)**。

若我們令

$$M = \begin{bmatrix} 1 & x_1 & x_1^2 & \cdots & x_1^m \\ 1 & x_2 & x_2^2 & \cdots & x_2^m \\ \vdots & \vdots & \vdots & & \vdots \\ 1 & x_n & x_n^2 & \cdots & x_n^m \end{bmatrix}, \mathbf{r} = \begin{bmatrix} r_0 \\ r_1 \\ \vdots \\ r_m \end{bmatrix}$$

則有 $f(\mathbf{x}) = M\mathbf{r}$。因此我們要找 r 使得 $\|\mathbf{y} - M\mathbf{r}\|^2$ 儘可能的小；亦即，要找方程組 $M\mathbf{r} = \mathbf{y}$ 的最佳近似解 $\mathbf{z}$。我們應用定理 1 可以得到定理 3 的第一部分結果。

定理 3

給予 n 組數據 $(x_1, y_1), (x_2, y_2), \ldots, (x_n, y_n)$，且令

$$\mathbf{y} = \begin{bmatrix} y_1 \\ y_2 \\ \vdots \\ y_n \end{bmatrix}, M = \begin{bmatrix} 1 & x_1 & x_1^2 & \cdots & x_1^m \\ 1 & x_2 & x_2^2 & \cdots & x_2^m \\ \vdots & \vdots & \vdots & & \vdots \\ 1 & x_n & x_n^2 & \cdots & x_n^m \end{bmatrix}, \mathbf{z} = \begin{bmatrix} z_0 \\ z_1 \\ \vdots \\ z_m \end{bmatrix}$$

1. 若 $\mathbf{z}$ 是正規方程式
$$(M^TM)\mathbf{z} = M^T\mathbf{y}$$
的任意解，則對所予的數據而言，多項式
$$z_0 + z_1x + z_2x^2 + \cdots + z_mx^m$$
為 m 次的最小平方近似多項式。

2. 若 $x_1, x_2, \ldots, x_n$ 中至少有 $m+1$ 個相異（$n \geq m+1$），則矩陣 M^TM 可逆且
$$\mathbf{z} = (M^TM)^{-1}M^T\mathbf{y}$$

證明

只剩下 (2) 需要證明。我們只要證明 M 的行向量是線性獨立（第 5.4 節定理 3）。假設行向量的線性組合等於零：

$$r_0\begin{bmatrix}1\\1\\\vdots\\1\end{bmatrix} + r_1\begin{bmatrix}x_1\\x_2\\\vdots\\x_n\end{bmatrix} + \cdots + r_m\begin{bmatrix}x_1^m\\x_2^m\\\vdots\\x_n^m\end{bmatrix} = \begin{bmatrix}0\\0\\\vdots\\0\end{bmatrix}$$

若令 $q(x) = r_0 + r_1x + \cdots + r_mx^m$，由等號左右兩邊相等，可得 $q(x_1) = q(x_2) = \cdots = q(x_n) = 0$。因此 $q(x)$ 是至少有 $m+1$ 個相異根的 m 次多項式，所以 $q(x)$ 必為零多項式（見第 6.5 節定理 4），因此 $r_0 = r_1 = \cdots = r_m = 0$，定理得證。

例 4

對於下列數據而言，
$$(-3, 3), (-1, 1), (0, 1), (1, 2), (3, 4)$$
求形如 $y = z_0 + z_1x + z_2x^2$ 的最小平方近似函數。

解： 利用定理 3，其中 $m = 2$。此處

$$\mathbf{y} = \begin{bmatrix}3\\1\\1\\2\\4\end{bmatrix} \quad M = \begin{bmatrix}1 & -3 & 9\\1 & -1 & 1\\1 & 0 & 0\\1 & 1 & 1\\1 & 3 & 9\end{bmatrix}$$

因此，

$$M^T M = \begin{bmatrix} 1 & 1 & 1 & 1 \\ -3 & -1 & 0 & 1 & 3 \\ 9 & 1 & 0 & 1 & 9 \end{bmatrix} \begin{bmatrix} 1 & -3 & 9 \\ 1 & -1 & 1 \\ 1 & 0 & 0 \\ 1 & 1 & 1 \\ 1 & 3 & 9 \end{bmatrix} = \begin{bmatrix} 5 & 0 & 20 \\ 0 & 20 & 0 \\ 20 & 0 & 164 \end{bmatrix}$$

$$M^T \mathbf{y} = \begin{bmatrix} 1 & 1 & 1 & 1 \\ -3 & -1 & 0 & 1 & 3 \\ 9 & 1 & 0 & 1 & 9 \end{bmatrix} \begin{bmatrix} 3 \\ 1 \\ 1 \\ 2 \\ 4 \end{bmatrix} = \begin{bmatrix} 11 \\ 4 \\ 66 \end{bmatrix}$$

$\mathbf{z}$ 的正規方程式為

$$\begin{bmatrix} 5 & 0 & 20 \\ 0 & 20 & 0 \\ 20 & 0 & 164 \end{bmatrix} \mathbf{z} = \begin{bmatrix} 11 \\ 4 \\ 66 \end{bmatrix}，因此 \mathbf{z} = \begin{bmatrix} 1.15 \\ 0.20 \\ 0.26 \end{bmatrix}$$

對於這些數據而言，最小平方近似函數為 $y = 1.15 + 0.20x + 0.26x^2$。

其它函數

此處我們探討定理 3 的推廣。給予數據 $(x_1, y_1), (x_2, y_2), ..., (x_n, y_n)$，由定理 3 可知如何找到一個多項式

$$f(x) = r_0 + r_1 x + \cdots + r_m x^m$$

使得 $\|\mathbf{y} - f(\mathbf{x})\|^2$ 儘可能的小，其中 $\mathbf{x}$ 和 $f(\mathbf{x})$ 如先前所述。選一適當的多項式 $f(x)$ 意味著選一組係數 $r_0, r_1, ..., r_m$，而定理 3 提供了最佳選擇的公式。此處 $f(x)$ 為函數 $1, x, x^2, ..., x^m$ 的線性組合，其中 r_i 為係數，這使我們想起可對其它函數採用此方法。若給予函數 $f_0(x), f_1(x), ..., f_m(x)$，令

$$f(x) = r_0 f_0(x) + r_1 f_1(x) + \cdots + r_m f_m(x)$$

其中 r_i 為實數。更廣義的問題就是可否找到 $r_0, r_1, ..., r_m$ 使得 $\|\mathbf{y} - f(\mathbf{x})\|^2$ 儘可能的小，其中

$$f(\mathbf{x}) = \begin{bmatrix} f(x_1) \\ f(x_2) \\ \vdots \\ f(x_m) \end{bmatrix}$$

對於這些數據而言，函數 $f(\mathbf{x})$ 稱為**最小平方最佳近似 (least squares best approximation)**，而 $f(x) = r_0 f_0(x) + r_1 f_1(x) + \cdots + r_m f_m(x)$，$r_i \in \mathbb{R}$。下面定理 4 的證明與定理 3 相同。

定理 4

已知 n 組數據 $(x_1, y_1), (x_2, y_2), \ldots, (x_n, y_n)$，以及 $m+1$ 個函數 $f_0(x), f_1(x), \ldots, f_m(x)$。令

$$\mathbf{y} = \begin{bmatrix} y_1 \\ y_2 \\ \vdots \\ y_n \end{bmatrix}, M = \begin{bmatrix} f_0(x_1) & f_1(x_1) & \cdots & f_m(x_1) \\ f_0(x_2) & f_1(x_2) & \cdots & f_m(x_2) \\ \vdots & \vdots & & \vdots \\ f_0(x_n) & f_1(x_n) & \cdots & f_m(x_n) \end{bmatrix}, \mathbf{z} = \begin{bmatrix} z_1 \\ z_2 \\ \vdots \\ z_m \end{bmatrix}$$

(1) 若 $\mathbf{z}$ 是正規方程式

$$(M^T M)\mathbf{z} = M^T \mathbf{y}$$

的任意解，則在所有形如 $r_0 f_0(x) + r_1 f_1(x) + \cdots + r_m f_m(x)$，$r_i \in \mathbb{R}$ 的函數中，函數

$$z_0 f_0(x) + z_1 f_1(x) + \cdots + z_m f_m(x)$$

是這些數據的最佳近似。

(2) 若 $M^T M$ 可逆（亦即，若 $\text{rank}(M) = m + 1$），則 $\mathbf{z} = (M^T M)^{-1}(M^T \mathbf{y})$。

顯然，定理 3 是定理 4 的特例，但對於 $M^T M$ 是否可逆通常並無簡單測試的方法。若要 $M^T M$ 可逆，其條件與函數 $f_0(x), f_1(x), \ldots, f_m(x)$ 的選取有關。

例 5

給予數據 $(-1, 0), (0, 1), (1, 4)$，求形如 $r_0 x + r_1 2^x$ 的最小平方近似函數。

解： 函數 $f_0(x) = x$ 且 $f_1(x) = 2^x$，故矩陣 M 為

$$M = \begin{bmatrix} f_0(x_1) & f_1(x_1) \\ f_0(x_2) & f_1(x_2) \\ f_0(x_3) & f_1(x_3) \end{bmatrix} = \begin{bmatrix} -1 & 2^{-1} \\ 0 & 2^0 \\ 1 & 2^1 \end{bmatrix} = \frac{1}{2} \begin{bmatrix} -2 & 1 \\ 0 & 2 \\ 2 & 4 \end{bmatrix}$$

在此情況下，$M^T M = \frac{1}{4} \begin{bmatrix} 8 & 6 \\ 6 & 21 \end{bmatrix}$ 為可逆，所以正規方程式

$$\frac{1}{4} \begin{bmatrix} 8 & 6 \\ 6 & 21 \end{bmatrix} \mathbf{z} = \begin{bmatrix} 4 \\ 9 \end{bmatrix} \text{ 有唯一解 } \mathbf{z} = \frac{1}{11} \begin{bmatrix} 10 \\ 16 \end{bmatrix}$$

因此，形如 $r_0 x + r_1 2^x$ 的最佳近似函數為 $\overline{f}(x) = \frac{10}{11} x + \frac{16}{11} 2^x$。

注意，可將 $\bar{f}(\mathbf{x}) = \begin{bmatrix} \bar{f}(-1) \\ \bar{f}(0) \\ \bar{f}(1) \end{bmatrix} = \begin{bmatrix} -\frac{2}{11} \\ \frac{16}{11} \\ \frac{42}{11} \end{bmatrix}$ 與 $\mathbf{y} = \begin{bmatrix} 0 \\ 1 \\ 4 \end{bmatrix}$ 比較。

習題 5.6

1. 求下列方程組的最佳近似解。
   (a) $x + y - z = 5$
   $2x - y + 6z = 1$
   $3x + 2y - z = 6$
   $-x + 4y + z = 0$
   ◆(b) $3x + y + z = 6$
   $2x + 3y - z = 1$
   $2x - y + z = 0$
   $3x - 3y + 3z = 8$

2. 對於下列數據，求最小平方近似。直線 $y = z_0 + z_1 x$。
   (a) $(1, 1), (3, 2), (4, 3), (6, 4)$
   ◆(b) $(2, 4), (4, 3), (7, 2), (8, 1)$
   (c) $(-1, -1), (0, 1), (1, 2), (2, 4), (3, 6)$
   ◆(d) $(-2, 3), (-1, 1), (0, 0), (1, -2), (2, -4)$

3. 對於下列數據，求形如 $y = z_0 + z_1 x + z_2 x^2$ 的最小平方近似。
   (a) $(0, 1), (2, 2), (3, 3), (4, 5)$
   ◆(b) $(-2, 1), (0, 0), (3, 2), (4, 3)$

4. 對於下列數據，求形如 $r_0 x + r_1 x^2 + r_2 2^x$ 的最小平方近似函數。
   (a) $(-1, 1), (0, 3), (1, 1), (2, 0)$
   ◆(b) $(0, 1), (1, 1), (2, 5), (3, 10)$

5. 對於下列數據，求形如 $r_0 + r_1 x^2 + r_2 \sin\frac{\pi x}{2}$ 的最小平方近似函數。
   (a) $(0, 3), (1, 0), (1, -1), (-1, 2)$
   ◆(b) $(-1, \frac{1}{2}), (0, 1), (2, 5), (3, 9)$

6. 若 M 是可逆方陣，證明 $\mathbf{z} = M^{-1}\mathbf{y}$（如同定理 3 的符號）。

◆7. 由牛頓定律知，一物體由 100 米高的地方靜止落下，在 t 秒的高度為 $s = 100 - \frac{1}{2}gt^2$ 米，其中 g 為重力加速度常數。s 和 t 的值如表中所述。令 $x = t^2$，求這些數據的最小平方近似直線 $s = a + bx$，並且用 b 估計 g。再求最小平方近似二次多項式 $s = a_0 + a_1 t + a_2 t^2$，並且用 a_2 估計 g。

t	1	2	3
s	95	80	56

8. 自然學家量測幾個樹幹直徑為 x_i (cm) 的雲杉樹的高度 y_i (m)。所得數據如表中所示。對於這些數據，求最小平方近似直線且利用此直線估計直徑為 10 cm 的雲杉樹的高度。

x_i	5	7	8	12	13	16
y_i	2	3.3	4	7.3	7.9	10.1

◆9. 小麥每英畝的產量 y 蒲式耳 (bushel) 是陽光天數 x_1、雨量 x_2 英寸和每英畝肥料使用量 x_3 磅的線性函數。對於表中的數據，求最佳近似函數 $y = r_0 + r_1 x_1 + r_2 x_2 + r_3 x_3$。

y	x_1	x_2	x_3
28	50	18	10
30	40	20	16
21	35	14	10
23	40	12	12
23	30	16	14

10. (a) 在定理 3 中，取 $m = 0$，證明通過數據點 $(x_1, y_1), ..., (x_n, y_n)$ 的最佳近似水平直線為 $y = \frac{1}{n}(y_1 + y_2 + \cdots + y_n)$，也就是 y 座標的平均值。

    ◆(b) 不用定理 3，請推導出 (a) 的結果。

11. 在定理 3 中，假設 $n = m + 1$（所以 M 是方陣）。若 x_i 相異，利用第 3.2 節定理 6 證明 M 為可逆。導出 $\mathbf{z} = M^{-1}\mathbf{y}$ 並且證明最小平方多項式就是插值多項式（第 3.2 節定理 6）。它通過所有的數據點。

12. 令 A 為任意 $m \times n$ 矩陣且 $K = \{\mathbf{x} \mid A^T A\mathbf{x} = \mathbf{0}\}$。令 b 是 m 個元素的行向量。證明，若 $\mathbf{z}$ 是 n 個元素的行向量使得 $\|\mathbf{b} - A\mathbf{z}\|$ 為最小，則所有這種向量的形式為 $\mathbf{z} + \mathbf{x}$，其中 $\mathbf{x}$ 為 K 中的某個向量。【提示：$\|\mathbf{b} - A\mathbf{y}\|$ 為最小若且唯若 $A^T A\mathbf{y} = A^T \mathbf{b}$。】

13. 已知如定理 4 的情況，令
    $f(x) = r_0 p_0(x) + r_1 p_1(x) + \cdots + r_m p_m(x)$
    假設對於任意選擇的不全為零的係數 $r_0, r_1, ..., r_m$ 而言，$f(x)$ 最多只有 k 個根。

    (a) 證明若 x_i 至少有 $k + 1$ 個相異，則 $M^T M$ 為可逆。

    ◆(b) 若 x_i 至少有 2 個相異，證明總是有形如 $r_0 + r_1 e^x$ 的最佳近似存在。

    (c) 若 x_i 至少有 3 個相異，證明總是有形如 $r_0 + r_1 x + r_2 e^x$ 的最佳近似存在（需要用到微積分）。

14. 若 A 是一個 $m \times n$ 矩陣，證明存在唯一的 $n \times m$ 矩陣 $A^\#$，滿足下列四個條件：$AA^\# A = A$；$A^\# A A^\# = A^\#$；$AA^\#$ 和 $A^\# A$ 為對稱。矩陣 $A^\#$ 稱為 A 的**廣義反矩陣 (generalized inverse)**，或 **Moore-Penrose** 反矩陣。

    (a) 若 A 是可逆方陣，證明 $A^\# = A^{-1}$。
    (b) 若 rank $A = m$，證明 $A^\# = A^T(AA^T)^{-1}$。
    (c) 若 rank $A = n$，證明 $A^\# = (A^T A)^{-1} A^T$。

5.7 節　應用於相關性和變異數

假設 n 個人的高度經量測後為 $h_1, h_2, ..., h_n$。這樣一組數據稱為在所研究的人群中，眾人高度的**樣本 (sample)**，而且我們常會對這樣一個樣本提出各種問題：樣本中的平均高度為何？樣本高度的變動是多少？如何量側？在眾人高度的樣本中有何推論？如何將這些高度與鄰國男子的高度做一比較？吸菸的盛行會影響人的高度嗎？

樣本的分析,以及由分析中所得的推論,是數學統計 (mathematical statistics) 的主題,而且已有大量的資訊足以回答許多這樣的問題。本節我們描述用到線性代數的一些方法。

將樣本 $\{x_1, x_2, ..., x_n\}$ 表示成 $\mathbb{R}^n$ 中的**樣本向量 (sample vector)**[15] $\mathbf{x} = [x_1 \ x_2 \ \cdots \ x_n]$ 有其便利之處。因此,$\mathbb{R}^n$ 中的點積提供了一個方便的工具來研究樣本並且描述一些與樣本有關的統計概念。描述數據集最廣為人知的統計是**樣本均值 (sample mean)** $\bar{x}$,定義為[16]

$$\bar{x} = \tfrac{1}{n}(x_1 + x_2 + \cdots + x_n) = \tfrac{1}{n}\sum_{i=1}^{n} x_i$$

均值 $\bar{x}$ 是樣本值 x_i 的代表值,但它並不一定是樣本值中的一個。$x_i - \bar{x}$ 的值稱為 x_i 與均值 $\bar{x}$ 的**偏差 (deviation)**。若 $x_i > \bar{x}$ 則偏差為正,若 $x_i < \bar{x}$ 則偏差為負。此外,這些偏差的總和為零:

$$\sum_{i=1}^{n}(x_i - \bar{x}) = \left(\sum_{i=1}^{n} x_i\right) - n\bar{x} = n\bar{x} - n\bar{x} = 0 \tag{*}$$

我們稱樣本均值 $\bar{x}$ 是樣本值 x_i 的中心 (central)。

若由每一個數據值 x_i 減去均值 $\bar{x}$,則產生的 $x_i - \bar{x}$ 稱為**中心化 (centred)** 數據。對應的數據向量為

$$\mathbf{x}_c = [x_1 - \bar{x} \quad x_2 - \bar{x} \quad \cdots \quad x_n - \bar{x}]$$

而由 (∗) 可知均值 $\bar{x}_c = 0$。例如,樣本 $\mathbf{x} = [-1 \ 0 \ 1 \ 4 \ 6]$ 繪於第一圖。均值為 $\bar{x} = 2$,並且畫出中心化的樣本 $\mathbf{x}_c = [-3 \ -2 \ -1 \ 2 \ 4]$。因此,中心化的效應是將數據移位 $\bar{x}$ 的量(若 $\bar{x}$ 為正,則向左移)使得均值移向 0。另一個問題是關於在樣本 $\mathbf{x} = [x_1 \ x_2 \ \cdots \ x_n]$ 中有多少變化量;亦即,數據對樣本均值 $\bar{x}$ 分散的程度。變化量的量測是 x_i 對均值的偏差的總和,但由 (∗) 式可知此總和為零;這些偏差都抵銷了。為了避免抵銷,統計學家使用偏差的平方 $(x_i - \bar{x})^2$ 作為變化量的量測。更具體的說,他們利用**樣本變異數 (sample variance)** s_x^2 來計算,而 s_x^2 的定義[17] 如下:

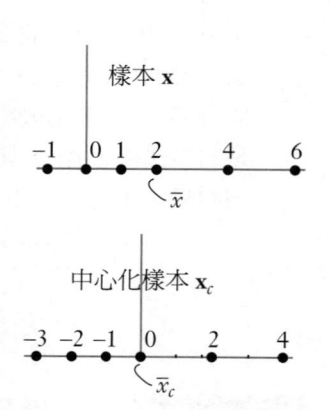

---

[15] 為了方便起見,我們將 $\mathbb{R}^n$ 中的向量寫成列矩陣。
[16] 統計學家使用 mean 作為樣本值 $\mathbf{x}_i$ 的平均 (average)。
[17] 因為有 n 個樣本值,似乎應該除以 n 而非除以 $n-1$。使用 $n-1$ 的原因是樣本變異數 s_x^2 能夠提供一個較佳的母體變異數的估計,而 $x_1, x_2, ..., x_n$ 是抽自某一母體的樣本數據。

$$s_x^2 = \frac{1}{n-1}[(x_1 - \overline{x})^2 + (x_2 - \overline{x})^2 + \cdots + (x_n - \overline{x})^2] = \frac{1}{n-1}\sum_{i=1}^{n}(x_i - \overline{x})^2$$

若 x_i 離均值 $\overline{x}$ 較遠則樣本變異數較大，若所有 x_i 均緊密聚集在均值附近則變異數較小。變異數顯然不為負值（因此採用 s_x^2 的記號），變異數的平方根 s_x 稱為**樣本標準差 (sample standard deviation)**。

利用點積可以很方便地描述樣本均值與變異數。令

$$\mathbf{1} = [1 \; 1 \; \cdots \; 1]$$

表示每一個元素均等於 1 的列。若 $\mathbf{x} = [x_1 \; x_2 \; \cdots \; x_n]$，則 $\mathbf{x} \cdot \mathbf{1} = x_1 + x_2 + \cdots + x_n$，因此樣本均值可用公式

$$\overline{x} = \frac{1}{n}(\mathbf{x} \cdot \mathbf{1})$$

表示。此外，由於 $\overline{x}$ 為純量，我們有 $\overline{x}\mathbf{1} = [\overline{x} \; \overline{x} \; \cdots \; \overline{x}]$，故中心化的樣本向量 $\mathbf{x}_c$ 為

$$\mathbf{x}_c = \mathbf{x} - \overline{x}\mathbf{1} = [x_1 - \overline{x} \quad x_2 - \overline{x} \quad \cdots \quad x_n - \overline{x}]$$

因此我們得到樣本變異數的公式：

$$s_x^2 = \frac{1}{n-1}\|\mathbf{x}_c\|^2 = \frac{1}{n-1}\|\mathbf{x} - \overline{x}\mathbf{1}\|^2$$

線性代數對於比較兩種不同的樣本也是有幫助的。為了說明這一點，可考慮下列兩個例子。

下表顯示 10 個人每年生病的次數和看醫生的次數。

個人	1	2	3	4	5	6	7	8	9	10
醫生看診次數	2	6	8	1	5	10	3	9	7	4
生病次數	2	4	8	3	5	9	4	7	7	2

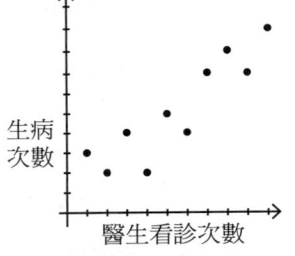

這些數據畫在散點圖上，粗略言之，看醫生的次數越多，就表示生病的次數越多。這是介於生病次數和醫生看診次數之間的**正相關 (positive correlation)**。

另一方面，下表顯示每天服用維他命 C 的次數和生病次數。

個人	1	2	3	4	5	6	7	8	9	10
服用維他命 C 次數	1	5	7	0	4	9	2	8	6	3
生病次數	5	4	2	6	2	1	4	3	2	5

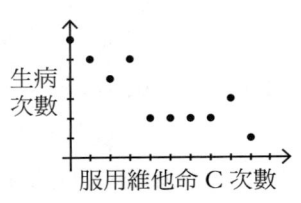

散點圖顯示服用越多的維他命 C，生病的次數就越少。在此情況下，每天服用維他命 C 的次數和生病次數呈現**負相關 (negative correlation)**。

在這兩種情況下，我們有**配對樣本 (paired samples)**，亦即對十個人有兩個變數形成：第一種情況是醫生看診次數和生病次數；第二種情況是服用維他命 C 次數與生病次數。散點圖指出這些變數之間的關係，有一種方法可利用樣本來計算一數，此數稱為相關係數，是量測變數間相關的程度。

欲形成相關係數的定義，假設有兩組配對樣本 $\mathbf{x} = [x_1 \ x_2 \ \cdots \ x_n]$ 和 $\mathbf{y} = [y_1 \ y_2 \ \cdots \ y_n]$，並且考慮中心化的樣本

$$\mathbf{x}_c = [x_1 - \overline{x} \quad x_2 - \overline{x} \quad \cdots \quad x_n - \overline{x}] \quad \text{和} \quad \mathbf{y}_c = [y_1 - \overline{y} \quad y_2 - \overline{y} \quad \cdots \quad y_n - \overline{y}]$$

若 x_k 是 x_i 中較大者則偏差 $x_k - \overline{x}$ 為正；若 x_k 是 x_i 中較小者則 $x_k - \overline{x}$ 為負。對 $\mathbf{y}$ 的情況也是一樣。下表顯示在 4 種情況下 $(x_i - \overline{x})(y_i - \overline{y})$ 的符號：

$(x_i - \overline{x})(y_i - \overline{y})$ 的符號：

	x_i 大	x_i 小
y_i 大	正	負
y_i 小	負	正

直觀地，若 $\mathbf{x}$ 和 $\mathbf{y}$ 為正相關，則兩件事會發生：

1. 大的 x_i 值傾向於結合大的 y_i 值。
2. 小的 x_i 值傾向於結合小的 y_i 值。

由表可知，若 $\mathbf{x}$ 和 $\mathbf{y}$ 為正相關，則點積

$$\mathbf{x}_c \cdot \mathbf{y}_c = \sum_{i=1}^{n}(x_i - \overline{x})(y_i - \overline{y})$$

為正。同理，若 $\mathbf{x}$ 和 $\mathbf{y}$ 為負相關，則 $\mathbf{x}_c \cdot \mathbf{y}_c$ 為負。考慮到這一點，**樣本相關係數 (sample correlation coefficient)**[18] r 定義為

$$r = r(\mathbf{x}, \mathbf{y}) = \frac{\mathbf{x}_c \cdot \mathbf{y}_c}{\|\mathbf{x}_c\| \|\mathbf{y}_c\|}$$

請記住在 $\mathbb{R}^3$ 的情況，r 為向量 $\mathbf{x}_c$ 和 $\mathbf{y}_c$ 之間的夾角的餘弦，因此 r 介於 -1 和 1 之間。此外，若兩向量指向相同（相反）方向，亦即，夾角接近零（或 π），則 r 的值接近 1（或 -1）。

這可由下面的定理 1 得到證實，亦可由上述的例子獲得確認。若我們計算介於生病次數和醫生看診次數（上述第一個散點圖）的相關係數，可得 $r = 0.90$。另一

---

[18] 利用單一變數來量測不同變數之間的相關程度，這個想法是由 Francis Galton (1822–1911) 率先提出。他研究後代與其父母兩者的特性之間的相關程度。這個想法由 Karl Pearson (1857–1936) 改良，而 r 通常是指 Pearson 相關係數。

方面，計算介於服用維他命 C 的次數和生病次數（第二個散點圖）的相關係數，可得 $r = -0.84$。

但是，在這裡要提醒一句。我們不能由第二個例子就認為服用較多的維他命 C 將會降低生病次數。（負）相關性的出現也可能是與此兩變數有關的某些第三因素引起的。例如，不太健康的人也可能傾向於服用更多的維他命 C。相關性並不意味著因果關係。同理，生病次數和醫生看診次數之間的相關性並不表示生病次數多造成醫生看診次數多。兩個變數之間的相關性可能指向有其它潛在因素的存在，但並不一定表示變數之間存在因果關係。我們所討論 $\mathbb{R}^n$ 中的點積提供了相關係數的基本性質。

定理 1

令 $\mathbf{x} = [x_1\ x_2\ \cdots\ x_n]$ 且 $\mathbf{y} = [y_1\ y_2\ \cdots\ y_n]$ 為（非零）配對樣本，且令 $r = r(\mathbf{x}, \mathbf{y})$ 表示相關係數，則：

1. $-1 \leq r \leq 1$。
2. $r = 1$ 若且唯若存在 a 和 $b > 0$ 使得對每一個 i，$y_i = a + bx_i$。
3. $r = -1$ 若且唯若存在 a 和 $b < 0$ 使得對每一個 i，$y_i = a + bx_i$。

證明

柯西不等式（第 5.3 節定理 2）證明了 (1)，並且證明 $r = \pm 1$ 若且唯若 $\mathbf{x}_c$ 與 $\mathbf{y}_c$ 的其中之一是另一個的純量倍。反之，也是成立，若且唯若對某個 $b \neq 0$，$\mathbf{y}_c = b\mathbf{x}_c$，很容易驗證當 $b > 0$ 時，$r = 1$ 且當 $b < 0$ 時，$r = -1$。

最後，$\mathbf{y}_c = b\mathbf{x}_c$ 表示對每一個 i，$y_i - \bar{y} = b(x_i - \bar{x})$；亦即 $y_i = a + bx_i$，其中 $a = \bar{y} - b\bar{x}$。反之，若 $y_i = a + bx_i$，則 $\bar{y} = a + b\bar{x}$（驗證），故對每一個 i，$y_i - \bar{y} = (a + bx_i) - (a + b\bar{x}) = b(x_i - \bar{x})$。換言之，$\mathbf{y}_c = b\mathbf{x}_c$。定理得證。

定理 1 中的性質 (2) 和 (3) 證明 $r(\mathbf{x}, \mathbf{y}) = 1$ 表示介於配對數據之間有正斜率的線性關係（因此大的 x 值與大的 y 值配對）。同理，$r(\mathbf{x}, \mathbf{y}) = -1$ 表示介於配對數據之間有負斜率的線性關係（因此小的 x 值與小的 y 值配對）。這在上述兩個散點圖中得到證實。

我們利用點積導出對於計算變異數和相關係數的一些有用的公式。已知樣本 $\mathbf{x} = [x_1 \ x_2 \ \cdots \ x_n]$ 和 $\mathbf{y} = [y_1 \ y_2 \ \cdots \ y_n]$，主要的觀察點是下列公式：

$$\mathbf{x}_c \cdot \mathbf{y}_c = \mathbf{x} \cdot \mathbf{y} - n\overline{x}\,\overline{y} \qquad (**)$$

的確，記住 $\overline{x}$ 和 $\overline{y}$ 為純量：

$$\begin{aligned}
\mathbf{x}_c \cdot \mathbf{y}_c &= (\mathbf{x} - \overline{x}\mathbf{1}) \cdot (\mathbf{y} - \overline{y}\mathbf{1}) \\
&= \mathbf{x} \cdot \mathbf{y} - \mathbf{x} \cdot (\overline{y}\mathbf{1}) - (\overline{x}\mathbf{1}) \cdot \mathbf{y} + (\overline{x}\mathbf{1}) \cdot (\overline{y}\mathbf{1}) \\
&= \mathbf{x} \cdot \mathbf{y} - \overline{y}(\mathbf{x} \cdot \mathbf{1}) - \overline{x}(\mathbf{1} \cdot \mathbf{y}) + \overline{x}\,\overline{y}(\mathbf{1} \cdot \mathbf{1}) \\
&= \mathbf{x} \cdot \mathbf{y} - \overline{y}(n\overline{x}) - \overline{x}(n\overline{y}) + \overline{x}\,\overline{y}(n) \\
&= \mathbf{x} \cdot \mathbf{y} - n\overline{x}\,\overline{y}
\end{aligned}$$

在 (**) 式中取 $\mathbf{y} = \mathbf{x}$ 可得 $\mathbf{x}$ 的變異數 $s_x^2 = \frac{1}{n-1}\|\mathbf{x}_c\|^2$。

變異數公式 (Variance Formula)

若 x 為樣本向量，則 $s_x^2 = \frac{1}{n-1}(\|\mathbf{x}_c\|^2 - n\overline{x}^2)$。

對於相關係數，我們也得到了一個簡便的公式，

$r = r(\mathbf{x}, \mathbf{y}) = \dfrac{\mathbf{x}_c \cdot \mathbf{y}_c}{\|\mathbf{x}_c\|\,\|\mathbf{y}_c\|}$。此外，由 (**) 式以及 $s_x^2 = \frac{1}{n-1}\|\mathbf{x}_c\|^2$ 可得：

相關公式 (Correlation Formula)

若 $\mathbf{x}$ 與 $\mathbf{y}$ 為樣本向量，則

$$r = r(\mathbf{x}, \mathbf{y}) = \frac{\mathbf{x} \cdot \mathbf{y} - n\overline{x}\,\overline{y}}{(n-1)s_x s_y}$$

最後，我們得到了一種方法，可將變異數和相關係數的計算予以簡化。

數據縮放 (Data Scaling)

令 $\mathbf{x} = [x_1 \ x_2 \ \cdots \ x_n]$ 和 $\mathbf{y} = [y_1 \ y_2 \ \cdots \ y_n]$ 為樣本向量。已知常數 a、b、c、d，考慮新樣本 $\mathbf{z} = [z_1 \ z_2 \ \cdots \ z_n]$ 和 $\mathbf{w} = [w_1 \ w_2 \ \cdots \ w_n]$，其中對每一個 i，$z_i = a + bx_i$ 且 $w_i = c + dy_i$，則：

(a) $\overline{z} = a + b\overline{x}$。
(b) $s_z^2 = b^2 s_x^2$，因此 $s_z = |b|s_x$。
(c) 若 b 和 d 同號，則 $r(\mathbf{x}, \mathbf{y}) = r(\mathbf{z}, \mathbf{w})$。

驗證留作習題。

例如，若 $\mathbf{x} = [101\ 98\ 103\ 99\ 100\ 97]$，減去 100 可得 $\mathbf{z} = [1\ -2\ 3\ -1\ 0\ -3]$，由計算可知 $\bar{z} = -\frac{1}{3}$ 且 $s_z^2 = \frac{14}{3}$，因此 $\bar{x} = 100 - \frac{1}{3} = 99.67$ 且 $s_x^2 = \frac{14}{3} = 4.67$。

習題 5.7

1. 下表是 10 個父親與其長子的 IQ 分數。計算均值、變異數以及相關係數 r（採用數據縮放公式是有幫助的）。

	1	2	3	4	5
父親的 IQ	140	131	120	115	110
長子的 IQ	130	138	110	99	109
	6	7	8	9	10
父親的 IQ	106	100	95	91	86
長子的 IQ	120	105	99	100	94

◆2. 下表是 10 位人士受教育的年限以及年收入（以仟元計）。求均值、變異數以及相關係數（採用數據縮放公式是有幫助的）。

個人	1	2	3	4	5	6	7	8	9	10
教育年限	12	16	13	18	19	12	18	19	12	14
年收入 (1000)	31	48	35	28	55	40	39	60	32	35

3. 若 $\mathbf{x}$ 為樣本向量，$\mathbf{x}_c$ 為中心化樣本，證明 $\overline{x_c} = 0$ 且 $\mathbf{x}_c$ 的標準差為 s_x。

4. 證明數據縮放公式：(a)、◆(b) 和 (c)。

第 5 章補充習題

1. 下列各題中，證明敘述為真，或舉反例說明其不為真。設 $\mathbf{x}, \mathbf{y}, \mathbf{z}, \mathbf{x}_1, \mathbf{x}_2, \ldots, \mathbf{x}_n$ 皆為 $\mathbb{R}^n$ 中的向量。

   (a) 若 U 為 $\mathbb{R}^n$ 的子空間，且 $\mathbf{x} + \mathbf{y} \in U$，則 $\mathbf{x}$、$\mathbf{y}$ 均屬於 U。

   ◆(b) 若 U 為 $\mathbb{R}^n$ 的子空間，且 $r\mathbf{x} \in U$，則 $\mathbf{x} \in U$。

   (c) 若 U 為非空子集且對任意實數 s 與 t，以及 $\mathbf{x}, \mathbf{y} \in U$，恆有 $s\mathbf{x} + t\mathbf{y} \in U$，則 U 為 $\mathbb{R}^n$ 的子空間。

   ◆(d) 若 U 為 $\mathbb{R}^n$ 的子空間，且 $\mathbf{x} \leq U$，則 $-\mathbf{x} \in U$。

   (e) 若 $\{\mathbf{x}, \mathbf{y}\}$ 為獨立，則 $\{\mathbf{x}, \mathbf{y}, \mathbf{x} + \mathbf{y}\}$ 也是獨立。

   ◆(f) 若 $\{\mathbf{x}, \mathbf{y}, \mathbf{z}\}$ 為獨立，則 $\{\mathbf{x}, \mathbf{y}\}$ 也是獨立。

   (g) 若 $\{\mathbf{x}, \mathbf{y}\}$ 不是獨立，則 $\{\mathbf{x}, \mathbf{y}, \mathbf{z}\}$ 也不是獨立。

   ◆(h) 若 $\mathbf{x}_1, \mathbf{x}_2, \ldots, \mathbf{x}_n$ 均不為零，則 $\{\mathbf{x}_1, \mathbf{x}_2, \ldots, \mathbf{x}_n\}$ 為獨立。

   (i) 若 $\mathbf{x}_1, \mathbf{x}_2, \ldots, \mathbf{x}_n$ 中有一個為零，則 $\{\mathbf{x}_1, \mathbf{x}_2, \ldots, \mathbf{x}_n\}$ 不是獨立。

   ◆(j) 若 $a\mathbf{x} + b\mathbf{y} + c\mathbf{z} = \mathbf{0}$，其中 $a, b, c \in \mathbb{R}$，則 $\{\mathbf{x}, \mathbf{y}, \mathbf{z}\}$ 為獨立。

   (k) 若 $\{\mathbf{x}, \mathbf{y}, \mathbf{z}\}$ 為獨立，則存在 $a, b, c \in \mathbb{R}$，使得 $a\mathbf{x} + b\mathbf{y} + c\mathbf{z} = \mathbf{0}$。

   ◆(l) 若 $\{\mathbf{x}_1, \mathbf{x}_2, \ldots, \mathbf{x}_n\}$ 不是獨立，則存在不全為零的實數 t_i，使得 $t_1\mathbf{x}_1 + t_2\mathbf{x}_2 + \cdots + t_n\mathbf{x}_n = \mathbf{0}$。

   (m) 若 $\{\mathbf{x}_1, \mathbf{x}_2, \ldots, \mathbf{x}_n\}$ 為獨立，則存在實數 t_i，使得 $t_1\mathbf{x}_1 + t_2\mathbf{x}_2 + \cdots + t_n\mathbf{x}_n = \mathbf{0}$。

   ◆(n) 在 $\mathbb{R}^4$ 中，任何四個非零向量的集合皆為其基底。

   (o) $\mathbb{R}^3$ 中不存在一個基底，含有一個向量其一個分量為 $\mathbf{0}$。

   ◆(p) $\mathbb{R}^3$ 中存在一個形如 $\{\mathbf{x}, \mathbf{x} + \mathbf{y}, \mathbf{y}\}$ 的基底，其中 $\mathbf{x} \cdot \mathbf{y}$ 為向量。

   (q) $\mathbb{R}^5$ 中的每一個基底皆含有 I_5 的一個行向量。

   ◆(r) $\mathbb{R}^3$ 中的基底的每一個非空子集仍然是 $\mathbb{R}^3$ 的基底。

   (s) 若 $\{\mathbf{x}_1, \mathbf{x}_2, \mathbf{x}_3, \mathbf{x}_4\}$ 和 $\{\mathbf{y}_1, \mathbf{y}_2, \mathbf{y}_3, \mathbf{y}_4\}$ 為 $\mathbb{R}^4$ 的基底，則 $\{\mathbf{x}_1 + \mathbf{y}_1, \mathbf{x}_2 + \mathbf{y}_2, \mathbf{x}_3 + \mathbf{y}_3, \mathbf{x}_4 + \mathbf{y}_4\}$ 也是 $\mathbb{R}^4$ 的基底。

第六章

向量空間

本章中，我們以全面性的角度介紹向量空間，讀者會發現與第 5 章空間 $\mathbb{R}^n$ 的討論有些類似。事實上本章大部分的內容在第 5 章已經討論過，因此有一些重複。然而，第 6 章是處理抽象向量空間，對大多數讀者來說這是一個新的概念。事實上在許多數學系統中，已有自然的加法和純量乘法的定義並滿足我們在 $\mathbb{R}^n$ 中所熟悉的一般規則。抽象向量空間的研究是同時處理這些規則的一種方法，我們可以用新的角度來處理抽象系統，我們將向量視為物件，而此物件可相加而且可用純量相乘以及滿足 $\mathbb{R}^n$ 中所熟悉的規則。

抽象是新奇的，第 5 章的內容可以幫助我們習慣於這種新的概念：首先，要熟悉向量運算，給予讀者較多的時間來習慣抽象敘述；其次，由 $\mathbb{R}^n$ 的具體敘述所產生的心理圖像有助於解第 6 章的習題。

向量空間的概念最早是在 1844 年由德國數學家 Hermann Grassmann (1809-1877) 提出，但他的作品沒有得到應有的重視。直到 1888 年，義大利數學家 Guiseppe Peano (1858-1932) 在他的書 *Calcolo Geometrico* 澄清了 Grassman 的工作，並提出目前形式的向量空間公理。波蘭數學家 Stephan Banach (1892-1945) 建構了向量空間，在 1918 年，Hermann Weyl (1885-1955) 用向量空間的概念在自己的暢銷書 *Raum-Zeit-Materie* ("Space-Time-Matter") 中介紹廣義相對論原理，向量空間的觀念才終於被接受。

6.1 節　例子與基本性質

許多數學實體均具有這樣的性質：可相加且可乘以一個數。數本身就有這種性質，$m \times n$ 矩陣亦然：兩個 $m \times n$ 矩陣相加以及 $m \times n$ 矩陣的純量倍仍為 $m \times n$ 矩陣。多項式是另一個熟悉的例子，第 4 章中的幾何向量亦然。還有許多其它類型的數學物件可以相加以及以純量相乘。本章將對這種系統作廣義的研究。值得注意

的是，在第 5 章中許多關於 $\mathbb{R}^n$ 中子空間的維數都可推廣到本章中。

> **定義 6.1**
>
> 一個**向量空間 (vector space)** 包含一個非空集合 V（其元素稱為向量），向量可以相加，可用實數（純量）乘以向量，並滿足某些公設 (axioms)。[1] 若 **v** 與 **w** 為 V 中的兩個向量，它們的和記做 **v** + **w**，以實數 a 乘以 **v** 記做 a**v**。這兩個運算分別稱為**向量加法 (vector addition)** 與**純量乘法 (scalar multiplication)**，並且滿足下列公設：

向量加法的公設

    $A1$. 若 $\mathbf{u}, \mathbf{v} \in V$，則 $\mathbf{u} + \mathbf{v} \in V$。

    $A2$. 對所有 $\mathbf{u}, \mathbf{v} \in V$，$\mathbf{u} + \mathbf{v} = \mathbf{v} + \mathbf{u}$。

    $A3$. 對所有 $\mathbf{u}, \mathbf{v}, \mathbf{w} \in V$，$\mathbf{u} + (\mathbf{v} + \mathbf{w}) = (\mathbf{u} + \mathbf{v}) + \mathbf{w}$。

    $A4$. 存在 $\mathbf{0} \in V$，使得對所有 $\mathbf{v} \in V$，$\mathbf{v} + \mathbf{0} = \mathbf{v} = \mathbf{0} + \mathbf{v}$。

    $A5$. 對每一個 $\mathbf{v} \in V$，存在 $-\mathbf{v} \in V$ 使得 $-\mathbf{v} + \mathbf{v} = \mathbf{0}$ 且 $\mathbf{v} + (-\mathbf{v}) = \mathbf{0}$。

純量乘法的公設

    $S1$. 若 $\mathbf{v} \in V$ 且 $a \in \mathbb{R}$，則 $a\mathbf{v} \in V$。

    $S2$. 對所有 $\mathbf{v}, \mathbf{w} \in V$ 且 $a \in \mathbb{R}$，$a(\mathbf{v} + \mathbf{w}) = a\mathbf{v} + a\mathbf{w}$。

    $S3$. 對所有 $\mathbf{v} \in V$ 且 $a, b \in \mathbb{R}$，$(a + b)\mathbf{v} = a\mathbf{v} + b\mathbf{v}$。

    $S4$. 對所有 $\mathbf{v} \in V$ 且 $a, b \in \mathbb{R}$，$a(b\mathbf{v}) = (ab)\mathbf{v}$。

    $S5$. 對所有 $\mathbf{v} \in V$，$1\mathbf{v} = \mathbf{v}$。

公設 A1 和 S1 是說，V 在向量加法與純量乘法下是**封閉的 (closed)**。公設 A4 中的元素 **0** 稱為**零向量 (zero vector)**，而公設 A5 中的 $-\mathbf{v}$ 稱為 **v** 的**負值 (negative)**。

將矩陣算術的規則應用於 $\mathbb{R}^n$，可得

> **例 1**
>
> 若使用矩陣加法和純量乘法，則 $\mathbb{R}^n$ 為一個向量空間。[2]

值得注意的是，一般向量空間中，向量不必如 $\mathbb{R}^n$ 具有 n-元組 (n-tuples)，只要加法和純量乘法有定義並滿足上述的公設，它們可以是任何類型的物件。下面的例子說明這個概念的多樣性。

---

[1] 純量通常是實數，亦可為複數，或域 (field) 的元素，其中域為一種代數系統。有理數 $\mathbb{Q}$ 是域的另一個例子。在第 8.7 節對於有限域有簡短描述。

[2] 我們通常將 $\mathbb{R}^n$ 的向量寫成 n 個有序對，然而，為方便起見，我們有時也會將它們寫成列或行。

空間 $\mathbb{R}^n$ 包括特殊類型的矩陣。廣義而言，令 $\mathbf{M}_{mn}$ 表示所有 $m \times n$ 實數矩陣所成的集合，則由第 2.1 節定理 1 可得：

例 2

若使用矩陣加法和純量乘法，則所有 $m \times n$ 矩陣的集合 $\mathbf{M}_{mn}$ 是一個向量空間。此向量空間的零元素就是 $m \times n$ 的零矩陣，此向量空間中元素的負值（公設 A5）則是第 2.1 節所討論的負矩陣。請注意，$\mathbf{M}_{mn}$ 只是 $\mathbb{R}^{mn}$ 的另一種表示法。

在第 5 章，我們確認了許多 $\mathbb{R}^n$ 的重要子空間，例如 im A 和 null A，這些都是向量空間。

例 3

使用 $\mathbb{R}^n$ 的加法與純量乘法，證明 $\mathbb{R}^n$ 的每個子空間都是向量空間。

解：公設 A1 和 S1 為 $\mathbb{R}^n$ 的子空間 U 之兩個定義條件（參閱第 5.1 節）。向量空間的其它 8 個公設皆由 $\mathbb{R}^n$ 繼承而來。例如，若 $\mathbf{x}, \mathbf{y} \in U$ 且 a 為純量，則 $a(\mathbf{x} + \mathbf{y}) = a\mathbf{x} + a\mathbf{y}$，因為 $\mathbf{x}, \mathbf{y} \in \mathbb{R}^n$。此即證明公設 S2 對 U 成立；同理，其它公設對 U 亦成立。

例 4

設 V 為所有的有序對 (x, y) 所成的集合，V 中的加法其定義如 $\mathbb{R}^2$。但是，V 的純量乘法定義如下：

$$a(x, y) = (ay, ax)$$

請判斷具有上述運算的 V 是否為一個向量空間。

解：公設 A1 到 A5 對 V 成立，因為它們對矩陣而言成立。此外 $a(x, y) = (ay, ax)$ 仍屬於 V，故公設 S1 成立。要驗證公設 S2，令 $\mathbf{v} = (x, y)$，$\mathbf{w} = (x_1, y_1)$ 為 V 中的元素，計算

$$a(\mathbf{v} + \mathbf{w}) = a(x + x_1, y + y_1) = (a(y + y_1), a(x + x_1))$$
$$a\mathbf{v} + a\mathbf{w} = (ay, ax) + (ay_1, ax_1) = (ay + ay_1, ax + ax_1)$$

因為兩者相等，公設 S2 成立。同理，讀者可以驗證公設 S3 成立。然而，公設 S4 並不成立，因為

$$a(b(x, y)) = a(by, bx) = (abx, aby)$$

未必等於 $ab(x, y) = (aby, abx)$。因此 V 不是一個向量空間。（事實上，公設 S5 亦不成立。）

多項式的集合是向量空間例子的另一個重要來源，因此，我們回顧一些基本觀念。以 x 為變數的**多項式 (polynomial)** 是指

$$p(x) = a_0 + a_1 x + a_2 x^2 + \cdots + a_n x^n$$

其中 $a_0, a_1, a_2, ..., a_n$ 為實數，稱為多項式的**係數 (coefficients)**。如果所有係數都是零，則此多項式稱為**零多項式 (zero polynomial)**，並且記做 0，若 $p(x) \neq 0$，則係數不為零的 x 最高次方稱為 $p(x)$ 的**次數 (degree)**，記做 $\deg p(x)$。最高次方的係數稱為 $p(x)$ 的**領導係數 (leading coefficient)**。因此 $\deg(3 + 5x) = 1$，$\deg(1 + x + x^2) = 2$，而 $\deg(4) = 0$。（零多項式的次數沒有定義。）

令 **P** 表示所有多項式所成的集合，假設

$$p(x) = a_0 + a_1 x + a_2 x^2 + \cdots$$
$$q(x) = b_0 + b_1 x + b_2 x^2 + \cdots$$

是 **P** 中兩個多項式（次數可能不同），那麼 $p(x)$ 與 $q(x)$ 相等【記做 $p(x) = q(x)$】若且唯若所有對應項的係數都相等，亦即 $a_0 = b_0$，$a_1 = b_1$，$a_2 = b_2$ 等。特別地，$a_0 + a_1 x + a_2 x^2 + \cdots = 0$ 表示 $a_0 = 0, a_1 = 0, a_2 = 0, ...$，這也是稱 x 為**不定元 (indeterminate)** 的原因。在集合 **P** 定義加法和純量乘法如下：若 $p(x)$ 與 $q(x)$ 如前所述，a 為實數，則

$$p(x) + q(x) = (a_0 + b_0) + (a_1 + b_1)x + (a_2 + b_2)x^2 + \cdots$$
$$ap(x) = aa_0 + (aa_1)x + (aa_2)x^2 + \cdots$$

顯然，這些仍然是多項式，其運算稱為**逐點 (pointwise)** 加法和純量乘法，故 **P** 在此運算下具有封閉性。其它向量空間公設很容易驗證。

例 5

在上述加法與純量乘法之下，所有多項式所成的集合 **P** 是一個向量空間。零向量是零多項式，而多項式 $p(x) = a_0 + a_1 x + a_2 x^2 + \cdots$ 的負值為多項式 $-p(x) = -a_0 - a_1 x - a_2 x^2 - \cdots$，即將所有係數取其負值得到的。

稍後是討論另一個有關多項式的向量空間。

例 6

令 $\mathbf{P}_n$（已知 $n \geq 1$）表示次數至多為 n 的多項式以及零多項式所成的集合，亦即

$$\mathbf{P}_n = \{a_0 + a_1 x + a_2 x^2 + \cdots + a_n x^n \mid a_0, a_1, a_2, ..., a_n \in \mathbb{R}\}$$

則 $\mathbf{P}_n$ 是一個向量空間。的確，$\mathbf{P}_n$ 內的多項式加法和純量乘法所得之結果仍然在 $\mathbf{P}_n$ 內，其它向量空間公設則由 **P** 繼承而來。尤其是零向量以及多項式的負值，$\mathbf{P}_n$ 均與多項式 **P** 相同。

若 a、b 為實數且 $a < b$，**區間 (interval)** $[a, b]$ 定義為滿足 $a \leq x \leq b$ 的所有實數 x 所成的集合。定義於 $[a, b]$ 的實值**函數 (function)** f 是一種對應規則，它將 $[a, b]$ 中的每一個數 x 對應到一個實數 $f(x)$。這個規則經常用 $f(x)$ 的式子來表達。例如，$f(x) = 2^x$，$f(x) = \sin x$ 和 $f(x) = x^2 + 1$ 都是熟悉的函數。事實上，每一個多項式 $p(x)$ 都可以看作是函數 p 的公式。

定義在 $[a, b]$ 上的所有函數之集合記做 $\mathbf{F}[a, b]$。設 $f, g \in \mathbf{F}[a, b]$，若對每一個 $x \in [a, b]$，皆有 $f(x) = g(x)$，則稱 f 與 g **相等 (equal)**。對此我們說 f 與 g 有**相同的作用 (same action)**。請注意，$\mathbf{P}$ 中兩個多項式相等若且唯若它們以函數表達時是相等的。

若 f 與 g 為 $\mathbf{F}[a, b]$ 中的兩個函數，r 為一實數，定義加法 $f + g$ 與純量積 rf 如下：

對於每一個 $x \in [a, b]$，$(f + g)(x) = f(x) + g(x)$
對於每一個 $x \in [a, b]$，$(rf)(x) = rf(x)$

換言之，$f + g$ 的作用是將 x 對應於 $f(x) + g(x)$，而 rf 是將 x 對應於 $rf(x)$。右圖中顯示 $f(x) = x^2$ 與 $g(x) = -x$ 的和。在 $\mathbf{F}[a, b]$ 的這些運算稱為函數的**逐點加法和純量乘法 (pointwise addition and scalar multiplication)**，它們是初等代數和微積分中常用的運算。

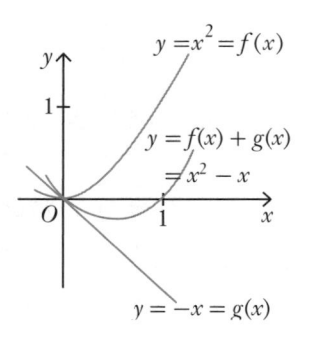

例 7

若使用逐點加法與純量乘法，則定義於區間 $[a, b]$ 的所有函數所成的集合 $\mathbf{F}[a, b]$ 是一個向量空間。零函數（公設 A4）記做 0，是常數函數，其定義為

對於每一個 $x \in [a, b]$，$0(x) = 0$

函數 f 的負值記做 $-f$，定義如下：

對於每一個 $x \in [a, b]$，$(-f)(x) = -f(x)$

公設 A1 和 S1 顯然成立，因為，若 f 與 g 為定義於 $[a, b]$ 的函數，則 $f + g$ 與 rf 也是。其餘公設的驗證留作習題 14。

稍後會談到向量空間的其它例子，但前面的這些例子已足以說明向量空間概念的多樣性。從各種例子，我們驚喜的發現，一個完備的向量空間理論確實存在。也就是說，我們可以證明許多性質對所有向量空間而言都是成立的。這些性質稱為定理，可由公設推導出來。這裡有一個重要的例子。

定理 1

消去律 (Cancellation)

設 **u**、**v**、**w** 為向量空間 V 的向量,若 **v** + **u** = **v** + **w**,則 **u** = **w**。

證明

已知 **v** + **u** = **v** + **w**。如果這些是數而不是向量,我們只要兩邊減去 **v**,就可得到 **u** = **w**。對於向量,我們將兩邊同加上 (−**v**)。步驟(僅使用公設)如下:

$$\mathbf{v} + \mathbf{u} = \mathbf{v} + \mathbf{w}$$
$$-\mathbf{v} + (\mathbf{v} + \mathbf{u}) = -\mathbf{v} + (\mathbf{v} + \mathbf{w}) \quad （公設 A5）$$
$$(-\mathbf{v} + \mathbf{v}) + \mathbf{u} = (-\mathbf{v} + \mathbf{v}) + \mathbf{w} \quad （公設 A3）$$
$$\mathbf{0} + \mathbf{u} = \mathbf{0} + \mathbf{w} \quad （公設 A5）$$
$$\mathbf{u} = \mathbf{w} \quad （公設 A4）$$

此即我們所要的結論。[3]

如同許多好的數學定理,定理 1 的證明技巧至少與定理本身一樣重要,我們的想法是要在向量空間 V 中模仿數值的減法如下:欲從向量的方程式兩邊減去一個向量 **v**,我們將 −**v** 加到兩側。考慮到這一點,我們定義 V 中兩向量的**差 (difference) u − v** 為

$$\mathbf{u} - \mathbf{v} = \mathbf{u} + (-\mathbf{v})$$

我們稱此向量是從 **u 減去 (subtracted) v** 的結果,如同算術一樣,此運算具有下面定理 2 的性質。

定理 2

若 **u**、**v** 為向量空間 V 的向量,則方程式

$$\mathbf{x} + \mathbf{v} = \mathbf{u}$$

在 V 中恰有一解 **x** 如下:

$$\mathbf{x} = \mathbf{u} - \mathbf{v}$$

---

[3] 請注意,此處不需要用到純量乘法公設。

證明

首先證明 $\mathbf{x} = \mathbf{u} - \mathbf{v}$ 確實是方程式的解，因為（利用幾個公設）

$$\mathbf{x} + \mathbf{v} = (\mathbf{u} - \mathbf{v}) + \mathbf{v} = [\mathbf{u} + (-\mathbf{v})] + \mathbf{v} = \mathbf{u} + (-\mathbf{v} + \mathbf{v}) = \mathbf{u} + \mathbf{0} = \mathbf{u}$$

其次證明這是唯一解，設 $\mathbf{x}_1$ 為另一解，使得 $\mathbf{x}_1 + \mathbf{v} = \mathbf{u}$，則 $\mathbf{x} + \mathbf{v} = \mathbf{x}_1 + \mathbf{v}$（兩者皆等於 $\mathbf{u}$），由消去律知 $\mathbf{x} = \mathbf{x}_1$。

同理，由消去律可知，任何向量空間中只有一個零向量而且每個向量只有一個負向量（習題 10 與 11）。

下面定理推導出純量乘法的一些基本性質，這些性質在每一個向量空間都成立，而且以後會廣泛地使用。

定理 3

令 $\mathbf{v}$ 為向量空間 V 的一個向量，a 為一實數，則
1. $0\mathbf{v} = \mathbf{0}$
2. $a\mathbf{0} = \mathbf{0}$
3. 若 $a\mathbf{v} = \mathbf{0}$，則 $a = 0$ 或 $\mathbf{v} = \mathbf{0}$
4. $(-1)\mathbf{v} = -\mathbf{v}$
5. $(-a)\mathbf{v} = -(a\mathbf{v}) = a(-\mathbf{v})$

證明

1. 觀察 $0\mathbf{v} + 0\mathbf{v} = (0 + 0)\mathbf{v} = 0\mathbf{v} = 0\mathbf{v} + \mathbf{0}$，其中第一個等式是由公設 S3。再由消去律得到 $0\mathbf{v} = \mathbf{0}$。

2. 證明與 (1) 類似，留作習題 12(a)。

3. 假設 $a\mathbf{v} = \mathbf{0}$。若 $a \neq 0$，則我們要證明 $\mathbf{v} = \mathbf{0}$。但是 $a \neq 0$ 表示我們可用純量 $\frac{1}{a}$ 乘以 $a\mathbf{v} = \mathbf{0}$，結果〔利用公設 S5、S4 和 (2)〕為

$$\mathbf{v} = 1\mathbf{v} = (\tfrac{1}{a}a)\mathbf{v} = \tfrac{1}{a}(a\mathbf{v}) = \tfrac{1}{a}\mathbf{0} = \mathbf{0}$$

4. 由公設 5 知 $-\mathbf{v} + \mathbf{v} = \mathbf{0}$。另一方面，利用 (1)、公設 S5 和 S3，

$$(-1)\mathbf{v} + \mathbf{v} = (-1)\mathbf{v} + 1\mathbf{v} = (-1 + 1)\mathbf{v} = 0\mathbf{v} = \mathbf{0}$$

因此 $(-1)\mathbf{v} + \mathbf{v} = -\mathbf{v} + \mathbf{v}$（因兩者皆為 $\mathbf{0}$），故由消去律得 $(-1)\mathbf{v} = -\mathbf{v}$。

5. 證明留作習題 12。

我們在矩陣時即已熟悉定理 3 的性質；這裡的要點是，它們對每一個向量空間都成立。

公設 A3 確保 $\mathbf{u} + (\mathbf{v} + \mathbf{w}) = (\mathbf{u} + \mathbf{v}) + \mathbf{w}$ 是相同的，而無論它是如何形成，我們將它寫成 $\mathbf{u} + \mathbf{v} + \mathbf{w}$。同理，也有不同的方式來形成 $\mathbf{v}_1 + \mathbf{v}_2 + \cdots + \mathbf{v}_n$，公設 A3 保證它們都是相等的。此外，由公設 A2 可知，向量在式子中的順序是無關緊要的（例如：$\mathbf{u} + \mathbf{v} + \mathbf{w} + \mathbf{z} = \mathbf{z} + \mathbf{u} + \mathbf{w} + \mathbf{v}$）。

同理，公設 S2 和 S3 也可以推廣。例如，$a(\mathbf{u} + \mathbf{v} + \mathbf{w}) = a\mathbf{u} + a\mathbf{v} + a\mathbf{w}$ 和 $(a + b + c)\mathbf{v} = a\mathbf{v} + b\mathbf{v} + c\mathbf{v}$（驗證）。更廣義地，

$$a(\mathbf{v}_1 + \mathbf{v}_2 + \cdots + \mathbf{v}_n) = a\mathbf{v}_1 + a\mathbf{v}_2 + \cdots + a\mathbf{v}_n$$
$$(a_1 + a_2 + \cdots + a_n)\mathbf{v} = a_1\mathbf{v} + a_2\mathbf{v} + \cdots + a_n\mathbf{v}$$

對於所有 $n \geq 1$，所有數 $a, a_1, \ldots, a_n$ 以及所有向量 $\mathbf{v}, \mathbf{v}_1, \ldots, \mathbf{v}_n$ 皆成立。我們可以用數學歸納法證明，這留給讀者來完成（習題 13）。這些事實——連同公設、定理 3 以及減法的定義——使我們以合併同類項、展開以及提出共同因數來化簡向量的純量倍之和。在第 2.1 節中我們已使用矩陣的向量空間討論過這些（第 4.1 節則是討論幾何向量的情形）；在任意向量空間中都可用同樣的方式操作。以下是一個例子。

例 8

若 $\mathbf{u}$、$\mathbf{v}$、$\mathbf{w}$ 為向量空間 V 的向量，化簡
$$2(\mathbf{u} + 3\mathbf{w}) - 3(2\mathbf{w} - \mathbf{v}) - 3[2(2\mathbf{u} + \mathbf{v} - 4\mathbf{w}) - 4(\mathbf{u} - 2\mathbf{w})]$$

解：我們將 $\mathbf{u}$、$\mathbf{v}$、$\mathbf{w}$ 視為矩陣或變數來進行化簡。
$$2(\mathbf{u} + 3\mathbf{w}) - 3(2\mathbf{w} - \mathbf{v}) - 3[2(2\mathbf{u} + \mathbf{v} - 4\mathbf{w}) - 4(\mathbf{u} - 2\mathbf{w})]$$
$$= 2\mathbf{u} + 6\mathbf{w} - 6\mathbf{w} + 3\mathbf{v} - 3[4\mathbf{u} + 2\mathbf{v} - 8\mathbf{w} - 4\mathbf{u} + 8\mathbf{w}]$$
$$= 2\mathbf{u} + 3\mathbf{v} - 3[2\mathbf{v}]$$
$$= 2\mathbf{u} + 3\mathbf{v} - 6\mathbf{v}$$
$$= 2\mathbf{u} - 3\mathbf{v}$$

定理 3 的條件 (2) 指引出向量空間的另一個例子。

例 9

如果我們定義
$$0 + 0 = 0 \text{ 且 } a0 = 0，a \text{ 為純量}$$
則集合 $\{0\}$ 是一個向量空間。此向量空間稱為**零向量空間 (zero vector space)**，記做 $\{0\}$。

對於 $\{0\}$ 而言，向量空間公設很容易驗證。

習題 6.1

1. 設 V 為有序三元組 (x, y, z) 所成的集合且 V 中的加法定義如 $\mathbb{R}^3$。對於下列各種純量乘法的定義，判斷 V 是否為一個向量空間。
   (a) $a(x, y, z) = (ax, y, az)$
   ◆(b) $a(x, y, z) = (ax, 0, az)$
   (c) $a(x, y, z) = (0, 0, 0)$
   ◆(d) $a(x, y, z) = (2ax, 2ay, 2az)$

2. 下列各集合在所予的運算下是否為一個向量空間？如果不是，為什麼？
   (a) 非負實數集 V；一般加法與純量乘法。
   ◆(b) 所有次數 ≥ 3 的多項式集 V，包括 $\mathbf{0}$；$\mathbf{P}$ 的運算。
   (c) 所有次數 ≤ 3 的多項式之集合；$\mathbf{P}$ 的運算。
   ◆(d) 集合 $\{1, x, x^2, \ldots\}$；$\mathbf{P}$ 的運算。
   (e) 所有形如 $\begin{bmatrix} a & b \\ 0 & c \end{bmatrix}$ 的 2×2 矩陣之集合 V；$\mathbf{M}_{22}$ 的運算。
   ◆(f) 行向量之和相等的 2×2 矩陣所成的集合 V；$\mathbf{M}_{22}$ 的運算。
   (g) 行列式為零的 2×2 矩陣所成的集合 V；一般的矩陣運算。
   ◆(h) 實數集 V；一般的運算。
   (i) 複數集 V；一般的加法與乘以實數的運算。
   ◆(j) 所有的有序對 (x, y) 所成的集合 V；$\mathbb{R}^2$ 的加法，但純量乘法為 $a(x, y) = (ax, -ay)$。
   (k) 所有的有序對 (x, y) 所成的集合 V；$\mathbb{R}^2$ 的加法，但純量乘法為 $a(x, y) = (x, y)$，其中 $a \in \mathbb{R}$。
   ◆(l) 所有的函數 $f: \mathbb{R} \to \mathbb{R}$ 所成的集合 V；逐點加法，純量乘法定義為 $(af)(x) = f(ax)$。
   (m) 元素之和為 0 的所有 2×2 矩陣所成的集合 V；$\mathbf{M}_{22}$ 的運算。
   ◆(n) 所有 2×2 矩陣所成的集合 V；$\mathbf{M}_{22}$ 的加法，但純量乘法 $*$ 定義為 $a * X = aX^T$。

3. 令 V 為正實數集，以一般乘法作為向量加法，而純量乘法定義為 $a \cdot v = v^a$。證明 V 為一個向量空間。

◆4. V 為所有實數序對 (x, y) 所成的集合，若 $(x, y) + (x_1, y_1) = (x + x_1, y + y_1 + 1)$ 且 $a(x, y) = (ax, ay + a - 1)$，證明 V 為一個向量空間。V 中的零向量為何？

5. 求 $\mathbf{x}$、$\mathbf{y}$（用 $\mathbf{u}$ 和 $\mathbf{v}$ 表示）使得：
   (a) $2\mathbf{x} + \mathbf{y} = \mathbf{u}$
       $5\mathbf{x} + 3\mathbf{y} = \mathbf{v}$
   ◆(b) $3\mathbf{x} - 2\mathbf{y} = \mathbf{u}$
       $4\mathbf{x} - 5\mathbf{y} = \mathbf{v}$

6. 下列各題中，證明 V 中的條件 $a\mathbf{u} + b\mathbf{v} + c\mathbf{w} = \mathbf{0}$ 意指 $a = b = c = 0$。
   (a) $V = \mathbb{R}^4$；$\mathbf{u} = (2, 1, 0, 2)$，$\mathbf{v} = (1, 1, -1, 0)$，$\mathbf{w} = (0, 1, 2, 1)$
   ◆(b) $V = \mathbf{M}_{22}$；$\mathbf{u} = \begin{bmatrix} 1 & 0 \\ 0 & 1 \end{bmatrix}$，$\mathbf{v} = \begin{bmatrix} 0 & 1 \\ 1 & 0 \end{bmatrix}$，$\mathbf{w} = \begin{bmatrix} 1 & 1 \\ 1 & -1 \end{bmatrix}$
   (c) $V = \mathbf{P}$；$\mathbf{u} = x^3 + x$，$\mathbf{v} = x^2 + 1$，$\mathbf{w} = x^3 - x^2 + x + 1$
   ◆(d) $V = \mathbf{F}[0, \pi]$；$\mathbf{u} = \sin x$，$\mathbf{v} = \cos x$，$\mathbf{w} = 1$

7. 化簡下列各式：
   (a) $3[2(\mathbf{u} - 2\mathbf{v} - \mathbf{w}) + 3(\mathbf{w} - \mathbf{v})] - 7(\mathbf{u} - 3\mathbf{v} - \mathbf{w})$
   ◆(b) $4(3\mathbf{u} - \mathbf{v} + \mathbf{w}) - 2[(3\mathbf{u} - 2\mathbf{v}) - 3(\mathbf{v} - \mathbf{w})] + 6(\mathbf{w} - \mathbf{u} - \mathbf{v})$

8. 在向量空間 V 中，證明 $\mathbf{x} = \mathbf{v}$ 是方程式 $\mathbf{x} + \mathbf{x} = 2\mathbf{v}$ 的唯一解，並且註明所引用的公設。

9. 在任何向量空間中，證明 $-\mathbf{0} = \mathbf{0}$，並且註明所引用的公設。

◆10. 證明公設 A4 中的零向量 $\mathbf{0}$ 是唯一的。

11. 給予一個向量 $\mathbf{v}$，證明公設 A5 中的負向量 $-\mathbf{v}$ 是唯一的。

12. (a) 證明定理 3 的 (2)。【提示：公設 S2。】
    ◆(b) 證明定理 3 的 $(-a)\mathbf{v} = -(a\mathbf{v})$，先計算 $(-a)\mathbf{v} + a\mathbf{v}$，然後利用定理 3 的 (4) 與公設 S4。
    (c) 如同 (b)，以兩種方法證明定理 3 的 $a(-\mathbf{v}) = -(a\mathbf{v})$。

13. 令 $\mathbf{v}, \mathbf{v}_1, ..., \mathbf{v}_n$ 為向量空間 V 的向量，$a, a_1, ..., a_n$ 為數。對 n 做歸納法，證明：
    (a) $a(\mathbf{v}_1 + \mathbf{v}_2 + \cdots + \mathbf{v}_n) = a\mathbf{v}_1 + a\mathbf{v}_2 + \cdots + a\mathbf{v}_n$
    ◆(b) $(a_1 + a_2 + \cdots + a_n)\mathbf{v} = a_1\mathbf{v} + a_2\mathbf{v} + \cdots + a_n\mathbf{v}$

14. 對 $[a, b]$ 上的函數空間 $\mathbf{F}[a, b]$（例 7），驗證公設 A2—A5 和 S2—S5。

15. 對於向量 $\mathbf{u}$ 與 $\mathbf{v}$，純量 a 與 b，證明：
    (a) 若 $a\mathbf{v} = \mathbf{0}$，則 $a = 0$ 或 $\mathbf{v} = \mathbf{0}$
    (b) 若 $a\mathbf{v} = b\mathbf{v}$ 且 $\mathbf{v} \neq \mathbf{0}$，則 $a = b$
    ◆(c) 若 $a\mathbf{v} = a\mathbf{w}$ 且 $a \neq 0$，則 $\mathbf{v} = \mathbf{w}$

16. 用兩種方法（利用公設 S2 和 S3）計算 $(1 + 1)(\mathbf{v} + \mathbf{w})$，以此證明由其它公設可得公設 A2。

17. 令 V 為一個向量空間，定義 V^n 為所有 n 元組 $(\mathbf{v}_1, \mathbf{v}_2, ..., \mathbf{v}_n)$ 所成的集合，每個向量 $\mathbf{v}_i \in V$。在 V^n 定義加法與純量乘法如下：
$$(\mathbf{u}_1, \mathbf{u}_2, ..., \mathbf{u}_n) + (\mathbf{v}_1, \mathbf{v}_2, ..., \mathbf{v}_n)$$
$$= (\mathbf{u}_1 + \mathbf{v}_1, \mathbf{u}_2 + \mathbf{v}_2, ..., \mathbf{u}_n + \mathbf{v}_n)$$
$$a(\mathbf{v}_1, \mathbf{v}_2, ..., \mathbf{v}_n) = (a\mathbf{v}_1, a\mathbf{v}_2, ..., a\mathbf{v}_n)$$
證明 V^n 為一個向量空間。

18. 令 V^n 為 n 元組的向量空間，其元素寫成行向量。若 A 為 $m \times n$ 矩陣，$X \in V^n$，用矩陣乘法定義 $AX \in V^m$，更明確地說，若
$$A = [a_{ij}] \text{ 且 } X = \begin{bmatrix} \mathbf{v}_1 \\ \vdots \\ \mathbf{v}_n \end{bmatrix}, \text{令 } AX = \begin{bmatrix} \mathbf{u}_1 \\ \vdots \\ \mathbf{u}_n \end{bmatrix}$$
其中對每一個 i 而言，
$$\mathbf{u}_i = a_{i1}\mathbf{v}_1 + a_{i2}\mathbf{v}_2 + \cdots + a_{in}\mathbf{v}_n$$
證明：
(a) $B(AX) = (BA)X$
(b) $(A + A_1)X = AX + A_1X$
(c) $A(X + X_1) = AX + AX_1$
(d) 若 k 為任意數，則 $(kA)X = k(AX) = A(kX)$。
(e) 若 I 為 $n \times n$ 單位矩陣，則 $IX = X$。
(f) 令 E 為對 I_n 的列做列運算所得的基本矩陣（見第 2.5 節）。證明對 X 做相同的列運算可得 EX。【提示：第 2.5 節引理 1。】

6.2 節　子空間與生成集

定義 6.2

V 為一向量空間，非空子集 $U \subseteq V$，若使用 V 的加法和純量乘法，U 本身為一向量空間，則稱 U 為 V 的**子空間** (subspace)。

$\mathbb{R}^n$ 的子空間（如第 5.1 節的定義）可由目前的定義，亦即第 6.1 節例 3 得知為子空間，此外對於 $\mathbb{R}^n$ 的子空間所定義的性質，確實足以描述一般子空間的特性。

定理 1

子空間的檢驗 (Subspace Test)

向量空間的子集 U 是 V 的子空間若且唯若它滿足下列三個條件：

1. $\mathbf{0} \in U$，其中 $\mathbf{0}$ 為 V 的零向量。
2. 若 $\mathbf{u}_1, \mathbf{u}_2 \in U$，則 $\mathbf{u}_1 + \mathbf{u}_2 \in U$。
3. 若 $\mathbf{u} \in U$，則 $a\mathbf{u} \in U$，其中 a 為純量。

證明

若 U 是 V 的子空間，分別應用公設 A1 和 S1 於向量空間 U，則 (2) 和 (3) 成立。由於 U 為非空集合（它是一個向量空間），取 $\mathbf{u} \in U$，則由 (3) 以及第 6.1 節定理 3 知 $\mathbf{0} = 0\mathbf{u} \in U$，因此 (1) 成立。

反之，若 (1)、(2)、(3) 成立，則公設 A1 和 S1 成立，因為 (2) 和 (3)。公設 A2、A3、S2、S3、S4 和 S5 在 U 中成立，因為它們在 V 中成立。公設 A4 成立，因為由 (1) 可知 V 的零向量 $\mathbf{0}$ 實際上也在 U 中，因此可作為 U 的零向量。最後，若 $\mathbf{u} \in U$，則由 (3) 知 $-\mathbf{u} \in V$，因為 $-\mathbf{u} = (-1)\mathbf{u}$（利用第 6.1 節定理 3）。因此 $-\mathbf{u}$ 可作為 $\mathbf{u}$ 在 U 的負向量。

請注意，定理 1 的證明顯示若 U 為 V 的子空間，則 U 和 V 共用相同的零向量，U 中的負向量也與 V 中相同。

例 1

若 V 為任意向量空間，證明 $\{\mathbf{0}\}$ 和 V 是 V 的子空間。

解：$U = V$ 顯然滿足檢驗的條件。至於 $U = \{\mathbf{0}\}$，也滿足條件，因為 $\mathbf{0} + \mathbf{0} = \mathbf{0}$ 且 $a\mathbf{0} = \mathbf{0}$，$a \in \mathbb{R}$。

向量空間 $\{\mathbf{0}\}$ 稱為 V 的**零子空間** (zero subspace)。

例 2

令 $\mathbf{v}$ 為向量空間 V 的一個向量。證明 $\mathbf{v}$ 的所有純量倍所成的集合
$$\mathbb{R}\mathbf{v} = \{a\mathbf{v} \mid a \in \mathbb{R}\}$$
為 V 的子空間。

解：因為 $\mathbf{0} = 0\mathbf{v}$，顯然 $\mathbf{0} \in \mathbb{R}\mathbf{v}$。已知兩個向量 $a\mathbf{v}, a_1\mathbf{v} \in \mathbb{R}\mathbf{v}$，其和 $a\mathbf{v} + a_1\mathbf{v} = (a + a_1)\mathbf{v}$ 也是 $\mathbf{v}$ 的倍數，所以屬於 $\mathbb{R}\mathbf{v}$。因此 $\mathbb{R}\mathbf{v}$ 在加法之下是封閉的。最後，已知 $a\mathbf{v}$，$r(a\mathbf{v}) = (ra)\mathbf{v}$ 屬於 $\mathbb{R}\mathbf{v}$，其中 $r \in \mathbb{R}$，故 $\mathbb{R}\mathbf{v}$ 在純量乘法之下為封閉，因此 $\mathbb{R}\mathbf{v}$ 為 V 的子空間。

特別地，在 $\mathbb{R}^3$ 中已知 $\mathbf{d} \neq \mathbf{0}$，$\mathbb{R}\mathbf{d}$ 為通過原點且方向向量為 $\mathbf{d}$ 的直線。

在例 2 裡，我們是以形式 (form) 來描述集合 $\mathbb{R}\mathbf{v}$。下面的例子，則是以 U 的每一個矩陣必須滿足所予條件 (condition) 來描述空間 $\mathbf{M}_{nn}$ 的子集 U。

例 3

設 A 是 $\mathbf{M}_{nn}$ 的固定矩陣。證明 $U = \{X \in \mathbf{M}_{nn} \mid AX = XA\}$ 是 $\mathbf{M}_{nn}$ 的子空間。

解：若 0 為 $n \times n$ 零矩陣，則 $A0 = 0A$，故 $0 \in U$。其次假設 $X, X_1 \in U$，則有 $AX = XA$，$AX_1 = X_1A$，而對所有實數 a，有
$$A(X + X_1) = AX + AX_1 = XA + X_1A = (X + X_1)A$$
$$A(aX) = a(AX) = a(XA) = (aX)A$$
故 $X + X_1, aX \in U$。因此 U 為 $\mathbf{M}_{nn}$ 的子空間。

假設 $p(x)$ 為一個多項式，a 為一實數，則 $p(a)$ 是將 $p(x)$ 中的 x 以 a 取代，$p(a)$ 稱為 $p(x)$ 在 a **計值** (evaluation)。例如，若 $p(x) = 5 - 6x + 2x^2$，則 $p(x)$ 在 $a = 2$ 的值為 $p(2) = 5 - 12 + 8 = 1$。若 $p(a) = 0$，則 a 稱為 $p(x) = 0$ 的**根** (root)。

例 4

考慮 $\mathbf{P}$ 中所有多項式 $p(x)$ 所成的集合 U，其中 3 為 $p(x) = 0$ 的一根，
$$U = \{p(x) \in \mathbf{P} \mid p(3) = 0\}$$
證明 U 是 $\mathbf{P}$ 的子空間。

解：顯然，零多項式屬於 U。令 $p(x), q(x) \in U$，則 $p(3) = 0$，$q(3) = 0$。因為 $(p+q)(x) = p(x) + q(x)$，所以 $(p+q)(3) = p(3) + q(3) = 0 + 0 = 0$，因此 U 有加法封閉性。同理可證，U 有純量乘法封閉性。

回顧一下，空間 $\mathbf{P}_n$ 由形如

$$a_0 + a_1 x + a_2 x^2 + \cdots + a_n x^n$$

的多項式組成，其中 $a_0, a_1, a_2, \ldots, a_n$ 為實數，故在 $\mathbf{P}$ 的加法與純量乘法之下 $\mathbf{P}_n$ 為封閉。此外，$\mathbf{P}_n$ 包含零多項式，因此 $\mathbf{P}_n$ 為 $\mathbf{P}$ 的子空間，此即例 5 中所述。

例 5

對每一個 $n \geq 0$，$\mathbf{P}_n$ 為 $\mathbf{P}$ 的子空間。

在下一個例子中會涉及到函數 f 的導數 f' 之概念（如果讀者不熟悉微積分，可略過此例）。函數 f 定義於區間 $[a, b]$，若對 $[a, b]$ 中的每一個 r 而言，導數 $f'(r)$ 存在，則稱 f 為**可微 (differentiable)**。

例 6

若 $\mathbf{D}[a, b]$ 為定義於 $[a, b]$ 的所有**可微函數 (differentiable functions)** 所成的集合，$\mathbf{F}[a, b]$ 為定義於 $[a, b]$ 的所有函數所成的向量空間，證明 $\mathbf{D}[a, b]$ 為 $\mathbf{F}[a, b]$ 的子空間。

解：任何常數函數的導數是常數函數 0；特別地，0 本身也是可微，因此 $0 \in \mathbf{D}[a, b]$。若 $f, g \in \mathbf{D}[a, b]$（因此 f'、g' 存在）。由微積分的定理知，$f + g$ 與 af 均可微【事實上，$(f+g)' = f' + g'$ 且 $(af)' = af'$】，故兩者皆屬於 $\mathbf{D}[a, b]$。此即證明了 $\mathbf{D}[a, b]$ 為 $\mathbf{F}[a, b]$ 的一個子空間。

線性組合和生成集

定義 6.3

設 $\{\mathbf{v}_1, \mathbf{v}_2, \ldots, \mathbf{v}_n\}$ 為向量空間 V 的一個向量集合。如同 $\mathbb{R}^n$ 的情形，若一個向量 $\mathbf{v}$ 可以表成

$$\mathbf{v} = a_1 \mathbf{v}_1 + a_2 \mathbf{v}_2 + \cdots + a_n \mathbf{v}_n$$

則稱 $\mathbf{v}$ 為 $\mathbf{v}_1, \mathbf{v}_2, \ldots, \mathbf{v}_n$ 的**線性組合 (linear combination)**，其中純量 $a_1, a_2, \ldots, a_n$ 稱為 $\mathbf{v}_1, \mathbf{v}_2, \ldots, \mathbf{v}_n$ 的**係數 (coefficients)**。這些向量的所有線性組合所成的集合稱為它們的**生成 (span)**，記做

$$\text{span}\{\mathbf{v}_1, \mathbf{v}_2, \ldots, \mathbf{v}_n\} = \{a_1 \mathbf{v}_1 + a_2 \mathbf{v}_2 + \cdots + a_n \mathbf{v}_n \mid a_i \in \mathbb{R}\}$$

如果 $V = \text{span}\{\mathbf{v}_1, \mathbf{v}_2, ..., \mathbf{v}_n\}$，則這些向量稱為 V 的**生成集 (spanning set)**。例如，兩向量 $\mathbf{v}$ 和 $\mathbf{w}$ 的生成是集合

$$\text{span}\{\mathbf{v}, \mathbf{w}\} = \{s\mathbf{v} + t\mathbf{w} \mid s, t \in \mathbb{R}\}$$

即 $\mathbf{v}$、$\mathbf{w}$ 的純量倍之和。

● 例 7

考慮 $\mathbf{P}_2$ 中之向量 $p_1 = 1 + x + 4x^2$ 與 $p_2 = 1 + 5x + x^2$。判斷 p_1 與 p_2 是否屬於 $\text{span}\{1 + 2x - x^2, 3 + 5x + 2x^2\}$？

解：對於 p_1，我們要決定是否存在 s、t 使得

$$p_1 = s(1 + 2x - x^2) + t(3 + 5x + 2x^2)$$

比較係數可得

$$1 = s + 3t，1 = 2s + 5t，4 = -s + 2t$$

這些方程式有解 $s = -2$，$t = 1$，故 p_1 的確屬於 $\text{span}\{1 + 2x - x^2, 3 + 5x + 2x^2\}$。

至於 $p_2 = 1 + 5x + x^2$，欲求 s、t 使得 $p_2 = s(1 + 2x - x^2) + t(3 + 5x + 2x^2)$。比較係數得到 $1 = s + 3t$，$5 = 2s + 5t$，$1 = -s + 2t$，但此方程組無解，故 p_2 不屬於 $\text{span}\{1 + 2x - x^2, 3 + 5x + 2x^2\}$。

我們在第 5.1 節例 6 中得知 $\mathbb{R}^m = \text{span}\{\mathbf{e}_1, \mathbf{e}_2, ..., \mathbf{e}_m\}$，其中向量 $\mathbf{e}_1, \mathbf{e}_2, ..., \mathbf{e}_m$ 為 $m \times m$ 單位矩陣的行。當然 $\mathbb{R}^m = \mathbf{M}_{m1}$ 是所有 $m \times 1$ 矩陣所成之集合，而每個空間 $\mathbf{M}_{mn}$ 都有類似的生成集。例如，每一個 2×2 矩陣可寫成如下的形式

$$\begin{bmatrix} a & b \\ c & d \end{bmatrix} = a\begin{bmatrix} 1 & 0 \\ 0 & 0 \end{bmatrix} + b\begin{bmatrix} 0 & 1 \\ 0 & 0 \end{bmatrix} + c\begin{bmatrix} 0 & 0 \\ 1 & 0 \end{bmatrix} + d\begin{bmatrix} 0 & 0 \\ 0 & 1 \end{bmatrix}$$

因此

$$\mathbf{M}_{22} = \text{span}\left\{\begin{bmatrix} 1 & 0 \\ 0 & 0 \end{bmatrix}, \begin{bmatrix} 0 & 1 \\ 0 & 0 \end{bmatrix}, \begin{bmatrix} 0 & 0 \\ 1 & 0 \end{bmatrix}, \begin{bmatrix} 0 & 0 \\ 0 & 1 \end{bmatrix}\right\}$$

同理可得

● 例 8

大小為 $m \times n$ 的矩陣，若矩陣內的元素恰有一個 1 而其它元素為 0，則 $\mathbf{M}_{mn}$ 是所有這些 $m \times n$ 矩陣所成之集合的生成。

$\mathbf{P}_n$ 中的每一個多項式都可寫成 $a_0 + a_1 x + a_2 x^2 + ... + a_n x^n$ 之形式，其中 $a_i \in \mathbb{R}$，此即證明了下面例子中所述

例 9

$\mathbf{P}_n = \text{span}\{1, x, x^2, ..., x^n\}$。

由例 2 可知，$\text{span}\{\mathbf{v}\} = \{a\mathbf{v} \mid a \in \mathbb{R}\} = \mathbb{R}\mathbf{v}$ 為向量空間 V 的子空間，其中 $\mathbf{v}$ 為 V 中的任意向量。一般而言，任何向量集的生成是一個子空間。事實上，第 5.1 節定理 1 的證明足以證明下面的定理。

定理 2

令 U 在向量空間 V 中，且 $U = \text{span}\{\mathbf{v}_1, \mathbf{v}_2, ..., \mathbf{v}_n\}$，則：

1. U 為 V 的子空間。
2. U 為包含 $\mathbf{v}_1, \mathbf{v}_2, ..., \mathbf{v}_n$ 的最小子空間，亦即，V 的任何子空間若包含 $\mathbf{v}_1, \mathbf{v}_2, ..., \mathbf{v}_n$ 則必包含 U。

定理 2 經常用於決定生成集，如下面的例子所示。

例 10

證明 $\mathbf{P}_3 = \text{span}\{x^2 + x^3, x, 2x^2 + 1, 3\}$。

解：令 $U = \text{span}\{x^2 + x^3, x, 2x^2 + 1, 3\}$，則 $U \subseteq \mathbf{P}_3$，然後利用 $\mathbf{P}_3 = \text{span}\{1, x, x^2, x^3\}$ 的事實證明 $\mathbf{P}_3 \subseteq U$。事實上，x 和 $1 = \frac{1}{3} \cdot 3$ 顯然屬於 U，接著，

$$x^2 = \frac{1}{2}[(2x^2 + 1) - 1]，x^3 = (x^2 + x^3) - x^2$$

亦屬於 U。因此由定理 2 得知 $\mathbf{P}_3 \subseteq U$。

例 11

設 $\mathbf{u}$、$\mathbf{v}$ 為向量空間 V 中的兩個向量。證明

$$\text{span}\{\mathbf{u}, \mathbf{v}\} = \text{span}\{\mathbf{u} + 2\mathbf{v}, \mathbf{u} - \mathbf{v}\}$$

解：因為 $\mathbf{u} + 2\mathbf{v}$ 和 $\mathbf{u} - \mathbf{v}$ 均屬於 $\text{span}\{\mathbf{u}, \mathbf{v}\}$，故由定理 2 知 $\text{span}\{\mathbf{u} + 2\mathbf{v}, \mathbf{u} - \mathbf{v}\} \subseteq \text{span}\{\mathbf{u}, \mathbf{v}\}$。另一方面，

$$\mathbf{u} = \frac{1}{3}(\mathbf{u} + 2\mathbf{v}) + \frac{2}{3}(\mathbf{u} - \mathbf{v})，\mathbf{v} = \frac{1}{3}(\mathbf{u} + 2\mathbf{v}) - \frac{1}{3}(\mathbf{u} - \mathbf{v})$$

故由定理 2 得知 $\text{span}\{\mathbf{u}, \mathbf{v}\} \subseteq \text{span}\{\mathbf{u} + 2\mathbf{v}, \mathbf{u} - \mathbf{v}\}$。

習題 6.2

1. 下列何者是 $\mathbf{P}_3$ 的子空間？請說明理由。
   (a) $U = \{f(x) \mid f(x) \in \mathbf{P}_3, f(2) = 1\}$
   ◆(b) $U = \{xg(x) \mid g(x) \in \mathbf{P}_2\}$
   (c) $U = \{xg(x) \mid g(x) \in \mathbf{P}_3\}$
   ◆(d) $U = \{xg(x) + (1-x)h(x) \mid g(x), h(x) \in \mathbf{P}_2\}$
   (e) $U = \mathbf{P}_3$ 中所有多項式的集合，其中常數項等於 0。
   ◆(f) $U = \{f(x) \mid f(x) \in \mathbf{P}_3, \deg f(x) = 3\}$

2. 下列何者是 $\mathbf{M}_{22}$ 的子空間？請說明理由。
   (a) $U = \left\{ \begin{bmatrix} a & b \\ 0 & c \end{bmatrix} \Big| a, b, c \in \mathbb{R} \right\}$
   ◆(b) $U = \left\{ \begin{bmatrix} a & b \\ c & d \end{bmatrix} \Big| a+b=c+d; a,b,c,d \in \mathbb{R} \right\}$
   (c) $U = \{A \mid A \in \mathbf{M}_{22}, A = A^T\}$
   ◆(d) $U = \{A \mid A \in \mathbf{M}_{22}, AB = 0\}$，$B$ 為固定的 2×2 矩陣
   (e) $U = \{A \mid A \in \mathbf{M}_{22}, A^2 = A\}$
   ◆(f) $U = \{A \mid A \in \mathbf{M}_{22}, A \text{ 不可逆}\}$
   (g) $U = \{A \mid A \in \mathbf{M}_{22}, BAC = CAB\}$，$B$ 與 C 為固定的 2×2 矩陣

3. 下列何者是 $\mathbf{F}[0, 1]$ 的子空間？請說明理由。
   (a) $U = \{f \mid f(0) = 0\}$
   ◆(b) $U = \{f \mid f(0) = 1\}$
   (c) $U = \{f \mid f(0) = f(1)\}$
   ◆(d) $U = \{f \mid f(x) \geq 0, \forall x \in [0, 1]\}$
   (e) $U = \{f \mid f(x) = f(y), \forall x, y \in [0, 1]\}$
   ◆(f) $U = \{f \mid f(x+y) = f(x) + f(y), \forall x, y \in [0, 1]\}$
   (g) $U = \{f \mid f \text{ 可積且 } \int_0^1 f(x)dx = 0\}$

4. 設 A 為 $m \times n$ 矩陣。$\mathbb{R}^m$ 中的哪些行向量 $\mathbf{b}$ 可使 $U = \{\mathbf{x} \mid \mathbf{x} \in \mathbb{R}^n, A\mathbf{x} = \mathbf{b}\}$ 成為 $\mathbb{R}^n$ 的子空間？請說明理由。

5. 設 $\mathbf{x}$ 為 $\mathbb{R}^n$ 中的向量（寫成行向量）。定義 $U = \{A\mathbf{x} \mid A \in \mathbf{M}_{mn}\}$
   (a) 證明 U 為 $\mathbb{R}^m$ 的子空間。
   ◆(b) 若 $\mathbf{x} \neq \mathbf{0}$，證明 $U = \mathbb{R}^m$。

6. 將下列多項式寫成 $x+1$，x^2+x，x^2+2 的線性組合。
   (a) $x^2 + 3x + 2$ ◆(b) $2x^2 - 3x + 1$
   (c) $x^2 + 1$ ◆(d) x

7. 下列各題中，判斷 $\mathbf{v}$ 是否屬於 span$\{\mathbf{u}, \mathbf{w}\}$。
   (a) $\mathbf{v} = 3x^2 - 2x - 1$；$\mathbf{u} = x^2 + 1$，$\mathbf{w} = x + 2$
   ◆(b) $\mathbf{v} = x$；$\mathbf{u} = x^2 + 1$，$\mathbf{w} = x + 2$
   (c) $\mathbf{v} = \begin{bmatrix} 1 & 3 \\ -1 & 1 \end{bmatrix}$；$\mathbf{u} = \begin{bmatrix} 1 & -1 \\ 2 & 1 \end{bmatrix}$，$\mathbf{w} = \begin{bmatrix} 2 & 1 \\ 1 & 0 \end{bmatrix}$
   ◆(d) $\mathbf{v} = \begin{bmatrix} 1 & -4 \\ 5 & 3 \end{bmatrix}$；$\mathbf{u} = \begin{bmatrix} 1 & -1 \\ 2 & 1 \end{bmatrix}$，$\mathbf{w} = \begin{bmatrix} 2 & 1 \\ 1 & 0 \end{bmatrix}$

8. 下列函數何者屬於 span$\{\cos^2 x, \sin^2 x\}$？（只考慮 $\mathbf{F}[0, \pi]$。）
   (a) $\cos 2x$ ◆(b) 1
   (c) x^2 ◆(d) $1 + x^2$

9. (a) 證明 $\mathbb{R}^3 = \text{span}\{(1, 0, 1), (1, 1, 0), (0, 1, 1)\}$。
   ◆(b) 證明 $\mathbf{P}_2 = \text{span}\{1 + 2x^2, 3x, 1 + x\}$。
   (c) 證明
   $$\mathbf{M}_{22} = \text{span}\left\{ \begin{bmatrix} 1 & 0 \\ 0 & 0 \end{bmatrix}, \begin{bmatrix} 1 & 0 \\ 0 & 1 \end{bmatrix}, \begin{bmatrix} 0 & 1 \\ 1 & 0 \end{bmatrix}, \begin{bmatrix} 1 & 1 \\ 0 & 1 \end{bmatrix} \right\}$$

10. X、Y 為向量空間 V 中的兩個向量集合，若 $X \subseteq Y$，證明 span $X \subseteq$ span Y。

11. $\mathbf{u}$、$\mathbf{v}$、$\mathbf{w}$ 為向量空間 V 中的向量。證明：

    (a) span$\{\mathbf{u}, \mathbf{v}, \mathbf{w}\}$
    $=$ span$\{\mathbf{u}+\mathbf{v}, \mathbf{u}+\mathbf{w}, \mathbf{v}+\mathbf{w}\}$

    ◆(b) span$\{\mathbf{u}, \mathbf{v}, \mathbf{w}\}=$ span$\{\mathbf{u}-\mathbf{v}, \mathbf{u}+\mathbf{w}, \mathbf{w}\}$

12. 對任意向量集 $\{\mathbf{v}_1, \mathbf{v}_2, ..., \mathbf{v}_n\}$，證明
    span$\{\mathbf{v}_1, \mathbf{v}_2, ..., \mathbf{v}_n, \mathbf{0}\}$
    $=$ span$\{\mathbf{v}_1, \mathbf{v}_2, ..., \mathbf{v}_n\}$。

13. 若 X、Y 為向量空間 V 中的兩個非空子集使得 span $X =$ span $Y = V$，則 X、Y 是否有共同向量？請說明理由。

◆14. $\{(1, 2, 0), (1, 1, 1)\}$ 可以生成子空間 $U = \{(a, b, 0) \mid a, b \in \mathbb{R}\}$ 嗎？

15. 描述 span$\{\mathbf{0}\}$。

16. 設 $\mathbf{v}$ 為向量空間 V 中的任意向量，證明 span$\{\mathbf{v}\}=$ span$\{a\mathbf{v}\}$，其中 $a \neq 0$。

17. 求 $\mathbb{R}\mathbf{v}$ 的所有子空間，其中 $\mathbf{v} \neq \mathbf{0}$ 為向量空間 V 中的向量。

◆18. 設 $V =$ span$\{\mathbf{v}_1, \mathbf{v}_2, ..., \mathbf{v}_n\}$。若
    $\mathbf{u} = a_1\mathbf{v}_1 + a_2\mathbf{v}_2 + \cdots + a_n\mathbf{v}_n$，其中 $a_i \in \mathbb{R}$，$a_1 \neq 0$，證明
    $V =$ span$\{\mathbf{u}, \mathbf{v}_2, ..., \mathbf{v}_n\}$。

19. 若 $\mathbf{M}_{nn} =$ span$\{A_1, A_2, ..., A_k\}$，證明 $\mathbf{M}_{nn} =$ span$\{A_1^T, A_2^T, ..., A_k^T\}$。

20. 若 $\mathbf{P}_n =$ span$\{p_1(x), p_2(x), ..., p_k(x)\}$ 且 $a \in \mathbb{R}$，證明，對某些 i 而言，$p_i(a) \neq 0$。

21. 令 U 為向量空間 V 的子空間。

    (a) 若 $a\mathbf{u} \in U$，其中 $a \neq 0$，證明 $\mathbf{u} \in U$。

    ◆(b) 若 $\mathbf{u}$ 與 $\mathbf{u} + \mathbf{v}$ 皆屬於 U，證明 $\mathbf{v} \in U$。

◆22. 令 U 為向量空間 V 的非空子集。證明 U 為 V 的子空間若且唯若 $\mathbf{u}_1 + a\mathbf{u}_2 \in U$，其中 $\mathbf{u}_1, \mathbf{u}_2 \in U$ 且 $a \in \mathbb{R}$。

23. 設 $U = \{p(x) \in \mathbf{P} \mid p(3) = 0\}$，即例 4 中的集合，利用因式定理（見第 6.5 節）證明 U 是由 $x - 3$ 的倍數所成的集合；亦即，證明 $U = \{(x-3)q(x) \mid q(x) \in \mathbf{P}\}$，利用此結果證明 U 為 $\mathbf{P}$ 的子空間。

24. 設 $A_1, A_2, ..., A_m$ 為 $n \times n$ 矩陣。若 $\mathbf{y}$ 為 $\mathbb{R}^n$ 中的非零行向量，且 $A_1\mathbf{y} = A_2\mathbf{y} = \cdots = A_m\mathbf{y} = \mathbf{0}$，證明 $\{A_1, A_2, ..., A_m\}$ 不能生成 $\mathbf{M}_{nn}$。

25. 設 $\{\mathbf{v}_1, \mathbf{v}_2, ..., \mathbf{v}_n\}$ 與 $\{\mathbf{u}_1, \mathbf{u}_2, ..., \mathbf{u}_n\}$ 為向量空間中的集合，令

    $$X = \begin{bmatrix} \mathbf{v}_1 \\ \vdots \\ \mathbf{v}_n \end{bmatrix} \quad Y = \begin{bmatrix} \mathbf{u}_1 \\ \vdots \\ \mathbf{u}_n \end{bmatrix}$$

    如第 6.1 節習題 18。

    (a) 證明 span$\{\mathbf{v}_1, ..., \mathbf{v}_n\} \subseteq$ span$\{\mathbf{u}_1, ..., \mathbf{u}_n\}$ 若且唯若對於某些 $n \times n$ 矩陣 A 而言，$AY = X$ 恆成立。

    (b) 若 $X = AY$，其中 A 為可逆，證明 span$\{\mathbf{v}_1, ..., \mathbf{v}_n\} =$ span$\{\mathbf{u}_1, ..., \mathbf{u}_n\}$

26. 若 U、W 為向量空間 V 的子空間，令 $U \cup W = \{\mathbf{v} \mid \mathbf{v} \in U \text{ 或 } \mathbf{v} \in W\}$。證明 $U \cup W$ 為子空間若且唯若 $U \subseteq W$ 或 $W \subseteq U$。

27. 證明 $\mathbf{P}$ 不可能由有限個多項式生成。

6.3 節　線性獨立與維數

定義 6.4

向量空間 V 中的一組向量 $\{\mathbf{v}_1, \mathbf{v}_2, ..., \mathbf{v}_n\}$ 稱為**線性獨立 (linearly independent)**，如果它滿足以下條件：

若 $s_1\mathbf{v}_1 + s_2\mathbf{v}_2 + \cdots + s_n\mathbf{v}_n = \mathbf{0}$，則 $s_1 = s_2 = \cdots = s_n = 0$

若一組向量不是線性獨立就叫做**線性相依 (linearly dependent)**。

向量 $\mathbf{v}_1, \mathbf{v}_2, ..., \mathbf{v}_n$ 的**當然線性組合 (trivial linear combination)** 是指係數皆為零的組合：

$$0\mathbf{v}_1 + 0\mathbf{v}_2 + \cdots + 0\mathbf{v}_n$$

這顯然是一種以向量 $\mathbf{v}_1, \mathbf{v}_2, ..., \mathbf{v}_n$ 的線性組合來表達 **0** 的方式，如果這是唯一的表示法，則 $\{\mathbf{v}_1, \mathbf{v}_2, ..., \mathbf{v}_n\}$ 為線性獨立。

例 1

證明 $\{1 + x, 3x + x^2, 2 + x - x^2\}$ 在 $\mathbf{P}_2$ 中是線性獨立。

解： 假設這些多項式的線性組合等於 0：

$$s_1(1 + x) + s_2(3x + x^2) + s_3(2 + x - x^2) = 0$$

將 1、x、x^2 的係數合併，可得線性方程組：

$$\begin{aligned} s_1 \quad\quad + 2s_3 &= 0 \\ s_1 + 3s_2 + s_3 &= 0 \\ s_2 - s_3 &= 0 \end{aligned}$$

唯一的解是 $s_1 = s_2 = s_3 = 0$。

例 2

$\mathbf{F}[0, 2\pi]$ 是定義於 $[0, 2\pi]$ 之函數所成的向量空間。證明 $\{\sin x, \cos x\}$ 在 $\mathbf{F}[0, 2\pi]$ 是線性獨立。

解： 假設這些函數的線性組合等於 0：

$$s_1(\sin x) + s_2(\cos x) = 0$$

這必須對所有在 $[0, 2\pi]$ 中的 x 都成立。令 $x = 0$，得到 $s_2 = 0$。令 $x = \frac{\pi}{2}$，可得 $s_1 = 0$，因此，$\sin x$ 與 $\cos x$ 為線性獨立。

例 3

設 $\{\mathbf{u}, \mathbf{v}\}$ 為向量空間 V 中的一個線性獨立集。證明 $\{\mathbf{u} + 2\mathbf{v}, \mathbf{u} - 3\mathbf{v}\}$ 也是線性獨立。

解：假設 $\mathbf{u} + 2\mathbf{v}$ 與 $\mathbf{u} - 3\mathbf{v}$ 的線性組合等於 $\mathbf{0}$：

$$s(\mathbf{u} + 2\mathbf{v}) + t(\mathbf{u} - 3\mathbf{v}) = \mathbf{0}$$

我們要導出 $s = t = 0$。合併含 $\mathbf{u}$ 和 $\mathbf{v}$ 的項，可得

$$(s + t)\mathbf{u} + (2s - 3t)\mathbf{v} = \mathbf{0}$$

因 $\{\mathbf{u}, \mathbf{v}\}$ 為線性獨立，這就產生線性方程組 $s + t = 0$ 和 $2s - 3t = 0$，唯一的解是 $s = t = 0$。

例 4

證明次數不同的多項式集為線性獨立。

解：令 $p_1, p_2, ..., p_m$ 為多項式，且 $\deg(p_i) = d_i$。我們假設 $d_1 > d_2 > \cdots > d_m$。設

$$t_1 p_1 + t_2 p_2 + \cdots + t_m p_m = 0$$

其中 $t_i \in \mathbb{R}$。由於 $\deg(p_1) = d_1$，令 ax^{d_1} 為 p_1 的最高次項，其中 $a \neq 0$。又因為 $d_1 > d_2 > \cdots > d_m$，所以在線性組合 $t_1 p_1 + t_2 p_2 + \cdots + t_m p_m = 0$ 之中，$t_1 a x^{d_1}$ 是次數為 d_1 的唯一項。這表示 $t_1 a x^{d_1} = 0$，而 $t_1 a = 0$，因此 $t_1 = 0$（因為 $a \neq 0$）。故 $t_2 p_2 + \cdots + t_m p_m = 0$，重複上述的論證，可證得 $t_2 = 0$，繼續做下去，則對每一個 i，可得 $t_i = 0$，完成證明。

例 5

假設 A 是一個 $n \times n$ 矩陣，使得 $A^k = 0$ 但是 $A^{k-1} \neq 0$。證明 $B = \{I, A, A^2, ..., A^{k-1}\}$ 在 $\mathbf{M}_{nn}$ 是線性獨立。

解：假設 $r_0 I + r_1 A^1 + r_2 A^2 + \cdots + r_{k-1} A^{k-1} = 0$，將此式乘以 A^{k-1} 得：

$$r_0 A^{k-1} + r_1 A^k + r_2 A^{k+1} + \cdots + r_{k-1} A^{2k-2} = 0$$

因為 $A^k = 0$，所有次方大於 k 者均為零，因此變成 $r_0 A^{k-1} = 0$。但 $A^{k-1} \neq 0$，故 $r_0 = 0$，我們有 $r_1 A^1 + r_2 A^2 + \cdots + r_{k-1} A^{k-1} = 0$，再將此式乘以 A^{k-2}，可得 $r_1 = 0$，繼續做下去，則對每一個 i，可得 $r_i = 0$，故 B 為線性獨立。

下一個例子是敘述一些有用的線性獨立性質以供參考。

例 6

設 V 為一個向量空間。
1. 若 $\mathbf{v} \neq \mathbf{0}$，$\mathbf{v} \in V$，則 $\{\mathbf{v}\}$ 為線性獨立。
2. V 中線性獨立集都不可能含有零向量。

解：
1. 令 $t\mathbf{v} = \mathbf{0}$，$t \in \mathbb{R}$。若 $t \neq 0$，則 $\mathbf{v} = 1\mathbf{v} = \frac{1}{t}(t\mathbf{v}) = \frac{1}{t}\mathbf{0} = \mathbf{0}$，與假設予盾。故 $t = 0$。
2. 假設 $\{\mathbf{v}_1, \mathbf{v}_2, ..., \mathbf{v}_k\}$ 為線性獨立且 $\mathbf{v}_2 = \mathbf{0}$，則 $0\mathbf{v}_1 + 1\mathbf{v}_2 + \cdots + 0\mathbf{v}_k = \mathbf{0}$，由於係數不全為 $\mathbf{0}$ 與假設 $\{\mathbf{v}_1, \mathbf{v}_2, ..., \mathbf{v}_k\}$ 為線性獨立矛盾。

如果一個向量集只有一種線性組合以得到 0，則此向量集為線性獨立。下面的定理表明，這些向量的每一個線性組合的係數皆唯一確定。這推廣了第 5.2 節的定理 1。

定理 1

設 $\{\mathbf{v}_1, \mathbf{v}_2, ..., \mathbf{v}_n\}$ 為向量空間 V 中的一組線性獨立向量。如果一個向量 $\mathbf{v}$ 具有兩個線性組合（表面上是不同的）表示法：

$$\mathbf{v} = s_1\mathbf{v}_1 + s_2\mathbf{v}_2 + \cdots + s_n\mathbf{v}_n$$
$$\mathbf{v} = t_1\mathbf{v}_1 + t_2\mathbf{v}_2 + \cdots + t_n\mathbf{v}_n$$

則 $s_1 = t_1, s_2 = t_2, ..., s_n = t_n$。換言之，$V$ 中的每一個向量可以表成 $\mathbf{v}_i$ 的線性組合而其表法是唯一的。

證明

將定理中的方程式相減可得

$$(s_1 - t_1)\mathbf{v}_1 + (s_2 - t_2)\mathbf{v}_2 + \cdots + (s_n - t_n)\mathbf{v}_n = \mathbf{0}$$

因為 $\{\mathbf{v}_1, \mathbf{v}_2, ..., \mathbf{v}_n\}$ 為線性獨立，所以對每一個 i，$s_i - t_i = 0$。

下面的定理是第 5.2 節定理 4 的推廣（和證明），並且是線性代數中最有用的結果之一。

定理 2

基本定理 (Fundamental Theorem)

假設向量空間 V 可由 n 個向量生成。若任意 m 個向量在 V 中是線性獨立，則 $m \leq n$。

證明

設 $V = \text{span}\{\mathbf{v}_1, \mathbf{v}_2, ..., \mathbf{v}_n\}$ 且設 $\{\mathbf{u}_1, \mathbf{u}_2, ..., \mathbf{u}_m\}$ 為 V 中的線性獨立集，則 $\mathbf{u}_1 = a_1\mathbf{v}_1 + a_2\mathbf{v}_2 + \cdots + a_n\mathbf{v}_n$，其中 $a_i \in \mathbb{R}$。因為 $\mathbf{u}_1 \neq \mathbf{0}$（例 6），故 a_i 不全為 0。假設 $a_1 \neq 0$ 則 $V = \text{span}\{\mathbf{u}_1, \mathbf{v}_2, \mathbf{v}_3, ..., \mathbf{v}_n\}$。因此，可寫成 $\mathbf{u}_2 = b_1\mathbf{u}_1 + c_2\mathbf{v}_2 + c_3\mathbf{v}_3 + \cdots + c_n\mathbf{v}_n$。因 $\{\mathbf{u}_1, \mathbf{u}_2\}$ 為線性獨立，所以某些 $c_i \neq 0$；如前所述可得 $V = \text{span}\{\mathbf{u}_1, \mathbf{u}_2, \mathbf{v}_3, ..., \mathbf{v}_n\}$。假設 $m > n$，繼續上述的步驟，直到所有的向量 $\mathbf{v}_i$ 都被向量 $\mathbf{u}_1, \mathbf{u}_2, ..., \mathbf{u}_n$ 取代。特別地，$V = \text{span}\{\mathbf{u}_1, \mathbf{u}_2, ..., \mathbf{u}_n\}$。但 $\mathbf{u}_{n+1}$ 為 $\mathbf{u}_1, \mathbf{u}_2, ..., \mathbf{u}_n$ 的線性組合，與 $\mathbf{u}_i$ 為線性獨立矛盾。因此假設 $m > n$ 不成立，故 $m \leq n$，定理得證。

若 $V = \text{span}\{\mathbf{v}_1, \mathbf{v}_2, ..., \mathbf{v}_n\}$，且若 $\{\mathbf{u}_1, \mathbf{u}_2, ..., \mathbf{u}_m\}$ 為 V 中的線性獨立集，上述的證明不僅表示 $m \leq n$ 而且生成向量 $\mathbf{v}_1, \mathbf{v}_2, ..., \mathbf{v}_n$ 中的 m 個可用獨立的 $\mathbf{u}_1, \mathbf{u}_2, ..., \mathbf{u}_m$ 取代，由此產生的集合仍然會生成 V。這個結果稱為 **Steinitz 替換引理 (Steinitz Exchange Lemma)**。

定義 6.5

向量空間 V 中的一組向量 $\{\mathbf{e}_1, \mathbf{e}_2, ..., \mathbf{e}_n\}$ 稱為 V 的一組**基底 (basis)**，如果它滿足以下兩個條件：

1. $\{\mathbf{e}_1, \mathbf{e}_2, ..., \mathbf{e}_n\}$ 為線性獨立
2. $V = \text{span}\{\mathbf{e}_1, \mathbf{e}_2, ..., \mathbf{e}_n\}$

因此，若 $\{\mathbf{e}_1, \mathbf{e}_2, ..., \mathbf{e}_n\}$ 為一組基底，則 V 中的每一個向量都可以寫成這些向量的線性組合，而且寫法是唯一的（定理 1）。此外，V 中任意兩個（有限）基底，其向量的個數相同。

定理 3

不變定理 (Invariance Theorem)

設 $\{\mathbf{e}_1, \mathbf{e}_2, ..., \mathbf{e}_n\}$ 和 $\{\mathbf{f}_1, \mathbf{f}_2, ..., \mathbf{f}_m\}$ 為向量空間 V 的兩個基底，則 $n = m$。

證明

因為 $V = \text{span}\{\mathbf{e}_1, \mathbf{e}_2, ..., \mathbf{e}_n\}$ 且 $\{\mathbf{f}_1, \mathbf{f}_2, ..., \mathbf{f}_m\}$ 為線性獨立，則由定理 2 知 $m \leq n$。同理可證 $n \leq m$，故 $n = m$。

定理 3 保證，不論如何選擇 V 的基底，每一基底的向量個數是相同的，因此有下面的定義。

定義 6.6

若 $\{e_1, e_2, ..., e_n\}$ 為非零向量空間 V 的一組基底，則基底的向量個數 n，稱為 V 的**維數 (dimension)**，寫成

$$\dim V = n$$

零向量空間 $\{\mathbf{0}\}$ 的維數為 0：

$$\dim \{\mathbf{0}\} = 0$$

討論到目前為止，我們總是假定基底為非空集合，因此，向量空間的維數至少為 1。然而，零空間 $\{\mathbf{0}\}$ 沒有基底（例 6），所以 $\dim\{\mathbf{0}\} = 0$，這等於說空集合是零空間 $\{\mathbf{0}\}$ 的基底。因此一個向量空間的維數是基底的向量個數，此敘述甚至對於零空間亦成立。

我們由第 5.2 節例 9 得知 $\dim(\mathbb{R}^n) = n$，若 $\mathbf{e}_j$ 表示 I_n 的第 j 行，則 $\{\mathbf{e}_1, \mathbf{e}_2, ..., \mathbf{e}_n\}$ 為一組基底（稱為標準基底）。在下面的例 7，類似的考慮也適用於所有 $m \times n$ 的矩陣空間 $\mathbf{M}_{mn}$；其驗證留給讀者。

例 7

空間 $\mathbf{M}_{mn}$ 的維數為 mn，有一基底是由所有 $m \times n$ 矩陣所組成，而矩陣中恰有一個元素為 1，其餘皆為 0。我們稱這個基底為 $\mathbf{M}_{mn}$ 的**標準基底 (standard basis)**。

例 8

證明 $\dim \mathbf{P}_n = n + 1$ 且 $\{1, x, x^2, ..., x^n\}$ 為一組基底，稱為 $\mathbf{P}_n$ 的**標準基底 (standard basis)**。

解：$\mathbf{P}_n$ 中的每一個多項式 $p(x) = a_0 + a_1 x + \cdots + a_n x^n$ 顯然是 $1, x, ..., x^n$ 的線性組合，故 $\mathbf{P}_n = \text{span}\{1, x, ..., x^n\}$。然而，若線性組合 $a_0 1 + a_1 x + \cdots + a_n x^n = 0$，則 $a_0 = a_1 = \cdots = a_n = 0$，此乃因 x 為不定元。故 $\{1, x, ..., x^n\}$ 為線性獨立且為含有 $n + 1$ 個向量的一組基底。因此 $\dim(\mathbf{P}_n) = n + 1$。

例 9

設 $\mathbf{v} \neq \mathbf{0}$ 為向量空間 V 中的任意非零向量，證明 $\text{span}\{\mathbf{v}\} = \mathbb{R}\mathbf{v}$ 的維數為 1。

解：$\{\mathbf{v}\}$ 顯然生成 $\mathbb{R}\mathbf{v}$，且由例 6 知，$\{\mathbf{v}\}$ 為線性獨立。因此 $\{\mathbf{v}\}$ 為 $\mathbb{R}\mathbf{v}$ 的一組基底，故 $\dim \mathbb{R}\mathbf{v} = 1$。

例 10

設 $A = \begin{bmatrix} 1 & 1 \\ 0 & 0 \end{bmatrix}$ 並考慮 $\mathbf{M}_{22}$ 的子空間

$$U = \{X \in \mathbf{M}_{22} \mid AX = XA\}$$

證明 $\dim U = 2$，並求 U 的一組基底。

解：對任意矩陣 A 而言，第 6.2 節例 3 已證明 U 為子空間。此時，若 $X = \begin{bmatrix} x & y \\ z & w \end{bmatrix} \in U$，由 $AX = XA$，可得 $z = 0$，$x = y + w$。因此 U 中的每一個矩陣 X 可寫成

$$X = \begin{bmatrix} y + w & y \\ 0 & w \end{bmatrix} = y \begin{bmatrix} 1 & 1 \\ 0 & 0 \end{bmatrix} + w \begin{bmatrix} 1 & 0 \\ 0 & 1 \end{bmatrix}$$

故 $U = \text{span } B$，其中 $B = \left\{ \begin{bmatrix} 1 & 1 \\ 0 & 0 \end{bmatrix}, \begin{bmatrix} 1 & 0 \\ 0 & 1 \end{bmatrix} \right\}$。此外，$B$ 為線性獨立（驗證此），故它為 U 的基底且 $\dim U = 2$。

例 11

證明所有 2×2 對稱矩陣的集合 V 為一個向量空間，並求 V 的維數。

解：若 $A^T = A$，則 A 為對稱矩陣。若 $A, B \in V$，則由第 2.1 節定理 2 知

$$(A + B)^T = A^T + B^T = A + B \text{，} (kA)^T = kA^T = kA$$

因此 $A + B$ 與 kA 亦為對稱。又 2×2 零矩陣亦屬於 V，故 V 為一個向量空間（是 $\mathbf{M}_{22}$ 的子空間）。每一個 2×2 對稱矩陣具有下列形式：

$$\begin{bmatrix} a & c \\ c & b \end{bmatrix} = a \begin{bmatrix} 1 & 0 \\ 0 & 0 \end{bmatrix} + b \begin{bmatrix} 0 & 0 \\ 0 & 1 \end{bmatrix} + c \begin{bmatrix} 0 & 1 \\ 1 & 0 \end{bmatrix}$$

因此集合 $B = \left\{ \begin{bmatrix} 1 & 0 \\ 0 & 0 \end{bmatrix}, \begin{bmatrix} 0 & 0 \\ 0 & 1 \end{bmatrix}, \begin{bmatrix} 0 & 1 \\ 1 & 0 \end{bmatrix} \right\}$ 生成 V，讀者可驗證 B 為線性獨立，故 B 為 V 的基底且 $\dim V = 3$。

通常為了方便，我們可以將基底向量乘以非零純量來改變基底。下面的例子說明了這種方法可以產生另一個基底。證明當作習題 22。

例 12

令 $B = \{\mathbf{v}_1, \mathbf{v}_2, \ldots, \mathbf{v}_n\}$ 為向量空間 V 的向量。$a_1, a_2, \ldots, a_n$ 為非零純量，令 $D = \{a_1\mathbf{v}_1, a_2\mathbf{v}_2, \ldots, a_n\mathbf{v}_n\}$。若 B 為線性獨立或生成 V，則 D 也是如此。特別地，若 B 為 V 的一組基底，則 D 亦是 V 的一組基底。

習題 6.3

1. 證明下列各題的向量集為線性獨立。
    (a) $\{(1 + x, 1 - x, x + x^2)\} \in \mathbf{P}_2$
    ◆(b) $\{x^2, x + 1, 1 - x - x^2\} \in \mathbf{P}_2$
    (c) $\left\{\begin{bmatrix}1 & 1\\0 & 0\end{bmatrix}, \begin{bmatrix}1 & 0\\1 & 0\end{bmatrix}, \begin{bmatrix}0 & 0\\1 & -1\end{bmatrix}, \begin{bmatrix}0 & 1\\0 & 1\end{bmatrix}\right\} \in \mathbf{M}_{22}$
    ◆(d) $\left\{\begin{bmatrix}1 & 1\\1 & 0\end{bmatrix}, \begin{bmatrix}0 & 1\\1 & 1\end{bmatrix}, \begin{bmatrix}1 & 0\\1 & 1\end{bmatrix}, \begin{bmatrix}1 & 1\\0 & 1\end{bmatrix}\right\} \in \mathbf{M}_{22}$

2. 下列各題中，V 的子集何者為線性獨立？
    (a) $V = \mathbf{P}_2$；$\{x^2 + 1, x + 1, x\}$
    ◆(b) $V = \mathbf{P}_2$；$\{x^2 - x + 3, 2x^2 + x + 5, x^2 + 5x + 1\}$
    (c) $V = \mathbf{M}_{22}$；$\left\{\begin{bmatrix}1 & 1\\0 & 1\end{bmatrix}, \begin{bmatrix}1 & 0\\1 & 1\end{bmatrix}, \begin{bmatrix}1 & 0\\0 & 1\end{bmatrix}\right\}$
    ◆(d) $V = \mathbf{M}_{22}$；
    $\left\{\begin{bmatrix}-1 & 0\\0 & -1\end{bmatrix}, \begin{bmatrix}1 & -1\\-1 & 1\end{bmatrix}, \begin{bmatrix}1 & 1\\1 & 1\end{bmatrix}, \begin{bmatrix}0 & -1\\-1 & 0\end{bmatrix}\right\}$
    (e) $V = \mathbf{F}[1, 2]$；$\left\{\dfrac{1}{x}, \dfrac{1}{x^2}, \dfrac{1}{x^3}\right\}$
    ◆(f) $V = \mathbf{F}[0, 1]$；
    $\left\{\dfrac{1}{x^2 + x - 6}, \dfrac{1}{x^2 - 5x + 6}, \dfrac{1}{x^2 - 9}\right\}$

3. 下列各題中，何者在 $\mathbf{F}[0, 2\pi]$ 為線性獨立？
    (a) $\{\sin^2 x, \cos^2 x\}$
    ◆(b) $\{1, \sin^2 x, \cos^2 x\}$
    (c) $\{x, \sin^2 x, \cos^2 x\}$

4. 求所有的 x 值，使得下列向量集在 $\mathbb{R}^3$ 中為線性獨立。
    (a) $\{(1, -1, 0), (x, 1, 0), (0, 2, 3)\}$
    ◆(b) $\{(2, x, 1), (1, 0, 1), (0, 1, 3)\}$

5. 證明下列向量集為所予向量空間 V 的基底。
    (a) $\{(1, 1, 0), (1, 0, 1), (0, 1, 1)\}$；$V = \mathbb{R}^3$
    ◆(b) $\{(-1, 1, 1), (1, -1, 1), (1, 1, -1)\}$；$V = \mathbb{R}^3$
    (c) $\left\{\begin{bmatrix}1 & 0\\0 & 1\end{bmatrix}, \begin{bmatrix}0 & 1\\1 & 0\end{bmatrix}, \begin{bmatrix}1 & 1\\0 & 1\end{bmatrix}, \begin{bmatrix}1 & 0\\0 & 0\end{bmatrix}\right\}$；$V = \mathbf{M}_{22}$
    ◆(d) $\{1 + x, x + x^2, x^2 + x^3, x^3\}$；$V = \mathbf{P}_3$

6. 對於下列 $\mathbf{P}_2$ 的子空間，寫出一個基底，並求其維數。
    (a) $\{a(1 + x) + b(x + x^2) \mid a, b \in \mathbb{R}\}$
    ◆(b) $\{a + b(x + x^2) \mid a, b \in \mathbb{R}\}$
    (c) $\{p(x) \mid p(1) = 0\}$
    ◆(d) $\{p(x) \mid p(x) = p(-x)\}$

7. 對於下列 $\mathbf{M}_{22}$ 的子空間，寫出一個基底，並求其維數。
    (a) $\{A \mid A^T = -A\}$
    ◆(b) $\left\{A \,\middle|\, A\begin{bmatrix}1 & 1\\-1 & 0\end{bmatrix} = \begin{bmatrix}1 & 1\\-1 & 0\end{bmatrix}A\right\}$
    (c) $\left\{A \,\middle|\, A\begin{bmatrix}1 & 0\\-1 & 0\end{bmatrix} = \begin{bmatrix}0 & 0\\0 & 0\end{bmatrix}\right\}$
    ◆(d) $\left\{A \,\middle|\, A\begin{bmatrix}1 & 1\\-1 & 0\end{bmatrix} = \begin{bmatrix}0 & 1\\-1 & 1\end{bmatrix}A\right\}$

8. 令 $A = \begin{bmatrix}1 & 1\\0 & 0\end{bmatrix}$ 並且定義
    $$U = \{X \mid X \in \mathbf{M}_{22} \text{ 且 } AX = X\}$$

(a) 求 U 的基底，此基底含有 A。
◆(b) 求 U 的基底，此基底不含 A。

9. 證明複數集 $\mathbb{C}$ 在平常運算下為一向量空間，並求其維數。

10. (a) 設 V 為所有 2×2 矩陣且各行的和相等之集合。證明 V 為 $\mathbf{M}_{22}$ 的子空間，並求 $\dim V$。
 ◆(b) 將矩陣改為 3×3 矩陣，重做 (a)。
 (c) 將矩陣改為 $n \times n$ 矩陣，重做 (a)。

11. (a) 令 $V = \{(x^2 + x + 1)p(x) \mid p(x) \in \mathbf{P}_2\}$，證明 V 為 $\mathbf{P}_4$ 的子空間，並求 $\dim V$。
 【提示：在 $\mathbf{P}$ 中，若 $f(x)g(x) = 0$，則 $f(x) = 0$ 或 $g(x) = 0$。】
 ◆(b) 令 $V = \{(x^2 - x)p(x) \mid p(x) \in \mathbf{P}_3\}$，證明 V 為 $\mathbf{P}_5$ 的子空間，並求 $\dim V$。
 (c) 將 (a)、(b) 推廣。

12. 下列各題中，證明敘述為真或舉一反例說明其不為真。
 (a) 在 $\mathbf{P}_3$ 中，四個非零多項式的集合為一組基底。
 ◆(b) $\mathbf{P}_2$ 有一個多項式 $f(x)$ 的基底滿足 $f(0) = 0$。
 (c) $\mathbf{P}_2$ 有一個多項式 $f(x)$ 的基底滿足 $f(0) = 1$。
 ◆(d) $\mathbf{M}_{22}$ 的每一個基底含有一個不可逆矩陣。
 (e) $\mathbf{M}_{22}$ 中，沒有線性獨立子集含有矩陣 A，其中 $A^2 = 0$。
 ◆(f) 若 $\{\mathbf{u}, \mathbf{v}, \mathbf{w}\}$ 為線性獨立，則對某些 a、b、c 而言，$a\mathbf{u} + b\mathbf{v} + c\mathbf{w} = \mathbf{0}$ 恆成立。
 (g) 若對某些 a、b、c 而言，$a\mathbf{u} + b\mathbf{v} + c\mathbf{w} = \mathbf{0}$ 恆成立，則 $\{\mathbf{u}, \mathbf{v}, \mathbf{w}\}$ 為線性獨立。
 ◆(h) 若 $\{\mathbf{u}, \mathbf{v}\}$ 是線性獨立，則 $\{\mathbf{u}, \mathbf{u} + \mathbf{v}\}$ 也是。
 (i) 若 $\{\mathbf{u}, \mathbf{v}\}$ 是線性獨立，則 $\{\mathbf{u}, \mathbf{v}, \mathbf{u} + \mathbf{v}\}$ 也是。
 ◆(j) 若 $\{\mathbf{u}, \mathbf{v}, \mathbf{w}\}$ 是線性獨立，則 $\{\mathbf{u}, \mathbf{v}\}$ 也是。
 (k) 若 $\{\mathbf{u}, \mathbf{v}, \mathbf{w}\}$ 是線性獨立，則 $\{\mathbf{u} + \mathbf{w}, \mathbf{v} + \mathbf{w}\}$ 也是。
 ◆(l) 若 $\{\mathbf{u}, \mathbf{v}, \mathbf{w}\}$ 是線性獨立，則 $\{\mathbf{u} + \mathbf{v} + \mathbf{w}\}$ 也是。
 (m) 若 $\mathbf{u} \neq \mathbf{0}$ 且 $\mathbf{v} \neq \mathbf{0}$，則 $\{\mathbf{u}, \mathbf{v}\}$ 為線性相依若且唯若其中一個是另一個的純量倍。
 ◆(n) 若 $\dim V = n$，則向量個數大於 n 的集合是線性相依。
 (o) 若 $\dim V = n$，則向量個數小於 n 的集合無法生成 V。

13. 設 $A \neq 0$ 與 $B \neq 0$ 為兩個 $n \times n$ 矩陣，且 A 為對稱，B 為反對稱（即 $B^T = -B$）。證明 $\{A, B\}$ 為線性獨立。

14. 證明含有線性相依子集的向量集仍為線性相依。

◆15. 證明每一個線性獨立集的非空子集仍然是線性獨立。

16. 設 f 與 g 為定義於 $[a, b]$ 之函數，且設 $f(a) = 1 = g(b)$，$f(b) = 0 = g(a)$。證明 $\mathbf{F}[a, b]$ 中的 $\{f, g\}$ 為線性獨立。

17. 設 $\mathbf{M}_{mn}$ 中的 $\{A_1, A_2, ..., A_k\}$ 為線性獨立，U、V 分別為 $m \times m$ 與 $n \times n$ 可逆矩陣。證明 $\{UA_1V, UA_2V, ..., UA_kV\}$ 為線性獨立。

18. 證明 $\{\mathbf{v}, \mathbf{w}\}$ 為線性獨立若且唯若 $\mathbf{v}$、$\mathbf{w}$ 彼此均非另一個的純量倍。

◆19. 設 $\{\mathbf{u}, \mathbf{v}\}$ 在向量空間 V 中為線性獨立，令 $\mathbf{u}' = a\mathbf{u} + b\mathbf{v}$，$\mathbf{v}' = c\mathbf{u} + d\mathbf{v}$，其中 a、b、c、d 為實數。證明 $\{\mathbf{u}', \mathbf{v}'\}$ 為線性獨立若且唯若矩陣 $\begin{bmatrix} a & c \\ b & d \end{bmatrix}$ 為可逆。
【提示：第 2.4 節定理 5。】

20. 若 $\{\mathbf{v}_1, \mathbf{v}_2, \ldots, \mathbf{v}_k\}$ 為線性獨立，且 $\mathbf{w}$ 不屬於 $\operatorname{span}\{\mathbf{v}_1, \mathbf{v}_2, \ldots, \mathbf{v}_k\}$。證明：
    (a) $\{\mathbf{w}, \mathbf{v}_1, \mathbf{v}_2, \ldots, \mathbf{v}_k\}$ 為線性獨立。
    (b) $\{\mathbf{v}_1 + \mathbf{w}, \mathbf{v}_2 + \mathbf{w}, \ldots, \mathbf{v}_k + \mathbf{w}\}$ 為線性獨立。

21. 若 $\{\mathbf{v}_1, \mathbf{v}_2, \ldots, \mathbf{v}_k\}$ 是線性獨立，證明 $\{\mathbf{v}_1, \mathbf{v}_1 + \mathbf{v}_2, \ldots, \mathbf{v}_1 + \mathbf{v}_2 + \cdots + \mathbf{v}_k\}$ 也是線性獨立。

22. 證明例 12。

23. 設 $\{\mathbf{u}, \mathbf{v}, \mathbf{w}, \mathbf{z}\}$ 為線性獨立，下列何者為線性相依？
    (a) $\{\mathbf{u} - \mathbf{v}, \mathbf{v} - \mathbf{w}, \mathbf{w} - \mathbf{u}\}$
    ◆(b) $\{\mathbf{u} + \mathbf{v}, \mathbf{v} + \mathbf{w}, \mathbf{w} + \mathbf{u}\}$
    (c) $\{\mathbf{u} - \mathbf{v}, \mathbf{v} - \mathbf{w}, \mathbf{w} - \mathbf{z}, \mathbf{z} - \mathbf{u}\}$
    ◆(d) $\{\mathbf{u} + \mathbf{v}, \mathbf{v} + \mathbf{w}, \mathbf{w} + \mathbf{z}, \mathbf{z} + \mathbf{u}\}$

24. 設 U、W 為 V 的子空間，其基底分別為 $\{\mathbf{u}_1, \mathbf{u}_2, \mathbf{u}_3\}$ 與 $\{\mathbf{w}_1, \mathbf{w}_2\}$。若 U、W 的交集為 $\{\mathbf{0}\}$，證明 $\{\mathbf{u}_1, \mathbf{u}_2, \mathbf{u}_3, \mathbf{w}_1, \mathbf{w}_2\}$ 為線性獨立。

25. 設 $\{p, q\}$ 為線性獨立的多項式，證明 $\{p, q, pq\}$ 為線性獨立若且唯若 $\deg p \geq 1$ 且 $\deg q \geq 1$。

◆26. 若 z 為一複數，證明 $\{z, z^2\}$ 為線性獨立若且唯若 z 不是實數。

27. 令 $B = \{A_1, A_2, \ldots, A_n\} \subseteq \mathbf{M}_{mn}$ 且令 $B' = \{A_1^T, A_2^T, \ldots, A_n^T\} \subseteq \mathbf{M}_{nm}$。證明：
    (a) B 為線性獨立若且唯若 B' 為線性獨立。
    (b) B 生成 $\mathbf{M}_{mn}$ 若且唯若 B' 生成 $\mathbf{M}_{nm}$。

28. 如第 6.1 節例 7，若 $V = \mathbf{F}[a, b]$，證明常數函數集是維數為 1 的子空間〔若存在一數 c 使得 $f(x) = c$，對所有 x 均成立，則稱 f 為**常數 (constant)** 函數〕。

29. (a) 若 U 為可逆的 $n \times n$ 矩陣且 $\{A_1, A_2, \ldots, A_{mn}\}$ 為 $\mathbf{M}_{mn}$ 的基底，證明 $\{A_1 U, A_2 U, \ldots, A_{mn} U\}$ 也是基底。
    ◆(b) 若 U 為不可逆，證明 (a) 不成立。
    【提示：第 2.4 節定理 5。】

30. 證明 $\{(a, b), (a_1, b_1)\}$ 為 $\mathbb{R}^2$ 的基底若且唯若 $\{a + bx, a_1 + b_1 x\}$ 為 $\mathbf{P}_1$ 的基底。

31. 求 $\mathbf{F}[0, 2\pi]$ 的子空間 $\operatorname{span}\{1, \sin^2 \theta, \cos 2\theta\}$ 的維數。

32. 證明 $\mathbf{F}[0, 1]$ 不是有限維。

33. 設 U、W 為 V 的子空間，定義它們的交集 $U \cap W$ 如下：
    $$U \cap W = \{\mathbf{v} \mid \mathbf{v} \in U \text{ 且 } \mathbf{v} \in W\}$$
    (a) 證明 $U \cap W$ 為包含於 U 與 W 的子空間。
    ◆(b) 證明 $U \cap W = \{\mathbf{0}\}$ 若且唯若 $\{\mathbf{u}, \mathbf{w}\}$ 為線性獨立，其中 $\mathbf{u}$、$\mathbf{w}$ 為非零向量且 $\mathbf{u} \in U$，$\mathbf{w} \in W$。
    (c) 若 B 與 D 為 U 與 W 的基底，且 $U \cap W = \{\mathbf{0}\}$，證明 $B \cup D = \{\mathbf{v} \mid \mathbf{v} \in B \text{ 或 } D\}$ 為線性獨立。

34. 設 U、W 為向量空間，令
    $$V = \{(\mathbf{u}, \mathbf{w}) \mid \mathbf{u} \in U, \mathbf{w} \in W\}$$
    (a) 若定義 $(\mathbf{u}, \mathbf{w}) + (\mathbf{u}_1, \mathbf{w}_1) = (\mathbf{u} + \mathbf{u}_1, \mathbf{w} + \mathbf{w}_1)$ 且 $a(\mathbf{u}, \mathbf{w}) = (a\mathbf{u}, a\mathbf{w})$，證明 V 為一個向量空間。

(b) 若 $\dim U = m$ 且 $\dim W = n$，證明 $\dim V = m + n$。

(c) 若 $V_1, ..., V_m$ 為向量空間，令 $V = V_1 \times \cdots \times V_m = \{(\mathbf{v}_1, ..., \mathbf{v}_m) \mid$ 對每一個 i，$\mathbf{v}_i \in V_i\}$ 表示 m 元組的空間，此 m 元組是由 V_i 以逐分量運算而得（見第 6.1 節習題 17）。若對每一個 i 而言，$\dim V_i = n_i$，證明 $\dim V = n_1 + \cdots + n_m$。

35. 令 $\mathbf{D}_n$ 為由集合 $\{1, 2, ..., n\}$ 到 $\mathbb{R}$ 的所有函數 f 所成的集合。

    (a) 採用逐點加法與純量乘法，證明 $\mathbf{D}_n$ 為一個向量空間。

    (b) 證明 $\{S_1, S_2, ..., S_n\}$ 為 $\mathbf{D}_n$ 的一個基底，其中對每一個 $k = 1, 2, ..., n$ 而言，函數 S_k 定義為 $S_k(k) = 1$，而當 $j \neq k$，$S_k(j) = 0$。

36. 多項式 $p(x)$ 若滿足 $p(-x) = p(x)$，則 $p(x)$ 為**偶函數 (even)**，若滿足 $p(-x) = -p(x)$，則 $p(x)$ 為**奇函數 (odd)**。令 E_n 與 O_n 表示 $\mathbf{P}_n$ 中的偶函數與奇函數的集合。

    (a) 證明 E_n 為 $\mathbf{P}_n$ 的子空間，並求 $\dim E_n$。

    ◆(b) 證明 O_n 為 $\mathbf{P}_n$ 的子空間，並求 $\dim O_n$。

37. 設 $\{\mathbf{v}_1, ..., \mathbf{v}_n\}$ 為向量空間 V 的獨立集，令 A 為 $n \times n$ 矩陣，定義 $\mathbf{u}_1, \mathbf{u}_2, ..., \mathbf{u}_n$ 如下：

$$\begin{bmatrix} \mathbf{u}_1 \\ \vdots \\ \mathbf{u}_n \end{bmatrix} = A \begin{bmatrix} \mathbf{v}_1 \\ \vdots \\ \mathbf{v}_n \end{bmatrix}$$

（見第 6.1 節習題 18。）證明 $\{\mathbf{u}_1, ..., \mathbf{u}_n\}$ 為線性獨立若且唯若 A 為可逆。

6.4 節　有限維空間

到目前為止，我們並不保證任意一個向量空間具有一基底，亦即並不保證我們可以談論到 V 的維數。然而，定理 1 將證明任何由有限向量集所生成的空間具有（有限的）基底；證明需要以下的基本引理，引理本身也很耐人尋味，它提供一種擴大線性獨立集的方法。

引理 1

獨立引理 (Independent Lemma)

令 $\{\mathbf{v}_1, \mathbf{v}_2, ..., \mathbf{v}_k\}$ 為向量空間 V 的一組線性獨立集。若 $\mathbf{u} \in V$，但[4] $\mathbf{u} \notin \mathrm{span}\{\mathbf{v}_1, \mathbf{v}_2, ..., \mathbf{v}_k\}$，則 $\{\mathbf{u}, \mathbf{v}_1, \mathbf{v}_2, ..., \mathbf{v}_k\}$ 也是線性獨立。

---

[4] 若 X 為一集合，$a \in X$ 表示 a 是集合 X 中的元素。若 a 不是 X 中的元素，則記做 $a \notin X$。

證明

令 $t\mathbf{u} + t_1\mathbf{v}_1 + t_2\mathbf{v}_2 + \cdots + t_k\mathbf{v}_k = \mathbf{0}$；我們必須證明所有係數均為 0。首先，$t = 0$，否則 $\mathbf{u} = -\frac{t_1}{t}\mathbf{v}_1 - \frac{t_2}{t}\mathbf{v}_2 - \cdots - \frac{t_k}{t}\mathbf{v}_k$，這表示 $\mathbf{u}$ 屬於 span$\{\mathbf{v}_1, \mathbf{v}_2, ..., \mathbf{v}_k\}$，與假設矛盾。由於 $t = 0$，故 $t_1\mathbf{v}_1 + t_2\mathbf{v}_2 + \cdots + t_k\mathbf{v}_k = \mathbf{0}$，又因為 $\{\mathbf{v}_1, \mathbf{v}_2, ..., \mathbf{v}_k\}$ 為線性獨立，所以 $t_i = 0$。這就是我們要的。

注意引理 1 的逆敘述也是對的：若 $\{\mathbf{u}, \mathbf{v}_1, \mathbf{v}_2, ..., \mathbf{v}_k\}$ 為線性獨立，則 $\mathbf{u}$ 不屬於 span$\{\mathbf{v}_1, \mathbf{v}_2, ..., \mathbf{v}_k\}$。

如右圖所示，假設 $\{\mathbf{v}_1, \mathbf{v}_2\}$ 在 $\mathbb{R}^3$ 為線性獨立，則 $\mathbf{v}_1$ 與 $\mathbf{v}_2$ 不平行，故 span$\{\mathbf{v}_1, \mathbf{v}_2\}$ 是通過原點的平面（圖中陰影部分）。由引理 1，$\mathbf{u}$ 不在此平面上若且唯若 $\{\mathbf{u}, \mathbf{v}_1, \mathbf{v}_2\}$ 為線性獨立。

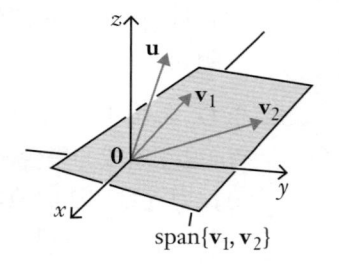

定義 6.7

向量空間 V 稱為**有限維 (finite dimensional)**，如果它是由有限個向量所生成。否則，V 稱為**無限維 (infinite dimensional)**。

因此，零向量空間 $\{\mathbf{0}\}$ 是有限維，因為 $\{\mathbf{0}\}$ 是一個生成集。

引理 2

令 V 是有限維向量空間。若 U 是 V 的任意子空間，則 U 的任意獨立子集可以擴大成為 U 的有限基底。

證明

假設 I 是 U 的獨立子集。若 span $I = U$，則 I 是 U 的基底。若 span $I \neq U$，選取 $\mathbf{u}_1 \in U$ 使得 $\mathbf{u}_1 \notin$ span I，則由引理 1 知集合 $I \cup \{\mathbf{u}_1\}$ 為線性獨立。若 span$\{I \cup \{\mathbf{u}_1\}\} = U$，則證明即告完成；否則選取 $\mathbf{u}_2 \in U$ 使得 $\mathbf{u}_2 \notin$ span$\{I \cup \{\mathbf{u}_1\}\}$，因此 $\{I \cup \{\mathbf{u}_1, \mathbf{u}_2\}\}$ 為線性獨立，繼續此過程最終將成為 U 的基底。的確，若尚未成為 U 的基底，則此過程在 V 中就會繼續而產生任意大的線性獨立集合。但由基本定理知，此為不可能，因為 V 是有限維，它是由有限個向量所生成。

定理 1

令 V 是由 m 個向量生成的有限維向量空間。

(1) V 有一個有限基底,並且 $\dim V \leq m$。

(2) V 中每一個獨立向量集都可以從 V 的任意固定基底取出向量加入使其擴大成為 V 的基底。

(3) 若 U 是 V 的子空間,則
  (a) U 是有限維且 $\dim U \leq \dim V$。
  (b) U 的每一個基底是 V 的基底之一部分。

證明

(1) 若 $V = \{\mathbf{0}\}$,則 V 的基底為空集合且 $\dim V = 0 \leq m$。否則,令 $\mathbf{v} \neq \mathbf{0}$ 為 V 的向量,則 $\{\mathbf{v}\}$ 為線性獨立,故由引理 2 中 $U = V$,可推得 (1)。

(2) 我們改良引理 2 的證明。固定 V 的一組基底 B 且令 I 為 V 的線性獨立子集。若 $\mathrm{span}\, I = V$,則 I 為 V 的基底。若 $\mathrm{span}\, I \neq V$,則 B 不包含於 I(因為 B 生成 V)。因此選取 $\mathbf{b}_1 \in B$ 使得 $\mathbf{b}_1 \notin \mathrm{span}\, I$,由引理 1 知 $I \cup \{\mathbf{b}_1\}$ 為線性獨立。若 $\mathrm{span}\{I \cup \{\mathbf{b}_1\}\} = V$ 則證明即告完成;否則類似的討論可證明 $\{I \cup \{\mathbf{b}_1, \mathbf{b}_2\}\}$ 為線性獨立,其中 $\mathbf{b}_2 \in B$。繼續此過程,如同引理 2 的證明,最終會成為 V 的基底。

(3a) 若 $U = \{\mathbf{0}\}$ 定理顯然成立。否則,令 $\mathbf{u} \in U$,$\mathbf{u} \neq \mathbf{0}$,則由引理 2 知,$\{\mathbf{u}\}$ 可擴大成為 U 的有限基底 B,證明了 U 是有限維。但 B 在 V 中為線性獨立,故由基本定理知 $\dim U \leq \dim V$。

(3b) 若 $U = \{\mathbf{0}\}$,則定理顯然成立。因為 V 有一基底;否則可由 (2) 推得。

定理 1 證明向量空間 V 是有限維若且唯若 V 有一個有限基底(可能是空集合),而有限維向量空間的每一個子空間仍然是有限維。

例 1

將線性獨立集 $D = \left\{ \begin{bmatrix} 1 & 1 \\ 1 & 0 \end{bmatrix}, \begin{bmatrix} 0 & 1 \\ 1 & 1 \end{bmatrix}, \begin{bmatrix} 1 & 0 \\ 1 & 1 \end{bmatrix} \right\}$ 擴大成 $\mathbf{M}_{22}$ 的一個基底。

解: $\mathbf{M}_{22}$ 的標準基底為 $\left\{ \begin{bmatrix} 1 & 0 \\ 0 & 0 \end{bmatrix}, \begin{bmatrix} 0 & 1 \\ 0 & 0 \end{bmatrix}, \begin{bmatrix} 0 & 0 \\ 1 & 0 \end{bmatrix}, \begin{bmatrix} 0 & 0 \\ 0 & 1 \end{bmatrix} \right\}$,由定理 1 知,將標準基底之一加入 D 可產生一基底。事實上,將標準基底中的任何一個加入 D 可產生線性獨立集(驗證),因此由定理 1 知它是一組基底。當然選擇標準基底中的向量加入並非是唯一的選擇,例如選擇 $\begin{bmatrix} 1 & 1 \\ 0 & 1 \end{bmatrix}$ 加入也是可以的。

例 2

找出包含線性獨立集 $\{1+x, 1+x^2\}$ 的 $\mathbf{P}_3$ 的一組基底。

解：$\mathbf{P}_3$ 的標準基底為 $\{1, x, x^2, x^3\}$，選取其中兩個即可。若我們選取 1 和 x^3，則結果為 $\{1, 1+x, 1+x^2, x^3\}$。此為線性獨立集，這是因為多項式的次數不同（第 6.3 節例 4），又由定理 1 知此為一組基底。當然，選取 $\{1, x\}$ 或 $\{1, x^2\}$ 則無法構成 $\mathbf{P}_3$ 的一組基底。

例 3

證明所有多項式所成的向量空間 $\mathbf{P}$ 為無限維。

解：對於每一個 $n \geq 1$，$\mathbf{P}$ 有維數為 $n+1$ 的子空間 $\mathbf{P}_n$。假設 $\mathbf{P}$ 為有限維，而 $\dim \mathbf{P} = m$，則由定理 1 知 $\dim \mathbf{P}_n \leq \dim \mathbf{P}$，則 $n+1 \leq m$。此為不可能因為 n 為任意數，故 $\mathbf{P}$ 必須是無限維。

下面的例子說明如何應用定理 1 的 (2)。

例 4

若 $\mathbf{c}_1, \mathbf{c}_2, ..., \mathbf{c}_k$ 為 $\mathbb{R}^n$ 中的獨立行，證明它們是某個可逆 $n \times n$ 矩陣的前 k 行。

解：由定理 1，將 $\{\mathbf{c}_1, \mathbf{c}_2, ..., \mathbf{c}_k\}$ 擴大成 $\mathbb{R}^n$ 的基底 $\{\mathbf{c}_1, \mathbf{c}_2, ..., \mathbf{c}_k, \mathbf{c}_{k+1}, ..., \mathbf{c}_n\}$，則矩陣 $A = [\mathbf{c}_1 \ \mathbf{c}_2 \ \cdots \ \mathbf{c}_k \ \mathbf{c}_{k+1} \ \cdots \ \mathbf{c}_n]$ 以此基底作為其行，而由第 5.2 節定理 3 知 A 為可逆 $n \times n$ 矩陣。

定理 2

令 U 和 W 是有限維空間 V 的子空間。

1. 若 $U \subseteq W$，則 $\dim U \leq \dim W$。
2. 若 $U \subseteq W$，且 $\dim U = \dim W$，則 $U = W$。

證明

因為 W 是有限維，於定理 1 的第 (3) 部分取 $V = W$ 則可推得 (1)。現在假設 $\dim U = \dim W = n$，且令 B 為 U 的一組基底，則 B 為 W 中的線性獨立集。若 $U \neq W$，則 $\operatorname{span} B \neq W$，故由引理 1，$B$ 可擴大成為 W 中具有 $n+1$ 個向量的線性獨立集，此與基本定理矛盾（第 6.3 節定理 2），因為 W 是由 $\dim W = n$ 個向量生成。因此 $U = W$，第 (2) 部分獲得證明。

定理 2 非常有用。它已在第 5.2 節例 14 以 $\mathbb{R}^2$ 和 $\mathbb{R}^3$ 為例說明過；下面是另一個例子。

例 5

若 a 為一實數，令 W 表 $\mathbf{P}_n$ 中滿足 $p(a)=0$ 之所有多項式 $p(x)$ 所成的子空間：
$$W = \{p(x) \mid p(x) \in \mathbf{P}_n \text{ 且 } p(a) = 0\}$$
證明 $\{(x-a), (x-a)^2, \ldots, (x-a)^n\}$ 是 W 的一組基底。

解：首先觀察 $(x-a), (x-a)^2, \ldots, (x-a)^n$ 是 W 中的元素，且為線性獨立，因為它們有不同的次數（第 6.3 節例 4）。令
$$U = \text{span}\{(x-a), (x-a)^2, \ldots, (x-a)^n\}$$
則我們有 $U \subseteq W \subseteq \mathbf{P}_n$，$\dim U = n$ 且 $\dim \mathbf{P}_n = n+1$。因此由定理 2 知，$n \leq \dim W \leq n+1$。因為 $\dim W$ 是整數，故 $\dim W = n$ 或 $\dim W = n+1$，但由定理 2 知 $W = U$ 或 $W = \mathbf{P}_n$，因為 $W \neq \mathbf{P}_n$，所以 $W = U$。

一組向量如果不是線性獨立就稱為**線性相依 (linearly dependent)**，亦即存在等於 0 的非當然（nontrivial，係數不全為零）線性組合。下面的結果是一種簡便測試線性相依的方法。

引理 3

相依引理 (Dependent Lemma)

向量空間 V 中的向量集 $D = \{\mathbf{v}_1, \mathbf{v}_2, \ldots, \mathbf{v}_k\}$ 是線性相依，若且唯若 D 中的某個向量是其它向量的線性組合。

證明

假設 $\mathbf{v}_2$ 為其餘向量的線性組合：$\mathbf{v}_2 = s_1\mathbf{v}_1 + s_3\mathbf{v}_3 + \cdots + s_k\mathbf{v}_k$，則 $s_1\mathbf{v}_1 + (-1)\mathbf{v}_2 + s_3\mathbf{v}_3 + \cdots + s_k\mathbf{v}_k = \mathbf{0}$ 為等於 $\mathbf{0}$ 的非當然（係數不全為零）線性組合，故 D 為線性相依。反之，若 D 為線性相依，令 $t_1\mathbf{v}_1 + t_2\mathbf{v}_2 + \cdots + t_k\mathbf{v}_k = \mathbf{0}$，其中某個係數不為零。若假設 $t_2 \neq 0$，則 $\mathbf{v}_2 = -\frac{t_1}{t_2}\mathbf{v}_1 - \frac{t_3}{t_2}\mathbf{v}_3 - \cdots - \frac{t_k}{t_2}\mathbf{v}_k$ 為其它向量的線性組合。

引理 1 提供一種方法將線性獨立集擴大成為一組基底；相形之下，引理 3 顯示生成集可以縮減成為一組基底。

定理 3

設 V 是有限維向量空間。V 中任何生成集，可以縮減（刪除向量）成為 V 的一組基底。

證明

因為 V 是有限維，它具有有限生成集 S。在所有生成集 S 中，選擇包含最小向量個數的 S_0。只需證明 S_0 為線性獨立（則 S_0 為基底，定理得證）。假設 S_0 不是線性獨立，則由引理 3 知，存在某些向量 $\mathbf{u} \in S_0$ 是向量集合 $S_1 = S_0 \backslash \{\mathbf{u}\}$ 的線性組合，因而斷定 $\operatorname{span} S_0 = \operatorname{span} S_1$，亦即，$V = \operatorname{span} S_1$。但 S_1 的向量個數小於 S_0，此與 S_0 含有最小向量個數矛盾，因此 S_0 為線性獨立。

注意，當 $V = \mathbb{R}^n$ 時，定理 1、定理 3 完成了第 5.2 節定理 6 的證明。

例 6

在生成集 $S = \{1, x + x^2, 2x - 3x^2, 1 + 3x - 2x^2, x^3\}$ 中，求出 $\mathbf{P}_3$ 的一組基底。

解：因為 $\dim \mathbf{P}_3 = 4$，我們必須由 S 刪去一個多項式。它不會是 x^3，因為 S 中刪去 x^3 所剩下的生成集包含於 $\mathbf{P}_2$。而刪除 $1 + 3x - 2x^2$ 所剩下的生成集可構成基底（驗證）。注意，$1 + 3x - 2x^2$ 是前三個多項式的和。

定理 1 和 3 具有其它有用的結果。

定理 4

設 V 為向量空間且 $\dim V = n$。若 S 恰是 V 中 n 個向量的集合，則 S 為線性獨立若且唯若 S 生成 V。

證明

首先假設 S 為線性獨立，由定理 1 知，S 包含於 V 的基底 B。因此 $|S| = n = |B|$。因為 $S \subseteq B$，可推得 $S = B$。故 S 生成 V。

反之，假設 S 生成 V，由定理 3 知，S 包含基底 B。因此 $|S| = n = |B|$，因為 $S \supseteq B$，可推得 $S = B$。故 S 為線性獨立。

當我們證明一組向量是基底的時候，線性獨立或生成 (spanning)，其中一個經常比另一個更容易建立。例如，若 $V = \mathbb{R}^n$，很容易就檢查出 $\mathbb{R}^n$ 的子集 S 是否為正交（因此線性獨立），但檢查生成 (spanning) 可能很冗長。這裡有三個例子。

例 7

考慮 $\mathbf{P}_n$ 中的多項式集合 $S = \{p_0(x), p_1(x), ..., p_n(x)\}$，若對每一個 k 而言，$\deg p_k(x) = k$，證明 S 是 $\mathbf{P}_n$ 的基底。

解：集合 S 為線性獨立——次數相異——參閱第 6.3 節例 4。因此由定理 4 知 S 為 $\mathbf{P}_n$ 的一組基底，因為 $\dim \mathbf{P}_n = n + 1$。

例 8

令 V 表示所有 2×2 對稱矩陣所成的空間。求由可逆矩陣組成的 V 的基底。

解：我們知道 $\dim V = 3$（第 6.3 節例 11），故所要的是線性獨立或生成 V 的三個可逆對稱矩陣（利用定理 4），集合 $\left\{ \begin{bmatrix} 1 & 0 \\ 0 & 1 \end{bmatrix}, \begin{bmatrix} 1 & 0 \\ 0 & -1 \end{bmatrix}, \begin{bmatrix} 0 & 1 \\ 1 & 0 \end{bmatrix} \right\}$ 是線性獨立（驗證），因此是所欲求的基底。

例 9

設 A 為 $n \times n$ 任意矩陣。證明存在 $n^2 + 1$ 個不全為零的純量 $a_0, a_1, a_2, ..., a_{n^2}$，使得

$$a_0 I + a_1 A + a_2 A^2 + \cdots + a_{n^2} A^{n^2} = 0$$

其中 I 為 $n \times n$ 單位矩陣。

解：由第 6.3 節例 7 知，所有 $n \times n$ 矩陣的空間 $\mathbf{M}_{nn}$ 具有維數 n^2。因此由定理 4，$n^2 + 1$ 個矩陣 $I, A, A^2, ..., A^{n^2}$ 不是線性獨立，故非當然 (nontrivial) 線性組合等於 0。這就是我們要的結論。

注意，例 9 的結果可寫成 $f(A) = 0$，其中 $f(x) = a_0 + a_1 x + a_2 x^2 + \cdots + a_{n^2} x^{n^2}$。換言之，$A$ 滿足次數至多是 n^2 的非零方程式 $f(x) = 0$。事實上，A 滿足次數為 n 的非零方程式（此為 Cayley-Hamilton 定理——參閱第 8.6 節定理 10 或第 11.1 節定理 2）。

若 U 和 W 是向量空間 V 的子空間，有兩個子空間是我們感興趣的，亦即 U 與 V 的**和 (sum)** $U + W$ 以及**交集 (intersection)** $U \cap W$，定義為

$$U + W = \{\mathbf{u} + \mathbf{w} \mid \mathbf{u} \in U \text{ 且 } \mathbf{w} \in W\}$$
$$U \cap W = \{\mathbf{v} \in V \mid \mathbf{v} \in U \text{ 且 } \mathbf{v} \in W\}$$

我們可驗證這些的確是 V 的子空間，而且 $U \cap W$ 包含於 U 和 W 中，而 $U + W$ 包含 U 和 W。我們用關於這些空間的維數的有用事實來結束本節。接下來的定理證明是對如何使用本節定理做一個很好的說明。

定理 5

假設 U 和 W 是向量空間 V 的有限維子空間，則 $U + W$ 是有限維且
$$\dim(U + W) = \dim U + \dim W - \dim(U \cap W)$$

證明

因為 $U \cap W \subseteq U$，它有一組有限基底 $\{\mathbf{x}_1, \ldots, \mathbf{x}_d\}$。由定理 1 知，它可擴大成為 U 的基底 $\{\mathbf{x}_1, \ldots, \mathbf{x}_d, \mathbf{u}_1, \ldots, \mathbf{u}_m\}$。同理 $\{\mathbf{x}_1, \ldots, \mathbf{x}_d\}$ 可擴大成為 W 的基底，則
$$U + W = \operatorname{span}\{\mathbf{x}_1, \ldots, \mathbf{x}_d, \mathbf{u}_1, \ldots, \mathbf{u}_m, \mathbf{w}_1, \ldots, \mathbf{w}_p\}$$
（讀者可驗證），故 $U + W$ 為有限維。剩下只需證明 $\{\mathbf{x}_1, \ldots, \mathbf{x}_d, \mathbf{u}_1, \ldots, \mathbf{u}_m, \mathbf{w}_1, \ldots, \mathbf{w}_p\}$ 為線性獨立。假設
$$r_1\mathbf{x}_1 + \cdots + r_d\mathbf{x}_d + s_1\mathbf{u}_1 + \cdots + s_m\mathbf{u}_m + t_1\mathbf{w}_1 + \cdots + t_p\mathbf{w}_p = \mathbf{0} \quad (*)$$
其中 r_i、s_j 和 t_k 為純量，則
$$r_1\mathbf{x}_1 + \cdots + r_d\mathbf{x}_d + s_1\mathbf{u}_1 + \cdots + s_m\mathbf{u}_m = -(t_1\mathbf{w}_1 + \cdots + t_p\mathbf{w}_p)$$
屬於 U（左側）且屬於 W（右側），故屬於 $U \cap W$。因此 $(t_1\mathbf{w}_1 + \cdots + t_p\mathbf{w}_p)$ 為 $\{\mathbf{x}_1, \ldots, \mathbf{x}_d\}$ 的線性組合，故 $t_1 = \cdots = t_p = 0$，此乃因 $\{\mathbf{x}_1, \ldots, \mathbf{x}_d, \mathbf{w}_1, \ldots, \mathbf{w}_p\}$ 為線性獨立，同理 $s_1 = \cdots = s_m = 0$，故 $(*)$ 變成 $r_1\mathbf{x}_1 + \cdots + r_d\mathbf{x}_d = \mathbf{0}$，可推得 $r_1 = \cdots = r_d = 0$。

當 $U \cap W = \{\mathbf{0}\}$ 時，定理 5 特別有趣，那麼在上面的證明中沒有 $\mathbf{x}_i$ 向量且在討論中說明了，若 $\{\mathbf{u}_1, \ldots, \mathbf{u}_m\}$ 和 $\{\mathbf{w}_1, \ldots, \mathbf{w}_p\}$ 分別為 U 和 W 的基底，則 $\{\mathbf{u}_1, \ldots, \mathbf{u}_m, \mathbf{w}_1, \ldots, \mathbf{w}_p\}$ 為 $U + W$ 的基底。在此情況下，$U + W$ 稱為**直和 (direct sum)**（寫成 $U \oplus W$）；在第 9 章我們將對此詳加討論。

習題 6.4

1. 下列各題中，找出 V 的一組包含向量 $\mathbf{v}$ 的基底。
   (a) $V = \mathbb{R}^3$，$\mathbf{v} = (1, -1, 1)$
   ◆(b) $V = \mathbb{R}^3$，$\mathbf{v} = (0, 1, 1)$
   (c) $V = \mathbf{M}_{22}$，$\mathbf{v} = \begin{bmatrix} 1 & 1 \\ 1 & 1 \end{bmatrix}$
   ◆(d) $V = \mathbf{P}_2$，$\mathbf{v} = x^2 - x + 1$

2. 在已知向量中求 V 的一組基底。
   (a) $V = \mathbb{R}^3$，$\{(1, 1, -1), (2, 0, 1), (-1, 1, -2), (1, 2, 1)\}$
   ◆(b) $V = \mathbf{P}_2$，$\{x^2 + 3, x + 2, x^2 - 2x - 1, x^2 + x\}$

3. 下列各題中，找出 V 的一組包含向量 $\mathbf{v}$ 和 $\mathbf{w}$ 的基底。

(a) $V = \mathbb{R}^4$，$\mathbf{v} = (1, -1, 1, -1)$，$\mathbf{w} = (0, 1, 0, 1)$

◆(b) $V = \mathbb{R}^4$，$\mathbf{v} = (0, 0, 1, 1)$，$\mathbf{w} = (1, 1, 1, 1)$

(c) $V = \mathbf{M}_{22}$，$\mathbf{v} = \begin{bmatrix} 1 & 0 \\ 0 & 1 \end{bmatrix}$，$\mathbf{w} = \begin{bmatrix} 0 & 1 \\ 1 & 0 \end{bmatrix}$

◆(d) $V = \mathbf{P}_3$，$\mathbf{v} = x^2 + 1$，$\mathbf{w} = x^2 + x$

4. (a) 若 z 不是實數，證明 $\{z, z^2\}$ 是複數空間 $\mathbb{C}$ 的基底。

◆(b) 若 z 不是實數也不是純虛數。證明 $\{z, \bar{z}\}$ 是 $\mathbb{C}$ 的基底。

5. 下列各題中，利用定理 4 判斷 S 是否為 V 的一組基底。

(a) $V = \mathbf{M}_{22}$；
$S = \left\{ \begin{bmatrix} 1 & 1 \\ 1 & 1 \end{bmatrix}, \begin{bmatrix} 0 & 1 \\ 1 & 1 \end{bmatrix}, \begin{bmatrix} 0 & 0 \\ 1 & 1 \end{bmatrix}, \begin{bmatrix} 0 & 0 \\ 0 & 1 \end{bmatrix} \right\}$

◆(b) $V = \mathbf{P}_3$；
$S = \{2x^2, 1 + x, 3, 1 + x + x^2 + x^3\}$

6. (a) 找出 $\mathbf{M}_{22}$ 具有矩陣 $A^2 = A$ 性質的基底。

◆(b) 找出 $\mathbf{P}_3$ 由係數和為 4 的多項式所形成的基底。若係數和為 0 則是什麼？。

7. 若 $\{\mathbf{u}, \mathbf{v}, \mathbf{w}\}$ 是 V 的一組基底，判斷下列何者是基底。

(a) $\{\mathbf{u} + \mathbf{v}, \mathbf{u} + \mathbf{w}, \mathbf{v} + \mathbf{w}\}$

◆(b) $\{2\mathbf{u} + \mathbf{v} + 3\mathbf{w}, 3\mathbf{u} + \mathbf{v} - \mathbf{w}, \mathbf{u} - 4\mathbf{w}\}$

(c) $\{\mathbf{u}, \mathbf{u} + \mathbf{v} + \mathbf{w}\}$

◆(d) $\{\mathbf{u}, \mathbf{u} + \mathbf{w}, \mathbf{u} - \mathbf{w}, \mathbf{v} + \mathbf{w}\}$

8. (a) 兩個向量可以生成 $\mathbb{R}^3$ 嗎？它們是否為線性獨立？請說明。

◆(b) 四個向量可以生成 $\mathbb{R}^3$ 嗎？它們是否為線性獨立？請說明。

9. 證明在有限維向量空間中任意非零向量是某個基底的一部分。

◆10. 若 A 為方陣，證明 $\det A = 0$ 若且唯若某一列是其它列的線性組合。

11. 令 D、I、X 表示向量空間 V 的有限非空向量集。假設 D 為線性相依且 I 為線性獨立。在下列情況下，回答是或否，並提出理由。

(a) 若 $X \supseteq D$，則 X 為線性相依？

◆(b) 若 $X \subseteq D$，則 X 為線性相依？

(c) 若 $X \supseteq I$，則 X 為線性獨立？

◆(d) 若 $X \subseteq I$，則 X 為線性獨立？

12. 若 U、W 是 V 的子空間且 $\dim U = 2$，證明不是 $U \subseteq W$ 就是 $\dim(U \cap W) \leq 1$。

13. 令 A 是 2×2 非零矩陣且令 $U = \{X \in \mathbf{M}_{22} \mid XA = AX\}$，證明 $\dim U \geq 2$。
【提示：I 和 A 皆屬於 U。】

14. 若 $U \subseteq \mathbb{R}^2$ 是一個子空間。證明 $U = \{\mathbf{0}\}$，$U = \mathbb{R}^2$ 或 U 是通過原點的直線。

◆15. 已知 $\mathbf{v}_1, \mathbf{v}_2, \mathbf{v}_3, ..., \mathbf{v}_k$ 和 $\mathbf{v}$，令 $U = \text{span}\{\mathbf{v}_1, \mathbf{v}_2, ..., \mathbf{v}_k\}$ 且 $W = \text{span}\{\mathbf{v}_1, \mathbf{v}_2, ..., \mathbf{v}_k, \mathbf{v}\}$。證明不是 $\dim W = \dim U$ 就是 $\dim W = 1 + \dim U$。

16. 假設 U 是 $\mathbf{P}_1$ 的子空間，$U \neq \{0\}$ 且 $U \neq \mathbf{P}_1$。證明不是 $U = \mathbb{R}$ 就是 $U = \mathbb{R}(a + x)$。其中 $a \in \mathbb{R}$。

17. 令 U 是 V 的子空間且設 $\dim V = 4$，$\dim U = 2$。試問 V 的每一個基底是來自於將（兩個）向量加到 U 的某個基底而形成的嗎？請提出理由。

18. 令 U 和 W 為向量空間 V 的子空間。

(a) 若 $\dim V = 3$，$\dim U = \dim W = 2$ 且 $U \neq W$，證明 $\dim(U \cap W) = 1$。

◆(b) 若 $V = \mathbb{R}^3$，試解釋 (a) 的幾何意義。

19. 令 $U \subseteq W$ 為 V 的子空間，且 $\dim U = k$，$\dim W = m$，其中 $k < m$。若 $k < l < m$，證明存在一個子空間 X，使得 $U \subseteq X \subseteq W$ 且 $\dim X = l$。

20. 令 $B = \{\mathbf{v}_1, ..., \mathbf{v}_n\}$ 為向量空間 V 的最大 (maximal) 獨立集，亦即，沒有大於 n 個向量的線性獨立集。證明 B 是 V 的一組基底。

21. 令 $B = \{\mathbf{v}_1, ..., \mathbf{v}_n\}$ 為向量空間 V 的最小 (minimal) 生成集。亦即，V 不可能由小於 n 個向量的集合生成。證明 B 是 V 的一組基底。

22. (a) 令 $p(x)$ 和 $q(x)$ 屬於 $\mathbf{P}_1$ 且假設 $p(1) \neq 0$，$q(2) \neq 0$，$p(2) = 0 = q(1)$。證明 $\{p(x), q(x)\}$ 是 $\mathbf{P}_1$ 的一組基底。
【提示：若 $rp(x) + sq(x) = 0$，在 $x = 1$，$x = 2$ 求值。】
(b) 令 $B = \{p_0(x), p_1(x), ..., p_n(x)\}$ 是 $\mathbf{P}_n$ 的一組多項式。假設存在實數 $a_0, a_1, ..., a_n$ 使得對每一個 i 而言，$p_i(a_i) \neq 0$，但若 $i \neq j$，則 $p_i(a_j) = 0$。證明 B 是 $\mathbf{P}_n$ 的一組基底。

23. 令 V 是所有無窮實數數列 $(a_0, a_1, a_2, ...)$ 的集合。定義加法和純量乘法為 $(a_0, a_1, ...) + (b_0, b_1, ...) = (a_0 + b_0, a_1 + b_1, ...)$ 和 $r(a_0, a_1, ...) = (ra_0, ra_1, ...)$
(a) 證明 V 是一個向量空間。
◆(b) 證明 V 不是有限維。
(c) 證明收斂數列（即，$\lim\limits_{n \to \infty} a_n$ 存在）的集合是無限維子空間。

24. 令 A 是秩為 r 的 $n \times n$ 矩陣。若 $U = \{X \in \mathbf{M}_{nn} \mid AX = 0\}$，證明 $\dim U = n(n - r)$。【提示：第 6.3 節習題 34。】

25. 令 U 和 W 是 V 的子空間。
(a) 證明 $U + W$ 是 V 的一個子空間，包含 U 和 W。
◆(b) 證明對於任意向量 $\mathbf{u}$ 和 $\mathbf{w}$ 而言，$\text{span}\{\mathbf{u}, \mathbf{w}\} = \mathbb{R}\mathbf{u} + \mathbb{R}\mathbf{w}$。
(c) 證明對於任意向量 $\mathbf{u}_i \in U$ 和 $\mathbf{w}_j \in W$ 而言，
$\text{span}\{\mathbf{u}_1, ..., \mathbf{u}_m, \mathbf{w}_1, ..., \mathbf{w}_n\}$
$= \text{span}\{\mathbf{u}_1, ..., \mathbf{u}_m\} + \text{span}\{\mathbf{w}_1, ..., \mathbf{w}_n\}$

26. 若 A 和 B 是 $m \times n$ 矩陣，證明 $\text{rank}(A + B) \leq \text{rank}\,A + \text{rank}\,B$。
【提示：若 U 和 V 分別為 A 和 B 的行空間，證明 $A + B$ 的行空間包含於 $U + V$，且 $\dim(U + V) \leq \dim U + \dim V$（參閱定理 5）。】

6.5 節　應用於多項式

次數至多為 n 的所有多項式所構成的向量空間記做 $\mathbf{P}_n$，在第 6.3 節我們已證明 $\mathbf{P}_n$ 的維數為 $n + 1$；事實上，$\{1, x, x^2, ..., x^n\}$ 是它的一組基底。廣義而言，由第 6.4 節定理 4 可知任意不同次數的 $n + 1$ 個多項式形成 $\mathbf{P}_n$ 的一組基底（由第 6.3 節例 4 知它們是線性獨立），此即證明

定理 1

令 $p_0(x), p_1(x), p_2(x), ..., p_n(x)$ 是 $\mathbf{P}_n$ 中的多項式,其次數分別為 $0, 1, 2, ..., n$,則 $\{p_0(x), ..., p_n(x)\}$ 是 $\mathbf{P}_n$ 的一組基底。

對任意實數 a 而言,$\{1, (x-a), (x-a)^2, ..., (x-a)^n\}$ 是 $\mathbf{P}_n$ 的一組基底,因此我們有下面的推論:

推論 1

若 a 是任意實數,則次數至多為 n 的多項式 $f(x)$ 可以用 $(x-a)$ 的冪次方展開為:

$$f(x) = a_0 + a_1(x-a) + a_2(x-a)^2 + \cdots + a_n(x-a)^n \qquad (*)$$

若 $f(x)$ 取值於 $x = a$,則 $(*)$ 式變成

$$f(a) = a_0 + a_1(a-a) + \cdots + a_n(a-a)^n = a_0$$

因此 $a_0 = f(a)$,而 $(*)$ 式可寫成 $f(x) = f(a) + (x-a)g(x)$,其中 $g(x)$ 為 $n-1$ 次多項式(這裡假設 $n \geq 1$)。若 $f(a) = 0$,則 $f(x)$ 的形式為 $f(x) = (x-a)g(x)$。反之,每一個 $f(x) = (x-a)g(x)$ 的多項式均滿足 $f(a) = 0$,我們得到:

推論 2

令 $f(x)$ 是次數 $n \geq 1$ 的多項式,a 為任意實數,則:

餘式定理 (Remainder Theorem)

1. $f(x) = f(a) + (x-a)g(x)$,其中 $g(x)$ 為 $n-1$ 次多項式。

因式定理 (Factor Theorem)

2. $f(a) = 0$ 若且唯若 $f(x) = (x-a)g(x)$,其中 $g(x)$ 為某一個多項式。

以長除法 (long division) 將 $f(x)$ 除以 $(x-a)$ 可算出多項式 $g(x)$。

$(*)$ 式為將 $f(x)$ 以 $(x-a)$ 的冪次展開,其所有係數都可利用 $f(x)$ 的導數[5]來決定。這對於學過微積分的學生而言,應是熟悉的。令 $f^{(n)}(x)$ 表示多項式 $f(x)$ 的第 n 次導數,且令 $f^{(0)}(x) = f(x)$,則若

$$f(x) = a_0 + a_1(x-a) + a_2(x-a)^2 + \cdots + a_n(x-a)^n$$

---

[5] 泰勒定理的討論可以省略而不失連續性。

顯然 $a_0 = f(a) = f^{(0)}(a)$。微分後可得
$$f^{(1)}(x) = a_1 + 2a_2(x-a) + 3a_3(x-a)^2 + \cdots + na_n(x-a)^{n-1}$$
將 $x = a$ 代入得到 $a_1 = f^{(1)}(a)$。繼續使用這種方法，可得
$$a_2 = \frac{f^{(2)}(a)}{2!}, a_3 = \frac{f^{(3)}(a)}{3!}, \ldots, a_k = \frac{f^{(k)}(a)}{k!}，其中 k! 定義為 k! = k(k-1)\cdots 2 \cdot 1。$$
因此我們得到下面的推論：

推論 3

泰勒定理 (Taylor's Theorem)
若 $f(x)$ 為 n 次多項式，則
$$f(x) = f(a) + \frac{f^{(1)}(a)}{1!}(x-a) + \frac{f^{(2)}(a)}{2!}(x-a)^2 + \cdots + \frac{f^{(n)}(a)}{n!}(x-a)^n$$

● 例 1

將 $f(x) = 5x^3 + 10x + 2$ 展開成以 $x-1$ 的冪次方表示的多項式。

解：$f(x)$ 的導數分別為 $f^{(1)}(x) = 15x^2 + 10$，$f^{(2)}(x) = 30x$，$f^{(3)}(x) = 30$。因此泰勒展開式為
$$\begin{aligned}f(x) &= f(1) + \frac{f^{(1)}(1)}{1!}(x-1) + \frac{f^{(2)}(1)}{2!}(x-1)^2 + \frac{f^{(3)}(1)}{3!}(x-1)^3\\ &= 17 + 25(x-1) + 15(x-1)^2 + 5(x-1)^3\end{aligned}$$

泰勒定理是有用的，它提供了展開式中的係數公式。這些在微積分中會有涉及，我們不在這裡探討。

定理 1 產生 $\mathbf{P}_n$ 的基底，而基底是由不同次數的多項式所組成。

定理 2

令 $f_0(x), f_1(x), \ldots, f_n(x)$ 是 $\mathbf{P}_n$ 中的非零多項式。假設存在實數 $a_0, a_1, \ldots, a_n$ 使得

對每一個 i 而言，$f_i(a_i) \neq 0$
若 $i \neq j$，$f_i(a_j) = 0$

則

1. $\{f_0(x), \ldots, f_n(x)\}$ 是 $\mathbf{P}_n$ 的基底。

2. 若 $f(x)$ 是 $\mathbf{P}_n$ 中的任意多項式，則 $f(x)$ 的展開式可用這些基底的線性組合表示為

$$f(x) = \frac{f(a_0)}{f_0(a_0)} f_0(x) + \frac{f(a_1)}{f_1(a_1)} f_1(x) + \cdots + \frac{f(a_n)}{f_n(a_n)} f_n(x)$$

證明

1. 只要（第 6.4 節定理 4）證明 $\{f_0(x), ..., f_n(x)\}$ 為線性獨立（因為 $\dim \mathbf{P}_n = n + 1$）。假設

$$r_0 f_0(x) + r_1 f_1(x) + \cdots + r_n f_n(x) = 0，r_i \in \mathbb{R}$$

因為對所有 $i > 0$，$f_i(a_0) = 0$ 恆成立，取 $x = a_0$ 可得 $r_0 f_0(a_0) = 0$。因 $f_0(a_0) \neq 0$，所以 $r_0 = 0$。同理可證，對 $i > 0$ 而言，$r_i = 0$ 恆成立。

2. 由 (1) 知，對某些實數 r_i 而言，$f(x) = r_0 f_0(x) + \cdots + r_n f_n(x)$ 恆成立。在 a_0 取值可得 $f(a_0) = r_0 f_0(a_0)$，因此 $r_0 = f(a_0)/f_0(a_0)$。同理，對每一個 i 而言，$r_i = f(a_i)/f_i(a_i)$ 恆成立。

例 2

證明 $\{x^2 - x, x^2 - 2x, x^2 - 3x + 2\}$ 是 $\mathbf{P}_2$ 的一組基底。

解：令 $f_0(x) = x^2 - x = x(x - 1)$，$f_1(x) = x^2 - 2x = x(x - 2)$，$f_2(x) = x^2 - 3x + 2 = (x - 1)(x - 2)$，則 $a_0 = 2$，$a_1 = 1$，$a_2 = 0$ 滿足定理 2 的條件。

在定理 2 中，我們探討多項式 $f_i(x)$ 的一種自然選擇。為了說明，令 $a_0 \cdot a_1 \cdot a_2$ 為相異實數且令

$$f_0(x) = \frac{(x - a_1)(x - a_2)}{(a_0 - a_1)(a_0 - a_2)}，f_1(x) = \frac{(x - a_0)(x - a_2)}{(a_1 - a_0)(a_1 - a_2)}，f_2(x) = \frac{(x - a_0)(x - a_1)}{(a_2 - a_0)(a_2 - a_1)}$$

則 $f_0(a_0) = f_1(a_1) = f_2(a_2) = 1$ 且當 $i \neq j$ 時，$f_i(a_j) = 0$。因此可應用定理 2，且因為對每一個 i 而言，$f_i(a_i) = 1$ 恆成立，所以可將任意多項式展開的公式予以簡化。

事實上，這可以加以推廣。若 $a_0, a_1, ..., a_n$ 是相異實數，定義相對於這些實數的 **Lagrange 多項式 (Lagrange polynomials)** $\delta_0(x), \delta_1(x), ..., \delta_n(x)$ 如下：

$$\delta_k(x) = \frac{\prod_{i \neq k}(x - a_i)}{\prod_{i \neq k}(a_k - a_i)} \quad k = 0, 1, 2, ..., n$$

分子是刪掉 $(x - a_k)$ 後，所有 $(x - a_0), (x - a_1), ..., (x - a_n)$ 這些項的乘積，而分母也是用類似符號表示。若 $n = 2$，則這些剛好是前段所述的多項式。若 $n = 3$，則多項式 $\delta_1(x)$ 的形式為

$$\delta_1(x) = \frac{(x-a_0)(x-a_2)(x-a_3)}{(a_1-a_0)(a_1-a_2)(a_1-a_3)}$$

一般情況下,對每一個 i 而言,$\delta_i(a_i) = 1$ 且若 $i \neq j$,則 $\delta_i(a_j) = 0$。因此定理 2 經過特殊化後成為定理 3。

定理 3

Lagrange 插值展開式 (Lagrange Interpolation Expansion)

令 $a_0, a_1, ..., a_n$ 為相異實數,其對應的 Lagrange 多項式的集合

$$\{\delta_0(x), \delta_1(x), ..., \delta_n(x)\}$$

為 $\mathbf{P}_n$ 的一組基底,而 $\mathbf{P}_n$ 中的任意多項式 $f(x)$ 可寫成這些多項式的線性組合,亦即 $f(x)$ 具有如下的唯一展開式:

$$f(x) = f(a_0)\delta_0(x) + f(a_1)\delta_1(x) + \cdots + f(a_n)\delta_n(x)$$

例 3

相對於 $a_0 = -1$,$a_1 = 0$,$a_2 = 1$,求 $f(x) = x^2 - 2x + 1$ 的 Lagrange 插值展開式。

解:Lagrange 多項式為

$$\delta_0(x) = \frac{(x-0)(x-1)}{(-1-0)(-1-1)} = \tfrac{1}{2}(x^2 - x)$$

$$\delta_1(x) = \frac{(x+1)(x-1)}{(0+1)(0-1)} = -(x^2 - 1)$$

$$\delta_2(x) = \frac{(x+1)(x-0)}{(1+1)(1-0)} = \tfrac{1}{2}(x^2 + x)$$

因為 $f(-1) = 4$,$f(0) = 1$,$f(1) = 0$,所以展開式為

$$f(x) = 2(x^2 - x) - (x^2 - 1)$$

利用 Lagrange 插值展開式可將下面的重要事實予以簡單的證明。

定理 4

令 $f(x)$ 為 $\mathbf{P}_n$ 中的多項式,$a_0, a_1, ..., a_n$ 為相異實數。若對所有 i 而言,$f(a_i) = 0$,則 $f(x)$ 是零多項式(亦即,所有係數皆為零)。

證明

$f(x)$ 的 Lagrange 展開式中,所有係數皆為零,定理得證。

習題 6.5

1. 若多項式 $f(x)$ 和 $g(x)$ 滿足 $f(a) = g(a)$，證明對某個多項式 $h(x)$ 而言
$f(x) - g(x) = (x - a)h(x)$ 恆成立。

習題 2、3、4、5 需要用到多項式的微分。

2. 將下列多項式展開成 $(x - 1)$ 的冪次方。
   (a) $f(x) = x^3 - 2x^2 + x - 1$
   ◆(b) $f(x) = x^3 + x + 1$
   (c) $f(x) = x^4$
   ◆(d) $f(x) = x^3 - 3x^2 + 3x$

3. 證明多項式的泰勒定理。

4. 利用泰勒定理推導二項式定理 (binomial theorem)：
$$(1+x)^n = \binom{n}{0} + \binom{n}{1}x + \binom{n}{2}x^2 + \cdots + \binom{n}{n}x^n$$
此處二項式係數 (binomial coefficients) $\binom{n}{r}$ 定義為 $\binom{n}{r} = \dfrac{n!}{r!(n-r)!}$，其中若 $n \geq 1$，則 $n! = n(n-1)\cdots 2 \cdot 1$ 而 $0! = 1$。

5. 令 $f(x)$ 為 n 次多項式，證明若給予 $\mathbf{P}_n$ 中的任意多項式 $g(x)$，則存在實數 $b_0, b_1, \ldots, b_n$ 使得
$$g(x) = b_0 f(x) + b_1 f^{(1)}(x) + \cdots + b_n f^{(n)}(x)$$
其中 $f^{(k)}(x)$ 為 $f(x)$ 的第 k 階導數。

6. 利用定理 2 證明下列是 $\mathbf{P}_2$ 的基底。
   (a) $\{x^2 - 2x, x^2 + 2x, x^2 - 4\}$
   ◆(b) $\{x^2 - 3x + 2, x^2 - 4x + 3, x^2 - 5x + 6\}$

7. 相對於 $a_0 = 1$，$a_1 = 2$，$a_2 = 3$，求 $f(x)$ 的 Lagrange 插值展開式。
   (a) $f(x) = x^2 + 1$
   ◆(b) $f(x) = x^2 + x + 1$

8. 令 $a_0, a_1, \ldots, a_n$ 為相異實數，若 $\mathbf{P}_n$ 中的 $f(x)$ 和 $g(x)$ 對所有 i 而言，皆滿足 $f(a_i) = g(a_i)$，證明 $f(x) = g(x)$。
【提示：參閱定理 4。】

9. 令 $a_0, a_1, \ldots, a_n$ 為相異實數，若 $\mathbf{P}_{n+1}$ 中的 $f(x)$ 對每一個 $i = 0, 1, \ldots, n$ 而言，皆滿足 $f(a_i) = 0$，證明 $f(x) = r(x - a_0)(x - a_1) \cdots (x - a_n)$，其中 $r \in \mathbb{R}$。【提示：r 是 $f(x)$ 中 x^{n+1} 的係數，考慮 $f(x) - r(x - a_0) \cdots (x - a_n)$ 且利用定理 4。】

10. 令 a、b 為相異實數。
    (a) 證明 $\{(x-a), (x-b)\}$ 是 $\mathbf{P}_1$ 的一組基底。
    ◆(b) 證明 $\{(x-a)^2, (x-a)(x-b), (x-b)^2\}$ 是 $\mathbf{P}_2$ 的一組基底。
    (c) 證明 $\{(x-a)^n, (x-a)^{n-1}(x-b), \ldots, (x-a)(x-b)^{n-1}, (x-b)^n\}$ 是 $\mathbf{P}_n$ 的一組基底。【提示：先假設線性組合等於 0，再分別以 $x = a$ 和 $x = b$ 代入。利用 $\mathbf{P}$ 中若 $p(x)g(x) = 0$ 則 $p(x) = 0$ 或 $g(x) = 0$ 的事實，將線性組合化簡為 $n - 2$ 次方的情形。】

11. 令 a、b 為兩個相異實數，假設 $n \geq 2$ 且令 $U_n = \{f(x) \in \mathbf{P}_n \mid f(a) = 0 = f(b)\}$
    (a) 證明
    $$U_n = \{(x-a)(x-b)p(x) \mid p(x) \in \mathbf{P}_{n-2}\}$$
    ◆(b) 證明 $\dim U_n = n - 1$。
    【提示：$\mathbf{P}$ 中若 $p(x)q(x) = 0$，則 $p(x) = 0$ 或 $q(x) = 0$。】
    (c) 證明 $\{(x-a)^{n-1}(x-b), (x-a)^{n-2}(x-b)^2, \ldots, (x-a)^2(x-b)^{n-2}, (x-a)(x-b)^{n-1}\}$ 是 U_n 的基底。
    【提示：習題 10。】

6.6 節　應用於微分方程式

函數 $f: \mathbb{R} \to \mathbb{R}$ 稱為**可微分 (differentiable)**，如果我們可以將它微分許多次。若 f 是可微分函數，f 的 n 階導數 $f^{(n)}$ 是將 f 微分 n 次，因此 $f^{(0)} = f, f^{(1)} = f', f^{(2)} = f^{(1)'}, \ldots$，通式為 $f^{(n+1)} = f^{(n)'}$，$n \geq 0$。對於較小的 n 值，則通常寫成 $f, f', f'', f''', \ldots$。

若 a, b, c 為實數，微分方程式

$$f'' + af' + bf = 0 \quad \text{或} \quad f''' + af'' + bf' + cf = 0$$

分別稱為**二階 (second-order)** 與**三階 (third-order)**。一般而言，方程式

$$f^{(n)} + a_{n-1}f^{(n-1)} + a_{n-2}f^{(n-2)} + \cdots + a_2 f^{(2)} + a_1 f^{(1)} + a_0 f^{(0)} = 0, \; a_i \in \mathbb{R} \quad (*)$$

稱為 n **階微分方程式 (differential equation of order n)**。本節我們探討當 n 為 1 或 2 時，(*) 的解集合，找出顯式解。當然，熟悉微積分是必要的。

令 f 與 g 為 (*) 的解，則 $f + g$ 亦為一解，因為對所有 k 而言，$(f+g)^{(k)} = f^{(k)} + g^{(k)}$，而對任意 $a \in \mathbb{R}$ 而言，af 亦為 (*) 的一解，因為 $(af)^{(k)} = af^{(k)}$。我們可推得 (*) 的解集合是一個向量空間，且欲求此空間的維數。

我們已經處理過最簡單的情形（參閱第 3.5 節定理 1）：

定理 1

一階微分方程式 $f' + af = 0$ 的解集合是一維向量空間且 $\{e^{-ax}\}$ 為一基底。

定理 1 有一個推廣，它將於第 7.4 節（定理 1）予以證明。

定理 2

n 階方程式 (*) 的解集合具有維數 n。

註解

每一個 n 階微分方程式可轉換成 n 個線性一階方程式的方程組（參閱第 3.5 節習題 6 和 7）。在方程組的矩陣可對角化的情況下，這種方式提供了定理 2 的證明，但若矩陣不可對角化，則需利用第 7.4 節定理 1。

定理 1 建議我們尋找 (*) 的解其形式為 $e^{\lambda x}$，其中 λ 為一數。這是好主意。若令 $f(x) = e^{\lambda x}$，則很容易驗證 $f^{(k)}(x) = \lambda^k e^{\lambda x}$，$k \geq 0$，故將 f 代入 (*) 式可得

$$(\lambda^n + a_{n-1}\lambda^{n-1} + a_{n-2}\lambda^{n-2} + \cdots + a_2\lambda^2 + a_1\lambda^1 + a_0)e^{\lambda x} = 0$$

由於對所有 x 而言，$e^{\lambda x} \neq 0$，此即證明 $e^{\lambda x}$ 為 (∗) 式的解若且唯若 λ 是**特徵方程式 (characteristic equation)** $c(x) = 0$ 的根，其中 $c(x)$ 定義為

$$c(x) = x^n + a_{n-1}x^{n-1} + a_{n-2}x^{n-2} + \cdots + a_2x^2 + a_1x + a_0$$

此時定理 3 已獲得證明。

定理 3

若 λ 為實數，函數 $e^{\lambda x}$ 為 (∗) 式的解若且唯若 λ 是特徵方程式 $c(x) = 0$ 的根。

例 1

求 $f''' - 2f'' - f' - 2f = 0$ 的解空間 U 的一組基底。

解：特徵方程式為 $x^3 - 2x^2 - x - 2 = (x-1)(x+1)(x-2) = 0$，而 $\lambda_1 = 1$，$\lambda_2 = -1$，$\lambda_3 = 2$ 為其根。因此 e^x、e^{-x}、e^{2x} 屬於 U。此外，它們是線性獨立（由以下的引理 1），由定理 2 知，$\dim(U) = 3$，故 $\{e^x, e^{-x}, e^{2x}\}$ 為 U 的一組基底。

引理 1

若 $\lambda_1, \lambda_2, \ldots, \lambda_k$ 為相異，則 $\{e^{\lambda_1 x}, e^{\lambda_2 x}, \ldots, e^{\lambda_k x}\}$ 為線性獨立。

證明

若 $r_1 e^{\lambda_1 x} + r_2 e^{\lambda_2 x} + \cdots + r_k e^{\lambda_k x} = 0$，則 $r_1 + r_2 e^{(\lambda_2 - \lambda_1)x} + \cdots + r_k e^{(\lambda_k - \lambda_1)x} = 0$，亦即 $r_2 e^{(\lambda_2 - \lambda_1)x} + \cdots + r_k e^{(\lambda_k - \lambda_1)x}$ 為常數。因為 λ_i 為相異，所以 $r_2 = \cdots = r_k = 0$，因此 $r_1 = 0$，定理得證。

定理 4

令 U 為二階方程式

$$f'' + af' + bf = 0$$

的解空間，其中 a、b 為實常數。假設特徵方程式 $x^2 + ax + b = 0$ 有兩實根 λ 和 μ。則

(1) 若 $\lambda \neq \mu$，則 $\{e^{\lambda x}, e^{\mu x}\}$ 為 U 的一組基底。

(2) 若 $\lambda = \mu$，則 $\{e^{\lambda x}, xe^{\lambda x}\}$ 為 U 的一組基底。

證明

由定理 2 知 $\dim U = 2$，由引理 1 可推得 (1)，因為 $\{e^{\lambda x}, xe^{\lambda x}\}$ 為線性獨立（習題 3）可推得 (2)。

● **例 2**

求 $f'' + 4f' + 4f = 0$ 的解，並且滿足**邊界條件 (boundary conditions)** $f(0) = 1$，$f(1) = -1$。

解：特徵多項式 $x^2 + 4x + 4 = (x+2)^2$，故 -2 為重根。因此 $\{e^{-2x}, xe^{-2x}\}$ 為解空間的基底。通解為 $f(x) = ce^{-2x} + dxe^{-2x}$。利用邊界條件可得 $1 = f(0) = c$ 以及 $-1 = f(1) = (c+d)e^{-2}$，因此 $c = 1$，$d = -(1 + e^2)$，故所求之解為
$$f(x) = e^{-2x} - (1 + e^2)xe^{-2x}$$

另外一個問題是：若特徵方程式的根不是實數，會如何？欲回答此問題，我們首先必須說明清楚，當 λ 不是實數時，$e^{\lambda x}$ 的意義為何？若 q 為實數，定義
$$e^{iq} = \cos q + i \sin q$$
其中 $i^2 = -1$，則對所有實數 q 與 q_1 而言，$e^{iq}e^{iq_1} = e^{i(q+q_1)}$ 恆成立。若 $\lambda = p + iq$，其中 p、q 為實數，我們定義
$$e^\lambda = e^p e^{iq} = e^p(\cos q + i \sin q)$$
由例行的計算可證明

1. $e^\lambda e^\mu = e^{\lambda + \mu}$
2. $e^\lambda = 1$ 若且唯若 $\lambda = 0$
3. $(e^{\lambda x})' = \lambda e^{\lambda x}$

因此，若 λ（可能是複數）為特徵方程式 $x^2 + ax + b = 0$ 的根，則 $f(x) = e^{\lambda x}$ 為 $f'' + af' + bf = 0$ 的解。令 $\lambda = p + iq$，於是
$$f(x) = e^{\lambda x} = e^{px}\cos(qx) + ie^{px}\sin(qx)$$
為了方便起見，將 $f(x)$ 的實部與虛部寫成 $u(x) = e^{px}\cos(qx)$ 和 $v(x) = e^{px}\sin(qx)$，因為 $f(x)$ 滿足微分方程，故
$$0 = f'' + af' + bf = (u'' + au' + bu) + i(v'' + av' + bv)$$
令兩邊的實部與虛部相等，可知 $u(x)$ 與 $v(x)$ 皆為微分方程的解。這證明了定理 5 的一部分。

定理 5

令 U 為二階微分方程
$$f'' + af' + bf = 0$$
的解空間，其中 a、b 為實數。假設 λ 為特徵方程式 $x^2 + ax + b = 0$ 的非實根。若 $\lambda = p + iq$，其中 p、q 為實數，則
$$\{e^{px}\cos(qx), e^{px}\sin(qx)\}$$
為 U 的一組基底。

證明

根據前述的討論可知這些函數屬於 U。因為由定理 2 可知 $\dim U = 2$，所以只需證明它們是線性獨立。但若對所有的 x 而言，
$$re^{px}\cos(qx) + se^{px}\sin(qx) = 0$$
恆成立，則對所有的 x 而言，$r\cos(qx) + s\sin(qx) = 0$ 恆成立（因為 $e^{px} \neq 0$）。令 $x = 0$，可得 $r = 0$，令 $x = \frac{\pi}{2q}$ 可得 $s = 0$（$q \neq 0$，因為 λ 非實數）。定理得證。

例 3

求 $f'' - 2f' + 2f = 0$ 的解，並且滿足邊界條件 $f(0) = 2$ 和 $f(\frac{\pi}{2}) = 0$。

解： 特徵方程式 $x^2 - 2x + 2 = 0$ 的根為 $1 + i$ 與 $1 - i$。取 $\lambda = 1 + i$（任意），則以定理 5 的符號可得 $p = q = 1$，故 $\{e^x\cos x, e^x\sin x\}$ 為解空間的一組基底。因此通解為 $f(x) = e^x(r\cos x + s\sin x)$。由邊界條件可得 $2 = f(0) = r$ 以及 $0 = f(\frac{\pi}{2}) = e^{\pi/2}s$，故 $r = 2$，$s = 0$，所求的解為 $f(x) = 2e^x\cos x$。

下面定理是定理 5 的重要特例。

定理 6

若 $q \neq 0$ 為一實數，則微分方程式 $f'' + q^2 f = 0$ 的解空間之基底為
$$\{\cos(qx), \sin(qx)\}$$

證明

特徵方程式 $x^2 + q^2 = 0$ 的兩根為 qi 和 $-qi$，故使用定理 5 於 $p = 0$ 的情形。

在許多情況下，有些物體在 t 時刻的位移 $s(t)$ 具有振盪的形式 $s(t) = c \sin(at) + d \cos(at)$。這種稱為**簡諧運動 (simple harmonic motions)**。例子如下：

例 4

一物體懸掛於伸縮彈簧上（如右圖）。如果它自平衡位置往下拉然後釋放，它就會上下振盪。令 $d(t)$ 表示物體在 t 秒後位於平衡位置下方的距離。根據**虎克定理 (Hooke's law)**，物體的加速度 $d''(t)$ 與位移 $d(t)$ 成正比，而方向相反。亦即，

$$d''(t) = -kd(t)$$

其中 $k > 0$ 稱為**彈簧常數 (spring constant)**。假設彈簧最多可由平衡位置向下伸長 10 cm，試求 $d(t)$ 與振盪的**週期 (period)**（完成一次來回振盪所需的時間）。

解：由定理 6 可知（其中 $q^2 = k$）

$$d(t) = r \sin(\sqrt{k}\, t) + s \cos(\sqrt{k}\, t)$$

其中 r、s 為常數。由條件 $d(0) = 0$ 可得 $s = 0$，故 $d(t) = r \sin(\sqrt{k}\, t)$。已知函數 $\sin x$ 的最大值為 1（當 $x = \frac{\pi}{2}$），故 $r = 10$（當 $t = \frac{\pi}{2\sqrt{k}}$）。因此

$$d(t) = 10 \sin(\sqrt{k}\, t)$$

最後，當 $\sqrt{k}\, t$ 由 0 增加到 2π 時，物體完成一次來回振盪。其所需的時間為 $t = \frac{2\pi}{\sqrt{k}}$，亦即振盪的週期。

習題 6.6

1. 下列各題中，求微分方程的解 f，並滿足所予的邊界條件。

   (a) $f' - 3f = 0$；$f(1) = 2$

   ◆(b) $f' + f = 0$；$f(1) = 1$

   (c) $f'' + 2f' - 15f = 0$；
     $f(1) = f(0) = 0$

   ◆(d) $f'' + f' - 6f = 0$；
     $f(0) = 0$，$f(1) = 1$

   (e) $f'' - 2f' + f = 0$；
     $f(1) = f(0) = 1$

   ◆(f) $f'' - 4f' + 4f = 0$；$f(0) = 2$，
     $f(-1) = 0$

   (g) $f'' - 3af' + 2a^2 f = 0$；$a \neq 0$；
     $f(0) = 0$，$f(1) = 1 - e^a$

   ◆(h) $f'' - a^2 f = 0$，$a \neq 0$；$f(0) = 1$，
     $f(1) = 0$

   (i) $f'' - 2f' + 5f = 0$；$f(0) = 1$，
     $f(\frac{\pi}{4}) = 0$

   ◆(j) $f'' + 4f' + 5f = 0$；$f(0) = 0$，
     $f(\frac{\pi}{2}) = 1$

2. 若 $f'' + af' + bf = 0$ 的特徵方程式有實根，證明 $f = 0$ 是滿足的 $f(0) = 0 = f(1)$ 的唯一解。

3. 完成定理 2 的證明。【提示：若 λ 為 $x^2 + ax + b = 0$ 的二重根，證明 $a = -2\lambda$ 且 $b = \lambda^2$，因此 $xe^{\lambda x}$ 為一解。】

4. (a) 已知方程式 $f' + af = b$，$(a \neq 0)$，利用代換 $f(x) = g(x) + b/a$，得到 g 的微分方程，然後求出 $f' + af = b$ 的通解。
   ◆(b) 求 $f' + f = 2$ 的通解。

5. 考慮微分方程 $f'' + af' + bf = g$，其中 g 為某固定函數。假設 f_0 為此方程式的一解。
   (a) 證明通解為 $cf_1 + df_2 + f_0$，其中 c、d 為常數且 $\{f_1, f_2\}$ 為 $f'' + af' + bf = 0$ 的解之任意基底。
   ◆(b) 解 $f'' + f' - 6f = 2x^3 - x^2 - 2x$。
   【提示：令 $f(x) = \frac{-1}{3}x^3$。】

6. 某放射性物質的衰變速率與其存在的量成正比。假設初始質量為 10 克，經 3 小時後剩下 8 克。
   (a) 求經過 t 小時後的質量。
   ◆(b) 求此物質的半衰期 (half-life)，亦即質量衰變到原來的一半所需的時間。

7. 某地區在 t 時刻的人口為 $N(t)$，人口的增加率與當時的人口成正比。若人口每 5 年就增加成為原來的兩倍，若起初的人口為 3 百萬，求 $N(t)$。

◆8. 考慮一彈簧，如例 4。若振盪週期為 30 秒，求彈簧常數 k。

9. 當單擺擺動時（如右圖），令 t 為時間，我們可以證明，只要由垂直量起的角度 $\theta = \theta(t)$ 很小時，它滿足方程式 $\theta'' + k\theta = 0$。若最大角為 $\theta = 0.05$ 弳，求 $\theta(t)$，以 k 來表示。若週期為 0.5 秒，求 k。【假設當 $t = 0$ 時，$\theta = 0$。】

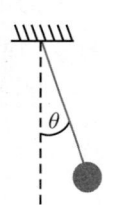

第 6 章補充習題

1. （需要用到微積分）設 V 為所有函數 $f: \mathbb{R} \to \mathbb{R}$ 所成的空間，其導數 f' 與 f'' 均存在。證明對 V 中的 f_1, f_2, f_3 而言，若它們的**朗士基 (wronskian)** $w(x)$ 不為零，其中

$$w(x) = \det \begin{bmatrix} f_1(x) & f_2(x) & f_3(x) \\ f_1'(x) & f_2'(x) & f_3'(x) \\ f_1''(x) & f_2''(x) & f_3''(x) \end{bmatrix}$$

則 f_1, f_2, f_3 為線性獨立。

2. 設 $\{\mathbf{v}_1, \mathbf{v}_2, ..., \mathbf{v}_n\}$ 為 $\mathbb{R}^n$ 的基底（寫成行向量），令 A 為 $n \times n$ 矩陣。
   (a) 若 A 為可逆，證明

   $\{A\mathbf{v}_1, A\mathbf{v}_2, ..., A\mathbf{v}_n\}$ 為 $\mathbb{R}^n$ 的基底。

   ◆(b) 若 $\{A\mathbf{v}_1, A\mathbf{v}_2, ..., A\mathbf{v}_n\}$ 為 $\mathbb{R}^n$ 的基底，證明 A 可逆。

3. 設 A 為 $m \times n$ 矩陣，證明 A 的秩為 m 若且唯若 col A 包含 I_m 的每一個行向量。

◆4. 證明 null A = null$(A^T A)$ 對任意實矩陣 A 均成立。

5. 設 A 為 $m \times n$ 矩陣，其秩為 r。證明 $\dim(\text{null } A) = n - r$（第 5.4 節定理 3）如下：選取 null A 的一組基底 $\{\mathbf{x}_1, ..., \mathbf{x}_k\}$，然後延拓成 $\mathbb{R}^n$ 的基底 $\{\mathbf{x}_1, ..., \mathbf{x}_k, \mathbf{z}_1, ..., \mathbf{z}_m\}$。證明 $\{A\mathbf{z}_1, ..., A\mathbf{z}_m\}$ 為 col A 的基底。

第七章

線性變換

若 V 和 W 為向量空間，函數 $T: V \to W$ 是一種對應規則，對於 V 中的每一個向量 $\mathbf{v}$，W 中恰有唯一的向量 $T(\mathbf{v})$ 與之對應。正如第 2.2 節所述，若對 V 中的每一個 $\mathbf{v}$ 而言，$S(\mathbf{v}) = T(\mathbf{v})$ 恆成立，則稱兩函數 $S: V \to W$ 與 $T: V \to W$ 相等。若對所有 V 中的 $\mathbf{v}$、$\mathbf{v}_1$ 而言，$T(\mathbf{v} + \mathbf{v}_1) = T(\mathbf{v}) + T(\mathbf{v}_1)$ 且對所有 V 中的 $\mathbf{v}$ 以及所有純量 r 而言，$T(r\mathbf{v}) = rT(\mathbf{v})$，則函數 $T: V \to W$ 稱為線性變換 (linear transformation)。$T(\mathbf{v})$ 稱為 $\mathbf{v}$ 在 T 之下的像 (image)。我們已經學習過線性變換 $T: \mathbb{R}^n \to \mathbb{R}^m$ 並如第 2.6 節所示，它們是乘以一個唯一確定的 $m \times n$ 矩陣 A 的函數；亦即對 $\mathbb{R}^n$ 中的所有 $\mathbf{x}$ 而言，$T(\mathbf{x}) = A\mathbf{x}$。至於線性算子 $\mathbb{R}^2 \to \mathbb{R}^2$，它可以產生一種重要方法來描述幾何函數，例如，繞著原點旋轉以及對通過原點的直線的鏡射。

在本章中，我們將描述線性變換，介紹線性變換的核空間 (kernel) 和像 (image)，並證明一個與核空間和像的維數相關的有用結果（稱為維數定理），以及將幾個先前的結果予以統合和推廣。最後我們研究同構 (isomorphic) 向量空間的概念，亦即除了表示法不同外，它們是相同的空間，並將此概念與第 2.3 節所介紹的變換的合成聯繫起來。

7.1 節　例題和基本性質

定義 7.1

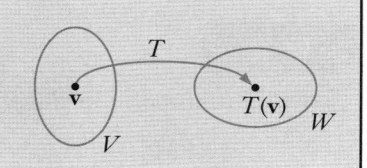

若 V、W 為兩個向量空間，函數 $T: V \to W$ 稱為**線性變換 (linear transformation)** 如果它滿足下列公設：

> T1. 對 V 中所有的 $\mathbf{v}$、$\mathbf{v}_1$ 而言，$T(\mathbf{v} + \mathbf{v}_1) = T(\mathbf{v}) + T(\mathbf{v}_1)$
>
> T2. 對 V 中所有的 $\mathbf{v}$ 以及 $r \in \mathbb{R}$ 而言，$T(r\mathbf{v}) = rT(\mathbf{v})$
>
> 線性變換 $T: V \to V$ 稱為 V 上的**線性算子 (linear operator)**。

公設 T1 是說 T 保持向量加法，它聲稱 $\mathbf{v}$ 與 $\mathbf{v}_1$ 相加後再利用 T 做變換與利用 T 做變換得到 $T(\mathbf{v})$ 和 $T(\mathbf{v}_1)$ 後再相加，會有相同的結果。同理，公設 T2 表示 T 保持純量乘法。注意，即使在公設 T1 中的兩側均用相同的符號 +，但左側的加法 $\mathbf{v} + \mathbf{v}_1$ 是在 V 中進行運算，而右側的加法 $T(\mathbf{v}) + T(\mathbf{v}_1)$ 則是在 W 中完成。同理，在公設 T2 中，純量乘法 $r\mathbf{v}$ 和 $rT(\mathbf{v})$ 分別是指在空間 V 與 W 的運算。

我們已經看過許多線性變換 $T: \mathbb{R}^n \to \mathbb{R}^m$ 的例子。事實上，將 $\mathbb{R}^n$ 中的向量寫成行，第 2.6 節定理 2 顯示，對於每一個這樣的 T 以及每一個 $\mathbb{R}^n$ 中的 $\mathbf{x}$ 而言，存在一個 $m \times n$ 矩陣 A 使得 $T(\mathbf{x}) = A\mathbf{x}$ 恆成立。此外，矩陣 $A = [T(\mathbf{e}_1) \ T(\mathbf{e}_2) \ \cdots \ T(\mathbf{e}_n)]$，其中 $\{\mathbf{e}_1, \mathbf{e}_2, \ldots, \mathbf{e}_n\}$ 為 $\mathbb{R}^n$ 的標準基底，我們將此變換記做 $T_A: \mathbb{R}^n \to \mathbb{R}^m$，定義為

$$\text{對 } \mathbb{R}^n \text{ 中的所有 } \mathbf{x}，T_A(\mathbf{x}) = A\mathbf{x}$$

例 1 列出了將在以後提到的三個重要的線性變換，公設 T1 和 T2 的驗證留給讀者。

例 1

若 V、W 為向量空間，以下為線性變換：

恆等算子 $V \to V$	$1_V: V \to V$	其中 $1_V(\mathbf{v}) = \mathbf{v}$，$\mathbf{v} \in V$
零變換 $V \to W$	$0: V \to W$	其中 $0(\mathbf{v}) = \mathbf{0}$，$\mathbf{v} \in V$
純量算子 $V \to V$	$a: V \to V$	其中 $a(\mathbf{v}) = a\mathbf{v}$，$\mathbf{v} \in V$（$a$ 為任意數）

符號 0 表示從任意空間 V 到 W 的零變換。先前我們也用它來表示零函數 $[a, b] \to \mathbb{R}$。

下一個例子給予矩陣的兩個重要變換。記住，$n \times n$ 矩陣 A 的跡 (trace) tr A 是指 A 的主對角線元素的和。

例 2

證明轉置 (transposition) 和跡均為線性變換。具體而言，

$R: \mathbf{M}_{mn} \to \mathbf{M}_{mn}$　　其中 $R(A) = A^T$，對於所有 $A \in \mathbf{M}_{mn}$ 皆成立

$S: \mathbf{M}_{nn} \to \mathbb{R}$　　其中 $S(A) = \text{tr } A$，對於所有 $A \in \mathbf{M}_{nn}$ 皆成立

兩者均為線性變換。

解：對於轉置而言，公設 T1 和 T2 分別為 $(A+B)^T = A^T + B^T$ 和 $(rA)^T = r(A^T)$（利用第 2.1 節定理 2）。而對於跡的驗證則留給讀者。

例 3

若 a 為一純量，對於 $\mathbf{P}_n$ 中的每一個多項式 p，以 $E_a(p) = p(a)$ 定義 $E_a : \mathbf{P}_n \to \mathbb{R}$，證明 E_a 為線性變換〔稱為在 a 的**計值 (evaluation)**〕。

解：若 p、q 為多項式，$r \in \mathbb{R}$，則對所有 x 而言，函數的和 $p+q$ 與純量積 rp 定義為
$$(p+q)(x) = p(x) + q(x) \text{，} (rp)(x) = rp(x)$$
因此，對於 $\mathbf{P}_n$ 中的所有 p、q 以及 $\mathbb{R}$ 中的所有 r 而言：
$$E_a(p+q) = (p+q)(a) = p(a) + q(a) = E_a(p) + E_a(q) \text{，且}$$
$$E_a(rp) = (rp)(a) = rp(a) = rE_a(p)$$
因此 E_a 為線性變換。

下一個例子涉及到一些微積分。

例 4

證明 $\mathbf{P}_n$ 的微分和積分運算均為線性變換。具體而言，
$$D : \mathbf{P}_n \to \mathbf{P}_{n-1} \quad \text{其中 } D[p(x)] = p'(x) \text{ 對於所有 } p(x) \in \mathbf{P}_n \text{ 皆成立}$$
$$I : \mathbf{P}_n \to \mathbf{P}_{n+1} \quad \text{其中 } I[p(x)] = \int_0^x p(t)dt \text{ 對於所有 } p(x) \in \mathbf{P}_n \text{ 皆成立}$$
兩者均為線性變換。

解：這些只是下列微分與積分之基本性質的重述。
$$[p(x) + q(x)]' = p'(x) + q'(x) \quad \text{且} \quad [rp(x)]' = (rp)'(x)$$
$$\int_0^x [p(t) + q(t)]dt = \int_0^x p(t)dt + \int_0^x q(t)dt \quad \text{且} \quad \int_0^x rp(t)dt = r\int_0^x p(t)dt$$

下面的定理包含所有線性變換的三個有用的性質。可以這麼說，線性變換除了保持加法與純量乘法（這些是公設），還保持了零向量、負向量與線性組合。

定理 1

令 $T : V \to W$ 為線性變換，則
1. $T(\mathbf{0}) = \mathbf{0}$。
2. 對 V 中所有的 $\mathbf{v}$ 而言，$T(-\mathbf{v}) = -T(\mathbf{v})$。
3. 對 V 中所有的 $\mathbf{v}_i$ 以及 $\mathbb{R}$ 中所有的 r_i 而言，$T(r_1\mathbf{v}_1 + r_2\mathbf{v}_2 + \ldots + r_k\mathbf{v}_k) = r_1T(\mathbf{v}_1) + r_2T(\mathbf{v}_2) + \ldots + r_kT(\mathbf{v}_k)$。

證明

1. 對 V 中任意 $\mathbf{v}$ 而言，$T(\mathbf{0}) = T(0\mathbf{v}) = 0T(\mathbf{v}) = \mathbf{0}$。
2. 對 V 中任意 $\mathbf{v}$ 而言，$T(-\mathbf{v}) = T[(-1)\mathbf{v}] = (-1)T(\mathbf{v}) = -T(\mathbf{v})$。
3. 採用第 2.6 節定理 1 的證明。

有效利用定理 1 的最後一個結果，對於獲得線性變換的好處是至關重要的。我們用例 5 和定理 2 來說明。

例 5

令 $T: V \to W$ 為線性變換。若 $T(\mathbf{v} - 3\mathbf{v}_1) = \mathbf{w}$ 且 $T(2\mathbf{v} - \mathbf{v}_1) = \mathbf{w}_1$，求 $T(\mathbf{v})$ 與 $T(\mathbf{v}_1)$，以 $\mathbf{w}$ 與 $\mathbf{w}_1$ 表示之。

解：由所予的關係式以及定理 1 可得

$$T(\mathbf{v}) - 3T(\mathbf{v}_1) = \mathbf{w}$$
$$2T(\mathbf{v}) - T(\mathbf{v}_1) = \mathbf{w}_1$$

由第二式減兩倍的第一式得到 $T(\mathbf{v}_1) = \frac{1}{5}(\mathbf{w}_1 - 2\mathbf{w})$。然後代入可得

$$T(\mathbf{v}) = \frac{1}{5}(3\mathbf{w}_1 - \mathbf{w})$$

定理 1 性質 (3) 的效果是：若 $T: V \to W$ 是線性變換，且 $T(\mathbf{v}_1), T(\mathbf{v}_2), \ldots, T(\mathbf{v}_n)$ 為已知，則對於 $\text{span}\{\mathbf{v}_1, \mathbf{v}_2, \ldots, \mathbf{v}_n\}$ 中的每一個向量 $\mathbf{v}$，我們就可以算出 $T(\mathbf{v})$ 的值。特別地，若 $\{\mathbf{v}_1, \mathbf{v}_2, \ldots, \mathbf{v}_n\}$ 生成 V，則對於 V 中的所有 $\mathbf{v}$，$T(\mathbf{v})$ 由 $T(\mathbf{v}_1), T(\mathbf{v}_2), \ldots, T(\mathbf{v}_n)$ 決定。下一個定理以稍微不同的方式來陳述這個觀念。在一般情況下，若兩個線性變換 $T: V \to W$ 和 $S: V \to W$ 有相同的**作用 (action)**；亦即對所有 V 中的 $\mathbf{v}$ 而言，有 $T(\mathbf{v}) = S(\mathbf{v})$，則稱它們**相等 (equal)**，記做 $T = S$。

定理 2

令 $T: V \to W$ 與 $S: V \to W$ 為兩線性變換，並且假設 $V = \text{span}\{\mathbf{v}_1, \mathbf{v}_2, \ldots, \mathbf{v}_n\}$。若對每一個 i 而言，$T(\mathbf{v}_i) = S(\mathbf{v}_i)$ 恆成立，則 $T = S$。

證明

若 $\mathbf{v}$ 為 $V = \text{span}\{\mathbf{v}_1, \mathbf{v}_2, \ldots, \mathbf{v}_n\}$ 中的任意向量，令 $\mathbf{v} = a_1\mathbf{v}_1 + a_2\mathbf{v}_2 + \ldots + a_n\mathbf{v}_n$，$a_i \in \mathbb{R}$。因為對每一個 i 而言，$T(\mathbf{v}_i) = S(\mathbf{v}_i)$ 恆成立，故由定理 1 可得

$$\begin{aligned}
T(\mathbf{v}) &= T(a_1\mathbf{v}_1 + a_2\mathbf{v}_2 + \cdots + a_n\mathbf{v}_n) \\
&= a_1 T(\mathbf{v}_1) + a_2 T(\mathbf{v}_2) + \cdots + a_n T(\mathbf{v}_n) \\
&= a_1 S(\mathbf{v}_1) + a_2 S(\mathbf{v}_2) + \cdots + a_n S(\mathbf{v}_n) \\
&= S(a_1\mathbf{v}_1 + a_2\mathbf{v}_2 + \cdots + a_n\mathbf{v}_n) \\
&= S(\mathbf{v})
\end{aligned}$$

由於 $\mathbf{v}$ 是 V 中的任意向量，這證明了 $T = S$。

例 6

設 $V = \text{span}\{\mathbf{v}_1, ..., \mathbf{v}_n\}$，$T : V \to W$ 為線性變換。若 $T(\mathbf{v}_1) = \cdots = T(\mathbf{v}_n) = \mathbf{0}$，證明 $T = 0$ 為從 V 到 W 的零變換。

解：零變換 $0 : V \to W$ 定義為 $0(\mathbf{v}) = \mathbf{0}$，$\mathbf{v} \in V$（例 1），故對每一個 i，$T(\mathbf{v}_i) = 0(\mathbf{v}_i)$ 恆成立。因此由定理 2 可知，$T = 0$。

定理 2 可以表示如下：如果我們知道線性變換 $T : V \to W$ 對 V 的生成集內每一向量的作用，那麼我們就知道 T 對 V 中每一個向量的作用。如果生成集為一組基底，那麼我們知道的會更多。

定理 3

設 V、W 為向量空間，$\{\mathbf{b}_1, \mathbf{b}_2, ..., \mathbf{b}_n\}$ 為 V 的基底。已知 W 中的任意向量 $\mathbf{w}_1$, $\mathbf{w}_2, ..., \mathbf{w}_n$（它們不必相異），則存在唯一的線性變換 $T : V \to W$，滿足 $T(\mathbf{b}_i) = \mathbf{w}_i$，其中 $i = 1, 2, ..., n$。事實上，T 的作用如下：已知 V 中的 $\mathbf{v} = v_1\mathbf{b}_1 + v_2\mathbf{b}_2 + \cdots + v_n\mathbf{b}_n$，$v_i \in \mathbb{R}$，則

$$T(\mathbf{v}) = T(v_1\mathbf{b}_1 + v_2\mathbf{b}_2 + \cdots + v_n\mathbf{b}_n) = v_1\mathbf{w}_1 + v_2\mathbf{w}_2 + \cdots + v_n\mathbf{w}_n$$

證明

若對每一個 i，存在變換 T 使得 $T(\mathbf{b}_i) = \mathbf{w}_i$，且若 S 為任意其它的這種變換，則由定理 2 知，對每一個 i 而言，$T(\mathbf{b}_i) = \mathbf{w}_i = S(\mathbf{b}_i)$ 皆成立。因此 T 若存在則 T 是唯一。剩下是要證明確實有這種線性變換。給予 $\mathbf{v} \in V$，我們必須確定 $T(\mathbf{v}) \in W$。因為 $\{\mathbf{b}_1, ..., \mathbf{b}_n\}$ 為 V 的基底，我們有 $\mathbf{v} = v_1\mathbf{b}_1 + \cdots + v_n\mathbf{b}_n$，其中 $v_1, ..., v_n$ 由 $\mathbf{v}$ 唯一決定（此為第 6.3 節定理 1）。因此，對 V 中所有的 $\mathbf{v} = v_1\mathbf{b}_1 + \cdots + v_n\mathbf{b}_n$，我們以

$$T(\mathbf{v}) = T(v_1\mathbf{b}_1 + v_2\mathbf{b}_2 + \cdots + v_n\mathbf{b}_n) = v_1\mathbf{w}_1 + v_2\mathbf{w}_2 + \cdots + v_n\mathbf{w}_n$$

作為 $T : V \to W$ 的定義。對每一個 i 而言，此式滿足 $T(\mathbf{b}_i) = \mathbf{w}_i$；驗證 T 為線性則留給讀者。

這個定理顯示，線性變換幾乎可以隨意定義：只要指定線性變換對基底向量的作用，其餘部分則利用線性去支配。此外，定理 2 表示，兩個線性變換是否相等可歸結為確定它們作用於基底向量是否有相同的效果。因此，給予向量空間 V 的一組基底 $\{\mathbf{b}_1, ..., \mathbf{b}_n\}$ 以及 W 中選出的有序向量 $\mathbf{w}_1, \mathbf{w}_2, ..., \mathbf{w}_n$（不必相異）就可以得到一個線性變換 $V \to W$。

例 7

求線性變換 $T: \mathbf{P}_2 \to \mathbf{M}_{22}$ 使得

$$T(1+x) = \begin{bmatrix} 1 & 0 \\ 0 & 0 \end{bmatrix}, \quad T(x+x^2) = \begin{bmatrix} 0 & 1 \\ 1 & 0 \end{bmatrix}, \quad T(1+x^2) = \begin{bmatrix} 0 & 0 \\ 0 & 1 \end{bmatrix}$$

解：集合 $\{1+x, x+x^2, 1+x^2\}$ 為 $\mathbf{P}_2$ 的基底，所以 $\mathbf{P}_2$ 中的每一個向量 $p = a + bx + cx^2$ 都是這些向量的線性組合。事實上，

$$p(x) = \tfrac{1}{2}(a+b-c)(1+x) + \tfrac{1}{2}(-a+b+c)(x+x^2) + \tfrac{1}{2}(a-b+c)(1+x^2)$$

因此，由定理 3 可得

$$T[p(x)] = \tfrac{1}{2}(a+b-c)\begin{bmatrix} 1 & 0 \\ 0 & 0 \end{bmatrix} + \tfrac{1}{2}(-a+b+c)\begin{bmatrix} 0 & 1 \\ 1 & 0 \end{bmatrix} + \tfrac{1}{2}(a-b+c)\begin{bmatrix} 0 & 0 \\ 0 & 1 \end{bmatrix}$$

$$= \tfrac{1}{2}\begin{bmatrix} a+b-c & -a+b+c \\ -a+b+c & a-b+c \end{bmatrix}$$

習題 7.1

1. 證明下列每一個函數都是線性變換。
   (a) $T: \mathbb{R}^2 \to \mathbb{R}^2$；$T(x, y) = (x, -y)$
       （對 x 軸鏡射）。
   ◆(b) $T: \mathbb{R}^3 \to \mathbb{R}^3$；$T(x, y, z) = (x, y, -z)$
       （對 x-y 平面的鏡射）。
   (c) $T: \mathbb{C} \to \mathbb{C}$；$T(z) = \bar{z}$（共軛）。
   ◆(d) $T: \mathbf{M}_{mn} \to \mathbf{M}_{kl}$；$T(A) = PAQ$，$P$ 為 $k \times m$ 矩陣，Q 為 $n \times l$ 矩陣。
   (e) $T: \mathbf{M}_{nn} \to \mathbf{M}_{nn}$；$T(A) = A^T + A$
   ◆(f) $T: \mathbf{P}_n \to \mathbb{R}$；$T[p(x)] = p(0)$。
   (g) $T: \mathbf{P}_n \to \mathbb{R}$；$T(r_0 + r_1 x + \cdots + r_n x^n) = r_n$。
   ◆(h) $T: \mathbb{R}^n \to \mathbb{R}$；$T(\mathbf{x}) = \mathbf{x} \cdot \mathbf{z}$，$\mathbf{z}$ 為 $\mathbb{R}^n$ 的固定向量。
   (i) $T: \mathbf{P}_n \to \mathbf{P}_n$；$T[p(x)] = p(x+1)$
   ◆(j) $T: \mathbb{R}^n \to V$；$T(r_1, ..., r_n) = r_1 \mathbf{e}_1 + \cdots + r_n \mathbf{e}_n$，其中 $\{\mathbf{e}_1, ..., \mathbf{e}_n\}$ 為 V 的固定基底。
   (k) $T: V \to \mathbb{R}$；$T(r_1 \mathbf{e}_1 + \cdots + r_n \mathbf{e}_n) = r_1$，其中 $\{\mathbf{e}_1, ..., \mathbf{e}_n\}$ 為 V 的固定基底。

2. 下列各題中，證明 T 不是線性變換。
   (a) $T: \mathbf{M}_{nn} \to \mathbb{R}$；$T(A) = \det A$
   ◆(b) $T: \mathbf{M}_{nm} \to \mathbb{R}$；$T(A) = \text{rank } A$
   (c) $T: \mathbb{R} \to \mathbb{R}$；$T(x) = x^2$
   ◆(d) $T: V \to V$；$T(\mathbf{v}) = \mathbf{v} + \mathbf{u}$，其中 $\mathbf{u} \neq \mathbf{0}$ 為 V 的固定向量（T 稱為平移了 $\mathbf{u}$ 單位）。

3. 下列各題中，假設 T 是線性變換。
   (a) 若 $T: V \to \mathbb{R}$ 且 $T(\mathbf{v}_1) = 1$，$T(\mathbf{v}_2) = -1$，求 $T(3\mathbf{v}_1 - 5\mathbf{v}_2)$。
   ◆(b) 若 $T: V \to \mathbb{R}$ 且 $T(\mathbf{v}_1) = 2$，$T(\mathbf{v}_2) = -3$，求 $T(3\mathbf{v}_1 + 2\mathbf{v}_2)$。
   (c) 若 $T: \mathbb{R}^2 \to \mathbb{R}^2$ 且 $T\begin{bmatrix}1\\3\end{bmatrix} = \begin{bmatrix}1\\1\end{bmatrix}$，$T\begin{bmatrix}1\\1\end{bmatrix} = \begin{bmatrix}0\\1\end{bmatrix}$，求 $T\begin{bmatrix}-1\\3\end{bmatrix}$。
   ◆(d) 若 $T: \mathbb{R}^2 \to \mathbb{R}^2$ 且 $T\begin{bmatrix}1\\-1\end{bmatrix} = \begin{bmatrix}0\\1\end{bmatrix}$，$T\begin{bmatrix}1\\1\end{bmatrix} = \begin{bmatrix}1\\0\end{bmatrix}$，求 $T\begin{bmatrix}1\\-7\end{bmatrix}$。
   (e) 若 $T: \mathbf{P}_2 \to \mathbf{P}_2$ 且 $T(x+1) = x$，$T(x-1) = 1$，$T(x^2) = 0$，求 $T(2 + 3x - x^2)$。
   ◆(f) 若 $T: \mathbf{P}_2 \to \mathbb{R}$ 且 $T(x+2) = 1$，$T(1) = 5$，$T(x^2 + x) = 0$，求 $T(2 - x + 3x^2)$。

4. 下列各題中，求具有所予性質的線性變換並且計算 $T(\mathbf{v})$。
   (a) $T: \mathbb{R}^2 \to \mathbb{R}^3$；$T(1, 2) = (1, 0, 1)$，$T(-1, 0) = (0, 1, 1)$；$\mathbf{v} = (2, 1)$
   ◆(b) $T: \mathbb{R}^2 \to \mathbb{R}^3$；$T(2, -1) = (1, -1, 1)$，$T(1, 1) = (0, 1, 0)$；$\mathbf{v} = (-1, 2)$
   (c) $T: \mathbf{P}_2 \to \mathbf{P}_3$；$T(x^2) = x^3$，$T(x+1) = 0$，$T(x-1) = x$；$\mathbf{v} = x^2 + x + 1$
   ◆(d) $T: \mathbf{M}_{22} \to \mathbb{R}$；
   $T\begin{bmatrix}1&0\\0&0\end{bmatrix} = 3$，$T\begin{bmatrix}0&1\\1&0\end{bmatrix} = -1$，$T\begin{bmatrix}1&0\\1&0\end{bmatrix} = 0 = T\begin{bmatrix}0&0\\0&1\end{bmatrix}$；$\mathbf{v} = \begin{bmatrix}a&b\\c&d\end{bmatrix}$

5. 若 $T: V \to V$ 為一線性變換，且若 T 滿足下列條件，求 $T(\mathbf{v})$ 與 $T(\mathbf{w})$：
   (a) $T(\mathbf{v} + \mathbf{w}) = \mathbf{v} - 2\mathbf{w}$ 且 $T(2\mathbf{v} - \mathbf{w}) = 2\mathbf{v}$
   ◆(b) $T(\mathbf{v} + 2\mathbf{w}) = 3\mathbf{v} - \mathbf{w}$ 且 $T(\mathbf{v} - \mathbf{w}) = 2\mathbf{v} - 4\mathbf{w}$

6. 若 $T: V \to W$ 為線性變換，證明對 V 中所有的 $\mathbf{v}$ 和 $\mathbf{v}_1$ 而言，$T(\mathbf{v} - \mathbf{v}_1) = T(\mathbf{v}) - T(\mathbf{v}_1)$ 恆成立。

7. 設 $\{\mathbf{e}_1, \mathbf{e}_2\}$ 為 $\mathbb{R}^2$ 的標準基底，是否存在一個線性變換 T 使得 $T(\mathbf{e}_1)$ 在 $\mathbb{R}$ 中，而 $T(\mathbf{e}_2)$ 在 $\mathbb{R}^2$ 中？請說明理由。

8. 設 $\{\mathbf{v}_1, ..., \mathbf{v}_n\}$ 為 V 的基底，$T: V \to V$ 為一個線性變換。
   (a) 若對每一個 i 而言，$T(\mathbf{v}_i) = \mathbf{v}_i$ 恆成立，證明 $T = 1_V$。
   ◆(b) 若對每一個 i 而言，$T(\mathbf{v}_i) = -\mathbf{v}_i$ 恆成立，證明 $T = -1$ 為一純量算子（參閱例 1）。

9. 設 A 為 $m \times n$ 矩陣，$C_k(A)$ 為 A 的第 k 行。證明對每一個 $k = 1, ..., n$ 而言，$C_k: \mathbf{M}_{mn} \to \mathbb{R}^m$ 為一個線性變換。

10. 設 $\{\mathbf{e}_1, ..., \mathbf{e}_n\}$ 為 $\mathbb{R}^n$ 的一組基底。已知 k，$1 \leq k \leq n$，定義 $P_k: \mathbb{R}^n \to \mathbb{R}^n$，$P_k(r_1\mathbf{e}_1 + \cdots + r_n\mathbf{e}_n) = r_k\mathbf{e}_k$。證明對每一個 k 而言，P_k 是一個線性變換。

11. 設 $S: V \to W$ 與 $T: V \to W$ 為線性變換。已知 $a \in \mathbb{R}$，定義函數 $(S + T): V \to W$ 與 $(aT): V \to W$ 為 $(S + T)(\mathbf{v}) = S(\mathbf{v}) + T(\mathbf{v})$ 與 $(aT)(\mathbf{v}) = aT(\mathbf{v})$，其中 $\mathbf{v} \in V$。證明 $S + T$ 與 aT 為線性變換。

◆12. 描述所有線性變換 $T: \mathbb{R} \to V$。

13. 設 V、W 為向量空間，V 為有限維，令 $\mathbf{v} \neq \mathbf{0}$，$\mathbf{v} \in V$。對 W 中的任意向量 $\mathbf{w}$，證明存在一個線性變換 $T: V \to W$ 使得 $T(\mathbf{v}) = \mathbf{w}$。【提示：第 6.4 節定理 1(2) 與本節的定理 3。】

14. 已知 $\mathbf{y} \in \mathbb{R}^n$，定義 $S_\mathbf{y}: \mathbb{R}^n \to \mathbb{R}$ 為 $S_\mathbf{y}(\mathbf{x}) = \mathbf{x} \cdot \mathbf{y}$，$\mathbf{x} \in \mathbb{R}^n$（其中 · 為第 5.3 節所述的點積）。

(a) 證明對於 $\mathbb{R}^n$ 中的任意 $\mathbf{y}$ 而言，$S_\mathbf{y}: \mathbb{R}^n \to \mathbb{R}$ 為線性變換。

(b) 證明每一個線性變換 $T: \mathbb{R}^n \to \mathbb{R}$ 是以這種方式產生；亦即，$T = S_\mathbf{y}$，$\mathbf{y} \in \mathbb{R}^n$。【提示：若 $\{\mathbf{e}_1, ..., \mathbf{e}_n\}$ 為 $\mathbb{R}^n$ 的標準基底。對每一個 i，令 $S_\mathbf{y}(\mathbf{e}_i) = y_i$。利用定理 1。】

15. 設 $T: V \to W$ 為線性變換。
    (a) 若 U 為 V 的子空間，證明 $T(U) = \{T(\mathbf{u}) \mid \mathbf{u} \in U\}$ 為 W 的子空間〔稱為 U 在 T 作用下的**像 (image)**〕。
    ◆(b) 若 P 為 W 的子空間，證明 $\{\mathbf{v} \in V \mid T(\mathbf{v}) \in P\}$ 為 V 的子空間（稱為 P 在 T 作用下的**逆像 (preimage)**）。

16. 證明微分是唯一滿足 $T(x^k) = kx^{k-1}$，$k = 0, 1, 2, ..., n$ 的線性變換 $\mathbf{P}_n \to \mathbf{P}_n$。

17. 設 $T: V \to W$ 為線性變換，$\mathbf{v}_1, ..., \mathbf{v}_n$ 為 V 中的向量。
    (a) 若 $\{T(\mathbf{v}_1), ..., T(\mathbf{v}_n)\}$ 為線性獨立，證明 $\{\mathbf{v}_1, ..., \mathbf{v}_n\}$ 亦為線性獨立。
    (b) 求 $T: \mathbb{R}^2 \to \mathbb{R}^2$ 使得 (a) 的逆敘述不成立。

◆18. 設 $T: V \to V$ 為線性算子，具有性質 $T[T(\mathbf{v})] = \mathbf{v}$，其中 $\mathbf{v} \in V$。（例如 $\mathbf{M}_{nn}$ 中的轉置或 $\mathbb{C}$ 中的共軛。）若 $\mathbf{v} \neq \mathbf{0}$，$\mathbf{v} \in V$，證明 $\{\mathbf{v}, T(\mathbf{v})\}$ 為線性獨立若且唯若 $T(\mathbf{v}) \neq \mathbf{v}$ 且 $T(\mathbf{v}) \neq -\mathbf{v}$。

19. 若 a、b 為實數，定義 $T_{a,b}: \mathbb{C} \to \mathbb{C}$ 為 $T_{a,b}(r + si) = ra + sbi$，其中 $r + si \in \mathbb{C}$。
    (a) 證明 $T_{a,b}$ 為線性且對所有 $z \in \mathbb{C}$ 而言，$T_{a,b}(\bar{z}) = \overline{T_{a,b}(z)}$ 恆成立。（此處 $\bar{z}$ 為 z 的共軛。）
    (b) 若 $T: \mathbb{C} \to \mathbb{C}$ 為線性且 $T(\bar{z}) = \overline{T(z)}$，$z \in \mathbb{C}$，證明對某些實數 a、b 而言，$T = T_{a,b}$ 恆成立。

20. 對於線性變換 $T: \mathbf{M}_{22} \to \mathbf{M}_{22}$，證明下面條件等價：
    (1) $\text{tr}[T(A)] = \text{tr}\, A$，其中 $A \in \mathbf{M}_{22}$。
    (2) $T\begin{bmatrix} r_{11} & r_{12} \\ r_{21} & r_{22} \end{bmatrix} = r_{11}B_{11} + r_{12}B_{12} + r_{21}B_{21} + r_{22}B_{22}$，其中矩陣 B_{ij} 滿足 $\text{tr}\, B_{11} = 1 = \text{tr}\, B_{22}$ 與 $\text{tr}\, B_{12} = 0 = \text{tr}\, B_{21}$。

21. 已知 $a \in \mathbb{R}$，考慮定義於例 3 的**計值映射 (evaluation map)** $E_a: \mathbf{P}_n \to \mathbb{R}$。
    (a) 證明 E_a 為線性變換，滿足附加條件；即對所有 $k = 0, 1, 2, ...$，皆有 $E_a(x^k) = [E_a(x)]^k$。【注意：$x^0 = 1$。】
    ◆(b) 若 $T: \mathbf{P}_n \to \mathbb{R}$ 為線性變換，滿足 $T(x^k) = [T(x)]^k$，$k = 0, 1, 2, ...$，證明對某個 $a \in R$，$T = E_a$ 恆成立。

22. 設 $T: \mathbf{M}_{nn} \to \mathbb{R}$ 為任意線性變換，滿足 $T(AB) = T(BA)$，其中 $A, B \in \mathbf{M}_{nn}$，證明存在實數 k 使得對所有 A，$T(A) = k\, \text{tr}\, A$（參閱第 5.5 節引理 1）。【提示：令 E_{ij} 為 $n \times n$ 矩陣，其 (i, j) 元素為 1，其餘為 0。證明 $E_{ik}E_{lj} = \begin{cases} 0, & k \neq l \\ E_{ij}, & k = l \end{cases}$。利用此結果證明若 $i \neq j$，$T(E_{ij}) = 0$ 以及 $T(E_{11}) = T(E_{22}) = \cdots = T(E_{nn})$。令 $k = T(E_{11})$ 以及利用 $\{E_{ij} \mid 1 \leq i, j \leq n\}$ 為 $\mathbf{M}_{nn}$ 的基底這個事實。】

23. 假設 $T: \mathbb{C} \to \mathbb{C}$ 為向量空間 $\mathbb{C}$ 的線性變換，並且假設對每一個實數 a 而言，$T(a) = a$。證明下列是對等：
    (a) 對 $\mathbb{C}$ 中所有的 z 與 w 而言，$T(zw) = T(z)T(w)$ 恆成立。
    (b) 對 $\mathbb{C}$ 中每一個 z 而言，不是 $T = 1_\mathbb{C}$ 就是 $T(z) = \bar{z}$（其中 $\bar{z}$ 表示共軛）。

7.2 節　線性變換的核和像

本節介紹與線性變換 $T: V \to W$ 有關的兩個重要子空間。

定義 7.2

T 的**核 (kernel)**（記做 ker T）與 T 的**像 (image)**〔記做 im T 或 $T(V)$〕定義為
$$\ker T = \{\mathbf{v} \in V \mid T(\mathbf{v}) = \mathbf{0}\}$$
$$\operatorname{im} T = \{T(\mathbf{v}) \mid \mathbf{v} \in V\} = T(V)$$

T 的核通常稱為 T 的**零空間 (nullspace)**。它是由 V 中滿足 $T(\mathbf{v}) = \mathbf{0}$ 的所有向量 $\mathbf{v}$ 所構成。T 的像通常稱為 T 的**值域 (range)**，它是由 W 中滿足 $\mathbf{w} = T(\mathbf{v})$ 的所有向量 $\mathbf{w}$ 所構成，其中 $\mathbf{v} \in V$。這些子空間如下圖所示。

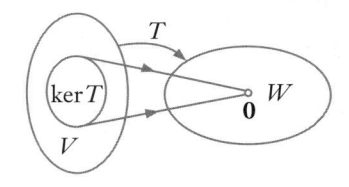

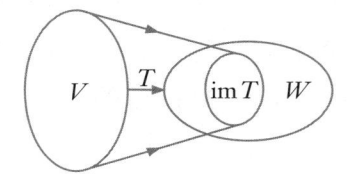

例 1

設 $T_A: \mathbb{R}^n \to \mathbb{R}^m$ 為由 $m \times n$ 矩陣 A 誘導的線性變換，亦即，對 $\mathbb{R}^n$ 中所有的行向量 $\mathbf{x}$ 而言，$T_A(\mathbf{x}) = A\mathbf{x}$。則
$$\ker T_A = \{\mathbf{x} \mid A\mathbf{x} = \mathbf{0}\} = \operatorname{null} A, \operatorname{im} T_A = \{A\mathbf{x} \mid \mathbf{x} \in \mathbb{R}^n\} = \operatorname{im} A$$

因此下列定理是第 5.1 節例 2 的推廣。

定理 1

設 $T: V \to W$ 為線性變換。則
1. ker T 為 V 的子空間。
2. im T 為 W 的子空間。

證明

由 $T(\mathbf{0}) = \mathbf{0}$ 得知 ker T 與 im T 分別包含 V 與 W 的零向量。
1. 若 $\mathbf{v}$ 與 $\mathbf{v}_1$ 屬於 ker T，則 $T(\mathbf{v}) = \mathbf{0} = T(\mathbf{v}_1)$，故

$$T(\mathbf{v} + \mathbf{v}_1) = T(\mathbf{v}) + T(\mathbf{v}_1) = \mathbf{0} + \mathbf{0} = \mathbf{0}$$
$$T(r\mathbf{v}) = rT(\mathbf{v}) = r\mathbf{0} = \mathbf{0}，r \in \mathbb{R}$$

因此 $\mathbf{v} + \mathbf{v}_1$ 與 $r\mathbf{v}$ 屬於 ker T（它們滿足所需的條件），故由第 6.2 節定理 1 得知 ker T 為 V 的子空間。

2. 若 $\mathbf{w}$ 與 $\mathbf{w}_1$ 屬於 im T，令 $\mathbf{w} = T(\mathbf{v})$ 且 $\mathbf{w}_1 = T(\mathbf{v}_1)$，其中 $\mathbf{v}, \mathbf{v}_1 \in V$，則
$$\mathbf{w} + \mathbf{w}_1 = T(\mathbf{v}) + T(\mathbf{v}_1) = T(\mathbf{v} + \mathbf{v}_1)$$
$$r\mathbf{w} = rT(\mathbf{v}) = T(r\mathbf{v})，r \in \mathbb{R}$$

因此 $\mathbf{w} + \mathbf{w}_1$ 與 $r\mathbf{w}$ 均屬於 im T，故 im T 為 W 的子空間。

給予一個線性變換 $T : V \to W$：

$\dim(\ker T)$ 稱為 T 的**核維數 (nullity)**，記做 nullity(T)。

$\dim(\operatorname{im} T)$ 稱為 T 的**秩 (rank)**，記做 rank(T)。

先前將矩陣 A 的秩定義為 A 的行空間 col A 的維數。由下面的例子可知，秩的兩種定義是一致的。回顧例 1 中 T_A 的定義。

例 2

已知一個 $m \times n$ 矩陣 A，證明 im T_A = col A，因此 rank T_A = rank A。

解：令 $A = [\mathbf{c}_1 \cdots \mathbf{c}_n]$，$A$ 以其行向量表示。利用定義 2.5 可知
$$\operatorname{im} T_A = \{A\mathbf{x} \mid \mathbf{x} \in \mathbb{R}^n\} = \{x_1\mathbf{c}_1 + \cdots + x_n\mathbf{c}_n \mid x_i \in \mathbb{R}\}$$

因此 im T_A 為 A 的行空間；其餘的即可推得。

要研究向量空間的子空間，一種有用的方法是使其成為線性變換的核或像。下面是一個例子。

例 3

定義變換 $P : \mathbf{M}_{nn} \to \mathbf{M}_{nn}$ 為 $P(A) = A - A^T$，其中 $A \in \mathbf{M}_{nn}$。證明 P 為線性，並且：
(a) ker P 由所有對稱矩陣所組成。
(b) im P 由所有反對稱矩陣所組成。

解：驗證 P 為線性留給讀者。證明 (a) 部分：注意，矩陣 A 屬於 ker P 是指 $0 = P(A) = A - A^T$，此式成立若且唯若 $A = A^T$，亦即，A 為對稱。回到 (b) 部分的證明：空間 im P 是由所有矩陣 $P(A)$ 所組成，其中 $A \in \mathbf{M}_{nn}$。因為
$$P(A)^T = (A - A^T)^T = A^T - A = -P(A)$$

所以每一個 $P(A)$ 為反對稱矩陣。另一方面，若 S 為反對稱（亦即，$S^T = -S$），則 S 屬於 $\text{im } P$。事實上，

$$P[\tfrac{1}{2}S] = \tfrac{1}{2}S - [\tfrac{1}{2}S]^T = \tfrac{1}{2}(S - S^T) = \tfrac{1}{2}(S + S) = S$$

一對一與映成變換

定義 7.3

設 $T : V \to W$ 為線性變換。
1. 若 $\text{im } T = W$，則稱 T 為**映成 (onto)**。
2. 若 $T(\mathbf{v}) = T(\mathbf{v}_1)$ 可推導出 $\mathbf{v} = \mathbf{v}_1$，則稱 T 為**一對一 (one-to-one)**。

若對每一個 $\mathbf{w} \in \mathbf{W}$，都存在 $\mathbf{v} \in \mathbf{V}$（不必唯一），使得 $\mathbf{w} = T(\mathbf{v})$，則稱 T 為映成。若 $\mathbf{v} \neq \mathbf{v}_1$，其中 $\mathbf{v}, \mathbf{v}_1 \in \mathbf{V}$，可推得 $T(\mathbf{v}) \neq T(\mathbf{v}_1)$，則稱 T 為一對一。顯然映成變換 T 是指 $\text{im } T = W$，亦即 $\text{im } T$ 是 W 的盡可能大的子空間。相形之下，一對一變換 T 是指 $\ker T$ 是 V 的盡可能小的子空間。

定理 2

若 $T : V \to W$ 為線性變換，則 T 為一對一若且唯若 $\ker T = \{\mathbf{0}\}$。

證明

若 T 為一對一，令 $\mathbf{v}$ 為 $\ker T$ 的任意向量，則 $T(\mathbf{v}) = \mathbf{0}$，故 $T(\mathbf{v}) = T(\mathbf{0})$。因此 $\mathbf{v} = \mathbf{0}$，此乃因 T 為一對一。因此 $\ker T = \{\mathbf{0}\}$。

反之，假設 $\ker T = \{\mathbf{0}\}$ 且令 $T(\mathbf{v}) = T(\mathbf{v}_1)$，$\mathbf{v}$ 與 $\mathbf{v}_1$ 屬於 V，則 $T(\mathbf{v} - \mathbf{v}_1) = T(\mathbf{v}) - T(\mathbf{v}_1) = \mathbf{0}$，故 $\mathbf{v} - \mathbf{v}_1$ 屬於 $\ker T = \{\mathbf{0}\}$，這表示 $\mathbf{v} - \mathbf{v}_1 = \mathbf{0}$，$\mathbf{v} = \mathbf{v}_1$，因此 T 為一對一。

例 4

對任意向量空間 V 而言，恆等變換 $1_V : V \to V$ 為一對一且映成。

例 5

考慮線性變換

$$S : \mathbb{R}^3 \to \mathbb{R}^2,\ \text{定義為}\ S(x, y, z) = (x + y, x - y)$$
$$T : \mathbb{R}^2 \to \mathbb{R}^3,\ \text{定義為}\ T(x, y) = (x + y, x - y, x)$$

證明 T 為一對一但不是映成,而 S 為映成但不是一對一。

解:我們省略了驗證 S、T 為線性。因為

$$\ker T = \{(x, y) \mid x + y = x - y = x = 0\} = \{(0, 0)\}$$

所以 T 為一對一,但 T 不是映成。例如,$(0, 0, 1)$ 不屬於 $\operatorname{im} T$,因為若存在 x、y 使得 $(0, 0, 1) = (x + y, x - y, x)$,則 $x + y = 0 = x - y$ 且 $x = 1$;此為不可能。對於 S 而言,由定理 2 知,S 不是一對一,因為 $(0, 0, 1) \in \ker S$。但 $\mathbb{R}^2$ 中每一元素 (s, t) 都屬於 $\operatorname{im} S$,因為存在 x、y、z〔事實上,$x = \frac{1}{2}(s + t)$,$y = \frac{1}{2}(s - t)$,$z = 0$〕使得 $(s, t) = (x + y, x - y) = S(x, y, z)$。因此 S 為映成。

例 6

設 U 為 $m \times m$ 可逆矩陣,定義

$$T : \mathbf{M}_{mn} \to \mathbf{M}_{mn}\ \text{為}\ T(X) = UX,\ X \in \mathbf{M}_{mn}$$

證明 T 為一對一且映成的線性變換。

解:T 為線性的驗證留給讀者。欲證明 T 為一對一,令 $T(X) = 0$,則 $UX = 0$,將 U^{-1} 左乘可得 $X = 0$。因此 $\ker T = \{\mathbf{0}\}$,故 T 為一對一。最後,若 $Y \in \mathbf{M}_{mn}$,則 $U^{-1}r \in \mathbf{M}_{mn}$,並且 $T(U^{-1}Y) = U(U^{-1}Y) = Y$,這證明了 T 是映成。

所有線性變換 $\mathbb{R}^n \to \mathbb{R}^m$ 均具有 T_A 的形式,其中 A 為 $m \times n$ 矩陣(第 2.6 節定理 2)。接下來的定理指出在何種條件下,線性變換是映成或一對一。注意在第 5.4 節中定理 3 和 4 的關係。

定理 3

設 A 為 $m \times n$ 矩陣,且 $T_A : \mathbb{R}^n \to \mathbb{R}^m$ 為由 A 所誘導的線性變換。亦即對於 $\mathbb{R}^n$ 中的所有行向量 $\mathbf{x}$,$T_A(\mathbf{x}) = A\mathbf{x}$。

1. T_A 為映成若且唯若 $\operatorname{rank} A = m$。
2. T_A 為一對一若且唯若 $\operatorname{rank} A = n$。

證明

1. 已知 im T_A 為 A 的行空間（參閱例 2），故 T_A 為映成若且唯若 A 的行空間為 $\mathbb{R}^m$。因為 A 的秩為行空間的維數，所以 T_A 為映成若且唯若 rank $A = m$。
2. ker $T_A = \{\mathbf{x} \in \mathbb{R}^n \mid A\mathbf{x} = \mathbf{0}\}$，故（利用定理 2）$T_A$ 為一對一若且唯若 $A\mathbf{x} = \mathbf{0}$ 得到 $\mathbf{x} = \mathbf{0}$。由第 5.4 節定理 3 知，這等價於 rank $A = n$。

維數定理

設 A 表示秩為 r 的 $m \times n$ 矩陣，且 $T_A : \mathbb{R}^n \to \mathbb{R}^m$ 表示對應矩陣變換 $T_A(\mathbf{x}) = A\mathbf{x}$，其中行向量 $\mathbf{x} \in \mathbb{R}^n$。由例 1 和例 2 知 im $T_A = $ col A，故 dim(im T_A) = dim(col A) = r。但由第 5.4 節定理 2 顯示 dim(ker T_A) = dim(null A) = $n - r$。結合這些我們發現

對每一個 $m \times n$ 矩陣 A，dim(im T_A) + dim(ker T_A) = n

本節的主要結果是將此觀察做更深入的推廣。

定理 4

維數定理

假設 $T : V \to W$ 為任意線性變換，並且假設 ker T 與 im T 都是有限維，則 V 也是有限維且

$$\dim V = \dim(\ker T) + \dim(\operatorname{im} T)$$

換言之，dim V = nullity(T) + rank(T)。

證明

在 im $T = T(V)$ 中的每一個向量其形式為 $T(\mathbf{v})$，其中 $\mathbf{v} \in V$。令 $\{T(\mathbf{e}_1), T(\mathbf{e}_2), \ldots, T(\mathbf{e}_r)\}$ 為 im T 的一組基底，其中 $\mathbf{e}_i \in V$。令 $\{\mathbf{f}_1, \mathbf{f}_2, \ldots, \mathbf{f}_k\}$ 為 ker T 的任意基底，則 dim(im T) = r 且 dim(ker T) = k，因此只需證明 $B = \{\mathbf{e}_1, \ldots, \mathbf{e}_r, \mathbf{f}_1, \ldots, \mathbf{f}_k\}$ 為 V 的基底。

1. B 生成 V：若 $\mathbf{v} \in V$，則 $T(\mathbf{v}) \in $ im V，因此

$$T(\mathbf{v}) = t_1 T(\mathbf{e}_1) + t_2 T(\mathbf{e}_2) + \cdots + t_r T(\mathbf{e}_r), \; t_i \in \mathbb{R}$$

由此可推得 $\mathbf{v} - t_1 \mathbf{e}_1 - t_2 \mathbf{e}_2 - \cdots - t_r \mathbf{e}_r$ 屬於 ker T，故為 $\mathbf{f}_1, \ldots, \mathbf{f}_k$ 的線性組合。因此 $\mathbf{v}$ 為 B 中向量的線性組合。

2. B 為線性獨立：假設 $t_i, s_j \in \mathbb{R}$，滿足
$$t_1\mathbf{e}_1 + \cdots + t_r\mathbf{e}_r + s_1\mathbf{f}_1 + \cdots + s_k\mathbf{f}_k = \mathbf{0} \qquad (*)$$
利用 T 可得 $t_1T(\mathbf{e}_1) + \cdots + t_rT(\mathbf{e}_r) = \mathbf{0}$〔因為對每一個 i，$T(\mathbf{f}_i) = \mathbf{0}$〕，因此由於 $\{T(\mathbf{e}_1), ..., T(\mathbf{e}_r)\}$ 為線性獨立，產生 $t_1 = \cdots = t_r = 0$。$(*)$ 式變成
$$s_1\mathbf{f}_1 + \cdots + s_k\mathbf{f}_k = \mathbf{0}$$
由於 $\{\mathbf{f}_1, ..., \mathbf{f}_k\}$ 為線性獨立可知 $s_1 = \cdots = s_k = 0$。此即證明 B 為線性獨立。

注意，在定理 4 中，並未假定向量空間 V 是有限維。事實上，驗證 ker T 和 im T 兩者都是有限維通常是證明 V 是有限維的重要方法。

進一步注意，在證明中，$r + k = n$，經過重新標記後，我們可得到 V 的基底
$$B = \{\mathbf{e}_1, \mathbf{e}_2, ..., \mathbf{e}_r, \mathbf{e}_{r+1}, ..., \mathbf{e}_n\}$$
其中 $\{\mathbf{e}_{r+1}, ..., \mathbf{e}_n\}$ 為 ker T 的基底，$\{T(\mathbf{e}_1), ..., T(\mathbf{e}_r)\}$ 為 im T 的基底。事實上，若事先知道 V 是有限維，則由第 6.4 節定理 1 知，ker T 的任意基底 $\{\mathbf{e}_{r+1}, ..., \mathbf{e}_n\}$ 可擴大成為 V 的基底 $\{\mathbf{e}_1, \mathbf{e}_2, ..., \mathbf{e}_r, \mathbf{e}_{r+1}, ..., \mathbf{e}_n\}$。此外，不論這個擴大怎麼做，向量 $\{T(\mathbf{e}_1), ..., T(\mathbf{e}_r)\}$ 都是 im T 的基底。這個結果非常有用，我們將它記錄以供參考。它的證明與定理 4 類似，就將它當作習題 26。

定理 5

設 $T : V \to W$ 為一個線性變換，且令 $\{\mathbf{e}_1, ..., \mathbf{e}_r, \mathbf{e}_{r+1}, ..., \mathbf{e}_n\}$ 為 V 的基底使得 $\{\mathbf{e}_{r+1}, ..., \mathbf{e}_n\}$ 為 ker T 的基底，則 $\{T(\mathbf{e}_1), ..., T(\mathbf{e}_r)\}$ 為 im T 的基底，因此 $r =$ rank T。

維數定理是線性代數最有用的結果之一。它告訴我們，若可求得 dim(ker T) 或 dim(im T) 兩者之一，則自動得知另一個。在許多情況下，計算其中一個會比計算另一個容易，因此這個定理有實質的優點。本節剩下的部分是用來說明這事實。下一個例子是利用維數定理對於第 5.4 節定理 2 的第一部分給予不同的證明。

例 7

設 A 是秩為 r 的 $m \times n$ 矩陣，證明 n 個變數的 m 個齊次方程式 $A\mathbf{x} = \mathbf{0}$ 的所有解所成的空間具有維數 $n - r$。

解：此題的解空間為 ker T_A，其中 $T_A : \mathbb{R}^n \to \mathbb{R}^m$ 定義為 $T_A(\mathbf{x}) = A\mathbf{x}$，而 $\mathbf{x}$ 為 $\mathbb{R}^n$ 中的所有行向量。由例 2 知 dim(im T_A) = rank T_A = rank $A = r$，故由維數定理知 dim(ker T_A) $= n - r$。

例 8

設 $T : V \to W$ 是線性變換，V 是有限維，由定理 4 知 $\dim V = \dim(\ker T) + \dim(\operatorname{im} T)$，故

$$\dim(\ker T) \leq \dim V \quad \text{且} \quad \dim(\operatorname{im} T) \leq \dim V$$

當然，因為 $\ker T$ 為 V 的子空間，所以可推得第一個不等式。

例 9

設 $D : \mathbf{P}_n \to \mathbf{P}_{n-1}$ 為微分映射，定義為 $D[p(x)] = p'(x)$，計算 $\ker D$ 並證明 D 為映成。

解：因為 $p'(x) = 0$ 表示 $p(x)$ 為常數，故 $\dim(\ker D) = 1$。因為 $\dim \mathbf{P}_n = n + 1$，由維數定理知

$$\dim(\operatorname{im} D) = (n + 1) - \dim(\ker D) = n = \dim(\mathbf{P}_{n-1})$$

這表示 $\operatorname{im} D = \mathbf{P}_{n-1}$，因此 D 為映成。

當然，不難驗證 $\mathbf{P}_{n-1}$ 中的每一個多項式 $q(x)$ 都是 $\mathbf{P}_n$ 中某一個多項式的微分〔只是將 $q(x)$ 積分！〕，故在此情況下不需要用到維數定理。然而，在某些情況下很難看出一個線性變換是映成，所以例 9 中所用的方法到目前為止可能是最簡單的方法。下面是另一個例子。

例 10

a 為一實數，計值映射 $E_a : \mathbf{P}_n \to \mathbb{R}$ 定義為 $E_a[p(x)] = p(a)$。證明 E_a 為線性且映成，因此證明 $\{(x - a), (x - a)^2, \ldots, (x - a)^n\}$ 為 $\ker E_a$ 的一組基底，其中 $\ker E_a$ 為所有 $p(a) = 0$ 的多項式 $p(x)$ 所成的子空間。

解：由第 7.1 節例 3 可知 E_a 為線性；而留給讀者驗證 E_a 為映成。因 $\dim(\operatorname{im} E_a) = \dim(\mathbb{R}) = 1$，故由維數定理知 $\dim(\ker E_a) = (n + 1) - 1 = n$。顯然，$n$ 個多項式 $(x - a), (x - a)^2, \ldots, (x - a)^n$ 的每一個都屬於 $\ker E_a$，而且它們是線性獨立（它們的次數都不同），因此它們是一組基底，因為 $\dim(\ker E_a) = n$。

最後，我們將維數定理應用於矩陣的秩。

例 11

設 A 是任意 $m \times n$ 矩陣，證明 $\operatorname{rank} A = \operatorname{rank} A^T A = \operatorname{rank} A A^T$。

解：只需證明 $\operatorname{rank} A = \operatorname{rank} A^T A$（其餘的只是將 A 改為 A^T）。令 $B = A^T A$，考慮相關的矩陣變換

$$T_A : \mathbb{R}^n \to \mathbb{R}^m \text{ 且 } T_B : \mathbb{R}^n \to \mathbb{R}^n$$

由維數定理與例 2 得知

$$\text{rank}\, A = \text{rank}\, T_A = \dim(\text{im}\, T_A) = n - \dim(\ker T_A)$$
$$\text{rank}\, B = \text{rank}\, T_B = \dim(\text{im}\, T_B) = n - \dim(\ker T_B)$$

因此只需證明 $\ker T_A = \ker T_B$。今由 $A\mathbf{x} = \mathbf{0}$ 可得 $B\mathbf{x} = A^T A\mathbf{x} = \mathbf{0}$，故 $\ker T_A$ 包含於 $\ker T_B$。另一方面，若 $B\mathbf{x} = \mathbf{0}$，則 $A^T A\mathbf{x} = \mathbf{0}$，因此

$$\|A\mathbf{x}\|^2 = (A\mathbf{x})^T(A\mathbf{x}) = \mathbf{x}^T A^T A\mathbf{x} = \mathbf{x}^T \mathbf{0} = 0$$

這表示 $A\mathbf{x} = \mathbf{0}$，故 $\ker T_B$ 包含於 $\ker T_A$。

習題 7.2

1. 對於每一個矩陣 A，求 T_A 的核與像的一組基底，並求 T_A 的秩與核維數 (nullity)。

   (a) $\begin{bmatrix} 1 & 2 & -1 & 1 \\ 3 & 1 & 0 & 2 \\ 1 & -3 & 2 & 0 \end{bmatrix}$
   ◆(b) $\begin{bmatrix} 2 & 1 & -1 & 3 \\ 1 & 0 & 3 & 1 \\ 1 & 1 & -4 & 2 \end{bmatrix}$

   (c) $\begin{bmatrix} 1 & 2 & -1 \\ 3 & 1 & 2 \\ 4 & -1 & 5 \\ 0 & 2 & -2 \end{bmatrix}$
   ◆(d) $\begin{bmatrix} 2 & 1 & 0 \\ 1 & -1 & 3 \\ 1 & 2 & -3 \\ 0 & 3 & -6 \end{bmatrix}$

2. 下列各題中，假設 T 為線性，(i) 求 $\ker T$ 的一組基底，(ii) 求 $\text{im}\, T$ 的一組基底。

   (a) $T: \mathbf{P}_2 \to \mathbb{R}^2$；
   $T(a + bx + cx^2) = (a, b)$

   ◆(b) $T: \mathbf{P}_2 \to \mathbb{R}^2$；$T(p(x)) = (p(0), p(1))$

   (c) $T: \mathbb{R}^3 \to \mathbb{R}^3$；
   $T(x, y, z) = (x + y, x + y, 0)$

   ◆(d) $T: \mathbb{R}^3 \to \mathbb{R}^4$；$T(x, y, z) = (x, x, y, y)$

   (e) $T: \mathbf{M}_{22} \to \mathbf{M}_{22}$；
   $T\begin{bmatrix} a & b \\ c & d \end{bmatrix} = \begin{bmatrix} a+b & b+c \\ c+d & d+a \end{bmatrix}$

   ◆(f) $\mathbf{M}_{22} \to \mathbb{R}$；$T\begin{bmatrix} a & b \\ c & d \end{bmatrix} = a + d$

   (g) $T: \mathbf{P}_n \to \mathbb{R}$；
   $T(r_0 + r_1 x + \cdots + r_n x^n) = r_n$

   ◆(h) $T: \mathbb{R}^n \to \mathbb{R}$；
   $T(r_1, r_2, \ldots, r_n) = r_1 + r_2 + \cdots + r_n$

   (i) $T: \mathbf{M}_{22} \to \mathbf{M}_{22}$；
   $T(X) = XA - AX$，其中 $A = \begin{bmatrix} 0 & 1 \\ 1 & 0 \end{bmatrix}$

   ◆(j) $T: \mathbf{M}_{22} \to \mathbf{M}_{22}$；
   $T(X) = XA$，其中 $A = \begin{bmatrix} 1 & 1 \\ 0 & 0 \end{bmatrix}$

3. 設 $P: V \to \mathbb{R}$ 與 $Q: V \to \mathbb{R}$ 為線性變換，其中 V 為向量空間。定義 $T: V \to \mathbb{R}^2$ 為 $T(\mathbf{v}) = (P(\mathbf{v}), Q(\mathbf{v}))$。

   (a) 證明 T 為線性變換。

   ◆(b) 證明 $\ker T = \ker P \cap \ker Q$。

4. 下列各題中，求 V 的基底 $B = \{\mathbf{e}_1, \ldots, \mathbf{e}_r, \mathbf{e}_{r+1}, \ldots, \mathbf{e}_n\}$ 使得 $\{\mathbf{e}_{r+1}, \ldots, \mathbf{e}_n\}$ 為 $\ker T$ 的基底，並且驗證定理 5。

   (a) $T: \mathbb{R}^3 \to \mathbb{R}^4$；$T(x, y, z) = (x - y + 2z, x + y - z, 2x + z, 2y - 3z)$

   ◆(b) $T: \mathbb{R}^3 \to \mathbb{R}^4$；$T(x, y, z) = (x + y + z, 2x - y + 3z, z - 3y, 3x + 4z)$

5. 證明任意矩陣 $X \in \mathbf{M}_{nn}$ 都可表成 $X = A^T - 2A$ 的形式，其中 $A \in \mathbf{M}_{nn}$。
   【提示：維數定理。】

6. 下列各題中，證明敘述為真或提出反例說明其不為真。各題均假設 $T:V \to W$ 為線性變換，其中 V 與 W 都是有限維。
   (a) 若 $V = W$，則 $\ker T \subseteq \operatorname{im} T$。
   ◆(b) 若 $\dim V = 5$，$\dim W = 3$，且 $\dim(\ker T) = 2$，則 T 為映成。
   (c) 若 $\dim V = 5$ 且 $\dim W = 4$，則 $\ker T \neq \{\mathbf{0}\}$。
   ◆(d) 若 $\ker T = V$，則 $W = \{\mathbf{0}\}$。
   (e) 若 $W = \{\mathbf{0}\}$，則 $\ker T = V$。
   ◆(f) 若 $W = V$，且 $\operatorname{im} T \subseteq \ker T$，則 $T = 0$。
   (g) 若 $\{\mathbf{e}_1, \mathbf{e}_2, \mathbf{e}_3\}$ 為 V 的基底且 $T(\mathbf{e}_1) = \mathbf{0} = T(\mathbf{e}_2)$，則 $\dim(\operatorname{im} T) \leq 1$。
   ◆(h) 若 $\dim(\ker T) \leq \dim W$，則 $\dim W \geq \frac{1}{2}\dim V$。
   (i) 若 T 為一對一，則 $\dim V \leq \dim W$。
   ◆(j) 若 $\dim V \leq \dim W$，則 T 為一對一。
   (k) 若 T 為映成，則 $\dim V \geq \dim W$。
   ◆(l) 若 $\dim V \geq \dim W$，則 T 為映成。
   (m) 若 $\{T(\mathbf{v}_1), ..., T(\mathbf{v}_k)\}$ 為線性獨立，則 $\{\mathbf{v}_1, ..., \mathbf{v}_k\}$ 為線性獨立。
   ◆(n) 若 $\{\mathbf{v}_1, ..., \mathbf{v}_k\}$ 生成 V，則 $\{T(\mathbf{v}_1), ..., T(\mathbf{v}_k)\}$ 生成 W。

7. 證明在一對一變換下的線性獨立保持不變，並且在映成變換下的生成集保持不變。更嚴謹地說，若 $T:V \to W$ 為線性變換，證明：
   (a) 若 T 為一對一並且 $\{\mathbf{v}_1, ..., \mathbf{v}_n\}$ 在 V 中為線性獨立，則 $\{T(\mathbf{v}_1), ..., T(\mathbf{v}_n)\}$ 在 W 中為線性獨立。
   ◆(b) 若 T 為映成並且 $V = \operatorname{span}\{\mathbf{v}_1, ..., \mathbf{v}_n\}$，則 $W = \operatorname{span}\{T(\mathbf{v}_1), ..., T(\mathbf{v}_n)\}$。

8. 設 $\{\mathbf{v}_1, ..., \mathbf{v}_n\}$ 在向量空間 V 中，定義 $T:\mathbb{R}^n \to V$ 為 $T(r_1, ..., r_n) = r_1\mathbf{v}_1 + \cdots + r_n\mathbf{v}_n$。證明 T 為線性，並且：
   (a) T 為一對一若且唯若 $\{\mathbf{v}_1, ..., \mathbf{v}_n\}$ 為線性獨立。
   ◆(b) T 為映成若且唯若 $V = \operatorname{span}\{\mathbf{v}_1, ..., \mathbf{v}_n\}$。

9. 設 $T:V \to V$ 為線性變換，其中 V 為有限維，證明 (i) 與 (ii) 恰有一個成立：
   (i) V 中存在某一個 $\mathbf{v} \neq \mathbf{0}$，使得 $T(\mathbf{v}) = \mathbf{0}$；
   (ii) 對 V 中的每一個 $\mathbf{v}$ 而言，在 V 中 $T(\mathbf{x}) = \mathbf{v}$ 有解。

◆10. 設 $T:\mathbf{M}_{nn} \to \mathbb{R}$ 為跡映射：$T(A) = \operatorname{tr} A$，$A \in \mathbf{M}_{nn}$，證明 $\dim(\ker T) = n^2 - 1$。

11. $T:V \to W$ 為線性變換，證明下列敘述等價。
    (a) $\ker T = V$ (b) $\operatorname{im} T = \{\mathbf{0}\}$
    (c) $T = 0$

◆12. 令 A 與 B 分別為 $m \times n$ 與 $k \times n$ 矩陣。假設對每一個 n 行 $\mathbf{x}$ 而言，$A\mathbf{x} = \mathbf{0}$ 意指 $B\mathbf{x} = \mathbf{0}$。證明 $\operatorname{rank} A \geq \operatorname{rank} B$。【提示：定理 4。】

13. 設 A 為 $m \times n$ 矩陣，其秩為 r。將 $\mathbb{R}^n$ 的元素視為列向量，定義 $V = \{\mathbf{x} \in \mathbb{R}^m \mid \mathbf{x}A = \mathbf{0}\}$。證明 $\dim V = m - r$。

14. 設 $V = \left\{\begin{bmatrix} a & b \\ c & d \end{bmatrix} \middle| a + c = b + d\right\}$
    (a) 考慮 $S:\mathbf{M}_{22} \to \mathbb{R}$ 定義為 $S\begin{bmatrix} a & b \\ c & d \end{bmatrix} = a + c - b - d$。證明 S 為線性且為映成以及 V 為 $\mathbf{M}_{22}$ 的子空間。計算 $\dim V$。
    (b) 考慮 $T:V \to \mathbb{R}$ 定義為 $T\begin{bmatrix} a & b \\ c & d \end{bmatrix} = a + c$。證明 T 為線性且為映成，利用此資訊計算 $\dim(\ker T)$。

15. 定義 $T: \mathbf{P}_n \to \mathbb{R}$ 為 $T[p(x)] = p(x)$ 的所有係數和。
    (a) 利用維數定理證明 $\dim(\ker T) = n$。
    ◆(b) 證明 $\{x - 1, x^2 - 1, \ldots, x^n - 1\}$ 為 $\ker T$ 的基底。

16. 利用維數定理證明第 1.3 節定理 1：設 A 為 $m \times n$ 矩陣，$m < n$，則 n 變數的 m 個齊次方程式 $A\mathbf{x} = \mathbf{0}$ 總是有非零 (nontrivial) 解。

17. 設 B 為 $n \times n$ 矩陣，考慮子空間 $U = \{A \mid A \in \mathbf{M}_{nn}, AB = 0\}$ 與 $V = \{AB \mid A \in \mathbf{M}_{nn}\}$。證明 $\dim U + \dim V = mn$。

18. 設 U 與 V 分別為 $\mathbf{P}_n$ 中偶多項式與奇多項式的空間。證明 $\dim U + \dim V = n + 1$。【提示：考慮 $T: \mathbf{P}_n \to \mathbf{P}_n$，其中 $T[p(x)] = p(x) - p(-x)$。】

19. 證明 $\mathbf{P}_{n-1}$ 中的每一個多項式 $f(x)$ 可寫成 $f(x) = p(x + 1) - p(x)$，其中 $p(x) \in \mathbf{P}_n$。【提示：定義 $T: \mathbf{P}_n \to \mathbf{P}_{n-1}$ 為 $T[p(x)] = p(x + 1) - p(x)$。】

◆20. 設 U 與 V 分別為 $n \times n$ 的對稱與反對稱矩陣所成的空間。證明 $\dim U + \dim V = n^2$。

21. 設 $B \in \mathbf{M}_{nn}$ 且滿足 $B^k = 0$，$k \geq 1$。證明 $\mathbf{M}_{nn}$ 中的每一個矩陣均具有 $BA - A$ 的形式，其中 $A \in \mathbf{M}_{nn}$。【提示：證明 $T: \mathbf{M}_{nn} \to \mathbf{M}_{nn}$ 為線性且一對一，其中 $T(A) = BA - A$。】

◆22. 在 $\mathbb{R}^n$ 中固定一個行向量 $\mathbf{y} \neq \mathbf{0}$，令 $U = \{A \in \mathbf{M}_{nn} \mid A\mathbf{y} = \mathbf{0}\}$。證明 $\dim U = n(n - 1)$。

23. 設 $B \in \mathbf{M}_{mn}$，其秩為 r，令 $U = \{A \in \mathbf{M}_{nn} \mid BA = 0\}$ 與 $W = \{BA \mid A \in \mathbf{M}_{nn}\}$。證明 $\dim U = n(n - r)$ 與 $\dim W = nr$。【提示：證明 U 包含所有矩陣 A，而 A 的行都屬於 B 的零核空間 (null space) 利用例 7。】

24. 設 $T: V \to V$ 為線性變換，其中 $\dim V = n$。若 $\ker T \cap \text{im } T = \{\mathbf{0}\}$，證明 V 中的每一個向量 $\mathbf{v}$ 均可表成 $\mathbf{v} = \mathbf{u} + \mathbf{w}$，其中 $\mathbf{u} \in \ker T$，$\mathbf{w} \in \text{im } T$。【提示：選取基底 $B \subseteq \ker T$ 與 $D \subseteq \text{im } T$，且利用第 6.3 節習題 33。】

25. 設 $T: \mathbb{R}^n \to \mathbb{R}^n$ 為線性變換，其秩為 1，其中 $\mathbb{R}^n$ 的元素為列向量。證明存在實數 $a_1, a_2, \ldots, a_n$ 與 $b_1, b_2, \ldots, b_n$ 使得對 $\mathbb{R}^n$ 中的所有列向量 X 而言，$T(X) = XA$ 恆成立，其中

$$A = \begin{bmatrix} a_1 b_1 & a_1 b_2 & \cdots & a_1 b_n \\ a_2 b_1 & a_2 b_2 & \cdots & a_2 b_n \\ \vdots & \vdots & & \vdots \\ a_n b_1 & a_n b_2 & \cdots & a_n b_n \end{bmatrix}$$

【提示：對於 $\mathbb{R}^n$ 中的 $\mathbf{w} = (b_1, \ldots, b_n)$ 而言，$\text{im } T = \mathbb{R}\mathbf{w}$ 恆成立。】

26. 證明定理 5。

27. 設 $T: V \to \mathbb{R}$ 為非零線性變換，其中 $\dim V = n$。證明存在 V 中的基底 $\{\mathbf{e}_1, \ldots, \mathbf{e}_n\}$ 使得 $T(r_1\mathbf{e}_1 + r_2\mathbf{e}_2 + \cdots + r_n\mathbf{e}_n) = r_1$。

28. 設 $f \neq 0$ 為次數 $m \geq 1$ 的固定多項式。若 p 為任意多項式且 $(p \circ f)(x) = p[f(x)]$。定義 $T_f: P_n \to P_{n+m}$ 為 $T_f(p) = p \circ f$。
    (a) 證明 T_f 為線性。
    (b) 證明 T_f 為一對一。

29. 設 U 是有限維向量空間 V 的子空間。
    (a) 證明存在線性算子 $T:V \to V$，使得 $U = \ker T$。
    ◆(b) 證明存在線性算子 $S:V \to V$，使得 $U = \operatorname{im} S$。【提示：第 6.4 節定理 1 與第 7.1 節定理 3。】

30. 設 V 與 W 為有限維向量空間。
    (a) 證明 $\dim W \leq \dim V$ 若且唯若存在映成的線性變換 $T:V \to W$。【提示：第 6.4 節定理 1 與第 7.1 節定理 3。】
    (b) 證明 $\dim W \geq \dim V$ 若且唯若存在一對一的線性變換 $T:V \to W$。【提示：第 6.4 節定理 1 與第 7.1 節定理 3。】

7.3 節　同構與合成

有時兩個向量空間看起來是由完全不同類型的向量組成，但是，仔細的檢查，發現它們是相同的向量空間，只是符號不同而已。例如，考慮空間

$$\mathbb{R}^2 = \{(a,b) \mid a,b \in \mathbb{R}\} \quad \text{與} \quad \mathbf{P}_1 = \{a + bx \mid a,b \in \mathbb{R}\}$$

比較在這些空間中的加法與純量乘法：

$$(a,b) + (a_1,b_1) = (a+a_1, b+b_1) \qquad (a+bx) + (a_1+b_1x) = (a+a_1) + (b_1+b_1)x$$
$$r(a,b) = (ra, rb) \qquad r(a+bx) = (ra) + (rb)x$$

顯然這些都是具有不同符號的相同向量空間：若我們將 $\mathbb{R}^2$ 中的每一個 (a,b) 改變成 $a+bx$，同時賦予加法與純量乘法，則 $\mathbb{R}^2$ 變成 $\mathbf{P}_1$。注意，映射 $(a,b) \mapsto a+bx$ 是從 $\mathbb{R}^2 \to \mathbf{P}_1$ 的一對一且映成的線性變換。以這種形式，我們可以描述一般的情形。

定義 7.4

若線性變換 $T:V \to W$ 為映成且一對一，則稱 T 為**同構 (isomorphism)**。若存在一個同構 $T:V \to W$，則稱向量空間 V 與 W 是**同構的 (isomorphic)**，在此情況下，我們寫成 $V \cong W$。

例 1

對任意向量空間 V 而言，恆等變換 $1_V:V \to V$ 是同構。

● 例 2

若 $T: \mathbf{M}_{mn} \to \mathbf{M}_{nm}$ 定義為 $T(A) = A^T$，$A \in \mathbf{M}_{mn}$，則 T 是同構（驗證）。因此 $\mathbf{M}_{mn} \cong \mathbf{M}_{nm}$。

● 例 3

同構的空間也有可能「看起來」完全不同。例如，$\mathbf{M}_{22} \cong \mathbf{P}_3$，因為定義為 $T\begin{bmatrix} a & b \\ c & d \end{bmatrix} = a + bx + cx^2 + dx^3$ 的映射 $T: \mathbf{M}_{22} \to \mathbf{P}_3$ 是同構（驗證）。

同構 (isomorpbism) 來自兩個希臘字根：*iso*，意思是「相同」，而 *morphos*，意思是「形式」。同構引出一種對應

$$\mathbf{v} \leftrightarrow T(\mathbf{v})$$

將 V 中的向量 $\mathbf{v}$ 對應於 W 中的向量 $T(\mathbf{v})$。並且保持向量加法與純量乘法。因此若只論及向量空間的性質，則空間 V 與 W 是相同的，只是符號不同而已。因為在一個空間的加法與純量乘法，完全由另一個空間中的相同運算所決定。所以一個空間中的所有向量空間的性質，完全由另一個空間中的性質所決定。

在第 4 章我們探討過最重要的同構空間之一。設 A 表示空間中，起點為原點的所有「箭號」所成的集合，利用平行四邊形定律以及純量倍數定律（參閱第 4.1 節）可將 A 形成一個向量空間。定義一個變換 $T: \mathbb{R}^3 \to A$ 如下：

$$T\begin{bmatrix} x \\ y \\ z \end{bmatrix} \text{為由原點到點 } P(x, y, z) \text{ 的箭號 } \mathbf{v}。$$

如第 4.1 節所述，矩陣加法與純量乘法對應於這些箭號的平行四邊形定律和純量乘法定律，因此映射 T 是一個線性變換。而且 T 是一個同構：由第 4.1 節定理 2 知，T 是一對一且為映成，此乃因在 A 中給予終點為 $P(x, y, z)$ 的箭號 $\mathbf{v}$，我們有 $T\begin{bmatrix} x \\ y \\ z \end{bmatrix} = \mathbf{v}$。這說明我們為何在第 4 章中可用代數矩陣來表示幾何箭號。了解這種對應是非常有用的。箭號繪出矩陣的圖形，它為 $\mathbb{R}^3$ 帶來幾何直觀；矩陣能用來做詳細的計算，它為幾何帶來精確度。這是同構能幫助闡明兩個空間結構的最佳範例之一。

下面的定理給出同構一個非常有用的特性：它們就是保持基底的線性變換。

定理 1

設 V、W 是有限維空間，對於線性變換 $T: V \to W$，下列條件是對等：

1. T 是一個同構。
2. 若 $\{\mathbf{e}_1, \mathbf{e}_2, ..., \mathbf{e}_n\}$ 為 V 的任意基底，則 $\{T(\mathbf{e}_1), T(\mathbf{e}_2), ..., T(\mathbf{e}_n)\}$ 為 W 的基底。
3. 存在一個 V 的基底 $\{\mathbf{e}_1, \mathbf{e}_2, ..., \mathbf{e}_n\}$ 使得 $\{T(\mathbf{e}_1), T(\mathbf{e}_2), ..., T(\mathbf{e}_n)\}$ 為 W 的基底。

證明

(1) $\Rightarrow$ (2)。令 $\{\mathbf{e}_1, ..., \mathbf{e}_n\}$ 為 V 的基底。若 $t_1 T(\mathbf{e}_1) + \cdots + t_n T(\mathbf{e}_n) = \mathbf{0}$，其中 t_i 為實數，則 $T(t_1 \mathbf{e}_1 + \cdots + t_n \mathbf{e}_n) = \mathbf{0}$，故 $t_1 \mathbf{e}_1 + \cdots + t_n \mathbf{e}_n = \mathbf{0}$（因為 $\ker T = \{\mathbf{0}\}$）。由 $\mathbf{e}_i$ 的獨立性可知，每一個 $t_i = 0$，因此 $\{T(\mathbf{e}_1), ..., T(\mathbf{e}_n)\}$ 為線性獨立。再證它們生成 W，取 $\mathbf{w} \in W$，因為 T 為映成，故存在 $\mathbf{v} \in V$，使得 $\mathbf{w} = T(\mathbf{v})$，令 $\mathbf{v} = t_1 \mathbf{e}_1 + \cdots + t_n \mathbf{e}_n$，則 $\mathbf{w} = T(\mathbf{v}) = t_1 T(\mathbf{e}_1) + \cdots + t_n T(\mathbf{e}_n)$，此即證明 $\{T(\mathbf{e}_1), ..., T(\mathbf{e}_n)\}$ 生成 W。

(2) $\Rightarrow$ (3)。這是因為 V 有一組基底。

(3) $\Rightarrow$ (1)。若 $T(\mathbf{v}) = \mathbf{0}$，令 $\mathbf{v} = v_1 \mathbf{e}_1 + \cdots + v_n \mathbf{e}_n$，$v_i \in \mathbb{R}$。則 $\mathbf{0} = T(\mathbf{v}) = v_1 T(\mathbf{e}_1) + \cdots + v_n T(\mathbf{e}_n)$，故由 (3) 知 $v_1 = \cdots = v_n = 0$。因此 $\mathbf{v} = \mathbf{0}$，故 $\ker T = \{\mathbf{0}\}$，T 為一對一。再證 T 為映成，令 $\mathbf{w} \in W$，由 (3) 知存在 $w_1, ..., w_n \in \mathbb{R}$，使得

$$\mathbf{w} = w_1 T(\mathbf{e}_1) + \cdots + w_n T(\mathbf{e}_n) = T(w_1 \mathbf{e}_1 + \cdots + w_n \mathbf{e}_n)$$

因此 T 為映成。

定理 1 與第 7.1 節定理 3 相吻合，如下所示：設 V、W 是 n 維向量空間，並且 $\{\mathbf{e}_1, \mathbf{e}_2, ..., \mathbf{e}_n\}$ 與 $\{\mathbf{f}_1, \mathbf{f}_2, ..., \mathbf{f}_n\}$ 分別為 V 與 W 的基底。由第 7.1 節定理 3 知，存在線性變換 $T: V \to W$ 使得

$$T(\mathbf{e}_i) = \mathbf{f}_i, \ i = 1, 2, ..., n$$

則 $\{T(\mathbf{e}_1), ..., T(\mathbf{e}_n)\}$ 顯然是 W 的基底，由定理 1 知 T 是一個同構。此外，T 的作用為

$$T(r_1 \mathbf{e}_1 + \cdots + r_n \mathbf{e}_n) = r_1 \mathbf{f}_1 + \cdots + r_n \mathbf{f}_n$$

所以只要知道基底，就可以很容易地定義相同維數的空間之間的同構。特別地，這證明了若兩個向量空間 V 和 W 有相同的維數，則它們是同構的，亦即 $V \cong W$。我們證明了下面定理的一半。

定理 2

若 V、W 是有限維向量空間，則 $V \cong W$ 若且唯若 $\dim V = \dim W$。

證明

剩下來是要證明：若 $V \cong W$ 則 $\dim V = \dim W$。但若 $V \cong W$，則存在一個同構 $T: V \to W$。因為 V 是有限維，令 $\{\mathbf{e}_1, ..., \mathbf{e}_n\}$ 為 V 的一組基底，則由定理 1 知，$\{T(\mathbf{e}_1), ..., T(\mathbf{e}_n)\}$ 為 W 的基底，因此 $\dim W = n = \dim V$。

推論 1

設 U、V 和 W 為向量空間，則

1. 對每一個向量空間 V 而言，$V \cong V$ 恆成立。
2. 若 $V \cong W$，則 $W \cong V$。
3. 若 $U \cong V$ 且 $V \cong W$，則 $U \cong W$。

證明留給讀者。因有這些性質，關係式 $\cong$ 稱為在有限維向量空間上的一個對等關係 (equivalence relation)。由於 $\dim(\mathbb{R}^n) = n$，因此可推得

推論 2

若 V 是一個向量空間而且 $\dim V = n$，則 V 與 $\mathbb{R}^n$ 同構。

若 V 是 n 維向量空間，則存在重要的同構 $V \to \mathbb{R}^n$。固定 V 的一組基底 $B = \{\mathbf{b}_1, \mathbf{b}_2, ..., \mathbf{b}_n\}$ 且令 $\{\mathbf{e}_1, \mathbf{e}_2, ..., \mathbf{e}_n\}$ 為 $\mathbb{R}^n$ 的標準基底，由第 7.1 節定理 3 知，存在唯一線性變換 $C_B: V \to \mathbb{R}^n$ 定義為

$$C_B(v_1\mathbf{b}_1 + v_2\mathbf{b}_2 + \cdots + v_n\mathbf{b}_n) = v_1\mathbf{e}_1 + v_2\mathbf{e}_2 + \cdots + v_n\mathbf{e}_n = \begin{bmatrix} v_1 \\ v_2 \\ \vdots \\ v_n \end{bmatrix}$$

其中 $v_i \in \mathbb{R}$。此外，對每一個 i 而言，$C_B(\mathbf{b}_i) = \mathbf{e}_i$，故由定理 1 知 C_B 是一個同構，稱為對應於基底 B 的**座標同構 (coordinate isomorphism)**。這些同構將在第 9 章中扮演重要角色。

上述推論的結論可以表述如下：依據向量空間的性質而言，每一個 n 維向量空間 V 基本上與 $\mathbb{R}^n$ 是相同的；除了符號不同外，它們是相同的向量空間。這似乎使

抽象的過程顯得不那麼重要，只需研究 $\mathbb{R}^n$ 即可！但即使空間 $\mathbf{P}_8$ 和 $\mathbf{M}_{33}$ 都與 $\mathbb{R}^9$ 相同，它們仍有不同的感覺：例如，在 $\mathbf{P}_8$ 中向量可以有根，而在 $\mathbf{M}_{33}$ 中向量可以相乘。所以抽象過程的好處是在各種例子中找出向量空間的共同性質，對有限維空間而言，這是重要的。然而，抽象過程對無限維情形更重要，特別是對函數空間。

例 4

設 V 為由所有 2×2 對稱矩陣所成的空間。求一個同構 $T : \mathbf{P}_2 \to V$ 使得 $T(1) = I$，其中 I 為 2×2 單位矩陣。

解：$\{1, x, x^2\}$ 為 $\mathbf{P}_2$ 的一個基底，我們要找包含 I 的 V 的一組基底。集合 $\left\{ \begin{bmatrix} 1 & 0 \\ 0 & 1 \end{bmatrix}, \begin{bmatrix} 0 & 1 \\ 1 & 0 \end{bmatrix}, \begin{bmatrix} 0 & 0 \\ 0 & 1 \end{bmatrix} \right\}$ 在 V 中為線性獨立，因 $\dim V = 3$，故它是一組基底（由第 6.3 節例 11）。因此定義 $T : \mathbf{P}_2 \to V$ 為 $T(1) = \begin{bmatrix} 1 & 0 \\ 0 & 1 \end{bmatrix}$，$T(x) = \begin{bmatrix} 0 & 1 \\ 1 & 0 \end{bmatrix}$，$T(x^2) = \begin{bmatrix} 0 & 0 \\ 0 & 1 \end{bmatrix}$，然後如第 7.1 節定理 3 呈現線性延拓。由定理 1 知，T 為一個同構，它的作用如下：

$$T(a + bx + cx^2) = aT(1) + bT(x) + cT(x^2) = \begin{bmatrix} a & b \\ b & a+c \end{bmatrix}$$

由維數定理（第 7.2 節定理 4）可得下列關於同構的有用事實。

定理 3

若 V 和 W 具有相同的維數 n，則線性變換 $T : V \to W$ 是一個同構，若且唯若 T 為一對一或映成。

證明

由維數定理知 $\dim(\ker T) + \dim(\operatorname{im} T) = n$，故 $\dim(\ker T) = 0$ 若且唯若 $\dim(\operatorname{im} T) = n$。因此 T 為一對一若且唯若 T 為映成。定理得證。

合成

假設 $T : V \to W$ 與 $S : W \to U$ 為線性變換，它們可以如圖所示連結起來，因此如第 2.3 節，定義出一個新的函數 $V \to U$ 先作用 T，再作用 S。

> **定義 7.5**
>
> 已知線性變換 $V \xrightarrow{T} W \xrightarrow{S} U$，$T$ 與 S 的**合成 (composite)** $ST: V \to U$，定義為
> $$ST(\mathbf{v}) = S[T(\mathbf{v})] \quad \mathbf{v} \in V$$
> 形成新函數 ST 的運算稱為**合成 (composition)**。[1]

ST 的作用可以簡潔地描述如下：ST 表示先 T 後 S。

並非所有線性變換均可合成。例如，若 $T: V \to W$ 與 $S: W \to U$ 為線性變換，則 $ST: V \to U$ 有定義，但是 TS 就無定義，除非 $U = V$，因為 $S: W \to U$ 與 $T: V \to W$ 無法依序連結。[2]

此外，即使 ST 與 TS 均可形成，但它們可能不相等。事實上，若 $S: \mathbb{R}^m \to \mathbb{R}^n$ 與 $T: \mathbb{R}^n \to \mathbb{R}^m$ 分別由矩陣 A 與 B 誘導出來，則 ST 與 TS 均可形成（它們分別由 AB 與 BA 誘導出來），但是矩陣乘積 AB 與 BA 可能不等（它們可能不同大小）。下面是另一個例子。

> **例 5**
>
> 定義 $S: \mathbf{M}_{22} \to \mathbf{M}_{22}$ 與 $T: \mathbf{M}_{22} \to \mathbf{M}_{22}$ 為 $S\begin{bmatrix} a & b \\ c & d \end{bmatrix} = \begin{bmatrix} c & d \\ a & b \end{bmatrix}$ 且 $T(A) = A^T$，$A \in \mathbf{M}_{22}$。描述 ST 與 TS 的作用，並且證明 $ST \neq TS$。
>
> **解**：$ST\begin{bmatrix} a & b \\ c & d \end{bmatrix} = S\begin{bmatrix} a & c \\ b & d \end{bmatrix} = \begin{bmatrix} b & d \\ a & c \end{bmatrix}$，然而 $TS\begin{bmatrix} a & b \\ c & d \end{bmatrix} = T\begin{bmatrix} c & d \\ a & b \end{bmatrix} = \begin{bmatrix} c & a \\ d & b \end{bmatrix}$，顯然 $TS\begin{bmatrix} a & b \\ c & d \end{bmatrix}$ 未必等於 $ST\begin{bmatrix} a & b \\ c & d \end{bmatrix}$，因此 $TS \neq ST$。

下面的定理收集了合成運算的一些基本性質。[3]

> **定理 4**
>
> 設 $V \xrightarrow{T} W \xrightarrow{S} U \xrightarrow{R} Z$ 為線性變換，則
> 1. 合成 ST 仍是一個線性變換。
> 2. $T1_V = T$ 且 $1_W T = T$。
> 3. $(RS)T = R(ST)$。

---

[1] 在第 2.3 節我們將合成記做 $S \circ T$。然而可使用更簡單的符號 ST。

[2] 事實上，必須滿足 $U \subseteq V$。

[3] 在向量空間的 category 中，物件 (objects) 為向量空間本身而 morphisms 為線性變換。

證明

(1) 與 (2) 的證明，留做習題 25。現在證明 (3)，對 V 中所有的 $\mathbf{v}$ 而言，

$$\{(RS)T\}(\mathbf{v}) = (RS)[T(\mathbf{v})] = R\{S[T(\mathbf{v})]\} = R\{(ST)(\mathbf{v})\} = \{R(ST)\}(\mathbf{v})$$

恆成立。

到目前為止，合成似乎與同構無關。事實上，兩個概念彼此具有密切的關係。

定理 5

設 V 和 W 是有限維向量空間，對線性變換 $T: V \to W$ 而言，下列條件對等：

1. T 是一個同構。
2. 存在線性變換 $S: W \to V$ 使得 $ST = 1_V$ 且 $TS = 1_W$。

此外，在此情況下，S 也是同構且由 T 唯一決定：

若 $\mathbf{w} \in W$ 寫成 $\mathbf{w} = T(\mathbf{v})$，則 $S(\mathbf{w}) = \mathbf{v}$。

證明

證明 (1) $\Rightarrow$ (2)。若 $B = \{\mathbf{e}_1, ..., \mathbf{e}_n\}$ 為 V 的基底，則由定理 1 知，$D = \{T(\mathbf{e}_1), ..., T(\mathbf{e}_n)\}$ 為 W 的基底。因此（利用 7.1 節定理 3），對每一個 i，定義線性變換 $S: W \to V$ 為

$$S[T(\mathbf{e}_i)] = \mathbf{e}_i \tag{$*$}$$

因為 $\mathbf{e}_i = 1_V(\mathbf{e}_i)$，故由第 7.1 節定理 2 知，$ST = 1_V$。應用 T 可得 $T[S[T(\mathbf{e}_i)]] = T(\mathbf{e}_i)$，因此 $TS = 1_W$（仍然用第 7.1 節定理 2，利用 W 的基底 D）。

(2) $\Rightarrow$ (1)。若 $T(\mathbf{v}) = T(\mathbf{v}_1)$，則 $S[T(\mathbf{v})] = S[T(\mathbf{v}_1)]$。因為 $ST = 1_V$，故 $\mathbf{v} = \mathbf{v}_1$；亦即 T 為一對一。已知 $\mathbf{w} \in W$，則由 $TS = 1_W$ 得知 $\mathbf{w} = T[S(\mathbf{w})]$，故 T 為映成。

最後，S 由條件 $ST = 1_V$ 唯一決定，因為此條件意指 $(*)$。S 是一個同構，因為 S 將基底 D 映成 B。對於最後的敘述，已知 $\mathbf{w} \in W$，令 $\mathbf{w} = r_1 T(\mathbf{e}_1) + \cdots + r_n T(\mathbf{e}_n)$，則 $\mathbf{w} = T(\mathbf{v})$，其中 $\mathbf{v} = r_1 \mathbf{e}_1 + \cdots + r_n \mathbf{e}_n$，由 $(*)$ 知 $S(\mathbf{w}) = \mathbf{v}$。

已知一個同構 $T: V \to W$，若唯一的同構 $S: W \to V$ 滿足定理 5 的條件 (2)，則 S 稱為 T 的逆變換，記做 T^{-1}。因此 $T: V \to W$ 與 $T^{-1}: W \to V$ 之間的**基本恆等式 (fundamental identities)** 為：

$$T^{-1}[T(\mathbf{v})] = \mathbf{v}, \mathbf{v} \in V \quad \text{與} \quad T[T^{-1}(\mathbf{w})] = \mathbf{w}, \mathbf{w} \in W$$

換言之，T 與 T^{-1} 互為反運算。特別地，由定理 5 證明中的 $(*)$ 式可知，如何利用同構 T 對基底作用產生的像來定義 T^{-1}。下面是一個例子。

例 6

定義 $T: \mathbf{P}_1 \to \mathbf{P}_1$ 為 $T(a + bx) = (a - b) + ax$。證明 T 有逆變換，並求 T^{-1} 的作用。

解：變換 T 是線性（驗證）。因為 $T(1) = 1 + x$ 且 $T(x) = -1$，所以 T 將基底 $B = \{1, x\}$ 映至基底 $D = \{1 + x, -1\}$。因此 T 為一個同構，且 T^{-1} 將 D 映至 B，亦即
$$T^{-1}(1 + x) = 1 \quad 且 \quad T^{-1}(-1) = x$$
因為 $a + bx = b(1 + x) + (b - a)(-1)$，我們得到
$$T^{-1}(a + bx) = bT^{-1}(1 + x) + (b - a)T^{-1}(-1) = b + (b - a)x$$

有時逆變換的作用是很明顯的。

例 7

設 $B = \{\mathbf{b}_1, \mathbf{b}_2, ..., \mathbf{b}_n\}$ 為向量空間 V 的一組基底，座標變換 $C_B : V \to \mathbb{R}^n$ 是一個同構，定義為
$$C_B(v_1 \mathbf{b}_1 + v_2 \mathbf{b}_2 + ... + v_n \mathbf{b}_n) = (v_1, v_2, ..., v_n)^T$$
C_B 的逆變換是很明顯的：$C_B^{-1} : \mathbb{R}^n \to V$，其定義為
$$C_B^{-1}(v_1, v_2, ..., v_n) = v_1 \mathbf{b}_1 + v_2 \mathbf{b}_2 + \cdots + v_n \mathbf{b}_n, \text{ 其中 } v_i \in V。$$

定理 5 的條件 (2) 製造了一個線性變換 $T : V \to W$ 的逆變換，亦即滿足 $ST = 1_V$ 與 $TS = 1_W$ 的唯一變換 $S : W \to V$。這常用來求逆變換。

例 8

定義 $T : \mathbb{R}^3 \to \mathbb{R}^3$ 為 $T(x, y, z) = (z, x, y)$。證明 $T^3 = 1_{\mathbb{R}^3}$，因此求出 T^{-1}。

解：$T^2(x, y, z) = T[T(x, y, z)] = T(z, x, y) = (y, z, x)$。因此，$T^3(x, y, z) = T[T^2(x, y, z)] = T(y, z, x) = (x, y, z)$。此即證明了 $T^3 = 1_{\mathbb{R}^3}$，故 $T(T^2) = 1_{\mathbb{R}^3} = (T^2)T$。因此由定理 5 的 (2) 可知 $T^{-1} = T^2$。

例 9

定義 $T : \mathbf{P}_n \to \mathbb{R}^{n+1}$ 為 $T(p) = (p(0), p(1), ..., p(n))$，$p \in \mathbf{P}_n$。證明 T^{-1} 存在。

解：驗證 T 為線性，留給讀者。若 $T(p) = 0$，則 $p(k) = 0$，$k = 0, 1, ..., n$，故 p 有 $n + 1$ 個相異根。因為 p 的次數最多為 n，這表示 $p = 0$ 為零多項式（第 6.5 節定理 4），因此 T 為一對一。但 $\dim \mathbf{P}_n = n + 1 = \dim \mathbb{R}^{n+1}$，表示 T 亦為映成，故 T 為一個同構。由定理 5 知，T^{-1} 存在。注意，我們並未描述 T^{-1} 的作用。我們只是證明它存在。要將其作用寫出，需要一些巧思；其中有一種方法是利用 Lagrange 插值展開（第 6.5 節定理 3）。

習題 7.3

1. 驗證下列的線性變換為同構（定理 3 是有幫助的）。

   (a) $T: \mathbb{R}^3 \to \mathbb{R}^3$；
   $T(x, y, z) = (x + y, y + z, z + x)$

   ◆(b) $T: \mathbb{R}^3 \to \mathbb{R}^3$；
   $T(x, y, z) = (x, x + y, x + y + z)$

   (c) $T: \mathbb{C} \to \mathbb{C}$；$T(z) = \bar{z}$

   ◆(d) $T: \mathbf{M}_{mn} \to \mathbf{M}_{mn}$；$T(X) = UXV$，$U \cdot V$ 為可逆

   (e) $T: \mathbf{P}_1 \to \mathbb{R}^2$；$T[p(x)] = [p(0), p(1)]$

   ◆(f) $T: V \to V$；$T(\mathbf{v}) = k\mathbf{v}$，$k \neq 0$ 為一個定數，V 為任意向量空間

   (g) $T: \mathbf{M}_{22} \to \mathbb{R}^4$；
   $T\begin{bmatrix} a & b \\ c & d \end{bmatrix} = (a + b, d, c, a - b)$

   ◆(h) $T: \mathbf{M}_{mn} \to \mathbf{M}_{nm}$；$T(A) = A^T$

2. 證明 $\{a + bx + cx^2, a_1 + b_1 x + c_1 x^2, a_2 + b_2 x + c_2 x^2\}$ 為 $\mathbf{P}_2$ 的基底若且唯若 $\{(a, b, c), (a_1, b_1, c_1), (a_2, b_2, c_2)\}$ 為 $\mathbb{R}^3$ 的基底。

3. 若 V 為任意向量空間，令 V^n 為 n 元組 $(\mathbf{v}_1, \mathbf{v}_2, ..., \mathbf{v}_n)$，所成的空間，其中 $\mathbf{v}_i \in V$（此為使用逐分量運算的向量空間；參閱第 6.1 節習題 17）。設 $C_j(A)$ 表示 $m \times n$ 矩陣 A 的第 j 行，證明，若 $T(A) = [C_1(A)\ C_2(A)\ \cdots\ C_n(A)]$，則 $T: \mathbf{M}_{mn} \to (\mathbb{R}^m)^n$ 為一個同構（此處 $\mathbb{R}^m$ 是由行向量組成）。

4. 下列各題中，計算 ST 與 TS 的作用，並且證明 $ST \neq TS$。

   (a) $S: \mathbb{R}^2 \to \mathbb{R}^2$ 定義為 $S(x, y) = (y, x)$；
   $T: \mathbb{R}^2 \to \mathbb{R}^2$ 定義為 $T(x, y) = (x, 0)$

   ◆(b) $S: \mathbb{R}^3 \to \mathbb{R}^3$ 定義為
   $S(x, y, z) = (x, 0, z)$；
   $T: \mathbb{R}^3 \to \mathbb{R}^3$ 定義為
   $T(x, y, z) = (x + y, 0, y + z)$

   (c) $S: \mathbf{P}_2 \to \mathbf{P}_2$ 定義為
   $S(p) = p(0) + p(1)x + p(2)x^2$；
   $T: \mathbf{P}_2 \to \mathbf{P}_2$ 定義為
   $T(a + bx + cx^2) = b + cx + ax^2$

   ◆(d) $S: \mathbf{M}_{22} \to \mathbf{M}_{22}$ 定義為
   $S\begin{bmatrix} a & b \\ c & d \end{bmatrix} = \begin{bmatrix} a & 0 \\ 0 & d \end{bmatrix}$
   $T: \mathbf{M}_{22} \to \mathbf{M}_{22}$ 定義為
   $T\begin{bmatrix} a & b \\ c & d \end{bmatrix} = \begin{bmatrix} a & b \\ c & d \end{bmatrix}$

5. 下列各題中，證明線性變換 T 滿足 $T^2 = T$。

   (a) $T: \mathbb{R}^4 \to \mathbb{R}^4$；$T(x, y, z, w) = (x, 0, z, 0)$

   ◆(b) $T: \mathbb{R}^2 \to \mathbb{R}^2$；$T(x, y) = (x + y, 0)$

   (c) $T: \mathbf{P}_2 \to \mathbf{P}_2$；$T(a + bx + cx^2) = (a + b - c) + cx + cx^2$

   ◆(d) $T: \mathbf{M}_{22} \to \mathbf{M}_{22}$；
   $T\begin{bmatrix} a & b \\ c & d \end{bmatrix} = \frac{1}{2}\begin{bmatrix} a + c & b + d \\ a + c & b + d \end{bmatrix}$

6. 判斷下列變換 T 是否有反變換，如果有反變換，求 T^{-1} 的作用。

   (a) $T: \mathbb{R}^3 \to \mathbb{R}^3$；
   $T(x, y, z) = (x + y, y + z, z + x)$

   ◆(b) $T: \mathbb{R}^4 \to \mathbb{R}^4$；$T(x, y, z, t) = (x + y, y + z, z + t, t + x)$

   (c) $T: \mathbf{M}_{22} \to \mathbf{M}_{22}$；
   $T\begin{bmatrix} a & b \\ c & d \end{bmatrix} = \begin{bmatrix} a - c & b - d \\ 2a - c & 2b - d \end{bmatrix}$

   ◆(d) $T: \mathbf{M}_{22} \to \mathbf{M}_{22}$；
   $T\begin{bmatrix} a & b \\ c & d \end{bmatrix} = \begin{bmatrix} a + 2c & b + 2d \\ 3c - a & 3d - b \end{bmatrix}$

   (e) $T: \mathbf{P}_2 \to \mathbb{R}^3$；
   $T(a + bx + cx^2) = (a - c, 2b, a + c)$

   ◆(f) $T: \mathbf{P}_2 \to \mathbb{R}^3$；
   $T(p) = [p(0), p(1), p(-1)]$

7. 下列各題中，證明 T 為自我反變換：
   $T^{-1} = T$。
   (a) $T: \mathbb{R}^4 \to \mathbb{R}^4$；
   $T(x, y, z, w) = (x, -y, -z, w)$
   ◆(b) $T: \mathbb{R}^2 \to \mathbb{R}^2$；$T(x, y) = (ky - x, y)$，
   k 為任意固定數
   (c) $T: \mathbf{P}_n \to \mathbf{P}_n$；$T(p(x)) = p(3 - x)$
   ◆(d) $T: \mathbf{M}_{22} \to \mathbf{M}_{22}$；$T(X) = AX$ 其中
   $A = \frac{1}{4}\begin{bmatrix} 5 & -3 \\ 3 & -5 \end{bmatrix}$

8. 下列各題中，證明 $T^6 = 1_{\mathbb{R}^4}$，並求 T^{-1}。
   (a) $T: \mathbb{R}^4 \to \mathbb{R}^4$；
   $T(x, y, z, w) = (-x, z, w, y)$
   ◆(b) $T: \mathbb{R}^4 \to \mathbb{R}^4$；
   $T(x, y, z, w) = (-y, x - y, z, -w)$

9. 下列各題中，定義 T^{-1} 以證明 T 為一個同構。
   (a) $T: \mathbf{P}_n \to \mathbf{P}_n$ 定義為 $T[p(x)] = p(x + 1)$
   ◆(b) $T: \mathbf{M}_{nn} \to \mathbf{M}_{nn}$ 定義為 $T(A) = UA$ 其中 U 為 $\mathbf{M}_{nn}$ 中的可逆矩陣

10. 已知線性變換 $V \xrightarrow{T} W \xrightarrow{S} U$：
    (a) 若 S 與 T 均為一對一，證明 ST 為一對一。
    ◆(b) 若 S 與 T 均為映成，證明 ST 為映成。

11. 設 $T: V \to W$ 為線性變換。
    (a) 若 T 為一對一，並且存在變換 R、$R_1: U \to V$ 使得 $TR = TR_1$，證明 $R = R_1$。
    (b) 若 T 為映成，並且存在變換 S、$S_1: W \to U$ 使得 $ST = S_1T$，證明 $S = S_1$。

12. 考慮線性變換 $V \xrightarrow{T} W \xrightarrow{R} U$。
    (a) 證明 $\ker T \subseteq \ker RT$。
    ◆(b) 證明 $\operatorname{im} RT \subseteq \operatorname{im} R$。

13. 設 $V \xrightarrow{T} U \xrightarrow{S} W$ 為線性變換。
    (a) 若 ST 為一對一，證明 T 為一對一且 $\dim V \le \dim U$。
    ◆(b) 若 ST 為映成，證明 S 為映成且 $\dim W \le \dim U$。

◆14. 設 $T: V \to V$ 為線性變換。證明 $T^2 = 1_V$ 若且唯若 T 為可逆且 $T = T^{-1}$。

15. 設 N 為 $n \times n$ 冪零 (nilpotent) 矩陣（亦即，存在某個 k 使得 $N^k = 0$）。證明 $T: \mathbf{M}_{nn} \to \mathbf{M}_{nn}$ 為一個同構，如果 $T(X) = X - NX$。【提示：若 $X \in \ker T$，證明 $X = NX = N^2X = \cdots$。再利用定理 3。】

◆16. 設 $T: V \to W$ 為線性變換，令 $\{\mathbf{e}_1, \ldots, \mathbf{e}_r, \mathbf{e}_{r+1}, \ldots, \mathbf{e}_n\}$ 為 V 的任意基底，使得 $\{\mathbf{e}_{r+1}, \ldots, \mathbf{e}_n\}$ 為 $\ker T$ 的基底。證明 $\operatorname{im} T \cong \operatorname{span}\{\mathbf{e}_1, \ldots, \mathbf{e}_r\}$。【提示：參閱第 7.2 節定理 5。】

17. 是否每一個同構 $T: \mathbf{M}_{22} \to \mathbf{M}_{22}$ 都可經由一個可逆矩陣 U 表成 $T(X) = UX$？其中 $X \in \mathbf{M}_{22}$。證明你的答案。

18. 設 $\mathbf{D}_n$ 表示由 $\{1, 2, \ldots, n\}$ 到 $\mathbb{R}$ 的所有函數 f 所成的空間（參閱第 6.3 節習題 35）。若 $T: \mathbf{D}_n \to \mathbb{R}^n$ 定義為
    $$T(f) = (f(1), f(2), \ldots, f(n))$$
    證明 T 為一個同構。

19. (a) 設 V 為第 6.1 節習題 3 的向量空間，求一個同構 $T: V \to \mathbb{R}^1$。
    ◆(b) 設 V 為第 6.1 節習題 4 的向量空間，求一個同構 $T: V \to \mathbb{R}^2$。

20. 設 $V \xrightarrow{T} W \xrightarrow{S} V$ 為線性變換，使得 $ST = 1_V$。若 $\dim V = \dim W = n$，證明 $S = T^{-1}$ 且 $T = S^{-1}$。【提示：習題 13 與定理 3、4、5。】

21. 設 $V \xrightarrow{T} W \xrightarrow{S} V$ 為函數，使得 $TS = 1_W$ 且 $ST = 1_V$。若 T 為線性，證明 S 亦為線性。

22. 令 A 與 B 分別為 $p \times m$ 與 $n \times q$ 的矩陣。假設 $mn = pq$。定義 $R: \mathbf{M}_{mn} \to \mathbf{M}_{pq}$ 為 $R(X) = AXB$。
    (a) 由比較維數，證明 $\mathbf{M}_{mn} \cong \mathbf{M}_{pq}$。
    (b) 證明 R 是一個線性變換。
    (c) 證明若 R 為一個同構，則 $m = p$ 且 $n = q$。【提示：證明 $T: \mathbf{M}_{mn} \to \mathbf{M}_{pn}$ 定義為 $T(X) = AX$ 與 $S: \mathbf{M}_{mn} \to \mathbf{M}_{mq}$ 定義為 $S(X) = XB$ 兩者皆為一對一，然後再用維數定理。】

23. 設 $T: V \to V$ 為線性變換，使得 $T^2 = 0$ 為零變換。
    (a) 若 $V \neq \{0\}$ 證明 T 不可能可逆。
    (b) 若 $R: V \to V$ 定義為 $R(\mathbf{v}) = \mathbf{v} + T(\mathbf{v})$，其中 $\mathbf{v} \in V$，證明 R 為線性且可逆。

24. 設 V 由所有數列 $[x_0, x_1, x_2, \ldots)$ 所構成，定義向量的運算為 $[x_0, x_1, \ldots) + [y_0, y_1, \ldots) = [x_0 + y_0, x_1 + y_1, \ldots)$
    $r[x_0, x_1, \ldots) = [rx_0, rx_1, \ldots)$
    (a) 證明 V 是無限維向量空間。
    ◆(b) 定義 $T: V \to V$ 與 $S: V \to V$ 為 $T[x_0, x_1, \ldots) = [x_1, x_2, \ldots)$ 與 $S[x_0, x_1, \ldots) = [0, x_0, x_1, \ldots)$。證明 $TS = 1_V$，故 TS 為一對一且映成，但是 T 不是一對一且 S 不是映成。

25. 證明定理 4 的 (1) 與 (2)。

26. 定義 $T: \mathbf{P}_n \to \mathbf{P}_n$ 為 $T(p) = p(x) + xp'(x)$，其中 $p \in \mathbf{P}_n$。
    (a) 證明 T 為線性。
    ◆(b) 證明 $\ker T = \{0\}$ 且 T 為一個同構。【提示：令 $p(x) = a_0 + a_1 x + \cdots + a_n x^n$，比較 $p(x) = -xp'(x)$ 兩邊的係數。】
    (c) 證明對每一個 $q(x) \in \mathbf{P}_n$，存在唯一的多項式 $p(x)$ 使得 $q(x) = p(x) + xp'(x)$。
    (d) 若 T 定義為 $T[p(x)] = p(x) - xp'(x)$，這個結果成立嗎？請說明原因。

27. 設 $T: V \to W$ 為線性變換，其中 V 與 W 是有限維。
    (a) 證明 T 是一對一若且唯若存在一個線性變換 $S: W \to V$ 使得 $ST = 1_V$。【提示：若 $\{\mathbf{e}_1, \ldots, \mathbf{e}_n\}$ 為 V 的基底並且 T 是一對一，證明 W 有基底 $\{T(\mathbf{e}_1), \ldots, T(\mathbf{e}_n), \mathbf{f}_{n+1}, \ldots, \mathbf{f}_{n+k}\}$，再利用第 7.1 節定理 2 與 3。】
    ◆(b) 證明 T 為映成若且唯若存在一個線性變換 $S: W \to V$ 使得 $TS = 1_W$。【提示：令 $\{\mathbf{e}_1, \ldots, \mathbf{e}_r, \ldots, \mathbf{e}_n\}$ 為 V 的基底使得 $\{\mathbf{e}_{r+1}, \ldots, \mathbf{e}_n\}$ 為 $\ker T$ 的基底。再利用第 7.2 節定理 5 以及第 7.1 節定理 2 與 3。】

28. 設 $S, T: V \to W$ 為線性變換，其中 $\dim V = n$，$\dim W = m$。
    (a) 證明 $\ker S = \ker T$ 若且唯若存在同構 $R: W \to W$ 使得 $T = RS$。【提示：令 $\{\mathbf{e}_1, \ldots, \mathbf{e}_r, \ldots, \mathbf{e}_n\}$ 為 V 的基底，使得 $\{\mathbf{e}_{r+1}, \ldots, \mathbf{e}_n\}$ 為 $\ker S = \ker T$ 的基底。利用第 7.2 節定理 5 延拓 $\{S(\mathbf{e}_1), \ldots, S(\mathbf{e}_r)\}$ 與 $\{T(\mathbf{e}_1), \ldots, T(\mathbf{e}_r)\}$ 成為 W 的基底。】
    ◆(b) 證明 $\text{im } S = \text{im } T$ 若且唯若存在同構 $R: V \to V$ 使得 $T = SR$。【提示：證明 $\dim(\ker S) = \dim(\ker T)$

並且選取 V 的基底 $\{\mathbf{e}_1, ..., \mathbf{e}_r, ..., \mathbf{e}_n\}$ 與 $\{\mathbf{f}_1, ..., \mathbf{f}_r, ..., \mathbf{f}_n\}$，其中 $\{\mathbf{e}_{r+1}, ..., \mathbf{e}_n\}$ 與 $\{\mathbf{f}_{r+1}, ..., \mathbf{f}_n\}$ 分別為 ker S 與 ker T 的基底。若 $1 \leq i \leq r$，證明存在某 $\mathbf{g}_i \in V$ 使得 $S(\mathbf{e}_i) = T(\mathbf{g}_i)$，並且證明 $\{\mathbf{g}_1, ..., \mathbf{g}_r, \mathbf{f}_{r+1}, ..., \mathbf{f}_n\}$ 為 V 的基底。】

◆29. 設 $T: V \to V$ 為線性變換，其中 dim $V = n$，證明存在一個同構 $S: V \to V$ 使得 $TST = T$。【提示：如第 7.2 節定理 5，令 $\{\mathbf{e}_1, ..., \mathbf{e}_r, \mathbf{e}_{r+1}, ..., \mathbf{e}_n\}$ 為 V 的基底。延拓 $\{T(\mathbf{e}_1), ..., T(\mathbf{e}_r)\}$ 成為 V 的基底，再利用第 7.1 節定理 1 至 3。】

30. 設 A、B 為 $m \times n$ 矩陣。下列各題中，證明 (1) 與 (2) 等價：
    (a)(1) A、B 具有相同的零核空間 (null space)。
    　(2) 存在 $m \times m$ 可逆矩陣 P 使得 $B = PA$。
    (b)(1) A、B 具有相同的值域 (range)。
    　(2) 存在 $n \times n$ 可逆矩陣 Q 使得 $B = AQ$。
    【提示：利用習題 28。】

7.4 節　關於微分方程式的定理

在科學、社會科學和工程上，微分方程是解各類問題的工具。由本節可知常係數線性微分方程的解集合是一個向量空間，我們將計算其維數。雖然在應用上主要是分析，但證明是純線性代數。然而一個重要的結果（以下的引理 3）在應用上極為廣泛。我們將函數 $f: \mathbb{R} \to \mathbb{R}$ 的導數以 f' 表示，且若 f 可微分任意次數，則稱 f 為**可微 (differentiable)**。若 f 是可微分函數，f 的 n 階導數 $f^{(n)}$ 就是將 f 微分 n 次。因此 $f^{(0)} = f, f^{(1)} = f', f^{(2)} = f^{(1)'}, ...$，對每一個 $n \geq 0$ 而言，有 $f^{(n+1)} = f^{(n)'}$。對於較小的 n 值，這些常寫成 $f, f', f'', f''', ...$。

若 a、b、c 為實數，微分方程

$$f'' - af' - bf = 0 \quad \text{或} \quad f''' - af'' - bf' - cf = 0$$

分別稱為**二階 (second order)** 與**三階 (third order)** 微分方程。一般而言，方程式

$$f^{(n)} - a_{n-1}f^{(n-1)} - a_{n-2}f^{(n-2)} - \cdots - a_2 f^{(2)} - a_1 f^{(1)} - a_0 f^{(0)} = 0, \, a_i \in \mathbb{R} \quad (*)$$

稱為 **n 階微分方程 (differential equation of order n)**。我們要描述此方程式的所有解。當然需要用到微積分的知識。

如同第 6.1 節例 7 所述，所有函數 $\mathbb{R} \to \mathbb{R}$ 所成的集合 **F** 是一個向量空間。若 f 與 g 可微分，則 $(f+g)' = f' + g'$ 且 $(af)' = af'$，$a \in \mathbb{R}$。以此我們可驗證下列集合是 **F** 的子空間：

$$\mathbf{D}_n = \{f: \mathbb{R} \to \mathbb{R} \mid f \text{ 可微且為 } (*) \text{ 的一解}\}$$

本節唯一的目的是要證明下面的定理。

定理 1

空間 $\mathbf{D}_n$ 的維數為 n。

我們在第 3.5 節已經用過此定理。

隨後會明白，定理 1 的證明需要將 $\mathbf{D}_n$ 稍微擴大以允許我們的可微分函數取值在複數集 $\mathbb{C}$。為了達到這一點，我們必須闡明函數 $f: \mathbb{R} \to \mathbb{C}$ 可微的意義。對每一個實數 x，將 $f(x)$ 寫成實部 $f_r(x)$ 與虛部 $f_i(x)$：

$$f(x) = f_r(x) + if_i(x)$$

此時產生新函數 $f_r: \mathbb{R} \to \mathbb{R}$ 與 $f_i: \mathbb{R} \to \mathbb{R}$，分別稱為 f 的 **實部 (real part)** 與 **虛部 (imaginary part)**。若 f_r 與 f_i 可微（如同實函數），則我們稱 f **可微 (differentiable)**，我們定義 f 的 **導數 (derivative)** f' 為

$$f' = f_r' + if_i' \qquad (**)$$

我們令 $\mathbf{D}_\infty$ 為所有可微複值函數 $f: \mathbb{R} \to \mathbb{C}$ 所成的集合。此為複向量空間，其中運算採用逐點加法（參閱第 6.1 節例 7）以及下列的純量乘法。[4]

對任意 $w \in \mathbb{C}$ 與 $f \in \mathbf{D}_\infty$，定義 $wf: \mathbb{R} \to \mathbb{C}$ 為 $(wf)(x) = wf(x)$，$x \in \mathbb{R}$。本節剩下的部分是探討在 $\mathbf{D}_\infty$ 上的運作。尤其是，考慮下列 $\mathbf{D}_\infty$ 的複子空間：

$$\mathbf{D}_n^* = \{f: \mathbb{R} \to \mathbb{C} \mid f \text{ 為 } (*) \text{ 的一解}\}$$

顯然 $\mathbf{D}_n \subseteq \mathbf{D}_n^*$，我們對 $\mathbf{D}_n^*$ 感到興趣是來自於下面的引理：

引理 1

若 $\dim_\mathbb{C}(\mathbf{D}_n^*) = n$，則 $\dim_\mathbb{R}(\mathbf{D}_n) = n$。

---

[4] 我們定義函數 $f: \mathbb{R} \to \mathbb{C}$ 的導數 f' 為 $f'(x) = \lim_{t \to 0} \{\frac{1}{t}[f(x+t) - f(x)]\}$。若對所有的 $x \in \mathbb{R}$ 而言，$f'(x)$ 存在，則稱 f 為可微。我們可以證明 f 可微若且唯若 f_r 與 f_i 可微，在此情況下，$f' = f_r' + if_i'$。

證明

首先觀察若 $\dim_{\mathbb{C}}(\mathbf{D}_n^*) = n$，則 $\dim_{\mathbb{R}}(\mathbf{D}_n^*) = 2n$。【事實上，若 $\{g_1, ..., g_n\}$ 為 $\mathbf{D}_n^*$ 的一組 $\mathbb{C}$-基底，則 $\{g_1, ..., g_n, ig_1, ..., ig_n\}$ 為 $\mathbf{D}_n^*$ 的一組 $\mathbb{R}$-基底。】所有有序對 (f, g)，$f, g \in \mathbf{D}_n$ 所成的集合 $\mathbf{D}_n \times \mathbf{D}_n$ 是一個實向量空間，其運算是以逐分量運算。定義

$$\theta : \mathbf{D}_n^* \to \mathbf{D}_n \times \mathbf{D}_n \quad \text{為} \quad \theta(f) = (f_r, f_i)\,,\, f \in \mathbf{D}_n^*$$

我們可驗證 θ 為映成且一對一，以及因為 $f \to f_r$ 與 $f \to f_i$ 兩者均為 $\mathbb{R}$-線性，故 θ 為 $\mathbb{R}$-線性。因此。如同 $\mathbb{R}$-空間，$\mathbf{D}_n^* \cong \mathbf{D}_n \times \mathbf{D}_n$。因為 $\dim_{\mathbb{R}}(\mathbf{D}_n^*)$ 為有限，可推得 $\dim_{\mathbb{R}}(\mathbf{D}_n)$ 為有限，我們有

$$2\dim_{\mathbb{R}}(\mathbf{D}_n) = \dim_{\mathbb{R}}(\mathbf{D}_n \times \mathbf{D}_n) = \dim_{\mathbb{R}}(\mathbf{D}_n^*) = 2n$$

因此 $\dim_{\mathbb{R}}(\mathbf{D}_n) = n$。

欲證明定理 1，只需證明 $\dim_{\mathbb{C}}(\mathbf{D}_n^*) = n$。

有一函數常在微分方程的討論中出現。已知複數 $w = a + ib$（a、b 為實數），我們有 $e^w = e^a(\cos b + i \sin b)$。利用 $\sin(b + b_1)$ 與 $\cos(b + b_1)$ 的公式很容易驗證指數定律 $e^w e^v = e^{w+v}$，其中 $w, v \in \mathbb{C}$。若 x 為變數而 $w = a + ib$ 為複數，定義**指數函數 (exponential function)** e^{wx} 為

$$e^{wx} = e^{ax}(\cos bx + i \sin bx)$$

對所有 x 而言，因為 e^{wx} 的實部與虛部可微，所以 e^{wx} 為可微。此外，用 (**) 可證明下式：

$$(e^{wx})' = we^{wx}$$

又由 (**) 可證得微分的**乘積法則 (product rule)**：

$$\text{若 } f, g \in \mathbf{D}_\infty\,,\, \text{則 } (fg)' = f'g + fg'$$

我們省略了上式的驗證。

欲證 $\dim_{\mathbb{C}}(\mathbf{D}_n^*) = n$，我們需要兩個初步的結果。下面是第一個。

引理 2

已知 $f \in \mathbf{D}_\infty$ 且 $w \in \mathbb{C}$，則存在 $g \in \mathbf{D}_\infty$ 使得 $g' - wg = f$。

證明

定義 $p(x) = f(x)e^{-wx}$，則 p 可微，據此 p_r 與 p_i 均可微，因此為連續，故兩者有反導數，$p_r = q_r'$，$p_i = q_i'$，則函數 $q = q_r + iq_i \in \mathbf{D}_\infty$，且由 (**) 知 $q' = p$。最後定義 $g(x) = q(x)e^{wx}$，則由乘積法則知，$g' = q'e^{wx} + qwe^{wx} = pe^{wx} + w(qe^{wx}) = f + wg$。

第二個初步的結果就其本身的論述有其重要性。

引理 3

Kernel 引理 (Kernel Lemma)

設 V 為向量空間，且 S、T 為 $V \to V$ 的線性算子。若 S 為映成且 $\ker(S)$ 與 $\ker(T)$ 均為有限維，則 $\ker(TS)$ 亦為有限維且
$$\dim[\ker(TS)] = \dim[\ker(T)] + \dim[\ker(S)]$$

證明

設 $\{\mathbf{u}_1, \mathbf{u}_2, ..., \mathbf{u}_m\}$ 為 $\ker(T)$ 的基底，$\{\mathbf{v}_1, \mathbf{v}_2, ..., \mathbf{v}_n\}$ 為 $\ker(S)$ 的基底。因為 S 為映成，令 $\mathbf{u}_i = S(\mathbf{w}_i)$，$\mathbf{w}_i \in V$。只需證明
$$B = \{\mathbf{w}_1, \mathbf{w}_2, ..., \mathbf{w}_m, \mathbf{v}_1, \mathbf{v}_2, ..., \mathbf{v}_n\}$$
為 $\ker(TS)$ 的基底。因為對每一個 i，有 $TS(\mathbf{w}_i) = T(\mathbf{u}_i) = \mathbf{0}$ 且對每一個 j，有 $TS(\mathbf{v}_j) = T(\mathbf{0}) = \mathbf{0}$，所以 $B \subseteq \ker(TS)$。

生成：若 $\mathbf{v} \in \ker(TS)$，則 $S(\mathbf{v}) \in \ker(T)$，即 $S(\mathbf{v}) = \sum r_i \mathbf{u}_i = \sum r_i S(\mathbf{w}_i) = S(\sum r_i \mathbf{w}_i)$。可推得 $\mathbf{v} - \sum r_i \mathbf{w}_i$ 屬於 $\ker(S) = \text{span}\{\mathbf{v}_1, \mathbf{v}_2, ..., \mathbf{v}_n\}$，證得 $\mathbf{v} \in \text{span}(B)$。

線性獨立：令 $\sum r_i \mathbf{w}_i + \sum t_j \mathbf{v}_j = \mathbf{0}$，應用 S，且對每一個 j，有 $S(\mathbf{v}_j) = \mathbf{0}$，可得 $\mathbf{0} = \sum r_i S(\mathbf{w}_i) = \sum r_i \mathbf{u}_i$。因此對每一個 i，$r_i = 0$，故 $\sum t_j \mathbf{v}_j = \mathbf{0}$。這表示 $t_j = 0$，此即證明了 B 為線性獨立。

定理 1 的證明

由引理 1 知，只需證明 $\dim_{\mathbb{C}}(\mathbf{D}_n^*) = n$。當 $n = 1$ 此式成立，因為由第 3.5 節定理 1 的證明得知 $\mathbf{D}_1^* = \mathbb{C}e^{a_0 x}$，因此我們對 n 進行歸納法的證明。著眼於 $(*)$。考慮多項式
$$p(t) = t^n - a_{n-1}t^{n-1} - a_{n-2}t^{n-2} - \cdots - a_2 t^2 - a_1 t - 0$$
〔稱為 $(*)$ 式的特徵多項式 (characteristic polynomial)〕。現在定義一映射 $D : \mathbf{D}_\infty \to \mathbf{D}_\infty$ 為 $D(f) = f'$，$f \in \mathbf{D}_\infty$，則 D 為線性算子，據此 $p(D) : \mathbf{D}_\infty \to \mathbf{D}_\infty$ 亦為線性算子。此外，因為 $D^k(f) = f^{(k)}$，$k \geq 0$，故 $(*)$ 式可寫成 $p(D)(f) = 0$。換言之，
$$\mathbf{D}_n^* = \ker[p(D)]$$
由代數的基本定理，[5] 令 w 為 $p(t)$ 的複根，使得對某些 $n-1$ 次複多項式 $q(t)$ 而言，

---

5 這就是允許 $(*)$ 式的解可以是複數值的原因。

$p(t) = q(t)(t - w)$ 恆成立。可推得 $p(D) = q(D)(D - w1_{\mathbf{D}_\infty})$。此外，由引理 2 知，$D - w1_{\mathbf{D}_\infty}$ 為映成，當 $n = 1$ 時，$\dim_{\mathbb{C}}[\ker(D - w1_{\mathbf{D}_\infty})] = 1$，而由歸納法可得 $\dim_{\mathbb{C}}(\ker[q(D)]) = n - 1$。因此由引理 3 證明了 $\ker[P(D)]$ 亦為有限維且

$$\dim_{\mathbb{C}}(\ker[p(D)]) = \dim_{\mathbb{C}}(\ker[q(D)]) + \dim_{\mathbb{C}}(\ker[D - w1_{\mathbf{D}_\infty}]) = (n-1) + 1 = n$$

因為 $\mathbf{D}_n^* = \ker[p(D)]$，此時完成了歸納法的證明，亦即定理 1 得證。

7.5 節　續論線性遞迴 [6]

在第 3.4 節我們利用對角化來研究線性遞迴問題，並且給予一些例子。現在採用向量空間與線性變換的理論對此問題做廣泛地研究。

考慮線性遞迴式

$$x_{n+2} = 6x_n - x_{n+1} , n \geq 0$$

如果給予初值 x_0 與 x_1，就可求出此數列。例如，若 $x_0 = 1$ 且 $x_1 = 1$，可得數列

$$x_2 = 5, x_3 = 1, x_4 = 29, x_5 = -23, x_6 = 197, \ldots$$

讀者可自行驗證。顯然，整個數列由遞迴式與兩個初值唯一決定。本節我們將向量空間定義於所有數列所成的集合，然後研究滿足特定遞迴式的數列所成的子空間。

數列可視為單獨的實體，因此有必要給它們特殊的符號。令

$$[x_n)\quad 表示數列\ x_0, x_1, x_2, \ldots, x_n, \ldots$$

例 1

$[n)$	表示數列 $0, 1, 2, 3, \ldots$
$[n+1)$	表示數列 $1, 2, 3, 4, \ldots$
$[2^n)$	表示數列 $1, 2, 2^2, 2^3, \ldots$
$[(-1)^n)$	表示數列 $1, -1, 1, -1, \ldots$
$[5)$	表示數列 $5, 5, 5, 5, \ldots$

形如 $[c)$ 的數列，其中 c 為常數，稱為**常數數列 (constant sequences)**，而形如 $[\lambda^n)$ 的數列，其中 λ 為某一數，稱為**冪次方數列 (power sequences)**。當兩數列相同時，此兩數列**相等 (equal)**：

---

[6] 本節僅需用到第 7.1–7.3 節。

$$[x_n) = [y_n] \quad \text{表示 } x_n = y_n,\ n = 0, 1, 2, \ldots$$

數列的加法與純量乘法定義為

$$[x_n) + [y_n) = [x_n + y_n)$$
$$r[x_n) = [rx_n)$$

這些運算類似於 $\mathbb{R}^n$ 中的加法與純量乘法，並且容易驗證它們均滿足向量空間公設。零向量是常數數列 $[0)$，數列 $[x_n)$ 的負值為 $-[x_n) = [-x_n)$。

今假設給予 k 個實數 $r_0, r_1, \ldots, r_{k-1}$，考慮由這些數所決定的**線性遞迴關係式 (linear recurrence relation)**

$$x_{n+k} = r_0 x_n + r_1 x_{n+1} + \cdots + r_{k-1} x_{n+k-1} \tag{$*$}$$

當 $r_0 \neq 0$ 時，我們稱這個遞迴式的**長度 (length)** 為 k。[7] 例如，關係式 $x_{n+2} = 2x_n + x_{n+1}$ 的長度為 2。

一數列 $[x_n)$ 若對所有 $n \geq 0$ 皆使得 $(*)$ 成立，則稱此數列**滿足 (satisfy)** 關係式 $(*)$。令 V 表示滿足此關係的所有數列所成的集合。亦即，

$$V = \{ [x_n) \mid x_{n+k} = r_0 x_n + r_1 x_{n+1} + \cdots + r_{k-1} x_{n+k-1} \ \text{對所有 } n \geq 0 \text{ 皆成立} \}$$

易知常數數列 $[0)$ 屬於 V，並且 V 在數列的加法與純量乘法之下封閉。因此 V 為一個向量空間（作為所有數列空間的子空間）。下列是對 V 的重要觀察：若兩個數列的首 k 項相等，則它們相等。正式的講法是：

引理 1

設 $[x_n)$ 與 $[y_n)$ 為 V 中的兩個數列，則

$$[x_n) = [y_n) \text{ 若且唯若 } x_0 = y_0, x_1 = y_1, \ldots, x_{k-1} = y_{k-1}$$

證明

若 $[x_n) = [y_n)$，則 $x_n = y_n$，$n = 0, 1, 2, \ldots$。反之，若 $x_i = y_i$，$i = 0, 1, \ldots, k-1$，對 $n = 0$，使用遞迴式 $(*)$，可得

$$x_k = r_0 x_0 + r_1 x_1 + \cdots + r_{k-1} x_{k-1} = r_0 y_0 + r_1 y_1 + \cdots + r_{k-1} y_{k-1} = y_k$$

其次再對 $n = 1$ 使用遞迴式，可得 $x_{k+1} = y_{k+1}$。繼續此過程，可證得對所有 $n \geq 0$，$x_{n+k} = y_{n+k}$ 恆成立。因此，$[x_n) = [y_n)$。

---

[7] 我們通常假設 $r_0 \neq 0$；否則我們將處理長度比 k 短的遞迴式。

這證明了 V 中的數列完全由其首 k 項決定。特別地，已知 $\mathbb{R}^k$ 中的 k 元組 $\mathbf{v} = (v_0, v_1, ..., v_{k-1})$，定義 $T(\mathbf{v})$ 為 V 中的數列，其首 k 項為 $v_0, v_1, ..., v_{k-1}$，而 $T(\mathbf{v})$ 的其餘項由遞迴式決定，因此 $T: \mathbb{R}^k \to V$ 為一函數。事實上，它是一個同構。

定理 1

已知 $r_0, r_1, ..., r_{k-1}$ 為實數，令
$$V = \{[x_n] \mid x_{n+k} = r_0 x_n + r_1 x_{n+1} + \cdots + r_{k-1} x_{n+k-1}, n \geq 0\}$$
表示所有數列所形成的向量空間，此數列滿足由 $r_0, r_1, ..., r_{k-1}$ 所決定的線性遞迴式 $(*)$。則上述所定義的函數
$$T: \mathbb{R}^k \to V$$
為一個同構。特別地：

1. $\dim V = k$。
2. 若 $\{\mathbf{v}_1, ..., \mathbf{v}_k\}$ 為 $\mathbb{R}^k$ 的任意基底，則 $\{T(\mathbf{v}_1), ..., T(\mathbf{v}_k)\}$ 為 V 的一組基底。

證明

一旦我們證明了 T 為一個同構，則由第 7.3 節定理 1 與 2 可推得 (1) 與 (2)。已知 $\mathbf{v}、\mathbf{w} \in \mathbb{R}^k$，令 $\mathbf{v} = (v_0, v_1, ..., v_{k-1})$ 與 $\mathbf{w} = (w_0, w_1, ..., w_{k-1})$。$T(\mathbf{v})$ 與 $T(\mathbf{w})$ 的首 k 項分別為 $v_0, v_1, ..., v_{k-1}$ 與 $w_0, w_1, ..., w_{k-1}$，因此 $T(\mathbf{v}) + T(\mathbf{w})$ 的首 k 項為 $v_0 + w_0, v_1 + w_1, ..., v_{k-1} + w_{k-1}$，因為這些項與 $T(\mathbf{v} + \mathbf{w})$ 的首 k 項相同，故由引理 1 知 $T(\mathbf{v} + \mathbf{w}) = T(\mathbf{v}) + T(\mathbf{w})$。同理可證 $T(r\mathbf{v}) = rT(\mathbf{v})$，故 T 為線性。

今設 $[x_n]$ 為 V 中之任意數列，令 $\mathbf{v} = (x_0, x_1, ..., x_{k-1})$，則 $[x_n]$ 與 $T(\mathbf{v})$ 的首 k 項相同，故 $T(\mathbf{v}) = [x_n]$。因此 T 為映成。最後，若 $T(\mathbf{v}) = [0]$ 為零數列，則 $T(\mathbf{v})$ 的首 k 項均為零（$T(\mathbf{v})$ 的所有項均為零！）故 $\mathbf{v} = \mathbf{0}$。這表示 $\ker T = \{\mathbf{0}\}$，故 T 為一對一。

例 2

設 V 為遞迴式
$$x_{n+3} = -x_n + x_{n+1} + x_{n+2}$$
的解所成的空間，證明數列 $[1]、[n]、[(-1)^n]$ 為 V 的基底，並求滿足 $x_0 = 1$，$x_1 = 2$，$x_2 = 5$ 的解。

> **解**：驗證這些數列滿足遞迴式（因此屬於 V），留給讀者。它們是基底，因為 $[1] = T(1,1,1)$，$[n] = T(0,1,2)$，$[(-1)^n] = T(1,-1,1)$，並且 $\{(1,1,1),(0,1,2),(1,-1,1)\}$ 為 $\mathbb{R}^3$ 的基底。因此 V 中滿足 $x_0 = 1$，$x_1 = 2$，$x_2 = 5$ 的數列 $[x_n]$ 為此基底的線性組合：
> $$[x_n] = t_1[1] + t_2[n] + t_3[(-1)^n]$$
> 第 n 項為 $x_n = t_1 + nt_2 + (-1)^n t_3$，令 $n = 0, 1, 2$ 可得
> $$1 = x_0 = t_1 + 0 + t_3$$
> $$2 = x_1 = t_1 + t_2 - t_3$$
> $$5 = x_2 = t_1 + 2t_2 + t_3$$
> 此方程組的解為 $t_1 = t_3 = \frac{1}{2}$，$t_2 = 2$，故 $x_n = \frac{1}{2} + 2n + \frac{1}{2}(-1)^n$。

這種技巧顯然可以應用到任何長度為 k 的線性遞迴式：對 $\mathbb{R}^k$ 取你喜歡的基底 $\{\mathbf{v}_1, \ldots, \mathbf{v}_k\}$，也許是標準基底，然後計算 $T(\mathbf{v}_1), \ldots, T(\mathbf{v}_k)$。即使是 V 的一組基底，但是 $T(\mathbf{v}_i)$ 的第 n 項通常並不是以 n 的顯函數表示（例 2 的基底是慎重選取，使得三個數列的第 n 項分別為 1、n、$(-1)^n$，每一個都是 n 的簡單函數）。

但是，在一般情況，我們可以求得 V 的一組基底。再給予遞迴式 (∗)：
$$x_{n+k} = r_0 x_n + r_1 x_{n+1} + \cdots + r_{k-1} x_{n+k-1}$$
我們的想法是要找 λ 使得冪次方數列 $[\lambda^n]$ 滿足 (∗)。亦即若且唯若
$$\lambda^{n+k} = r_0 \lambda^n + r_1 \lambda^{n+1} + \cdots + r_{k-1} \lambda^{n+k-1}$$
對所有 $n \geq 0$ 皆成立。當 $n = 0$ 時，可得
$$\lambda^k = r_0 + r_1 \lambda + \cdots + r_{k-1} \lambda^{k-1}$$
多項式
$$p(x) = x^k - r_{k-1} x^{k-1} - \cdots - r_1 x - r_0$$
稱為線性遞迴式 (∗) 的**相關 (associated)** 多項式。因此，$p(x)$ 的每一個根 λ 提供滿足 (∗) 的數列 $[\lambda^n]$。若有 k 個相異根，則冪次方數列形成一個基底。又若 $\lambda = 0$，數列 $[\lambda^n]$ 為 $1, 0, 0, \ldots$；我們採用 $0^0 = 1$ 的規定。

定理 2

設 $r_0, r_1, \ldots, r_{k-1}$ 為實數；令
$$V = \{[x_n] \mid x_{n+k} = r_0 x_n + r_1 x_{n+1} + \cdots + r_{k-1} x_{n+k-1}, n \geq 0\}$$
表示所有數列所形成的向量空間，此數列滿足由 $r_0, r_1, \ldots, r_{k-1}$ 所決定的線性遞迴式；且令

$$p(x) = x^k - r_{k-1}x^{k-1} - \cdots - r_1 x - r_0$$

為遞迴式的相關多項式，則

1. $[\lambda^n]$ 屬於 V 若且唯若 λ 為 $p(x)$ 的根。
2. 若 $\lambda_1, \lambda_2, ..., \lambda_k$ 為 $p(x)$ 的相異實根，則 $\{[\lambda_1^n], [\lambda_2^n], ..., [\lambda_k^n]\}$ 為 V 的一組基底。

證明

只需證明 (2)。但因為 $[\lambda_i^n] = T(\mathbf{v}_i)$，其中 $\mathbf{v}_i = (1, \lambda_i, \lambda_i^2, ..., \lambda_i^{k-1})$，故只要 $(\mathbf{v}_1, \mathbf{v}_2, ..., \mathbf{v}_n)$ 為 $\mathbb{R}^k$ 的基底，則由定理 1 可推得 (2)。此為真，只要以 $\mathbf{v}_i$ 為其列的矩陣

$$\begin{bmatrix} 1 & \lambda_1 & \lambda_1^2 & \cdots & \lambda_1^{k-1} \\ 1 & \lambda_2 & \lambda_2^2 & \cdots & \lambda_2^{k-1} \\ \vdots & \vdots & \vdots & \ddots & \vdots \\ 1 & \lambda_k & \lambda_k^2 & \cdots & \lambda_k^{k-1} \end{bmatrix}$$

為可逆。但這是 Vandermonde 矩陣，當 λ_i 相異時，它是可逆的（第 3.2 節定理 7）。這證明了 (2)。

例 3

求 $x_{n+2} = 2x_n + x_{n+1}$ 且滿足 $x_0 = a$，$x_1 = b$ 的解。

解：相關多項式為 $p(x) = x^2 - x - 2 = (x-2)(x+1)$，兩根為 $\lambda_1 = 2$，$\lambda_2 = -1$，故由定理 2 知，$[2^n]$ 與 $[(-1)^n]$ 為解空間的基底。因此每一個解 $[x_n]$ 可表成線性組合

$$[x_n] = t_1[2^n] + t_2[(-1)^n]$$

這表示對 $n = 0, 1, 2, ...$，$x_n = t_1 2^n + t_2(-1)^n$ 恆成立，故由（取 $n = 0, 1$）$x_0 = a$，$x_1 = b$，可得

$$t_1 + t_2 = a$$
$$2t_1 - t_2 = b$$

解出 $t_1 = \frac{1}{3}(a+b)$，$t_2 = \frac{1}{3}(2a-b)$，故

$$x_n = \frac{1}{3}[(a+b)2^n + (2a-b)(-1)^n]$$

移位算子

若 $p(x)$ 是長度為 k 的線性遞迴式之相關多項式,並且 $p(x) = 0$ 具有 k 個相異的實根 $\lambda_1, \lambda_2, \ldots, \lambda_k$,則 $p(x)$ 可完全分解為

$$p(x) = (x - \lambda_1)(x - \lambda_2) \cdots (x - \lambda_k)$$

每一根 λ_i 對應滿足遞迴式的數列 $[\lambda_i^n]$,由定理 2 知,這些數列構成 V 的基底。在此情況下,$p(x)$ 的每一根 λ_i 其重數為 1。一般而言,若 $p(x) = (x - \lambda)^m q(x)$,其中 $q(\lambda) \neq 0$,則稱根 λ 的**重數 (multiplicity)** 為 m。在此情況下,相異根的個數小於 k,因此滿足遞迴式的數列 $[\lambda^n]$ 的個數小於 k。但是,若 λ 的重數為 m ($\lambda \neq 0$),且能提供滿足遞迴式的 m 個線性獨立的數列,則我們仍可得到一個基底。欲證此,我們採取另一種方式來描述滿足已知線性遞迴式的所有數列所成的空間 V。

設 **S** 表示所有數列所成的向量空間,定義一函數

$$S : \mathbf{S} \to \mathbf{S} \quad \text{為} \quad S[x_n] = [x_{n+1}] = [x_1, x_2, x_3, \ldots)$$

顯然 S 是一個線性變換,稱為 **S** 的**移位算子 (shift operator)**。注意,S 的冪次方將數列更加移位: $S^2[x_n] = S[x_{n+1}] = [x_{n+2}]$。一般而言,

$$S^k[x_n] = [x_{n+k}] = [x_k, x_{k+1}, \ldots), \; k = 0, 1, 2, \ldots$$

線性遞迴式

$$x_{n+k} = r_0 x_n + r_1 x_{n+1} + \cdots + r_{k-1} x_{n+k-1}, \; n = 0, 1, \ldots$$

可寫成

$$S^k[x_n] = r_0[x_n] + r_1 S[x_n] + \cdots + r_{k-1} S^{k-1}[x_n] \qquad (**)$$

令 $p(x) = x^k - r_{k-1} x^{k-1} - \cdots - r_1 x - r_0$ 表示遞迴式的相關多項式。從 **S** 到 **S** 的所有線性變換所成的集合 **L[S, S]** 是一個向量空間(驗證)[8],它在合成運算下是封閉的。特別地,

$$p(S) = S^k - r_{k-1} S^{k-1} - \cdots - r_1 S - r_0$$

是一個線性變換,稱為 p 在 S **取值 (evaluation)**。主要是,(**) 可寫成

$$p(S)[x_n] = 0$$

換言之,滿足遞迴式的所有數列所形成的空間 V 恰好是 $\ker[p(S)]$。這是下面定理所主張的第一個敘述。

---

[8] 參閱第 9.1 節的習題 19 和 20。

定理 3

設 $r_0, r_1, \ldots, r_{k-1}$ 為實數，令
$$V = \{[x_n] \mid x_{n+k} = r_0 x_n + r_1 x_{n+1} + \cdots + r_{k-1} x_{n+k-1}, n \geq 0\}$$
表示所有數列所形成的向量空間，此數列滿足由 $r_0, r_1, \ldots, r_{k-1}$ 所決定的線性遞迴式。令
$$p(x) = x^k - r_{k-1} x^{k-1} - \cdots - r_1 x - r_0$$
表示對應多項式。則：

1. $V = \ker[p(S)]$，其中 S 為移位算子。
2. 若 $p(x) = (x - \lambda)^m q(x)$，其中 $\lambda \neq 0$ 且 $m > 1$，則數列
$$\{[\lambda^n], [n\lambda^n], [n^2 \lambda^n], \ldots, [n^{m-1} \lambda^n]\}$$
皆屬於 V 且為線性獨立。

證明

（略證）只剩證明 (2)。若 $\binom{n}{k} = \dfrac{n(n-1)\cdots(n-k+1)}{k!}$ 表示二項係數，利用 (1) 證明對每一個 $k = 0, 1, \ldots, m-1$，數列 $s_k = \left[\binom{n}{k}\lambda^n\right]$ 為一解。然後利用定理 1 的 (2) 證明 $\{s_0, s_1, \ldots, s_{m-1}\}$ 為線性獨立。最後，本定理中的數列 $t_k = [n^k \lambda^n]$，$k = 0, 1, \ldots, m-1$，可以表成 $t_k = \sum_{j=0}^{m-1} a_{kj} s_j$，其中 $A = [a_{ij}]$ 為可逆矩陣。於是可證得 (2)。我們省略詳細的證明。

當 $p(x) = 0$ 具有 k 個非零實根（不必相異），將此定理與定理 2 結合起來。即可得 V 的一組基底。其中非零的要求表示 $r_0 \neq 0$，此條件實際上並不重要（參閱下頁的註解 1）。

定理 4

設 $r_0, r_1, \ldots, r_{k-1}$ 為實數，且 $r_0 \neq 0$；令
$$V = \{[x_n] \mid x_{n+k} = r_0 x_n + r_1 x_{n+1} + \cdots + r_{k-1} x_{n+k-1}, n \geq 0\}$$
表示所有數列所形成的向量空間，此數列滿足由 $r_0, \ldots, r_{k-1}$ 所決定的長度為 k 的線性遞迴式；設多項式
$$p(x) = x^k - r_{k-1} x^{k-1} - \cdots - r_1 x - r_0$$
可完全分解為

$$p(x) = (x - \lambda_1)^{m_1}(x - \lambda_2)^{m_2} \cdots (x - \lambda_p)^{m_p}$$

其中 $\lambda_1, \lambda_2, ..., \lambda_p$ 為相異實數且每一個 $m_i \geq 1$。則對每一個 i 都有 $\lambda_i \neq 0$，並且

$$[\lambda_1^n], [n\lambda_1^n], ..., [n^{m_1-1}\lambda_1^n]$$
$$[\lambda_2^n], [n\lambda_2^n], ..., [n^{m_2-1}\lambda_2^n]$$
$$\vdots$$
$$[\lambda_p^n], [n\lambda_p^n], ..., [n^{m_p-1}\lambda_p^n]$$

為 V 的基底。

證明

共有 $m_1 + m_2 + \cdots + m_p = k$ 個數列，因為 $\dim V = k$，故只需證明這些數列是線性獨立。假設 $r_0 \neq 0$，表示 0 不是 $p(x) = 0$ 的根，所以每一個 $\lambda_i \neq 0$，故由定理 3 知，$\{[\lambda_i^n], [n\lambda_i^n], ..., [n^{m_i-1}\lambda_i^n]\}$ 為線性獨立。我們省略了整個數列的集合是線性獨立之證明。

● 例 4

數列 $[x_n]$ 滿足

$$x_{n+3} = -9x_n - 3x_{n+1} + 5x_{n+2}$$

求所有數列 $[x_n]$ 所形成的空間 V 的一組基底。

解：相關多項式為

$$p(x) = x^3 - 5x^2 + 3x + 9 = (x-3)^2(x+1)$$

因此 3 為二重根，由定理 3 知 $[3^n]$ 與 $[n3^n]$ 均屬於 V（讀者對此必須驗證）。同理，$\lambda = -1$ 是重數為 1 的根，故 $[(-1)^n]$ 屬於 V。由定理 4 知，$\{[3^n], [n3^n], [(-1)^n]\}$ 為 V 的一組基底。

註解 1

若 $r_0 = 0$ [因此 0 為 $p(x) = 0$ 的一根]，遞迴式長度變短。例如，考慮

$$x_{n+4} = 0x_n + 0x_{n+1} + 3x_{n+2} + 2x_{n+3} \qquad (***)$$

若令 $y_n = x_{n+2}$，此遞迴式變成 $y_{n+2} = 3y_n + 2y_{n+1}$，其解為 $[3^n]$ 與 $[(-1)^n]$。由這些可產生 $(***)$ 的解如下：

$$[0, 0, 1, 3, 3^2, ...)$$
$$[0, 0, 1, -1, (-1)^2, ...)$$

此外，很容易驗證

$$[1, 0, 0, 0, 0, \ldots)$$
$$[0, 1, 0, 0, 0, \ldots)$$

亦為 (∗∗∗) 的解。(∗∗∗) 的所有解所形成的空間是 4 維（定理 1）。所以這些數列形成一組基底。這個技巧適用於 $r_0 = 0$ 的情形。

註解 2

定理 4 完全描述數列所形成的空間 V，此數列滿足線性遞迴式且其相關方程式 $p(x)$ 的根都是實數。但是在許多場合，$p(x) = 0$ 具有複數根而非實根。若 $p(\mu) = 0$，其中 μ 為複數，則 $p(\bar{\mu}) = 0$（$\bar{\mu}$ 為共軛複數），而由主要觀察可知 $[\mu^n + \bar{\mu}^n]$ 與 $[i(\mu^n - \bar{\mu}^n)]$ 皆為實數解。類似於上述的諸定理均可獲得證明。

習題 7.5

1. 數列 $[x_n]$ 滿足下列遞迴式，求 $[x_n]$ 所形成的空間 V 的一組基底，並利用此結果求滿足 $x_0 = 1$，$x_1 = 2$ 與 $x_2 = 1$ 的數列。
   (a) $x_{n+3} = -2x_n + x_{n+1} + 2x_{n+2}$
   ◆(b) $x_{n+3} = -6x_n + 7x_{n+1}$
   (c) $x_{n+3} = -36x_n + 7x_{n+2}$

2. 下列各題中，數列 $[x_n]$ 滿足遞迴式，求所有 $[x_n]$ 所形成的空間 V 的一組基底，並利用此結果，求滿足 $x_0 = 1$，$x_1 = -1$ 與 $x_2 = 1$ 的 x_n。
   (a) $x_{n+3} = x_n + x_{n+1} - x_{n+2}$
   ◆(b) $x_{n+3} = -2x_n + 3x_{n+1}$
   (c) $x_{n+3} = -4x_n + 3x_{n+2}$
   ◆(d) $x_{n+3} = x_n - 3x_{n+1} + 3x_{n+2}$
   (e) $x_{n+3} = 8x_n - 12x_{n+1} + 6x_{n+2}$

3. 數列 $[x_n]$ 滿足下列遞迴式，求 $[x_n]$ 所形成的空間 V 的一組基底。
   (a) $x_{n+2} = -a^2 x_n + 2a x_{n+1}$，$a \neq 0$
   ◆(b) $x_{n+2} = -ab x_n + (a+b) x_{n+1}$，$(a \neq b)$

4. 下列各題中，求 V 的一組基底。
   (a) $V = \{[x_n] \mid x_{n+4} = 2x_{n+2} - x_{n+3}, n \geq 0\}$
   ◆(b) $V = \{[x_n] \mid x_{n+4} = -x_{n+2} + 2x_{n+3}, n \geq 0\}$

5. 設 $[x_n]$ 滿足長度為 k 的線性遞迴式。若 $\{\mathbf{e}_0 = (1, 0, \ldots, 0), \mathbf{e}_1 = (0, 1, \ldots, 0), \mathbf{e}_{k-1} = (0, 0, \ldots, 1)\}$ 為 $\mathbb{R}^k$ 的標準基底，證明對所有 $n \geq k$，$x_n = x_0 T(\mathbf{e}_0) + x_1 T(\mathbf{e}_1) + \cdots + x_{k-1} T(\mathbf{e}_{k-1})$ 恆成立。其中 T 如定理 1 所述。

6. 證明移位算子 S 為映成，但不是一對一。求 $\ker S$。

◆7. 數列 $[x_n]$ 滿足 $x_{n+2} = -x_n$。求 $[x_n]$ 所形成的空間 V 的一組基底。

第八章

正交

在第 5.3 節中,我們介紹了 $\mathbb{R}^n$ 中的點積並且推廣了長度和距離的基本幾何概念。對所有 $i \neq j$,若 $\mathbf{f}_i \cdot \mathbf{f}_j = 0$ 恆成立,則稱 $\mathbb{R}^n$ 中非零向量所成的集合 $\{\mathbf{f}_1, \mathbf{f}_2, ..., \mathbf{f}_m\}$ 為**正交集合 (orthogonal set)**,而且我們已證明每一個正交集合是線性獨立。尤其是,因為有公式可算出展開式中的係數,所以我們很容易將向量展開成正交基底向量的線性組合。因此正交基底是好的基底,本章大部分的內容是討論將基底延伸至正交基底所產生的結果。這會引出一些非常有用的方法和定理。

我們的第一項工作是要證明 $\mathbb{R}^n$ 的每一個子空間都有一個正交基底。

8.1 節　正交補集和投影

在一般向量空間中,若 $\{\mathbf{v}_1, ..., \mathbf{v}_m\}$ 為線性獨立,且若 $\mathbf{v}_{m+1}$ 不在 $\text{span}\{\mathbf{v}_1, ..., \mathbf{v}_m\}$ 中,則 $\{\mathbf{v}_1, ..., \mathbf{v}_m, \mathbf{v}_{m+1}\}$ 為線性獨立(第 6.4 節引理 1),這可類推到 $\mathbb{R}^n$ 中的正交集 (orthogonal set)。

引理 1

正交引理 (Orthogonal Lemma)

設 $\{\mathbf{f}_1, \mathbf{f}_2, ..., \mathbf{f}_m\}$ 為 $\mathbb{R}^n$ 中的正交集,已知 $\mathbf{x} \in \mathbb{R}^n$。令

$$\mathbf{f}_{m+1} = \mathbf{x} - \frac{\mathbf{x} \cdot \mathbf{f}_1}{\|\mathbf{f}_1\|^2}\mathbf{f}_1 - \frac{\mathbf{x} \cdot \mathbf{f}_2}{\|\mathbf{f}_2\|^2}\mathbf{f}_2 - \cdots - \frac{\mathbf{x} \cdot \mathbf{f}_m}{\|\mathbf{f}_m\|^2}\mathbf{f}_m$$

則:

1. $\mathbf{f}_{m+1} \cdot \mathbf{f}_k = 0$,$k = 1, 2, ..., m$。
2. 若 $\mathbf{x}$ 不屬於 $\text{span}\{\mathbf{f}_1, ..., \mathbf{f}_m\}$,則 $\mathbf{f}_{m+1} \neq \mathbf{0}$ 且 $\{\mathbf{f}_1, ..., \mathbf{f}_m, \mathbf{f}_{m+1}\}$ 是一個正交集。

證明

為方便起見，對每一個 i，令 $t_i = (\mathbf{x} \cdot \mathbf{f}_i)/\|\mathbf{f}_i\|^2$。已知 $1 \leq k \leq m$：

$$\begin{aligned}\mathbf{f}_{m+1} \cdot \mathbf{f}_k &= (\mathbf{x} - t_1\mathbf{f}_1 - \cdots - t_k\mathbf{f}_k - \cdots - t_m\mathbf{f}_m) \cdot \mathbf{f}_k \\ &= \mathbf{x} \cdot \mathbf{f}_k - t_1(\mathbf{f}_1 \cdot \mathbf{f}_k) - \cdots - t_k(\mathbf{f}_k \cdot \mathbf{f}_k) - \cdots - t_m(\mathbf{f}_m \cdot \mathbf{f}_k) \\ &= \mathbf{x} \cdot \mathbf{f}_k - t_k \|\mathbf{f}_k\|^2 \\ &= 0\end{aligned}$$

這證明了 (1)。又因為 $\mathbf{x}$ 不屬於 span$\{\mathbf{f}_1, ..., \mathbf{f}_m\}$，則 $\mathbf{f}_{m+1} \neq \mathbf{0}$，故可推得 (2)。

對 $\mathbb{R}^n$ 而言，正交引理有三個重要的結論。第一，因為任意線性獨立集是基底的一部分，故可將正交集延拓成基底（第 6.4 節定理 1）。

定理 1

設 U 為 $\mathbb{R}^n$ 的子空間，則

1. U 中的每一個正交子集 $\{\mathbf{f}_1, ..., \mathbf{f}_m\}$ 都是 U 的正交基底的子集。
2. U 有一組正交基底。

證明

1. 若 span$\{\mathbf{f}_1, ..., \mathbf{f}_m\} = U$，則它就是一組基底。否則 U 中存在 $\mathbf{x}$ 不屬於 span$\{\mathbf{f}_1, ..., \mathbf{f}_m\}$。若 $\mathbf{f}_{m+1}$ 是如正交引理中所述，則 $\mathbf{f}_{m+1}$ 屬於 U 且 $\{\mathbf{f}_1, ..., \mathbf{f}_m, \mathbf{f}_{m+1}\}$ 為正交。若 span$\{\mathbf{f}_1, ..., \mathbf{f}_m, \mathbf{f}_{m+1}\} = U$，則定理得證。否則，這個過程會持續下去，以產生越來越大的 U 的正交子集。由第 5.3 節定理 5 可知，它們都是獨立的，因此當此子集達到包含 dim U 個向量時，我們就可得到一組基底。
2. 若 $U = \{\mathbf{0}\}$，空基底是正交。否則，若 $\mathbf{f} \neq \mathbf{0}$ 且屬於 U，則 $\{\mathbf{f}\}$ 為正交，故由 (1) 可推得 (2)。

定理 1 的 (2) 是可以改良的。事實上，正交引理的第二個結論告訴我們，可將 $\mathbb{R}^n$ 中的子空間 U 的任意基底 $\{\mathbf{x}_1, ..., \mathbf{x}_m\}$，有系統的修飾成 U 的一組正交基底 $\{\mathbf{f}_1, ..., \mathbf{f}_m\}$。$\mathbf{f}_i$ 是由 $\mathbf{x}_i$ 逐一建構出來的。

過程一開始，我們取 $\mathbf{f}_1 = \mathbf{x}_1$。因為 $\{\mathbf{x}_1, \mathbf{x}_2\}$ 是線性獨立，所以 $\mathbf{x}_2$ 不在 span$\{\mathbf{f}_1\}$ 中，故取

$$\mathbf{f}_2 = \mathbf{x}_2 - \frac{\mathbf{x}_2 \cdot \mathbf{f}_1}{\|\mathbf{f}_1\|^2}\mathbf{f}_1$$

由引理 1 知 $\{\mathbf{f}_1, \mathbf{f}_2\}$ 為正交。此外，$\text{span}\{\mathbf{f}_1, \mathbf{f}_2\} = \text{span}\{\mathbf{x}_1, \mathbf{x}_2\}$（請驗證），故 $\mathbf{x}_3$ 不在 $\text{span}\{\mathbf{f}_1, \mathbf{f}_2\}$ 中，因此 $\{\mathbf{f}_1, \mathbf{f}_2, \mathbf{f}_3\}$ 是正交，其中

$$\mathbf{f}_3 = \mathbf{x}_3 - \frac{\mathbf{x}_3 \cdot \mathbf{f}_1}{\|\mathbf{f}_1\|^2}\mathbf{f}_1 - \frac{\mathbf{x}_3 \cdot \mathbf{f}_2}{\|\mathbf{f}_2\|^2}\mathbf{f}_2$$

又 $\text{span}\{\mathbf{f}_1, \mathbf{f}_2, \mathbf{f}_3\} = \text{span}\{\mathbf{x}_1, \mathbf{x}_2, \mathbf{x}_3\}$，故 $\mathbf{x}_4$ 不在 $\text{span}\{\mathbf{f}_1, \mathbf{f}_2, \mathbf{f}_3\}$ 中，持續做下去。經過第 m 次疊代，我們建構出一組正交集 $\{\mathbf{f}_1, ..., \mathbf{f}_m\}$ 使得

$$\text{span}\{\mathbf{f}_1, \mathbf{f}_2, ..., \mathbf{f}_m\} = \text{span}\{\mathbf{x}_1, \mathbf{x}_2, ..., \mathbf{x}_m\} = U$$

因此得到 U 的正交基底 $\{\mathbf{f}_1, \mathbf{f}_2, ..., \mathbf{f}_m\}$，這個過程可以概括如下：

定理 2

Gram-Schmidt 正交化演算法 (Gram-Schmidt Orthogonalization Algorithm)[1]

若 $\{\mathbf{x}_1, \mathbf{x}_2, ..., \mathbf{x}_m\}$ 是 $\mathbb{R}^n$ 的子空間 U 的任意基底。在 U 中依次建構 $\mathbf{f}_1, \mathbf{f}_2, ..., \mathbf{f}_m$ 如下：

$$\mathbf{f}_1 = \mathbf{x}_1$$
$$\mathbf{f}_2 = \mathbf{x}_2 - \frac{\mathbf{x}_2 \cdot \mathbf{f}_1}{\|\mathbf{f}_1\|^2}\mathbf{f}_1$$
$$\mathbf{f}_3 = \mathbf{x}_3 - \frac{\mathbf{x}_3 \cdot \mathbf{f}_1}{\|\mathbf{f}_1\|^2}\mathbf{f}_1 - \frac{\mathbf{x}_3 \cdot \mathbf{f}_2}{\|\mathbf{f}_2\|^2}\mathbf{f}_2$$
$$\vdots$$
$$\mathbf{f}_k = \mathbf{x}_k - \frac{\mathbf{x}_k \cdot \mathbf{f}_1}{\|\mathbf{f}_1\|^2}\mathbf{f}_1 - \frac{\mathbf{x}_k \cdot \mathbf{f}_2}{\|\mathbf{f}_2\|^2}\mathbf{f}_2 - \cdots - \frac{\mathbf{x}_k \cdot \mathbf{f}_{k-1}}{\|\mathbf{f}_{k-1}\|^2}\mathbf{f}_{k-1}$$

其中 $k = 2, 3, ..., m$。則

1. $\{\mathbf{f}_1, \mathbf{f}_2, ..., \mathbf{f}_m\}$ 為 U 的一組正交基底。
2. $\text{span}\{\mathbf{f}_1, \mathbf{f}_2, ..., \mathbf{f}_k\} = \text{span}\{\mathbf{x}_1, \mathbf{x}_2, ..., \mathbf{x}_k\}$，其中 $k = 1, 2, ..., m$。

圖中描繪出正交化過程（$k = 3$ 的情形）。當然，該演算法把 $\mathbb{R}^n$ 中的任意基底轉變成一組正交基底。

例 1

求 $A = \begin{bmatrix} 1 & 1 & -1 & -1 \\ 3 & 2 & 0 & 1 \\ 1 & 0 & 1 & 0 \end{bmatrix}$ 的列空間的一組正交基底。

---

[1] Erhardt Schmidt (1876–1959) 為德國數學家，他在偉大的數學家 David Hilbert 的指導下做研究，而後者發展了 Hilbert 空間的理論。他於 1907 年首先發表這個演算法。Jörgen Pederson Gram (1850–1916) 是丹麥的一位精算師。

解：令 $\mathbf{x}_1$、$\mathbf{x}_2$、$\mathbf{x}_3$ 表示 A 的列，並且觀察到 $\{\mathbf{x}_1, \mathbf{x}_2, \mathbf{x}_3\}$ 為線性獨立。取 $\mathbf{f}_1 = \mathbf{x}_1$，由演算法可得

$$\mathbf{f}_2 = \mathbf{x}_2 - \frac{\mathbf{x}_2 \cdot \mathbf{f}_1}{\|\mathbf{f}_1\|^2}\mathbf{f}_1 = (3, 2, 0, 1) - \frac{4}{4}(1, 1, -1, -1) = (2, 1, 1, 2)$$

$$\mathbf{f}_3 = \mathbf{x}_3 - \frac{\mathbf{x}_3 \cdot \mathbf{f}_1}{\|\mathbf{f}_1\|^2}\mathbf{f}_1 - \frac{\mathbf{x}_3 \cdot \mathbf{f}_2}{\|\mathbf{f}_2\|^2}\mathbf{f}_2 = \mathbf{x}_3 - \frac{0}{4}\mathbf{f}_1 - \frac{3}{10}\mathbf{f}_2 = \frac{1}{10}(4, -3, 7, -6)$$

因此 $\{(1, 1, -1, -1), (2, 1, 1, 2), \frac{1}{10}(4, -3, 7, -6)\}$ 是由演算法求出的正交基底。為了計算上的方便，可刪掉分數，因此 $\{(1, 1, -1, -1), (2, 1, 1, 2), (4, -3, 7, -6)\}$ 亦為 row A 的一組正交基底。

註解

注意，若將 $\mathbf{f}_i$ 改成 $\mathbf{f}_i$ 乘以非零純量，則向量 $\frac{\mathbf{x} \cdot \mathbf{f}_i}{\|\mathbf{f}_i\|^2}\mathbf{f}_i$ 仍是不變的。因此，若在 Gram-Schmidt 演算法的某一步驟中，將新建構的 $\mathbf{f}_i$ 乘以一個非零純量，則隨後的 $\mathbf{f}$ 不會因此改變。這在實際計算中是很有用的。

投影

在 $\mathbb{R}^3$ 中，假設給予一點 $\mathbf{x}$ 和通過原點的一個平面，我們想在平面上找到最接近 $\mathbf{x}$ 的點 $\mathbf{p}$。幾何直覺使我們相信，這樣的點 $\mathbf{p}$ 是存在的。事實上（參閱右圖），選取 $\mathbf{p}$ 的方法是 $\mathbf{x} - \mathbf{p}$ 必須與該平面垂直。

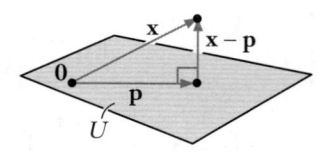

現在我們提出兩個觀點：第一，平面 U 是 $\mathbb{R}^3$ 的子空間（因為 U 包含原點）；第二，$\mathbf{x} - \mathbf{p}$ 垂直於平面 U 表示 $\mathbf{x} - \mathbf{p}$ 與 U 中的每一個向量正交。在 $\mathbb{R}^n$ 中這些方面的討論是有意義的。此外，正交引理提供如何求 $\mathbf{p}$ 的方法。

定義 8.1

若 U 是 $\mathbb{R}^n$ 的子空間，U 的**正交補集 (orthogonal complement)** $U^\perp$ 定義為

$$U^\perp = \{\mathbf{x} \in \mathbb{R}^n \mid \mathbf{x} \cdot \mathbf{y} = 0 \text{ 對於 } U \text{ 中所有的 } \mathbf{y} \text{ 恆成立}\}$$

以下引理收集正交補集的一些有用性質；(1) 和 (2) 的證明留作習題 6。

引理 2

設 U 為 $\mathbb{R}^n$ 的子空間，則

1. $U^\perp$ 為 $\mathbb{R}^n$ 的子空間

2. $\{\mathbf{0}\}^\perp = \mathbb{R}^n$ 且 $(\mathbb{R}^n)^\perp = \{\mathbf{0}\}$。
3. 若 $U = \text{span}\{\mathbf{x}_1, \mathbf{x}_2, ..., \mathbf{x}_k\}$，則 $U^\perp = \{\mathbf{x} \in \mathbb{R}^n \mid \mathbf{x} \cdot \mathbf{x}_i = 0, i = 1, 2, ..., k\}$。

證明

3. 設 $U = \text{span}\{\mathbf{x}_1, \mathbf{x}_2, ..., \mathbf{x}_k\}$；我們必須證明 $U^\perp = \{\mathbf{x} \mid \mathbf{x} \cdot \mathbf{x}_i = 0$，對於每一個 i 恆成立$\}$。若 $\mathbf{x} \in U^\perp$ 則 $\mathbf{x} \cdot \mathbf{x}_i = 0$，因為每一個 $\mathbf{x}_i \in U$。反之，假設 $\mathbf{x} \cdot \mathbf{x}_i = 0$；我們必須證明 $\mathbf{x} \in U^\perp$，亦即，對每一個 $\mathbf{y} \in U$，$\mathbf{x} \cdot \mathbf{y} = 0$ 恆成立。令 $\mathbf{y} = r_1\mathbf{x}_1 + r_2\mathbf{x}_2 + \cdots + r_k\mathbf{x}_k$，其中 $r_i \in \mathbb{R}$，則利用第 5.3 節定理 1，

$$\mathbf{x} \cdot \mathbf{y} = r_1(\mathbf{x} \cdot \mathbf{x}_1) + r_2(\mathbf{x} \cdot \mathbf{x}_2) + \cdots + r_k(\mathbf{x} \cdot \mathbf{x}_k) = r_1 0 + r_2 0 + \cdots + r_k 0 = 0$$

這就是我們所要證明的。

例 2

若 $\mathbb{R}^4$ 中的 $U = \text{span}\{(1, -1, 2, 0), (1, 0, -2, 3)\}$，求 $U^\perp$。

解：由引理 2，$\mathbf{x} = (x, y, z, w) \in U^\perp$ 若且唯若 x 與 $(1, -1, 2, 0)$ 以及 $(1, 0, -2, 3)$ 均正交；亦即

$$\begin{aligned} x - y + 2z &= 0 \\ x - 2z + 3w &= 0 \end{aligned}$$

由高斯消去法可得 $U^\perp = \text{span}\{(2, 4, 1, 0), (3, 3, 0, -1)\}$。

現在考慮 $\mathbb{R}^3$ 中的向量 $\mathbf{x}$ 和 $\mathbf{d} \neq \mathbf{0}$。右圖中顯示第 4.2 節所定義的 $\mathbf{x}$ 在 $\mathbf{d}$ 的投影 $\mathbf{p} = \text{proj}_\mathbf{d}(\mathbf{x})$。以下公式乃源自第 4.2 節定理 4

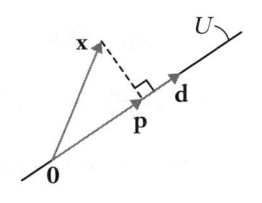

$$\mathbf{p} = \text{proj}_\mathbf{d}(\mathbf{x}) = \left(\frac{\mathbf{x} \cdot \mathbf{d}}{\|\mathbf{d}\|^2}\right)\mathbf{d}$$

由此可知 $\mathbf{x} - \mathbf{p}$ 正交於 $\mathbf{d}$。現在觀察直線 $U = \mathbb{R}\mathbf{d} = \{t\mathbf{d} \mid t \in \mathbb{R}\}$ 是 $\mathbb{R}^3$ 的子空間。$\{\mathbf{d}\}$ 是 U 的一個正交基底，並且 $\mathbf{p} \in U$ 以及 $\mathbf{x} - \mathbf{p} \in U^\perp$（由第 4.2 節定理 4）。

在這種形式下，對 $\mathbb{R}^n$ 中的任意向量 $\mathbf{x}$ 與 $\mathbb{R}^n$ 的任意子空間 U 而言，這是有意義的，所以我們將它推廣如下：若 $\{\mathbf{f}_1, \mathbf{f}_2, ..., \mathbf{f}_m\}$ 為 U 的正交基底。$\mathbf{x}$ 在 U 的投影 $\mathbf{p}$ 定義為：

$$\mathbf{p} = \left(\frac{\mathbf{x} \cdot \mathbf{f}_1}{\|\mathbf{f}_1\|^2}\right)\mathbf{f}_1 + \left(\frac{\mathbf{x} \cdot \mathbf{f}_2}{\|\mathbf{f}_2\|^2}\right)\mathbf{f}_2 + \cdots + \left(\frac{\mathbf{x} \cdot \mathbf{f}_m}{\|\mathbf{f}_m\|^2}\right)\mathbf{f}_m \qquad (*)$$

則 $\mathbf{p} \in U$ 且 $\mathbf{x} - \mathbf{p} \in U^\perp$（由正交引理），這是第 4.2 節定理 4 的推廣。

然而，有一個潛在的問題：必須證明公式 (∗) 中的 $\mathbf{p}$ 與正交基底 $\{\mathbf{f}_1, \mathbf{f}_2, ..., \mathbf{f}_m\}$ 的選擇無關。為了驗證這一點，假設 $\{\mathbf{f}'_1, \mathbf{f}'_2, ..., \mathbf{f}'_m\}$ 為 U 的另一個正交基底，並且令

$$\mathbf{p}' = \left(\frac{\mathbf{x} \cdot \mathbf{f}'_1}{\|\mathbf{f}'_1\|^2}\right)\mathbf{f}'_1 + \left(\frac{\mathbf{x} \cdot \mathbf{f}'_2}{\|\mathbf{f}'_2\|^2}\right)\mathbf{f}'_2 + \cdots + \left(\frac{\mathbf{x} \cdot \mathbf{f}'_m}{\|\mathbf{f}'_m\|^2}\right)\mathbf{f}'_m$$

則 $\mathbf{p}' \in U$ 且 $\mathbf{x} - \mathbf{p}' \in U^\perp$，我們必須證明 $\mathbf{p}' = \mathbf{p}$。將向量 $\mathbf{p} - \mathbf{p}'$ 寫成：

$$\mathbf{p} - \mathbf{p}' = (\mathbf{x} - \mathbf{p}') - (\mathbf{x} - \mathbf{p})$$

這個向量屬於 U（因為 $\mathbf{p}$ 和 $\mathbf{p}'$ 均屬於 U）且亦屬於 $U^\perp$（因為 $\mathbf{x} - \mathbf{p}'$ 和 $\mathbf{x} - \mathbf{p}$ 均屬於 $U^\perp$），因此它必須是零向量（零向量與本身正交！）。這表示 $\mathbf{p}' = \mathbf{p}$。

因此，(∗) 式中的向量 $\mathbf{p}$ 只與 $\mathbf{x}$ 和子空間 U 有關，而與 U 的正交基底 $\{\mathbf{f}_1, ..., \mathbf{f}_m\}$ 的選擇無關，因此我們做出了下面的定義：

定義 8.2

設 U 是 $\mathbb{R}^n$ 的子空間，$\{\mathbf{f}_1, \mathbf{f}_2, ..., \mathbf{f}_m\}$ 是 U 的正交基底。若 $\mathbf{x} \in \mathbb{R}^n$，則向量

$$\mathrm{proj}_U(\mathbf{x}) = \frac{\mathbf{x} \cdot \mathbf{f}_1}{\|\mathbf{f}_1\|^2}\mathbf{f}_1 + \frac{\mathbf{x} \cdot \mathbf{f}_2}{\|\mathbf{f}_2\|^2}\mathbf{f}_2 + \cdots + \frac{\mathbf{x} \cdot \mathbf{f}_m}{\|\mathbf{f}_m\|^2}\mathbf{f}_m$$

稱為 $\mathbf{x}$ 在 U 上的**正交投影 (orthogonal projection)**。對於零子空間 $U = \{\mathbf{0}\}$，我們定義

$$\mathrm{proj}_{\{\mathbf{0}\}}(\mathbf{x}) = \mathbf{0}$$

上述的討論證明了下面定理中的 (1)。

定理 3

投影定理 (Projection Theorem)

若 U 是 $\mathbb{R}^n$ 的子空間且 $\mathbf{x} \in \mathbb{R}^n$，令 $\mathbf{p} = \mathrm{proj}_U(\mathbf{x})$，則

1. $\mathbf{p} \in U$ 且 $\mathbf{x} - \mathbf{p} \in U^\perp$。
2. $\mathbf{p}$ 是 U 中最接近 $\mathbf{x}$ 的向量，亦即，對於所有 $\mathbf{y} \in U$，$\mathbf{y} \neq \mathbf{p}$，$\|\mathbf{x} - \mathbf{p}\| < \|\mathbf{x} - \mathbf{y}\|$。

證明

1. 由先前的討論已獲得證明（若 $U = \{\mathbf{0}\}$，則定理中的 1 顯然成立）。

2. 令 $\mathbf{x} - \mathbf{y} = (\mathbf{x} - \mathbf{p}) + (\mathbf{p} - \mathbf{y})$，則 $\mathbf{p} - \mathbf{y}$ 屬於 U 且由 (1) 知，它與 $\mathbf{x} - \mathbf{p}$ 正交。因此由畢氏定理可得

$$\|\mathbf{x} - \mathbf{y}\|^2 = \|\mathbf{x} - \mathbf{p}\|^2 + \|\mathbf{p} - \mathbf{y}\|^2 > \|\mathbf{x} - \mathbf{p}\|^2$$

此乃因 $\mathbf{p} - \mathbf{y} \neq \mathbf{0}$。故 (2) 得證。

例 3

在 $\mathbb{R}^4$ 中，設 $U = \text{span}\{\mathbf{x}_1, \mathbf{x}_2\}$，其中 $\mathbf{x}_1 = (1, 1, 0, 1)$ 且 $\mathbf{x}_2 = (0, 1, 1, 2)$。若 $\mathbf{x} = (3, -1, 0, 2)$，求 U 中最接近 $\mathbf{x}$ 的向量，並將 $\mathbf{x}$ 表成 U 中的向量與正交於 U 的向量的和。

解：$\{\mathbf{x}_1, \mathbf{x}_2\}$ 為線性獨立但非正交。利用 Gram-Schmidt 正交化過程，可得 U 的一組正交基底 $\{\mathbf{f}_1, \mathbf{f}_2\}$，其中 $\mathbf{f}_1 = \mathbf{x}_1 = (1, 1, 0, 1)$ 且

$$\mathbf{f}_2 = \mathbf{x}_2 - \frac{\mathbf{x}_2 \cdot \mathbf{f}_1}{\|\mathbf{f}_1\|^2}\mathbf{f}_1 = \mathbf{x}_2 - \tfrac{3}{3}\mathbf{f}_1 = (-1, 0, 1, 1)$$

因此，我們可以利用 $\{\mathbf{f}_1, \mathbf{f}_2\}$ 來計算投影：

$$\mathbf{p} = \text{proj}_U(\mathbf{x}) = \frac{\mathbf{x} \cdot \mathbf{f}_1}{\|\mathbf{f}_1\|^2}\mathbf{f}_1 + \frac{\mathbf{x} \cdot \mathbf{f}_2}{\|\mathbf{f}_2\|^2}\mathbf{f}_2 = \tfrac{4}{3}\mathbf{f}_1 + \tfrac{-1}{3}\mathbf{f}_2 = \tfrac{1}{3}[5\ 4\ -1\ 3]$$

$\mathbf{p}$ 就是 U 中最接近 $\mathbf{x}$ 的向量，而 $\mathbf{x} - \mathbf{p} = \tfrac{1}{3}(4, -7, 1, 3)$ 正交於 U 中的每一個向量。（它與 U 的生成者 $\mathbf{x}_1$ 和 $\mathbf{x}_2$ 正交）。$\mathbf{x}$ 可分解為

$$\mathbf{x} = \mathbf{p} + (\mathbf{x} - \mathbf{p}) = \tfrac{1}{3}(5, 4, -1, 3) + \tfrac{1}{3}(4, -7, 1, 3)$$

例 4

在平面 $2x + y - z = 0$ 上，求與點 $(2, -1, -3)$ 最接近的點。

解：將 $\mathbb{R}^3$ 寫成列向量。平面則是子空間 U，其上的點 (x, y, z) 滿足 $z = 2x + y$。因此

$$U = \{(s, t, 2s + t) \mid s, t \in \mathbb{R}\} = \text{span}\{(0, 1, 1), (1, 0, 2)\}$$

由 Gram-Schmidt 正交化過程可得 U 的一組正交基底 $\{\mathbf{f}_1, \mathbf{f}_2\}$，其中 $\mathbf{f}_1 = (0, 1, 1)$ 且 $\mathbf{f}_2 = (1, -1, 1)$。因此 U 中與 $\mathbf{x} = (2, -1, -3)$ 最接近的向量是

$$\text{proj}_U(\mathbf{x}) = \frac{\mathbf{x} \cdot \mathbf{f}_1}{\|\mathbf{f}_1\|^2}\mathbf{f}_1 + \frac{\mathbf{x} \cdot \mathbf{f}_2}{\|\mathbf{f}_2\|^2}\mathbf{f}_2 = -2\mathbf{f}_1 + 0\mathbf{f}_2 = (0, -2, -2)$$

所以在平面 $2x + y - z = 0$ 上，與點 $(2, -1, -3)$ 最接近的點為 $(0, -2, -2)$。

下面的定理說明在 $\mathbb{R}^n$ 的子空間上的投影實際上是一個 $\mathbb{R}^n \to \mathbb{R}^n$ 的線性算子。

定理 4

設 U 是 $\mathbb{R}^n$ 的固定子空間。若我們定義 $T: \mathbb{R}^n \to \mathbb{R}^n$ 為

$$T(\mathbf{x}) = \text{proj}_U(\mathbf{x}), \ \forall \mathbf{x} \in \mathbb{R}^n$$

1. T 為線性算子。
2. $\text{im } T = U$ 且 $\ker T = U^\perp$。
3. $\dim U + \dim U^\perp = n$。

證明

若 $U = \{\mathbf{0}\}$，則 $U^\perp = \mathbb{R}^n$，故對所有的 $\mathbf{x}$ 而言，$T(\mathbf{x}) = \text{proj}_{\{\mathbf{0}\}}(\mathbf{x}) = \mathbf{0}$。因此 $T = 0$ 為零（線性）算子，故 (1)、(2)、(3) 成立。所以假設 $U \neq \{\mathbf{0}\}$。

1. 若 $\{\mathbf{f}_1, \mathbf{f}_2, \ldots, \mathbf{f}_m\}$ 為 U 的單範正交 (orthonormal) 基底，則由投影的定義，對 $\mathbb{R}^n$ 中所有的 $\mathbf{x}$，我們有

$$T(\mathbf{x}) = (\mathbf{x} \cdot \mathbf{f}_1)\mathbf{f}_1 + (\mathbf{x} \cdot \mathbf{f}_2)\mathbf{f}_2 + \cdots + (\mathbf{x} \cdot \mathbf{f}_m)\mathbf{f}_m \qquad (*)$$

因此 T 為線性，此乃因對每一個 i，

$$(\mathbf{x} + \mathbf{y}) \cdot \mathbf{f}_i = \mathbf{x} \cdot \mathbf{f}_i + \mathbf{y} \cdot \mathbf{f}_i \quad 且 \quad (r\mathbf{x}) \cdot \mathbf{f}_i = r(\mathbf{x} \cdot \mathbf{f}_i)$$

2. 因為每一個 $\mathbf{f}_i \in U$，故由 $(*)$ 知 $\text{im } T \subseteq U$。但若 $\mathbf{x} \in U$，則由 $(*)$ 式以及將延拓定理應用於空間 U，可得 $\mathbf{x} = T(\mathbf{x})$。這證明了 $U \subseteq \text{im } T$，故 $\text{im } T = U$。

   現在假設 $\mathbf{x} \in U^\perp$，則 $\mathbf{x} \cdot \mathbf{f}_i = 0$（因為 $\mathbf{f}_i \in U$），故由 $(*)$ 式知 $\mathbf{x} \in \ker T$。因此 $U^\perp \subseteq \ker T$。另一方面，對所有 $x \in \mathbb{R}^n$，定理 3 證明 $\mathbf{x} - T(\mathbf{x})$ 屬於 $U^\perp$，由此可推得 $\ker T \subseteq U^\perp$，因此 $\ker T = U^\perp$，定理中的 (2) 得證。

3. 由 (1)、(2) 以及維數定理（第 7.2 節定理 4）可推得。

習題 8.1

1. 下列各題中，利用 Gram-Schmidt 演算法將 V 的基底 B 轉化成正交基底。
   (a) $V = \mathbb{R}^2$，$B = \{(1, -1), (2, 1)\}$
   ◆(b) $V = \mathbb{R}^2$，$B = \{(2, 1), (1, 2)\}$
   (c) $V = \mathbb{R}^3$，$B = \{(1, -1, 1), (1, 0, 1), (1, 1, 2)\}$
   ◆(d) $V = \mathbb{R}^3$，$B = \{(0, 1, 1), (1, 1, 1), (1, -2, 2)\}$

2. 下列各題中，將 $\mathbf{x}$ 表成 U 的向量與 $U^\perp$ 的向量的和。
   (a) $\mathbf{x} = (1, 5, 7)$，$U = \text{span}\{(1, -2, 3), (-1, 1, 1)\}$
   ◆(b) $\mathbf{x} = (2, 1, 6)$，$U = \text{span}\{(3, -1, 2), (2, 0, -3)\}$
   (c) $\mathbf{x} = (3, 1, 5, 9)$，$U = \text{span}\{(1, 0, 1, 1), (0, 1, -1, 1), (-2, 0, 1, 1)\}$
   ◆(d) $\mathbf{x} = (2, 0, 1, 6)$，$U = \text{span}\{(1, 1, 1, 1), (1, 1, -1, -1), (1, -1, 1, -1)\}$
   (e) $\mathbf{x} = (a, b, c, d)$，$U = \text{span}\{(1, 0, 0, 0), (0, 1, 0, 0), (0, 0, 1, 0)\}$

◆(f) $\mathbf{x} = (a, b, c, d)$，$U = \text{span}\{(1, -1, 2, 0),$
$(-1, 1, 1, 1)\}$

3. 令 $\mathbf{x} = (1, -2, 1, 6)$ 屬於 $\mathbb{R}^4$，且令 $U = \text{span}\{(2, 1, 3, -4), (1, 2, 0, 1)\}$。
   ◆(a) 計算 $\text{proj}_U(\mathbf{x})$。
   (b) 證明 $\{(1, 0, 2, -3), (4, 7, 1, 2)\}$ 是 U 的另一組正交基底。
   ◆(c) 利用 (b) 中的基底，計算 $\text{proj}_U(\mathbf{x})$。

4. 下列各題中，利用 Gram-Schmidt 演算法求子空間 U 的一組正交基底，並且求 U 中最接近 $\mathbf{x}$ 的向量。
   (a) $U = \text{span}\{(1, 1, 1), (0, 1, 1)\}$，
   $\mathbf{x} = (-1, 2, 1)$
   ◆(b) $U = \text{span}\{(1, -1, 0), (-1, 0, 1)\}$，
   $\mathbf{x} = (2, 1, 0)$
   (c) $U = \text{span}\{(1, 0, 1, 0), (1, 1, 1, 0),$
   $(1, 1, 0, 0)\}$，$\mathbf{x} = (2, 0, -1, 3)$
   ◆(d) $U = \text{span}\{(1, -1, 0, 1), (1, 1, 0, 0),$
   $(1, 1, 0, 1)\}$，$\mathbf{x} = (2, 0, 3, 1)$

5. 令 $U = \text{span}\{\mathbf{v}_1, \mathbf{v}_2, ..., \mathbf{v}_k\}$，$\mathbf{v}_i \in \mathbb{R}^n$，並且令 A 為 $k \times n$ 矩陣，$\mathbf{v}_i$ 為其列。
   (a) 證明 $U^\perp = \{\mathbf{x} \mid \mathbf{x} \in \mathbb{R}^n, A\mathbf{x}^T = \mathbf{0}\}$。
   ◆(b) 若 $U = \text{span}\{(1, -1, 2, 1), (1, 0, -1, 1)\}$ 利用 (a) 求 $U^\perp$。

6. (a) 證明引理 2 的第 1 部分。
   (b) 證明引理 2 的第 2 部分。

7. 令 U 是 $\mathbb{R}^n$ 的子空間。若 $\mathbf{x} \in \mathbb{R}^n$ 且可表示成 $\mathbf{x} = \mathbf{p} + \mathbf{q}$，其中 $\mathbf{p} \in U$ 且 $\mathbf{q} \in U^\perp$，證明必須是 $\mathbf{p} = \text{proj}_U(\mathbf{x})$。

◆8. 令 U 是 $\mathbb{R}^n$ 的子空間，且令 $\mathbf{x}$ 是 $\mathbb{R}^n$ 中的向量。利用習題 7 或其它方法，證明 $\mathbf{x} \in U$ 若且唯若 $\mathbf{x} = \text{proj}_U(\mathbf{x})$。

9. 令 U 是 $\mathbb{R}^n$ 的子空間。
   (a) 證明 $U^\perp = \mathbb{R}^n$ 若且唯若 $U = \{\mathbf{0}\}$。
   (b) 證明 $U^\perp = \{\mathbf{0}\}$ 若且唯若 $U = \mathbb{R}^n$。

◆10. 若 U 是 $\mathbb{R}^n$ 的子空間，證明 $\text{proj}_U(\mathbf{x}) = \mathbf{x}$ 對於 U 中的所有 $\mathbf{x}$ 皆成立。

11. 若 U 是 $\mathbb{R}^n$ 的子空間，證明 $\mathbf{x} = \text{proj}_U(\mathbf{x}) + \text{proj}_{U^\perp}(\mathbf{x})$ 對於 $\mathbb{R}^n$ 中的所有 $\mathbf{x}$ 皆成立。

12. 若 $\{\mathbf{f}_1, ..., \mathbf{f}_n\}$ 是 $\mathbb{R}^n$ 的一組正交基底且 $U = \text{span}\{\mathbf{f}_1, ..., \mathbf{f}_m\}$，證明 $U^\perp = \text{span}\{\mathbf{f}_{m+1}, ..., \mathbf{f}_n\}$。

13. 若 U 是 $\mathbb{R}^n$ 的子空間，證明 $U^{\perp\perp} = U$。【提示：證明 $U \subseteq U^{\perp\perp}$，然後利用定理 4(3) 兩次。】

◆14. 若 U 是 $\mathbb{R}^n$ 的子空間，說明如何求出一個 $n \times n$ 矩陣 A 使得 $U = \{\mathbf{x} \mid A\mathbf{x} = \mathbf{0}\}$。【提示：習題 13。】

15. 將 $\mathbb{R}^n$ 的元素以列向量表示。若 A 是 $n \times n$ 矩陣，令 A 的零核空間 (null space) 為 $\text{null } A = \{\mathbf{x} \in \mathbb{R}^n \mid A\mathbf{x}^T = \mathbf{0}\}$。證明
   (a) $\text{null } A = (\text{row } A)^\perp$
   (b) $\text{null } A^T = (\text{col } A)^\perp$

16. 若 U 和 W 為子空間，證明 $(U + W)^\perp = U^\perp \cap W^\perp$。【參閱第 5.1 節習題 22。】

17. 將 $\mathbb{R}^n$ 視為由列向量所構成。
   (a) 令 E 為 $n \times n$ 矩陣，且令 $U = \{\mathbf{x}E \mid \mathbf{x} \in \mathbb{R}^n\}$。證明下列敘述是對等的。
   (i) $E^2 = E = E^T$ 〔E 是 **投影矩陣 (projection matrix)**〕。
   (ii) $(\mathbf{x} - \mathbf{x}E) \cdot (\mathbf{y}E) = 0$，其中 $\mathbf{x}, \mathbf{y} \in \mathbb{R}^n$。
   (iii) $\text{proj}_U(\mathbf{x}) = \mathbf{x}E$，其中 $\mathbf{x} \in \mathbb{R}^n$。
   【提示：對於 (ii) $\Rightarrow$ (iii)：令 $\mathbf{x} = \mathbf{x}E + (\mathbf{x} - \mathbf{x}E)$ 且利用 $\text{proj}_U(\mathbf{x})$ 的定義之前的唯一性論證。對於 (iii) $\Rightarrow$ (ii)：$\mathbf{x} - \mathbf{x}E$ 屬於 $U^\perp$ 對於 $\mathbb{R}^n$ 中所有 $\mathbf{x}$ 皆成立。】

(b) 若 E 是投影矩陣。證明 $I - E$ 也是投影矩陣。

(c) 若 $EF = 0 = FE$ 且 E 和 F 是投影矩陣，證明 $E + F$ 也是投影矩陣。

◆(d) 若 A 為 $m \times n$ 矩陣且 AA^T 為可逆，證明 $E = A^T(AA^T)^{-1}A$ 是投影矩陣。

18. 令 A 是 $n \times n$ 矩陣，其秩為 r。證明存在一個 $n \times n$ 可逆矩陣 U 使得 UA 為列梯形矩陣，而其前 r 個列向量是正交。【提示：令 R 為 A 的列梯形矩陣，且對於 R 中非零的列向量從下到上使用 Gram-Schmidt 正交化過程。利用第 2.4 節引理 1。】

19. 令 A 是一個 $(n-1) \times n$ 矩陣，其各列為 $\mathbf{x}_1, \mathbf{x}_2, ..., \mathbf{x}_{n-1}$，且令 A_i 表示將 A 刪除第 i 行而得到的 $(n-1) \times (n-1)$ 矩陣。定義 $\mathbb{R}^n$ 中的向量 $\mathbf{y} = [\det A_1$ $-\det A_2$ $\det A_3$ $\cdots$ $(-1)^{n+1} \det A_n]$，證明

(a) $\mathbf{x}_i \cdot \mathbf{y} = 0$ 對所有 $i = 1, 2, ..., n-1$ 皆成立。【提示：令 $B_i = \begin{bmatrix} \mathbf{x}_i \\ A \end{bmatrix}$ 且證明 $\det B_i = 0$。】

(b) $\mathbf{y} \neq \mathbf{0}$ 若且唯若 $\{\mathbf{x}_1, \mathbf{x}_2, ..., \mathbf{x}_{n-1}\}$ 為線性獨立。【提示：若某些 $\det A_i \neq 0$，則 A_i 的列向量為線性獨立。反之，若 $\mathbf{x}_i$ 為線性獨立，考慮 $A = UR$，其中 R 為簡化列梯形矩陣。】

(c) 若 $\{\mathbf{x}_1, \mathbf{x}_2, ..., \mathbf{x}_{n-1}\}$ 是線性獨立，利用定理 3(3) 證明 $n-1$ 個齊次方程式

$$A\mathbf{x}^T = \mathbf{0}$$

的所有解是 $t\mathbf{y}$，其中 t 為參數。

8.2 節　正交對角化

由第 5.5 節定理 3 可知，一個 $n \times n$ 矩陣 A 可對角化若且唯若它有 n 個線性獨立的固有向量。此外，以這些固有向量作為行向量所形成的矩陣 P，是 A 的對角化矩陣，亦即

$$P^{-1}AP \text{ 是對角矩陣}$$

正如我們所看到的，$\mathbb{R}^n$ 中真正好用的基底是正交基底，因此自然產生一個問題是：哪些 $n \times n$ 矩陣是以固有向量作為其正交基底？這最終證明是對稱矩陣，而這也是本節的主要結果。

在繼續之前，記得，對於正交向量集合中的每一個向量 $\mathbf{v}$，若 $\|\mathbf{v}\| = 1$，則稱此正交向量集為單範正交 (orthonormal)，並且可將任何正交向量集 $\{\mathbf{v}_1, \mathbf{v}_2, ..., \mathbf{v}_k\}$ 正規化 (normalized)，亦即轉化成一組單範正交集合 $\left\{ \dfrac{1}{\|\mathbf{v}_1\|}\mathbf{v}_1, \dfrac{1}{\|\mathbf{v}_2\|}\mathbf{v}_2, ..., \right.$

$\frac{1}{\|\mathbf{v}_k\|}\mathbf{v}_k\}$。特別是，若矩陣 A 有 n 個正交固有向量，則可透過正規化，將它們改為單範正交。而將 A 對角化的矩陣 P 其行向量均為單範正交，這樣的矩陣很容易求其反矩陣。

定理 1

對於 $n \times n$ 矩陣 P 而言，下列條件是對等的：
1. P 可逆且 $P^{-1} = P^T$。
2. P 的列是單範正交。
3. P 的行是單範正交。

證明

首先由第 2.4 節定理 5 的推論 1 可知，條件 (1) 對等於 $PP^T = I$。令 $\mathbf{x}_1, \mathbf{x}_2, \ldots, \mathbf{x}_n$ 表 P 的各列，則 $\mathbf{x}_j^T$ 為 P^T 的第 j 行，故 PP^T 的 (i,j) 元素為 $\mathbf{x}_i \cdot \mathbf{x}_j$。因此 $PP^T = I$ 表示：若 $i \neq j$，則 $\mathbf{x}_i \cdot \mathbf{x}_j = 0$ 且若 $i = j$，則 $\mathbf{x}_i \cdot \mathbf{x}_j = 1$。因此條件 (1) 對等於條件 (2)。同理可證，(1) 和 (3) 是對等的。

定義 8.3

若一個 $n \times n$ 矩陣 P 滿足定理 1 中的任何一個條件（因此滿足所有條件），則 P 稱為**正交矩陣 (orthogonal matrix)**。[2]

例 1

對任意角度 θ，旋轉矩陣 $\begin{bmatrix} \cos\theta & -\sin\theta \\ \sin\theta & \cos\theta \end{bmatrix}$ 是正交矩陣。

只要將這些正交矩陣轉置即可求得反矩陣。除此之外，它們還有許多其它重要性質。若 $T : \mathbb{R}^n \to \mathbb{R}^n$ 是線性算子，我們將證明（第 10.4 節定理 3）T 是保距的 (distance preserving)，若且唯若 T 的矩陣是正交矩陣，尤其是在 $\mathbb{R}^2$ 與 $\mathbb{R}^3$ 中，關於原點的旋轉和鏡射的矩陣均為正交（見例 1）。

一個矩陣 A 的列是正交並不足以使 A 成為正交矩陣。下面是一個例子。

---
[2] 基於定理 1 的 (2) 和 (3)，單範正交矩陣應該是更好的名稱。但是正交矩陣的名稱已普遍被採用。

例 2

矩陣 $\begin{bmatrix} 2 & 1 & 1 \\ -1 & 1 & 1 \\ 0 & -1 & 1 \end{bmatrix}$ 的列是正交，但矩陣的行不是正交。但是若將各列正規化，所得的

矩陣 $\begin{bmatrix} \frac{2}{\sqrt{6}} & \frac{1}{\sqrt{6}} & \frac{1}{\sqrt{6}} \\ \frac{-1}{\sqrt{3}} & \frac{1}{\sqrt{3}} & \frac{1}{\sqrt{3}} \\ 0 & \frac{-1}{\sqrt{2}} & \frac{1}{\sqrt{2}} \end{bmatrix}$ 是一個正交矩陣（矩陣的行是單範正交，讀者可以驗證）。

例 3

若 P 和 Q 是正交矩陣，則 PQ 也是正交矩陣，並且證明 P^{-1} 為正交矩陣。

解：P 和 Q 為可逆，故 PQ 亦為可逆且 $(PQ)^{-1} = Q^{-1}P^{-1} = Q^T P^T = (PQ)^T$，因此 PQ 是正交矩陣。同理，$(P^{-1})^{-1} = P = (P^T)^T = (P^{-1})^T$，此即證明 P^{-1} 為正交矩陣。

定義 8.4

若存在一個正交矩陣 P 使得 $P^{-1}AP = P^T AP$ 為對角矩陣，則稱 $n \times n$ 矩陣 A 為**可正交對角化 (orthogonally diagonalizable)** 矩陣。

此條件可用來描述對稱矩陣。

定理 2

主軸定理 (Principal Axis Theorem)

對一個 $n \times n$ 矩陣 A 而言，下列條件是對等的。

1. A 有一組由 n 個固有向量所組成的單範正交集。
2. A 可正交對角化。
3. A 是對稱矩陣。

證明

(1) ⇔ (2)。若 (1) 成立，令 $\mathbf{x}_1, \mathbf{x}_2, ..., \mathbf{x}_n$ 為 A 的單範正交固有向量，則 $P = [\mathbf{x}_1 \ \mathbf{x}_2 \ \cdots \ \mathbf{x}_n]$ 是正交矩陣，由第 3.3 節定理 4 知 $P^{-1}AP$ 為對角矩陣。這證明了 (2)。反之，若 (2) 成立，令 $P^{-1}AP$ 為對角矩陣，其中 P 為正交。若 $\mathbf{x}_1, \mathbf{x}_2, ..., \mathbf{x}_n$ 為 P 的行向量則由第 3.3 節定理 4 知 $\{\mathbf{x}_1, \mathbf{x}_2, ..., \mathbf{x}_n\}$ 為 $\mathbb{R}^n$ 的單範正交基底且是由 A 的固有向量所組成。這證明了 (1)。

(2) ⇒ (3)。若 $P^TAP = D$ 是對角矩陣，其中 $P^{-1} = P^T$，則 $A = PDP^T$。因為 $D^T = D$，故可得

$$A^T = P^{TT}D^TP^T = PDP^T = A$$

(3) ⇒ (2)。若 A 是 $n \times n$ 對稱矩陣，我們以歸納法證明。若 $n = 1$，則 A 已是對角矩陣。若 $n > 1$，假設對於 $(n-1) \times (n-1)$ 的對稱矩陣，(3) ⇒ (2) 是成立的。由第 5.5 節定理 7，令 λ_1 為 A 的實固有值，且令 $A\mathbf{x}_1 = \lambda_1\mathbf{x}_1$，其中 $\|\mathbf{x}_1\| = 1$。利用 Gram-Schmidt 演算法求得 $\mathbb{R}^n$ 的一組單範正交基底 $\{\mathbf{x}_1, \mathbf{x}_2, \ldots, \mathbf{x}_n\}$。令 $P_1 = [\mathbf{x}_1 \ \mathbf{x}_2 \ \cdots \ \mathbf{x}_n]$，則 P_1 是正交矩陣並且由第 5.5 節引理 2 知，可將 $P_1^TAP_1$ 以區塊形表示，即 $P_1^TAP_1 = \begin{bmatrix} \lambda_1 & B \\ 0 & A_1 \end{bmatrix}$。但 $P_1^TAP_1$ 是對稱（A 是對稱），故 $B = 0$ 且 A_1 是對稱。由歸納法知，存在一個 $(n-1) \times (n-1)$ 的正交矩陣 Q 使得 $Q^TA_1Q = D_1$ 為對角矩陣。因此，$P_2 = \begin{bmatrix} 1 & 0 \\ 0 & Q \end{bmatrix}$ 是正交矩陣並且

$$\begin{aligned}(P_1P_2)^TA(P_1P_2) &= P_2^T(P_1^TAP_1)P_2 \\ &= \begin{bmatrix} 1 & 0 \\ 0 & Q^T \end{bmatrix}\begin{bmatrix} \lambda_1 & 0 \\ 0 & A_1 \end{bmatrix}\begin{bmatrix} 1 & 0 \\ 0 & Q \end{bmatrix} \\ &= \begin{bmatrix} \lambda_1 & 0 \\ 0 & D_1 \end{bmatrix}\end{aligned}$$

是對角矩陣。因為 P_1P_2 是正交矩陣，這證明了 (2)。

對稱矩陣 A 的一組單範正交固有向量稱為 A 的一組**主軸 (principal axes)**。此名稱來自於幾何學，我們在第 8.8 節會討論。因為實對稱矩陣的固有值是實數，定理 2 亦稱為**實值譜定理 (real spectral theorem)**，而相異固有值所成的集合稱為矩陣的**值譜 (spectrum)**。將其推廣，可得複數元素的矩陣之值譜定理（第 8.6 節定理 8）。

● **例 4**

求一正交矩陣 P，使得 $P^{-1}AP$ 為對角矩陣，其中 $A = \begin{bmatrix} 1 & 0 & -1 \\ 0 & 1 & 2 \\ -1 & 2 & 5 \end{bmatrix}$。

解：A 的特徵多項式為

$$c_A(x) = \det\begin{bmatrix} x-1 & 0 & 1 \\ 0 & x-1 & -2 \\ 1 & -2 & x-5 \end{bmatrix} = x(x-1)(x-6)$$

因此固有值為 $\lambda = 0, 1, 6$，而對應的固有向量分別為

$$\mathbf{x}_1 = \begin{bmatrix} 1 \\ -2 \\ 1 \end{bmatrix} \quad \mathbf{x}_2 = \begin{bmatrix} 2 \\ 1 \\ 0 \end{bmatrix} \quad \mathbf{x}_3 = \begin{bmatrix} -1 \\ 2 \\ 5 \end{bmatrix}$$

此外，似乎是格外幸運，這些固有向量是正交。又因為 $\|\mathbf{x}_1\|^2 = 6$，$\|\mathbf{x}_2\|^2 = 5$，$\|\mathbf{x}_3\|^2 = 30$，所以

$$P = \begin{bmatrix} \frac{1}{\sqrt{6}}\mathbf{x}_1 & \frac{1}{\sqrt{5}}\mathbf{x}_2 & \frac{1}{\sqrt{30}}\mathbf{x}_3 \end{bmatrix} = \frac{1}{\sqrt{30}} \begin{bmatrix} \sqrt{5} & 2\sqrt{6} & -1 \\ -2\sqrt{5} & \sqrt{6} & 2 \\ \sqrt{5} & 0 & 5 \end{bmatrix}$$

為正交矩陣。因此 $P^{-1} = P^T$，且由對角化演算法知

$$P^T A P = \begin{bmatrix} 0 & 0 & 0 \\ 0 & 1 & 0 \\ 0 & 0 & 6 \end{bmatrix}$$

事實上，例 4 中的固有向量是正交，絕非巧合。第 5.5 節定理 4 保證它們是線性獨立（它們對應於相異的固有值）；而該矩陣是對稱意指固有向量是正交的。為了證明這一點，我們需要下面有關對稱矩陣的性質。

定理 3

若 A 是 $n \times n$ 對稱矩陣，則對於 $\mathbb{R}^n$ 中的所有行向量 $\mathbf{x}$ 和 $\mathbf{y}$ 而言，
$$(A\mathbf{x}) \cdot \mathbf{y} = \mathbf{x} \cdot (A\mathbf{y})$$
恆成立。[3]

證明

回顧一下，對所有行向量 $\mathbf{x}$ 和 $\mathbf{y}$ 而言，$\mathbf{x} \cdot \mathbf{y} = \mathbf{x}^T \mathbf{y}$。因為 $A^T = A$，我們可以得到
$$(A\mathbf{x}) \cdot \mathbf{y} = (A\mathbf{x})^T \mathbf{y} = \mathbf{x}^T A^T \mathbf{y} = \mathbf{x}^T A \mathbf{y} = \mathbf{x} \cdot (A\mathbf{y})$$

定理 4

若 A 是對稱矩陣，則對應於相異固有值的固有向量是正交的。

---

[3] 反之亦成立（習題 15）。

證明

令 $A\mathbf{x} = \lambda\mathbf{x}$ 且 $A\mathbf{y} = \mu\mathbf{y}$，其中 $\lambda \neq \mu$。利用定理 3，可得

$$\lambda(\mathbf{x} \cdot \mathbf{y}) = (\lambda\mathbf{x}) \cdot \mathbf{y} = (A\mathbf{x}) \cdot \mathbf{y} = \mathbf{x} \cdot (A\mathbf{y}) = \mathbf{x} \cdot (\mu\mathbf{y}) = \mu(\mathbf{x} \cdot \mathbf{y})$$

因此 $(\lambda - \mu)(\mathbf{x} \cdot \mathbf{y}) = 0$，因為 $\lambda \neq \mu$，所以 $\mathbf{x} \cdot \mathbf{y} = 0$。

現在我們已經知道如何將 $n \times n$ 對稱矩陣對角化。亦即，先求出不同的固有值（由第 5.5 節定理 7 知皆為實數），再求出每個固有空間的單範正交基底（可能需要用到 Gram-Schmidt 演算法），因此所有這些基底向量所成的集合是單範正交（定理 4）且含有 n 個向量。以下是一個例子。

例 5

將對稱矩陣 $A = \begin{bmatrix} 8 & -2 & 2 \\ -2 & 5 & 4 \\ 2 & 4 & 5 \end{bmatrix}$ 正交對角化。

解：特徵多項式為

$$c_A(x) = \det\begin{bmatrix} x-8 & 2 & -2 \\ 2 & x-5 & -4 \\ -2 & -4 & x-5 \end{bmatrix} = x(x-9)^2$$

因此，相異固有值為 0 和 9，其重數分別為 1 和 2，故由第 5.5 節定理 6（A 可對角化，也是對稱）知 $\dim(E_0) = 1$ 且 $\dim(E_9) = 2$。由高斯消去法可得

$$E_0(A) = \text{span}\{\mathbf{x}_1\}, \mathbf{x}_1 = \begin{bmatrix} 1 \\ 2 \\ -2 \end{bmatrix}, E_9(A) = \text{span}\left\{\begin{bmatrix} -2 \\ 1 \\ 0 \end{bmatrix}, \begin{bmatrix} 2 \\ 0 \\ 1 \end{bmatrix}\right\}$$

定理 4 保證 E_9 中的固有向量均與 $\mathbf{x}_1$ 正交，但 E_9 中的固有向量彼此並不正交。但是，由 Gram-Schmidt 正交化過程可得 $E_9(A)$ 的正交基底 $\{\mathbf{x}_2, \mathbf{x}_3\}$，其中

$$\mathbf{x}_2 = \begin{bmatrix} -2 \\ 1 \\ 0 \end{bmatrix}, \mathbf{x}_3 = \begin{bmatrix} 2 \\ 4 \\ 5 \end{bmatrix}$$

正規化後可得單範正交向量 $\left\{\frac{1}{3}\mathbf{x}_1, \frac{1}{\sqrt{5}}\mathbf{x}_2, \frac{1}{3\sqrt{5}}\mathbf{x}_3\right\}$，故

$$P = \begin{bmatrix} \frac{1}{3}\mathbf{x}_1 & \frac{1}{\sqrt{5}}\mathbf{x}_2 & \frac{1}{3\sqrt{5}}\mathbf{x}_3 \end{bmatrix} = \frac{1}{3\sqrt{5}}\begin{bmatrix} \sqrt{5} & -6 & 2 \\ 2\sqrt{5} & 3 & 4 \\ -2\sqrt{5} & 0 & 5 \end{bmatrix}$$

是一個正交矩陣，使得 $P^{-1}AP$ 是對角矩陣。

值得注意的是，有其它更方便的對角化矩陣 P。例如，$\mathbf{y}_2 = \begin{bmatrix} 2 \\ 1 \\ 2 \end{bmatrix}$，$\mathbf{y}_3 = \begin{bmatrix} -2 \\ 2 \\ 1 \end{bmatrix}$ 均屬於 $E_9(A)$ 而它們是正交的。此外，它們的範數 (norm) 均為 3（如同 $\mathbf{x}_1$），故

$$Q = \begin{bmatrix} \frac{1}{3}\mathbf{x}_1 & \frac{1}{3}\mathbf{y}_2 & \frac{1}{3}\mathbf{y}_3 \end{bmatrix} = \frac{1}{3}\begin{bmatrix} 1 & 2 & -2 \\ 2 & 1 & 2 \\ -2 & 2 & 1 \end{bmatrix}$$

是一個較好的正交矩陣，使得 $Q^{-1}AQ$ 是對角矩陣。

若 A 為對稱矩陣，已知一組 A 的正交固有向量，則此固有向量稱為 A 的主軸。這個名稱來自於幾何學。如 $q = ax_1^2 + bx_1x_2 + cx_2^2$ 的表達形式稱為變數 x_1、x_2 的**二次式 (quadratic form)**，而方程式 $q = 1$ 的圖形稱為以 x_1、x_2 為變數的圓錐曲線。例如，若 $q = x_1x_2$，則第一個圖顯示 $q = 1$ 的圖形。

但是，如果我們引入新的變數 y_1 和 y_2，令 $x_1 = y_1 + y_2$ 以及 $x_2 = y_1 - y_2$，則 q 變成 $q = y_1^2 - y_2^2$，此為沒有 y_1y_2 項的對角形式（見第二個圖）。正因為如此，y_1 與 y_2 軸稱為圓錐的主軸（因此而得名）。正交對角化提供一種有系統的方法來尋找主軸。下面是一個例子。

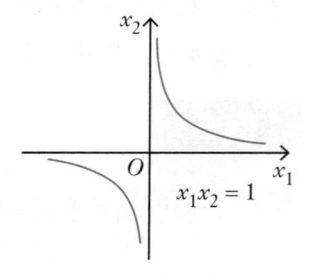

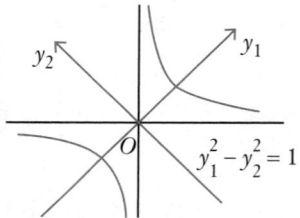

● 例 6

求二次式 $q = x_1^2 - 4x_1x_2 + x_2^2$ 的主軸。

解：為了利用對角化，我們首先將 q 表示成矩陣形式。

$$q = \begin{bmatrix} x_1 & x_2 \end{bmatrix} \begin{bmatrix} 1 & -4 \\ 0 & 1 \end{bmatrix} \begin{bmatrix} x_1 \\ x_2 \end{bmatrix}$$

此處的矩陣並非對稱，但我們可將 q 寫成

$$q = x_1^2 - 2x_1x_2 - 2x_2x_1 + x_2^2$$

而得到

$$q = \begin{bmatrix} x_1 & x_2 \end{bmatrix} \begin{bmatrix} 1 & -2 \\ -2 & 1 \end{bmatrix} \begin{bmatrix} x_1 \\ x_2 \end{bmatrix} = \mathbf{x}^T A \mathbf{x}$$

其中 $\mathbf{x} = \begin{bmatrix} x_1 \\ x_2 \end{bmatrix}$ 且 $A = \begin{bmatrix} 1 & -2 \\ -2 & 1 \end{bmatrix}$ 為對稱矩陣。A 的固有值為 $\lambda_1 = 3$ 和 $\lambda_2 = -1$，其所對應的正交固有向量為 $\mathbf{x}_1 = \begin{bmatrix} 1 \\ -1 \end{bmatrix}$ 和 $\mathbf{x}_2 = \begin{bmatrix} 1 \\ 1 \end{bmatrix}$。因為 $\|\mathbf{x}_1\| = \|\mathbf{x}_2\| = \sqrt{2}$，所以

$$P = \frac{1}{\sqrt{2}}\begin{bmatrix} 1 & 1 \\ -1 & 1 \end{bmatrix} \text{為正交,且 } P^T A P = D = \begin{bmatrix} 3 & 0 \\ 0 & -1 \end{bmatrix}$$

現在我們定義新的變數 $\begin{bmatrix} y_1 \\ y_2 \end{bmatrix} = \mathbf{y}$ 為 $\mathbf{y} = P^T\mathbf{x}$,亦即 $\mathbf{x} = P\mathbf{y}$(因為 $P^{-1} = P^T$)。因此

$$y_1 = \frac{1}{\sqrt{2}}(x_1 - x_2) \quad \text{和} \quad y_2 = \frac{1}{\sqrt{2}}(x_1 + x_2)$$

將 q 以 y_1 和 y_2 表示,可得

$$q = \mathbf{x}^T A\mathbf{x} = (P\mathbf{y})^T A(P\mathbf{y}) = \mathbf{y}^T(P^T A P)\mathbf{y} = \mathbf{y}^T D\mathbf{y} = 3y_1^2 - y_2^2$$

注意,$\mathbf{y} = P^T\mathbf{x}$ 是將 $\mathbf{x}$ 逆時針旋轉 $\frac{\pi}{4}$ 而得(參閱第 2.4 節定理 6)。

例 6 的二次式 q 可以用其他方式對角化。例如,

$$q = x_1^2 - 4x_1 x_2 + x_2^2 = z_1^2 - \frac{1}{3} z_2^2$$

其中 $z_1 = x_1 - 2x_2$ 和 $z_2 = 3x_2$。我們將在第 8.8 節有詳細描述。

如果我們願意用「上三角」(upper triangular) 來取代主軸定理中的「對角」(diagonal),則我們可以將 A 為對稱的要求予以弱化,而僅要求 A 有實數固有值。

定理 5

三角化定理 (Triangulation Theorem)

若 A 為具有 n 個實數固有值的 $n \times n$ 矩陣,則存在正交矩陣 P 使得 $P^T A P$ 為上三角矩陣。[4]

證明

我們修改定理 2 的證明。若 $A\mathbf{x}_1 = \lambda_1 \mathbf{x}_1$,其中 $\|\mathbf{x}_1\| = 1$,令 $\{\mathbf{x}_1, \mathbf{x}_2, ..., \mathbf{x}_n\}$ 為 $\mathbb{R}^n$ 的單範正交基底,且令 $P_1 = [\mathbf{x}_1 \ \mathbf{x}_2 \ \cdots \ \mathbf{x}_n]$,則 P_1 為正交矩陣且 $P_1^T A P_1 = \begin{bmatrix} \lambda_1 & B \\ 0 & A_1 \end{bmatrix}$,以區塊形式表示。由歸納法,令 $Q^T A_1 Q = T_1$ 為上三角矩陣,其中 Q 為 $(n-1) \times (n-1)$ 的正交矩陣,則 $P_2 = \begin{bmatrix} 1 & 0 \\ 0 & Q \end{bmatrix}$ 為正交矩陣,故 $P = P_1 P_2$ 亦為正交矩陣且 $P^T A P = \begin{bmatrix} \lambda_1 & BQ \\ 0 & T_1 \end{bmatrix}$ 為上三角矩陣。

定理 5 的證明並未提供建構矩陣 P 的方法。然而,三角化演算法將置於第 11.1 節討論,其中並提出定理 5 的改良版本。在不同的方向,定理 5 對任意複數矩陣而言,也是成立的(第 8.6 節 Schur 的定理)。

---

[4] 還有一個下三角的論述。

如同對角矩陣，上三角矩陣的固有值沿著主對角線陳列。若 P 是正交矩陣，則 A 和 P^TAP 有相同的行列式和跡 (trace)，由定理 5 可得：

> **推論 1**
>
> 若 A 為 $n \times n$ 矩陣，其固有值 $\lambda_1, \lambda_2, \ldots, \lambda_n$（不一定相異）為實數，則 $\det A = \lambda_1 \lambda_2 \cdots \lambda_n$ 且 $\operatorname{tr} A = \lambda_1 + \lambda_2 + \cdots + \lambda_n$。

即使固有值並非實數，此推論仍然成立（利用 Schur 定理）。

習題 8.2

1. 將下列矩陣的列向量正規化 (normalized) 使其成為正交矩陣。

   (a) $A = \begin{bmatrix} 1 & 1 \\ -1 & 1 \end{bmatrix}$
   ◆(b) $A = \begin{bmatrix} 3 & -4 \\ 4 & 3 \end{bmatrix}$

   (c) $A = \begin{bmatrix} 1 & 2 \\ -4 & 2 \end{bmatrix}$

   ◆(d) $A = \begin{bmatrix} a & b \\ -b & a \end{bmatrix}$, $(a, b) \neq (0, 0)$

   (e) $A = \begin{bmatrix} \cos\theta & -\sin\theta & 0 \\ \sin\theta & \cos\theta & 0 \\ 0 & 0 & 2 \end{bmatrix}$

   ◆(f) $A = \begin{bmatrix} 2 & 1 & -1 \\ 1 & -1 & 1 \\ 0 & 1 & 1 \end{bmatrix}$

   (g) $A = \begin{bmatrix} -1 & 2 & 2 \\ 2 & -1 & 2 \\ 2 & 2 & -1 \end{bmatrix}$

   ◆(h) $A = \begin{bmatrix} 2 & 6 & -3 \\ 3 & 2 & 6 \\ -6 & 3 & 2 \end{bmatrix}$

◆2. 若 P 是三角正交矩陣，證明 P 是對角矩陣且其所有對角元素為 1 或 -1。

3. 若 P 是正交矩陣，證明 kP 是正交矩陣若且唯若 $k = 1$ 或 $k = -1$。

4. 若一個正交矩陣的首兩列為 $\left(\frac{1}{3}, \frac{2}{3}, \frac{2}{3}\right)$ 和 $\left(\frac{2}{3}, \frac{1}{3}, \frac{-2}{3}\right)$，求所有可能的第三列。

5. 對每一個矩陣 A，求正交矩陣 P 使得 $P^{-1}AP$ 為對角矩陣。

   (a) $A = \begin{bmatrix} 0 & 1 \\ 1 & 0 \end{bmatrix}$
   ◆(b) $A = \begin{bmatrix} 1 & -1 \\ -1 & 1 \end{bmatrix}$

   (c) $A = \begin{bmatrix} 3 & 0 & 0 \\ 0 & 2 & 2 \\ 0 & 2 & 5 \end{bmatrix}$
   ◆(d) $A = \begin{bmatrix} 3 & 0 & 7 \\ 0 & 5 & 0 \\ 7 & 0 & 3 \end{bmatrix}$

   (e) $A = \begin{bmatrix} 1 & 1 & 0 \\ 1 & 1 & 0 \\ 0 & 0 & 2 \end{bmatrix}$

   ◆(f) $A = \begin{bmatrix} 5 & -2 & -4 \\ -2 & 8 & -2 \\ -4 & -2 & 5 \end{bmatrix}$

   (g) $A = \begin{bmatrix} 5 & 3 & 0 & 0 \\ 3 & 5 & 0 & 0 \\ 0 & 0 & 7 & 1 \\ 0 & 0 & 1 & 7 \end{bmatrix}$

   ◆(h) $A = \begin{bmatrix} 3 & 5 & -1 & 1 \\ 5 & 3 & 1 & -1 \\ -1 & 1 & 3 & 5 \\ 1 & -1 & 5 & 3 \end{bmatrix}$

◆6. 考慮 $A = \begin{bmatrix} 0 & a & 0 \\ a & 0 & c \\ 0 & c & 0 \end{bmatrix}$，其中 $a \cdot c$ 不全為零。證明 $c_A(x) = x(x-k)(x+k)$，其中 $k = \sqrt{a^2 + c^2}$，並求一個正交矩陣 P，使得 $P^{-1}AP$ 為對角矩陣。

7. 考慮 $A = \begin{bmatrix} 0 & 0 & a \\ 0 & b & 0 \\ a & 0 & 0 \end{bmatrix}$。證明 $c_A(x) = (x-b)(x-a)(x+a)$，並求一正交矩陣 P，使得 $P^{-1}AP$ 是對角矩陣。

8. 已知 $A = \begin{bmatrix} b & a \\ a & b \end{bmatrix}$，證明 $c_A(x) = (x-a-b)(x+a-b)$，並求一個正交矩陣 P，使得 $P^{-1}AP$ 是對角矩陣。

9. 考慮 $A = \begin{bmatrix} b & 0 & a \\ 0 & b & 0 \\ a & 0 & b \end{bmatrix}$。證明 $c_A(x) = (x-b)(x-b-a)(x-b+a)$，並求一個正交矩陣 P，使得 $P^{-1}AP$ 為對角矩陣。

10. 下列各題中，求新變數 y_1 和 y_2 將二次式 q 對角化。
    (a) $q = x_1^2 + 6x_1x_2 + x_2^2$
    ◆(b) $q = x_1^2 + 4x_1x_2 - 2x_2^2$

11. A 為對稱矩陣，證明下列各敘述是對等的。
    (a) A 是正交矩陣。　(b) $A^2 = I$。
    ◆(c) A 的所有固有值為 ± 1。
    【提示：對於 (b) 若且唯若 (c)，利用定理 2。】

12. 若存在一個正交矩陣 P，使得 $B = P^T A P$，則稱矩陣 A 和 B 是**正交相似 (orthogonally similar)**（記做 $A \stackrel{\circ}{\sim} B$）。
    (a) 證明 $A \stackrel{\circ}{\sim} A$ 對於所有 A 皆成立；$A \stackrel{\circ}{\sim} B \Rightarrow B \stackrel{\circ}{\sim} A$；以及 $A \stackrel{\circ}{\sim} B$ 且 $B \stackrel{\circ}{\sim} C \Rightarrow A \stackrel{\circ}{\sim} C$。
    (b) 證明對於對稱矩陣 A 和 B 而言，下列敘述是對等的：
    　(i) A 和 B 相似。
    　(ii) A 和 B 是正交相似。
    　(iii) A 和 B 有相同的固有值。

13. 假設 A 和 B 是正交相似（習題 12）。
    (a) 若 A 和 B 為可逆，證明 A^{-1} 和 B^{-1} 也是正交相似。
    ◆(b) 證明 A^2 和 B^2 是正交相似。
    (c) 證明，若 A 為對稱矩陣，則 B 也是對稱矩陣。

14. 若 A 是對稱矩陣，證明 A 的每一個固有值是非負的若且唯若對某個對稱矩陣 B 而言，$A = B^2$ 恆成立。

◆15. 證明定理 3 的逆敘述：若 $(A\mathbf{x}) \cdot \mathbf{y} = \mathbf{x} \cdot (A\mathbf{y})$ 對於所有行向量 $\mathbf{x}$ 和 $\mathbf{y}$ 皆成立，則 A 是對稱矩陣。

16. 證明 A 的每一個固有值為零若且唯若 A 是冪零 (nilpotent)（對某個 $k \geq 1$，$A^k = 0$）。

17. 若 A 有實固有值，證明 $A = B + C$，其中 B 為對稱矩陣而 C 為冪零矩陣。
    【提示：定理 5。】

18. 令 P 為正交矩陣。
    (a) 證明 $\det P = 1$ 或 $\det P = -1$。
    ◆(b) 舉出 2×2 矩陣 P 的例子，使得 $\det P = 1$ 且 $\det P = -1$。
    (c) 若 $\det P = -1$，證明 $I + P$ 不可逆。
    【提示：$P^T(I+P) = (I+P)^T$。】
    ◆(d) 若 P 是 $n \times n$ 矩陣且 $\det P \neq (-1)^n$，證明 $I - P$ 不可逆。
    【提示：$P^T(I-P) = -(I-P)^T$。】

19. 若 $E^2 = E = E^T$，則方陣 E 稱為**投影矩陣 (projection matrix)**。
    (a) 若 E 是投影矩陣，證明 $P = I - 2E$ 是正交且對稱的矩陣。
    (b) 若 P 是正交且對稱的矩陣，證明 $E = \frac{1}{2}(I-P)$ 是投影矩陣。

(c) 若 U 是 $m \times n$ 矩陣且 $U^T U = I$（例如，$\mathbb{R}^n$ 中的單位行向量），證明 $E = UU^T$ 是投影矩陣。

20. 將單位矩陣的列向量以不同順序排列，所得的矩陣稱為**排列矩陣** (permutation matrix)。證明每一個排列矩陣是正交矩陣。

◆21. 若 $n \times n$ 矩陣 $A = [a_{ij}]$ 的列向量 $\mathbf{r}_1, \ldots, \mathbf{r}_n$ 是正交，證明 A^{-1} 的 (i, j) 元素是 $\dfrac{a_{ji}}{\|\mathbf{r}_j\|^2}$。

22. (a) 令 A 為 $m \times n$ 矩陣。證明下列敘述是對等的。
    (i) A 具有正交的列向量。
    (ii) A 可分解為 $A = DP$，其中 D 為可逆對角矩陣，而 P 具有單範正交的列向量。
    (iii) AA^T 是可逆對角矩陣。
    (b) 證明 $n \times n$ 矩陣 A 具有正交列向量若且唯若 A 可分解為 $A = DP$，其中 P 是正交矩陣而 D 是可逆對角矩陣。

23. 令 A 是反對稱矩陣，亦即，$A^T = -A$。假設 A 是 $n \times n$ 矩陣。
    (a) 證明 $I + A$ 是可逆。【提示：由第 2.4 節定理 5，只需證明若 $(I + A)\mathbf{x} = \mathbf{0}$，其中 $\mathbf{x} \in \mathbb{R}^n$，意指 $\mathbf{x} = \mathbf{0}$，計算 $\mathbf{x} \cdot \mathbf{x} = \mathbf{x}^T \mathbf{x}$ 且利用 $A\mathbf{x} = -\mathbf{x}$ 和 $A^2 \mathbf{x} = \mathbf{x}$ 的事實。】
    ◆(b) 證明 $P = (I - A)(I + A)^{-1}$ 是正交矩陣。
    (c) 證明使 $I + P$ 為可逆的每一個正交矩陣 P 都是如 (b) 中某個反對稱矩陣 A 所產生。【提示：解出 $P = (I - A)(I + A)^{-1}$ 中的 A。】

24. 證明對於一個 $n \times n$ 矩陣 P 而言，下列敘述等價。
    (a) P 是正交矩陣。
    (b) $\|P\mathbf{x}\| = \|\mathbf{x}\|$，對於 $\mathbb{R}^n$ 中所有的行向量 $\mathbf{x}$ 皆成立。
    (c) $\|P\mathbf{x} - P\mathbf{y}\| = \|\mathbf{x} - \mathbf{y}\|$，對於 $\mathbb{R}^n$ 中所有的行向量 $\mathbf{x}$ 和 $\mathbf{y}$ 皆成立。
    (d) $(P\mathbf{x}) \cdot (P\mathbf{y}) = \mathbf{x} \cdot \mathbf{y}$，對於 $\mathbb{R}^n$ 中所有的行向量 $\mathbf{x}$ 和 $\mathbf{y}$ 皆成立。【提示：對於 (c) $\Rightarrow$ (d)，見第 5.3 節習題 14(a)。對於 (d) $\Rightarrow$ (a)，證明 P 的第 i 行等於 $P\mathbf{e}_i$，其中 $\mathbf{e}_i$ 是單位矩陣的第 i 行。】

25. 證明對某個角度 θ 而言，每個 2×2 正交矩陣具有 $\begin{bmatrix} \cos\theta & -\sin\theta \\ \sin\theta & \cos\theta \end{bmatrix}$ 或 $\begin{bmatrix} \cos\theta & \sin\theta \\ \sin\theta & -\cos\theta \end{bmatrix}$ 的形式。【提示：若 $a^2 + b^2 = 1$，則 $a = \cos\theta$ 且 $b = \sin\theta$，其中 θ 為某個角度。】

26. 利用定理 5 證明每一個對稱矩陣可正交對角化。

8.3 節　正定矩陣

我們知道任意對稱矩陣的所有固有值都是實數；本節討論固有值都是正數的情形。這些矩陣應用在最適化（極大與極小）問題上，且在整個科學和工程領域有無

數的應用。它們還出現在統計（例如，用於社會科學的因子分析）和幾何學（參閱第 8.8 節）。在第 10 章中，當描述 $\mathbb{R}^n$ 中的所有內積時，我們將再遇到這種矩陣。

定義 8.5

若一個方陣是對稱且它的所有固有值都是正數，則稱此方陣為**正定 (positive definite)**。

因為這些矩陣是對稱的，所以主軸定理在理論上扮演重要角色。

定理 1

若 A 為正定，則它是可逆的且 $\det A > 0$。

證明

若 A 是 $n \times n$ 矩陣且其固有值為 $\lambda_1, \lambda_2, ..., \lambda_n$，則由主軸定理（或第 8.2 節定理 5 的推論）知 $\det A = \lambda_1 \lambda_2 ... \lambda_n > 0$。

若 $\mathbf{x}$ 是 $\mathbb{R}^n$ 中的行向量，且 A 為任意 $n \times n$ 實矩陣，則我們將 1×1 矩陣 $\mathbf{x}^T A \mathbf{x}$ 視為一個實數。有了這個約定，正定矩陣有如下的特性描述。

定理 2

對稱矩陣 A 為正定若且唯若對 $\mathbb{R}^n$ 中的每一個行向量 $\mathbf{x} \neq \mathbf{0}$ 而言，$\mathbf{x}^T A \mathbf{x} > 0$ 恆成立。

證明

A 為對稱，利用主軸定理，令 $P^T A P = D = \mathrm{diag}(\lambda_1, \lambda_2, ..., \lambda_n)$，其中 $P^{-1} = P^T$，λ_i 為 A 的固有值。已知 $\mathbb{R}^n$ 中的行向量 $\mathbf{x}$，令 $\mathbf{y} = P^T \mathbf{x} = [y_1\ y_2\ ...\ y_n]^T$，則

$$\mathbf{x}^T A \mathbf{x} > \mathbf{x}^T (PDP^T) \mathbf{x} = \mathbf{y}^T D \mathbf{y} = \lambda_1 y_1^2 + \lambda_2 y_2^2 + \cdots + \lambda_n y_n^2 \qquad (*)$$

若 A 為正定且 $\mathbf{x} \neq \mathbf{0}$，則由 $(*)$ 式知 $\mathbf{x}^T A \mathbf{x} > 0$，因為 $y_j \neq 0$ 且 $\lambda_i > 0$。反之，對於 $\mathbf{x} \neq \mathbf{0}$，若 $\mathbf{x}^T A \mathbf{x} > 0$，令 $\mathbf{x} = P \mathbf{e}_j \neq \mathbf{0}$，其中 $\mathbf{e}_j$ 為 I_n 的第 j 行，則 $\mathbf{y} = \mathbf{e}_j$，故由 $(*)$ 式知 $\lambda_j = \mathbf{x}^T A \mathbf{x} > 0$。

請注意，定理 2 證明正定矩陣恰是對稱矩陣 A，其中二次式 $q = \mathbf{x}^T A \mathbf{x}$ 只取正值。

例 1

若 U 是任意可逆的 $n \times n$ 矩陣，證明 $A = U^T U$ 為正定。

解：若 $\mathbf{x} \in \mathbb{R}^n$ 且 $\mathbf{x} \neq \mathbf{0}$，則因為 $U\mathbf{x} \neq \mathbf{0}$（$U$ 是可逆），所以
$$\mathbf{x}^T A \mathbf{x} = \mathbf{x}^T (U^T U) \mathbf{x} = (U\mathbf{x})^T (U\mathbf{x}) = \|U\mathbf{x}\|^2 > 0$$
因此由定理 2 知 A 為正定。

值得注意的是，例 1 的逆敘述亦為真。事實上，每一個正定矩陣 A 都可以分解為 $A = U^T U$，其中 U 是主對角線上的元素為正數的上三角矩陣。然而在驗證這個結果之前，我們介紹另一個對正定矩陣的討論至關重要的概念。

若 A 是任意的 $n \times n$ 矩陣，令 $^{(r)}A$ 表示 A 左上角的 $r \times r$ 子矩陣，亦即，$^{(r)}A$ 是刪除 A 的最後 $n - r$ 個列和行所得的矩陣。矩陣 $^{(1)}A, {}^{(2)}A, {}^{(3)}A, \ldots, {}^{(n)}A = A$ 稱為 A 的**主要子矩陣 (principal submatrices)**。

例 2

若 $A = \begin{bmatrix} 10 & 5 & 2 \\ 5 & 3 & 2 \\ 2 & 2 & 3 \end{bmatrix}$ 則 $^{(1)}A = [10]$，$^{(2)}A = \begin{bmatrix} 10 & 5 \\ 5 & 3 \end{bmatrix}$ 且 $^{(3)}A = A$。

引理 1

若 A 是正定，則每個主要子矩陣 $^{(r)}A$ 也是正定，其中 $r = 1, 2, \ldots, n$。

證明

令 $A = \begin{bmatrix} {}^{(r)}A & P \\ Q & R \end{bmatrix}$，以區塊形式表達。若 $\mathbf{y} \neq \mathbf{0}$ 且 $\mathbf{y} \in \mathbb{R}^r$，令 $\mathbf{x} = \begin{bmatrix} \mathbf{y} \\ \mathbf{0} \end{bmatrix} \in \mathbb{R}^n$。因為 $\mathbf{x} \neq \mathbf{0}$，故由 A 為正定可得
$$0 < \mathbf{x}^T A \mathbf{x} = [\mathbf{y}^T \; \mathbf{0}] \begin{bmatrix} {}^{(r)}A & P \\ Q & R \end{bmatrix} \begin{bmatrix} \mathbf{y} \\ \mathbf{0} \end{bmatrix} = \mathbf{y}^T ({}^{(r)}A) \mathbf{y}$$
由定理 2 知，此即證明了 $^{(r)}A$ 是正定。[5]

若 A 是正定，則對每一個 r 而言，由引理 1 和定理 1 可證得 $\det({}^{(r)}A) > 0$。這證明了下面定理的一部分，此定理包含例 1 的逆敘述且在對稱矩陣中描述正定矩陣

---

[5] 類似的討論可以證明：若 B 是由正定矩陣 A 刪除某些列和相對應的行所得的任意矩陣，則 B 也是正定。

的特性。

定理 3

對一個 $n \times n$ 對稱矩陣 A 而言，下面的敘述是對等的：

1. A 是正定。
2. $\det(^{(r)}A) > 0$，對每一個 $r = 1, 2, ..., n$ 均成立。
3. $A = U^T U$，其中 U 為上三角矩陣其主對角線元素為正。

此外，(3) 的分解是唯一的（稱為 A 的 **Cholesky 分解**[6]）。

證明

首先，(3) $\Rightarrow$ (1) 已於例 1 證得，而由引理 1 和定理 1 可證出 (1) $\Rightarrow$ (2)。

(2) $\Rightarrow$ (3)。假設 (2) 成立，以歸納法證明。若 $n = 1$，則 $A = [a]$，由 (2) 知 $a > 0$，故取 $U = [\sqrt{a}]$。若 $n > 1$，令 $B = {}^{(n-1)}A$，則 B 為對稱且滿足 (2)，故由歸納法知 $B = U^T U$，其中 U 是 $(n-1) \times (n-1)$ 的矩陣。因為 A 是對稱，所以它具有區塊形 $A = \begin{bmatrix} B & \mathbf{p} \\ \mathbf{p}^T & b \end{bmatrix}$，其中 $\mathbf{p}$ 是 $\mathbb{R}^{n-1}$ 中的一個行向量且 $b \in \mathbb{R}$。若我們令 $\mathbf{x} = (U^T)^{-1}\mathbf{p}$ 且 $c = b - \mathbf{x}^T\mathbf{x}$，則由區塊乘法可得

$$A = \begin{bmatrix} U^T U & \mathbf{p} \\ \mathbf{p}^T & b \end{bmatrix} = \begin{bmatrix} U^T & 0 \\ \mathbf{x}^T & 1 \end{bmatrix} \begin{bmatrix} U & \mathbf{x} \\ 0 & c \end{bmatrix}$$

讀者可自行驗證。取行列式並利用第 3.1 節的定理 5 可得 $\det A = \det(U^T) \det U \cdot c = c(\det U)^2$。由 (2)，因為 $\det A > 0$，因此 $c > 0$，故上式的分解可寫成 $A = \begin{bmatrix} U^T & 0 \\ \mathbf{x}^T & \sqrt{c} \end{bmatrix} \begin{bmatrix} U & \mathbf{x} \\ 0 & \sqrt{c} \end{bmatrix}$。因為 U 的對角元素為正，故 (3) 得證。

至於唯一性，假設 $A = U^T U = U_1^T U_1$ 是兩個 Cholesky 分解。令 $D = UU_1^{-1} = (U^T)^{-1}U_1^T$，因為 $D = UU_1^{-1}$，故 D 是上三角矩陣，又因為 $D = (U^T)^{-1}U_1^T$，故 D 也是下三角矩陣，因此 D 是對角矩陣。於是 $U = DU_1$ 且 $U_1 = DU$，故只需證明 $D = I$。消去 U_1 可得 $U = D^2 U$，因為 U 為可逆，故 $D^2 = I$。因為 D 的對角元素均為正（U 與 U_1 也是），所以可推得 $D = I$。

值得注意的是 Cholesky 分解中的矩陣 U，很容易由 A 利用列運算求得，其關鍵在於下面演算法的步驟 1，對任意正定矩陣 A 都可行。此演算法的證明置於例 3 之後。

---

[6] Andre-Louis Cholesky (1875–1918) 是法國數學家，他死於第一次世界大戰。他的分解理論由 fellow officer 於 1924 年發表。

Cholesky 分解的演算法 (Algorithm for the Cholesky Factorization)

若 A 為正定矩陣，則 $A = U^T U$ 的 Cholesky 分解可經由下列步驟求得：

步驟 1. 利用列運算將一列乘以某數加到其下一列，而將 A 化為對角元素為正的上三角矩陣 U_1。

步驟 2. 將 U_1 的每一列除以該列對角元素的平方根而得到 U。

例 3

求 $A = \begin{bmatrix} 10 & 5 & 2 \\ 5 & 3 & 2 \\ 2 & 2 & 3 \end{bmatrix}$ 的 Cholesky 分解。

解：因為 $\det^{(1)} A = 10 > 0$，$\det^{(2)} A = 5 > 0$，且 $\det^{(3)} A = \det A = 3 > 0$，所以由定理 3 知，矩陣 A 為正交。因此演算法的步驟 1 執行如下：

$$A = \begin{bmatrix} 10 & 5 & 2 \\ 5 & 3 & 2 \\ 2 & 2 & 3 \end{bmatrix} \to \begin{bmatrix} 10 & 5 & 2 \\ 0 & \frac{1}{2} & 1 \\ 0 & 1 & \frac{13}{5} \end{bmatrix} \to \begin{bmatrix} 10 & 5 & 2 \\ 0 & \frac{1}{2} & 1 \\ 0 & 0 & \frac{3}{5} \end{bmatrix} = U_1$$

現在對 U_1 執行步驟 2 而得到 $U = \begin{bmatrix} \sqrt{10} & \frac{5}{\sqrt{10}} & \frac{2}{\sqrt{10}} \\ 0 & \frac{1}{\sqrt{2}} & \sqrt{2} \\ 0 & 0 & \frac{\sqrt{3}}{\sqrt{5}} \end{bmatrix}$。讀者可自行驗證 $U^T U = A$。

Cholesky 演算法的證明

若 A 為正定，令 $A = U^T U$ 是 Cholesky 分解，且令 $D = \text{diag}(d_1, ..., d_n)$ 是 U 和 U^T 共同的對角矩陣，則 $U^T D^{-1}$ 是對角元素為 1 的下三角矩陣（此矩陣稱為 LT-1），因此 $L = (U^T D^{-1})^{-1}$ 也是 LT-1，而利用一連串的列運算，將一列乘以某數加到其下一列，可使 $I_n \to L$（驗證；由右到左修正各行），而由相同的一連串列運算，可使 $A \to LA$（參閱第 2.5 節定理 1 之前的討論）。因為 $LA = [D(U^T)^{-1}][U^T U] = DU$ 是對角元素為正的上三角矩陣，此即證明演算法的步驟 1 是可行的。

現在討論步驟 2，如同步驟 1，令 $A \to U_1$ 使得 $U_1 = L_1 A$，其中 L_1 是 LT-1。因為 A 是對稱，我們得到

$$L_1 U_1^T = L_1 (L_1 A)^T = L_1 A^T L_1^T = L_1 A L_1^T = U_1 L_1^T \qquad (*)$$

令 $D_1 = \text{diag}(e_1, ..., e_n)$ 表 U_1 的對角矩陣，則由 (*) 可得 $L_1(U_1^T D_1^{-1}) = U_1 L_1^T D_1^{-1}$。這是上三角（右邊）也是 LT-1（左邊），所以必須等於 I_n。特別地，$U_1^T D_1^{-1} = L_1^{-1}$。現在令

$D_2 = \text{diag}(\sqrt{e_1}, ..., \sqrt{e_n})$,使得 $D_2^2 = D_1$。若我們令 $U = D_2^{-1}U_1$,則有
$$U^T U = (U_1^T D_2^{-1})(D_2^{-1}U_1) = U_1^T(D_2^2)^{-1}U_1 = U_1^T(D_1^{-1})U_1 = (L_1^{-1})U_1 = A$$
因為 $U = D_2^{-1}U_1$ 是將 U_1 的每一列除以其各列對角元素的平方根而得,所以這表示證明了步驟 2。

習題 8.3

1. 求下列矩陣的 Cholesky 分解。
   (a) $\begin{bmatrix} 4 & 3 \\ 3 & 5 \end{bmatrix}$
   ◆(b) $\begin{bmatrix} 2 & -1 \\ -1 & 1 \end{bmatrix}$
   (c) $\begin{bmatrix} 12 & 4 & 3 \\ 4 & 2 & -1 \\ 3 & -1 & 7 \end{bmatrix}$
   ◆(d) $\begin{bmatrix} 20 & 4 & 5 \\ 4 & 2 & 3 \\ 5 & 3 & 5 \end{bmatrix}$

2. (a) 若 A 是正定,證明對於所有 $k \geq 1$ 而言,A^k 是正定。
   ◆(b) 若 k 是奇數,證明 (a) 的逆敘述。
   (c) 求對稱矩陣 A,使得 A^2 是正定但 A 不是。

3. 令 $A = \begin{bmatrix} 1 & a \\ a & b \end{bmatrix}$。若 $a^2 < b$,證明 A 為正定並求 Cholesky 分解。

◆4. 若 A、B 為正定且 $r > 0$,證明 $A + B$ 與 rA 均為正定。

5. 若 A、B 為正定,證明 $\begin{bmatrix} A & 0 \\ 0 & B \end{bmatrix}$ 為正定。

◆6. 若 A 是 $n \times n$ 正定矩陣而 U 是 $n \times m$ 矩陣,其秩為 m,證明 $U^T A U$ 為正定。

7. 若 A 為正定,證明每個對角元素均為正。

8. 令 A_0 是刪除 A 的第 2 與第 4 列以及第 2 與第 4 行後所形成的矩陣。若 A 是正定,證明 A_0 也是正定。

9. 若 A 是正定,證明 $A = CC^T$,其中 C 具有正交行向量。

◆10. 若 A 是正定,證明 $A = C^2$,其中 C 為正定。

11. 令 A 為正定矩陣,若 a 是實數,證明 aA 是正定若且唯若 $a > 0$。

12. (a) 假設一個可逆矩陣 A 在 $\mathbf{M}_{nn}$ 中可分解為 $A = LDU$,其中 L 是對角元素為 1 的下三角矩陣,U 是對角元素為 1 的上三角矩陣,而 D 是對角元素為正的對角矩陣。證明此分解是唯一:若 $A = L_1D_1U_1$ 是另一個分解,則 $L_1 = L$,$D_1 = D$,且 $U_1 = U$。
   ◆(b) 證明矩陣 A 是正定若且唯若 A 是對稱且具有如 (a) 的分解 $A = LDU$。

13. 令 A 為正定且令 $d_r = \det^{(r)} A$,其中 $r = 1, 2, ..., n$。若 U 是 Cholesky 演算法中的步驟 1 所得的上三角矩陣,證明 U 的對角元素 $u_{11}, u_{22}, ..., u_{nn}$ 為 $u_{11} = d_1$,$u_{jj} = d_j/d_{j-1}$,若 $j > 1$。【提示:若 $LA = U$,其中 L 是對角元素為 1 的下三角矩陣,利用區塊乘法證明 $\det^{(r)} A = \det^{(r)} U$,對每一個 r 皆成立。】

8.4 節　QR-分解 [7]

正交矩陣的主要優點之一是很容易求出它們的反矩陣——轉置矩陣即為反矩陣。將此結果結合本節的分解定理，可得到一個有用的方法，此法能簡化許多矩陣的計算（例如，最小平方近似）。

> **定義 8.6**
>
> 令 A 為 $m \times n$ 矩陣，其行向量為線性獨立。A 的 **QR 分解 (QR-factorization)** 可表示成 $A = QR$，其中 Q 為 $m \times n$ 矩陣，其各行為單範正交，而 R 是對角元素為正的可逆上三角矩陣。

分解的重要性是基於可利用電腦演算來完成分解，並且能有效控制捨入誤差 (round-off error)。因此分解在矩陣計算上特別有用。QR 分解是 Gram-Schmidt 正交化過程的矩陣描述。

假設 $A = [\mathbf{c}_1\ \mathbf{c}_2\ \dots\ \mathbf{c}_n]$ 是 $m \times n$ 矩陣，且其各行向量 $\mathbf{c}_1, \mathbf{c}_2, \dots, \mathbf{c}_n$ 為線性獨立。將 Gram-Schmidt 演算法應用於這些行向量以產生正交行向量 $\mathbf{f}_1, \mathbf{f}_2, \dots, \mathbf{f}_n$，其中 $\mathbf{f}_1 = \mathbf{c}_1$，且

$$\mathbf{f}_k = \mathbf{c}_k - \frac{\mathbf{c}_k \cdot \mathbf{f}_1}{\|\mathbf{f}_1\|^2}\mathbf{f}_1 - \frac{\mathbf{c}_k \cdot \mathbf{f}_2}{\|\mathbf{f}_2\|^2}\mathbf{f}_2 - \cdots - \frac{\mathbf{c}_k \cdot \mathbf{f}_{k-1}}{\|\mathbf{f}_{k-1}\|^2}\mathbf{f}_{k-1}$$

對每一個 $k = 2, 3, \dots, n$ 皆成立。現在對於每一個 k，令 $\mathbf{q}_k = \frac{1}{\|\mathbf{f}_k\|}\mathbf{f}_k$，則 $\mathbf{q}_1, \mathbf{q}_2, \dots, \mathbf{q}_n$ 為單範正交行向量，而上式變成

$$\|\mathbf{f}_k\|\mathbf{q}_k = \mathbf{c}_k - (\mathbf{c}_k \cdot \mathbf{q}_1)\mathbf{q}_1 - (\mathbf{c}_k \cdot \mathbf{q}_2)\mathbf{q}_2 - \cdots - (\mathbf{c}_k \cdot \mathbf{q}_{k-1})\mathbf{q}_{k-1}$$

利用這些方程式，將每一個 $\mathbf{c}_k$ 表示成 $\mathbf{q}_i$ 的線性組合：

$$\begin{aligned}
\mathbf{c}_1 &= \|\mathbf{f}_1\|\mathbf{q}_1 \\
\mathbf{c}_2 &= (\mathbf{c}_2 \cdot \mathbf{q}_1)\mathbf{q}_1 + \|\mathbf{f}_2\|\mathbf{q}_2 \\
\mathbf{c}_3 &= (\mathbf{c}_3 \cdot \mathbf{q}_1)\mathbf{q}_1 + (\mathbf{c}_3 \cdot \mathbf{q}_2)\mathbf{q}_2 + \|\mathbf{f}_3\|\mathbf{q}_3 \\
&\ \vdots \\
\mathbf{c}_n &= (\mathbf{c}_n \cdot \mathbf{q}_1)\mathbf{q}_1 + (\mathbf{c}_n \cdot \mathbf{q}_2)\mathbf{q}_2 + (\mathbf{c}_n \cdot \mathbf{q}_3)\mathbf{q}_3 + \cdots + \|\mathbf{f}_n\|\mathbf{q}_n
\end{aligned}$$

將這些方程式寫成矩陣的形式，就得到我們所要的分解：

---

[7] 本節在本書的其它地方不會用到。

$$A = [\mathbf{c}_1 \ \mathbf{c}_2 \ \mathbf{c}_3 \ \cdots \ \mathbf{c}_n]$$

$$= [\mathbf{q}_1 \ \mathbf{q}_2 \ \mathbf{q}_3 \ \cdots \ \mathbf{q}_n] \begin{bmatrix} \|\mathbf{f}_1\| & \mathbf{c}_2 \cdot \mathbf{q}_1 & \mathbf{c}_3 \cdot \mathbf{q}_1 & \cdots & \mathbf{c}_n \cdot \mathbf{q}_1 \\ 0 & \|\mathbf{f}_2\| & \mathbf{c}_3 \cdot \mathbf{q}_2 & \cdots & \mathbf{c}_n \cdot \mathbf{q}_2 \\ 0 & 0 & \|\mathbf{f}_3\| & \cdots & \mathbf{c}_n \cdot \mathbf{q}_3 \\ \vdots & \vdots & \vdots & \ddots & \vdots \\ 0 & 0 & 0 & \cdots & \|\mathbf{f}_n\| \end{bmatrix} \quad (*)$$

$(*)$ 式中的第一因子 $Q = [\mathbf{q}_1 \ \mathbf{q}_2 \ \mathbf{q}_3 \ \cdots \ \mathbf{q}_n]$ 具有單範正交行向量，而第二因子是對角元素為正的 $n \times n$ 上三角矩陣 R（故為可逆）。我們將這些論述寫成下面的定理。

定理 1

QR 分解 (QR-Factorization)

行向量為線性獨立的每一個 $m \times n$ 矩陣 A，皆有一個 QR 分解，其中 Q 具有單範正交行向量而 R 是對角元素為正的上三角矩陣。

定理 1 中的矩陣 Q 和 R 是由 A 唯一決定；以下會討論這個主題。

例 1

求 $A = \begin{bmatrix} 1 & 1 & 0 \\ -1 & 0 & 1 \\ 0 & 1 & 1 \\ 0 & 0 & 1 \end{bmatrix}$ 的 QR 分解。

解：令 $\mathbf{c}_1, \mathbf{c}_2, \mathbf{c}_3$ 為 A 的行向量，而 $\{\mathbf{c}_1, \mathbf{c}_2, \mathbf{c}_3\}$ 為線性獨立。將 Gram-Schmidt 演算法應用於這些行向量，結果為

$$\mathbf{f}_1 = \mathbf{c}_1 = \begin{bmatrix} 1 \\ -1 \\ 0 \\ 0 \end{bmatrix}, \quad \mathbf{f}_2 = \mathbf{c}_2 - \tfrac{1}{2}\mathbf{f}_1 = \begin{bmatrix} \tfrac{1}{2} \\ \tfrac{1}{2} \\ 1 \\ 0 \end{bmatrix}, \quad \mathbf{f}_3 = \mathbf{c}_3 + \tfrac{1}{2}\mathbf{f}_1 - \mathbf{f}_2 = \begin{bmatrix} 0 \\ 0 \\ 0 \\ 1 \end{bmatrix}$$

對每一個 j，令 $\mathbf{q}_j = \dfrac{1}{\|\mathbf{f}_j\|^2}\mathbf{f}_j$，故 $\{\mathbf{q}_1, \mathbf{q}_2, \mathbf{q}_3\}$ 為單範正交。由定理 1 之前的 $(*)$ 式可得 $A = QR$，其中

$$Q = [\mathbf{q}_1 \ \mathbf{q}_2 \ \mathbf{q}_3] = \begin{bmatrix} \tfrac{1}{\sqrt{2}} & \tfrac{1}{\sqrt{6}} & 0 \\ \tfrac{-1}{\sqrt{2}} & \tfrac{1}{\sqrt{6}} & 0 \\ 0 & \tfrac{2}{\sqrt{6}} & 0 \\ 0 & 0 & 1 \end{bmatrix} = \tfrac{1}{\sqrt{6}}\begin{bmatrix} \sqrt{3} & 1 & 0 \\ -\sqrt{3} & 1 & 0 \\ 0 & 2 & 0 \\ 0 & 0 & \sqrt{6} \end{bmatrix}$$

$$R = \begin{bmatrix} \|\mathbf{f}_1\| & \mathbf{c}_2 \cdot \mathbf{q}_1 & \mathbf{c}_3 \cdot \mathbf{q}_1 \\ 0 & \|\mathbf{f}_2\| & \mathbf{c}_3 \cdot \mathbf{q}_2 \\ 0 & 0 & \|\mathbf{f}_3\| \end{bmatrix} = \begin{bmatrix} \sqrt{2} & \frac{1}{\sqrt{2}} & \frac{-1}{\sqrt{2}} \\ 0 & \frac{\sqrt{3}}{\sqrt{2}} & \frac{\sqrt{3}}{\sqrt{2}} \\ 0 & 0 & 1 \end{bmatrix} = \frac{1}{\sqrt{2}} \begin{bmatrix} 2 & 1 & -1 \\ 0 & \sqrt{3} & \sqrt{3} \\ 0 & 0 & \sqrt{2} \end{bmatrix}$$

讀者可自行驗證 $A = QR$。

若矩陣 A 具有獨立的列向量，我們將 QR 分解應用於 A^T，結果為

推論 1

若矩陣 A 具有獨立的列向量，則 A 可唯一分解為 $A = LP$，其中 P 具有單範正交列向量，而 L 是主對角元素為正的可逆下三角矩陣。

因為具有單範正交行向量的方陣是正交矩陣，所以我們有：

定理 2

每一個可逆方陣 A 可分解為 $A = QR$ 與 $A = LP$，其中 Q 和 P 是正交矩陣，R 是對角元素為正的上三角矩陣，而 L 是對角元素為正的下三角矩陣。

註解

在第 5.6 節，我們發現如何求線性方程組 $A\mathbf{x} = \mathbf{b}$（可能不相容）的最佳近似解 $\mathbf{z}$：取 $\mathbf{z}$ 為正規方程式 $(A^TA)\mathbf{z} = A^T\mathbf{b}$ 的任意解。若 A 具有線性獨立行向量，則 $\mathbf{z}$ 是唯一的（由第 5.4 節定理 3 知 A^TA 為可逆），故常需計算 $(A^TA)^{-1}$。這在最小平方近似特別有用（第 5.6 節）。若我們有 A 的 QR 分解，則此問題可以簡化（這也是定理 1 具有重要性的主要理由之一）。若 $A = QR$，則 $Q^TQ = I_n$，因為 Q 具有單範正交行向量（驗證），故可得

$$A^TA = R^TQ^TQR = R^TR$$

因此計算 $(A^TA)^{-1}$ 等於求 R^{-1}，而因為 R 是上三角矩陣，所以這是一件輕而易舉的事。於是計算 $(A^TA)^{-1}$ 的困難點，在於求 A 的 QR 分解。

我們以證明 QR 分解的唯一性作為本節的結束。

定理 3

令 A 是 $m \times n$ 矩陣且具有線性獨立的行向量。若 $A = QR$ 與 $A = Q_1R_1$ 均為 A 的 QR 分解，則 $Q_1 = Q$ 且 $R_1 = R$。

證明

令 $Q = [\mathbf{c}_1 \ \mathbf{c}_2 \ \cdots \ \mathbf{c}_n]$ 且 $Q_1 = [\mathbf{d}_1 \ \mathbf{d}_2 \ \cdots \ \mathbf{d}_n]$，以行向量表示。首先由觀察得知，因為 Q 和 Q_1 具有單範正交行向量，所以 $Q^TQ = I_n = Q_1^TQ_1$，因此只需證明 $Q_1 = Q$（則 $R_1 = Q_1^TA = Q^TA = R$）。因為 $Q_1^TQ_1 = I_n$，由方程式 $QR = Q_1R_1$ 可得 $Q_1^TQ = R_1R^{-1}$；為了方便起見，我們將此矩陣寫成

$$Q_1^TQ = R_1R^{-1} = [t_{ij}]$$

此為對角元素為正的上三角矩陣（因為對 R 和 R_1 而言，此為真），故 $t_{ii} > 0$，對每一個 i 皆成立，且若 $i > j$，則 $t_{ij} = 0$。另一方面，Q_1^TQ 的 (i, j) 元素 $\mathbf{d}_i^T\mathbf{c}_j = \mathbf{d}_i \cdot \mathbf{c}_j$，故對所有 i 和 j 而言，$\mathbf{d}_i \cdot \mathbf{c}_j = t_{ij}$ 恆成立。但因為 $Q = Q_1(R_1R^{-1})$，故每一個 $\mathbf{c}_j$ 屬於 $\mathrm{span}\{\mathbf{d}_1, \mathbf{d}_2, \ldots, \mathbf{d}_n\}$。因此由展開定理可得

$$\mathbf{c}_j = (\mathbf{d}_1 \cdot \mathbf{c}_j)\mathbf{d}_1 + (\mathbf{d}_2 \cdot \mathbf{c}_j)\mathbf{d}_2 + \cdots + (\mathbf{d}_n \cdot \mathbf{c}_j)\mathbf{d}_n = t_{1j}\mathbf{d}_1 + t_{2j}\mathbf{d}_2 + \ldots + t_{jj}\mathbf{d}_j$$

因為若 $i > j$，則 $\mathbf{d}_i \cdot \mathbf{c}_j = t_{ij} = 0$。前幾個方程式如下：

$$\mathbf{c}_1 = t_{11}\mathbf{d}_1$$
$$\mathbf{c}_2 = t_{12}\mathbf{d}_1 + t_{22}\mathbf{d}_2$$
$$\mathbf{c}_3 = t_{13}\mathbf{d}_1 + t_{23}\mathbf{d}_2 + t_{33}\mathbf{d}_3$$
$$\mathbf{c}_4 = t_{14}\mathbf{d}_1 + t_{24}\mathbf{d}_2 + t_{34}\mathbf{d}_3 + t_{44}\mathbf{d}_4$$
$$\vdots$$

由第一個方程式可得 $1 = \|\mathbf{c}_1\| = \|t_{11}\mathbf{d}_1\| = \|t_{11}\| \|\mathbf{d}_1\| = t_{11}$，因此 $\mathbf{c}_1 = \mathbf{d}_1$。然後有 $t_{12} = \mathbf{d}_1 \cdot \mathbf{c}_2 = \mathbf{c}_1 \cdot \mathbf{c}_2 = 0$，所以第二個方程式變成 $\mathbf{c}_2 = t_{22}\mathbf{d}_2$。由同樣的討論可得 $\mathbf{c}_2 = \mathbf{d}_2$，而 $t_{13} = 0$ 和 $t_{23} = 0$ 亦可依相同的方法得到。因此 $\mathbf{c}_3 = t_{33}\mathbf{d}_3$ 且 $\mathbf{c}_3 = \mathbf{d}_3$。一直使用此法，對每一個 i 而言，可得 $\mathbf{c}_i = \mathbf{d}_i$，這表示 $Q_1 = Q$，此即我們要的結果。

習題 8.4

1. 下列各題中，求 A 的 QR 分解。

   (a) $A = \begin{bmatrix} 1 & -1 \\ -1 & 0 \end{bmatrix}$ ◆(b) $A = \begin{bmatrix} 2 & 1 \\ 1 & 1 \end{bmatrix}$

   (c) $A = \begin{bmatrix} 1 & 1 & 1 \\ 1 & 1 & 0 \\ 1 & 0 & 0 \\ 0 & 0 & 0 \end{bmatrix}$ ◆(d) $A = \begin{bmatrix} 1 & 1 & 0 \\ -1 & 0 & 1 \\ 0 & 1 & 1 \\ 1 & -1 & 0 \end{bmatrix}$

2. 設 A、B 為矩陣。

   (a) 若 A、B 有線性獨立的行向量，證明 AB 有線性獨立的行向量。【提示：第 5.4 節定理 3。】

   ◆(b) 證明 A 有 QR 分解若且唯若 A 有線性獨立的行向量。

   (c) 若 AB 有 QR 分解，證明 B 亦有 QR 分解但 A 未必。【提示：考慮 AA^T，其中 $A = \begin{bmatrix} 1 & 0 & 0 \\ 1 & 1 & 1 \end{bmatrix}$。】

3. 若 R 是可逆上三角矩陣，證明存在對角元素為 ± 1 的對角矩陣 D 使得 $R_1 = DR$ 是對角元素為正的可逆上三角矩陣。

4. 若 A 有線性獨立的行向量，令 $A = QR$，其中 Q 有單範正交的行向量且 R 為可逆上三角矩陣。（有些作者稱此為 A 的 QR 分解。）證明存在對角元素為 ± 1 的對角矩陣 D 使得 $A = (QD)(DR)$ 為 A 的 QR 分解。【提示：參考前一個習題。】

8.5 節　固有值的計算

實際上，求矩陣的固有值不必一定要解特徵方程式的根。對於大型矩陣而言，解特徵方程式會產生困難，採用疊代的方法較好。本節將介紹其中的兩種。

冪次法

在第 3 章我們將矩陣對角化的原因是要計算方陣的冪次，對角化過程需用到固有值。本節，我們對有效率地計算固有值感到興趣，所討論的第一種方法是使用矩陣的冪次。

一個 $n \times n$ 矩陣 A 的固有值 λ 稱為**主導固有值 (dominant eigenvalue)**，如果 λ 的重數為 1，並且

$$|\lambda| > |\mu| \text{ 對所有固有值 } \mu \neq \lambda \text{ 均成立}$$

任何對應的固有向量稱為 A 的**主導固有向量 (dominant eigenvector)**。若主導固有值存在，則其求法如下：令 $\mathbf{x}_0 \in \mathbb{R}^n$ 為主導固有向量的第一個逼近，然後計算後繼的逼近 $\mathbf{x}_1, \mathbf{x}_2, \ldots$ 如下：

$$\mathbf{x}_1 = A\mathbf{x}_0 \quad \mathbf{x}_2 = A\mathbf{x}_1 \quad \mathbf{x}_3 = A\mathbf{x}_2 \quad \cdots$$

一般而言，我們定義

$$\mathbf{x}_{k+1} = A\mathbf{x}_k \quad \text{其中 } k \geq 0$$

若第一個估計 $\mathbf{x}_0$ 已經是足夠好，則這些向量 $\mathbf{x}_n$ 將會逼近主導固有向量（參閱下面的）。此技巧稱為**冪次法 (power method)**（因為對每一個 $k \geq 1$，$\mathbf{x}_k = A^k \mathbf{x}_0$ 恆成立）。由觀察知，若 $\mathbf{z}$ 為對應於 λ 的任意固有向量，則

$$\frac{\mathbf{z} \cdot (A\mathbf{z})}{\|\mathbf{z}\|^2} = \frac{\mathbf{z} \cdot (\lambda\mathbf{z})}{\|\mathbf{z}\|^2} = \lambda$$

因為向量 $\mathbf{x}_1, \mathbf{x}_2, ..., \mathbf{x}_n, ...$ 逼近主導固有向量，所以我們定義 **Rayleigh 商 (Rayleigh quotients)** 如下：

$$r_k = \frac{\mathbf{x}_k \cdot \mathbf{x}_{k+1}}{\|\mathbf{x}_k\|^2} \quad \text{其中 } k \geq 1$$

因此 r_k 逼近主導固有值 λ。

例1

設 $A = \begin{bmatrix} 1 & 1 \\ 2 & 0 \end{bmatrix}$，利用冪次法求主導固有向量與主導固有值的逼近值。

解：A 的固有值為 2 與 -1，固有向量為 $\begin{bmatrix} 1 \\ 1 \end{bmatrix}$ 與 $\begin{bmatrix} 1 \\ -2 \end{bmatrix}$。取 $\mathbf{x}_0 = \begin{bmatrix} 1 \\ 0 \end{bmatrix}$ 作為第一個估計值，然後由 $\mathbf{x}_1 = A\mathbf{x}_0, \mathbf{x}_2 = A\mathbf{x}_1, ...$，逐次算出 $\mathbf{x}_1, \mathbf{x}_2, ...$，得到

$$\mathbf{x}_1 = \begin{bmatrix} 1 \\ 2 \end{bmatrix}, \mathbf{x}_2 = \begin{bmatrix} 3 \\ 2 \end{bmatrix}, \mathbf{x}_3 = \begin{bmatrix} 5 \\ 6 \end{bmatrix}, \mathbf{x}_4 = \begin{bmatrix} 11 \\ 10 \end{bmatrix}, \mathbf{x}_5 = \begin{bmatrix} 21 \\ 22 \end{bmatrix}, ...$$

這些向量逼近主導固有向量 $\begin{bmatrix} 1 \\ 1 \end{bmatrix}$ 的倍數。此外，Rayleigh 商為

$$r_1 = \tfrac{7}{5}, r_2 = \tfrac{27}{13}, r_3 = \tfrac{115}{61}, r_4 = \tfrac{451}{221}, ...$$

它們逼近主導固有值 2。

為了明白冪次法為何可以進行運算，令 $\lambda_1, \lambda_2, ..., \lambda_m$ 為 A 的固有值，λ_1 為主導固有值，且令 $\mathbf{y}_1, \mathbf{y}_2, ..., \mathbf{y}_m$ 為對應的固有向量。我們要求第一個估計值 $\mathbf{x}_0$ 為這些固有向量的線性組合：

$$\mathbf{x}_0 = a_1\mathbf{y}_1 + a_2\mathbf{y}_2 + \cdots + a_m\mathbf{y}_m，其中 a_1 \neq 0$$

若 $k \geq 1$，對每一個 i，由 $\mathbf{x}_k = A^k\mathbf{x}_0$ 與 $A^k\mathbf{y}_i = \lambda_i^k\mathbf{y}_i$ 可得

$$\mathbf{x}_k = a_1\lambda_1^k\mathbf{y}_1 + a_2\lambda_2^k\mathbf{y}_2 + \cdots + a_m\lambda_m^k\mathbf{y}_m，其中 k \geq 1$$

因此

$$\frac{1}{\lambda_1^k}\mathbf{x}_k = a_1\mathbf{y}_1 + a_2\left(\frac{\lambda_2}{\lambda_1}\right)^k\mathbf{y}_2 + \cdots + a_m\left(\frac{\lambda_m}{\lambda_1}\right)^k\mathbf{y}_m$$

因為 λ_1 為主導固有值（$\left|\frac{\lambda_i}{\lambda_1}\right| < 1$，對每一個 $i > 1$ 均成立），所以當 k 增大時，上式右側趨近於 $a_1\mathbf{y}_1$。又因為 $a_1 \neq 0$，這表示 $\mathbf{x}_k$ 趨近於主導固有向量 $a_1\lambda_1^k\mathbf{y}_1$。

冪次法要求第一個估計值 $\mathbf{x}_0$ 為固有向量的線性組合（在例 1 中，固有向量形成 $\mathbb{R}^2$ 的一組基底）。但是當主導固有向量的係數 $a_1 = 0$ 時，此法失效（在例 1 中，嘗試用 $\mathbf{x}_0 = \begin{bmatrix} -1 \\ 2 \end{bmatrix}$）。一般而言，若任何一個比值 $\left|\frac{\lambda_i}{\lambda_1}\right|$ 接近 1，則收斂的速度

就會非常慢。此外，因為這個方法必須重複乘以 A，故不建議採用，除非乘法的運算容易進行（例如，A 的元素大多數是 0）。

QR-演算法

有一種更好的方法求可逆矩陣 A 的固有值之近似值，是將 A 分解（利用 Gram-Schmidt 演算法）成

$$A = QR$$

其中 Q 為正交，R 為可逆且為上三角矩陣（參閱第 8.4 節定理 2）。**QR- 演算法 (QR-algorithm)** 就是反覆利用這種技巧，產生一系列矩陣 $A_1 = A, A_2, A_3, \dots$ 如下：

1. 定義 $A_1 = A$，將它分解為 $A_1 = Q_1R_1$。
2. 定義 $A_2 = R_1Q_1$，將它分解為 $A_2 = Q_2R_2$。
3. 定義 $A_3 = R_2Q_2$，將它分解為 $A_3 = Q_3R_3$。

一般而言，A_k 分解成 $A_k = Q_kR_k$，然後定義 $A_{k+1} = R_kQ_k$。故 A_{k+1} 相似於 A_k〔事實上，$A_{k+1} = R_kQ_k = (Q_k^{-1}A_k)Q_k$〕，因此每一個 A_k 與 A 均具有相同的固有值。若 A 的固有值為實數且其絕對值相異，則有引人注目的結果：$A_1, A_2, A_3, \dots$ 收斂於一個上三角矩陣，其主對角線上的元素為這些固有值（對於複數固有值的情形見下文）。

● 例 2

如同例 1，若 $A = \begin{bmatrix} 1 & 1 \\ 2 & 0 \end{bmatrix}$，利用 QR 演算法求固有值的近似值。

解：矩陣 A_1、A_2、A_3 如下：

$A_1 = \begin{bmatrix} 1 & 1 \\ 2 & 0 \end{bmatrix} = Q_1R_1$，其中 $Q_1 = \frac{1}{\sqrt{5}}\begin{bmatrix} 1 & 2 \\ 2 & -1 \end{bmatrix}$ 且 $R_1 = \frac{1}{\sqrt{5}}\begin{bmatrix} 5 & 1 \\ 0 & 2 \end{bmatrix}$

$A_2 = \frac{1}{5}\begin{bmatrix} 7 & 9 \\ 4 & -2 \end{bmatrix} = \begin{bmatrix} 1.4 & -1.8 \\ -0.8 & -0.4 \end{bmatrix} = Q_2R_2$，其中 $Q_2 = \frac{1}{\sqrt{65}}\begin{bmatrix} 7 & 4 \\ 4 & -7 \end{bmatrix}$ 且 $R_2 = \frac{1}{\sqrt{65}}\begin{bmatrix} 13 & 11 \\ 0 & 10 \end{bmatrix}$

$A_3 = \frac{1}{13}\begin{bmatrix} 27 & -5 \\ 8 & -14 \end{bmatrix} = \begin{bmatrix} 2.08 & -0.38 \\ 0.62 & -1.08 \end{bmatrix}$

最後收斂於 $\begin{bmatrix} 2 & * \\ 0 & -1 \end{bmatrix}$，因此在主對角線上的元素近似於固有值 2 與 -1。

欲詳細討論這些方法已超出本書的範圍。讀者可參考下列兩本書：J. M. Wilkinson, *The Algebraic Eigenvalue Problem* (Oxford, England: Oxford University Press, 1965) 或 G. W. Stewart, *Introduction to Matrix Computations* (New York:

Academic Press, 1973)。以下我們對 QR 演算法提出一些註解。

移位 (Shifting)。若在演算過程的第 k 個階段，可選取一個數 s_k 使得 $A_k - s_k I$ 分解成 $Q_k R_k$，而不是分解 A_k 本身則可使收斂加速。此時

$$Q_k^{-1} A_k Q_k = Q_k^{-1}(Q_k R_k + s_k I)Q_k = R_k Q_k + s_k I$$

故我們取 $A_{k+1} = R_k Q_k + s_k I$。若我們謹慎地選取移位 s_k，可大大改進收斂速度。

事先的準備 (Preliminary Preparation)。形如下面的矩陣

$$\begin{bmatrix} * & * & * & * & * \\ * & * & * & * & * \\ 0 & * & * & * & * \\ 0 & 0 & * & * & * \\ 0 & 0 & 0 & * & * \end{bmatrix}$$

稱為**上 Hessenberg (upper Hessenberg)** 形，此種矩陣的 QR 分解可以大大簡化。已知一個 $n \times n$ 矩陣 A，我們很容易建構一系列的正交矩陣 $H_1, H_2, ..., H_m$〔稱為 **Householder 矩陣 (Householder matrices)**〕使得

$$B = H_m^T \cdots H_1^T A H_1 \cdots H_m$$

成為上 Hessenberg 形。因此 QR 演算法可以有效地應用於 B，因為 B 相似於 A，如此可得 A 的固有值。

複數的固有值 (Complex Eigenvalues)。若一個實矩陣 A 的某些固有值不是實數，則 QR 演算法收斂於區塊上三角矩陣，其對角線上的區塊為 1×1 矩陣（實固有值）或 2×2 矩陣（每一個都是 A 的一對共軛複固有值）。

習題 8.5

1. 下列各題中，求精確的固有值並求對應的固有向量。以冪次法，由 $\mathbf{x}_0 = \begin{bmatrix} 1 \\ 1 \end{bmatrix}$ 開始，計算 $\mathbf{x}_4$ 與 r_3。

    (a) $A = \begin{bmatrix} 2 & -4 \\ -3 & 3 \end{bmatrix}$ ◆(b) $A = \begin{bmatrix} 5 & 2 \\ -3 & -2 \end{bmatrix}$

    (c) $A = \begin{bmatrix} 1 & 2 \\ 2 & 1 \end{bmatrix}$ ◆(d) $A = \begin{bmatrix} 3 & 1 \\ 1 & 0 \end{bmatrix}$

2. 下列各題中，求精確的固有值，然後利用 QR 演算法求其近似值。

    (a) $A = \begin{bmatrix} 1 & 1 \\ 1 & 0 \end{bmatrix}$ ◆(b) $A = \begin{bmatrix} 3 & 1 \\ 1 & 0 \end{bmatrix}$

3. 由 $\mathbf{x}_0 = \begin{bmatrix} 1 \\ 1 \end{bmatrix}$ 開始，對 $A = \begin{bmatrix} 0 & 1 \\ -1 & 0 \end{bmatrix}$ 使用冪次法。它們會收斂嗎？請說明理由。

◆4. 若 A 是對稱，證明在 QR 演算法中，每一個矩陣 A_k 也都是對稱並且收斂到對角矩陣。

5. 對 $A = \begin{bmatrix} 2 & -3 \\ 1 & -2 \end{bmatrix}$ 使用 QR 演算法，並說明理由。

6. 已知一矩陣 A，對 $k \geq 1$，令 A_k、Q_k、R_k 為 QR 演算法中所建構的矩陣。證明 $A_k = (Q_1 Q_2 \cdots Q_k)(R_k \cdots R_2 R_1)$，其中 $k \geq 1$，因此這是 A_k 的 QR 分解。【提示：對每一個 $k \geq 2$，證明 $Q_k R_k = R_{k-1} Q_{k-1}$，然後利用這個等式計算 $(Q_1 Q_2 \cdots Q_k)(R_k \cdots R_2 R_1)$「從中間向外」。再利用對任意方陣 A、B 而言，$(AB)^{n+1} = A(BA)^n B$ 的事實。】

8.6 節　複數矩陣

若 A 為 $n \times n$ 矩陣，特徵多項式 $c_A(x)$ 為 n 次多項式，而 A 的固有值恰是 $c_A(x) = 0$ 的根。在多數的例子中，這些根都是實數（事實上，這些例子都是經過挑選使其只產生實根！）；即使特徵多項式為實係數，也未必是如此。例如，若 $A = \begin{bmatrix} 0 & 1 \\ -1 & 0 \end{bmatrix}$，則 $c_A(x) = x^2 + 1 = 0$ 有兩根 i 與 $-i$，其中 i 為滿足 $i^2 = -1$ 的複數。因此，我們要處理（實）方陣的固有值可能是複數的情況。

事實上，在本書中將實數改為複數，所得的結果幾乎都是對的。我們將處理複數矩陣、複係數的線性方程組（複數解）、複矩陣的行列式以及複向量空間，其純量乘法是以複數相乘。此外，關於實數情形的大多數定理的證明，很容易推廣到複數的情形。此處，我們並不打算探討整個複線性代數。然而，我們欲將理論推廣到足以對定理提出另一種證明，亦即證明實對稱矩陣 A 的固有值為實數（第 5.5 節定理 7）以及證明值譜定理，它是主軸定理的推廣（第 8.2 節定理 2）。

令 $\mathbb{C}$ 表示複數集。我們只用到複數最基本的性質（主要是共軛和絕對值）。若 $n \geq 1$，令 $\mathbb{C}^n$ 表示所有複數的 n 元組所成的集合。如同 $\mathbb{R}^n$，這些 n 元組可以寫成列向量或行向量。我們定義 $\mathbb{C}^n$ 的向量運算如下：

$$(v_1, v_2, \ldots, v_n) + (w_1, w_2, \ldots, w_n) = (v_1 + w_1, v_2 + w_2, \ldots, v_n + w_n)$$
$$u(v_1, v_2, \ldots, v_n) = (uv_1, uv_2, \ldots, uv_n),\text{ 其中 } u \in \mathbb{C}$$

依這些定義，$\mathbb{C}^n$ 滿足第 6 章之向量空間的公設（以複數為純量）。因此，在 $\mathbb{C}^n$ 中，我們可以談論生成集、線性獨立子集與基底。在所有情況下，定義與實數的情況相同，只是將純量改為複數。特別地，$\mathbb{R}^n$ 的標準基底仍然是 $\mathbb{C}^n$ 的基底，稱為 $\mathbb{C}^n$ 的**標準基底 (standard basis)**。

標準內積

可將 $\mathbb{R}^n$ 中的點積推廣至 $\mathbb{C}^n$。

定義 8.7

已知 $\mathbf{z} = (z_1, z_2, ..., z_n)$ 和 $\mathbf{w} = (w_1, w_2, ..., w_n)$ 為 $\mathbb{C}^n$ 中的向量，我們定義它們的**標準內積 (standard inner product)** 為

$$\langle \mathbf{z}, \mathbf{w} \rangle = z_1 \overline{w}_1 + z_2 \overline{w}_2 + \cdots + z_n \overline{w}_n$$

其中 $\overline{w}$ 為複數 w 的共軛複數。

顯然，若 $\mathbf{z}$ 與 $\mathbf{w}$ 都屬於 $\mathbb{R}^n$，則 $\langle \mathbf{z}, \mathbf{w} \rangle = \mathbf{z} \cdot \mathbf{w}$ 即為通常的點積。

例 1

若 $\mathbf{z} = (2, 1-i, 2i, 3-i)$ 且 $\mathbf{w} = (1-i, -1, -i, 3+2i)$，則

注意，一般而言，$\langle \mathbf{z}, \mathbf{w} \rangle$ 為複數。然而，若 $\mathbf{w} = \mathbf{z} = (z_1, z_2, ..., z_n)$，則依定義可得 $\langle \mathbf{z}, \mathbf{z} \rangle = |z_1|^2 + \cdots + |z_n|^2$，此為非負實數，它等於 0 若且唯若 $\mathbf{z} = \mathbf{0}$。這解釋 $\langle \mathbf{z}, \mathbf{w} \rangle$ 定義中含有共軛的原因，因此可得下列定理的 (4)。

定理 1

設 $\mathbf{z}, \mathbf{z}_1, \mathbf{w}, \mathbf{w}_1$ 為 $\mathbb{C}^n$ 中的向量，而 λ 為複數，則有

1. $\langle \mathbf{z} + \mathbf{z}_1, \mathbf{w} \rangle = \langle \mathbf{z}, \mathbf{w} \rangle + \langle \mathbf{z}_1, \mathbf{w} \rangle$ 且 $\langle \mathbf{z}, \mathbf{w} + \mathbf{w}_1 \rangle = \langle \mathbf{z}, \mathbf{w} \rangle + \langle \mathbf{z}, \mathbf{w}_1 \rangle$
2. $\langle \lambda \mathbf{z}, \mathbf{w} \rangle = \lambda \langle \mathbf{z}, \mathbf{w} \rangle$ 且 $\langle \mathbf{z}, \lambda \mathbf{w} \rangle = \overline{\lambda} \langle \mathbf{z}, \mathbf{w} \rangle$
3. $\langle \mathbf{z}, \mathbf{w} \rangle = \overline{\langle \mathbf{w}, \mathbf{z} \rangle}$
4. $\langle \mathbf{z}, \mathbf{z} \rangle \geq 0$，且 $\langle \mathbf{z}, \mathbf{z} \rangle = 0$ 若且唯若 $\mathbf{z} = \mathbf{0}$

證明

(1) 與 (2) 的證明留給讀者（習題 10），而 (4) 已經證過了。現在證明 (3)，令 $\mathbf{z} = (z_1, z_2, ..., z_n)$ 且 $\mathbf{w} = (w_1, w_2, ..., w_n)$，則

$$\overline{\langle \mathbf{w}, \mathbf{z} \rangle} = \overline{(w_1 \overline{z}_1 + \cdots + w_n \overline{z}_n)} = \overline{w}_1 \overline{\overline{z}_1} + \cdots + \overline{w}_n \overline{\overline{z}_n}$$
$$= z_1 \overline{w}_1 + \cdots + z_n \overline{w}_n = \langle \mathbf{z}, \mathbf{w} \rangle$$

> **定義 8.8**
>
> 如同 $\mathbb{R}^n$ 的點積,性質 (4) 使我們能夠定義 $\mathbb{C}^n$ 中向量 $\mathbf{z} = (z_1, z_2, \ldots, z_n)$ 的**範數 (norm)** 或**長度 (length)** $\|\mathbf{z}\|$ 如下:
> $$\|\mathbf{z}\| = \sqrt{\langle \mathbf{z}, \mathbf{z} \rangle} = \sqrt{|z_1|^2 + |z_2|^2 + \cdots + |z_n|^2}$$

下面是我們需要用到的範數函數的性質(證明留給讀者):

> **定理 2**
>
> 設 $\mathbf{z}$ 為 $\mathbb{C}^n$ 中的任意向量,則
> 1. $\|\mathbf{z}\| \geq 0$,且 $\|\mathbf{z}\| = 0$ 若且唯若 $\mathbf{z} = \mathbf{0}$
> 2. 對所有複數 λ 而言,$\|\lambda \mathbf{z}\| = |\lambda| \|\mathbf{z}\|$

$\mathbb{C}^n$ 中的向量 $\mathbf{u}$,若滿足 $\|\mathbf{u}\| = 1$,則稱 $\mathbf{u}$ 為**單位向量 (unit vector)**。由定理 2 的性質 (2) 可知,若 $\mathbf{z} \neq \mathbf{0}$ 為 $\mathbb{C}^n$ 中的任意非零向量,則 $\mathbf{u} = \dfrac{1}{\|\mathbf{z}\|} \mathbf{z}$ 為單位向量。

> **● 例 2**
>
> 在 $\mathbb{C}^4$ 中,求單位向量 $\mathbf{u}$,而 $\mathbf{u}$ 是 $\mathbf{z} = (1-i, i, 2, 3+4i)$ 的正實數倍數。
>
> **解:** $\|\mathbf{z}\| = \sqrt{2 + 1 + 4 + 25} = \sqrt{32} = 4\sqrt{2}$,故取 $\mathbf{u} = \dfrac{1}{4\sqrt{2}} \mathbf{z}$。

矩陣 $A = [a_{ij}]$ 稱為**複矩陣 (complex matrix)**,若每一個元素 a_{ij} 皆為複數。共軛複數的概念可推廣到矩陣:定義 $A = [a_{ij}]$ 的**共軛 (conjugate)** 為
$$\overline{A} = [\overline{a_{ij}}]$$
是將 A 的每一個元素取共軛而得。又
$$\overline{A+B} = \overline{A} + \overline{B} \quad \text{和} \quad \overline{AB} = \overline{A}\,\overline{B}$$
對所有適當型的(複)矩陣皆成立。

複矩陣的轉置,其定義與實矩陣相同,而下面的概念是很基本的。

> **定義 8.9**
>
> 複矩陣 A 的**共軛轉置 (conjugate transpose)** A^H 定義為
> $$A^H = (\overline{A})^T = \overline{(A^T)}$$

注意，若 A 為實矩陣，則 $A^H = A^T$。[8]

例 3

$$\begin{bmatrix} 3 & 1-i & 2+i \\ 2i & 5+2i & -i \end{bmatrix}^H = \begin{bmatrix} 3 & -2i \\ 1+i & 5-2i \\ 2-i & i \end{bmatrix}$$

下面 A^H 的性質是由實矩陣的轉置規則推廣到複矩陣而得。注意性質 (3) 的共軛。

定理 3

設 A 與 B 為複矩陣，λ 為複數，則有
1. $(A^H)^H = A$
2. $(A+B)^H = A^H + B^H$
3. $(\lambda A)^H = \overline{\lambda} A^H$
4. $(AB)^H = B^H A^H$

賀米特與單式矩陣

若 A 是實對稱矩陣，顯然 $A^H = A$ 成立。滿足此條件的複矩陣是實對稱矩陣的最自然推廣。

定義 8.10

一個複方陣 A，若滿足 $A^H = A$ 或 $\overline{A} = A^T$，則稱 A 為**賀米特 (Hermitian)**[9] 矩陣。

賀米特矩陣很容易辨認，因為主對角線的元素是實數，而對稱於主對角線的元素互為共軛。

例 4

$\begin{bmatrix} 3 & i & 2+i \\ -i & -2 & -7 \\ 2-i & -7 & 1 \end{bmatrix}$ 是賀米特矩陣，而 $\begin{bmatrix} 1 & i \\ i & -2 \end{bmatrix}$ 與 $\begin{bmatrix} 1 & i \\ -i & i \end{bmatrix}$ 不是賀米特矩陣。

---

[8] A^H 也可以用其它的符號表示，如 A^*，$A^\dagger$。

[9] Hermitian 矩陣是紀念法國數學家 Charles Hermite (1822–1901) 而命名的。他的主要工作在分析學，他是第一位證明 e 是一個超越數，亦即 e 不是任何整係數方程式的根。

下面的定理是第 8.2 節定理 3 的推廣，它用 $\mathbb{C}^n$ 的標準內積對賀米特矩陣給予非常有用的特性描述。

定理 4

$n \times n$ 複矩陣 A 為賀米特矩陣，若且唯若對 $\mathbb{C}^n$ 中的所有 n 元組 $\mathbf{z}$ 和 $\mathbf{w}$ 而言，
$$\langle A\mathbf{z}, \mathbf{w} \rangle = \langle \mathbf{z}, A\mathbf{w} \rangle$$
恆成立。

證明

若 A 為賀米特矩陣，則 $A^T = \overline{A}$。若 $\mathbf{z}$、$\mathbf{w}$ 為 $\mathbb{C}^n$ 中的行向量，則 $\langle \mathbf{z}, \mathbf{w} \rangle = \mathbf{z}^T \overline{\mathbf{w}}$，因此
$$\langle A\mathbf{z}, \mathbf{w} \rangle = (A\mathbf{z})^T \overline{\mathbf{w}} = \mathbf{z}^T A^T \overline{\mathbf{w}} = \mathbf{z}^T \overline{A} \overline{\mathbf{w}} = \mathbf{z}^T (\overline{A\mathbf{w}}) = \langle \mathbf{z}, A\mathbf{w} \rangle$$
反之，令 $\mathbf{e}_j$ 表示單位矩陣的第 j 行。若 $A = [a_{ij}]$，則有
$$\overline{a}_{ij} = \langle \mathbf{e}_i, A\mathbf{e}_j \rangle = \langle A\mathbf{e}_i, \mathbf{e}_j \rangle = a_{ij}$$
因此 $\overline{A} = A^T$，故 A 為賀米特矩陣。

設 A 為 $n \times n$ 複矩陣。如同實矩陣的情形，對 $\mathbb{C}^n$ 中的某一個行向量 $\mathbf{x} \neq \mathbf{0}$ 而言，若 $A\mathbf{x} = \lambda \mathbf{x}$ 恆成立，則複數 λ 稱為 A 的**固有值 (eigenvalue)**，$\mathbf{x}$ 稱為 A 的對應於 λ 之**固有向量 (eigenvector)**。**特徵多項式 (characteristic polynomial)** $c_A(x)$ 定義為
$$c_A(x) = \det(xI - A)$$
此多項式的係數為複數。第 3.3 節定理 2 的證明可用來證明 A 的固有值是 $c_A(x) = 0$ 的根（可能是複數根）。

顯然此時以複數來運算較為便利。實數系並不完美，因為實矩陣的特徵方程式，其根未必全為實數。這種情形在複數系就不會發生。代數基本定理保證每一個次數為正的複係數方程式必有一個複數根。因此，每一個複方陣 A 都有一個複數固有值。的確，$c_A(x)$ 可完全分解如下：
$$c_A(x) = (x - \lambda_1)(x - \lambda_2)\ldots(x - \lambda_n)$$
其中 $\lambda_1, \lambda_2, \ldots, \lambda_n$ 為 A 的固有值（可能有重根）。

下面的定理告訴我們，賀米特矩陣的固有值是實數。因為實對稱矩陣為賀米特矩陣，這又證明了第 5.5 節定理 7。它也推廣了第 8.2 節的定理 4，亦即實對稱矩陣相異固有值所對應的固有向量互相正交。在複數的情形，$\mathbb{C}^n$ 中的兩個 n 元組 $\mathbf{z}$ 和 $\mathbf{w}$，若滿足 $\langle \mathbf{z}, \mathbf{w} \rangle = 0$，則稱 $\mathbf{z}$、$\mathbf{w}$ 為**正交 (orthogonal)**。

定理 5

設 A 為賀米特矩陣，則

1. A 的固有值為實數。
2. A 的相異固有值所對應的固有向量互相正交。

證明

令 λ、μ 為 A 的固有值，而 $\mathbf{z}, \mathbf{w}$ 為對應（非零）的固有向量，則 $A\mathbf{z} = \lambda\mathbf{z}$ 且 $A\mathbf{w} = \mu\mathbf{w}$，由定理 4 可得

$$\lambda\langle\mathbf{z},\mathbf{w}\rangle = \langle\lambda\mathbf{z},\mathbf{w}\rangle = \langle A\mathbf{z},\mathbf{w}\rangle = \langle\mathbf{z},A\mathbf{w}\rangle = \langle\mathbf{z},\mu\mathbf{w}\rangle = \overline{\mu}\langle\mathbf{z},\mathbf{w}\rangle \tag{*}$$

若 $\mu = \lambda$ 且 $\mathbf{w} = \mathbf{z}$，此式變成 $\lambda\langle\mathbf{z},\mathbf{z}\rangle = \overline{\lambda}\langle\mathbf{z},\mathbf{z}\rangle$。因為 $\langle\mathbf{z},\mathbf{z}\rangle = \|\mathbf{z}\|^2 \neq 0$，這表示 $\lambda = \overline{\lambda}$，因此 λ 為實數，(1) 得證。同理，μ 是實數，由 (*) 式可得 $\lambda\langle\mathbf{z},\mathbf{w}\rangle = \mu\langle\mathbf{z},\mathbf{w}\rangle$。若 $\lambda \neq \mu$，表示 $\langle\mathbf{z},\mathbf{w}\rangle = 0$，這證明了 (2)。

主軸定理（第 8.2 節定理 2）聲稱每一個實對稱矩陣 A 皆可正交對角化——亦即 $P^T A P$ 是對角矩陣，其中 P 是正交矩陣 ($P^{-1} = P^T$)。下一個定理將這些實正交矩陣類推至複數的情況。

定義 8.11

如同實數的情形，若 $\langle\mathbf{z}_i, \mathbf{z}_j\rangle = 0$，$i \neq j$，則 $\mathbb{C}^n$ 中的一組非零向量集 $\{\mathbf{z}_1, \mathbf{z}_2, \ldots, \mathbf{z}_m\}$ 稱為**正交 (orthogonal)**，此外，若對每一個 i 而言，$\|\mathbf{z}_i\| = 1$，則 $\{\mathbf{z}_1, \mathbf{z}_2, \ldots, \mathbf{z}_m\}$ 稱為**單範正交 (orthonormal)**。

定理 6

對於 $n \times n$ 複矩陣 A 而言，下列敘述是對等的。

1. A 可逆且 $A^{-1} = A^H$。
2. 在 $\mathbb{C}^n$ 中，A 的列向量是一組單範正交集。
3. 在 $\mathbb{C}^n$ 中，A 的行向量是一組單範正交集。

證明

若 $A = [\mathbf{c}_1 \ \mathbf{c}_2 \ \ldots \ \mathbf{c}_n]$ 為複矩陣，其第 j 行為 $\mathbf{c}_j$，則 $\overline{A^T}A = [\langle\mathbf{c}_i, \mathbf{c}_j\rangle]$。此定理的證明如同第 8.2 節定理 1 的證明。

定義 8.12

若複方陣 U 滿足 $U^{-1} = U^H$，則稱 U 為**單式 (unitary)** 矩陣。

因此一個實矩陣為單式矩陣若且唯若它是正交矩陣。

例 5

矩陣 $A = \begin{bmatrix} 1+i & 1 \\ 1-i & i \end{bmatrix}$ 的行向量是正交，但列向量非正交。將行向量正規化 (normalizing) 可得單式矩陣 $\frac{1}{2}\begin{bmatrix} 1+i & \sqrt{2} \\ 1-i & \sqrt{2}i \end{bmatrix}$。

給予一個實對稱矩陣 A，第 3.3 節的對角化演算法可求出正交矩陣 P，使得 P^TAP 是對角矩陣（見第 8.2 節例 4）。下面的例題是說明定理 5 以及說明如何將複數矩陣對角化。

例 6

考慮賀米特矩陣 $A = \begin{bmatrix} 3 & 2+i \\ 2-i & 7 \end{bmatrix}$。求 A 的固有值、兩個單範正交固有向量並求單式矩陣 U 使得 U^HAU 是對角矩陣。

解：A 的特徵多項式為

$$c_A(x) = \det(xI - A) = \det\begin{bmatrix} x-3 & -2-i \\ -2+i & x-7 \end{bmatrix} = (x-2)(x-8)$$

因此固有值為 2 和 8（兩者均為實數），對應的固有向量為 $\begin{bmatrix} 2+i \\ -1 \end{bmatrix}$ 和 $\begin{bmatrix} 1 \\ 2-i \end{bmatrix}$（它們是正交的）。每一個固有向量的長度為 $\sqrt{6}$，如同（實）對角化演算法，令 $U = \frac{1}{\sqrt{6}}\begin{bmatrix} 2+i & 1 \\ -1 & 2-i \end{bmatrix}$ 為單式矩陣，其行向量是由正規化 (normalized) 的固有向量所組成。因此 $U^HAU = \begin{bmatrix} 2 & 0 \\ 0 & 8 \end{bmatrix}$ 為對角矩陣。

單式對角化

對某個單式矩陣 U，若 U^HAU 為對角矩陣，則 $n \times n$ 複矩陣 A 稱為**可單式對角化 (unitarily diagonalizable)**。如例 6 所示，我們將證明每一賀米特矩陣均可單式對角化。下面是一個非常重要的定理，由此定理可推論出一些結論。

若在主對角線以下的每一個元素皆為零，則此複矩陣稱為**上三角 (upper**

triangular) 矩陣。下面的定理是 Issai Schur 發現的。[10]

定理 7

Schur 定理 (Schur's Theorem)

若 A 是任意 $n \times n$ 複矩陣，則存在一個單式矩陣 U 使得
$$U^H A U = T$$
為上三角矩陣。此外，T 的主對角線上的元素是 A 的固有值 $\lambda_1, \lambda_2, ..., \lambda_n$（包括重複的）。

證明

我們用歸納法證明。若 $n = 1$，A 為上三角矩陣。若 $n > 1$，假設對於 $(n-1) \times (n-1)$ 複矩陣，此定理成立。令 λ_1 是 A 的固有值，且令 $\mathbf{y}_1$ 是固有向量，其中 $\|\mathbf{y}_1\| = 1$，則 $\mathbf{y}_1$ 是 $\mathbb{C}^n$ 的基底的一部分（由第 6.4 節定理 1 的類推）。故由（類推於複數的）Gram-Schmidt 正交化過程可找到 $\mathbf{y}_2, ..., \mathbf{y}_n$ 使得 $\{\mathbf{y}_1, \mathbf{y}_2, ..., \mathbf{y}_n\}$ 為 $\mathbb{C}^n$ 的一組單範正交基底。若矩陣 $U_1 = [\mathbf{y}_1\ \mathbf{y}_2\ \cdots\ \mathbf{y}_n]$ 的行是由這些向量所組成，則（見引理 3）
$$U_1^H A U_1 = \begin{bmatrix} \lambda_1 & X_1 \\ 0 & A_1 \end{bmatrix}$$
此為區塊形矩陣。現在利用歸納法求一個 $(n-1) \times (n-1)$ 單式矩陣 W_1 使得 $W_1^H A_1 W_1 = T_1$ 為上三角矩陣，則 $U_2 = \begin{bmatrix} 1 & 0 \\ 0 & W_1 \end{bmatrix}$ 是一個 $n \times n$ 單式矩陣。因此 $U = U_1 U_2$ 是單式矩陣（利用定理 6），且

$$U^H A U = U_2^H (U_1^H A U_1) U_2$$
$$= \begin{bmatrix} 1 & 0 \\ 0 & W_1^H \end{bmatrix} \begin{bmatrix} \lambda_1 & X_1 \\ 0 & A_1 \end{bmatrix} \begin{bmatrix} 1 & 0 \\ 0 & W_1 \end{bmatrix} = \begin{bmatrix} \lambda_1 & X_1 W_1 \\ 0 & T_1 \end{bmatrix}$$

為上三角矩陣。最後，由第 5.5 節定理 1（複數）知 A 和 $U^H A U = T$ 有相同的固有值，且因為 T 是上三角矩陣，所以這些固有值是 T 的對角元素。

因為相似矩陣有相同的跡和行列式，由此可得 Schur 定理的推論如下：

推論 1

設 A 為 $n \times n$ 複矩陣，$\lambda_1, \lambda_2, ..., \lambda_n$ 為 A 的固有值，包括重複的，則
$$\det A = \lambda_1 \lambda_2 \cdots \lambda_n \quad \text{且} \quad \operatorname{tr} A = \lambda_1 + \lambda_2 + \cdots + \lambda_n$$

Schur 定理聲稱每一個複矩陣可「單式三角化」，但是，此處不可改為「單式

---
[10] Issai Schur (1875–1941) 是德國數學家，其主要工作是群的表現理論。

對角化」。事實上，若 $A = \begin{bmatrix} 1 & 1 \\ 0 & 1 \end{bmatrix}$，則不存在可逆複矩陣 U 使得 $U^{-1}AU$ 為對角矩陣。但若是賀米特矩陣，情況就會變得較好。

定理 8

值譜定理 (Spectral Theorem)
若 A 是賀米特矩陣，則存在一單式矩陣 U 使得 U^HAU 為對角矩陣。

證明

由 Schur 定理知 $U^HAU = T$ 為上三角矩陣，其中 U 為單式矩陣。因為 A 是賀米特矩陣，可得

$$T^H = (U^HAU)^H = U^HA^HU^{HH} = U^HAU = T$$

這表示 T 是上三角亦是下三角矩陣。因此 T 是對角矩陣。

主軸定理聲稱實矩陣 A 是對稱若且唯若它是可正交對角化（亦即，對於某個實正交矩陣 P 而言，P^TAP 是對角矩陣）。定理 8 是這結果的一半的複數類推。但是，對複矩陣而言，此逆敘述並不成立，因為存在可單式對角化的非賀米特矩陣。

例 7

證明 $A = \begin{bmatrix} 0 & 1 \\ -1 & 0 \end{bmatrix}$ 不是賀米特矩陣，但是 A 可單式對角化。

解：特徵多項式為 $c_A(x) = x^2 + 1$。因此固有值為 i 和 $-i$，且很容易驗證 $\begin{bmatrix} i \\ -1 \end{bmatrix}$ 和 $\begin{bmatrix} -1 \\ i \end{bmatrix}$ 為對應的固有向量。此外，這些固有向量是正交的且長度均為 $\sqrt{2}$，故 $U = \frac{1}{\sqrt{2}} \begin{bmatrix} i & -1 \\ -1 & i \end{bmatrix}$ 是單式矩陣使得 $U^HAU = \begin{bmatrix} i & 0 \\ 0 & -i \end{bmatrix}$ 為對角矩陣。

有一個簡單的方法可用來分辨複矩陣是否可單式對角化。一個 $n \times n$ 複矩陣 N 若滿足 $NN^H = N^HN$，則 N 稱為**正規 (normal)** 矩陣。顯然，每一個賀米特或單式矩陣為正規的，如同例 7 中的矩陣 $\begin{bmatrix} 0 & 1 \\ -1 & 0 \end{bmatrix}$。事實上我們有下面的結果。

定理 9

一個 $n \times n$ 複矩陣 A 可單式對角化若且唯若 A 是正規的。

證明

首先假設 $U^H A U = D$，其中 U 是單式矩陣而 D 是對角矩陣，於是很容易驗證 $DD^H = D^H D$。因為 $DD^H = U^H(AA^H)U$ 且 $D^H D = U^H(A^H A)U$，由消去律可得 $AA^H = A^H A$。

反之，假設 A 為正規的，亦即，$AA^H = A^H A$，由 Schur 定理，令 $U^H A U = T$，其中 T 為上三角矩陣而 U 為單式矩陣，則 T 也是正規的：

$$TT^H = U^H(AA^H)U = U^H(A^H A)U = T^H T$$

因只需證明一個 $n \times n$ 正規上三角矩陣 T 必是對角矩陣。利用歸納法，顯然 $n = 1$ 時是成立的，若 $n > 1$ 且 $T = [t_{ij}]$，令 TT^H 和 $T^H T$ 的 $(1, 1)$ 元素相等可得

$$|t_{11}|^2 + |t_{12}|^2 + \cdots + |t_{1n}|^2 = |t_{11}|^2$$

這表示 $t_{12} = t_{13} = \cdots = t_{1n} = 0$，故 $T = \begin{bmatrix} t_{11} & 0 \\ 0 & T_1 \end{bmatrix}$，以區塊形式表示。因此 $T^H = \begin{bmatrix} \overline{t}_{11} & 0 \\ 0 & T_1^H \end{bmatrix}$，故 $TT^H = T^H T$ 意指 $T_1 T_1^H = T_1^H T_1$，因此由歸納法得知 T_1 為對角矩陣，定理得證。

本節末，我們利用 Schur 定理（定理 7）證明關於矩陣的一個有名的定理。若方陣 A 的特徵多項式定義為 $c_A(x) = \det(xI - A)$，則 A 的固有值恰是 $c_A(x) = 0$ 的根。

定理 10

Cayley-Hamilton 定理 (Cayley-Hamilton Theorem)[11]

若 A 為 $n \times n$ 複矩陣，則 $c_A(A) = 0$；亦即 A 是其特徵方程式的根。

證明

若 $p(x)$ 為複係數的任意多項式，則對任意可逆複矩陣 P 而言，$p(P^{-1}AP) = P^{-1}p(A)P$ 恆成立。因此，由 Schur 定理，我們可假設 A 為上三角矩陣，則 A 的固有值 $\lambda_1, \lambda_2, \ldots, \lambda_n$ 出現在主對角線上，故 $c_A(x) = (x - \lambda_1)(x - \lambda_2)(x - \lambda_3)\cdots(x - \lambda_n)$。因此

$$c_A(A) = (A - \lambda_1 I)(A - \lambda_2 I)(A - \lambda_3 I)\cdots(A - \lambda_n I)$$

注意，每一個矩陣 $A - \lambda_i I$ 為上三角矩陣。現在觀察：

1. $A - \lambda_1 I$ 的第 1 行為零，此乃因 A 的第 1 行為 $(\lambda_1, 0, 0, \ldots, 0)^T$。
2. $(A - \lambda_1 I)(A - \lambda_2 I)$ 的前 2 行為零，此乃因對某個常數 b 而言，$(A - \lambda_2 I)$ 的第 2 行為 $(b, 0, 0, \ldots, 0)^T$。

---

[11] 以英國數學家 Arthur Cayley (1821–1895) 以及愛爾蘭的數學家 William Rowan Hamilton (1805–1865) 的名字命名，Hamilton 在物理動力學上享有盛名。

3. $(A - \lambda_1 I)(A - \lambda_2 I)(A - \lambda_3 I)$ 的前 3 行為零，此乃因對某些常數 c、d 而言，$(A - \lambda_3 I)$ 的第 3 行為 $(c, d, 0, ..., 0)^T$。

持續這種方法，可知 $(A - \lambda_1 I)(A - \lambda_2 I)(A - \lambda_3 I) \cdots (A - \lambda_n I)$ 的所有 n 行皆為零；亦即 $c_A(A) = 0$。

習題 8.6

1. 下列各題中，計算複向量的範數。
   (a) $(1, 1 - i, -2, i)$
   ◆(b) $(1 - i, 1 + i, 1, -1)$
   (c) $(2 + i, 1 - i, 2, 0, -i)$
   ◆(d) $(-2, -i, 1 + i, 1 - i, 2i)$

2. 下列各題中，判斷兩向量是否正交。
   (a) $(4, -3i, 2 + i), (i, 2, 2 - 4i)$
   ◆(b) $(i, -i, 2 + i), (i, i, 2 - i)$
   (c) $(1, 1, i, i), (1, i, -i, 1)$
   ◆(d) $(4 + 4i, 2 + i, 2i), (-1 + i, 2, 3 - 2i)$

3. 若 $\mathbb{C}^n$ 中的子集 U 包含 0 且若 $\mathbf{v}$ 和 $\mathbf{w}$ 屬於 U，則 $\mathbf{v} + \mathbf{w}$ 和 $z\mathbf{v}$ 皆屬於 U（z 是任意複數），則 U 稱為 $\mathbb{C}^n$ 的**複子空間 (complex subspace)**。下列各題中，判斷 U 是否為 $\mathbb{C}^3$ 的複子空間。
   (a) $U = \{(w, \overline{w}, 0) \mid w \in \mathbb{C}\}$
   ◆(b) $U = \{(w, 2w, a) \mid w \in \mathbb{C}, a \in \mathbb{R}\}$
   (c) $U = \mathbb{R}^3$
   ◆(d) $U = \{(v + w, v - 2w, v) \mid v, w \in \mathbb{C}\}$

4. 下列各題中，求出 $\mathbb{C}$ 的一組基底，並求 $\mathbb{C}^3$ 中的複子空間 U 的維數（見先前習題）。
   (a) $U = \{(w, v + w, v - iw) \mid v, w \in \mathbb{C}\}$
   ◆(b) $U = \{(iv + w, 0, 2v - w) \mid v, w \in \mathbb{C}\}$
   (c) $U = \{(u, v, w) \mid iu - 3v + (1 - i)w = 0; u, v, w \in \mathbb{C}\}$
   ◆(d) $U = \{(u, v, w) \mid 2u + (1 + i)v - iw = 0; u, v, w \in \mathbb{C}\}$

5. 下列各題中，判斷已知矩陣是否為賀米特、單式或正規矩陣。
   (a) $\begin{bmatrix} 1 & -i \\ i & i \end{bmatrix}$
   ◆(b) $\begin{bmatrix} 2 & 3 \\ -3 & 2 \end{bmatrix}$
   (c) $\begin{bmatrix} 1 & i \\ -i & 2 \end{bmatrix}$
   ◆(d) $\begin{bmatrix} 1 & -i \\ i & -1 \end{bmatrix}$
   (e) $\frac{1}{\sqrt{2}} \cdot \begin{bmatrix} 1 & -1 \\ 1 & 1 \end{bmatrix}$
   ◆(f) $\begin{bmatrix} 1 & 1 + i \\ 1 + i & i \end{bmatrix}$
   (g) $\begin{bmatrix} 1 + i & 1 \\ -i & -1 + i \end{bmatrix}$
   ◆(h) $\frac{1}{\sqrt{2}|z|} \begin{bmatrix} z & z \\ \overline{z} & -\overline{z} \end{bmatrix}$, $z \neq 0$

6. 證明 N 為正規矩陣若且唯若 $\overline{N}N^T = N^T\overline{N}$。

7. 令 $A = \begin{bmatrix} z & \overline{v} \\ v & w \end{bmatrix}$，其中 v、w 和 z 為複數。若 A 是下列情形，試以 v、w 和 z 來表示 A。
   (a) 賀米特
   (b) 單式
   (c) 正規

8. 下列各題中，求單式矩陣 U 使得 $U^H A U$ 是對角矩陣。
   (a) $A = \begin{bmatrix} 1 & i \\ -i & 1 \end{bmatrix}$
   ◆(b) $A = \begin{bmatrix} 4 & 3 - i \\ 3 + i & 1 \end{bmatrix}$
   (c) $A = \begin{bmatrix} a & b \\ -b & a \end{bmatrix}$，$a$、$b$ 為實數

◆(d) $A = \begin{bmatrix} 2 & 1+i \\ 1-i & 3 \end{bmatrix}$

(e) $A = \begin{bmatrix} 1 & 0 & 1+i \\ 0 & 2 & 0 \\ 1-i & 0 & 0 \end{bmatrix}$

◆(f) $A = \begin{bmatrix} 1 & 0 & 0 \\ 0 & 1 & 1+i \\ 0 & 1-i & 2 \end{bmatrix}$

9. 證明對於所有 $n \times n$ 矩陣 A 和所有 $\mathbb{C}^n$ 中的 n 元組 **x** 和 **y** 而言，$\langle A\mathbf{x}, \mathbf{y} \rangle = \langle \mathbf{x}, A^H \mathbf{y} \rangle$ 恆成立。

10. (a) 證明定理 1 中的 (1) 和 (2)。
    ◆(b) 證明定理 2。
    (c) 證明定理 3。

11. (a) 證明 A 是賀米特矩陣若且唯若 $\overline{A} = A^T$。
    ◆(b) 證明任意賀米特矩陣的對角元素為實數。

12. (a) 證明每一個複矩陣 Z 可唯一寫成 $Z = A + iB$ 的形式，其中 A, B 為實矩陣。
    (b) 如 (a)，若 $Z = A + iB$，證明 Z 是賀米特矩陣若且唯若 A 為對稱且 B 為反對稱（亦即，$B^T = -B$）。

13. 若 Z 是任意 $n \times n$ 複矩陣，證明 ZZ^H 和 $Z + Z^H$ 是賀米特矩陣。

14. 若 $B^H = -B$，則複矩陣 B 稱為**反賀米特 (skew-hermitian)** 矩陣。
    (a) 證明對於任意複方陣 Z 而言，$Z - Z^H$ 是反賀米特矩陣。
    ◆(b) 若 B 是反賀米特矩陣，證明 B^2 和 iB 是賀米特矩陣。
    (c) 若 B 是反賀米特矩陣，證明 B 的固有值是純虛數（形如 $i\lambda$，其中 λ 為實數）。
    ◆(d) 證明每一個 $n \times n$ 複矩陣 Z 可唯一表達成 $Z = A + B$，其中 A 為賀米特而 B 為反賀米特。

15. 令 U 是單式矩陣。證明：
    (a) $\|U\mathbf{x}\| = \|\mathbf{x}\|$ 對於 $\mathbb{C}^n$ 中的所有行向量 **x** 皆成立。
    (b) $|\lambda| = 1$，對於 U 的每一個固有值 λ 皆成立。

16. (a) 若 Z 是可逆複矩陣，證明 Z^H 可逆且 $(Z^H)^{-1} = (Z^{-1})^H$。
    ◆(b) 證明單式矩陣的反矩陣仍是單式矩陣。
    (c) 若 U 是單式矩陣，證明 U^H 也是單式矩陣。

17. 令 Z 是 $m \times n$ 矩陣，使得 $Z^H Z = I_n$（例如，Z 是 $\mathbb{C}^m$ 中的單位行向量）。
    (a) 證明 $V = ZZ^H$ 是賀米特且滿足 $V^2 = V$。
    (b) 證明 $U = I - 2ZZ^H$ 是單式亦是賀米特（因此 $U^{-1} = U^H = U$）。

18. (a) 若 N 為正規矩陣，證明對於所有複數 z 而言，zN 也是正規矩陣。
    ◆(b) 證明若將正規改為賀米特，則 (a) 不成立。

19. 證明一個 2×2 實正規矩陣不是對稱就是具有 $\begin{bmatrix} a & b \\ -b & a \end{bmatrix}$ 的形式。

20. 若 A 是賀米特矩陣，證明 $c_A(x)$ 的所有係數都是實數。

21. (a) 若 $A = \begin{bmatrix} 1 & 1 \\ 0 & 1 \end{bmatrix}$，證明對任意可逆的複矩陣 U 而言，$U^{-1}AU$ 不是對角矩陣。
    ◆(b) 若 $A = \begin{bmatrix} 0 & 1 \\ -1 & 0 \end{bmatrix}$，證明對任意可逆的實矩陣 U 而言，$U^{-1}AU$ 不是上三角矩陣。

22. 若 A 是任意 $n \times n$ 矩陣，證明對某個單式矩陣 U 而言，$U^H A U$ 是下三角矩陣。

23. 若 A 是 3×3 矩陣，證明 $A^2 = 0$ 若且唯若存在一個單式矩陣 U 使得 $U^H A U$ 具有 $\begin{bmatrix} 0 & 0 & u \\ 0 & 0 & v \\ 0 & 0 & 0 \end{bmatrix}$ 或 $\begin{bmatrix} 0 & u & v \\ 0 & 0 & 0 \\ 0 & 0 & 0 \end{bmatrix}$ 的形式。

24. 若 $A^2 = A$，證明 rank A = tr A。【提示：利用 Schur 定理。】

8.7 節　應用於密碼學

　　人類使用密碼傳遞信息已有數百年之久。在很多種情況下，例如傳輸財務、醫療或軍事方面的資料時，這些信息被掩飾，使它們不能被竊取者理解，但可以輕易被指定的接收者解碼，這就是密碼學 (cryptography)。

　　從太空探測儀傳回來令人驚豔的土星照片，就是一個非常好的例子來說明這些方法有多麼成功。這些信息由於遭遇太陽的干擾而形成雜訊，進而在信息中產生錯誤。地球上所收到帶有錯誤的信號必須經過檢測和更正，才能將高畫質的照片印出來，這個就是利用錯誤更正碼做到的。本節僅討論矩陣在密碼學的應用。

　　矩陣密碼法是信息編碼與解碼的技巧，其中的一種是基於利用可逆矩陣的方法。在 26 個英文字母與數字間建立起一一對應，每一個字母用一個數代表；讓 0 表示空格，1 到 26 表示 A 到 Z。

　　若要發出信息 "GOOD LUCK"，則此信息編碼前的代碼為 7、15、15、4、0、12、21、3、11。

　　我們可以利用矩陣乘法來對明文 GOOD LUCK 進行編碼，讓其變成密文後再行傳送，以增加非法用戶破解的難度，而使合法用戶輕鬆解碼。但應注意使用密碼矩陣時，應保證密碼矩陣及其反矩陣必須是整數矩陣，即矩陣中的元素是整數。

例 1

使用下列的可逆矩陣

$$A = \begin{bmatrix} 1 & 2 & 1 \\ 2 & 5 & 3 \\ 2 & 3 & 2 \end{bmatrix}$$

對信息 "GOOD LUCK" 進行編碼及解碼。

解：明文 "GOOD LUCK" 對應的 9 個數值（含空格），按 3 行排成以下的矩陣

$$B = \begin{bmatrix} 7 & 4 & 21 \\ 15 & 0 & 3 \\ 15 & 12 & 11 \end{bmatrix}$$

矩陣乘積

$$AB = \begin{bmatrix} 1 & 2 & 1 \\ 2 & 5 & 3 \\ 2 & 3 & 2 \end{bmatrix} \begin{bmatrix} 7 & 4 & 21 \\ 15 & 0 & 3 \\ 15 & 12 & 11 \end{bmatrix} = \begin{bmatrix} 52 & 16 & 38 \\ 134 & 44 & 90 \\ 89 & 32 & 73 \end{bmatrix}$$

對應著將發出去的密文編碼：

$$52, 134, 89, 16, 44, 32, 38, 90, 73$$

合法用戶用 A^{-1} 左乘上述矩陣即可解碼得到明文。

$$A^{-1} \begin{bmatrix} 52 & 16 & 38 \\ 134 & 44 & 90 \\ 89 & 32 & 73 \end{bmatrix} = \begin{bmatrix} 1 & -1 & 1 \\ 2 & 0 & -1 \\ -4 & 1 & 1 \end{bmatrix} \begin{bmatrix} 52 & 16 & 38 \\ 134 & 44 & 90 \\ 89 & 32 & 73 \end{bmatrix} = \begin{bmatrix} 7 & 4 & 21 \\ 15 & 0 & 3 \\ 15 & 12 & 11 \end{bmatrix}$$

解碼後的信息為

$$7,\ 15,\ 15,\ 4,\ 0,\ 12,\ 21,\ 3,\ 11$$
$$G\ O\ O\ D\ \ \ L\ U\ C\ K$$

習題 8.7

1. 使用下列的可逆矩陣

$$A = \begin{bmatrix} 1 & -2 & 2 \\ -1 & 1 & 3 \\ 1 & -1 & -4 \end{bmatrix}$$

對信息 "SEND MONEY" 進行編碼及解碼。

8.8 節　應用於二次式[12]

如同 $x_1^2 + x_2^2 + x_3^2 - 2x_1x_3 + x_2x_3$ 的表示式，稱為變數 x_1、x_2、x_3 的二次式。由本節可知，以新變數來表達的二次式不含交叉項 y_1y_2、y_1y_3、y_2y_3。此外，我們可利用正交對角化來處理有限個變數，以達到我們所要的形式。這有廣泛的應用：二

---

[12] 本節只需要第 8.2 節。

次式可應用在各種不同的領域，例如，統計學、物理學、多變數函數的理論、數論和幾何學。

定義 8.13

n 個變數 $x_1, x_2, ..., x_n$ 的**二次式 (quadratic form)** q 是 $x_1^2, x_2^2, ..., x_n^2$ 和交叉項 $x_1 x_2$, $x_1 x_3, x_2 x_3, ...$ 的線性組合。

若 $n = 3$，則 q 具有下列形式：
$$q = a_{11}x_1^2 + a_{22}x_2^2 + a_{33}x_3^2 + a_{12}x_1 x_2 + a_{21}x_2 x_1$$
$$+ a_{13}x_1 x_3 + a_{31}x_3 x_1 + a_{23}x_2 x_3 + a_{32}x_3 x_2$$

一般式為
$$q = a_{11}x_1^2 + a_{22}x_2^2 + \cdots + a_{nn}x_n^2 + a_{12}x_1 x_2 + a_{13}x_1 x_3 + \cdots$$

此和可簡潔地寫成矩陣乘積：
$$q = q(\mathbf{x}) = \mathbf{x}^T A \mathbf{x}$$

其中 $\mathbf{x} = [x_1, x_2, ..., x_n]^T$，而 $A = [a_{ij}]$ 為 $n \times n$ 實矩陣。請注意，若 $i \neq j$，則式中所列出的兩個分開表達的項 $a_{ij} x_i x_j$ 和 $a_{ji} x_j x_i$ 均含有 $x_i x_j$，這兩項可以分別用

$$\tfrac{1}{2}(a_{ij} + a_{ji}) x_i x_j \quad \text{和} \quad \tfrac{1}{2}(a_{ij} + a_{ji}) x_j x_i$$

來代替，而不會改變二次式的值。因此不失一般性，可假設 q 中的 $x_i x_j$ 和 $x_j x_i$ 項有相同的係數。換言之，**我們可以假設 A 為對稱矩陣。**

例 1

將 $q = x_1^2 + 3x_3^2 + 2x_1 x_2 - x_1 x_3$ 寫成 $q(\mathbf{x}) = \mathbf{x}^T A \mathbf{x}$ 的形式，其中 A 為 3×3 對稱矩陣。

解：交叉項為 $2x_1 x_2 = x_1 x_2 + x_2 x_1$ 和 $-x_1 x_3 = -\tfrac{1}{2}x_1 x_3 - \tfrac{1}{2}x_3 x_1$。當然，$x_2 x_3$、$x_3 x_2$ 與 x_2^2 的係數均為零。因此

$$q(\mathbf{x}) = [x_1 \ x_2 \ x_3] \begin{bmatrix} 1 & 1 & -\tfrac{1}{2} \\ 1 & 0 & 0 \\ -\tfrac{1}{2} & 0 & 3 \end{bmatrix} \begin{bmatrix} x_1 \\ x_2 \\ x_3 \end{bmatrix}$$

為所求之形式（驗證）。

今後，我們將假設所有二次式的形式為
$$q(\mathbf{x}) = \mathbf{x}^T A \mathbf{x}$$

其中 A 為對稱矩陣。給定此形式，我們要找出新變數 $y_1, y_2, ..., y_n$ 與 $x_1, x_2, ..., x_n$ 之間的關係，而使得 q 以 $y_1, y_2, ..., y_n$ 表達時，沒有交叉項。若將 $\mathbf{y}$ 寫成

$$\mathbf{y} = (y_1, y_2, ..., y_n)^T$$

則問題是要使 q 變成 $q = \mathbf{y}^T D \mathbf{y}$ 之形式，其中 D 為對角矩陣。這個問題是可以解決的，將對稱矩陣 A 正交對角化，就能求得矩陣 D。事實上，第 8.2 節定理 2 已證明，可以求得一個正交矩陣 P（亦即，$P^{-1} = P^T$），將 A 對角化：

$$P^T A P = D = \begin{bmatrix} \lambda_1 & 0 & \cdots & 0 \\ 0 & \lambda_2 & \cdots & 0 \\ \vdots & \vdots & & \vdots \\ 0 & 0 & \cdots & \lambda_n \end{bmatrix}$$

對角元素 $\lambda_1, \lambda_2, ..., \lambda_n$（未必相異）為 A 的固有值，重複出現的次數是它們在 $c_A(x)$ 的重數，且 P 的行是 A 對應的（單範正交）固有向量。由第 5.5 節定理 7 知，若 A 為對稱，則 λ_i 是實數。

現在定義新變數 $\mathbf{y}$：

$$\mathbf{x} = P\mathbf{y} \quad 對等於 \quad \mathbf{y} = P^T \mathbf{x}$$

然後代入 $q(\mathbf{x}) = \mathbf{x}^T A \mathbf{x}$ 中，可得

$$q = (P\mathbf{y})^T A (P\mathbf{y}) = \mathbf{y}^T (P^T A P) \mathbf{y} = \mathbf{y}^T D \mathbf{y} = \lambda_1 y_1^2 + \lambda_2 y_2^2 + \cdots + \lambda_n y_n^2$$

因此由於這種變數的改變可將 q 轉變成我們欲求的簡單形式。

定理 1

對角化定理 (Diagonalization Theorem)

令 $q = \mathbf{x}^T A \mathbf{x}$ 是變數為 $x_1, x_2, ..., x_n$ 的二次式，其中 $\mathbf{x} = [x_1, x_2, ..., x_n]^T$ 且 A 為 $n \times n$ 對稱矩陣。令 P 為正交矩陣使得 $P^T A P$ 為對角矩陣，且定義新變數 $\mathbf{y} = [y_1, y_2, ..., y_n]^T$ 為

$$\mathbf{x} = P\mathbf{y} \quad 對等於 \quad \mathbf{y} = P^T \mathbf{x}$$

若 q 以新變數 $y_1, y_2, ..., y_n$ 來表示，則可得

$$q = \lambda_1 y_1^2 + \lambda_2 y_2^2 + \cdots + \lambda_n y_n^2$$

其中 $\lambda_1, \lambda_2, ..., \lambda_n$ 為 A 的固有值，重複出現的次數依據它們的重數而定。

令 $q = \mathbf{x}^T A \mathbf{x}$ 為二次式，其中 A 為對稱矩陣且令 $\lambda_1, ..., \lambda_n$ 為 A 的（實）固有值，其重複出現的次數依據它們的重數而定。A 的單範正交固有向量為 $\{\mathbf{f}_1, ..., \mathbf{f}_n\}$，

稱為二次式 q 的**主軸 (principal axes)**（命名的理由，以後就會明白）。在定理 1 中的正交矩陣 P 可寫成 $P = [\mathbf{f}_1 \cdots \mathbf{f}_n]$，所以變數 X 和 Y 之間的關係為

$$\mathbf{x} = P\mathbf{y} = [\mathbf{f}_1 \ \mathbf{f}_2 \ \cdots \ \mathbf{f}_n]\begin{bmatrix} y_1 \\ y_2 \\ \vdots \\ y_n \end{bmatrix} = y_1\mathbf{f}_1 + y_2\mathbf{f}_2 + \cdots + y_n\mathbf{f}_n$$

因此當 $\mathbf{x}$ 是以 $\mathbb{R}^n$ 中的單範正交基底 $\{\mathbf{f}_1, ..., \mathbf{f}_n\}$ 展開時，新變數 y_i 是展開式的係數。由展開定理（第 5.3 節定理 6）知係數 y_i 為 $y_i = \mathbf{x} \cdot \mathbf{f}_i$。因此由固有值 λ_i 和主軸 $\mathbf{f}_i$，可算出 q：

$$q = q(\mathbf{x}) = \lambda_1(\mathbf{x} \cdot \mathbf{f}_1)^2 + \cdots + \lambda_n(\mathbf{x} \cdot \mathbf{f}_n)^2$$

例 2

求新變數 $y_1 \cdot y_2 \cdot y_3$ 和 y_4 使得

$$q = 3(x_1^2 + x_2^2 + x_3^2 + x_4^2) + 2x_1x_2 - 10x_1x_3 + 10x_1x_4 + 10x_2x_3 - 10x_2x_4 + 2x_3x_4$$

為對角形式，並且求對應的主軸。

解：q 式可寫成 $q = \mathbf{x}^T A \mathbf{x}$，其中

$$\mathbf{x} = \begin{bmatrix} x_1 \\ x_2 \\ x_3 \\ x_4 \end{bmatrix}, A = \begin{bmatrix} 3 & 1 & -5 & 5 \\ 1 & 3 & 5 & -5 \\ -5 & 5 & 3 & 1 \\ 5 & -5 & 1 & 3 \end{bmatrix}$$

計算特徵多項式如下：

$$c_A(x) = \det(xI - A) = (x - 12)(x + 8)(x - 4)^2$$

因此固有值為 $\lambda_1 = 12$，$\lambda_2 = -8$ 和 $\lambda_3 = \lambda_4 = 4$。其對應的單範正交固有向量為主軸：

$$\mathbf{f}_1 = \tfrac{1}{2}\begin{bmatrix} 1 \\ -1 \\ -1 \\ 1 \end{bmatrix} \quad \mathbf{f}_2 = \tfrac{1}{2}\begin{bmatrix} 1 \\ -1 \\ 1 \\ -1 \end{bmatrix} \quad \mathbf{f}_3 = \tfrac{1}{2}\begin{bmatrix} 1 \\ 1 \\ 1 \\ 1 \end{bmatrix} \quad \mathbf{f}_4 = \tfrac{1}{2}\begin{bmatrix} 1 \\ 1 \\ -1 \\ -1 \end{bmatrix}$$

矩陣

$$P = [\mathbf{f}_1 \ \mathbf{f}_2 \ \mathbf{f}_3 \ \mathbf{f}_4] = \tfrac{1}{2}\begin{bmatrix} 1 & 1 & 1 & 1 \\ -1 & -1 & 1 & 1 \\ -1 & 1 & 1 & -1 \\ 1 & -1 & 1 & -1 \end{bmatrix}$$

為正交，且 $P^{-1}AP = P^TAP$ 為對角矩陣。因此新變數 $\mathbf{y}$ 與原變數 $\mathbf{x}$ 之關係為 $\mathbf{y} = P^T\mathbf{x}$ 和 $\mathbf{x} = P\mathbf{y}$。顯然，

$$y_1 = \tfrac{1}{2}(x_1 - x_2 - x_3 + x_4) \qquad x_1 = \tfrac{1}{2}(y_1 + y_2 + y_3 + y_4)$$
$$y_2 = \tfrac{1}{2}(x_1 - x_2 + x_3 - x_4) \qquad x_2 = \tfrac{1}{2}(-y_1 - y_2 + y_3 + y_4)$$
$$y_3 = \tfrac{1}{2}(x_1 + x_2 + x_3 + x_4) \qquad x_3 = \tfrac{1}{2}(-y_1 + y_2 + y_3 - y_4)$$
$$y_4 = \tfrac{1}{2}(x_1 + x_2 - x_3 - x_4) \qquad x_4 = \tfrac{1}{2}(y_1 - y_2 + y_3 - y_4)$$

> 若將這些 x_i 代入 q 的原式，可得
> $$q = 12y_1^2 - 8y_2^2 + 4y_3^2 + 4y_4^2$$
> 此即所欲求的對角形式。

觀察兩變數 x_1 和 x_2 的二次式的例子是有啟發性的。將 x_1 和 x_2 軸對原點逆時針旋轉 θ 角可得到主軸。此旋轉為線性變換 $R_\theta : \mathbb{R}^2 \to \mathbb{R}^2$，於第 2.6 節定理 4 知 R_θ 具有矩陣 $P = \begin{bmatrix} \cos\theta & -\sin\theta \\ \sin\theta & \cos\theta \end{bmatrix}$。若 $\{\mathbf{e}_1, \mathbf{e}_2\}$ 為 $\mathbb{R}^2$ 的標準基底，則由旋轉產生新的基底 $\{\mathbf{f}_1, \mathbf{f}_2\}$ 為

$$\mathbf{f}_1 = R_\theta(\mathbf{e}_1) = \begin{bmatrix} \cos\theta \\ \sin\theta \end{bmatrix}, \quad \mathbf{f}_2 = R_\theta(\mathbf{e}_2) = \begin{bmatrix} -\sin\theta \\ \cos\theta \end{bmatrix} \tag{*}$$

在原系統中，已知一點 $\mathbf{p} = \begin{bmatrix} x_1 \\ x_2 \end{bmatrix} = x_1 \mathbf{e}_1 + x_2 \mathbf{e}_2$。令 y_1 和 y_2 為 P 在新系統（見右圖）的座標。亦即，

$$\begin{bmatrix} x_1 \\ x_2 \end{bmatrix} = \mathbf{p} = y_1 \mathbf{f}_1 + y_2 \mathbf{f}_2 = \begin{bmatrix} \cos\theta & -\sin\theta \\ \sin\theta & \cos\theta \end{bmatrix} \begin{bmatrix} y_1 \\ y_2 \end{bmatrix} \tag{**}$$

令 $\mathbf{x} = \begin{bmatrix} x_1 \\ x_2 \end{bmatrix}$ 和 $\mathbf{y} = \begin{bmatrix} y_1 \\ y_2 \end{bmatrix}$，則有 $\mathbf{x} = P\mathbf{y}$，因為 P 是正交的，所以此式即形如定理 1 中的變數變換公式。

若 $r \neq 0 \neq s$，方程式 $rx_1^2 + sx_2^2 = 1$ 的圖形，若 $rs > 0$，則圖形為**橢圓 (ellipse)**，若 $rs < 0$，則圖形為**雙曲線 (hyperbola)**。一般而言，已知二次式

$$q = ax_1^2 + bx_1x_2 + cx_2^2，其中 a、b、c 不全為零$$

方程式 $q = 1$ 的圖形稱為**圓錐 (conic)**。我們現在可以完全描述此圖形，我們留給讀者的是兩個特例。

1. 若 a 和 c 恰有一個為零，則 $q = 1$ 的圖形為**拋物線 (parabola)**。因此我們假設 $a \neq 0$ 且 $c \neq 0$，在此情況下，描述是依 $b^2 - 4ac$ 而定，而 $b^2 - 4ac$ 稱為二次式 q 的**判別式 (discriminant)**。
2. 若 $b^2 - 4ac = 0$，則 $a \geq 0$ 且 $c \geq 0$ 或 $a \leq 0$ 且 $c \leq 0$。因此 $q = (\sqrt{a}\, x_1 + \sqrt{c}\, x_2)^2$ 或 $q = (\sqrt{-a}\, x_1 + \sqrt{-c}\, x_2)^2$，故 $q = 1$ 的圖形為**二條直線 (pair of straight lines)**。

故我們又假設 $b^2 - 4ac \neq 0$。下面的定理聲稱存在平面對原點的旋轉將方程式 $ax_1^2 + bx_1x_2 + cx_2^2 = 1$ 轉換為橢圓或雙曲線，此定理亦提供一個簡單的方法來判斷它是何種圓錐曲線。

定理 2

考慮二次式 $q = ax_1^2 + bx_1x_2 + cx_2^2$，其中 a、c 和 $b^2 - 4ac$ 都不等於零。

1. 將一座標軸對原點做逆時針旋轉，使得在新座標系中，q 不存在交叉項。
2. 對方程式
$$ax_1^2 + bx_1x_2 + cx_2^2 = 1$$
而言，若 $b^2 - 4ac < 0$，則圖形為橢圓，若 $b^2 - 4ac > 0$，則圖形為雙曲線。

證明

若 $b = 0$，則 q 無交叉項存在，所以 (1) 和 (2) 是顯然的。若 $b \neq 0$，q 的矩陣為 $A = \begin{bmatrix} a & \frac{1}{2}b \\ \frac{1}{2}b & c \end{bmatrix}$，其特徵多項式為 $c_A(x) = x^2 - (a+c)x - \frac{1}{4}(b^2 - 4ac)$。為了方便起見，若我們令 $d = \sqrt{b^2 + (a-c)^2}$，則由二次方程式的公式可求得固有值為

$$\lambda_1 = \tfrac{1}{2}[a + c - d] \quad \text{和} \quad \lambda_2 = \tfrac{1}{2}[a + c + d]$$

其對應的主軸為

$$\mathbf{f}_1 = \frac{1}{\sqrt{b^2 + (a-c-d)^2}} \begin{bmatrix} a-c-d \\ b \end{bmatrix}, \mathbf{f}_2 = \frac{1}{\sqrt{b^2 + (a-c-d)^2}} \begin{bmatrix} -b \\ a-c-d \end{bmatrix}$$

讀者可自行驗證。這些與 (∗) 式一致，只要 θ 滿足

$$\cos\theta = \frac{a-c-d}{\sqrt{b^2 + (a-c-d)^2}} \quad \text{且} \quad \sin\theta = \frac{b}{\sqrt{b^2 + (a-c-d)^2}}$$

於是 $P = [\mathbf{f}_1 \ \mathbf{f}_2] = \begin{bmatrix} \cos\theta & -\sin\theta \\ \sin\theta & \cos\theta \end{bmatrix}$ 對角化 A，且式 (∗∗) 變為定理 1 中的公式 $\mathbf{x} = P\mathbf{y}$。這證明了 (1)。

最後，A 相似於 $\begin{bmatrix} \lambda_1 & 0 \\ 0 & \lambda_2 \end{bmatrix}$，故 $\lambda_1\lambda_2 = \det A = \frac{1}{4}(4ac - b^2)$，因此 $\lambda_1 y_1^2 + \lambda_2 y_2^2 = 1$ 的圖形在 $b^2 < 4ac$ 時是橢圓，而當 $b^2 > 4ac$ 時，是雙曲線。這就證明了 (2)。

例 3

考慮方程式 $x^2 + xy + y^2 = 1$。求一旋轉使得方程式無交叉項。

解：在定理 2 的記號中，$a = b = c = 1$，故 $\cos\theta = \frac{-1}{\sqrt{2}}$ 且 $\sin\theta = \frac{1}{\sqrt{2}}$，因此 $\theta = \frac{3\pi}{4}$。由 (∗∗) 式知 $y_1 = \frac{1}{\sqrt{2}}(x_2 - x_1)$ 且 $y_2 = \frac{-1}{\sqrt{2}}(x_2 + x_1)$，方程式變為 $y_1^2 + 3y_2^2 = 2$。選取 θ 角使得新的 y_1 和 y_2 軸是橢圓的對稱軸（如右圖）。固有向量 $\mathbf{f}_1 = \frac{1}{\sqrt{2}} \begin{bmatrix} -1 \\ 1 \end{bmatrix}$ 和 $\mathbf{f}_2 = \frac{1}{\sqrt{2}} \begin{bmatrix} -1 \\ -1 \end{bmatrix}$ 指向對稱軸的方向，這也是為什麼稱它們為**主軸** (principal axes) 的原因。

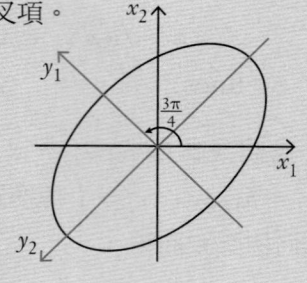

任何正交矩陣 P 的行列式不是 1 就是 -1（因為 $PP^T = I$）。由旋轉所出現的正交矩陣 $\begin{bmatrix} \cos\theta & -\sin\theta \\ \sin\theta & \cos\theta \end{bmatrix}$ 的行列式皆為 1。更一般地說，給予任意二次式 $q = \mathbf{x}^T A\mathbf{x}$，總是可求得正交矩陣 P 使得 $P^T AP$ 是對角矩陣且可以交換兩個固有值（因此 P 的對應固有向量也交換）使得 $\det P = 1$。第 10.4 節定理 4 將會證明行列式為 1 的 2×2 正交矩陣對應的是旋轉。同理，行列式為 1 的 3×3 正交矩陣對應到關於通過原點的直線的旋轉。這推廣了定理 2：藉由座標系的旋轉，可將二個或三個變數的二次式對角化。

全等

我們回到一般二次式的探討。

定理 3

若 $q(\mathbf{x}) = \mathbf{x}^T A\mathbf{x}$ 為二次式，A 為對稱矩陣，則 A 由 q 唯一確定。

證明

令 $q(\mathbf{x}) = \mathbf{x}^T B\mathbf{x}$，其中 $B^T = B$。若 $C = A - B$，則 $C^T = C$ 且 $\mathbf{x}^T C\mathbf{x} = 0$。我們必須證明 $C = 0$。給予 $\mathbb{R}^n$ 中的 $\mathbf{y}$，

$$0 = (\mathbf{x} + \mathbf{y})^T C(\mathbf{x} + \mathbf{y}) = \mathbf{x}^T C\mathbf{x} + \mathbf{x}^T C\mathbf{y} + \mathbf{y}^T C\mathbf{x} + \mathbf{y}^T C\mathbf{y} = \mathbf{x}^T C\mathbf{y} + \mathbf{y}^T C\mathbf{x}$$

但 $\mathbf{y}^T C\mathbf{x} = (\mathbf{x}^T C\mathbf{y})^T = \mathbf{x}^T C\mathbf{y}$（它是 1×1），因此 $\mathbf{x}^T C\mathbf{y} = 0$ 對於 $\mathbb{R}^n$ 中的所有 $\mathbf{x}$ 和 $\mathbf{y}$ 皆成立。若 $\mathbf{e}_j$ 為 I_n 的第 j 行，則 C 的 (i,j) 元素為 $\mathbf{e}_i^T C\mathbf{e}_j = 0$，因此 $C = 0$。

因此我們可用對稱矩陣來表達二次式。

另一方面，變數為 x_i 的二次式 q 可表示成各種新變數的平方之線性組合，即使要求新變數是 x_i 的線性組合。例如，若 $q = 2x_1^2 - 4x_1 x_2 + x_2^2$，則

$$q = 2(x_1 - x_2)^2 - x_2^2 \text{ 且 } q = -2x_1^2 + (2x_1 - x_2)^2$$

現在問題產生了：這些變數變換之間有何關係，並且它們有什麼共同性質？要研究這個，我們需要新的概念。

令二次式 $q = q(\mathbf{x}) = \mathbf{x}^T A\mathbf{x}$，其中 $\mathbf{x} = [x_1, x_2, ..., x_n]^T$。若新變數 $\mathbf{y} = [y_1, y_2, ..., y_n]^T$ 為 x_i 的線性組合，則對某個 $n \times n$ 矩陣 A 而言，$\mathbf{y} = A\mathbf{x}$ 恆成立。此外，因為我們要解出以 y_i 表示的 x_i，所以要求矩陣 A 為可逆。因此假設 U 是可逆矩陣且新變數為

$$\mathbf{y} = U^{-1}\mathbf{x}, \text{ 對等於 } \mathbf{x} = U\mathbf{y}$$

以新變數表示，q 的形式為

$$q = q(\mathbf{x}) = (U\mathbf{y})^T A(U\mathbf{y}) = \mathbf{y}^T(U^T A U)\mathbf{y}$$

亦即，對新變數 $\mathbf{y}$ 而言，q 有矩陣 $U^T A U$。因此為了研究二次式的變數變換，我們需研究矩陣的下列關係：若兩個 $n \times n$ 矩陣 A 和 B 滿足 $B = U^T A U$，其中 U 為某個可逆矩陣，則稱 A 和 B 為**全等的 (congruent)**，記做 $A \overset{c}{\sim} B$。全等矩陣的一些性質如下：

1. $A \overset{c}{\sim} A$ 對所有 A 皆成立。
2. 若 $A \overset{c}{\sim} B$，則 $B \overset{c}{\sim} A$。
3. 若 $A \overset{c}{\sim} B$ 且 $B \overset{c}{\sim} C$，則 $A \overset{c}{\sim} C$。
4. 若 $A \overset{c}{\sim} B$，則 A 是對稱若且唯若 B 是對稱。
5. 若 $A \overset{c}{\sim} B$，則 $\operatorname{rank} A = \operatorname{rank} B$。

即使是對稱矩陣，(5) 的逆敘述也可能不成立。

例 4

對稱矩陣 $A = \begin{bmatrix} 1 & 0 \\ 0 & 1 \end{bmatrix}$ 和 $B = \begin{bmatrix} 1 & 0 \\ 0 & -1 \end{bmatrix}$ 有相同的秩，但不是全等。的確。若 $A \overset{c}{\sim} B$，則存在可逆矩陣 U 使得 $B = U^T A U = U^T U$，由此可得 $-1 = \det B = (\det U)^2$，這產生矛盾。

在例 4 中，A 和 B 的主要差別是 A 有兩個正的固有值（重複的計算在內），而 B 只有一個。

定理 4

Sylvester 慣性律 (Sylvester's Law of Inertia)

若 $A \overset{c}{\sim} B$，則 A 和 B 有相同數目的正固有值。

證明置於本節末。

對稱矩陣 A 的**指標 (index)** 是指 A 的正固有值的個數。若 $q = q(\mathbf{x}) = \mathbf{x}^T A \mathbf{x}$ 為一個二次式，則 q 的指標和**秩 (rank)** 分別定義為矩陣 A 的指標和秩。如先前所知，若改變二次式 q 的變數，則新矩陣與舊矩陣是全等的，因此指標和秩是隨 q 而變，而與 q 的表達形式無關。

現在令 $q = q(\mathbf{x}) = \mathbf{x}^T A \mathbf{x}$ 為任意 n 個變數的二次式，其指標為 k 而秩為 r，其中 A 為對稱。我們聲稱可以找到新變數 $\mathbf{z}$，使得 q **可完全對角化 (completely diagonalized)**——亦即，

$$q(\mathbf{z}) = z_1^2 + \cdots + z_k^2 - z_{k+1}^2 - \cdots - z_r^2$$

若 $k \leq r \leq n$，令 $D_n(k, r)$ 表示 $n \times n$ 對角矩陣，其主對角元素依序包含 k 個 1、$r - k$ 個 -1 和 $n - r$ 個 0，則我們尋找新變數 $\mathbf{z}$ 使得

$$q(\mathbf{z}) = \mathbf{z}^T D_n(k, r) \mathbf{z}$$

為了求 $\mathbf{z}$，首先將 A 對角化如下：求一個正交矩陣 P_0 使得

$$P_0^T A P_0 = D = \text{diag}(\lambda_1, \lambda_2, \cdots, \lambda_r, 0, \cdots, 0)$$

為對角矩陣，其主對角元素包含 A 的非零固有值 $\lambda_1, \lambda_2, \ldots, \lambda_r$（接著是 $n - r$ 個 0）。若有必要，可將 P_0 的行向量重排，我們可以假設 $\lambda_1, \ldots, \lambda_k$ 是正數，而 $\lambda_{k+1}, \ldots, \lambda_r$ 是負數。在此情形下，令 D_0 為 $n \times n$ 對角矩陣

$$D_0 = \text{diag}\left(\frac{1}{\sqrt{\lambda_1}}, \ldots, \frac{1}{\sqrt{\lambda_k}}, \frac{1}{\sqrt{-\lambda_{k+1}}}, \ldots, \frac{1}{\sqrt{-\lambda_r}}, 1, \ldots, 1\right)$$

則 $D_0^T D D_0 = D_n(k, r)$，所以若所予的新變數 $\mathbf{z}$ 為 $\mathbf{x} = (P_0 D_0)\mathbf{z}$，則可得

$$q(\mathbf{z}) = \mathbf{z}^T D_n(k, r) \mathbf{z} = z_1^2 + \cdots + z_k^2 - z_{k+1}^2 - \cdots - z_r^2$$

這就是我們要找的。請注意。由 $\mathbf{z}$ 到 $\mathbf{x}$ 的變數變換矩陣 $P_0 D_0$ 具有正交行向量（事實上是 P_0 之行向量的倍數）。

例 5

將例 2 中的二次式 q 完全對角化，並求指標和秩。

解：在例 2 的記號中，q 的矩陣 A 的固有值為 $12, -8, 4, 4$；所以指標是 3，秩是 4。此外，對應的正交固有向量為 $\mathbf{f}_1, \mathbf{f}_2, \mathbf{f}_3$（見例 2）和 $\mathbf{f}_4$，因此 $P_0 = [\mathbf{f}_1 \ \mathbf{f}_3 \ \mathbf{f}_4 \ \mathbf{f}_2]$ 是正交矩陣，且

$$P_0^T A P_0 = \text{diag}(12, 4, 4, -8)$$

如先前，取 $D_0 = \text{diag}(\frac{1}{\sqrt{12}}, \frac{1}{2}, \frac{1}{2}, \frac{1}{\sqrt{8}})$，以 $\mathbf{x} = (P_0 D_0)\mathbf{z}$ 來定義新變數 $\mathbf{z}$，因此新變數為 $\mathbf{z} = D_0^{-1} P_0^T \mathbf{x}$。結果為

$$z_1 = \sqrt{3}\,(x_1 - x_2 - x_3 + x_4)$$
$$z_2 = x_1 + x_2 + x_3 + x_4$$
$$z_3 = x_1 + x_2 - x_3 - x_4$$
$$z_4 = \sqrt{2}\,(x_1 - x_2 + x_3 - x_4)$$

這個討論給予以下關於對稱矩陣的資訊。

定理 5

令 A 和 B 是 $n \times n$ 對稱矩陣，且 $0 \leq k \leq r \leq n$，則

1. A 的指標為 k 且秩為 r 若且唯若 $A \overset{c}{\sim} D_n(k, r)$。
2. $A \overset{c}{\sim} B$ 若且唯若它們具有相同的秩和指標。

證明

1. 若 A 的指標為 k 且秩為 r，取 $U = P_0 D_0$，其中 P_0 和 D_0 如例 5 之前所述，則 $U^T A U = D_n(k, r)$。因為 $D_n(k, r)$ 的指標為 k 且秩為 r，所以逆敘述亦為真（利用定理 4）。
2. 若 A 和 B 的指標均為 k 且秩為 r，則由 (1) 知 $A \overset{c}{\sim} D_n(k, r) \overset{c}{\sim} B$。逆敘述先前已證明過。

定理 4 的證明

由定理 1 可知 $A \overset{c}{\sim} D_1$ 且 $B \overset{c}{\sim} D_2$，其中 D_1 和 D_2 為對角矩陣，且分別與 A 和 B 有相同的固有值。我們有 $D_1 \overset{c}{\sim} D_2$（因為 $A \overset{c}{\sim} B$），因此我們可以假設 A 和 B 均為對角矩陣。考慮二次式 $q(\mathbf{x}) = \mathbf{x}^T A \mathbf{x}$，若 A 有 k 個正的固有值，則 q 的形式為

$$q(\mathbf{x}) = a_1 x_1^2 + \cdots + a_k x_k^2 - a_{k+1} x_{k+1}^2 - \cdots - a_r x_r^2, \, a_i > 0$$

其中 $r = \text{rank } A = \text{rank } B$。$\mathbb{R}^n$ 的子空間 $W_1 = \{\mathbf{x} \mid x_{k+1} = \cdots = x_r = 0\}$ 的維數為 $n - r + k$，且對於 W_1 中的所有 $\mathbf{x} \neq \mathbf{0}$ 滿足 $q(\mathbf{x}) > 0$。

另一方面，若 $B = U^T A U$，以 $\mathbf{x} = U\mathbf{y}$ 來定義新變數 $\mathbf{y}$。若 B 有 k' 個正的固有值，則 q 的形式為

$$q(\mathbf{x}) = b_1 y_1^2 + \cdots + b_k y_k^2 - b_{k'+1} y_{k'+1}^2 - \cdots - b_r y_r^2, \, b_i > 0$$

令 $\mathbf{f}_1, \ldots, \mathbf{f}_n$ 表 U 的行向量，它們是 $\mathbb{R}^n$ 的一組基底且

$$\mathbf{x} = U\mathbf{y} = [\mathbf{f}_1 \, \cdots \, \mathbf{f}_n] \begin{bmatrix} y_1 \\ \vdots \\ y_n \end{bmatrix} = y_1 \mathbf{f}_1 + \cdots + y_n \mathbf{f}_n$$

因此子空間 $W_2 = \text{span}\{\mathbf{f}_{k+1}, \ldots, \mathbf{f}_r\}$，對於在 W_2 中的所有 $\mathbf{x} \neq \mathbf{0}$ 滿足 $q(\mathbf{x}) < 0$。注意，$\dim W_2 = r - k'$。於是 W_1 和 W_2 的交集只有零向量。因此若 W_1 和 W_2 的基底分別是 B_1 和 B_2，則（第 6.3 節習題 33）$B_1 \cup B_2$ 是 $\mathbb{R}^n$ 中具有 $(n - r + k) + (r - k') = n + k - k'$ 個向量的線性獨立集。這意指 $k \leq k'$。同理可證 $k' \leq k$。

習題 8.8

1. 下列各題中，求一對稱矩陣 A 使得 $q = \mathbf{x}^T B\mathbf{x}$ 可寫成 $q = \mathbf{x}^T A\mathbf{x}$。

   (a) $\begin{bmatrix} 1 & 1 \\ 0 & 1 \end{bmatrix}$ ◆(b) $\begin{bmatrix} 1 & 1 \\ -1 & 2 \end{bmatrix}$

   (c) $\begin{bmatrix} 1 & 0 & 1 \\ 1 & 1 & 0 \\ 0 & 1 & 1 \end{bmatrix}$ ◆(d) $\begin{bmatrix} 1 & 2 & -1 \\ 4 & 1 & 0 \\ 5 & -1 & 3 \end{bmatrix}$

2. 下列各題中，求出可將二次式 q 對角化的變數變換，並求指標和秩。

   (a) $q = x_1^2 + 2x_1x_2 + x_2^2$

   ◆(b) $q = x_1^2 + 4x_1x_2 + x_2^2$

   (c) $q = x_1^2 + x_2^2 + x_3^2 - 4(x_1x_2 + x_1x_3 + x_2x_3)$

   ◆(d) $q = 7x_1^2 + x_2^2 + x_3^2 + 8x_1x_2 + 8x_1x_3 - 16x_2x_3$

   (e) $q = 2(x_1^2 + x_2^2 + x_3^2 - x_1x_2 + x_1x_3 - x_2x_3)$

   ◆(f) $q = 5x_1^2 + 8x_2^2 + 5x_3^2 - 4(x_1x_2 + 2x_1x_3 + x_2x_3)$

   (g) $q = x_1^2 - x_3^2 - 4x_1x_2 + 4x_2x_3$

   ◆(h) $q = x_1^2 + x_3^2 - 2x_1x_2 + 2x_2x_3$

3. 下列各題中，試以新變數來表達方程式使得方程式成為標準式，並說明其圖形為何。

   (a) $xy = 1$

   ◆(b) $3x^2 - 4xy = 2$

   (c) $6x^2 + 6xy - 2y^2 = 5$

   ◆(d) $2x^2 + 4xy + 5y^2 = 1$

4. 考慮方程式 $ax^2 + bxy + cy^2 = d$，其中 $b \neq 0$。將座標軸逆時針旋轉 θ 角得到新變數 x_1 和 y_1。證明若 θ 滿足

   $$\cos 2\theta = \frac{a-c}{\sqrt{b^2 + (a-c)^2}}$$

   $$\sin 2\theta = \frac{b}{\sqrt{b^2 + (a-c)^2}}$$

   則得到的方程式沒有 x_1y_1 項。
   【提示：利用定理 2 之前的 (**) 式得到以 x_1 和 y_1 表達的 x 和 y，再將 x 和 y 代入。】

5. 證明例 4 之前的性質 (1)–(5)。

6. 若 $A \overset{c}{\sim} B$，證明 A 可逆若且唯若 B 可逆。

7. 若 $\mathbf{x} = [x_1, ..., x_n]^T$ 為變數所形成的行向量，$A = A^T$ 為 $n \times n$ 矩陣，B 為 $1 \times n$ 矩陣，而 c 為常數，則 $\mathbf{x}^T A\mathbf{x} + B\mathbf{x} = c$ 稱為變數 x_i 的**二次方程式 (quadratic equation)**。

   (a) 證明可找到新變數 $y_1, ..., y_n$ 使得方程式可寫成下列的形式

   $$\lambda_1 y_1^2 + \cdots + \lambda_r y_r^2 + k_1 y_1 + \cdots + k_n y_n = c$$

   ◆(b) 若 $x_1 + 3x_2^2 + 3x_3^2 + 4x_1x_2 - 4x_1x_3 + 5x_1 - 6x_3 = 7$，找出如 (a) 中形式的變數 y_1、y_2、y_3。

8. 已知一對稱矩陣 A，定義 $q_A(\mathbf{x}) = \mathbf{x}^T A\mathbf{x}$。證明 $B \overset{c}{\sim} A$ 若且唯若 B 為對稱且對所有 $\mathbf{x}$ 而言，存在一可逆矩陣 U 使得 $q_B(\mathbf{x}) = q_A(U\mathbf{x})$。【提示：定理 3。】

9. 令 $q(\mathbf{x}) = \mathbf{x}^T A\mathbf{x}$ 為二次式，且 $A = A^T$。

   (a) 證明對所有 $\mathbf{x} \neq \mathbf{0}$，$q(\mathbf{x}) > 0$ 恆成立，若且唯若 A 為正定（所有固有值為正）。在此情況下，q 稱為**正交 (positive definite)**。

   ◆(b) 證明可求得新變數 $\mathbf{y}$ 使得 $q = \|\mathbf{y}\|^2$ 且 $\mathbf{y} = U\mathbf{x}$，其中 U 為上三角矩陣且對角元素為正。【提示：第 8.3 節定理 3。】

10. $\mathbb{R}^n$ 中的**雙線性式 (bilinear form)** β 是指一個將 $\mathbb{R}^n$ 中的 $\mathbf{x}$、$\mathbf{y}$ 行向量映射到數值 $\beta(\mathbf{x}, \mathbf{y})$ 的函數，並且對於 $\mathbb{R}^n$ 中的 $\mathbf{x}$、$\mathbf{y}$、$\mathbf{z}$ 和 $\mathbb{R}$ 中的 r、s 而言

$$\beta(r\mathbf{x} + s\mathbf{y}, \mathbf{z}) = r\beta(\mathbf{x}, \mathbf{z}) + s\beta(\mathbf{y}, \mathbf{z})$$
$$\beta(\mathbf{x}, r\mathbf{y} + s\mathbf{z}) = r\beta(\mathbf{x}, \mathbf{y}) + s\beta(\mathbf{x}, \mathbf{z})$$

恆成立。若 $\beta(\mathbf{x}, \mathbf{y}) = \beta(\mathbf{y}, \mathbf{x})$ 對於所有 $\mathbf{x}$、$\mathbf{y}$ 皆成立，則 β 稱為**對稱 (symmetric)**。

(a) 若 β 為雙線性式，證明存在一個 $n \times n$ 矩陣 A 使得 $\beta(\mathbf{x}, \mathbf{y}) = \mathbf{x}^T A \mathbf{y}$，對於所有 $\mathbf{x}$、$\mathbf{y}$ 皆成立。
(b) 證明 A 由 β 唯一決定。
(c) 證明 β 是對稱若且唯若 $A = A^T$。

8.9 節　應用於受限條件下的最適化

在應用上常出現求 n 個變數的**目標函數 (objective function)** $q = q(x_1, x_2, ..., x_n)$ 的極大極小值，其中所有向量 $\mathbf{x} = (x_1, x_2, ..., x_n)$ 均位於 $\mathbb{R}^n$ 的某個區域，此區域稱為**可實行的區域 (feasible region)**。目標函數的廣大多樣性來自於實際問題；此處我們所關注的是 q 為二次式的情況。這樣的問題是如何產生的，可由下面的例子給予一些提示。

例 1

某政治人物提議每年花費 x_1 元在醫療保健和花費 x_2 元在教育上。她的花費受限於各種的預算壓力，而一個關於 x_1 與 x_2 的開支模式必須滿足這樣的限制條件

$$5x_1^2 + 3x_2^2 \leq 15$$

因為對每一個項目 i 而言，$x_i \geq 0$，這個可實行的區域就是右圖中所示的陰影區。在這個區域內，任何一個可實行的點 (x_1, x_2) 將滿足預算的限制條件。可是，這些選擇對於投票的選民具有不同的效果，因此這位政治人物想要選擇 $x = (x_1, x_2)$ 來極大化選民的滿足感 $q = q(x_1, x_2)$。因此，在這個假設的前提之下，對於任一值 c，在圖 $q(x_1, x_2) = c$ 上的所有點對選民具有相同的吸引力。

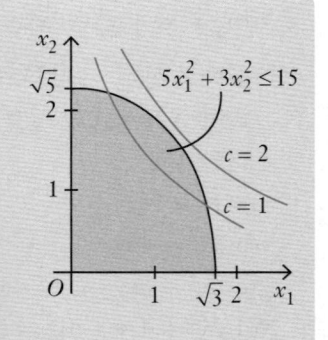

因此目標是求 c 的最大值，而 $q(x_1, x_2) = c$ 的圖形包含可實行的點。函數 q 的選取依許多因數而定；我們將說明如何解任意二次式 q 的問題（甚至多於兩個變數）。在圖中，函數 q 為

$$q(x_1, x_2) = x_1 x_2$$

而所顯示的 $q(x_1, x_2) = c$ 的圖形是當 $c = 1$ 和 $c = 2$ 的情形。當 c 增加 $q(x_1, x_2) = c$ 的圖形向右上方移動。由此可知，介於 1 與 2 之間的某一個 c 值將是一解（事實上，最大值是 $c = \frac{1}{2}\sqrt{15} = 1.94$）。

在例 1 的受限條件 $5x_1^2 + 3x_2^2 \leq 15$ 可寫成標準式。如果我們將不等式除以 15，可得 $\left(\frac{x_1}{\sqrt{3}}\right)^2 + \left(\frac{x_2}{\sqrt{5}}\right)^2 \leq 1$。我們引入新變數 $\mathbf{y} = (y_1, y_2)$，其中 $y_1 = \frac{x_1}{\sqrt{3}}$，$y_2 = \frac{x_2}{\sqrt{5}}$，則受限條件變成 $\|\mathbf{y}\|^2 \leq 1$，亦即 $\|\mathbf{y}\| \leq 1$。以這些新變數來表示，目標函數為 $q = \sqrt{15}\, y_1 y_2$，而在 $\|\mathbf{y}\| \leq 1$ 的條件下，我們欲求此目標函數的最大值。當最大值求出後，可由 $x_1 = \sqrt{3}\, y_1$ 與 $x_2 = \sqrt{5}\, y_2$ 求出最大化時的 x_1 與 x_2。

因此，如同例 1 的受限條件，在不失一般性的情況下，假設受限條件的形式為 $\|\mathbf{x}\| \leq 1$。在此情況下，主軸定理可解決這個問題。回顧一下，$\mathbb{R}^n$ 中長度為 1 的向量稱為單位向量 (unit vector)。

定理 1

考慮二次式 $q = q(\mathbf{x}) = \mathbf{x}^T A \mathbf{x}$，其中 A 為 $n \times n$ 對稱矩陣，且令 λ_1, λ_n 分別為 A 的最大與最小固有值，則：

(1) $\max\{q(\mathbf{x}) \mid \|\mathbf{x}\| \leq 1\} = \lambda_1$，且 $q(\mathbf{f}_1) = \lambda_1$，其中 $\mathbf{f}_1$ 為對應於 λ_1 的任意單位固有向量。

(2) $\min\{q(\mathbf{x}) \mid \|\mathbf{x}\| \leq 1\} = \lambda_n$，且 $q(\mathbf{f}_n) = \lambda_n$，其中 $\mathbf{f}_n$ 為對應於 λ_n 的任意單位固有向量。

證明

因為 A 為對稱，令 A 的（實）固有值 λ_i 依大小排列如下：$\lambda_1 \geq \lambda_2 \geq \ldots \geq \lambda_n$。由主軸定理，令 P 為正交矩陣使得 $P^T A P = D = \text{diag}(\lambda_1, \lambda_2, \ldots, \lambda_n)$。定義 $\mathbf{y} = P^T \mathbf{x}$，亦即 $\mathbf{x} = P\mathbf{y}$，且因 $\|\mathbf{y}\|^2 = \mathbf{y}^T \mathbf{y} = \mathbf{x}^T (PP^T) \mathbf{x} = \mathbf{x}^T \mathbf{x} = \|\mathbf{x}\|^2$，得知 $\|\mathbf{y}\| = \|\mathbf{x}\|$。若令 $\mathbf{y} = (y_1, y_2, \ldots, y_n)^T$，則

$$\begin{aligned} q(\mathbf{x}) = q(P\mathbf{y}) &= (P\mathbf{y})^T A (P\mathbf{y}) \\ &= \mathbf{y}^T (P^T A P) \mathbf{y} = \mathbf{y}^T D \mathbf{y} \\ &= \lambda_1 y_1^2 + \lambda_2 y_2^2 + \cdots + \lambda_n y_n^2 \end{aligned} \quad (*)$$

現在假設 $\|\mathbf{x}\| \leq 1$。因為對每一個 i，$\lambda_i \leq \lambda_1$，由 $(*)$ 式可得

$$q(\mathbf{x}) = \lambda_1 y_1^2 + \lambda_2 y_2^2 + \cdots + \lambda_n y_n^2 \leq \lambda_1 y_1^2 + \lambda_1 y_2^2 + \cdots + \lambda_1 y_n^2 = \lambda_1 \|\mathbf{y}\|^2 \leq \lambda_1$$

因為 $\|\mathbf{y}\| = \|\mathbf{x}\| \le 1$。這證明當 $\|\mathbf{x}\| \le 1$，$q(\mathbf{x})$ 不大於 λ_1。欲知確實達到此最大值，令 $\mathbf{f}_1$ 為對應於 λ_1 的單位固有向量，則

$$q(\mathbf{f}_1) = \mathbf{f}_1^T A \mathbf{f}_1 = \mathbf{f}_1^T(\lambda_1 \mathbf{f}_1) = \lambda_1(\mathbf{f}_1^T \mathbf{f}_1) = \lambda_1 \|\mathbf{f}_1\|^2 = \lambda_1$$

因此當 $\|\mathbf{x}\| \le 1$，λ_1 為 $q(\mathbf{x})$ 的最大值，這證明了 (1)。同理可證 (2)。

$\mathbb{R}^n$ 中滿足 $\|\mathbf{x}\| \le 1$ 的所有向量 $\mathbf{x}$ 的集合稱為**單位球 (unit ball)**。若 $n = 2$，則通常稱為單位圓盤，是由單位圓及其內部所組成；若 $n = 3$，則是單位圓球及其內部。值得注意的是，當單位向量 $\mathbf{x}$ 掃過整個單位球（由定理 1）而位於單位球的邊界，確實使二次式 $q(\mathbf{x})$ 達到最大值。

定理 1 在空氣動力和粒子物理的應用上有其重要性，欲求定理中的極大與極小值通常是利用高等微積分將單位球上的二次式最小化。利用主軸定理的代數逼近可得最適值的幾何解釋，因為最適值就是固有值。

例 2

求二次式 $q(\mathbf{x}) = 3x_1^2 + 14x_1x_2 + 3x_2^2$ 的最大與最小值，其中 $\|\mathbf{x}\| \le 1$。

解：q 的矩陣為 $A = \begin{bmatrix} 3 & 7 \\ 7 & 3 \end{bmatrix}$，固有值為 $\lambda_1 = 10$ 和 $\lambda_2 = -4$，對應單位固有向量為 $\mathbf{f}_1 = \frac{1}{\sqrt{2}}(1, 1)$ 和 $\mathbf{f}_2 = \frac{1}{\sqrt{2}}(1, -1)$。因此，對於 $\mathbb{R}^2$ 中的所有單位向量 $\mathbf{x}$ 而言，$q(\mathbf{x})$ 在 $\mathbf{x} = \mathbf{f}_1$ 有最大值 10，在 $\mathbf{x} = \mathbf{f}_2$，$q(\mathbf{x})$ 的最小值為 -4。

如前所述，在有限制條件下的最適化問題的目標函數未必是二次式。在下面的例子中，目標函數是線性，可實行的區域是由線性受限條件決定。

例 3

某製造商製造產品 1 x_1 單位，產品 2 x_2 單位，每單位的利潤分別為 \$70 與 \$50，欲求 x_1 和 x_2 使得總利潤 $P(x_1, x_2) = 70x_1 + 50x_2$ 有最大值，然而 x_1 和 x_2 並非是任意值，必須滿足 $x_1 \ge 0$ 且 $x_2 \ge 0$。還有其他條件需要考慮。製造一個單位的產品 1 需要成本 \$1200 且需要 2000 平方呎的倉庫，製造一個單位的產品 2 需要成本 \$1300 且需要 1100 平方呎的倉庫，若倉庫的總面積為 11300 平方呎，且總開支為 \$8700，則 x_1 和 x_2 必須滿足下列條件：

$$2000x_1 + 1100x_2 \le 11300$$
$$1200x_1 + 1300x_2 \le 8700$$

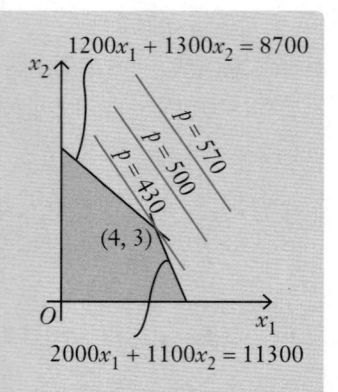

圖中的陰影部分是平面上滿足這些受限條件（以及 $x_1 \geq 0$，$x_2 \geq 0$）的可實行區域。若對不同的 p 值，畫出利潤方程式 $70x_1 + 50x_2 = p$ 之圖形，其結果為平行線，p 的值隨著遠離原點而增加。因此最佳的選擇是當直線 $70x_1 + 50x_2 = 430$ 接觸到陰影區域中的點 (4, 3)，於是當 $x_1 = 4$ 單位和 $x_2 = 3$ 單位時，利潤 p 有最大值 $p = 430$。

例 3 是一般**線性規劃 (linear programming)** 問題[13]的簡單情況，它起源於經濟、管理、網路和調度的應用。此處目標函數是實數的線性組合 $q = a_1x_1 + a_2x_2 + \cdots + a_nx_n$，且可行區域是由 $\mathbb{R}^n$ 中的向量 $\mathbf{x} = [x_1, x_2, ..., x_n]^T$ 所組成，此向量滿足形如 $b_1x_1 + b_2x_2 + \cdots + b_nx_n \leq b$ 的線性不等式的集合。當 $\mathbf{x}$ 掃過這種可行集合時，有一種尋找 q 的最大與最小值的良好方法（高斯演算法的推廣）稱為**單純演算法 (simplex algorithm)**。如同例 3 所述，最適值發生在可行集合的頂點。尤其是，頂點位於可行區域的邊界上，如同定理 1 中的情形。

在 Online Learning Centre 有線性規劃更詳細的討論 (www.mcgrawhill.ca/olc/nicholson)。

8.10 節　應用於統計主成分分析

線性代數在統計學中的多變量分析是很重要的，我們以非常簡短的方式觀察對角化在這方面的應用。機率和統計的主要特點是隨機變數 (random variable) X 的概念，它是一個實值函數，依據機率定律〔稱為它的分佈 (distribution)〕取其值。隨機變數發生在各種上下文中；例如，在已知區域每平方公里降下的流星數，股票的每股價格，或從某城市打來的長途電話的時間。

隨機變數 X 的值是對中心數 μ 進行配置，此中心數稱為 X 的平均 (mean) 值，由分佈計算而得的平均值可作為隨機變數 X 的期望值 (expectation) $E(X) = \mu$。隨機變數的函數仍是隨機變數，特別地，$(X - \mu)^2$ 為一個隨機變數，隨機變數 X 的變異數 (variance) 記做 $var(X)$，定義為

$$var(X) = E\{(X - \mu)^2\}，其中 \mu = E(X)$$

對每一個隨機變數 X 而言，$var(X) \geq 0$，而 $\sigma = \sqrt{var(X)}$ 稱為 X 的標準差 (standard deviation)，它是 X 的數值自 X 的平均值 μ 分散開來的一種量度。統計推斷的主要

---

[13] 在 http://www.mcgrawhill.ca/olc/nicholson 有良好的介紹，更進一步的資訊可參考由 N. Wu 與 R. Coppins 所著的 *"Linear Programming and Extensions"*, McGraw-Hill, 1981。

目的是根據 X 的樣本數據尋找一種可靠的方法來估計隨機變數 X 的平均值和標準差。

若已知兩隨機變數 X 和 Y，其聯合分佈為已知，則 X 和 Y 的函數也是隨機變數。特別地，對任意實數 a 而言，$X + Y$ 和 aX 為隨機變數，而我們有

$$E(X + Y) = E(X) + E(Y) \text{ 和 } E(aX) = aE(X)^{14}$$

一個重要的問題是：隨機變數 X 和 Y 彼此間有多少關聯？X 和 Y 的共變異數 (covariance) 可量測 X 和 Y 之間的關聯，共變異數記做 $cov(X, Y)$，定義為

$$cov(X, Y) = E\{(X - \mu)(Y - \upsilon)\} \text{ 其中 } \mu = E(X)，\upsilon = E(Y)$$

顯然，$cov(X, X) = var(X)$。若 $cov(X, Y) = 0$，則 X 和 Y 彼此少有關係。因此稱為不相關 (uncorrelated)。[15]

多實量統計分析是處理平均值為 $\mu_i = E(X_i)$ 和變異數為 $\sigma_i^2 = var(X_i)$ 的隨機變數 $X_1, X_2, ..., X_n$。我們將 X_i 和 X_j 的共變異數記做 $\sigma_{ij} = cov(X_i, X_j)$，則隨機變數 $X_1, X_2, ..., X_n$ 的共變異數矩陣 (covariance matrix) 定義為 $n \times n$ 矩陣

$$\Sigma = [\sigma_{ij}]$$

其 (i, j) 元素為 σ_{ij}。矩陣 Σ 顯然是對稱；事實上，可證明 Σ 為**正半定 (positive semidefinite)**，亦即對 Σ 的每一個固有值 λ 而言，$\lambda \geq 0$（實際上，Σ 在多數情況下是正定）。因此假設 Σ 的固有值為 $\lambda_1 \geq \lambda_2 \geq \cdots \geq \lambda_n \geq 0$。主軸定理（第 8.2 節定理 2）證明存在一個正交矩陣 P 使得

$$P^T \Sigma P = \text{diag}(\lambda_1, \lambda_2, ..., \lambda_n)$$

若我們令 $\overline{X} = (X_1, X_2, ..., X_n)$，則在二次式對角化的過程中，所引入的新變數 $\overline{Y} = (Y_1, Y_2, ..., Y_n)$ 定義為

$$\overline{Y} = P^T \overline{X}$$

這些新隨機變數 $Y_1, Y_2, ..., Y_n$ 稱為原隨機變數 X_i 的**主成分 (principal components)**，且為 X_i 的線性組合。此外，可證明

$$\text{若 } i \neq j，\text{則 } cov(Y_i, Y_j) = 0 \text{ 且對每一個 } i，var(Y_i) = \lambda_i$$

當然主成分 Y_i 指向二次式 $q = \overline{X}^T \Sigma \overline{X}$ 的主軸。

隨機變數之集合的變異數和稱為變數的**總變異數 (total variance)**，而求此總變異數的來源是主成分分析的優點之一。若矩陣 Σ 和 $\text{diag}(\lambda_1, \lambda_2, ..., \lambda_n)$ 相似，則表

---

[14] 因此 $E(\ )$ 為所有隨機變數的向量空間到實數的空間的線性變換。
[15] 在機率理論的意義上，若 X 與 Y 為獨立，則它們不相關；但是，一般而言，逆敘述不為真。

示它們有相同的跡,亦即,

$$\sigma_{11} + \sigma_{22} + \cdots + \sigma_{nn} = \lambda_1 + \lambda_2 + \cdots + \lambda_n$$

這表示主成分 Y_i 與原隨機變數 X_i 有相同的總變異數。此外,$\lambda_1 \geq \lambda_2 \geq \cdots \geq \lambda_n \geq 0$ 表示大多數的變異數是在前幾個 Y_i。實際上,統計學家發現研究前幾個 Y_i(忽略其餘的)就可得總系統變異的正確分析。此結果使得數據大量減少,因為通常在所有實際的效果中僅需一些 Y_i 就足夠了。此外,這些 Y_i 很容易由 X_i 的線性組合求得。

最後,主成分的分析常揭示從前沒有被懷疑過的關於 X_i 之間的關係,所以這些解釋的結果,除此之外,不曾被提出過。

總之,主成分分析是一種分析、簡化數據集的技術,用於分析數據及建立數理模型,其方法主要是通過對共變異數矩陣進行特徵分解,以得到數據的主成分(即固有向量)與它們的權值(即固有值)。

第九章

基底的改變

若 A 為 $m \times n$ 矩陣，對應的**矩陣變換 (matrix transformation)** $T_A : \mathbb{R}^n \to \mathbb{R}^m$ 定義為

$$T_A(\mathbf{x}) = A\mathbf{x}, \text{其中行向量 } \mathbf{x} \in \mathbb{R}^n$$

如第 2.6 節定理 2 所示，每一個線性變換 $T : \mathbb{R}^n \to \mathbb{R}^m$ 都是一個矩陣變換；亦即，對某個 $m \times n$ 矩陣 A 而言，$T = T_A$。此外，矩陣 A 由 T 唯一決定。事實上，A 用行向量表示則為

$$A = [T(\mathbf{e}_1) \ T(\mathbf{e}_2) \ \cdots \ T(\mathbf{e}_n)]$$

其中 $\{\mathbf{e}_1, \mathbf{e}_2, ..., \mathbf{e}_n\}$ 為 $\mathbb{R}^n$ 的標準基底。

本章我們將說明如何將矩陣與任何線性變換 $T : V \to W$ 產生關聯性，其中 V 和 W 為有限維向量空間，並且我們將描述如何利用矩陣來計算 $T(\mathbf{v})$，其中 $\mathbf{v} \in V$。矩陣與 V 中基底 B 的選取和 W 中基底 D 的選取有關，因此記做 $M_{DB}(T)$。而 $W = V$ 的情況則是特別重要。若 B 和 D 為 V 的兩個基底，則矩陣 $M_{BB}(T)$ 和 $M_{DD}(T)$ 為相似，亦即對某個可逆矩陣 P 而言，$M_{DD}(T) = P^{-1}M_{BB}(T)P$。此外，我們給予一建構 P 的明確公式，而 P 僅與基底 B 和 D 有關。這可引導出線性代數中一些最重要的定理，如第 11 章所示。

9.1 節　線性變換的矩陣

令 $T : V \to W$ 是一個線性變換，其中 $\dim V = n$ 且 $\dim W = m$。本節的目標是要將 T 的作用描述為以 $m \times n$ 矩陣 A 相乘。我們的想法是把一個在 V 中的向量 $\mathbf{v}$ 轉換成 $\mathbb{R}^n$ 中的行，再用 A 乘以該行得到 $\mathbb{R}^m$ 的行，然後將這行轉換回去得到 W 中的 $T(\mathbf{v})$。

將向量轉換成行是一件簡單的事，但需要作一個小的改變。到目前為止，基

底中的向量順序是無關緊要的。但是，在本節中，我們將談論**有序基底 (ordered basis)** $\{\mathbf{b}_1, \mathbf{b}_2, ..., \mathbf{b}_n\}$，此時要考慮基底中的向量順序。因此 $\{\mathbf{b}_2, \mathbf{b}_1, \mathbf{b}_3\}$ 與 $\{\mathbf{b}_1, \mathbf{b}_2, \mathbf{b}_3\}$ 是不同的有序基底。

若 $B = \{\mathbf{b}_1, \mathbf{b}_2, ..., \mathbf{b}_n\}$ 為向量空間 V 的有序基底，並且若

$$\mathbf{v} = v_1 \mathbf{b}_1 + v_2 \mathbf{b}_2 + \cdots + v_n \mathbf{b}_n, \quad v_i \in \mathbb{R}$$

為 V 中的向量，則（唯一決定的）數 $v_1, v_2, ..., v_n$ 稱為 V 相對於基底 B 的**座標 (coordinates)**。

定義 9.1

$\mathbf{v}$ 相對於基底 B 的**座標向量 (coordinate vector)** 定義為

$$C_B(\mathbf{v}) = (v_1 \mathbf{b}_1 + v_2 \mathbf{b}_2 + \cdots + v_n \mathbf{b}_n) = \begin{bmatrix} v_1 \\ v_2 \\ \vdots \\ v_n \end{bmatrix}$$

為何將 $C_B(\mathbf{v})$ 寫成行而不寫成列，以後就會明白。注意 $C_B(\mathbf{b}_i) = \mathbf{e}_i$ 是 I_n 的第 i 行。

例 1

$\mathbf{v} = (2, 1, 3)$ 相對於 $\mathbb{R}^3$ 中的有序基底 $B = \{(1, 1, 0), (1, 0, 1), (0, 1, 1)\}$ 的座標向量為 $C_B(\mathbf{v}) = \begin{bmatrix} 0 \\ 2 \\ 1 \end{bmatrix}$，因為

$$\mathbf{v} = (2, 1, 3) = 0(1, 1, 0) + 2(1, 0, 1) + 1(0, 1, 1)$$

定理 1

若 V 的維數為 n 且 $B = \{\mathbf{b}_1, \mathbf{b}_2, ..., \mathbf{b}_n\}$ 為 V 的任意有序基底，則座標變換 $C_B: V \to \mathbb{R}^n$ 是一個同構 (isomorphism)。事實上，$C_B^{-1}: \mathbb{R}^n \to V$ 即為

$$C_B^{-1} \begin{bmatrix} v_1 \\ v_2 \\ \vdots \\ v_n \end{bmatrix} = v_1 \mathbf{b}_1 + v_2 \mathbf{b}_2 + \cdots + v_n \mathbf{b}_n, \quad \text{其中} \begin{bmatrix} v_1 \\ v_2 \\ \vdots \\ v_n \end{bmatrix} \in \mathbb{R}^n$$

證明

驗證 C_B 為線性置於習題 13。若 $T: \mathbb{R}^n \to V$ 為映射，如定理 1 的符號將它記做 C_B^{-1}，我們可驗證（習題 13）$TC_B = 1_V$ 且 $C_B T = 1_{\mathbb{R}^n}$。注意 $C_B(\mathbf{b}_j)$ 為單位矩陣的第 j 行，故 C_B 將基底 B 映至 $\mathbb{R}^n$ 的標準基底，證明了它是一個同構（由第 7.3 節定理 1）。

令 $T:V \to W$ 是任意線性變換，其中 $\dim V = n$ 且 $\dim W = m$。令 $B = \{\mathbf{b}_1, \mathbf{b}_2, ..., \mathbf{b}_n\}$ 與 D 分別為 V 和 W 的有序基底，則 $C_B : V \to \mathbb{R}^n$ 和 $C_D : W \to \mathbb{R}^m$ 均為同構，如右圖所示，其中 A 為 $m \times n$ 矩陣（待定）。事實上，合成函數

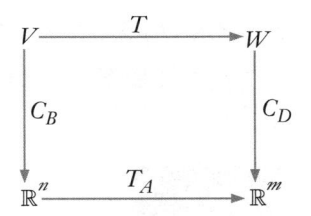

$$C_D T C_B^{-1} : \mathbb{R}^n \to \mathbb{R}^m \text{ 是一個線性變換}$$

故由第 2.6 節定理 2 可知，存在唯一的 $m \times n$ 矩陣 A，使得

$$C_D T C_B^{-1} = T_A \text{ 或 } C_D T = T_A C_B$$

T_A 的作用就是左乘以 A，所以這個條件就是

$$C_D[T(\mathbf{v})] = A C_B(\mathbf{v}),\ \mathbf{v} \in V$$

此條件完全決定了 A。的確，因為 $C_B(\mathbf{b}_j)$ 是單位矩陣的第 j 行，所以對所有 j 而言，可得

$$A \text{ 的第 } j \text{ 行} = A C_B(\mathbf{b}_j) = C_D[T(\mathbf{b}_j)]$$

因此，A 以其行表示，

$$A = [C_D[T(\mathbf{b}_1)] \quad C_D[T(\mathbf{b}_2)] \quad \cdots \quad C_D[T(\mathbf{b}_n)]]$$

定義 9.2

這稱為 T 對應於有序基底 B 與 D 的矩陣 (matrix of T corresponding to the ordered bases B and D)，並且我們使用以下的表示法：

$$M_{DB}(T) = [C_D[T(\mathbf{b}_1)] \quad C_D[T(\mathbf{b}_2)] \quad \cdots \quad C_D[T(\mathbf{b}_n)]]$$

將上述的討論總結成以下的重要定理。

定理 2

令 $T : V \to W$ 是一個線性變換，其中 $\dim V = n$ 且 $\dim W = m$。令 $B = \{\mathbf{b}_1, ..., \mathbf{b}_n\}$ 與 D 分別為 V 與 W 的有序基底，則矩陣 $M_{DB}(T)$ 就是滿足

$$C_D T = T_A C_B$$

的唯一 $m \times n$ 矩陣 A。因此，$M_{DB}(T)$ 的定義性質是

$$C_D[T(\mathbf{v})] = M_{DB}(T) C_B(\mathbf{v}),\ \mathbf{v} \in V$$

矩陣 $M_{DB}[T]$ 以其行表示為

$$M_{DB}(T) = [C_D[T(\mathbf{b}_1)] \quad C_D[T(\mathbf{b}_2)] \quad \cdots \quad C_D[T(\mathbf{b}_n)]]$$

$T = C_D^{-1} T_A C_B$ 的事實表示 T 對 V 中的向量 **v** 的作用就是：先取座標（即應用 C_B 於 **v**），然後左乘以 A（應用 T_A），最後將得到的 m 元組轉成 W 中的向量（應用 C_D^{-1}）。

例 2

對所有多項式 $a + bx + cx^2$ 定義 $T : \mathbf{P}_2 \to \mathbb{R}^2$ 為 $T(a + bx + cx^2) = (a + c, b - a - c)$。若 $B = \{\mathbf{b}_1, \mathbf{b}_2, \mathbf{b}_3\}$ 且 $D = \{\mathbf{d}_1, \mathbf{d}_2\}$，其中

$$\mathbf{b}_1 = 1,\ \mathbf{b}_2 = x,\ \mathbf{b}_3 = x^2 \quad 且 \quad \mathbf{d}_1 = (1, 0),\ \mathbf{d}_2 = (0, 1)$$

求 $M_{DB}(T)$ 並且驗證定理 2。

解：我們有 $T(\mathbf{b}_1) = \mathbf{d}_1 - \mathbf{d}_2$，$T(\mathbf{b}_2) = \mathbf{d}_2$，且 $T(\mathbf{b}_3) = \mathbf{d}_1 - \mathbf{d}_2$。因此

$$M_{DB}(T) = [C_D[T(\mathbf{b}_1)] \quad C_D[T(\mathbf{b}_2)] \quad C_D[T(\mathbf{b}_3)]] = \begin{bmatrix} 1 & 0 & 1 \\ -1 & 1 & -1 \end{bmatrix}$$

若 $\mathbf{v} = a + bx + cx^2 = a\mathbf{b}_1 + b\mathbf{b}_2 + c\mathbf{b}_3$，則 $T(\mathbf{v}) = (a + c)\mathbf{d}_1 + (b - a - c)\mathbf{d}_2$，故

$$C_D[T(\mathbf{v})] = \begin{bmatrix} a + c \\ b - a - c \end{bmatrix} = \begin{bmatrix} 1 & 0 & 1 \\ -1 & 1 & -1 \end{bmatrix} \begin{bmatrix} a \\ b \\ c \end{bmatrix} = M_{DB}(T) C_B(\mathbf{v})$$

如定理 2 所述。

下面的例子說明如何由矩陣決定轉換的作用。

例 3

假設 $T : \mathbf{M}_{22}(\mathbb{R}) \to \mathbb{R}^3$ 為線性且其矩陣 $M_{DB}(T) = \begin{bmatrix} 1 & -1 & 0 & 0 \\ 0 & 1 & -1 & 0 \\ 0 & 0 & 1 & -1 \end{bmatrix}$，其中

$B = \left\{ \begin{bmatrix} 1 & 0 \\ 0 & 0 \end{bmatrix}, \begin{bmatrix} 0 & 1 \\ 0 & 0 \end{bmatrix}, \begin{bmatrix} 0 & 0 \\ 1 & 0 \end{bmatrix}, \begin{bmatrix} 0 & 0 \\ 0 & 1 \end{bmatrix} \right\}$ 且 $D = \{(1, 0, 0), (0, 1, 0), (0, 0, 1)\}$。求 $T(\mathbf{v})$，其中 $\mathbf{v} = \begin{bmatrix} a & b \\ c & d \end{bmatrix}$。

解：先計算 $C_D[T(\mathbf{v})]$，然後再求 $T(\mathbf{v})$。我們有

$$C_D[T(\mathbf{v})] = M_{DB}(T) C_B(\mathbf{v}) = \begin{bmatrix} 1 & -1 & 0 & 0 \\ 0 & 1 & -1 & 0 \\ 0 & 0 & 1 & -1 \end{bmatrix} \begin{bmatrix} a \\ b \\ c \\ d \end{bmatrix} = \begin{bmatrix} a - b \\ b - c \\ c - d \end{bmatrix}$$

因此 $T(\mathbf{v}) = (a - b)(1, 0, 0) + (b - c)(0, 1, 0) + (c - d)(0, 0, 1)$
$= (a - b, b - c, c - d)$

接下來的兩個例子稍後會用到。

例 4

設 A 是 $m \times n$ 矩陣，令 $T_A : \mathbb{R}^n \to \mathbb{R}^m$ 是由 A 誘導的矩陣變換：$T_A(\mathbf{x}) = A\mathbf{x}$，其中 $\mathbf{x}$ 為 $\mathbb{R}^n$ 中的行向量。若 B 與 D 分別為 $\mathbb{R}^n$ 與 $\mathbb{R}^m$ 的標準基底（按通常排序），則
$$M_{DB}(T_A) = A$$
換言之，T_A 相對於標準基底的矩陣為 A 本身。

解：令 $B = \{\mathbf{e}_1, ..., \mathbf{e}_n\}$。因為 D 為 $\mathbb{R}^m$ 的標準基底，易驗證得知 $C_D(\mathbf{y}) = \mathbf{y}$ 對所有 $\mathbb{R}^m$ 中的行向量 $\mathbf{y}$ 皆成立。因此，
$$M_{DB}(T_A) = [T_A(\mathbf{e}_1) \ T_A(\mathbf{e}_2) \ \cdots \ T_A(\mathbf{e}_n)] = [A\mathbf{e}_1 \ A\mathbf{e}_2 \ \cdots \ A\mathbf{e}_n] = A$$
因為 $A\mathbf{e}_j$ 是 A 的第 j 行。

例 5

設 V 和 W 的有序基底分別是 B 和 D。令 $\dim V = n$，則
1. 單位變換 $1_V : V \to V$ 具有矩陣 $M_{BB}(1_V) = I_n$。
2. 零變換 $0 : V \to W$ 具有矩陣 $M_{DB}(0) = 0$。

若 V 的這兩個基底不相等，則例 5 中的第一個結果是錯的。事實上，若 B 是 $\mathbb{R}^n$ 的標準基底，則可選擇 $\mathbb{R}^n$ 的基底 D 使得 $M_{BD}(1_{\mathbb{R}^n})$ 成為任意可逆矩陣（習題 14）。

下面兩個定理顯示，線性變換的合成，就是它們的對應矩陣相乘。

定理 3

設 $V \xrightarrow{T} W \xrightarrow{S} U$ 為線性變換，令 B、D、E 分別為 V、W、U 的有限有序基底，則

$$M_{EB}(ST) = M_{ED}(S) \cdot M_{DB}(T)$$

證明

我們要用定理 2 的性質 3 次。若 $\mathbf{v} \in V$，則
$$M_{ED}(S)M_{DB}(T)C_B(\mathbf{v}) = M_{ED}(S)C_D[T(\mathbf{v})] = C_E[ST(\mathbf{v})] = M_{EB}(ST)C_B(\mathbf{v})$$
若 $B = \{\mathbf{e}_1, ..., \mathbf{e}_n\}$，則 $C_B(\mathbf{e}_j)$ 為 I_n 的第 j 行。因此，取 $\mathbf{v} = \mathbf{e}_j$，可知 $M_{ED}(S)M_{DB}(T)$ 與 $M_{EB}(ST)$ 具有相等的第 j 行。定理得證。

定理 4

設 $T: V \to W$ 為線性變換，其中 $\dim V = \dim W = n$，則下列是對等的敘述。

1. T 是一個同構。
2. 對所有 V、W 的有序基底 B、D 而言，$M_{DB}(T)$ 是可逆的。
3. 存在 V、W 的一對有序基底 B、D，使得 $M_{DB}(T)$ 是可逆的。

在此情況下，$[M_{DB}(T)]^{-1} = M_{BD}(T^{-1})$。

證明

(1) $\Rightarrow$ (2)。我們有 $V \xrightarrow{T} W \xrightarrow{T^{-1}} V$，故由定理 3 和例 5 可得

$$M_{BD}(T^{-1})M_{DB}(T) = M_{BB}(T^{-1}T) = M_{BB}(1_V) = I_n$$

同理，$M_{DB}(T)M_{BD}(T^{-1}) = I_n$，這就證明了 (2) 以及定理中的最後一個敘述。

(2) $\Rightarrow$ (3)。這是明確的。

(3) $\Rightarrow$ (1)。對某個基底 B、D，假設 $M_{DB}(T)$ 可逆，為方便起見，令 $A = M_{DB}(T)$，則由定理 2 知 $C_D T = T_A C_B$，故由定理 1 知

$$T = (C_D)^{-1} T_A C_B$$

其中 $(C_D)^{-1}$ 與 C_B 為同構。因此若我們能證明 $T_A: \mathbb{R}^n \to \mathbb{R}^n$ 也是同構則可推得 (1)。由 (3) 知 A 為可逆，且 $T_A T_{A^{-1}} = 1_{\mathbb{R}^n} = T_{A^{-1}} T_A$，故 T_A 確實是可逆〔而且 $(T_A)^{-1} = T_{A^{-1}}$〕。

在第 7.2 節我們定義了一個線性變換 $T: V \to W$ 的秩為 $\operatorname{rank} T = \dim(\operatorname{im} T)$。此外，若 A 為任意 $m \times n$ 矩陣且 $T_A: \mathbb{R}^n \to \mathbb{R}^m$ 為矩陣變換，我們證明了 $\operatorname{rank}(T_A) = \operatorname{rank} A$。因此 $\operatorname{rank} T$ 等於 T 的任意矩陣的秩。

定理 5

設 $T: V \to W$ 是線性變換，其中 $\dim V = n$ 且 $\dim W = m$。若 B、D 分別為 V、W 的任意有序基底，則 $\operatorname{rank} T = \operatorname{rank}[M_{DB}(T)]$。

證明

為方便起見，令 $A = M_{DB}(T)$。A 的行向量空間為 $U = \{A\mathbf{x} \mid \mathbf{x} \in \mathbb{R}^n\}$。因此 $\operatorname{rank} A = \dim U$。因為 $\operatorname{rank} T = \dim(\operatorname{im} T)$，所以只需找一個同構 $S: \operatorname{im} T \to U$。而 $\operatorname{im} T$ 中的每一個向量都具有 $T(\mathbf{v})$ 之形式，其中 $\mathbf{v} \in V$，由定理 2 知，$C_D[T(\mathbf{v})] = AC_B(\mathbf{v})$ 屬於 U。因此定義 $S: \operatorname{im} T \to U$ 為

$$S[T(\mathbf{v})] = C_D[T(\mathbf{v})], \quad T(\mathbf{v}) \in \operatorname{im} T$$

由 C_D 為線性且為一對一的事實，可知 S 為線性且為一對一。欲證明 S 為映成，令 $A\mathbf{x}$ 屬於 U，其中 $\mathbf{x} \in \mathbb{R}^n$，則因 C_B 為映成，故 V 中存在某向量 $\mathbf{v}$，使得 $\mathbf{x} = C_B(\mathbf{v})$。因此 $A\mathbf{x} = AC_B(\mathbf{v}) = C_D[T(\mathbf{v})] = S[T(\mathbf{v})]$，故 S 為映成。這表示 S 為同構。

例 6

$T : \mathbf{P}_2 \to \mathbb{R}^3$ 定義為 $T(a + bx + cx^2) = (a - 2b, 3c - 2a, 3c - 4b)$，其中 $a, b, c \in \mathbb{R}$。計算 rank T。

解：因為對任意基底 $B \subseteq \mathbf{P}_2$ 和 $D \subseteq \mathbb{R}^3$ 而言，rank T = rank $[M_{DB}(T)]$，我們選擇最簡便的一種：$B = \{1, x, x^2\}$ 和 $D = \{(1, 0, 0), (0, 1, 0), (0, 0, 1)\}$，則
$M_{DB}(T) = [C_D[T(1)] \quad C_D[T(x)] \quad C_D[T(x^2)]] = A$，其中

$$A = \begin{bmatrix} 1 & -2 & 0 \\ -2 & 0 & 3 \\ 0 & -4 & 3 \end{bmatrix}, \text{ 因為 } A \to \begin{bmatrix} 1 & -2 & 0 \\ 0 & -4 & 3 \\ 0 & -4 & 3 \end{bmatrix} \to \begin{bmatrix} 1 & -2 & 0 \\ 0 & 1 & -\frac{3}{4} \\ 0 & 0 & 0 \end{bmatrix}$$

所以我們有 rank $A = 2$。因此 rank $T = 2$。

我們用一個例子做結論：如果謹慎選擇兩個基底，可使一個線性變換的矩陣變得很簡單。

例 7

設 $T : V \to W$ 是一個線性變換，其中 $\dim V = n$ 且 $\dim W = m$。選擇 V 的有序基底 $B = \{\mathbf{b}_1, \ldots, \mathbf{b}_r, \mathbf{b}_{r+1}, \ldots, \mathbf{b}_n\}$，使得 $\{\mathbf{b}_{r+1}, \ldots, \mathbf{b}_n\}$ 為 ker T 的基底，可能是空集合。則由第 7.2 節定理 5 知，$\{T(\mathbf{b}_1), \ldots, T(\mathbf{b}_r)\}$ 為 im T 的基底，故將它延拓成為 W 的有序基底 $D = \{T(\mathbf{b}_1), \ldots, T(\mathbf{b}_r), \mathbf{f}_{r+1}, \ldots, \mathbf{f}_m\}$。因為 $T(\mathbf{b}_{r+1}) = \cdots = T(\mathbf{b}_n) = \mathbf{0}$，所以

$$M_{DB}(T) = [C_D[T(\mathbf{b}_1)] \cdots C_D[T(\mathbf{b}_r)] \; C_D[T(\mathbf{b}_{r+1})] \cdots C_D[T(\mathbf{b}_n)]] = \begin{bmatrix} I_r & 0 \\ 0 & 0 \end{bmatrix}$$

由定理 5 知 rank $T = r$。

習題 9.1

1. 下列各題中，設 B 為向量空間 V 的基底，求 $\mathbf{v}$ 相對於 B 的座標：
   (a) $V = \mathbf{P}_2$，$\mathbf{v} = 2x^2 + x - 1$，$B = \{x + 1, x^2, 3\}$
   ◆(b) $V = \mathbf{P}_2$，$\mathbf{v} = ax^2 + bx + c$，$B = \{x^2, x + 1, x + 2\}$

(c) $V = \mathbb{R}^3$，$\mathbf{v} = (1, -1, 2)$，
$B = \{(1, -1, 0), (1, 1, 1), (0, 1, 1)\}$

◆(d) $V = \mathbb{R}^3$，$\mathbf{v} = (a, b, c)$，
$B = \{(1, -1, 2), (1, 1, -1), (0, 0, 1)\}$

(e) $V = \mathbf{M}_{22}$，$\mathbf{v} = \begin{bmatrix} 1 & 2 \\ -1 & 0 \end{bmatrix}$，
$B = \left\{ \begin{bmatrix} 1 & 1 \\ 0 & 0 \end{bmatrix}, \begin{bmatrix} 1 & 0 \\ 1 & 0 \end{bmatrix}, \begin{bmatrix} 0 & 0 \\ 1 & 1 \end{bmatrix}, \begin{bmatrix} 1 & 0 \\ 0 & 1 \end{bmatrix} \right\}$

2. 設 $T : \mathbf{P}_2 \to \mathbb{R}^2$ 為線性轉換。若 $B = \{1, x, x^2\}$ 且 $D = \{(1, 1), (0, 1)\}$，求 T 的作用。已知：

(a) $M_{DB}(T) = \begin{bmatrix} 1 & 2 & -1 \\ -1 & 0 & 1 \end{bmatrix}$

◆(b) $M_{DB}(T) = \begin{bmatrix} 2 & 1 & 3 \\ -1 & 0 & -2 \end{bmatrix}$

3. 下列各題中，設 B 與 D 分別為 V 和 W 的基底，求 $T : V \to W$ 相對於 B 與 D 的矩陣。

(a) $T : \mathbf{M}_{22} \to \mathbb{R}$，$T(A) = \operatorname{tr} A$；
$B = \left\{ \begin{bmatrix} 1 & 0 \\ 0 & 0 \end{bmatrix}, \begin{bmatrix} 0 & 1 \\ 0 & 0 \end{bmatrix}, \begin{bmatrix} 0 & 0 \\ 1 & 0 \end{bmatrix}, \begin{bmatrix} 0 & 0 \\ 0 & 1 \end{bmatrix} \right\}$，
$D = \{1\}$

◆(b) $T : \mathbf{M}_{22} \to \mathbf{M}_{22}$，$T(A) = A^T$；
$B = D = \left\{ \begin{bmatrix} 1 & 0 \\ 0 & 0 \end{bmatrix}, \begin{bmatrix} 0 & 1 \\ 0 & 0 \end{bmatrix}, \begin{bmatrix} 0 & 0 \\ 1 & 0 \end{bmatrix}, \begin{bmatrix} 0 & 0 \\ 0 & 1 \end{bmatrix} \right\}$

(c) $T : \mathbf{P}_2 \to \mathbf{P}_3$，$T[p(x)] = xp(x)$；
$B = \{1, x, x^2\}$，$D = \{1, x, x^2, x^3\}$

◆(d) $T : \mathbf{P}_2 \to \mathbf{P}_2$，$T[p(x)] = p(x + 1)$；
$B = D = \{1, x, x^2\}$

4. 下列各題中，求 $T : V \to W$ 分別相對於基底 B 與 D 的矩陣，並利用它計算 $C_D[T(\mathbf{v})]$ 與 $T(\mathbf{v})$。

(a) $T : \mathbb{R}^3 \to \mathbb{R}^4$，$T(x, y, z) = (x + z, 2z, y - z, x + 2y)$；$B$ 與 D 為標準基底；$\mathbf{v} = (1, -1, 3)$

◆(b) $T : \mathbb{R}^2 \to \mathbb{R}^4$，$T(x, y) = (2x - y, 3x + 2y, 4y, x)$；$B = \{(1, 1), (1, 0)\}$，$D$ 為標準基底；$\mathbf{v} = (a, b)$

(c) $T : \mathbf{P}_2 \to \mathbb{R}^2$，$T(a + bx + cx^2) = (a + c, 2b)$；$B = \{1, x, x^2\}$，$D = \{(1, 0), (1, -1)\}$；$\mathbf{v} = a + bx + cx^2$

◆(d) $T : \mathbf{P}_2 \to \mathbb{R}^2$，
$T(a + bx + cx^2) = (a + b, c)$；
$B = \{1, x, x^2\}$，$D = \{(1, -1), (1, 1)\}$；
$\mathbf{v} = a + bx + cx^2$

(e) $T : \mathbf{M}_{22} \to \mathbb{R}$，
$T\begin{bmatrix} a & b \\ c & d \end{bmatrix} = a + b + c + d$；
$B = \left\{ \begin{bmatrix} 1 & 0 \\ 0 & 0 \end{bmatrix}, \begin{bmatrix} 0 & 1 \\ 0 & 0 \end{bmatrix}, \begin{bmatrix} 0 & 0 \\ 1 & 0 \end{bmatrix}, \begin{bmatrix} 0 & 0 \\ 0 & 1 \end{bmatrix} \right\}$，
$D = \{1\}$；$\mathbf{v} = \begin{bmatrix} a & b \\ c & d \end{bmatrix}$

◆(f) $T : \mathbf{M}_{22} \to \mathbf{M}_{22}$，
$T\begin{bmatrix} a & b \\ c & d \end{bmatrix} = \begin{bmatrix} a & b + c \\ b + c & d \end{bmatrix}$；
$B = D = \left\{ \begin{bmatrix} 1 & 0 \\ 0 & 0 \end{bmatrix}, \begin{bmatrix} 0 & 1 \\ 0 & 0 \end{bmatrix}, \begin{bmatrix} 0 & 0 \\ 1 & 0 \end{bmatrix}, \begin{bmatrix} 0 & 0 \\ 0 & 1 \end{bmatrix} \right\}$；
$\mathbf{v} = \begin{bmatrix} a & b \\ c & d \end{bmatrix}$

5. 下列各題中，驗證定理 3。利用 $\mathbb{R}^n$ 的標準基底以及 $\mathbf{P}_2$ 中的 $\{1, x, x^2\}$。

(a) $\mathbb{R}^3 \xrightarrow{T} \mathbb{R}^2 \xrightarrow{S} \mathbb{R}^4$；
$T(a, b, c) = (a + b, b - c)$，
$S(a, b) = (a, b - 2a, 3b, a + b)$

◆(b) $\mathbb{R}^3 \xrightarrow{T} \mathbb{R}^4 \xrightarrow{S} \mathbb{R}^2$；
$T(a, b, c) = (a + b, c + b, a + c, b - a)$，
$S(a, b, c, d) = (a + b, c - d)$

(c) $\mathbf{P}_2 \xrightarrow{T} \mathbb{R}^3 \xrightarrow{S} \mathbf{P}_2$；
$T(a + bx + cx^2) = (a, b - c, c - a)$，
$S(a, b, c) = b + cx + (a - c)x^2$

◆(d) $\mathbb{R}^3 \xrightarrow{T} \mathbf{P}_2 \xrightarrow{S} \mathbb{R}^2$；
$T(a, b, c) = (a - b) + (c - a)x + bx^2$，
$S(a + bx + cx^2) = (a - b, c)$

6. 對於 $\mathbf{M}_{22} \xrightarrow{T} \mathbf{M}_{22} \xrightarrow{S} \mathbf{P}_2$，驗證定理 3，其中 $T(A) = A^T$ 且
$S\begin{bmatrix} a & b \\ c & d \end{bmatrix} = b + (a + d)x + cx^2$。利用基底

$B = D = \left\{ \begin{bmatrix} 1 & 0 \\ 0 & 0 \end{bmatrix}, \begin{bmatrix} 0 & 1 \\ 0 & 0 \end{bmatrix}, \begin{bmatrix} 0 & 0 \\ 1 & 0 \end{bmatrix}, \begin{bmatrix} 0 & 0 \\ 0 & 1 \end{bmatrix} \right\}$
與 $E = \{1, x, x^2\}$。

7. 下列各題中，求 T^{-1} 並且驗證 $[M_{DB}(T)]^{-1} = M_{BD}(T^{-1})$
    (a) $T: \mathbb{R}^2 \to \mathbb{R}^2$，
    $T(a, b) = (a + 2b, 2a + 5b)$；
    $B = D =$ 標準基底
    ◆(b) $T: \mathbb{R}^3 \to \mathbb{R}^3$，
    $T(a, b, c) = (b + c, a + c, a + b)$；
    $B = D =$ 標準基底
    (c) $T: \mathbf{P}_2 \to \mathbb{R}^3$，
    $T(a + bx + cx^2) = (a - c, b, 2a - c)$；
    $B = \{1, x, x^2\}$，$D =$ 標準基底
    ◆(d) $T: \mathbf{P}_2 \to \mathbb{R}^3$，
    $T(a + bx + cx^2) = (a + b + c, b + c, c)$；
    $B = \{1, x, x^2\}$，$D =$ 標準基底

8. 下列各題中，證明 $M_{DB}(T)$ 為可逆，並且利用 $M_{BD}(T^{-1}) = [M_{DB}(T)]^{-1}$ 以決定 T^{-1} 的作用。
    (a) $T: \mathbf{P}_2 \to \mathbb{R}^3$，
    $T(a + bx + cx^2) = (a + c, c, b - c)$；
    $B = \{1, x, x^2\}$，$D =$ 標準基底
    ◆(b) $T: \mathbf{M}_{22} \to \mathbb{R}^4$，
    $T \begin{bmatrix} a & b \\ c & d \end{bmatrix} = (a + b + c, b + c, c, d)$；
    $B = \left\{ \begin{bmatrix} 1 & 0 \\ 0 & 0 \end{bmatrix}, \begin{bmatrix} 0 & 1 \\ 0 & 0 \end{bmatrix}, \begin{bmatrix} 0 & 0 \\ 1 & 0 \end{bmatrix}, \begin{bmatrix} 0 & 0 \\ 0 & 1 \end{bmatrix} \right\}$，
    $D =$ 標準基底

9. 令 $D: \mathbf{P}_3 \to \mathbf{P}_2$ 表 $D[p(x)] = p'(x)$ 的微分映射。求 D 相對於基底 $B = \{1, x, x^2, x^3\}$ 與 $E = \{1, x, x^2\}$ 的矩陣，並且利用它求 $D(a + bx + cx^2 + dx^3)$。

10. 若 $\ker T \neq 0$（假設 $\dim V = n$）。利用定理 4 證明 $T: V \to V$ 不是同構。
    【提示：選取任意有序基底 B 包含 $\ker T$ 的一個向量。】

11. 設 $T: V \to \mathbb{R}$ 為線性變換，令 $D = \{1\}$ 為 $\mathbb{R}$ 的基底，$B = \{\mathbf{e}_1, ..., \mathbf{e}_n\}$ 為 V 的任意有序基底，證明 $M_{DB}(T) = [T(\mathbf{e}_1) \cdots T(\mathbf{e}_n)]$。

◆12. 設 $T: V \to W$ 為一個同構，令 $B = \{\mathbf{e}_1, ..., \mathbf{e}_n\}$ 為 V 的有序基底，$D = \{T(\mathbf{e}_1), ..., T(\mathbf{e}_n)\}$。證明 $M_{DB}(T) = I_n$，I_n 為 $n \times n$ 單位矩陣。

13. 完成定理 1 的證明。

14. 設 U 為任意可逆 $n \times n$ 矩陣，令 $D = \{\mathbf{f}_1, \mathbf{f}_2, ..., \mathbf{f}_n\}$，其中 $\mathbf{f}_j$ 為 U 的第 j 行。證明 $M_{BD}(1_{\mathbb{R}^n}) = U$，其中 B 為 $\mathbb{R}^n$ 的標準基底。

15. 設 B 為 n 維空間 V 的有序基底，令 $C_B: V \to \mathbb{R}^n$ 為座標變換。若 D 為 $\mathbb{R}^n$ 的標準基底，證明 $M_{DB}(C_B) = I_n$。

16. 令 $T: \mathbf{P}_2 \to \mathbb{R}^3$ 定義為 $T(p) = (p(0), p(1), p(2))$，$p \in \mathbf{P}_2$。令 $B = \{1, x, x^2\}$ 且 $D = \{(1, 0, 0), (0, 1, 0), (0, 0, 1)\}$。
    (a) 證明 $M_{DB}(T) = \begin{bmatrix} 1 & 0 & 0 \\ 1 & 1 & 1 \\ 1 & 2 & 4 \end{bmatrix}$ 且 T 為一同構。
    ◆(b) 推廣到 $T: \mathbf{P}_n \to \mathbb{R}^{n+1}$，其中 $T(p) = (p(a_0), p(a_1), ..., p(a_n))$，而 $a_0, a_1, ..., a_n$ 為相異實數。【提示：第 3.2 節定理 7。】

17. 設 $T: \mathbf{P}_n \to \mathbf{P}_n$ 定義為 $T[p(x)] = p(x) + xp'(x)$，其中 $p'(x)$ 表示導數。試求出 $M_{BB}(T)$ 並證明 T 為一個同構，其中 $B = \{1, x, x^2, ..., x^n\}$。

18. 設 k 為任意數。定義 $T_k: \mathbf{M}_{22} \to \mathbf{M}_{22}$ 為 $T_k(A) = A + kA^T$。
    (a) 若 $B = \left\{ \begin{bmatrix} 1 & 0 \\ 0 & 0 \end{bmatrix}, \begin{bmatrix} 0 & 0 \\ 0 & 1 \end{bmatrix}, \begin{bmatrix} 0 & 1 \\ 1 & 0 \end{bmatrix}, \begin{bmatrix} 0 & 1 \\ -1 & 0 \end{bmatrix} \right\}$，

求 $M_{BB}(T_k)$，並且證明若 $k \neq 1$ 且 $k \neq -1$，則 T_k 可逆。

(b) 重複做 $T_k: \mathbf{M}_{33} \to \mathbf{M}_{33}$ 的情形。你會推廣嗎？

剩下的習題，需要下面的定義。若 V 與 W 為向量空間，從 V 到 W 的所有線性變換的集合可記做

$$\mathbf{L}(V, W) = \{T \mid T: V \to W \text{ 為線性變換}\}$$

已知 $S, T \in \mathbf{L}(V, W)$ 且 $a \in \mathbb{R}$，定義 $S + T: V \to W$ 與 $aT: V \to W$ 為

$(S + T)(\mathbf{v}) = S(\mathbf{v}) + T(\mathbf{v})$ $\quad \forall \mathbf{v} \in V$

$(aT)(\mathbf{v}) = aT(\mathbf{v})$ $\quad \forall \mathbf{v} \in V$

19. 證明 $\mathbf{L}(V, W)$ 為向量空間。

20. 證明下列性質成立，並假設所有運算都有定義。
    (a) $R(ST) = (RS)T$
    (b) $1_W T = T = T 1_V$
    (c) $R(S + T) = RS + RT$
    ◆(d) $(S + T)R = SR + TR$
    (e) $(aS)T = a(ST) = S(aT)$

21. 已知 $S, T \in \mathbf{L}(V, W)$，證明：
    (a) $\ker S \cap \ker T \subseteq \ker(S + T)$
    ◆(b) $\text{im}(S + T) \subseteq \text{im } S + \text{im } T$

22. 設 V 與 W 為向量空間。若 X 為 V 的子集合，定義 $X^0 = \{T \in \mathbf{L}(V, W) \mid T(\mathbf{v}) = 0, \forall \mathbf{v} \in X\}$
    (a) 證明 X^0 為 $\mathbf{L}(V, W)$ 的子空間。
    ◆(b) 若 $X \subseteq X_1$，證明 $X_1^0 \subseteq X^0$。
    (c) 若 U 與 U_1 為 V 的子空間，證明 $(U + U_1)^0 = U^0 \cap U_1^0$。

23. 對每一個 $m \times n$ 矩陣 A，定義 $R: \mathbf{M}_{mn} \to \mathbf{L}(\mathbb{R}^n, \mathbb{R}^m)$ 為 $R(A) = T_A$，其中 $T_A: \mathbb{R}^n \to \mathbb{R}^m$ 為 $T_A(\mathbf{x}) = A\mathbf{x}, \forall \mathbf{x} \in \mathbb{R}^n$。證明 R 為同構。

24. 設 V 為任意向量空間（不必假設是有限維）。給予 $\mathbf{v} \in V$，定義 $S_\mathbf{v}: \mathbb{R} \to V$ 為 $S_\mathbf{v}(r) = r\mathbf{v}$，$r \in \mathbb{R}$。
    (a) 證明對每一個 $\mathbf{v} \in V$，$S_\mathbf{v} \in \mathbf{L}(\mathbb{R}, V)$。
    ◆(b) 證明定義為 $R(\mathbf{v}) = S_\mathbf{v}$ 的映射 $R: V \to \mathbf{L}(\mathbb{R}, V)$ 為一個同構。【提示：若 $T \in \mathbf{L}(\mathbb{R}, V)$，則 R 為映成。證明 $T = S_\mathbf{v}$，其中 $\mathbf{v} = T(1)$。】

25. 設 V 為向量空間，$B = \{\mathbf{b}_1, \mathbf{b}_2, ..., \mathbf{b}_n\}$ 為 V 的有序基底。對 $i = 1, 2, ..., m$，定義 $S_i: \mathbb{R} \to V$ 為 $S_i(r) = r\mathbf{b}_i$，$\forall r \in \mathbb{R}$。
    (a) 證明每一個 $S_i \in \mathbf{L}(\mathbb{R}, V)$ 並且 $S_i(1) = \mathbf{b}_i$。
    ◆(b) 已知 $T \in \mathbf{L}(\mathbb{R}, V)$，令
    $T(1) = a_1\mathbf{b}_1 + a_2\mathbf{b}_2 + \cdots + a_n\mathbf{b}_n$，$a_i \in \mathbb{R}$。證明 $T = a_1 S_1 + a_2 S_2 + \cdots + a_n S_n$。
    (c) 證明 $\{S_1, S_2, ..., S_n\}$ 為 $\mathbf{L}(\mathbb{R}, V)$ 的基底。

26. 設 $\dim V = n$，$\dim W = m$，令 B 與 D 分別為 V 與 W 的有序基底。證明 $M_{DB}: \mathbf{L}(V, W) \to \mathbf{M}_{mn}$ 為向量空間的一個同構。【提示：令 $B = \{\mathbf{b}_1, ..., \mathbf{b}_n\}$ 且 $D = \{\mathbf{d}_1, ..., \mathbf{d}_m\}$。已知 $A = [a_{ij}] \in \mathbf{M}_{mn}$，證明 $A = M_{DB}(T)$，其中 $T: V \to W$ 定義為 $T(\mathbf{b}_j) = a_{1j}\mathbf{d}_1 + a_{2j}\mathbf{d}_2 + \cdots + a_{mj}\mathbf{d}_m$。】

27. 設 V 為向量空間，空間 $V^* = \mathbf{L}(V, \mathbb{R})$ 稱為 V 的**對偶 (dual)**。已知 $B = \{\mathbf{b}_1, \mathbf{b}_2, ..., \mathbf{b}_n\}$ 為 V 的基底，對 $i = 1, 2, ..., n$，定義線性變換 $E_i: V \to \mathbb{R}$ 為

$$E_i(\mathbf{b}_j) = \begin{cases} 0, & i \neq j \\ 1, & i = j \end{cases}$$

（由第 7.1 節定理 3 知每一個 E_i 皆存在）。證明下列各敘述：

(a) 對 $i = 1, 2, ..., n$，$E_i(r_1\mathbf{b}_1 + \cdots + r_n\mathbf{b}_n) = r_i$ 恆成立。

◆(b) $\forall \mathbf{v} \in V$，$\mathbf{v} = E_1(\mathbf{v})\mathbf{b}_1 + E_2(\mathbf{v})\mathbf{b}_2 + \cdots + E_n(\mathbf{v})\mathbf{b}_n$ 恆成立。

(c) $\forall T \in V^*$，$T = T(\mathbf{b}_1)E_1 + T(\mathbf{b}_2)E_2 + \cdots + T(\mathbf{b}_n)E_n$ 恆成立。

(d) $\{E_1, E_2, ..., E_n\}$ 為 V^* 的基底，稱為 B 的**對偶基底 (dual basis)**。

已知 $\mathbf{v} \in V$，定義 $\mathbf{v}^* : V \to \mathbb{R}$ 為

$\mathbf{v}^*(\mathbf{w}) = E_1(\mathbf{v})E_1(\mathbf{w}) + E_2(\mathbf{v})E_2(\mathbf{w}) + \cdots + E_n(\mathbf{v})E_n(\mathbf{w})$，$\mathbf{w} \in V$。證明：

(e) $\mathbf{v}^* : V \to \mathbb{R}$ 為線性，因此 $\mathbf{v}^* \in V^*$。

(f) 對 $i = 1, 2, ..., n$，$\mathbf{b}_i^* = E_i$ 恆成立。

(g) 映射 $R : V \to V^*$ 定義為 $R(\mathbf{v}) = \mathbf{v}^*$ 是一個同構。【提示：證明 R 為線性且為一對一，再利用第 7.3 節定理 3。或證明 $R^{-1}(T) = T(\mathbf{b}_1)\mathbf{b}_1 + \cdots + T(\mathbf{b}_n)\mathbf{b}_n$。】

9.2 節　算子和相似性

　　研究從一個向量空間到另一個向量空間的線性變換是重要的，線性代數的核心問題是了解從一個向量空間 V 到 V 的線性變換 $T : V \to V$ 之結構。這種變換稱為**線性算子 (linear operators)**。若 $T : V \to V$ 是線性算子，其中 $\dim(V) = n$，我們可以選擇 V 的基底 B 和 D，使得矩陣 $M_{DB}(T)$ 有一個非常簡單的形式：$M_{DB}(T) = \begin{bmatrix} I_r & 0 \\ 0 & 0 \end{bmatrix}$，其中 $r = \text{rank } T$（參閱第 9.1 節例 7）。於是，T 的秩可由求出 T 的最簡單矩陣 $M_{DB}(T)$ 而得知，其中基底 B 和 D 可任意選擇。但是，如果我們強調 $B = D$ 並尋找基底 B 使得 $M_{BB}(T)$ 盡可能簡單，則此過程可使我們了解許多有關算子 T 的性質。本節是這項工作的開始。

算子的 B-矩陣

定義 9.3

若 $T : V \to V$ 是向量空間 V 的一個算子，且若 B 為 V 的有序基底。定義 $M_B(T) = M_{BB}(T)$ 並稱此為 T 的 **B-矩陣 (B-matrix)**。

　　回顧，若 $T : \mathbb{R}^n \to \mathbb{R}^n$ 是線性算子且 $E = \{\mathbf{e}_1, \mathbf{e}_2, ..., \mathbf{e}_n\}$ 為 $\mathbb{R}^n$ 的標準基底，則對每一個 $\mathbf{x} \in \mathbb{R}^n$，$C_E(\mathbf{x}) = \mathbf{x}$，故 $M_E(T) = [T(\mathbf{e}_1), T(\mathbf{e}_2), ..., T(\mathbf{e}_n)]$ 是在第 2.6 節定理 2 中所得的矩陣。因此 $M_E(T)$ 稱為算子 T 的**標準矩陣 (standard matrix)**。

　　為方便參考，下面的定理從第 9.1 節定理 2、3 和 4 收集了與算子有關的一些結果。和以前一樣，$C_B(\mathbf{v})$ 表示 $\mathbf{v}$ 相對於基底 B 的座標向量。

定理 1

令 $T: V \to V$ 為算子，其中 $\dim V = n$，且令 B 為 V 的有序基底。

1. 對所有 $\mathbf{v} \in V$，$C_B(T(\mathbf{v})) = M_B(T)C_B(\mathbf{v})$。
2. 若 $S: V \to V$ 為 V 的另一個算子，則 $M_B(ST) = M_B(S)M_B(T)$。
3. T 為一個同構若且唯若 $M_B(T)$ 為可逆。在此情況下，對 V 的每一個有序基底 D 而言，$M_D[T]$ 為可逆。
4. 若 T 為一個同構，則 $M_B(T^{-1}) = [M_B(T)]^{-1}$。
5. 若 $B = \{\mathbf{b}_1, \mathbf{b}_2, ..., \mathbf{b}_n\}$，則 $M_B(T) = [C_B[T(\mathbf{b}_1)] \; C_B[T(\mathbf{b}_2)] \; \cdots \; C_B[T(\mathbf{b}_n)]]$。

對於一個向量空間 V 的固定算子 T，我們將研究當基底 B 改變時，矩陣 $M_B(T)$ 會如何改變。這與 V 中向量 $\mathbf{v}$ 的座標向量 $C_B(\mathbf{v})$ 的變化關係密切。若 B 和 D 分別為 V 的兩個有序基底，且若我們在第 9.1 節定理 2 中取 $T = 1_V$，可得

$$C_D(\mathbf{v}) = M_{DB}(1_V)C_B(\mathbf{v}), \; \forall \mathbf{v} \in V$$

定義 9.4

考慮到這一點，定義**變換矩陣 (change matrix)** $P_{D \leftarrow B}$ 為

$$P_{D \leftarrow B} = M_{DB}(1_V)，其中 B 和 D 為 V 的有序基底。$$

這就證明了以下定理中的 (∗∗)。

定理 2

令 $B = \{\mathbf{b}_1, \mathbf{b}_2, ..., \mathbf{b}_n\}$ 與 D 為向量空間 V 的有序基底，則變換矩陣 $P_{D \leftarrow B}$ 用其行表示為

$$P_{D \leftarrow B} = [C_D(\mathbf{b}_1) \; C_D(\mathbf{b}_2) \; \cdots \; C_D(\mathbf{b}_n)] \qquad (*)$$

且具有下列性質

$$C_D(\mathbf{v}) = P_{D \leftarrow B}C_B(\mathbf{v}), \; \forall \mathbf{v} \in V \qquad (**)$$

此外，若 E 為 V 的另一個有序基底，則有

1. $P_{B \leftarrow B} = I_n$。
2. $P_{D \leftarrow B}$ 為可逆並且 $(P_{D \leftarrow B})^{-1} = P_{B \leftarrow D}$。
3. $P_{E \leftarrow D}P_{D \leftarrow B} = P_{E \leftarrow B}$。

證明

公式 (∗∗) 已於上述中推導而得，(∗) 式是由 $P_{D \leftarrow B}$ 的定義以及第 9.1 節定理 2 中 $M_{DB}(T)$ 的公式得到。

1. $P_{B \leftarrow B} = M_{BB}(1_V) = I_n$ 很容易驗證。
2. 由 (1) 與 (3) 可得 (2)。
3. 令 $V \xrightarrow{T} W \xrightarrow{S} U$ 為算子，且令 $B \cdot D \cdot E$ 分別為 $V \cdot W \cdot U$ 的有序基底，由第 9.1 節定理 3，我們有 $M_{EB}(ST) = M_{ED}(S)M_{DB}(T)$，令 $V = W = U$ 且 $T = S = 1_V$ 可得 (3)。

定理 2 中的性質 (3) 對記號 $\mathbf{P}_{D \leftarrow B}$ 做出了解釋。

例 1

在 $\mathbf{P}_2$ 中，若 $B = \{1, x, x^2\}$ 與 $D = \{1, (1-x), (1-x)^2\}$，求 $P_{D \leftarrow B}$。然後利用這個結果，將 $p = p(x) = a + bx + cx^2$ 表成 $(1-x)$ 的冪次方的多項式。

解： 欲求變換矩陣 $P_{D \leftarrow B}$，將 $1 \cdot x \cdot x^2$ 以基底 D 表示：

$$1 = 1 + 0(1-x) + 0(1-x)^2$$
$$x = 1 - 1(1-x) + 0(1-x)^2$$
$$x^2 = 1 - 2(1-x) + 1(1-x)^2$$

因此 $P_{D \leftarrow B} = [C_D(1), C_D(x), C_D(x)^2] = \begin{bmatrix} 1 & 1 & 1 \\ 0 & -1 & -2 \\ 0 & 0 & 1 \end{bmatrix}$。我們得到 $C_B(p) = \begin{bmatrix} a \\ b \\ c \end{bmatrix}$，於是

$$C_D(p) = P_{D \leftarrow B}C_D(p) = \begin{bmatrix} 1 & 1 & 1 \\ 0 & -1 & -2 \\ 0 & 0 & 1 \end{bmatrix}\begin{bmatrix} a \\ b \\ c \end{bmatrix} = \begin{bmatrix} a+b+c \\ -b-2c \\ c \end{bmatrix}$$

故由定義 9.1 知，$p(x) = (a+b+c) - (b+2c)(1-x) + c(1-x)^2$。[1]

現在令 $B = \{\mathbf{b}_1, \mathbf{b}_2, ..., \mathbf{b}_n\}$ 與 B_0 為向量空間 V 的兩個有序基底。算子 $T : V \to V$ 相對於 B 與 B_0 有不同的矩陣 $M_B[T]$ 與 $M_{B_0}[T]$。我們現在要找出這些矩陣之間的關係。由定理 2 知

$$C_{B_0}(\mathbf{v}) = P_{B_0 \leftarrow B}C_B(\mathbf{v}), \text{對所有 } \mathbf{v} \in V \text{ 皆成立。}$$

另一方面，由定理 1 得知

$$C_B[T(\mathbf{v})] = M_B(T)C_B(\mathbf{v}), \text{對所有 } \mathbf{v} \in V \text{ 皆成立。}$$

---
[1] 這亦可由泰勒定理 (Taylor's Theorem) 推得，參考第 6.5 節定理 1 的推論 3，其中 $a = 1$。

結合這些（並且為了方便，令 $P = P_{B_0 \leftarrow B}$），可得

$$\begin{aligned} PM_B(T)C_B(\mathbf{v}) &= PC_B[T(\mathbf{v})] \\ &= C_{B_0}[T(\mathbf{v})] \\ &= M_{B_0}(T)C_{B_0}(\mathbf{v}) \\ &= M_{B_0}(T)PC_B(\mathbf{v}) \end{aligned}$$

這對 $\mathbf{v}$ 中所有的向量 V 皆成立。因為 $C_B(\mathbf{b}_j)$ 是單位矩陣的第 j 行，所以

$$PM_B(T) = M_{B_0}(T)P$$

又因 P 為可逆（事實上，由定理 2 知 $P^{-1} = P_{B \leftarrow B_0}$），所以

$$M_B(T) = P^{-1}M_{B_0}(T)P$$

這表示 $M_{B_0}(T)$ 與 $M_B(T)$ 為相似矩陣，定理 3 因此獲得證明。

定理 3

設 B_0 與 B 為有限維向量空間 V 的兩組有序基底。若 $T: V \to V$ 為任意線性算子，則 T 相對於此兩基底的矩陣 $M_B(T)$ 與 $M_{B_0}(T)$ 為相似。更明確地說，

$$M_B(T) = P^{-1}M_{B_0}(T)P$$

其中 $P = P_{B_0 \leftarrow B}$ 為從 B 到 B_0 的變換矩陣。

例 2

令 $T: \mathbb{R}^3 \to \mathbb{R}^3$ 定義為 $T(a, b, c) = (2a - b, b + c, c - 3a)$。若 B_0 為 $\mathbb{R}^3$ 的標準基底並且 $B = \{(1, 1, 0), (1, 0, 1), (0, 1, 0)\}$，求可逆矩陣 P 使得 $P^{-1}M_{B_0}(T)P = M_B(T)$。

解：我們有

$$M_{B_0}(T) = [C_{B_0}(2, 0, -3) \ C_{B_0}(-1, 1, 0) \ C_{B_0}(0, 1, 1)] = \begin{bmatrix} 2 & -1 & 0 \\ 0 & 1 & 1 \\ -3 & 0 & 1 \end{bmatrix}$$

$$M_B(T) = [C_B(1, 1, -3) \ C_B(2, 1, -2) \ C_B(-1, 1, 0)] = \begin{bmatrix} 4 & 4 & -1 \\ -3 & -2 & 0 \\ -3 & -3 & 2 \end{bmatrix}$$

$$P = P_{B_0 \leftarrow B} = [C_{B_0}(1, 1, 0) \ C_{B_0}(1, 0, 1) \ C_{B_0}(0, 1, 0)] = \begin{bmatrix} 1 & 1 & 0 \\ 1 & 0 & 1 \\ 0 & 1 & 0 \end{bmatrix}$$

讀者可以驗證 $P^{-1}M_{B_0}(T)P = M_B(T)$ 或 $M_{B_0}(T)P = PM_B(T)$。

一方陣稱為可對角化若且唯若它相似於對角矩陣。定理 3 的論述如下：假設 $n \times n$ 矩陣 $A = M_{B_0}(T)$ 是某線性算子 $T: V \to V$ 相對於有序基底 B_0 的矩陣。若可以找到 V 的另一個有序基底 B，使得 $M_B(T) = D$ 為對角矩陣，則定理 3 告訴我們如何求得一個可逆矩陣 P，使得 $P^{-1}AP = D$。換言之，求出 P 使得 $P^{-1}AP$ 成為對角的代數問題，轉為尋找基底 B 使得 $M_B(T)$ 成為對角的幾何問題。這種思考焦點的轉變是線性代數中最重要的技巧之一。

每一個 $n \times n$ 矩陣 A 都可以很容易地實現成為一個算子的矩陣。事實上，（第 9.1 節例 4）

$$M_E(T_A) = A$$

其中 $T_A: \mathbb{R}^n \to \mathbb{R}^n$ 是矩陣算子，定義為 $T_A(\mathbf{x}) = A\mathbf{x}$。而 E 是 $\mathbb{R}^n$ 的標準基底。下面定理的第一部分是定理 3 的逆敘述：任何一對相似矩陣，可以解釋為相同的線性算子相對於不同基底的矩陣。

定理 4

設 A 為 $n \times n$ 矩陣，E 為 $\mathbb{R}^n$ 的標準基底，則

1. 設 A' 相似於 A，即 $A' = P^{-1}AP$，令 B 為 $\mathbb{R}^n$ 的有序基底，由 P 的行向量依序組成，則 $T_A: \mathbb{R}^n \longrightarrow \mathbb{R}^n$ 為線性且

$$M_E(T_A) = A \text{，} M_B(T_A) = A'$$

2. 若 B 為 $\mathbb{R}^n$ 的任意有序基底，令 P 為（可逆）矩陣，其行向量是由 B 的向量依序組成，則

$$M_B(T_A) = P^{-1}AP$$

證明

1. 由第 9.1 節例 4，我們有 $M_E(T_A) = A$。令 $P = [\mathbf{b}_1 \cdots \mathbf{b}_n]$，$B$ 用 P 的行向量組成，故 $B = \{\mathbf{b}_1, ..., \mathbf{b}_n\}$ 為 $\mathbb{R}^n$ 的基底。因為 E 為標準基底。

$$P_{E \leftarrow B} = [C_E(\mathbf{b}_1) \cdots C_E(\mathbf{b}_n)] = [\mathbf{b}_1 \cdots \mathbf{b}_n] = P$$

因此由定理 3 ($B_0 = E$) 可得 $M_B(T_A) = P^{-1}M_E(T_A)P = P^{-1}AP = A'$。

2. 此處 P 與 B 如上所述，因此 $P_{E \leftarrow B} = P$ 且 $M_B(T_A) = P^{-1}AP$。

例 3

已知 $A = \begin{bmatrix} 10 & 6 \\ -18 & -11 \end{bmatrix}$，$P = \begin{bmatrix} 2 & -1 \\ -3 & 2 \end{bmatrix}$ 與 $D = \begin{bmatrix} 1 & 0 \\ 0 & -2 \end{bmatrix}$，驗證 $P^{-1}AP = D$，再利用這個事實，求 $\mathbb{R}^2$ 的基底 B 使得 $M_B(T_A) = D$。

解： 若 $AP = PD$，則 $P^{-1}AP = D$ 成立，這個驗證留給讀者。令 B 為由 P 的行向量依序組成，即 $B = \left\{ \begin{bmatrix} 2 \\ -3 \end{bmatrix}, \begin{bmatrix} -1 \\ 2 \end{bmatrix} \right\}$，則由定理 4 得到 $M_B(T_A) = P^{-1}AP = D$。更明確地表示，

$$M_B(T_A) = \begin{bmatrix} C_B\left(T_A\begin{bmatrix} 2 \\ -3 \end{bmatrix}\right) & C_B\left(T_A\begin{bmatrix} -1 \\ 2 \end{bmatrix}\right) \end{bmatrix} = \begin{bmatrix} C_B\begin{bmatrix} 2 \\ -3 \end{bmatrix} & C_B\begin{bmatrix} 2 \\ -4 \end{bmatrix} \end{bmatrix} = \begin{bmatrix} 1 & 0 \\ 0 & -2 \end{bmatrix} = D$$

設 A 是 $n \times n$ 矩陣，如例 3，定理 4 提供了一個新的方法可以求得一個可逆矩陣 P 使得 $P^{-1}AP$ 為對角矩陣。我們的想法是找 $\mathbb{R}^n$ 的一組基底 $B = \{\mathbf{b}_1, \mathbf{b}_2, ..., \mathbf{b}_n\}$ 使得 $M_B(T_A) = D$ 為對角矩陣，並且取 $P = [\mathbf{b}_1 \ \mathbf{b}_2 \ \cdots \ \mathbf{b}_n]$ 為用 $\mathbf{b}_j$ 當行的矩陣，則由定理 4，

$$P^{-1}AP = M_B(T_A) = D$$

正如上面提到的，這就是將 A 對角化的代數問題轉為求基底 B 的幾何問題。這個新觀點很有威力，將在接下來的兩節中探討。

定理 4 使我們可以從算子性質推導出對應矩陣的性質。下面就是一個例子。

例 4

1. 若 $T : V \to V$ 是一個算子，其中 V 是有限維，證明對某個可逆算子 $S : V \to V$ 而言，$TST = T$ 恆成立。
2. 若 A 為 $n \times n$ 矩陣，證明對某個可逆矩陣 U 而言，$AUA = A$ 恆成立。

解：

1. 令 $B = \{\mathbf{b}_1, ..., \mathbf{b}_r, \mathbf{b}_{r+1}, ..., \mathbf{b}_n\}$ 為 V 的基底，使得 $\ker T = \text{span}\{\mathbf{b}_{r+1}, ..., \mathbf{b}_n\}$。於是 $\{T(\mathbf{b}_1), ..., T(\mathbf{b}_r)\}$ 為獨立（第 7.2 節定理 5），將它擴張成 V 的一個基底 $\{T(\mathbf{b}_1), ..., T(\mathbf{b}_r), \mathbf{f}_{r+1}, ..., \mathbf{f}_n\}$。

   由第 7.1 節定理 3，定義 $S : V \to V$ 為

   $$\text{當 } 1 \leq i \leq r, S[T(\mathbf{b}_i)] = \mathbf{b}_i$$
   $$\text{當 } r < j \leq n, S(\mathbf{f}_j) = \mathbf{b}_j$$

   則由第 7.3 節定理 1 知 S 為一個同構，並且 $TST = T$，因為這些算子在基底 B 上的值是相同的。事實上，

   $$\text{當 } 1 \leq i \leq r, (TST)(\mathbf{b}_i) = T[ST(\mathbf{b}_i)] = T(\mathbf{b}_i)$$
   $$\text{當 } r < j \leq n, (TST)(\mathbf{b}_j) = TS[T(\mathbf{b}_j)] = TS(\mathbf{0}) = \mathbf{0} = T(\mathbf{b}_j)$$

2. 已知 A，令 $T = T_A : \mathbb{R}^n \to \mathbb{R}^n$。由 (1) 令 $TST = T$，其中 $S : \mathbb{R}^n \to \mathbb{R}^n$ 為一個同構。若 E 為 $\mathbb{R}^n$ 的標準基底，則由定理 4 知 $A = M_E(T)$。若 $U = M_E(S)$ 則由定理 1 知 U 為可逆，並且

$$AUA = M_E(T)M_E(S)M_E(T) = M_E(TST) = M_E(T) = A$$

得證。

試著在例 4 的第 2 部分直接找到 U，即使 A 是 2×2 矩陣，讀者將明白這些方法的力量。

若一個 $n \times n$ 矩陣 A 具有某性質 R，而每一個與 A 相似的矩陣 亦具有性質 R，則稱 $n \times n$ 矩陣的性質 R 為一個**相似不變性 (similarity invariant)**。第 5.5 節定理 1 證明了：秩、行列式、跡與特徵多項式均為相似不變性。

為了說明相似不變性與線性算子的關係，考慮秩的情形。若 $T : V \to V$ 是一個線性算子，則相對於 V 的各種基底，T 的矩陣均具有相同的秩（由於是相似），所以很自然地將所有這些矩陣共有的秩，當做 T 的性質，而不是某一特殊矩陣的性質。因此 T 的秩可定義為 A 的秩，其中 A 為 T 的任意矩陣。因為秩是相似不變性，所以這是明確的。當然就秩而言這是不必要的，因為 rank T 先前已定義為 im T 的維數，而經證實這等於每一個代表 T 的矩陣的秩（第 9.1 節定理 5）。這種 rank T 的定義是內在的 (intrinsic)，因為它與代表 T 的矩陣無關。然而用來鑑別 T 的內在性質與每一個相似不變性的技術是困難的，因為某些性質不容易被直接定義。

特別地，若 $T : V \to V$ 是有限維空間 V 上的線性算子，定義 T 的**行列式**（**determinant**，記做 $\det T$）為

$$\det T = \det M_B(T)$$

其中 B 為 V 的任意基底。此式與基底 B 的選取無關，因為若 D 為 V 的任意其它基底，矩陣 $M_B(T)$ 與 $M_D(T)$ 為相似，故具有相同的行列式。同理，T 的**跡**（**trace**，記做 tr T）可定義為

$$\operatorname{tr} T = \operatorname{tr} M_B(T)$$

其中 B 為 V 的任意基底。同樣的道理，這是明確的。

關於矩陣的定理通常可以轉換為線性算子的定理。下面是一個例子。

例 5

令 S 和 T 分別為有限維空間 V 上的線性算子。證明

$$\det(ST) = \det S \det T$$

解：選取 V 的基底 B 並利用定理 1，
$$\det(ST) = \det M_B(ST) = \det[M_B(S)M_B(T)]$$
$$= \det[M_B(S)]\det[M_B(T)] = \det S \det T$$

矩陣的特徵多項式是另一個相似不變性：若 A 與 A' 為相似矩陣，則 $c_A(x) = c_{A'}(x)$（第 5.5 節定理 1）。如上之討論，發現相似不變性就是發現線性算子的性質。在這種情況下，若 $T : V \to V$ 為有限維空間 V 上的線性算子，定義 T 的**特徵多項式 (characteristic polynomial)** 為

$$c_T(x) = c_A(x)，其中 A = M_B(T)，B 為 V 的任意基底$$

換言之，一個算子 T 的特徵多項式是代表 T 的任意矩陣的特徵多項式。這是明確的，因為由定理 3 知，任何兩個這樣的矩陣皆相似。

例 6

設算子 $T : \mathbf{P}_2 \to \mathbf{P}_2$ 定義為 $T(a + bx + cx^2) = (b + c) + (a + c)x + (a + b)x^2$，試求其特徵多項式 $c_T(x)$。

解：若 $B = \{1, x, x^2\}$，T 的對應矩陣為

$$M_B(T) = [C_B[T(1)] \quad C_B[T(x)] \quad C_B[T(x^2)]] = \begin{bmatrix} 0 & 1 & 1 \\ 1 & 0 & 1 \\ 1 & 1 & 0 \end{bmatrix}$$

因此 $c_T(x) = \det[xI - M_B(T)] = x^3 - 3x - 2 = (x+1)^2(x-2)$。

在第 4.4 節，我們計算 $\mathbb{R}^3$ 中的各種投影、鏡射和旋轉矩陣。然而，那時的方法不足以找到一個繞著一條通過原點的直線的旋轉矩陣。我們以如何利用定理 3 來計算這種矩陣為例作為本節的結束。

例 7

設 L 為 $\mathbb{R}^3$ 中通過原點的線，L 的單位方向向量為 $\mathbf{d} = \frac{1}{3}[2 \ 1 \ 2]^T$。計算逆時針方向繞著 L 旋轉 θ 角的矩陣，其中觀測方向是 $\mathbf{d}$ 的方向。

解：令 $R : \mathbb{R}^3 \to \mathbb{R}^3$ 為旋轉。首先求出基底 B_0 使得 R 的 $M_{B_0}(R)$ 的矩陣容易計算，然後利用定理 3 計算相對於 $\mathbb{R}^3$ 的標準基底 $E = \{\mathbf{e}_1, \mathbf{e}_2, \mathbf{e}_3\}$ 的標準矩陣 $M_E(R)$。

欲建構基底 B_0，令 K 為通過原點，以 $\mathbf{d}$ 為法線的平面，如右圖中的陰影部分。則向量 $\mathbf{f} = \frac{1}{3}[-2 \ 2 \ 1]^T$ 與 $\mathbf{g} = \frac{1}{3}[1 \ 2 \ -2]^T$ 兩者均位於 K（它們與 $\mathbf{d}$ 正交）且為獨立（它們彼此正交）。

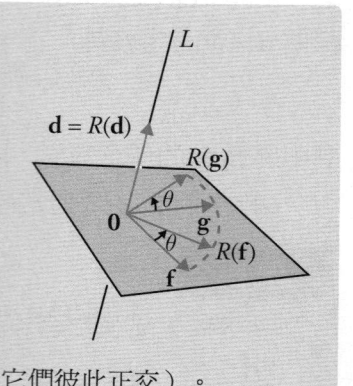

因此 $B_0 = \{\mathbf{d}, \mathbf{f}, \mathbf{g}\}$ 為 $\mathbb{R}^3$ 的單範正交基底，R 對 B_0 的作用易於求得。事實上，$R(\mathbf{d}) = \mathbf{d}$ 且（如第 2.6 節定理 4）由右圖可得

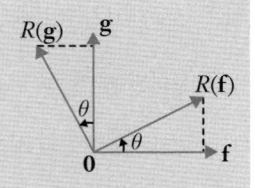

$$R(\mathbf{f}) = \cos\theta\,\mathbf{f} + \sin\theta\,\mathbf{g} \quad 和 \quad R(\mathbf{g}) = -\sin\theta\,\mathbf{f} + \cos\theta\,\mathbf{g}$$

因為 $\|\mathbf{f}\| = 1 = \|\mathbf{g}\|$。因此

$$M_{B_0}(R) = [C_{B_0}(\mathbf{d}) \quad C_{B_0}(\mathbf{f}) \quad C_{B_0}(\mathbf{g})] = \begin{bmatrix} 1 & 0 & 0 \\ 0 & \cos\theta & -\sin\theta \\ 0 & \sin\theta & \cos\theta \end{bmatrix}$$

定理 3（其中 $B = E$）指出 $M_E(R) = P^{-1} M_{B_0}(R) P$，其中

$$P = P_{B_0 \leftarrow E} = [C_{B_0}(\mathbf{e}_1) \quad C_{B_0}(\mathbf{e}_2) \quad C_{B_0}(\mathbf{e}_3)] = \frac{1}{3}\begin{bmatrix} 2 & 1 & 2 \\ -2 & 2 & 1 \\ 1 & 2 & -2 \end{bmatrix}$$

並利用展開定理（第 5.3 節定理 6）。因為 $P^{-1} = P^T$（P 為正交），相對於 E 的 R 的矩陣為

$$M_E(R) = P^T M_{B_0}(R) P$$

$$= \frac{1}{9}\begin{bmatrix} 5\cos\theta+4 & 6\sin\theta-2\cos\theta+2 & 4-3\sin\theta-4\cos\theta \\ 2-6\sin\theta-2\cos\theta & 8\cos\theta+1 & 6\sin\theta-2\cos\theta+2 \\ 3\sin\theta-4\cos\theta+4 & 2-6\sin\theta-2\cos\theta & 5\cos\theta+4 \end{bmatrix}$$

我們可以驗證當 $\theta = 0$ 時，$M_E(R)$ 為單位矩陣。

注意，在例 7 中對基底 B_0 中的向量 $\mathbf{f}$ 與 $\mathbf{g}$ 的選取，並沒有太多的考慮，而這是解題的關鍵。但是如果我們是以含有 $\mathbf{d}$ 的任何基底作為開始，Gram-Schmidt 演算法將會產生含有 $\mathbf{d}$ 的正交基底，而其它兩個向量自動會在 $L^\perp = K$ 上。

習題 9.2

1. 下列各題中，求 $P_{D \leftarrow B}$，其中 B 與 D 皆為 V 的有序基底。然後驗證 $C_D(\mathbf{v}) = P_{D \leftarrow B} C_B(\mathbf{v})$。

   (a) $V = \mathbb{R}^2$，$B = \{(0, -1), (2, 1)\}$，
   $D = \{(0, 1), (1, 1)\}$，
   $\mathbf{v} = (3, -5)$

   ◆(b) $V = \mathbf{P}_2$，$B = \{x, 1 + x, x^2\}$，
   $D = \{2, x + 3, x^2 - 1\}$，
   $\mathbf{v} = 1 + x + x^2$

   (c) $V = \mathbf{M}_{22}$，
   $B = \left\{\begin{bmatrix} 1 & 0 \\ 0 & 0 \end{bmatrix}, \begin{bmatrix} 0 & 1 \\ 0 & 0 \end{bmatrix}, \begin{bmatrix} 0 & 0 \\ 0 & 1 \end{bmatrix}, \begin{bmatrix} 0 & 0 \\ 1 & 0 \end{bmatrix}\right\}$，
   $D = \left\{\begin{bmatrix} 1 & 1 \\ 0 & 0 \end{bmatrix}, \begin{bmatrix} 1 & 0 \\ 1 & 0 \end{bmatrix}, \begin{bmatrix} 1 & 0 \\ 0 & 1 \end{bmatrix}, \begin{bmatrix} 0 & 1 \\ 1 & 0 \end{bmatrix}\right\}$，
   $\mathbf{v} = \begin{bmatrix} 3 & -1 \\ 1 & 4 \end{bmatrix}$

2. 在 $\mathbb{R}^3$ 中，求 $P_{D \leftarrow B}$，其中
   $B = \{(1, 0, 0), (1, 1, 0), (1, 1, 1)\}$，
   $D = \{(1, 0, 1), (1, 0, -1), (0, 1, 0)\}$。

若 $\mathbf{v} = (a, b, c)$，證明
$$C_D(\mathbf{v}) = \frac{1}{2}\begin{bmatrix} a+c \\ a-c \\ 2b \end{bmatrix} \text{ 與 } C_B(\mathbf{v}) = \begin{bmatrix} a-b \\ b-c \\ c \end{bmatrix},$$
並且驗證 $C_D(\mathbf{v}) = P_{D \leftarrow B} C_B(\mathbf{v})$。

3. 在 $\mathbf{P}_3$ 中，若 $B = \{1, x, x^2, x^3\}$，
   $D = \{1, (1-x), (1-x)^2, (1-x)^3\}$，求 $P_{D \leftarrow B}$。然後將 $p = a + bx + cx^2 + dx^3$ 表成 $(1-x)$ 的冪次的多項式。

4. 下列各題中，驗證 $P_{D \leftarrow B}$ 為 $P_{B \leftarrow D}$ 的逆，並且 $P_{E \leftarrow D} P_{D \leftarrow B} = P_{E \leftarrow B}$，其中 B、D、E 為 V 的有序基底。
   (a) $V = \mathbb{R}^3$，
       $B = \{(1, 1, 1), (1, -2, 1), (1, 0, -1)\}$，
       D = 標準基底，
       $E = \{(1, 1, 1), (1, -1, 0), (-1, 0, 1)\}$
   ◆(b) $V = \mathbf{P}_2$，$B = \{1, x, x^2\}$，
       $D = \{1 + x + x^2, 1 - x, -1 + x^2\}$，
       $E = \{x^2, x, 1\}$

5. 設 D 為 $\mathbb{R}^n$ 的標準基底，利用定理 2 的性質 (2)，求下列矩陣的反矩陣：
   (a) $A = \begin{bmatrix} 1 & 1 & 0 \\ 1 & 0 & 1 \\ 0 & 1 & 1 \end{bmatrix}$ ◆(b) $A = \begin{bmatrix} 1 & 2 & 1 \\ 2 & 3 & 0 \\ -1 & 0 & 2 \end{bmatrix}$

6. 若 $B = \{\mathbf{b}_1, \mathbf{b}_2, \mathbf{b}_3, \mathbf{b}_4\}$，
   $D = \{\mathbf{b}_2, \mathbf{b}_3, \mathbf{b}_1, \mathbf{b}_4\}$，求 $P_{D \leftarrow B}$。這種由改變基底的順序而產生的矩陣稱為**排列矩陣 (permutation matrices)**。

7. 下列各題中，求 $P = P_{B_0 \leftarrow B}$，並且驗證 $P^{-1} M_{B_0}(T) P = M_B(T)$，其中 T 為已知算子。
   (a) $T: \mathbb{R}^3 \to \mathbb{R}^3$，
       $T(a, b, c) = (2a - b, b + c, c - 3a)$；
       $B_0 = \{(1, 1, 0), (1, 0, 1), (0, 1, 0)\}$ 並且 B 為標準基底。
   ◆(b) $T: \mathbf{P}_2 \to \mathbf{P}_2$，$T(a + bx + cx^2) =$
       $(a + b) + (b + c)x + (c + a)x^2$，
       $B_0 = \{1, x, x^2\}$ 且
       $B = \{1 - x^2, 1 + x, 2x + x^2\}$。
   (c) $T: \mathbf{M}_{22} \to \mathbf{M}_{22}$，
       $T\begin{bmatrix} a & b \\ c & d \end{bmatrix} = \begin{bmatrix} a+d & b+c \\ a+c & b+d \end{bmatrix}$；
       $B_0 = \left\{ \begin{bmatrix} 1 & 0 \\ 0 & 0 \end{bmatrix}, \begin{bmatrix} 0 & 1 \\ 0 & 0 \end{bmatrix}, \begin{bmatrix} 0 & 0 \\ 1 & 0 \end{bmatrix}, \begin{bmatrix} 0 & 0 \\ 0 & 1 \end{bmatrix} \right\}$，
       且 $B = \left\{ \begin{bmatrix} 1 & 1 \\ 0 & 0 \end{bmatrix}, \begin{bmatrix} 0 & 0 \\ 1 & 1 \end{bmatrix}, \begin{bmatrix} 1 & 0 \\ 0 & 1 \end{bmatrix}, \begin{bmatrix} 0 & 1 \\ 1 & 1 \end{bmatrix} \right\}$。

8. 下列各題中，驗證 $P^{-1}AP = D$，並且求 $\mathbb{R}^2$ 的基底 B 使得 $M_B(T_A) = D$。
   (a) $A = \begin{bmatrix} 11 & -6 \\ 12 & -6 \end{bmatrix}$ $P = \begin{bmatrix} 2 & 3 \\ 3 & 4 \end{bmatrix}$ $D = \begin{bmatrix} 2 & 0 \\ 0 & 3 \end{bmatrix}$
   ◆(b) $A = \begin{bmatrix} 29 & -12 \\ 70 & -29 \end{bmatrix}$ $P = \begin{bmatrix} 3 & 2 \\ 7 & 5 \end{bmatrix}$
       $D = \begin{bmatrix} 1 & 0 \\ 0 & -1 \end{bmatrix}$

9. 下列各題中，求特徵多項式 $c_T(x)$。
   (a) $T: \mathbb{R}^2 \to \mathbb{R}^2$，
       $T(a, b) = (a - b, 2b - a)$
   ◆(b) $T: \mathbb{R}^2 \to \mathbb{R}^2$，
       $T(a, b) = (3a + 5b, 2a + 3b)$
   (c) $T: \mathbf{P}_2 \to \mathbf{P}_2$，$T(a + bx + cx^2)$
       $= (a - 2c) + (2a + b + c)x + (c - a)x^2$
   ◆(d) $T: \mathbf{P}_2 \to \mathbf{P}_2$，$T(a + bx + cx^2)$
       $= (a + b - 2c) + (a - 2b + c)x$
       $+ (b - 2a)x^2$
   (e) $T: \mathbb{R}^3 \to \mathbb{R}^3$，$T(a, b, c) = (b, c, a)$
   ◆(f) $T: \mathbf{M}_{22} \to \mathbf{M}_{22}$，
       $T\begin{bmatrix} a & b \\ c & d \end{bmatrix} = \begin{bmatrix} a-c & b-d \\ a-c & b-d \end{bmatrix}$

10. 設 V 為有限維空間，證明 V 上的線性算子 T 為可逆若且唯若 $\det T \neq 0$。

11. 設 V 為有限維空間，S 與 T 為 V 上的線性算子。
    (a) 證明 $\text{tr}(ST) = \text{tr}(TS)$。【提示：第 5.5 節引理 1。】

(b)【參閱第 9.1 節習題 19】證明：
tr($S + T$) = tr S + tr T 且 tr(aT) = a tr(T)，其中 $a \in \mathbb{R}$。

◆12. 設 A 與 B 為 $n \times n$ 矩陣，證明：它們具有相同的零空間若且唯若對某個可逆矩陣 U 而言，$A = UB$ 恆成立。
【提示：第 7.3 節習題 28。】

13. 設 A 與 B 為 $n \times n$ 矩陣，證明：它們具有相同的行空間若且唯若對某個可逆矩陣 U 而言，$A = BU$ 恆成立。
【提示：第 7.3 節習題 28。】

14. 設 $E = \{\mathbf{e}_1, ..., \mathbf{e}_n\}$ 為 $\mathbb{R}^n$ 的標準有序基底，寫成行。若 $D = \{\mathbf{d}_1, ..., \mathbf{d}_n\}$ 為任意有序基底，證明 $P_{E \leftarrow D} = [\mathbf{d}_1 \cdots \mathbf{d}_n]$。

15. 設 $B = \{\mathbf{b}_1, \mathbf{b}_2, ..., \mathbf{b}_n\}$ 為 $\mathbb{R}^n$ 的任意有序基底，寫成行。若 $Q = [\mathbf{b}_1 \mathbf{b}_2 \cdots \mathbf{b}_n]$ 為一矩陣，以 $\mathbf{b}_i$ 為行，證明：對所有 $\mathbf{v} \in \mathbb{R}^n$ 而言，$QC_B(\mathbf{v}) = \mathbf{v}$ 恆成立。

16. 已知一複數 w，定義 $T_w : \mathbb{C} \to \mathbb{C}$ 為 $T_w(z) = wz$，其中 $z \in \mathbb{C}$。
(a) 證明對每一個 $w \in \mathbb{C}$，T_w 為一個線性算子，其中 $\mathbb{C}$ 為實向量空間。
◆(b) 若 B 為 $\mathbb{C}$ 的任意有序基底，定義 $S : \mathbb{C} \to \mathbf{M}_{22}$ 為 $S(w) = M_B(T_w)$，其中 $w \in \mathbb{C}$。證明 S 為一對一線性變換，且對所有 $\mathbb{C}$ 中的 w 和 v 而言，$S(wv) = S(w)S(v)$ 恆成立。
(c) 取 $B = \{1, i\}$，證明對所有的複數 $a + bi$，$S(a + bi) = \begin{bmatrix} a & -b \\ b & a \end{bmatrix}$。

S 稱為複數的**正則表示 (regular representation)**。若 θ 為任意角，以幾何方法描述 $S(e^{i\theta})$。證明 $S(\overline{w}) = S(w)^T$，其中 $w \in \mathbb{C}$；亦即共軛對應轉置。

17. 令 $B = \{\mathbf{b}_1, \mathbf{b}_2, ..., \mathbf{b}_n\}$ 和 $D = \{\mathbf{d}_1, \mathbf{d}_2, ..., \mathbf{d}_n\}$ 為向量空間 V 的兩個有序基底。證明對所有 $\mathbf{v} \in V$，$C_D(\mathbf{v}) = P_{D \leftarrow B} C_B(\mathbf{v})$ 恆成立，亦即將 $\mathbf{b}_j$ 表為

$$\mathbf{b}_j = p_{1j}\mathbf{d}_1 + p_{2j}\mathbf{d}_2 + \cdots + p_{nj}\mathbf{d}_n$$

且令 $P = [p_{ij}]$。證明 $P = [C_D(\mathbf{b}_1) \ C_D(\mathbf{b}_2) \cdots C_D(\mathbf{b}_n)]$ 且對所有 $\mathbf{v} \in B$ 而言，$C_D(\mathbf{v}) = PC_B(\mathbf{v})$ 恆成立。

18. 一直線通過原點且其方向向量為 $\mathbf{d} = [2 \ 3 \ 6]^T$，$R$ 是對此直線的旋轉，求旋轉 R 的標準矩陣。【提示：考慮 $\mathbf{f} = [6 \ 2 \ -3]^T$ 和 $\mathbf{g} = [3 \ -6 \ 2]^T$。】

9.3 節　不變子空間與直和

　　線性代數的一個基本問題是：若 $T : V \to V$ 是一個線性算子，如何選擇 V 的一個基底 B，使得矩陣 $M_B(T)$ 盡可能的簡單？回答這個問題的基本技巧將在本節中說明。若 U 為 V 的子空間，U 在 T 的映射下，所得的像可寫成

$$T(U) = \{T(\mathbf{u}) \mid \mathbf{u} \in U\}$$

定義 9.5

令 $T: V \to V$ 是一個算子。若 $T(U) \subseteq U$，則稱子空間 $U \subseteq V$ 是 **T-不變 (T-invariant)**，亦即對每一個 $\mathbf{u} \in U$ 皆有 $T(\mathbf{u}) \in U$。因此，T 是向量空間 U 上的一個線性算子。

這一點顯示在右圖中，$T: U \to U$ 是 U 上的一個算子之事實是我們對 T-不變子空間產生興趣的主要原因。

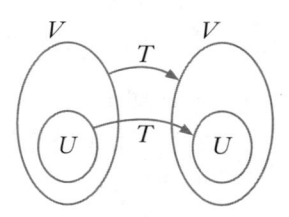

例 1

令 $T: V \to V$ 為任意線性算子，則：
1. $\{\mathbf{0}\}$ 和 V 為 T-不變子空間。
2. $\ker T$ 和 $\operatorname{im} T = T(V)$ 都是 T-不變子空間。
3. 如果 U 和 W 都是 T-不變子空間，那麼 $T(U)$、$U \cap W$ 和 $U + W$ 也都是 T-不變子空間。

解： 第 1 項顯然成立，其餘留作習題 1 和 2。

例 2

定義 $T: \mathbb{R}^3 \to \mathbb{R}^3$ 為 $T(a, b, c) = (3a + 2b, b - c, 4a + 2b - c)$，則 $U = \{(a, b, a) \mid a, b \in \mathbb{R}\}$ 為 T-不變，因為對所有 $a, b \in \mathbb{R}$，恆有

$$T(a, b, a) = (3a + 2b, b - a, 3a + 2b) \in U$$

（其中第一個元素與第三個元素相等）。

如果已知一個子空間的生成集，那麼很容易檢查 U 是否為 T-不變。

例 3

令 $T: V \to V$ 為線性算子。假設 $U = \operatorname{span}\{\mathbf{u}_1, \mathbf{u}_2, ..., \mathbf{u}_k\}$ 為 V 的子空間。證明 U 為 T-不變若且唯若對每一個 $i = 1, 2, ..., k$，恆有 $T(\mathbf{u}_i) \in U$。

解： 已知 $\mathbf{u} \in U$，將 $\mathbf{u}$ 寫成 $\mathbf{u} = r_1 \mathbf{u}_1 + \cdots + r_k \mathbf{u}_k$，其中 $r_i \in \mathbb{R}$，若每一個 $T(\mathbf{u}_i) \in U$，則

$$T(\mathbf{u}) = r_1 T(\mathbf{u}_1) + \cdots + r_k T(\mathbf{u}_k)$$

屬於 U。這證明了：若每一個 $T(\mathbf{u}_i) \in U$，則 U 為 T-不變。反敘述顯然成立。

例 4

定義 $T: \mathbb{R}^2 \to \mathbb{R}^2$ 為 $T(a, b) = (b, -a)$。證明除了 0 和 $\mathbb{R}^2$ 外，$\mathbb{R}^2$ 不包含 T-不變子空間。

解：假設 U 為 T-不變子空間，但是 $U \neq 0$，$U \neq \mathbb{R}^2$，則 U 的維數為 1，故 $U = \mathbb{R}\mathbf{x}$，其中 $\mathbf{x} \neq \mathbf{0}$。如今 $T(\mathbf{x}) \in U$，故 $T(\mathbf{x}) = r\mathbf{x}$，$r$ 為實數。若令 $\mathbf{x} = (a, b)$，則 $(b, -a) = r(a, b)$，可得 $b = ra$ 且 $-a = rb$。消去 b 得到 $r^2 a = rb = -a$，故 $(r^2 + 1)a = 0$，因此 $a = 0$，$b = ra = 0$，與 $\mathbf{x} \neq \mathbf{0}$ 的假設矛盾。因此不存在一維的 T-不變子空間。

定義 9.6

設 $T: V \to V$ 是一個線性算子，若 U 為 V 的任意 T-不變子空間，則

$$T: U \to U$$

為子空間 U 上的線性算子，稱為 T 侷限 (restriction) 到 U。

這是 T-不變子空間具有重要性的原因，並且是求一個基底以簡化 T 的矩陣的第一步。

定理 1

設 $T: V \to V$ 為線性算子，其中 V 的維數為 n，並且假設 U 為 V 的 T-不變子空間。令 $B_1 = \{\mathbf{b}_1, \dots, \mathbf{b}_k\}$ 為 U 的任意基底，且將 B_1 延拓成 V 的基底 $B = \{\mathbf{b}_1, \dots, \mathbf{b}_k, \mathbf{b}_{k+1}, \dots, \mathbf{b}_n\}$，則 $M_B(T)$ 具有如下的區塊三角形：

$$M_B(T) = \begin{bmatrix} M_{B_1}(T) & Y \\ 0 & Z \end{bmatrix}$$

其中 Z 為 $(n-k) \times (n-k)$ 矩陣且 $M_{B_1}(T)$ 為 T 侷限到 U 的矩陣。

證明

相對於基底 B_1，$T: U \to U$ 的矩陣為 $k \times k$ 矩陣

$$M_{B_1}(T) = [C_{B_1}[T(\mathbf{b}_1)] \quad C_{B_1}[T(\mathbf{b}_2)] \quad \cdots \quad C_{B_1}[T(\mathbf{b}_k)]]$$

現在將第一行 $C_{B_1}[T(\mathbf{b}_1)]$ 與 $M_B(T)$ 的第一行 $C_B[T(\mathbf{b}_1)]$ 比較。由 $T(\mathbf{b}_1) \in U$ 的事實（因為 U 為 T-不變），表示 $T(\mathbf{b}_1)$ 具有如下之形式：

$$T(\mathbf{b}_1) = t_1 \mathbf{b}_1 + t_2 \mathbf{b}_2 + \cdots + t_k \mathbf{b}_k + 0 \mathbf{b}_{k+1} + \cdots + 0 \mathbf{b}_n$$

因此，

$$C_{B_1}[T(\mathbf{b}_1)] = \begin{bmatrix} t_1 \\ t_2 \\ \vdots \\ t_k \end{bmatrix} \in \mathbb{R}^k \quad \text{而} \quad C_B[T(\mathbf{b}_1)] = \begin{bmatrix} t_1 \\ t_2 \\ \vdots \\ t_k \\ 0 \\ \vdots \\ 0 \end{bmatrix} \in \mathbb{R}^n$$

這證明了矩陣 $M_B(T)$ 與 $\begin{bmatrix} M_{B_1}(T) & Y \\ 0 & Z \end{bmatrix}$ 具有相同的第一行。將同樣的原理應用於第 2, 3, ..., k 行，就證明了定理。

在定理 1 中，矩陣 $M_B(T)$ 的區塊上三角形矩陣非常有用，因為這種形式的矩陣其行列式等於對角區塊的行列式之乘積。將此項性質以及它對特徵多項式的重要應用收錄在定理 2 以供參考。

定理 2

設 A 為區塊上三角矩陣：

$$A = \begin{bmatrix} A_{11} & A_{12} & A_{13} & \cdots & A_{1n} \\ 0 & A_{22} & A_{23} & \cdots & A_{2n} \\ 0 & 0 & A_{33} & \cdots & A_{3n} \\ \vdots & \vdots & \vdots & & \vdots \\ 0 & 0 & 0 & \cdots & A_{nn} \end{bmatrix}$$

其中對角區塊為方陣，則：

1. $\det A = (\det A_{11})(\det A_{22})(\det A_{33}) \cdots (\det A_{nn})$。
2. $c_A(x) = c_{A_{11}}(x) c_{A_{22}}(x) c_{A_{33}}(x) \cdots c_{A_{nn}}(x)$。

證明

若 $n = 2$，則 (1) 就是第 3.1 節定理 5；一般情形（對 n 作歸納法）的證明留給讀者。而由 (1) 可推得 (2)，因為

$$xI - A = \begin{bmatrix} xI - A_{11} & -A_{12} & -A_{13} & \cdots & -A_{1n} \\ 0 & xI - A_{22} & -A_{23} & \cdots & -A_{2n} \\ 0 & 0 & xI - A_{33} & \cdots & -A_{3n} \\ \vdots & \vdots & \vdots & & \vdots \\ 0 & 0 & 0 & \cdots & xI - A_{nn} \end{bmatrix}$$

其中在每個對角區塊裡，I 表示適當大小的單位矩陣。

例 5

考慮線性算子 $T: \mathbf{P}_2 \to \mathbf{P}_2$ 定義為
$$T(a + bx + cx^2) = (-2a - b + 2c) + (a + b)x + (-6a - 2b + 5c)x^2$$
證明 $U = \text{span}\{x, 1 + 2x^2\}$ 為 T-不變，利用它來求 T 的區塊上三角矩陣，並且利用此結果求 $c_T(x)$。

解：因為 $U = \text{span}\{x, 1 + 2x^2\}$ 且 $T(x)$ 與 $T(1 + 2x^2)$ 皆屬於 U：
$$T(x) = -1 + x - 2x^2 = x - (1 + 2x^2)$$
$$T(1 + 2x^2) = 2 + x + 4x^2 = x + 2(1 + 2x^2)$$
故由例 3 知 U 為 T-不變。

將 U 的基底 $B_1 = \{x, 1 + 2x^2\}$ 延拓成 $\mathbf{P}_2$ 的基底 B，例如，$B = \{x, 1 + 2x^2, x^2\}$，則
$$M_B(T) = [C_B[T(x)] \quad C_B[T(1 + 2x^2)] \quad C_B[T(x^2)]]$$
$$= [C_B(-1 + x - 2x^2) \quad C_B(2 + x + 4x^2) \quad C_B(2 + 5x^2)]$$
$$= \begin{bmatrix} 1 & 1 & 0 \\ -1 & 2 & 2 \\ \hline 0 & 0 & 1 \end{bmatrix}$$

此為區塊上三角矩陣。最後，
$$c_T(x) = \det \begin{bmatrix} x-1 & -1 & 0 \\ 1 & x-2 & -2 \\ \hline 0 & 0 & x-1 \end{bmatrix} = (x^2 - 3x + 3)(x - 1)$$

固有值

設 $T: V \to V$ 是一個線性算子，一維子空間 $\mathbb{R}\mathbf{v}$，$\mathbf{v} \neq 0$ 為 T-不變若且唯若 $\forall r \in \mathbb{R}$，$T(r\mathbf{v}) = rT(\mathbf{v}) \in \mathbb{R}\mathbf{v}$。此式成立若且唯若 $T(\mathbf{v}) \in \mathbb{R}\mathbf{v}$；亦即，對某個 $\lambda \in \mathbb{R}$，$T(\mathbf{v}) = \lambda\mathbf{v}$ 恆成立。若對 V 中的非零向量 $\mathbf{v}$ 而言，
$$T(\mathbf{v}) = \lambda\mathbf{v}$$
恆成立，則實數 λ 稱為算子 $T: V \to V$ 的**固有值 (eigenvalue)**，而 $\mathbf{v}$ 稱為 T 對應於 λ 的**固有向量 (eigenvector)**。子空間
$$E_\lambda(T) = \{\mathbf{v} \in V \mid T(\mathbf{v}) = \lambda\mathbf{v}\}$$
稱為 T 對應於 λ 的**固有空間 (eigenspace)**。這些術語均與第 5.5 節用於矩陣的情形一致。若 A 為 $n \times n$ 矩陣，實數 λ 為矩陣算子 $T_A: \mathbb{R}^n \to \mathbb{R}^n$ 的固有值若且唯若 λ 為矩陣 A 的固有值。此外，固有空間也是一致：
$$E_\lambda(T_A) = \{\mathbf{x} \in \mathbb{R}^n \mid A\mathbf{x} = \lambda\mathbf{x}\} = E_\lambda(A)$$

下面的定理顯示算子 T 的固有空間與代表 T 的矩陣的固有空間之關係。

定理 3

設 $T: V \to V$ 是線性算子，其中 $\dim V = n$，令 B 為 V 的任意有序基底，並且 $C_B: V \to \mathbb{R}^n$ 表示座標同構。則：

1. T 的固有值 λ 恰好是矩陣 $M_B(T)$ 的固有值，因此是特徵方程式 $c_T(x) = 0$ 的根。
2. 在此情況下，固有空間 $E_\lambda(T)$ 與 $E_\lambda[M_B(T)]$ 經由 $C_B: E_\lambda(T) \to E_\lambda[M_B(T)]$ 之侷限為同構。

證明

令 $A = M_B(T)$。若 $T(\mathbf{v}) = \lambda \mathbf{v}$，應用 C_B 可得 $\lambda C_B(\mathbf{v}) = C_B[T(\mathbf{v})] = AC_B(\mathbf{v})$，因為 C_B 為線性。因此 $C_B(\mathbf{v}) \in E_\lambda(A)$。故的確有一函數 $C_B: E_\lambda(T) \to E_\lambda(A)$。顯然它是線性且為一對一；我們現在證明它也是映成。若 $\mathbf{x} \in E_\lambda(A)$，令 $\mathbf{x} = C_B(\mathbf{v})$，其中 $\mathbf{v} \in V$（C_B 為映成）。此 $\mathbf{v}$ 事實上屬於 $E_\lambda(T)$，為何是如此，可觀察下式：

$$C_B[T(\mathbf{v})] = AC_B(\mathbf{v}) = A\mathbf{x} = \lambda \mathbf{x} = \lambda C_B(\mathbf{v}) = C_B(\lambda \mathbf{v})$$

因此 $T(\mathbf{v}) = \lambda \mathbf{v}$，因為 C_B 為一對一，這證明了 (2)。至於 (1)，我們已經證明了 T 的固有值就是 A 的固有值。反之亦然，因為上述已證明 C_B 為映成。

定理 3 顯示如何在算子 T 的固有向量和 T 的任意矩陣 $M_B(T)$ 的固有向量之間來回操作：

$$\mathbf{v} \in E_\lambda(T) \quad \text{若且唯若} \quad C_B(\mathbf{v}) \in E_\lambda[M_B(T)]$$

例 6

設 $T: \mathbf{P}_2 \to \mathbf{P}_2$ 定義為

$$T(a + bx + cx^2) = (2a + b + c) + (2a + b - 2c)x - (a + 2c)x^2$$

求 T 的固有值與固有向量。

解：若 $B = \{1, x, x^2\}$，則

$$M_B(T) = [C_B[T(1)] \quad C_B[T(x)] \quad C_B[T(x^2)]] = \begin{bmatrix} 2 & 1 & 1 \\ 2 & 1 & -2 \\ -1 & 0 & -2 \end{bmatrix}$$

因此 $c_T(x) = \det[xI - M_B(T)] = (x+1)^2(x-3)$。此外，$E_{-1}[M_B(T)] = \mathbb{R} \begin{bmatrix} -1 \\ 2 \\ 1 \end{bmatrix}$ 且 $E_3[M_B(T)]$

$$= \mathbb{R} \begin{bmatrix} 5 \\ 6 \\ -1 \end{bmatrix}$$，故由定理 3 可得 $E_{-1}(T) = \mathbb{R}(-1 + 2x + x^2)$ 且 $E_3(T) = \mathbb{R}(5 + 6x - x^2)$。

定理 4

線性算子 $T: V \to V$ 的每一個固有空間都是 V 的 T-不變子空間。

證明

若 $\mathbf{v}$ 屬於固有空間 $E_\lambda(T)$，則 $T(\mathbf{v}) = \lambda \mathbf{v}$，故 $T[T(\mathbf{v})] = T(\lambda \mathbf{v}) = \lambda T(\mathbf{v})$。這證明了 $T(\mathbf{v})$ 也屬於 $E_\lambda(T)$。

直和

有時候空間 V 的向量可以自然地寫成兩個子空間的向量和。例如，在所有 $n \times n$ 矩陣的空間 $\mathbf{M}_{nn}$，我們有子空間

$$U = \{P \in \mathbf{M}_{nn} \mid P \text{ 為對稱}\} \text{ 與 } W = \{Q \in \mathbf{M}_{nn} \mid Q \text{ 為反對稱}\}$$

若 $Q^T = -Q$，則矩陣 Q 稱為**反對稱 (skew-symmetric)**。$\mathbf{M}_{nn}$ 中的每一個矩陣 A 可寫成 U 中的矩陣與 W 中的矩陣的和，亦即

$$A = \tfrac{1}{2}(A + A^T) + \tfrac{1}{2}(A - A^T)$$

其中 $\tfrac{1}{2}(A + A^T)$ 為對稱，而 $\tfrac{1}{2}(A - A^T)$ 為反對稱。值得注意的是，這種表示是唯一的：若 $A = P + Q$，其中 $P^T = P$ 且 $Q^T = -Q$，則 $A^T = P^T + Q^T = P - Q$ 將 $A = P + Q$ 與 $A^T = P - Q$ 相加可得 $P = \tfrac{1}{2}(A + A^T)$，相減可得 $Q = \tfrac{1}{2}(A - A^T)$。此外此唯一性與 0 是同時存在於 U 和 W 的唯一矩陣之事實有密切關係。這是看待矩陣的有用方式，而這種想法可推廣到子空間的直和的重要概念。

若 U、W 為 V 的子空間，則它們的和 (sum) $U + W$ 與交集 (intersection) $U \cap W$ 在第 6.4 節中定義如下：

$$U + W = \{\mathbf{u} + \mathbf{w} \mid \mathbf{u} \in U \text{ 且 } \mathbf{w} \in W\}$$
$$U \cap W = \{\mathbf{v} \mid \mathbf{v} \in U \text{ 且 } \mathbf{v} \in W\}$$

這些都是 V 的子空間，$U + W$ 包含 U 且包含 W，而 $U \cap W$ 包含於 U 且包含於 W 之中。最有趣的 U 和 W 的配對是，$U \cap W$ 盡可能小，而 $U + W$ 盡可能大。

定義 9.7

一個向量空間 V，若滿足

$$U \cap W = \{\mathbf{0}\} \quad \text{並且} \quad U + W = V$$

則稱 V 為子空間 U 與 W 的**直和 (direct sum)**，以 $V = U \oplus W$ 表示。已知一個子空間 U，若任何子空間 W 使得 $V = U \oplus W$ 成立，則 W 稱為 U 在 V 中的**補集 (complement)**。

例 7

在 $\mathbb{R}^5$ 空間，考慮子空間 $U = \{(a, b, c, 0, 0) \mid a, b, c \in \mathbb{R}\}$ 與 $W = \{(0, 0, 0, d, e) \mid d, e \in \mathbb{R}\}$。證明 $\mathbb{R}^5 = U \oplus W$。

解：若 $\mathbf{x} = (a, b, c, d, e)$ 為 $\mathbb{R}^5$ 中的任意向量，則 $\mathbf{x} = (a, b, c, 0, 0) + (0, 0, 0, d, e)$，故 $\mathbf{x} \in U + W$。因此，$\mathbb{R}^5 = U + W$。欲證明 $U \cap W = \{\mathbf{0}\}$，令 $\mathbf{x} = (a, b, c, d, e) \in U \cap W$。因為 $\mathbf{x} \in U$，所以 $d = e = 0$，又因為 $\mathbf{x} \in W$，所以 $a = b = c = 0$。因此 $\mathbf{x} = (0, 0, 0, 0, 0) = \mathbf{0}$，故 $U \cap W$ 只含有 $\mathbf{0}$ 向量。因此 $U \cap W = \{\mathbf{0}\}$。

例 8

若 U 為 $\mathbb{R}^n$ 的子空間，證明 $\mathbb{R}^n = U \oplus U^\perp$。

解：因為已知 $\mathbf{x} \in \mathbb{R}^n$，向量 $\text{proj}_U(\mathbf{x}) \in U$ 且 $\mathbf{x} - \text{proj}_U(\mathbf{x}) \in U^\perp$，故方程式 $\mathbb{R}^n = U + U^\perp$ 成立。欲證明 $U \cap U^\perp = \{\mathbf{0}\}$，由觀察知，$U \cap U^\perp$ 中的任何向量皆與自身正交，因此必為 $\mathbf{0}$。亦即 $U \cap U^\perp = \{\mathbf{0}\}$。

例 9

設 $\{\mathbf{e}_1, \mathbf{e}_2, ..., \mathbf{e}_n\}$ 為向量空間 V 的基底，將它分割成兩部分：$\{\mathbf{e}_1, ..., \mathbf{e}_k\}$ 與 $\{\mathbf{e}_{k+1}, ..., \mathbf{e}_n\}$。若 $U = \text{span}\{\mathbf{e}_1, ..., \mathbf{e}_k\}$，$W = \text{span}\{\mathbf{e}_{k+1}, ..., \mathbf{e}_n\}$，證明 $V = U \oplus W$。

解：若 $\mathbf{v} \in U \cap W$，則 $\mathbf{v} = a_1\mathbf{e}_1 + \cdots + a_k\mathbf{e}_k$ 且 $\mathbf{v} = b_{k+1}\mathbf{e}_{k+1} + \cdots + b_n\mathbf{e}_n$，對 $\mathbb{R}$ 中的 a_i 與 b_j 皆成立。因為 $\mathbf{e}_i$ 為線性獨立，所以 $a_i = b_j = 0$，故 $\mathbf{v} = \mathbf{0}$。因此 $U \cap W = \{\mathbf{0}\}$。現在已知 $\mathbf{v} \in V$，令 $\mathbf{v} = v_1\mathbf{e}_1 + \cdots + v_n\mathbf{e}_n$，其中 $v_i \in \mathbb{R}$，則 $\mathbf{v} = \mathbf{u} + \mathbf{w}$，其中 $\mathbf{u} = v_1\mathbf{e}_1 + \cdots + v_k\mathbf{e}_k \in U$ 且 $\mathbf{w} = v_{k+1}\mathbf{e}_{k+1} + \cdots + v_n\mathbf{e}_n \in W$，這證明了 $V = U + W$。

例 9 是典型的直和分解。

第九章　基底的改變　511

定理 5

設 U、W 是有限維向量空間 V 的子空間，下列三個條件是對等的：

1. $V = U \oplus W$
2. V 中的每一個向量 $\mathbf{v}$ 均可唯一表成：
$$\mathbf{v} = \mathbf{u} + \mathbf{w}\text{，其中 }\mathbf{u} \in U\text{，}\mathbf{w} \in W$$
3. 若 $\{\mathbf{u}_1, ..., \mathbf{u}_k\}$ 與 $\{\mathbf{w}_1, ..., \mathbf{w}_m\}$ 分別為 U 與 W 的基底，則 $B = \{\mathbf{u}_1, ..., \mathbf{u}_k, \mathbf{w}_1, ..., \mathbf{w}_m\}$ 為 V 的基底。

（2 中的唯一性是指：若 $\mathbf{v} = \mathbf{u}_1 + \mathbf{w}_1$ 是 $\mathbf{v}$ 的另一種表示法，則 $\mathbf{u}_1 = \mathbf{u}$ 且 $\mathbf{w}_1 = \mathbf{w}$。）

證明

例 9 證明了 (3) ⇒ (1)。

(1) ⇒ (2)。因為 $V = U + W$，故對於 $\mathbf{v} \in V$，我們有 $\mathbf{v} = \mathbf{u} + \mathbf{w}$，其中 $\mathbf{u} \in U$，$\mathbf{w} \in W$。若 $\mathbf{v} = \mathbf{u}_1 + \mathbf{w}_1$，則 $\mathbf{u} - \mathbf{u}_1 = \mathbf{w}_1 - \mathbf{w} \in U \cap W = \{\mathbf{0}\}$，故 $\mathbf{u} = \mathbf{u}_1$ 且 $\mathbf{w} = \mathbf{w}_1$。

(2) ⇒ (3)。對於 $\mathbf{v} \in V$，我們有 $\mathbf{v} = \mathbf{u} + \mathbf{w}$，其中 $\mathbf{u} \in U$，$\mathbf{w} \in W$。因此 $\mathbf{v} \in$ span B；亦即，$V =$ span B。故欲證 B 為線性獨立，令 $a_1\mathbf{u}_1 + \cdots + a_k\mathbf{u}_k + b_1\mathbf{w}_1 + \cdots + b_m\mathbf{w}_m = \mathbf{0}$。且令 $\mathbf{u} = a_1\mathbf{u}_1 + \cdots + a_k\mathbf{u}_k$，$\mathbf{w} = b_1\mathbf{w}_1 + \cdots + b_m\mathbf{w}_m$，則 $\mathbf{u} + \mathbf{w} = \mathbf{0}$，由 (2) 中的唯一性知，$\mathbf{u} = \mathbf{0}$ 且 $\mathbf{w} = \mathbf{0}$。因此對所有的 i，$a_i = 0$ 且對所有的 j，$b_j = 0$。

由定理 5 中的條件 (3) 可得下面有用的結果。

定理 6

若有限維向量空間 V 是子空間 U 與 W 的直和 $V = U \oplus W$，則
$$\dim V = \dim U + \dim W$$

V 的直和分解在不變子空間的討論中，扮演著重要的角色。若 $T: V \to V$ 是線性算子，U_1 為 T-不變子空間，選擇 U_1 的任意基底 $B_1 = \{\mathbf{b}_1, ..., \mathbf{b}_k\}$ 再任意延拓成 V 的基底 $B = \{\mathbf{b}_1, ..., \mathbf{b}_k, \mathbf{b}_{k+1}, ..., \mathbf{b}_n\}$，就得到定理 1 中的區塊上三角形矩陣

$$M_B(T) = \begin{bmatrix} M_{B_1}(T) & Y \\ 0 & Z \end{bmatrix} \quad (*)$$

U_1 為 T-不變的事實，使得 $M_B(T)$ 的首 k 行具有 (*) 的形式（亦即，最後 $n - k$ 個元素為零），而問題是可否找到額外的基底向量 $\mathbf{b}_{k+1}, ..., \mathbf{b}_n$，使得

$$U_2 = \text{span}\{\mathbf{b}_{k+1}, ..., \mathbf{b}_n\}$$

也是 T-不變。換言之，V 的每一個 T-不變子空間是否具有 T-不變補集？不幸的是，一般而言，答案是否定的（參閱下面的例 11）；但是當答案是肯定時，矩陣 $M_B(T)$ 可以進一步化簡。補集 $U_2 = \text{span}\{\mathbf{b}_{k+1}, ..., \mathbf{b}_n\}$ 為 T-不變的假設表示在上述方程式 (∗) 中 $Y = 0$，並且 $Z = M_{B_2}(T)$ 為 T 侷限到 U_2 的矩陣（其中 $B_2 = \{\mathbf{b}_{k+1}, ..., \mathbf{b}_n\}$）。這些結果的驗證均與定理 1 的證明相同。

定理 7

令 $T: V \to V$ 一個線性算子，其中 V 的維數為 n。設 $V = U_1 \oplus U_2$，其中 U_1 與 U_2 為 T-不變。若 $B_1 = \{\mathbf{b}_1, ..., \mathbf{b}_k\}$ 與 $B_2 = \{\mathbf{b}_{k+1}, ..., \mathbf{b}_n\}$ 分別為 U_1 與 U_2 的基底，則

$$B = \{\mathbf{b}_1, ..., \mathbf{b}_k, \mathbf{b}_{k+1}, ..., \mathbf{b}_n\}$$

為 V 的基底，並且 $M_B(T)$ 具有區塊對角形

$$M_B(T) = \begin{bmatrix} M_{B_1}(T) & 0 \\ 0 & M_{B_2}(T) \end{bmatrix}$$

其中 $M_{B_1}(T)$ 與 $M_{B_2}(T)$ 分別為 T 侷限到 U_1 與 U_2 的矩陣。

定義 9.8

$T: V \to V$ 為線性算子，若存在非零 T-不變子空間 U_1 與 U_2，使得 $V = U_1 \oplus U_2$，則稱 T 是**可簡化的 (reducible)**。

那麼如定理 7 所述，T 有區塊對角形的矩陣，因此對 T 的研究可簡化至研究較低維空間 U_1 與 U_2 上。如果可以決定 U_1 與 U_2，則可決定 T。下面的例子顯示 T 在不變子空間 U_1 與 U_2 的作用是很簡單的。算子的結果可用來推導對應的矩陣相似定理。

例 10

設 $T: V \to V$ 為一個線性算子，滿足 $T^2 = 1_V$〔這種算子稱為**對合 (involutions)**〕。定義

$$U_1 = \{\mathbf{v} \mid T(\mathbf{v}) = \mathbf{v}\} \quad \text{與} \quad U_2 = \{\mathbf{v} \mid T(\mathbf{v}) = -\mathbf{v}\}$$

(a) 證明 $V = U_1 \oplus U_2$。

(b) 若 $\dim V = n$，對某個 k，求 V 的基底 B 使得 $M_B(T) = \begin{bmatrix} I_k & 0 \\ 0 & -I_{n-k} \end{bmatrix}$。

(c) 若 A 為 $n \times n$ 矩陣使得 $A^2 = I$，則對某個 k，A 相似於 $\begin{bmatrix} I_k & 0 \\ 0 & -I_{n-k} \end{bmatrix}$。

解：

(a) 驗證 U_1 與 U_2 為 V 的子空間，留給讀者。若 $\mathbf{v} \in U_1 \cap U_2$，則 $\mathbf{v} = T(\mathbf{v}) = -\mathbf{v}$，於是 $\mathbf{v} = \mathbf{0}$。因此 $U_1 \cap U_2 = \{\mathbf{0}\}$。給予 $\mathbf{v} \in V$，令

$$\mathbf{v} = \tfrac{1}{2}\{[\mathbf{v} + T(\mathbf{v})] + [\mathbf{v} - T(\mathbf{v})]\}$$

因為 $T[\mathbf{v} + T(\mathbf{v})] = T(\mathbf{v}) + T^2(\mathbf{v}) = \mathbf{v} + T(\mathbf{v})$，所以 $\mathbf{v} + T(\mathbf{v}) \in U_1$。同理可證，$\mathbf{v} - T(\mathbf{v}) \in U_2$，因此 $V = U_1 + U_2$，這證明了 (a)。

(b) U_1 與 U_2 顯然是 T-不變，所以如果能找到 U_1 與 U_2 的基底 $B_1 = \{\mathbf{b}_1, ..., \mathbf{b}_k\}$ 與 $B_2 = \{\mathbf{b}_{k+1}, ..., \mathbf{b}_n\}$ 使得 $M_{B_1}(T) = I_k$ 與 $M_{B_2}(T) = -I_{n-k}$，則由定理 7 可證得結果。但是對於任意選取的 B_1 與 B_2 而言，此為真，即：

$$\begin{aligned} M_{B_1}(T) &= [C_{B_1}[T(\mathbf{b}_1)] \quad C_{B_1}[T(\mathbf{b}_2)] \quad \cdots \quad C_{B_1}[T(\mathbf{b}_k)]] \\ &= [C_{B_1}(\mathbf{b}_1) \quad C_{B_1}(\mathbf{b}_2) \quad \cdots \quad C_{B_1}(\mathbf{b}_k)] \\ &= I_k \end{aligned}$$

同理可證 $M_{B_2}(T) = -I_{n-k}$，因此，取 $B = \{\mathbf{b}_1, \mathbf{b}_2, ..., \mathbf{b}_n\}$ 即為所欲求的基底。

(c) 設 A 滿足 $A^2 = I$，考慮 $T_A : \mathbb{R}^n \to \mathbb{R}^n$，則 $(T_A)^2(\mathbf{x}) = A^2\mathbf{x} = \mathbf{x}$，對所有 $\mathbb{R}^n$ 中的 $\mathbf{x}$ 皆成立，故 $(T_A)^2 = 1_V$。因此，由 (b) 得知，$\mathbb{R}^n$ 中存在一組基底 B 使得

$$M_B(T_A) = \begin{bmatrix} I_r & 0 \\ 0 & -I_{n-r} \end{bmatrix}$$

但是由第 9.2 節定理 4 知，有一個可逆矩陣 P，使得 $M_B(T_A) = P^{-1}AP$，這證明了 (c)。

注意，從算子的結果到矩陣的類似結果，是例行的事，並可在任何情況下進行。如例 10 的 (c) 部分的驗證。關鍵在於算子的分析。在此情況下，對合 (involutions) 只是滿足 $T^2 = 1_V$ 的算子，而此條件的簡單性表示可以很容易找到不變子空間 U_1 與 U_2。

不幸的是，並非每一個線性算子 $T : V \to V$ 都可簡化。事實上，例 4 的線性算子除了 0 與 V 之外，沒有不變子空間。另一方面，我們可能會期待這種情形是唯一不可簡化的算子；亦即，若算子具有 0 或 V 以外的不變子空間，則存在不變的補集。但是由下面的例子得知這並不成立。

例 11

考慮算子 $T : \mathbb{R}^2 \to \mathbb{R}^2$，定義為 $T\begin{bmatrix}a\\b\end{bmatrix} = \begin{bmatrix}a+b\\b\end{bmatrix}$。證明 $U_1 = \mathbb{R}\begin{bmatrix}1\\0\end{bmatrix}$ 為 T-不變，但是 U_1 在 $\mathbb{R}^2$ 中沒有 T-不變補集。

解： 因為 $U_1 = \text{span}\left\{\begin{bmatrix}1\\0\end{bmatrix}\right\}$ 且 $T\begin{bmatrix}1\\0\end{bmatrix} = \begin{bmatrix}1\\0\end{bmatrix}$，由例 3 知，$U_1$ 為 T-不變。假設 U_1 在 $\mathbb{R}^2$ 中有 T-不變補集 U_2，則 $U_1 \oplus U_2 = \mathbb{R}^2$ 且 $T(U_2) \subseteq U_2$。由定理 6 可得

$$2 = \dim \mathbb{R}^2 = \dim U_1 + \dim U_2 = 1 + \dim U_2$$

故 $\dim U_2 = 1$。令 $U_2 = \mathbb{R}\mathbf{u}_2$，且令 $\mathbf{u}_2 = \begin{bmatrix} p \\ q \end{bmatrix}$，則 $\mathbf{u}_2$ 不在 U_1 中。若 $\mathbf{u}_2 \in U_1$，則 $\mathbf{u}_2 \in U_1 \cap U_2 = \{\mathbf{0}\}$，故 $\mathbf{u}_2 = \mathbf{0}$。但 $U_2 = \mathbb{R}\mathbf{u}_2 = \{\mathbf{0}\}$，矛盾，因為 $\dim U_2 = 1$。故 $\mathbf{u}_2 \notin U_1$，因此 $q \neq 0$。另一方面，$T(\mathbf{u}_2) \in U_2 = \mathbb{R}\mathbf{u}_2$（因為 U_2 為 T-不變），即 $T(\mathbf{u}_2) = \lambda \mathbf{u}_2 = \lambda \begin{bmatrix} p \\ q \end{bmatrix}$。

因此

$$\begin{bmatrix} p+q \\ q \end{bmatrix} = T \begin{bmatrix} p \\ q \end{bmatrix} = \lambda \begin{bmatrix} p \\ q \end{bmatrix}, \lambda \in \mathbb{R}$$

因此 $p + q = \lambda p$ 且 $q = \lambda q$。因為 $q \neq 0$，由第二式知 $\lambda = 1$，又由第一式知 $q = 0$，產生矛盾。因此，U_1 的 T-不變補集不存在。

我們採用的理論到此結束，本節所介紹的技巧將在第 11 章中予以改良以證明每一個矩陣相似於一個非常好的矩陣——它就是喬登正準形 (Jordan canonical form)。

習題 9.3

1. 設 $T: V \to V$ 為任意線性算子，證明 $\ker T$ 與 $\operatorname{im} T$ 為 T-不變子空間。

2. 設 T 為 V 上的線性算子。若 U 與 W 為 T-不變，證明
   (a) $U \cap W$ 與 $U + W$ 也是 T-不變。
   ◆(b) $T(U)$ 是 T-不變。

3. 設 S 與 T 為 V 上的線性算子且假設 $ST = TS$。
   (a) 證明 $\operatorname{im} S$ 和 $\ker S$ 為 T-不變。
   ◆(b) 若 U 為 T-不變，證明 $S(U)$ 為 T-不變。

4. 設 $T: V \to V$ 為線性算子。給予 $\mathbf{v} \in V$，令 U 表示 V 中的向量集，而 U 屬於包含 $\mathbf{v}$ 的每一個 T-不變子空間。
   (a) 證明 U 為 V 的 T-不變子空間，而子空間包含 $\mathbf{v}$。
   (b) 證明 U 包含於 V 的每一個 T-不變子空間，而子空間包含 $\mathbf{v}$。

5. (a) 設 T 為純量算子（見第 7.1 節例 1），證明每一個子空間都是 T-不變。
   (b) 反之，若每一個子空間都是 T-不變，證明 T 為純量。

◆6. 設 V 為有限維空間。證明對於每一個算子 $T: V \to V$ 而言，V 的 T-不變子空間只有 0 和 V。【提示：第 7.1 節定理 3。】

7. 設 $T: V \to V$ 為線性算子且 U 為 V 的 T-不變子空間。若 S 為一可逆算子，令 $T' = STS^{-1}$，證明 $S(U)$ 為 T'-不變子空間。

8. 下列各題中，證明 U 為 T-不變，利用此結果求 T 的區塊上三角矩陣，並求 $c_T(x)$。
   (a) $T: \mathbf{P}_2 \to \mathbf{P}_2$，$T(a + bx + cx^2) = (-a + 2b + c) + (a + 3b + c)x + (a + 4b)x^2$，
   $U = \text{span}\{1, x + x^2\}$
   ◆(b) $T: \mathbf{P}_2 \to \mathbf{P}_2$，$T(a + bx + cx) = (5a - 2b + c) + (5a - b + c)x + (a + 2c)x^2$，
   $U = \text{span}\{1 - 2x^2, x + x^2\}$

9. 下列各題中，證明除了 0 與 $\mathbb{R}^2$ 之外，$T_A: \mathbb{R}^2 \to \mathbb{R}^2$ 沒有不變子空間。
   (a) $A = \begin{bmatrix} 1 & 2 \\ -1 & -1 \end{bmatrix}$
   ◆(b) $A = \begin{bmatrix} \cos\theta & -\sin\theta \\ \sin\theta & \cos\theta \end{bmatrix}$，$0 < \theta < \pi$

10. 下列各題中，證明 $V = U \oplus W$。
    (a) $V = \mathbb{R}^4$，
    $U = \text{span}\{(1, 1, 0, 0), (0, 1, 1, 0)\}$，
    $W = \text{span}\{(0, 1, 0, 1), (0, 0, 1, 1)\}$
    ◆(b) $V = \mathbb{R}^4$，
    $U = \{(a, a, b, b) \mid a, b \in \mathbb{R}\}$，
    $W = \{(c, d, c, -d) \mid c, d \in \mathbb{R}\}$
    (c) $V = \mathbf{P}_3$，$U = \{a + bx \mid a, b \in \mathbb{R}\}$，
    $W = \{ax^2 + bx^3 \mid a, b \in \mathbb{R}\}$
    ◆(d) $V = \mathbf{M}_{22}$，$U = \left\{ \begin{bmatrix} a & a \\ b & b \end{bmatrix} \bigg| a, b \in \mathbb{R} \right\}$，
    $W = \left\{ \begin{bmatrix} a & b \\ -a & b \end{bmatrix} \bigg| a, b \in \mathbb{R} \right\}$

11. 在 $\mathbb{R}^4$ 中，設 $U = \text{span}\{(1, 0, 0, 0), (0, 1, 0, 0)\}$，證明 $\mathbb{R}^4 = U \oplus W_1$ 且 $\mathbb{R}^4 = U \oplus W_2$，其中 $W_1 = \text{span}\{(0, 0, 1, 0), (0, 0, 0, 1)\}$ 且 $W_2 = \text{span}\{(1, 1, 1, 1), (1, 1, 1, -1)\}$。

12. 設 U 為 V 的子空間，並且對子空間 W_1 與 W_2 而言，$V = U \oplus W_1$ 且 $V = U \oplus W_2$ 恆成立。證明 $\dim W_1 = \dim W_2$。

13. 設 U、W 分別為 $\mathbf{P}_n$ 中偶多項式與奇多項式的子空間。證明 $\mathbf{P}_n = U \oplus W$。（參閱第 6.3 節習題 36。）【提示：$f(x) + f(-x)$ 為偶函數。】

◆14. 設 E 為滿足 $E^2 = E$ 的 2×2 矩陣。證明 $\mathbf{M}_{22} = U \oplus W$，其中 $U = \{A \mid AE = A\}$ 且 $W = \{B \mid BE = 0\}$。【提示：對每一個矩陣 X，恆有 $XE \in U$。】

15. 設 U 與 W 為 V 的子空間。證明 $U \cap W = \{\mathbf{0}\}$ 若且唯若對所有 $\mathbf{u} \ne \mathbf{0} \in U$ 與所有 $\mathbf{w} \ne \mathbf{0} \in W$ 而言，$\{\mathbf{u}, \mathbf{w}\}$ 為線性獨立。

16. 設 $V \xrightarrow{T} W \xrightarrow{S} V$ 為線性變換，並且 $\dim V$ 與 $\dim W$ 為有限。
    (a) 若 $ST = 1_V$，證明 $W = \text{im } T \oplus \ker S$
    【提示：給予 $\mathbf{w} \in W$，證明 $\mathbf{w} - TS(\mathbf{w}) \in \ker S$。】
    (b) 以 $\mathbb{R}^2 \xrightarrow{T} \mathbb{R}^3 \xrightarrow{S} \mathbb{R}^2$ 來說明，其中 $T(x, y) = (x, y, 0)$ 且 $S(x, y, z) = (x, y)$。

17. 設 U 與 W 為 V 的子空間，$\dim V = n$，且 $\dim U + \dim W = n$。
    (a) 若 $U \cap W = \{\mathbf{0}\}$，證明 $V = U \oplus W$。
    ◆(b) 若 $U + W = V$，證明 $V = U \oplus W$。
    【提示：第 6.4 節定理 5。】

18. 設 $A = \begin{bmatrix} 0 & 1 \\ 0 & 0 \end{bmatrix}$ 並且考慮 $T_A: \mathbb{R}^2 \to \mathbb{R}^2$。
    (a) 證明 T_A 的唯一固有值為 $\lambda = 0$。
    ◆(b) 證明 $\ker(T_A) = \mathbb{R}\begin{bmatrix} 1 \\ 0 \end{bmatrix}$ 為 $\mathbb{R}^2$ 的唯一 T_A-不變子空間（0 與 $\mathbb{R}^2$ 除外）。

19. 若 $A = \begin{bmatrix} 2 & -5 & 0 & 0 \\ 1 & -2 & 0 & 0 \\ 0 & 0 & -1 & -2 \\ 0 & 0 & 1 & 1 \end{bmatrix}$，證明 $T_A: \mathbb{R}^4 \to \mathbb{R}^4$ 具有二維的 T-不變子空間 U 與 W 使得 $\mathbb{R}^4 = U \oplus W$。但是 A 不具有實固有值。

◆20. 設 $T: V \to V$ 為線性算子，其中 $\dim V = n$。若 U 為 V 的 T-不變子空間，令 $T_1: U \to U$ 表示 T 侷限到 U（因此 $T_1(\mathbf{u}) = T(\mathbf{u})$，$\forall \mathbf{u} \in U$）。證明存在多項式 $q(x)$，使得 $c_T(x) = c_{T_1}(x) \cdot q(x)$。
【提示：定理 1。】

21. 設 $T: V \to V$ 為線性算子，其中 $\dim V = n$。證明 V 具有一個由固有向量所形成的基底，若且唯若 V 存在一組基底 B 使得 $M_B(T)$ 為對角矩陣。

22. 下列各題中，證明 $T^2 = 1$ 並求（如例 10）一組有序基底 B 使得 $M_B(T)$ 具有如題所示之區塊形式。
    (a) $T: \mathbf{M}_{22} \to \mathbf{M}_{22}$，其中 $T(A) = A^T$，$M_B(T) = \begin{bmatrix} I_3 & 0 \\ 0 & -1 \end{bmatrix}$
    ◆(b) $T: \mathbf{P}_3 \to \mathbf{P}_3$，其中 $T[p(x)] = p(-x)$，$M_B(T) = \begin{bmatrix} I_2 & 0 \\ 0 & -I_2 \end{bmatrix}$
    (c) $T: \mathbb{C} \to \mathbb{C}$，其中 $T(a + bi) = a - bi$，$M_B(T) = \begin{bmatrix} 1 & 0 \\ 0 & -1 \end{bmatrix}$
    ◆(d) $T: \mathbb{R}^3 \to \mathbb{R}^3$，其中 $T(a, b, c) = (-a + 2b + c, b + c, -c)$，$M_B(T) = \begin{bmatrix} 1 & 0 \\ 0 & -I_2 \end{bmatrix}$
    (e) $T: V \to V$，其中 $T(\mathbf{v}) = -\mathbf{v}$，$\dim V = n$，$M_B(T) = -I_n$

23. 設 U 與 W 為向量空間 V 的子空間。
    (a) 若 $V = U \oplus W$，定義 $T: V \to V$ 為 $T(\mathbf{v}) = \mathbf{w}$，其中 $\mathbf{v}$ 寫成（唯一）$\mathbf{v} = \mathbf{u} + \mathbf{w}$，$\mathbf{u} \in U$，$\mathbf{w} \in W$。證明 T 為線性變換，$U = \ker T$，$W = \operatorname{im} T$，且 $T^2 = T$。
    ◆(b) 反之。若 $T: V \to V$ 為線性變換，使得 $T^2 = T$，證明 $V = \ker T \oplus \operatorname{im} T$。【提示：$\mathbf{v} - T(\mathbf{v}) \in \ker T$，$\forall \mathbf{v} \in V$。】

24. 設 $T: V \to V$ 為滿足 $T^2 = T$ 的線性算子〔這種算子稱為冪己 (idempotents)〕。定義 $U_1 = \{\mathbf{v} \mid T(\mathbf{v}) = \mathbf{v}\}$ 且 $U_2 = \ker T = \{\mathbf{v} \mid T(\mathbf{v}) = 0\}$。
    (a) 證明 $V = U_1 \oplus U_2$。
    (b) 若 $\dim V = n$，求 V 的一組基底 B 使得 $M_B(T) = \begin{bmatrix} I_r & 0 \\ 0 & 0 \end{bmatrix}$，其中 $r = \operatorname{rank} T$。
    (c) 若 A 為 $n \times n$ 矩陣使得 $A^2 = A$，證明 A 相似於 $\begin{bmatrix} I_r & 0 \\ 0 & 0 \end{bmatrix}$，其中 $r = \operatorname{rank} A$。
    【提示：例 10。】

25. 下列各題中，證明 $T^2 = T$ 並求（如前題）一組有序基底 B 使得 $M_B(T)$ 具有如題所示的形式（0_k 為 $k \times k$ 零矩陣）。
    (a) $T: \mathbf{P}_2 \to \mathbf{P}_2$，其中 $T(a + bx + cx^2) = (a - b + c)(1 + x + x^2)$，$M_B(T) = \begin{bmatrix} 1 & 0 \\ 0 & 0_2 \end{bmatrix}$
    ◆(b) $T: \mathbb{R}^3 \to \mathbb{R}^3$，其中 $T(a, b, c) = (a + 2b, 0, 4b + c)$，$M_B(T) = \begin{bmatrix} I_2 & 0 \\ 0 & 0 \end{bmatrix}$
    (c) $T: \mathbf{M}_{22} \to \mathbf{M}_{22}$，其中 $T\begin{bmatrix} a & b \\ c & d \end{bmatrix} = \begin{bmatrix} -5 & -15 \\ 2 & 6 \end{bmatrix}\begin{bmatrix} a & b \\ c & d \end{bmatrix}$，$M_B(T) = \begin{bmatrix} I_2 & 0 \\ 0 & 0_2 \end{bmatrix}$

26. 設 $T: V \to V$ 為滿足 $T^2 = cT$，$c \neq 0$ 的算子。

(a) 證明 $V = U \oplus \ker T$，其中
$U = \{\mathbf{u} \mid T(\mathbf{u}) = c\mathbf{u}\}$。
【提示：計算 $T(\mathbf{v} - \frac{1}{c}T(\mathbf{v}))$。】

(b) 若 $\dim V = n$，證明 V 有一組基底 B 使得 $M_B(T) = \begin{bmatrix} cI_r & 0 \\ 0 & 0 \end{bmatrix}$，其中 $r = \text{rank } T$。

(c) 若 A 為任意 $n \times n$ 矩陣，其秩為 r，使得 $A^2 = cA$，$c \neq 0$，證明 A 相似於 $\begin{bmatrix} cI_r & 0 \\ 0 & 0 \end{bmatrix}$。

27. 設 $T: V \to V$ 為一個算子，使得 $T^2 = c^2$，$c \neq 0$。

    (a) 證明 $V = U_1 \oplus U_2$，其中
    $U_1 = \{\mathbf{v} \mid T(\mathbf{v}) = c\mathbf{v}\}$ 且
    $U_2 = \{\mathbf{v} \mid T(\mathbf{v}) = -c\mathbf{v}\}$。【提示：$\mathbf{v} = \frac{1}{2c}\{[T(\mathbf{v}) + c\mathbf{v}] - [T(\mathbf{v}) - c\mathbf{v}]\}$。】

    (b) 若 $\dim V = n$，證明 V 有一組基底 B 使得對某個 k 而言，$M_B(T) = \begin{bmatrix} cI_k & 0 \\ 0 & -cI_{n-k} \end{bmatrix}$ 恆成立。

    (c) 若 A 為 $n \times n$ 矩陣使得 $A^2 = c^2 I$，$c \neq 0$，證明對某個 k 而言，A 相似於 $\begin{bmatrix} cI_k & 0 \\ 0 & -cI_{n-k} \end{bmatrix}$。

28. 若 P 為一個固定的 $n \times n$ 矩陣，定義 $T: \mathbf{M}_{nn} \to \mathbf{M}_{nn}$ 為 $T(A) = PA$。令 U_j 表示 $\mathbf{M}_{nn}$ 中的矩陣除了第 j 行可能不為 0 之外，其餘的行皆為 0 所組成的子空間。

    (a) 證明每一個 U_j 為 T-不變。

    (b) 證明 $\mathbf{M}_{nn}$ 有一組基底 B 使得 $M_B(T)$ 為區塊對角並且在對角線上的每一個區塊皆等於 P。

29. 設 V 為向量空間。若 $f: V \to \mathbb{R}$ 為線性變換且 $\mathbf{z}$ 為 V 中的向量，定義 $T_{f,\mathbf{z}}: V \to V$ 為 $T_{f,\mathbf{z}}(\mathbf{v}) = f(\mathbf{v})\mathbf{z}$，其中 $\mathbf{v} \in V$。假設 $f \neq 0$ 且 $\mathbf{z} \neq \mathbf{0}$。

    (a) 證明 $T_{f,\mathbf{z}}$ 為線性算子，其秩為 1。

    ◆(b) 若 $f \neq 0$，證明 $T_{f,\mathbf{z}}$ 為冪己 (idempotent) 若且唯若 $f(\mathbf{z}) = 1$。（回顧，若 $T^2 = T$，則 $T: V \to V$ 稱為冪己。）

    (c) 證明每一個秩為 1 的冪己 $T: V \to V$ 具有 $T = T_{f,\mathbf{z}}$ 的形式，其中 $f: V \to \mathbb{R}$ 且滿足 $f(\mathbf{z}) = 1$，而 $\mathbf{z} \in V$。【提示：令 $\text{im } T = \mathbb{R}\mathbf{z}$ 且證明 $T(\mathbf{z}) = \mathbf{z}$。然後利用習題 23。】

30. 設 U 為一個固定的 $n \times n$ 矩陣，考慮算子 $T: \mathbf{M}_{nn} \to \mathbf{M}_{nn}$ 定義為 $T(A) = UA$。

    (a) 證明 λ 為 T 的固有值若且唯若 λ 為 U 的固有值。

    ◆(b) 若 λ 為 T 的固有值，證明 $E_\lambda(T)$ 由所有行向量屬於 $E_\lambda(U)$ 的矩陣所組成，亦即 $E_\lambda(T) = \{[P_1 \ P_2 \ \cdots \ P_n] \mid$ 對每一個 i，$P_i \in E_\lambda(U)\}$。

    (c) 證明若 $\dim[E_\lambda(U)] = d$，則 $\dim[E_\lambda(T)] = nd$。【提示：若 $B = \{\mathbf{x}_1, ..., \mathbf{x}_d\}$ 為 $E_\lambda(U)$ 的基底，考慮一行與 B 相同，其它行皆為 0 的所有矩陣所成的集合。】

31. 設 $T: V \to V$ 為線性算子，其中 V 為有限維。若 $U \subseteq V$ 為子空間，令 $\overline{U} = \{\mathbf{u}_0 + T(\mathbf{u}_1) + T^2(\mathbf{u}_2) + \cdots + T^k(\mathbf{u}_k) \mid \mathbf{u}_i \in U, k \geq 0\}$。證明 $\overline{U}$ 為包含 U 的最小 T-不變子空間（亦即，它是 T-不變，包含 U，並且每一個包含 U 的子空間皆包含它）。

32. 設 $U_1, ..., U_m$ 為 V 的子空間並且 $V = U_1 + \cdots + U_m$；亦即，每一個 $\mathbf{v} \in V$ 皆可寫成（至少一種方式）$\mathbf{v} = \mathbf{u}_1 + \cdots + \mathbf{u}_m$，$\mathbf{u}_i \in U_i$。證明下列各敘述為對等。

(i) 若 $\mathbf{u}_1 + \cdots + \mathbf{u}_m = \mathbf{0}$，$\mathbf{u}_i \in U_i$，則對每一個 i，$\mathbf{u}_i = \mathbf{0}$。

(ii) 若 $\mathbf{u}_1 + \cdots + \mathbf{u}_m = \mathbf{u}'_1 + \cdots + \mathbf{u}'_m$，$\mathbf{u}_i$ 與 $\mathbf{u}'_i \in U_i$，則對每一個 i，$\mathbf{u}_i = \mathbf{u}'_i$。

(iii) 對每一個 $i = 1, 2, \ldots, m$ 而言，$U_i \cap (U_1 + \cdots + U_{i-1} + U_{i+1} + \cdots + U_m) = \{\mathbf{0}\}$ 恆成立。

(iv) 對每一個 $i = 1, 2, \ldots, m-1$ 而言，$U_i \cap (U_{i+1} + \cdots + U_m) = \{\mathbf{0}\}$ 恆成立。

當滿足這些條件時，我們稱 V 為子空間 U_i 的**直和 (direct sum)**，記做 $V = U_1 \oplus U_2 \oplus \ldots \oplus U_m$。

33. (a) 設 B 為 V 的基底且令 $B = B_1 \cup B_2 \cup \cdots \cup B_m$，其中 B_i 為 B 的不相交的非空子集。若對每一個 i，皆有 $U_i = \mathrm{span}\, B_i$，證明 $V = U_1 \oplus U_2 \oplus \cdots \oplus U_m$（見前題）。

(b) 反之，若 $V = U_1 \oplus \cdots \oplus U_m$ 且對每一個 i，B_i 為 U_i 的基底，證明 $B = B_1 \cup \cdots \cup B_m$ 為 (a) 中之 V 的一組基底。

第十章

內積空間

10.1 節　內積與範數

在第 4 章中,我們討論過重要的長度與正交的幾何概念,而將點積自然地推廣到 $\mathbb{R}^n$ 空間。本章將內積 (inner product) 定義在任意實向量空間 V(如同點積定義在 $\mathbb{R}^n$ 上),然後利用 V 中的內積引入長度、正交等概念。

定義 10.1

實向量空間 V 的**內積** (inner product) 是一個函數,它將 V 中的向量 $\mathbf{v}$、$\mathbf{w}$ 指定一實數 $\langle \mathbf{v}, \mathbf{w} \rangle$,滿足下列公設:

$P1$. 對於 V 中所有 $\mathbf{v}$ 與 $\mathbf{w}$,$\langle \mathbf{v}, \mathbf{w} \rangle$ 為一個實數。
$P2$. 對於 V 中所有 $\mathbf{v}$ 與 $\mathbf{w}$,$\langle \mathbf{v}, \mathbf{w} \rangle = \langle \mathbf{w}, \mathbf{v} \rangle$ 恆成立。
$P3$. 對於 V 中所有 $\mathbf{u}$、$\mathbf{v}$ 與 $\mathbf{w}$,$\langle \mathbf{v} + \mathbf{w}, \mathbf{u} \rangle = \langle \mathbf{v}, \mathbf{u} \rangle + \langle \mathbf{w}, \mathbf{u} \rangle$ 恆成立。
$P4$. 對於 V 中所有 $\mathbf{v}$ 與 $\mathbf{w}$,以及 $\mathbb{R}$ 中所有 r,$\langle r\mathbf{v}, \mathbf{w} \rangle = r\langle \mathbf{v}, \mathbf{w} \rangle$ 恆成立。
$P5$. 對於 V 中所有 $\mathbf{v} \neq \mathbf{0}$,$\langle \mathbf{v}, \mathbf{v} \rangle > 0$ 恆成立。

賦有內積 $\langle , \rangle$ 的實向量空間 V 稱為**內積空間** (inner product space)。注意,內積空間的每一個子空間仍然是使用相同內積的內積空間。[1]

例 1

若以點積當作內積:

$$\langle \mathbf{x}, \mathbf{y} \rangle = \mathbf{x} \cdot \mathbf{y} \quad \forall \mathbf{v}, \mathbf{w} \in \mathbb{R}^n$$

則 $\mathbb{R}^n$ 為一個內積空間,參閱第 5.3 節定理 1。這也叫做**歐氏** (euclidean) 內積,而賦有此內積的 $\mathbb{R}^n$ 稱為**歐氏 n 維空間** (euclidean n-space)。

---

[1] 如果我們將 $\mathbb{C}^n$ 視為複數域 $\mathbb{C}$ 上的向量空間,則第 8.6 節所定義的 $\mathbb{C}^n$ 上的標準內積不滿足公設 P4〔參閱第 8.6 節定理 1(3)〕。

例 2

若 A、B 為 $m \times n$ 矩陣，定義 $\langle A, B \rangle = \text{tr}(AB^T)$，其中 $\text{tr}(X)$ 為方陣 X 的跡 (trace)。證明 $\langle , \rangle$ 為 $\mathbf{M}_{mn}$ 中的一個內積。

解：P1 顯然成立。因為對每一個 $m \times n$ 矩陣 P 而言，$\text{tr}(P) = \text{tr}(P^T)$，我們有 P2：

$$\langle A, B \rangle = \text{tr}(AB^T) = \text{tr}[(AB^T)^T] = \text{tr}(BA^T) = \langle B, A \rangle$$

其次，P3 和 P4 成立，因為跡是線性變換 $\mathbf{M}_{mn} \to \mathbb{R}$（習題 19）。至於 P5，令 $\mathbf{r}_1, \mathbf{r}_2, \ldots, \mathbf{r}_m$ 為矩陣 A 的列，則 AA^T 的 (i, j) 元素為 $\mathbf{r}_i \cdot \mathbf{r}_j$，故

$$\langle A, A \rangle = \text{tr}(AA^T) = \mathbf{r}_1 \cdot \mathbf{r}_1 + \mathbf{r}_2 \cdot \mathbf{r}_2 + \cdots + \mathbf{r}_m \cdot \mathbf{r}_m$$

但是 $\mathbf{r}_j \cdot \mathbf{r}_j$ 是 $\mathbf{r}_j$ 元素的平方和，因此 $\langle A, A \rangle$ 為 A 的 nm 個元素的平方和。P5 成立。

下面的例子在分析學有其重要性。

例 3 [2]

設 $\mathbf{C}[a, b]$ 為定義於 $[a, b]$ 的實值**連續函數 (continuous functions)** 所成的向量空間，它是 $\mathbf{F}[a, b]$ 的子空間。證明

$$\langle f, g \rangle = \int_a^b f(x) g(x) \, dx$$

在 $\mathbf{C}[a, b]$ 定義一內積。

解：公設 P1 與 P2 顯然成立。公設 P4 的驗證如下：

$$\langle rf, g \rangle = \int_a^b rf(x) g(x) \, dx = r \int_a^b f(x) g(x) \, dx = r \langle f, g \rangle$$

同理可驗證公設 P3。最後，由微積分的定理得知 $\langle f, f \rangle = \int_a^b f(x)^2 \, dx \geq 0$，且若 f 為連續，此值為零若且唯若 f 為零函數。這就證明了公設 P5。

若 $\mathbf{v}$ 為任意向量，則由公設 P3 可得

$$\langle \mathbf{0}, \mathbf{v} \rangle = \langle \mathbf{0} + \mathbf{0}, \mathbf{v} \rangle = \langle \mathbf{0}, \mathbf{v} \rangle + \langle \mathbf{0}, \mathbf{v} \rangle$$

因此 $\langle \mathbf{0}, \mathbf{v} \rangle$ 必為 0。此項性質以及內積的其它性質均收錄於下列定理中以供參考。其它性質的證明就留給習題 20。

定理 1

設 $\langle , \rangle$ 為空間 V 上的一個內積；令 $\mathbf{v}$、$\mathbf{u}$、$\mathbf{w}$ 為 V 中的向量，r 為實數，則下列各式成立

1. $\langle \mathbf{u}, \mathbf{v} + \mathbf{w} \rangle = \langle \mathbf{u}, \mathbf{v} \rangle + \langle \mathbf{u}, \mathbf{w} \rangle$

---

[2] 對於不具有微積分基礎的學生，本例（以及往後涉及與本例相關的內容）可以略去而不失連貫性。

2. $\langle \mathbf{v}, r\mathbf{w} \rangle = r\langle \mathbf{v}, \mathbf{w} \rangle = \langle r\mathbf{v}, \mathbf{w} \rangle$
3. $\langle \mathbf{v}, \mathbf{0} \rangle = 0 = \langle \mathbf{0}, \mathbf{v} \rangle$
4. $\langle \mathbf{v}, \mathbf{v} \rangle = 0$ 若且唯若 $\mathbf{v} = \mathbf{0}$

若 $\langle , \rangle$ 為空間 V 上的一個內積，則對於 V 中的已知向量 $\mathbf{u}$、$\mathbf{v}$ 與 $\mathbf{w}$，由公設 P3 和 P4 可知

$$\langle r\mathbf{u} + s\mathbf{v}, \mathbf{w} \rangle = \langle r\mathbf{u}, \mathbf{w} \rangle + \langle s\mathbf{v}, \mathbf{w} \rangle = r\langle \mathbf{u}, \mathbf{w} \rangle + s\langle \mathbf{v}, \mathbf{w} \rangle$$

對 $\mathbb{R}$ 中的所有 r 與 s 皆成立。此外，對於第一分量或第二分量為線性組合也是成立：

$$\langle r_1\mathbf{v}_1 + r_2\mathbf{v}_2 + \cdots + r_n\mathbf{v}_n, \mathbf{w} \rangle = r_1\langle \mathbf{v}_1, \mathbf{w} \rangle + r_2\langle \mathbf{v}_2, \mathbf{w} \rangle + \cdots + r_n\langle \mathbf{v}_n, \mathbf{w} \rangle$$

以及

$$\langle \mathbf{v}, s_1\mathbf{w}_1 + s_2\mathbf{w}_2 + \cdots + s_m\mathbf{w}_m \rangle = s_1\langle \mathbf{v}, \mathbf{w}_1 \rangle + s_2\langle \mathbf{v}, \mathbf{w}_2 \rangle + \cdots + s_m\langle \mathbf{v}, \mathbf{w}_m \rangle$$

其中 r_i 與 s_i 屬於 $\mathbb{R}$ 且 $\mathbf{v}$、$\mathbf{w}$、$\mathbf{v}_i$ 與 $\mathbf{w}_j$ 屬於 V。這些結果稱為內積「保持」(preserve) 線性組合。例如，

$$\begin{aligned}\langle 2\mathbf{u} - \mathbf{v}, 3\mathbf{u} + 2\mathbf{v} \rangle &= \langle 2\mathbf{u}, 3\mathbf{u} \rangle + \langle 2\mathbf{u}, 2\mathbf{v} \rangle + \langle -\mathbf{v}, 3\mathbf{u} \rangle + \langle -\mathbf{v}, 2\mathbf{v} \rangle \\ &= 6\langle \mathbf{u}, \mathbf{u} \rangle + 4\langle \mathbf{u}, \mathbf{v} \rangle - 3\langle \mathbf{v}, \mathbf{u} \rangle - 2\langle \mathbf{v}, \mathbf{v} \rangle \\ &= 6\langle \mathbf{u}, \mathbf{u} \rangle + \langle \mathbf{u}, \mathbf{v} \rangle - 2\langle \mathbf{v}, \mathbf{v} \rangle\end{aligned}$$

設 A 為 $n \times n$ 對稱矩陣，$\mathbf{x}$ 與 $\mathbf{y}$ 為 $\mathbb{R}^n$ 中的行向量，我們將 1×1 矩陣 $\mathbf{x}^T A \mathbf{y}$ 視為一個數。如果我們令

$$\langle \mathbf{x}, \mathbf{y} \rangle = \mathbf{x}^T A \mathbf{y}，其中 \mathbf{x}、\mathbf{y} 為 \mathbb{R}^n 中的行向量$$

則由矩陣算術可知它滿足公設 P1–P4（只有 P2 需要 A 是對稱）。公設 P5 是說：

$$對於 \mathbb{R}^n 中的所有行向量 \mathbf{x} \neq \mathbf{0}，恆有 \mathbf{x}^T A \mathbf{x} > 0$$

此條件描述了正定矩陣（第 8.3 節定理 2）。這就證明了下面定理的第一個斷言。

定理 2

設 A 為任意 $n \times n$ 正定矩陣，則對 $\mathbb{R}^n$ 中的所有行向量 $\mathbf{x}$、$\mathbf{y}$

$$\langle \mathbf{x}, \mathbf{y} \rangle = \mathbf{x}^T A \mathbf{y}$$

在 $\mathbb{R}^n$ 上定義一個內積，並且 $\mathbb{R}^n$ 上的每一個內積都是這種形式。

證明

已知 $\mathbb{R}^n$ 上的一個內積 $\langle , \rangle$，令 $\{\mathbf{e}_1, \mathbf{e}_2, ..., \mathbf{e}_n\}$ 為 $\mathbb{R}^n$ 的標準基底。若 $\mathbf{x} = \sum_{i=1}^{n} x_i \mathbf{e}_i$ 與 $\mathbf{y} = \sum_{j=1}^{n} y_j \mathbf{e}_j$ 為 $\mathbb{R}^n$ 中的兩向量，將每一項 $x_i \mathbf{e}_i$ 與每一項 $y_j \mathbf{e}_j$ 的內積相加來計算 $\langle \mathbf{x}, \mathbf{y} \rangle$。結果為雙重和：

$$\langle \mathbf{x}, \mathbf{y} \rangle = \sum_{i=1}^{n} \sum_{j=1}^{n} \langle x_i \mathbf{e}_i, y_j \mathbf{e}_j \rangle = \sum_{i=1}^{n} \sum_{j=1}^{n} x_i \langle \mathbf{e}_i, \mathbf{e}_j \rangle y_j$$

讀者可驗證，這是矩陣乘積：

$$\langle \mathbf{x}, \mathbf{y} \rangle = \begin{bmatrix} x_1 & x_2 & \cdots & x_n \end{bmatrix} \begin{bmatrix} \langle \mathbf{e}_1, \mathbf{e}_1 \rangle & \langle \mathbf{e}_1, \mathbf{e}_2 \rangle & \cdots & \langle \mathbf{e}_1, \mathbf{e}_n \rangle \\ \langle \mathbf{e}_2, \mathbf{e}_1 \rangle & \langle \mathbf{e}_2, \mathbf{e}_2 \rangle & \cdots & \langle \mathbf{e}_2, \mathbf{e}_n \rangle \\ \vdots & \vdots & \cdots & \vdots \\ \langle \mathbf{e}_n, \mathbf{e}_1 \rangle & \langle \mathbf{e}_n, \mathbf{e}_2 \rangle & \cdots & \langle \mathbf{e}_n, \mathbf{e}_n \rangle \end{bmatrix} \begin{bmatrix} y_1 \\ y_2 \\ \vdots \\ y_n \end{bmatrix}$$

因此 $\langle \mathbf{x}, \mathbf{y} \rangle = \mathbf{x}^T A \mathbf{y}$，其中 A 為 $n \times n$ 矩陣，它的第 (i, j) 元素為 $\langle \mathbf{e}_i, \mathbf{e}_j \rangle$。由於 $\langle \mathbf{e}_i, \mathbf{e}_j \rangle = \langle \mathbf{e}_j, \mathbf{e}_i \rangle$，所以 A 為對稱。最後，由第 8.3 節定理 2 知 A 為正定。

因此，正如每一個線性算子 $\mathbb{R}^n \to \mathbb{R}^n$ 都對應一個 $n \times n$ 矩陣，$\mathbb{R}^n$ 上的每一個內積都對應一個 $n \times n$ 正定矩陣。特別地，點積對應單位矩陣 I_n。

註解

如果我們談論內積空間 $\mathbb{R}^n$，而沒有明確指出是哪一種內積，則通常是指點積。

例 4

令定義在 $\mathbb{R}^2$ 上的內積 $\langle , \rangle$ 為

$$\left\langle \begin{bmatrix} v_1 \\ v_2 \end{bmatrix}, \begin{bmatrix} w_1 \\ w_2 \end{bmatrix} \right\rangle = 2v_1 w_1 - v_1 w_2 - v_2 w_1 - v_2 w_2$$

求 2×2 對稱矩陣 A，使得 $\langle \mathbf{x}, \mathbf{y} \rangle = \mathbf{x}^T A \mathbf{y}$ 對 $\mathbb{R}^2$ 中的所有 $\mathbf{x}$、$\mathbf{y}$ 皆成立。

解：矩陣 A 的第 (i, j) 元素為 $v_i w_j$ 的係數，所以 $A = \begin{bmatrix} 2 & -1 \\ -1 & 1 \end{bmatrix}$。若 $\mathbf{x} = \begin{bmatrix} x \\ y \end{bmatrix}$，則

$$\langle \mathbf{x}, \mathbf{x} \rangle = 2x^2 - 2xy + y^2 = x^2 + (x - y)^2 \geq 0$$

對所有 $\mathbf{x}$ 皆成立，故 $\langle \mathbf{x}, \mathbf{x} \rangle = 0$ 意指 $\mathbf{x} = \mathbf{0}$。因此 $\langle , \rangle$ 為一個內積，故 A 為正定。

設 $\langle , \rangle$ 為 $\mathbb{R}^n$ 上的一個內積，如定理 2 所示，由一個正定矩陣 A 所定義。若 $\mathbf{x} = [x_1 \; x_2 \; \cdots \; x_n]^T$，則 $\langle \mathbf{x}, \mathbf{x} \rangle = \mathbf{x}^T A \mathbf{x}$ 可用變數 $x_1, x_2, ..., x_n$ 來表達，稱為**二次式 (quadratic form)**。這些在第 8.8 節中已詳細研究過。

範數與距離

定義 10.2

如同 $\mathbb{R}^n$ 的情形,若 $\langle,\rangle$ 為空間 V 上的一個內積,向量 $\mathbf{v} \in V$ 的**範數 (norm)**[3] 定義為

$$\|\mathbf{v}\| = \sqrt{\langle \mathbf{v}, \mathbf{v} \rangle}$$

設 $\mathbf{v}$、$\mathbf{w}$ 為內積空間 V 的兩個向量,我們定義介於 $\mathbf{v}$ 與 $\mathbf{w}$ 之間的**距離 (distance)** 為

$$d(\mathbf{v}, \mathbf{w}) = \|\mathbf{v} - \mathbf{w}\|$$

注意,由公設 P5 保證 $\langle \mathbf{v}, \mathbf{v} \rangle \geq 0$,故 $\|\mathbf{v}\|$ 為實數。

例 5

$C[a, b]$(內積定義如例 3)中的連續函數 $f = f(x)$ 之範數為

$$\|f\| = \sqrt{\int_a^b f(x)^2 dx}$$

因此 $\|f\|^2$ 為介於 $x = a$ 與 $x = b$ 之間,$y = f(x)^2$ 之圖形下方的面積(如右圖所示)。

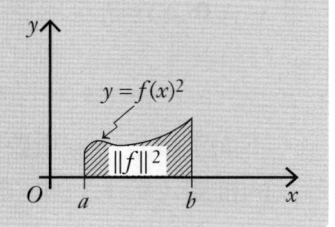

例 6

在任意內積空間中,證明 $\langle \mathbf{u} + \mathbf{v}, \mathbf{u} - \mathbf{v} \rangle = \|\mathbf{u}\|^2 - \|\mathbf{v}\|^2$。

解:
$$\begin{aligned}\langle \mathbf{u} + \mathbf{v}, \mathbf{u} - \mathbf{v} \rangle &= \langle \mathbf{u}, \mathbf{u} \rangle - \langle \mathbf{u}, \mathbf{v} \rangle + \langle \mathbf{v}, \mathbf{u} \rangle - \langle \mathbf{v}, \mathbf{v} \rangle \\ &= \|\mathbf{u}\|^2 - \langle \mathbf{u}, \mathbf{v} \rangle + \langle \mathbf{u}, \mathbf{v} \rangle - \|\mathbf{v}\|^2 \\ &= \|\mathbf{u}\|^2 - \|\mathbf{v}\|^2 \end{aligned}$$

設 $\mathbf{v}$ 為內積空間 V 中的向量,若 $\|\mathbf{v}\| = 1$,則稱 $\mathbf{v}$ 為**單位向量 (unit vector)**。V 中所有單位向量所成的集合稱為 V 中的**單位球 (unit ball)**。例如,若 $V = \mathbb{R}^2$(採用點積)並且 $\mathbf{v} = (x, y)$,則

$$\|\mathbf{v}\| = 1 \quad \text{若且唯若} \quad x^2 + y^2 = 1$$

因此 $\mathbb{R}^2$ 中的單位球就是以原點為圓心,半徑為 1 的**單位圓 (unit circle)** $x^2 + y^2 = 1$。但是單位球的形狀會隨內積的改變而變。

---

[3] 如果點積用於 $\mathbb{R}^n$,向量 $\mathbf{x}$ 的範數 $\|\mathbf{x}\|$ 通常稱為 $\mathbf{x}$ 的**長度 (length)**。

例 7

設 $a > 0$ 且 $b > 0$。若 $\mathbf{v} = (x, y)$ 且 $\mathbf{w} = (x_1, y_1)$，在 $\mathbb{R}^2$ 上定義內積為

$$\langle \mathbf{v}, \mathbf{w} \rangle = \frac{xx_1}{a^2} + \frac{yy_1}{b^2}$$

讀者可驗證（習題 5），這確實是一個內積。在此情況下

$$\|\mathbf{v}\| = 1 \quad 若且唯若 \quad \frac{x^2}{a^2} + \frac{y^2}{b^2} = 1$$

因此，單位球為右圖中所示的橢圓。

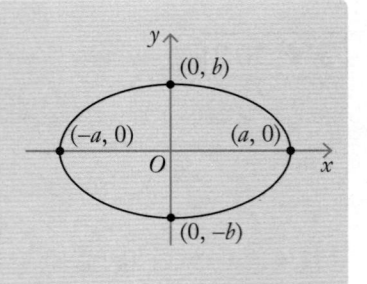

由例 7 可知，內積空間 V 的範數與距離會隨 V 中內積的改變而變。

定理 3

若 $\mathbf{v} \neq \mathbf{0}$ 為內積空間 V 中的任意向量，則 $\dfrac{1}{\|\mathbf{v}\|}\mathbf{v}$ 為唯一的單位向量，它是 $\mathbf{v}$ 的正的倍數。

下面定理是一個重要且有用的結果，顯示範數與內積的關係，是 $\mathbb{R}^n$ 中柯西不等式的推廣（第 5.3 節定理 2）。

定理 4

柯西 - 舒瓦茲不等式 (Cauchy-Schwarz Inequality)[4]

若 $\mathbf{v}$、$\mathbf{w}$ 為內積空間 V 的兩個向量，則

$$\langle \mathbf{v}, \mathbf{w} \rangle^2 \leq \|\mathbf{v}\|^2 \|\mathbf{w}\|^2$$

等號成立若且唯若 $\mathbf{v}$ 與 $\mathbf{w}$ 彼此互為倍數。

證明

令 $\|\mathbf{v}\| = a$ 且 $\|\mathbf{w}\| = b$。利用定理 1 我們計算：

$$\|b\mathbf{v} - a\mathbf{w}\|^2 = b^2\|\mathbf{v}\|^2 - 2ab\langle \mathbf{v}, \mathbf{w}\rangle + a^2\|\mathbf{w}\|^2 = 2ab(ab - \langle \mathbf{v}, \mathbf{w}\rangle)$$
$$\|b\mathbf{v} + a\mathbf{w}\|^2 = b^2\|\mathbf{v}\|^2 + 2ab\langle \mathbf{v}, \mathbf{w}\rangle + a^2\|\mathbf{w}\|^2 = 2ab(ab + \langle \mathbf{v}, \mathbf{w}\rangle)$$

(∗)

---

[4] Hermann Amandus Schwarz (1843-1921) 是德國數學家，任教於柏林大學。他有很強的幾何直覺，能夠巧妙地應用到特殊的問題。Schwarz 不等式出現於 1885 年。

可推得 $ab - \langle \mathbf{v}, \mathbf{w} \rangle \geq 0$ 且 $ab + \langle \mathbf{v}, \mathbf{w} \rangle \geq 0$，因此 $-ab \leq \langle \mathbf{v}, \mathbf{w} \rangle \leq ab$，亦即，$|\langle \mathbf{v}, \mathbf{w} \rangle| \leq ab = \|\mathbf{v}\|\|\mathbf{w}\|$。

若 $|\langle \mathbf{v}, \mathbf{w} \rangle| = \|\mathbf{v}\|\|\mathbf{w}\| = ab$，則 $\langle \mathbf{v}, \mathbf{w} \rangle = \pm ab$，因此，由 (∗) 式得到 $b\mathbf{v} - a\mathbf{w} = \mathbf{0}$ 或 $b\mathbf{v} + a\mathbf{w} = \mathbf{0}$，亦即 $\mathbf{v}$ 與 $\mathbf{w}$ 彼此互為倍數，即使 $a = 0$ 或 $b = 0$ 也成立。

例 8

若 f 與 g 為定義在區間 $[a, b]$ 上的連續函數（見例 3），則
$$\left\{\int_a^b f(x)g(x)dx\right\}^2 \leq \int_a^b f(x)^2 dx \int_a^b g(x)^2 dx$$

另一個著名的不等式稱為三角不等式 (triangle inequality)，也可由 Cauchy-Schwarz 不等式推得。下面列出向量範數的基本性質，其中包含三角不等式。

定理 5

設 V 為內積空間，範數 $\|\cdot\|$ 具有下列性質：

1. 對於 V 中每一個向量 $\mathbf{v}$，恆有 $\|\mathbf{v}\| \geq 0$。
2. $\|\mathbf{v}\| = 0$ 若且唯若 $\mathbf{v} = \mathbf{0}$。
3. 對於 V 中每一個 $\mathbf{v}$ 與 $\mathbb{R}$ 中每一個 r，恆有 $\|r\mathbf{v}\| = |r|\|\mathbf{v}\|$。
4. 對於 V 中所有 $\mathbf{v}$ 和 $\mathbf{w}$，恆有 $\|\mathbf{v} + \mathbf{w}\| \leq \|\mathbf{v}\| + \|\mathbf{w}\|$〔**三角不等式 (triangle inequality)**〕。

證明

因為 $\|\mathbf{v}\| = \sqrt{\langle \mathbf{v}, \mathbf{v} \rangle}$，性質 (1) 與 (2) 可由定理 1 的 (3) 和 (4) 立刻推得。至於性質 (3)，計算
$$\|r\mathbf{v}\|^2 = \langle r\mathbf{v}, r\mathbf{v} \rangle = r^2 \langle \mathbf{v}, \mathbf{v} \rangle = r^2 \|\mathbf{v}\|^2$$
取正平方根，可得 (3)。最後，由 Cauchy-Schwarz 不等式 $\langle \mathbf{v}, \mathbf{w} \rangle \leq \|\mathbf{v}\|\|\mathbf{w}\|$ 得到
$$\|\mathbf{v} + \mathbf{w}\|^2 = \langle \mathbf{v} + \mathbf{w}, \mathbf{v} + \mathbf{w} \rangle = \|\mathbf{v}\|^2 + 2\langle \mathbf{v}, \mathbf{w} \rangle + \|\mathbf{w}\|^2$$
$$\leq \|\mathbf{v}\|^2 + 2\|\mathbf{v}\|\|\mathbf{w}\| + \|\mathbf{w}\|^2$$
$$= (\|\mathbf{v}\| + \|\mathbf{w}\|)^2$$
取正平方根，可得 (4)。

值得注意的是，通常對於絕對值的三角不等式，
$$|r + s| \leq |r| + |s|, \quad \forall r, s \in \mathbb{R}$$
是 (4) 的特例，亦即採用 $V = \mathbb{R} = \mathbb{R}^1$ 與點積 $\langle r, s \rangle = rs$。

在內積空間中的許多計算，需證明某向量 **v** 為零。最容易的方法是證明它的範數 $\|\mathbf{v}\| = 0$，下面就是一個例子。

例 9

設 $\{\mathbf{v}_1, ..., \mathbf{v}_n\}$ 為內積空間 V 的生成集。若對每一個 $i = 1, 2, ..., n$，$\mathbf{v} \in V$ 滿足 $\langle \mathbf{v}, \mathbf{v}_i \rangle = 0$，證明 $\mathbf{v} = \mathbf{0}$。

解： 令 $\mathbf{v} = r_1\mathbf{v}_1 + \cdots + r_n\mathbf{v}_n$，其中 $r_i \in \mathbb{R}$。欲證 $\mathbf{v} = \mathbf{0}$，我們證明 $\|\mathbf{v}\|^2 = \langle \mathbf{v}, \mathbf{v} \rangle = 0$。由假設可算出：

$$\langle \mathbf{v}, \mathbf{v} \rangle = \langle \mathbf{v}, r_1\mathbf{v}_1 + \cdots + r_n\mathbf{v}_n \rangle = r_1\langle \mathbf{v}, \mathbf{v}_1 \rangle + \cdots + r_n\langle \mathbf{v}, \mathbf{v}_n \rangle = 0$$

因此 $\mathbf{v} = \mathbf{0}$。

定理 5 中的範數性質，可轉化成下列幾何學上我們所熟悉的距離性質。其證明留給習題 21。

定理 6

設 V 為內積空間，則下列性質成立：

1. $d(\mathbf{v}, \mathbf{w}) \geq 0$，$\forall \mathbf{v}, \mathbf{w} \in V$。
2. $d(\mathbf{v}, \mathbf{w}) = 0$ 若且唯若 $\mathbf{v} = \mathbf{w}$。
3. $d(\mathbf{v}, \mathbf{w}) = d(\mathbf{w}, \mathbf{v})$，$\forall \mathbf{v}, \mathbf{w} \in V$。
4. $d(\mathbf{v}, \mathbf{w}) \leq d(\mathbf{v}, \mathbf{u}) + d(\mathbf{u}, \mathbf{w})$，$\forall \mathbf{v}, \mathbf{u}, \mathbf{w} \in V$。

習題 10.1

1. 下列各題中，判斷公設 P1–P5 何者不成立。
   (a) $V = \mathbb{R}^2$，$\langle (x_1, y_1), (x_2, y_2) \rangle = x_1 y_1 x_2 y_2$
   ◆(b) $V = \mathbb{R}^3$，$\langle (x_1, x_2, x_3), (y_1, y_2, y_3) \rangle = x_1 y_1 - x_2 y_2 + x_3 y_3$
   (c) $V = \mathbb{C}$，$\langle z, w \rangle = z\overline{w}$，其中 $\overline{w}$ 為共軛複數。
   ◆(d) $V = \mathbf{P}_3$，$\langle p(x), q(x) \rangle = p(1)q(1)$
   (e) $V = \mathbf{M}_{22}$，$\langle A, B \rangle = \det(AB)$
   ◆(f) $V = \mathbf{F}[0, 1]$，$\langle f, g \rangle = f(1)g(0) + f(0)g(1)$

◆2. 設 V 為內積空間。若 $U \subseteq V$ 為子空間，證明若使用相同的內積，則 U 為內積空間。

3. 下列各題中，求單位向量的 **v**。
   (a) $\mathbf{v} = f \in \mathbf{C}[0, 1]$，其中 $f(x) = x^2$
   $\langle \mathbf{f}, \mathbf{g} \rangle = \int_0^1 f(x)g(x)dx$
   ◆(b) $\mathbf{v} = f \in \mathbf{C}[-\pi, \pi]$，其中 $f(x) = \cos x$
   $\langle \mathbf{f}, \mathbf{g} \rangle = \int_{-\pi}^{\pi} f(x)g(x)dx$
   (c) $\mathbf{v} = \begin{bmatrix} 1 \\ 3 \end{bmatrix} \in \mathbb{R}^2$，其中
   $\langle \mathbf{v}, \mathbf{w} \rangle = \mathbf{v}^T \begin{bmatrix} 1 & 1 \\ 1 & 2 \end{bmatrix} \mathbf{w}$

◆(d) $\mathbf{v} = \begin{bmatrix} 3 \\ -1 \end{bmatrix} \in \mathbb{R}^2$,
$\langle \mathbf{v}, \mathbf{w} \rangle = \mathbf{v}^T \begin{bmatrix} 1 & -1 \\ -1 & 2 \end{bmatrix} \mathbf{w}$

4. 下列各題中，求 $\mathbf{u}$ 與 $\mathbf{v}$ 的距離。
   (a) $\mathbf{u} = (3, -1, 2, 0)$，$\mathbf{v} = (1, 1, 1, 3)$；
   $\langle \mathbf{u}, \mathbf{v} \rangle = \mathbf{u} \cdot \mathbf{v}$
   ◆(b) $\mathbf{u} = (1, 2, -1, 2)$，$\mathbf{v} = (2, 1, -1, 3)$；
   $\langle \mathbf{u}, \mathbf{v} \rangle = \mathbf{u} \cdot \mathbf{v}$
   (c) $\mathbf{u} = f$，$\mathbf{v} = g \in \mathbf{C}[0, 1]$，其中
   $f(x) = x^2$ 與 $g(x) = 1 - x$；
   $\langle f, g \rangle = \int_0^1 f(x)g(x)dx$
   ◆(d) $\mathbf{u} = f$，$\mathbf{v} = g \in \mathbf{C}[-\pi, \pi]$，其中
   $f(x) = 1$ 與 $g(x) = \cos x$；
   $\langle f, g \rangle = \int_{-\pi}^{\pi} f(x)g(x)dx$

5. 設 $a_1, a_2, ..., a_n$ 為正數。給予 $\mathbf{v} = (v_1, v_2, ..., v_n)$ 與 $\mathbf{w} = (w_1, w_2, ..., w_n)$，定義
$\langle \mathbf{v}, \mathbf{w} \rangle = a_1 v_1 w_1 + \cdots + a_n v_n w_n$。證明這是 $\mathbb{R}^n$ 的一個內積。

6. 若 $\{\mathbf{b}_1, ..., \mathbf{b}_n\}$ 為 V 的基底，$\mathbf{v} = v_1 \mathbf{b}_1 + \cdots + v_n \mathbf{b}_n$ 與 $\mathbf{w} = w_1 \mathbf{b}_1 + \cdots + w_n \mathbf{b}_n$ 為 V 中的向量，定義
$$\langle \mathbf{v}, \mathbf{w} \rangle = v_1 w_1 + \cdots + v_n w_n$$
證明這是 V 上的一個內積。

7. 若 $p = p(x)$ 且 $q = q(x)$ 為 $\mathbf{P}_n$ 中的多項式，定義
$\langle p, q \rangle = p(0)q(0) + p(1)q(1) + \cdots + p(n)q(n)$
證明這是 $\mathbf{P}_n$ 上的一個內積。【提示：第 6.5 節定理 4。】

◆8. 設 $\mathbf{D}_n$ 為由 $\{1, 2, 3, ..., n\}$ 到 $\mathbb{R}$ 的所有函數的空間，採用逐點加法與純量乘法（見第 6.3 節習題 35）。若 $\langle f, g \rangle = f(1)g(1) + f(2)g(2) + \cdots + f(n)g(n)$，證明 $\langle , \rangle$ 是 $\mathbf{D}_n$ 上的一個內積。

9. 設 re(z) 表示複數 z 的實部。若 $\langle z, w \rangle = \text{re}(z\overline{w})$，證明 $\langle , \rangle$ 為 $\mathbb{C}$ 上的一個內積。

10. 設 $T : V \to V$ 為內積空間 V 的一個同構。證明
$$\langle \mathbf{v}, \mathbf{w} \rangle_1 = \langle T(\mathbf{v}), T(\mathbf{w}) \rangle$$
在 V 上定義一個新內積 $\langle , \rangle_1$。

11. 證明 $\mathbb{R}^n$ 上的每一個內積 $\langle , \rangle$ 均具有 $\langle \mathbf{x}, \mathbf{y} \rangle = (U\mathbf{x}) \cdot (U\mathbf{y})$ 的形式，其中 U 為上三角矩陣且對角元素為正數。【提示：第 8.3 節定理 3。】

12. 下列各題中，證明 $\langle \mathbf{v}, \mathbf{w} \rangle = \mathbf{v}^T A \mathbf{w}$ 在 $\mathbb{R}^2$ 上定義了一個內積，因此證明 A 是正定。
   (a) $A = \begin{bmatrix} 2 & 1 \\ 1 & 1 \end{bmatrix}$ ◆(b) $A = \begin{bmatrix} 5 & -3 \\ -3 & 2 \end{bmatrix}$
   (c) $A = \begin{bmatrix} 3 & 2 \\ 2 & 3 \end{bmatrix}$ ◆(d) $A = \begin{bmatrix} 3 & 4 \\ 4 & 6 \end{bmatrix}$

13. 下列各題中，求對稱矩陣 A 使得 $\langle \mathbf{v}, \mathbf{w} \rangle = \mathbf{v}^T A \mathbf{w}$。
   (a) $\left\langle \begin{bmatrix} v_1 \\ v_2 \end{bmatrix}, \begin{bmatrix} w_1 \\ w_2 \end{bmatrix} \right\rangle = v_1 w_1 + 2v_1 w_2 + 2v_2 w_1 + 5v_2 w_2$
   ◆(b) $\left\langle \begin{bmatrix} v_1 \\ v_2 \end{bmatrix}, \begin{bmatrix} w_1 \\ w_2 \end{bmatrix} \right\rangle = v_1 w_1 - v_1 w_2 - v_2 w_1 + 2v_2 w_2$
   (c) $\left\langle \begin{bmatrix} v_1 \\ v_2 \\ v_3 \end{bmatrix}, \begin{bmatrix} w_1 \\ w_2 \\ w_3 \end{bmatrix} \right\rangle = 2v_1 w_1 + v_2 w_2 + v_3 w_3 - v_1 w_2 - v_2 w_1 + v_2 w_3 + v_3 w_2$
   ◆(d) $\left\langle \begin{bmatrix} v_1 \\ v_2 \\ v_3 \end{bmatrix}, \begin{bmatrix} w_1 \\ w_2 \\ w_3 \end{bmatrix} \right\rangle = v_1 w_1 + 2v_2 w_2 + 5v_3 w_3 - 2v_1 w_3 - 2v_3 w_1$

◆14. 若 A 為對稱且對 $\mathbb{R}^n$ 中所有行向量 $\mathbf{x}$，恆有 $\mathbf{x}^T A \mathbf{x} = 0$。【提示：考慮 $\langle \mathbf{x} + \mathbf{y}, \mathbf{x} + \mathbf{y} \rangle$，其中 $\langle \mathbf{x}, \mathbf{y} \rangle = \mathbf{x}^T A \mathbf{y}$。】

15. 證明：V 上兩個內積之和仍為內積。

16. 設 $\|\mathbf{u}\| = 1$，$\|\mathbf{v}\| = 2$，$\|\mathbf{w}\| = \sqrt{3}$，$\langle \mathbf{u}, \mathbf{v} \rangle = -1$，$\langle \mathbf{u}, \mathbf{w} \rangle = 0$ 且 $\langle \mathbf{v}, \mathbf{w} \rangle = 3$。計算：
    (a) $\langle \mathbf{v} + \mathbf{w}, 2\mathbf{u} - \mathbf{v} \rangle$
    ◆(b) $\langle \mathbf{u} - 2\mathbf{v} - \mathbf{w}, 3\mathbf{w} - \mathbf{v} \rangle$

17. 如習題 16 的數據，證明 $\mathbf{u} + \mathbf{v} = \mathbf{w}$。

18. 證明並無向量滿足 $\|\mathbf{u}\| = 1$，$\|\mathbf{v}\| = 2$，且 $\langle \mathbf{u}, \mathbf{v} \rangle = -3$。

19. 完成例 2 的證明。

◆20. 證明定理 1。

21. 證明定理 6。

22. 設 $\mathbf{u}$、$\mathbf{v}$ 為內積空間 V 中的向量。
    (a) 展開 $\langle 2\mathbf{u} - 7\mathbf{v}, 3\mathbf{u} + 5\mathbf{v} \rangle$。
    ◆(b) 展開 $\langle 3\mathbf{u} - 4\mathbf{v}, 5\mathbf{u} + \mathbf{v} \rangle$。
    (c) 證明
    $$\|\mathbf{u} + \mathbf{v}\|^2 = \|\mathbf{u}\|^2 + 2\langle \mathbf{u}, \mathbf{v} \rangle + \|\mathbf{v}\|^2$$
    ◆(d) 證明
    $$\|\mathbf{u} - \mathbf{v}\|^2 = \|\mathbf{u}\|^2 - 2\langle \mathbf{u}, \mathbf{v} \rangle + \|\mathbf{v}\|^2$$

23. 設 $\mathbf{v}$、$\mathbf{w}$ 為內積空間 V 中的向量，證明
    $$\|\mathbf{v}\|^2 + \|\mathbf{w}\|^2 = \tfrac{1}{2}\{\|\mathbf{v} + \mathbf{w}\|^2 + \|\mathbf{v} - \mathbf{w}\|^2\}$$

24. 設 $\langle , \rangle$ 為向量空間 V 的內積。證明對應的距離函數是平移不變。亦即，證明：對 V 中所有 $\mathbf{v}$、$\mathbf{w}$、$\mathbf{u}$ 而言，$d(\mathbf{v}, \mathbf{w}) = d(\mathbf{v} + \mathbf{u}, \mathbf{w} + \mathbf{u})$ 恆成立。

25. (a) 證明：對內積空間 V 中的所有 $\mathbf{u}$、$\mathbf{v}$ 而言，$\langle \mathbf{u}, \mathbf{v} \rangle = \tfrac{1}{4}[\|\mathbf{u} + \mathbf{v}\|^2 - \|\mathbf{u} - \mathbf{v}\|^2]$ 恆成立。
    (b) 若 $\langle , \rangle$ 與 $\langle , \rangle'$ 為 V 上的兩個內積，使得對應的範數函數相等，證明 $\langle \mathbf{u}, \mathbf{v} \rangle = \langle \mathbf{u}, \mathbf{v} \rangle'$，對所有 $\mathbf{u}$、$\mathbf{v}$ 皆成立。

26. 設 $\mathbf{v}$ 為內積空間 V 中的向量。
    (a) 證明 $W = \{\mathbf{w} \mid \mathbf{w} \in V, \langle \mathbf{v}, \mathbf{w} \rangle = 0\}$ 為 V 的子空間。
    ◆(b) 若 $V = \mathbb{R}^3$ 且 $\mathbf{v} = (1, -1, 2)$，求 W 的基底〔W 如 (a) 中所示〕。

27. 給予向量 $\mathbf{w}_1, \mathbf{w}_2, ..., \mathbf{w}_n$ 與 $\mathbf{v}$，假設 $\langle \mathbf{v}, \mathbf{w}_i \rangle = 0$ 對每一個 i 皆成立，證明 $\langle \mathbf{v}, \mathbf{w} \rangle = 0$ 對 $\text{span}\{\mathbf{w}_1, \mathbf{w}_2, ..., \mathbf{w}_n\}$ 中的所有 $\mathbf{w}$ 皆成立。

◆28. 若 $V = \text{span}\{\mathbf{v}_1, \mathbf{v}_2, ..., \mathbf{v}_n\}$ 且對每一個 i，$\langle \mathbf{v}, \mathbf{v}_i \rangle = \langle \mathbf{w}, \mathbf{v}_i \rangle$ 恆成立，證明 $\mathbf{v} = \mathbf{w}$。

29. 在內積空間中，利用 Cauchy-Schwarz 不等式證明：
    (a) 若 $\|\mathbf{u}\| \leq 1$，則對所有 V 中的 $\mathbf{v}$，$\langle \mathbf{u}, \mathbf{v} \rangle^2 \leq \|\mathbf{v}\|^2$ 恆成立。
    ◆(b) 對所有實數 x、y、θ，$(x \cos \theta + y \sin \theta)^2 \leq x^2 + y^2$ 恆成立。
    (c) 對所有向量 $\mathbf{v}_i$ 與實數 $r_i > 0$，$\|r_1 \mathbf{v}_1 + \cdots + r_n \mathbf{v}_n\|^2 \leq [r_1 \|\mathbf{v}_1\| + \cdots + r_n \|\mathbf{v}_n\|]^2$ 恆成立。

30. 設 A 為 $2 \times n$ 矩陣，$\mathbf{u}$、$\mathbf{v}$ 為 A 的行向量。
    (a) 證明：$AA^T = \begin{bmatrix} \|\mathbf{u}\|^2 & \mathbf{u} \cdot \mathbf{v} \\ \mathbf{u} \cdot \mathbf{v} & \|\mathbf{v}\|^2 \end{bmatrix}$
    (b) 證明：$\det(AA^T) \geq 0$

31. (a) 設 $\mathbf{v}$、$\mathbf{w}$ 為內積空間 V 中的非零向量，證明 $-1 \leq \frac{\langle \mathbf{v}, \mathbf{w} \rangle}{\|\mathbf{v}\| \|\mathbf{w}\|} \leq 1$，因此存在唯一的角度 θ，使得 $\frac{\langle \mathbf{v}, \mathbf{w} \rangle}{\|\mathbf{v}\| \|\mathbf{w}\|} = \cos \theta$，$0 \leq \theta \leq \pi$。這個角度 θ 稱為 $\mathbf{v}$ 與 $\mathbf{w}$ 的**夾角**。
    (b) 以點積求 $\mathbb{R}^5$ 中 $\mathbf{v} = (1, 2, -1, 1, 3)$ 與 $\mathbf{w} = (2, 1, 0, 2, 0)$ 的夾角。

(c) 若 θ 為 **v** 與 **w** 的夾角，證明**餘弦定律** (law of cosines)：$\|\mathbf{v}-\mathbf{w}\|^2 = \|\mathbf{v}\|^2 + \|\mathbf{w}\|^2 - 2\|\mathbf{v}\|\|\mathbf{w}\|\cos\theta$ 成立。

32. 設 $V=\mathbb{R}^2$，定義 $\|(x,y)\| = |x|+|y|$。

(a) 證明 $\|\cdot\|$ 滿足定理 5 的條件。
(b) 證明 $\|\cdot\|$ 不是由 $\mathbb{R}^2$ 上的內積所產生。【提示：若是的話，利用定理 2 可求得 a、b、c 使得 $\|(x,y)\|^2 = ax^2 + bxy + cy^2$ 對所有 x、y 都成立。】

10.2 節　正交向量集

在幾何學裡，兩條直線互相垂直是很基本的概念。本節要將此概念引進一般內積空間 V。為了產生定義，回顧：在 $\mathbb{R}^n$ 中，兩個非零向量 **x**、**y** 互相垂直（或正交）若且唯若 $\mathbf{x} \cdot \mathbf{y} = 0$。一般而言，在內積空間 V 中，若兩向量 **v** 與 **w** 滿足

$$\langle \mathbf{v}, \mathbf{w} \rangle = 0$$

則稱 **v** 與 **w** **正交** (orthogonal)。

若向量集 $\{\mathbf{f}_1, \mathbf{f}_2, ..., \mathbf{f}_n\}$ 滿足下列兩個條件：

1. 每一個 $\mathbf{f}_i \neq \mathbf{0}$。
2. 對所有 $i \neq j$，$\langle \mathbf{f}_i, \mathbf{f}_j \rangle = 0$。

則稱為向量的**正交集** (orthogonal set of vectors)。

此外，若對每一個 i，$\|\mathbf{f}_i\| = 1$，則 $\{\mathbf{f}_1, \mathbf{f}_2, ..., \mathbf{f}_n\}$ 稱為**單範正交集** (orthonormal set)。

例 1

$\{\sin x, \cos x\}$ 在 $\mathbf{C}[-\pi, \pi]$ 中為正交，因為
$$\int_{-\pi}^{\pi} \sin x \cos x \, dx = \left[-\tfrac{1}{4}\cos 2x\right]_{-\pi}^{\pi} = 0$$

正交集的第一個結果就是將畢氏定理（第 5.3 節定理 4）推廣到 $\mathbb{R}^n$ 而定理證明的方法相同。

定理 1

畢氏定理 (Pythagoras' Theorem)

若 $\{\mathbf{f}_1, \mathbf{f}_2, \ldots, \mathbf{f}_n\}$ 為正交向量集，則

$$\|\mathbf{f}_1 + \mathbf{f}_2 + \cdots + \mathbf{f}_n\|^2 = \|\mathbf{f}_1\|^2 + \|\mathbf{f}_2\|^2 + \cdots + \|\mathbf{f}_n\|^2$$

下面定理的證明留給讀者。

定理 2

設 $\{\mathbf{f}_1, \mathbf{f}_2, \ldots, \mathbf{f}_n\}$ 為正交向量集。

1. 對於 $\mathbb{R}$ 中 $r_i \neq 0$，$\{r_1\mathbf{f}_1, r_2\mathbf{f}_2, \ldots, r_n\mathbf{f}_n\}$ 也是正交集。
2. $\left\{\dfrac{1}{\|\mathbf{f}_1\|}\mathbf{f}_1, \dfrac{1}{\|\mathbf{f}_2\|}\mathbf{f}_2, \ldots, \dfrac{1}{\|\mathbf{f}_n\|}\mathbf{f}_n\right\}$ 為單範正交集。

如前所述，將一個正交集改變成一個單範正交集的過程，稱為將正交集**正規化 (normalizing)**。第 5.3 節定理 5 的證明也適用於下面定理。

定理 3

每一個正交向量集都是線性獨立。

例 2

定義內積為

$$\langle \mathbf{v}, \mathbf{w} \rangle = \mathbf{v}^T A \mathbf{w}, \text{ 其中 } A = \begin{bmatrix} 1 & 1 & 0 \\ 1 & 2 & 0 \\ 0 & 0 & 1 \end{bmatrix}$$

證明 $\left\{\begin{bmatrix} 2 \\ -1 \\ 0 \end{bmatrix}, \begin{bmatrix} 0 \\ 1 \\ 1 \end{bmatrix}, \begin{bmatrix} 0 \\ -1 \\ 2 \end{bmatrix}\right\}$ 為 $\mathbb{R}^3$ 的正交基底。

解：我們有

$$\left\langle \begin{bmatrix} 2 \\ -1 \\ 0 \end{bmatrix}, \begin{bmatrix} 0 \\ 1 \\ 1 \end{bmatrix} \right\rangle = \begin{bmatrix} 2 & -1 & 0 \end{bmatrix} \begin{bmatrix} 1 & 1 & 0 \\ 1 & 2 & 0 \\ 0 & 0 & 1 \end{bmatrix} \begin{bmatrix} 0 \\ 1 \\ 1 \end{bmatrix} = \begin{bmatrix} 1 & 0 & 0 \end{bmatrix} \begin{bmatrix} 0 \\ 1 \\ 1 \end{bmatrix} = 0$$

讀者可以驗證其它兩對向量也是正交。因此為正交集。由定理 3 知，它們是線性獨立。因為 $\dim \mathbb{R}^3 = 3$，它們是一組基底。

第 5.3 節定理 6 的證明可以推廣到下列的定理：

定理 4

展開定理 (Expansion Theorem)

設 $\{\mathbf{f}_1, \mathbf{f}_2, ..., \mathbf{f}_n\}$ 為內積空間 V 的正交基底。若 $\mathbf{v}$ 為 V 中的任意向量，則 $\mathbf{v}$ 可展開成基底向量的線性組合如下：

$$\mathbf{v} = \frac{\langle \mathbf{v}, \mathbf{f}_1 \rangle}{\|\mathbf{f}_1\|^2}\mathbf{f}_1 + \frac{\langle \mathbf{v}, \mathbf{f}_2 \rangle}{\|\mathbf{f}_2\|^2}\mathbf{f}_2 + \cdots + \frac{\langle \mathbf{v}, \mathbf{f}_n \rangle}{\|\mathbf{f}_n\|^2}\mathbf{f}_n$$

在展開定理中的係數 $\frac{\langle \mathbf{v}, \mathbf{f}_1 \rangle}{\|\mathbf{f}_1\|^2}, \frac{\langle \mathbf{v}, \mathbf{f}_2 \rangle}{\|\mathbf{f}_2\|^2}, ..., \frac{\langle \mathbf{v}, \mathbf{f}_n \rangle}{\|\mathbf{f}_n\|^2}$ 稱為 $\mathbf{v}$ 相對於正交基底 $\{\mathbf{f}_1, \mathbf{f}_2, ..., \mathbf{f}_n\}$ 的**傅立葉係數 (Fourier coefficients)**。這是為了紀念法國數學家 J. B. J. Fourier (1768-1830) 而命名，他的原始著作是在空間 $\mathbf{C}[a, b]$ 中找出特殊正交集，在第 10.5 節會有詳細說明。

例 3

設 $a_0, a_1, ..., a_n$ 為相異實數，並且 $p(x)$ 與 $q(x)$ 為 $\mathbf{P}_n$ 中的多項式，定義

$$\langle p(x), q(x) \rangle = p(a_0)q(a_0) + p(a_1)q(a_1) + \cdots + p(a_n)q(a_n)$$

這是 $\mathbf{P}_n$ 上的一個內積。（公設 P1–P4 是例行驗證，而 P5 成立是因為具有 $n + 1$ 個相異根的 n 次方程式必為 0，見第 6.5 節定理 4。）

回顧，相對於 $a_0, a_1, ..., a_n$ 的 **Lagrange 多項式 (Lagrange polynomials)** $\delta_0(x), \delta_1(x), ..., \delta_n(x)$ 定義如下（見第 6.5 節）：

$$\delta_k(x) = \frac{\prod_{i \neq k}(x - a_i)}{\prod_{i \neq k}(a_k - a_i)} \quad k = 0, 1, 2, ..., n$$

其中 $\prod_{i \neq k}(x - a_i)$ 表示

$$(x - a_0), (x - a_1), (x - a_2), ..., (x - a_n)$$

除了第 k 項之外的乘積。$\{\delta_0(x), \delta_1(x), ..., \delta_n(x)\}$ 為相對於 $\langle\ ,\ \rangle$ 的單範正交基底，因為若 $i \neq k$，則 $\delta_k(a_i) = 0$ 並且 $\delta_k(a_k) = 1$。這些事實也證明了 $\langle p(x), \delta_k(x) \rangle = p(a_k)$，故由展開定理得知，對於 $\mathbf{P}_n$ 中的每一個 $p(x)$，恆有

$$p(x) = p(a_0)\delta_0(x) + p(a_1)\delta_1(x) + \cdots + p(a_n)\delta_n(x)$$

這是 $p(x)$ 的 **Lagrange 插值展開式 (Lagrange interpolation expansion)**，第 6.5 節定理 3，此展開式在數值積分中具有重要性。

引理 1

正交引理 (Orthogonal Lemma)

設 $\{f_1, f_2, ..., f_m\}$ 為內積空間 V 中的正交向量集，並且 v 不在 $\text{span}\{f_1, f_2, ..., f_m\}$ 中。定義

$$f_{m+1} = v - \frac{\langle v, f_1 \rangle}{\|f_1\|^2} f_1 - \frac{\langle v, f_2 \rangle}{\|f_2\|^2} f_2 - \cdots - \frac{\langle v, f_m \rangle}{\|f_m\|^2} f_m$$

則 $\{f_1, f_2, ..., f_m, f_{m+1}\}$ 是正交向量集。

此結果（與下一個）的證明與 $\mathbb{R}^n$ 中的點積情形相同（第 8.1 節中的引理 1 與定理 2）。

定理 5

Gram-Schmidt 正交化演算 (Gram-Schmidt Orthogonalization Algorithm)

設 V 為一個內積空間，並且 $\{v_1, v_2, ..., v_n\}$ 為 V 的任意基底。逐步定義 V 中的向量 $f_1, f_2, ..., f_n$ 如下：

$$f_1 = v_1$$
$$f_2 = v_2 - \frac{\langle v_2, f_1 \rangle}{\|f_1\|^2} f_1$$
$$f_3 = v_3 - \frac{\langle v_3, f_1 \rangle}{\|f_1\|^2} f_1 - \frac{\langle v_3, f_2 \rangle}{\|f_2\|^2} f_2$$
$$\vdots$$
$$f_k = v_k - \frac{\langle v_k, f_1 \rangle}{\|f_1\|^2} f_1 - \frac{\langle v_k, f_2 \rangle}{\|f_2\|^2} f_2 - \cdots - \frac{\langle v_k, f_{k-1} \rangle}{\|f_{k-1}\|^2} f_{k-1}$$

其中 $k = 2, 3, ..., n$，則

1. $\{f_1, f_2, ..., f_n\}$ 為 V 的正交基底。
2. $\text{span}\{f_1, f_2, ..., f_k\} = \text{span}\{v_1, v_2, ..., v_k\}$，對每一個 $k = 1, 2, ..., n$ 皆成立。

Gram-Schmidt 演算的目的是將內積空間的基底轉化成正交基底。特別地，它告訴我們，每一個有限維的內積空間必有正交基底。

例 4

考慮 $V = \mathbf{P}_3$，內積定義為 $\langle p, q \rangle = \int_{-1}^{1} p(x)q(x)dx$。將 Gram-Schmidt 演算法應用於基底 $\{1, x, x^2, x^3\}$，證明所得的結果為正交基底

$$\{1, x, \tfrac{1}{3}(3x^2 - 1), \tfrac{1}{5}(5x^3 - 3x)\}$$

解：取 $\mathbf{f}_1 = 1$。由 Gram-Schmidt 演算法可得

$$\mathbf{f}_2 = x - \frac{\langle x, \mathbf{f}_1 \rangle}{\|\mathbf{f}_1\|^2} \mathbf{f}_1 = x - \frac{0}{2} \mathbf{f}_1 = x$$

$$\mathbf{f}_3 = x^2 - \frac{\langle x^2, \mathbf{f}_1 \rangle}{\|\mathbf{f}_1\|^2} \mathbf{f}_1 - \frac{\langle x^2, \mathbf{f}_2 \rangle}{\|\mathbf{f}_2\|^2} \mathbf{f}_2$$

$$= x^2 - \frac{\frac{2}{3}}{2} 1 - \frac{0}{\frac{2}{3}} x$$

$$= \frac{1}{3}(3x^2 - 1)$$

我們省略了 $\mathbf{f}_4 = \frac{1}{5}(5x^3 - 3x)$ 的驗證。

在例 4 中，每一個多項式的領導係數皆為 1，在其它地方（例如，微分方程的研究），習慣上是選取這些多項式 $p(x)$ 使得 $p(1) = 1$。如此所得 $\mathbf{P}_3$ 的正交基底為

$$\{1, x, \tfrac{1}{2}(3x^2 - 1), \tfrac{1}{2}(5x^3 - 3x)\}$$

這些是首四個 **Legendre 多項式 (Legendre polynomials)**，是紀念法國數學家 A. M. Legendre (1752–1833) 而命名。它們在微分方程的研究上具有重要性。

若 V 是 n 維內積空間，令 $E = \{\mathbf{f}_1, \mathbf{f}_2, ..., \mathbf{f}_n\}$ 為 V 的單範正交基底（由定理 5）。若 $\mathbf{v} = v_1 \mathbf{f}_1 + v_2 \mathbf{f}_2 + \cdots + v_n \mathbf{f}_n$ 且 $\mathbf{w} = w_1 \mathbf{f}_1 + w_2 \mathbf{f}_2 + \cdots + w_n \mathbf{f}_n$ 為 V 中的兩個向量，我們有 $C_E(\mathbf{v}) = [v_1 \ v_2 \ ... \ v_n]^T$ 且 $C_E(\mathbf{w}) = [w_1 \ w_2 \ ... \ w_n]^T$。因此

$$\langle \mathbf{v}, \mathbf{w} \rangle = \langle \sum_i v_i \mathbf{f}_i, \sum_j w_j \mathbf{f}_j \rangle = \sum_{i,j} v_i w_j \langle \mathbf{f}_i, \mathbf{f}_j \rangle = \sum_i v_i w_i = C_E(\mathbf{v}) \cdot C_E(\mathbf{w})$$

這證明了座標同構 $C_E : V \to \mathbb{R}^n$ 保留內積，也因此證明了

推論 1

若 V 為任意 n 維內積空間，則 V 同構於內積空間 $\mathbb{R}^n$。明確而言，若 E 為 V 的任意單範正交基底，則對 V 中所有的 $\mathbf{v}$ 和 $\mathbf{w}$ 而言，座標同構

$$C_E : V \to \mathbb{R}^n \text{ 滿足 } \langle \mathbf{v}, \mathbf{w} \rangle = C_E(\mathbf{v}) \cdot C_E(\mathbf{w})$$

設 U 為 $\mathbb{R}^n$ 的子空間，U 的正交補集定義為（第 8 章）$\mathbb{R}^n$ 中與 U 的每一個向量均正交的向量所成的集合。這個概念可以推廣到任意內積空間。設 U 為內積空間 V 的子空間。U 在 V 的**正交補集 (orthogonal complement)** $U^\perp$ 定義為

$$U^\perp = \{\mathbf{v} \mid \mathbf{v} \in V, \langle \mathbf{v}, \mathbf{u} \rangle = 0, \forall \mathbf{u} \in U\}$$

定理 6

設 U 為內積空間 V 的有限維子空間，則

1. $U^\perp$ 為 V 的子空間，並且 $V = U \oplus U^\perp$。
2. 若 $\dim V = n$，則 $\dim U + \dim U^\perp = n$。
3. 若 $\dim V = n$，則 $U^{\perp\perp} = U$。

證明

1. 由第 10.1 節定理 1 知，$U^\perp$ 為子空間，又由第 10.1 節定理 1 知，若 $\mathbf{v} \in U \cap U^\perp$，則 $\langle \mathbf{v}, \mathbf{v} \rangle = 0$，故 $\mathbf{v} = \mathbf{0}$。因此 $U \cap U^\perp = \{\mathbf{0}\}$，剩下證明 $U + U^\perp = V$。給予 $\mathbf{v} \in V$，我們必須證明 $\mathbf{v} \in U + U^\perp$，若 $\mathbf{v} \in U$ 則 $\mathbf{v} \in U + U^\perp$。若 $\mathbf{v}$ 不屬於 U，令 $\{\mathbf{f}_1, \mathbf{f}_2, \ldots, \mathbf{f}_m\}$ 為 U 的正交基底，則由正交引理得知 $\mathbf{v} - \left(\dfrac{\langle \mathbf{v}, \mathbf{f}_1 \rangle}{\|\mathbf{f}_1\|^2} \mathbf{f}_1 + \dfrac{\langle \mathbf{v}, \mathbf{f}_2 \rangle}{\|\mathbf{f}_2\|^2} \mathbf{f}_2 + \cdots + \dfrac{\langle \mathbf{v}, \mathbf{f}_m \rangle}{\|\mathbf{f}_m\|^2} \mathbf{f}_m \right) \in U^\perp$，故 $\mathbf{v} \in U + U^\perp$。

2. 由第 9.3 節定理 6 可推得。

3. 利用 (2) 兩次，我們有 $\dim U^{\perp\perp} = n - \dim U^\perp = n - (n - \dim U) = \dim U$，並且 $U \subseteq U^{\perp\perp}$ 恆成立（驗證），由第 6.4 節定理 2 可推得 (3)。

我們暫時離開本題。考慮任意向量空間 V 的子空間 U。如第 9.3 節，若 W 為 U 在 V 中的任意補集，亦即，$V = U \oplus W$，則 V 中的每一個向量 $\mathbf{v}$ 都可以唯一表成 $\mathbf{v} = \mathbf{u} + \mathbf{w}$，其中 $\mathbf{u} \in U$ 且 $\mathbf{w} \in W$。因此我們可以定義一個函數 $T : V \to V$ 如下：

$$T(\mathbf{v}) = \mathbf{u} \quad \text{其中 } \mathbf{v} = \mathbf{u} + \mathbf{w}\text{，而 } \mathbf{u} \in U\text{，} \mathbf{w} \in W$$

因此，欲求 $T(\mathbf{v})$ 可先將 $\mathbf{v}$ 表為 U 中的向量 $\mathbf{u}$ 與 W 中的向量 $\mathbf{w}$ 之和；然後就得到 $T(\mathbf{v}) = \mathbf{u}$。

函數 T 是 V 上的線性算子。的確，若 $\mathbf{v}_1 = \mathbf{u}_1 + \mathbf{w}_1$，其中 $\mathbf{u}_1 \in U$ 且 $\mathbf{w}_1 \in W$，則 $\mathbf{v} + \mathbf{v}_1 = (\mathbf{u} + \mathbf{u}_1) + (\mathbf{w} + \mathbf{w}_1)$，其中 $\mathbf{u} + \mathbf{u}_1 \in U$ 且 $\mathbf{w} + \mathbf{w}_1 \in W$，故

$$T(\mathbf{v} + \mathbf{v}_1) = \mathbf{u} + \mathbf{u}_1 = T(\mathbf{v}) + T(\mathbf{v}_1)$$

同理，對 $\mathbb{R}$ 中所有的 a，$T(a\mathbf{v}) = aT(\mathbf{v})$，因此，$T$ 為一個線性算子。此外，讀者可驗證 $\operatorname{im} T = U$ 且 $\ker T = W$，而 T 稱為 V **在 U 上的投影且以 W 為零核 (projection on U with kernel W)**。

若 U 為 V 的子空間，V 在 U 上的投影可以有許多個，但對於 U 的每一個補子空間 W，若 $V = U \oplus W$ 則 V 在 U 上只有一個投影。若 V 為內積空間，我們可以

單獨挑選一個特殊的投影。設 U 為內積空間 V 的有限維子空間，

定義 10.3

若以 $U^\perp$ 為零核，則 V 在 U 上的投影稱為在 U 上的**正交投影 (orthogonal projection)**（或簡稱為在 U 上的投影），記做 $proj_U : V \to V$。

定理 7

投影定理 (Projection Theorem)

設 U 為內積空間 V 的有限維子空間，令 $\mathbf{v}$ 為 V 的一個向量，則

1. $proj_U : V \to V$ 為一個線性算子，以 U 為像且以 $U^\perp$ 為零核。
2. $proj_U(\mathbf{v})$ 在 U 中，而 $\mathbf{v} - proj_U(\mathbf{v})$ 在 $U^\perp$ 中。
3. 若 $\{\mathbf{f}_1, \mathbf{f}_2, ..., \mathbf{f}_m\}$ 為 U 的任意正交基底，則
$$\text{proj}_U(\mathbf{v}) = \frac{\langle \mathbf{v}, \mathbf{f}_1 \rangle}{\|\mathbf{f}_1\|^2}\mathbf{f}_1 + \frac{\langle \mathbf{v}, \mathbf{f}_2 \rangle}{\|\mathbf{f}_2\|^2}\mathbf{f}_2 + \cdots + \frac{\langle \mathbf{v}, \mathbf{f}_m \rangle}{\|\mathbf{f}_m\|^2}\mathbf{f}_m$$

證明

僅剩 (3) 需要證明。因為 $\{\mathbf{f}_1, \mathbf{f}_2, ..., \mathbf{f}_n\}$ 為 U 的正交基底且因為 $\text{proj}_U(\mathbf{v})$ 在 U 中，將展開定理（定理 4）應用於有限維空間 U 可推得欲證之結果。

注意在定理 7 中並沒有要求 V 是有限維。

例 5

設 V 是有限維內積空間，U 為 V 的子空間，證明 $proj_{U^\perp}(\mathbf{v}) = \mathbf{v} - proj_U(\mathbf{v})$，$\forall \mathbf{v} \in V$。

解：由定理 6 知 $V = U^\perp \oplus U^{\perp\perp}$。若令 $\mathbf{p} = proj_U(\mathbf{v})$，則由定理 7 知 $\mathbf{v} = (\mathbf{v} - \mathbf{p}) + \mathbf{p}$，其中 $\mathbf{v} - \mathbf{p} \in U^\perp$ 且 $\mathbf{p} \in U = U^{\perp\perp}$。因此 $proj_{U^\perp}(\mathbf{v}) = \mathbf{v} - \mathbf{p}$。參閱第 8.1 節習題 7。

定理 7 中的向量 $\mathbf{v}$、$proj_U(\mathbf{v})$ 與 $\mathbf{v} - proj_U(\mathbf{v})$，可以用幾何圖形（$U$ 為陰影部分且 $\dim U = 2$）來表示。圖中顯示 $proj_U(\mathbf{v})$ 為 U 中最接近 $\mathbf{v}$ 的向量。事實的確是如此。

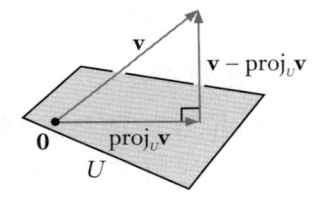

定理 8

近似定理 (Approximation Theorem)

設 V 為內積空間，U 為 V 的有限維子空間。若 $\mathbf{v}$ 為 V 中的任意向量，則 $\text{proj}_U(\mathbf{v})$ 為 U 中最接近 $\mathbf{v}$ 的向量。此處「最接近」表示

$$\|\mathbf{v} - \text{proj}_U(\mathbf{v})\| < \|\mathbf{v} - \mathbf{u}\|$$

對於 U 中所有的 $\mathbf{u}$，$\mathbf{u} \neq \text{proj}_U(\mathbf{v})$ 皆成立。

證明

令 $\mathbf{p} = \text{proj}_U(\mathbf{v})$，並且考慮 $\mathbf{v} - \mathbf{u} = (\mathbf{v} - \mathbf{p}) + (\mathbf{p} - \mathbf{u})$。因為 $\mathbf{v} - \mathbf{p} \in U^\perp$ 且 $\mathbf{p} - \mathbf{u} \in U$，由畢氏定理以及 $\mathbf{p} - \mathbf{u} \neq 0$，可得

$$\|\mathbf{v} - \mathbf{u}\|^2 = \|\mathbf{v} - \mathbf{p}\|^2 + \|\mathbf{p} - \mathbf{u}\|^2 > \|\mathbf{v} - \mathbf{p}\|^2$$

此即欲證之結果。

例 6

考慮區間 $[-1, 1]$ 上的實值連續函數所組成的空間 $\mathbf{C}[-1, 1]$，內積定義為 $\langle f, g \rangle = \int_{-1}^{1} f(x) g(x)\, dx$。求二次多項式 $p = p(x)$，使其是絕對值函數 $f(x) = |x|$ 的最佳近似。

解：在此我們要在 $\mathbf{C}[-1, 1]$ 的子空間 $U = \mathbf{P}_2$ 中找一個向量 p，使其最接近 f。如同例 4，利用 Gram-Schmidt 演算，得到 $\mathbf{P}_2$ 的一組正交基底 $\{\mathbf{f}_1 = 1, \mathbf{f}_2 = x, \mathbf{f}_3 = 3x^2 - 1\}$（為了方便起見，我們將 $\mathbf{f}_3$ 改變了一個常數倍）。因此欲求的多項式為

$$\begin{aligned} p &= \text{proj}_{\mathbf{P}_2}(f) \\ &= \frac{\langle f, \mathbf{f}_1 \rangle}{\|\mathbf{f}_1\|^2} \mathbf{f}_1 + \frac{\langle f, \mathbf{f}_2 \rangle}{\|\mathbf{f}_2\|^2} \mathbf{f}_2 + \frac{\langle f, \mathbf{f}_3 \rangle}{\|\mathbf{f}_3\|^2} \mathbf{f}_3 \\ &= \tfrac{1}{2}\mathbf{f}_1 + 0\mathbf{f}_2 + \tfrac{1/2}{8/5}\mathbf{f}_3 \\ &= \tfrac{3}{16}(5x^2 + 1) \end{aligned}$$

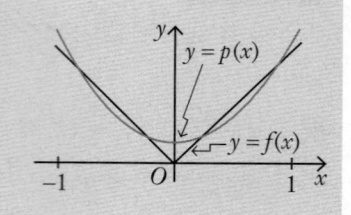

$p(x)$ 與 $f(x)$ 之圖形如右圖所示。

在例 6 中，若多項式的次數允許至多為 n，用同樣的方法可求得 $\mathbf{P}_n$ 中的多項式 $\text{proj}_{\mathbf{P}_n}(f)$。因為當 n 變大時，子空間 $\mathbf{P}_n$ 也變大，所以近似多項式 $\text{proj}_{\mathbf{P}_n}(f)$ 越來越接近 f。事實上，求解許多實際問題常可化為：以有限維子空間的向量（可計算的）來逼近無限維內積空間 V 的向量 $\mathbf{v}$（通常是一個函數）。若 $U_1 \subseteq U_2$ 為 V 的有限維子空間，則由定理 8〔因為 $\text{proj}_{U_1}(\mathbf{v})$ 在 U_1 中，因此在 U_2 中〕得到

$$\|\mathbf{v} - \text{proj}_{U_2}(\mathbf{v})\| < \|\mathbf{v} - \text{proj}_{U_1}(\mathbf{v})\|$$

因此 $\text{proj}_{U_2}(\mathbf{v})$ 比 $\text{proj}_{U_1}(\mathbf{v})$ 更近似於 $\mathbf{v}$。因此，一般的近似方法可以描述如下：給予 $\mathbf{v}$，利用它建構 V 的一序列有限維子空間。

$$U_1 \subseteq U_2 \subseteq U_3 \subseteq \cdots$$

使得當 k 增大時，$\|\mathbf{v} - \text{proj}_{U_k}(\mathbf{v})\|$ 趨近於 0。因此，當 k 足夠大時，$\text{proj}_{U_k}(\mathbf{v})$ 就成了 $\mathbf{v}$ 的適當近似。若欲取得更多的資訊，有興趣的讀者可參閱：*Interpolation and Approximation* by Philip J. Davis (New York: Blaisdell, 1963)。

習題 10.2

除非另有指示，$\mathbb{R}^n$ 均採用點積。

1. 下列各題中，在所予內積之下，驗證 B 為 V 的正交基底，然後利用展開定理，將 $\mathbf{v}$ 表示成基底向量的線性組合。

    (a) $\mathbf{v} = \begin{bmatrix} a \\ b \end{bmatrix}$, $B = \left\{ \begin{bmatrix} 1 \\ -1 \end{bmatrix}, \begin{bmatrix} 1 \\ 0 \end{bmatrix} \right\}$, $V = \mathbb{R}^2$, $\langle \mathbf{v}, \mathbf{w} \rangle = \mathbf{v}^T A \mathbf{w}$, 其中 $A = \begin{bmatrix} 2 & 2 \\ 2 & 5 \end{bmatrix}$

    ◆(b) $\mathbf{v} = \begin{bmatrix} a \\ b \\ c \end{bmatrix}$, $B = \left\{ \begin{bmatrix} 1 \\ 1 \\ 1 \end{bmatrix}, \begin{bmatrix} -1 \\ 0 \\ 1 \end{bmatrix}, \begin{bmatrix} 1 \\ -6 \\ 1 \end{bmatrix} \right\}$, $V = \mathbb{R}^3$, $\langle \mathbf{v}, \mathbf{w} \rangle = \mathbf{v}^T A \mathbf{w}$, 其中 $A = \begin{bmatrix} 2 & 0 & 1 \\ 0 & 1 & 0 \\ 1 & 0 & 2 \end{bmatrix}$

    (c) $\mathbf{v} = a + bx + cx^2$, $B = \{1, x, 2 - 3x^2\}$, $V = \mathbf{P}_2$, $\langle p, q \rangle = p(0)q(0) + p(1)q(1) + p(-1)q(-1)$

    ◆(d) $\mathbf{v} = \begin{bmatrix} a & b \\ c & d \end{bmatrix}$, $B = \left\{ \begin{bmatrix} 1 & 0 \\ 0 & 1 \end{bmatrix}, \begin{bmatrix} 1 & 0 \\ 0 & -1 \end{bmatrix}, \begin{bmatrix} 0 & 1 \\ 1 & 0 \end{bmatrix}, \begin{bmatrix} 0 & 1 \\ -1 & 0 \end{bmatrix} \right\}$, $V = \mathbf{M}_{22}$, $\langle X, Y \rangle = \text{tr}(XY^T)$

2. 設 $\mathbb{R}^3$ 的內積定義為
    $$\langle (x, y, z), (x', y', z') \rangle = 2xx' + yy' + 3zz'$$
    利用 Gram-Schmidt 演算將 B 轉換成正交基底。

    (a) $B = \{(1, 1, 0), (1, 0, 1), (0, 1, 1)\}$
    ◆(b) $B = \{(1, 1, 1), (1, -1, 1), (1, 1, 0)\}$

3. 設 $\mathbf{M}_{22}$ 的內積定義為
    $\langle X, Y \rangle = \text{tr}(XY^T)$。利用 Gram-Schmidt 演算將 B 轉換成正交基底。

    (a) $B = \left\{ \begin{bmatrix} 1 & 1 \\ 0 & 0 \end{bmatrix}, \begin{bmatrix} 1 & 0 \\ 1 & 0 \end{bmatrix}, \begin{bmatrix} 0 & 1 \\ 0 & 1 \end{bmatrix}, \begin{bmatrix} 1 & 0 \\ 0 & 1 \end{bmatrix} \right\}$

    ◆(b) $B = \left\{ \begin{bmatrix} 1 & 1 \\ 0 & 1 \end{bmatrix}, \begin{bmatrix} 1 & 0 \\ 1 & 1 \end{bmatrix}, \begin{bmatrix} 1 & 0 \\ 0 & 1 \end{bmatrix}, \begin{bmatrix} 1 & 0 \\ 0 & 0 \end{bmatrix} \right\}$

4. 下列各題中，利用 Gram-Schmidt 演算將基底 $B = \{1, x, x^2\}$ 轉換成 $\mathbf{P}_2$ 的正交基底。

    (a) $\langle p, q \rangle = p(0)q(0) + p(1)q(1) + p(2)q(2)$
    ◆(b) $\langle p, q \rangle = \int_0^2 p(x)q(x)\, dx$

5. 設 $\mathbf{P}_2$ 的內積定義為
    $$\langle p, q \rangle = \int_0^1 p(x)q(x)\, dx$$
    證明 $\{1, x - \frac{1}{2}, x^2 - x + \frac{1}{6}\}$ 為 $\mathbf{P}_2$ 的一組正交基底，並且求對應的單範正交基底。

6. 下列各題中，求 $U^\perp$ 並且計算 $\dim U$ 與 $\dim U^\perp$。

    (a) $U = \text{span}\{(1, 1, 2, 0), (3, -1, 2, 1), (1, -3, -2, 1)\}$，於 $\mathbb{R}^4$ 中
    ◆(b) $U = \text{span}\{(1, 1, 0, 0)\}$，於 $\mathbb{R}^4$ 中

(c) $U = \text{span}\{1, x\}$ 於 $\mathbf{P}_2$ 中，且 $\langle p, q \rangle = p(0)q(0) + p(1)q(1) + p(2)q(2)$

◆(d) $U = \text{span}\{x\}$ 於 $\mathbf{P}_2$ 中，且 $\langle p, q \rangle = \int_0^1 p(x)q(x)dx$

(e) $U = \text{span}\left\{\begin{bmatrix} 1 & 0 \\ 0 & 1 \end{bmatrix}, \begin{bmatrix} 1 & 1 \\ 0 & 0 \end{bmatrix}\right\}$ 於 $\mathbf{M}_{22}$ 中，且 $\langle X, Y \rangle = \text{tr}(XY^T)$

◆(f) $U = \text{span}\left\{\begin{bmatrix} 1 & 1 \\ 0 & 0 \end{bmatrix}, \begin{bmatrix} 1 & 0 \\ 1 & 0 \end{bmatrix}, \begin{bmatrix} 1 & 0 \\ 1 & 1 \end{bmatrix}\right\}$ 於 $\mathbf{M}_{22}$ 中，且 $\langle X, Y \rangle = \text{tr}(XY^T)$

7. 在 $\mathbf{M}_{22}$ 中，設 $\langle X, Y \rangle = tr(XY^T)$。求 U 中最接近 A 的矩陣。

(a) $U = \text{span}\left\{\begin{bmatrix} 1 & 0 \\ 0 & 1 \end{bmatrix}, \begin{bmatrix} 1 & 1 \\ 1 & 1 \end{bmatrix}\right\}$，$A = \begin{bmatrix} 1 & -1 \\ 2 & 3 \end{bmatrix}$

◆(b) $U = \text{span}\left\{\begin{bmatrix} 1 & 0 \\ 0 & 1 \end{bmatrix}, \begin{bmatrix} 1 & 1 \\ 1 & -1 \end{bmatrix}, \begin{bmatrix} 1 & 1 \\ 0 & 0 \end{bmatrix}\right\}$，$A = \begin{bmatrix} 2 & 1 \\ 3 & 2 \end{bmatrix}$

8. 設 $\mathbf{P}_2$ 中的內積為 $\langle p(x), q(x) \rangle = p(0)q(0) + p(1)q(1) + p(2)q(2)$。求 U 中最接近 $f(x)$ 的多項式。

(a) $U = \text{span}\{1 + x, x^2\}$，$f(x) = 1 + x^2$

◆(b) $U = \text{span}\{1, 1 + x^2\}$；$f(x) = x$

9. 利用 $\mathbf{P}_2$ 上的內積 $\langle p, q \rangle = \int_0^1 p(x)q(x)\, dx$ 將 $\mathbf{v}$ 表為 U 中向量與 $U^\perp$ 中向量的和：

(a) $\mathbf{v} = x^2$，$U = \text{span}\{x + 1, 9x - 5\}$

◆(b) $\mathbf{v} = x^2 + 1$，$U = \text{span}\{1, 2x - 1\}$

10. (a) 證明 $\{\mathbf{u}, \mathbf{v}\}$ 為正交若且唯若 $\|\mathbf{u} + \mathbf{v}\|^2 = \|\mathbf{u}\|^2 + \|\mathbf{v}\|^2$。

(b) 若 $\mathbf{u} = \mathbf{v} = (1, 1)$ 且 $\mathbf{w} = (-1, 0)$，證明 $\|\mathbf{u} + \mathbf{v} + \mathbf{w}\|^2 = \|\mathbf{u}\|^2 + \|\mathbf{v}\|^2 + \|\mathbf{w}\|^2$，但 $\{\mathbf{u}, \mathbf{v}, \mathbf{w}\}$ 並不正交。因此，對於超過兩個向量，畢氏定理的逆敘述並不成立。

11. 設 $\mathbf{v}$、$\mathbf{w}$ 為內積空間 V 中的向量。證明：

(a) $\mathbf{v}$ 正交於 $\mathbf{w}$ 若且唯若 $\|\mathbf{v} + \mathbf{w}\| = \|\mathbf{v} - \mathbf{w}\|$。

◆(b) $\mathbf{v} + \mathbf{w}$ 正交於 $\mathbf{v} - \mathbf{w}$ 若且唯若 $\|\mathbf{v}\| = \|\mathbf{w}\|$。

12. 設 U、W 為 n 維內積空間 V 的子空間。若 $\dim U + \dim W = n$，且對所有 $\mathbf{u} \in U$，$\mathbf{w} \in W$，有 $\langle \mathbf{u}, \mathbf{w} \rangle = 0$，證明 $U^\perp = W$。

13. 設 U、W 為內積空間 V 的子空間。證明 $(U + W)^\perp = U^\perp \cap W^\perp$。

14. 設 X 為內積空間 V 的任意向量集，定義 $X^\perp = \{\mathbf{v} \mid \mathbf{v} \in V, \langle \mathbf{v}, \mathbf{x} \rangle = 0, \forall \mathbf{x} \in X\}$

(a) 證明 $X^\perp$ 為 V 的子空間。

◆(b) 若 $U = \text{span}\{\mathbf{u}_1, \mathbf{u}_2, ..., \mathbf{u}_m\}$，證明 $U^\perp = \{\mathbf{u}_1, ..., \mathbf{u}_m\}^\perp$。

(c) 若 $X \subseteq Y$，證明 $Y^\perp \subseteq X^\perp$。

(d) 證明 $X^\perp \cap Y^\perp = (X \cup Y)^\perp$。

15. 若 $\dim V = n$，且 $\mathbf{w} \neq \mathbf{0} \in V$，證明 $\dim\{\mathbf{v} \mid \mathbf{v} \in V, \langle \mathbf{v}, \mathbf{w} \rangle = 0\} = n - 1$。

16. 若對 V 的正交基底 $\{\mathbf{v}_1, ..., \mathbf{v}_n\}$ 進行 Gram-Schmidt 演算，證明 $\mathbf{f}_k = \mathbf{v}_k$ 對 $k = 1, 2, ..., n$ 皆成立。亦即，演算法並未改變原正交基底。

17. 設 $\{\mathbf{f}_1, \mathbf{f}_2, ..., \mathbf{f}_{n-1}\}$ 為 n 維內積空間的單範正交集，證明只有一個向量 $\mathbf{f}_n$，使得 $\{\mathbf{f}_1, \mathbf{f}_2, ..., \mathbf{f}_{n-1}, \mathbf{f}_n\}$ 成為單範正交基底。

18. 設 U 為內積空間 V 的有限維子空間，並且 $\mathbf{v}$ 為 V 中的向量。

(a) 證明 $\mathbf{v} \in U$ 若且唯若 $\mathbf{v} = \text{proj}_U(\mathbf{v})$。

◆(b) 若 $V = \mathbb{R}^3$，證明 $(-5, 4, -3)$ 屬於 $\text{span}\{(3, -2, 5), (-1, 1, 1)\}$，但 $(-1, 0, 2)$ 則不屬於。

19. 設 $\mathbf{n} \neq \mathbf{0}$ 且 $\mathbf{w} \neq \mathbf{0}$ 為 $\mathbb{R}^3$ 中不平行的兩個向量（參閱第 4 章）。

(a) 證明 $\left\{\mathbf{n}, \mathbf{n} \times \mathbf{w}, \mathbf{w} - \dfrac{\mathbf{n} \cdot \mathbf{w}}{\|\mathbf{n}\|^2}\mathbf{n}\right\}$ 為 $\mathbb{R}^3$ 中的正交基底。

◆(b) 證明 $\text{span}\left\{\mathbf{n} \times \mathbf{w}, \mathbf{w} - \dfrac{\mathbf{n} \cdot \mathbf{w}}{\|\mathbf{n}\|^2}\mathbf{n}\right\}$ 為通過原點並且以 n 為法向量的平面。

20. 設 $E = \{\mathbf{f}_1, \mathbf{f}_2, ..., \mathbf{f}_n\}$ 為 V 的單範正交基底。

(a) 證明 $\langle \mathbf{v}, \mathbf{w} \rangle = C_E(\mathbf{v}) \cdot C_E(\mathbf{w})$ 對 V 中所有 $\mathbf{v}$、$\mathbf{w}$ 皆成立。

◆(b) 若 $P = [p_{ij}]$ 為一個 $n \times n$ 矩陣，對每一個 i，定義 $\mathbf{b}_i = p_{i1}\mathbf{f}_1 + \cdots + p_{in}\mathbf{f}_n$。證明 $B = \{\mathbf{b}_1, \mathbf{b}_2, ..., \mathbf{b}_n\}$ 為單範正交基底若且唯若 P 為正交矩陣。

21. 設 $\{\mathbf{f}_1, ..., \mathbf{f}_n\}$ 為 V 的正交基底，若 $\mathbf{v}$、$\mathbf{w}$ 屬於 V，證明

$$\langle \mathbf{v}, \mathbf{w} \rangle = \dfrac{\langle \mathbf{v}, \mathbf{f}_1 \rangle \langle \mathbf{w}, \mathbf{f}_1 \rangle}{\|\mathbf{f}_1\|^2} + \cdots + \dfrac{\langle \mathbf{v}, \mathbf{f}_n \rangle \langle \mathbf{w}, \mathbf{f}_n \rangle}{\|\mathbf{f}_n\|^2}$$

22. 設 $\{\mathbf{f}_1, ..., \mathbf{f}_n\}$ 為 V 的單範正交基底，並且令 $\mathbf{v} = v_1\mathbf{f}_1 + \cdots + v_n\mathbf{f}_n$ 與 $\mathbf{w} = w_1\mathbf{f}_1 + \cdots + w_n\mathbf{f}_n$，證明 $\langle \mathbf{v}, \mathbf{w} \rangle = v_1 w_1 + \cdots + v_n w_n$ 且 $\|\mathbf{v}\|^2 = v_1^2 + \cdots + v_n^2$（**Parseval 公式**）。

23. 設 $\mathbf{v}$ 為內積空間 V 中的一個向量。

(a) 證明 $\|\mathbf{v}\| \geq \|\text{proj}_U(\mathbf{v})\|$ 對於所有的有限維子空間 U 皆成立。【提示：畢氏定理。】

◆(b) 若 $\{\mathbf{f}_1, \mathbf{f}_2, ..., \mathbf{f}_m\}$ 為 V 的任意正交集，證明 **Bessel 不等式**：

$$\dfrac{\langle \mathbf{v}, \mathbf{f}_1 \rangle^2}{\|\mathbf{f}_1\|^2} + \cdots + \dfrac{\langle \mathbf{v}, \mathbf{f}_m \rangle^2}{\|\mathbf{f}_m\|^2} \leq \|\mathbf{v}\|^2$$

24. 設 $B = \{\mathbf{f}_1, \mathbf{f}_2, ..., \mathbf{f}_n\}$ 為內積空間 V 的正交基底。給予 $\mathbf{v} \in V$，令 θ_i 為介於 $\mathbf{v}$ 與 $\mathbf{f}_i$ 的夾角（見第 10.1 節習題 31）。證明 $\cos^2 \theta_1 + \cos^2 \theta_2 + \cdots + \cos^2 \theta_n = 1$。〔$\cos \theta_i$ 稱為 $\mathbf{v}$ 對應於 B 的**方向餘弦 (direction cosines)**。〕

25. (a) 設 S 為有限維內積空間 V 的向量集，並且假設對 S 中的所有 $\mathbf{u}$，$\langle \mathbf{u}, \mathbf{v} \rangle = 0$ 意指 $\mathbf{v} = \mathbf{0}$。證明 $V = \text{span } S$。【提示：令 $U = \text{span } S$ 且利用定理 6。】

(b) 設 $A_1, A_2, ..., A_k$ 為 $n \times n$ 矩陣。證明下列敘述是對等的。

(i) 若對所有 i 而言，$A_i\mathbf{b} = \mathbf{0}$（其中 $\mathbf{b}$ 為 $\mathbb{R}^n$ 中的行向量），則 $\mathbf{b} = \mathbf{0}$。

(ii) 矩陣 A_i 的所有列向量所成的集合生成 $\mathbb{R}^n$。

26. 設 $[x_i] = (x_1, x_2, ...)$ 為實數列 x_i，且 $V = \{[x_i] \mid$ 僅有限多組 $x_i \neq 0\}$。在 V 上定義逐分量加法與純量乘法如下：$[x_i] + [y_i] = [x_i + y_i]$，且 $a[x_i] = [ax_i]$，其中 $a \in \mathbb{R}$。給予 $[x_i], [y_i] \in V$，定義 $\langle [x_i], [y_i] \rangle = \sum\limits_{i=0}^{\infty} x_i y_i$。（注意這是有意義的，因為僅有限多個 x_i 與 y_i 不為零。）最後定義

$$U = \{[x_i] \in V \mid \sum_{i=0}^{\infty} x_i = 0\}$$

(a) 證明 V 為向量空間且 U 為其子空間。

(b) 證明 $\langle , \rangle$ 為 V 上的一個內積。

(c) 證明 $U^\perp = \{\mathbf{0}\}$。

(d) 因此證明 $U \oplus U^\perp \neq V$ 且 $U \neq U^{\perp\perp}$。

10.3 節　正交對角化

有一種很自然的方法可將對稱線性算子 T 定義在有限維內積空間 V 上，若 T 是這種算子，本節將證明：V 中有一組正交基底，是由 T 的固有向量所組成。這在內積空間相關的章節中出了主軸定理的另一個證明。

定理 1

設 $T: V \to V$ 為有限維空間 V 上的一個線性算子，則下列條件是對等的：

1. V 有一組基底，是由 T 的固有向量所組成。
2. V 存在一組基底 B 使得 $M_B(T)$ 為對角矩陣。

證明

我們有 $M_B(T) = [C_B[T(\mathbf{b}_1)] \ C_B[T(\mathbf{b}_2)] \ \cdots \ C_B[T(\mathbf{b}_n)]]$，其中 $B = \{\mathbf{b}_1, \mathbf{b}_2, ..., \mathbf{b}_n\}$ 為 V 的任意基底。由比較各行：

$$M_B(T) = \begin{bmatrix} \lambda_1 & 0 & \cdots & 0 \\ 0 & \lambda_2 & \cdots & 0 \\ \vdots & \vdots & & \vdots \\ 0 & 0 & \cdots & \lambda_n \end{bmatrix} \quad \text{若且唯若} \quad \text{對每一個 } i \text{，} T(\mathbf{b}_i) = \lambda_i \mathbf{b}_i。$$

定理 1 得證。

定義 10.4

T 為有限維空間 V 上的一個線性算子，若 V 有一組基底，是由 T 的固有向量所組成，則稱 T **可對角化 (diagonalizable)**。

例 1

設 $T: \mathbf{P}_2 \to \mathbf{P}_2$ 定義為
$$T(a + bx + cx^2) = (a + 4c) - 2bx + (3a + 2c)x^2$$
求 T 的固有空間以及固有向量所組成的基底。

解：若 $B_0 = \{1, x, x^2\}$，則

$$M_{B_0}(T) = \begin{bmatrix} 1 & 0 & 4 \\ 0 & -2 & 0 \\ 3 & 0 & 2 \end{bmatrix}$$

故 $c_T(x) = (x + 2)^2(x - 5)$，$T$ 的固有值為 $\lambda = -2$ 與 $\lambda = 5$。

$\left\{ \begin{bmatrix} 0 \\ 1 \\ 0 \end{bmatrix}, \begin{bmatrix} 4 \\ 0 \\ -3 \end{bmatrix}, \begin{bmatrix} 1 \\ 0 \\ 1 \end{bmatrix} \right\}$ 為 $M_{B_0}(T)$ 的固有向量所組成的基底。故 $B = \{x, 4 - 3x^2, 1 + x^2\}$ 是 T 的固有向量所組成的 $\mathbf{P}_2$ 的基底。

若 V 為一個內積空間，則一個線性算子相對於一組正交基底的矩陣，可由展開定理求得。

定理 2

設 $T: V \to V$ 為內積空間 V 上的一個線性算子。若 $B = \{\mathbf{b}_1, \mathbf{b}_2, \ldots, \mathbf{b}_n\}$ 為 V 的正交基底，則

$$M_B(T) = \left[\frac{\langle \mathbf{b}_i, T(\mathbf{b}_j) \rangle}{\|\mathbf{b}_i\|^2} \right]$$

證明

令 $M_B(T) = [a_{ij}]$。$M_B(T)$ 的第 j 行為 $C_B[T(\mathbf{e}_j)]$，故

$$T(\mathbf{b}_j) = a_{1j}\mathbf{b}_1 + \cdots + a_{ij}\mathbf{b}_i + \cdots + a_{nj}\mathbf{b}_n$$

另一方面，對 V 中任意 $\mathbf{v}$ 而言，由展開定理（第 10.2 節定理 4）可得

$$\mathbf{v} = \frac{\langle \mathbf{b}_1, \mathbf{v} \rangle}{\|\mathbf{b}_1\|^2}\mathbf{b}_1 + \cdots + \frac{\langle \mathbf{b}_i, \mathbf{v} \rangle}{\|\mathbf{b}_i\|^2}\mathbf{b}_i + \cdots + \frac{\langle \mathbf{b}_n, \mathbf{v} \rangle}{\|\mathbf{b}_n\|^2}\mathbf{b}_n$$

取 $\mathbf{v} = T(\mathbf{b}_j)$ 定理得證。

例 2

設 $T: \mathbb{R}^3 \to \mathbb{R}^3$ 定義為

$$T(a, b, c) = (a + 2b - c, 2a + 3c, -a + 3b + 2c)$$

如果在 $\mathbb{R}^3$ 使用點積，求 T 相對於標準基底 $B = \{\mathbf{e}_1, \mathbf{e}_2, \mathbf{e}_3\}$ 的矩陣，其中 $\mathbf{e}_1 = (1, 0, 0)$，$\mathbf{e}_2 = (0, 1, 0)$，$\mathbf{e}_3 = (0, 0, 1)$。

解：基底 B 是單範正交，故由定理 2 可得

$$M_B(T) = \begin{bmatrix} \mathbf{e}_1 \cdot T(\mathbf{e}_1) & \mathbf{e}_1 \cdot T(\mathbf{e}_2) & \mathbf{e}_1 \cdot T(\mathbf{e}_3) \\ \mathbf{e}_2 \cdot T(\mathbf{e}_1) & \mathbf{e}_2 \cdot T(\mathbf{e}_2) & \mathbf{e}_2 \cdot T(\mathbf{e}_3) \\ \mathbf{e}_3 \cdot T(\mathbf{e}_1) & \mathbf{e}_3 \cdot T(\mathbf{e}_2) & \mathbf{e}_3 \cdot T(\mathbf{e}_3) \end{bmatrix} = \begin{bmatrix} 1 & 2 & -1 \\ 2 & 0 & 3 \\ -1 & 3 & 2 \end{bmatrix}$$

當然，這也可以用一般的方法求得。

不難驗證：$n \times n$ 矩陣 A 為對稱若且唯若 $\mathbf{x} \cdot (A\mathbf{y}) = (A\mathbf{x}) \cdot \mathbf{y}$，對所有 $\mathbb{R}^n$ 中的行向量 $\mathbf{x}$、$\mathbf{y}$ 皆成立。對於算子而言，類似的結果如下：

定理 3

設 V 為有限維內積空間，$T: V \to V$ 為一個線性算子，則下列敘述是對等的：

1. 對於 V 中所有 $\mathbf{v}$ 與 $\mathbf{w}$，恆有 $\langle \mathbf{v}, T(\mathbf{w}) \rangle = \langle T(\mathbf{v}), \mathbf{w} \rangle$。
2. 對於 V 的每一個單範正交基底，T 的矩陣是對稱的。
3. 對於 V 的某個單範正交基底，T 的矩陣是對稱的。
4. V 中有一個單範正交基底 $B = \{\mathbf{f}_1, \mathbf{f}_2, \ldots, \mathbf{f}_n\}$，使得 $\langle \mathbf{f}_i, T(\mathbf{f}_j) \rangle = \langle T(\mathbf{f}_i), \mathbf{f}_j \rangle$ 對所有 i 與 j 皆成立。

證明

(1) $\Rightarrow$ (2)。令 $B = \{\mathbf{f}_1, \ldots, \mathbf{f}_n\}$ 為 V 的單範正交基底，且令 $M_B(T) = [a_{ij}]$。則由定理 2 知 $a_{ij} = \langle \mathbf{f}_i, T(\mathbf{f}_j) \rangle$。因此 (1) 與公設 P2 可得

$$a_{ij} = \langle \mathbf{f}_i, T(\mathbf{f}_j) \rangle = \langle T(\mathbf{f}_i), \mathbf{f}_j \rangle = \langle \mathbf{f}_j, T(\mathbf{f}_i) \rangle = a_{ji}$$

這證明了 $M_B(T)$ 為對稱。

(2) $\Rightarrow$ (3)。這顯然成立。

(3) $\Rightarrow$ (4)。設 $B = \{\mathbf{f}_1, \ldots, \mathbf{f}_n\}$ 是 V 的一組單範正交基底，使得 $M_B(T)$ 為對稱。由 (3) 與定理 2 知，$\langle \mathbf{f}_i, T(\mathbf{f}_j) \rangle = \langle \mathbf{f}_j, T(\mathbf{f}_i) \rangle$ 對所有 i 與 j 皆成立，故由公設 P2 可推得 (4)。

(4) $\Rightarrow$ (1)。設 $\mathbf{v}$ 與 $\mathbf{w}$ 是 V 的兩個向量，令 $\mathbf{v} = \sum_{i=1}^{n} v_i \mathbf{f}_i$ 且 $\mathbf{w} = \sum_{j=1}^{n} w_j \mathbf{f}_j$，則

$$\langle \mathbf{v}, T(\mathbf{w}) \rangle = \left\langle \sum_i v_i \mathbf{f}_i, \sum_j w_j T(\mathbf{f}_j) \right\rangle = \sum_i \sum_j v_i w_j \langle \mathbf{f}_i, T(\mathbf{f}_j) \rangle$$

$$= \sum_i \sum_j v_i w_j \langle T(\mathbf{f}_i), \mathbf{f}_j \rangle$$

$$= \left\langle \sum_i v_i T(\mathbf{f}_i), \sum_j w_j \mathbf{f}_j \right\rangle$$

$$= \langle T(\mathbf{v}), \mathbf{w} \rangle$$

其中在第三個步驟我們使用了 (4)。因此證得 (1)。

設 T 為內積空間 V 上的一個線性算子。若對 V 中所有 $\mathbf{v}$ 與 $\mathbf{w}$ 而言，$\langle \mathbf{v}, T(\mathbf{w}) \rangle = \langle T(\mathbf{v}), \mathbf{w} \rangle$ 恆成立，則稱 T 為**對稱 (symmetric)**。

例 3

設 A 為 $n \times n$ 矩陣，令 $T_A: \mathbb{R}^n \to \mathbb{R}^n$ 為矩陣算子，定義為 $T_A(\mathbf{v}) = A\mathbf{v}$，其中 $\mathbf{v}$ 為行向量。若 $\mathbb{R}^n$ 使用點積，則 T_A 為對稱算子若且唯若 A 為對稱矩陣。

解：設 E 為 $\mathbb{R}^n$ 的標準基底，若採用點積，則 E 為單範正交。我們有 $M_E(T_A) = A$（參閱第 9.1 節例 4），由定理 3 的第 3 部分可立即證得結果。

必須注意，一個線性算子是否為對稱與採用的內積有關（見習題 2）。

設 V 為有限維內積空間，對任意單範正交基底 B 而言，算子 $T: V \to V$ 的固有值與 $M_B(T)$ 的固有值相同（見第 9.3 節定理 3）。若 T 為對稱，則 $M_B(T)$ 亦為對稱矩陣，故由第 5.5 節定理 7 知，$M_B(T)$ 具有實固有值，因此，我們有下面的定理：

定理 4

在有限維內積空間上的對稱線性算子，具有實固有值。

若 U 為內積空間 V 的子空間，它的正交補集為 V 的子空間 $U^\perp$，定義為

$$U^\perp = \{\mathbf{v} \in V \mid \langle \mathbf{v}, \mathbf{u} \rangle = 0 \; \forall \mathbf{u} \in U\}$$

定理 5

設 $T: V \to V$ 為內積空間 V 上的對稱線性算子，U 為 V 的 T-不變子空間。則：

1. T 侷限到 U 時仍為 U 上的對稱線性算子。
2. $U^\perp$ 仍為 T-不變。

證明

1. 採用相同的內積，U 仍然是一個內積空間，由定理 3 的敘述 1 可知，T 顯然保有對稱性。
2. 設 $\mathbf{v} \in U^\perp$，我們要證明 $T(\mathbf{v}) \in U^\perp$；亦即，$\langle T(\mathbf{v}), \mathbf{u} \rangle = 0$ 對所有 U 中的 $\mathbf{u}$ 皆成立。但若 $\mathbf{u} \in U$，則 $T(\mathbf{u}) \in U$，因為 U 為 T-不變，故由 T 的對稱性與 $U^\perp$ 的定義可知

$$\langle T(\mathbf{v}), \mathbf{u} \rangle = \langle \mathbf{v}, T(\mathbf{u}) \rangle = 0$$

主軸定理（第 8.2 節定理 2）告訴我們，一個 $n \times n$ 矩陣 A 為對稱若且唯若 $\mathbb{R}^n$ 有由 A 的固有向量所組成的正交基底。下面的結果將這個定理推廣到任意 n 維內積空間，但其證明卻是非常直觀。

定理 6

主軸定理 (Principal Axis Theorem)

設 T 為有限維內積空間 V 上的線性算子,則下列敘述是對等的:

1. T 為對稱。
2. V 有一組正交基底是由 T 的固有向量所組成。

證明

(1) $\Rightarrow$ (2)。假定 T 為對稱,我們對 $n = \dim V$ 做歸納證明。當 $n = 1$ 時,V 的每一個非零向量均為 T 的固有向量,因此沒有什麼要證的。若 $n \geq 2$,假定空間的維數小於 n 時定理成立。令 λ_1 為 T 的實固有值(由定理 4),選取對應於 λ_1 的固有向量 $\mathbf{f}_1$,則 $U = \mathbb{R}\mathbf{f}_1$ 為 T-不變。因 T 為對稱。由定理 5 知,$U^\perp$ 也是 T-不變。因為 $\dim U^\perp = n - 1$(第 10.2 節定理 6),並且 T 侷限到 $U^\perp$ 時仍為對稱算子(定理 5)。由歸納得知,$U^\perp$ 有一組正交基底 $\{\mathbf{f}_2, ..., \mathbf{f}_n\}$ 由 T 的固有向量所組成。因此,$B = \{\mathbf{f}_1, \mathbf{f}_2, ..., \mathbf{f}_n\}$ 為 V 的一組正交基底,此即證明了 (2)。

(2) $\Rightarrow$ (1)。若 $B = \{\mathbf{f}_1, ..., \mathbf{f}_n\}$ 為 (2) 所述的正交基底,則 $M_B(T)$ 為對稱(事實上是對角),由定理 3 知,T 為對稱。

矩陣形式的主軸定理是定理 6 的結論。若 A 為 $n \times n$ 對稱矩陣,則 $T_A : \mathbb{R}^n \to \mathbb{R}^n$ 為對稱算子,令 B 為 $\mathbb{R}^n$ 的單範正交基底,由 T_A(因此是 A)的固有向量所組成,則 $P^T A P$ 為對角矩陣,其中 P 為正交矩陣,其各行由 B 的向量組成(見第 9.2 節定理 4)。

同理,設 $T : V \to V$ 為 n 維內積空間 V 上的一個對稱線性算子,令 B_0 為 V 的任意單範正交基底,則由 $M_{B_0}(T)$ 可計算得到一組單範正交基底,由 T 的固有向量所組成。事實上,若 $P^T M_{B_0}(T) P$ 為對角矩陣,其中 P 為正交矩陣,令 $B = \{\mathbf{f}_1, ..., \mathbf{f}_n\}$ 為 V 中的向量,使得 $C_{B_0}(\mathbf{f}_j)$ 為 P 的第 j 行,則由第 9.3 節定理 3 知,B 是由 T 的固有向量組成,並且它們是單範正交,因為 B_0 是單範正交。實際上,讀者可以驗證

$$\langle \mathbf{f}_i, \mathbf{f}_j \rangle = C_{B_0}(\mathbf{f}_i) \cdot C_{B_0}(\mathbf{f}_j)$$

對所有 i、j 皆成立。下面就是這樣的例子。

例 4

設 $T : \mathbf{P}_2 \to \mathbf{P}_2$ 定義為

$$T(a + bx + cx^2) = (8a - 2b + 2c) + (-2a + 5b + 4c)x + (2a + 4b + 5c)x^2$$

利用內積 $\langle a + bx + cx^2, a' + b'x + c'x^2 \rangle = aa' + bb' + cc'$。證明 T 為對稱，並且求 $\mathbf{P}_2$ 的單範正交基底，由 T 的固有向量所組成。

解：若 $B_0 = \{1, x, x^2\}$，則 $M_{B_0}(T) = \begin{bmatrix} 8 & -2 & 2 \\ -2 & 5 & 4 \\ 2 & 4 & 5 \end{bmatrix}$ 為對稱，因此 T 為對稱。此矩陣已在第 8.2 節例 5 分析過，在該例中我們得到固有向量組成的單範正交基底為 $\{\frac{1}{3}[1\ 2\ -2]^T, \frac{1}{3}[2\ 1\ 2]^T, \frac{1}{3}[-2\ 2\ 1]^T\}$。因為 B_0 為單範正交，所以對應的 $\mathbf{P}_2$ 的單範正交基底為
$$B = \{\tfrac{1}{3}(1 + 2x - 2x^2), \tfrac{1}{3}(2 + x + 2x^2), \tfrac{1}{3}(-2 + 2x + x^2)\}$$

習題 10.3

1. 下列各題中，對某單範正交基底 B，計算 $M_B(T)$ 以證明 T 為對稱。
   (a) $T: \mathbb{R}^3 \to \mathbb{R}^3$；$T(a, b, c) = (a - 2b, -2a + 2b + 2c, 2b - c)$；採用點積。
   ◆(b) $T: \mathbf{M}_{22} \to \mathbf{M}_{22}$；
   $T\begin{bmatrix} a & b \\ c & d \end{bmatrix} = \begin{bmatrix} c - a & d - b \\ a + 2c & b + 2d \end{bmatrix}$；內積
   $\left\langle \begin{bmatrix} x & y \\ z & w \end{bmatrix}, \begin{bmatrix} x' & y' \\ z' & w' \end{bmatrix} \right\rangle = xx' + yy' + zz' + ww'$
   (c) $T: \mathbf{P}_2 \to \mathbf{P}_2$；$T(a + bx + cx^2) = (b + c) + (a + c)x + (a + b)x^2$；內積 $\langle a + bx + cx^2, a' + b'x + c'x^2 \rangle = aa' + bb' + cc'$

2. 設 $T: \mathbb{R}^2 \to \mathbb{R}^2$ 定義為
   $$T(a, b) = (2a + b, a - b)$$
   (a) 若採用點積，證明 T 為對稱。
   (b) 若 $\langle \mathbf{x}, \mathbf{y} \rangle = \mathbf{x}A\mathbf{y}^T$，其中 $A = \begin{bmatrix} 1 & 1 \\ 1 & 2 \end{bmatrix}$，證明 T 不對稱。【提示：驗證 $B = \{(1, 0), (1, -1)\}$ 為單範正交基底。】

3. 設 $T: \mathbb{R}^2 \to \mathbb{R}^2$ 定義為
   $T(a, b) = (a - b, b - a)$。$\mathbb{R}^2$ 採用點積。
   (a) 證明 T 為對稱。
   (b) 若採用正交基底 $B = \{(1, 0), (0, 2)\}$，證明 $M_B(T)$ 不對稱。這為什麼與定理 3 不相抵觸？

4. 設 V 為 n 維內積空間，T 與 S 為 V 上的對稱線性算子。證明：
   (a) 恆等算子是對稱。
   ◆(b) rT 為對稱，$\forall r \in \mathbb{R}$。
   (c) $S + T$ 為對稱。
   ◆(d) 若 T 可逆，則 T^{-1} 為對稱。
   (e) 若 $ST = TS$，則 ST 為對稱。

5. 下列各題中，證明 T 為對稱，並且求 T 的固有向量所組成的單範正交基底。
   (a) $T: \mathbb{R}^3 \to \mathbb{R}^3$；
   $T(a, b, c) = (2a + 2c, 3b, 2a + 5c)$；採用點積
   ◆(b) $T: \mathbb{R}^3 \to \mathbb{R}^3$；
   $T(a, b, c) = (7a - b, -a + 7b, 2c)$；採用點積
   (c) $T: \mathbf{P}_2 \to \mathbf{P}_2$；$T(a + bx + cx^2) = 3b + (3a + 4c)x + 4bx^2$；內積 $\langle a + bx + cx^2, a' + b'x + c'x^2 \rangle = aa' + bb' + cc'$

◆(d) $T: \mathbf{P}_2 \to \mathbf{P}_2$；
$T(a + bx + cx^2) = (c - a) + 3bx + (a - c)x^2$；內積如 (c)。

6. 若 A 為任意 $n \times n$ 矩陣，令 $T_A: \mathbb{R}^n \to \mathbb{R}^n$ 定義為 $T_A(\mathbf{x}) = A\mathbf{x}$。設在 $\mathbb{R}^n$ 上的內積定義為 $\langle \mathbf{x}, \mathbf{y} \rangle = \mathbf{x}^T P \mathbf{y}$，其中 P 為正定矩陣。
   (a) 證明 T_A 為對稱若且唯若 $PA = A^T P$。
   (b) 利用 (a) 推導出例 3。

7. 設 $T: \mathbf{M}_{22} \to \mathbf{M}_{22}$，定義為 $T(X) = AX$，其中 A 為固定的 2×2 矩陣。
   (a) 計算 $M_B(T)$，其中
   $B = \left\{ \begin{bmatrix} 1 & 0 \\ 0 & 0 \end{bmatrix}, \begin{bmatrix} 0 & 0 \\ 1 & 0 \end{bmatrix}, \begin{bmatrix} 0 & 1 \\ 0 & 0 \end{bmatrix}, \begin{bmatrix} 0 & 0 \\ 0 & 1 \end{bmatrix} \right\}$
   注意順序！
◆(b) 證明 $c_T(x) = [c_A(x)]^2$。
   (c) 若 $\mathbf{M}_{22}$ 上的內積為 $\langle X, Y \rangle = \text{tr}(XY^T)$，證明 T 是對稱若且唯若 A 是對稱矩陣。

8. 設 $T: \mathbb{R}^2 \to \mathbb{R}^2$ 定義為 $T(a, b) = (b - a, a + 2b)$。若 $\mathbb{R}^2$ 採用點積。證明 T 是對稱，但是若採用下列的內積：
$$\langle \mathbf{x}, \mathbf{y} \rangle = \mathbf{x} A \mathbf{y}^T,\ A = \begin{bmatrix} 1 & -1 \\ -1 & 2 \end{bmatrix}$$
則 T 不是對稱。

9. 設 $T: V \to V$ 為對稱，令 $T^{-1}(W) = \{\mathbf{v} \mid T(\mathbf{v}) \in W\}$。證明 $T(U)^\perp = T^{-1}(U^\perp)$ 對 V 的每一個子空間 U 皆成立。

10. 設 $T: \mathbf{M}_{22} \to \mathbf{M}_{22}$，定義為 $T(x) = PXQ$，其中 $P \cdot Q$ 為非零的 2×2 矩陣。採用內積 $\langle X, Y \rangle = \text{tr}(XY^T)$。證明：$T$ 為對稱若且唯若 $P \cdot Q$ 皆為對稱或兩者皆為 $\begin{bmatrix} 0 & 1 \\ -1 & 0 \end{bmatrix}$ 的倍數。【提示：

若 B 如習題 7(a)，則 $M_B(T) = \begin{bmatrix} aP & cP \\ bP & dP \end{bmatrix}$ 以區塊表示，

其中 $Q = \begin{bmatrix} a & b \\ c & d \end{bmatrix}$。

若 $B_0 = \left\{ \begin{bmatrix} 1 & 0 \\ 0 & 0 \end{bmatrix}, \begin{bmatrix} 0 & 1 \\ 0 & 0 \end{bmatrix}, \begin{bmatrix} 0 & 0 \\ 1 & 0 \end{bmatrix}, \begin{bmatrix} 0 & 0 \\ 0 & 1 \end{bmatrix} \right\}$，

則 $M_{B_0}(T) = \begin{bmatrix} pQ^T & qQ^T \\ rQ^T & sQ^T \end{bmatrix}$，

其中 $P = \begin{bmatrix} p & q \\ r & s \end{bmatrix}$。

再利用 $cP = bP^T \Rightarrow (c^2 - b^2)P = 0$。】

11. 設 $T: V \to W$ 為任意線性變換，令 $B = \{\mathbf{b}_1, ..., \mathbf{b}_n\}$ 與 $D = \{\mathbf{d}_1, ..., \mathbf{d}_m\}$ 分別為 V 與 W 的基底。若 W 為內積空間，且 D 為正交基底，證明

$$M_{DB}(T) = \left[\frac{\langle \mathbf{d}_i, T(\mathbf{b}_j) \rangle}{\|\mathbf{d}_i\|^2} \right]$$

這是定理 2 的推廣。

12. 設 $T: V \to V$ 為有限維內積空間 V 上的線性算子，證明下列敘述是對等的：
   (1) $\langle \mathbf{v}, T(\mathbf{w}) \rangle = -\langle T(\mathbf{v}), \mathbf{w} \rangle$，$\forall \mathbf{v}, \mathbf{w} \in V$。
◆(2) 對每一個單範正交基底 B，$M_B(T)$ 為反對稱。
   (3) 對某個單範正交基底 B，$M_B(T)$ 為反對稱。
   這種算子 T 稱為**反對稱 (skew-symmetric)** 算子。

13. 設 $T: V \to V$ 為 n 維內積空間 V 上的一個線性算子。
   (a) 證明：T 為對稱若且唯若它滿足下列兩個條件。
      (i) $c_T(x)$ 可以在 $\mathbb{R}$ 上完全分解。
      (ii) 若 U 為 V 的 T-不變子空間，則 $U^\perp$ 也是 T-不變。
   (b) 在 $\mathbb{R}^2$ 中使用標準內積。設 $T: \mathbb{R}^2 \to \mathbb{R}^2$ 定義為 $T(a, b) = (a, a + b)$，證明 T

滿足條件 (i)，設 $S:\mathbb{R}^2 \to \mathbb{R}^2$ 定義為 $S(a, b) = (b, -a)$，證明 S 滿足條件 (ii)，但是 T 與 S 皆不對稱。（第 9.3 節例 4 可用於 S。）

【對 (a) 的提示：若條件 (i) 與 (ii) 皆成立，對 n 做歸納證明。由條件 (i)，令 $\mathbf{e}_1$ 為 T 的固有向量，若 $U = \mathbb{R}\mathbf{e}_1$，則由條件 (ii) 知 $U^\perp$ 為 T-不變，因此證明 T 侷限到 $U^\perp$ 時，滿足條件 (i) 與 (ii)。〔第 9.3 節定理 1 有助於 (i)。〕再利用歸納法證明 V 有一組由固有向量組成的正交基底（如定理 6）。】

14. 設 $B = \{\mathbf{f}_1, \mathbf{f}_2, ..., \mathbf{f}_n\}$ 為內積空間 V 的單範正交基底。給予 $T:V \to V$，定義 $T':V \to V$ 為

$$T'(\mathbf{v}) = \langle \mathbf{v}, T(\mathbf{f}_1)\rangle \mathbf{f}_1 + \langle \mathbf{v}, T(\mathbf{f}_2)\rangle \mathbf{f}_2 \\ + \cdots + \langle \mathbf{v}, T(\mathbf{f}_n)\rangle \mathbf{f}_n \\ = \sum_{i=1}^{n} \langle \mathbf{v}, T(\mathbf{f}_i)\rangle \mathbf{f}_i$$

(a) 證明 $(aT)' = aT'$。
(b) 證明 $(S + T)' = S' + T'$。
◆(c) 證明 $M_B(T')$ 為 $M_B(T)$ 的轉置。
(d) 利用 (c) 證明 $(T')' = T$。【提示：$M_B(S) = M_B(T)$ 意指 $S = T$。】
(e) 利用 (c) 證明 $(ST)' = T'S'$。
(f) 證明 T 為對稱若且唯若 $T = T'$。
【提示：利用展開定理與定理 3。】
(g) 利用 (b) 到 (e)，證明 $T + T'$ 與 TT' 皆為對稱。
(h) 證明 $T'(\mathbf{v})$ 與單範正交基底 B 的選取無關。【提示：若 $D = \{\mathbf{g}_1, ..., \mathbf{g}_n\}$ 也是單範正交，利用 $\forall i$，$\mathbf{f}_i = \sum_{j=1}^{n} \langle \mathbf{f}_i, \mathbf{g}_j\rangle \mathbf{g}_j$ 的事實。】

15. 設 V 為有限維內積空間，$T:V \to V$ 為線性算子。證明下列敘述是對等的：
(1) T 為對稱並且 $T^2 = T$。
(2) 對 V 中某單範正交基底 B 而言，恆有 $M_B(T) = \begin{bmatrix} I_r & 0 \\ 0 & 0 \end{bmatrix}$。

一個算子若滿足這些條件則稱為**投影 (projection)**。【提示：若 $T^2 = T$ 且 $T(\mathbf{v}) = \lambda \mathbf{v}$，應用 T，可得 $\lambda \mathbf{v} = \lambda^2 \mathbf{v}$。因此 T 的固有值為 0、1。】

16. 設 V 為有限維內積空間。給予一個子空間 U，如第 10.2 節定理 7 定義 $\text{proj}_U : V \to V$。
(a) 證明：proj_U 為習題 15 中所述的投影。
(b) 若 T 為任意投影，證明 $T = \text{proj}_U$，其中 $U = \text{im } T$。【提示：利用 $T^2 = T$ 證明 $V = \text{im } T \oplus \ker T$ 且 $T(\mathbf{u}) = \mathbf{u}$ 對所有 $\mathbf{u} \in \text{im } T$ 皆成立。利用 T 為對稱的事實，證明 $\ker T \subseteq (\text{im } T)^\perp$。等號成立，因為它們有相同的維數。】

10.4 節　保距

我們在第 2.6 節中得知對原點的旋轉以及對通過原點之直線的鏡射為 $\mathbb{R}^2$ 上的線性算子。類似的幾何論述（在第 4.4 節）在 $\mathbb{R}^3$ 建立了：對通過原點之直線的旋

轉以及對通過原點之平面的鏡射為線性。我們將證明這些結果在任何內積空間是成立的。主要的觀察是鏡射與旋轉均為保持距離不變，亦即，若 V 為內積空間，對所有向量 $\mathbf{v}$ 和 $\mathbf{w}$ 而言，若 $S(\mathbf{v})$ 與 $S(\mathbf{w})$ 的距離與 $\mathbf{v}$ 與 $\mathbf{w}$ 的距離相等，正式而言，若

$$\|S(\mathbf{v}) - S(\mathbf{w})\| = \|\mathbf{v} - \mathbf{w}\| \quad \forall \mathbf{v}, \mathbf{w} \in V \tag{*}$$

則稱變換 $S: V \to V$（不需要線性）為**保持距離不變 (distance preserving)**。

保持距離不變的映射未必是線性。例如，若 $\mathbf{u}$ 為 V 中的任意向量，變換 $S_{\mathbf{u}}: V \to V$ 定義為 $S_{\mathbf{u}}(\mathbf{v}) = \mathbf{v} + \mathbf{u}$，其中 $\mathbf{v} \in V$，稱為**平移 (translation)** $\mathbf{u}$ 單位，我們可驗證，對任意 $\mathbf{u}$，$S_{\mathbf{u}}$ 為保持距離不變。但是，僅當 $\mathbf{u} = \mathbf{0}$ 時，$S_{\mathbf{u}}$ 為線性（因為 $S_{\mathbf{u}}(\mathbf{0}) = \mathbf{0}$）。值得注意的是，固定在原點的保持距離不變算子是線性。

引理 1

設 V 為 n 維內積空間，考慮保持距離不變的變換 $S: V \to V$，若 $S(\mathbf{0}) = \mathbf{0}$，則 S 為線性。

證明

由 (*) 式，我們有 $\|S(\mathbf{v}) - S(\mathbf{w})\|^2 = \|\mathbf{v} - \mathbf{w}\|^2$，$\forall \mathbf{v}, \mathbf{w} \in V$，由此可得

$$\langle S(\mathbf{v}), S(\mathbf{w}) \rangle = \langle \mathbf{v}, \mathbf{w} \rangle \quad \forall \mathbf{v}, \mathbf{w} \in V \tag{**}$$

令 $\{\mathbf{f}_1, \mathbf{f}_2, \ldots, \mathbf{f}_n\}$ 為 V 的單範正交基底，則由 (**) 式知 $\{S(\mathbf{f}_1), S(\mathbf{f}_2), \ldots, S(\mathbf{f}_n)\}$ 為單範正交且為基底，因為 $\dim V = n$。現在計算：

$$\begin{aligned}
\langle S(\mathbf{v} + \mathbf{w}) - S(\mathbf{v}) - S(\mathbf{w}), S(\mathbf{f}_i) \rangle &= \langle S(\mathbf{v} + \mathbf{w}), S(\mathbf{f}_i) \rangle - \langle S(\mathbf{v}), S(\mathbf{f}_i) \rangle - \langle S(\mathbf{w}), S(\mathbf{f}_i) \rangle \\
&= \langle \mathbf{v} + \mathbf{w}, \mathbf{f}_i \rangle - \langle \mathbf{v}, \mathbf{f}_i \rangle - \langle \mathbf{w}, \mathbf{f}_i \rangle \\
&= 0
\end{aligned}$$

由展開定理（第 10.2 節定理 4）得知 $S(\mathbf{v} + \mathbf{w}) - S(\mathbf{v}) - S(\mathbf{w}) = \mathbf{0}$；亦即 $S(\mathbf{v} + \mathbf{w}) = S(\mathbf{v}) + S(\mathbf{w})$。同理可證，對所有 $a \in \mathbb{R}$，$\mathbf{v} \in V$ 而言，$S(a\mathbf{v}) = aS(\mathbf{v})$ 恆成立，故 S 為線性。

定義 10.5

保持距離不變的線性算子稱為**保距 (isometries)**。

兩個保持距離不變的變換其合成仍然是保持距離不變。特別地，平移和保距的合成為保持距離不變。反之，亦成立。

> **定理 1**
>
> 若 V 為有限維內積空間，則每一個保持距離不變的變換 $S: V \to V$ 為平移和保距的合成。

> **證明**
>
> 若 $S: V \to V$ 為保持距離不變，令 $S(\mathbf{0}) = \mathbf{u}$ 且定義 $T: V \to V$ 為 $T(\mathbf{v}) = S(\mathbf{v}) - \mathbf{u}$，$\forall \mathbf{v} \in V$。則對 V 中的所有向量 $\mathbf{v}$ 與 $\mathbf{w}$ 而言，$\|T(\mathbf{v}) - T(\mathbf{w})\| = \|\mathbf{v} - \mathbf{w}\|$ 恆成立，讀者可自行驗證；亦即，T 為保持距離不變。顯然，$T(\mathbf{0}) = \mathbf{0}$，故由引理 1 知它是保距。因為 $S(\mathbf{v}) = \mathbf{u} + T(\mathbf{v}) = (S_\mathbf{u} \circ T)(\mathbf{v})$ 對所有 $\mathbf{v} \in V$ 皆成立，我們有 $S = S_\mathbf{u} \circ T$，定理得證。

於定理 1 中，$S = S_\mathbf{u} \circ T$ 是保距 T 與平移 $S_\mathbf{u}$ 的合成。此分解是唯一的，$\mathbf{u}$ 與 T 由 S 唯一決定；且存在 $\mathbf{w} \in V$ 使得 $S = T \circ S_\mathbf{w}$ 是平移 $\mathbf{w}$ 隨後保距 T 的合成（習題 12）。

定理 1 的焦點集中在保距，下面的定理是要證明它們除了保持距離不變，還保有其它性質。

> **定理 2**
>
> 設 $T: V \to V$ 為有限維內積空間 V 上的一個線性算子，則下列敘述是對等的：
> 1. T 為保距。　　　　　　　　　　　　　　　　　　（T 保持距離）
> 2. $\|T(\mathbf{v})\| = \|\mathbf{v}\|$，$\forall \mathbf{v} \in V$。　　　　　　　　　　（$T$ 保持範數）
> 3. $\langle T(\mathbf{v}), T(\mathbf{w}) \rangle = \langle \mathbf{v}, \mathbf{w} \rangle$，$\forall \mathbf{v}, \mathbf{w} \in V$。　　　（$T$ 保持內積）
> 4. 若 $\{\mathbf{f}_1, \mathbf{f}_2, ..., \mathbf{f}_n\}$ 為 V 的單範正交基底，則
> $\{T(\mathbf{f}_1), T(\mathbf{f}_2), ..., T(\mathbf{f}_n)\}$ 亦為單範正交基底。　　（T 保持單範正交基底）
> 5. T 將某一個單範正交基底變成一個單範正交基底。

> **證明**
>
> (1) $\Rightarrow$ (2)。在 (*) 中取 $\mathbf{w} = \mathbf{0}$。
>
> (2) $\Rightarrow$ (3)。因為 T 為線性，由 (2) 得到 $\|T(\mathbf{v}) - T(\mathbf{w})\|^2 = \|T(\mathbf{v} - \mathbf{w})\|^2 = \|\mathbf{v} - \mathbf{w}\|^2$，可推得 (3)。
>
> (3) $\Rightarrow$ (4)。由 (3) 得知，$\{T(\mathbf{f}_1), T(\mathbf{f}_2), ..., T(\mathbf{f}_n)\}$ 為正交且 $\|T(\mathbf{f}_i)\|^2 = \|\mathbf{f}_i\|^2 = 1$。因為 $\dim V = n$，所以它是一組基底。

> (4) ⇒ (5)。這不必證明。
>
> (5) ⇒ (1)。由 (5)，令 $\{\mathbf{f}_1, ..., \mathbf{f}_n\}$ 為 V 的單範正交基底使得 $\{T(\mathbf{f}_1), ..., T(\mathbf{f}_n)\}$ 亦為單範正交基底。設 $\mathbf{v} = v_1\mathbf{f}_1 + \cdots + v_n\mathbf{f}_n$ 為 V 中的向量，我們有 $T(\mathbf{v}) = v_1T(\mathbf{f}_1) + \cdots + v_nT(\mathbf{f}_n)$。由畢氏定理可得
>
> $$\|T(\mathbf{v})\|^2 = v_1^2 + \cdots + v_n^2 = \|\mathbf{v}\|^2$$
>
> 因此對所有的 $\mathbf{v}$，$\|T(\mathbf{v})\| = \|\mathbf{v}\|$ 恆成立，以 $\mathbf{v} - \mathbf{w}$ 取代 $\mathbf{v}$ 可推得 (1)。

在舉例之前，我們注意定理 2 的一些結果。

推論 1

> 設 V 為有限維內積空間。
> 1. V 的每一個保距必為一個同構。[5]
> 2. (a) $1_V : V \to V$ 為保距。
>   (b) V 的兩個保距的合成仍然是保距。
>   (c) V 的反保距仍然是保距。

證明

> 由定理 2 的 (4) 以及第 7.3 節定理 1 可證得 (1)。(2a) 顯然成立，(2b) 的證明留給讀者。若 $T : V \to V$ 為保距且 $\{\mathbf{f}_1, ..., \mathbf{f}_n\}$ 為 V 的單範正交基底，則可推得 (2c)，因為 T^{-1} 將單範正交基底 $\{T(\mathbf{f}_1), ..., T(\mathbf{f}_n)\}$ 變成 $\{\mathbf{f}_1, ..., \mathbf{f}_n\}$。

推論的第 (2) 部分所述的條件是指有限維內積空間的保距集合形成一代數系統，稱為**群 (group)**。群的理論已有良好的發展，算子所形成的群在幾何上是很重要的。事實上，幾何本身可視為研究向量空間的這些性質，而這些性質由可逆線性算子所形成的群所保有。

例 1

> 在 $\mathbb{R}^2$ 上，相對於原點的旋轉是一個保距算子，相對於通過原點的直線作鏡射也是一個保距算子：顯然它們皆保持距離不變，並且由引理 1 知，它們皆為線性。同理，在 $\mathbb{R}^3$ 上，相對於通過原點的直線作旋轉以及相對於通過原點的平面作鏡射都是保距算子。

---

[5] V 必須是有限維的——參閱習題 13。

例 2

設 $T: \mathbf{M}_{nn} \to \mathbf{M}_{nn}$ 為轉置算子：$T(A) = A^T$。若內積定義為 $\langle A, B \rangle = \text{tr}(AB^T) = \sum_{i,j} a_{ij}b_{ij}$，則 T 為一個保距算子。事實上，T 只是將基底重新排列，而此基底是由只有一個元素是 1，其餘元素皆為 0 的矩陣所組成。

下面結果的證明需要用到這個事實（見定理 2）：若 B 為一個單範正交基底，則對於所有向量 $\mathbf{v}$ 與 $\mathbf{w}$ 而言，恆有 $\langle \mathbf{v}, \mathbf{w} \rangle = C_B(\mathbf{v}) \cdot C_B(\mathbf{w})$。

定理 3

設 V 為有限維內積空間，$T: V \to V$ 為一個算子，則下列敘述是對等的。

1. T 是一個保距算子。
2. 對於每一個單範正交基底 B，$M_B(T)$ 為一個正交矩陣。
3. 對於某一個單範正交基底 B，$M_B(T)$ 為一個正交矩陣。

證明

(1) $\Rightarrow$ (2)。設 $B = \{\mathbf{e}_1, ..., \mathbf{e}_n\}$ 為單範正交基底，則 $M_B(T)$ 的第 j 行是 $C_B[T(\mathbf{e}_j)]$，並且利用 (1) 可得

$$C_B[T(\mathbf{e}_j)] \cdot C_B[T(\mathbf{e}_k)] = \langle T(\mathbf{e}_j), T(\mathbf{e}_k) \rangle = \langle \mathbf{e}_j, \mathbf{e}_k \rangle$$

因此，$M_B(T)$ 的行向量在 $\mathbb{R}^n$ 中為單範正交，這就證明了 (2)。

(2) $\Rightarrow$ (3)。這顯然成立。

(3) $\Rightarrow$ (1)。令 $B = \{\mathbf{e}_1, ..., \mathbf{e}_n\}$ 如 (3)，則如前所述，

$$\langle T(\mathbf{e}_j), T(\mathbf{e}_k) \rangle = C_B[T(\mathbf{e}_j)] \cdot C_B[T(\mathbf{e}_k)]$$

由 (3) 知，$\{T(\mathbf{e}_1), ..., T(\mathbf{e}_n)\}$ 為單範正交，因此由定理 2 可得 (1)。

在定理 3 中，B 為單範正交很重要。例如，$T: V \to V$ 定義為 $T(\mathbf{v}) = 2\mathbf{v}$，雖然保持了正交集，但並非保距算子，這很容易獲得驗證。

若 P 為正交方陣，則 $P^{-1} = P^T$。取行列式得到 $(\det P)^2 = 1$，故 $\det P = \pm 1$。因此：

推論 2

設 V 為有限維內積空間，若 $T: V \to V$ 為保距，則 $\det T = \pm 1$。

例 3

設 A 為任意 $n \times n$ 矩陣，矩陣算子 $T_A : \mathbb{R}^n \to \mathbb{R}^n$ 為保距若且唯若 A 是正交，其中 $\mathbb{R}^n$ 採用點積。事實上，若 E 為 $\mathbb{R}^n$ 的標準基底，則由第 9.2 節定理 4 知 $M_E(T_A) = A$。

在 $\mathbb{R}^2$ 與 $\mathbb{R}^3$ 中，固定原點的旋轉與鏡射都是保距算子（例 1）；我們要證明這些保距算子（以及它們在 $\mathbb{R}^3$ 的合成）是唯一的可能。事實上，由保距算子的一般結構定理，就可得到這個結果。令人驚訝的是，大部分的研究都是涉及二維的情形。

定理 4

設 V 為二維內積空間，$T : V \to V$ 為保距，則有兩種可能：

(1) V 存在單範正交基底 B 使得
$$M_B(T) = \begin{bmatrix} \cos \theta & -\sin \theta \\ \sin \theta & \cos \theta \end{bmatrix}, \quad 0 \le \theta < 2\pi$$

或 (2) V 存在單範正交基底 B 使得
$$M_B(T) = \begin{bmatrix} 1 & 0 \\ 0 & -1 \end{bmatrix}$$

此外，第 (1) 種類型發生若且唯若 $\det T = 1$，並且第 (2) 種類型發生若且唯若 $\det T = -1$。

證明

對任意基底 B，因為 $\det T = \det[M_B(T)]$，所以最後的敘述可由前述而得。令 $B_0 = \{\mathbf{e}_1, \mathbf{e}_2\}$ 為 V 的任意有序單範正交基底，且令

$$A = M_{B_0}(T) = \begin{bmatrix} a & b \\ c & d \end{bmatrix} ; \text{亦即}, \quad \begin{matrix} T(\mathbf{e}_1) = a\mathbf{e}_1 + c\mathbf{e}_2 \\ T(\mathbf{e}_2) = b\mathbf{e}_1 + d\mathbf{e}_2 \end{matrix}$$

則由定理 3 知 A 為正交，因此它的行（和列）向量為單範正交。而 $a^2 + c^2 = 1 = b^2 + d^2$，故 (a, c) 與 (d, b) 位於單位圓上。因此存在角度 θ 與 φ 使得

$$a = \cos \theta, \quad c = \sin \theta \quad 0 \le \theta < 2\pi$$
$$d = \cos \varphi, \quad b = \sin \varphi \quad 0 \le \varphi < 2\pi$$

則 $\sin(\theta + \varphi) = cd + ab = 0$，因為 A 的行向量為正交，故對某整數 k，$\theta + \varphi = k\pi$。由此得到 $d = \cos(k\pi - \theta) = (-1)^k \cos \theta$ 與 $b = \sin(k\pi - \theta) = (-1)^{k+1} \sin \theta$。最後

$$A = \begin{bmatrix} \cos \theta & (-1)^{k+1} \sin \theta \\ \sin \theta & (-1)^k \cos \theta \end{bmatrix}$$

若 k 為偶數，我們就得到第 (1) 種類型，並且 $B = B_0$。假設 k 為奇數，則 $A = \begin{bmatrix} a & c \\ c & -a \end{bmatrix}$。若 $a = -1, c = 0$，則我們得到第 (2) 種類型，並且 $B = \{\mathbf{e}_2, \mathbf{e}_1\}$。否則，$A$ 具有固有值 $\lambda_1 = 1$ 與 $\lambda_2 = -1$，以及對應的固有向量 $\mathbf{x}_1 = \begin{bmatrix} 1+a \\ c \end{bmatrix}$ 與 $\mathbf{x}_2 = \begin{bmatrix} -c \\ 1+a \end{bmatrix}$。令

$$\mathbf{f}_1 = (1+a)\mathbf{e}_1 + c\mathbf{e}_2 \quad \text{與} \quad \mathbf{f}_2 = -c\mathbf{e}_2 + (1+a)\mathbf{e}_2$$

則 $\mathbf{f}_1$ 與 $\mathbf{f}_2$ 為正交（驗證），且對每一個 i，$C_{B_0}(\mathbf{f}_i) = C_{B_0}(\lambda_i \mathbf{f}_i) = \mathbf{x}_i$。此外

$$C_{B_0}[T(\mathbf{f}_i)] = AC_{B_0}(\mathbf{f}_i) = A\mathbf{x}_i = \lambda_i \mathbf{x}_i = \lambda_i C_{B_0}(\mathbf{f}_i) = C_{B_0}(\lambda_i \mathbf{f}_i)$$

故對每一個 i，$T(\mathbf{f}_i) = \lambda_i \mathbf{f}_i$。因此 $M_B(T) = \begin{bmatrix} \lambda_1 & 0 \\ 0 & \lambda_2 \end{bmatrix} = \begin{bmatrix} 1 & 0 \\ 0 & -1 \end{bmatrix}$，我們得到第 (2) 種類型，並且 $B = \left\{\dfrac{1}{\|\mathbf{f}_1\|}\mathbf{f}_1, \dfrac{1}{\|\mathbf{f}_2\|}\mathbf{f}_2\right\}$。

推論 3

算子 $T: \mathbb{R}^2 \to \mathbb{R}^2$ 為保距，若且唯若 T 為旋轉或鏡射。

事實上，若 E 為 $\mathbb{R}^2$ 的標準基底，則對原點順時針旋轉 θ 角的旋轉算子 R_θ，具有矩陣

$$M_E(R_\theta) = \begin{bmatrix} \cos\theta & -\sin\theta \\ \sin\theta & \cos\theta \end{bmatrix}$$

（見第 2.6 節定理 4）。另一方面，若 $S: \mathbb{R}^2 \to \mathbb{R}^2$ 為對通過原點的直線之鏡射〔此直線稱為鏡射的**固定線 (fixed line)**〕，令 $\mathbf{f}_1$ 為沿著固定線方向的單位向量，$\mathbf{f}_2$ 為垂直於固定線的單位向量，則 $B = \{\mathbf{f}_1, \mathbf{f}_2\}$ 為單範正交基底，$S(\mathbf{f}_1) = \mathbf{f}_1$ 且 $S(\mathbf{f}_2) = -\mathbf{f}_2$，故

$$M_B(S) = \begin{bmatrix} 1 & 0 \\ 0 & -1 \end{bmatrix}$$

因此 S 為第二種類型。注意，在此情形，1 為 S 的固有值，而對應於 1 的任意固有向量都是固定線的方向向量。

例 4

已知兩個矩陣，判斷 $T_A: \mathbb{R}^2 \to \mathbb{R}^2$ 為旋轉或鏡射，並求旋轉角度或固定線：

(a) $A = \dfrac{1}{2}\begin{bmatrix} 1 & \sqrt{3} \\ -\sqrt{3} & 1 \end{bmatrix}$ (b) $A = \dfrac{1}{5}\begin{bmatrix} -3 & 4 \\ 4 & 3 \end{bmatrix}$

解：兩個矩陣均為正交，故〔因為當 E 為標準基底時，$M_E(T_A) = A$〕兩者的 T_A 皆為保距。對第一種情形，$\det A = 1$，故 T_A 為逆時針旋轉 θ 角，其中 $\cos\theta = \frac{1}{2}$ 且 $\sin\theta = -\frac{\sqrt{3}}{2}$。因此 $\theta = -\frac{\pi}{3}$。對於 (b)，$\det A = -1$，故 T_A 為鏡射。由驗證得知 $\mathbf{d} = \begin{bmatrix} 1 \\ 2 \end{bmatrix}$ 為對應於固有值 1 的固有向量。因此固定線 $\mathbb{R}\mathbf{d}$ 的方程式為 $y = 2x$。

我們現在給予保距算子的結構定理。它的證明需要用到三個預先的結果，每一個都具有自己的風格。

引理 2

設 $T: V \to V$ 為有限維內積空間 V 上的保距算子。若 U 為 V 的 T-不變子空間，則 $U^\perp$ 亦為 T-不變。

證明

令 $\mathbf{w} \in U^\perp$。我們要證明 $T(\mathbf{w}) \in U^\perp$；亦即對 U 中所有的 $\mathbf{u}$，$\langle T(\mathbf{w}), \mathbf{u} \rangle = 0$ 恆成立。此時，我們觀察 T 侷限到 U 是 $U \to U$ 的保距算子，故由定理 2 的推論知，它是一個同構。特別地，U 中的每一個 $\mathbf{u}$ 均可寫成 $\mathbf{u} = T(\mathbf{u}_1)$ 之形式，其中 $\mathbf{u}_1 \in U$。因為 $\mathbf{w} \in U^\perp$，所以
$$\langle T(\mathbf{w}), \mathbf{u} \rangle = \langle T(\mathbf{w}), T(\mathbf{u}_1) \rangle = \langle \mathbf{w}, \mathbf{u}_1 \rangle = 0$$
這就是我們要證明的。

當 $\dim V = n$ 時，為了利用引理 2 來分析保距算子 $T: V \to V$，則必須證明：存在 T-不變子空間 U 使得 $U \neq 0$ 且 $U \neq V$。事實上，我們將證明：總是可以找到 1 維或 2 維的 T-不變子空間 U。若 T 具有實固有值 λ，則 $\mathbb{R}\mathbf{u}$ 為 T-不變，其中 $\mathbf{u}$ 為 λ 的任意固有向量。但是在定理 4 的情形 (1)，T 的固有值為 $e^{i\theta}$ 與 $e^{-i\theta}$（讀者可自行驗證），若 $\theta \neq 0$ 與 $\theta \neq \pi$，這些均非實數。T 的每一個複固有值 λ 其絕對值均為 1（引理 3）；並且若 λ 非實數，U 具有 2 維的 T-不變子空間（引理 4）。

引理 3

設 $T: V \to V$ 為有限維內積空間 V 的保距算子。若 λ 為 T 的複固有值，則 $|\lambda| = 1$。

證明

選取 V 的一組單範正交基底 B，令 $A = M_B(T)$，則 A 為實正交距陣。採用 $\mathbb{C}^n$ 中的標準內積 $\langle \mathbf{x}, \mathbf{y} \rangle = \mathbf{x}^T \bar{\mathbf{y}}$，則對 $\mathbb{C}^n$ 中的所有 $\mathbf{x}$，可得

$$\|A\mathbf{x}\|^2 = (A\mathbf{x})^T \overline{(A\mathbf{x})} = \mathbf{x}^T A^T \overline{A} \overline{\mathbf{x}} = \mathbf{x}^T I \mathbf{x} = \|\mathbf{x}\|^2$$

但是對於某個 $\mathbf{x} \neq \mathbf{0}$，$A\mathbf{x} = \lambda \mathbf{x}$，因此 $\|\mathbf{x}\|^2 = \|\lambda \mathbf{x}\|^2 = |\lambda|^2 \|\mathbf{x}\|^2$。於是 $|\lambda| = 1$。

引理 4

設 $T: V \to V$ 為 n 維內積空間 V 的保距算子。若 T 有一個非實數的固有值，則 V 有二維的 T-不變子空間。

證明

設 B 為 V 的單範正交基底，令 $A = M_B(T)$，且（利用引理 3）令 $\lambda = e^{i\alpha}$ 為 A 的非實數固有值，亦即 $A\mathbf{x} = \lambda \mathbf{x}$，其中 $\mathbf{x} \neq \mathbf{0} \in \mathbb{C}^n$。因為 A 為實矩陣，取共軛可得 $A\bar{\mathbf{x}} = \bar{\lambda}\bar{\mathbf{x}}$，故 $\bar{\lambda}$ 也是固有值。此外 $\lambda \neq \bar{\lambda}$（$\lambda$ 為非實數），故 $\{\mathbf{x}, \bar{\mathbf{x}}\}$ 在 $\mathbb{C}^n$ 中為線性獨立（依照第 5.5 節定理 4 的證明）。定義

$$\mathbf{z}_1 = \mathbf{x} + \bar{\mathbf{x}} \quad \text{與} \quad \mathbf{z}_2 = i(\mathbf{x} - \bar{\mathbf{x}})$$

則 $\mathbf{z}_1, \mathbf{z}_2 \in \mathbb{R}^n$，並且 $\{\mathbf{z}_1, \mathbf{z}_2\}$ 在 $\mathbb{R}$ 上為線性獨立，因為 $\{\mathbf{x}, \bar{\mathbf{x}}\}$ 在 $\mathbb{C}$ 上為線性獨立。此外

$$\mathbf{x} = \tfrac{1}{2}(\mathbf{z}_1 - i\mathbf{z}_2) \quad \text{且} \quad \bar{\mathbf{x}} = \tfrac{1}{2}(\mathbf{z}_1 + i\mathbf{z}_2)$$

現在 $\lambda + \bar{\lambda} = 2\cos\alpha$ 且 $\lambda - \bar{\lambda} = 2i\sin\alpha$，由計算得到

$$A\mathbf{z}_1 = \mathbf{z}_1 \cos\alpha + \mathbf{z}_2 \sin\alpha$$
$$A\mathbf{z}_2 = -\mathbf{z}_1 \sin\alpha + \mathbf{z}_2 \cos\alpha$$

最後，令 $\mathbf{e}_1, \mathbf{e}_2 \in V$ 使得 $\mathbf{z}_1 = C_B(\mathbf{e}_1)$ 且 $\mathbf{z}_2 = C_B(\mathbf{e}_2)$，則利用第 9.1 節定理 2 可得

$$C_B[T(\mathbf{e}_1)] = AC_B(\mathbf{e}_1) = A\mathbf{z}_1 = C_B(\mathbf{e}_1 \cos\alpha + \mathbf{e}_2 \sin\alpha)$$

因為 C_B 為一對一，由此得到下面的第一式（另一式可由類似的方法求得）

$$T(\mathbf{e}_1) = \mathbf{e}_1 \cos\alpha + \mathbf{e}_2 \sin\alpha$$
$$T(\mathbf{e}_2) = -\mathbf{e}_1 \sin\alpha + \mathbf{e}_2 \cos\alpha$$

因此 $U = \text{span}\{\mathbf{e}_1, \mathbf{e}_2\}$ 為 T-不變且為二維。

我們現在可以證明保距算子的結構定理。

定理 5

設 $T: V \to V$ 為 n 維內積空間 V 的一個保距算子。給予一角度 θ，令 $R(\theta) = \begin{bmatrix} \cos\theta & -\sin\theta \\ \sin\theta & \cos\theta \end{bmatrix}$，則存在 V 的一個單範正交基底 B 使得 $M_B(T)$ 具有下列區塊對角形式之一，依 n 的奇偶來分類：

當 $n = 2k+1$ 時，$\begin{bmatrix} 1 & 0 & \cdots & 0 \\ 0 & R(\theta_1) & \cdots & 0 \\ \vdots & \vdots & \ddots & \vdots \\ 0 & 0 & \cdots & R(\theta_k) \end{bmatrix}$ 或 $\begin{bmatrix} -1 & 0 & \cdots & 0 \\ 0 & R(\theta_1) & \cdots & 0 \\ \vdots & \vdots & \ddots & \vdots \\ 0 & 0 & \cdots & R(\theta_k) \end{bmatrix}$

當 $n = 2k$ 時，$\begin{bmatrix} R(\theta_1) & 0 & \cdots & 0 \\ 0 & R(\theta_2) & \cdots & 0 \\ \vdots & \vdots & \ddots & \vdots \\ 0 & 0 & \cdots & R(\theta_k) \end{bmatrix}$ 或 $\begin{bmatrix} -1 & 0 & 0 & \cdots & 0 \\ 0 & 1 & 0 & \cdots & 0 \\ 0 & 0 & R(\theta_1) & \cdots & 0 \\ \vdots & \vdots & \vdots & \ddots & \vdots \\ 0 & 0 & 0 & \cdots & R(\theta_{k-1}) \end{bmatrix}$

證明

首先我們對下列命題作歸納證明：可找到 V 的一個單範正交基底 B 使得 $M_B(T)$ 是下列形式的區塊對角矩陣：

$$M_B(T) = \begin{bmatrix} I_r & 0 & 0 & \cdots & 0 \\ 0 & -I_s & 0 & \cdots & 0 \\ 0 & 0 & R(\theta_1) & \cdots & 0 \\ \vdots & \vdots & \vdots & \ddots & \vdots \\ 0 & 0 & 0 & \cdots & R(\theta_t) \end{bmatrix}$$

其中單位矩陣 I_r、矩陣 $-I_s$ 或矩陣 $R(\theta_i)$ 皆可能消失。若 $n = 1$ 且 $V = \mathbb{R}\mathbf{v}$，上述命題成立，因為由引理 3 知 $T(\mathbf{v}) = \lambda\mathbf{v}$ 且 $\lambda = \pm 1$。若 $n = 2$，由定理 4 知，命題成立。若 $n \geq 3$，則有兩種情形：若 T 有一個實固有值，則對任意固有向量 $\mathbf{u}$，有一維 T-不變子空間 $U = \mathbb{R}\mathbf{u}$。若 T 沒有實固有值，由引理 4 知，V 有二維 T-不變子空間 U。無論何種情形，$U^\perp$ 是 T-不變（引理 2）且 $\dim U^\perp = n - \dim U < n$。因此，由歸納法，令 B_1 與 B_2 分別為 U 與 $U^\perp$ 的單範正交基底，使得 $M_{B_1}(T)$ 與 $M_{B_2}(T)$ 具有所予之形式。於是 $B = B_1 \cup B_2$ 為 V 的單範正交基底，而將 B 中的向量適當排序，則 $M_B(T)$ 即具有所欲的形式。

現在觀察 $R(0) = \begin{bmatrix} 1 & 0 \\ 0 & 1 \end{bmatrix}$ 與 $R(\pi) = \begin{bmatrix} -1 & 0 \\ 0 & -1 \end{bmatrix}$。於是偶數個 1 或 -1 可寫成 $R(\theta_1)$ 形的區塊。因此，將基底 B 重新適當排序，定理就可以得證。

如同二維的情形，將 $V = \mathbb{R}^3$ 視為歐氏空間，則上述結果都有幾何解釋。我們有必要仔細探討 $\mathbb{R}^3$ 的鏡射與旋轉。若 $Q : \mathbb{R}^3 \to \mathbb{R}^3$ 為相對於通過原點的平面（稱為鏡射的**固定平面 (fixed plane)**）之任意鏡射，取 $\{\mathbf{f}_2, \mathbf{f}_3\}$ 為固定平面的單範正交基底，並且取 $\mathbf{f}_1$ 為垂直於固定平面的單位向量，則 $Q(\mathbf{f}_1) = -\mathbf{f}_1$，而 $Q(\mathbf{f}_2) = \mathbf{f}_2$ 且 $Q(\mathbf{f}_3) = \mathbf{f}_3$。因此 $B = \{\mathbf{f}_1, \mathbf{f}_2, \mathbf{f}_3\}$ 為單範正交基底，使得

$$M_B(Q) = \begin{bmatrix} -1 & 0 & 0 \\ 0 & 1 & 0 \\ 0 & 0 & 1 \end{bmatrix}$$

同理，假設 $R : \mathbb{R}^3 \to \mathbb{R}^3$ 為相對於通過原點的直線〔稱為旋轉的**軸 (axis)**〕之任意旋轉，令 $\mathbf{f}_1$ 為沿著軸的單位向量，故 $R(\mathbf{f}_1) = \mathbf{f}_1$，垂直於軸且通過原點的平面是 $\mathbb{R}^2$ 的二維 R-不變子空間，將 R 侷限到這個平面仍為一個旋轉。因此，由定理 4 知，此平面存在單範正交基底 $B_1 = \{\mathbf{f}_2, \mathbf{f}_3\}$ 使得 $M_{B_1}(R) = \begin{bmatrix} \cos\theta & -\sin\theta \\ \sin\theta & \cos\theta \end{bmatrix}$。而 $B = \{\mathbf{f}_1, \mathbf{f}_2, \mathbf{f}_3\}$ 為 $\mathbb{R}^3$ 的單範正交基底，使得 R 的矩陣為

$$M_B(R) = \begin{bmatrix} 1 & 0 & 0 \\ 0 & \cos\theta & -\sin\theta \\ 0 & \sin\theta & \cos\theta \end{bmatrix}$$

但是，定理 5 顯示 $\mathbb{R}^3$ 還有第三類型的保距算子 T，它的矩陣形式為：

$$M_B(T) = \begin{bmatrix} -1 & 0 & 0 \\ 0 & \cos\theta & -\sin\theta \\ 0 & \sin\theta & \cos\theta \end{bmatrix}$$

若 $B = \{\mathbf{f}_1, \mathbf{f}_2, \mathbf{f}_3\}$，令 Q 為相對於 $\mathbf{f}_2$ 與 $\mathbf{f}_3$ 所生成的平面之鏡射，令 R 為相對於 $\mathbf{f}_1$ 所生成的直線之旋轉，而旋轉角度為 θ，則 $M_B(Q)$ 與 $M_B(R)$ 如前，且 $M_B(Q)\,M_B(R) = M_B(T)$，讀者可自行驗證。由第 9.2 節定理 1 知，此即，$M_B(QR) = M_B(T)$。因為 M_B 為一對一，所以 $QR = T$（見第 9.1 節習題 26）。類似的論證可得 $RQ = T$，因此我們有定理 6。

定理 6

若 $T : \mathbb{R}^3 \to \mathbb{R}^3$ 為一個保距算子，則有下列三種可能：

(a) T 為一個旋轉，對某個單範正交基底 B，恆有
$$M_B(T) = \begin{bmatrix} 1 & 0 & 0 \\ 0 & \cos\theta & -\sin\theta \\ 0 & \sin\theta & \cos\theta \end{bmatrix}$$

(b) T 為一個鏡射，對某個單範正交基底 B，恆有 $M_B(T) = \begin{bmatrix} -1 & 0 & 0 \\ 0 & 1 & 0 \\ 0 & 0 & 1 \end{bmatrix}$。

(c) $T = QR = RQ$，其中 Q 為一個鏡射，R 為相對於一個軸的旋轉，而該軸垂直於 Q 的固定平面，並且對某個單範正交基底 B，恆有
$$M_B(T) = \begin{bmatrix} -1 & 0 & 0 \\ 0 & \cos\theta & -\sin\theta \\ 0 & \sin\theta & \cos\theta \end{bmatrix}。$$
因此 T 為旋轉若且唯若 $\det T = 1$。

證明

只剩驗證：T 為旋轉若且唯若 $\det T = 1$。但在 (b) 與 (c) 的部分，顯然有 $\det T = -1$。

由計算 T 的固有值，來分析一個保距算子 $T: \mathbb{R}^3 \to \mathbb{R}^3$ 是一個好的方法。因為 T 的特徵方程式是實係數三次式，所以必有一實根。因此，T 至少有一個實固有值。由引理 3 知，可能的實固有值只有 ± 1。表 1 包括所有可能的情形。

T 的固有值	T 的作用
(1) 1，沒有其它實固有值	對直線 $\mathbb{R}\mathbf{f}$ 的旋轉，其中 $\mathbf{f}$ 為對應於 1 的固有向量。【定理 6 的 (a)。】
(2) -1，沒有其它實固有值	對直線 $\mathbb{R}\mathbf{f}$ 的旋轉，然後再對平面 $(\mathbb{R}\mathbf{f})^\perp$ 的鏡射，其中 $\mathbf{f}$ 為對應於 -1 的固有向量。【定理 6 的 (c)。】
(3) $-1, 1, 1$	對平面 $(\mathbb{R}\mathbf{f})^\perp$ 的鏡射，其中 $\mathbf{f}$ 為對應於 -1 的固有向量。【定理 6 的 (b)。】
(4) $1, -1, -1$	這是 (1)，旋轉 π 角。
(5) $-1, -1, -1$	$T(\mathbf{x}) = -\mathbf{x}$，$\forall \mathbf{x}$。這是 (2)，旋轉 π 角。
(6) $1, 1, 1$	T 為恆等保距算子。

表 1

例 5

分析保距算子 $T: \mathbb{R}^3 \to \mathbb{R}^3$，其中 $T\begin{bmatrix} x \\ y \\ z \end{bmatrix} = \begin{bmatrix} y \\ z \\ -x \end{bmatrix}$。

解：若 B_0 為 $\mathbb{R}^3$ 的標準基底，則 $M_{B_0}(T) = \begin{bmatrix} 0 & 1 & 0 \\ 0 & 0 & 1 \\ -1 & 0 & 0 \end{bmatrix}$，故 $c_T(x) = x^3 + 1 = (x+1)(x^2 - x + 1)$。

這是表 1 的 (2)。令：

$$\mathbf{f}_1 = \tfrac{1}{\sqrt{3}}\begin{bmatrix} 1 \\ -1 \\ 1 \end{bmatrix} \quad \mathbf{f}_2 = \tfrac{1}{\sqrt{6}}\begin{bmatrix} 1 \\ 2 \\ 1 \end{bmatrix} \quad \mathbf{f}_3 = \tfrac{1}{\sqrt{2}}\begin{bmatrix} 1 \\ 0 \\ -1 \end{bmatrix}$$

$\mathbf{f}_1$ 為對應於 $\lambda_1 = -1$ 的單位固有向量，故 T 為相對於直線 $L = \mathbb{R}\mathbf{f}_1$ 的旋轉（角度為 θ），再對平面 U 作鏡射，此平面通過原點且垂直於 $\mathbf{f}_1$（方程式為 $x - y + z = 0$）。然後選擇 $\{\mathbf{f}_1, \mathbf{f}_2\}$ 為 U 的單範正交基底，故 $B = \{\mathbf{f}_1, \mathbf{f}_2, \mathbf{f}_3\}$ 為 $\mathbb{R}^3$ 的單範正交基底，且

$$M_B(T) = \begin{bmatrix} -1 & 0 & 0 \\ 0 & \tfrac{1}{2} & -\tfrac{\sqrt{3}}{2} \\ 0 & \tfrac{\sqrt{3}}{2} & \tfrac{1}{2} \end{bmatrix}$$

因此 θ 滿足 $\cos\theta = \tfrac{1}{2}$，$\sin\theta = \tfrac{\sqrt{3}}{2}$，故 $\theta = \tfrac{\pi}{3}$。

設 V 為 n 維內積空間。V 的 $n-1$ 維子空間稱為 V 的一個**超平面 (hyperplane)**。因此，$\mathbb{R}^3$ 與 $\mathbb{R}^2$ 中的超平面分別是通過原點的平面與直線。對某個正交基底 $B = \{\mathbf{f}_1, \mathbf{f}_2, ..., \mathbf{f}_n\}$ 而言，令 $Q : V \to V$ 為一個保距算子，其矩陣為

$$M_B(Q) = \begin{bmatrix} -1 & 0 \\ 0 & I_{n-1} \end{bmatrix}$$

則 $Q(\mathbf{f}_1) = -\mathbf{f}_1$，並且對每一個 $\mathbf{u} \in U = \mathrm{span}\{\mathbf{f}_2, ..., \mathbf{f}_n\}$，有 $Q(\mathbf{u}) = \mathbf{u}$。因此 U 稱為 Q 的**固定超平面 (fixed hyperplane)**，而 Q 是對 U 的**鏡射 (reflection)**。注意，V 中的每一個超平面都是 V 上某個（唯一的）鏡射之固定超平面。顯然，$\mathbb{R}^2$ 與 $\mathbb{R}^3$ 上的鏡射都是這種較廣義的鏡射。

繼續對 $\mathbb{R}^2$ 與 $\mathbb{R}^3$ 作類推，設 $T : V \to V$ 為保距算子，若存在一個單範正交基底 $\{\mathbf{f}_1, ..., \mathbf{f}_n\}$ 使得

$$M_B(T) = \begin{bmatrix} I_r & 0 & 0 \\ 0 & R(\theta) & 0 \\ 0 & 0 & I_s \end{bmatrix}$$

呈區塊形，則稱 T 為一個**旋轉 (rotation)**，其中 $R(\theta) = \begin{bmatrix} \cos\theta & -\sin\theta \\ \sin\theta & \cos\theta \end{bmatrix}$，並且 I_r 或 I_s（或兩者）可能消失。若 $R(\theta)$ 占有 $M_B(T)$ 的第 i 與第 $i+1$ 行，且若 $W = \mathrm{span}\{\mathbf{f}_i, \mathbf{f}_{i+1}\}$，則 W 為 T-不變且 $T : W \to W$ 相對於 $\{\mathbf{f}_i, \mathbf{f}_{i+1}\}$ 的矩陣為 $R(\theta)$。顯然，若將 W 視為相當於 $\mathbb{R}^2$ 的一個空間，則 T 為 W 中的一個旋轉。此外，對所有 $(n-2)$ 維子空間 $U = \mathrm{span}\{\mathbf{f}_1, ..., \mathbf{f}_{i-1}, \mathbf{f}_{i+1}, ..., \mathbf{f}_n\}$ 中的所有向量 $\mathbf{u}$，$T(\mathbf{u}) = \mathbf{u}$ 恆成立，而 U 稱為旋轉 T 的**固定軸 (fixed axis)**。在 $\mathbb{R}^3$ 中，任何旋轉的軸是一直線（一維），而在 $\mathbb{R}^2$ 中的旋轉軸是 $U = \{\mathbf{0}\}$。

定理 7

設 $T: V \to V$ 為有限維內積空間 V 的一個保距算子，則存在保距算子 $T_1, ..., T_k$ 使得

$$T = T_k T_{k-1} \cdots T_2 T_1$$

其中每一個 T_i 為旋轉或鏡射，最多只有一個鏡射，並且對所有 i 與 j 而言，$T_i T_j = T_j T_i$ 恆成立。此外，T 為旋轉的合成，若且唯若 $\det T = 1$。

習題 10.4

在本習題中，V 表示有限維內積空間。

1. 證明下列線性算子為保距。
   (a) $T: \mathbb{C} \to \mathbb{C}$；$T(z) = \bar{z}$；
   $\langle z, w \rangle = \mathrm{re}(z\bar{w})$
   (b) $T: \mathbb{R}^n \to \mathbb{R}^n$；$T(a_1, a_2, ..., a_n)$
   $= (a_n, a_{n-1}, ..., a_2, a_1)$；採用點積。
   (c) $T: \mathbf{M}_{22} \to \mathbf{M}_{22}$；$T\begin{bmatrix} a & b \\ c & d \end{bmatrix} = \begin{bmatrix} c & d \\ b & a \end{bmatrix}$；
   $\langle A, B \rangle = \mathrm{tr}(AB^T)$
   (d) $T: \mathbb{R}^3 \to \mathbb{R}^3$；$T(a, b, c)$
   $= \frac{1}{9}(2a + 2b - c, 2a + 2c - b, 2b + 2c - a)$；
   採用點積

2. 下列各題中，證明 T 為 $\mathbb{R}^2$ 的一個保距算子，判斷它是旋轉或鏡射，並且求旋轉角度或固定直線。採用點積。
   (a) $T\begin{bmatrix} a \\ b \end{bmatrix} = \begin{bmatrix} -a \\ b \end{bmatrix}$ ◆(b) $T\begin{bmatrix} a \\ b \end{bmatrix} = \begin{bmatrix} -a \\ -b \end{bmatrix}$
   (c) $T\begin{bmatrix} a \\ b \end{bmatrix} = \begin{bmatrix} b \\ -a \end{bmatrix}$ ◆(d) $T\begin{bmatrix} a \\ b \end{bmatrix} = \begin{bmatrix} -b \\ -a \end{bmatrix}$
   (e) $T\begin{bmatrix} a \\ b \end{bmatrix} = \frac{1}{\sqrt{2}}\begin{bmatrix} a+b \\ b-a \end{bmatrix}$
   ◆(f) $T\begin{bmatrix} a \\ b \end{bmatrix} = \frac{1}{\sqrt{2}}\begin{bmatrix} a-b \\ a+b \end{bmatrix}$

3. 下列各題中，證明 T 為 $\mathbb{R}^3$ 的一個保距算子，判斷它的類型（定理 6），並且求旋轉軸與鏡射的固定平面。
   (a) $T\begin{bmatrix} a \\ b \\ c \end{bmatrix} = \begin{bmatrix} a \\ -b \\ c \end{bmatrix}$
   ◆(b) $T\begin{bmatrix} a \\ b \\ c \end{bmatrix} = \frac{1}{2}\begin{bmatrix} \sqrt{3}c - a \\ \sqrt{3}a + c \\ 2b \end{bmatrix}$
   (c) $T\begin{bmatrix} a \\ b \\ c \end{bmatrix} = \begin{bmatrix} b \\ c \\ a \end{bmatrix}$
   ◆(d) $T\begin{bmatrix} a \\ b \\ c \end{bmatrix} = \begin{bmatrix} a \\ -b \\ -c \end{bmatrix}$
   (e) $T\begin{bmatrix} a \\ b \\ c \end{bmatrix} = \frac{1}{2}\begin{bmatrix} a + \sqrt{3}b \\ b - \sqrt{3}a \\ 2c \end{bmatrix}$
   ◆(f) $T\begin{bmatrix} a \\ b \\ c \end{bmatrix} = \frac{1}{\sqrt{2}}\begin{bmatrix} a+c \\ -\sqrt{2}b \\ c-a \end{bmatrix}$

4. 設 $T: \mathbb{R}^2 \to \mathbb{R}^2$ 為保距算子。$\mathbf{x}$ 為 $\mathbb{R}^2$ 中的向量，若滿足 $T(\mathbf{x}) = \mathbf{x}$，則稱 $\mathbf{x}$ 由 T **固定 (fixed)**。令 E_1 為 $\mathbb{R}^2$ 中由 T 固定之所有向量所成的集合。證明：
   (a) E_1 為 $\mathbb{R}^2$ 的子空間。
   (b) $E_1 = \mathbb{R}^2$ 若且唯若 $T = 1$ 為恆等映射。
   (c) $\dim E_1 = 1$ 若且唯若 T 為鏡射（相對於直線 E_1）。

(d) $E_1 = \{0\}$ 若且唯若 T 為旋轉 ($T \neq 1$)。

5. 設 $T: \mathbb{R}^3 \to \mathbb{R}^3$ 為保距算子，令 E_1 為 $\mathbb{R}^3$ 中所有固定向量所成的子空間（見習題 4）。證明：
   (a) $E_1 = \mathbb{R}^3$ 若且唯若 $T = 1$。
   (b) $\dim E_1 = 2$ 若且唯若 T 為鏡射（相對於平面 E_1）。
   (c) $\dim E_1 = 1$ 若且唯若 T 為旋轉 ($T \neq 1$)（相對於直線 E_1）。
   (d) $\dim E_1 = 0$ 若且唯若 T 為鏡射隨後是（非恆等）旋轉。

◆6. 設 T 為保距，證明：aT 為保距若且唯若 $a = \pm 1$。

7. 證明：每一個保距算子保持任意兩個非零向量之間的夾角（見第 10.1 節習題 31）。保角同構是保距算子嗎？請說明理由。

8. 設 $T: V \to V$ 為保距算子，證明 $T^2 = 1_V$ 若且唯若 T 僅有複固有值 1 與 -1。

9. 設 $T: V \to V$ 為線性算子。證明下列任何兩個條件意指第三個：
   (1) T 為對稱。
   (2) T 為對合 ($T^2 = 1_V$)。
   (3) T 為保距。
   【提示：在所有情況下，使用對稱算子的定義 $\langle \mathbf{v}, T(\mathbf{w}) \rangle = \langle T(\mathbf{v}), \mathbf{w} \rangle$。關於 (1) 與 (3) $\Rightarrow$ (2)，可利用這個事實：若對所有的 $\mathbf{w}$，有 $\langle T^2(\mathbf{v}) - \mathbf{v}, \mathbf{w} \rangle = 0$，則 $T^2(\mathbf{v}) = \mathbf{v}$。】

10. 設 B、D 為 V 的任意單範正交基底。證明存在一個保距算子 $T: V \to V$ 將 B 映至 D。

11. 對於線性變換 $S: V \to V$ 而言，其中 V 為有限維，$S \neq 0$，證明下列敘述是對等的：
    (1) 當時 $\langle \mathbf{v}, \mathbf{w} \rangle = 0$，恆有 $\langle S(\mathbf{v}), S(\mathbf{w}) \rangle = 0$。
    (2) 對某個保距算子 $T: V \to V$ 以及 $\mathbb{R}$ 中的某個 $a \neq 0$ 而言，恆有 $S = aT$。
    (3) S 為一個同構且介於非零向量之間保持角度不變。【提示：給予 (1)，證明 $\|S(\mathbf{e})\| = \|S(\mathbf{f})\|$，對 V 中所有單位向量 $\mathbf{e}$ 和 $\mathbf{f}$ 均成立。】

12. 設 $S: V \to V$ 為保持距離不變的變換，其中 V 為有限維。
    (a) 證明：在定理 1 的證明中，分解是唯一的。亦即，若 $S = S_{\mathbf{u}} \circ T$ 且 $S = S_{\mathbf{u}'} \circ T'$，其中 $\mathbf{u}, \mathbf{u}' \in V$，且 $T, T': V \to V$ 為保距算子，證明 $\mathbf{u} = \mathbf{u}'$ 且 $T = T'$。
    ◆(b) 若 $S = S_{\mathbf{u}} \circ T$，$\mathbf{u} \in V$，$T$ 為保距算子，證明存在 $\mathbf{w} \in V$ 使得 $S = T \circ S_{\mathbf{w}}$。

13. 定義 $T: \mathbf{P} \to \mathbf{P}$ 為 $T(f) = xf(x)$，$\forall f \in \mathbf{P}$，且在 $\mathbf{P}$ 上定義內積如下：若
    $f = a_0 + a_1 x + a_2 x^2 + \cdots$ 與
    $g = b_0 + b_1 x + b_2 x^2 + \cdots \in \mathbf{P}$，定義
    $\langle f, g \rangle = a_0 b_0 + a_1 b_1 + a_2 b_2 + \cdots$
    (a) 證明 $\langle , \rangle$ 為 $\mathbf{P}$ 上的一個內積。
    (b) 證明 T 為 $\mathbf{P}$ 的一個保距算子。
    (c) 證明 T 為一對一但不是映成。

10.5 節　應用於 Fourer 近似 [6]

本節我們將考慮在空間 $\mathbf{C}[-\pi, \pi]$ 中的一個重要的正交集，而 $\mathbf{C}[-\pi, \pi]$ 為定義於區間 $[-\pi, \pi]$ 的連續函數，內積定義為

$$\langle f, g \rangle = \int_{-\pi}^{\pi} f(x)g(x)\, dx$$

此正交集為

$$\{1, \sin x, \cos x, \sin(2x), \cos(2x), \sin(3x), \cos(3x), \ldots\}$$

由積分的標準技巧可得

$$\|1\|^2 = \int_{-\pi}^{\pi} 1^2\, dx = 2\pi$$
$$\|\sin kx\|^2 = \int_{-\pi}^{\pi} \sin^2(kx)\, dx = \pi,\ k = 1, 2, 3, \ldots$$
$$\|\cos kx\|^2 = \int_{-\pi}^{\pi} \cos^2(kx)\, dx = \pi,\ k = 1, 2, 3, \ldots$$

請讀者自己驗證上面的式子，以及證明這些函數互相正交：

$$\langle \sin(kx), \sin(mx) \rangle = 0 = \langle \cos(kx), \cos(mx) \rangle,\ k \neq m$$

並且

$$\langle \sin(kx), \cos(mx) \rangle = 0,\ \forall k \geq 0\ 與\ m \geq 0$$

〔注意，$1 = \cos(0x)$，所以常數函數 1 包含於正交集內。〕

現在定義 $\mathbf{C}[-\pi, \pi]$ 的子空間：

$$F_n = \text{span}\{1, \sin x, \cos x, \sin(2x), \cos(2x), \ldots, \sin(nx), \cos(nx)\}$$

我們的目的是要利用近似定理（第 10.2 節，定理 8）：對於 $\mathbf{C}[-\pi, \pi]$ 中的一個函數 f，定義 f 的 **Fourier 係數 (Fourier coefficients)** 為

$$a_0 = \frac{\langle f(x), 1 \rangle}{\|1\|^2} = \frac{1}{2\pi} \int_{-\pi}^{\pi} f(x)\, dx$$
$$a_k = \frac{\langle f(x), \cos(kx) \rangle}{\|\cos(kx)\|^2} = \frac{1}{\pi} \int_{-\pi}^{\pi} f(x)\cos(kx)\, dx,\ k = 1, 2, \ldots$$
$$b_k = \frac{\langle f(x), \sin(kx) \rangle}{\|\sin(kx)\|^2} = \frac{1}{\pi} \int_{-\pi}^{\pi} f(x)\sin(kx)\, dx,\ k = 1, 2, \ldots$$

於是由近似定理（第 10.2 節定理 8）可得下面的定理 1。

---

[6] 為了紀念法國數學家 J.B.J. Fourier (1768-1830) 而命名，Fourier 於 1822 年利用這些技巧研究固體的熱傳導問題。

定理 1

設 f 為定義在 $[-\pi, \pi]$ 上的任意連續實值函數。若 $a_0, a_1, \ldots$ 與 $b_0, b_1, \ldots$ 為 f 的 Fourier 係數，則對於 $n \geq 0$，

$$f_n(x) = a_0 + a_1 \cos x + b_1 \sin x + a_2 \cos(2x) + b_2 \sin(2x) + \cdots + a_n \cos(nx) + b_n \sin(nx)$$

為 F_n 中最接近 f 的函數，亦即，

$$\|f - f_n\| \leq \|f - g\|$$

對於所有 $g \in F_n$ 皆成立。

函數 f_n 稱為函數 f 的第 n 階 **Fourier 近似 (Fourier approximation)**。

例 1

設定義在 $[-\pi, \pi]$ 的函數 $f(x)$ 為

$$f(x) = \begin{cases} \pi + x, & -\pi \leq x < 0 \\ \pi - x, & 0 \leq x \leq \pi \end{cases}$$

求 $f(x)$ 的第 5 階 Fourier 近似。

解：右上圖是 $y = f(x)$ 的圖形。Fourier 係數計算如下：

$a_0 = \frac{1}{2\pi} \int_{-\pi}^{\pi} f(x)\, dx = \frac{\pi}{2}$

$a_k = \frac{1}{\pi} \int_{-\pi}^{\pi} f(x)\cos(kx)\, dx = \frac{2}{\pi k^2}[1 - \cos(k\pi)]$

$ = \begin{cases} 0 & \text{若 } k \text{ 為偶數} \\ \frac{4}{\pi k^2} & \text{若 } k \text{ 為奇數} \end{cases}$

$b_k = \frac{1}{\pi} \int_{-\pi}^{\pi} f(x)\sin(kx)\, dx = 0，\forall k = 1, 2, \ldots$

因此 $f(x)$ 的第 5 階 Fourier 近似為

$$f_5(x) = \frac{\pi}{2} + \frac{4}{\pi}\left\{\cos x + \frac{1}{3^2}\cos(3x) + \frac{1}{5^2}\cos(5x)\right\}$$

中間的圖形是指 $f_5(x)$，$f_5(x)$ 已合理近似於 $f(x)$。為了比較起見，我們繪出 $f_{13}(x)$ 的圖形。

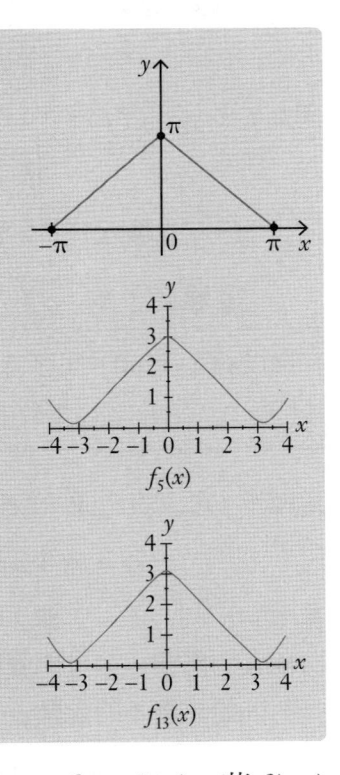

若 $f(x) = f(-x)$ 對所有 x 皆成立，則稱 f 為**偶函數 (even function)**；若 $f(-x) = -f(x)$ 對所有 x 皆成立，則稱 f 為**奇函數 (odd function)**。偶函數的例子有：常數函數、偶次方函數 $x^2, x^4, \ldots$ 與 $\cos(kx)$；這些函數的圖形對稱於 y 軸。奇函數的例子有：奇次方函數 $x, x^3, \ldots$ 與 $\sin(kx)$，$k > 0$；函數的圖形對稱於原點。這些函數有用之處為：

$$\int_{-\pi}^{\pi} f(x)\,dx = 0 \qquad \text{若 } f \text{ 為奇函數}$$
$$\int_{-\pi}^{\pi} f(x)\,dx = 2\int_{0}^{\pi} f(x)\,dx \qquad \text{若 } f \text{ 為偶函數}$$

這些事實可用來簡化 Fourier 係數的計算。例如：

1. 若 f 為偶函數，則 Fourier 正弦係數 b_k 均為零。
2. 若 f 為奇函數，則 Fourier 餘弦係數 a_k 均為零。

這是因為在第一種情形中，$f(x)\sin(kx)$ 為奇函數；而在第二種情形中，$f(x)\cos(kx)$ 為奇函數。

在 $f(x)$ 的 Fourier 近似中，函數 1、$\cos(kx)$ 與 $\sin(kx)$ 常出現於電壓問題之中（x 為時間）。把這些訊號加起來（振幅為 Fourier 係數），就可能得到一個近似於 $f(x)$ 的訊號。因此，Fourier 近似在電子學中扮演一個基本的角色。

最後，當 n 遞增時，函數 f 的 Fourier 近似 $f_1, f_2, \ldots$ 會變得越來越好。原因是子空間 F_n 越來越大：

$$F_1 \subseteq F_2 \subseteq F_3 \subseteq \cdots \subseteq F_n \subseteq \cdots$$

因為 $f_n = \mathrm{proj}_{F_n}(f)$，所以我們得到（參閱第 10.2 節例 6 下方的討論）

$$\|f - f_1\| \geq \|f - f_2\| \geq \cdots \geq \|f - f_n\| \geq \cdots$$

而且 $\|f - f_n\|$ 趨近於 0；事實上，我們有下面的基本定理。[7]

定理 2

設 f 為 $\mathbf{C}[-\pi, \pi]$ 中的任意連續函數，則

對於所有的 x，$-\pi < x < \pi$，$f_n(x)$ 趨近於 $f(x)$。[8]

這顯示 f 可以表示成一個無窮級數，稱為 f 的 **Fourier 級數 (Fourier series)**：

$$f(x) = a_0 + a_1\cos x + b_1\sin x + a_2\cos(2x) + b_2\sin(2x) + \cdots$$

其中 $-\pi < x < \pi$。定理 2 的完整討論超出本書的範圍。這個主題在數學的發展上具有極大的影響，並且變成科學與工程學的標準工具之一。

因此，例 1 的函數 f，其 Fourier 級數為

$$f(x) = \frac{\pi}{2} + \frac{4}{\pi}\left\{\cos x + \frac{1}{3^2}\cos(3x) + \frac{1}{5^2}\cos(5x) + \frac{1}{7^2}\cos(7x) + \cdots\right\}$$

---

[7] 參閱，例如 J. W. Brown and R. V. Churchill, *Fourier Series and Boundary Value Problems*, 7th ed. (New York: McGraw-Hill, 2008).

[8] 對於端點 $x = \pi$ 或 $x = -\pi$ 必須注意，因為 $\sin(k\pi) = \sin(-k\pi)$ 且 $\cos(k\pi) = \cos(-k\pi)$。

因為 $f(0) = \pi$ 且 $\cos(0) = 1$，令 $x = 0$，可得下列級數

$$\frac{\pi^2}{8} = 1 + \frac{1}{3^2} + \frac{1}{5^2} + \frac{1}{7^2} + \cdots$$

例 2

將 $f(x) = x$ 在區間 $[-\pi, \pi]$ 展開成 Fourier 級數，並求 $\frac{\pi}{4}$ 的級數展開。

解：因為 f 為奇函數，所以所有的 Fourier 餘弦係數 a_k 皆為 0。而正弦係數為：

$$b_k = \frac{1}{\pi} \int_{-\pi}^{\pi} x \sin(kx)\, dx = \frac{2}{k}(-1)^{k+1}, \quad k \geq 1$$

在此我們省略了分部積分法的詳細步驟。因此 x 的 Fourier 級數為

$$x = 2\left[\sin x - \frac{1}{2}\sin(2x) + \frac{1}{3}\sin(3x) - \frac{1}{4}\sin(4x) + \cdots\right]$$

其中 $-\pi < x < \pi$。特別地，令 $x = \frac{\pi}{2}$ 可得 $\frac{\pi}{4}$ 的無窮級數。

$$\frac{\pi}{4} = 1 - \frac{1}{3} + \frac{1}{5} - \frac{1}{7} + \frac{1}{9} - \cdots$$

許多其它類似的公式可利用定理 2 求得。

習題 10.5

1. 下列各題中，對 $\mathbf{C}[-\pi, \pi]$ 中的所予函數，求其 Fourier 近似 f_s。
   (a) $f(x) = \pi - x$
   ◆(b) $f(x) = |x| = \begin{cases} x & \text{若 } 0 \leq x \leq \pi \\ -x & \text{若 } -\pi \leq x < 0 \end{cases}$
   (c) $f(x) = x^2$
   ◆(d) $f(x) = \begin{cases} 0 & \text{若 } -\pi \leq x < 0 \\ x & \text{若 } 0 \leq x \leq \pi \end{cases}$

2. (a) 設 f 為定義於 $[-\pi, \pi]$ 的偶函數，滿足 $f(x) = x$，$0 \leq x \leq \pi$，求 f_s。
   ◆(b) 設 f 為定義於 $[-\pi, \pi]$ 的偶函數，滿足 $f(x) = \sin x$，$0 \leq x \leq \pi$，求 f_6。
   【提示：若 $k > 1$，$\int \sin x \cos(kx)$
   $= \frac{1}{2}\left[\frac{\cos[(k-1)x]}{k-1} - \frac{\cos[(k+1)x]}{k+1}\right]$】

3. (a) 證明：若 f 為奇函數，則 $\int_{-\pi}^{\pi} f(x) dx = 0$，並且若 f 為偶函數，則 $\int_{-\pi}^{\pi} f(x) dx = 2\int_0^{\pi} f(x) dx$。
   (b) 設 f 為任意函數。證明：$\frac{1}{2}[f(x) + f(-x)]$ 為偶函數，$\frac{1}{2}[f(x) - f(-x)]$ 為奇函數。注意兩者之和為 $f(x)$。

◆4. 證明 $\{1, \cos x, \cos(2x), \cos(3x), \ldots\}$ 為 $\mathbf{C}[0, \pi]$ 中的正交集，其中內積定義為 $\langle f, g \rangle = \int_0^{\pi} f(x) g(x) dx$。

5. (a) 利用習題 1(b) 證明
   $$\frac{\pi^2}{8} = 1 + \frac{1}{3^2} + \frac{1}{5^2} + \cdots$$
   (b) 利用習題 1(c) 證明
   $$\frac{\pi^2}{12} = 1 - \frac{1}{2^2} + \frac{1}{3^2} - \frac{1}{4^2} + \cdots$$

第十一章

正準形

給予一矩陣 A，對 A 做一系列的列運算之結果是產生 UA，其中 U 為可逆。在此「列對等」運算下所得的最好結果是 A 的簡化列梯形式。如果也允許使用行運算，結果則為 UAV，其中 U 與 V 皆為可逆，在此「對等」運算下，出現最佳的形式稱為 A 的 Smith 正準形 (Smith canonical form)（第 2.5 節定理 3）。可以對矩陣做其它種類的運算，而在許多情況下，正準形可能是最好的結果。

若 A 為方陣，這種最重要的運算無疑的是指「相似性」，亦即將 A 變成 $U^{-1}AU$，其中 U 為可逆。若存在某個可逆矩陣 U 使得 $B = U^{-1}AU$，在此情況下，我們稱矩陣 A 與 B 相似 (similar)，記做 $A \sim B$。在相似性條件下的正準矩陣，稱為喬登正準矩陣 (Jordan canonical matrices)，它是區塊三角矩陣，其主對角線上為上三角喬登區塊 (Jordan block)。本章我們將定義這些喬登區塊並且證明每一個矩陣相似於喬登正準矩陣。

此處是方法的要點。令 $T: V \to V$ 為 n 維向量空間 V 上的一個算子，並且假設我們可以找到 V 的一個有序基底 B 使得矩陣 $M_B(T)$ 儘可能的簡單。設 B_0 為 V 的任意有序基底，若對某個可逆矩陣 P 而言，

$$M_B(T) = P^{-1}M_{B_0}(T)P$$

成立，則稱矩陣 $M_B(T)$ 與 $M_{B_0}(T)$ 為相似。

此外，$P = P_{B_0 \leftarrow B}$ 可由基底 B 和 B_0 計算而得（第 9.2 節定理 3）。將上述理論結合第 9.3 節的不變子空間與直和，使我們能夠計算任意方陣的喬登正準形。依照這個方法，我們就可以導出可逆矩陣 P 的明確構造使得 $P^{-1}AP$ 為區塊三角矩陣。

這個技巧在許多方面有其重要性。例如，如果我們要將 $n \times n$ 矩陣 A 對角化，令 $T_A: \mathbb{R}^n \to \mathbb{R}^n$ 為算子，定義為 $T_A(\mathbf{x}) = A\mathbf{x}$，其中 $\mathbf{x} \in \mathbb{R}^n$，欲求 $\mathbb{R}^n$ 的一個基底 B 使得 $M_B(T_A)$ 為對角矩陣。若 $B_0 = E$ 為 $\mathbb{R}^n$ 的標準基底，則 $M_E(T_A) = A$，故

$$P^{-1}AP = P^{-1}M_E(T_A)P = M_B(T_A)$$

並且我們已將 A 對角化。因此我們將尋找一可逆矩陣 P 使得 $P^{-1}AP$ 為對角矩陣的

「代數」問題轉化成尋找一基底 B 使得 $M_B(T_A)$ 為對角矩陣的幾何問題。這種觀點的改變是線性代數中最重要的技巧之一。

11.1 節　區塊三角矩陣

我們已經證明過（第 8.2 節定理 5），對於任意 $n \times n$ 矩陣 A，如果每一個固有值皆為實數，則 A 相似於一個上三角矩陣 U。下面的定理證明，我們可以選取特別形式的 U。

定理 1

區塊三角化定理 (Block Triangulation Theorem)

設 A 為 $n \times n$ 矩陣，固有值皆為實數，令 A 的特徵多項式為

$$c_A(x) = (x - \lambda_1)^{m_1}(x - \lambda_2)^{m_2}\cdots(x - \lambda_k)^{m_k}$$

其中 $\lambda_1, \lambda_2, \ldots, \lambda_k$ 為 A 的相異固有值，則存在一個可逆矩陣 P 使得

$$P^{-1}AP = \begin{bmatrix} U_1 & 0 & 0 & \cdots & 0 \\ 0 & U_2 & 0 & \cdots & 0 \\ 0 & 0 & U_3 & \cdots & 0 \\ \vdots & \vdots & \vdots & & \vdots \\ 0 & 0 & 0 & \cdots & U_k \end{bmatrix}$$

其中 U_i 為 $m_i \times m_i$ 的上三角矩陣，其主對角線上的元素等於 λ_i。

定理的證明置於本節末。現在，我們專注於矩陣 P 的求法。主要的概念如下。

定義 11.1

若 A 如定理 1 所述，廣義的**固有空間 (generalized eigenspace)** $G_{\lambda_i}(A)$ 定義為

$$G_{\lambda_i}(A) = \text{null}[(\lambda_i I - A)^{m_i}]$$

其中 m_i 為 λ_i 的重數 (multiplicity)。

注意，固有空間 $E_{\lambda_i}(A) = \text{null}(\lambda_i I - A)$ 為 $G_{\lambda_i}(A)$ 的子空間。我們需要三個技術性的結果。

引理 1

採用定理 1 的記號，我們有 $\dim[G_{\lambda_i}(A)] = m_i$。

證明

為了方便起見，令 $A_i = (\lambda_i I - A)^{m_i}$，且令 P 如定理 1。經由 $\mathbf{x} \leftrightarrow P^{-1}\mathbf{x}$，空間 $G_{\lambda_i}(A)$ = null(A_i) 與 null($P^{-1}A_iP$) 為同構，因此只要證明 dim[null($P^{-1}A_iP$)] = m_i。如今 $P^{-1}A_iP$ = $(\lambda_i I - P^{-1}AP)^{m_i}$，如果我們使用定理 1 的區塊形式，則 $P^{-1}A_iP$ 變成

$$P^{-1}A_iP = \begin{bmatrix} \lambda_i I - U_1 & 0 & \cdots & 0 \\ 0 & \lambda_i I - U_2 & \cdots & 0 \\ \vdots & \vdots & & \vdots \\ 0 & 0 & \cdots & \lambda_i I - U_k \end{bmatrix}^{m_i}$$

$$= \begin{bmatrix} (\lambda_i I - U_1)^{m_i} & 0 & \cdots & 0 \\ 0 & (\lambda_i I - U_2)^{m_i} & \cdots & 0 \\ \vdots & \vdots & & \vdots \\ 0 & 0 & \cdots & (\lambda_i I - U_k)^{m_i} \end{bmatrix}$$

若 $j \neq i$，矩陣 $(\lambda_i I - U_j)^{m_i}$ 為可逆，若 $j = i$ 則為 0（因為 U_i 為 $m_i \times m_i$ 的上三角矩陣，其主對角線上的元素等於 λ_i）。因此，$m_i = \dim[\text{null}(P^{-1}A_iP)]$，如所求。

引理 2

若 P 如定理 1，將 P 的行向量表示如下：

$$\mathbf{p}_{11}, \mathbf{p}_{12}, \ldots, \mathbf{p}_{1m_1}; \quad \mathbf{p}_{21}, \mathbf{p}_{22}, \ldots, \mathbf{p}_{2m_2}; \quad \ldots; \quad \mathbf{p}_{k1}, \mathbf{p}_{k2}, \ldots, \mathbf{p}_{km_k}$$

則 $\{\mathbf{p}_{i1}, \mathbf{p}_{i2}, \ldots, \mathbf{p}_{im_i}\}$ 為 $G_{\lambda_i}(A)$ 的基底。

證明

由引理 1 知，只需證明每個 $\mathbf{p}_{ij}$ 皆屬於 $G_{\lambda_i}(A)$。將定理 1 中的矩陣寫成 $P^{-1}AP$ = diag($U_1, U_2, \ldots, U_k$)，則

$$AP = P \text{ diag}(U_1, U_2, \ldots, U_k)$$

逐次比較各行，可得：

$$A\mathbf{p}_{11} = \lambda_1 \mathbf{p}_{11} \qquad \text{因此 } (\lambda_1 I - A)\mathbf{p}_{11} = \mathbf{0}$$
$$A\mathbf{p}_{12} = u\mathbf{p}_{11} + \lambda_1 \mathbf{p}_{12} \qquad \text{因此 } (\lambda_1 I - A)^2 \mathbf{p}_{12} = \mathbf{0}$$
$$A\mathbf{p}_{13} = w\mathbf{p}_{11} + v\mathbf{p}_{12} + \lambda_1 \mathbf{p}_{13} \qquad \text{因此 } (\lambda_1 I - A)^3 \mathbf{p}_{13} = \mathbf{0}$$
$$\vdots \qquad\qquad\qquad\qquad \vdots$$

其中 $u, v, w \in \mathbb{R}$。一般而言，對 $j = 1, 2, \ldots, m_1$，恆有 $(\lambda_1 I - A)^j \mathbf{p}_{1j} = \mathbf{0}$，因此 $\mathbf{p}_{1j} \in G_{\lambda_1}(A)$。同理，對每一個 i 與 j，恆有 $\mathbf{p}_{ij} \in G_{\lambda_i}(A)$。

引理 3

若 B_i 為 $G_{\lambda_i}(A)$ 的任意基底，則 $B = B_1 \cup B_2 \cup \cdots \cup B_k$ 為 $\mathbb{R}^n$ 的基底。

> **證明**
>
> 由引理 1 知，只需證明 B 是獨立的。若 B 的元素之線性組合為 0，令 $\mathbf{x}_i$ 為 B_i 中的項之和，則 $\mathbf{x}_1 + \cdots + \mathbf{x}_k = \mathbf{0}$。但由引理 2 知，$\mathbf{x}_i = \sum_j r_{ij}\mathbf{p}_{ij}$，故 $\sum_{i,j} r_{ij}\mathbf{p}_{ij} = \mathbf{0}$。因此每一個 $\mathbf{x}_i = \mathbf{0}$，故 $\mathbf{x}_i$ 中的每一個係數皆為零。

引理 2 提供我們求定理 1 中的矩陣 P 之演算法。由觀察得知，存在一序列從 $E_{\lambda_i}(A)$ 到 $G_{\lambda_i}(A)$ 的子空間之上升鏈 (ascending chain)：

$$E_{\lambda_i}(A) = \text{null}[(\lambda_i I - A)] \subseteq \text{null}[(\lambda_i I - A)^2] \subseteq \cdots \subseteq \text{null}[(\lambda_i I - A)^{m_i}] = G_{\lambda_i}(A)$$

我們沿此鏈爬升以建構 $G_{\lambda_i}(A)$ 的基底。

> **三角化的演算法**
>
> 假設 A 的特徵多項式為
>
> $$c_A(x) = (x - \lambda_1)^{m_1}(x - \lambda_2)^{m_2}\cdots(x - \lambda_k)^{m_k}$$
>
> 1. 選取 $\text{null}[(\lambda_1 I - A)]$ 的一組基底；加入一些向量（也可能不加），使其擴大成為 $\text{null}[(\lambda_1 I - A)^2]$ 的基底，再擴大成為 $\text{null}[(\lambda_1 I - A)^3]$ 的基底，持續下去，直到得到 $G_{\lambda_1}(A)$ 的有序基底 $\{\mathbf{p}_{11}, \mathbf{p}_{12}, \ldots, \mathbf{p}_{1m_1}\}$。
> 2. 如 (1)，對每一個 i，可得 $G_{\lambda_i}(A)$ 的基底 $\{\mathbf{p}_{i1}, \mathbf{p}_{i2}, \ldots, \mathbf{p}_{im_i}\}$。
> 3. 以這些基底（按序）為行向量，得到矩陣
>
> $$P = [\mathbf{p}_{11}\, \mathbf{p}_{12}\cdots\mathbf{p}_{1m_1};\ \mathbf{p}_{21}\, \mathbf{p}_{22}\cdots\mathbf{p}_{2m_2};\ \ldots;\ \mathbf{p}_{k1}\, \mathbf{p}_{k2}\cdots\mathbf{p}_{km_k}]$$
>
> 則如定理 1 所述，$P^{-1}AP = \text{diag}(U_1, U_2, \ldots, U_k)$。

> **證明**
>
> 由引理 3 知，$B = \{\mathbf{p}_{11}, \ldots, \mathbf{p}_{km_k}\}$ 為 $\mathbb{R}^n$ 的基底，並且由第 9.2 節的定理 4 知 $P^{-1}AP = M_B(T_A)$。今對每個 i，$G_{\lambda_i}(A)$ 為 T_A-不變，因為
>
> $$(\lambda_i I - A)^{m_i}\mathbf{x} = \mathbf{0} \quad \text{意指} \quad (\lambda_i I - A)^{m_i}(A\mathbf{x}) = A(\lambda_i I - A)^{m_i}\mathbf{x} = \mathbf{0}$$
>
> 由第 9.3 節定理 7（以及歸納法），我們有
>
> $$P^{-1}AP = M_B(T_A) = \text{diag}(U_1, U_2, \ldots, U_k)$$
>
> 其中 U_i 為 T_A 侷限到 $G_{\lambda_i}(A)$ 的矩陣，剩下來要證明 U_i 為上三角矩陣。給予 s，令 $\mathbf{p}_{ij}$ 為 $\text{null}[(\lambda_i I - A)^{s+1}]$ 的一個基底向量，則 $(\lambda_i I - A)\mathbf{p}_{ij} \in \text{null}[(\lambda_i I - A)^s]$，並且是 $\mathbf{p}_{ij}$ 先前的基底向量 $\mathbf{p}_{it}$ 的線性組合。因此
>
> $$T_A(\mathbf{p}_{ij}) = A\mathbf{p}_{ij} = \lambda_i\mathbf{p}_{ij} - (\lambda_i I - A)\mathbf{p}_{ij}$$
>
> 這證明對應於 $\mathbf{p}_{ij}$，U_i 的行向量在主對角線上的元素為 λ_i，而在主對角線下方的元素皆為 0。這就是我們想要的。

例 1

若 $A = \begin{bmatrix} 2 & 0 & 0 & 1 \\ 0 & 2 & 0 & -1 \\ -1 & 1 & 2 & 0 \\ 0 & 0 & 0 & 2 \end{bmatrix}$，求 P 使得 $P^{-1}AP$ 為區塊三角形。

解：$c_A(x) = \det[xI - A] = (x-2)^4$，故 $\lambda_1 = 2$ 是唯一的固有值。這是定理 1 中，$k = 1$ 的情形。計算：

$$(2I - A) = \begin{bmatrix} 0 & 0 & 0 & -1 \\ 0 & 0 & 0 & 1 \\ 1 & -1 & 0 & 0 \\ 0 & 0 & 0 & 0 \end{bmatrix} \quad (2I - A)^2 = \begin{bmatrix} 0 & 0 & 0 & 0 \\ 0 & 0 & 0 & 0 \\ 0 & 0 & 0 & -2 \\ 0 & 0 & 0 & 0 \end{bmatrix} \quad (2I - A)^3 = 0$$

由高斯消去法求出 $\text{null}(2I - A)$ 的基底 $\{\mathbf{p}_{11}, \mathbf{p}_{12}\}$；然後以任何方式擴大成 $\text{null}[(2I - A)^2]$ 的基底 $\{\mathbf{p}_{11}, \mathbf{p}_{12}, \mathbf{p}_{13}\}$；最後得到 $\text{null}[(2I - A)^3] = \mathbb{R}^4$ 的基底 $\{\mathbf{p}_{11}, \mathbf{p}_{12}, \mathbf{p}_{13}, \mathbf{p}_{14}\}$。一種選擇是

$$\mathbf{p}_{11} = \begin{bmatrix} 1 \\ 1 \\ 0 \\ 0 \end{bmatrix}, \mathbf{p}_{12} = \begin{bmatrix} 0 \\ 0 \\ 1 \\ 0 \end{bmatrix}, \mathbf{p}_{13} = \begin{bmatrix} 0 \\ 1 \\ 0 \\ 0 \end{bmatrix}, \mathbf{p}_{14} = \begin{bmatrix} 0 \\ 0 \\ 0 \\ 1 \end{bmatrix}$$

因此 $P = [\mathbf{p}_{11} \ \mathbf{p}_{12} \ \mathbf{p}_{13} \ \mathbf{p}_{14}] = \begin{bmatrix} 1 & 0 & 0 & 0 \\ 1 & 0 & 1 & 0 \\ 0 & 1 & 0 & 0 \\ 0 & 0 & 0 & 1 \end{bmatrix}$，可得 $P^{-1}AP = \begin{bmatrix} 2 & 0 & 0 & 1 \\ 0 & 2 & 1 & 0 \\ 0 & 0 & 2 & -2 \\ 0 & 0 & 0 & 2 \end{bmatrix}$。

例 2

若 $A = \begin{bmatrix} 2 & 0 & 1 & 1 \\ 3 & 5 & 4 & 1 \\ -4 & -3 & -3 & -1 \\ 1 & 0 & 1 & 2 \end{bmatrix}$，求 P 使得 $P^{-1}AP$ 為區塊三角形。

解：固有值為 $\lambda_1 = 1$ 與 $\lambda_2 = 2$，因為

$$c_A(x) = \begin{vmatrix} x-2 & 0 & -1 & -1 \\ -3 & x-5 & -4 & -1 \\ 4 & 3 & x+3 & 1 \\ -1 & 0 & -1 & x-2 \end{vmatrix} = \begin{vmatrix} x-1 & 0 & 0 & -x+1 \\ -3 & x-5 & -4 & -1 \\ 4 & 3 & x+3 & 1 \\ -1 & 0 & -1 & x-2 \end{vmatrix}$$

$$= \begin{vmatrix} x-1 & 0 & 0 & 0 \\ -3 & x-5 & -4 & -4 \\ 4 & 3 & x+3 & 5 \\ -1 & 0 & -1 & x-3 \end{vmatrix} = (x-1) \begin{vmatrix} x-5 & -4 & -4 \\ 3 & x+3 & 5 \\ 0 & -1 & x-3 \end{vmatrix}$$

$$= (x-1) \begin{vmatrix} x-5 & -4 & 0 \\ 3 & x+3 & -x+2 \\ 0 & -1 & x-2 \end{vmatrix} = (x-1) \begin{vmatrix} x-5 & -4 & 0 \\ 3 & x+2 & 0 \\ 0 & -1 & x-2 \end{vmatrix}$$

$$= (x-1)(x-2) \begin{vmatrix} x-5 & -4 \\ 3 & x+2 \end{vmatrix} = (x-1)^2(x-2)^2$$

解此方程式，我們得到 null$(I - A)$ = span$\{\mathbf{p}_{11}\}$ 且 null$(I - A)^2$ = span$\{\mathbf{p}_{11}, \mathbf{p}_{12}\}$，其中

$$\mathbf{p}_{11} = \begin{bmatrix} 1 \\ 1 \\ -2 \\ 1 \end{bmatrix}, \mathbf{p}_{12} = \begin{bmatrix} 0 \\ 3 \\ -4 \\ 1 \end{bmatrix}$$

因為 $c_A(x) = 0$ 的根 $\lambda_1 = 1$ 之重數為 2，所以由引理 1 知 dim $G_{\lambda_1}(A) = 2$。因為 $\mathbf{p}_{11}$ 與 $\mathbf{p}_{12}$ 皆屬於 $G_{\lambda_1}(A)$，我們有 $G_{\lambda_1}(A)$ = span$\{\mathbf{p}_{11}, \mathbf{p}_{12}\}$。當 $\lambda_2 = 2$ 時，我們發現 null$(2I - A)$ = span$\{\mathbf{p}_{21}\}$ 且 null$[(2I - A)^2]$ = span$\{\mathbf{p}_{21}, \mathbf{p}_{22}\}$，其中

$$\mathbf{p}_{21} = \begin{bmatrix} 1 \\ 0 \\ -1 \\ 1 \end{bmatrix} \text{ 且 } \mathbf{p}_{22} = \begin{bmatrix} 0 \\ -4 \\ 3 \\ 0 \end{bmatrix}$$

又因 λ_2 的重數為 2，dim $G_{\lambda_2}(A) = 2$，故 $G_{\lambda_2}(A)$ = span$\{\mathbf{p}_{21}, \mathbf{p}_{22}\}$。因此

$$P = \begin{bmatrix} 1 & 0 & 1 & 0 \\ 1 & 3 & 0 & -4 \\ -2 & -4 & -1 & 3 \\ 1 & 1 & 1 & 0 \end{bmatrix}, \text{ 可得 } P^{-1}AP = \begin{bmatrix} 1 & -3 & 0 & 0 \\ 0 & 1 & 0 & 0 \\ 0 & 0 & 2 & 3 \\ 0 & 0 & 0 & 2 \end{bmatrix}$$

若 $p(x)$ 為一多項式，A 為 $n \times n$ 矩陣，則 $p(A)$ 也是 $n \times n$ 矩陣，其中我們將 A^0 解釋成 $A^0 = I_n$。例如，若 $p(x) = x^2 - 2x + 3$，則 $p(A) = A^2 - 2A + 3I$。定理 1 提供 Cayley-Hamilton 定理的另一個證明（見第 8.6 節定理 10）。如前，令 $c_A(x)$ 為 A 的特徵多項式。

定理 2

Cayley-Hamilton 定理

設 A 為一個方陣，其固有值皆為實數，則 $c_A(A) = 0$。

證明

如定理 1，令 $c_A(x) = (x - \lambda_1)^{m_1} \cdots (x - \lambda_k)^{m_k} = \prod_{i=1}^{k} (x - \lambda_i)^{m_i}$，且令 $P^{-1}AP = D =$ diag$(U_1, ..., U_k)$，則因 $(U_i - \lambda_i I)^{m_i} = 0$，故對每一個 i，恆有

$$c_A(U_i) = \prod_{i=1}^{k} (U_i - \lambda_i I)^{m_i} = 0$$

事實上，$U_i - \lambda_i I$ 為 $m_i \times m_i$ 矩陣，其主對角線的元素為 0。因此

$$P^{-1}c_A(A)P = c_A(D) = c_A[\text{diag}(U_1, ..., U_k)]$$
$$= \text{diag}[c_A(U_1), ..., c_A(U_k)]$$
$$= 0$$

由此可得 $c_A(A) = 0$。

例 3

若 $A = \begin{bmatrix} 1 & 3 \\ -1 & 2 \end{bmatrix}$，則 $c_A(x) = \det \begin{bmatrix} x-1 & -3 \\ 1 & x-2 \end{bmatrix} = x^2 - 3x + 5$。因此

$c_A(A) = A^2 - 3A + 5I_2 = \begin{bmatrix} -2 & 9 \\ -3 & 1 \end{bmatrix} - \begin{bmatrix} 3 & 9 \\ -3 & 6 \end{bmatrix} + \begin{bmatrix} 5 & 0 \\ 0 & 5 \end{bmatrix} = \begin{bmatrix} 0 & 0 \\ 0 & 0 \end{bmatrix}$。

定理 1 將在下一節中給予進一步的細說。

定理 1 的證明

定理 1 的證明需要下列與基底有關的引理，而引理的證明我們留給讀者。

引理 4

若 $\{\mathbf{v}_1, \mathbf{v}_2, \ldots, \mathbf{v}_n\}$ 為向量空間 V 的基底，則對任意純量 s 而言，$\{\mathbf{v}_1 + s\mathbf{v}_2, \mathbf{v}_2, \ldots, \mathbf{v}_n\}$ 也是 V 的基底。

定理 1 的證明

設 A 如定理 1 所述，且設 $T = T_A : \mathbb{R}^n \to \mathbb{R}^n$ 為由 A 誘導的矩陣變換。為了方便起見，如果一個矩陣為 $m \times m$ 的上三角矩陣，並且對角元素皆為 λ，我們就稱它為 λ-m-ut 矩陣（ut 為 upper triangular 的縮寫）。因此，我們必須求 $\mathbb{R}^n$ 的一組基底 B 使得 $M_B(T) = \mathrm{diag}(U_1, U_2, \ldots, U_k)$，其中對每一個 i，U_i 皆為 λ_i-m_i-ut 矩陣。我們對 n 做歸納法。當 $n = 1$ 時，取 $B = \{\mathbf{v}\}$，其中 $\mathbf{v}$ 為 T 的任意固有向量。

若 $n > 1$，令 $\mathbf{v}_1$ 為 T 的 λ_1-固有向量，且令 $B_0 = \{\mathbf{v}_1, \mathbf{w}_1, \ldots, \mathbf{w}_{n-1}\}$ 為 $\mathbb{R}^n$ 的任意基底，且包含 $\mathbf{v}_1$，則（見第 5.5 節引理 2）

$$M_{B_0}(T) = \begin{bmatrix} \lambda_1 & X \\ 0 & A_1 \end{bmatrix}$$

此為區塊形，其中 A_1 為 $(n-1) \times (n-1)$。此外，A 與 $M_{B_0}(T)$ 相似，故

$$c_A(x) = c_{M_{B_0}(T)}(x) = (x - \lambda_1) c_{A_1}(x)$$

因此 $c_{A_1}(x) = (x - \lambda_1)^{m_1 - 1} (x - \lambda_2)^{m_2} \cdots (x - \lambda_k)^{m_k}$，故（由歸納法），令

$$Q^{-1} A_1 Q = \mathrm{diag}(Z_1, U_2, \ldots, U_k)$$

其中 Z_1 為 λ_1-$(m_1 - 1)$-ut 矩陣，並且對每一個 $i > 1$，U_i 為 λ_i-m_i-ut 矩陣。若 $P = \begin{bmatrix} 1 & 0 \\ 0 & Q \end{bmatrix}$，則 $P^{-1} M_{B_0}(T) P = \begin{bmatrix} \lambda_1 & XQ \\ 0 & Q^{-1} A_1 Q \end{bmatrix} = A'$。因此 $A' \sim M_{B_0}(T) \sim A$，故由第 9.2 節定理 4(2) 知，存在 $\mathbb{R}^n$ 的基底 B_1 使得 $M_{B_1}(T_A) = A'$，亦即 $M_{B_1}(T) = A'$。因此 $M_{B_1}(T)$ 具有下列的區塊形式

$$M_{B_1}(T) = \begin{bmatrix} \lambda_1 & XQ \\ 0 & \text{diag}(Z_1, U_2, \ldots, U_k) \end{bmatrix} = \begin{bmatrix} \begin{array}{cc|ccc} \lambda_1 & X_1 & & Y & \\ 0 & Z_1 & 0 & 0 & 0 \\ \hline & & U_2 & \cdots & 0 \\ & 0 & \vdots & & \vdots \\ & & 0 & \cdots & U_k \end{array} \end{bmatrix} \quad (*)$$

如果我們令 $U_1 = \begin{bmatrix} \lambda_1 & X_1 \\ 0 & Z_1 \end{bmatrix}$，則除了列矩陣 Y 可能不為零以外，基底 B_1 滿足我們所需。

我們改正這個缺點如下：觀察基底 B_1 的第一個向量是 T 的 λ_1 固有向量，我們仍以 $\mathbf{v}_1$ 表示。觀念是，將 $\mathbf{v}_1$ 的純量倍數加到 B_1 中的其它向量，由引理 4 知，這樣可得一個新基底，並且我們可以選擇適當的倍數，使得 T 的新矩陣與 $(*)$ 相同，除了 $Y = 0$ 以外。令 $\{\mathbf{w}_1, \ldots, \mathbf{w}_{m_2}\}$ 為 B_1 中對應於 λ_2 的向量〔在 $(*)$ 中產生 U_2 者〕。令

$$U_2 = \begin{bmatrix} \lambda_2 & u_{12} & u_{13} & \cdots & u_{1m_2} \\ 0 & \lambda_2 & u_{23} & \cdots & u_{2m_2} \\ 0 & 0 & \lambda_2 & \cdots & u_{3m_2} \\ \vdots & \vdots & \vdots & & \vdots \\ 0 & 0 & 0 & \ldots & \lambda_2 \end{bmatrix} \quad \text{且} \quad Y = [y_1 \; y_2 \; \cdots \; y_{m_2}]$$

我們首先將 $\mathbf{w}_1$ 換成 $\mathbf{w}'_1 = \mathbf{w}_1 + s\mathbf{v}_1$，其中 s 待定。則由 $(*)$ 得到

$$\begin{aligned} T(\mathbf{w}'_1) &= T(\mathbf{w}_1) + sT(\mathbf{v}_1) \\ &= (y_1\mathbf{v}_1 + \lambda_2\mathbf{w}_1) + s\lambda_1\mathbf{v}_1 \\ &= y_1\mathbf{v}_1 + \lambda_2(\mathbf{w}'_1 - s\mathbf{v}_1) + s\lambda_1\mathbf{v}_1 \\ &= \lambda_2\mathbf{w}'_1 + [(y_1 - s(\lambda_2 - \lambda_1)]\mathbf{v}_1 \end{aligned}$$

因為 $\lambda_2 \neq \lambda_1$，我們可選 s 使得 $T(\mathbf{w}'_1) = \lambda_2\mathbf{w}'_1$。同理，令 $\mathbf{w}'_2 = \mathbf{w}_2 + t\mathbf{v}_1$，其中 t 待定。則，如前所述，

$$\begin{aligned} T(\mathbf{w}'_2) &= T(\mathbf{w}_2) + tT(\mathbf{v}_1) \\ &= (y_2\mathbf{v}_1 + u_{12}\mathbf{w}_1 + \lambda_2\mathbf{w}_2) + t\lambda_1\mathbf{v}_1 \\ &= u_{12}\mathbf{w}'_1 + \lambda_2\mathbf{w}'_2 + [(y_2 - u_{12}s) - t(\lambda_2 - \lambda_1)]\mathbf{v}_1 \end{aligned}$$

選取 t 使得 $T(\mathbf{w}'_2) = u_{12}\mathbf{w}'_1 + \lambda_2\mathbf{w}'_2$。繼續此方法，將 $y_1, \ldots, y_{m_2}$ 消去，對於 $\lambda_3, \lambda_4, \ldots$ 使用上述同樣的步驟，即可產生一組新基底 B 使得 $M_B(T)$ 呈現如同 $(*)$ 之形式，但是 $Y = 0$。

習題 11.1

1. 下列各題中，求矩陣 P 使得 $P^{-1}AP$ 如定理 1 中的區塊三角形。

   (a) $A = \begin{bmatrix} 2 & 3 & 2 \\ -1 & -1 & -1 \\ 1 & 2 & 2 \end{bmatrix}$

   ◆(b) $A = \begin{bmatrix} -5 & 3 & 1 \\ -4 & 2 & 1 \\ -4 & 3 & 0 \end{bmatrix}$

   (c) $A = \begin{bmatrix} 0 & 1 & 1 \\ 2 & 3 & 6 \\ -1 & -1 & -2 \end{bmatrix}$

   ◆(d) $A = \begin{bmatrix} -3 & -1 & 0 \\ 4 & -1 & 3 \\ 4 & -2 & 4 \end{bmatrix}$

   (e) $A = \begin{bmatrix} -1 & -1 & -1 & 0 \\ 3 & 2 & 3 & -1 \\ 2 & 1 & 3 & -1 \\ 2 & 1 & 4 & -2 \end{bmatrix}$

   ◆(f) $A = \begin{bmatrix} -3 & 6 & 3 & 2 \\ -2 & 3 & 2 & 2 \\ -1 & 3 & 0 & 1 \\ -1 & 1 & 2 & 0 \end{bmatrix}$

2. 對於有限維向量空間 V 上的線性算子 T，證明下列條件是對等的：

   (1) 對 E 的某個有序基底 B 而言，$M_B(T)$ 為上三角矩陣。

   (2) 存在 V 的基底 $\{\mathbf{b}_1, \cdots, \mathbf{b}_n\}$ 使得對每一個 i，$T(\mathbf{b}_i)$ 為 $\mathbf{b}_1, \cdots, \mathbf{b}_i$ 的線性組合。

   (3) 存在 T-不變子空間 $V_1 \subseteq V_2 \subseteq \cdots \subseteq V_n = V$ 使得對每一個 i，$\dim V_i = i$ 恆成立。

3. 若 A 為 $n \times n$ 可逆矩陣，證明對某些純量 $r_0, r_1, \ldots, r_{n-1}$ 而言，$A^{-1} = r_0 I + r_1 A + \cdots + r_{n-1} A^{n-1}$ 恆成立。
   【提示：Cayley-Hamilton 定理。】

◆4. 若 $T : V \to V$ 為線性算子，其中 V 為有限維向量空間，證明 $c_T(T) = 0$。
   【提示：第 9.1 節習題 26。】

5. 定義 $T : \mathbf{P} \to \mathbf{P}$ 為 $T[p(x)] = xp(x)$ 證明：

   (a) T 為線性並且對所有多項式 $f(x)$，恆有 $f(T)[p(x)] = f(x)p(x)$。

   (b) 對所有非零多項式 $f(x)$，恆有 $f(T) \neq 0$。【見習題 4。】

11.2 節　喬登正準形

A、B 為 $m \times n$ 矩陣，若能利用基本列運算將 A 變成 B，或對某個可逆矩陣 U，恆有 $B = UA$，則稱 A、B 為列對等。我們知道（第 2.6 節定理 4），每一個 $m \times n$ 矩陣列對等於唯一的簡化列梯形矩陣，而對使用列運算的 $m \times n$ 矩陣而言，我們稱這些簡化列梯形矩陣為正準形 (canonical form)。如果我們也可以使用行運算，則對可逆矩陣 U 和 V 而言，恆有 $A \to UAV = \begin{bmatrix} I_r & 0 \\ 0 & 0 \end{bmatrix}$，並且正準形為矩陣 $\begin{bmatrix} I_r & 0 \\ 0 & 0 \end{bmatrix}$，其中 r 為矩陣的秩（此為第 2.5 節定理 3 所討論的 Smith normal form）。本節，在相似性：$A \to P^{-1}AP$ 之下，欲求方陣的正準形。

若 A 為具有相異實固有值 $\lambda_1, \lambda_2, ..., \lambda_k$ 的 $n \times n$ 矩陣，我們於第 11.1 節定理 1 得知，A 相似於區塊三角矩陣，更明確地說，存在一可逆矩陣 P 使得

$$P^{-1}AP = \begin{bmatrix} U_1 & 0 & \cdots & 0 \\ 0 & U_2 & \cdots & 0 \\ \vdots & \vdots & \ddots & \vdots \\ 0 & 0 & \cdots & U_k \end{bmatrix} = \mathrm{diag}(U_1, U_2, ..., U_k) \qquad (*)$$

其中，對每一個 i，U_i 為上三角形，而 λ_i 位於主對角線上。喬登正準形是這個定理進一步的改進。對於 $(*)$ 式，我們所給的證明是基於理論，亦即要利用演算法來求矩陣 P。然而，所採用的方法是抽象的。因此，我們將第 11.1 節定理 1 重新敘述如下：

定理 1

令 $T: V \to V$ 為一個線性算子，其中 $\dim V = n$。設 $\lambda_1, \lambda_2, ..., \lambda_k$ 為 T 的相異固有值，且 λ_i 均為實數，則存在 V 的一組基底 F 使得 $M_F(T) = \mathrm{diag}(U_1, U_2, ..., U_k)$，其中對每一個 i 而言，U_i 為上三角方陣，而 λ_i 位於主對角線上。

證明

選取 V 的任意基底 $B = \{\mathbf{b}_1, \mathbf{b}_2, ..., \mathbf{b}_n\}$ 且令 $A = M_B(T)$。因為 A 與 T 有相同的固有值，第 11.1 節定理 1 顯示存在一個可逆矩陣 P 使得 $P^{-1}AP = \mathrm{diag}(U_1, U_2, ..., U_k)$，其中 U_i 如定理中所述。若 $\mathbf{p}_j$ 表示 P 的第 j 行且 $C_B : V \to \mathbb{R}^n$ 為座標同構，對每一個 j，令 $\mathbf{f}_j = C_B^{-1}(\mathbf{p}_j)$，則對每一個 j，$F = \{\mathbf{f}_1, \mathbf{f}_2, ..., \mathbf{f}_n\}$ 為 V 的一組基底且 $C_B(\mathbf{f}_j) = \mathbf{p}_j$。這表示 $P_{B \leftarrow F} = [C_B(\mathbf{f}_j)] = [\mathbf{p}_j] = P$，因此（由第 9.2 節定理 2）$P_{F \leftarrow B} = P^{-1}$。有了這個，對於所有的 j，$M_F(T)$ 的第 j 行為

$$C_F(T(\mathbf{f}_j)) = P_{F \leftarrow B} C_B(T(\mathbf{f}_j)) = P^{-1} M_B(T) C_B(\mathbf{f}_j) = P^{-1} A \mathbf{p}_j$$

因此

$$M_F(T) = [C_F(T(\mathbf{f}_j))] = [P^{-1} A \mathbf{p}_j] = P^{-1} A [\mathbf{p}_j] = P^{-1} A P = \mathrm{diag}(U_1, U_2, ..., U_k)$$

定理得證。

定義 11.2

若 $n \geq 1$，定義**喬登區塊 (Jordan block)** $J_n(\lambda)$ 為主對角線為 λ 的 $n \times n$ 矩陣，1 在對角線上方，而其餘位置則為 0。我們令 $J_1(\lambda) = [\lambda]$。

因此

$$J_1(\lambda) = [\lambda],\ J_2(\lambda) = \begin{bmatrix} \lambda & 1 \\ 0 & \lambda \end{bmatrix},\ J_3(\lambda) = \begin{bmatrix} \lambda & 1 & 0 \\ 0 & \lambda & 1 \\ 0 & 0 & \lambda \end{bmatrix},\ J_4(\lambda) = \begin{bmatrix} \lambda & 1 & 0 & 0 \\ 0 & \lambda & 1 & 0 \\ 0 & 0 & \lambda & 1 \\ 0 & 0 & 0 & \lambda \end{bmatrix}, \ldots$$

我們將證明以喬登區塊取代定理中的每一個 U_i，定理 1 仍然成立。整件事情關鍵在於 $\lambda = 0$ 之情形。若對某一個 $m \geq 1$，恆有 $T^m = 0$，則稱算子 T 為**冪零 (nilpotent)**，而在此情況下，對於 T 的每一個固有值 λ 而言，均有 $\lambda = 0$。此外，由第 11.1 節定理 1 知，反之亦成立。因此下列引理極為重要。

引理 1

令 $T: V \to V$ 為一個線性算子，其中 $\dim V = n$，且設 T 為冪零，亦即，對某一個 $m \geq 1$，恆有 $T^m = 0$，則 V 有一組基底 B 使得

$$M_B(T) = \operatorname{diag}(J_1, J_2, \ldots, J_k)$$

其中每一個 J_i 為對應於 $\lambda = 0$ 的喬登區塊。[1]

證明於本節末。

定理 2

實喬登正準形 (Real Jordan Canonical Form)

令 $T: V \to V$ 為一個線性算子，其中 $\dim V = n$，且設 $\lambda_1, \lambda_2, \ldots, \lambda_m$ 為 T 的相異固有值而 λ_i 均為實數，則存在 V 的一組基底 E 使得

$$M_E(T) = \operatorname{diag}(U_1, U_2, \ldots, U_k)$$

為區塊形。此外，每一個 U_j 本身為區塊對角形：

$$U_j = \operatorname{diag}(J_1, J_2, \ldots, J_k)$$

其中每一個 J_i 為對應於某一個 λ_i 的喬登區塊。

證明

如定理 1，令 $E = \{\mathbf{e}_1, \mathbf{e}_2, \ldots, \mathbf{e}_n\}$ 為 V 的一組基底，且對每一個 i，假設 U_i 為 $n_i \times n_i$ 矩陣，令

$$E_1 = \{\mathbf{e}_1, \ldots, \mathbf{e}_{n_1}\},\ E_2 = \{\mathbf{e}_{n_1+1}, \ldots, \mathbf{e}_{n_2}\},\ \ldots,\ E_k = \{\mathbf{e}_{n_{k-1}+1}, \ldots, \mathbf{e}_{n_k}\}$$

---

[1] 反之亦成立：若對於 V 的某一個基底 B，$M_B(T)$ 具有此形式，則 T 為冪零。

其中 $n_k = n$,且對每一個 i,定義 $V_i = \text{span}\{E_i\}$。因為矩陣 $M_E(T) = \text{diag}(U_1, U_2, ..., U_m)$ 為區塊對角形,則每一個 V_i 為 T-不變且 $M_{E_i}(T) = U_i$。令 U_i 有 λ_i 重複出現在主對角線上,並且考慮侷限 $T : V_i \to V_i$,則 $M_{E_i}(T - \lambda_i I_{n_i})$ 為冪零矩陣,因此 $(T - \lambda_i I_{n_i})$ 為 V_i 上的冪零算子。但引理 1 顯示 V_i 有一個基底 B_i 使得 $M_{B_i}(T - \lambda_i I_{n_i}) = \text{diag}(K_1, K_2, ..., K_t)$,其中每一個 K_i 為對應於 $\lambda = 0$ 的一個喬登區塊,因此

$$M_{B_i}(T) = M_{B_i}(\lambda_i I_{n_i}) + M_{B_i}(T - \lambda_i I_{n_i})$$
$$= \lambda_i I_{n_i} + \text{diag}(K_1, K_2, ..., K_t) = \text{diag}(J_1, J_2, ..., J_k)$$

其中 $J_i = \lambda_i I_{f_i} + K_i$ 為對應於 λ_i 的一個喬登區塊(其中 K_i 為 $f_i \times f_i$)。最後,$B = B_1 \cup B_2 \cup \cdots \cup B_k$ 為相對於 T 之 V 的一組基底,而 T 具有欲求之矩陣。

推論 1

若 A 為 $n \times n$ 矩陣,其固有值為實數,則存在可逆矩陣 P 使得 $P^{-1}AP = \text{diag}(J_1, J_2, ..., J_k)$,其中每一個 J_i 為對應於固有值為 λ_i 的喬登區塊。

證明

應用定理 2 於矩陣變換 $T_A : \mathbb{R}^n \to \mathbb{R}^n$,求 $\mathbb{R}^n$ 的一組基底 B 使得 $M_B(T_A)$ 具有欲求之形式。若 P 為 $n \times n$ 可逆矩陣,其行向量是 B 的向量,則由第 9.2 節定理 4 知,$P^{-1}AP = M_B(T_A)$。

當然,如果我們是在複數 $\mathbb{C}$ 上運算而不是在 $\mathbb{R}$,(複數)矩陣 A 的特徵多項式可完全分解為線性因式的乘積。通過定理 2 的證明可得

定理 3

喬登正準形 (Jordan Canonical Form)[2]

令 $T : V \to V$ 為線性算子,其中 $\dim V = n$,且假設 $\lambda_1, \lambda_2, ..., \lambda_m$ 為 T 的相異固有值,則存在 V 的一組基底 F 使得

$$M_F(T) = \text{diag}(U_1, U_2, ..., U_k)$$

為區塊形。此外,每一個 U_j 本身為區塊對角形:

$$U_j = \text{diag}(J_1, J_2, ..., J_{t_j})$$

其中每一個 J_i 為對應於某個 λ_i 的喬登區塊。

Camille Jordan. Photo © Corbis.

---

[2] 此定理於 1870 年首先由法國數學家 Camille Jordan (1838-1922) 在他的不朽著作 *Traité des*

除了喬登區塊 J_i 的順序外，喬登正準形是由算子 T 唯一決定。亦即，對於每一個固有值 λ，對應於 λ 之喬登區塊的個數和大小是唯一決定。因此，例如，兩個矩陣（或兩個算子）相似若且唯若它們有相同的喬登正準形。我們省略唯一性的證明，而它可以用抽象代數中的 modules 給予最好的呈現。

引理 1 的證明

引理 1

令 $T: V \to V$ 為一個線性算子，其中 $\dim V = n$，且設 T 為冪零，亦即，對某一個 $m \geq 1$，恆有 $T^m = 0$，則 V 有一組基底 B 使得
$$M_B(T) = \text{diag}(J_1, J_2, \ldots, J_k)$$
其中每一個 $J_i = J_{n_i}(0)$ 為對應於 $\lambda = 0$ 的喬登區塊。

證明

對 n 以歸納法證明。若 $n = 1$，則 T 為一個純量算子，故 $T = 0$，引理成立。若 $n \geq 1$，假設 $T \neq 0$。故 $m \geq 1$ 且假設選取 m 使得 $T^m = 0$，但 $T^{m-1} \neq 0$。假設對 V 中某一個 $\mathbf{u}$，$T^{m-1}\mathbf{u} \neq \mathbf{0}$。[3]

宣稱 (claim)：$\{\mathbf{u}, T\mathbf{u}, T^2\mathbf{u}, \ldots, T^{m-1}\mathbf{u}\}$ 為線性獨立。

證明：假設 $a_0\mathbf{u} + a_1 T\mathbf{u} + a_2 T^2\mathbf{u} + \cdots + a_{m-1}T^{m-1}\mathbf{u} = \mathbf{0}$，其中 $a_i \in \mathbb{R}$。因為 $T^m = 0$，應用 T^{m-1} 可得 $\mathbf{0} = T^{m-1}\mathbf{0} = a_0 T^{m-1}\mathbf{u}$，所以 $a_0 = 0$。

因此 $a_1 T\mathbf{u} + a_2 T^2\mathbf{u} + \cdots + a_{m-1}T^{m-1}\mathbf{u} = \mathbf{0}$，再以相同的方法應用 T^{m-2} 可得 $a_1 = 0$。繼續以這種方式可得 $a_i = 0$。這證明了宣稱 (claim)。

現在定義 $P = \text{span}\{\mathbf{u}, T\mathbf{u}, T^2\mathbf{u}, \ldots, T^{m-1}\mathbf{u}\}$，則 P 為 T-不變子空間（因為 $T^m = 0$），且 $T: P \to P$ 為冪零。而矩陣 $M_B(T) = J_m(0)$，其中 $B = \{\mathbf{u}, T\mathbf{u}, T^2\mathbf{u}, \ldots, T^{m-1}\mathbf{u}\}$。若 $V = P \oplus Q$，其中 Q 為 T-不變（因為 $P \neq 0$，且 $T: Q \to Q$ 為冪零，故 $\dim Q = n - \dim P < n$）。則由歸納法已得證。考慮到這一點，選取最大維數的 T-不變子空間 Q，使得 $P \cap Q = \{\mathbf{0}\}$。[4] 我們假設 $V \neq P \oplus Q$ 而造成矛盾。

選取 $\mathbf{x} \in V$ 使得 $\mathbf{x} \notin P \oplus Q$，則 $T^m\mathbf{x} = \mathbf{0} \in P \oplus Q$ 而 $T^0\mathbf{x} = \mathbf{x} \notin P \oplus Q$。因此存在 k，$1 \leq k \leq m$，使得 $T^k\mathbf{x} \in P \oplus Q$ 但 $T^{k-1}\mathbf{x} \notin P \oplus Q$。令 $\mathbf{v} = T^{k-1}\mathbf{x}$，則

$$\mathbf{v} \notin P \oplus Q \quad \text{且} \quad T\mathbf{v} \in P \oplus Q$$

---

substitutions et des équations algébriques 中獲得證明。

[3] 若 $S: V \to V$ 為一個算子，為了簡單起見，我們以 $S\mathbf{u}$ 作為 $S(\mathbf{u})$ 的縮寫。

[4] 至少有一個這樣的子空間：$Q = \{\mathbf{0}\}$。

令 $T\mathbf{v} = \mathbf{p} + \mathbf{q}$，$\mathbf{p} \in P$ 且 $\mathbf{q} \in Q$，則 $\mathbf{0} = T^{m-1}(T\mathbf{v}) = T^{m-1}\mathbf{p} + T^{m-1}\mathbf{q}$。因為 P、Q 為 T-不變，$T^{m-1}\mathbf{p} = -T^{m-1}\mathbf{q} \in P \cap Q = \{\mathbf{0}\}$，因此

$$T^{m-1}\mathbf{p} = \mathbf{0}$$

因為 $\mathbf{p} \in P$，我們有 $\mathbf{p} = a_0\mathbf{u} + a_1 T\mathbf{u} + a_2 T^2\mathbf{u} + \cdots + a_{m-1}T^{m-1}\mathbf{u}$，其中 $a_i \in \mathbb{R}$。因為 $T^m = 0$，應用 T^{m-1} 可得 $\mathbf{0} = T^{m-1}\mathbf{p} = a_0 T^{m-1}\mathbf{u}$，所以 $a_0 = 0$。因此 $\mathbf{p} = T(\mathbf{p}_1)$ 其中 $\mathbf{p}_1 = a_1\mathbf{u} + a_2 T\mathbf{u} + \cdots + a_{m-1}T^{m-2}\mathbf{u} \in P$。若令 $\mathbf{v}_1 = \mathbf{v} - \mathbf{p}_1$，我們有

$$T(\mathbf{v}_1) = T(\mathbf{v} - \mathbf{p}_1) = T\mathbf{v} - \mathbf{p} = \mathbf{q} \in Q$$

因為 $T(Q) \subseteq Q$，可推得 $T(Q + \mathbb{R}\mathbf{v}_1) \subseteq Q \subseteq Q + \mathbb{R}\mathbf{v}_1$。此外 $\mathbf{v}_1 \notin Q$（否則 $\mathbf{v} = \mathbf{v}_1 + \mathbf{p}_1 \in P \oplus Q$，矛盾）。因此 $Q \subset Q + \mathbb{R}\mathbf{v}_1$，由於 Q 是最大維數，我們必須有 $(Q + \mathbb{R}\mathbf{v}_1) \cap P \neq \{\mathbf{0}\}$，即

$$\mathbf{0} \neq \mathbf{p}_2 = \mathbf{q}_1 + a\mathbf{v}_1 \quad \text{其中} \quad \mathbf{p}_2 \in P,\ \mathbf{q}_1 \in Q,\ \text{且}\ a \in \mathbb{R}$$

因此 $a\mathbf{v}_1 = \mathbf{p}_2 - \mathbf{q}_1 \in P \oplus Q$。但因為 $\mathbf{v}_1 = \mathbf{v} - \mathbf{p}_1$，我們有

$$a\mathbf{v} = a\mathbf{v}_1 + a\mathbf{p}_1 \in (P \oplus Q) + P = P \oplus Q$$

因為 $\mathbf{v} \notin P \oplus Q$，意指 $a = 0$。但 $\mathbf{p}_2 = \mathbf{q}_1 \in P \cap Q = \{\mathbf{0}\}$，矛盾。定理得證。

習題 11.2

1. 以直接計算，證明不存在可逆複矩陣 C 使得

$$C^{-1}\begin{bmatrix} 1 & 1 & 0 \\ 0 & 1 & 1 \\ 0 & 0 & 1 \end{bmatrix}C = \begin{bmatrix} 1 & 1 & 0 \\ 0 & 1 & 0 \\ 0 & 0 & 1 \end{bmatrix}$$

◆2. 證明 $\begin{bmatrix} a & 1 & 0 \\ 0 & a & 0 \\ 0 & 0 & b \end{bmatrix}$ 相似於 $\begin{bmatrix} b & 0 & 0 \\ 0 & a & 1 \\ 0 & 0 & a \end{bmatrix}$。

3. (a) 證明每一個複矩陣相似於它的轉置。

   (b) 證明每一個實矩陣相似於它的轉置。

   【提示：證明 $J_k(0)Q = Q[J_k(0)]^T$，其中 Q 為 $k \times k$ 矩陣，而 Q 的「反對角」(counter diagonal) 元素為 1，反對角是指由 $(1, k)$ 位置到 $(k, 1)$ 位置。】

部分解答

習題 1.1　解與基本運算

1. **(b)** $2(2s + 12t + 13) + 5s + 9(-s - 3t - 3) + 3t = -1$; $(2s + 12t + 13) + 2s + 4(-s - 3t - 3) = 1$
2. **(b)** $x = t, y = \frac{1}{3}(1 - 2t)$ or $x = \frac{1}{2}(1 - 3s), y = s$
   (d) $x = 1 + 2s - 5t, y = s, z = t$ or $x = s, y = t, z = \frac{1}{5}(1 - s + 2t)$
4. $x = \frac{1}{4}(3 + 2s), y = s, z = t$
5. **(a)** No solution if $b \neq 0$. If $b = 0$, *any* x is a solution.　**(b)** $x = \frac{b}{a}$
7. **(b)** $\begin{bmatrix} 1 & 2 & | & 0 \\ 0 & 1 & | & 1 \end{bmatrix}$　**(d)** $\begin{bmatrix} 1 & 1 & 0 & | & 1 \\ 0 & 1 & 1 & | & 0 \\ -1 & 0 & 1 & | & 2 \end{bmatrix}$
8. **(b)** $\begin{array}{r} 2x - y = -1 \\ -3x + 2y + z = 0 \\ y + z = 3 \end{array}$ or $\begin{array}{r} 2x_1 - x_2 = -1 \\ -3x_1 + 2x_2 + x_3 = 0 \\ x_2 + x_3 = 3 \end{array}$
9. **(b)** $x = -3, y = 2$　**(d)** $x = -17, y = 13$
10. **(b)** $x = \frac{1}{9}, y = \frac{10}{9}, z = \frac{-7}{3}$
11. **(b)** No solution
14. **(b)** F. $x + y = 0, x - y = 0$ has a unique solution.　**(d)** T. Theorem 1.
16. $x' = 5, y' = 1$, so $x = 23, y = -32$
17. $a = -\frac{1}{9}, b = -\frac{5}{9}, c = \frac{11}{9}$
19. \$4.50, \$5.20

習題 1.2　高斯消去法

1. **(b)** No, no　**(d)** No, yes　**(f)** No, no
2. **(b)** $\begin{bmatrix} 0 & 1 & -3 & 0 & 0 & 0 \\ 0 & 0 & 0 & 1 & 0 & 0 & -1 \\ 0 & 0 & 0 & 0 & 1 & 0 & 0 \\ 0 & 0 & 0 & 0 & 0 & 1 & 1 \end{bmatrix}$
3. **(b)** $x_1 = 2r - 2s - t + 1, x_2 = r, x_3 = -5s + 3t - 1, x_4 = s, x_5 = -6t + 1, x_6 = t$
   (d) $x_1 = -4s - 5t - 4, x_2 = -2s + t - 2, x_3 = s, x_4 = 1, x_5 = t$
4. **(b)** $x = -\frac{1}{7}, y = -\frac{3}{7}$　**(d)** $x = \frac{1}{3}(t + 2), y = t$　**(f)** No solution
5. **(b)** $x = -15t - 21, y = -11t - 17, z = t$　**(d)** No solution　**(f)** $x = -7, y = -9, z = 1$
   (h) $x = 4, y = 3 + 2t, z = t$
6. **(b)** Denote the equations as $E_1, E_2,$ and E_3. Apply gaussian elimination to column 1 of the augmented matrix, and observe that $E_3 - E_1 = -4(E_2 - E_1)$. Hence $E_3 = 5E_1 - 4E_2$.
7. **(b)** $x_1 = 0, x_2 = -t, x_3 = 0, x_4 = t$　**(d)** $x_1 = 1, x_2 = 1 - t, x_3 = 1 + t, x_4 = t$
8. **(b)** If $ab \neq 2$, unique solution $x = \dfrac{-2 - 5b}{2 - ab}, y = \dfrac{a + 5}{2 - ab}$. If $ab = 2$: no solution if $a \neq -5$; if $a = -5$, the solutions are $x = -1 + \frac{2}{5}t, y = t$.

582 線性代數

(d) If $a \neq 2$, unique solution $x = \dfrac{1-b}{a-2}, y = \dfrac{ab-2}{a-2}$. If $a = 2$, no solution if $b \neq 1$; if $b = 1$, the solutions are $x = \frac{1}{2}(1-t), y = t$.

9. (b) Unique solution $x = -2a + b + 5c, y = 3a - b - 6c, z = -2a + b + 4c$, for any a, b, c.
   (d) If $abc \neq -1$, unique solution $x = y = z = 0$; if $abc = -1$ the solutions are $x = abt, y = -bt, z = t$.
   (f) If $a = 1$, solutions $x = -t, y = t, z = -1$. If $a = 0$, there is no solution. If $a \neq 1$ and $a \neq 0$, unique solution
   $x = \dfrac{a-1}{a}, y = 0, z = \dfrac{-1}{a}$.

10. (b) 1 (d) 3 (f) 1
11. (b) 2 (d) 3
    (f) 2 if $a = 0$ or $a = 2$; 3, otherwise.
12. (b) False. $A = \begin{bmatrix} 1 & 0 & | & 1 \\ 0 & 1 & | & 1 \\ 0 & 0 & | & 0 \end{bmatrix}$ (d) False. $A = \begin{bmatrix} 1 & 0 & | & 1 \\ 0 & 1 & | & 0 \\ 0 & 0 & | & 0 \end{bmatrix}$

    (f) False. $\begin{matrix} 2x - y = 0 \\ -4x + 2y = 0 \end{matrix}$ is consistent but $\begin{matrix} 2x - y = 1 \\ -4x + 2y = 1 \end{matrix}$ is not.

    (h) True, A has 3 rows, so there are at most 3 leading 1's.

14. (b) Since one of $b - a$ and $c - a$ is nonzero, then
    $\begin{bmatrix} 1 & a & b+c \\ 1 & b & c+a \\ 1 & b & c+a \end{bmatrix} \rightarrow \begin{bmatrix} 1 & a & b+c \\ 0 & b-a & a-b \\ 0 & c-a & a-c \end{bmatrix} \rightarrow \begin{bmatrix} 1 & a & b+c \\ 0 & 1 & -1 \\ 0 & 0 & 0 \end{bmatrix} \rightarrow \begin{bmatrix} 1 & 0 & b+c+a \\ 0 & 1 & -1 \\ 0 & 0 & 0 \end{bmatrix}$

16. (b) $x^2 + y^2 - 2x + 6y - 6 = 0$
18. $\frac{5}{20}$ in A, $\frac{7}{20}$ in B, $\frac{8}{20}$ in C

習題 1.3 齊次方程式

1. (b) False. $A = \begin{bmatrix} 1 & 0 & 1 & | & 0 \\ 0 & 1 & 1 & | & 0 \end{bmatrix}$ (d) False. $A = \begin{bmatrix} 1 & 0 & 1 & | & 1 \\ 0 & 1 & 1 & | & 0 \end{bmatrix}$

   (f) False. $A = \begin{bmatrix} 1 & 0 & | & 0 \\ 0 & 1 & | & 0 \end{bmatrix}$ (h) False. $A = \begin{bmatrix} 1 & 0 & | & 0 \\ 0 & 1 & | & 0 \\ 0 & 0 & | & 0 \end{bmatrix}$

2. (b) $a = -3, x = 9t, y = -5t, z = t$ (d) $a = 1, x = -t, y = t, z = 0$; or $a = -1, x = t, y = 0, z = t$
3. (b) Not a linear combination. (d) $\mathbf{v} = \mathbf{x} + 2\mathbf{y} - \mathbf{z}$
4. (b) $\mathbf{y} = 2\mathbf{a}_1 - \mathbf{a}_2 + 4\mathbf{a}_3$.
5. (b) $r\begin{bmatrix} -2 \\ 1 \\ 0 \\ 0 \\ 0 \end{bmatrix} + s\begin{bmatrix} -2 \\ 0 \\ -1 \\ 1 \\ 0 \end{bmatrix} + t\begin{bmatrix} -3 \\ 0 \\ -2 \\ 0 \\ 1 \end{bmatrix}$ (d) $s\begin{bmatrix} 0 \\ 2 \\ 1 \\ 0 \\ 0 \end{bmatrix} + t\begin{bmatrix} -1 \\ 3 \\ 0 \\ 1 \\ 0 \end{bmatrix}$

6. (b) The system in (a) has nontrivial solutions.
7. (b) By Theorem 2 Section 1.2, there are $n - r = 6 - 1 = 5$ parameters and thus infinitely many solutions.
   (d) If R is the row-echelon form of A, then R has a row of zeros and 4 rows in all. Hence R has $r = \text{rank } A = 1, 2,$ or 3. Thus there are $n - r = 6 - r = 5, 4,$ or 3 parameters and thus infinitely many solutions.
9. (b) That the graph of $ax + by + cz = d$ contains three points leads to 3 linear equations homogeneous in variables $a, b, c,$ and d. Apply Theorem 1.
11. There are $n - r$ parameters (Theorem 2 Section 1.2), so there are nontrivial solutions if and only if $n - r > 0$.

習題 1.4　應用於網路流

1. **(b)** $f_1 = 85 - f_4 - f_7$
   $f_2 = 60 - f_4 - f_7$
   $f_3 = -75 + f_4 + f_6$
   $f_5 = 40 - f_6 - f_7$　f_4, f_6, f_7 parameters
2. **(b)** $f_5 = 15$
   $25 \le f_4 \le 30$
3. **(b)** CD

習題 1.5　應用於電路

2. $I_1 = -\frac{1}{5}, I_2 = \frac{3}{5}, I_3 = \frac{4}{5}$
4. $I_1 = 2, I_2 = 1, I_3 = \frac{1}{2}, I_4 = \frac{3}{2}, I_5 = \frac{3}{2}, I_6 = \frac{1}{2}$

習題 1.6　應用於化學反應

2. $2NH_3 + 3CuO \rightarrow N_2 + 3Cu + 3H_2O$
4. $15Pb(N_3)_2 + 44Cr(MnO_4)_2 \rightarrow 22Cr_2O_3 + 88MnO_2 + 5Pb_3O_4 + 90NO$

第 1 章補充習題

1. **(b)** No. If the corresponding planes are parallel and distinct, there is no solution. Otherwise they either coincide or have a whole common line of solutions, that is, at least one parameter.
2. **(b)** $x_1 = \frac{1}{10}(-6s - 6t + 16)$, $x_2 = \frac{1}{10}(4s - t + 1)$, $x_3 = s$, $x_4 = t$
3. **(b)** If $a = 1$, no solution. If $a = 2$, $x = 2 - 2t, y = -t, z = t$. If $a \ne 1$ and $a \ne 2$, the unique solution is
   $x = \dfrac{8 - 5a}{3(a - 1)}, y = \dfrac{-2 - a}{3(a - 1)}, z = \dfrac{a + 2}{3}$
4. $\begin{bmatrix} R_1 \\ R_2 \end{bmatrix} \rightarrow \begin{bmatrix} R_1 + R_2 \\ R_2 \end{bmatrix} \rightarrow \begin{bmatrix} R_1 + R_2 \\ -R_1 \end{bmatrix} \rightarrow \begin{bmatrix} R_2 \\ -R_1 \end{bmatrix} \rightarrow \begin{bmatrix} R_2 \\ R_1 \end{bmatrix}$
6. $a = 1, b = 2, c = -1$
9. **(b)** 5 of brand 1, 0 of brand 2, 3 of brand 3
8. The (real) solution is $x = 2, y = 3 - t, z = t$ where t is a parameter. The given complex solution occurs when $t = 3 - i$ is complex. If the real system has a unique solution, that solution is real because the coefficients and constants are all real.

習題 2.1　矩陣加法、純量乘法和轉置

1. **(b)** $(a\ b\ c\ d) = (-2, -4, -6, 0) + t(1, 1, 1, 1)$, t arbitrary　**(d)** $a = b = c = d = t$, t arbitrary
2. **(b)** $\begin{bmatrix} -14 \\ -20 \end{bmatrix}$　**(d)** $(-12, 4, -12)$
   (f) $\begin{bmatrix} 0 & 1 & -2 \\ -1 & 0 & 4 \\ 2 & -4 & 0 \end{bmatrix}$　**(h)** $\begin{bmatrix} 4 & -1 \\ -1 & -6 \end{bmatrix}$
3. **(b)** $\begin{bmatrix} 15 & -5 \\ 10 & 0 \end{bmatrix}$　**(d)** Impossible　**(f)** $\begin{bmatrix} 5 & 2 \\ 0 & -1 \end{bmatrix}$
   (h) Impossible
4. **(b)** $\begin{bmatrix} 4 \\ \frac{1}{2} \end{bmatrix}$
5. **(b)** $A = -\frac{11}{3}B$
6. **(b)** $X = 4A - 3B$, $Y = 4B - 5A$

7. **(b)** $Y = (s, t)$, $X = \frac{1}{2}(1 + 5s, 2 + 5t)$; s and t arbitrary
8. **(b)** $20A - 7B + 2C$
9. **(b)** If $A = \begin{bmatrix} a & b \\ c & d \end{bmatrix}$, then $(p, q, r, s) = \frac{1}{2}(2d, a + b - c - d, a - b + c - d, -a + b + c + d)$.
11. **(b)** If $A + A' = 0$ then $-A = -A + 0 = -A + (A + A') = (-A + A) + A' = 0 + A' = A'$
13. **(b)** Write $A = \text{diag}(a_1, \cdots, a_n)$, where $a_1, \cdots, a_n$ are the main diagonal entries. If $B = \text{diag}(b_1, \cdots, b_n)$ then $kA = \text{diag}(ka_1, \cdots, ka_n)$.
14. **(b)** $s = 1$ or $t = 0$ **(d)** $s = 0$, and $t = 3$
15. **(b)** $\begin{bmatrix} 2 & 0 \\ 1 & -1 \end{bmatrix}$ **(d)** $\begin{bmatrix} 2 & 7 \\ -\frac{9}{2} & -5 \end{bmatrix}$
16. **(b)** $A = A^T$, so using Theorem 2 Section 2.1, $(kA)^T = kA^T = kA$.
19. **(b)** False. Take $B = -A$ for any $A \neq 0$.
    (d) True. Transposing fixes the main diagonal.
    (f) True. $(kA + mB)^T = (kA)^T + (mB)^T = kA^T + mB^T = kA + mB$
20. **(c)** Suppose $A = S + W$, where $S = S^T$ and $W = -W^T$. Then $A^T = S^T + W^T = S - W$, so $A + A^T = 2S$ and $A - A^T = 2W$. Hence $S = \frac{1}{2}(A + A^T)$ and $W = \frac{1}{2}(A - A^T)$ are uniquely determined by A.
22. **(b)** If $A = [a_{ij}]$ then $(kp)A = [(kp)a_{ij}] = [k(pa_{ij})] = k[pa_{ij}] = k(pA)$.

習題 2.2　方程組、矩陣與轉換

1. **(b)** $\begin{aligned} x_1 - 3x_2 - 3x_3 + 3x_4 &= 5 \\ 8x_2 \qquad\quad + 2x_4 &= 1 \\ x_1 + 2x_2 + 2x_3 \qquad\quad &= 2 \\ x_2 + 2x_3 - 5x_4 &= 0 \end{aligned}$

2. **(b)** $x_1 \begin{bmatrix} 1 \\ -1 \\ 2 \\ 3 \end{bmatrix} + x_2 \begin{bmatrix} -2 \\ 0 \\ -2 \\ -4 \end{bmatrix} + x_3 \begin{bmatrix} -1 \\ 1 \\ 7 \\ 9 \end{bmatrix} + x_4 \begin{bmatrix} 1 \\ -2 \\ 0 \\ -2 \end{bmatrix} = \begin{bmatrix} 5 \\ -3 \\ 8 \\ 12 \end{bmatrix}$

3. **(b)** $A\mathbf{x} = \begin{bmatrix} 1 & 2 & 3 \\ 0 & -4 & 5 \end{bmatrix} \begin{bmatrix} x_1 \\ x_2 \\ x_3 \end{bmatrix} = x_1 \begin{bmatrix} 1 \\ 0 \end{bmatrix} + x_2 \begin{bmatrix} 2 \\ -4 \end{bmatrix} + x_3 \begin{bmatrix} 3 \\ 5 \end{bmatrix} = \begin{bmatrix} x_1 + 2x_2 + 3x_3 \\ -4x_2 + 5x_3 \end{bmatrix}$

(d) $A\mathbf{x} = \begin{bmatrix} 3 & -4 & 1 & 6 \\ 0 & 2 & 1 & 5 \\ -8 & 7 & -3 & 0 \end{bmatrix} \begin{bmatrix} x_1 \\ x_2 \\ x_3 \\ x_4 \end{bmatrix} = x_1 \begin{bmatrix} 3 \\ 0 \\ -8 \end{bmatrix} + x_2 \begin{bmatrix} -4 \\ 2 \\ 7 \end{bmatrix} + x_3 \begin{bmatrix} 1 \\ 1 \\ -3 \end{bmatrix} + x_4 \begin{bmatrix} 6 \\ 5 \\ 0 \end{bmatrix} = \begin{bmatrix} 3x_1 - 4x_2 + x_3 + 6x_4 \\ 2x_2 + x_3 + 5x_4 \\ -8x_1 + 7x_2 - 3x_3 \end{bmatrix}$

4. **(b)** To solve $A\mathbf{x} = \mathbf{b}$ the reduction is $\begin{bmatrix} 1 & 3 & 2 & 0 & | & 4 \\ 1 & 0 & -1 & -3 & | & 1 \\ -1 & 2 & 3 & 5 & | & 1 \end{bmatrix} \to \begin{bmatrix} 1 & 0 & -1 & -3 & | & 1 \\ 0 & 1 & 1 & 1 & | & 1 \\ 0 & 0 & 0 & 0 & | & 0 \end{bmatrix}$, so the general solution is $\begin{bmatrix} 1 + s + 3t \\ 1 - s - t \\ s \\ t \end{bmatrix}$.

Hence $(1 + s + 3t)\mathbf{a}_1 + (1 - s - t)\mathbf{a}_2 + s\mathbf{a}_3 + t\mathbf{a}_4 = \mathbf{b}$ for any choice of s and t. If $s = t = 0$, we get $\mathbf{a}_1 + \mathbf{a}_2 = \mathbf{b}$; if $s = 1$ and $t = 0$, we have $2\mathbf{a}_1 + \mathbf{a}_3 = \mathbf{b}$.

5. **(b)** $\begin{bmatrix} -2 \\ 2 \\ 0 \end{bmatrix} + t\begin{bmatrix} 1 \\ -3 \\ 1 \end{bmatrix}$ **(d)** $\begin{bmatrix} 3 \\ -9 \\ -2 \\ 0 \end{bmatrix} + t\begin{bmatrix} -1 \\ 4 \\ 1 \\ 1 \end{bmatrix}$

6. We have $A\mathbf{x}_0 = \mathbf{0}$ and $A\mathbf{x}_1 = \mathbf{0}$ and so $A(s\mathbf{x}_0 + t\mathbf{x}_1) = s(A\mathbf{x}_0) + t(A\mathbf{x}_1) = s \cdot \mathbf{0} + t \cdot \mathbf{0} = \mathbf{0}$.

8. (b) $\mathbf{x} = \begin{bmatrix} -3 \\ 0 \\ -1 \\ 0 \\ 0 \end{bmatrix} + \left(s \begin{bmatrix} 2 \\ 1 \\ 0 \\ 0 \\ 0 \end{bmatrix} + t \begin{bmatrix} -5 \\ 0 \\ 2 \\ 0 \\ 1 \end{bmatrix} \right)$.

10. (b) False. $\begin{bmatrix} 1 & 2 \\ 2 & 4 \end{bmatrix} \begin{bmatrix} 2 \\ -1 \end{bmatrix} = \begin{bmatrix} 0 \\ 0 \end{bmatrix}$.

   (d) True. The linear combination $x_1 \mathbf{a}_1 + \cdots + x_n \mathbf{a}_n$ equals $A\mathbf{x}$ where $A = [\mathbf{a}_1 \cdots \mathbf{a}_n]$ by Theorem 1.

   (f) False. If $A = \begin{bmatrix} 1 & 1 & -1 \\ 2 & 2 & 0 \end{bmatrix}$ and $\mathbf{x} = \begin{bmatrix} 2 \\ 0 \\ 1 \end{bmatrix}$, then $A\mathbf{x} = \begin{bmatrix} 1 \\ 4 \end{bmatrix} \neq s\begin{bmatrix} 1 \\ 2 \end{bmatrix} + t\begin{bmatrix} 1 \\ 2 \end{bmatrix}$ for any s and t.

   (h) False. If $A = \begin{bmatrix} 1 & -1 & 1 \\ -1 & 1 & -1 \end{bmatrix}$, there is a solution for $\mathbf{b} = \begin{bmatrix} 0 \\ 0 \end{bmatrix}$ but not for $\mathbf{b} = \begin{bmatrix} 1 \\ 0 \end{bmatrix}$.

11. (b) Here $T\begin{bmatrix} x \\ y \end{bmatrix} = \begin{bmatrix} y \\ x \end{bmatrix} = \begin{bmatrix} 0 & 1 \\ 1 & 0 \end{bmatrix}\begin{bmatrix} x \\ y \end{bmatrix}$

   (d) Here $T\begin{bmatrix} x \\ y \end{bmatrix} = \begin{bmatrix} y \\ -x \end{bmatrix} = \begin{bmatrix} 0 & 1 \\ -1 & 0 \end{bmatrix}\begin{bmatrix} x \\ y \end{bmatrix}$.

13. (b) Here $T\begin{bmatrix} x \\ y \\ z \end{bmatrix} = \begin{bmatrix} -x \\ y \\ z \end{bmatrix} = \begin{bmatrix} -1 & 0 & 0 \\ 0 & 1 & 0 \\ 0 & 0 & 1 \end{bmatrix}\begin{bmatrix} x \\ y \\ z \end{bmatrix}$, so the matrix is $\begin{bmatrix} -1 & 0 & 0 \\ 0 & 1 & 0 \\ 0 & 0 & 1 \end{bmatrix}$.

16. Write $A = [\mathbf{a}_1 \ \mathbf{a}_2 \ \cdots \ \mathbf{a}_n]$ in terms of its columns. If $\mathbf{b} = x_1\mathbf{a}_1 + x_2\mathbf{a}_2 + \cdots + x_n\mathbf{a}_n$ where the x_i are scalars, then $A\mathbf{x} = \mathbf{b}$ by Theorem 1 where $\mathbf{x} = [x_1 \ x_2 \ \cdots \ x_n]^T$. That is, $\mathbf{x}$ is a solution to the system $A\mathbf{x} = \mathbf{b}$.

18. (b) By Theorem 3, $A(t\mathbf{x}_1) = t(A\mathbf{x}_1) = t \cdot \mathbf{0} = \mathbf{0}$; that is, $t\mathbf{x}_1$ is a solution to $A\mathbf{x} = \mathbf{0}$.

22. If A is $m \times n$ and $\mathbf{x}$ and $\mathbf{y}$ are n-vectors, we must show that $A(\mathbf{x} + \mathbf{y}) = A\mathbf{x} + A\mathbf{y}$. Denote the columns of A by $\mathbf{a}_1, \mathbf{a}_2, \cdots, \mathbf{a}_n$, and write $\mathbf{x} = [x_1 \ x_2 \ \cdots \ x_n]^T$ and $\mathbf{y} = [y_1 \ y_2 \ \cdots \ y_n]^T$. Then $\mathbf{x} + \mathbf{y} = [x_1 + y_1 \ x_2 + y_2 \ \cdots \ x_n + y_n]^T$, so Definition 1 and Theorem 1 §2.1 give
$A(\mathbf{x} + \mathbf{y}) = (x_1 + y_1)\mathbf{a}_1 + (x_2 + y_2)\mathbf{a}_2 + \cdots + (x_n + y_n)\mathbf{a}_n = (x_1\mathbf{a}_1 + x_2\mathbf{a}_2 + \cdots + x_n\mathbf{a}_n)$
$+ (y_1\mathbf{a}_1 + y_2\mathbf{a}_2 + \cdots + y_n\mathbf{a}_n) = A\mathbf{x} + A\mathbf{y}$.

習題 2.3 矩陣乘法

1. (b) $\begin{bmatrix} -1 & -6 & -2 \\ 0 & 6 & 10 \end{bmatrix}$ (d) $[-3 \ -15]$ (f) $[-23]$

   (h) $\begin{bmatrix} 1 & 0 \\ 0 & 1 \end{bmatrix}$ (j) $\begin{bmatrix} aa' & 0 & 0 \\ 0 & bb' & 0 \\ 0 & 0 & cc' \end{bmatrix}$

2. (b) $BA = \begin{bmatrix} -1 & 4 & -10 \\ 1 & 2 & 4 \end{bmatrix}$ $B^2 = \begin{bmatrix} 7 & -6 \\ -1 & 6 \end{bmatrix}$ $CB = \begin{bmatrix} -2 & 12 \\ 2 & -6 \\ 1 & 6 \end{bmatrix}$ $AC = \begin{bmatrix} 4 & 10 \\ -2 & -1 \end{bmatrix}$ $CA = \begin{bmatrix} 2 & 4 & 8 \\ -1 & -1 & -5 \\ 1 & 4 & 2 \end{bmatrix}$

3. (b) $(a, b, a_1, b_1) = (3, 0, 1, 2)$

4. (b) $A^2 - A - 6I = \begin{bmatrix} 8 & 2 \\ 2 & 5 \end{bmatrix} - \begin{bmatrix} 2 & 2 \\ 2 & -1 \end{bmatrix} - \begin{bmatrix} 6 & 0 \\ 0 & 6 \end{bmatrix} = \begin{bmatrix} 0 & 0 \\ 0 & 0 \end{bmatrix}$

5. (b) $A(BC) = \begin{bmatrix} 1 & -1 \\ 0 & 1 \end{bmatrix}\begin{bmatrix} -9 & -16 \\ 5 & 1 \end{bmatrix} = \begin{bmatrix} -14 & -17 \\ 5 & 1 \end{bmatrix} = \begin{bmatrix} -2 & -1 & -2 \\ 3 & 1 & 0 \end{bmatrix}\begin{bmatrix} 1 & 0 \\ 2 & 1 \\ 5 & 8 \end{bmatrix} = (AB)C$

6. (b) If $A = \begin{bmatrix} a & b \\ c & d \end{bmatrix}$ and $E = \begin{bmatrix} 0 & 0 \\ 1 & 0 \end{bmatrix}$, compare entries an AE and EA.

7. (b) $m \times n$ and $n \times m$ for some m and n

8. (b) (i) $\begin{bmatrix} 1 & 0 \\ 0 & 1 \end{bmatrix}, \begin{bmatrix} 1 & 0 \\ 0 & -1 \end{bmatrix}, \begin{bmatrix} 1 & 1 \\ 0 & -1 \end{bmatrix}$

   (ii) $\begin{bmatrix} 1 & 0 \\ 0 & 0 \end{bmatrix}, \begin{bmatrix} 1 & 0 \\ 0 & 1 \end{bmatrix}, \begin{bmatrix} 1 & 1 \\ 0 & 0 \end{bmatrix}$

12. **(b)** $A^{2k} = \begin{bmatrix} 1 & -2k & 0 & 0 \\ 0 & 1 & 0 & 0 \\ 0 & 0 & 1 & 0 \\ 0 & 0 & 0 & 1 \end{bmatrix}$ for $k = 0, 1, 2, \ldots$, $A^{2k+1} = A^{2k}A = \begin{bmatrix} 1 & -(2k+1) & 2 & -1 \\ 0 & 1 & 0 & 0 \\ 0 & 0 & -1 & 1 \\ 0 & 0 & 0 & 1 \end{bmatrix}$ for $k = 0, 1, 2, \ldots$

13. **(b)** $\begin{bmatrix} I & 0 \\ 0 & I \end{bmatrix} = I_{2k}$ **(d)** 0_k **(f)** $\begin{bmatrix} X^m & 0 \\ 0 & X^m \end{bmatrix}$ if $n = 2m$; $\begin{bmatrix} 0 & X^{m+1} \\ X^m & 0 \end{bmatrix}$ if $n = 2m + 1$.

14. **(b)** If Y is row i of the identity matrix I, then YA is row i of $IA = A$.

16. **(b)** $AB - BA$ **(d)** 0

18. **(b)** $(kA)C = k(AC) = k(CA) = C(kA)$

20. We have $A^T = A$ and $B^T = B$, so $(AB)^T = B^T A^T = BA$. Hence AB is symmetric if and only if $AB = BA$.

22. **(b)** $A = 0$

24. If $BC = I$, then $AB = 0$ gives $0 = 0C = (AB)C = A(BC) = AI = A$, contrary to the assumption that $A \neq 0$.

26. 3 paths $v_1 \to v_4$, 0 paths $v_2 \to v_3$

27. **(b)** False. If $A = \begin{bmatrix} 1 & 0 \\ 0 & 0 \end{bmatrix} = J$, then $AJ = A$ but $J \neq I$.

   (d) True. Since $A^T = A$, we have $(I + A)^T = I^T + A^T = I + A$.

   (f) False. If $A = \begin{bmatrix} 0 & 1 \\ 0 & 0 \end{bmatrix}$, then $A \neq 0$ but $A^2 = 0$.

   (h) True. We have $A(A + B) = (A + B)A$; that is, $A^2 + AB = A^2 + BA$. Subtracting A^2 gives $AB = BA$.

   (j) False. $A = \begin{bmatrix} 1 & -2 \\ 2 & 4 \end{bmatrix}$, $B = \begin{bmatrix} 2 & 4 \\ 1 & 2 \end{bmatrix}$ **(l)** False. See **(j)**.

28. **(b)** If $A = [a_{ij}]$ and $B = [b_{ij}]$ and $\sum_j a_{ij} = 1 = \sum_j b_{ij}$, then the (i, j)-entry of AB is $c_{ij} = \sum_k a_{ik} b_{kj}$, whence $\sum_j c_{ij} = \sum_j \sum_k a_{ik} b_{kj} = \sum_k a_{ik}(\sum_j b_{kj}) = \sum_k a_{ik} = 1$. Alternatively: If $\mathbf{e} = (1, 1, \cdots, 1)$, then the rows of A sum to 1 if and only if $A\mathbf{e} = \mathbf{e}$. If also $B\mathbf{e} = \mathbf{e}$ then $(AB)\mathbf{e} = A(B\mathbf{e}) = A\mathbf{e} = \mathbf{e}$.

30. **(b)** If $A = [a_{ij}]$, then $\text{tr}(kA) = \text{tr}[ka_{ij}] = \sum_{i=1}^{n} ka_{ii} = k\sum_{i=1}^{n} a_{ii} = k\,\text{tr}(A)$.

   (e) Write $A^T = [a'_{ij}]$, where $a'_{ij} = a_{ji}$. Then $AA^T = \left(\sum_{k=1}^{n} a_{ik} a'_{kj}\right)$, so $\text{tr}(AA^T) = \sum_{i=1}^{n}\left[\sum_{k=1}^{n} a_{ik} a'_{ki}\right] = \sum_{i=1}^{n}\sum_{k=1}^{n} a_{ik}^2$.

32. **(e)** Observe that $PQ = P^2 + PAP - P^2AP = P$, so $Q^2 = PQ + APQ - PAPQ = P + AP - PAP = Q$.

34. **(b)** $(A + B)(A - B) = A^2 - AB + BA - B^2$, and $(A - B)(A + B) = A^2 + AB - BA - B^2$. These are equal if and only if $-AB + BA = AB - BA$; that is, $2BA = 2AB$; that is, $BA = AB$.

35. **(b)** $(A + B)(A - B) = A^2 - AB + BA - B^2$ and $(A - B)(A + B) = A^2 - BA + AB - B^2$. These are equal if and only if $-AB + BA = -BA + AB$, that is $2AB = 2BA$, that is $AB = BA$.

36. See V. Camillo, Communications in Algebra 25(6), (1997), 1767–1782; Theorem 2.

習題 2.4 反矩陣

2. **(b)** $\frac{1}{5}\begin{bmatrix} 2 & -1 \\ -3 & 4 \end{bmatrix}$ **(d)** $\begin{bmatrix} 2 & -1 & 3 \\ 3 & 1 & -1 \\ 1 & 1 & -2 \end{bmatrix}$ **(f)** $\frac{1}{10}\begin{bmatrix} 1 & 4 & -1 \\ -2 & 2 & 2 \\ -9 & 14 & -1 \end{bmatrix}$

   (h) $\frac{1}{4}\begin{bmatrix} 2 & 0 & -2 \\ -5 & 2 & 5 \\ -3 & 2 & -1 \end{bmatrix}$ **(j)** $\begin{bmatrix} 0 & 0 & 1 & -2 \\ -1 & -2 & -1 & -3 \\ 1 & 2 & 1 & 2 \\ 0 & -1 & 0 & 0 \end{bmatrix}$

(l) $\begin{bmatrix} 1 & -2 & 6 & -30 & 210 \\ 0 & 1 & -3 & 15 & -105 \\ 0 & 0 & 1 & -5 & 35 \\ 0 & 0 & 0 & 1 & -7 \\ 0 & 0 & 0 & 0 & 1 \end{bmatrix}$

3. (b) $\begin{bmatrix} x \\ y \end{bmatrix} = \frac{1}{5}\begin{bmatrix} 4 & -3 \\ 1 & -2 \end{bmatrix}\begin{bmatrix} 0 \\ 1 \end{bmatrix} = \frac{1}{5}\begin{bmatrix} -3 \\ -2 \end{bmatrix}$

(d) $\begin{bmatrix} x \\ y \\ z \end{bmatrix} = \frac{1}{5}\begin{bmatrix} 9 & -14 & 6 \\ 4 & -4 & 1 \\ -10 & 15 & -5 \end{bmatrix}\begin{bmatrix} 1 \\ -1 \\ 0 \end{bmatrix} = \frac{1}{5}\begin{bmatrix} 23 \\ 8 \\ -25 \end{bmatrix}$

4. (b) $B = A^{-1}AB = \begin{bmatrix} 4 & -2 & 1 \\ 7 & -2 & 4 \\ -1 & 2 & -1 \end{bmatrix}$

5. (b) $\frac{1}{10}\begin{bmatrix} 3 & -2 \\ 1 & 1 \end{bmatrix}$ (d) $\frac{1}{2}\begin{bmatrix} 0 & 1 \\ 1 & -1 \end{bmatrix}$

(f) $\frac{1}{2}\begin{bmatrix} 2 & 0 \\ -6 & 1 \end{bmatrix}$ (h) $-\frac{1}{2}\begin{bmatrix} 1 & 1 \\ 1 & 0 \end{bmatrix}$

6. (b) $A = \frac{1}{2}\begin{bmatrix} 2 & -1 & 3 \\ 0 & 1 & -1 \\ -2 & 1 & -1 \end{bmatrix}$

8. (b) A and B are inverses.

9. (b) False. $\begin{bmatrix} 1 & 0 \\ 0 & 1 \end{bmatrix} + \begin{bmatrix} 1 & 0 \\ 0 & -1 \end{bmatrix}$ (d) True. $A^{-1} = \frac{1}{3}A^3$

(f) False. $A = B = \begin{bmatrix} 1 & 0 \\ 0 & 0 \end{bmatrix}$

(h) True. If $(A^2)B = I$, then $A(AB) = I$; use Theorem 5.

10. (b) $(C^T)^{-1} = (C^{-1})^T = A^T$ because $C^{-1} = (A^{-1})^{-1} = A$.

11. (b) (i) Inconsistent. (ii) $\begin{bmatrix} x_1 \\ x_2 \end{bmatrix} = \begin{bmatrix} 2 \\ -1 \end{bmatrix}$

15. (b) $B^4 = I$, so $B^{-1} = B^3 = \begin{bmatrix} 0 & 1 \\ -1 & 0 \end{bmatrix}$

16. $\begin{bmatrix} c^2 - 2 & -c & 1 \\ -c & 1 & 0 \\ 3 - c^2 & c & -1 \end{bmatrix}$

18. (b) If column j of A is zero, $A\mathbf{y} = \mathbf{0}$ where $\mathbf{y}$ is column j of the identity matrix. Use Theorem 5.
    (d) If each column of A sums to 0, $XA = 0$ where X is the row of 1s. Hence $A^T X^T = 0$ so A has no inverse by Theorem 5 ($X^T \neq 0$).

19. (b) (ii) $(-1, 1, 1)A = 0$

20. (b) Each power A^k is invertible by Theorem 4 (because A is invertible). Hence A^k cannot be 0.

21. (b) By (a), if one has an inverse the other is zero and so has no inverse.

22. If $A = \begin{bmatrix} a & 0 \\ 0 & 1 \end{bmatrix}$, $a > 1$, then $A^{-1} = \begin{bmatrix} \frac{1}{a} & 0 \\ 0 & 1 \end{bmatrix}$ is an x-compression because $\frac{1}{a} < 1$.

24. (b) $A^{-1} = \frac{1}{4}(A^3 + 2A^2 - I)$

25. (b) If $B\mathbf{x} = \mathbf{0}$, then $(AB)\mathbf{x} = (A)B\mathbf{x} = \mathbf{0}$, so $\mathbf{x} = \mathbf{0}$ because AB is invertible. Hence B is invertible by Theorem 5. But then $A = (AB)B^{-1}$ is invertible by Theorem 4.

26. (b) $\left[\begin{array}{rr|r} 2 & -1 & 0 \\ -5 & 3 & 0 \\ -13 & 8 & -1 \end{array}\right]$ (d) $\left[\begin{array}{rr|rr} 1 & -1 & -14 & 8 \\ -1 & 2 & 16 & -9 \\ 0 & 0 & 2 & -1 \\ 0 & 0 & 1 & -1 \end{array}\right]$

28. (d) If $A^n = 0$, $(I - A)^{-1} = I + A + \cdots + A^{n-1}$.

30. (b) $A[B(AB)^{-1}] = I = [(BA)^{-1}B]A$, so A is invertible by Exercise 10.

32. **(a)** Have $AC = CA$. Left-multiply by A^{-1} to get $C = A^{-1}CA$. Then right-multiply by A^{-1} to get $CA^{-1} = A^{-1}C$.
33. **(b)** Given $ABAB = AABB$. Left multiply by A^{-1}, then right multiply by B^{-1}.
34. If $B\mathbf{x} = \mathbf{0}$ where $\mathbf{x}$ is $n \times 1$, then $AB\mathbf{x} = \mathbf{0}$ so $\mathbf{x} = \mathbf{0}$ as AB is invertible. Hence B is invertible by Theorem 5, so $A = (AB)B^{-1}$ is invertible.
35. **(b)** $B\begin{bmatrix} -1 \\ 3 \\ -1 \end{bmatrix} = 0$ so B is not invertible by Theorem 5.
38. **(b)** Write $U = I_n - 2XX^T$. Then $U^T = I_n^T - 2X^{TT}X^T = U$, and $U^2 = I_n^2 - (2XX^T)I_n - I_n(2XX^T) + 4(XX^T)(XX^T) = I_n - 4XX^T + 4XX^T = I_n$.
39. **(b)** $(I - 2P)^2 = I - 4P + 4P^2$, and this equals I if and only if $P^2 = P$.
41. **(b)** $(A^{-1} + B^{-1})^{-1} = B(A + B)^{-1}A$

習題 2.5　基本矩陣

1. **(b)** Interchange rows 1 and 3 of I. $E^{-1} = E$.
   (d) Add (-2) times row 1 of I to row 2. $E^{-1} = \begin{bmatrix} 1 & 0 & 0 \\ 2 & 1 & 0 \\ 0 & 0 & 1 \end{bmatrix}$
   (f) Multiply row 3 of I by 5. $E^{-1} = \begin{bmatrix} 1 & 0 & 0 \\ 0 & 1 & 0 \\ 0 & 0 & \frac{1}{5} \end{bmatrix}$
2. **(b)** $\begin{bmatrix} -1 & 0 \\ 0 & 1 \end{bmatrix}$ **(d)** $\begin{bmatrix} 1 & -1 \\ 0 & 1 \end{bmatrix}$ **(f)** $\begin{bmatrix} 0 & 1 \\ 1 & 0 \end{bmatrix}$
3. **(b)** The only possibilities for E are $\begin{bmatrix} 0 & 1 \\ 1 & 0 \end{bmatrix}, \begin{bmatrix} k & 0 \\ 0 & 1 \end{bmatrix}, \begin{bmatrix} 1 & 0 \\ 0 & k \end{bmatrix}, \begin{bmatrix} 1 & k \\ 0 & 1 \end{bmatrix}$, and $\begin{bmatrix} 1 & 0 \\ k & 1 \end{bmatrix}$. In each case, EA has a row different from C.
5. **(b)** No, 0 is not invertible.
6. **(b)** $\begin{bmatrix} 1 & -2 \\ 0 & 1 \end{bmatrix}\begin{bmatrix} 1 & 0 \\ 0 & \frac{1}{2} \end{bmatrix}\begin{bmatrix} 1 & 0 \\ -5 & 1 \end{bmatrix} A = \begin{bmatrix} 1 & 0 & 7 \\ 0 & 1 & -3 \end{bmatrix}$.
   Alternatively, $\begin{bmatrix} 1 & 0 \\ 0 & \frac{1}{2} \end{bmatrix}\begin{bmatrix} 1 & -1 \\ 0 & 1 \end{bmatrix}\begin{bmatrix} 1 & 0 \\ -5 & 1 \end{bmatrix} A = \begin{bmatrix} 1 & 0 & 7 \\ 0 & 1 & -3 \end{bmatrix}$.
   (d) $\begin{bmatrix} 1 & 2 & 0 \\ 0 & 1 & 0 \\ 0 & 0 & 1 \end{bmatrix}\begin{bmatrix} 1 & 0 & 0 \\ 0 & \frac{1}{5} & 0 \\ 0 & 0 & 1 \end{bmatrix}\begin{bmatrix} 1 & 0 & 0 \\ 0 & 1 & 0 \\ 0 & -1 & 1 \end{bmatrix}\begin{bmatrix} 1 & 0 & 0 \\ 0 & 1 & 0 \\ -2 & 0 & 1 \end{bmatrix}\begin{bmatrix} 1 & 0 & 0 \\ -3 & 1 & 0 \\ 0 & 0 & 1 \end{bmatrix}$
   $\begin{bmatrix} 0 & 0 & 1 \\ 0 & 1 & 0 \\ 1 & 0 & 0 \end{bmatrix} A = \begin{bmatrix} 1 & 0 & \frac{1}{5} & \frac{1}{5} \\ 0 & 1 & -\frac{7}{5} & -\frac{2}{5} \\ 0 & 0 & 0 & 0 \end{bmatrix}$
7. **(b)** $U = \begin{bmatrix} 1 & 1 \\ 1 & 0 \end{bmatrix} = \begin{bmatrix} 1 & 1 \\ 0 & 1 \end{bmatrix}\begin{bmatrix} 0 & 1 \\ 1 & 0 \end{bmatrix}$
8. **(b)** $A = \begin{bmatrix} 0 & 1 \\ 1 & 0 \end{bmatrix}\begin{bmatrix} 1 & 0 \\ 2 & 1 \end{bmatrix}\begin{bmatrix} 1 & 0 \\ 0 & -1 \end{bmatrix}\begin{bmatrix} 1 & 2 \\ 0 & 1 \end{bmatrix}$
   (d) $A = \begin{bmatrix} 1 & 0 & 0 \\ 0 & 1 & 0 \\ -2 & 0 & 1 \end{bmatrix}\begin{bmatrix} 1 & 0 & 0 \\ 0 & 1 & 0 \\ 0 & 2 & 1 \end{bmatrix}\begin{bmatrix} 1 & 0 & -3 \\ 0 & 1 & 0 \\ 0 & 0 & 1 \end{bmatrix}\begin{bmatrix} 1 & 0 & 0 \\ 0 & 1 & 4 \\ 0 & 0 & 1 \end{bmatrix}$
10. $UA = R$ by Theorem 1, so $A = U^{-1}R$.
12. **(b)** $U = A^{-1}$, $V = I^2$; rank $A = 2$

(d) $U = \begin{bmatrix} -2 & 1 & 0 \\ 3 & -1 & 0 \\ 2 & -1 & 1 \end{bmatrix}$, $V = \begin{bmatrix} 1 & 0 & -1 & -3 \\ 0 & 1 & 1 & 4 \\ 0 & 0 & 1 & 0 \\ 0 & 0 & 0 & 1 \end{bmatrix}$; rank $A = 2$

16. Write $U^{-1} = E_k E_{k-1} \cdots E_2 E_1$, E_i elementary. Then $[I \ U^{-1}A] = [U^{-1}U \ U^{-1}A] = U^{-1}[U \ A] = E_k E_{k-1} \cdots E_2 E_1 [U \ A]$. So $[U \ A] \to [I \ U^{-1}A]$ by row operations (Lemma 1).

17. (b) (i) $A \stackrel{r}{\sim} A$ because $A = IA$ (ii) If $A \stackrel{r}{\sim} B$, then $A = UB$, U invertible, so $B = U^{-1}A$. Thus $B \stackrel{r}{\sim} A$.
    (iii) If $A \stackrel{r}{\sim} B$ and $B \stackrel{r}{\sim} C$, then $A = UB$ and $B = VC$, U and V invertible. Hence $A = U(VC) = (UV)C$, so $A \stackrel{r}{\sim} C$.

19. (b) If $B \stackrel{r}{\sim} A$, let $B = UA$, U invertible. If $U = \begin{bmatrix} d & b \\ -b & d \end{bmatrix}$, $B = UA = \begin{bmatrix} 0 & 0 & b \\ 0 & 0 & d \end{bmatrix}$ where b and d are not both zero (as U is invertible). Every such matrix B arises in this way: Use $U = \begin{bmatrix} a & b \\ -b & a \end{bmatrix}$–it is invertible by Example 4 Section 2.3.

22. (b) Multiply column i by $1/k$.

習題 2.6 線性變換

1. (b) $\begin{bmatrix} 5 \\ 6 \\ -13 \end{bmatrix} = 3 \begin{bmatrix} 3 \\ 2 \\ -1 \end{bmatrix} - 2 \begin{bmatrix} 2 \\ 0 \\ 5 \end{bmatrix}$, so $T \begin{bmatrix} 5 \\ 6 \\ -13 \end{bmatrix} = 3T \begin{bmatrix} 3 \\ 2 \\ -1 \end{bmatrix} - 2T \begin{bmatrix} 2 \\ 0 \\ 5 \end{bmatrix} = 3 \begin{bmatrix} 3 \\ 5 \end{bmatrix} - 2 \begin{bmatrix} -1 \\ 2 \end{bmatrix} = \begin{bmatrix} 11 \\ 11 \end{bmatrix}$

2. (b) As in 1(b), $T \begin{bmatrix} 5 \\ -1 \\ 2 \\ -4 \end{bmatrix} = \begin{bmatrix} 4 \\ 2 \\ -9 \end{bmatrix}$.

3. (b) $T(\mathbf{e}_1) = -\mathbf{e}_2$ and $T(\mathbf{e}_2) = -\mathbf{e}_1$. So $A[T(\mathbf{e}_1) \ T(\mathbf{e}_2)] = [-\mathbf{e}_2 \ -\mathbf{e}_1] = \begin{bmatrix} -1 & 0 \\ 0 & -1 \end{bmatrix}$.
   (d) $T(\mathbf{e}_1) = \begin{bmatrix} \frac{\sqrt{2}}{2} \\ \frac{\sqrt{2}}{2} \end{bmatrix}$ and $T(\mathbf{e}_2) = \begin{bmatrix} -\frac{\sqrt{2}}{2} \\ \frac{\sqrt{2}}{2} \end{bmatrix}$.
   So $A = [T(\mathbf{e}_1) \ T(\mathbf{e}_2)] = \frac{\sqrt{2}}{2} \begin{bmatrix} 1 & -1 \\ 1 & 1 \end{bmatrix}$.

4. (b) $T(\mathbf{e}_1) = -\mathbf{e}_1$, $T(\mathbf{e}_2) = \mathbf{e}_2$ and $T(\mathbf{e}_3) = \mathbf{e}_3$. Hence Theorem 2 gives $A[T(\mathbf{e}_1) \ T(\mathbf{e}_2) \ T(\mathbf{e}_3)] = [-\mathbf{e}_1 \ \mathbf{e}_2 \ \mathbf{e}_3] = \begin{bmatrix} -1 & 0 & 0 \\ 0 & 1 & 0 \\ 0 & 0 & 1 \end{bmatrix}$.

5. (b) We have $\mathbf{y}_1 = T(\mathbf{x}_1)$ for some $\mathbf{x}_1$ in $\mathbb{R}^n$, and $\mathbf{y}_2 = T(\mathbf{x}_2)$ for some $\mathbf{x}_2$ in $\mathbb{R}^n$. So $a\mathbf{y}_1 + b\mathbf{y}_2 = aT(\mathbf{x}_1) + bT(\mathbf{x}_2) = T(a\mathbf{x}_1 + b\mathbf{x}_2)$. Hence $a\mathbf{y}_1 + b\mathbf{y}_2$ is also in the image of T.

7. (b) $T\left(2 \begin{bmatrix} 0 \\ 1 \end{bmatrix}\right) \neq 2 \begin{bmatrix} 0 \\ -1 \end{bmatrix}$.

8. (b) $A = \frac{1}{\sqrt{2}} \begin{bmatrix} 1 & 1 \\ -1 & 1 \end{bmatrix}$, rotation through $\theta = -\frac{\pi}{4}$.
   (d) $A = \frac{1}{10} \begin{bmatrix} -8 & -6 \\ -6 & 8 \end{bmatrix}$, reflection in the line $y = -3x$.

10. (b) $\begin{bmatrix} \cos \theta & 0 & -\sin \theta \\ 0 & 1 & 0 \\ \sin \theta & 0 & \cos \theta \end{bmatrix}$

12. (b) Reflection in the y axis   (d) Reflection in $y = x$ (f) Rotation through $\frac{\pi}{2}$

13. (b) $T(\mathbf{x}) = aR(\mathbf{x}) = a(A\mathbf{x}) = (aA)\mathbf{x}$ for all $\mathbf{x}$ in $\mathbb{R}$. Hence T is induced by aA.

14. (b) If $\mathbf{x}$ is in $\mathbb{R}^n$, then $T(-\mathbf{x}) = T[(-1)\mathbf{x}] = (-1)T(\mathbf{x}) = -T(\mathbf{x})$.

17. (b) If $B^2 = I$ then $T^2(\mathbf{x}) = T[T(\mathbf{x})] = B(B\mathbf{x}) = B^2\mathbf{x} = I\mathbf{x} = \mathbf{x} = 1_{\mathbb{R}^2}(\mathbf{x})$ for all $\mathbf{x}$ in $\mathbb{R}^n$. Hence $T^2 = 1_{\mathbb{R}^2}$. If $T^2 = 1_{\mathbb{R}^2}$, then $B^2\mathbf{x} = T^2(\mathbf{x}) = 1_{\mathbb{R}^2}(\mathbf{x}) = \mathbf{x} = I\mathbf{x}$ for all $\mathbf{x}$, so $B^2 = I$ by Theorem 5 Section 2.2.

18. (b) The matrix of $Q_1 \circ Q_0$ is $\begin{bmatrix} 0 & 1 \\ 1 & 0 \end{bmatrix}\begin{bmatrix} 1 & 0 \\ 0 & -1 \end{bmatrix} = \begin{bmatrix} 0 & -1 \\ 1 & 0 \end{bmatrix}$, which is the matrix of $R_{\frac{\pi}{2}}$.

(d) The matrix of $Q_0 \circ R_{\frac{\pi}{2}}$ is $\begin{bmatrix} 1 & 0 \\ 0 & -1 \end{bmatrix}\begin{bmatrix} 0 & -1 \\ 1 & 0 \end{bmatrix} = \begin{bmatrix} 0 & -1 \\ -1 & 0 \end{bmatrix}$, which is the matrix of Q_{-1}.

20. We have $T(\mathbf{x}) = x_1 + x_2 + \cdots + x_n = [1 \ 1 \ \cdots \ 1]\begin{bmatrix} x_1 \\ x_2 \\ \vdots \\ x_n \end{bmatrix}$, so T is the matrix transformation induced by the matrix $A = [1 \ 1 \ \cdots \ 1]$. In particular, T is linear. On the other hand, we can use Theorem 2 to get A, but to do this we must first show directly that T is linear.

If we write $\mathbf{x} = \begin{bmatrix} x_1 \\ x_2 \\ \vdots \\ x_n \end{bmatrix}$ and $\mathbf{y} = \begin{bmatrix} y_1 \\ y_2 \\ \vdots \\ y_n \end{bmatrix}$. Then

$$T(\mathbf{x} + \mathbf{y}) = T\begin{bmatrix} x_1 + y_1 \\ x_2 + y_2 \\ \vdots \\ x_n + y_n \end{bmatrix}$$
$$= (x_1 + y_1) + (x_2 + y_2) + \cdots + (x_n + y_n)$$
$$= (x_1 + x_2 + \cdots + x_n) + (y_1 + y_2 + \cdots + y_n)$$
$$= T(\mathbf{x}) + T(\mathbf{y})$$

Similarly, $T(a\mathbf{x}) = aT(\mathbf{x})$ for any scalar a, so T is linear. By Theorem 2, T has matrix $A = [T(\mathbf{e}_1) \ T(\mathbf{e}_2) \ \cdots \ T(\mathbf{e}_n)] = [1 \ 1 \ \cdots \ 1]$, as before.

22. (b) If $T : \mathbb{R}^n \to \mathbb{R}$ is linear, write $T(\mathbf{e}_j) = w_j$ for each $j = 1, 2, \ldots, n$ where $\{\mathbf{e}_1, \mathbf{e}_2, \ldots, \mathbf{e}_n\}$ is the standard basis of $\mathbb{R}^n$. Since $\mathbf{x} = x_1\mathbf{e}_1 + x_2\mathbf{e}_2 + \cdots + x_n\mathbf{e}_n$, Theorem 1 gives

$$T(\mathbf{x}) = T(x_1\mathbf{e}_1 + x_2\mathbf{e}_2 + \cdots + x_n\mathbf{e}_n)$$
$$= x_1T(\mathbf{e}_1) + x_2T(\mathbf{e}_2) + \cdots + x_nT(\mathbf{e}_n)$$
$$= x_1w_1 + x_2w_2 + \cdots + x_nw_n$$
$$= \mathbf{w} \cdot \mathbf{x} = T_{\mathbf{w}}(\mathbf{x})$$

where $\mathbf{w} = \begin{bmatrix} w_1 \\ w_2 \\ \vdots \\ w_n \end{bmatrix}$. Since this holds for all $\mathbf{x}$ in $\mathbb{R}^n$, it shows that $T = T_{\mathbf{w}}$. This also follows from Theorem 2, but we have first to verify that T is linear. (This comes to showing that $\mathbf{w} \cdot (\mathbf{x} + \mathbf{y}) = \mathbf{w} \cdot \mathbf{s} + \mathbf{w} \cdot \mathbf{y}$ and $\mathbf{w} \cdot (a\mathbf{x}) = a(\mathbf{w} \cdot \mathbf{x})$ for all $\mathbf{x}$ and $\mathbf{y}$ in $\mathbb{R}^n$ and all a in $\mathbb{R}$.) Then T has matrix $A = [T(\mathbf{e}_1) \ T(\mathbf{e}_2) \ \cdots \ T(\mathbf{e}_n)] = [w_1 \ w_2 \ \cdots \ w_n]$ by Theorem 2. Hence if $\mathbf{x} = \begin{bmatrix} x_1 \\ x_2 \\ \vdots \\ x_n \end{bmatrix}$ in $\mathbb{R}$, then $T(\mathbf{x}) = A\mathbf{x} = \mathbf{w} \cdot \mathbf{x}$, as required.

23. (b) Given $\mathbf{x}$ in $\mathbb{R}$ and a in $\mathbb{R}$, we have

$(S \circ T)(a\mathbf{x}) = S[T(a\mathbf{x})]$ Definition of $S \circ T$
$\qquad\qquad\quad = S[aT(\mathbf{x})]$ Because T is linear.
$\qquad\qquad\quad = a[S[T(\mathbf{x})]]$ Because S is linear.
$\qquad\qquad\quad = a[(S \circ T)(\mathbf{x})]$ Definition of $S \circ T$

習題 2.7　LU 分解

1. (b) $\begin{bmatrix} 2 & 0 & 0 \\ 1 & -3 & 0 \\ -1 & 9 & 1 \end{bmatrix}\begin{bmatrix} 1 & 2 & 1 \\ 0 & 1 & -\frac{2}{3} \\ 0 & 0 & 0 \end{bmatrix}$

(d) $\begin{bmatrix} -1 & 0 & 0 & 0 \\ 1 & 1 & 0 & 0 \\ 1 & -1 & 1 & 0 \\ 0 & -2 & 0 & 1 \end{bmatrix}\begin{bmatrix} 1 & 3 & -1 & 0 & 1 \\ 0 & 1 & 2 & 1 & 0 \\ 0 & 0 & 0 & 0 & 0 \\ 0 & 0 & 0 & 0 & 0 \end{bmatrix}$

(f) $\begin{bmatrix} 2 & 0 & 0 & 0 \\ 1 & -2 & 0 & 0 \\ 3 & -2 & 1 & 0 \\ 0 & 2 & 0 & 1 \end{bmatrix} \begin{bmatrix} 1 & 1 & -1 & 2 & 1 \\ 0 & 1 & -\frac{1}{2} & 0 & 0 \\ 0 & 0 & 0 & 0 & 0 \\ 0 & 0 & 0 & 0 & 0 \end{bmatrix}$

2. **(b)** $P = \begin{bmatrix} 0 & 0 & 1 \\ 1 & 0 & 0 \\ 0 & 1 & 0 \end{bmatrix}$

$PA = \begin{bmatrix} -1 & 2 & 1 \\ 0 & -1 & 2 \\ 0 & 0 & 4 \end{bmatrix} = \begin{bmatrix} -1 & 0 & 0 \\ 0 & -1 & 0 \\ 0 & 0 & 4 \end{bmatrix} \begin{bmatrix} 1 & -2 & -1 \\ 0 & 1 & 2 \\ 0 & 0 & 1 \end{bmatrix}$

(d) $P = \begin{bmatrix} 1 & 0 & 0 & 0 \\ 0 & 0 & 1 & 0 \\ 0 & 0 & 0 & 1 \\ 0 & 1 & 0 & 0 \end{bmatrix}$ $PA = \begin{bmatrix} -1 & -2 & 3 & 0 \\ 1 & 1 & -1 & 3 \\ 2 & 5 & -10 & 1 \\ 2 & 4 & -6 & 5 \end{bmatrix} =$

$\begin{bmatrix} -1 & 0 & 0 & 0 \\ 1 & -1 & 0 & 0 \\ 2 & 1 & -2 & 0 \\ 2 & 0 & 0 & 5 \end{bmatrix} \begin{bmatrix} 1 & 2 & -3 & 0 \\ 0 & 1 & -2 & -3 \\ 0 & 0 & 1 & -2 \\ 0 & 0 & 0 & 1 \end{bmatrix}$

3. **(b)** $\mathbf{y} = \begin{bmatrix} -1 \\ 0 \\ 0 \end{bmatrix}$ $\mathbf{x} = \begin{bmatrix} -1 + 2t \\ -t \\ s \\ t \end{bmatrix}$ s and t arbitray

(d) $\mathbf{y} = \begin{bmatrix} 2 \\ 8 \\ -1 \\ 0 \end{bmatrix}$ $\mathbf{x} = \begin{bmatrix} 8 - 2t \\ 6 - t \\ -1 - t \\ t \end{bmatrix}$ t arbitrary

5. $\begin{bmatrix} R_1 \\ R_2 \end{bmatrix} \to \begin{bmatrix} R_1 + R_2 \\ R_2 \end{bmatrix} \to \begin{bmatrix} R_1 + R_2 \\ -R_1 \end{bmatrix} \to \begin{bmatrix} R_2 \\ -R_1 \end{bmatrix} \to \begin{bmatrix} R_2 \\ R_1 \end{bmatrix}$

6. **(b)** Let $A = LU = L_1U_1$ be LU-factorizations of the invertible matrix A. Then U and U_1 have no row of zeros and so (being row-echelon) are upper triangular with 1's on the main diagonal. Thus, using **(a)**, the diagonal matrix $D = UU_1^{-1}$ has 1's on the main diagonal. Thus $D = I$, $U = U_1$, and $L = L_1$.

7. If $A = \begin{bmatrix} a & 0 \\ X & A_1 \end{bmatrix}$ and $B = \begin{bmatrix} b & 0 \\ Y & B_1 \end{bmatrix}$ in block form, then $AB = \begin{bmatrix} ab & 0 \\ Xb + A_1Y & A_1B_1 \end{bmatrix}$, and A_1B_1 is lower triangular by induction.

9. **(b)** Let $A = LU = L_1U_1$ be two such factorizations. Then $UU_1^{-1} = L^{-1}L_1$; write this matrix as $D = UU_1^{-1} = L^{-1}L_1$. Then D is lower triangular (apply Lemma 1 to $D = L^{-1}L_1$); and D is also upper triangular (consider UU_1^{-1}). Hence D is diagonal, and so $D = I$ because L^{-1} and L_1 are unit triangular. Since $A = LU$; this completes the proof.

習題 2.8 應用於投入-產出經濟模型

1. **(b)** $\begin{bmatrix} t \\ 3t \\ t \end{bmatrix}$ **(d)** $\begin{bmatrix} 14t \\ 17t \\ 47t \\ 23t \end{bmatrix}$ 2. $\begin{bmatrix} t \\ t \\ t \end{bmatrix}$

4. $P = \begin{bmatrix} bt \\ (1-a)t \end{bmatrix}$ is nonzero (for some t) unless $b = 0$ and $a = 1$. In that case, $\begin{bmatrix} 1 \\ 1 \end{bmatrix}$ is a solution. If the entries of E are positive, then $P = \begin{bmatrix} b \\ 1-a \end{bmatrix}$ has positive entries.

7. **(b)** $\begin{bmatrix} 0.4 & 0.8 \\ 0.7 & 0.2 \end{bmatrix}$

8. If $E = \begin{bmatrix} a & b \\ c & d \end{bmatrix}$, then $I - E = \begin{bmatrix} 1-a & -b \\ -c & 1-d \end{bmatrix}$, so $\det(I - E) = (1-a)(1-d) - bc = 1 - \text{tr } E + \det E$.

592 線性代數

If $\det(I - E) \neq 0$, then $(I - E)^{-1} = \dfrac{1}{\det(I-E)}\begin{bmatrix} 1-d & b \\ c & 1-a \end{bmatrix}$, so $(I-E)^{-1} \geq 0$ if $\det(I - E) > 0$, that is, $\operatorname{tr} E < 1 + \det E$. The converse is now clear.

9. **(b)** Use $\mathbf{p} = \begin{bmatrix} 3 \\ 2 \\ 1 \end{bmatrix}$ in Theorem 2.

   (d) $\mathbf{p} = \begin{bmatrix} 3 \\ 2 \\ 2 \end{bmatrix}$ in Theorem 2.

習題 2.9　應用於馬可夫鏈

1. **(b)** Not regular
2. **(b)** $\frac{1}{3}\begin{bmatrix} 2 \\ 1 \end{bmatrix}, \frac{3}{8}$　**(d)** $\frac{1}{3}\begin{bmatrix} 1 \\ 1 \\ 1 \end{bmatrix}, 0.312$　**(f)** $\frac{1}{20}\begin{bmatrix} 5 \\ 7 \\ 8 \end{bmatrix}, 0.306$
4. **(b)** 50% middle, 25% upper, 25% lower
6. $\frac{7}{16}, \frac{9}{16}$
8. **(a)** $\frac{7}{75}$　**(b)** He spends most of his time in compartment 3; steady state $\frac{1}{16}\begin{bmatrix} 3 \\ 2 \\ 5 \\ 4 \\ 2 \end{bmatrix}$.
12. **(a)** Direct verification.
    (b) Since $0 < p < 1$ and $0 < q < 1$ we get $0 < p + q < 2$ whence $-1 < p + q - 1 < 1$. Finally, $-1 < 1 - p - q < 1$, so $(1 - p - q)^m$ converges to zero as m increases.

第 2 章補充習題

2. **(b)** $U^{-1} = \frac{1}{4}(U^2 - 5U + 11I)$.
4. **(b)** If $\mathbf{x}_k = \mathbf{x}_m$, then $\mathbf{y} + k(\mathbf{y} - \mathbf{z}) = \mathbf{y} + m(\mathbf{y} - \mathbf{z})$. So $(k - m)(\mathbf{y} - \mathbf{z}) = \mathbf{0}$. But $\mathbf{y} - \mathbf{z}$ is not zero (because $\mathbf{y}$ and $\mathbf{z}$ are distinct), so $k - m = 0$ by Example 7 Section 2.1.
6. **(d)** Using parts **(c)** and **(b)** gives $I_{pq}AI_{rs} = \sum_{i=1}^{n}\sum_{j=1}^{n} a_{ij}I_{pq}I_{ij}I_{rs}$. The only nonzero term occurs when $i = q$ and $j = r$, so $I_{pq}AI_{rs} = a_{qr}I_{ps}$.
7. **(b)** If $A = [a_{ij}] = \sum_{i,j} a_{ij}I_{ij}$, then $I_{pq}AI_{rs} = a_{qr}I_{ps}$ by 6(d). But then $a_{qr}I_{ps} = AI_{pq}I_{rs} = 0$ if $q \neq r$, so $a_{qr} = 0$ if $q \neq r$. If $q = r$, then $a_{qq}I_{ps} = AI_{pq}I_{rs} = AI_{ps}$ is independent of q. Thus $a_{qq} = a_{11}$ for all q.

習題 3.1　餘因子展開

1. **(b)** 0　**(d)** -1　**(f)** -39　**(h)** 0　**(j)** $2abc$　**(l)** 0
   (n) -56　**(p)** $abcd$
5. **(b)** -17　**(d)** 106　6. **(b)** 0　7. **(b)** 12
8. **(b)** $\det\begin{bmatrix} 2a+p & 2b+q & 2c+r \\ 2p+x & 2q+y & 2r+z \\ 2x+a & 2y+b & 2z+c \end{bmatrix} =$

   $3\det\begin{bmatrix} a+p+x & b+q+y & c+r+z \\ 2p+x & 2q+y & 2r+z \\ 2x+a & 2y+b & 2z+c \end{bmatrix} =$

   $3\det\begin{bmatrix} a+p+x & b+q+y & c+r+z \\ p-a & q-b & r-c \\ x-p & y-q & z-r \end{bmatrix} =$

$$3\det\begin{bmatrix} 3x & 3y & 3z \\ p-a & q-b & r-c \\ x-p & y-q & z-r \end{bmatrix}\cdots$$

9. **(b)** F, $A = \begin{bmatrix} 1 & 1 \\ 2 & 2 \end{bmatrix}$ **(d)** F, $A = \begin{bmatrix} 2 & 0 \\ 0 & 1 \end{bmatrix} \to R = \begin{bmatrix} 1 & 0 \\ 0 & 1 \end{bmatrix}$
   (f) F, $A = \begin{bmatrix} 1 & 1 \\ 0 & 1 \end{bmatrix}$ **(h)** F, $A = \begin{bmatrix} 1 & 1 \\ 0 & 1 \end{bmatrix}$ and $B = \begin{bmatrix} 1 & 0 \\ 1 & 1 \end{bmatrix}$

10. **(b)** 35
11. **(b)** -6 **(d)** -6
14. **(b)** $-(x-2)(x^2+2x-12)$
15. **(b)** -7
16. **(b)** $\pm\frac{\sqrt{6}}{2}$ **(d)** $x = \pm y$

21. Let $\mathbf{x} = \begin{bmatrix} x_1 \\ x_2 \\ \vdots \\ x_n \end{bmatrix}$, $\mathbf{y} = \begin{bmatrix} y_1 \\ y_2 \\ \vdots \\ y_n \end{bmatrix}$, and $A = [\mathbf{c}_1 \cdots \mathbf{x}+\mathbf{y} \cdots \mathbf{c}_n]$ where $\mathbf{x}+\mathbf{y}$ is in column j. Expanding

    $\det A$ along column j (the one containing $\mathbf{x}+\mathbf{y}$):

    $$T(\mathbf{x}+\mathbf{y}) = \det A = \sum_{i=1}^n (x_i+y_i)c_{ij}(A)$$
    $$= \sum_{i=1}^n x_i c_{ij}(A) + \sum_{i=1}^n y_i c_{ij}(A)$$
    $$= T(\mathbf{x}) + T(\mathbf{y})$$

    Similarly for $T(a\mathbf{x}) = aT(\mathbf{x})$.

24. If A is $n \times n$, then $\det B = (-1)^k \det A$ where $n = 2k$ or $n = 2k+1$.

習題 3.2　行列式與反矩陣

1. **(b)** $\begin{bmatrix} 1 & -1 & -2 \\ -3 & 1 & 6 \\ -3 & 1 & 4 \end{bmatrix}$ **(d)** $\frac{1}{3}\begin{bmatrix} -1 & 2 & 2 \\ 2 & -1 & 2 \\ 2 & 2 & -1 \end{bmatrix} = A$

2. **(b)** $c \neq 0$ **(d)** any c **(f)** $c \neq -1$
3. **(b)** -2 **4. (b)** 1 **6. (b)** $\frac{4}{9}$ **7. (b)** 16
8. **(b)** $\frac{1}{11}\begin{bmatrix} 5 \\ 21 \end{bmatrix}$ **(d)** $\frac{1}{79}\begin{bmatrix} 12 \\ -37 \\ -2 \end{bmatrix}$ **9. (b)** $\frac{4}{51}$

10. **(b)** $\det A = 1, -1$ **(d)** $\det A = 1$
    (f) $\det A = 0$ if n is odd; nothing can be said if n is even
15. dA where $d = \det A$

19. **(b)** $\frac{1}{c}\begin{bmatrix} 1 & 0 & 1 \\ 0 & c & 1 \\ -1 & c & 1 \end{bmatrix}, c \neq 0$ **(d)** $\frac{1}{2}\begin{bmatrix} 8-c^2 & -c & c^2-6 \\ c & 1 & -c \\ c^2-10 & c & 8-c^2 \end{bmatrix}$
    (f) $\frac{1}{c^3+1}\begin{bmatrix} 1-c & c^2+1 & -c-1 \\ c^2 & -c & c+1 \\ -c & 1 & c^2-1 \end{bmatrix}, c \neq -1$

20. **(b)** T. $\det AB = \det A \det B = \det B \det A = \det BA$.
    (d) T. $\det A \neq 0$ means A^{-1} exists, so $AB = AC$ implies that $B = C$. **(f)** F.

    If $A = \begin{bmatrix} 1 & 1 & 1 \\ 1 & 1 & 1 \\ 1 & 1 & 1 \end{bmatrix}$, then adj $A = 0$. **(h)** F. If $A = \begin{bmatrix} 1 & 1 \\ 0 & 0 \end{bmatrix}$, then adj $A = \begin{bmatrix} 0 & -1 \\ 0 & 1 \end{bmatrix}$.

(j) F. If $A = \begin{bmatrix} -1 & 1 \\ 1 & -1 \end{bmatrix}$, then $\det(I + A) = -1$ but $1 + \det A = 1$.   **(l)** F. If $A = \begin{bmatrix} 1 & 1 \\ 0 & 1 \end{bmatrix}$, then $\det A = 1$ but $\operatorname{adj} A = \begin{bmatrix} 1 & -1 \\ 0 & 1 \end{bmatrix} \neq A$.

22. (b) $5 - 4x + 2x^2$.
23. (b) $1 - \frac{5}{3}x + \frac{1}{2}x^2 + \frac{7}{6}x^3$.
24. (b) $1 - 0.51x + 2.1x^2 - 1.1x^3$; 1.25, so $y = 1.25$

26. (b) Use induction on n where A is $n \times n$. It is clear if $n = 1$. If $n > 1$, write $A = \begin{bmatrix} a & X \\ 0 & B \end{bmatrix}$ in block form where B is $(n-1) \times (n-1)$. Then $A^{-1} = \begin{bmatrix} a^{-1} & -a^{-1}XB^{-1} \\ 0 & B^{-1} \end{bmatrix}$, and this is upper triangular because B is upper triangular by induction.

28. $-\frac{1}{21}\begin{bmatrix} 3 & 0 & 1 \\ 0 & 2 & 3 \\ 3 & 1 & -1 \end{bmatrix}$

34. (b) Have $(\operatorname{adj} A)A = (\det A)I$; so taking inverses, $A^{-1} \cdot (\operatorname{adj} A)^{-1} = \frac{1}{\det A}I$. On the other hand, $A^{-1}\operatorname{adj}(A^{-1}) = \det(A^{-1})I = \frac{1}{\det A}I$. Comparison yields $A^{-1}(\operatorname{adj} A)^{-1} = A^{-1}\operatorname{adj}(A^{-1})$, and part **(b)** follows.
(d) Write $\det A = d$, $\det B = e$. By the adjugate formula $AB \operatorname{adj}(AB) = deI$, and $AB \operatorname{adj} B \operatorname{adj} A = A[eI] \operatorname{adj} A = (eI)(dI) = deI$. Done as AB is invertible.

習題 3.3 對角化與固有值

1. (b) $(x - 3)(x + 2)$; $3, -2$; $\begin{bmatrix} 4 \\ -1 \end{bmatrix}, \begin{bmatrix} 1 \\ 1 \end{bmatrix}$; $P = \begin{bmatrix} 4 & 1 \\ -1 & 1 \end{bmatrix}$; $P^{-1}AP = \begin{bmatrix} 3 & 0 \\ 0 & -2 \end{bmatrix}$.
(d) $(x - 2)^3$; 2; $\begin{bmatrix} 1 \\ 1 \\ 0 \end{bmatrix}, \begin{bmatrix} -3 \\ 0 \\ 1 \end{bmatrix}$; No such P; Not diagonalizable.
(f) $(x + 1)^2(x - 2)$; $-1, 2$; $\begin{bmatrix} -1 \\ 1 \\ 2 \end{bmatrix}, \begin{bmatrix} 1 \\ 2 \\ 1 \end{bmatrix}$; No such P;
Not diagonalizable. Note that this matrix and the matrix in Example 9 have the same characteristic polynomial, but that matrix is diagonalizable.
(h) $(x - 1)^2(x - 3)$; $1, 3$; $\begin{bmatrix} -1 \\ 0 \\ 1 \end{bmatrix}, \begin{bmatrix} 1 \\ 0 \\ 1 \end{bmatrix}$; No such P; Not diagonalizable.

2. (b) $V_k = \frac{7}{3}2^k \begin{bmatrix} 2 \\ 1 \end{bmatrix}$.   **(d)** $V_k = \frac{3}{2}3^k \begin{bmatrix} 1 \\ 0 \\ 1 \end{bmatrix}$.

4. $A\mathbf{x} = \lambda \mathbf{x}$ if and only if $(A - \alpha I)\mathbf{x} = (\lambda - \alpha)\mathbf{x}$. Same eigenvectors.

8. (b) $P^{-1}AP = \begin{bmatrix} 1 & 0 \\ 0 & 2 \end{bmatrix}$, so $A^n = P\begin{bmatrix} 1 & 0 \\ 0 & 2^n \end{bmatrix}P^{-1} = \begin{bmatrix} 9 - 8 \cdot 2^n & 12(1 - 2^n) \\ 6(2^n - 1) & 9 \cdot 2^n - 8 \end{bmatrix}$.

9. (b) $A = \begin{bmatrix} 0 & 1 \\ 0 & 2 \end{bmatrix}$.

11. (b) and **(d)** If $PAP^{-1} = D$ is diagonal, then
(b) $P^{-1}(kA)P = kD$ is diagonal, and
(d) $Q(U^{-1}AU)Q = D$ where $Q = PU$.

12. $\begin{bmatrix} 1 & 1 \\ 0 & 1 \end{bmatrix}$ is not diagonalizable by Example 8. But $\begin{bmatrix} 1 & 1 \\ 0 & 1 \end{bmatrix} = \begin{bmatrix} 2 & 1 \\ 0 & -1 \end{bmatrix} + \begin{bmatrix} -1 & 0 \\ 0 & 2 \end{bmatrix}$ where $\begin{bmatrix} 2 & 1 \\ 0 & -1 \end{bmatrix}$ has diagonalizing matrix $P = \begin{bmatrix} 1 & -1 \\ 0 & 3 \end{bmatrix}$, and $\begin{bmatrix} -1 & 0 \\ 0 & 2 \end{bmatrix}$ is already diagonal.

部分解答 595

14. We have $\lambda^2 = \lambda$ for every eigenvalue λ (as $\lambda = 0, 1$) so $D^2 = D$, and so $A^2 = A$ as in Example 9.

18. (b) $c_{rA}(x) = \det[xI - rA] = r^n \det\left[\frac{x}{r}I - A\right] = r^n c_A\left[\frac{x}{r}\right]$

20. (b) If $\lambda \neq 0$, $A\mathbf{x} = \lambda\mathbf{x}$ if and only if $A^{-1}\mathbf{x} = \frac{1}{\lambda}\mathbf{x}$.
    The result follows.

21. (b) $(A^3 - 2A - 3I)\mathbf{x} = A^3\mathbf{x} - 2A\mathbf{x} + 3\mathbf{x} = \lambda^3\mathbf{x} - 2\lambda\mathbf{x} + 3\mathbf{x} = (\lambda^3 - 2\lambda - 3)\mathbf{x}$.

23. (b) If $A^m = 0$ and $A\mathbf{x} = \lambda\mathbf{x}$, $\mathbf{x} \neq \mathbf{0}$, then $A^2\mathbf{x} = A(\lambda\mathbf{x}) = \lambda A\mathbf{x} = \lambda^2\mathbf{x}$. In general, $A^k\mathbf{x} = \lambda^k\mathbf{x}$ for all $k \geq 1$. Hence, $\lambda^m\mathbf{x} = A^m\mathbf{x} = \mathbf{0}\mathbf{x} = \mathbf{0}$, so $\lambda = 0$ (because $\mathbf{x} \neq \mathbf{0}$).

24. (a) If $A\mathbf{x} = \lambda\mathbf{x}$, then $A^k\mathbf{x} = \lambda^k\mathbf{x}$ for each k. Hence $\lambda^m\mathbf{x} = A^m\mathbf{x} = \mathbf{x}$, so $\lambda^m = 1$. As λ is real, $\lambda = \pm 1$ by the Hint. So if $P^{-1}AP = D$ is diagonal, then $D^2 = I$ by Theorem 4. Hence $A^2 = PD^2P = I$.

27. (a) We have $P^{-1}AP = \lambda I$ by the diagonalization algorithm, so $A = P(\lambda I)P^{-1} = \lambda PP^{-1} = \lambda I$.
    (b) No. $\lambda = 1$ is the only eigenvalue.

31. (b) $\lambda_1 = 1$, stabilizes. (d) $\lambda_1 = \frac{1}{24}(3 + \sqrt{69}) = 1.13$, diverges.

34. Extinct if $\alpha < \frac{1}{5}$, stable if $\alpha = \frac{1}{5}$, diverges if $\alpha > \frac{1}{5}$.

習題 3.4　應用於線性遞迴

1. (b) $x_k = \frac{1}{3}[4 - (-2)^k]$ (d) $x_k = \frac{1}{5}[2^{k+2} + (-3)^k]$.
2. (b) $x_k = \frac{1}{2}[(-1)^k + 1]$
3. (b) $x_{k+4} = x_k + x_{k+2} + x_{k+3}$; $x_{10} = 169$
5. $\frac{1}{2\sqrt{5}}[3 + \sqrt{5}]\lambda_1^k + (-3 + \sqrt{5})\lambda_2^k$ where $\lambda_1 = \frac{1}{2}(1 + \sqrt{5})$ and $\lambda_2 = \frac{1}{2}(1 - \sqrt{5})$.
7. $\frac{1}{2\sqrt{3}}[2 + \sqrt{3}]\lambda_1^k + (-2 + \sqrt{3})\lambda_2^k$ where $\lambda_1 = 1 + \sqrt{3}$ and $\lambda_2 = 1 - \sqrt{3}$.
9. $\frac{3\sqrt{3}}{3} - \frac{4}{3}\left(-\frac{1}{2}\right)^k$. Long term $11\frac{1}{3}$ million tons.
11. (b) $A\begin{bmatrix} 1 \\ \lambda \\ \lambda^2 \end{bmatrix} = \begin{bmatrix} \lambda \\ \lambda^2 \\ a + b\lambda + c\lambda^2 \end{bmatrix} = \begin{bmatrix} \lambda \\ \lambda^2 \\ \lambda^3 \end{bmatrix} = \lambda\begin{bmatrix} 1 \\ \lambda \\ \lambda^2 \end{bmatrix}$
12. (b) $x_k = \frac{11}{10}3^k + \frac{11}{15}(-2)^k - \frac{5}{6}$
13. (a) $p_{k+2} + q_{k+2} = [ap_{k+1} + bp_k + c(k)] + [aq_{k+1} + bq_k] = a(p_{k+1} + q_{k+1}) + b(p_k + q_k) + c(k)$

習題 3.5　應用於微分方程組

1. (b) $c_1\begin{bmatrix} 1 \\ 1 \end{bmatrix}e^{4x} + c_2\begin{bmatrix} 5 \\ -1 \end{bmatrix}e^{-2x}$; $c_1 = -\frac{2}{3}$, $c_2 = \frac{1}{3}$
   (d) $c_1\begin{bmatrix} -8 \\ 10 \\ 7 \end{bmatrix}e^{-x} + c_2\begin{bmatrix} 1 \\ -2 \\ 1 \end{bmatrix}e^{2x} + c_3\begin{bmatrix} 1 \\ 0 \\ 1 \end{bmatrix}e^{4x}$; $c_1 = 0$, $c_2 = -\frac{1}{2}$, $c_3 = \frac{3}{2}$

3. (b) The solution to (a) is $m(t) = 10(\frac{4}{5})^{t/3}$. Hence we want t such that $10(\frac{4}{5})^{t/3} = 5$. We solve for t by taking natural logarithms: $t = \dfrac{3\ln(\frac{1}{2})}{\ln(\frac{4}{5})} = 9.32$ hours.

5. (a) If $\mathbf{g}' = A\mathbf{g}$, put $\mathbf{f} = \mathbf{g} - A^{-1}\mathbf{b}$. Then $\mathbf{f}' = \mathbf{g}'$ and $A\mathbf{f} = A\mathbf{g} - \mathbf{b}$, so $\mathbf{f}' = \mathbf{g}' = A\mathbf{g} = A\mathbf{f} + \mathbf{b}$, as required.

6. (b) Assume that $f_1' = a_1 f_1 + f_2$ and $f_2' = a_2 f_1$. Differentiating gives $f_1'' = a_1 f_1' + f_2' = a_1 f_1' + a_2 f_1$, proving that f_1 satisfies (∗).

第 3 章補充習題

2. (b) If A is 1×1, then $A^T = A$. In general, $\det[A_{ij}] = \det[(A_{ij})^T] = \det[(A^T)_{ji}]$ by (a) and induction. Write $A^T = [a'_{ij}]$ where $a'_{ij} = a_{ji}$, and expand $\det A^T$ along column 1.

$$\det A^T = \sum_{j=1}^{n} a'_{j1}(-1)^{j+1}\det[(A^T)_{j1}]$$
$$= \sum_{j=1}^{n} a_{1j}(-1)^{1+j}\det[A_{1j}] = \det A$$

where the last equality is the expansion of $\det A$ along row 1.

習題 4.1 向量與直線

1. (b) $\sqrt{6}$ **(d)** $\sqrt{5}$ **(f)** $3\sqrt{6}$.

2. (b) $\frac{1}{3}\begin{bmatrix} -2 \\ -1 \\ 2 \end{bmatrix}$.

4. (b) $\sqrt{2}$ **(d)** 3.

6. (b) $\vec{FE} = \vec{FC} + \vec{CE} = \frac{1}{2}\vec{AC} + \frac{1}{2}\vec{CB} = \frac{1}{2}(\vec{AC} + \vec{CB}) = \frac{1}{2}\vec{AB}$.

7. (b) Yes **(d)** Yes

8. (b) $\mathbf{p}$ **(d)** $-(\mathbf{p} + \mathbf{q})$.

9. (b) $\begin{bmatrix} -1 \\ -1 \\ 5 \end{bmatrix}, \sqrt{27}$ **(d)** $\begin{bmatrix} 0 \\ 0 \\ 0 \end{bmatrix}, 0$ **(f)** $\begin{bmatrix} -2 \\ 2 \\ 2 \end{bmatrix}, \sqrt{12}$

10. (b) (i) $Q(5, -1, 2)$ (ii) $Q(1, 1, -4)$.

11. (b) $\mathbf{x} = \mathbf{u} - 6\mathbf{v} + 5\mathbf{w} = \begin{bmatrix} -26 \\ 4 \\ 19 \end{bmatrix}$.

12. (b) $\begin{bmatrix} a \\ b \\ c \end{bmatrix} = \begin{bmatrix} -5 \\ 8 \\ 6 \end{bmatrix}$

13. (b) If it holds then $\begin{bmatrix} 3a + 4b + c \\ -a + c \\ b + c \end{bmatrix} = \begin{bmatrix} x_1 \\ x_2 \\ x_3 \end{bmatrix}$.

$$\begin{bmatrix} 3 & 4 & 1 & x_1 \\ -1 & 0 & 1 & x_2 \\ 0 & 1 & 1 & x_3 \end{bmatrix} \to \begin{bmatrix} 0 & 4 & 4 & x_1 + 3x_2 \\ -1 & 0 & 1 & x_2 \\ 0 & 1 & 1 & x_3 \end{bmatrix}$$

If there is to be a solution then $x_1 + 3x_2 = 4x_3$ must hold. This is not satisfied.

14. (b) $\frac{1}{4}\begin{bmatrix} 5 \\ -5 \\ -2 \end{bmatrix}$.   **17. (b)** $Q(0, 7, 3)$.   **18. (b)** $\mathbf{x} = \frac{1}{40}\begin{bmatrix} -20 \\ -13 \\ 14 \end{bmatrix}$.

20. (b) $S(-1, 3, 2)$.

21. (b) T. $\|\mathbf{v} - \mathbf{w}\| = 0$ implies that $\mathbf{v} - \mathbf{w} = \mathbf{0}$.
  (d) F. $\|\mathbf{v}\| = \|-\mathbf{v}\|$ for all $\mathbf{v}$ but $\mathbf{v} = -\mathbf{v}$ only holds if $\mathbf{v} = \mathbf{0}$.
  (f) F. If $t < 0$ they have the *opposite* direction.
  (h) F. $\|-5\mathbf{v}\| = 5\|\mathbf{v}\|$ for all $\mathbf{v}$, so it fails if $\mathbf{v} \neq \mathbf{0}$.
  (j) F. Take $\mathbf{w} = -\mathbf{v}$ where $\mathbf{v} \neq \mathbf{0}$.

22. (b) $\begin{bmatrix} 3 \\ -1 \\ 4 \end{bmatrix} + t\begin{bmatrix} 2 \\ -1 \\ 5 \end{bmatrix}; x = 3 + 2t, y = -1 - t, z = 4 + 5t$

  (d) $\begin{bmatrix} 1 \\ 1 \\ 1 \end{bmatrix} + t\begin{bmatrix} 1 \\ 1 \\ 1 \end{bmatrix}; x = y = z = 1 + t$

部分解答 597

(f) $\begin{bmatrix} 2 \\ -1 \\ 1 \end{bmatrix} + t \begin{bmatrix} -1 \\ 0 \\ 1 \end{bmatrix}$; $x = 2 - t, y = -1, z = 1 + t$

23. **(b)** P corresponds to $t = 2$; Q corresponds to $t = 5$.
24. **(b)** No intersection
    (d) $P(2, -1, 3)$; $t = -2, s = -3$
29. $P(3, 1, 0)$ or $P\left(\frac{5}{3}, \frac{-1}{3}, \frac{4}{3}\right)$
31. **(b)** $\overrightarrow{CP_k} = -\overrightarrow{CP}_{n+k}$ if $1 \le k \le n$, where there are $2n$ points.
33. $\overrightarrow{DA} = 2\overrightarrow{EA}$ and $2\overrightarrow{AF} = \overrightarrow{FC}$, so $2\overrightarrow{EF} = 2(\overrightarrow{EF} + \overrightarrow{AF}) = \overrightarrow{DA} + \overrightarrow{FC} = \overrightarrow{CB} + \overrightarrow{FC} = \overrightarrow{FC} + \overrightarrow{CB} = \overrightarrow{FB}$. Hence $\overrightarrow{EF} = \frac{1}{2}\overrightarrow{FB}$. So F is the trisection point of both AC and EB.

習題 4.2 投影與平面

1. **(b)** 6   **(d)** 0   **(f)** 0
2. **(b)** π or $180°$ **(d)** $\frac{\pi}{3}$ or $60°$ **(f)** $\frac{2\pi}{3}$ or $120°$
3. **(b)** 1 or -17
4. **(b)** $t\begin{bmatrix} -1 \\ 1 \\ 2 \end{bmatrix}$ **(d)** $s\begin{bmatrix} 1 \\ 2 \\ 0 \end{bmatrix} + t\begin{bmatrix} 0 \\ 3 \\ 1 \end{bmatrix}$
6. **(b)** $29 + 57 = 86$
8. **(b)** $A = B = C = \frac{\pi}{3}$ or $60°$
10. **(b)** $\frac{11}{18}\mathbf{v}$ **(d)** $-\frac{1}{2}\mathbf{v}$
11. **(b)** $\frac{5}{21}\begin{bmatrix} 2 \\ -1 \\ -4 \end{bmatrix} + \frac{1}{21}\begin{bmatrix} 53 \\ 26 \\ 20 \end{bmatrix}$ **(d)** $\frac{27}{53}\begin{bmatrix} 6 \\ -4 \\ 1 \end{bmatrix} + \frac{1}{53}\begin{bmatrix} -3 \\ 2 \\ 26 \end{bmatrix}$
12. **(b)** $\frac{1}{26}\sqrt{5642}$, $Q\left(\frac{71}{26}, \frac{15}{26}, \frac{34}{26}\right)$
13. **(b)** $\begin{bmatrix} 0 \\ 0 \\ 0 \end{bmatrix}$ **(b)** $\begin{bmatrix} 4 \\ -15 \\ 8 \end{bmatrix}$
14. **(b)** $-23x + 32y + 11z = 11$ **(d)** $2x - y + z = 5$
    (f) $2x + 3y + 2z = 7$ **(h)** $2x - 7y - 3z = -1$
    (j) $x - y - z = 3$
15. **(b)** $\begin{bmatrix} x \\ y \\ z \end{bmatrix} = \begin{bmatrix} 2 \\ -1 \\ 3 \end{bmatrix} + t\begin{bmatrix} 2 \\ 1 \\ 0 \end{bmatrix}$ **(d)** $\begin{bmatrix} x \\ y \\ z \end{bmatrix} = \begin{bmatrix} 1 \\ 1 \\ -1 \end{bmatrix} + t\begin{bmatrix} 1 \\ 1 \\ 1 \end{bmatrix}$
    (f) $\begin{bmatrix} x \\ y \\ z \end{bmatrix} = \begin{bmatrix} 1 \\ 1 \\ 2 \end{bmatrix} + t\begin{bmatrix} 4 \\ 1 \\ -5 \end{bmatrix}$
16. **(b)** $\frac{\sqrt{6}}{3}$, $Q\left(\frac{7}{3}, \frac{-2}{3}, \frac{-2}{3}\right)$
17. **(b)** Yes. The equation is $5x - 3y - 4z = 0$.
19. **(b)** $(-2, 7, 0) + t(3, -5, 2)$
20. **(b)** None   **(d)** $P\left(\frac{13}{19}, \frac{-78}{19}, \frac{65}{19}\right)$
21. **(b)** $3x + 2z = d$, d arbitrary   **(d)** $a(x - 3) + b(y - 2) + c(z + 4) = 0$; $a, b,$ and c not all zero
    (f) $ax + by + (b - a)z = a$; a and b not both zero
    (h) $ax + by + (a - 2b)z = 5a - 4b$; a and b not both zero
23. **(b)** $\sqrt{10}$
24. **(b)** $\frac{\sqrt{14}}{2}$, $A(3, 1, 2)$, $B\left(\frac{7}{2}, -\frac{1}{2}, 3\right)$
    (d) $\frac{\sqrt{6}}{6}$, $A\left(\frac{19}{3}, 2, \frac{1}{3}\right)$, $B\left(\frac{37}{6}, \frac{13}{6}, 0\right)$

26. **(b)** Consider the diagonal $\mathbf{d} = \begin{bmatrix} a \\ a \\ a \end{bmatrix}$. The six face diagonals in question are $\pm\begin{bmatrix} a \\ 0 \\ -a \end{bmatrix}, \pm\begin{bmatrix} 0 \\ a \\ -a \end{bmatrix}, \pm\begin{bmatrix} a \\ -a \\ 0 \end{bmatrix}$. All of these are orthogonal to $\mathbf{d}$. The result works for the other diagonals by symmetry.

28. The four diagonals are (a, b, c), $(-a, b, c)$, $(a, -b, c)$ and $(a, b, -c)$ or their negatives. The dot products are $\pm(-a^2 + b^2 + c^2)$, $\pm(a^2 - b^2 + c^2)$, and $\pm(a^2 + b^2 - c^2)$.

34. **(b)** The sum of the squares of the lengths of the diagonals equals the sum of the squares of the lengths of the four sides.

38. **(b)** The angle θ between $\mathbf{u}$ and $(\mathbf{u} + \mathbf{v} + \mathbf{w})$ is given by
$$\cos\theta = \frac{\mathbf{u} \cdot (\mathbf{u} + \mathbf{v} + \mathbf{w})}{\|\mathbf{u}\|\|\mathbf{u} + \mathbf{v} + \mathbf{w}\|} = \frac{\|\mathbf{u}\|}{\sqrt{\|\mathbf{u}\|^2 + \|\mathbf{v}\|^2 + \|\mathbf{w}\|^2}} = \frac{1}{\sqrt{3}},$$
because $\|\mathbf{u}\| = \|\mathbf{v}\| = \|\mathbf{w}\|$. Similar remarks apply to the other angles.

39. **(b)** Let $\mathbf{p}_0, \mathbf{p}_1$ be the vectors of P_0, P_1, so $\mathbf{u} = \mathbf{p}_0 - \mathbf{p}_1$.

    Then $\mathbf{u} \cdot \mathbf{n} = \mathbf{p}_0 \cdot \mathbf{n} - \mathbf{p}_1 \cdot \mathbf{n} = (ax_0 + by_0) - (ax_1 + by_1) = ax_0 + by_0 + c$. Hence the distance is $\left\|\left(\frac{\mathbf{u} \cdot \mathbf{n}}{\|\mathbf{n}\|^2}\right)\mathbf{n}\right\| = \frac{|\mathbf{u} \cdot \mathbf{n}|}{\|\mathbf{n}\|}$, as required.

41. **(b)** This follows from **(a)** because $\|\mathbf{v}\|^2 = a^2 + b^2 + c^2$.

44. **(d)** Take $\begin{bmatrix} x_1 \\ y_1 \\ z_1 \end{bmatrix} = \begin{bmatrix} x \\ y \\ z \end{bmatrix}$ and $\begin{bmatrix} x_2 \\ y_2 \\ z_2 \end{bmatrix} = \begin{bmatrix} y \\ z \\ x \end{bmatrix}$ in **(c)**.

習題 4.3　外積的進一步研究

3. **(b)** $\pm\frac{\sqrt{3}}{3}\begin{bmatrix} 1 \\ -1 \\ -1 \end{bmatrix}$.　　4. **(b)** 0　**(d)** $\sqrt{5}$　　5. **(b)** 7

6. **(b)** The distance is $\|\mathbf{p} - \mathbf{p}_0\|$; use **(a)**.

10. $\|\overrightarrow{AB} \times \overrightarrow{AC}\|$ is the area of the parallelogram determined by A, B, and C.

12. Because $\mathbf{u}$ and $\mathbf{v} \times \mathbf{w}$ are parallel, the angle θ between them is 0 or π. Hence $\cos(\theta) = \pm 1$, so the volume is $|\mathbf{u} \cdot (\mathbf{v} \times \mathbf{w})| = \|\mathbf{u}\|\|\mathbf{v} \times \mathbf{w}\|\cos(\theta) = \|\mathbf{u}\|\|(\mathbf{v} \times \mathbf{w})\|$. But the angle between $\mathbf{v}$ and $\mathbf{w}$ is $\frac{\pi}{2}$ so $\|\mathbf{v} \times \mathbf{w}\| = \|\mathbf{v}\|\|\mathbf{w}\|\cos(\frac{\pi}{2}) = \|\mathbf{v}\|\|\mathbf{w}\|$. The result follows.

15. **(b)** If $\mathbf{u} = \begin{bmatrix} u_1 \\ u_2 \\ u_3 \end{bmatrix}$, $\mathbf{v} = \begin{bmatrix} v_1 \\ v_2 \\ v_3 \end{bmatrix}$, and $\mathbf{w} = \begin{bmatrix} w_1 \\ w_2 \\ w_3 \end{bmatrix}$, then

$$\mathbf{u} \times (\mathbf{v} + \mathbf{w}) = \det\begin{bmatrix} \mathbf{i} & u_1 & v_1 + w_1 \\ \mathbf{j} & u_2 & v_2 + w_2 \\ \mathbf{k} & u_3 & v_3 + w_3 \end{bmatrix} = \det\begin{bmatrix} \mathbf{i} & u_1 & v_1 \\ \mathbf{j} & u_2 & v_2 \\ \mathbf{k} & u_3 & v_3 \end{bmatrix} + \det\begin{bmatrix} \mathbf{i} & u_1 & w_1 \\ \mathbf{j} & u_2 & w_2 \\ \mathbf{k} & u_3 & w_3 \end{bmatrix} = (\mathbf{u} \times \mathbf{v}) + (\mathbf{u} \times \mathbf{w})$$

where we used Exercise 21 Section 3.1.

16. **(b)** $(\mathbf{v} - \mathbf{w}) \cdot [(\mathbf{u} \times \mathbf{v}) + (\mathbf{v} \times \mathbf{w}) + (\mathbf{w} \times \mathbf{u})]$
    $= (\mathbf{v} - \mathbf{w}) \cdot (\mathbf{u} \times \mathbf{v}) + (\mathbf{v} - \mathbf{w}) \cdot (\mathbf{v} \times \mathbf{w}) + (\mathbf{v} - \mathbf{w}) \cdot (\mathbf{w} \times \mathbf{u})$
    $= -\mathbf{w} \cdot (\mathbf{u} \times \mathbf{v}) + 0 + \mathbf{v} \cdot (\mathbf{w} \times \mathbf{u}) = 0$.

22. Let $\mathbf{p}_1$ and $\mathbf{p}_2$ be vectors of points in the planes, so $\mathbf{p}_1 \cdot \mathbf{n} = d_1$ and $\mathbf{p}_2 \cdot \mathbf{n} = d_2$. The distance is the length of the projection of $\mathbf{p}_2 - \mathbf{p}_1$ along $\mathbf{n}$; that is
$$\frac{|(\mathbf{p}_2 - \mathbf{p}_1) \cdot \mathbf{n}|}{\|\mathbf{n}\|} = \frac{|d_1 - d_2|}{\|\mathbf{n}\|}.$$

習題 4.4　$\mathbb{R}^3$ 中的線性算子

1. **(b)** $A = \begin{bmatrix} 1 & -1 \\ -1 & 1 \end{bmatrix}$, projection on $y = -x$.

(d) $A = \frac{1}{5}\begin{bmatrix} -3 & 4 \\ 4 & 3 \end{bmatrix}$, reflection in $y = 2x$.

(f) $A = \frac{1}{2}\begin{bmatrix} 1 & -\sqrt{3} \\ \sqrt{3} & 1 \end{bmatrix}$, rotation through $\frac{\pi}{3}$.

2. (b) The zero transformation.

3. (b) $\frac{1}{21}\begin{bmatrix} 17 & 2 & -8 \\ 2 & 20 & 4 \\ -8 & 4 & 5 \end{bmatrix}\begin{bmatrix} 0 \\ 1 \\ -3 \end{bmatrix}$

(d) $\frac{1}{30}\begin{bmatrix} 22 & -4 & 20 \\ -4 & 28 & 10 \\ 20 & 10 & -20 \end{bmatrix}\begin{bmatrix} 0 \\ 1 \\ -3 \end{bmatrix}$

(f) $\frac{1}{25}\begin{bmatrix} 9 & 0 & 12 \\ 0 & 0 & 0 \\ 12 & 0 & 16 \end{bmatrix}\begin{bmatrix} 1 \\ -1 \\ 7 \end{bmatrix}$

(h) $\frac{1}{11}\begin{bmatrix} -9 & 2 & -6 \\ 2 & -9 & -6 \\ -6 & -6 & 7 \end{bmatrix}\begin{bmatrix} 2 \\ -5 \\ 0 \end{bmatrix}$

4. (b) $\frac{1}{2}\begin{bmatrix} \sqrt{3} & -1 & 0 \\ 1 & \sqrt{3} & 0 \\ 0 & 0 & 1 \end{bmatrix}\begin{bmatrix} 1 \\ 0 \\ 3 \end{bmatrix}$

6. $\begin{bmatrix} \cos\theta & 0 & -\sin\theta \\ 0 & 1 & 0 \\ \sin\theta & 0 & \cos\theta \end{bmatrix}$

9. (a) Write $\mathbf{v} = \begin{bmatrix} x \\ y \end{bmatrix}$. $P_L(\mathbf{v}) = \left(\frac{\mathbf{v} \cdot \mathbf{d}}{\|\mathbf{d}\|^2}\right)\mathbf{d} = \frac{ax+by}{a^2+b^2}\begin{bmatrix} a \\ b \end{bmatrix} = \frac{1}{a^2+b^2}\begin{bmatrix} a^2x + aby \\ abx + b^2y \end{bmatrix} = \frac{1}{a^2+b^2}\begin{bmatrix} a^2 & ab \\ ab & b^2 \end{bmatrix}\begin{bmatrix} x \\ y \end{bmatrix}$

習題 4.5　應用於電腦繪圖

1. (b) $\frac{1}{2}\begin{bmatrix} \sqrt{2}+2 & 7\sqrt{2}+2 & 3\sqrt{2}+2 & -\sqrt{2}+2 & -5\sqrt{2}+2 \\ -3\sqrt{2}+4 & 3\sqrt{2}+4 & 5\sqrt{2}+4 & \sqrt{2}+4 & 9\sqrt{2}+4 \\ 2 & 2 & 2 & 2 & 2 \end{bmatrix}$

5. (b) $P(\frac{9}{5}, \frac{18}{5})$

第 4 章補充習題

4. 125 knots in a direction θ degrees east of north, where $\cos\theta = 0.6$ ($\theta = 53°$ or 0.93 radians).

6. (12, 5). Actual speed 12 knots.

習題 5.1　子空間與生成集

1. (b) Yes　**(d)** No　**(f)** No.

2. (b) No　**(d)** Yes, $\mathbf{x} = 3\mathbf{y} + 4\mathbf{z}$.

3. (b) No

10. span$\{a_1\mathbf{x}_1, a_2\mathbf{x}_2, \cdots, a_k\mathbf{x}_k\} \subseteq$ span$\{\mathbf{x}_1, \mathbf{x}_2, \cdots, \mathbf{x}_k\}$ by Theorem 1 because, for each i, $a_i\mathbf{x}_i$ is in span$\{\mathbf{x}_1, \mathbf{x}_2, \cdots, \mathbf{x}_k\}$. Similarly, the fact that $\mathbf{x}_i = a_i^{-1}(a_i\mathbf{x}_i)$ is in span$\{a_1\mathbf{x}_1, a_2\mathbf{x}_2, \cdots, a_k\mathbf{x}_k\}$ for each i shows that span$\{\mathbf{x}_1, \mathbf{x}_2, \cdots, \mathbf{x}_k\} \subseteq$ span$\{a_1\mathbf{x}_1, a_2\mathbf{x}_2, \cdots, a_k\mathbf{x}_k\}$, again by Theorem 1.

12. If $\mathbf{y} = r_1\mathbf{x}_1 + \cdots + r_k\mathbf{x}_k$ then $A\mathbf{y} = r_1(A\mathbf{x}_1) + \cdots + r_k(A\mathbf{x}_k) = 0$.

15. (b) $\mathbf{x} = (\mathbf{x} + \mathbf{y}) - \mathbf{y} = (\mathbf{x} + \mathbf{y}) + (-\mathbf{y})$ is in U because U is a subspace and both $\mathbf{x} + \mathbf{y}$ and $-\mathbf{y} = (-1)\mathbf{y}$ are in U.

16. **(b)** True. $\mathbf{x} = 1\mathbf{x}$ is in U. **(d)** True. Always span$\{\mathbf{y}, \mathbf{z}\} \subseteq$ span$\{\mathbf{x}, \mathbf{y}, \mathbf{z}\}$ by Theorem 1. Since $\mathbf{x}$ is in span$\{\mathbf{x}, \mathbf{y}\}$ we have span$\{\mathbf{x}, \mathbf{y}, \mathbf{z}\} \subseteq$ span$\{\mathbf{y}, \mathbf{z}\}$, again by Theorem 1.
    (f) False. $a\begin{bmatrix}1\\0\end{bmatrix} + b\begin{bmatrix}2\\0\end{bmatrix} = \begin{bmatrix}a+2b\\0\end{bmatrix}$ cannot equal $\begin{bmatrix}0\\1\end{bmatrix}$.

20. If U is a subspace, then S2 and S3 certainly hold. Conversely, assume that S2 and S3 hold for U. Since U is nonempty, choose $\mathbf{x}$ in U. Then $\mathbf{0} = 0\mathbf{x}$ is in U by S3, so S1 also holds. This means that U is a subspace.

22. **(b)** The zero vector $\mathbf{0}$ is in $U + W$ because $\mathbf{0} = \mathbf{0} + \mathbf{0}$. Let $\mathbf{p}$ and $\mathbf{q}$ be vectors in $U + W$, say $\mathbf{p} = \mathbf{x}_1 + \mathbf{y}_1$ and $\mathbf{q} = \mathbf{x}_2 + \mathbf{y}_2$ where $\mathbf{x}_1$ and $\mathbf{x}_2$ are in U, and $\mathbf{y}_1$ and $\mathbf{y}_2$ are in W. Then $\mathbf{p} + \mathbf{q} = (\mathbf{x}_1 + \mathbf{x}_2) + (\mathbf{y}_1 + \mathbf{y}_2)$ is in $U + W$ because $\mathbf{x}_1 + \mathbf{x}_2$ is in U and $\mathbf{y}_1 + \mathbf{y}_2$ is in W. Similarly, $a(\mathbf{p} + \mathbf{q}) = a\mathbf{p} + a\mathbf{q}$ is in $U + W$ for any scalar a because $a\mathbf{p}$ is in U and $a\mathbf{q}$ is in W. Hence $U + W$ is indeed a subspace of $\mathbb{R}^n$.

習題 5.2　獨立性與維數

1. **(b)** Yes. If $r\begin{bmatrix}1\\1\\1\end{bmatrix} + s\begin{bmatrix}1\\1\\1\end{bmatrix} + t\begin{bmatrix}0\\0\\1\end{bmatrix} = \begin{bmatrix}0\\0\\0\end{bmatrix}$, then $r + s = 0$, $r - s = 0$, and $r + s + t = 0$. These equations give $r = s = t = 0$.
   (d) No. Indeed: $\begin{bmatrix}1\\1\\0\\0\end{bmatrix} - \begin{bmatrix}1\\0\\1\\0\end{bmatrix} + \begin{bmatrix}0\\0\\1\\1\end{bmatrix} - \begin{bmatrix}0\\1\\0\\1\end{bmatrix} = \begin{bmatrix}0\\0\\0\\0\end{bmatrix}$.

2. **(b)** Yes. If $r(\mathbf{x} + \mathbf{y}) + s(\mathbf{y} + \mathbf{z}) + t(\mathbf{z} + \mathbf{x}) = \mathbf{0}$, then $(r + t)\mathbf{x} + (r + s)\mathbf{y} + (s + t)\mathbf{z} = \mathbf{0}$. Since $\{\mathbf{x}, \mathbf{y}, \mathbf{z}\}$ is independent, this implies that $r + t = 0$, $r + s = 0$, and $s + t = 0$. The only solution is $r = s = t = 0$.
   (d) No. In fact, $(\mathbf{x} + \mathbf{y}) - (\mathbf{y} + \mathbf{z}) + (\mathbf{z} + \mathbf{w}) - (\mathbf{w} + \mathbf{x}) = \mathbf{0}$.

3. **(b)** $\left\{\begin{bmatrix}2\\1\\0\\-1\end{bmatrix}, \begin{bmatrix}-1\\1\\1\\1\end{bmatrix}\right\}$; dimension 2.
   (d) $\left\{\begin{bmatrix}-2\\0\\3\\1\end{bmatrix}, \begin{bmatrix}1\\2\\-1\\0\end{bmatrix}\right\}$; dimension 2.

4. **(b)** $\left\{\begin{bmatrix}1\\1\\0\\1\end{bmatrix}, \begin{bmatrix}1\\-1\\1\\0\end{bmatrix}\right\}$; dimension 2.
   (d) $\left\{\begin{bmatrix}1\\0\\1\\0\end{bmatrix}, \begin{bmatrix}-1\\1\\0\\1\end{bmatrix}, \begin{bmatrix}0\\1\\0\\1\end{bmatrix}\right\}$; dimension 3.
   (f) $\left\{\begin{bmatrix}-1\\1\\0\\0\end{bmatrix}, \begin{bmatrix}1\\0\\1\\0\end{bmatrix}, \begin{bmatrix}1\\0\\0\\1\end{bmatrix}\right\}$; dimension 3.

5. **(b)** If $r(\mathbf{x} + \mathbf{w}) + s(\mathbf{y} + \mathbf{w}) + t(\mathbf{z} + \mathbf{w}) + u(\mathbf{w}) = \mathbf{0}$, then $r\mathbf{x} + s\mathbf{y} + t\mathbf{z} + (r + s + t + u)\mathbf{w} = \mathbf{0}$, so $r = 0$, $s = 0$, $t = 0$, and $r + s + t + u = 0$. The only solution is $r = s = t = u = 0$, so the set is independent. Since dim $\mathbb{R}^4 = 4$, the set is a basis by Theorem 7.

6. **(b)** Yes   **(d)** Yes   **(f)** No.

7. **(b)** T. If $r\mathbf{y} + s\mathbf{z} = \mathbf{0}$, then $0\mathbf{x} + r\mathbf{y} + s\mathbf{z} = \mathbf{0}$ so $r = s = 0$ because $\{\mathbf{x}, \mathbf{y}, \mathbf{z}\}$ is independent.
   (d) F. If $\mathbf{x} \neq \mathbf{0}$, take $k = 2$, $\mathbf{x}_1 = \mathbf{x}$ and $\mathbf{x}_2 = -\mathbf{x}$.
   (f) F. If $\mathbf{y} = -\mathbf{x}$ and $\mathbf{z} = \mathbf{0}$, then $1\mathbf{x} + 1\mathbf{y} + 1\mathbf{z} = \mathbf{0}$.
   (h) T. This is a nontrivial, vanishing linear combination, so the $\mathbf{x}_i$ cannot be independent.

10. If $r\mathbf{x}_2 + s\mathbf{x}_3 + t\mathbf{x}_5 = \mathbf{0}$ then $0\mathbf{x}_1 + r\mathbf{x}_2 + s\mathbf{x}_3 + 0\mathbf{x}_4 + t\mathbf{x}_5 + 0\mathbf{x}_6 = \mathbf{0}$ so $r = s = t = 0$.

12. If $t_1\mathbf{x}_1 + t_2(\mathbf{x}_1 + \mathbf{x}_2) + \cdots + t_k(\mathbf{x}_1 + \mathbf{x}_2 + \cdots + \mathbf{x}_k) = \mathbf{0}$, then $(t_1 + t_2 + \cdots + t_k)\mathbf{x}_1 + (t_2 + \cdots + t_k)\mathbf{x}_2 + \cdots + (t_{k-1} + t_k)\mathbf{x}_{k-1} + (t_k)\mathbf{x}_k = \mathbf{0}$. Hence all these coefficients are zero, so we obtain successively $t_k = 0, t_{k-1} = 0, \cdots, t_2 = 0, t_1 = 0$.

16. **(b)** We show A^T is invertible (then A is invertible). Let $A^T\mathbf{x} = \mathbf{0}$ where $\mathbf{x} = [s\ t]^T$. This means $as + ct = 0$ and $bs + dt = 0$, so $s(a\mathbf{x} + b\mathbf{y}) + t(c\mathbf{x} + d\mathbf{y}) = (sa + tc)\mathbf{x} + (sb + td)\mathbf{y} = \mathbf{0}$. Hence $s = t = 0$ by hypothesis.

17. **(b)** Each $V^{-1}\mathbf{x}_i$ is in null(AV) because $AV(V^{-1}\mathbf{x}_i) = A\mathbf{x}_i = \mathbf{0}$. The set $\{V^{-1}\mathbf{x}_1, \cdots, V^{-1}\mathbf{x}_k\}$ is independent as V^{-1} is invertible. If $\mathbf{y}$ is in null(AV), then $V\mathbf{y}$ is in null(A) so let $V\mathbf{y} = t_1\mathbf{x}_1 + \cdots + t_k\mathbf{x}_k$ where each t_k is in $\mathbb{R}$. Thus $\mathbf{y} = t_1V^{-1}\mathbf{x}_1 + \cdots + t_kV^{-1}\mathbf{x}_k$ is in span$\{V^{-1}\mathbf{x}_1, \cdots, V^{-1}\mathbf{x}_k\}$.

20. We have $\{\mathbf{0}\} \subseteq U \subseteq W$ where dim$\{\mathbf{0}\} = 0$ and dim $W = 1$. Hence dim $U = 0$ or dim $U = 1$ by Theorem 8, that is $U = 0$ or $U = W$, again by Theorem 8.

習題 5.3 正交

1. **(b)** $\left\{\frac{1}{\sqrt{3}}\begin{bmatrix}1\\1\\1\end{bmatrix}, \frac{1}{\sqrt{42}}\begin{bmatrix}4\\1\\-5\end{bmatrix}, \frac{1}{\sqrt{14}}\begin{bmatrix}2\\-3\\1\end{bmatrix}\right\}$.

3. **(b)** $\begin{bmatrix}a\\b\\c\end{bmatrix} = \frac{1}{2}(a-c)\begin{bmatrix}1\\0\\-1\end{bmatrix} + \frac{1}{18}(a+4b+c)\begin{bmatrix}1\\4\\1\end{bmatrix} + \frac{1}{9}(2a-b+2c)\begin{bmatrix}2\\-1\\2\end{bmatrix}$.

   (d) $\begin{bmatrix}a\\b\\c\end{bmatrix} = \frac{1}{3}(a+b+c)\begin{bmatrix}1\\1\\1\end{bmatrix} + \frac{1}{2}(a-b)\begin{bmatrix}1\\-1\\0\end{bmatrix} + \frac{1}{6}(a+b-2c)\begin{bmatrix}1\\1\\-2\end{bmatrix}$.

4. **(b)** $\begin{bmatrix}14\\1\\-8\\5\end{bmatrix} = 3\begin{bmatrix}2\\-1\\0\\3\end{bmatrix} + 4\begin{bmatrix}2\\1\\-2\\-1\end{bmatrix}$.

5. **(b)** $t\begin{bmatrix}-1\\3\\10\\11\end{bmatrix}$, t in $\mathbb{R}$.

6. **(b)** $\sqrt{29}$ **(d)** 19

7. **(b)** F. $\mathbf{x} = \begin{bmatrix}1\\0\end{bmatrix}$ and $\mathbf{y} = \begin{bmatrix}0\\1\end{bmatrix}$.

   (d) T. Every $\mathbf{x}_i \cdot \mathbf{y}_j = 0$ by assumption, every $\mathbf{x}_i \cdot \mathbf{x}_j = 0$ if $i \neq j$ because the $\mathbf{x}_i$ are orthogonal, and every $\mathbf{y}_i \cdot \mathbf{y}_j = 0$ if $i \neq j$ because the $\mathbf{y}_i$ are orthogonal. As all the vectors are nonzero, this does it.

   (f) T. Every pair of *distinct* vectors in the set {**x**} has dot product zero (there are no such pairs).

9. Let $\mathbf{c}_1, \cdots, \mathbf{c}_n$ be the columns of A. Then row i of A^T is $\mathbf{c}_i^T$, so the (i, j)-entry of A^TA is $\mathbf{c}_i^T\mathbf{c}_j = \mathbf{c}_i \cdot \mathbf{c}_j = 0, 1$ according as $i \neq j, i = j$. So $A^TA = I$.

11. **(b)** Take $n = 3$ in **(a)**, expand, and simplify.

12. **(b)** We have $(\mathbf{x} + \mathbf{y}) \cdot (\mathbf{x} - \mathbf{y}) = \|\mathbf{x}\|^2 - \|\mathbf{y}\|^2$. Hence $(\mathbf{x} + \mathbf{y}) \cdot (\mathbf{x} - \mathbf{y}) = 0$ if and only if $\|\mathbf{x}\|^2 = \|\mathbf{y}\|^2$; if and only if $\|\mathbf{x}\| = \|\mathbf{y}\|$—where we used the fact that $\|\mathbf{x}\| \geq 0$ and $\|\mathbf{y}\| \geq 0$.

15. If $A^TA\mathbf{x} = \lambda\mathbf{x}$, then $\|A\mathbf{x}\|^2 = (A\mathbf{x}) \cdot (A\mathbf{x}) = \mathbf{x}^TA^TA\mathbf{x} = \mathbf{x}^T(\lambda\mathbf{x}) = \lambda\|\mathbf{x}\|^2$.

習題 5.4 矩陣的秩

1. **(b)** $\left\{\begin{bmatrix}2\\-1\\1\end{bmatrix}, \begin{bmatrix}0\\0\\1\end{bmatrix}\right\}; \left\{\begin{bmatrix}2\\-2\\4\\-6\end{bmatrix}, \begin{bmatrix}1\\1\\3\\0\end{bmatrix}\right\}; 2$

   (d) $\left\{\begin{bmatrix}1\\2\\-1\\3\end{bmatrix}, \begin{bmatrix}0\\0\\0\\1\end{bmatrix}\right\}; \left\{\begin{bmatrix}1\\-3\end{bmatrix}, \begin{bmatrix}3\\-2\end{bmatrix}\right\}; 2$

2. **(b)** $\left\{\begin{bmatrix}1\\1\\0\\0\\0\end{bmatrix}, \begin{bmatrix}0\\-2\\2\\5\\1\end{bmatrix}, \begin{bmatrix}0\\0\\2\\-3\\6\end{bmatrix}\right\}$ **(d)** $\left\{\begin{bmatrix}1\\5\\-6\end{bmatrix}, \begin{bmatrix}0\\1\\-1\end{bmatrix}, \begin{bmatrix}0\\0\\1\end{bmatrix}\right\}$

3. **(b)** No; no **(d)** No
   (f) Otherwise, if A is $m \times n$, we have $m = \dim(\text{row } A) = \text{rank } A = \dim(\text{col } A) = n$

4. Let $A = [\mathbf{c}_1 \cdots \mathbf{c}_n]$. Then $\text{col } A = \text{span}\{\mathbf{c}_1, \cdots, \mathbf{c}_n\} = \{x_1\mathbf{c}_1 + \cdots + x_n\mathbf{c}_n \mid x_i \text{ in } \mathbb{R}\} = \{A\mathbf{x} \mid \mathbf{x} \text{ in } \mathbb{R}^n\}$.

7. **(b)** The basis is $\left\{\begin{bmatrix}6\\0\\-4\\1\\0\end{bmatrix}, \begin{bmatrix}5\\0\\-3\\0\\1\end{bmatrix}\right\}$, so the dimension is 2.

   Have rank $A = 3$ and $n - 3 = 2$.

8. **(b)** $n - 1$

9. **(b)** If $r_1\mathbf{c}_1 + \cdots + r_n\mathbf{c}_n = \mathbf{0}$, let $\mathbf{x} = [r_1, \cdots, r_n]^T$. Then $C\mathbf{x} = r_1\mathbf{c}_1 + \cdots + r_n\mathbf{c}_n = \mathbf{0}$, so $\mathbf{x}$ is in null A $= 0$. Hence each $r_i = 0$.

10. **(b)** Write $r = \text{rank } A$. Then **(a)** gives $r = \dim(\text{col } A) \leq \dim(\text{null } A) = n - r$.

12. We have $\text{rank}(A) = \dim[\text{col}(A)]$ and $\text{rank}(A^T) = \dim[\text{row}(A^T)]$. Let $\{\mathbf{c}_1, \mathbf{c}_2, \cdots, \mathbf{c}_k\}$ be a basis of $\text{col}(A)$; it suffices to show that $\{\mathbf{c}_1^T, \mathbf{c}_2^T, \cdots, \mathbf{c}_k^T\}$ is a basis of $\text{row}(A^T)$. But if $t_1\mathbf{c}_1^T + t_2\mathbf{c}_2^T + \cdots + t_k\mathbf{c}_k^T = \mathbf{0}$, t_j in $\mathbb{R}$, then (taking transposes) $t_1\mathbf{c}_1 + t_2\mathbf{c}_2 + \cdots + t_k\mathbf{c}_k = \mathbf{0}$ so each $t_j = 0$. Hence $\{\mathbf{c}_1^T, \mathbf{c}_2^T, \cdots, \mathbf{c}_k^T\}$ is independent. Given $\mathbf{v}$ in $\text{row}(A^T)$ then $\mathbf{v}^T$ is in $\text{col}(A)$; say $\mathbf{v}^T = s_1\mathbf{c}_1 + s_2\mathbf{c}_2 + \cdots + s_k\mathbf{c}_k$, s_j in $\mathbb{R}$: Hence $\mathbf{v} = s_1\mathbf{c}_1^T + s_2\mathbf{c}_2^T + \cdots + s_k\mathbf{c}_k^T$, so $\{\mathbf{c}_1^T, \mathbf{c}_2^T, \cdots, \mathbf{c}_k^T\}$ spans $\text{row}(A^T)$, as required.

15. **(b)** Let $\{\mathbf{u}_1, \cdots, \mathbf{u}_r\}$ be a basis of $\text{col}(A)$. Then $\mathbf{b}$ is *not* in $\text{col}(A)$, so $\{\mathbf{u}_1, \cdots, \mathbf{u}_r, \mathbf{b}\}$ is linearly independent. Show that $\text{col}[A \; \mathbf{b}] = \text{span}\{\mathbf{u}_1, \cdots, \mathbf{u}_r, \mathbf{b}\}$.

習題 5.5　相似性與對角化

1. **(b)** traces = 2, ranks = 2, but $\det A = -5$, $\det B = -1$
   (d) ranks = 2, determinants = 7, but $\text{tr } A = 5$, $\text{tr } B = 4$
   (f) traces = -5, determinants = 0, but rank $A = 2$, rank $B = 1$

3. **(b)** If $B = P^{-1}AP$, then $B^{-1} = P^{-1}A^{-1}(P^{-1})^{-1} = P^{-1}A^{-1}P$.

4. **(b)** Yes, $P = \begin{bmatrix}-1 & 0 & 6\\0 & 1 & 0\\1 & 0 & 5\end{bmatrix}$, $P^{-1}AP = \begin{bmatrix}-3 & 0 & 0\\0 & -3 & 0\\0 & 0 & 8\end{bmatrix}$

   (d) No, $c_A(x) = (x+1)(x-4)^2$ so $\lambda = 4$ has multiplicity 2. But $\dim(E_4) = 1$ so Theorem 6 applies.

8. **(b)** If $B = P^{-1}AP$ and $A^k = 0$, then $B^k = (P^{-1}AP)^k = P^{-1}A^kP = P^{-1}0P = 0$.

9. **(b)** The eigenvalues of A are all equal (they are the diagonal elements), so if $P^{-1}AP = D$ is diagonal, then $D = \lambda I$. Hence $A = P^{-1}(\lambda I)P = \lambda I$.

10. **(b)** A is similar to $D = \text{diag}(\lambda_1, \lambda_2, \cdots, \lambda_n)$ so (Theorem 1) $\text{tr } A = \text{tr } D = \lambda_1 + \lambda_2 + \cdots + \lambda_n$.

12. **(b)** $T_P(A)T_P(B) = (P^{-1}AP)(P^{-1}BP) = P^{-1}(AB)P = T_P(AB)$.

13. **(b)** If A is diagonalizable, so is A^T, and they have the same eigenvalues. Use **(a)**.

17. **(b)** $c_B(x) = [x - (a+b+c)][x^2 - k]$ where $k = a^2 + b^2 + c^2 - [ab + ac + bc]$. Use Theorem 7.

習題 5.6　最佳近似和最小平方

1. **(b)** $\frac{1}{12}\begin{bmatrix}-20\\46\\95\end{bmatrix}$, $(A^TA)^{-1} = \frac{1}{12}\begin{bmatrix}8 & -10 & -18\\-10 & 14 & 24\\-18 & 24 & 43\end{bmatrix}$

2. **(b)** $\frac{64}{13} - \frac{6}{13}x$　**(d)** $-\frac{4}{10} - \frac{17}{10}x$

3. **(b)** $y = 0.127 - 0.024x + 0.194x^2$,

$(M^TM)^{-1} = \frac{1}{4248}\begin{bmatrix} 3348 & 642 & -426 \\ 642 & 571 & -187 \\ -426 & -187 & 91 \end{bmatrix}$

4. **(b)** $\frac{1}{92}(-46x + 66x^2 + 60 \cdot 2^x)$,

   $(M^TM)^{-1} = \frac{1}{46}\begin{bmatrix} 115 & 0 & -46 \\ 0 & 17 & -18 \\ -46 & -18 & 38 \end{bmatrix}$

5. **(b)** $\frac{1}{20}\left[18 + 21x^2 + 28\sin(\frac{\pi x}{2})\right]$,

   $(M^TM)^{-1} = \frac{1}{40}\begin{bmatrix} 24 & -2 & 14 \\ -2 & 1 & 3 \\ 14 & 3 & 49 \end{bmatrix}$

7. $s = 99.71 - 4.87x$; the estimate of g is 9.74. [The true value of g is 9.81]. If a quadratic in s is fit, the result is $s = 101 - \frac{3}{2}t - \frac{9}{2}t^2$ giving $g = 9$;

   $(M^TM)^{-1} = \frac{1}{2}\begin{bmatrix} 38 & -42 & 10 \\ -42 & 49 & -12 \\ 10 & -12 & 3 \end{bmatrix}$.

9. $y = -5.19 + 0.34x_1 + 0.51x_2 + 0.71x_3$,

   $(A^TA)^{-1} = \frac{1}{25080}\begin{bmatrix} 517860 & -8016 & 5040 & -22650 \\ -8016 & 208 & -316 & 400 \\ 5040 & -316 & 1300 & -1090 \\ -22650 & 400 & -1090 & 1975 \end{bmatrix}$

10. **(b)** $f(x) = a_0$ here, so the sum of squares is $S = \sum(y_i - a_0)^2 = na_0^2 - 2a_0\sum y_i + \sum y_i^2$. Completing the square gives $S = n[a_0 - \frac{1}{n}\sum y_i]^2 + [\sum y_i^2 - \frac{1}{n}(\sum y_i)^2]$. This is minimal when $a_0 = \frac{1}{n}\sum y_i$.

13. **(b)** Here $f(x) = r_0 + r_1 e^x$. If $f(x_1) = 0 = f(x_2)$ where $x_1 \neq x_2$, then $r_0 + r_1 \cdot e^{x_1} = 0 = r_0 + r_1 \cdot e^{x_2}$ so $r_1(e^{x_1} - e^{x_2}) = 0$. Hence $r_1 = 0 = r_0$.

習題 5.7　應用於相關性和變異數

2. Let X denote the number of years of education, and let Y denote the yearly income (in 1000's). Then $\bar{x} = 15.3$, $s_x^2 = 9.12$ and $s_x = 3.02$, while $\bar{y} = 40.3$, $s_y^2 = 114.23$ and $s_y = 10.69$. The correlation is $r(X, Y) = 0.599$.

4. **(b)** Given the sample vector $\mathbf{x} = \begin{bmatrix} x_1 \\ x_2 \\ \vdots \\ x_n \end{bmatrix}$, let $\mathbf{z} = \begin{bmatrix} z_1 \\ z_2 \\ \vdots \\ z_n \end{bmatrix}$

   where $z_i = a + bx_i$ for each i. By **(a)** we have $\bar{z} = a + b\bar{x}$, so $s_z^2 = \frac{1}{n-1}\sum_i(z_i - \bar{z})^2$
   $= \frac{1}{n-1}\sum_i[(a + bx_i) - (a + b\bar{x})]^2 = \frac{1}{n-1}\sum_i b^2(x_i - \bar{x})^2 = b^2 s_x^2$. Now **(b)** follows because $\sqrt{b^2} = |b|$.

第 5 章補充習題

(b) F　**(d)** T　**(f)** T　**(h)** F　**(j)** F　**(l)** T　**(n)** F　**(p)** F　**(r)** F

習題 6.1　例子與基本性質

1. **(b)** No; S5 fails.　**(d)** No; S4 and S5 fail.
2. **(b)** No; only A1 fails.　**(d)** No
   (f) Yes　**(h)** Yes　**(j)** No
   (l) No; only S3 fails.
   (n) No; only S4 and S5 fail.
4. The zero vector is $(0, -1)$; the negative of (x, y) is $(-x, -2 - y)$.
5. **(b)** $\mathbf{x} = \frac{1}{7}(5\mathbf{u} - 2\mathbf{v})$, $\mathbf{y} = \frac{1}{7}(4\mathbf{u} - 3\mathbf{v})$

6. **(b)** Equating entries gives $a + c = 0$, $b + c = 0$, $b + c = 0$, $a - c = 0$. The solution is $a = b = c = 0$.
   (d) If $a \sin x + b \cos y + c = 0$ in $\mathbf{F}[0, \pi]$, then this must hold for *every* x in $[0, \pi]$. Taking $x = 0, \frac{\pi}{2}$, and π, respectively, gives $b + c = 0$, $a + c = 0$, $-b + c = 0$ whence, $a = b = c = 0$.
7. **(b)** $4\mathbf{w}$
10. If $\mathbf{z} + \mathbf{v} = \mathbf{v}$ for all $\mathbf{v}$, then $\mathbf{z} + \mathbf{v} = \mathbf{0} + \mathbf{v}$, so $\mathbf{z} = \mathbf{0}$ by cancellation.
12. **(b)** $(-a)\mathbf{v} + a\mathbf{v} = (-a + a)\mathbf{v} = 0\mathbf{v} = \mathbf{0}$ by Theorem 3. Because also $-(a\mathbf{v}) + a\mathbf{v} = \mathbf{0}$ (by the definition of $-(a\mathbf{v})$ in axiom A5), this means that $(-a)\mathbf{v} = -(a\mathbf{v})$ by cancellation. Alternatively, use Theorem 3(4) to give $(-a)\mathbf{v} = [(-1)a]\mathbf{v} = (-1)(a\mathbf{v}) = -(a\mathbf{v})$.
13. **(b)** The case $n = 1$ is clear, and $n = 2$ is axiom S3.
    If $n > 2$, then $(a_1 + a_2 + \cdots + a_n)\mathbf{v} = [a_1 + (a_2 + \cdots + a_n)]\mathbf{v} = a_1\mathbf{v} + (a_2 + \cdots + a_n)\mathbf{v} = a_1\mathbf{v} + (a_2\mathbf{v} + \cdots + a_n\mathbf{v})$ using the induction hypothesis; so it holds for all n.
15. **(c)** If $a\mathbf{v} = a\mathbf{w}$, then $\mathbf{v} = 1\mathbf{v} = (a^{-1}a)\mathbf{v} = a^{-1}(a\mathbf{v}) = a^{-1}(a\mathbf{w}) = (a^{-1}a)\mathbf{w} = 1\mathbf{w} = \mathbf{w}$.

習題 6.2　子空間與生成集

1. **(b)** Yes　**(d)** Yes
   (f) No; not closed under addition or scalar multiplication, and 0 is not in the set.
2. **(b)** Yes　**(d)** Yes　**(f)** No; not closed under addition.
3. **(b)** No; not closed under addition.　**(d)** No; not closed under scalar multiplication.　**(f)** Yes
5. **(b)** If entry k of $\mathbf{x}$ is $x_k \neq 0$, and if $\mathbf{y}$ is in $\mathbb{R}^n$, then $\mathbf{y} = A\mathbf{x}$ where the column of A is $x_k^{-1}\mathbf{y}$, and the other columns are zero.
6. **(b)** $-3(x + 1) + 0(x^2 + x) + 2(x^2 + 2)$
   (d) $\frac{2}{3}(x + 1) + \frac{1}{3}(x^2 + x) - \frac{1}{3}(x^2 + 2)$
7. **(b)** No　**(d)** Yes; $\mathbf{v} = 3\mathbf{u} - \mathbf{w}$.
8. **(b)** Yes; $1 = \cos^2 x + \sin^2 x$
   (d) No. If $1 + x^2 = a \cos^2 x + b \sin^2 x$, then taking $x = 0$ and $x = \pi$ gives $a = 1$ and $a = 1 + \pi^2$.
9. **(b)** Because $\mathbf{P}_2 = \text{span}\{1, x, x^2\}$, it suffices to show that $\{1, x, x^2\} \subseteq \text{span}\{1 + 2x^2, 3x, 1 + x\}$. But $x = \frac{1}{3}(3x)$; $1 = (1 + x) - x$ and $x^2 = \frac{1}{2}[(1 + 2x^2) - 1]$.
11. **(b)** $\mathbf{u} = (\mathbf{u} + \mathbf{w}) - \mathbf{w}$, $\mathbf{v} = -(\mathbf{u} - \mathbf{v}) + (\mathbf{u} + \mathbf{w}) - \mathbf{w}$, and $\mathbf{w} = \mathbf{w}$
14. No
17. **(b)** Yes.
18. $\mathbf{v}_1 = \frac{1}{a_1}\mathbf{u} - \frac{a_2}{a_1}\mathbf{v}_2 - \cdots - \frac{a_n}{a_1}\mathbf{v}_n$, so $V \subseteq \text{span}\{\mathbf{u}, \mathbf{v}_2, \ldots, \mathbf{v}_n\}$.
21. **(b)** $\mathbf{v} = (\mathbf{u} + \mathbf{v}) - \mathbf{u}$ is in U.
22. Given the condition and $\mathbf{u} \in U$, $\mathbf{0} = \mathbf{u} + (-1)\mathbf{u} \in U$. The converse holds by the subspace test.

習題 6.3　線性獨立與維數

1. **(b)** If $ax^2 + b(x + 1) + c(1 - x - x^2) = 0$, then $a + c = 0$, $b - c = 0$, $b + c = 0$, so $a = b = c = 0$.
   (d) If $a\begin{bmatrix}1 & 1\\1 & 0\end{bmatrix} + b\begin{bmatrix}0 & 1\\1 & 1\end{bmatrix} + c\begin{bmatrix}1 & 0\\1 & 1\end{bmatrix} + d\begin{bmatrix}1 & 1\\0 & 1\end{bmatrix} = \begin{bmatrix}0 & 0\\0 & 0\end{bmatrix}$, then $a + c + d = 0$, $a + b + d = 0$, $a + b + c = 0$, and $b + c + d = 0$, so $a = b = c = d = 0$.
2. **(b)** $3(x^2 - x + 3) - 2(2x^2 + x + 5) + (x^2 + 5x + 1) = 0$
   (d) $2\begin{bmatrix}-1 & 0\\0 & -1\end{bmatrix} + \begin{bmatrix}1 & -1\\-1 & 1\end{bmatrix} + \begin{bmatrix}1 & 1\\1 & 1\end{bmatrix} = \begin{bmatrix}0 & 0\\0 & 0\end{bmatrix}$
   (f) $\dfrac{5}{x^2 + x - 6} + \dfrac{1}{x^2 - 5x + 6} - \dfrac{6}{x^2 - 9} = 0$
3. **(b)** Dependent: $1 - \sin^2 x - \cos^2 x = 0$
4. **(b)** $x \neq -\frac{1}{3}$
5. **(b)** If $r(-1, 1, 1) + s(1, -1, 1) + t(1, 1, -1) = (0, 0, 0)$, then $-r + s + t = 0$, $r - s + t = 0$, and $r - s - t = 0$, and this implies that $r = s = t = 0$. This proves independence. To prove that they span

部分解答　**605**

$\mathbb{R}^3$, observe that $(0, 0, 1) = \frac{1}{2}[(-1, 1, 1) + (1, -1, 1)]$ so $(0, 0, 1)$ lies in span$\{(-1, 1, 1), (1, -1, 1), (1, 1, -1)\}$. The proof is similar for $(0, 1, 0)$ and $(1, 0, 0)$.

(d) If $r(1 + x) + s(x + x^2) + t(x^2 + x^3) + ux^3 = 0$, then $r = 0$, $r + s = 0$, $s + t = 0$, and $t + u = 0$, so $r = s = t = u = 0$. This proves independence. To show that they span $\mathbf{P}_3$, observe that $x^2 = (x^2 + x^3) - x^3$, $x = (x + x^2) - x^2$, and $1 = (1 + x) - x$, so $\{1, x, x^2, x^3\} \subseteq$ span$\{1 + x, x + x^2, x^2 + x^3, x^3\}$.

6. **(b)** $\{1, x + x^2\}$; dimension = 2
   (d) $\{1, x^2\}$; dimension = 2

7. **(b)** $\left\{\begin{bmatrix} 1 & 1 \\ -1 & 0 \end{bmatrix}, \begin{bmatrix} 1 & 0 \\ 0 & 1 \end{bmatrix}\right\}$; dimension = 2
   (d) $\left\{\begin{bmatrix} 1 & 0 \\ 1 & 1 \end{bmatrix}, \begin{bmatrix} 0 & 1 \\ -1 & 0 \end{bmatrix}\right\}$; dimension = 2

8. **(b)** $\left\{\begin{bmatrix} 1 & 0 \\ 0 & 0 \end{bmatrix}, \begin{bmatrix} 0 & 1 \\ 0 & 0 \end{bmatrix}\right\}$

10. **(b)** dim $V = 7$

11. **(b)** $\{x^2 - x, x(x^2 - x), x^2(x^2 - x), x^3(x^2 - x)\}$; dim $V = 4$

12. **(b)** No. Any linear combination f of such polynomials has $f(0) = 0$.
    (d) No. $\left\{\begin{bmatrix} 1 & 0 \\ 0 & 1 \end{bmatrix}, \begin{bmatrix} 1 & 1 \\ 0 & 1 \end{bmatrix}, \begin{bmatrix} 1 & 0 \\ 1 & 1 \end{bmatrix}, \begin{bmatrix} 0 & 1 \\ 1 & 1 \end{bmatrix}\right\}$; consists of invertible matrices.
    (f) Yes. $0\mathbf{u} + 0\mathbf{v} + 0\mathbf{w} = \mathbf{0}$ for every set $\{\mathbf{u}, \mathbf{v}, \mathbf{w}\}$.
    (h) Yes. $s\mathbf{u} + t(\mathbf{u} + \mathbf{v}) = \mathbf{0}$ gives $(s + t)\mathbf{u} + t\mathbf{v} = \mathbf{0}$, whence $s + t = 0 = t$.
    (j) Yes. If $r\mathbf{u} + s\mathbf{v} = \mathbf{0}$, then $r\mathbf{u} + s\mathbf{v} + 0\mathbf{w} = \mathbf{0}$, so $r = 0 = s$.
    (l) Yes. $\mathbf{u} + \mathbf{v} + \mathbf{w} \neq \mathbf{0}$ because $\{\mathbf{u}, \mathbf{v}, \mathbf{w}\}$ is independent.
    (n) Yes. If I is independent, then $|I| \leq n$ by the fundamental theorem because any basis spans V.

15. If a linear combination of the subset vanishes, it is a linear combination of the vectors in the larger set (coefficients outside the subset are zero) so it is trivial.

19. Because $\{\mathbf{u}, \mathbf{v}\}$ is linearly independent, $s\mathbf{u}' + t\mathbf{v}' = \mathbf{0}$ is equivalent to $\begin{bmatrix} a & c \\ b & d \end{bmatrix}\begin{bmatrix} s \\ t \end{bmatrix} = \begin{bmatrix} 0 \\ 0 \end{bmatrix}$. Now apply Theorem 5 Section 2.4.

23. **(b)** Independent
    (d) Dependent. For example, $(\mathbf{u} + \mathbf{v}) - (\mathbf{v} + \mathbf{w}) + (\mathbf{w} + \mathbf{z}) - (\mathbf{z} + \mathbf{u}) = \mathbf{0}$.

26. If z is not real and $az + bz^2 = 0$, then $a + bz = 0$ $(z \neq 0)$. Hence if $b \neq 0$, then $z = -ab^{-1}$ is real. So $b = 0$, and so $a = 0$. Conversely, if z is real, say $z = a$, then $(-a)z + 1z^2 = 0$, contrary to the independence of $\{z, z^2\}$.

29. **(b)** If $U\mathbf{x} = \mathbf{0}$, $\mathbf{x} \neq \mathbf{0}$ in $\mathbb{R}^n$, then $R\mathbf{x} = \mathbf{0}$ where $R \neq \mathbf{0}$ is row 1 of U. If $B \in \mathbf{M}_{mn}$ has each row equal to R, then $B\mathbf{x} \neq \mathbf{0}$. But if $B = \sum r_i A_i U$, then $B\mathbf{x} = \sum r_i A_i U\mathbf{x} = \mathbf{0}$. So $\{A_i U\}$ cannot span $\mathbf{M}_{mn}$.

33. **(b)** If $U \cap W = 0$ and $r\mathbf{u} + s\mathbf{w} = \mathbf{0}$, then $r\mathbf{u} = -s\mathbf{w}$ is in $U \cap W$, so $r\mathbf{u} = \mathbf{0} = s\mathbf{w}$. Hence $r = 0 = s$ because $\mathbf{u} \neq \mathbf{0} \neq \mathbf{w}$. Conversely, if $\mathbf{v} \neq \mathbf{0}$ lies in $U \cap W$, then $1\mathbf{v} + (-1)\mathbf{v} = \mathbf{0}$, contrary to hypothesis.

36. **(b)** dim $O_n = \frac{n}{2}$ if n is even and dim $O_n = \frac{n+1}{2}$ if n is odd.

習題 6.4　有限維空間

1. **(b)** $\{(0, 1, 1), (1, 0, 0), (0, 1, 0)\}$　**(d)** $\{x^2 - x + 1, 1, x\}$
2. **(b)** Any three except $\{x^2 + 3, x + 2, x^2 - 2x - 1\}$
3. **(b)** Add $(0, 1, 0, 0)$ and $(0, 0, 1, 0)$.　**(d)** Add 1 and x^3.
4. **(b)** If $z = a + bi$, then $a \neq 0$ and $b \neq 0$. If $rz + s\overline{z} = 0$, then $(r + s)a = 0$ and $(r - s)b = 0$. This means that $r + s = 0 = r - s$, so $r = s = 0$. Thus $\{z, \overline{z}\}$ is independent; it is a basis because dim $\mathbb{C} = 2$.
5. **(b)** The polynomials in S have distinct degrees.
6. **(b)** $\{4, 4x, 4x^2, 4x^3\}$ is one such basis of $\mathbf{P}_3$. However, there is *no* basis of $\mathbf{P}_3$ consisting of polynomials that have the property that their coefficients sum to zero. For if such a basis exists,

then every polynomial in $\mathbf{P}_3$ would have this property (because sums and scalar multiples of such polynomials have the same property).

7. **(b)** Not a basis **(d)** Not a basis
8. **(b)** Yes; no
10. $\det A = 0$ if and only if A is not invertible; if and only if the rows of A are dependent (Theorem 3 Section 5.2); if and only if some row is a linear combination of the others (Lemma 2).
11. **(b)** No. $\{(0, 1), (1, 0)\} \subseteq \{(0, 1), (1, 0), (1, 1)\}$.
    (d) Yes. See Exercise 15 Section 6.3.
15. If $\mathbf{v} \in U$ then $W = U$; if $\mathbf{v} \notin U$ then $\{\mathbf{v}_1, \mathbf{v}_2, \cdots, \mathbf{v}_k, \mathbf{v}\}$ is a basis of W by the independent lemma.
18. **(b)** Two distinct planes through the origin (U and W) meet in a line through the origin ($U \cap W$).
23. **(b)** The set $\{(1, 0, 0, 0, \cdots), (0, 1, 0, 0, 0, \cdots), (0, 0, 1, 0, 0, \cdots), \cdots\}$ contains independent subsets of arbitrary size.
25. **(b)** $\mathbb{R}\mathbf{u} + \mathbb{R}\mathbf{w} = \{r\mathbf{u} + s\mathbf{w} \mid r, s \text{ in } \mathbb{R}\} = \text{span}\{\mathbf{u}, \mathbf{w}\}$

習題 6.5 應用於多項式

2. **(b)** $3 + 4(x - 1) + 3(x - 1)^2 + (x - 1)^3$ **(d)** $1 + (x - 1)^3$
6. **(b)** The polynomials are $(x - 1)(x - 2)$, $(x - 1)(x - 3)$, $(x - 2)(x - 3)$. Use $a_0 = 3$, $a_1 = 2$, and $a_2 = 1$.
7. **(b)** $f(x) = \frac{3}{2}(x - 2)(x - 3) - 7(x - 1)(x - 3) + \frac{13}{2}(x - 1)(x - 2)$.
10. **(b)** If $r(x - a)^2 + s(x - a)(x - b) + t(x - b)^2 = 0$, then evaluation at $x = a$ ($x = b$) gives $t = 0$ ($r = 0$). Thus $s(x - a)(x - b) = 0$, so $s = 0$. Use Theorem 4 Section 6.4.
11. **(b)** Suppose $\{p_0(x), p_1(x), \cdots, p_{n-2}(x)\}$ is a basis of $\mathbf{P}_{n-2}$. We show that $\{(x - a)(x - b)p_0(x), (x - a)(x - b)p_1(x), \cdots, (x - a)(x - b)p_{n-2}(x)\}$ is a basis of U_n. It is a spanning set by part **(a)**, so assume that a linear combination vanishes with coefficients $r_0, r_1, \cdots, r_{n-2}$. Then $(x - a)(x - b)[r_0p_0(x) + \cdots + r_{n-2}p_{n-2}(x)] = 0$, so $r_0p_0(x) + \cdots + r_{n-2}p_{n-2}(x) = 0$ by the Hint. This implies that $r_0 = \cdots = r_{n-2} = 0$.

習題 6.6 應用於微分方程式

1. **(b)** e^{1-x} **(d)** $\dfrac{e^{2x} - e^{-3x}}{e^2 - e^{-3}}$ **(f)** $2e^{2x}(1 + x)$
   (h) $\dfrac{e^{ax} - e^{a(2-x)}}{1 - e^{2a}}$ **(j)** $e^{\pi - 2x}\sin x$
4. **(b)** $ce^{-x} + 2$, c a constant
5. **(b)** $ce^{-3x} + de^{2x} - \dfrac{x^3}{3}$
6. **(b)** $t = \dfrac{3\ln(\frac{1}{2})}{\ln(\frac{4}{5})} = 9.32$ hours
8. $k = \left(\dfrac{\pi}{15}\right)^2 = 0.044$

第 6 章補充習題

2. **(b)** If $YA = 0$, Y a row, we show that $Y = 0$; thus A^T (and hence A) is invertible. Given a column $\mathbf{c}$ in $\mathbb{R}^n$ write $\mathbf{c} = \sum_i r_i(A\mathbf{v}_i)$ where each r_i is in $\mathbb{R}$. Then
$Y\mathbf{c} = \sum_i r_i Y A\mathbf{v}_i$, so $Y = YI_n = Y[\mathbf{e}_1 \ \mathbf{e}_1 \ \cdots \ \mathbf{e}_n] = [Y\mathbf{e}_1 \ Y\mathbf{e}_2 \ \cdots \ Y\mathbf{e}_n] = [0 \ 0 \ \cdots \ 0] = 0$, as required.
4. We have null $A \subseteq \text{null}(A^TA)$ because $A\mathbf{x} = \mathbf{0}$ implies $(A^TA)\mathbf{x} = \mathbf{0}$. Conversely, if $(A^TA)\mathbf{x} = \mathbf{0}$, then $\|A\mathbf{x}\|^2 = (A\mathbf{x})^T(A\mathbf{x}) = \mathbf{x}^TA^TA\mathbf{x} = 0$. Thus $A\mathbf{x} = \mathbf{0}$.

部分解答 **607**

習題 7.1 例題和基本性質

1. **(b)** $T(\mathbf{v}) = \mathbf{v}A$ where $A = \begin{bmatrix} 1 & 0 & 0 \\ 0 & 1 & 0 \\ 0 & 0 & -1 \end{bmatrix}$
   (d) $T(A + B) = P(A + B)Q = PAQ + PBQ = T(A) + T(B); T(rA) = P(rA)Q = rPAQ = rT(A)$
   (f) $T[(p + q)(x)] = (p + q)(0) = p(0) + q(0) = T[p(x)] + T[q(x)]; T[(rp)(x)] = (rp)(0) = r(p(0)) = rT[p(x)]$
   (h) $T(X + Y) = (X + Y) \cdot Z = X \cdot Z + Y \cdot Z = T(X) + T(Y)$, and $T(rX) = (rX) \cdot Z = r(X \cdot Z) = rT(X)$
   (j) If $\mathbf{v} = (v_1, \cdots, v_n)$ and $\mathbf{w} = (w_1, \cdots, w_n)$, then $T(\mathbf{v} + \mathbf{w}) = (v_1 + w_1)\mathbf{e}_1 + \cdots + (v_n + w_n)\mathbf{e}_n = (v_1\mathbf{e}_1 + \cdots + v_n\mathbf{e}_n) + (w_1\mathbf{e}_1 + \cdots + w_n\mathbf{e}_n) = T(\mathbf{v}) + T(\mathbf{w})$
   $T(a\mathbf{v}) = (av_1)\mathbf{e} + \cdots + (av_n)\mathbf{e}_n = a(v\mathbf{e} + \cdots + v_n\mathbf{e}_n) = aT(\mathbf{v})$

2. **(b)** rank$(A + B) \neq$ rank $A +$ rank B in general. For example, $A = \begin{bmatrix} 1 & 0 \\ 0 & 1 \end{bmatrix}$ and $B = \begin{bmatrix} 1 & 0 \\ 0 & -1 \end{bmatrix}$.
   (d) $T(\mathbf{0}) = \mathbf{0} + \mathbf{u} = \mathbf{u} \neq \mathbf{0}$, so T is not linear by Theorem 1.

3. **(b)** $T(3\mathbf{v}_1 + 2\mathbf{v}_2) = 0$
   (d) $T\begin{bmatrix} 1 \\ -7 \end{bmatrix} = \begin{bmatrix} -3 \\ 4 \end{bmatrix}$
   (f) $T(2 - x + 3x^2) = 46$

4. **(b)** $T(x, y) = \frac{1}{3}(x - y, 3y, x - y); T(-1, 2) = (-1, 2, -1)$
   (d) $T\begin{bmatrix} a & b \\ c & d \end{bmatrix} = 3a - 3c + 2b$

5. **(b)** $T(\mathbf{v}) = \frac{1}{3}(7\mathbf{v} - 9\mathbf{w}), T(\mathbf{w}) = \frac{1}{3}(\mathbf{v} + 3\mathbf{w})$

8. **(b)** $T(\mathbf{v}) = (-1)\mathbf{v}$ for all $\mathbf{v}$ in V, so T is the scalar operator -1.

12. If $T(1) = \mathbf{v}$, then $T(r) = T(r \cdot 1) = rT(1) = r\mathbf{v}$ for all r in $\mathbb{R}$.

15. **(b)** $\mathbf{0}$ is in $U = \{\mathbf{v} \in V | T(\mathbf{v}) \in P\}$ because $T(\mathbf{0}) = \mathbf{0}$ is in P. If $\mathbf{v}$ and $\mathbf{w}$ are in U, then $T(\mathbf{v})$ and $T(\mathbf{w})$ are in P. Hence $T(\mathbf{v} + \mathbf{w}) = T(\mathbf{v}) + T(\mathbf{w})$ is in P and $T(r\mathbf{v}) = rT(\mathbf{v})$ is in P, so $\mathbf{v} + \mathbf{w}$ and $r\mathbf{v}$ are in U.

18. Suppose $r\mathbf{v} + sT(\mathbf{v}) = \mathbf{0}$. If $s = 0$, then $r = 0$ (because $\mathbf{v} \neq \mathbf{0}$). If $s \neq 0$, then $T(\mathbf{v}) = a\mathbf{v}$ where $a = -s^{-1}r$. Thus $\mathbf{v} = T^2(\mathbf{v}) = T(a\mathbf{v}) = a^2\mathbf{v}$, so $a^2 = 1$, again because $\mathbf{v} \neq \mathbf{0}$. Hence $a = \pm 1$. Conversely, if $T(\mathbf{v}) = \pm\mathbf{v}$, then $\{\mathbf{v}, T(\mathbf{v})\}$ is certainly not independent.

21. **(b)** Given such a T, write $T(x) = a$. If $p = p(x) = \sum_{i=0}^{n} a_i x^i$, then $T(p) = \sum a_i T(x^i) = \sum a_i [T(x)]^i = \sum a_i a^i = p(a) = E_a(p)$. Hence $T = E_a$.

習題 7.2 線性變換的核和像

1. **(b)** $\left\{\begin{bmatrix} -3 \\ 7 \\ 1 \\ 0 \end{bmatrix}, \begin{bmatrix} 1 \\ 1 \\ 0 \\ -1 \end{bmatrix}\right\}; \left\{\begin{bmatrix} 1 \\ 0 \\ 1 \end{bmatrix}, \begin{bmatrix} 0 \\ 1 \\ -1 \end{bmatrix}\right\}; 2, 2$
   (d) $\left\{\begin{bmatrix} -1 \\ 2 \\ 1 \end{bmatrix}\right\}; \left\{\begin{bmatrix} 1 \\ 0 \\ 1 \\ 1 \end{bmatrix}, \begin{bmatrix} 0 \\ 1 \\ -1 \\ -2 \end{bmatrix}\right\}; 2, 1$

2. **(b)** $\{x^2 - x\}; \{(1, 0), (0, 1)\}$
   (d) $\{(0, 0, 1)\}; \{(1, 1, 0, 0), (0, 0, 1, 1)\}$
   (f) $\left\{\begin{bmatrix} 1 & 0 \\ 0 & -1 \end{bmatrix}, \begin{bmatrix} 0 & 1 \\ 0 & 0 \end{bmatrix}, \begin{bmatrix} 0 & 0 \\ 1 & 0 \end{bmatrix}\right\}; \{1\}$
   (h) $\{(1, 0, 0, \cdots, 0, -1), (0, 1, 0, \cdots, 0, -1), \cdots, (0, 0, 0, \cdots, 1, -1)\}; \{1\}$
   (j) $\left\{\begin{bmatrix} 0 & 1 \\ 0 & 0 \end{bmatrix}, \begin{bmatrix} 0 & 0 \\ 0 & 1 \end{bmatrix}\right\}; \left\{\begin{bmatrix} 1 & 1 \\ 0 & 0 \end{bmatrix}, \begin{bmatrix} 0 & 0 \\ 1 & 1 \end{bmatrix}\right\}$

608 線性代數

3. **(b)** $T(\mathbf{v}) = \mathbf{0} = (0, 0)$ if and only if $P(\mathbf{v}) = 0$ and $Q(\mathbf{v}) = 0$; that is, if and only if $\mathbf{v}$ is in ker $P \cap$ ker Q.
4. **(b)** ker T = span$\{(-4, 1, 3)\}$; $B = \{(1, 0, 0), (0, 1, 0), (-4, 1, 3)\}$, im T = span$\{(1, 2, 0, 3), (1, -1, -3, 0)\}$
6. **(b)** Yes. dim(im T) = 5 − dim(ker T) = 3, so im $T = W$ as dim $W = 3$.   **(d)** No. $T = 0 : \mathbb{R}^2 \to \mathbb{R}^2$
   (f) No. $T : \mathbb{R}^2 \to \mathbb{R}^2$, $T(x, y) = (y, 0)$. Then ker T = im T
   (h) Yes. dim V = dim(ker T) + dim(im T) $\leq$ dim W + dim W = 2 dim W
   (j) No. Consider $T : \mathbb{R}^2 \to \mathbb{R}^2$ with $T(x, y) = (y, 0)$.
   (l) No. Same example as **(j)**.
   (n) No. Define $T : \mathbb{R}^2 \to \mathbb{R}^2$ by $T(x, y) = (x, 0)$. If $\mathbf{v}_1 = (1, 0)$ and $\mathbf{v}_2 = (0, 1)$, then $\mathbb{R}^2$ = span$\{\mathbf{v}_1, \mathbf{v}_2\}$ but $\mathbb{R}^2 \neq$ span$\{T(\mathbf{v}_1), T(\mathbf{v}_2)\}$.
7. **(b)** Given $\mathbf{w}$ in W, let $\mathbf{w} = T(\mathbf{v})$, $\mathbf{v}$ in V, and write $\mathbf{v} = r_1\mathbf{v}_1 + \cdots + r_n\mathbf{v}_n$. Then $\mathbf{w} = T(\mathbf{v}) = r_1T(\mathbf{v}_1) + \cdots + r_nT(\mathbf{v}_n)$.
8. **(b)** im $T = \{\sum_i r_i\mathbf{v}_i | r_i$ in $\mathbb{R}\}$ = span$\{\mathbf{v}_i\}$.
10. T is linear and onto. Hence $1 = \dim \mathbb{R} = \dim(\text{im } T) = \dim(\mathbf{M}_{nn}) - \dim(\ker T) = n^2 - \dim(\ker T)$.
12. The condition means ker $(T_A) \subseteq$ ker(T_B), so dim[ker(T_A)] $\leq$ dim[ker(T_B)]. Then Theorem 4 gives dim[im(T_A)] $\geq$ dim[im(T_B)]; that is, rank $A \geq$ rank B.
15. **(b)** $B = \{x - 1, \cdots, x^n - 1\}$ is independent (distinct degrees) and contained in ker T. Hence B is a basis of ker T by **(a)**.
20. Define $T : \mathbf{M}_{nn} \to \mathbf{M}_{nn}$ by $T(A) = A - A^T$ for all A in $\mathbf{M}_{nn}$. Then ker $T = U$ and im $T = V$ by Example 3, so the dimension theorem gives $n^2 = \dim \mathbf{M}_{nn} = \dim(U) + \dim(V)$.
22. Define $T : \mathbf{M}_{nn} \to \mathbb{R}^n$ by $T(A) = A\mathbf{y}$ for all A in $\mathbf{M}_{nn}$. Then T is linear with ker $T = U$, so it is enough to show that T is onto (then dim $U = n^2 - \dim(\text{im } T) = n^2 - n$). We have $T(0) = \mathbf{0}$. Let $\mathbf{y} = [y_1 \; y_2 \; \cdots \; y_n]^T \neq \mathbf{0}$ in $\mathbb{R}^n$. If $y_k \neq 0$ let $\mathbf{c}_k = y_k^{-1}\mathbf{y}$, and let $\mathbf{c}_j = \mathbf{0}$ if $j \neq k$.
    If $A = [\mathbf{c}_1 \; \mathbf{c}_2 \; \cdots \; \mathbf{c}_n]$, then $T(A) = A\mathbf{y} = y_1\mathbf{c}_1 + \cdots + y_k\mathbf{c}_k + \cdots + y_n\mathbf{c}_n = \mathbf{y}$.
    This shows that T is onto, as required.
29. **(b)** By Lemma 2 Section 6.4, let $\{\mathbf{u}_1, \cdots, \mathbf{u}_m, \cdots, \mathbf{u}_n\}$ be a basis of V where $\{\mathbf{u}_1, \cdots, \mathbf{u}_m\}$ is a basis of U. By Theorem 3 Section 7.1 there is a linear transformation $S : V \to V$ such that $S(\mathbf{u}_i) = \mathbf{u}_i$ for $1 \leq i \leq m$, and $S(\mathbf{u}_i) = \mathbf{0}$ if $i > m$. Because each $\mathbf{u}_i$ is in im S, $U \subseteq$ im S. But if $S(\mathbf{v})$ is in im S, write $\mathbf{v} = r_1\mathbf{u}_1 + \cdots + r_m\mathbf{u}_m + \cdots + r_n\mathbf{u}_n$. Then $S(\mathbf{v}) = r_1S(\mathbf{u}_1) + \cdots + r_mS(\mathbf{u}_m) = r_1\mathbf{u}_1 + \cdots + r_m\mathbf{u}_m$ is in U. So im $S \subseteq U$.

習題 7.3　同構與合成

1. **(b)** T is onto because $T(1, -1, 0) = (1, 0, 0)$, $T(0, 1, -1) = (0, 1, 0)$, and $T(0, 0, 1) = (0, 0, 1)$. Use Theorem 3.
   (d) T is one-to-one because $0 = T(X) = UXV$ implies that $X = 0$ (U and V are invertible). Use Theorem 3.
   (f) T is one-to-one because $\mathbf{0} = T(\mathbf{v}) = k\mathbf{v}$ implies that $\mathbf{v} = \mathbf{0}$ (because $k \neq 0$). T is onto because $T(\frac{1}{k}\mathbf{v}) = \mathbf{v}$ for all $\mathbf{v}$. [Here Theorem 3 does not apply if dim V is not finite.]
   (h) T is one-to-one because $T(A) = 0$ implies $A^T = 0$, whence $A = 0$. Use Theorem 3.
4. **(b)** $ST(x, y, z) = (x + y, 0, y + z)$, $TS(x, y, z) = (x, 0, z)$
   (d) $ST\begin{bmatrix} a & b \\ c & d \end{bmatrix} = \begin{bmatrix} c & 0 \\ 0 & d \end{bmatrix}$, $TS\begin{bmatrix} a & b \\ c & d \end{bmatrix} = \begin{bmatrix} 0 & a \\ d & 0 \end{bmatrix}$
5. **(b)** $T^2(x, y) = T(x + y, 0) = (x + y, 0) = T(x, y)$. Hence $T^2 = T$.
   (d) $T^2\begin{bmatrix} a & b \\ c & d \end{bmatrix} = \frac{1}{2}T\begin{bmatrix} a+c & b+d \\ a+c & b+d \end{bmatrix} = \frac{1}{2}\begin{bmatrix} a+c & b+d \\ a+c & b+d \end{bmatrix}$
6. **(b)** No inverse; $(1, -1, 1, -1)$ is in ker T.
   (d) $T^{-1}\begin{bmatrix} a & b \\ c & d \end{bmatrix} = \frac{1}{5}\begin{bmatrix} 3a - 2c & 3b - 2d \\ a + c & b + d \end{bmatrix}$

(f) $T^{-1}(a, b, c) = \frac{1}{2}[2a + (b - c)x - (2a - b - c)x^2]$

7. **(b)** $T^2(x, y) = T(ky - x, y) = (ky - (ky - x), y) = (x, y)$
   (d) $T^2(X) = A^2X = IX = X$

8. **(b)** $T^3(x, y, z, w) = (x, y, z, -w)$ so $T^6(x, y, z, w) = T^3[T^3(x, y, z, w)] = (x, y, z, w)$. Hence $T^{-1} = T^5$. So $T^{-1}(x, y, z, w) = (y - x, -x, z, -w)$.

9. **(b)** $T^{-1}(A) = U^{-1}A$.

10. **(b)** Given **u** in U, write $\mathbf{u} = S(\mathbf{w})$, **w** in W (because S is onto). Then write $\mathbf{w} = T(\mathbf{v})$, **v** in V (T is onto). Hence $\mathbf{u} = ST(\mathbf{v})$, so ST is onto.

12. **(b)** For all **v** in V, $(RT)(\mathbf{v}) = R[T(\mathbf{v})]$ is in $\text{im}(R)$.

13. **(b)** Given **w** in W, write $\mathbf{w} = ST(\mathbf{v})$, **v** in V (ST is onto). Then $\mathbf{w} = S[T(\mathbf{v})]$, $T(\mathbf{v})$ in U, so S is onto. But then $\text{im } S = W$, so $\dim U = \dim(\ker S) + \dim(\text{im } S) \geq \dim(\text{im } S) = \dim W$.

16. $\{T(\mathbf{e}_1), T(\mathbf{e}_2), \cdots, T(\mathbf{e}_r)\}$ is a basis of $\text{im } T$ by Theorem 5 Section 7.2. So $T : \text{span}\{\mathbf{e}_1, \cdots, \mathbf{e}_r\} \to \text{im } T$ is an isomorphism by Theorem 1.

19. **(b)** $T(x, y) = (x, y + 1)$

24. **(b)** $TS[x_0, x_1, \cdots] = T[0, x_0, x_1, \cdots] = [x_0, x_1, \cdots]$, so $TS = 1_V$. Hence TS is both onto and one-to-one, so T is onto and S is one-to-one by Exercise 13. But $[1, 0, 0, \cdots)$ is in $\ker T$ while $[1, 0, 0, \cdots)$ is not in $\text{im } S$.

26. **(b)** If $T(p) = 0$, then $p(x) = -xp'(x)$. We write $p(x) = a_0 + a_1x + a_2x^2 + \cdots + a_nx^n$, and this becomes $a_0 + a_1x + a_2x^2 + \cdots + a_nx^n = -a_1x - 2a_2x^2 - \cdots - na_nx^n$.
Equating coefficients yields $a_0 = 0$, $2a_1 = 0$, $3a_2 = 0$, $\cdots$, $(n + 1)a_n = 0$, whence $p(x) = 0$. This means that $\ker T = 0$, so T is one-to-one. But then T is an isomorphism by Theorem 3.

27. **(b)** If $ST = 1_V$ for some S, then T is onto by Exercise 13. If T is onto, let $\{\mathbf{e}_1, \cdots, \mathbf{e}_r, \cdots, \mathbf{e}_n\}$ be a basis of V such that $\{\mathbf{e}_{r+1}, \cdots, \mathbf{e}_n\}$ is a basis of $\ker T$. Since T is onto, $\{T(\mathbf{e}_1), \cdots, T(\mathbf{e}_r)\}$ is a basis of $\text{im } T = W$ by Theorem 5 Section 7.2. Thus $S : W \to V$ is an isomorphism where by $S\{T(\mathbf{e}_i)\} = \mathbf{e}_i$ for $i = 1, 2, \cdots, r$. Hence $TS[T(\mathbf{e}_i)] = T(\mathbf{e}_i)$ for each i, that is $TS[T(\mathbf{e}_i)] = 1_W[T(\mathbf{e}_i)]$. This means that $TS = 1_W$ because they agree on the basis $\{T(\mathbf{e}_1), \cdots, T(\mathbf{e}_r)\}$ of W.

28. **(b)** If $T = SR$, then every vector $T(\mathbf{v})$ in $\text{im } T$ has the form $T(\mathbf{v}) = S[R(\mathbf{v})]$, whence $\text{im } T \subseteq \text{im } S$. Since R is invertible, $S = TR^{-1}$ implies $\text{im } S \subseteq \text{im } T$.
Conversely, assume that $\text{im } S = \text{im } T$. Then $\dim(\ker S) = \dim(\ker T)$ by the dimension theorem. Let $\{\mathbf{e}_1, \cdots, \mathbf{e}_r, \mathbf{e}_{r+1}, \cdots, \mathbf{e}_n\}$ and $\{\mathbf{f}_1, \cdots, \mathbf{f}_r, \mathbf{f}_{r+1}, \cdots, \mathbf{f}_n\}$ be bases of V such that $\{\mathbf{e}_{r+1}, \cdots, \mathbf{e}_n\}$ and $\{\mathbf{f}_{r+1}, \cdots, \mathbf{f}_n\}$ are bases of $\ker S$ and $\ker T$, respectively. By Theorem 5, Section 7.2, $\{S(\mathbf{e}_1), \cdots, S(\mathbf{e}_r)\}$ and $\{T(\mathbf{f}_1), \cdots, T(\mathbf{f}_r)\}$ are both bases of $\text{im } S = \text{im } T$. So let $\mathbf{g}_1, \cdots, \mathbf{g}_r$ in V be such that $S(\mathbf{e}_i) = T(\mathbf{g}_i)$ for each $i = 1, 2, \cdots, r$. Show that
$$B = \{\mathbf{g}_1, \ldots, \mathbf{g}_r, \mathbf{f}_{r+1}, \ldots, \mathbf{f}_n\} \text{ is a basis of } V.$$
Then define $R: V \to V$ by $R(\mathbf{g}_i) = \mathbf{e}_i$ for $i = 1, 2, \cdots, r$, and $R(\mathbf{f}_j) = \mathbf{e}_j$ for $j = r + 1, \cdots, n$.
Then R is an isomorphism by Theorem 1, Section 7.3. Finally $SR = T$ since they have the same effect on the basis B.

29. Let $B = \{\mathbf{e}_1, \cdots, \mathbf{e}_r, \mathbf{e}_{r+1}, \cdots, \mathbf{e}_n\}$ be a basis of V with $\{\mathbf{e}_{r+1}, \cdots, \mathbf{e}_n\}$ a basis of $\ker T$. If $\{T(\mathbf{e}_1), \cdots, T(\mathbf{e}_r), \mathbf{w}_{r+1}, \cdots, \mathbf{w}_n\}$ is a basis of V, define S by $S[T(\mathbf{e}_i)] = \mathbf{e}_i$ for $1 \leq i \leq r$, and $S(\mathbf{w}_j) = \mathbf{e}_j$ for $r + 1 \leq j \leq n$. Then S is an isomorphism by Theorem 1, and $TST(\mathbf{e}_i) = T(\mathbf{e}_i)$ clearly holds for $1 \leq i \leq r$. But if $i \geq r + 1$, then $T(\mathbf{e}_i) = \mathbf{0} = TST(\mathbf{e}_i)$, so $T = TST$ by Theorem 2 Section 7.1.

習題 7.5 續論線性遞迴

1. **(b)** $\{[1], [2^n], [(-3)^n]\}$; $x_n = \frac{1}{20}(15 + 2^{n+3} + (-3)^{n+1})$
2. **(b)** $\{[1], [n], [(-2)^n]\}$; $x_n = \frac{1}{9}(5 - 6n + (-2)^{n+2})$
   (d) $\{[1], [n], [n^2]\}$; $x_n = 2(n - 1)^2 - 1$
3. **(b)** $\{[a^n], [b^n]\}$
4. **(b)** $[1, 0, 0, 0, 0, \cdots), [0, 1, 0, 0, 0, \cdots), [0, 0, 1, 1, 1, \cdots), [0, 0, 1, 2, 3, \cdots)$

610 線性代數

7. By Remark 2,
$[i^n + (-i)^n] = [2, 0, -2, 0, 2, 0, -2, 0, \cdots)$
$[i(i^n - (-i)^n)) = [0, -2, 0, 2, 0, -2, 0, 2, \cdots)$
are solutions. They are linearly independent and so are a basis.

習題 8.1　正交補集和投影

1. **(b)** $\{(2, 1), \frac{3}{5}(-1, 2)\}$ **(d)** $\{(0, 1, 1), (1, 0, 0), (0, -2, 2)\}$
2. **(b)** $\mathbf{x} = \frac{1}{182}(271, -221, 1030) + \frac{1}{182}(93, 403, 62)$
   (d) $\mathbf{x} = \frac{1}{4}(1, 7, 11, 17) + \frac{1}{4}(7, -7, -7, 7)$
   (f) $\mathbf{x} = \frac{1}{12}(5a - 5b + c - 3d, -5a + 5b - c + 3d,$
   $a - b + 11c + 3d, -3a + 3b + 3c + 3d) + \frac{1}{12}(7a + 5b - c + 3d, 5a + 7b + c - 3d,$
   $-a + b + c - 3d, 3a - 3b - 3c + 9d)$
3. **(a)** $\frac{1}{10}(-9, 3, -21, 33) = \frac{3}{10}(-3, 1, -7, 11)$
   (c) $\frac{1}{70}(-63, 21, -147, 231) = \frac{3}{10}(-3, 1, -7, 11)$
4. **(b)** $\{(1, -1, 0), \frac{1}{2}(-1, -1, 2)\}$; $\text{proj}_U(\mathbf{x}) = (1, 0, -1)$
   (d) $\{(1, -1, 0, 1), (1, 1, 0, 0), \frac{1}{3}(-1, 1, 0, 2)\}$; $\text{proj}_U(\mathbf{x}) = (2, 0, 0, 1)$
5. **(b)** $U^\perp = \text{span}\{(1, 3, 1, 0), (-1, 0, 0, 1)\}$
8. Write $\mathbf{p} = \text{proj}_U(\mathbf{x})$. Then $\mathbf{p}$ is in U by definition. If $\mathbf{x}$ is U, then $\mathbf{x} - \mathbf{p}$ is in U. But $\mathbf{x} - \mathbf{p}$ is also in $U^\perp$ by Theorem 3, so $\mathbf{x} - \mathbf{p}$ is in $U \cap U^\perp = \{\mathbf{0}\}$. Thus $\mathbf{x} = \mathbf{p}$.
10. Let $\{\mathbf{f}_1, \mathbf{f}_2, \cdots, \mathbf{f}_m\}$ be an orthonormal basis of U. If $\mathbf{x}$ is in U the expansion theorem gives
    $\mathbf{x} = (\mathbf{x} \cdot \mathbf{f}_1)\mathbf{f}_1 + (\mathbf{x} \cdot \mathbf{f}_2)\mathbf{f}_2 + \cdots + (\mathbf{x} \cdot \mathbf{f}_m)\mathbf{f}_m = \text{proj}_U(\mathbf{x})$.
14. Let $\{\mathbf{y}_1, \mathbf{y}_2, \cdots, \mathbf{y}_m\}$ be a basis of $U^\perp$, and let A be the $n \times n$ matrix with rows $\mathbf{y}_1^T, \mathbf{y}_2^T, \cdots, \mathbf{y}_m^T, 0, \cdots, 0$. Then $A\mathbf{x} = \mathbf{0}$ if and only if $\mathbf{y}_i \cdot \mathbf{x} = 0$ for each $i = 1, 2, \cdots, m$; if and only if $\mathbf{x}$ is in $U^{\perp\perp} = U$.
17. **(d)** $E^T = A^T[(AA^T)^{-1}]^T(A^T)^T = A^T[(AA^T)^T]^{-1}A = A^T[AA^T]^{-1}A = E$
    $E^2 = A^T(AA^T)^{-1}AA^T(AA^T)^{-1}A = A^T(AA^T)^{-1}A = E$

習題 8.2　正交對角化

1. **(b)** $\frac{1}{5}\begin{bmatrix} 3 & -4 \\ 4 & 3 \end{bmatrix}$ **(d)** $\frac{1}{\sqrt{a^2 + b^2}}\begin{bmatrix} a & b \\ -b & a \end{bmatrix}$
   (f) $\begin{bmatrix} \frac{2}{\sqrt{6}} & \frac{1}{\sqrt{6}} & -\frac{1}{\sqrt{6}} \\ \frac{1}{\sqrt{3}} & -\frac{1}{\sqrt{3}} & \frac{1}{\sqrt{3}} \\ 0 & \frac{1}{\sqrt{2}} & \frac{1}{\sqrt{2}} \end{bmatrix}$ **(h)** $\frac{1}{7}\begin{bmatrix} 2 & 6 & -3 \\ 3 & 2 & 6 \\ -6 & 3 & 2 \end{bmatrix}$

2. We have $P^T = P^{-1}$; this matrix is lower triangular (left side) and also upper triangular (right side–see Lemma 1 Section 2.7), and so is diagonal. But then $P = P^T = P^{-1}$, so $P^2 = I$. This implies that the diagonal entries of P are all ± 1.

5. **(b)** $\frac{1}{\sqrt{2}}\begin{bmatrix} 1 & -1 \\ 1 & 1 \end{bmatrix}$ **(d)** $\frac{1}{\sqrt{2}}\begin{bmatrix} 0 & 1 & 1 \\ \sqrt{2} & 0 & 0 \\ 0 & 1 & -1 \end{bmatrix}$
   (f) $\frac{1}{3\sqrt{2}}\begin{bmatrix} 2\sqrt{2} & 3 & 1 \\ \sqrt{2} & 0 & -4 \\ 2\sqrt{2} & -3 & 1 \end{bmatrix}$ or $\frac{1}{3}\begin{bmatrix} 2 & -2 & 1 \\ 1 & 2 & 2 \\ 2 & 1 & -2 \end{bmatrix}$
   (h) $\frac{1}{2}\begin{bmatrix} 1 & -1 & \sqrt{2} & 0 \\ -1 & 1 & \sqrt{2} & 0 \\ -1 & -1 & 0 & \sqrt{2} \\ 1 & 1 & 0 & \sqrt{2} \end{bmatrix}$

6. $P = \frac{1}{\sqrt{2}k}\begin{bmatrix} c\sqrt{2} & a & a \\ 0 & k & -k \\ -a\sqrt{2} & c & c \end{bmatrix}$

10. **(b)** $y_1 = \frac{1}{\sqrt{5}}(-x_1 + 2x_2)$ and $y_2 = \frac{1}{\sqrt{5}}(2x_1 + x_2)$; $q = -3y_1^2 + 2y_2^2$.

11. **(c)**$\Rightarrow$**(a)** By Theorem 1 let $P^{-1}AP = D = \text{diag}(\lambda_1, \cdots, \lambda_n)$ where the λ_i are the eigenvalues of A. By **(c)** we have $\lambda_i = \pm 1$ for each i, whence $D^2 = I$. But then $A^2 = (PDP^{-1})^2 = PD^2P^{-1} = I$. Since A is symmetric this is $AA^T = I$, proving **(a)**.

13. **(b)** If $B = P^TAP = P^{-1}$, then $B^2 = P^TAPP^TAP = P^TA^2P$.

15. If $\mathbf{x}$ and $\mathbf{y}$ are respectively columns i and j of I_n, then $\mathbf{x}^TA^T\mathbf{y} = \mathbf{x}^TA\mathbf{y}$ shows that the (i, j)-entries of A^T and A are equal.

18. **(b)** $\det\begin{bmatrix} \cos\theta & -\sin\theta \\ \sin\theta & \cos\theta \end{bmatrix} = 1$ and $\det\begin{bmatrix} \cos\theta & \sin\theta \\ \sin\theta & -\cos\theta \end{bmatrix} = -1$

    [*Remark*: These are the *only* 2×2 examples.]

    (d) Use the fact that $P^{-1} = P^T$ to show that $P^T(I - P) = -(I - P)^T$. Now take determinants and use the hypothesis that $\det P \neq (-1)^n$.

21. We have $AA^T = D$, where D is diagonal with main diagonal entries $\|R_1\|^2, \ldots, \|R_n\|^2$. Hence $A^{-1} = A^TD^{-1}$, and the result follows because D^{-1} has diagonal entries $1/\|R_1\|^2, \ldots, 1/\|R_n\|^2$.

23. **(b)** Because $I - A$ and $I + A$ commute, $PP^T = (I - A)(I + A)^{-1}[(I + A)^{-1}]^T(I - A)^T = (I - A)(I + A)^{-1}(I - A)^{-1}(I + A) = I$.

習題 8.3　正定矩陣

1. **(b)** $U = \frac{\sqrt{2}}{2}\begin{bmatrix} 2 & -1 \\ 0 & 1 \end{bmatrix}$　**(d)** $U = \frac{1}{30}\begin{bmatrix} 60\sqrt{5} & 12\sqrt{5} & 15\sqrt{5} \\ 0 & 6\sqrt{30} & 10\sqrt{30} \\ 0 & 0 & 5\sqrt{15} \end{bmatrix}$

2. **(b)** If $\lambda^k > 0$, k odd, then $\lambda > 0$.

4. If $\mathbf{x} \neq \mathbf{0}$, then $\mathbf{x}^TA\mathbf{x} > 0$ and $\mathbf{x}^TB\mathbf{x} > 0$.
   Hence $\mathbf{x}^T(A + B)\mathbf{x} = \mathbf{x}^TA\mathbf{x} + \mathbf{x}^TB\mathbf{x} > 0$ and $\mathbf{x}^T(rA)\mathbf{x} = r(\mathbf{x}^TA\mathbf{x}) > 0$, as $r > 0$.

6. Let $\mathbf{x} \neq \mathbf{0}$ in $\mathbb{R}^n$. Then $\mathbf{x}^T(U^TAU)\mathbf{x} = (U\mathbf{x})^TA(U\mathbf{x}) > 0$ provided $U\mathbf{x} \neq \mathbf{0}$. But if $U = [\mathbf{c}_1\ \mathbf{c}_2\ \cdots\ \mathbf{c}_n]$ and $\mathbf{x} = (x_1, x_2, \cdots, x_n)$, then $U\mathbf{x} = x_1\mathbf{c}_1 + x_2\mathbf{c}_2 + \cdots + x_n\mathbf{c}_n \neq \mathbf{0}$ because $\mathbf{x} \neq \mathbf{0}$ and the $\mathbf{c}_i$ are independent.

10. Let $P^TAP = D = \text{diag}(\lambda_1, \cdots, \lambda_n)$ where $P^T = P$. Since A is positive definite, each eigenvalue $\lambda_i > 0$. If $B = \text{diag}(\sqrt{\lambda_1}, \ldots, \sqrt{\lambda_n})$ then $B^2 = D$, so $A = PB^2P^T = (PBP^T)^2$. Take $C = PBP^T$. Since C has eigenvalues $\sqrt{\lambda_i} > 0$, it is positive definite.

12. **(b)** If A is positive definite, use Theorem 1 to write $A = U^TU$ where U is upper triangular with positive diagonal D. Then $A = (D^{-1}U)^TD^2(D^{-1}U)$ so $A = L_1D_1U_1$ is such a factorization if $U_1 = D^{-1}U$, $D_1 = D^2$, and $L_1 = U_1^T$.

    Conversely, let $A^T = A = LDU$ be such a factorization. Then $U^TD^TL^T = A^T = A = LDU$, so $L = U^T$ by **(a)**. Hence $A = LDL^T = V^TV$ where $V = LD_0$ and D_0 is diagonal with $D_0^2 = D$ (the matrix D_0 exists because D has positive diagonal entries). Hence A is symmetric, and it is positive definite by Example 1.

習題 8.4　QR- 分解

1. **(b)** $Q = \frac{1}{\sqrt{5}}\begin{bmatrix} 2 & -1 \\ 1 & 2 \end{bmatrix}$, $R = \frac{1}{\sqrt{5}}\begin{bmatrix} 5 & 3 \\ 0 & 1 \end{bmatrix}$

   (d) $Q = \frac{1}{\sqrt{3}}\begin{bmatrix} 1 & 1 & 0 \\ -1 & 0 & 1 \\ 0 & 1 & 1 \\ 1 & -1 & 1 \end{bmatrix}$, $R = \frac{1}{\sqrt{3}}\begin{bmatrix} 3 & 0 & -1 \\ 0 & 3 & 1 \\ 0 & 0 & 2 \end{bmatrix}$

2. If A has a QR-factorization, use (a). For the converse use Theorem 1.

習題 8.5 固有值的計算

1. **(b)** Eigenvalues $4, -1$; eigenvectors $\begin{bmatrix} 2 \\ -1 \end{bmatrix}$, $\begin{bmatrix} 1 \\ -3 \end{bmatrix}$;
$\mathbf{x}_4 = \begin{bmatrix} 409 \\ -203 \end{bmatrix}$; $r_3 = 3.94$

   (d) Eigenvalues $\lambda_1 = \frac{1}{2}(3 + \sqrt{13})$, $\lambda_2 = \frac{1}{2}(3 - \sqrt{13})$; eigenvectors $\begin{bmatrix} \lambda_1 \\ 1 \end{bmatrix}$, $\begin{bmatrix} \lambda_2 \\ 1 \end{bmatrix}$; $\mathbf{x}_4 = \begin{bmatrix} 142 \\ 43 \end{bmatrix}$; $r_3 = 3.3027750$.

   (The true value is $\lambda_1 = 3.3027756$, to seven decimal places.)

2. **(b)** Eigenvalues $\lambda_1 = \frac{1}{2}(3 + \sqrt{13}) = 3.302776$, $\lambda_2 = \frac{1}{2}(3 - \sqrt{13}) = -0.302776$

   $A_1 = \begin{bmatrix} 3 & 1 \\ 1 & 0 \end{bmatrix}$, $Q_1 = \frac{1}{\sqrt{10}}\begin{bmatrix} 3 & -1 \\ 1 & 3 \end{bmatrix}$, $R_1 = \frac{1}{\sqrt{10}}\begin{bmatrix} 10 & 3 \\ 0 & -1 \end{bmatrix}$
   $A_2 = \frac{1}{10}\begin{bmatrix} 33 & -1 \\ -1 & -3 \end{bmatrix}$, $Q_2 = \frac{1}{\sqrt{1090}}\begin{bmatrix} 33 & 1 \\ -1 & 33 \end{bmatrix}$,
   $R_2 = \frac{1}{\sqrt{1090}}\begin{bmatrix} 109 & -3 \\ 0 & -10 \end{bmatrix}$
   $A_3 = \frac{1}{109}\begin{bmatrix} 360 & 1 \\ 1 & -33 \end{bmatrix} = \begin{bmatrix} 3.302775 & 0.009174 \\ 0.009174 & -0.302775 \end{bmatrix}$

4. Use induction on k. If $k = 1$, $A_1 = A$. In general $A_{k+1} = Q_k^{-1}A_kQ_k = Q_k^T A_k Q_k$, so the fact that $A_k^T = A_k$ implies $A_{k+1}^T = A_{k+1}$. The eigenvalues of A are all real (Theorem 7 Section 5.5), so the A_k converge to an upper triangular matrix T. But T must also be symmetric (it is the limit of symmetric matrices), so it is diagonal.

習題 8.6 複數矩陣

1. **(b)** $\sqrt{6}$ **(d)** $\sqrt{13}$
2. **(b)** Not orthogonal   **(d)** Orthogonal
3. **(b)** Not a subspace. For example, $i(0, 0, 1) = (0, 0, i)$ is not in U.   **(d)** This is a subspace.
4. **(b)** Basis $\{(i, 0, 2), (1, 0, -1)\}$; dimension 2   **(d)** Basis $\{(1, 0, -2i), (0, 1, 1 - i)\}$; dimension 2
5. **(b)** Normal only   **(d)** Hermitian (and normal), not unitary   **(f)** None   **(h)** Unitary (and normal); hermitian if and only if z is real
8. **(b)** $U = \frac{1}{\sqrt{14}}\begin{bmatrix} -2 & 3-i \\ 3+i & 2 \end{bmatrix}$, $U^H A U = \begin{bmatrix} -1 & 0 \\ 0 & 6 \end{bmatrix}$

   (d) $U = \frac{1}{\sqrt{3}}\begin{bmatrix} 1+i & 1 \\ -1 & 1-i \end{bmatrix}$, $U^H A U = \begin{bmatrix} 1 & 0 \\ 0 & 4 \end{bmatrix}$

   (f) $U = \frac{1}{\sqrt{3}}\begin{bmatrix} \sqrt{3} & 0 & 0 \\ 0 & 1+i & 1 \\ 0 & -1 & 1-i \end{bmatrix}$, $U^H A U = \begin{bmatrix} 1 & 0 & 0 \\ 0 & 0 & 0 \\ 0 & 0 & 3 \end{bmatrix}$

10. **(b)** $\|\lambda Z\|^2 = \langle \lambda Z, \lambda Z \rangle = \lambda \overline{\lambda} \langle Z, Z \rangle = |\lambda|^2 \|Z\|^2$
11. **(b)** If the (k, k)-entry of A is a_{kk}, then the (k, k)-entry of $\overline{A}$ is $\overline{a}_{kk}$, so the (k, k)-entry of $(\overline{A})^T = A^H$ is $\overline{a}_{kk}$. This equals a, so a_{kk} is real.
14. **(b)** Show that $(B^2)^H = B^H B^H = (-B)(-B) = B^2$; $(iB)^H = \overline{i}B^H = (-i)(-B) = iB$.   **(d)** If $Z = A + B$, as given, first show that $Z^H = A - B$, and hence that $A = \frac{1}{2}(Z + Z^H)$ and $B = \frac{1}{2}(Z - Z^H)$.
16. **(b)** If U is unitary, $(U^{-1})^{-1} = (U^H)^{-1} = (U^{-1})^H$, so U^{-1} is unitary.
18. **(b)** $H = \begin{bmatrix} 1 & i \\ -i & 0 \end{bmatrix}$ is hermitian but $iH = \begin{bmatrix} i & -1 \\ 1 & 0 \end{bmatrix}$ is not.

21. (b) Let $U = \begin{bmatrix} a & b \\ c & d \end{bmatrix}$ be real and invertible, and assume that $U^{-1}AU = \begin{bmatrix} \lambda & \mu \\ 0 & \nu \end{bmatrix}$. Then $AU = U\begin{bmatrix} \lambda & \mu \\ 0 & \nu \end{bmatrix}$, and first column entries are $c = a\lambda$ and $-a = c\lambda$. Hence λ is real (c and a are both real and are not both 0), and $(1 + \lambda^2)a = 0$. Thus $a = 0$, $c = a\lambda = 0$, a contradiction.

習題 8.7　應用於密碼學

1. 明文 "SEND MONEY" 對應的 9 個數值，按 3 行排成以下的矩陣

$$B = \begin{bmatrix} 19 & 4 & 14 \\ 5 & 13 & 5 \\ 14 & 15 & 25 \end{bmatrix}$$

矩陣乘積

$$AB = \begin{bmatrix} 1 & -2 & 2 \\ -1 & 1 & 3 \\ 1 & -1 & -4 \end{bmatrix} \begin{bmatrix} 19 & 4 & 14 \\ 5 & 13 & 5 \\ 14 & 15 & 25 \end{bmatrix} = \begin{bmatrix} 37 & 8 & 54 \\ 28 & 54 & 66 \\ -42 & -69 & -91 \end{bmatrix}$$

對應著將發出去的密文編碼：

$$37, 28, -42, 8, 54, -69, 54, 66, -91$$

合法用戶用 A^{-1} 左乘上述矩陣即可解碼得到明文。

$$A^{-1} = \begin{bmatrix} 37 & 8 & 54 \\ 28 & 54 & 66 \\ 70 & 51 & 109 \end{bmatrix} = \begin{bmatrix} -1 & -10 & -8 \\ -1 & -6 & -5 \\ 0 & -1 & -1 \end{bmatrix} \begin{bmatrix} 37 & 8 & 54 \\ 28 & 54 & 66 \\ -42 & -69 & -91 \end{bmatrix} = \begin{bmatrix} 19 & 4 & 14 \\ 5 & 13 & 5 \\ 14 & 15 & 25 \end{bmatrix}$$

解碼後的信息為

$$19, 5, 14, 4, 13, 15, 14, 5, 25$$
$$\text{S E N D M O N E Y}$$

習題 8.8　應用於二次式

1. **(b)** $A = \begin{bmatrix} 1 & 0 \\ 0 & 2 \end{bmatrix}$　**(d)** $A = \begin{bmatrix} 1 & 3 & 2 \\ 3 & 1 & -1 \\ 2 & -1 & 3 \end{bmatrix}$

2. **(b)** $P = \frac{1}{\sqrt{2}}\begin{bmatrix} 1 & 1 \\ 1 & -1 \end{bmatrix}$; $\mathbf{y} = \frac{1}{\sqrt{2}}\begin{bmatrix} x_1 + x_2 \\ x_1 - x_2 \end{bmatrix}$; $q = 3y_1^2 - y_2^2$; 1, 2

   (d) $P = \frac{1}{3}\begin{bmatrix} 2 & 2 & -1 \\ 2 & -1 & 2 \\ -1 & 2 & 2 \end{bmatrix}$; $\mathbf{y} = \frac{1}{3}\begin{bmatrix} 2x_1 + 2x_2 - x_3 \\ 2x_1 - x_2 + 2x_3 \\ -x_1 + 2x_2 + 2x_3 \end{bmatrix}$; $q = 9y_1^2 + 9y_2^2 - 9y_3^2$; 2, 3

   (f) $P = \frac{1}{3}\begin{bmatrix} -2 & 1 & 2 \\ 2 & 2 & 1 \\ 1 & -2 & 2 \end{bmatrix}$; $\mathbf{y} = \frac{1}{3}\begin{bmatrix} -2x_1 + 2x_2 + x_3 \\ x_1 + 2x_2 - 2x_3 \\ 2x_1 + x_2 + 2x_3 \end{bmatrix}$; $q = 9y_1^2 + 9y_2^2$; 2, 2

   (h) $P = \frac{1}{\sqrt{6}}\begin{bmatrix} -\sqrt{2} & \sqrt{3} & 1 \\ \sqrt{2} & 0 & 2 \\ \sqrt{2} & \sqrt{3} & -1 \end{bmatrix}$; $\mathbf{y} = \frac{1}{\sqrt{6}}\begin{bmatrix} -\sqrt{2}x_1 + \sqrt{2}x_2 + \sqrt{2}x_3 \\ \sqrt{3}x_1 + \sqrt{3}x_3 \\ x_1 + 2x_2 - x_3 \end{bmatrix}$; $q = 2y_1^2 + y_2^2 - y_3^2$; 2, 3

3. **(b)** $x_1 = \frac{1}{\sqrt{5}}(2x - y)$, $y_1 = \frac{1}{\sqrt{5}}(x + 2y)$; $4x_1^2 - y_1^2 = 2$; hyperbola

   (d) $x_1 = \frac{1}{\sqrt{5}}(x + 2y)$, $y_1 = \frac{1}{\sqrt{5}}(2x - y)$; $6x_1^2 + y_1^2 = 1$; ellipse

4. **(b)** Basis $\{(i, 0, i), (1, 0, -1)\}$, dimension 2

(d) Basis $\{(1, 0, -2i), (0, 1, 1 - i)\}$, dimension 2

7. (b) $3y_1^2 + 5y_2^2 - y_3^2 - 3\sqrt{2}y_1 + \frac{11}{3}\sqrt{3}y_2 + \frac{2}{3}\sqrt{6}y_3 = 7$

$y_1 = \frac{1}{\sqrt{2}}(x_2 + x_3), y_2 = \frac{1}{\sqrt{3}}(x_1 + x_2 - x_3),$

$y_3 = \frac{1}{\sqrt{6}}(2x_1 - x_2 + x_3)$

9. (b) By Theorem 3 Section 8.3 let $A = U^TU$ where U is upper triangular with positive diagonal entries. Then $q = \mathbf{x}^T(U^TU)\mathbf{x} = (U\mathbf{x})^TU\mathbf{x} = \|U\mathbf{x}\|^2$.

習題 9.1　線性變換的矩陣

1. (b) $\begin{bmatrix} a \\ 2b - c \\ c - b \end{bmatrix}$　**(d)** $\frac{1}{2}\begin{bmatrix} a - b \\ a + b \\ -a + 3b + 2c \end{bmatrix}$

2. (b) Let $\mathbf{v} = a + bx + cx^2$. Then $C_D[T(\mathbf{v})] = M_{DB}(T)C_B(\mathbf{v}) = \begin{bmatrix} 2 & 1 & 3 \\ -1 & 0 & -2 \end{bmatrix}\begin{bmatrix} a \\ b \\ c \end{bmatrix} = \begin{bmatrix} 2a + b + 3c \\ -a - 2c \end{bmatrix}$

Hence $T(\mathbf{v}) = (2a + b + 3c)(1, 1) + (-a - 2c)(0, 1) = (2a + b + 3c, a + b + c)$.

3. (b) $\begin{bmatrix} 1 & 0 & 0 & 0 \\ 0 & 0 & 1 & 0 \\ 0 & 1 & 0 & 0 \\ 0 & 0 & 0 & 1 \end{bmatrix}$　**(d)** $\begin{bmatrix} 1 & 1 & 1 \\ 0 & 1 & 2 \\ 0 & 0 & 1 \end{bmatrix}$

4. (b) $\begin{bmatrix} 1 & 2 \\ 5 & 3 \\ 4 & 0 \\ 1 & 1 \end{bmatrix}$; $C_D[T(a, b)] = \begin{bmatrix} 1 & 2 \\ 5 & 3 \\ 4 & 0 \\ 1 & 1 \end{bmatrix}\begin{bmatrix} b \\ a - b \end{bmatrix} = \begin{bmatrix} 2a - b \\ 3a + 2b \\ 4b \\ a \end{bmatrix}$

(d) $\frac{1}{2}\begin{bmatrix} 1 & 1 & -1 \\ 1 & 1 & 1 \end{bmatrix}$; $C_D[T(a + bx + cx^2)] = \frac{1}{2}\begin{bmatrix} 1 & 1 & -1 \\ 1 & 1 & 1 \end{bmatrix}\begin{bmatrix} a \\ b \\ c \end{bmatrix} = \frac{1}{2}\begin{bmatrix} a + b - c \\ a + b + c \end{bmatrix}$

(f) $\begin{bmatrix} 1 & 0 & 0 & 0 \\ 0 & 1 & 1 & 0 \\ 0 & 1 & 1 & 0 \\ 0 & 0 & 0 & 1 \end{bmatrix}$; $C_D\left(T\begin{bmatrix} a & b \\ c & d \end{bmatrix}\right) = \begin{bmatrix} 1 & 0 & 0 & 0 \\ 0 & 1 & 1 & 0 \\ 0 & 1 & 1 & 0 \\ 0 & 0 & 0 & 1 \end{bmatrix}\begin{bmatrix} a \\ b \\ c \\ d \end{bmatrix} = \begin{bmatrix} a \\ b + c \\ b + c \\ d \end{bmatrix}$

5. (b) $M_{ED}(S)M_{DB}(T) = \begin{bmatrix} 1 & 1 & 0 & 0 \\ 0 & 0 & 1 & -1 \end{bmatrix}\begin{bmatrix} 1 & 1 & 0 \\ 0 & 1 & 1 \\ 1 & 0 & 1 \\ -1 & 1 & 0 \end{bmatrix} = \begin{bmatrix} 1 & 2 & 1 \\ 2 & -1 & 1 \end{bmatrix} = M_{EB}(ST)$

(d) $M_{ED}(S)M_{DB}(T) = \begin{bmatrix} 1 & -1 & 0 \\ 0 & 0 & 1 \end{bmatrix}\begin{bmatrix} 1 & -1 & 0 \\ -1 & 0 & 1 \\ 0 & 1 & 0 \end{bmatrix} = \begin{bmatrix} 2 & -1 & -1 \\ 0 & 1 & 0 \end{bmatrix} = M_{EB}(ST)$

7. (b) $T^{-1}(a, b, c) = \frac{1}{2}(b + c - a, a + c - b, a + b - c)$; $M_{DB}(T) = \begin{bmatrix} 0 & 1 & 1 \\ 1 & 0 & 1 \\ 1 & 1 & 0 \end{bmatrix}$; $M_{BD}(T^{-1}) = \frac{1}{2}\begin{bmatrix} -1 & 1 & 1 \\ 1 & -1 & 1 \\ 1 & 1 & -1 \end{bmatrix}$

(d) $T^{-1}(a, b, c) = (a - b) + (b - c)x + cx^2$; $M_{DB}(T) = \begin{bmatrix} 1 & 1 & 1 \\ 0 & 1 & 1 \\ 0 & 0 & 1 \end{bmatrix}$; $M_{BD}(T^{-1}) = \begin{bmatrix} 1 & -1 & 0 \\ 0 & 1 & -1 \\ 0 & 0 & 1 \end{bmatrix}$

8. (b) $M_{DB}(T^{-1}) = [M_{BD}[(T)]^{-1} = \begin{bmatrix} 1 & 1 & 1 & 0 \\ 0 & 1 & 1 & 0 \\ 0 & 0 & 1 & 0 \\ 0 & 0 & 0 & 1 \end{bmatrix}^{-1} = \begin{bmatrix} 1 & -1 & 0 & 0 \\ 0 & 1 & -1 & 0 \\ 0 & 0 & 1 & 0 \\ 0 & 0 & 0 & 1 \end{bmatrix}$.

Hence $C_B[T^{-1}(a, b, c, d)] = M_{BD}(T^{-1})C_D(a, b, c, d) = \begin{bmatrix} 1 & -1 & 0 & 0 \\ 0 & 1 & -1 & 0 \\ 0 & 0 & 1 & 0 \\ 0 & 0 & 0 & 1 \end{bmatrix}\begin{bmatrix} a \\ b \\ c \\ d \end{bmatrix} = \begin{bmatrix} a - b \\ b - c \\ c \\ d \end{bmatrix}$, so

$T^{-1}(a, b, c, d) = \begin{bmatrix} a - b & b - c \\ c & d \end{bmatrix}$.

12. Have $C_D[T(\mathbf{e}_j)] = $ column j of I_n. Hence $M_{DB}(T) = [C_D[T(\mathbf{e}_1)]\ C_D[T(\mathbf{e}_2)]\ \cdots\ C_D[T(\mathbf{e}_n)]] = I_n$.

16. (b) If D is the standard basis of $\mathbb{R}^{n+1}$ and $B = \{1, x, x^2, \cdots, x^n\}$, then

$$M_{DB}(T) = [C_D[T(1)] \ C_D[T(x)] \ \cdots \ C_D[T(x^n)]] = \begin{bmatrix} 1 & a_0 & a_0^2 & \cdots & a_0^n \\ 1 & a_1 & a_1^2 & \cdots & a_1^n \\ 1 & a_2 & a_2^2 & \cdots & a_2^n \\ \vdots & \vdots & \vdots & & \vdots \\ 1 & a_n & a_n^2 & \cdots & a_n^n \end{bmatrix}.$$

This matrix has nonzero determinant by Theorem 7 Section 3.2 (since the a_i are distinct), so T is an isomorphism.

20. **(d)** $[(S + T)R](\mathbf{v}) = (S + T)(R(\mathbf{v})) = S[(R(\mathbf{v}))] + T[(R(\mathbf{v}))] = SR(\mathbf{v}) + TR(\mathbf{v}) = [SR + TR](\mathbf{v})$ holds for all $\mathbf{v}$ in V. Hence $(S + T)R = SR + TR$.

21. **(b)** If $\mathbf{w}$ lies in im$(S + T)$, then $\mathbf{w} = (S + T)(\mathbf{v})$ for some $\mathbf{v}$ in V. But then $\mathbf{w} = S(\mathbf{v}) + T(\mathbf{v})$, so $\mathbf{w}$ lies in im S + im T.

22. **(b)** If $X \subseteq X_1$, let T lie in X_1^0. Then $T(\mathbf{v}) = \mathbf{0}$ for all $\mathbf{v}$ in X_1, whence $T(\mathbf{v}) = \mathbf{0}$ for all $\mathbf{v}$ in X. Thus T is in X^0 and we have shown that $X_1^0 \subseteq X^0$.

24. **(b)** R is linear means $S_{\mathbf{v}+\mathbf{w}} = S_{\mathbf{v}} + S_{\mathbf{w}}$ and $S_{a\mathbf{v}} = aS_{\mathbf{v}}$. These are proved as follows: $S_{\mathbf{v}+\mathbf{w}}(r) = r(\mathbf{v} + \mathbf{w}) = r\mathbf{v} + r\mathbf{w} = S\mathbf{v}(r) + S\mathbf{w}(r) = (S\mathbf{v} + S\mathbf{w})(r)$, and $S_{a\mathbf{v}}(r) = r(a\mathbf{v}) = a(r\mathbf{v}) = (aS_{\mathbf{v}})(r)$ for all r in $\mathbb{R}$. To show R is one-to-one, let $R(\mathbf{v}) = \mathbf{0}$. This means $S_{\mathbf{v}} = 0$ so $0 = S_{\mathbf{v}}(r) = r\mathbf{v}$ for all r. Hence $\mathbf{v} = \mathbf{0}$ (take $r = 1$). Finally, to show R is onto, let T lie in $\mathbf{L}(\mathbb{R}, V)$. We must find $\mathbf{v}$ such that $R(\mathbf{v}) = T$, that is $S_{\mathbf{v}} = T$. In fact, $\mathbf{v} = T(1)$ works since then $T(r) = T(r \cdot 1) = rT(1) = r\mathbf{v} = S_{\mathbf{v}}(r)$ holds for all r, so $T = S_{\mathbf{v}}$.

25. **(b)** Given $T : \mathbb{R} \to V$, let $T(1) = a_1\mathbf{b}_1 + \cdots + a_n\mathbf{b}_n$, a_i in $\mathbb{R}$. For all r in $\mathbb{R}$, we have $(a_1S_1 + \cdots + a_nS_n)(r) = a_1S_1(r) + \cdots + a_nS_n(r) = (a_1r\mathbf{b}_1 + \cdots + a_nr\mathbf{b}_n) = rT(1) = T(r)$. This shows that $a_1S_1 + \cdots + a_nS_n = T$.

27. **(b)** Write $\mathbf{v} = v_1\mathbf{b}_1 + \cdots + v_n\mathbf{b}_n$, v_j in $\mathbb{R}$. Apply E_i to get $E_i(\mathbf{v}) = v_1E_i(\mathbf{b}_1) + \cdots + v_nE_i(\mathbf{b}_n) = v_i$ by the definition of the E_i.

習題 9.2 算子和相似性

1. **(b)** $\frac{1}{2}\begin{bmatrix} -3 & -2 & 1 \\ 2 & 2 & 0 \\ 0 & 0 & 2 \end{bmatrix}$

4. **(b)** $P_{B \leftarrow D} = \begin{bmatrix} 1 & 1 & -1 \\ 1 & -1 & 0 \\ 1 & 0 & 1 \end{bmatrix}$, $P_{D \leftarrow B} = \frac{1}{3}\begin{bmatrix} 1 & 1 & 1 \\ 1 & -2 & 1 \\ -1 & -1 & 2 \end{bmatrix}$, $P_{E \leftarrow D} = \begin{bmatrix} 1 & 0 & 1 \\ 1 & -1 & 0 \\ 1 & 1 & -1 \end{bmatrix}$, $P_{E \leftarrow B} = \begin{bmatrix} 0 & 0 & 1 \\ 0 & 1 & 0 \\ 1 & 0 & 0 \end{bmatrix}$

5. **(b)** $A = P_{D \leftarrow B}$, where $B = \{(1, 2, -1), (2, 3, 0), (1, 0, 2)\}$.
   Hence $A^{-1} = P_{B \leftarrow D} = \begin{bmatrix} 6 & -4 & -3 \\ -4 & 3 & 2 \\ 3 & -2 & -1 \end{bmatrix}$

7. **(b)** $P = \begin{bmatrix} 1 & 1 & 0 \\ 0 & 1 & 2 \\ -1 & 0 & 1 \end{bmatrix}$ 8. **(b)** $B = \left\{ \begin{bmatrix} 3 \\ 7 \end{bmatrix}, \begin{bmatrix} 2 \\ 5 \end{bmatrix} \right\}$

9. **(b)** $c_T(x) = x^2 - 6x - 1$
   (d) $c_T(x) = x^3 + x^2 - 8x - 3$
   (f) $c_T(x) = x^4$

12. Define $T_A : \mathbb{R}^n \to \mathbb{R}^n$ by $T_A(\mathbf{x}) = A\mathbf{x}$ for all $\mathbf{x}$ in $\mathbb{R}^n$. If null A = null B, then $\ker(T_A) =$ null $A =$ null $B = \ker(T_B)$ so, by Exercise 28 Section 7.3, $T_A = ST_B$ for some isomorphism $S : \mathbb{R}^n \to \mathbb{R}^n$. If B_0 is the standard basis of $\mathbb{R}^n$, we have $A = M_{B_0}(T_A) = M_{B_0}(ST_B) = M_{B_0}(S)M_{B_0}(T_B) = UB$ where $U = M_{B_0}(S)$ is invertible by Theorem 1. Conversely, if $A = UB$ with U invertible, then $A\mathbf{x} = \mathbf{0}$ if and only $B\mathbf{x} = \mathbf{0}$, so null A = null B.

16. **(b)** Showing $S(w + v) = S(w) + S(v)$ means $M_B(T_{w+v}) = M_B(T_w) + M_B(T_v)$. If $B = \{b_1, b_2\}$, then column j of $M_B(T_{w+v})$ is $C_B[(w + v)b_j] = C_B(wb_j + vb_j) = C_B(wb_j) + C_B(vb_j)$ because C_B is linear. This

is column j of $M_B(T_w) + M_B(T_v)$. Similarly $M_B(T_{aw}) = aM_B(T_w)$; so $S(aw) = aS(w)$. Finally $T_wT_v = T_{wv}$ so $S(wv) = M_B(T_wT_v) = M_B(T_w)M_B(T_v) = S(w)S(v)$ by Theorem 1.

習題 9.3 不變子空間與直和

2. **(b)** $T(U) \subseteq U$, so $T[T(U)] \subseteq T(U)$.

3. **(b)** If $\mathbf{v}$ is in $S(U)$, write $\mathbf{v} = S(\mathbf{u})$, $\mathbf{u}$ in U. Then $T(\mathbf{v}) = T[S(\mathbf{u})] = (TS)(\mathbf{u}) = (ST)(\mathbf{u}) = S[T(\mathbf{u})]$ and this lies in $S(U)$ because $T(\mathbf{u})$ lies in U (U is T-invariant).

6. Suppose U is T-invariant for every T. If $U \neq 0$, choose $\mathbf{u} \neq \mathbf{0}$ in U. Choose a basis $B = \{\mathbf{u}, \mathbf{u}_2, \cdots, \mathbf{u}_n\}$ of V containing $\mathbf{u}$. Given any $\mathbf{v}$ in V, there is (by Theorem 3 Section 7.1) a linear transformation $T : V \to V$ such that $T(\mathbf{u}) = \mathbf{v}$, $T(\mathbf{u}_2) = \cdots = T(\mathbf{u}_n) = \mathbf{0}$. Then $\mathbf{v} = T(\mathbf{u})$ lies in U because U is T-invariant. This shows that $V = U$.

8. **(b)** $T(1 - 2x^2) = 3 + 3x - 3x^2 = 3(1 - 2x^2) + 3(x + x^2)$ and $T(x + x^2) = -(1 - 2x^2)$, so both are in U. Hence U is T-invariant by Example 3. If
$B = \{1 - 2x^2, x + x^2, x^2\}$ then $M_B(T) = \begin{bmatrix} 3 & -1 & 1 \\ 3 & 0 & 1 \\ 0 & 0 & 3 \end{bmatrix}$, so
$c_T(x) = \det \begin{bmatrix} x - 3 & 1 & -1 \\ -3 & x & -1 \\ 0 & 0 & x - 3 \end{bmatrix} = (x - 3)\det \begin{bmatrix} x - 3 & 1 \\ -3 & x \end{bmatrix} = (x - 3)(x^2 - 3x + 3)$

9. **(b)** Suppose $\mathbb{R}\mathbf{u}$ is T_A-invariant where $\mathbf{u} \neq \mathbf{0}$. Then $T_A(\mathbf{u}) = r\mathbf{u}$ for some r in $\mathbb{R}$, so $(rI - A)\mathbf{u} = \mathbf{0}$. But $\det(rI - A) = (r - \cos\theta)^2 + \sin^2\theta \neq 0$ because $0 < \theta < \pi$. Hence $\mathbf{u} = \mathbf{0}$, a contradiction.

10. **(b)** $U = \text{span}\{(1, 1, 0, 0), (0, 0, 1, 1)\}$ and $W = \text{span}\{(1, 0, 1, 0), (0, 1, 0, -1)\}$, and these four vectors form a basis of $\mathbb{R}^4$. Use Example 9.
    (d) $U = \text{span}\left\{\begin{bmatrix} 1 & 1 \\ 0 & 0 \end{bmatrix}, \begin{bmatrix} 0 & 0 \\ 1 & 1 \end{bmatrix}\right\}$ and
    $W = \text{span}\left\{\begin{bmatrix} 1 & 0 \\ -1 & 0 \end{bmatrix}, \begin{bmatrix} 0 & 1 \\ 0 & 1 \end{bmatrix}\right\}$, and these vectors are a basis of $\mathbf{M}_{22}$. Use Example 9.

14. The fact that U and W are subspaces is easily verified using the subspace test. If A lies in $U \cap V$, then $A = AE = 0$; that is, $U \cap V = 0$. To show that $\mathbf{M}_{22} = U + V$, choose any A in $\mathbf{M}_{22}$. Then $A = AE + (A - AE)$, and AE lies in U [because $(AE)E = AE^2 = AE$], and $A - AE$ lies in W [because $(A - AE)E = AE - AE^2 = 0$].

17. **(b)** By **(a)** it remains to show $U + W = V$; we show that $\dim(U + W) = n$ and invoke Theorem 2 Section 6.4. But $U + W = U \oplus W$ because $U \cap W = 0$, so $\dim(U + W) = \dim U + \dim W = n$.

18. **(b)** First, $\ker(T_A)$ is T_A-invariant. Let $U = \mathbb{R}\mathbf{p}$ be T_A-invariant. Then $T_A(\mathbf{p})$ is in U, say $T_A(\mathbf{p}) = \lambda\mathbf{p}$. Hence $A\mathbf{p} = \lambda\mathbf{p}$ so λ is an eigenvalue of A. This means that $\lambda = 0$ by **(a)**, so $\mathbf{p}$ is in $\ker(T_A)$. Thus $U \subseteq \ker(T_A)$. But $\dim[\ker(T_A)] \neq 2$ because $T_A \neq 0$, so $\dim[\ker(T_A)] = 1 = \dim(U)$. Hence $U = \ker(T_A)$.

20. Let B_1 be a basis of U and extend it to a basis B of V. Then $M_B(T) = \begin{bmatrix} M_{B_1}(T) & Y \\ 0 & Z \end{bmatrix}$, so
    $c_T(x) = \det[xI - M_B(T)] = \det[xI - M_{B_1}(T)]\det[xI - Z] = c_{T_1}(x)q(x)$.

22. **(b)** $T^2[p(x)] = p[-(-x)] = p(x)$, so $T^2 = 1$; $B = \{1, x^2; x, x^3\}$
    (d) $T^2(a, b, c) = T(-a + 2b + c, b + c, -c) = (a, b, c)$, so $T^2 = 1$; $B = \{(1, 1, 0); (1, 0, 0), (0, -1, 2)\}$

23. **(b)** Use the Hint and Exercise 2.

25. **(b)** $T^2(a, b, c) = T(a + 2b, 0, 4b + c) = (a + 2b, 0, 4b + c) = T(a, b, c)$, so $T^2 = T$; $B = \{(1, 0, 0), (0, 0, 1); (2, -1, 4)\}$

29. **(b)** $T_{f,\mathbf{z}}[T_{f,\mathbf{z}}(\mathbf{v})] = T_{f,\mathbf{z}}[f(\mathbf{v})\mathbf{z}] = f[f(\mathbf{v})\mathbf{z}]\mathbf{z} = f(\mathbf{v})\{f[\mathbf{z}]\mathbf{z}\} = f(\mathbf{v})f(\mathbf{z})\mathbf{z}$. This equals $T_{f,\mathbf{z}}(\mathbf{v}) = f(\mathbf{v})\mathbf{z}$ for all $\mathbf{v}$ if and only if $f(\mathbf{v})f(\mathbf{z}) = f(\mathbf{v})$ for all $\mathbf{v}$. Since $f \neq 0$, this holds if and only if $f(\mathbf{z}) = 1$.

30. **(b)** If $A = [\mathbf{p}_1 \ \mathbf{p}_2 \ \cdots \ \mathbf{p}_n]$ where $U\mathbf{p}_i = \lambda\mathbf{p}_i$ for each i, then $UA = \lambda A$. Conversely, $UA = \lambda A$ means that $U\mathbf{p} = \lambda\mathbf{p}$ for every column $\mathbf{p}$ of A.

習題 10.1　內積與範數

1. **(b)** P5 fails.　**(d)** P5 fails.　**(f)** P5 fails.
2. Axioms P1–P5 hold in U because they hold in V.
3. **(b)** $\frac{1}{\sqrt{\pi}} f$　**(d)** $\frac{1}{\sqrt{17}} \begin{bmatrix} 3 \\ -1 \end{bmatrix}$
4. **(b)** $\sqrt{3}$　**(d)** $\sqrt{3\pi}$
8. P1 and P2 are clear since $f(i)$ and $g(i)$ are real numbers.
    P3: $\langle f+g, h \rangle = \sum_i (f+g)(i) \cdot h(i) = \sum_i (f(i)+g(i)) \cdot h(i) = \sum_i [f(i)h(i) + g(i)h(i)]$
    $= \sum_i f(i)h(i) + \sum_i g(i)h(i) = \langle f, h \rangle + \langle g, h \rangle$.
    P4: $\langle rf, g \rangle = \sum_i (rf)(i) \cdot g(i) = \sum_i rf(i) \cdot g(i) = r \sum_i f(i) \cdot g(i) = r \langle f, g \rangle$.
    P5: If $f \neq 0$, then $\langle f, f \rangle = \sum f(i)^2 > 0$ because some $f(i) \neq 0$.
12. **(b)** $\langle \mathbf{v}, \mathbf{v} \rangle = 5v_1^2 - 6v_1v_2 + 2v_2^2 = \frac{1}{5}[(5v_1 - 3v_2)^2 + v_2^2]$
    (d) $\langle \mathbf{v}, \mathbf{v} \rangle = 3v_1^2 + 8v_1v_2 + 6v_2^2 = \frac{1}{3}[(3v_1 + 4v_2)^2 + 2v_2^2]$
13. **(b)** $\begin{bmatrix} 1 & -2 \\ -2 & 1 \end{bmatrix}$
    (d) $\begin{bmatrix} 1 & 0 & -2 \\ 0 & 2 & 0 \\ -2 & 0 & 5 \end{bmatrix}$
14. By the condition, $\langle \mathbf{x}, \mathbf{y} \rangle = \frac{1}{2} \langle \mathbf{x}+\mathbf{y}, \mathbf{x}+\mathbf{y} \rangle = 0$ for all $\mathbf{x}, \mathbf{y}$. Let $\mathbf{e}_i$ denote column i of I. If $A = [a_{ij}]$, then $a_{ij} = \mathbf{e}_i^T A \mathbf{e}_j = \langle \mathbf{e}_i, \mathbf{e}_j \rangle = 0$ for all i and j.
16. **(b)** -15
20. 1. Using P2: $\langle \mathbf{u}, \mathbf{v}+\mathbf{w} \rangle = \langle \mathbf{v}+\mathbf{w}, \mathbf{u} \rangle = \langle \mathbf{v}, \mathbf{u} \rangle + \langle \mathbf{w}, \mathbf{u} \rangle = \langle \mathbf{u}, \mathbf{v} \rangle + \langle \mathbf{u}, \mathbf{w} \rangle$.
    2. Using P2 and P4: $\langle \mathbf{v}, r\mathbf{w} \rangle = \langle r\mathbf{w}, \mathbf{v} \rangle = r \langle \mathbf{w}, \mathbf{v} \rangle = r \langle \mathbf{v}, \mathbf{w} \rangle$.
    3. Using P3: $\langle \mathbf{0}, \mathbf{v} \rangle = \langle \mathbf{0}+\mathbf{0}, \mathbf{v} \rangle = \langle \mathbf{0}, \mathbf{v} \rangle + \langle \mathbf{0}, \mathbf{v} \rangle$, so $\langle \mathbf{0}, \mathbf{v} \rangle = 0$. The rest is P2.
    4. Assume that $\langle \mathbf{v}, \mathbf{v} \rangle = 0$. If $\mathbf{v} \neq \mathbf{0}$ this contradicts P5, so $\mathbf{v} = \mathbf{0}$. Conversely, if $\mathbf{v} = \mathbf{0}$, then $\langle \mathbf{v}, \mathbf{v} \rangle = 0$ by Part 3 of this theorem.
22. **(b)** $15\|\mathbf{u}\|^2 - 17\langle \mathbf{u}, \mathbf{v} \rangle - 4\|\mathbf{v}\|^2$
    (d) $\|\mathbf{u}+\mathbf{v}\|^2 = \langle \mathbf{u}+\mathbf{v}, \mathbf{u}+\mathbf{v} \rangle = \|\mathbf{u}\|^2 + 2\langle \mathbf{u}, \mathbf{v} \rangle + \|\mathbf{v}\|^2$
26. **(b)** $\{(1, 1, 0), (0, 2, 1)\}$
28. $\langle \mathbf{v} - \mathbf{w}, \mathbf{v}_i \rangle = \langle \mathbf{v}, \mathbf{v}_i \rangle - \langle \mathbf{w}, \mathbf{v}_i \rangle = 0$ for each i, so $\mathbf{v} = \mathbf{w}$ by Exercise 27.
29. **(b)** If $\mathbf{u} = (\cos \theta, \sin \theta)$ in $\mathbb{R}^2$ (with the dot product) then $\|\mathbf{u}\| = 1$. Use **(a)** with $\mathbf{v} = (x, y)$.

習題 10.2　正交向量集

1. **(b)** $\frac{1}{14} \left\{ (6a + 2b + 6c) \begin{bmatrix} 1 \\ 1 \\ 1 \end{bmatrix} + (7c - 7a) \begin{bmatrix} -1 \\ 0 \\ 1 \end{bmatrix} + (a - 2b + c) \begin{bmatrix} 1 \\ -6 \\ 1 \end{bmatrix} \right\}$
    (d) $\left(\frac{a+d}{2} \right) \begin{bmatrix} 1 & 0 \\ 0 & 1 \end{bmatrix} + \left(\frac{a-d}{2} \right) \begin{bmatrix} 1 & 0 \\ 0 & -1 \end{bmatrix} + \left(\frac{b+c}{2} \right) \begin{bmatrix} 0 & 1 \\ 1 & 0 \end{bmatrix} + \left(\frac{b-c}{2} \right) \begin{bmatrix} 0 & 1 \\ -1 & 0 \end{bmatrix}$
2. **(b)** $\{(1, 1, 1), (1, -5, 1), (3, 0, -2)\}$
3. **(b)** $\left\{ \begin{bmatrix} 1 & 1 \\ 0 & 1 \end{bmatrix}, \begin{bmatrix} 1 & -2 \\ 3 & 1 \end{bmatrix}, \begin{bmatrix} 1 & -2 \\ -2 & 1 \end{bmatrix}, \begin{bmatrix} 1 & 0 \\ 0 & -1 \end{bmatrix} \right\}$
4. **(b)** $\{1, x-1, x^2 - 2x + \frac{2}{3}\}$
6. **(b)** $U^\perp = \text{span}\{[1\ -1\ 0\ 0], [0\ 0\ 1\ 0], [0\ 0\ 0\ 1]\}$, $\dim U^\perp = 3$, $\dim U = 1$
    (d) $U^\perp = \text{span}\{2 - 3x, 1 - 2x^2\}$, $\dim U^\perp = 2$, $\dim U = 1$
    (f) $U^\perp = \text{span}\left\{ \begin{bmatrix} 1 & -1 \\ -1 & 0 \end{bmatrix} \right\}$, $\dim U^\perp = 1$, $\dim U = 3$

7. **(b)** $U = \text{span}\left\{\begin{bmatrix} 1 & 0 \\ 0 & 1 \end{bmatrix}, \begin{bmatrix} 1 & 1 \\ 1 & -1 \end{bmatrix}, \begin{bmatrix} 0 & 1 \\ -1 & 0 \end{bmatrix}\right\}$; $\text{proj}_U(A) = \begin{bmatrix} 3 & 0 \\ 2 & 1 \end{bmatrix}$

8. **(b)** $U = \text{span}\{1, 5 - 3x^2\}$; $\text{proj}_U(x) = \frac{3}{13}(1 + 2x^2)$

9. **(b)** $B = \{1, 2x - 1\}$ is an orthogonal basis of U because $\int_0^1 (2x - 1)\, dx = 0$. Using it, we get $\text{proj}_U(x^2 + 1) = x + \frac{5}{6}$, so $x^2 + 1 = (x + \frac{5}{6}) + (x^2 - x + \frac{1}{6})$.

11. **(b)** This follows from $\langle \mathbf{v} + \mathbf{w}, \mathbf{v} - \mathbf{w} \rangle = \|\mathbf{v}\|^2 - \|\mathbf{w}\|^2$.

14. **(b)** $U^\perp \subseteq \{\mathbf{u}_1, \cdots, \mathbf{u}_m\}^\perp$ because each $\mathbf{u}_i$ is in U. Conversely, if $\langle \mathbf{v}, \mathbf{u}_i \rangle = 0$ for each i, and $\mathbf{u} = r_1 \mathbf{u}_1 + \cdots + r_m \mathbf{u}_m$ is any vector in U, then $\langle \mathbf{v}, \mathbf{u} \rangle = r_1 \langle \mathbf{v}, \mathbf{u}_1 \rangle + \cdots + r_m \langle \mathbf{v}, \mathbf{u}_m \rangle = 0$.

18. **(b)** $\text{proj}_U(-5, 4, -3) = (-5, 4, -3)$; $\text{proj}_U(-1, 0, 2) = \frac{1}{38}(-17, 24, 73)$

19. **(b)** The plane is $U = \{\mathbf{x} \mid \mathbf{x} \cdot \mathbf{n} = 0\}$ so $\text{span}\left\{\mathbf{n} \times \mathbf{w}, \mathbf{w} - \frac{\mathbf{n} \cdot \mathbf{w}}{\|\mathbf{n}\|^2} \mathbf{n}\right\} \subseteq U$. This is equality because both spaces have dimension 2 (using **(a)**).

20. **(b)** $C_E(\mathbf{b}_i)$ is column i of P. Since $C_E(\mathbf{b}_i) \cdot C_E(\mathbf{b}_j) = \langle \mathbf{b}_i, \mathbf{b}_j \rangle$ by **(a)**, the result follows.

23. **(b)** If $U = \text{span}\{\mathbf{f}_1, \mathbf{f}_2, \cdots, \mathbf{f}_m\}$, then $\text{proj}_U(\mathbf{v}) = \sum_{i=1}^m \frac{\langle \mathbf{v}_1, \mathbf{f}_i \rangle}{\|\mathbf{f}_i\|^2} \mathbf{f}_i$ by Theorem 7. Hence $\|\text{proj}_U(\mathbf{v})\|^2 = \sum_{i=1}^m \frac{\langle \mathbf{v}_1, \mathbf{f}_i \rangle^2}{\|\mathbf{f}_i\|^2}$ by Pythagoras' theorem. Now use **(a)**.

習題 10.3　正交對角化

1. **(b)** $B = \left\{\begin{bmatrix} 1 & 0 \\ 0 & 0 \end{bmatrix}, \begin{bmatrix} 0 & 1 \\ 0 & 0 \end{bmatrix}, \begin{bmatrix} 0 & 0 \\ 1 & 0 \end{bmatrix}, \begin{bmatrix} 0 & 0 \\ 0 & 1 \end{bmatrix}\right\}$; $M_B(T) = \begin{bmatrix} -1 & 0 & 1 & 0 \\ 0 & -1 & 0 & 1 \\ 1 & 0 & 2 & 0 \\ 0 & 1 & 0 & 2 \end{bmatrix}$

4. **(b)** $\langle \mathbf{v}, (rT)(\mathbf{w}) \rangle = \langle \mathbf{v}, rT(\mathbf{w}) \rangle = r\langle \mathbf{v}, T(\mathbf{w}) \rangle = r\langle T(\mathbf{v}), \mathbf{w} \rangle = \langle rT(\mathbf{v}), \mathbf{w} \rangle = \langle (rT)(\mathbf{v}), \mathbf{w} \rangle$

   (d) Given $\mathbf{v}$ and $\mathbf{w}$, write $T^{-1}(\mathbf{v}) = \mathbf{v}_1$ and $T^{-1}(\mathbf{w}) = \mathbf{w}_1$. Then $\langle T^{-1}(\mathbf{v}), \mathbf{w} \rangle = \langle \mathbf{v}_1, T(\mathbf{w}_1) \rangle = \langle T(\mathbf{v}_1), \mathbf{w}_1 \rangle = \langle \mathbf{v}, T^{-1}(\mathbf{w}) \rangle$.

5. **(b)** If $B_0 = \{(1, 0, 0), (0, 1, 0), (0, 0, 1)\}$, then $M_{B_0}(T) = \begin{bmatrix} 7 & -1 & 0 \\ -1 & 7 & 0 \\ 0 & 0 & 2 \end{bmatrix}$ has an orthonormal basis of eigenvectors $\left\{\frac{1}{\sqrt{2}}\begin{bmatrix} 1 \\ 1 \\ 0 \end{bmatrix}, \frac{1}{\sqrt{2}}\begin{bmatrix} 1 \\ -1 \\ 0 \end{bmatrix}, \begin{bmatrix} 0 \\ 0 \\ 1 \end{bmatrix}\right\}$. Hence an orthonormal basis of eigenvectors of T is $\left\{\frac{1}{\sqrt{2}}(1, 1, 0), \frac{1}{\sqrt{2}}(1, -1, 0), (0, 0, 1)\right\}$.

   (d) If $B_0 = \{1, x, x^2\}$, then $M_{B_0}(T) = \begin{bmatrix} -1 & 0 & 1 \\ 0 & 3 & 0 \\ 1 & 0 & -1 \end{bmatrix}$ has an orthonormal basis of eigenvectors $\left\{\begin{bmatrix} 0 \\ 1 \\ 0 \end{bmatrix}, \frac{1}{\sqrt{2}}\begin{bmatrix} 1 \\ 0 \\ 1 \end{bmatrix}, \frac{1}{\sqrt{2}}\begin{bmatrix} 1 \\ 0 \\ -1 \end{bmatrix}\right\}$. Hence an orthonormal basis of eigenvectors of T is $\left\{x, \frac{1}{\sqrt{2}}(1 + x^2), \frac{1}{\sqrt{2}}(1 - x^2)\right\}$.

7. **(b)** $M_B(T) = \begin{bmatrix} A & 0 \\ 0 & A \end{bmatrix}$, so $c_T(x) = \det\begin{bmatrix} xI_2 - A & 0 \\ 0 & xI_2 - A \end{bmatrix} = [c_A(x)]^2$.

12. (1)⇒(2). If $B = \{\mathbf{f}_1, \cdots, \mathbf{f}_n\}$ is an orthonormal basis of V, then $M_B(T) = [a_{ij}]$ where $a_{ij} = \langle \mathbf{f}_i, T(\mathbf{f}_j) \rangle$ by Theorem 2. If (1) holds, then $a_{ji} = \langle \mathbf{f}_j, T(\mathbf{f}_i) \rangle = -\langle T(\mathbf{f}_j), \mathbf{f}_i \rangle = -\langle \mathbf{f}_i, T(\mathbf{f}_j) \rangle = -a_{ij}$. Hence $[M_V(T)]^T = -M_V(T)$, proving (2).

14. **(c)** The coefficients in the definition of $T'(\mathbf{f}_j) = \sum_{i=1}^n \langle \mathbf{f}_j, T(\mathbf{f}_i) \rangle \mathbf{f}_i$ are the entries in the jth column $C_B[T'(\mathbf{f}_j)]$ of $M_B(T')$. Hence $M_B(T') = [\langle \mathbf{f}_j, T(\mathbf{f}_i) \rangle]$, and this is the transpose of $M_B(T)$ by Theorem 2.

習題 10.4 保距

2. **(b)** Rotation through π **(d)** Reflection in the line $y = -x$
   (f) Rotation through $\frac{\pi}{4}$

3. **(b)** $c_T(x) = (x-1)(x^2 + \frac{3}{2}x + 1)$. If $\mathbf{e} = [1\ \sqrt{3}\ \sqrt{3}]^T$, then T is a rotation about $\mathbb{R}\mathbf{e}$.
   (d) $c_T(x) = (x+1)(x+1)^2$. Rotation (of π) about the x axis.
   (f) $c_T(x) = (x+1)(x^2 - \sqrt{2}x + 1)$. Rotation (of $-\frac{\pi}{4}$) about the y axis followed by a reflection in the x-z plane.

6. If $\|\mathbf{v}\| = \|(aT)(\mathbf{v})\| = |a|\|T(\mathbf{v})\| = |a|\|\mathbf{v}\|$ for some $\mathbf{v} \neq \mathbf{0}$, then $|a| = 1$ so $a = \pm 1$.

12. **(b)** Assume that $S = S_\mathbf{u} \circ T$, $\mathbf{u} \in V$, T an isometry of V. Since T is onto (by Theorem 2), let $\mathbf{u} = T(\mathbf{w})$ where $\mathbf{w} \in V$. Then for any $\mathbf{v} \in V$, we have $(T \circ S_\mathbf{w})(\mathbf{v}) = T(\mathbf{w} + \mathbf{v}) = T(\mathbf{w}) + T(\mathbf{w}) = S_{T(\mathbf{w})}(T(\mathbf{v})) = (S_{T(\mathbf{w})} \circ T)(\mathbf{v})$, and it follows that $T \circ S_\mathbf{w} = S_{T(\mathbf{w})} \circ T$.

習題 10.5 應用於 Fourer 近似

1. **(b)** $\dfrac{\pi}{2} - \dfrac{4}{\pi}\left[\cos x + \dfrac{\cos 3x}{3^2} + \dfrac{\cos 5x}{5^2}\right]$

   (d) $\dfrac{\pi}{4} + \left[\sin x - \dfrac{\sin 2x}{2} + \dfrac{\sin 3x}{3} - \dfrac{\sin 4x}{4} + \dfrac{\sin 5x}{5}\right] - \dfrac{2}{\pi}\left[\cos x + \dfrac{\cos 3x}{3^2} + \dfrac{\cos 5x}{5^2}\right]$

2. **(b)** $\dfrac{2}{\pi} - \dfrac{8}{\pi}\left[\dfrac{\cos 2x}{2^2 - 1} + \dfrac{\cos 4x}{4^2 - 1} + \dfrac{\cos 6x}{6^2 - 1}\right]$

4. $\int \cos kx \cos lx\, dx = \dfrac{1}{2}\left[\dfrac{\sin[(k+l)x]}{k+l} - \dfrac{\sin[(k-l)x]}{k-l}\right]_0^\pi = 0$ provided that $k \neq l$.

習題 11.1 區塊三角矩陣

1. **(b)** $c_A(x) = (x+1)^3$; $P = \begin{bmatrix} 1 & 0 & 0 \\ 1 & 1 & 0 \\ 1 & -3 & 1 \end{bmatrix}$; $P^{-1}AP = \begin{bmatrix} -1 & 0 & 1 \\ 0 & -1 & 0 \\ 0 & 0 & -1 \end{bmatrix}$

   (d) $c_A(x) = (x-1)^2(x+2)$; $P = \begin{bmatrix} -1 & 0 & -1 \\ 4 & 1 & 1 \\ 4 & 2 & 1 \end{bmatrix}$; $P^{-1}AP = \begin{bmatrix} 1 & 1 & 0 \\ 0 & 1 & 0 \\ 0 & 0 & -2 \end{bmatrix}$

   (f) $c_A(x) = (x+1)^2(x-1)^2$; $P = \begin{bmatrix} 1 & 1 & 5 & 1 \\ 0 & 0 & 2 & -1 \\ 0 & 1 & 2 & 0 \\ 1 & 0 & 1 & 1 \end{bmatrix}$; $P^{-1}AP = \begin{bmatrix} -1 & 1 & 0 & 0 \\ 0 & -1 & 1 & 0 \\ 0 & 0 & 1 & -2 \\ 0 & 0 & 0 & 1 \end{bmatrix}$

4. If B is any ordered basis of V, write $A = M_B(T)$. Then $c_T(x) = c_A(x) = a_0 + a_1 x + \cdots + a_n x^n$ for scalars a_i in $\mathbb{R}$. Since M_B is linear and $M_B(T^k) = M_B(T)^k$, we have $M_B[c_T(T)] = M_V[a_0 + a_1 T + \cdots + a_n T^n] = a_0 I + a_1 A + \cdots + a_n A^n = c_A(A) = 0$ by the Cayley-Hamilton theorem. Hence $c_T(T) = 0$ because M_B is one-to-one.

習題 11.2 喬登正準形

2. $\begin{bmatrix} a & 1 & 0 \\ 0 & a & 0 \\ 0 & 0 & b \end{bmatrix}\begin{bmatrix} 0 & 1 & 0 \\ 0 & 0 & 1 \\ 1 & 0 & 0 \end{bmatrix} = \begin{bmatrix} 0 & 1 & 0 \\ 0 & 0 & 1 \\ 1 & 0 & 0 \end{bmatrix}\begin{bmatrix} a & 0 & 0 \\ 0 & a & 1 \\ 0 & 0 & a \end{bmatrix}$

索引

λ-固有向量　λ-eigenvector　175

A
A-不變量　A-invariant　177

B
B-矩陣　B-matrix　493
Binet 公式　Binet formula　197

C
Cayley-Hamilton 定理　Cayley-Hamilton Theorem　461
Cramer 法則　Cramer's Rule　165

F
Fibonacci 數列　Fibonacci sequence　196
Fourier 近似　Fourier approximation　563
Fourier 係數　Fourier coefficients　562
Fourier 級數　Fourier series　564

G
Gram-Schmidt 正交化演算法　Gram-Schmidt Orthogonalization Algorithm　421
Gram-Schmidt 正交化演算　Gram-Schmidt Orthogonalization Algorithm　532

H
Householder 矩陣　Householder matrices　451

K
Kernel 引理　Kernel Lemma　409

L
Lagrange 多項式　Lagrange polynomials　367, 531
Lagrange 恆等式　Lagrange Identity　242
Lagrange 插值展開式　Lagrange interpolation expansion　531
Lagrange 插值展開式　Lagrange Interpolation Expansion　368
Legendre 多項式　Legendre polynomials　533
LU 分解　LU-factorization　119

M
$m \times n$ 矩陣　$m \times n$ matrix　38

N
n-向量　n-vectors　49
n 階微分方程式　differential equation

of order n   370
n 階微分方程   differential equation of order n   406

P
PLU 分解   PLU-factorization   123

Q
QR 分解   QR-factorization   444
QR 分解   QR-Factorization   445
QR- 演算法   QR-algorithm   450

R
Rayleigh 商   Rayleigh quotients   449

S
Schur 定理   Schur's Theorem   459
Steinitz 替換引理   Steinitz Exchange Lemma   349
Sylvester 慣性律   Sylvester's Law of Inertia   472

T
T-不變   T-invariant   504
T 對應於有序基底 B 與 D 的矩陣   matrix of T corresponding to the ordered bases B and D   485

U
u 在 d 上的投影   the projection of u on d   228

V
Vandermonde 行列式   Vandermonde determinant   168

X
x-壓縮   x-compression   62
x-擴大   x-expansion   62
x-變形   x-shear   62

Y
y-壓縮   y-compression   62
y-擴大   y-expansion   62

一劃
一對一   one-to-one   387

二劃
二次方程式   quadratic equation   475
二次式   quadratic form   434, 466
二條直線   pair of straight lines   469
二項式定理   binomial theorem   369
二項式係數   binomial coefficients   369
二階   second order   406
二階   second-order   370

三劃
下三角矩陣   lower triangular matrix   154
上三角矩陣   upper triangular matrix   154
下三角   lower triangular   118
上三角   upper triangular   117, 458
三角化定理   Triangulation Theorem   435
三角不等式   triangle inequality   240, 525
三角不等式   Triangle Inequality   282
三角矩陣   triangular matrix   154

三角　triangular　118
子空間的檢驗　Subspace Test　339
子空間　subspace　259, 339
子矩陣　submatrix　297
三階　third order　406
三階　third-order　370
下簡化　lower reduced　119

四劃
中心化　centred　322
反向代回法　back substitution　118
反向代回法　back-substitution　15
方向向量　direction vector　215
方向餘弦　direction cosines　240, 539
方向　direction　209
反例　counterexample　9
不相容　inconsistent　2
反矩陣定理　Inverse Theorem　88
反矩陣　inverse　80
元素　entries　37
方陣　square matrix　38
反賀米特　skew-hermitian　463
分割成區塊　partitioned into blocks　73
方程組的一解　a solution to a system　1
反對稱　skew-symmetric　48, 509, 546
中線　median　222, 223
內積空間　inner product space　519
內積　inner product　519
中點　midpoint　214
不變性定理　Invariance Theorem　273
不變定理　Invariance Theorem　349

反　reversed　7

五劃
右手座標系　right-hand coordinate systems　244
可正交對角化　orthogonally diagonalizable　430
正半定　positive semidefinite　480
平行六面體　parallelepiped　243
正交引理　Orthogonal Lemma　419, 532
幼年母鳥的存活率　juvenile survival rate　173
平行四邊形　parallelogram　110
正交投影　orthogonal projection　424, 535
正交相似　orthogonally similar　437
正交矩陣　orthogonal matrix　429
正交集合　orthogonal set　419
可交換　commute　70
正交集　orthogonal set of vectors　529
正交補集　orthogonal complement　422, 533
正交　orthogonal　161, 226, 283, 456, 457, 529
平行　parallel　215
正交　positive definite　475
主成分　principal components　480
可完全因式分解　factors completely　304
可完全對角化　completely diagonalized　472
生成集　spanning set　342

生成　span　263, 341
正弦定律　law of sines　246
加法封閉性　closed under addition　259
正定　positive definite　439
正弦　sine　111
主要子矩陣　principal submatrices　440
正則表示　regular representation　503
正負號　sign　147
四面體　tetrahedron　223
正則　regular　139
可逆矩陣　invertible matrix　80
正規方程式　normal equations　311
正規化　normalizing　284, 530
史密斯正規式　Smith normal form　99
正規　normal　460
平移　translation　548
可單式對角化　unitarily diagonalizable　458
主軸定理　Principal Axis Theorem　430, 544
主軸　principal axes　431, 468
可微分　differentiable　199, 370
可微函數　differentiable functions　341
可微　differentiable　341, 406, 407
可實行的區域　feasible region　476
可對角化　diagonalizable　179, 300, 540
主對角線　main diagonal　45, 117
主導固有向量　dominant eigenvector　448

主導固有值　dominant eigenvalue　186, 448
目標函數　objective function　476
本質　intrinsic　209
平衡的　equilibrium　129
平衡條件　equilibrium condition　129
平衡價格結構　equilibrium price structures　129
外積　cross product　233
可簡化的　reducible　512
正　positive　62

六劃

行列式　determinant　499
行列式　determinant　81
因式定理　Factor Theorem　365
有向圖　directed graph　75
同伴矩陣　companion matrix　157
有序基底　ordered basis　484
合成　composite　66, 108, 400
合成　composition　400
有序 n 元組　ordered n-tuple　48
行空間　column space　288
列空間　row sapce　288
有定義的　defined　68
有限維　finite dimensional　356
行矩陣　column matrix　38
列矩陣　row matrix　38
列梯形的形式　row-echelon form　10
列梯形矩陣　row-echelon matrix　10
共軛矩陣　conjugate matrix　307
共軛轉置　conjugate transpose　454
共軛　conjugate　454

向量加法　vector addition　330
多項式　polynomial　331
向量空間　vector space　330
全等的　congruent　472
向量幾何　vector geometry　207
向量積　vector product　233
交換　commute　72
交集　intersection　267, 361
向量　vectors　49
同構的　isomorphic　395
列對等　row-equivalent　98, 102
同構　isomorphism　395
次數　degree　332
收縮　contraction　65
收斂　converges　138
行　column　37
列　row　37
在 U 上的投影且以 W 為零核
　projection on U with kernel W　534

七劃
投入 - 產出　input-output　129
吸引子　attractor　188
作用　action　60
作用　action　380
判別式　discriminant　469
初始狀態向量　initial state vector　136
決定　determined　210
初期條件　initial condition　200
投影定理　Projection Theorem　424, 535
投影矩陣　projection matrix　427, 437
成熟鳥的存活率　adult survival rate　173
投影　projection　64, 547
伴隨式　adjugate　81
伴隨矩陣公式　Adjugate Formula　163
伴隨　adjugate　161

八劃
垂心　orthocentre　258
固有向量　eigenvector　300
固有向量　eigenvector　175, 262, 456, 507
固有空間　eigenspace　262, 303, 507
固有空間　generalized eigenspace　568
事先的準備　Preliminary Preparation　451
固有值　eigenvalue　174, 262, 300, 456, 507
法向量　normal　230
近似定理　Approximation Theorem　536
虎克定理　Hooke　374
固定平面　fixed plane　557
固定超平面　fixed hyperplane　559
固定軸　fixed axis　559
固定線　fixed line　553
奇函數　odd　355
奇函數　odd function　563
拋物線　parabola　469
直和　direct sum　362, 510, 518
固定　fixed　560
長度　length　194, 208, 209, 279, 411, 454
取值　evaluation　309, 415

非當然解　nontrivial solution　21
定義　defining　60
狀態向量　state vectors　136
函數　function　333
和　sum　39, 267, 361
和 x + y　sum x + y　22

九劃

重心　centroid　223
前代法　forward substitution　118
柯西不等式　Cauchy Inequality　281
相同的作用　same action　60, 333
柯西-舒瓦茲不等式　Cauchy-Schwarz inequality　240
柯西 - 舒瓦茲不等式　Cauchy-Schwarz Inequality　524
相似不變性　similarity invariant　499
映成　onto　387
相似　similar　298
相依引理　Dependent Lemma　359
相依　dependent　270
保持距離不變　distance preserving　548
侷限　restriction　505
相容性　compatible　68
計值映射　evaluation map　384
負矩陣　negative matrix　40
相容　compatible　74
相容　consistent　2
計值　evaluation　340, 379
負值　negative　330
封閉性　closed　49
封閉的　closed　129, 330

恆等變換　identity transformation　61, 115
保距　distance preserving　247
相等　equal　22, 39, 60, 333, 380, 410
保距　isometries　548
軌跡　trajectory　188
指數函數　exponential function　408
係數矩陣　coefficient matrix　4
係數　coefficient　1, 262
係數　coefficients　332, 341
指標　index　472
重數　multiplicity　182, 303, 415
相關齊次方程組　associated homogeneous system　54
相關　associated　413
負　negative　62
負 x　negative x　49

十劃

馬可夫鏈　Markov chain　133
消去律　Cancellation　334
消去律　Cancellation Laws　85
矩陣 - 向量乘積　matrix-vector products　51
矩陣式　matrix form　51
矩陣乘法　Matrix Multiplication　67
矩陣遞迴　matrix recurrence　174
矩陣變換　matrix transformation　247, 483
矩陣　matrix　37
泰勒定理　Taylor's Theorem　366
值域　range　385
展開定理　Expansion Theorem　285,

531

純量乘法定律　Scalar Multiple Law　213

純量乘法封閉性　closed under scalar multiplication　260

純量乘法　scalar multiplication　330

純量矩陣　scalar matrix　142

純量倍　scalar multiple　41

純量積　scalar product　23, 223

配對樣本　paired samples　324

核維數　nullity　386

逆像　preimage　384

特徵方程式　characteristic equation　371

特徵多項式　characteristic polynomial　175, 300, 456, 500

座標向量　coordinate vector　264, 484

座標向量　coordinate vectors　233

座標同構　coordinate isomorphism　398

座標　coordinate　213

座標　coordinates　484

乘積法則　product rule　408

乘積定理　Product Theorem　158

乘積 Ax　product Ax　51

起點到終點法則　tip-to-tail rule　210

起點　tail　209

值譜定理　Spectral Theorem　460

值譜　spectrum　431

高　altitude　258

差　difference　40, 211

逆　inverse　7, 90

核　kernel　385

真　proper　260, 276

弳　radian　111

秩　rank　16, 289, 386, 472

根　root　175, 340

十一劃

唯一　unique　268

朗士基　wronskian　376

畢氏定理　Pythagoras' Theorem　219, 284, 530

排斥子　repellor　189

基本列運算　elementary row operations　6

基本固有向量　basic eigenvectors　176

基本定理　Fundamental Theorem　272, 348

基本恆等式　fundamental identities　90, 401

基本矩陣　elementary matrix　95

基本運算　elementary operations　5

基本解　basic solutions　25

排列矩陣　permutation matrices　502

排列矩陣　permutation matrix　122, 438

移位算子　shift operator　415

移位　Shifting　451

移位　translation　62

偶函數　even　355

偶函數　even function　563

基底　basis　272, 274, 349

偏差　deviation　322

區間　interval　333

區塊三角化定理　Block Triangulation

　　　　Theorem　568
區塊乘法　Block Multiplication　74
區塊　block　73
通解　general solution　2, 203
參數式　parametric form　2
常數矩陣　constant matrix　4
常數項　constant term　1
常數數列　constant sequences　410
常數　constant　354
參數　parameters　2, 14
逐點加法和純量乘法　pointwise addition and scalar multiplication　333
逐點　pointwise　332
終點　tip　209
旋轉　rotation　559
連續函數　continuous functions　520
第 (i,j) 元素　$[(i,j)$-entry]　38

十二劃

最小平方近似多項式　least squares approximating polynomial　316
最小平方近似直線　least squares approximating line　314
最小平方最佳近似　least squares best approximation　319
超平面　hyperplane　559
傅立葉係數　Fourier coefficients　531
傅立葉係數　Fourier coefficients　286
傅立葉展開　Fourier expansion　286
減去　subtracted　334
結合律　associative law　72
賀米特　Hermitian　455

單式　unitary　458
單位三角　unit triangular　127
單位正方形　unit square　253
單位正立方體　unit cube　253
幾何向量　geometric vector　209
單位向量　unit vector　213, 279, 454, 523
單位矩陣　identity matrix　53, 58
單位球　unit ball　478, 523
單位圓　unit circle　111, 523
最佳近似定理　Best Approximation Theorem　311
開放部門　open sector　130
無限維　infinite dimensional　356
插值多項式　interpolating polynomial　167
單純演算法　simplex algorithm　17, 479
虛部　imaginary part　407
喬登正準形　Jordan Canonical Form　578
喬登區塊　Jordan block　576
等距　isometries　248
週期　period　374
單範正交集　orthonormal set　529
單範正交　orthonormal　283, 457
距離　distance　282, 523
軸　axis　557

十三劃

零子空間　zero subspace　260, 340
微分方程組　differential system　200
零多項式　zero polynomial　332

索引　629

零向量空間　zero vector space　336
零向量　zero vector　330
零列　zero rows　10
零空間　null space　261
零空間　nullspace　385
路徑長度　path of length　75
零矩陣　zero matrix　40
當然解　trivial solution　21
當然線性組合　trivial linear combination　346
補集　complement　510
圓錐　conic　22, 469
零變換　zero transformation　61, 116
群　group　550
零 n-向量　zero n-vector　49
解　solution　1
跡　trace　499
跡　trace　79, 191, 299

十四劃
齊次座標　homogeneous coordinates　256
齊次　homogeneous　21
對合　involutions　512
對角化定理　Diagonalization Theorem　467
對角化矩陣　diagonalizing matrix　179
對角化　diagonalize　174
需求矩陣　demand matrix　131
對角矩陣　diagonal matrices　79
對角矩陣　diagonal matrix　179
對角　diagonal　47
菱形　rhombus　227

滿足　satisfy　411
像空間　image space　261
遞迴的　recursively　194
實值譜定理　real spectral theorem　431
誤差　error　314
對偶基底　dual basis　493
對偶　dual　492
實部　real part　407
實喬登正準形　Real Jordan Canonical Form　577
對等關係　equivalence relation　298
對等　equivalent　4, 103
對稱形　symmetric form　222
對稱　symmetric　45, 476, 542
精確公式　exact formula　186
領導行　leading column　119
誘導的矩陣變換　matrix transformation induced　61
領導係數　leading coefficient　332
領導項 1　leading 1　10
領導變數　leading variables　14
維數　dimension　273, 350
誘導　induced　247
對應　corresponding　95
像　image　60, 115, 251, 384, 385

十五劃
複子空間　complex subspace　462
歐氏　euclidean　519
歐氏 n 維空間　euclidean n-space　519
樣本向量　sample vector　322
樣本均值　sample mean　322

樣本相關係數　sample correlation coefficient　324
樣本標準差　sample standard deviation　323
樣本變異數　sample variance　322
樣本　sample　321
線性方程式　linear equation　1
線性方程式　linear equations　17
線性不等式　linear inequalities　17
線性方程組　system of linear equations　1
線性相依　linearly dependent　270, 346, 359
線性組合　linear combination　23, 104, 262, 341
線性動能系統　linear dynamical system　174
線性動態系統　linear dynamical system　185
線性規劃　linear programming　479
線性微分方程組　linear system of differential equations　200
線性算子　linear operator　247, 378
線性算子　linear operators　493
線性遞迴關係　linear recurrence relation　194
線性遞迴關係式　linear recurrence relation　411
線性獨立　linearly independent　268, 346
線性變換　linear transformation　104, 377
複矩陣　complex matrix　454

鄰接　adjacency　75
廣義反矩陣　generalized inverse　312, 321
標準內積　standard inner product　453
標準位置　standard position　111
標準矩陣　standard matrix　493
標準基底　standard basis　106, 264, 350, 452
箭號　arrow　207
複數的固有值　Complex Eigenvalues　451
增廣矩陣　augmented matrix　4
導數　derivative　407
範數　norm　454, 523
鞍點　saddle point　189
彈簧常數　spring constant　374
餘因子矩陣　cofactor matrix　161
餘因子展開定理　Cofactor Expansion Theorem　148
餘因子展開　cofactor expansion　148
餘因子　cofactor　147
餘式定理　Remainder Theorem　365
餘弦定律　law of cosines　529
餘弦　cosine　111
遷移矩陣　transition matrix　135
遷移機率　transition probabilities　134
遷移機率　transition probability　135

十六劃

冪已　idempotents　516
獨立引理　Independent Lemma　355
獨立　independent　268
冪次方數列　power sequences　410

冪次法　power method　448
冪等　idempotent　79
橢圓　ellipse　469
冪零　nilpotent　192, 577
隨機矩陣　stochastic matrices　129
隨機矩陣　stochastic matrix　136

十七劃
繁殖率　reproduction rate　173
點積規則　Dot Product Rule　56, 68
點積　dot product　55, 223, 279
總變異數　total variance　480

十八劃
簡化列梯形的形式　reduced row-echelon form　10
簡化列梯形矩陣　reduced row-echelon matrix　10

雙曲線　hyperbola　469
雙重隨機　doubly stochastic　141
擴張　dilation　64
轉置　transpose　44
雙線性式　bilinear form　476
簡諧運動　simple harmonic motions　374

十九劃
穩定狀態向量　steady-state vector　139
邊界條件　boundary conditions　372
鏡射　reflection　559
邊　edges　75

二十三劃
變換矩陣　change matrix　494
變換　transformation　60